普 通 高 等 农 林 院 校 规 划 教 材

现代蔬菜栽培学

汪李平　编著

化学工业出版社

·北京·

内容简介

《现代蔬菜栽培学》是一部关于蔬菜栽培原理和实用技术的综合性著作，作者根据从业近四十年的教学、科研和技术推广的实践经验，本着实用、先进、科学的原则，参考了大量最新的资料和栽培学的最新进展，以我国长江流域立地条件和气候特点为基础，尽十多年之心血编写而成。书中既介绍了蔬菜产业发展的特点和趋势，也介绍了蔬菜基地的建设和规划设计，更阐述了各种蔬菜的种子品种、茬口安排、水肥管理、环境调控、采后处理等实用栽培新技术。栽培原理部分力求通俗易懂，栽培技术尽量结合生产实际，文字朴实，技术实用。

《现代蔬菜栽培学》可作为新型农民培训教材，也可作为高等农林院校、职业学院园艺专业、蔬菜专业等师生参考用书，还可供相关专业领域的技术人员、管理人员、科研工作者参考。

图书在版编目(CIP)数据

现代蔬菜栽培学/汪李平编著.—北京：化学工业出版社，2022.1

普通高等农林院校规划教材

ISBN 978-7-122-40225-7

Ⅰ.①现… Ⅱ.①汪… Ⅲ.①蔬菜园艺-高等学校-教材 Ⅳ.①S63

中国版本图书馆 CIP 数据核字（2021）第 227043 号

责任编辑：尤彩霞　　文字编辑：朱雪蕊　陈小滔

责任校对：王佳伟　　装帧设计：关　飞

出版发行：化学工业出版社（北京市东城区青年湖南街 13 号　邮政编码 100011）

印　　装：涿州市般润文化传播有限公司

880mm×1230mm　1/16　印张 31¾　字数 952 千字　2022 年 3 月北京第 1 版第 1 次印刷

购书咨询：010-64518888　　售后服务：010-64518899

网　　址：http://www.cip.com.cn

凡购买本书，如有缺损质量问题，本社销售中心负责调换。

定　　价：98.00 元

前言

蔬菜是人们不可缺少的生活资料，是人们日常生活必需的副食品，同时又是特殊的鲜活农产品。蔬菜产业在中国农业和农村经济发展中具有独特的地位和优势，是种植业中最具活力的产业。

蔬菜是城乡居民生活必不可少的重要农产品，保障蔬菜供给是重大的民生问题。人们对蔬菜消费量是四季均衡的。但蔬菜的生产量，却受春、夏、秋、冬不同季节、气候的影响很大。不良的环境条件，如冬季的大雪、低温，早春的寒流，夏季的台风、暴雨等都会给蔬菜生产带来灾害性的损失，此外蔬菜病虫害的发生也会影响预期的生产量。也就是说蔬菜是按一定季节进行生产和收获的，在炎热的夏季和寒冷的冬季很多蔬菜是难以生产的，甚至使用大棚温室也不能满足市场需求，当然还要考虑生产成本和市场效益的问题。

改革开放以来，我国蔬菜产业发展迅速，在保障市场供应、增加农民收入等方面发挥了重要作用。蔬菜产业总体保持平稳较快发展，由供不应求到供求总量平衡有余，品种日益丰富，质量不断提高，市场体系逐步完善，总体上呈现良好的发展局面。

近年来，我国蔬菜产业发展迅猛，以2018年为例（数据来源：中国农村统计年鉴2019），蔬菜产业年创总产值22207.3亿元（含菜用瓜、食用菌），已经成为种植业第一大产业，占当年农业种植业总产值（61452.6亿元）的36.14％，占农林牧渔业总产值（113579.5亿元）的19.55％。

蔬菜产业已经从昔日的“家庭菜园”逐步发展成为主产区农业农村经济发展的支柱产业，是具有较强的国际竞争力的优势产业，保供、增收、促就业的作用日益突出。

我国是世界上最大的蔬菜生产国和消费国，总产量位居世界第一，满足了城乡居民多元化的消费需求，而且蔬菜是鲜活产品，对质量安全要求较高。让广大消费者食用安全的农产品，这是重大的民生问题，也是农业相关部门的重要职责。

蔬菜具有净利润高、生长期短等特点，能够有效增加农民的收入。由于蔬菜产业平均成本收益率远高于粮食、油料、大豆、棉花等农产品，逐渐成为了实施扶贫攻坚和乡村振兴的支柱产业。

蔬菜产业发展还存在市场价格波动大、产品质量不稳定等突出问题。深入研究蔬菜的产销规律，抓住蔬菜生产的季节性和蔬菜市场供应的均衡性这一主要矛盾，四季生产量足、质优、品种多样的蔬菜，确保市场周年均衡供应，满足消费者日益变化的需求，一直以来是广大蔬菜科技工作者和菜农致力解决的难题。

积极推进蔬菜产业供给侧和需求侧结构优化，进一步加强一、二、三产业深度融合，加快构建以现代装备为基础、现代科技服务为支撑、现代经营管理为特征的现代蔬菜产业体系，不断满足人民日益增长的美好生活需要，对实现农业增效、农民增收和农村增绿有着十分重要的意义。

《现代蔬菜栽培学》是一部关于蔬菜栽培原理和技术的综合性著作，作者根据从业近四十年的教学、科研和技术推广的实践经验，本着实用、先进、科学的原则，参考了大量最新的技术资料，研究了栽培学的最新进展，以我国长江流域立地条件和气候特点为基础，尽十多年之心血编写而成。书中既介绍了蔬菜产业发展的特点和趋势，也介绍了蔬菜基地的建设和规划设计，还讲解了各种蔬菜的种子品种、茬口安排、水肥管理、环境调控、采后处理等实用栽培新技术。栽培原理部分力求通俗易懂，栽培技术尽量结合生产实际，文字朴实，技术实用。

《现代蔬菜栽培学》可作为新型农民培训教材和高等农林院校、职业学院园艺专业、蔬菜专业等师生参考用书，也可供相关专业领域的技术人员、管理人员、科研工作者参考。希望本书对我国蔬菜产业的人才培养和促进蔬菜产业的高质量发展有所裨益。

由于时间紧迫，蔬菜的栽培技术日新月异，疏漏和不当之处在所难免，敬请广大读者批评指正，以便再版时修订完善。

编　者

2021 年 1 月

目录

第10章 薯芋类蔬菜栽培 / 223

第11章 茄果类蔬菜栽培 / 238

第 14 章　绿叶蔬菜栽培　/　332

第1章
蔬菜概述

1.1 蔬菜的概念

蔬菜是农业生产中不可缺少的组成部分，在我国是仅次于粮食的重要副食品。我们所食的蔬菜中，有根，如萝卜、胡萝卜、豆薯、葛根；有茎，如马铃薯、芋、莴笋、茭白；有叶，如小白菜、大白菜、韭菜、甘蓝；有花，如花椰菜、金针菜；有果（种子），如黄瓜、茄子、豌豆、黄秋葵；还有菌类，如蘑菇、木耳，藻类，如发菜、海带，蕨类，如薇菜、蕨菜等。因此，我们可以定义蔬菜为：凡是以柔嫩多汁的器官作为佐餐用副食品的一、二年生及多年生的草本植物、少数木本植物、菌类、藻类、蕨类等，统称为蔬菜。有人把调味的八角、茴香、花椒、胡椒等也归为蔬菜。

蔬菜植物的范围广，种类多。我国是世界栽培植物的起源中心之一，除了一些栽培植物作蔬菜外，还有许多野生或半野生的种类，如荠菜、马齿苋、藜蒿、马兰、蒲公英、鱼腥草等，也可作为蔬菜食用。

但是，这些野生的、半野生的草本植物和木本植物、菌类、藻类、蕨类、调味品类，主要来自少数地区。人们常食用的蔬菜主要还是一、二年生草本植物。

有的粮食作物、油料作物、饲料作物也可作为蔬菜，如新鲜的早熟大豆（毛豆）在长江流域是一种重要的蔬菜。马铃薯、玉米在北方和南方山区作粮食作物，在南方平原地区也作为蔬菜。许多种类，如胡萝卜、南瓜、芜菁、甘薯叶尖及叶梗等既可作动物饲料，也可作蔬菜。

1.2 蔬菜的分类

据不完全统计，我国栽培的蔬菜有两百多种，其中主要栽培的有四五十种。在同一种中，有许多变种，每一变种又有不同的类型和品种。

为了便于学习和研究，可以把蔬菜进行分类。分类的方法很多，如按植物学特性分类、食用部分分类、农业生物学分类、生长所需温度分类、生长所需光照分类、所含营养成分分类、食用方法分类等。这里介绍农业生物学分类法。

农业生物学分类是以蔬菜的农业生物学特性作为依据的分类方法，这种分类比较适合于生产上的要求，可分为以下几类。

（1）根菜类

根菜类指以膨大的肉质直根为食用部分的蔬菜，包括萝卜、胡萝卜、大头菜、芜菁、根用甜菜等。生长期间喜温和冷凉的气候。在生长的第一年形成肉质根，贮藏大量的养分，到第二年抽薹开花结实。一般在低温下通过春化阶段，长日照下通过光照阶段。要求疏松深厚的土壤。用种子繁殖。

（2）白菜类

白菜类以柔嫩的叶丛、叶球、嫩茎、花球供食用，如白菜（大白菜、小白菜）、甘蓝类（结球甘蓝、球茎甘蓝、花椰菜、抱子甘蓝、青花菜）、芥菜类（榨菜、雪里蕻、结球芥菜）。生长期间需湿润和凉爽气候及充足的水肥条件。温度过高、气候干燥则生长不良。除采收菜薹及花球外，一般第一年形成叶丛或叶球，第二年抽薹开花结实。栽培上要避免先期抽薹。均用种子繁殖，直播或育苗移栽。

（3）绿叶蔬菜

绿叶蔬菜以幼嫩的叶或嫩茎供食用，如莴苣、芹菜、菠菜、茼蒿、芫荽、苋菜、蕹菜、落葵等。其中多数属于二年生，如莴苣、芹菜、菠菜。也有一年生的，如苋菜、蕹菜。共同特点是生长期短，适于密植和间套作，要求极其充足的水分和氮肥。根据对温度的要求不同，又可将它们分为二类：菠菜、芹菜、茼蒿、芫荽等喜冷凉不耐炎热，生长适温 15℃～20℃，能耐短期霜冻，其中以菠菜耐寒力最强；苋菜、蕹菜、落葵等，喜温暖不耐寒，生长适温为 25℃左右。喜冷凉的主要作秋冬栽培，也可作早春栽培。

（4）葱蒜类

葱蒜类以鳞茎（叶鞘基部膨大）、假茎（叶鞘）、管状叶或带状叶供食用，如洋葱、大蒜、大葱、小香葱、韭菜等。根系不发达，吸水吸肥能力差，要求肥沃湿润的土壤，一般耐寒。长光照下形成鳞茎，低温通过春化。可用种子繁殖（洋葱、大葱、韭菜），也可无性繁殖（大蒜、分葱、韭菜）。以秋季及春季为主要栽培季节。

（5）茄果类

茄果类指以果实为食用部分的茄科蔬菜，包括番茄、辣椒、茄子。要求肥沃的土壤及较高的温度，不耐寒冷。对日照长短要求不严格，但开花期要求充足的光照。种子繁殖，一般在冬前或早春利用保护地育苗，待气候温暖后定植于大田。

（6）瓜类

瓜类指以果实为食用部分的葫芦科蔬菜，包括南瓜、黄瓜、甜瓜、瓠瓜、冬瓜、丝瓜、苦瓜等。茎蔓性，雌雄同株而异花，依开花结果习性，有以主蔓结果为主的西葫芦、早黄瓜，有以侧蔓结果早、结果多的甜瓜、瓠瓜，还有主侧蔓几乎能同时结果的冬瓜、丝瓜、苦瓜、西瓜。瓜类要求较高的温度及充足的阳光。西瓜、甜瓜、南瓜根系发达，耐旱性强。其他瓜类根系较弱，要求湿润的土壤。生产上，利用摘心、整蔓等措施来调节营养生长与生殖生长的关系。种子繁殖，直播或育苗移栽。春种夏收，有的采收可延长到秋季，还可夏种秋收。

（7）豆类

豆类指以嫩荚或豆粒供食用的豆科蔬菜，包括菜豆、豇豆、蚕豆、豌豆、扁豆、刀豆等。除了豌豆及蚕豆耐寒力较强能越冬外，其他都不耐霜冻，须在温暖季节栽培。豆类根瘤具有生物固氮作用，对氮肥的需求量没有叶菜类及根菜类多。种子繁殖，也可育苗移栽。

（8）薯芋类

薯芋类以地下块茎或块根供食用，包括茄科的马铃薯、天南星科的芋头、薯蓣科的山药、豆科的豆薯等。这些蔬菜富含淀粉，耐贮藏，要求疏松肥沃的土壤。除马铃薯生长期短不耐高温外，其他生长期都较长，且耐热不耐冻。均用营养体繁殖。

（9）水生蔬菜类

水生蔬菜类指需生长在沼泽地区的蔬菜，如藕、茭白、慈姑、荸荠、水芹、菱等。宜在池塘、湖泊或水田中栽培。生长期间喜炎热气候及肥沃土壤。除菱角、芡实以外、其他一般无性繁殖。

（10）多年生蔬菜类

多年生蔬菜类指一次种植后，可采收多年的蔬菜，如金针菜、石刁柏、百合等多年生草本蔬菜及竹笋、香椿等多年生木本蔬菜。此类蔬菜根系发达、抗旱力强，对土壤要求不严格。一般采用无性繁殖，也可用种子繁殖。

（11）食用菌类

食用菌类指能食用、无毒的蘑菇、草菇、香菇、金针菇、竹荪、猴头、木耳、银耳等。它们不含叶绿素，不能制造有机物质供自身生长，必须从其他生物或遗体、排泄物中吸取现存的养分。培养食用菌需要温暖、湿润肥沃的培养基。常用的培养基有牲畜粪尿、棉籽壳、植物秸秆等。

（12）芽苗菜类

凡利用植物种子或其他营养贮存器官如根、茎、叶等，在黑暗或光照条件下直接生长出可供食用的嫩芽、芽苗、芽球、幼梢或幼茎的均可称为芽苗类蔬菜。可以食用的芽苗菜有100多种，芽苗菜的种子不仅包括各种豆类（黄豆、绿豆、红豆、黑豆、蚕豆、豌豆等），还包括其他蔬菜种子（如萝卜苗、空心菜苗、辣椒苗、紫苏苗、板蓝根苗）、花卉种子（如鸡冠花苗、香草芽）、木本植物（如香椿芽、花椒苗）、粮油种子［如小麦苗、荞麦苗、油菜苗、花生芽、向日葵（油葵）芽］，等等。通常情况下，植物在芽苗期的营养成分优于种子期和成熟期。芽苗菜分为两种：一种是种芽菜，就是种子直接发芽，包括绿色大豆芽、豌豆芽、萝卜芽、荞麦芽、苜蓿芽、红豆芽、蕹菜芽、小麦芽、大麦芽、花生芽等；另一种叫体芽菜，就是利用植物的根茎等发育成的。体芽菜又可分成四类。第一类是嫩芽，如花椒脑、柳芽、栾树芽、龙牙楤木、刺五加芽、苦荬芽、苣荬芽、胡萝卜芽等，第二类是芽球，如芽球菊苣、大白菜芽、甘蓝芽（抱子甘蓝）等，第三类是幼梢，包括枸杞头、佛手瓜尖、守宫木尖、菊花脑、薄荷脑、马兰头、豌豆尖、辣椒尖、红薯尖、南瓜尖、冬瓜尖、土人参尖、茶叶尖等，第四种是幼茎，如石刁柏（芦笋）、毛竹笋、姜芽、蒲芽（草芽）、藕带（藕鞭）等。

1.3 蔬菜产业的地位和作用

蔬菜是人类不可缺少的生活资料，是人们日常生活必需的副食品，同时又是特殊的鲜活农产品。蔬菜产业在中国农业和农村经济发展中具有独特的地位和优势，是种植业中最具活力的产业。

中国蔬菜在全球蔬菜产业中的比例以及在国际贸易中的地位也日益突出，中国已成为全球蔬菜种植面积最大、总产量最高的国家，也是蔬菜国际贸易中稳居第一的国家（2018年全球蔬菜总产量前20位国家和地区参见表1-1）。

我国蔬菜产业已经从昔日的“家庭菜园”逐步发展成为主产区农业农村经济发展的支柱产业，是具有较强国际竞争力的优势产业，保供、增收、促就业的作用日益突出。

蔬菜是人类的基本食物来源之一，提供人体健康所必需的维生素、膳食纤维和矿物质。当前我国食品的组成仍以植物性食物为主，居民的新鲜蔬菜的消费量，远远高于世界平均水平。蔬菜生产在保障城乡居民基本消费需求和提高生活质量方面发挥了重要作用。蔬菜以鲜食为主、需求量大的传统饮食习惯，决定了蔬菜在我国城乡居民膳食结构中具有特殊重要的地位。

表 1-1 2018 年全球蔬菜总产量前 20 位国家和地区

排序	国家和地区	面积/hm^2	单位产量/(kg/hm^2)	总产量/t
	全球(206个国家和地区)	57,883,608	18,810.8	1088,839,427
1	中国大陆	24,050,717	22,826.5	548,993,011
2	印度	8,746,028	14,663.0	128,243,182
3	美国	937,053	33,873.1	31,740,872
4	土耳其	705,707	34,203.5	24,137,627
5	尼日利亚	3,220,506	5,088.1	16,386,264
6	越南	1,011,495	16,131.6	16,317,032
7	墨西哥	705,709	22,918.5	16,173,812
8	埃及	654,363	23,798.4	15,572,765
9	伊朗	477,489	31,563.8	15,071,393
10	俄罗斯	559,904	24,488.2	13,711,071
11	西班牙	324,532	38,915.9	12,629,477
12	意大利	461,970	26,620.5	12,297,872
13	印度尼西亚	1,126,049	10,221.9	11,510,309
14	韩国	243,379	40,258.6	9,798,089
15	日本	376,434	25,760.8	9,697,234
16	乌克兰	444,708	21,401.0	9,517,223
17	乌兹别克斯坦	202,324	45,109.3	9,126,688
18	巴西	362,995	24,765.6	8,989,788
19	阿尔及利亚	299,309	23,087.4	6,910,245
20	菲律宾	772,662	8,737.5	6,751,152

注：数据来源于 FAO 网站（Production of vegetables primary，total）。

1.3.1 蔬菜营养丰富

人类的食物包括动物性食物和植物性食物。动物性食物包括肉类、乳类和蛋品等，它们是人体蛋白质和脂肪的主要来源；植物性食物包括粮食、水果和蔬菜等，粮食是人体热能的主要来源，而蔬菜、水果是维生素、矿物质等的主要来源。从现代营养学的观点来看，这些食物必须合理配合，才能保证营养的完善。

蔬菜的营养价值主要是供给各种维生素、碳水化合物、矿物质、有机酸、芳香物质和膳食纤维。有些种类蔬菜，如马铃薯、芋、山药和豆类还含有丰富的淀粉、蛋白质和脂肪，是蛋白质和热能的补充来源。此外蔬菜还有中和胃酸及帮助人体消化等作用。

(1) 维生素的来源

维生素是维持机体代谢必需的，而自身代谢中又不能产生或产量不足的一类靠外界供给的化合物。蔬菜含有对人体极为重要的各种维生素，如果缺乏了这些维生素，就会影响人体正常生理功能进行，劳动能力下降，对传染病的抵抗能力降低，甚至引起各种疾病，如夜盲症（缺维生素 A）、脚气病（缺维生素 B_1）、口角炎（缺维生素 B_2）、坏血病（缺维生素 C）等。

主要粮食的米、面内，虽含有维生素 B_1（硫胺素）、维生素 B_2（核黄素）和维生素 PP（尼克酸或烟碱酸），但其中缺乏维生素 A 原（胡萝卜素）和维生素 C（抗坏血酸）。而蔬菜中则含有丰富的胡萝卜素和维生素 C。胡萝卜素经消化后能转化为维生素 A。人们所需要的维生素 B_2 也主要依靠蔬菜来供给。人体对各种维生素的需要量各不相同。

含胡萝卜素较多的蔬菜有韭菜、胡萝卜、菠菜、乌塌菜、白菜、甘蓝、苋菜、蕹菜、叶用甜菜、芥菜等；含维生素 B_1 较多的蔬菜有豌豆、菜豆、毛豆、金针菜、苜蓿、香椿、芫荽、藕、马铃薯等；含维生素 B_2 较多的蔬菜有毛豆、蚕豆、洋葱、菠菜、芥菜（雪里蕻）、白菜、芦笋、蕹菜、苜蓿、金针菜等；含维生素 B_6 较多的蔬菜有蘑菇、香菇、金针菜、豌豆、茄子、干辣椒、马兰头、芹菜、苋菜、豇豆、菜豆、甜玉米等；维生素 C 在蔬菜产品中普遍存在，其中以辣椒、番茄、青菜（小白菜）、芥菜、黄瓜、花椰菜、青花菜、甘蓝、苋菜、落葵、芹菜、菠菜、蒜苗、韭菜等最为丰富。

（2）矿物质的来源

人体组织中几乎含有自然界存在的所有元素。碳、氢、氧、氮主要以有机化合物形式存在，其余元素统称为矿物质或无机盐。根据在体内含量的多少，矿物质又可分为两大类：含量大于体重的 0.01% 者称为大量元素或常量元素，如钙、磷、钾、钠、镁、氯、硫等 7 种，它们都是人体必需的元素；含量小于体重的 0.01% 者称为微量元素，目前技术水平可检出的微量元素约有 70 种，其中被确认为人体必需的有 14 种，即铁、铜、锌、锰、钴、铬、钼、锡、钒、氟、镍、硒、碘、硅。

矿物质的生理功能：一是构成人体组织，如钙、磷、镁是骨骼和牙齿的主要成分；二是维持体内水分的正常分布、酸碱平衡和神经肌肉的兴奋性（如钠、钾、钙、镁、氯、硫、磷）；三是一些酶的激活剂和组成成分（如多酚氧化酶中的铜、维生素 B_{12} 中的钴、细胞色素和血红蛋白中的铁、甲状腺中的碘、胰岛素中的锌）。

蔬菜中的主要矿物质有钙、铁、磷、钾、镁、铜、锰、铬、镍等。如黄花菜、荠菜、菠菜、芹菜、芫荽、甘蓝、白菜、胡萝卜、荸荠、木耳等含有较多的铁，而洋葱、丝瓜、茄子等含有较多的磷，菠菜、蕹菜、芫荽、苋菜、芹菜、苜蓿、豇豆、嫩豌豆、韭菜、芋、马铃薯中含有丰富的钙，含钠较多的蔬菜有芹菜、茼蒿、马兰头、榨菜等，含钾较多的蔬菜有豆类蔬菜及辣椒、蘑菇、香菇、榨菜等，含铜较多的蔬菜有芋、菠菜、茄子、茴香、荠菜、葱、大白菜等，含锌较多的蔬菜有大白菜、萝卜、茄子、南瓜、马铃薯等，含钼较多的蔬菜有莴苣、菠菜、萝卜缨等，而海带、紫菜等还含有较多的碘。

常见蔬菜营养成分见表 1-2。

表 1-2　常见蔬菜的营养成分表（100g 食用部分含量）

蔬菜	蛋白质/g	脂肪/g	碳水化合物/g	膳食纤维/g	钙/mg	磷/mg	铁/mg	胡萝卜素/mg	硫胺素/mg	核黄素/mg	维生素 C/mg
番茄	0.7	0.3	2.8	0.4	13	39	0.4	0.58	0.08	0.03	12
茄子	1.1	0.2	3.8	0.8	26	38	0.7	0.09	0.03	0.04	8
青椒	0.9	0.2	3.8	0.8	11	27	0.7	0.36	0.04	0.04	89
黄瓜	0.7	0.2	1.9	0.6	24	30	0.6		0.02	0.05	10
苦瓜	1.0	0.2	2.5	1.1	15	37	0.8	0.03	0.05	0.04	80
冬瓜	0.4	0	1.6	0.5	29	17	0.5			0.01	18
南瓜	0.5	0.1	6.2	0.7	42	10	10	0.5		0.04	1.0
丝瓜	1.6	0.1	3.1	0.6	26	39	0.9		0.04	0.06	7
西瓜	1.0	0	3.2	0.3	83	8	7.0	0.12		0.08	7
豇豆	2.5	0.2	5.3	1.4	67	57	2.2		0.11	0.08	20
菜豆	1.4	0.7	2.3	1.1	55	45	0.8	0.55	0.08	0.11	18
毛豆	21.2	6.3	14.4	2.8	106		10.3	0.26	0.33	0.16	24
扁豆	2.9	0.2	5.9	2.0	87	65	2.5	0.06	0.07	0.08	23
刀豆	2.2	0.1	7.0	1.7	54	26	1.8	0.02	0.19	0.07	19
鲜蚕豆	13.0	0.7	18.1	3.6	61	124		0.09	0.20	0.23	8

续表

蔬菜	蛋白质/g	脂肪/g	碳水化合物/g	膳食纤维/g	钙/mg	磷/mg	铁/mg	胡萝卜素/mg	硫胺素/mg	核黄素/mg	维生素 C/mg
鲜豌豆	11.6	0.7	22.6		32	71		0.19	0.34	2.6	
黄豆芽	11.3	2.0	7.7	1.0	68	102	1.8	0.03	0.17	0.17	4
绿豆芽	3.2	0.1	3.7	0.7	23	51	0.9	0.04	0.07	0.06	6
大白菜	1.3	0.2	3.4	1.2	76	27	1.4	3.72	0.02	0.08	45
青菜	1.3	0.3	2.3	0.6	93	50	1.6	1.49	0.03	0.08	40
白菜薹	2.0	0.2	1.4	0.9	191	29	1.6	0.34	0.05	0.09	56
雪里蕻	0.9	0.3	4.2	0.4	73	57	2.3			0.26	94
甘蓝	1.6	0.3	2.3	1.0	61	20	9.7	0.42	0.03	0.07	48
花椰菜	2.4	0.4	3.0	0.8	18	53	0.7	0.08	0.06	0.08	88
苤蓝	1.6	0.3	2.4	1.2	49	36	0.8	0.01	0.05	0.04	41
萝卜	0.6	0	3.9	1.0	25	20	0.8		0.01	0.04	25
胡萝卜	0.6	0.3	8.3	0.8	19	29	0.7	1.35	0.04	0.04	12
莴笋	2.2	0.1	1.4	1.0	93	23	1.2	0.37	0.04	0.10	11
莴笋叶	2.1	0.5	1.9	0.6	62	32	2.9	2.24	0.10	0.08	15
芹菜	2.2	0.1	1.4	1.0	93	23	1.2	0.37	0.04	0.10	11
芹菜叶	5.5	0.4	2.5	1.3	245	35	3.1	5.32	0.17	0.29	91
菠菜	1.9	0.2	2.0	1.0	81	27	2.6	3.12	0.13	0.12	43
芫荽	2.0	0.3	6.9	1.0	170	49	5.6	3.77	0.14	0.15	41
冬寒菜	3.1	0.5	3.4	1.3	315	56	2.2	8.98	0.13	0.30	55
牛皮菜	1.3	0.1	1.9	1.0	16	29	3.8	1.88	0.05	0.11	53
蕹菜	2.3	0.3	3.9	1.1	147	31	1.6	1.90	0.09	0.17	13
苋菜	3.4	0.3	3.7	1.3	270	52	5.0	2.44	0.04	0.24	80
韭菜	1.6	0.3	3.7	1.4	70	38	2.2	2.81	0.04	0.13	30
韭黄	2.2	0.3	2.7	0.7	10	9	0.5	0.05	0.03	0.05	9
蒜苗	1.2	0.3	0.7	1.8	22	53	1.2	0.20	0.14	0.06	42
大葱	1.3	0.3	4.4	1.0	39	46	1.1	1.98	0.09	0.08	32
小葱	2.2	0.7	4.4	0.7	85	32	0.9			0.18	24
马铃薯	1.9		14.6	0.7	13	63	0.6		0.17	0.05	14
芋	1.8	0.1	19.0	0.7	25	86			0.06		8
姜	1.4	0.7	8.5	1.0	20	45	7.0	0.18	0.01	0.04	4
藕	1.0	0.1	19.8	0.5	19	51	0.5	0.02	0.11	0.04	25
茭白	1.4	0.3	3.5		24	45	1.1	0.02	0.02	0.02	6
鲜蘑菇	2.9	0.2	2.4	0.6	8	66	1.3		0.11	0.16	4
黑木耳(干)	10.6	0.2	65.5	7.0	357	201	185.0	0.03	0.15	0.55	
海带(干)	8.2	0.1	56.2	9.8	1177	216	150.0	0.57	0.06	0.36	
紫菜(干)	28.2	0.2	48.5	4.8	343	457	33.2	1.23	0.44	2.07	1

(3) 热能的来源

人体的热能物质和蛋白质主要来源于粮食和动物食品。但几乎每种蔬菜都含有一些热能性的碳水化合物，尤其是糖和淀粉。如马铃薯、芋、山药、荸荠、慈姑、藕、菱、老南瓜、甘薯、豆薯等都含有很多的淀粉，可以代替粮食。菊芋、牛蒡中含有菊淀粉，魔芋中含有葡聚甘露糖，西瓜、甜瓜中还含有许多单糖和双糖等。

豆类蔬菜和瓜类蔬菜的种子还含有较多的蛋白质、氨基酸和油脂。

食用菌中蛋白质、氨基酸的含量非常丰富。蛋白质含量一般为鲜菇1.5%～6%、干菇15%～35%，高于一般蔬菜。而且它们的氨基酸组成比较全面，大多菇类含有人体必需的八种氨基酸，其中蘑菇、草菇、金针菇中赖氨酸含量丰富，赖氨酸有利于儿童体质和智力发育，金针菇在日本更是称为“增智菇”。

（4）膳食纤维的来源

膳食纤维主要包括纤维素、半纤维素、木质素和果胶等。它们属于碳水化合物的多糖类，是植物细胞被人体摄入后不易或不能被消化吸收的物质。它们的重要生理功能包括促进肠蠕动、防止便秘、排出有害物质，抑制淀粉酶的作用、延缓糖类吸收、稳定血糖水平，吸附胆固醇、抑制其吸收、加速其排出，从而降低血脂。纤维含量多的膳食一般体积大，能量密度低，有利于控制体重，防止肥胖。研究证明，膳食纤维对保持人体健康十分重要。也有学者把膳食纤维列为人体必需的第七大营养素（碳水化合物、蛋白质、脂肪、维生素、矿物质和水为已确定的六大营养素）。

玉米、糙米、全麦粉、燕麦等粮食，干豆类及各种蔬菜和水果都富含膳食纤维。蔬菜，特别是一些绿叶蔬菜和竹笋、芦笋中都含有较多的纤维素，一般叶菜中含纤维素0.2%～2.8%，根菜中0.2%～1.2%，果菜中0.2%～0.5%。例如甘蓝中纤维素可高达2.25%，芹菜2.0%，菠菜1%，冬笋1.8%，魔芋1.46%。

（5）维持人体酸碱平衡

蔬菜不仅含有多种人体需要的营养素，而且还具有调节人体正常代谢的重要作用。人体中蛋白质的理化性状、各种酶的活性以及各种重要的生理生化过程都和所处环境的酸碱性有很大关系。所以要维持各项正常的生命活动和生理功能，各种体液必须具有稳定的pH值。

糖类、脂肪、蛋白质经过人体消化、吸收和生物氧化过程，最终以二氧化碳的形式进入血液，与水形成碳酸。此外半胱氨酸等含硫氨基酸氧化后能产生硫酸，核酸和磷脂分解产生磷酸，糖代谢产生丙酮酸、乳酸，脂肪在肝内氧化成酮体等。这些物质都被称为酸性物质或内源性酸物质，而通过体内代谢过程产生的碱性物质则很少。人体中碱性物质的来源主要是食物，而蔬菜又是人类食品中碱性物质的重要来源。

蔬菜中含有丰富的有机酸，如柠檬酸、苹果酸、乳酸、琥珀酸等，但这些酸的存在并不意味着它们在体内呈现酸作用，因为蔬菜中还含有钾、钠、钙、镁等离子，这些有机酸往往是以有机酸盐的状态存在的。而有机酸盐类进入人体后进行分解代谢，有机酸根结合H^+形成柠檬酸、苹果酸、乳酸，这些酸在体内可作为代谢的中间物被继续氧化成二氧化碳和水排出体外，或者在肝内合成糖原贮存起来。其结果都会使血液中H^+的浓度降低，而原来与有机酸结合的钾（或钠）则与碳酸氢根结合，从而增加了血液中的碱性，故蔬菜也被称为成碱性食品。

人体内酸过剩时，就会容易得胃病、神经衰弱、动脉硬化、脑出血等，蔬菜是维持人体的酸碱平衡必不可少的。

（6）其他方面的作用

蔬菜中含有大量的酶，如萝卜中含有丰富的淀粉酶，西瓜中含有蛋白酶，可以促进食物消化。

蔬菜中还含有各种芳香油，如生姜、大蒜、洋葱、大葱、辣椒及茴香等都含有各种各样的挥发性物质，由于这些物质的存在便产生了各种特殊的风味。

很多蔬菜还具有保健作用，中医认为茄子可利尿、止血、解毒，苦瓜能利尿、消肿、清火解热，冬瓜有化痰、利尿、消暑、止渴功效，豇豆则可以理中益气、健脾、止渴，绿豆芽能清热、消肿、利尿，黄豆芽可健脾、通便、利尿，黄瓜有清热、解毒、减肥瘦身效果，番茄能凉血平肝、清热解毒，大蒜有抗菌、消炎、驱除肠道寄生虫等作用，辣椒能促进胃液分泌、增进食欲等。

总之，蔬菜是人们生活中所必需的食物，与其他食物相配合而又彼此分工，同为身体不可缺少的食物，是不能被其他食物所代替的。

但是，每一类蔬菜所含的营养成分不是固定不变的。不同的品种和生产季节，不同的土壤肥力、栽培技术、采收时期、贮藏加工条件等都会影响蔬菜产品的营养成分。因此我们应选择优良的品种，采用先进适用的农业技术来增加蔬菜产品的营养价值。

1.3.2 蔬菜比较效益较高

蔬菜具有净利润高、生长期短等特点，能够有效地增加农民的收入。

由于蔬菜产业平均成本收益率远高于粮食、油料、大豆、棉花等农产品成本收益率水平，其逐渐成为了实施扶贫攻坚和乡村振兴的支柱产业。

《全国设施蔬菜重点区域发展规划（2015—2020年）》指出，我国设施蔬菜产业的技术装备水平、集约化程度、科技含量以及比较效益都很高，目前投入产出比可达1∶4.5，是一个高投入、高技术集成、高产出的产业。设施蔬菜单位面积产值是大田作物的25倍以上，是露地蔬菜的10倍以上，因此，从事设施蔬菜生产的农民人均年收入显著提高。设施蔬菜在保证农民持续增收方面发挥了重要作用。

蔬菜种植成本主要包括劳动力成本和种苗、农药、化肥等物资成本。其中成本按照如下分类：物资成本（种苗、农药、化肥、地膜、燃料、灌溉、工具材料）、人工成本（劳动力投入和劳动力价格）、农家肥投入等。据报道，2016年我国大中城市蔬菜总成本为76268.1元/hm^2，其中人工成本占据了较大部分，达到42284.25元/hm^2，占整个生产成本的55.44%，此外化肥（含农家肥）占13.44%，种子种苗占3.88%，地膜占3.48%，农药占3.24%。但由于我国蔬菜生产中农户的自我雇佣比较普遍，蔬菜种植的现金收入还是比较可观。

当前我国的蔬菜生产仍以小规模的生产为主，种植面积普遍较小。同时，蔬菜产量的增长依靠肥料等生产物资投入增长、劳动力密集使用。要提高当地蔬菜的产量，也可以通过增加种子和技术等要素的产出贡献来实现。改进和推广蔬菜高效种植技术，提高科技进步在蔬菜生产中的贡献率仍然是提高蔬菜产业效益的重要手段。

自然灾害对我国蔬菜生产效益影响较大，蔬菜种植技术、商品化程度、蔬菜销售渠道等对我国蔬菜的生产效益也有较大的影响。

1.3.3 促进城乡居民就业

蔬菜产业属劳动密集型产业，转化了数量众多的城乡劳动力。我国劳动密集型农业当中，蔬菜产业的国际竞争力最强，并且无论是蔬菜质量、价格还是竞争绩效都较为均衡。蔬菜产业及其相关产业链的延伸发展对解决城乡居民就业、实现农村精准脱贫和乡村振兴发展都有着十分重要的作用。

世界粮农组织2018年调查数据显示，我国农业人口占到了总人口数量的40.85%（印度占65.93%），丰富且相对低廉的劳动力资源使得我国劳动密集型农产品具有很强的成本优势，竞争优势明显。从世界范围内来看，随着技术水平的提高和需求量的增加，劳动密集型农业也在逐渐向资本密集型或技术密集型农业转变。在世界五大农业经济体当中，除我国和巴西外，美国、欧盟、加拿大的劳动密集型农业有一部分已经或正在转变为资本密集型或技术密集型农业。

自2013年以来蔬菜价格持续上涨，不是市场需求拉动的，而是劳动力成本上升造成的。蔬菜产业是劳动密集型产业，劳动力价格大幅上涨带动生产成本剧增，而产需基本平衡与季节性、区域性、结构性过剩并存的供求关系，使得蔬菜价格不可能与成本同步上升，导致利润空间压缩，生产效益下滑。随着农村劳动力的不断转移，蔬菜生产“劳力荒”“劳力贵”现象日益加剧，规模基地生产成本，尤其是人工成本快速增加，导致收益增幅不明显甚至呈下降趋势。提高生产效率、降低人工成本、扭转效益下滑等已成为蔬菜产业稳定与发展的当务之急。

1.3.4 平衡国际贸易逆差

加入世界贸易组织（WTO）后，我国蔬菜比较优势逐步显现，出口增长势头强劲，在平衡农产品国际贸易方面发挥了重要作用。

据农业农村部国际合作司统计，2018年我国农产品进出口额2168.1亿美元，包括出口797.1亿美元，进口1371.0亿美元，贸易逆差573.9亿美元。

蔬菜进口49.10万吨，进口额8.28亿美元，出口1124.64万吨，出口额152.38亿美元，贸易顺差144.1亿美元，居农产品之首。

水果进口84.2亿美元，出口71.6亿美元，贸易逆差12.6亿美元。

蔬菜产品的出口在平衡农产品国际贸易逆差方面发挥着巨大作用。

1.4 蔬菜生产与供应的特点

1.4.1 蔬菜生产的特点

(1) 种类、品种繁多

蔬菜种类繁多，每类蔬菜中又有众多的品种，现今栽培的蔬菜种类有200余种，每一种之内又包含变种，每一个变种内又有许多品种，极大地满足了消费者的需求。

种类繁多的蔬菜作物，各种蔬菜所需的生长条件又不一致，有的喜温怕冷，有的喜凉怕热，有的既不耐冬季严寒又不耐夏季的高温高湿，人们所需的全部蔬菜很难在所有季节都能生产，形成了蔬菜生产的季节性。如番茄、辣椒、菜豆在长江流域只能春秋两季生产，豇豆、黄瓜可以春夏秋三季生产，蚕豆、豌豆主要在冬季越冬生产，白菜、萝卜、甘蓝主要是秋冬生产。

(2) 技术、茬口复杂

蔬菜生产对技术要求高，生产过程中除一般的技术要求外，对有些蔬菜还要进行搭架、绑蔓、整枝、摘心、打叶、保花保果等，田间管理技术比大田农作物复杂，同时由于蔬菜种类多，生长特性差异大，不同蔬菜在栽培技术上也有很大差别。另一方面由于市场要求周年供应，因此在不适宜生长的季节里，还要通过一些特殊的栽培技术措施才能实现，因此对农业设施、排灌设备、肥水管理等的要求也将更加精细。

传统栽培上，南方地区蔬菜茬口主要是三大季。第一季3～4月份种植瓜类、茄果类、豆类及土豆等蔬菜，5～7月份开始收获。第二季6～8月份种植萝卜、大白菜、青蒜、秋豇豆、秋黄瓜、秋莴苣、秋芹菜、花菜、甘蓝等，一般9～11月份收获。第三季栽种青菜、菠菜、芹菜、莴苣、花菜、甘蓝等，一般11月份至次年3月份收获。蔬菜种类多，可把植株高矮、生长期长短和生长习性不同的蔬菜，合理搭配起来，进行间作套种、轮作换茬，可以提高土地的利用效率，也能把用地和养地有机结合。实际生产上都是根据市场需要、生产条件、品种要求等安排生产，尽量能做到分期分批生产，延长采收供应期，甚至周年生产均衡供应。

(3) 不耐贮藏运输

农产品中的粮、棉、油、麻等都可长期贮藏，一次生产，以后陆续使用，而蔬菜则不行。除少数腌菜、酱菜、干菜和罐头等加工品，可以贮藏较长时间外，萝卜、大白菜、芋、姜、大蒜头、洋葱、马铃薯、豆薯等，一般认为是较耐贮藏的种类，也只能作短期的贮藏，而且在贮藏期间往往会发生脱帮、空心、干瘪、腐烂、抽芽、变质等造成损耗。其他的大多数蔬菜，都是以新鲜产品供食用。

蔬菜的营养成分及风味，除依种类、品种、风土条件、栽培管理而不同外，还因产品的采收技术、贮运条件而发生变化。蔬菜主要食用器官为鲜果和叶片，含水量高，很不耐贮运，蔬菜产品大多要求鲜嫩上市，及时供应。因此蔬菜要及时采收，收获后要及时销售，才能保证产品柔嫩多汁、营养丰富、鲜美可口。若周转多，延误时间，则容易变质，营养成分损失多，风味差。

（4）受自然气候因素影响严重

人们对蔬菜消费量是四季均衡的。但蔬菜的生产量，却受春、夏、秋、冬不同气候影响很大。不良的环境条件，如冬季的大雪、低温，早春的寒流，夏季的台风、暴雨等都会给蔬菜生产带来灾害性的损失，此外蔬菜病虫害的发生也会影响预期的生产量。也就是说蔬菜是按一定季节进行生产和收获的，在炎热的夏季和寒冷的冬季很多蔬菜是难以生产的，甚至使用大棚温室也不能满足市场需求，当然还要考虑生产成本和市场效益的问题。

1.4.2 蔬菜供应的特点

（1）蔬菜消费市场巨大

仅以武汉市为例，2018 年全市人口超千万（含郊区），考虑外来打工和旅游等流动人口，市区消费人口总数达 800 万以上。

按武汉市城市调查队的统计结果，武汉市民人均每日消费 0.35kg 蔬菜，800 万人每天所需的蔬菜就在 280 万千克，即 2800t。蔬菜是人们日常生活必需品，一年 365 天几乎每天必须均衡供应。如果每天供应量少于 2000t，或多于 4000t，市场供应和菜价就会出现不稳定。

（2）全国蔬菜市场大流通

20 世纪 80 年代中期全国蔬菜产销体制改革以来，随着种植业结构调整步伐的加快，全国蔬菜生产快速发展，面积和产量大幅增长，上市基本均衡，供应状况发生了根本性改变。

特别是随着工业化、城镇化、信息化的推进，以及交通运输状况的改善和全国鲜活农产品“绿色通道”的开通，有效缓解了淡季蔬菜供求矛盾，为保障全国蔬菜均衡供应发挥了重要作用。

全国蔬菜播种面积由 1990 年的近 1 亿亩（1 亩≈667m^2），增加到 2018 年的 3.04 亿亩，产量由 2 亿吨提高到 7.03 亿吨，人均占有量由 170kg 左右增加到 500kg 以上，而且品种丰富，应有尽有。常年生产的蔬菜达 14 大类 150 多个品种，逐步满足了人们日益增长的多样化的消费需求。

（3）蔬菜市场供应有明显的淡旺季

尽管目前全国蔬菜总量偏多，大众化蔬菜出现了区域性、季节性、结构性过剩，价格下跌，效益下降，但是蔬菜市场供应仍存在明显的淡旺季。

如长江流域每年 12 月～次年 3 月份和 7～9 月份，由于受低温寒冷和高温酷暑等气候的影响，本地蔬菜生产和上市量严重不足，蔬菜品种稀少、数量紧张、价格成倍上涨，市场供应存在明显的“春淡”“秋淡”。

蔬菜供应淡季，可通过设施栽培、地区调剂、贮藏加工等手段来得以缓解。

（4）蔬菜市场竞争激烈

近年来蔬菜类农产品价格异常波动成为关注焦点。市场上蔬菜的零售价格降幅明显，产地批发价步步下行，很多蔬菜的产地收购价格跌破成本价，菜农苦不堪言。众所周知，菜价涨跌不仅取决于季节和气象灾害，还与生产方式落后、信息不对称和以产定销的惯性思维及流通不畅密切相关。当下，应以农业供给侧结构性改革为契机，推动蔬菜产业的转型升级，加快转变蔬菜的生产方式，打通生产、加工和流通环节。提高蔬菜产销组织化程度，引导蔬菜生产者按照“反向供给链”的经营理念组织生产。同时积极改善蔬菜流通设施条件，减少流通环节，降低流通成本，引入农产品电子商务等新型业态，推动“产需对接”“农超对接”，让百姓的“菜篮子”更丰富实惠。

市场就是竞争，竞争的最终结果是优胜劣汰，最终各地蔬菜的“比较优势”在竞争中得以显现。就生产方面而言，“比较优势”体现在上市时间、生产成本、品种适销性等方面；就销售方面而言，“比较优势”体现商品质量、商品价格、商品包装、营销手段等方面。

蔬菜市场竞争激烈，各地的“比较优势”在竞争中得以显现，也给各地的蔬菜产业带来较大的冲击。要确切把握蔬菜产品市场销售的特点，并采取相应的对策，才能在激烈的市场竞争中立于不败之地。

第2章 蔬菜基地的规划与建设

深入研究蔬菜的产销规律，抓住蔬菜生产的季节性和蔬菜市场供应的均衡性这一主要矛盾，四季生产量足、质优、品种多样的蔬菜确保市场周年均衡供应满足消费者日益变化的需求一直以来是广大蔬菜科技工作者和菜农致力解决的难题。蔬菜项目园区的顶层设计，科学规划，因地制宜，合理布局，对积极推进供给侧结构优化和实现乡村振兴战略，进一步加强一、二、三产业深度融合，加快构建以现代装备为基础，以现代科技服务为支撑，以现代经营管理为特征的现代蔬菜产业体系，不断满足人民日益增长的美好生活需要，实现农业增效、农民增收和农村增绿有着十分重要的意义。

2.1 蔬菜基地的选址

蔬菜是商品性很强的经济作物，对新建菜田的选址必须考虑到产量与品质的提高，生产与消费的关系，以及国民经济的发展水平。

2.1.1 交通条件

绝大多数蔬菜属于含水量多、体积大、容易变质腐烂、不耐贮藏运输的新鲜产品，又是广大消费者日常需要的副食品，因此无论是从蔬菜产品的物流运输销售方面，还是从蔬菜生产所需的生产资料供给方面来说，都要求有比较便利的交通条件，才能降低生产成本，平抑市场价格，以促进生产的发展和社会和谐稳定。

消费者对蔬菜营养品质和质量安全的要求，花色品种的多样性需求，周年均衡供应的需求只会越来越高。因此，在布局蔬菜基地的时候，便利的交通条件仍然是第一位的。交通区位优势成为发展蔬菜产业首先要考虑的因素。

2.1.2 水源条件

在选址建设蔬菜生产基地时，应把水源作为重要的条件加以考虑。蔬菜作物比一般作物的需水量大，如果没有充足的水源，完全靠天然降水来进行蔬菜生产是不行的。

水源应首先考虑利用附近的天然水源，如江、河、湖、堰塘等。在没有天然水源或天然水源不足的地方，则应开发地下水资源或收集蓄积雨水资源进行灌溉。水源不足的地方，则更应注意研究节约用水的办法，避免浪费与损失。

2.1.3 自然条件

自然条件包括气候、日照、水文、降雨量、土壤条件、地形地貌等。

a. 气象方面。包括气温（每月及每旬的最高、最低及平均温度）、湿度、每月及每年降雨量、无霜期（初霜时间、终霜时间）、结冰期、化冰期、冻土厚度、风力、风速、风向、有云天数、日照天数、日照时长、日照比例、积雪厚度及区域小气候等。气候条件是不容忽视的因子，蔬菜生长需要充足的阳光、适宜的温湿度和风调雨顺的气候条件，应以较大范围的生态区划为依据，选择蔬菜作物最适生长的气候区域来建设相应的蔬菜基地。特别是多年生蔬菜基地和特色特产蔬菜基地，在灾害性天气频繁发生而且目前又无有效办法防止的地区不宜选择建园。

b. 土壤方面。包括土壤的物理、化学性质，坚实度，通气性、透水性，氮、磷、钾的含量，土壤的酸碱度（pH 值），土层深度等。蔬菜是对肥水需求比较多的植物，除了有便利的交通、充足的水源、适宜的气候等条件外，还需要肥沃的土壤条件作为保证，因此在菜园选址时应优先考虑土层深厚、土壤肥沃、疏松透气、排灌方便、微酸性、保水保肥的沙壤土和壤土。土壤条件较差时应有土壤改良培肥计划和条件，才能考虑是否建园。

c. 水文方面。包括现有水面及水质的范围，水底标高，河床情况，常水位，最低、最高水位，水流方向，水质及地下水状况等。对于多年生蔬菜基地建园时还应考虑地下水位的高低，如果一年中有半个月以上时间地下水位高于 0.5～1.0m，则不宜建园，对一些易内涝的地块也不宜建园。

d. 地形方面。包括地表面的起伏状况，山的形状、走向、坡度、位置、面积、高度及土石状况，平地、沼泽地状况。

2.1.4 远离污染源

蔬菜生产的发展还应遵循可持续发展原则，无公害蔬菜、绿色蔬菜、有机蔬菜是今后发展的方向。园区应远离城区、工矿区、交通主干线、工业污染源、生活垃圾场等，确保生产出的蔬菜产品安全、优质、营养。

（1）菜田土壤环境要求

农用地土壤污染风险指因土壤污染导致食用农产品质量安全、农作物生长或土壤生态环境受到不利影响。蔬菜基地土壤环境质量应符合 GB 15618—2018 中的农用地土壤污染风险筛选值和风险管制值的相关要求。

农用地土壤污染物含量等于或低于农用地土壤污染风险筛选值的，对农产品质量安全、农作物生长或土壤生态环境的风险低，一般情况下可以忽略；超过该值的，对农产品质量安全、农作物生长或土壤生态环境可能存在风险，应当加强土壤环境监测，原则上应当采取安全利用措施。而农用地土壤污染物含量超过农用地土壤污染风险管制值时，其上生产的食用农产品不符合质量安全标准，此类农用地土壤污染风险高，原则上应当采取严格管控措施。

农用地土壤污染风险筛选值包括基本项目和其他项目。农用地土壤污染风险筛选值的基本项目为必测项目，包括镉、汞、砷、铅、铬、铜、镍、锌，风险筛选值见表 2-1。

表 2-1 农用地土壤污染风险筛选值（基本项目）(GB 15618—2018)

序号	污染物项目①②		风险筛选值(按 pH 值分组)/(mg/kg)			
			pH≤5.5	5.5<pH≤6.5	6.5<pH≤7.5	pH>7.5
1	镉	水田	0.3	0.4	0.6	0.8
		其他	0.3	0.3	0.3	0.6
2	汞	水田	0.5	0.5	0.6	1.0
		其他	1.3	1.8	2.4	3.4
3	砷	水田	30	30	25	20
		其他	40	40	30	25
4	铅	水田	80	100	140	240
		其他	70	90	120	170
5	铬	水田	250	250	300	350
		其他	150	150	200	250
6	铜	水田	150	150	200	200
		其他	50	50	100	100
7	镍		60	70	100	190
8	锌		200	200	250	300

① 重金属和类重金属砷按元素总量计。

② 对于水旱轮作地，采用其中较严格的风险筛选值。

农用地土壤污染风险筛选值的其他项目为选测项目，包括六六六、滴滴涕和苯并［a］芘，风险筛选值见表 2-2，其他项目由地方环保主管部门根据本地区土壤污染特点和环境管理需求进行选择。

表 2-2 农用地土壤污染风险筛选值（其他项目）(GB 15618—2018)

序号	污染物项目	风险筛选值/(mg/kg)
1	六六六总量①	0.10
2	滴滴涕总量②	0.10
3	苯并[a]芘	0.55

① 六六六总量为 α-六六六、β-六六六、γ-六六六、δ-六六六四种异构体的含量总和。

② 滴滴涕总量为 p,p'-滴滴伊、p,p'-滴滴滴、o,p'-滴滴涕、p,p'-滴滴涕四种衍生物的含量总和。

农用地土壤污染风险管制值项目包括镉、汞、砷、铅、铬，管制值见表 2-3。

表 2-3 农用地土壤污染风险管制值（GB 15618—2018）

序号	污染物项目	风险管制值/(mg/kg)			
		pH≤5.5	5.5<pH≤6.5	6.5< pH≤7.5	pH>7.5
1	镉	1.5	2.0	3.0	4.0
2	汞	2.0	2.5	4.0	6.0
3	砷	200	150	120	100
4	铅	400	500	700	1000
5	铬	800	850	1000	1300

(2) 菜田灌溉水质要求

菜田灌溉用水是为满足蔬菜作物生长需要，经人为输送，直接或通过渠道供给菜田的水。菜田灌溉用水水质控制项目根据农田灌溉水质标准（GB 5084）规定分为基本控制项目和选择控制项目。

基本控制项目为必测项目，应符合表 2-4 的规定。

表 2-4 菜田灌溉用水水质基本控制项目限值（GB 5084）

序号	项目类别	限值	
1	pH 值	5.5～8.5	
2	水温/℃	≤35	
3	悬浮物/(mg/L)	≤60①	≤15②
4	五日生化需氧量(BOD_5)/(mg/L)	≤40①	≤15②
5	化学需氧量(COD_{Cr})/(mg/L)	≤100①	≤60②
6	阴离子表面活性剂/(mg/L)	≤5	
7	氯化物/(mg/L)	≤350	
8	硫化物/(mg/L)	≤1	
9	全盐量/(mg/L)	≤1000③(非盐碱土地区)，≤2000③(盐碱土地区)	
10	总铅/(mg/L)	≤0.2	
11	总镉/(mg/L)	≤0.01	
12	铬(六价)/(mg/L)	≤0.1	
13	总汞/(mg/L)	≤0.001	
14	总砷/(mg/L)	≤0.05	
15	粪大肠菌群数/(MPN④/L)	≤20000①	≤10000②
16	蛔虫卵数/(个/10L)	≤20①	≤10②

① 加工、烹调及去皮蔬菜。

② 生食类蔬菜、瓜类和草本水果。

③ 具有一定的水利灌排设施，能保证一定的排水和地下水径流条件的地区，或有一定淡水资源能满足冲洗土体中盐分的地区，农田灌溉水质全盐量指标可以适当放宽。

④ 大肠菌群 MPN(most probable number，MPN) 是指在 1mL 或 1g 样品检样中所含的大肠菌群的最近似或最可能数。

选择控制项目由地方生态环境部门会同农业农村部、水利部等部门根据当地菜田灌溉水的来源和可能的污染物种类选择相应的控制项目，应符合表 2-5 的规定。

表 2-5 菜田灌溉用水水质选择控制项目限值（GB 5084）

序号	项目类别	限值/(mg/L)
1	氟化物	≤2(一般地区)，≤3(高氟地区)
2	氰化物	≤0.5
3	石油类	≤1
4	挥发酚	≤1
5	总铜	≤1
6	总锌	≤2
7	总镍	≤0.2
8	硒	≤0.02

续表

序号	项目类别	限值/(mg/L)
9	硼	≤1(对硼敏感作物)① ≤2(对硼耐受性较强的作物)② ≤3(对硼耐受性强的作物)③
10	苯	≤2.5
11	甲苯	≤0.7
12	二甲苯	≤0.5
13	异丙苯	≤0.25
14	苯胺	≤0.5
15	三氯乙醛	≤0.5
16	丙烯醛	≤0.5
17	氯苯	≤0.3
18	1,2-二氯苯	≤1.0
19	1,4-二氯苯	≤0.4
20	硝基苯	≤2.0

① 对硼敏感作物，如黄瓜、豆类、马铃薯、笋瓜、韭菜、洋葱、柑橘等。

② 对硼耐受性较强的作物，如青椒、小白菜、葱、玉米等。

③ 对硼耐受性强的作物，如萝卜、白菜、甘蓝等。

(3) 菜田空气环境要求

空气环境是指植物生长所暴露的气体环境。菜田空气环境应符合环境空气质量标准（GB 3095—2012）中的二级浓度限值要求，具体见表2-6、表2-7。

表2-6　菜田环境空气污染物基本项目浓度限值（GB 3095—2012）

序号	污染物项目	平均时间	浓度限值/(μg/m³)
1	二氧化硫(SO_2)	年平均	60
		24小时平均	150
		1小时平均	500
2	二氧化氮(NO_2)	年平均	40
		24小时平均	80
		1小时平均	200
3	一氧化碳(CO)	24小时平均	4
		1小时平均	10
4	臭氧(O_3)	日最大8小时平均	160
		1小时平均	200
5	颗粒物(粒径小于等于10μm)	年平均	70
		24小时平均	150
6	颗粒物(粒径小于等于2.5μm)	年平均	35
		24小时平均	75

注：本标准自2016年1月1日起在全国实施，基本项目在全国范围内实施。

表 2-7　菜田空气污染物其他项目浓度限值（GB 3095—2012）

序号	污染物项目	平均时间	浓度限值/($\mu g/m^3$)
1	总悬浮颗粒物(TSP)	年平均	200
		24 小时平均	300
2	氮氧化物(NO_x)	年平均	50
		24 小时平均	100
		1 小时平均	250
3	铅(Pb)	年平均	0.5
		季平均	1
4	苯并[a]芘(BaP)	年平均	0.001
		24 小时平均	0.0025

注：本标准自 2016 年 1 月 1 日起在全国实施，其他项目由国务院环境保护行政主管部门或者省级人民政府根据实际情况，确定具体实施方式。

2.2 蔬菜基地的类型

蔬菜基地的类型很多，从不同角度大致可以分为以下几种类型：

根据基地拟种植蔬菜种类的不同，可以分为单一蔬菜种植基地和同时种植多种蔬菜的种植基地。

根据栽培设施的有无，可分为设施蔬菜基地和露地蔬菜基地。

根据蔬菜基地的立地条件分为平原平地蔬菜基地、丘陵岗地蔬菜基地、二高山蔬菜基地、高山蔬菜基地以及水生蔬菜基地等。

根据蔬菜基地的经营目的分为专业化蔬菜生产基地、兼业型蔬菜生产基地、自产自销自留菜地、加工原料蔬菜基地、出口创汇蔬菜基地、休闲体验型蔬菜基地等。

根据蔬菜基地的经营主体可分为专业大户、家庭农场、专业合作社、农业产业化龙头企业等。

2.3 蔬菜的种植制度

2.3.1 蔬菜种植制度的类型

种植制度是指一定时间内，在一定的土地面积上安排各种蔬菜的种植方式，包括连作、轮作、间作、套作、混合作、多次作和重复作。合理的种植制度，应有利于土地、光照、空气、劳力、能源、水等各种资源的最有效利用，取得当时条件下作物生产的最佳经济、社会、环境效益，并能可持续地发展生产。

(1) 连作

连作是指在同一块土地上不同年份内连年栽种同一种蔬菜。

连作有一定好处：有利于充分利用同一地块的气候、土壤等自然资源，大量种植生态上适应且具有较高经济效益的作物，没有倒茬的麻烦，产品较单一，管理上简便。

但是很多蔬菜作物是不能连作的。连作的害处主要有：造成某些营养元素的缺乏、生理机能失调、地力得不到充分利用；蔬菜病菌虫卵大都潜伏于土壤、杂草、残枝败叶中，容易继续滋生感染同类病虫害；连作之后，根系分泌的有害物质或有毒物质，得不到有效分解会抑制有益微生物活动，影响蔬菜的生长发育。

这种同一田地上连续栽培同一种作物而导致作物机体生理机能失调、出现许多影响产量和品质的异常现象，即连作障碍。蔬菜、西瓜、甜瓜等作物，栽培茬次多，尤其是在温室、塑料大棚中，很容易发生连作障碍。

蔬菜作物种类繁多，不同作物忍耐连作的能力有很大差别。番茄、黄瓜、西瓜、甜瓜、甜椒、韭菜、大葱、大蒜、花椰菜、结球甘蓝、苦瓜等不宜连作；而白菜、洋葱、豇豆和萝卜等蔬菜作物，在施用大量有机肥和良好的灌溉制度下能适量连作，但在病虫害防治上要格外注意。

克服连作障碍的方法是轮作、多施有机肥、排水洗盐、采用无土栽培等。

（2）轮作

在同一块土地上，按一定的年限，轮换栽种几种不同种类的蔬菜，称为轮作。轮作是克服连作的最佳途径。合理轮作有利于防治病虫害，有利于均衡利用土壤养分、改善土壤理化性状、调节土壤肥力。

轮作相邻近的作物茬应种类不同、种植方式不同、病虫害类型差异大、作物的需肥水特性有较大差异等。轮作茬口相接的作物在季节利用上应当符合季节变化的特点。从大农业观点出发，作物的轮作应不限于蔬菜植物，也可以插入农作物，如玉米、向日葵以及绿肥作物。南方地区水旱轮作（水稻和蔬菜轮作）就是一种较好的方式。

各类蔬菜轮作的年限依蔬菜种类、病虫害发生的情况等而长短不一。如白菜、芹菜、甘蓝、花椰菜、葱蒜类、慈姑等在没有严重发病的地块上可以连作几茬，但需增施有机肥做底肥；马铃薯、山药、生姜、黄瓜、辣椒等的轮作年限是2～3年；茭白、芋、番茄、大白菜、茄子、甜瓜、豌豆等的轮作年限是3～4年；而西瓜的轮作年限需6～7年。

（3）间作

两种或两种以上的蔬菜隔畦、隔行或隔株同时有规则地栽培在同一块土地上称为间作。

间作能充分利用空间，高矮不同的作物间作，各自能在上下空间充分利用光照，相互提供良好的生态条件，促进主栽与间作作物的生长发育，取得良好的经济效益。

间作种植，有一定好处，但也有一些缺点，主要是管理上比单一作物要复杂一些，用工多，应用机械作业较困难。因此，主栽作物应当有选择地确定间作作物种类，如间作作物应尽可能低矮、与主栽作物无共同病虫害、较耐阴、生长期短、收获较早等。种植间作作物，主栽作物的行距应适当加大，主栽作物还应株形较直立、冠幅较小等。蔬菜生产中使用较多的有粮菜间作、果菜间作、林菜间作、菜菜间作等。

（4）蔬菜的套作和混合作

前作蔬菜发育后期在其株间、行间、畦间或架下种植后作蔬菜称套作。不同作物共生期只占生育期的一小部分。

在蔬菜生产中，由于一些作物可以先集中育苗，套作的应用较为普遍，如大棚番茄套作苋菜、蕹菜等，菜豆套作结球甘蓝、芹菜等，甜玉米套作白菜、萝卜等。棉田前期套作西瓜、甜瓜、辣椒、毛豆，后期套种大蒜、茭头、蚕豆、豌豆、越冬萝卜等。冬瓜、丝瓜架下套种生姜、绿叶蔬菜等，套作能更充分地利用生长季节、提高复种指数。

不规则地混合种植两种或两种以上的蔬菜作物称为混合作。如南方夏季高温季节将芹菜、芫荽、胡萝卜等与小白菜、萝卜等混播，可以利用小白菜、萝卜出苗快（2～3d），很快形成遮阳，有利于芹菜、芫荽、胡萝卜等慢慢出苗（10～15d），待芹菜、芫荽、胡萝卜等出苗时，小白菜、萝卜秧即可采收。

（5）多次作和重复作

在同一块土地上一年内连续栽培多种蔬菜，可收获多次的叫多次作；在一年的整个生长季节，或一部分季节内连续多次栽种同类作物称重复作。多应用于绿叶菜或其他生长期短的作物，如小白菜、小萝卜等。

科学安排茬口，就要综合运用轮作、间作、套作、混合作和多次作，配合增施有机肥和晒垡、冻垡等措施，实行用地与养地相结合，最大限度地利用地力、光能、时间和空间，实现高产优质多种蔬菜的周年生产。

2.3.2 栽培季节与茬口安排

蔬菜作物的栽培季节是指从种子直播或幼苗定植到产品收获完毕为止的全部占地时间而言。对于需育苗的蔬菜作物因为苗期不占大田面积，不计入栽培季节。

确定蔬菜作物栽培季节的基本原则：将蔬菜作物的整个生长期安排在它们能适应的温度季节里，而将产品器官的生长期安排在温度最适宜的季节里，以保证产品的高产、优质。在设施栽培中，栽培季节的确定与农业设施的类型、栽培作物的种类、栽培方式和自然气候等还有密切关系。

茬口安排是指在同一地块上不同年份或同一年份的不同季节内，各种蔬菜种植在栽培次序上的安排布局、衔接搭配和排列顺序。科学合理的蔬菜茬口安排可以最大限度地满足蔬菜作物生长发育对环境条件的要求，从而达到高产优质高效益的目的。同时，还可以充分利用土壤肥力、水分，减少病虫草害，节约设施投资，降低成本，调节蔬菜的上市期，克服淡旺季，实现周年均衡供应，满足市场需求。每种蔬菜作物应种在哪块地上，应根据土壤特点和不同蔬菜作物对环境条件的要求安排，如低洼易渍水地块，可安排种植喜湿耐涝的蔬菜，如蕹菜、芹菜、丝瓜、芋、藜蒿、豆瓣菜等。

为了便于制订与落实生产计划，通常把蔬菜作物的茬口分为“季节茬口”（指一年当中露地栽培或设施栽培的茬次，如蔬菜的越冬茬、春茬、夏茬、伏茬、秋茬、冬茬等季节茬口）与“土地茬口”（指在轮作制度中，同一块菜地上，全年安排各种蔬菜作物的茬次，如一年一熟、一年两熟、二年五熟、一年三熟、一年多熟等）。

（1）露地蔬菜栽培的季节茬口

露地蔬菜栽培的季节茬口大体上可分为以下五种。

① 越冬茬

即过冬茬（包括越冬根菜茬），是一类耐寒或半耐寒蔬菜，如东北地区的越冬菠菜、葱，华北地区的根茬菠菜、芹菜、小葱、韭菜、芫荽，华中三主作区还有菜薹、乌塌菜、春白菜、莴苣、洋葱、大蒜、甘蓝、蚕豆、豌豆等。一般是秋季露地直播或育苗，冬季前定植，以幼苗或半成株态露地过冬，翌年春季或早夏供应，是堵春淡季的主要茬口。可早腾茬出地的是早春菜及中小棚覆盖果菜类的良好前茬，也是夏菜茄瓜豆的前茬；晚腾茬出地的通常间套作晚熟夏菜，也可作为伏菜的前茬或翻耕晒垡，秋季种秋冬菜。

② 春茬

即早春菜，是一类耐寒性较强、生长期短的绿叶菜，如小白菜、小萝卜、茼蒿、菠菜、芹菜等，和春马铃薯以及冬季保护地育苗、早春定植的耐寒或半耐寒的春白菜、春甘蓝、春花椰菜等。该茬菜生长期40～50d至60d即可采收供应，正好在夏季茄瓜豆大量上市以前，过冬菜大量下市以后的“小春淡季”上市，这一季节通常多与晚熟夏菜的各种地爬瓜类、辣椒、茄子、豇豆、早毛豆、菜豆等间套作或作为伏菜的前茬。

③ 夏茬

即春夏菜、夏菜，也有习惯叫“春菜”的，包括那些春季终霜后才能露地定植的喜温好热蔬菜，如茄、瓜、豆类蔬菜，是各地主要的季节茬口。一般在6～7月份大量上市，形成旺季。因此，宜将早中晚熟品种排开播种，分期分批上市。一般在立秋前腾茬出地，后茬种植伏菜或经晒垡后种秋冬菜，远郊肥源和劳动力不足之处，也可晒垡后直接栽晚熟过冬菜。

④ **伏茬**

俗称火菜、伏菜，是专门用来堵秋淡季的一类耐热蔬菜或品种，一般多在6～7月份播种或定植，8～9月份供应，如早秋白菜、火苋菜、蕹菜、落葵、伏豇豆、伏黄瓜、伏甘蓝、伏萝卜等。华北地区把晚茄子、甜椒、冬瓜延至9月份出地的称为连秋菜、晚夏菜；长江流域把小白菜分期分批播种，一般播种20d左右即可上市，作为堵伏缺的主要"品种"。后茬是秋冬菜。

⑤ **秋冬茬（也叫秋茬）**

即秋菜、秋冬菜，是一类不耐热的蔬菜，如大白菜类、甘蓝类、根菜类及部分喜温性的茄果瓜豆及绿叶菜。秋冬茬是全年各茬中面积最大的，一般在立秋前后直播或定植，10～12月份上市供应，也是冬春贮藏菜的主要茬口，其后作为越冬菜或冻垡休闲后翌年春栽种早春菜或夏菜。

因地制宜地利用五个茬口之间的合理比例，是计划生产均衡供应的重要内容。除了上述常年菜地的五个茬口外，还有保护地栽培的茬口安排、季节性菜地（包括水生菜地、间作菜地）的茬口安排，在制订生产计划时，都应当考虑进去。

（2）蔬菜的土地茬口

① **第一类早熟三大季或四大季**

夏季以早熟茄瓜豆为主，秋季以萝卜、大白菜、甘蓝、胡萝卜或两茬秋冬白菜为主，冬春以过冬白菜、菠菜、小萝卜等为主。主要供应季节是3～4月份、6～7月份、10～12月份，经贮藏可延迟到翌年1～2月份。在三季菜收获盛期形成3个旺季，收获终了形成3个淡季，即4～5月份、8～9月份、翌年2～3月份。系近郊老菜区主要茬口，也是唯一解决冬春缺菜的茬口类型。

② **第二类是晚熟两大季或三大季**

以晚熟冬瓜、茄子、辣椒、笋瓜、豇豆等为主，前茬一季迟白菜、莴笋、洋葱、大蒜、春甘蓝、蚕豆等或者冻垡，后茬一季晚熟秋冬菜萝卜、菠菜等，主要供应期是4～6月份、8～9月份、11～12月份。其供应特点是紧接在早熟三大季之后，是解决"伏缺"与4～5月份小淡季的主要茬口，为早熟三大季的辅助茬口，是各地远郊或旱园主要茬口类型。

③ **第三类是以叶菜为主的多次作栽培**

以速生叶菜为主，一年种植四茬以上，一般是从立春起，连续种二三茬白菜或小萝卜，即头茬小白菜或小萝卜（2～4月份）、二茬白菜或小萝卜（4～6月份），再种一茬伏菜（白菜或苋菜）或者晒垡休闲。下半年从立秋起，连种两茬秋菜，即早白菜和栽白菜或腌白菜，有些再种一茬过冬菜而与翌年2月份白菜相衔接。为避免病虫害，也有春季种一季早熟茄瓜豆，接着一茬伏小白菜、二茬秋冬白菜、一茬过冬菜。这一茬口供应较均衡，多分布在近郊老菜园。

2.4 蔬菜基地的规划

2.4.1 规划依据

一个地区应当发展什么种类的蔬菜生产，或一种蔬菜应当在什么地区、地块发展生产，不应是随意的、主观决策的，应有深入细致的调查研究和反复论证作为依据。调查研究的主要地点应以本地为主，外地为辅。调查研究的内容主要包括：

① 国家的政策、法规，地区经济、社会发展的方针，特别是蔬菜产业发展的方针，城乡发展和区域产业发展的上位规划。

② 自然环境条件和资源，包括气候、日照、水文、降雨量、土壤条件、地形地貌、环境污染程度、

不同地块的肥沃程度等。

③ 社会经济及人文条件，包括人口、农业劳动力资源、经济状况、工业和商业、交通的发达与否、种植业水平，特别是已有蔬菜产业水平、有无名特优产品，农业劳动力素质等。

④ 交通条件。调查园区周边环境状况及旅游资源，建设园区所处地理位置与城市交通的关系，包括交通路线、交通工具等情况。

⑤ 现有设施的调查，如给排水设施、能源、电源、电讯情况，原有建筑的位置、面积用途等。

⑥ 市场情况，特别是蔬菜产品的近地和远销市场，现状与展望，本地、近地人口蔬菜产品消费水平及特点等。

⑦ 发展生产的投资情况，主要是靠本地还是有其他投资方、近期与长期内投资力度等。

⑧ 现场勘察工作所获得的第一手现状资料。

对于这些基础资料，既要逐项予以评价，还应对资料整体进行综合评价。前者是后者的基础，后者是前者的深化，从而获得全面的认识，利于园区的正确定位。

上述情况的调查，有的需要依据实际数据绘制图示，如土壤分布图、植被图、水资源状况等，有的则要依据实际数据编写出说明书，如社会经济及人文方面的情况。在这些工作的基础上再论证发展什么和怎样发展。

2.4.2 规划原则

蔬菜基地的规划应遵循以下原则：

(1) 市场导向原则

蔬菜种植园规划应针对项目区的气候特点、产业基础、区位优势和市场需求，通过配套完善的基础设施建设、周年高效的种植模式、特色品种和产品的开发、从业人员的技术培训、惠农政策的倾斜、绿色生态安全品牌的创建等，在准确及时把握消费市场的前提下，满足人们对营养、安全、休闲、娱乐等的各类需求。

(2) 因地制宜原则

蔬菜种植园规划必须按照项目区的自然资源、地形地貌和各建设要素特点，选择适宜的主导产业和产品，进行开发。注意因地制宜，把优势找准，扬长避短，开展农业综合开发，宜农则农，宜牧则牧，宜林则林。把园区的建设同农业结构特征有机结合，同发展当地支柱产业相结合，同促进当地农业产业化的发展相结合。充分开发和利用自然资源，维护和保持自然生态平衡，实现经济、社会、生态效益相协调，促进项目区蔬菜产业的可持续发展。

(3) 科技驱动原则

在项目区应坚持以科技为先导，充分发挥科学技术在蔬菜生产各个环节的重要作用，提高设施装备和调控水平，以实施高新技术成果转化、示范为突破口，全面提升项目区整体科技含量，突出农业新技术的科技开发、孵化培育、推广辐射、产业带动、教育培训、休闲观光等功能，使园区成为新技术的引进开发基地、示范推广基地、农业科技信息的传播基地以及现代高科技产品的标准化生产和加工基地。

(4) 适度规模原则

蔬菜种植园建设规模要适度，过大或过小都不利于园区的发展。具体的建设规模应根据项目区土地利用现状、生产单位的经济实力、当地的气候条件、当地及目标市场的消费群体与市场容量等综合考量。农业农村部园艺作物标准园建设规模要求：设施蔬菜标准园集中连片面积（设施内面积）200亩（1亩≈667m^2）以上，露地蔬菜标准园集中连片面积1000亩以上。

（5）博采众长原则

蔬菜种植园无论大小都有其相通的地方，都有几个功能区的划分、服务区的建设、园林工程设计甚至还有观光休闲功能的考虑等。在规划过程中应借鉴国内众多园区的优点以及国外的示范农场、农业公园等方面的经验，博采众长，形成独具风格的个性化设计。

（6）突出特色原则

蔬菜种植园建设应从实际出发，发掘当地资源、市场、文化、区位优势，体现区域特色，立足本地特色资源，面向特定目标市场，按照“人无我有、人有我优、人优我特”的原则，明确园区的发展方向和目标。优先选择效益最大的项目进行规划与实施，避免区域产业雷同和重复建设，充分考虑技术品种的发展潜力，并对其进行综合评价和可行性分析，提出切实可行的规划方案。

2.4.3 规划的基本程序

（1）前期准备阶段

① 了解政府方针政策

与规划项目承办方进行交流，了解当地农业发展政策以及对规划任务的要求和意愿。政府的意愿对项目园区有很大的导向作用，还需与园区所在地主管部门进行沟通，把握园区的发展方向和定位。

② 沟通业主投资意向

与项目园区业主无限沟通是做好园区规划的重要环节。充分了解业主的投资意向、投资额度、投资回报期望等，可以做出更加符合业主要求的规划方案。在规划过程中还要遵从蔬菜产业特点和市场变化规律，使规划能真正成为业主投资决策的指导和依据。

③ 收集基础资料

多方收集与项目相关的基础资料，重点是当地政府规划部门积累的资料和相关主管部门提供的专业性资料。内容一般包括：项目区勘察资料、测量资料、气象资料、土地利用资料、交通运输资料、建筑物资料、工程设施资料、水源资料、土壤资料、植被资料、市场资料、当地政府相关政策法规及近期相关上位规划等。

④ 踏勘调研

规划工作者必须对园区的概貌有明确的形象概念，必须进行认真的现场勘察。调研内容一般如下：

a. 土地现状：建设用地、农业用地范围等。

b. 现场基础设施条件：水源、机井（机深、出水量、水泵规格、布置）、电力（高低压线路、负荷、变压器、农业用电量）、电信（电信站、宽带、电话）、周边道路情况（交通状况、道路名称）、农业设施情况（类型、面积、利用情况）等。

c. 项目区土地利用现状：种植情况、养殖情况、农产品加工业情况等。

d. 项目区周边情况：交通情况、周边用地情况、周边城镇（村庄）情况等。

⑤ 资料整理分析

资料整理分析是调查研究工作的关键，将收集到的各类资料及现场勘察中反映出来的问题加以系统地分析整理。去伪存真，由表及里，从定性到定量研究园区发展的内在决定性因素，明确园区建设的优势条件和制约因素，找出发展中的关键问题和突出潜力，为研究园区发展战略、制订园区发展目标和设计方案提供科学依据。这是园区规划方案制订的重要前提。

（2）规划设计阶段

一般规划工作通常划分为概念性规划、总体规划、详细规划三个层次。每个层次可以单独成为规划内容，可按照要求进行单独编制。

① **概念性规划**

概念性规划可以体现在宏观层面规划中，又可体现在微观层面规划中。概念性规划涵盖范围广，是对未来远景的一个描述和整体性认识，带有指导性。园区的概念性规划就是园区发展的战略部分，就是要在分析项目区的基本条件的前提下，提出战略目标、战略思想等内容，总体把握园区的发展方向。

② **总体规划**

园区总体规划是在概念性规划提出战略思想的基础上，对园区一定时期内（一般3～5年）的发展目标、发展规模、土地利用空间布局以及各项建设综合部署的实施措施。其主要内容见表2-8。

③ **详细规划**

园区的详细规划是以园区总体规划为依据，对园区内的土地利用、空间环境和各项建设用地所做的具体安排。其主要内容见表2-8。

表2-8　园区规划阶段及编制内容

规划阶段	编制内容
总体规划阶段	论证基础资料和编制规划依据， 拟定园区的指导思想、发展目标和建设原则， 明确园区的功能定位、产业规划、项目规划、经营决策等， 确定园区的空间布局、用地规模，进行分区规划， 了解园区内外交通的结构和布局，编制园区内道路系统规划方案，包括道路等级、广场、停车场及主要交叉路口形式， 确定园区给排水、供电、通讯、供热、燃气、消防、环保等设施的发展目标和总体布局，并进行综合协调， 进行综合技术经济论证，提出实施建议
详细规划阶段	详细确定园区建设项目用地界线和适用范围，确定各功能分区的容量比，如环境容量、生态容量、建筑容量等， 提出主要建筑(温室、大棚等)高度、密度等控制指标以及交通出入方位等， 确定各级干道红线的位置、断面、控制点坐标和标高等， 确定工程管线的走向、管径和工程设施的用地界线等， 制定相应的土地使用与建筑管理规定细则

(3) 规划方案评估和报批

现代蔬菜项目园区规划方案评估要有共同的评估标准和评估方法，来判断规划设想或规划方案构想的“优与劣”“好与坏”，选出较适当的方案。规划方案初步拟定后，邀请当地政府负责人、承办单位主管部门和业内知名专家，对规划方案进行评审或论证。然后规划工作者根据评审或论证意见，认真研究，做必要的修改调整，形成规划文件。最后规划成果应按相关规定，报政府主管部门或承办单位决策机构审批后，方具有实施的权威和效力。在实施园区规划方案过程中，要经常检查规划的可行性和实际效益，根据新发现的问题情况，对原规划方案做出必要的调整、补充或修改。

2.4.4　功能分区方案

蔬菜种植园的功能分区，应从实际情况出发，在充分考虑园区建设的定位、规模和自然条件等前提下，以蔬菜产品生产和休闲观光为主线，根据园区的类型、发展的方向和目标，并按照功能相近、产业关联等基本原则，参考地形地貌、土地利用状况等进行各功能区的布局，做到突出重点、全面协调。最终确立一个科学合理，既满足种植园建设发展需求又适应产业发展的分区方案。

大多数现代蔬菜种植园在规划设计时应考虑以下功能区建设：

(1) 科技研发区

随着我国农业产业的快速发展，龙头企业已经成为农业产业发展中的主要中坚力量，未来的科技发展离不开企业的作用，企业将成为农业机制创新和科技创新的主体。现阶段，园区可依托农业院校和科研院所作为科技支撑，与实力较强的科研单位合作，建立博士工作站、院士工作站，加强园区人才引进和研发团队建设，建立科技发展基金。

(2) 展示示范区

展示示范区重点展示现代生物技术、节本高效栽培技术、现代设施园艺技术、蔬菜产品加工技术等，示范蔬菜新品种、新技术和新模式，带动周边地区农业经济的发展和蔬菜产业整体水平的提高。

(3) 种植生产区

根据蔬菜生产的要求，建设一定规模的育苗和生产相关设施，确保周年生产均衡供应，并科学合理地规划项目区的田、园、路、渠，实现水、电、路设施配套。以基本农田土地整理项目和农业综合开发项目为依托，周密规划，科学布局，确保涝能排、旱能灌、主干道硬化，以实现规模化种植和标准化生产。

(4) 采后处理区

采后处理区是将初级产品变为商品的区域。主要是通过配套建设蔬菜采后的清洗、整理、分级、预冷、包装、贮藏、运输、销售等设施设备及处理车间、冷库、仓库等建筑，对园区生产的产品进行商品化处理，以保持和提高蔬菜产品的商品价值。

(5) 技术培训区

对项目区管理人员、技术人员、劳动人员进行专项技术培训，使先进的技术和创新成果进入千家万户。配套多媒体教学、现场示范、实地观摩及远程网络教学等方式，把实用新型高科技蔬菜高效栽培管理技术，如设施农业技术、节水灌溉技术、无土栽培技术、工厂化育苗技术、病虫草害绿色防控技术等进行推广，使园区成为当地传播高新技术的教学基地。

(6) 观光休闲区

通过园区山、水、田、园、路等基础设施条件的全面改善和科学布局，达到路相通、渠相连、林成网、土肥沃、灌得进、排得出的要求；通过利用蔬菜作物的种类品种多样性、生长发育开花结果的可观赏性、种植耕作采摘的可参与性等，配套建设相关休闲旅游设施，吸引游客入园观光休闲，实现农旅、农文有机结合，延长蔬菜产业的产业链条。

(7) 综合管理区

综合管理区是园区的枢纽，主要承担园区管理办公、对外联络、组织生产、安排物流、展示产品、开拓市场、信息发布、科技交流等功能。通过配套建设相关设施设备，为园区创造良好的工作和生活环境，保证园区各功能区有序运营、高效运转。

(8) 接待服务区

对于具有休闲观光旅游功能的园区，接待服务区是园区直接面对游客的窗口，主要承担接待服务、导购导游、活动策划、游线组织、广告宣传等。通过周全到位的服务设施、服务功能和服务质量，全面展示园区绿色、生态、科技、低碳理念，实现经济、社会和生态效益的全面提高。

2.4.5 菜田基础设施规划

菜田基础设施规划主要包括道路交通系统、给水排水工程、水土保持工程、工程管网、景观绿化工程、农业设施、农业机械及资源保护等的规划。

蔬菜种植园农田基础设施建设在尊重自然保持自然生态原貌的基础上，配套相应的服务设施、附属设施、农业设施、农业机械等。

(1) 道路交通系统规划

蔬菜基地的道路交通系统，分为对外交通和内部交通两类。

对外交通承担着蔬菜基地和城市之间的客货流运输，如基地生产所需要的化肥、农药、种子、农膜、架材等生产资料以及园区生产的鲜活蔬菜产品及其加工品，以及前来休闲观光的游客，都必须经过外部道路才能到达园区或输送到外部。

内部交通承担蔬菜基地内部的客货流运输，为联系各个功能分区的交通网络。一般按主路中间、支路两边的原则布局道路交通系统。主路要保证大中型农业机械能顺利会车，主路的净宽一般要求在6m以上，支路要保证大中型农业机械进出顺畅，净宽至少在3m以上。机耕路的建设标准为路基两边砌石，路面硬化，同时建好农机下田墩。内部交通系统设计要求主路、支路、田间路和生产路相互衔接，形成网络，各级道路尽量与园地、渠道设置相结合，减少占地，并有利于农业机械操作。具有休闲观光功能的基地同时还应考虑景观及绿化要求，尽量与地形、水体、植物、建筑及其他设施结合，转折和衔接要流畅，符合景观线形设计和游客安全通行要求。

(2) 给水排水系统规划

蔬菜基地的排水、灌溉系统，对基地的管理、经济效益是非常重要的。大型蔬菜基地必须有很合理、完善的排灌系统，包括水源、水的输送和排泄管道、供水设施等。即使是一片小的绿地、几株点缀风景的树木，也必然有与水的关系、水怎样发挥效益的问题，需要种植者正确地予以解决。所以排灌系统的规划设计应当是蔬菜基地总体规划设计的一部分，而且是主要内容之一。

给水排水规划内容应包括现状分析、给水排水量预测、水源地选择与设施配备、积水排水方式、布设积水排水管网、污染源预测及污水处理措施、工程投资匡算等。

给水排水量预测、给水排水设施布局还应符合以下规定：

① 在景观用地及重要地段范围内，不得布置暴露于地表的大量给水和污水处理设施，可将其布置在生产性设施附近。

② 在主要设施场地、人流集中场地宜采用集中给水排水系统，给水水源可采用地下水或地表水，一般以地下水为主。水源选定应符合下列要求：供水距离短，并有充足水量；水质良好，符合现行《生活饮用水卫生标准》（GB 5749—2006）的规定；给水方便可靠，经济适用；水源地应位于居民区和污染源的上游；泵房靠近水源的可采用潜水泵，稍远的应采用离心泵。

③ 园区的给水排水规划，需要正确处理生活游憩用水（饮用水质）、工业（生产）用水、农林（灌溉）用水之间的关系，满足生产生活和游览发展的需求，有效控制和净化污水，保障相关设施的社会、经济和生态效益。根据灌溉、水体大小、饮水等的实际用量确定供需，根据最多常住人口估算，最高需水量按200L/（人·日）计，根据最多流动人口估算，最高需水量按100L/（人·日）计。

④ 给水以节约用水为原则，设计人工水池、喷泉、瀑布。喷泉应采用循环水，并防止水池渗漏，取地下水或其他废水，以不妨碍植物生长和不污染环境为原则。

⑤ 给水灌溉设计应与种植设计配合，分段控制，浇水龙头和喷嘴在不使用时应与地面相平。生产供水方式尽量采用节水灌溉，露地可采用喷灌、渗灌，大棚温室可根据作物种类采用滴灌或微喷等。灌溉首部实行变频控制，有条件的还可考虑水肥一体化设计。我国北方冬季室外喷灌设备、水池还应考虑防冻措施。

⑥ 排水工程必须满足生活污水、生产污水和雨水排放的需要。排水方式宜采用暗管（渠）排放，污水排放应符合环境保护要求。生活、生产污水必须经过处理后排放，不得直接排入水体和洼地。雨水排放应有明确的引导，可以通过排水系统汇入河沟，也可蓄作灌溉用水。渠道的两侧及沟底用水泥浇平或砌石后用水泥勾缝，同时建好涵管、闸等配套设施。渠道总体布局按主渠中间、支渠两边的原则，保证每块园地都能排灌自如。

(3) 水土保持工程规划

无论是高山蔬菜基地，还是丘陵、岗地蔬菜基地，甚至平原、滩涂蔬菜基地，水土流失，包括风蚀，都是不容忽视的。水土保持工程的重点，山地是修筑拦水坝、梯田，丘陵、岗地是挡土墙、生物护埂护坡，平原或滩涂地是营造防风林。山地建基地，不应顺坡筑畦，而应提倡省工高效的梯田、等高线种植，提倡生态效益好又省工、省力的植被护坡。另外一定要坚持在坡度25°以上的山地退耕还林、还果。

梯田的营造是山地实施种植的主要途径。修筑梯田能蓄水保土。高质量的梯田可以有效地拦蓄降雨，实现水不出田、土不下坡。梯田的种类有水平梯田、坡式梯田和隔坡梯田（图2-1），种植园规划设计时应根据当地人力、物力进行切实可行的安排。

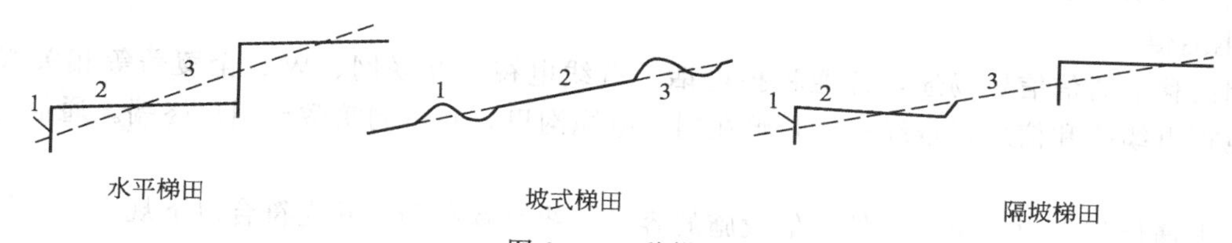

图2-1 三种梯田

1.梯田梗；2.梯田面；3.原坡线

山地水土保持工程，应实施“小流域治理”的原则，以流域为单位，进行综合、集中、连续的山、川、谷、垣、坡、沟整体治理，由上至下，工程措施与生物措施相结合，发挥各项措施的整体功能，以起到蓄水拦土、改善生态环境、兴利除害的治理作用。

（4）工程管网规划

工程管网规划应符合下列规定：符合蔬菜基地园区保护、利用、管理的要求；同蔬菜基地的特征、功能、级别和分区相适应，不得损坏景源、景观和风景环境的氛围；要确定合理的配套工程、发展目标和布局，并进行综合协调；对需要安排的各项工程设施的选址和布局提出控制性建设要求；对于大型工程项目及其规划，应进行专项景观论证、生态与环境敏感性分析，并提交环境影响评价报告。

园艺种植园管网工程规划主要包括供电、供暖、供气、邮电通讯、广播电视等内容。

① 供电系统

种植园区供电规划内容应包括供电及能源现状分析、负荷预测、供电电源点、供电工程设计内容、变（配）电所设置、供电线路布设等，并应符合以下规定：

a.节约能源，经济合理，技术先进，安全适用，维护方便；

b.正确处理近期和远期发展的关系，做到以近期为主，适当考虑远期发展；

c.在景点和景区内不得安排高压电缆和架空电线穿过；

d.在景点和景区内不得布置大型供电设施；

e.主要供电设施宜布置于居民村镇及其附近。

种植园生产区用电点主要有育苗温室大棚、杀虫灯、路灯、泵房、加工包装车间、贮藏冷库以及办公生活区等，休闲观光区内用电负荷主要以旅游接待、商业零售、室内外餐饮、生活生产供水、污水处理设施及其他相关设施为主。

② 供暖系统

种植园区的供暖工程，应贯彻节约能源、保护环境、节省投资、满足需要、技术先进、经济合理的原则。供热管网的布设方式应根据地形、土壤、地下水等各种因素，通过技术经济比较后确定。对于温度不超过120℃的热水采暖管网，应优先选用直埋布设的方案。供热工程设计内容包括热负荷计算、供热方案确定、平面布置、锅炉房主要参数确定等。园区供热工程设计应按现行有关标准、规范执行。

种植生产区应采用节能型生产方式，南方地区尽量以不考虑加温生产为原则，生产区的集约化育苗及冬季促成栽培时应考虑采暖设计，有酿热、电热、水暖、风暖等多种形式供选用。

休闲观光区主要解决建筑冬季采暖和住宿型建筑在旅游季节的生活热水问题。优先考虑采用太阳能供热或地源热泵的方式，分散的景点、建筑则可考虑电力、生物能、太阳能等供热方式。要求区内各类建筑均按保温采暖要求设计。休闲度假设施集中区，可采用中央空调的集中供暖方式和空调供暖方式。

③ **供气系统**

种植园区的燃气工程应本着节约能源、保护环境、节省投资、满足需要、方便生活、技术先进、经济合理的原则进行设计。园区的燃气气源应因地制宜，可选用天然气、液化石油气或人工煤气（煤制气、油制气）等。燃气供应方式可根据实际条件采用管道供气或气瓶供气。燃气工程设计内容包括计算用气量、方案选定、确定气源及供气方式、布设管线等。种植园区燃气工程设计应符合现行《城镇燃气设计规范》（GB 50028—2006）的规定。

④ **邮电通信**

确保园区移动通信信号畅通，开通程控电话、有线电视、互联网、Wifi全覆盖等相关服务，电话电缆线、电视电缆线和信息宽带线三线暗敷在同一电缆沟里，并一同暗敷至用户终端。通信电缆采用地埋式为主。

园区邮电通信规划内容包括内外通信设施的容量、线路及布局，并应符合以下规定：

a. 邮电通讯规划应与园区的性质和规模及其规划布局相符合；

b. 符合迅速、准确、安全、方便等邮电服务要求；

c. 在景点范围内，不得安排架空电线穿过，宜采用隐蔽工程；

d. 应利用地方现有通信网络，根据通讯业务量设邮电局（所）或通信中心，各功能分区、景区、景点可设邮筒和分机。

⑤ **广播电视**

种植园区的有线广播应根据实际需要，设置在游人相对集中的地区。在当地电视覆盖不到或不能满意收看电视、收听广播的地方，可考虑建立电视差转台。种植园区广播、电视工程设计应按现行有关标准、规范执行。

（5）景观绿化工程系统规划

休闲观光结合型的蔬菜基地的绿化要体现造景、游憩、美化、增绿和分界的功能。不同功能区风格、用材和布局特色应与该区环境特点相一致，不同道路、水体、建筑环境绿化要有鲜明的特色。因地制宜进行绿化造景，做到重点与一般相结合，绿化与美化、彩化、香化相结合，绿化用材力求经济、实用、美观。注意局部与整体的关系，绿地分布合理，满足功能需求，既有各分区造景的不同风格，整体上又体现点、线、面结合的统一绿化体系，以植物造景为主，充分体现绿色生态氛围。

在绿化设计方面，应注重与周边景观结合，外部景观优美地段，不宜采用高大的树木，而且种植密度要适中，不影响人们的视野。在外部景观较差地段，要重点进行改造，人工种草，培植高大景观乔木。在供行人休息、停留的广场、停车站点、休息设施及道路局部处种植一些遮阴树，夏季能够起到良好降温作用。

① **景观绿化规划的内容**

首先要按照绿化植物的生物学特性，从蔬菜基地园区的功能、环境质量、游人活动、遮阳防风等要求出发来全面考虑，同时也要注意植物布局的艺术性。种植园区中不同的分区对绿化种植的要求也不一样。

a. 生产区。生产区内、温室大棚周围或生产道两侧不宜用高大乔木树种作为道路主干绿化树种，一般以落叶小乔木为主调树种、常绿灌木为基调树种形成道路两侧的绿带，再适当配以地被花草，使生产区内的绿化植物总体上形成四季变化的特色。

b. 示范区。示范区的绿化树木种类相对于生产区内可丰富些，原则上根据示范单元区内容选取植物，形成各自的绿化风格。总体上体现彩化、香化并富有季节变化特色。

c. 观光区。观光区内绿化植物可根据园区主题营造出不同意境的绿化景观效果，总体上形成以绿色生态为基调又活泼多姿且季相变化丰富的植被景观。在大量游人活动较为集中的地段，可设计开阔的大草坪，留有足够的空间。以种植高大的乔木为宜。

d. 管理服务区。可以高大乔木作为基调树，与花灌木和地被植物结合，一般采用规则式种植，形成前后层次丰富、色块对比强烈、绚丽多姿的植被景观。

e.休闲配套区。可片植一些观花小乔木并搭配一些秋色叶树和常绿灌木，以自由式种植为主，地被四时花卉、草坪，力求形成春夏有花、秋有红叶、冬季常绿的四季景观特色。也可在游人较多的地方，规划建造一些花、果、菜、鱼和大花篮等不同造型和意境的景点。

② 景观绿化的主要形式

第一种形式是水平绿化，有植树和草坪两种形式：

植树的形式有孤植、对植、片植等，而且植树还要考虑距离，树木与架空线、建筑、地下管线以及其他设施之间的距离要合适，以减少彼此之间的矛盾，使树木既能充分生长，最大限度地发挥其生态和美化功能，同时又不影响建筑与环境设施的功能与安全。行道树一般以5m定植株距，一些高大的乔木也可采用6～8m定植株距，总的原则是使成年后树冠能形成较好的郁闭效果。初期树木规格较小而又在较短时间内难形成遮阳效果，可缩小株距，一般为2～3m，等树冠长大后再行间伐，最后的株距为5～6m。小乔木或窄冠型乔木行道树一般采用4m的株距。

种植园区中的草坪按功能分为观赏草坪、游憩草坪、护坡草坪和放牧草坪等。草坪植物的选择依照草坪功能的不同而定，常用植物有早熟禾、狗牙根、紫羊茅、白三叶、结缕草、马尼拉、假俭草等。游憩草坪的坡度要小一些，一般以0.2%～5.0%为宜，观赏草坪的坡度可大一些，为20%～50%。

第二种形式是垂直绿化。攀援植物种植于建筑墙壁或墙垣基部附近，沿着墙壁攀附生长，创造直立面绿化景观，是绿化面积大、占地面积小的一种设计形式。根据攀援植物的习性不同，有直立贴墙式和墙面支架式。直立贴墙式是指将具有吸盘和气生根的攀援植物种植于近墙基地面，攀援向上生长。绿化用植物有地锦、五叶地锦、凌霄、薜荔、络石、扶芳藤等。支架式植物无吸盘和气根，攀附能力较弱或不具备吸附攀援能力，设攀援支架供植物盘绕攀附生长，此类植物主要有金银花、牵牛花、藤本月季等。

第三种形式是水体绿化。水生植物占水面的比例要适当，应选择合适的植物种类，还要注意水体岸边种植布置。水体的深浅不同，要选择不同的植物。水生植物按生活习性和生长特性分为挺水植物、浮叶植物、漂浮植物、沉水植物等类型。挺水植物通常只适合于1m深的浅水中，植物高出水面，常用的植物有荷花、水葱、千屈菜、慈姑、芦苇等。浮游植物可生长于稍深的水中，但茎叶不能直立挺出水面，常用植物有睡莲、王莲等。多种植物搭配时要主次分明，高低错落，形态、叶色、花色搭配协调，取得优美的景观构图。如香蒲和睡莲搭配种植，既有高低姿态对比，又能相互映衬，协调生长。

第四种形式是防护林绿化。防护林的功效是降低风速、减小风雹等灾害，调节小气候，缓和区域内温湿度变化，保持水土，优化生态环境功能。防护林一般为长方形的网格状，设计和营造防护林网，中、大型种植园应有主林带和副林带。主林带，乔木树种栽植3～6行；副林带，乔木树种栽种一两行。一般主林带应设置在种植园外围上风向与当地主导风向相垂直的地方，以便于阻挡风沙。如长江流域冬季以西北风为主，主林带在园区西北面最好；大型种植园在园中还应设副林带，副林带是主林带间的林带和与主林带垂直的林带。通常防护林带与种植园小区边界、道路、地上排灌渠系等一起安排，以节省土地（图2-2），若排灌渠道设于地下，则更节省土地，并便于设计安排。

防护林按结构和作用可分为紧密型与疏透型两种（图2-3），疏透型更适宜蔬菜种植基地。疏透型林带防风减灾的效果更好一些，林高20m时，防护距离可达林高的20～30倍，即防护400～600m，设计小区栽植蔬菜作物300～500m再营造林带即可。

防护林带的林木种类应当速生，树冠高但不一定有很大的冠幅（根幅也要小为好），与种植的蔬菜作物无共同的病虫害等。我国北方常用的林带树种是加杨、箭杆杨、毛白杨、臭椿、枫杨、沙枣、洋槐等；南方可选用常绿树种，如石楠、枇杷、樟树、桉树、水杉等。

（6）农业设施规划

农业设施是能够提供适宜的生产环境等条件，具有特定生产功能的农业生产性建筑物、构筑物和配

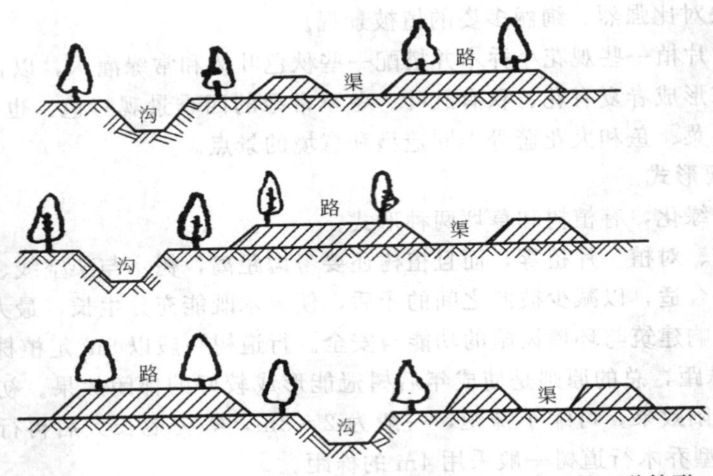

图 2-2 蔬菜基地道路、防护林与排灌渠道合理布置的 3 种情形

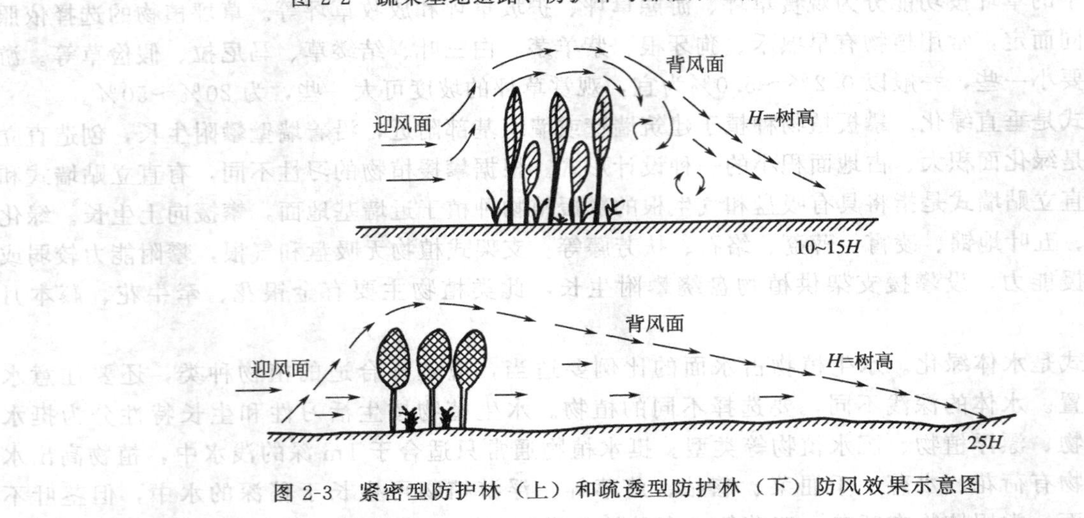

图 2-3 紧密型防护林（上）和疏透型防护林（下）防风效果示意图

套设备的工程系统。例如温室、畜禽舍、水产养殖设施、农产品贮藏保鲜设施、农业废弃物处理和利用的设施等。这些农业设施的功能因种类不同而异，但有以下两个共同点：一是可以为各种农业生产对象提供比自然环境更加适宜的生产环境条件，为此，设施一般应具有建筑围护结构或为具有围护作用的构筑物，以形成与外界相对隔离的空间，并且往往还在其内部配置可以调控环境的各种设备；二是依靠各种生产设备实现高效的生产功能，可以进行有效的生产管理和作业，高质量和高效率地完成各种生产过程。例如温室设施，依靠一定的建筑围护结构和加温、通风等环境调控设备，可以为蔬菜作物的生长和发育提供优于室外自然环境的光照、温度、湿度、气流等条件。同时依靠室内配置的育苗设备、灌溉设备、营养液栽培设备、栽培床架和容器、输送设备等，可以高效地进行温室内的生产管理作业，加速完成蔬菜植物的生长，实现早熟高产，周年供应。

为了实现蔬菜作物的周年生产和供应，蔬菜基地规划设计时一般都要配套规划部分农业设施如育苗温室、塑料大棚等。一般蔬菜种植园可按不低于基地面积的 10% 比例进行配置，具体配置比例应根据所在地区的环境条件、所种植的作物种类、蔬菜产品供应市场的时期及经营者的经济实力与投资水平等来确定。

农业设施规划设计时还应考虑基地的地理纬度、地形地貌、气候条件、栽培作物、栽培季节等，应因地制宜、规模适度、合理布局、高效利用。

(7) 农业机械化规划

农业机械化，是指运用先进适用的农业机械装备，改善农业生产经营条件，不断提高农业的生产技术水平和经济效益、生态效益的过程。实现农业机械化，可以节省劳动力，减轻劳动强度，提高农业劳动生产率，增强克服自然灾害的能力。在蔬菜栽培管理的各个环节最大限度地使用各种机械代替手工工具进行生产管理，是解决目前农村劳动力短缺和劳动生产效率过低等问题的有效途径。如在蔬菜生产中，使用拖拉机、微耕机、耕整机、覆膜机、播种机、中耕培土机、动力排灌机、移动喷灌机、采收机、机动车辆等进行土地翻耕、整地作畦、精量播种、中耕培土、节水灌溉、田间管理、采收、运输等各项作业，使全部生产过程主要依靠机械动力和电力，而不是依靠人力、畜力来完成。

此外蔬菜种植基地还可考虑循环农业生产体系的相关畜禽养殖业及其粪污无害化资源化处理等相关设施的规划设计。

2.4.6 辅助配套设施规划

(1) 生产配套设施规划

种植园的管理办公、农机农具与生产资料物资库房、产品分级包装以及贮藏加工等生产配套设施，均需一定的建筑面积，甚至还需要配置职工休息、住宿、就餐、活动等场所。现代化大规模蔬菜基地，特别是城镇郊区的蔬菜基地、风景旅游点附近或交通干线附近的蔬菜采摘体验园，还应有观光园、寓教园、休闲园的功能，或蔬菜生产与上述功能兼而有之。这样的蔬菜基地在规划设计上应具备停车场，有餐饮、休息和娱乐的活动空间，有宣传农业、蔬菜科技知识的陈列室、放映厅以及蔬菜产品销售中心等。蔬菜基地在规划设计时，至少要考虑到这些项目的用地需要，要提前与相关部门沟通建设用地指标，不能马上施工建设的，要先留出一定土地面积，随种植基地生产的发展逐渐完善。

(2) 服务配套设施规划

① 规划原则

服务配套设施的建设要与园区性质和功能相一致，不能设置与园区性质和规划原则相违背的设施，必须按照规划确定的功能与规模来进行。设施的配套既要满足使用要求，不能因为配套不周全，造成旅游区在使用上的不便，而且经济上也要可行，配套设施的选择不仅符合投资能力，要力争有较好的经济效益，不能盲目配套造成浪费。同时还要考虑它的日常维护费用和淘汰速度，力求经济实惠。

旅游服务设施建设应与游客规模和游客需求相适应，高、中、低档相结合，满足不同文化层次、职业类型、年龄结构和消费层次游人的需要，季节性与永久性相结合。同时要有一定的弹性，游人数量波动是旅游市场的显著特性，设施配套应考虑这一情况，使之有一定的灵活适应力。

② 规划内容

各项服务设施配备的直接依据是游人数量。因而，旅游设施系统规划的基本内容要从游人与设施现状分析入手，然后分析预测客源市场，并由此选择和确定游人发展规模，进而配备相应的旅游设施与服务人口。

a. 游人现状分析。主要是掌握园区内的游人情况及其变化态势，既为游人发展规模的确定提供内在依据，也是园区发展规划布局调控的重要因素。其中涉及年代越多，数据越多，其综合参考价值也越高。时间分布主要反映淡旺季和游览高峰变化，空间分布主要反映风景区内部的吸引力调控，消费状况对设施调控和经济效益评估有意义。

b. 游览设施现状分析。应了解供需状况、设施与景观及其环境的相互关系。游览设施现状分析，主要是掌握风景区内设施规模、类别、等级等状况，找出供需矛盾关系，掌握各项设施与风景及其环境的关系是否协调，既为设施增减配套和更新换代提供现状依据，也是分析设施与游人关系的重要因素。

c. 客源分析。客源市场分析，第一，要求对各相关客源地游人的数量、结构、空间和时间分布进行分析，包括游人的年龄、性别、职业和文化程度等因素；第二，分析客源地游人的出游规律或出游行为，包括社会、文化、心理和爱好等因素；第三，分析客源地游人的消费状况，包括收入状况、支出构成和消费习惯等因素。

③ 服务配套设施的建设

根据农业观光园区的性质、布局和条件的不同，各项服务设施既可配置在种植基地中，也可以配置在所依托的各级居民点及休闲观光景点较集中区域中，保证总量和使用方便即可。园区经营性质的不同决定了部分园区的用地在城市规划、国土规划中属于农业用地，因此不可能大面积地建设各项服务设施，因此主要还是依靠周边居民点来发展乡村民宿、农家餐饮等服务。这类服务不但能满足园区整体运作的需要，还能够带动周边地区经济发展，增加农民收入。

休憩、服务性建筑物的位置、朝向、高度、体量、空间组合、造型、色彩及其使用功能应符合下列规定：与地形、地貌、山石、水体、植物等景观要素和自然环境统一协调；兼顾观览和景点作用的建筑物高度和层数服从景观需要，亭、廊、花架、敞厅的楣子高度，应考虑游人通过或赏景的要求；亭、廊、花架、敞厅等供游人坐憩之处，不能采用粗糙饰面材料，也不能采用易刮伤肌肤和衣物的构造。

(3) 环卫设施规划

① 垃圾处理

一是在游览道路两旁设置垃圾箱，间隔100m，游人活动集中的地段因地制宜地安置活动垃圾桶；

二是组织清洁队，每天定时清理垃圾，保持各接待设施和景点处无垃圾堆放，园区内实行袋装垃圾收集，统一回收，分类处理，在旅游中心、旅游设施等处完善垃圾收集系统，由专人负责及时清理；

三是选择合适地点，在远离游客活动范围、水系等影响景区经营和生态环境的区域，建设景区垃圾处理站，或根据区域规模和垃圾产生量设置垃圾中转站，分类收集中转外运，将景区的垃圾统一运至最近垃圾场，进行集中处理；

四是鼓励、引导并监督游客将垃圾、外壳、包装等投入垃圾箱或带出旅游区。

② 公共厕所

参考国家创建旅游风景区相关规定，在主要休闲观光景点、游赏线路上设置公共生态厕所，并建立完善的标识系统。其中，休闲观光景点集中区域生态公厕的服务半径控制在70～100m，干道生态公厕的服务半径控制在300～1000m，游客较集中的地块相应增加厕所蹲位。在景区大门以及观光休闲游客相对集中的地方合理布置公厕。生态厕所外观尽量景观化、乡土化，与周边环境相协调。保证内部空气流通，光线充足，设施齐全，舒适。保持清洁卫生。

(4) 防灾减灾设施规划

① 消防

在防火灾方面，要贯彻“预防为主，防消结合”的方针，在建筑设计、山林管理中应采取防火措施以减少和防止火灾的发生；同时，在消防设施、消防制度、指挥组织和消防队伍等方面都应采取有效措施，以保证对火灾能及时发现，进行报警和有效的扑救。重要游览景区主要道路宽度不小于4m，保证消防车辆的正常通行；尽头式道路长不大于200m，在尽端处设回车场。景区内单体建筑之间间距在6m以内的应设置防火墙，建筑内部装修均选用非可燃性材料，木材一律经过防火处理。区内主干道是消防车的主要通道。根据国家《城镇消防站布局与技术装备配备标准》，结合景区的实际情况，景区内可配备多辆水罐型消防车；在区内主要道路两侧按每120m的距离设置消防栓，接待住宿处也要配置，消防栓采用地上式。

② 病虫害

加强对森林林木、农田的病害和虫害的预防和除治工作，贯彻以“预防为主，综合治理”的方针，坚持以生物防治、物理防治、农艺防治为主综合防治措施，防止病虫害的大面积发生。同时要保护好规划基地内现有益虫、益鸟，保持生态系统平衡。

③ 自然灾害

根据区域气候及环境条件，做好自然灾害调查工作；做好绿化，防止土地沙化及山体滑坡地质灾害的发生；做好防洪防涝防渍水设施，防治渍涝灾害。构筑自然灾害防灾预警体系，开展灾害预报预警。

(5) 资源保护规划

① 保护原则

a. 整体保护原则。对项目区内的整个自然环境资源、生物资源和人文景观，应按照完整性、真实性和适宜性的原则，实施整体保护。

b. 分区施策原则。一级环境保护区要严格保护，保持其自然状态，严格控制建设活动；二级环境保护区与三级环境保护区可进行多种经营，但必须以不破坏自然环境、不影响资源保护为前提。

c. 生态提升原则。提升自然环境的生态自我修复能力，提高氧、水、生物量的再生能力与速度，提高其生态系统或自然环境对人为负荷的稳定性或承载力。

② 分类保护规划

按照保护和利用程度的不同，可将整个项目区划分为一级环境保护区、二级环境保护区、三级环境保护区等三个区域。

a. 一级环境保护区。景观价值以及自然生态价值最高的区域，同时也是项目区内主要观光游览、生态旅游活动的区域。此区域对人类活动较为敏感，除必要的游赏道路、航线及必需的游览服务设施外，禁止其他与景区保护无关的建设。该区域应严格保持现状特征，加强环境保护，严格控制机动交通工具，鼓励区内农民进城居住。对该区域内符合总体规划要求的建设项目应严格审批程序，杜绝破坏性建设。

b. 二级环境保护区。具有一定的景观价值和游赏价值。该区严格禁止挖沙采石，加强环境保护，规范农民建房，禁止发展工业项目，维护景观的完整性不被破坏。

c. 三级环境保护区。项目区内人类活动最为频繁的区域，且不处于的景观廊道和景观面上。本区域的建设应相对集中，合理利用土地，统一管理，设施的建设力求自然，与环境协调，做到最小限度地影响景区的氛围，不干扰游客的游赏体验。

③ 环境质量保护

a. 山体林木保护措施。做好林区保护和防灾工作，禁止毁林开垦、采沙、挖矿、采土、乱修坟墓、乱伐林木以及其他毁林行为。减少人为因素造成的林相资源破坏，加强对山体林木的更新、抚育和管理，保护原有的动植物资源及动物的繁衍生息环境，保持山体风貌的整体性和观赏性；结合景观绿化，合理搭配乔灌草，对山体进行立体绿化，实现植物的全面覆盖，维护林地的层次结构和抗逆性、稳定性，提高景观质量和观赏价值；旅游设施要顺应山地条件，依山就势而建，尽可能不破坏山体，使建筑、人类活动与山体林木、生态环境相协调。

b. 大气环境保护措施。宾馆、饭店、酒店、村庄应推广使用清洁燃料，逐步淘汰传统燃煤燃具，远期燃气普及率应达到100%；控制进入园区的机动车量，对进入园区的机动车辆，全部实行尾气路检制，尾气超标车辆禁入景区；园区内部游览交通车辆采用电瓶车、电瓶船、自行车等无污染型交通工具，以减少污染。

c. 水体环境保护措施。水源应予以严格保护，加强林木保育工作，以提高土壤保水能力，保护水质；在保证水文景观的前提下，按合理的水资源利用程度限定景区环境容量，避免对水资源的掠夺性利用；任何生产、生活污水应严格按排水规划统一组织处理排放，不得对区内水体造成污染。

d. 声环境保护措施。加强道路管理，与交通运输部门合作，完善交通信号标识，采用设置禁鸣区、禁鸣路段、噪声达标区等手段，使景区的声环境质量控制在标准以内；规范游客行为，禁止大声喧哗，保持景区安宁的氛围；演艺场的表演及节事活动等可能会对景区的声环境产生一些影响，可在广场周围增植隔音树种，以减弱其对周边区域的声环境影响。

2.5 蔬菜基地的生产计划

蔬菜基地除了规划和建设好农田基础设施外，制订生产计划也至关重要。制订蔬菜基地的生产计划要综合考虑基地从业人员的技术管理水平、区域的气候气象条件、土壤耕作条件、设施装备水平、贮藏保鲜条件、市场需求状况等。切实可行的生产计划和种植制度对充分利用蔬菜基地的设施设备，确保蔬菜种类品种的产量、品质和周年均衡供应，稳定提高蔬菜基地种植效益有着极其重要的作用。

2.5.1 制订生产计划的原则

(1) 市场导向原则

蔬菜生产大户、合作社、企业制订生产计划时应以市场需求为导向，种植什么种类品种、种植多大规模、季节茬口如何衔接等应与本基地计划供给的消费对象和消费市场的需求相适应，以产定销、以销促产，同时种植计划制订后还要根据市场变化和需求不断调整和修订，不能盲目种植和生产。

(2) 因地制宜原则

制订蔬菜基地生产计划必须从实际出发，充分考虑当地的土壤肥力、气温、积温、降水量、无霜期等因素，结合本地区生态环境、气候特点，因地制宜地安排蔬菜的种类品种、栽培季节、种植布局等，最大限度发挥自身优势，最大限度地降低不利环境因素的影响，扬长避短，科学发展。

(3) 特色差异原则

蔬菜生产基地生产计划制订时应体现差异化发展原则，优先考虑发展特色蔬菜种类和品种，既能满足丰富的市场花色品种需求，又可提高产品的附加价值和市场竞争力。

(4) 质量安全原则

蔬菜基地的产品应严格执行食用农产品合格证制度。完善投入品规范管理、生产档案记载、产品安全检测、基地严准出、质量可追溯等全程质量管理程序，形成产品质量安全管理长效机制。通过加快推广蔬菜优良品种、集约化育苗、防虫网、粘虫板、频振式杀虫灯、性诱剂、避雨栽培、防雾滴棚膜、膜下滴灌、高温闷棚、合理轮作间作套种等病虫害绿色防控技术，强调生态循环、清洁生产和综合利用，体现节能减排，降低成本，减少环境污染和可持续发展。

2.5.2 蔬菜生产计划编制的内容

蔬菜基地生产计划编制至少包括以下主要内容：

(1) 基地种植规模

蔬菜基地种植规模应根据消费市场和消费群体的需求来确定，一般按照每人 0.04 亩（$26.67m^2$）地或每人每天消费 0.5kg 蔬菜来确定基地种植规模。当然基地规模也要根据基地经济状况量力而行，不可盲目扩大规模。

(2) 种植种类和品种

世界上蔬菜的种类（包括野生的及半野生的）有 900 多种，普遍栽培的只有上百种之多。据统计，中国目前栽培的蔬菜至少有 298 种（亚种、变种），分属 50 科。蔬菜基地可供选择种植的种类虽然很多，但考虑人力、物力、土地、气候等因素，在一个蔬菜基地上不可能种植全部的蔬菜种类和品种。

考虑市场和消费需求，一般的大型外向型蔬菜生产基地多选择几个主要蔬菜种类品种进行种植，如湖北嘉鱼潘湾蔬菜基地以“两瓜两菜”远近闻名，春夏季以南瓜、冬瓜为主，秋冬季则以甘蓝、大白菜为主。而对于以生产有机蔬菜为主的蔬菜基地的生产计划就极为复杂，因为有机蔬菜目前在我国主要还是会员配送制销售模式，要求做到每个季节在地里生长的蔬菜大约15～20种，当季正收获的蔬菜大约在10～15种，才能满足不同会员对种类和品种的基本需求。同时同一蔬菜其品种间应有合理的搭配，避免因品种单一造成病虫害流行而对有机蔬菜生产造成较大损失，而且还要避开因采收集中上市而影响均衡供给和经济效益。因此，每一种蔬菜的种植规模都应根据其采收期长短、贮藏及货架保鲜期长短、单位面积商品有机蔬菜产量等综合确定。

（3）茬口安排与布局

科学的品种布局，合理的茬口安排对于蔬菜基地建设后的高效益运行和高质量发展至关重要。蔬菜种类品种多样，茬口类型也复杂多变，茬口安排与布局时首先要充分考虑蔬菜作物自身的生物学特性。夏季高温多雨要尽可能选择喜温耐热耐湿耐涝的蔬菜种类及品种，如耐热的豇豆、黄瓜，耐湿的丝瓜、蕹菜等；冬季低温严寒则宜选择喜冷凉耐寒的蔬菜种类及品种，如喜冷凉的萝卜、甘蓝，耐寒的菠菜、莴笋等。其次要考虑蔬菜基地的区位和环境，如长江流域的高山蔬菜基地由于地处高海拔山地，夏季冷凉湿润，喜冷凉的萝卜、甘蓝、大白菜生长良好；再比如设施蔬菜基地，冬季可以多重覆盖保温防寒，夏季可以遮阳避雨防虫，同样可以实现反季节生产。第三还要用地养地和轮作计划的实施，因此一个三年左右的种植安排是很有必要的，既考虑到蔬菜种类品种的防病治虫，又可兼顾土壤的营养均衡和肥力提升。第四则要考虑市场的行情和消费者的需求，充分合理地利用设施和区位环境实现蔬菜种类及品种的四季生产周年供应。

（4）田间栽培管理方案

落实种植计划是以田间栽培管理方案来体现的，因此生产者或企业还需指定一套适应种植计划的田间栽培管理方案。有机蔬菜基地的田间栽培管理方案主要包括土地培肥与利用计划（整地、培肥、土地茬口、用地养地结合、设施设备利用、轮作及间套作等）、生产资料采购与使用计划（种子种苗、土壤培肥和改良物质、植物保护产品、清洁剂和消毒剂等有机蔬菜生产中允许使用的投入品）、田间栽培管理操作与记录计划（整地、播种、育苗、定植、肥水、中耕、培土、整枝、搭架、病虫草害防治、采收及采后处理等）、管理体系建设计划（按照GB/T 19630.4—2011规定建立系列文件、资源管理、内部检查、可追溯体系与产品召回、投诉、持续改进等管理体系）、从业人员技术培训计划、流动资金合理分配与利用计划、有机产品标识的管理及使用计划等，确保基地有机蔬菜生产有序进行。

2.5.3 蔬菜生产计划编制实例

以下以武汉百汇勤农业开发有限公司姚家老屋有机蔬菜基地2013年种植计划为例说明蔬菜生产计划编制的过程。

（1）2013年销售计划

① 销售模式计划

2013年武汉百汇勤农业开发有限公司销售部制订的销售模式计划为：

a. 会员配送：5000户，要求每周配送2次，每次4kg蔬菜，每次有15个以上品种供选择。

年总需求量：5000×52×2×4＝2080000kg。

b. 酒店订单：8～10户，每天1800kg，品种要求比较单一，主要为春季黄瓜、茄子、豇豆、冬瓜、瓠瓜，秋季小白菜、乌塌菜、松花菜、萝卜等。

年总需求量：1800×360＝648000kg。

c. 礼品菜：主要是端午、中秋（国庆）、元旦、春节等节日市场的供应，按照每个节日5000份，每份 5～8 个品种，每份 5kg 左右准备。

年总需求量：5000×4×5 ＝100000kg。

d. 门店销售：武汉百汇勤农业开发有限公司在武汉市开设有机蔬菜销售门店 2 家，按照每个门店每天销售 200kg 计划，每次有 15 个以上品种供选择。

年总需求量：200×2×360 ＝144000kg

总需求量：2080000＋648000＋100000＋144000＝2972000kg。

② **品种供应计划**

销售计划中要求每个季节供应的蔬菜品种在 15 种以上，同时要考虑叶菜类、根茎菜类和果菜类的搭配，以满足消费者的需求。

根据基地的环境及条件：

1 月份供应的蔬菜主要有萝卜、胡萝卜、甘蓝、花椰菜、青花菜、苤蓝、大白菜、小白菜、乌塌菜、红菜薹、芹菜、芫荽（香菜）、茼蒿、藜蒿、菠菜、生菜、油麦菜、大蒜、小香葱、莲藕、荸荠、慈姑等。

2 月份供应的蔬菜有红菜薹、白菜薹、小白菜、乌塌菜、花菜、甘蓝、萝卜、大蒜、芹菜、藜蒿、菠菜、芫荽、茼蒿、荠菜、生菜、油麦菜、小香葱、莲藕、荸荠等。

3 月份供应的蔬菜有红菜薹、白菜薹、小白菜、甘蓝、莴笋、萝卜、樱桃萝卜、大蒜、芹菜、藜蒿、韭菜、菠菜、茼蒿、芫荽、荠菜、生菜、油麦菜、小香葱、莲藕、荸荠等。

4 月份供应的蔬菜有莴笋、甘蓝、菠菜、芹菜、白菜薹、小白菜、茼蒿、萝卜、樱桃萝卜、韭菜、蒜薹、豌豆、豌豆苗、生菜、油麦菜、小香葱、西葫芦、香椿、竹笋、莲藕等。

5 月份供应的蔬菜有番茄、辣椒、茄子、西葫芦、黄瓜、南瓜、小冬瓜、苦瓜、菜豆、豇豆、毛豆、豌豆、蚕豆、马铃薯、洋葱、莴笋、萝卜、甘蓝、苋菜、蕹菜（空心菜）、落葵（木耳菜）、小白菜、红薯尖、韭菜、小香葱、甜玉米等。

6 月份供应的蔬菜有番茄、辣椒、茄子、黄瓜、南瓜、小冬瓜、苦瓜、丝瓜、葫芦、瓠子、西瓜、甜瓜、菜豆、豇豆、毛豆、黄秋葵、马铃薯、洋葱、小香葱、萝卜、甘蓝、苋菜、蕹菜（空心菜）、落葵（木耳菜）、小白菜、红薯尖、韭菜、甜玉米、茭白等。

7 月份供应的蔬菜有番茄、辣椒、茄子、黄瓜、南瓜、小冬瓜、苦瓜、丝瓜、葫芦、瓠子、西瓜、甜瓜、豇豆、毛豆、扁豆、黄秋葵、苋菜、蕹菜（空心菜）、落葵（木耳菜）、小白菜、大白菜秧、萝卜菜、萝卜、红薯尖、韭菜薹、小香葱、甜玉米、藕等。

8 月份供应的蔬菜有番茄、辣椒、黄瓜、南瓜、小冬瓜、苦瓜、丝瓜、葫芦、瓠子、西瓜、甜瓜、豇豆、毛豆、扁豆、黄秋葵、苋菜、蕹菜（空心菜）、落葵（木耳菜）、小白菜、大白菜秧、萝卜菜、萝卜、红薯尖、小香葱、甜玉米、藕等。

9 月份供应的蔬菜有辣椒、黄瓜、南瓜、苦瓜、丝瓜、豇豆、毛豆、扁豆、黄秋葵、苋菜、蕹菜（空心菜）、小白菜、大白菜秧、萝卜菜、萝卜、红薯尖、南瓜尖、小香葱、藕、芋、茭白等。

10 月份供应的蔬菜有番茄、茄子、辣椒、黄瓜、西葫芦、小冬瓜、南瓜尖、豇豆、菜豆、扁豆、小白菜、大白菜、萝卜、甘蓝、花菜、菠菜、芫荽、芹菜、茼蒿、莴笋、生菜、油麦菜、小香葱、藕、水芹、茭白等。

11 月份供应的蔬菜有萝卜、胡萝卜、大白菜、甘蓝、花菜、青花菜、苤蓝、小白菜、红菜薹、番茄、茄子、辣椒、黄瓜、西葫芦、小冬瓜、菠菜、芫荽、芹菜、茼蒿、莴笋、生菜、油麦菜、大蒜、小香葱、芋、藕、水芹、荸荠、慈姑等。

12 月份供应的蔬菜有萝卜、胡萝卜、大白菜、甘蓝、花菜、青花菜、苤蓝、小白菜、红菜薹、番茄、辣椒、小冬瓜、菠菜、芫荽、芹菜、茼蒿、莴笋、生菜、油麦菜、大蒜、小香葱、藕、荸荠、慈姑等。

(2) 2013 年种植计划

① **种植规模确定**

根据销售计划，2013 年种植计划制订时，一是要考虑销售的总量需求为 2972000kg 以上，按照每亩（约 667m²）年均生产商品有机蔬菜 2500kg 计算（综合考虑姚家老屋土地肥力、种植水平、其他损耗等），需要 1188.8 亩以上的肥力中等的常年蔬菜基地来安排种植，武汉百汇勤农业开发有限公司姚家老屋有机蔬菜基地实际面积 1200 亩，刚好能满足要求。

② 种植品种安排

a. 常年可以随时播种的蔬菜：主要为小白菜（或小白菜秧）、萝卜等。可根据需要分期分批播种，以满足周年均衡供应。冬季萝卜（11 月～次年 3 月份，主要是樱桃萝卜、白玉春萝卜）应在大棚内播种。以直播为主。

b. 秋冬季节随时播种的蔬菜：菠菜、芫荽、芹菜、茼蒿、生菜、油麦菜、荠菜等。在 9 月～翌年 3 月份，可根据需要分期分批播种，以满足周年均衡供应。其中 11 月～次年 2 月应在大棚内进行。以直播为主。

c. 春夏季随时播种的蔬菜：苋菜、蕹菜（空心菜）、落葵（木耳菜）、红薯尖、甜玉米、豇豆、黄瓜、毛豆等。在 3～8 月份，可根据需要分期分批播种或育苗，以满足周年均衡供应。其中 3 月份、8 月份播种的应在大棚内进行，红薯尖是一次扦插多次采收。

d. 春秋两季播种的蔬菜：番茄、辣椒、茄子、小冬瓜、西葫芦、菜豆、西瓜、甜瓜、莴笋等。可以春秋两季播种，一般春季在 12 月～次年 3 月份播种育苗，秋季在 6～7 月播种育苗，此类蔬菜属果菜类，对播种时间要求严格，但采收期稍长，春季 2 个月左右，秋季一个半月。

e. 春季播种的蔬菜：黄秋葵、南瓜、苦瓜、丝瓜、葫芦、瓠子、扁豆、马铃薯、藕、芋、荸荠、慈姑等。一般在春季 2～4 月份播种育苗，夏秋季节收获，对播种期要求比较严格。

f. 夏季播种的蔬菜：胡萝卜、大白菜、甘蓝、花菜、青花菜、苤蓝、红菜薹、白菜薹、乌塌菜等。一般在秋季 6～9 月播种育苗，秋冬季节收获，对播种期要求比较严格。

g. 秋季播种的蔬菜：大蒜要求在 9 月 20 日前后播种（以收青蒜为主的可提前至 7～8 月），蚕豆、豌豆一般在 10 月 20 日前后播种。

h. 一次播种多次采收的蔬菜：如韭菜、藜蒿、香椿、竹笋等多年生蔬菜。

③ 种植面积计划

考虑销售计划分为四个方面消费群体，应分别考虑种植计划：

a. 酒店订单：对于酒店订单只需根据需要安排即可，品种固定，栽培季节尽量通过品种、大棚等延长供应，另外也要考虑分期分批播种供应。根据每亩产 2500kg 商品有机蔬菜标准，生产 648000kg 需要至少安排 259.2 亩地。

b. 会员配送和门店销售：由于会员配送和门店销售均要求 15 个以上的品种供选择，可在种植计划上一并考虑，会员配送是每周 2 次，门店销售是每天 1 次。根据每亩产 2500kg 商品有机蔬菜标准，生产 2224000kg（2080000＋144000）需要至少安排 889.6 亩地。每个品种 60 亩地左右（具体每个品种的面积应根据产量、复种指数、供应期等确定）。

c. 礼品菜：主要是端午、中秋（国庆）、元旦、春节等节日市场的供应，要求每份 5～8 个品种，每份 5kg 左右。按照总量需求 100000kg 有机蔬菜生产应安排 40 亩左右菜地来生产。每个品种 5～8 亩地，具体每个品种的面积应根据产量、复种指数、供应期等因素综合确定。

端午节可供应的品种：樱桃番茄、杭椒、水果黄瓜、小冬瓜、苦瓜、葫芦、紫豇豆、毛豆、黄秋葵、落葵（木耳菜）、红薯尖、甜玉米等。

中秋（国庆）可供应的品种：樱桃番茄、杭椒、水果黄瓜、小冬瓜、南瓜尖、紫豇豆、扁豆、大白菜、萝卜、莴笋、油麦菜、小香葱等。

元旦可供应的品种：萝卜、胡萝卜、紫甘蓝、花菜、青花菜、苤蓝、乌塌菜、红菜薹、芹菜、大蒜、莲藕、慈姑等。

春节可供应的品种：红菜薹、白菜薹、乌塌菜、花菜、紫甘蓝、萝卜、大蒜、芹菜、藜蒿、荠菜、莲藕、荸荠等。

第3章 蔬菜生长发育及环境条件

3.1 蔬菜的生长与发育特性

3.1.1 蔬菜生长与发育的概念

生长和发育是个体生活周期中两种不同的现象。生长是植物直接产生与其相似器官的现象。生长是细胞的分裂与长大，生长的结果引起体积和质量的不可逆增加。如整个植株长大、茎的伸长加粗、果实体积增大等。发育是植物体通过一系列质变后，产生与其相似个体的现象。发育的结果，产生新的器官——生殖器官（花、果实及种子）。

一般认为二年生蔬菜需要经过低温春化作用花芽才能分化，并在长日照条件下抽薹开花，第一年冬天形成营养体，经过冬天低温和翌年春天的长日照即可抽薹开花，如根菜类、白菜类蔬菜。很多一年生蔬菜则是要求短日照才能开花结实，故有春华秋实之说。另外，像茄果类的发育，则受营养水平的影响更大，N、P、K 充足，植株生长快，其花芽分化也就早，而且 C/N 比大也趋于生殖生长。

生长和发育这两种生活现象对环境条件的要求往往很不一样。对于叶菜类、根菜类及薯芋类，在栽培时，并不要求很快地达到发育条件。对于果菜类，则要在生长足够的茎叶以后，及时地满足温度及光照条件，才能开花结果。

3.1.2 蔬菜生长与发育的过程

蔬菜种类不同，由种子到种子的生长发育过程所经历的时间长短也不同。按其生命的长短，可分三类：

(1) 一年生蔬菜

它们在播种当年开花结实。如番茄、茄子、辣椒、黄瓜、菜豆等。

种子发芽→营养生长→花芽分化→开花→果实发育→种子成熟→种子发芽（图 3-1）。

(2) 二年生蔬菜

它们在播种当年形成贮藏器官（肉质根、叶球等），经过一个冬季，到第二年抽薹开花、结实。如大白菜、甘蓝、萝卜等。

种子发芽→幼苗生长→产品器官形成→花芽分化→抽薹开花→种子成熟→种子发芽（图 3-2）。

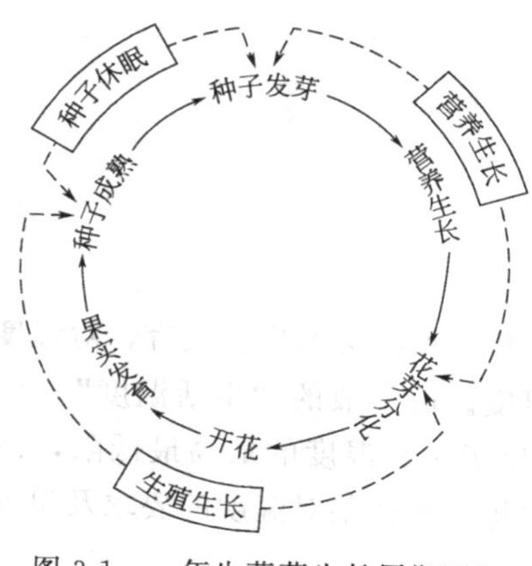

图 3-1 一年生蔬菜生长周期图解

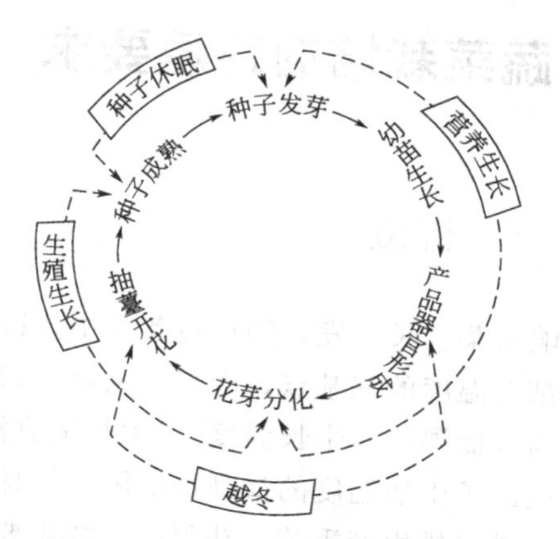

图 3-2 二年生蔬菜生长周期图解

（3）多年生蔬菜

它们在一次播种或栽植后，可采收多年。如黄花菜、石刁柏等。

至于无性繁殖的种类，它们的生长过程是从块茎或块根的发芽生长到块茎或块根的形成，基本上都是营养生长。虽有的经过生殖生长时期，也能开花结实，但在栽培过程中，不利用这些生殖器官来繁殖。因为它们发育不完全，或是播种后需几年才能形成具有商品价值的产品器官。块茎或块根形成后到新芽发生，往往要经过一段时间的休眠期。

必须注意，一年生和二年生蔬菜，有时是不易截然分开的。如菠菜、白菜、萝卜，如果是秋季播种，当年形成叶丛、叶球和肉质根。越冬以后，第二年春天抽薹开花，表现为典型的二年生蔬菜。但是这些二年生蔬菜于春季气温尚低时播种，当年也可开花结籽。由此可见，各种蔬菜的生长发育过程，与环境条件密切相关。在生产中，要获得丰产，就必须掌握其生长发育的特点与环境条件的关系。

3.1.3 蔬菜生长发育时期及其特点

从个体而言，由种子发芽到重新获得种子，可以分为三个大的生长时期。每一时期又可分为几个生长期，每期都有其特点，栽培上，也各有其特殊的要求。

蔬菜作物的生长发育时期及各时期生长发育特点、相应的管理技术要点见表 3-1。

表 3-1 蔬菜生长发育时期及其特点

三大时期	生长发育阶段	特点	技术要点
种子时期	胚胎发育期	从卵细胞受精到种子成熟，有显著的物质合成和积累	保证良好的营养和光合条件
	种子休眠期	种子成熟到发芽前，代谢水平低	低温干燥保存，延长种子贮藏寿命
	发芽期	种子萌动，长出幼芽，代谢旺盛，所需能量靠自身贮藏物质供应	选子粒饱满的种子作种，保证适当的水、温、气条件
营养生长期	幼苗期	幼苗出土，子叶展开，显露真叶。开始进行光合作用，代谢旺盛，生长速度快	及时间苗，中耕除草，保证水分，轻施肥，光照充足
	营养生长旺盛期	根、茎、叶生长旺盛，光合作用加强，积累有机物质	此期应安排在最适宜的季节里，加强肥水管理，促进营养积累
	营养休眠期	二年生及多年生蔬菜在产品器官形成后的休眠	及时采收、运输、贮藏
生殖生长期	花芽分化期	生长点开始花芽分化现蕾	满足花芽分化条件
	开花期	现蕾开花到授粉受精对温、光、水等反应敏感，抗逆性弱	防止落花
	结果期	果实生长膨大，积累养分，形成产量	保证肥水供应，促进养分转化积累

3.2 蔬菜栽培的环境要求

3.2.1 温度

在影响蔬菜生长与发育的环境条件中，以温度最为敏感。每一种蔬菜的生长发育，对温度都有一定的要求，都有温度的三基点，即最低温度、最适温度和最高温度。而一般的“生活温度”（生长适应温度）的最高最低限比“生长温度”（生长适宜温度）宽些。超出了生长温度的最高最低限，植物就会停止生长。超出了生活温度的最高最低限，植株就会死亡。了解每一种蔬菜对温度的要求及温度与生长发育的关系，是安排生产季节、获得高产的主要依据。

(1) 按蔬菜对温度的要求分类

根据蔬菜种类对温度的要求，可分为如表 3-2 所示的五类。

表 3-2 蔬菜按温度分类

类别	适温/℃	最高温度/℃	最低温度/℃	蔬菜举例
多年生宿根蔬菜	20～30	35	—10	黄花菜、石刁柏、茭白等
耐寒蔬菜	15～20	30	—5	菠菜、大葱、大蒜等
半耐寒蔬菜	17～25	30	—2	根菜类、大白菜、豌豆、莴苣等
喜温蔬菜	20～30	35	10	茄果类、黄瓜、菜豆
耐热蔬菜	30～35	40	20	冬瓜、南瓜、西瓜、豇豆等

(2) 不同生育期对温度的要求

同一种蔬菜的不同生育期对温度有不同的要求。种子发芽时要求较高的温度，幼苗期偏低，营养生长时期又要高些。如果是二年生蔬菜，在营养生长后期，即贮藏器官形成时，温度又要低些。到了生殖生长期，要求充足的阳光及较高的温度，特别是种子成熟时，要求更高的温度。认识这些区别，是栽培上的一个重要问题。

(3) 温周期作用

所谓温周期，是指一年中冬冷夏热和一日中昼暖夜凉的周期性变化。植物的生活也适应了这种变化。植物白天进行光合作用，夜间无光合作用但仍有呼吸消耗。因此，低夜温可以减少消耗。所以一日中昼暖夜凉的环境对植物生育有利。许多蔬菜都要求有这样的变温环境，才能正常生长。新疆的西瓜比长江流域的甜，其原因之一就是新疆昼夜温差较大。另据试验，番茄的生长，以日温 26.5℃和夜温 17℃为最适宜。在昼夜温度不变的条件下，其生长率反而低。生长在昼温 18～20℃的大白菜品种野崎 2 号，在低夜温 2～15℃下的结球比高夜温 15～25℃的结球好。温周期还影响某些种子的发芽。如茄子，在一天里高温和低温交替出现时，才能获得较高的发芽率。且高温时间短、低温时间长的效果比较好。据研究，在连续高温下，种子内转化为可溶性状态的贮藏物质，大部分或者全部由于种子呼吸作用而消耗。这些养分不能用于胚的生长。此外，温周期还与某些作物的开花有关。如在同一昼温 24℃或 30℃下，番茄 17℃夜温区的花芽分化就比 24℃及 30℃夜温区的早，产量也是 17℃夜温区的高。当然，昼夜温差也有一定的范围，并不是越大越好。

(4) 春化作用

许多二年生蔬菜，如白菜类，要经过一段低温（如冬季），才能抽薹开花。这是因为低温诱导了花芽分化，在翌年春季温暖和长日照下，花芽长大，便进入了生殖生长。用低温诱导花芽分化或促进开花的作用，称春化作用。根据蔬菜通过春化方式不同，可分为二类：

① **萌动种子低温春化型**

刚发芽的种子在一定低温下经过一段时间，可促进提早开花。如白菜、荠菜、萝卜、菠菜等。但这类蔬菜作物的大苗，甚至成株也能低温通过春化，有的对低温更敏感。事实上，许多以萌动种子通过春化的类型，在自然条件下，大多是以幼苗甚至很大的植株通过低温的。如 8 月份播种的萝卜、白菜，种子萌动时温度很高，在长萝卜或结球以后，低温季节才到来，说明是以成株通过低温春化的。如果长期高温，它们是很难开花结实的。

春化诱导处理时最低温度范围及处理时间，因不同蔬菜种类而异。白菜类的春化温度在 0～8℃的范围内都有效。而萝卜，则在 5℃左右的效果最好，低温处理的时间通常是在 10～30d 左右。对于大多数白菜及芥菜品种，处理 20d 就够了。其中有些春化要求不严格的品种，如许多作为菜心或菜薹栽培的品种，春化 5d 就有诱导开花的效果。对于秋播的萝卜，幼苗期间低温处理 3d，就多少有促进抽薹的作用。萝卜早熟品种（短叶 13 号）比晚熟品种（黄州萝卜）更易通过春化。总之，冬性强的品种要求较低温度或较长时间的处理，而冬性弱的品种，在较高的温度或较短的时间内，也有作用。

② **绿体植株低温春化型**

通过春化的主要条件是要求植株生长到一定的大小，此时才对低温处理有反应。如甘蓝、洋葱、大蒜、芹菜等。绿体春化型通过春化时植株的大小，可以用日历年龄来表示，也可以用生理年龄、茎的直径、叶数或叶面积来表示。至于温度的高低及处理时间的长短，也因品种不同而不同。有要求严格的品种，也有要求不严格的品种。如甘蓝中的牛心类型就比圆头型对春化要求严格，往往作春包菜栽培。

无论是种子春化型还是绿体春化型，如提早开花而不形成产品器官，称先期（未熟）抽薹。生产上往往因播期不当或管理失策，而导致先期抽薹，造成经济损失。

春化作用对于花芽分化、生化组成甚至生长锥的形态建成均有影响。许多二年生蔬菜，通过春化阶段以后，在较长日照及较高温度下，促进了花芽生长及随后抽薹开花。在生化上，经过春化以后，生长点的染色特性发生变化。用 5%的氯化铁及 5%的亚铁氰化钾处理，如果已完成春化的，其生长点为深蓝色，而未经春化的，或者不染色，或者呈黄色或绿色。

（5）高低温障碍

高温如与刺激的光照同时存在，引起作物急剧蒸腾而失水萎蔫，使原生质中蛋白质凝固，果实“日灼”，落花落果。植株早衰、高温与高湿同时发生，则易引起徒长，滋生病害。

低温则使作物生长缓慢、僵化、落花、叶缘干枯。当低温引起原生质结冰时，冰晶破坏质膜，融化时，叶片呈开水烫伤状，晒后干枯。一般细胞液的浓度高，冰点低，较能耐寒。故寒潮来时，控制灌水量可提高抗寒性。

（6）冰冻雨雪灾害的防止与补救

① **加强生产管理**

针对冬春季经常出现的低温、大风、雨雪天气，要加强大棚蔬菜、露地越冬蔬菜和蔬菜种苗的越冬管理。设施蔬菜要加强大棚抗大风检查，做好大棚抗压加固，注意应用增温、补光、保暖等措施；蔬菜种苗要注意运用多层覆盖增温、补光等措施保苗；露地蔬菜要清理“三沟”，防止雨雪导致田间渍害，必要时运用薄膜增加浮面覆盖。露地商品菜要通过中耕培土，增施有机肥，增强植株抗寒能力，并根据市场行情分批采收上市。

a. 设施蔬菜及育苗管理。棚内蔬菜冻死的区域，可在灾后抢播一茬春大白菜、小白菜、香菜、菠菜、茼蒿、生菜、油麦菜、萝卜苗等快生菜，争取在 3～4 月上市；及时采取快速育苗的方法，培育瓜类、豆类等喜温蔬菜以及西甜瓜秧苗，争取 3 月中下旬定植。

加固棚架及棚膜。对棚体结构、棚膜、压膜线等进行严密排查，增加必要的棚内立柱支撑，更换老旧棚膜，增设压膜线扣紧压牢棚膜。

及时清除积雪。降雪过程中随时关注积雪程度，及时清扫，防止积雪过厚压塌棚室。连栋大棚注意天沟内积雪厚度，可在棚室内用煤炉等加温促积雪融化，万不得已时破膜保骨架。

保持棚室周边围沟排水通畅。及时清除棚室周边积雪和沟内积水，防止融雪积水危害。

注意保温增温补光。对瓜菜苗床和早播瓜菜进行多层覆盖，棚室外覆盖草帘，大棚内的小拱棚上增加保温覆盖物，畦面上撒施草木灰增肥保温；增添热风炉等取暖设备补温；可增设棚内补光灯（$50m^2$一个100W白炽灯，离植株叶片0.5m高）增温补光（每天2～3h）；可在棚室内合适地点撒干石灰，株行间铺撒干燥秸秆、锯末等，降湿防病。

注意光照通风。晴天揭去覆盖物增加光照；阴雨（雪）后陡晴要注意适当遮阴，逐渐增加光照；控制浇水，以免降低地温、增加空气湿度，引发病害；晴天加大放风，阴天也要在温度较高的时段适当放风，控湿防病；宜选用百菌清等烟雾剂防治病虫害。

b. 露地蔬菜管理。加强对菠菜、大白菜、莴苣、小白菜、菜薹、茼蒿、豌豆尖、莲藕等露地蔬菜田间管理，及时采收商品性成熟蔬菜上市。

灌水防冻。对于莲藕、茭白田要灌上5～7cm的水层，保温防冻。

覆盖保温。对于露地叶菜要浮面盖上稻草、无纺布或薄膜，保温防冻，待气温回暖天气转晴后及时去除。

清沟排水。露地菜雪后要立即清理“三沟”、排出积水，防止融化时吸收大量热量而降温，预防冻害、渍害的发生。

② 加强科技服务

要加强技术集成应用，大力推广集约化育苗、机械化作业、轻简化栽培、水肥一体化、病虫害绿色防控、配方施肥等成熟技术。要推进基础设施、栽培技术、质量管理标准化。加强技术培训和服务，组织技术人员制订防冻抗寒技术方案，深入一线进行技术指导，特别是加强大棚育苗管理，保障冬春季蔬菜生产有序展开。

③ 加强基础设施建设

要利用冬闲时节有针对性地加强蔬菜生产基地水、电、路、沟、渠等配套设施建设，提升基础设施建设水平，并完善产品检测、采后处理、产地批发等配套功能，从硬件建设上提高产业抵御自然风险的能力。

④ 加强监测预警

要加强与气象部门的协作，及时发布预警信息，提前落实防御措施，有效应对各种灾害的发生，及时指导抗灾救灾工作。及时调度上报灾害发生情况和救灾进展情况。要根据春节拉动消费需求的实际情况，建立蔬菜储备制度，确保重要的耐贮存蔬菜种类如大白菜、甘蓝、萝卜、胡萝卜、马铃薯、洋葱等5～7d消费量的动态库存，防范异常情况下蔬菜价格的大起大落，确保市场的有效供应。

3.2.2 光照

光照对蔬菜植物的影响，主要有光照强度和光照长度（光周期）两方面。

(1) 光照强度对蔬菜生长的影响

大多数蔬菜的光饱和点（光强增加到光合作用不再增加时的光照强度）为5000lx左右，但西瓜可达7000～8000lx，白菜、包菜和豌豆为4000lx。超过光饱和点，光合作用不再增加并且伴随高温，往往造成蔬菜生长不良，因此，可以根据蔬菜对光照强度的不同要求，在夏季、早秋选择不同规格的遮阳网覆盖措施降低光照强度，降低环境温度，以促进蔬菜生长。大多数蔬菜的光补偿点（光照下降到光合作用的产物为呼吸消耗所抵消时的光照强度）为1500～2000lx。

根据蔬菜对光照强度要求的不同可分为如表3-3所示的三大类。

表 3-3　蔬菜按对光照要求分类

蔬菜对光照强度要求	举例
要求较强光	西瓜、甜瓜、黄瓜、南瓜、番茄、茄子、辣椒、芋头、豆薯。这类蔬菜遇到阴雨天气，产量低、品质差
适宜中等光	白菜、包菜、萝卜、胡萝卜、葱蒜类。它们不要求很强光照，但光照太弱时生长不良。因此，这类蔬菜于夏季及早秋栽培应覆盖遮阳网，早晚应揭去
比较耐弱光	莴苣、芹菜、菠菜、生姜等

（2）光周期对蔬菜生长发育的影响

光周期现象是蔬菜作物生长和发育（花芽分化、抽薹开花）对昼夜相对长度的反应。每天的光照时间与植株的发育和产量形成有关。蔬菜作物按照生长发育和开花对日照长度的要求可分为长日性、短日性和中光性蔬菜。

① 长日性蔬菜

较长的日照（一般为12～14h以上），促进植株开花，短日照延长开花或不开花。属于长日性蔬菜有白菜、包菜、芥菜、萝卜、胡萝卜、芹菜、菠菜、莴苣、蚕豆、豌豆、大葱、洋葱等。

② 短日性蔬菜

较短的日照（一般在12～14h以下）促进植株开花，在长日照下不开花或延长开花。属于短日性蔬菜有豇豆、扁豆、苋菜、丝瓜、空心菜、木耳菜以及晚熟大豆等。

③ 中光性蔬菜

在较长或较短的日照条件下都能开花。属于中光性蔬菜有黄瓜、番茄、菜豆、早熟大豆等。这类蔬菜对光照时间要求不严，只要温度适宜，春季或秋季都能开花结果。

光照长度与一些蔬菜的产品形成有关，如马铃薯块茎的形成要求较短的日照，洋葱、大蒜形成鳞茎要求长日照。

光周期在指导蔬菜生产上的意义重大，主要表现在以下方面：

① 指导引种工作

纬度相近地区引种易成功，不同纬度地区引种应慎重。比如，东北的洋葱引种到华中地区种植往往地上部徒长，鳞茎不发育，因为东北洋葱是在春季播种夏季长日照条件下形成鳞茎、长期的自然选择形成了对长日照要求很严格，而华中地区是秋播春收，在洋葱形成鳞茎的季节，恰好是冬季的短日照环境，所以把东北的洋葱品种引到华中地区种植只长苗不结头（鳞茎不膨大）。

② 确定播种季节

如菜用大豆的早熟品种对短日照要求不严格，可以早播和分期播种；而晚熟品种对短日照要求严格，过早播种生长期很长，易发生徒长。

③ 诱导开花，指导开展留种工作

比如泰国空心菜的开花对短日照要求严格，华中地区夏季的日照比泰国长，导致空心菜推迟至9月份开花，9月份以后接着气温下降，种子难以饱满。因此，泰国空心菜在华中地区难以留种，可移到热带地区的海南省留种，并加强肥水管理。

3.2.3　水分

蔬菜是需水量较大的作物，与其他农作物相比，蔬菜对水分的反应尤为敏感。蔬菜生长期间灌水较为频繁，灌水及时与否对产量有明显影响。大棚蔬菜等保护地种植，采用自动化灌水的先进技术，不仅有利于增产、节水，也有利于改善蔬菜的品质。与大田作物相比，蔬菜的灌溉表现为更加现代化与科学化。

（1）对蔬菜生长发育的影响

① 水是蔬菜的重要组成部分

蔬菜是含水量很高的作物，如大白菜、甘蓝、芹菜和茼蒿等蔬菜的含水量均达93%～96%，成熟的种子含水量也占10%～15%。任何作物都是由无数细胞组成，每个细胞由细胞壁、原生质和细胞核三部分构成。只有当原生质含有80%～90%以上水分时，细胞才能保持一定的膨压，使作物具有一定形态，维持正常的生理代谢。

② 水是蔬菜生长的重要原料

和其他作物一样，蔬菜的新陈代谢是蔬菜生命的基本特征之一，有机体在生命活动中不断地与周围环境进行物质和能量的交换。而水是参与这些过程的介质与重要原料。在光合作用中，水则是主要原料，通过光合作用制造的碳水化合物，也只有通过水才能输送到蔬菜的各个部位。同时蔬菜的许多生物化学过程，如水解反应、呼吸作用等都需要水分直接参加。

③ 水是输送养料的溶剂

蔬菜生长中需要大量的有机和无机养料。这些原料施入土壤后，首先要通过水溶解变成土壤溶液，才能被作物根系吸收，并输送到蔬菜的各种部位，作为光合作用的重要原料。同时一系列生理生化过程，也只有它的参与才能正常进行。如：黄瓜缺氮，植株矮化、叶呈黄绿色；番茄缺磷，叶片僵硬、呈蓝绿色；胡萝卜缺钾，叶扭转、叶缘变褐色。当施入相应营养元素的肥料后，症状将逐渐消失，而这些生化反应，都是在水溶液或水溶胶状态下进行的。

④ 水为蔬菜的生长提供必要条件

水、肥、气、热等基本要素中，水最为活跃。生产实践中常通过水分来调节其他要素。蔬菜生长需要适宜的温度条件，土壤温度过高或过低，都不利于蔬菜的生长。由于水有很高的比热容（4.184J/℃）和汽化热（2.255×10^3J/g），冬前灌水具有平抑地温的作用。在干旱高温季节的中午采用喷灌或雾灌可以降低株间气温，增加株间空气湿度。叶片能直接从中吸收一部分水分，降低叶温，防止叶片出现萎蔫。如中国农业科学院灌溉研究所在新乡塑料大棚内试验，中午气温高达30℃时，雾灌黄瓜，株间温度降低3～5℃，空气湿度提高10%，叶片降温达3～5℃，相对含水量增加5%，比地面沟灌增产15%。

蔬菜生长需要保持良好的土壤通气状况，使土壤保持一定的氧气浓度。一般而言，作物根系适宜的氧气浓度在5%～10%以上，如果土壤水分过多，通气条件不好，则根系发育及吸水吸肥能力就会因缺氧和二氧化碳过多而受影响。轻则生长受抑制、出苗迟缓，重则“沤根”“烂种”。

蔬菜的生长需要大量的有机和无机肥料，如果土壤水分过少，有机肥料不易分解，养料不能以作物能吸收的离子状态存在。此时，化肥也往往使土壤溶液浓度过高而造成“烧苗”。因此，经常保持适宜的土壤水分，对肥料中氮素有效性提高则有明显的作用，如喷灌地土壤硝态氮含量常常比同等施肥的畦灌地高。

土壤水分状况不仅影响蔬菜的光合能力，也影响植株地上部与地下部、生殖生长与营养生长之间的协调，从而间接影响棵间光照条件。黄瓜是强光照作物，如果盛花期以前土壤水分过大，则易造成旺长，棵间光照差，致使花、瓜大量脱落，降低了产量和品质。又如番茄，如果在头穗果实长到核桃大小之前水分过多，叶子过茂，则花、果易脱落，着色困难，上市时间推迟。

由此可见，蔬菜生长发育与土壤水分的田间管理关系十分密切。

（2）蔬菜对水分的要求

蔬菜产品器官柔嫩多汁，含水量多在90%以上，而且多数蔬菜都是在较短的生育期内形成大量的产品器官。同时，蔬菜植物的叶面积一般比较大，叶片柔嫩，水分消耗多。因此，蔬菜植物对水分的需求量比较大。但不同的蔬菜种类、同一种类的不同生育时期，对水分的要求各不相同。

① 不同种类蔬菜对土壤水分条件的要求

各种蔬菜对水分的要求主要取决于其地下部对水分吸收的能力和地上部的消耗量。凡根系强大、能从较大土壤体积中吸收水分的种类，抗旱力强；凡叶片面积大、组织柔嫩、蒸腾作用旺盛的种类，抗旱力弱。但也有水分消耗量小，且因根系弱而不能耐旱的种类。根据蔬菜对水分的需要程度不同，可把蔬菜分为如表 3-4 所示的几类。

表 3-4 蔬菜按对水分要求分类

蔬菜类型	举例
水生蔬菜	这类蔬菜根系不发达，根毛退化，吸收力很弱，而它们的茎叶柔嫩，在高温下蒸腾旺盛，植株的全部或大部分必须浸在水中才能生活，如藕、茭白、荸荠、菱等
湿润性蔬菜	这类蔬菜叶面积大、组织柔嫩、叶的蒸腾面积大、消耗水分多，但根群小，而且密集在浅土层，吸收能力弱。因此，要求较高的土壤湿度和空气湿度。在栽培上要选择保水力强的土壤，并重视浇灌工作。如黄瓜、白菜、芥菜和许多绿叶菜类等蔬菜
半湿润性蔬菜	这类蔬菜叶面积较小，组织粗硬，叶面常有绒毛，水分蒸腾量较少，对空气湿度和土壤湿度要求不高；根系较为发达，有一定的抗旱能力。在栽培中要适当灌溉，以满足其对水分的要求。如茄果类、豆类、根菜类等蔬菜
半耐旱性蔬菜	这类蔬菜的叶片呈管状或带状，叶面积小，且叶表面常覆有蜡质，蒸腾作用缓慢，所以水分消耗少，能忍耐较低的空气湿度。但根系分布范围小，入土浅，几乎没有根毛，所以吸收水分的能力弱，要求较高的土壤湿度。如葱蒜类和石刁柏等蔬菜
耐旱性蔬菜	这类蔬菜叶子虽然很大，但叶上有裂刻及绒毛，能减少水分的蒸腾，而且都有强大的根系。根系分布既深又广，能吸收土壤深层水分，故抗旱能力强。如西瓜、甜瓜、南瓜、胡萝卜等蔬菜

② 蔬菜不同生育期对水分的要求

蔬菜不同生育期对土壤水分的要求不同，根据蔬菜不同生育期的特点，其对土壤水分的要求为：

a. 种子发芽期。要求充足的水分，以供种子吸水膨胀，促进萌发和胚轴伸长。此期如土壤水分不足，播种后，种子较难萌发，或虽能萌发，但胚轴不能伸长而影响及时出苗。所以，应在充分灌水或在土壤墒情好时播种。

b. 幼苗期。植株叶面积小，蒸腾量也小，需水量不多，但根群分布浅，且表层土壤不稳定，易受干旱的影响，栽培上应特别注意保持一定的土壤湿度。

c. 营养生长旺盛期和养分积累期。此期是根、茎、叶菜类一生中需水量最多的时期。但必须注意在养分贮藏器官开始形成的时候，水分不能供应过多，以抑制叶、茎徒长，促进产品器官的形成。当进入产品器官生长盛期后，应勤浇多浇。

d. 开花结果期。开花期对水分要求严格：水分过多，易使茎叶徒长而引起落花落果；水分过少，植物体内水分重新分配，水分由吸水力较小的部分（如幼芽、幼根及生殖器官）会大量流入吸水力强的叶子中去，也会导致落花落果。所以，在开花期应适当控制灌水。进入结果期后，尤其在果实膨大期或结果盛期，需水量急剧增加，并达最大量，应当供给充足的水分，使果实迅速膨大与成熟。

③ 蔬菜对空气湿度条件的要求

除土壤湿度外，空气湿度对蔬菜的生长发育也有很大的影响。各种蔬菜对空气湿度的要求大体可分为四类：

第一类要求空气湿度较高，如白菜类、绿叶菜类和水生蔬菜等。适宜的空气相对湿度一般为85%～90%。

第二类要求空气湿度中等，如马铃薯、黄瓜、根菜类等。适宜的空气相对湿度一般为 70%～80%。

第三类要求空气湿度较低，如茄果类、豆类等。适宜的空气相对湿度为 55%～65%。

第四类要求空气湿度很低，如西瓜、甜瓜、南瓜和葱蒜类蔬菜等。适宜的空气相对湿度为45%～55%。

（3）暴雨灾害的防止及补救

长江流域夏季灾害性天气高发，尤其是短时强降雨威胁最严重。要注意及时关注天气预报，做好降雨前和雨后的防控工作。暴雨发生之前的防御和雨后排涝，都是农事操作的重要方面。

① 暴雨来临前

注意检查棚室各项设施，如通风口是否关严、棚膜是否破损、棚前排水渠是否畅通等。及时做好准备，以防强降雨造成灌棚。露地栽培，应及早疏通畦沟、厢沟、围沟，保护排水渠道畅通。

② 暴雨来临时

密切关注棚内情况，一旦发现雨水倒灌，第一时间采取措施补救，如垫高进水处。露地栽培地块则要做好能及时抽水排涝的准备。

③ 暴雨后的灾后补救措施

为了恢复蔬菜生产，降低经济损失，做好蔬菜种植的管理应对工作十分重要。

a. 清理沟畦，排水抢救。疏通“三沟”，排出渍水，确保雨下快排，雨止沟干，畦面厢沟无积水。对地势低洼内河水位高的地区，组织电泵排水，加快排水速度和降低地下水位，受淹菜地应尽早排出田间积水，腾空地面，减少淹渍时间，减轻受害程度。做到“三沟”沟沟相通，雨止沟干，保护蔬菜根系健康生长，减少渍害。减少因积水和渍害导致的蔬菜窒息死亡，避免蔬菜提早罢园。

b. 根据灾情，分类抢救。受灾严重的菜田，根系已死亡的蔬菜要及时清理田园，并每 $667m^2$ 施石灰 25～30kg 消毒后精细整地，重播蔬菜或改种其他经济作物。一些受淹较重但根系仍有吸收能力的茄子、椒类、冬瓜等蔬菜可通过剪除地上部过密的枝叶，改善通风透光条件，及时将倒伏的蔬菜扶正，减少相互挤压的现象，并适当培土壅根。在天气转晴时用遮阳网进行短期遮阴，减少蒸腾，防止涝后突晴曝晒，植株生理性失水引起萎蔫。对于设施栽培蔬菜或育苗棚可采取避雨栽培（即直接覆盖顶膜或直接覆盖遮阳网或一膜加一网）遮阳、降温，防止暴雨冲刷及雨后骤晴高温暴晒。其他瓜类蔬菜，可剪去部分黄叶、烂叶、老叶，适当中耕、培土、压蔓，促进根系发育，恢复植株生长；豆类、叶菜类，当暴雨过后，应及时进行人工喷水，冲洗叶片。在有水井的地方，最好用井水进行喷灌，把黏附在茎叶上的泥土洗净。

c. 注意土壤调理。受洪水长期浸泡的土壤通气性很差，土壤易板结，影响蔬菜正常生长。退水后，尽快改善土壤的通气状况，同时，配合使用一些矿质肥，调理土壤环境，恢复土壤活力，预防土传病害的侵袭。

d. 加强肥水管理，恢复菜苗生长。菜田受淹后，养分容易流失，故应及时补施氮、磷、钾肥及其他复合微肥。在施肥上应适当，注意不能偏重、过量，否则，容易引起肥害。同时要结合中耕进行。

e. 及时采收上市。受淹蔬菜尚能采收上市的如叶菜、豆类、瓜类等，要尽量尽快采收上市，减少损失。

f. 安排后作，抢时播栽。受淹时间过长、菜苗已经死亡的田块，如叶菜类的小白菜、瓜类、茄类或不耐浸的其他蔬菜，要及时安排好重新播种或改种工作。洪水过后，要及时施用石灰消毒，然后抢晴整地，安排好播种期。可优先考虑安排种植生长期短、生长快、产量高的叶菜类等品种，确保蔬菜均衡上市。同时，有条件的菜农利用设施进行快速育苗，并实施设施栽培，以确保蔬菜及时上市。

g. 针对洪涝灾害的生产救灾预案。对部分出现死苗、缺苗的田块，积极指导农民做好速生蔬菜的补种、改种工作。同时，切实采取避雨措施，组织对甘蓝、花菜、辣椒、番茄、茄子、瓠子、黄瓜、小南瓜、莴苣、西芹等秋播蔬菜的育苗工作。对腾空的地面要突击抢播快生菜，如大白菜 5 号秧、小白菜、夏大白菜、生菜、油麦菜、广东菜心、叶用薯尖、竹叶菜、苋菜、芹菜、毛豆、四季豆、豇豆、萝卜、香菜、菠菜等。

h. 抢晴用药，综合防治病虫害。暴雨过后，雨天高湿而雨后高温，易被病菌感染，会造成多种病害流行。如叶菜类软腐病、黑腐病，瓜果类疫病、叶霉、灰霉病，茄果类土传性病害、根结线虫病等的发生。故退水后要针对不同品种、受害程度及时喷施杀虫剂、杀菌剂。另外，结合防治病虫害，加强温度、水分管理，及时通风换气；养分供应要少施氮肥，增施钾肥、生物肥和腐殖酸等肥料。可适当喷洒一部分叶面肥，如喷施 0.2%～0.3% 的磷酸二氢钾或其他叶面肥等，补充各种养分，以便提早调节、恢复生长机能，保证蔬菜正常生长。

i. 防止次生灾害。山高路陡地带，要注意泥石流和滑坡的危害，采取一定的防御措施，防止次生灾害。对于因雨量较大、浸泡时间较长而引起棚脚松动的设施，要及时检修，防止大棚倒塌。

3.2.4 矿质营养

“有收无收在于水，收多收少在于肥”，这句话对水分代谢和矿质营养在农业生产中的重要性做了恰当的评价。存在于土壤中的矿质元素，由根部吸收，进入植物体内，运输到所需要的部分，加以同化利用，满足蔬菜生长的需要。

蔬菜植物生长过程中除了需要水和二氧化碳（碳、氢、氧）外，必需补充的矿质元素有：氮（N）、磷（P）、钾（K）、钙（Ca）、镁（Mg）、硫（S）、铁（Fe）、硼（B）、钼（Mo）、锰（Mn）、铜（Cu）、锌（Zn）和氯（Cl）。

在土壤栽培条件下，除氮、磷、钾三要素和钙、镁以外的营养元素，土壤有机物和肥料中都会有一定含量。所以习惯上都把氮、磷、钾加上钙、镁元素当作肥料施入土壤，其余元素非特殊情况下都不作肥料施用。但目前南方多数菜园施化肥过多，有机肥料施用量日趋减少，使菜园土壤有机质含量下降、土壤酸化、微量元素缺乏，特别是缺乏硼与钼。因此，当前把硼与钼也当作肥料施入土壤。

（1）蔬菜作物的吸肥特点

蔬菜作物种类品种繁多，供食部位和生长特性各异，对土壤营养条件要求也不相同。但蔬菜作物与其他作物比较，在营养元素吸收方面有不同的特点。

① 盐基代换量高

土壤胶体上吸附的阳离子可分为两类：①氢离子（H^+）和铝离子（Al^{3+}）；②盐基离子，钙离子（Ca^{2+}）、镁离子（Mg^{2+}）、钾离子（K^+）和铵离子（NH_4^+）。蔬菜作物主要吸收盐基离子。

作物根系盐基代换量是衡量根系活力的主要指标之一。根系盐基代换量大小与吸收养分能力强弱呈正相关。一般根系盐基代换量大的作物，其根系吸收养分的能力也强，相反，根系盐基代换量小的作物，其根系吸收养分的能力也弱。蔬菜作物根系盐基代换量，一般比禾本科作物高，大多数蔬菜根系盐基代换量都在每100g干根40～60mmol之间。高于60mmol/100g的蔬菜有黄瓜、莴苣、芹菜等，低于40mmol/100g的蔬菜有葱、洋葱等。而禾本科作物根部盐基代换量都较低，小麦14.2mmol/100g、玉米19.2mmol/100g、水稻23.7mmol/100g。

由于蔬菜根部盐基代换量高，所以蔬菜作物钙离子（Ca^{2+}）和镁离子（Mg^{2+}）营养水平也高，蔬菜作物吸收钙量平均比小麦高5倍多，其中萝卜吸钙量比小麦多10倍，包菜高达25倍以上。根系盐基代换量高的作物，吸收二价的钙离子（Ca^{2+}）、镁离子（Mg^{2+}）多。因此，蔬菜上应施钙肥与镁肥。

② 蔬菜属于喜硝态氮作物，对铵态氮敏感

一般喜硝态氮（NO_3^-）（如硝酸钠或硝酸钙）作物吸钙量都高，有的蔬菜作物体内含钙可高达干重的2%～5%。有材料证明，当铵态氮（NH_4^+）（如碳酸氢铵或氯化铵）施用量超过50%时，洋葱产量显著下降，菠菜对铵态氮更敏感，在100%硝态氮条件下产量最高，多数蔬菜对不同态氮反应与洋葱、菠菜反应相似。因此，在蔬菜栽培中应注意控制铵态氮的适当比例，铵态氮一般不宜超过氮肥总施肥量的1/4～1/3，当铵态氮不适当增加时钙和镁的吸收量都下降。

番茄铵态氮比例不宜超过30%，铵态氮在低温时，危害更明显，在高温时症状缓和。

③ 蔬菜为喜高肥多钙作物

适于蔬菜生长的培养液浓度比适合于水稻生长的培养液浓度氮素高20倍，磷素高达3倍，钾素高达10倍左右。

蔬菜吸氮量比小麦高出40%，吸磷量高20%，吸钾量高出1.92倍，吸钙量高出4.3倍，吸镁量高

54%。上述材料充分说明了蔬菜属于喜肥作物。根菜类、结球叶菜、瓜类、茄果类蔬菜吸钙量高于农作物或其他经济作物。

④ **蔬菜根系呼吸需氧量高**

土壤通气状况好坏对根系形态和吸收功能有很大的影响。在通气良好的土壤中生长的蔬菜根部较长、色浅、根毛多，而通气不良的土壤中生长的根系短而多、根色暗、根毛少。即土壤通气良好促进根伸长，土壤通气不良抑制根伸长，形成多而短的分枝。

蔬菜根部和土壤微生物呼吸都需要大量氧气，土壤中氧气不足对生长影响较大。

黄瓜对土壤含氧量要求最高，茄子在土壤含氧量达10%时产量最高，而黄瓜在土壤含氧量10%时只有土壤含氧量20%时产量的90%，减产10%。番茄、茄子不减产。

不同种类蔬菜对土壤含氧量敏感程度和要求不同。萝卜、包菜、豌豆、番茄、黄瓜、菜豆、辣椒等蔬菜对土壤含氧量敏感，不足时对生长影响较大；但蚕豆、豇豆、洋葱等对土壤含氧量反应不敏感，氧气不足时对生长影响不大。

⑤ **蔬菜吸硼量高于其他作物**

根菜类、豆类蔬菜含硼量高。许多蔬菜比禾本科作物吸硼量高，因此，常出现缺硼症。禾本科作物体内含硼量约2.1～5.0mg/kg，而绝大多数蔬菜体内含硼量为10～75mg/kg。

⑥ **多数蔬菜吸钾量大**

茄果类、瓜类、根菜类、结球叶菜等蔬菜吸收的矿质元素中，钾素营养占第一位。

(2) 主要蔬菜吸收养分特点

① **茄果类蔬菜**

茄果类蔬菜对氮（N）、磷（P）、钾（K）、钙（Ca）、镁（Mg）的吸收比例有共同规律：吸钾量最高，吸收元素比例顺序为钾＞氮＞钙＞磷＞镁。由此可见，茄果类蔬菜施钾肥应放在优先位置加以考虑，钙肥施用也不容忽视。

茄果类蔬菜幼苗生长状况对产量、品质影响较大。茄果类蔬菜从播种到定植前的幼苗生长期内，经历了两个不同生长时期——营养生长期和营养生长与生殖生长并进时期。构成茄果类蔬菜的早期产量的果实都是在育苗期完成花芽分化和发育。因此，茄果类蔬菜幼苗期生长发育水平是增产的关键时期，必须采取有效的技术措施，才能培育出苗壮的幼苗。

苗期应加强磷、钾营养，满足植株生长需要，幼苗质量高，早期和红熟果产量都高；相反，幼苗期如果偏施氮素营养，幼苗生长不良，延迟结果期，产量降低。幼苗期氮肥、磷肥、钾肥必不可少，钙肥对花芽分化也有影响，如果钙营养不足，花芽分化就延迟。因此，幼苗期氮、磷、钾、钙营养对产量形成十分重要，应均衡施用。

土壤中含氧量对氮、磷、钾吸收及生长有影响，茄果类蔬菜土壤含氧量为10%～20%，对养分吸收较好，对生长有促进作用。

② **瓜类蔬菜**

钾肥有助于提高瓜类蔬菜的雌花率，缺钾容易产生大肚瓜。氮肥过多可引起雌花分化延迟，瓜类生长势衰落，营养不良。

瓜类蔬菜苦味除与品种遗传性有关外，还与栽培中施过多氮肥有关。黄瓜吸收钙肥、钾肥量较多，对氮、磷、钾、钙、镁吸收比例为100∶35∶170∶120∶32，每吨产品吸收量为氮2.4kg、磷0.9kg、钾4.0kg、钙3.5kg、镁0.8kg。瓜类蔬菜虽对钾、钙吸收量大，但不可忽视氮肥施用，如果瓜类蔬菜生长期内氮肥不足，则果实品质差。瓜类蔬菜喜硝态氮，如果铵态氮（如碳酸氢铵）施用过多，不仅影响到植株生长，还影响到钙、镁的吸收。

③ **根菜类蔬菜**

根菜类蔬菜根部开始膨大是供应氮肥的关键时期。钾肥对根菜类的产量与品质影响很大，应注意多施钾肥。萝卜对氮、磷、钾吸收比例为1∶0.3∶1.24，胡萝卜为1.0∶0.5∶2.7。萝卜每吨产品吸收氮、磷、钾、钙、镁的量为2.3kg、0.9kg、3.1kg、1.0kg、0.2kg，胡萝卜每吨产品吸收氮、磷、钾、钙、镁的量为7.5kg、3.8kg、17.0kg、3.8kg、0.5kg。由此可见，胡萝卜需肥量远远超过萝卜。

根菜类中的萝卜、胡萝卜需要较多硼肥。萝卜轻度缺硼，地上部看不到异常症状，但膨大根部变褐色；严重缺硼时根膨大不良，根内部全变褐色，组织粗糙，比较硬。据报道；施钙肥配合硼可显著地提高胡萝卜的含糖量，并明显提高产量。根菜类、薯芋类为忌氯作物，应避免施用含氯的化肥。

④ 绿叶菜类

绿叶菜类生长快、单位面积株数多、对土壤水要求严格、植株矮小、叶面积指数大、根系比较浅，吸收根一般分布于30cm深土层。最适宜在有机质含量丰富、土层较厚、保水保肥能力强的壤土上栽种，并应施用较多速效肥料，其中以氮素为主。

如菠菜吸肥特性：菠菜是一种最不耐酸性土壤的作物，在酸性土壤上播种，易出现出苗不齐，叶色变黑，下部叶片黄化，根先端变褐色等现象。这种酸性障碍可施用石灰来改善土壤pH值，可在播种前2周施用石灰，每667m^{2}施100～150kg。菠菜喜硝态氮，施用硝态氮比例应在氮素化肥的3/4以上，菠菜吸收氮、磷、钾之比为100∶20(150～170)，最好不要施硫酸铵。施用钾肥不可忽视，应加强钾肥施用，钾肥在提高菠菜产量中起重要作用。

⑤ 结球类蔬菜

吸肥适期：结球叶菜类莲座期到结球前、中期生长速度最快，是吸肥的适期，也是施肥的重点时期。大白菜、结球甘蓝吸收主要养分的顺序为钾＞氮＞钙＞磷＞镁。

氮素营养：结球叶菜类氮素营养很重要。大白菜、包菜均喜硝态氮。包菜以硝态氮90%、铵态氮10%组合的单株鲜重最高。

大白菜、包菜的无机养分吸收最高值都在结球初期出现，这时如果营养水平低的话对结球期影响很大，包菜以每1000m^{2}土地上施20kg左右氮素为最适宜限量。大白菜的N、P、K三要素吸收比例为1∶0.38∶1.18，包菜吸收氮、磷、钾比例为1∶0.30∶1.25。

钾素营养：大白菜、包菜从莲座期开始，吸收钾量猛增，直到结球中期吸收量达到最高值，而后降低。钾的吸收量比氮多，要注意施用足够量钾肥。

钙素营养：大白菜、包菜吸收钙肥较多，钙在体内运输速度极慢。钙对包菜和大白菜的叶球产量和品质影响较大，缺钙与土壤干旱往往造成包菜、大白菜球叶边缘干枯（烧边），心叶腐烂（干烧心）。有试验认为，氮肥（特别是硫酸铵）过高、土壤酸化、干旱可造成“干烧心病”。防止大白菜、包菜“干烧心病”应注意施用适量钙肥（如石灰、过磷酸钙），不宜过多施用硫酸铵、氯化铵、碳酸氢铵等肥料。保持土壤适宜湿度，防止干旱，如果发现叶缘干枯，可立即喷施0.7%氯化钙缓解症状。

硼素营养：结球叶菜类对硼需求量大，且我国菜园土壤普遍缺硼，应以硼酸、硼砂作基肥（每667m^{2}穴施0.7～1.5kg），或根外追肥（浓度为0.1%～0.2%），否则易产生叶柄（中肋）褐色纵裂、结球不良、心叶腐烂等生理病害。

⑥ 葱蒜类蔬菜

洋葱、葱属于吸肥量少的蔬菜。洋葱、葱的丰产栽培，除需要施用充足氮肥外，钾肥与钙肥应配合施用。

⑦ 豆类

豆类蔬菜同样喜硝态氮，铵态氮对豆类蔬菜具有毒害作用，导致生长延迟，生长不良，叶面褪绿，根生长不良，根色变黑，几乎无根瘤。

豆类蔬菜吸收钾比较低，吸磷比较高（与其他蔬菜相比而言），说明栽种豆类蔬菜应注意增施磷肥。菜豆对缺镁敏感，容易产生缺镁症。缺镁初期初生叶脉间黄化褪绿。如果土壤缺镁，在不施镁肥的情况下多施钾肥，则缺镁症加重，钾/镁比值在2以下则可防止缺镁症，可用农用硫酸镁作基肥、追肥。

(3) 蔬菜矿质元素缺乏症

① 缺氮症状

氮素不足时，植株矮小，叶色浅淡（叶绿素含量少）。初期症状，先是老叶叶色失绿，变为浅绿或黄色。茎色也常有改变，很快发展到全部叶片变黄色，而后变褐色。缺氮植株分枝少，花小、果实少、产量低，有的叶片变为紫红色（因氮少，用于合成氨基酸的碳水化合物也少，余下较多的碳水化合物，形成花色素而形成紫红色）。

番茄缺氮生长慢，叶色发黄，叶小而薄，叶脉，最后特别是下部叶，由黄绿色变深红色，茎变干硬而细，可能变成深红色。缺氮前期植株根发育一般比地上部良好，最后根部停止生长，逐渐呈褐色而死亡，花芽停止分化，叶面积减少，不结实，或结少量小而无味的果实，因而降低产量。缺氮容易感染灰霉病。

黄瓜缺氮初期生长慢，叶色改变，变成绿黄不同的色调。极度缺氮时，叶呈浅黄色，全株变黄，甚至白化，茎细，干脆，前期根系受害比地上部轻，最后变褐色而死亡。果实浅黄色，已结的瓜变细，果实无商品价值。

洋葱缺氮时，症状表现最早，植株生长慢，叶片窄小，叶色浅绿，叶尖呈牛皮色，逐渐全叶变褐色。初期缺氮根部变白，正常伸长，而后根停止伸长，呈现褐色。

莴苣缺氮时，生长受抑制，叶片呈黄绿色，严重时，老叶变白并腐烂，严重矮化，结球莴苣不结球。

② 缺磷症状

有些蔬菜作物缺磷，叶色深绿，营养生长停止，叶绿素浓度提高。另一些蔬菜作物缺磷，沿叶脉呈红色，须根不发达，果实小成熟慢，种子小或不成熟。成熟植株含磷量的50%集中于种子和果实中。蔬菜有2个时期要求磷量高——生长初期和果实、种子成熟期。缺磷症状通常在植株生长早期防止，因为植株所吸收供给营养生长的磷，有相当大的一部分可供给以后形成果实和种子之用。如结果期发现缺磷，再补施磷肥效果欠佳。

番茄缺磷初期症状为叶背面呈深红色。叶上先出现斑点，而后发展到叶肉，叶脉逐渐呈紫红色，茎部细弱，结果受到强烈抑制。

四季萝卜缺磷时，叶背面也呈红色。

芹菜缺磷时，根茎生长发育受阻。

洋葱缺磷多表现在生长后期，一般表现为生长缓慢、干枯和老叶尖端死亡，有时叶部表现有花斑点——绿黄同褐色间有。结球甘蓝和花椰菜缺磷时，叶背面呈紫色，因色素沿叶脉表现出来。

③ 缺钾症状

蔬菜缺钾多发生在施钾肥不足的土壤。蔬菜植物需钾量一般比其他元素多，而且钾容易淋溶，所以蔬菜常出现缺钾症状。

缺钾植株瘦弱而后易感病，生长减弱，淀粉形成能力和转化受到抑制，果实不甜，薯芋类不粉。

缺钾症先表现在老叶上，叶片边缘和叶尖失绿和出现斑点，不同蔬菜表现症状不同。

番茄缺钾初期，只在中部表现，而后发展到顶部，缺钾症首先表现在老叶上。番茄缺钾生长缓慢，矮小，产量降低。幼叶小而皱缩，叶缘变色，变鲜橙黄色，变脆，易碎，叶变褐色而脱落。茎变硬，不再增粗。根发育不良，较细弱，常呈现褐色，不再增粗。缺钾对番茄果实的形态、果汁稠度和品质有一定的影响，果实成熟不正常，缺乏韧性。缺钾易感灰霉病。

包菜早期缺钾，叶缘变青铜色，而后扩展到内叶。严重缺乏时症状继续发展，叶缘干枯，内叶表现呈褐斑。

胡萝卜缺钾，首先叶扭转，叶缘变褐色，内部绿叶变白，或呈灰色，最后呈青铜色。

黄瓜缺钾时叶肉（叶脉间）呈青铜色，主脉下陷，老叶受害重。果顶变小而呈青铜色。

四季萝卜缺钾时，最初症状为叶肉中部呈深绿色，同时变褐色，叶缘卷缩。严重缺乏时，下部叶、茎深黄和青铜色，叶小变薄和呈革质状。根不能正常膨大。

洋葱缺钾可能表现较早，外部老叶尖端呈灰黄色，或浅黄白色。随着叶片凋谢，逐渐向下发展，干枯叶密生绒毛，呈硬纸状。

黄瓜营养不良，特别是缺钾时，易发生大肚瓜。

④ **缺钙症状**

钙在植物体内移动速度慢，在植物体内含量容易产生不平衡。有机肥用量减少，过量施用化肥，尤其是氯化铵可使土壤钙元素流失。缺钙时多表现在心叶上，在生长后期，根系活力衰弱和植物体内钙运输受阻，常发生缺钙生理病害。

番茄缺钙时顶叶黄化，下部仍保持绿色，这是缺钙与缺氮、磷、钾不同的典型特征。而缺氮、磷、钾时下部叶片变黄，而上部的茎和叶仍保持绿色。番茄缺钙，植株瘦弱，下垂，膨压降低或完全垂落，叶柄卷缩，根不发达、分叉，有些侧根膨大而呈深褐色。番茄缺钙易产生脐腐病，且顶芽死亡，顶芽周围的茎部出现坏死组织。

黄瓜缺钙时幼叶叶缘和叶脉间呈白色、透明腐烂斑点，严重时多数叶脉间组织失绿，叶脉仍为绿色。植株矮化，节间短，嫩叶向上卷，老叶向下弯曲。最后植株从上向下逐渐死亡，花小呈黄白色，瓜小而无味。

莴苣缺钙时，生长受抑制，幼叶畸形，叶缘呈褐色到灰色，并向老叶蔓延，严重时幼叶叶片从顶端向内部死亡。死亡组织呈灰绿色，在具有花色苷的品种叶片中部，有明显紫色。

豌豆缺钙时，引起叶片呈红斑，先是在中肋附近，而后扩展到侧脉，病斑逐渐扩大到全叶肉，叶色从绿到白绿，甚至到白色，首先叶基部褪色，而后叶缘失掉绿色。缺钙是生长缓慢和形成矮小植株的原因。

⑤ **缺镁症状**

镁是叶绿素的组成成分。因此，缺镁最显著的特征是叶片脉间失绿，小的侧脉也失绿（这一点可与其他元素的缺乏症相区别）。一般缺镁最先在老叶上表现症状，先是叶缘出现浅黄色失绿斑，并向脉间发展。严重时，老叶枯萎，全株呈黄色。

番茄缺镁时，叶片易碎向下卷曲，叶脉保持深绿色，脉间叶肉呈黄色，逐渐扩展，以后变褐色而死亡。

甘蓝生长前期缺镁，下部叶失绿，有斑点和皱缩。在严重缺镁时斑点表现明显，斑点沿叶缘扩大成块，叶中部呈白色或浅黄色斑块，逐渐死亡。在极度缺镁时叶缘的白色或黄色斑块变褐色。如只缺镁时，坏死组织扩展到全叶。如果同时缺氮，全部叶先变成白绿色，而后变黄，最后叶脉间组织死亡。

胡萝卜缺镁时，叶呈浅色，叶尖浅黄色或呈褐色。缺镁植株一般矮小。

⑥ **缺硼症状**

硼是蔬菜作物的主要营养元素之一。我国东部、东北部和东南部地区土壤普遍缺硼，尤其是干旱年份硼素往往严重不足，施入过量石灰，也会加速缺硼，因为硼的可给性降低。

植株各器官中含硼量不同，花器官中以柱头和子房最多，缺硼时花柱和花丝萎缩，花粉发育不良，往往导致白菜、包菜、花菜等蔬菜只开花不结实或结实很少。

各种作物缺硼典型症状差异较大，但其相同症状是根系不发达，生长点死亡。

芹菜缺硼引起茎部开裂。芹菜缺硼初期，叶部沿叶缘出现病斑。随着病斑的发展茎脆度增加，沿茎面表皮中出现褐色带，最终在茎表面出现横裂纹，破裂处组织向外卷曲，受害组织呈深褐色。缺硼植株的根系变褐色，侧根死亡，以至植株死亡。

肉质直根类蔬菜，由于缺硼而发生“心腐病”，初期在根部最粗部位出现深色斑点。生长缓慢，缺硼植株叶片少而小。缺硼植株叶常现卷曲，叶中脉很快卷曲和褪绿，生长点死亡和腐烂，根达不到正常大小，肉质根表现不平滑，带灰色。

芜菁缺硼根横切可看到髓部腐烂，呈水浸状。根据缺硼程度不同，心腐表现也不同，有时呈分散病斑部和多数水浸状。

萝卜缺硼肉质根中心赤褐色或黑褐色条纹，称“赤心”，这种萝卜煮不烂。

结球白菜、包菜缺硼，幼叶叶柄内侧发生纵向或横向开裂，裂口为褐色（有的为黑色），叶片短而卷缩，质地粗糙，硬而脆，顶芽坏死，严重的不结球，如果结球，纵切后可看到部分变为褐色，腐烂。

莴苣缺硼出现分生叶片畸形，上部叶片斑点和日灼状。因缺硼植物生长点停止生长，莴苣缺硼的首要症状是生长缓慢和由于叶缘停止生长，顶部嫩叶向下弯曲而出现畸形，叶上斑点增多形成斑块，逐渐扩展到全部上部叶片，叶尖端似日灼状。老叶上缺硼症表现不明显，但全部幼嫩叶片，首先是生长点变成卷缩状。

花椰菜缺硼时，主茎和小花茎上出现分散的水浸斑块，花球外部和内部变黑。在花球不同成熟阶段缺硼症都能发生，但随着植株生长年龄的增加而加重。花球周围的小叶缺硼时，发育不健全或扭曲。青花菜缺硼，茎部中空。

洋葱植株缺硼时，发育不良或畸形。叶色从深灰绿色到深蓝绿色。在幼叶上呈现黑黄和绿色斑点，基部叶片表面皱缩和横裂。叶片成水平伸出状而变脆。

⑦ 缺钼症状

钼与其他微量元素相反，它对植物的有效性随土壤 pH 值的增加（即碱性增强）而增加。因此，一般 pH 值在 6.5 以上的土壤很少缺钼，而酸性土壤和富含铁的土壤则易发生缺钼。土壤有效态钼<0.1mg/kg，植株表现缺钼。

花菜缺钼时，叶片狭长条状，叶片边缘弯曲，凹凸不整齐，幼叶和叶脉失绿，称为“鞭尾症”，严重的不结球。

豌豆、蚕豆缺钼时，叶色黄绿，生长不良，根瘤发育不良，根瘤不发达，老叶枯萎上卷，叶缘呈焦状。

番茄缺钼时，老叶先褪绿，叶缘和叶脉间的叶肉呈黄色斑状，叶边向上卷，叶尖萎焦，渐向内移。严重者死亡，轻者仅开花，结实受到抑制。

⑧ 缺铁症状

华中地区菜园土多数为偏酸性土壤，酸性土壤铁化合物的溶解度偏高，植物残体或厩肥施入土壤后，能提高植物吸收铁效率。酸性土壤一般不缺铁，在碱性土壤（如海涂）常发现某些植物由于缺铁而失绿。缺铁的典型症状为植株上部叶片变黄色，上部枝条先表现失绿。土壤施入石灰使铁纯化，使不同种类的蔬菜受害程度不同。

番茄缺铁时，顶端叶片失绿，初期在最小叶的叶脉上产生黄绿相间的网纹，从顶叶向老叶发展，伴随着轻度坏死和组织坏死。

黄瓜缺铁时，叶脉绿色，叶肉黄色，逐渐呈柠檬黄色至白色，芽生长停止，叶缘坏死至完全失绿。

⑨ 缺铜症状

蔬菜作物缺铜引起叶片颜色改变。缺铜植株叶片失掉韧性而发脆、发白。

番茄缺铜侧枝生长缓慢，根系发育更弱，叶色呈深蓝绿色，叶卷缩，不能成花，严重失绿时根、叶丧失坚固性。

黄瓜缺铜时，生长受抑制，节间短，呈丛生状，幼叶小。后期叶片青铜色，症状从老叶向新叶发展。

莴苣缺铜时，叶失绿变白，沿叶柄和叶缘首先表现症状。叶片向下卷曲成杯状，叶色从叶边向里变黄，症状从老叶向新叶发展。

⑩ 缺锌症状

锌对菜豆、南瓜和芥菜作物组织的正常发育具有重要意义。一些作物缺锌，叶片上产生感染斑点或出现坏死和死亡组织。有些作物则表现失绿。番茄和芥菜缺锌常表现为叶片不正常而且小，发黄或斑枯。

番茄缺锌时，叶片数量减少，失绿，表现不正常的皱缩，叶柄有褐斑，叶柄向后卷曲，受害叶片迅速坏死，几天内全部叶片萎落。

黄瓜缺锌时，嫩叶生长不正常，芽呈丛生状，生长受抑制。

⑪ 缺锰症状

番茄缺锰，茎叶先变浅绿，而后变黄，主脉间叶肉变黄，因叶脉仍保持绿色，所以黄化叶片就呈黄斑状。以后茎叶全部变黄，新生小叶常呈坏死状，植株不开花。

菠菜缺锰呈现失绿症状，首先表现在新生叶片上，以后蔓延到全株。一般为绿色叶肉组织逐渐褪色，最初呈浅绿色，而后呈金黄色。经过一段时间叶脉间（即叶肉）可能出现白色坏死组织。缺锰变黄的菠菜叶片常与病毒病相似，叶片出现卷曲、皱缩和坏死斑块，称为菠菜黄化病。

黄瓜缺锰时叶片呈黄白色，但叶脉仍是绿色。缺锰植株的蔓比较短，细弱，花芽常呈黄色。

长江流域各地菜园土壤一般不缺铁、锌、铜、锰，可不施这些微量元素肥料。

第4章 蔬菜种子与育苗

4.1 蔬菜种子与种子生产

4.1.1 蔬菜种子与品种

（1）种子的概念

植物学上的种子指受精后的胚珠发育而成的繁殖器官，是植物有性过程的产物，这是真正的种子。

生物学上的种子指有生命的活的有机体，它不停地进行呼吸代谢作用，在适宜的条件下能发育成新的植物体。

遗传学上的种子指植物系统发育过程中保持生命连续性的物质基础，它包含着生命有机体的各种遗传因子，能够保证植物不间断地生存繁衍、传宗接代。遗传学上的种子可以是一个细胞。

对于农业生产来说，作为播种材料的植物器官、组织等都可称为种子。它是重要的生产资料，这是广义的农业生产上的种子，亦即只要是播种材料就为种子。

（2）蔬菜种子的类别

蔬菜的种子可以分为以下几类：

① 真正的种子（植物学上的种子）

如豆科蔬菜（菜豆、豇豆、豌豆等）、十字花科蔬菜（白菜、萝卜、甘蓝类蔬菜等）、葫芦科蔬菜（各种瓜类）、茄科蔬菜（番茄、茄子、辣椒等）、百合科蔬菜（大葱、洋葱、韭菜等）。

② 果实（植物学上的果实）

由胚珠和子房以及花萼部分发育而成的，属植物学上的果实，其外部形态与植物学上的真正种子不易区别。如伞形科蔬菜（芹菜、胡萝卜、芫荽、茴香等属于双悬果）、藜科蔬菜（菠菜、甜菜等属于聚合果）、菊科蔬菜（莴苣、茼蒿等属于瘦果）。

③ 营养器官

此类蔬菜既可用种子或果实作为播种材料，又可以用营养器官繁殖后代，甚至只用营养器官作为繁殖材料。如鳞茎（大蒜、百合）、地下块茎（马铃薯、菊芋）、地下块根（山药、甘薯）、地下根茎（莲藕、生姜、草石蚕）、地下球茎（慈姑、芋头、荸荠）。

④ **真菌的菌丝组织（俗称菌种）**

菌种主要是各类食用菌，如香菇、双孢蘑菇、草菇、木耳等播种材料是孢子或菌丝。

（3）蔬菜种子的形态特征和识别

① **茄科的蔬菜种子**

茄科蔬菜主要有番茄、茄子、辣椒和马铃薯等。种子系弯生胚珠发育而成，种子具有很发达的胚乳，胚埋在胚乳中，卷曲成涡状，胚根突出于种子的边缘。茄科蔬菜种子鉴别的主要特征是种子的形状、色泽、种皮特征、有无绒毛及种子大小等。

② **葫芦科蔬菜种子**

葫芦科蔬菜也可称为瓜类蔬菜。我国栽培的瓜类蔬菜有10余种，其中最重要的是黄瓜、西瓜、瓠瓜、中国南瓜、笋瓜、西葫芦、普通丝瓜、冬瓜、苦瓜、甜瓜等。葫芦科蔬菜种子为倒生胚珠发育而成，属大粒或较大粒种子，种皮较厚，无胚乳，胚为直形，养分贮藏于子叶，子叶肥大，富含油脂。葫芦科蔬菜种子鉴别的主要特征是种子形状、种子大小、种子色泽、种瘤形状、有无种翼等。

③ **豆科蔬菜种子**

豆科蔬菜主要有豌豆、蚕豆、菜豆、豇豆、刀豆、毛豆、扁豆、大莱豆、小莱豆等。豆科蔬菜种子是倒生胚珠发育而成的，属大粒种子，种皮坚韧，种皮颜色随品种而变化。豆科是无胚乳种子，胚直形或稍弯曲，有两枚肥大的子叶。鉴别豆类蔬菜种子的主要特征是种子形状、种皮色泽、脐的形状、脐的大小、脐的色泽以及种子表面有无疣瘤和特殊的花纹等。

④ **伞形花科蔬菜种子**

伞形花科蔬菜种子主要有芫荽、防风、胡萝卜、小茴香、芹菜等。伞形花科蔬菜种子主要特征是果实为双悬果，不同种类之间果棱数目、油腺数目、香味、果实形状、成熟以后是否容易分离等均不同，这些都是本科蔬菜种子的鉴别特征。

⑤ **菊科蔬菜种子**

菊科蔬菜主要包括苦苣、牛蒡、莴苣和茼蒿等。菊科蔬菜的种子在植物学上属于瘦果，栽培学上以果实作种子使用。菊科蔬菜种子较小，果皮坚韧，果实扁平，形状有梯形、纺锤形至披针形不等，果实表面有纵行果棱若干条，基部有明显的果脐。每一瘦果内含种子一粒，种皮膜质，极薄，容易与果皮分离。种子一般无胚乳或仅含少量胚乳，种子是直生胚珠发育而成，子叶肥厚。菊科蔬菜种子鉴别的主要特征是果实形状、果棱的多少、果面有无斑纹以及果脐的大小、形状等。

⑥ **藜科蔬菜种子**

藜科蔬菜主要有圆籽菠菜、刺籽菠菜、根用甜菜和叶用甜菜等。藜科蔬菜的果实，在蔬菜栽培上通称种子。藜科果实外披坚厚的果皮，花萼宿存或部分果皮细胞突起，成为果实表面的刺棱。果实为多角形、菱形、球形等，果实较大，每一果实内有种子一粒，是有胚乳种子，胚弯曲成环状，周围为胚乳所填充，外胚乳发达。鉴别藜科蔬菜种子的主要特征是果实种类、形状、宿存萼片果刺等。

（4）蔬菜品种的概念、类别和产生途径

蔬菜品种是人类在一定的生态和经济条件下，根据需要而创造的栽培作物的群体，是栽培作物的基本单位，具有相对稳定的遗传性和一致性。

蔬菜品种可分为地方品种和育成品种两类。地方品种是指在一定的自然条件和农业生产条件下，经过长期自然选择和人工选择所创造出来的品种。育成品种是指按照一定的育种目标，采用不同的育种途径，培育创造出来的新品种，如单系品系、混选品种、重组品种、杂交品种、营养繁殖系品种等。

蔬菜优良品种主要有4种产生途径。

① 查：品种资源调查，对当地品种进行调查收集和整理，从中发现一些在当地表现很好而未推广的品种。

② 引：从国内外引进当地没有栽培的优良品种。

③ 选：选种，从现有的品种群体内选取自然产生的优良变异个体，利用适当的选择方法，使其成为显著优于原品种群体的新品种。

④ 育：育种，利用育种原始材料，通过杂交、自交、回交、人工诱变等手段获得优良的一代杂种或品种。

4.1.2 蔬菜新品种选育

(1) 蔬菜育种的概念及内容

蔬菜育种是指通过遗传改良选育和繁殖更加易于栽培和利用价值更高的新品种的工作。主要包括制订育种目标及实现目标的相应策略，种质资源的搜集、保存、研究、评价、创新和利用，植物繁殖方式及其与育种的关系，选择的理论与方法，人工创造变异的途径、方法和技术，杂种优势利用的途径和方法，目标性状的遗传、鉴定及选育方法，育种不同阶段的田间及实验室试验技术，新品种的审（认）定、繁育和推广（即采用科学的繁育技术，建立健全良种繁育制度，提高现有品种的种性，防止品种退化，加速新品种的繁育与推广），等。

(2) 蔬菜种质资源

蔬菜种质资源是蔬菜遗传育种、生物技术等科学研究和蔬菜生产发展的物质基础。蔬菜“种质”即亲代通过生殖细胞或体细胞传递给后代的遗传物质，蔬菜种质资源是携带各种不同种质的蔬菜植物的统称。蔬菜种质资源包括栽培种、野生种、野生近缘和半野生种，以及人工创造的新种质材料。蔬菜种质的主要材料是种子，也包括块根、块茎、球茎、鳞茎等无性繁殖器官和根、茎、叶、芽等营养器官，以及愈伤组织、分生组织、花粉、受精卵、细胞、原生质体，甚至染色体和核酸片段等。

世界上蔬菜的种类（包括野生的及半野生的）有 200 多种，普遍栽培的只有五六十种。据统计，中国目前栽培的蔬菜至少有 298 种（亚种、变种），分属 50 科。有学者在总结前人成果的基础上，认为目前正在研究和开发利用的野菜有 574 种，野生食用菌 293 种。丰富的蔬菜种质资源为人们进一步研究和利用创造了极为优越的条件。广泛征集、科学保存、深入研究、充分利用种质资源乃是现代育种的重要特点之一。

表 4-1 列出了世界各国代表性蔬菜种质资源搜集份数（含重复），包括长期保存和未保存的种质。

表 4-1 全世界代表性蔬菜的种质资源搜集份数

作物	份数	作物	份数	作物	份数
菜豆	268500	薯蓣	11500	南瓜	17500
豇豆	85500	芸薹属	109000	秋葵	6500
四棱豆	5000	番茄	78000	胡萝卜	6000
豌豆	72000	辣椒	53500	萝卜	5500
马铃薯	31000	洋葱/大蒜	25500		
芋头	6000	西瓜	4500		

注：数据引自 FAO，1997。

表 4-2 列出了美国种质资源信息网络（GRIN）中常见蔬菜种质份数。

表 4-2　美国 GRIN 数据库中主要蔬菜种质份数

作物	份数	作物	份数	作物	份数
菜豆属	14955	茄属	6779	芸薹属	4522
豇豆属	13140	番茄属	10343	胡萝卜属	1214
莴苣属	1458	西瓜属	1852	萝卜属	748
葱蒜类	2291	南瓜属	3356		
辣椒属	4722	黄瓜属	5250		

注：数据引自 GRIN。

(3) 蔬菜育种方法

蔬菜育种是与蔬菜栽培活动相伴产生和发展的。经历了漫长的单纯利用自然变异选育品种的历史过程，现代育种已经发展到根据人的意志，按照预定方向进行品种改良的“人工进化”的阶段。除了引种、选种外，品种间杂交、远缘杂交、杂种优势利用、人工诱变以及基因工程等是创造新的变异类型的主要途径。

① 引种

根据生产和市场的需要，将外地或外国的优良品种、品系通过适应性试验、驯化直接在生产上推广种植的工作，称为引种或生产性引种。广义的引种还包括引进为育种和有关理论研究所需要的各种种质资源。

我国国家种质库保存的 30 余万份作物遗传资源中仅 19%是从国外收集的，绝大多数是国内收集的农家品种，而美国作物遗传资源中从世界各地收集的占 80%以上，巴西保存的种质资源中从国外收集的为 76%。我国应吸取国外在引种方面的先进经验，重点以遗传资源多样性为中心进行国外蔬菜遗传资源的收集，加强与世界农业中心的联系交流，有针对性地从国外引进能在本地逆境条件下生长发育的抗病、耐热、耐寒的栽培品种、近缘种和野生种。采用常规手段与高新技术相结合，对引进的种质资源进行检疫、评价、鉴定和应用，使国外蔬菜遗传资源的引进研究更加健康地开展，推动蔬菜科研和生产的发展。

我国通过各种途径由国外引进了大批蔬菜种质资源，很多作为新、特、稀蔬菜已在生产上推广应用，如芦笋、青花菜、结球莴苣、黄秋葵、菜蓟、辣根等；也有很多从国外引入经试种后表现优良的材料，直接作为新品种用于生产，如强力米寿、特罗皮克等番茄品种，冬芹、夏芹等西芹品种，供给者、优胜者等菜豆品种，白玉、紫贵人、加西亚等适合温室生产的荷兰彩色甜椒品种，MK160、戴多星等少刺迷你黄瓜品种等；还有一些引入的种质资源则是重要的育种材料，如抗烟草花叶病毒的番茄材料玛纳佩尔 Tm-2nv，用作亲本已经育成了中蔬 4 号、西粉 3 号、苏抗 9 号等多个番茄优良新品种或一代杂种。引入的蔬菜大大增加了花色品种，丰富了市场供应，在很大程度上促进了蔬菜生产的发展。

② 杂交育种

有性杂交是创造新品种的最重要的途径，亦称常规育种。大部分蔬菜新品种，如中国的著名蔬菜品种津研一号、津研二号黄瓜，石特一号大白菜，早粉一号番茄等多用此法育成。

杂交育种有 3 种方式：单交、回交、多系杂交。单交也称“成对杂交”，参加杂交的亲本是两个，即以 A 品种作母本，B 品种作父本得到 F_1 代的杂交，是最基本的杂交方式。这种方式可以将两个亲本的优点集中到新的入选个体上，后代分离范围小。第一代及以后世代与其亲本之一再进行杂交称为回交。回交的目的主要在于使杂种加强回交亲本的性状，并保留供体少数优良性状（或称输出性状）。多系杂交是指参加杂交的亲本有三个或三个以上，包括添加杂交和合成杂交 2 种方式。添加杂交也称阶梯式杂交，用两个亲本杂交后的 F_1 再连续几代与其他亲本杂交。合成杂交是指将不同组合的杂种彼此杂交，使后代在短期内综合多个亲本的优良性状。

远缘杂交在蔬菜上也有应用。种间、属间、科间杂交都归为远缘杂交。用栽培种与野生种进行远缘杂交以选育抗病品种，也已在番茄育种和马铃薯育种中取得突出成就。日本通过白菜与甘蓝的远缘杂交，得到了“白蓝”新种。

③ 杂种优势利用

大多数蔬菜作物的杂种优势极为显著。日本、美国、荷兰和保加利亚等国在利用蔬菜杂种一代、实现蔬菜生产的良种化和杂种化方面成就较大，番茄、黄瓜、洋葱、胡萝卜、甘蓝、白菜、菠菜等一代杂种的应用尤为普遍。中国的甘蓝、大白菜、黄瓜、番茄和辣椒等蔬菜作物也有不少著名的一代杂种。雄性不育系在洋葱、胡萝卜上的应用以美国最早。日本在十字花科自交不亲和系（白菜、甘蓝、萝卜）的研究利用成绩较好。中国在大白菜、不结球白菜等的育种上，用“雄性不育两用系”（AB 系）育成了不少优良的一代杂种。萝卜雄性不育系也已育成，并成功地配制了优良的一代杂种。

④ 人工诱变育种

利用各种物理或化学的方法诱导遗传物质发生变异，以育成新品种的方法为诱变育种。诱变的材料可以是种子、花粉、子房、营养器官，也可以是细胞或愈伤组织等。中国已先后用辐射诱变方法育成大白菜、萝卜、番茄等的新品种。还有一些国家用化学诱变方法育成了马铃薯、番茄、蚕豆、豌豆、豇豆等的新品种。利用秋水仙素等诱导多倍体也是诱变育种的一个方面。中国已选育出一些优良的四倍体西瓜及四倍体甜瓜品种，并利用四倍体西瓜与二倍体西瓜杂交生产三倍体无籽西瓜。利用辐射诱发染色体易位也可以选育少籽或无籽西瓜。

⑤ 单倍体育种

近年来单倍体育种发展迅速。获得单倍体的途径很多，包括利用花粉和花药孤雄生殖、未受精子房培养、远缘杂交、物理或化学诱导等。目前较好的方法是利用花药、花粉小孢子培养和未受精子房培养获得单倍体，再通过单倍体加倍得到纯合的二倍体，可以克服杂种分离，缩短选育自交系的年限，加快杂交育种进程。

⑥ 体细胞杂交

体细胞杂交就是不同种、属或科的两个体细胞融合。它与有性杂交的差别在于杂交过程没有减数分裂，由两个二倍体的体细胞原生质体融合，产生的是异源四倍体的杂种植株。而同样亲本有性杂交产生的是二倍体植株。体细胞杂交技术在马铃薯育种中应用较多。

⑦ 基因工程等育种新技术

传统的育种技术是通过植物种内或近缘种间的杂交将优良性状组合到一起。其所利用的资源一般仅限于种内，一旦超越种的界限，就表现为不亲和。转基因技术则可以通过农杆菌、基因枪等手段将外源目的基因导入植物体内，从而可以打破物种的界限，达到动物、植物和微生物基因资源共享。轻基因技术具有广泛的应用前景。转基因番茄是全球第一种允许上市的转基因蔬菜。另外，分子标记辅助育种选择体系在作物遗传多样性分析、转基因作物后代的选择、育种中目标质量性状和数量性状（QTL）的筛选等方面的应用，也大大加速了作物育种进程。

传统育种在蔬菜品种改良方面仍然起着主要作用，现代生物技术育种在创造新的育种材料和提高育种效率上优势明显。二者的有机结合，将开辟蔬菜育种的新天地。

4.1.3 蔬菜良种繁育

(1) 蔬菜的繁殖方式及其与良种繁育的关系

蔬菜作物的繁殖包括有性繁殖和无性繁殖两种方式。作物经过开花、授粉和受精作用，由雌雄配子相结合，产生下一代新个体而不断繁殖称为有性繁殖方式。直接由母体分割一部分产生下一代新个体的过程叫无性繁殖。

有性繁殖的蔬菜作物分为三类：自花授粉蔬菜、异花授粉蔬菜和常异花授粉蔬菜。自花授粉蔬菜的一般自然杂交率在4%以内，良种繁育时要注意品种间的隔离（尤其是对原种），以防自然杂交和机械混杂而造成良种品质降低。异花授粉蔬菜的一般自然杂交率大于50%，在良种繁育中，为了保持品种和自交系的纯度与杂交种的质量，必须有严格的隔离措施，并注意拔除杂株，以防不同类型间杂交。常异花授粉蔬菜的一般自然杂交率为4%～50%，在良种繁育过程中要注意隔离，防止串花，并拔除杂株，防止混杂。

对于无性繁殖蔬菜来说，在良种繁育中，要注意年年选优，防止退化。

（2）蔬菜良种的质量标准与作用

良种是取得好的生产效益的基础。良种的质量标准可以用5个字来概括：净、饱、壮、健、干。净是指种子干净，不带虫卵、病菌，不含泥沙等杂质，无其他作物或杂草种子，纯度高。饱即种子饱满充实，无干瘪种子，千粒重（百粒重）高。壮表现为种子发芽整齐一致，发芽率高，发芽势强。健即种子健全，无病虫害，无破损，外观正常。干是指种子含水量低，种子干燥，无受潮及霉烂现象。

选育优良品种是发展蔬菜生产的一项重要措施，优良品种在提高产量、改进品质、增强抗逆性和抗病虫害的能力以及调节供应期等方面都起着十分重要的作用。

（3）蔬菜品种混杂退化的表现及原因

品种在繁殖过程中，由于种种原因会逐渐丧失其优良性状，失去原品种的典型性，主要表现为混杂和退化。混杂主要指品种纯度降低，而退化主要是指经济性状变劣，如先期抽薹、产量降低。混杂可能是机械混杂引起的，也可能是生物学混杂引起的。生物学混杂是品种间发生天然杂交造成的。

造成蔬菜品种退化的原因有很多，不适当的留种方式和缺乏选择或选择不当是原因之一，如白菜、萝卜等食用营养器官的蔬菜，长期采用小株留种，经济性状或品种特性得不到充分表现，使之不能进行选择而造成品种退化。留种植株过少和连续近亲繁殖导致基因型单一化和遗传基础的贫乏，使品种生活力降低，适应性减弱，这在异花授粉蔬菜中较为突出。另外，不良的自然条件和不合理的农业技术措施，如马铃薯在温暖地区作种用的块茎，常因感染病毒而退化；用感病、发育不良或生长后期的植株或果实留种，也会造成品种的退化。

（4）防止品种混杂退化的方法

防止品种混杂退化要从以下几方面着手：

① 严格执行种子收获调制的技术操作规程

及时收获种子，在加工、清选调制时认真检查用具，在包装、贮藏等过程注明品种名称、纯度等有关情况。这是防止机械混杂的主要措施。

② 采取严格隔离措施防止生物学混杂

a.机械隔离。采用纸袋、网纱、大棚、网室等机械设施隔离。

b.花期隔离。采用分期播种、分期定植、春化和光照处理等措施，使不同品种的花期错开。

c.空间隔离。将易发生天然杂交的品种（变种、种）的制种地隔开一定距离。隔离距离要视品种类别及其天然杂交率、昆虫活动、自然气候条件（风媒花留种时的风向、风速等）、留种群体的大小、杂交对后代经济性状的影响程度等来考虑。不同物种或变种之间容易杂交，杂交后杂种几乎完全丧失经济价值的作物，如甘蓝类的变种、甜菜等，间隔距离1500～2000m为宜。异花授粉蔬菜在不同品种间极易杂交，杂交后虽未完全丧失经济价值，但失去了品种的典型性和一致性，如十字花科、葫芦科、伞形科、藜科、苋科，间隔距离1000m左右，有屏障时500m左右。常异花授粉的蔬菜，如蚕豆，品种间的间隔距离1000m左右，莴苣的不同变种（结球、茎用）、辣椒不同品种之间的间隔距离100～300m。自花授粉作物的间隔距离50～100m。

③ 合理选择和留种

选择以品种的典型性为标准，并注意对综合性状的选择；在制种时保持一定大小的种株群体，同时要防止原种种株来自同一亲本系列进行近亲繁殖导致的品种退化。

④ 利用和创造适合种植的生育条件

在留种栽培上应注意选择适当的留种地，避免轮作，选择适当的播种期，合理管理肥水和防治病虫，避免砧木不良遗传性的影响以及加强田间选择淘汰等。

⑤ 建立或健全良种繁育体制

建立或健全良种繁育体制，做到原种、良种、生产种的生产体系配套。

在生产中应采用重复繁殖路线，即首先进行原原种种子生产，再进行原种种子生产，最后进行生产用种生产，以保证种子质量。

(5) 蔬菜良种繁育的特点

种子生产是完成良种繁育任务的基础工作，也是关键环节，了解蔬菜种子的生产特点，将有利于良种繁育任务更好的完成。蔬菜种子生产具有以下特点：

① 蔬菜良种繁育集约化程度高，技术性强，管理精细。在种子生产中除要求植株生长良好外，还要对选择、隔离、采收等采取一定的规程和技术，才能获得质优量多的种子。

② 蔬菜种类和品种繁多，蔬菜的大多数品种是异花授粉植物或常异花授粉植物，这就对繁制良种提出了更为严格的隔离要求。要做到保质保量满足用种者的需要，并注意确定主栽品种和搭配品种，需要做大量繁重的工作。

③ 蔬菜种子的生产周期较长，有的蔬菜当年可采到种子，有的蔬菜则要两年，有的甚至到第三年才能采到种子。如大白菜繁种，需经过种、贮、栽、采四大阶段约两年时间，大葱采种需经过种、栽、采三大阶段约需三年的时间。同时多数蔬菜营养面积大，且多为异花授粉，多次收获，种果多汁易烂因而要求较高的采种技术和较多的设备及劳力。

④ 品种更新更换较快，这就要求及时掌握新品种的采种技术，同时要有优良的原种供应。

⑤ 蔬菜种子用途单一，绝大多数蔬菜种子除了作种子外没有其他用途，因此必须加强种子生产的计划性，才能达到产销平衡。

⑥ 蔬菜种子生产另一个特点，就是高成本、高产值。

(6) 蔬菜良种繁育制度及程序

蔬菜种子的生产采用分级繁殖制度，设置专门的种子生产基地，逐步扩大生产，一般为四级制，分为原原种、原种、良种、生产用种。

蔬菜良种繁育的程序参见图 4-1。其中：

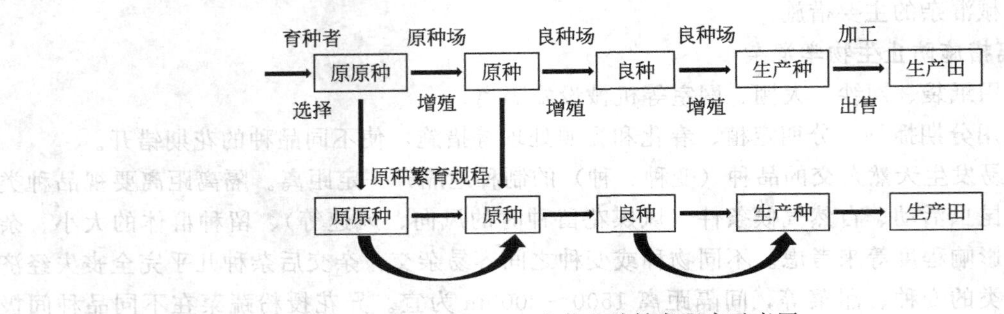

图 4-1 蔬菜良种繁育程序示意图

原原种是育种者生产的质量最高的繁殖用种。

原种是与原原种亲缘关系最近、质量仅次于原原种的繁殖用种。

良种又称登记种或种子种，是用来繁殖生产用的种子，它是由原种繁育来的。

生产用种或称生产种，是作为生产栽培用的种子。

4.1.4 蔬菜种子生产

(1) 蔬菜良种繁育的栽培技术

只有良好的培育条件及优良的农业技术，品种的优良遗传性能才能充分发挥，人工选择才能有最大的效果。正如优良和合理的栽培技术能促进品种种性的不断改进一样，不良的栽培条件也会使蔬菜作物的经济性状产生退化，特别是留种过程的环境及栽培条件对种性的影响尤为显著。例如大白菜、甘蓝、花椰菜等蔬菜，如果连年采用小株留种，其后代结球率往往下降，开花提早，表现退化。又如留种的菜豆，如果肥水过多，其后代往往枝叶茂盛，成熟期变晚，但如能适当控制水肥，则后代成熟期有提早的趋势。

留种的蔬菜，其栽培技术与商品菜栽培有的大致相同，如瓜类、茄果类、豆类；有的却不完全相同，如十字花科的萝卜、甘蓝、大白菜、芥菜，藜科的菠菜，菊科的生菜、茼蒿等。这些蔬菜食用部分多为根、茎、叶等营养器官，它们达到商品成熟以后，还必须用另一套栽培技术继续培育，才能达到生理成熟期获得种子。

为了获得优良而高产的种子，必须注意良种繁育过程的栽培技术特点：

① 留种田的选择

留种田应选择地势较高，排灌方便、土质适宜的田块；还要考虑到隔离条件，防止天然杂交；前后作物应该互不相同，以免引起前作遗留的种子长成植株后区分不开，造成混杂。

② 注意轮作

留种田的轮作原则，与菜用栽培基本相同，须注意以下几个问题：十字花科蔬菜以瓜类、茄果类、葱蒜类蔬菜为前作较好，十字花科不同种、属间忌连作，如甘蓝与白菜、甘蓝与萝卜等不能连作，否则易发生软腐病、病毒病等；茄科蔬菜中番茄、辣椒、茄子、马铃薯等忌连作，番茄连作易发生青枯病，茄子连作易发生褐纹病、绵疫病等；瓜类蔬菜栽培时枯萎病、霜霉病、炭疽病等比较严重，瓜类连作彼此易感染，一般应以叶菜类为前作比较好；豆类蔬菜的留种地最好以水稻作前作物，土壤过于肥沃会使枝叶徒长，结实少，种子产量低；葱蒜类蔬菜彼此不宜前后作，如洋葱以大蒜为前作时，生长变得缓慢，大蒜连作2～3年，则会出现蒜苗发黄、蒜头少、蒜瓣不整齐等不良现象。

③ 选择合适的采种播种期及调节花期

留种蔬菜的播种期与菜用栽培的播种期并不完全相同。留种播种期的确定，首先应保证种植的开花结实期安排在最适宜的季节，如莴苣菜用栽培播种期在秋、冬季，而留种播种期在夏季。武汉一般在7～8月份播种，9～10月份开花结实。此时天气秋高气爽，利于收种。早花椰菜、早甘蓝菜用栽培时，播种期为7月份，而留种播种期为8～9月份，12月～翌年1月份开花；茄果类、豆类、瓜类留种播种期和菜用栽培播种期基本一样。另外，留种播种期的选择还应考虑在最能表现该品种种性的季节播种，如抗热品种，应该尽可能选择炎热的夏季播种。

无论是出于解决杂交时花期不遇问题，还是出于安排适宜的采种季节需要，有时要对植株进行花期调整，主要方法有以下几种：

a. 分期播种及定植，根据父母本在同时播种时盛花期相差的天数多少，确定比正常播期提前或延后的天数。

b. 调整植株，通过摘心、打顶、摘花等方式促进侧芽萌发，延迟开花，使花期相遇。

c. 进行低温春化处理，可诱导许多二年生的蔬菜提早开花结籽。

d. 采用药剂处理调整花期，如喷施赤霉素等可促进开花，喷施邻氯苯氧丙酸等可延迟开花。

e. 也可采用覆盖等保温措施促进提早抽薹开花。

④ 留种田的肥水管理

留种蔬菜的施肥、灌水与菜用栽培不尽相同。一些以营养器官（根、茎、叶）为产品的蔬菜，在菜用栽培时，要求水肥充足，且多以氮肥为主；而作留种栽培时，则应增施磷钾肥以及控制氮肥的过分施用，以免茎叶徒长，降低抗病力和种子产量。同时要适当控制水分，注意干湿结合，尤其是留种期不宜过于淋、灌水，使植株壮实，增强抗病力。施肥方面要重施基肥，营养生长期少追肥，抽薹之后和开花期要追施一两次壮花、壮果肥，使种子饱满充实。

⑤ 留种蔬菜病虫害防治

留种蔬菜生长期长，病虫害也较多。特别是生长后期（开花结果期）植株容易感染病虫害，如十字花科蔬菜易受蚜虫、软腐病等的危害；有些病害还可通过种子传播到下一代，如十字花科的黑肠病、黑腐病，番茄的早疫病，辣椒的叶斑病、细菌性斑点病、炭疽病，黄瓜的角斑病、蔓枯病、疫病、细菌性枯萎病，豇豆的病毒病、茎腐病，菜豆的炭疽病、花叶病等。因此，要及时喷药防治。

(2) 我国主要蔬菜杂交制种技术

白菜和甘蓝等十字花科蔬菜的杂交制种，主要是利用自交不亲和系、雄性不育系的杂种优势研究成功的，很多组合已开始用于生产。茄果类、瓜类蔬菜的杂交制种，主要是采用人工去雄杂交制种。茄果类蔬菜也已开始用雄性不育系生产杂交种子，个别“三系”和“两用系”组合在生产上已经有一定的种植面积；瓜类蔬菜生产上主要是通过雌性系来简化制种程序。下面就主要的几种蔬菜的留种和制种技术作介绍。

① 大白菜留种和制种技术

A. 留种

a. 大白菜属异花授粉作物。留种田要与不结球白菜、菜薹、芜菁、白菜型油菜及其他大白菜品种的采种田相距1500～2000m。生产上常用成株、半成株和小株三种采种方式。成株采种法，可对种株经济性状进行严格选择，有利于保持种性，但生产成本高，占地时间长，适合原种生产；半成株和小株繁殖，种株不能结球或刚形成小叶球，经济性状无法表现和选择，该法占地时间短，采种量高，可用于大田用种生产。

b. 成株采种法。在8月中下旬播种，苗期和莲座期淘汰杂苗和病株，结球期选择具有本品种典型性状、外叶少、结球紧实、抗病性强的植株，标记选中株，采收后连根拔起，单独贮藏。翌年2月下旬定植于露地。种植前，淘汰腐烂和脱帮严重的叶球，留种叶球切去2/5顶部或将顶部切成锥形，便于花轴抽薹。每667m^2（即每亩）栽植密度2000～3000株，早熟品种密，中晚熟品种稀。栽后5～6d浇1次水，接着中耕保墒。在现蕾和开花初期，中耕蹲苗，防止徒长倒伏。进入结荚期保证肥水供应。结荚后，喷0.2%磷酸二氢钾1～2次，提高种子千粒重。种子成熟前进行最后一次田检，拔去感染病毒病、菌核病、软腐病和花枝细如扫帚的植株。当果荚大部分发黄时，在清晨及时收获，避免角果开裂。

c. 半成株留种法。比成株晚播20d左右。与成株采种法不同的是越冬前呈半结球状态，翌春定植到露地，每667m^2（即每亩）栽植密度3000～4000株，其他管理同成株留种。

d. 小株采种。头年12月或第二年的1月上旬大棚内育苗，3月上中旬定植，每667m^2栽植密度5000～5500株，大白菜每667m^2可收种子100～150kg。

B. 杂交制种

大白菜杂种一代优势强，生产上应用广泛。目前获得一代杂交种的主要途径就是利用自交不亲和系和雄性不育二用系制种。

a. 利用自交不亲和系制种。原理是根据自交不亲和系植株雌雄花器形态、功能完全正常，花期仅自交结实不良，但是不同自交不亲和系之间仍可正常授粉结实的特性，生产杂交一代种子。自交不亲和系生产杂交种多采取小株留种法。可根据制种组合双亲熟性确定父母本播种差期或同期，如果所配组合正反交都能应用，定植时，父母本按1∶1比例隔行种植；如果只有正交可用，则要加大母本比例。父母本花期若出现不遇情况，要采取摘心、整枝、调节水肥等方法，促使双亲花时相遇。为了提高制种产量，花期可采取人工赶粉或周围放养蜜蜂等办法，增加花粉传播量。一般每 $667m^2$ 产量 100kg 左右。

b. 利用雄性不育系制种。雄性不育系属雄性不育性稳定而雌性机能完全正常的系统。因此，生产上可用雄性不育系作母本和自交系作父本杂交，不需人工去雄就可获得高纯度的一代杂种。我国应用的大白菜雄性不育系多为核型雄性不育系，其不育株和可育株各占一半，又称为二用系。雄性不育二用系繁殖不育系时，不需另寻保持系，二用系内的可育株就能起到保持系的作用。生产杂交一代种子时，只需初花期拔掉可育株就能进行制种。二用系制种一般采用小株留种法，在冬末初春阳畦育苗，3 月上、中旬定植，父母本按 1∶3 比例种植，行距 40cm，父本株距 30～33cm，母本株距 13～16cm。母本密度要大，否则开花期拔除 50%可育株后，产种量会受到影响。进入初花期每天都要从母本行拔除可育株，一般在上午 9 时左右，时间约 1 周。拔除可育株的同时要将早花的不育株主蔓打掉，防止母本中不育株接受同系可育株上的花粉形成假杂种。种子成熟时，父母本分开采收，一般先收父本后收母本，保证制种质量。

② 番茄留种和制种技术

番茄按花序着生的位置及主茎生长的特性可分为有限生长型和无限生长型。有限生长型有封顶现象，植株相对矮小，也称小架番茄或矮秧番茄；无限生长型主茎可以不断伸长，花序也不断出现，栽培上也称为高架番茄或大架番茄。

A. 常规品种种子生产技术

番茄常规品种种子生产的栽培技术与商品生产极为相似。生产少量原种种子时，可以与种植生产田结合起来。大量采种仍应单设采种田。番茄虽为高度自交的作物，但在自然条件下异交率仍较低，所以品种间隔距离要求 30～100m。

冬前播种一般比商品生产推迟几天，因为商品果实生产为了获得较高的经济效益，常采用早熟、丰产的栽培技术，而种子生产栽培是以获得较高的种子产量为目的，播种期稍迟几天，使番茄初花期的最低气温能稳定在 14～15℃，这样有利于番茄正常授粉、受精及提高种子产量。为促进种子的生长发育，留种田应增施磷钾肥以及种株花期应避免使用生长调节剂点花。以秋冬番茄繁种的地区，播种期为 7 月至 8 月上旬。

完全红熟的番茄果实采收后可后熟 1～2d 再取种。刚从果实中取出的种子外围包有一层胶状黏液，必须将这些带胶状黏液的种子收集在容器中发酵。发酵切勿用铁器，否则种子颜色不佳，也不要在浆液中加水，否则会降低种子发芽率。发酵的时间依发酵的温度高低而异，在 25℃条件下约需两昼夜，温度较高，发酵时间短，种子色泽及质量也较好。待发酵液表面有白色菌霜出现，用手或木棒在发酵容器中搅动，使果胶与种子分离，去掉上浮污物和果皮、果肉等杂物，漂出秕粒后把种子放入网纱袋，将水沥干或甩干，并立即摊成薄层晾晒。番茄种子的干燥标准为含水量 8%以下，抓一把种子捏紧，然后松开，若种子自然散开则为干燥合格。

B. 一代杂种的制种技术

番茄的杂种优势利用在我国已很普及，优良一代杂种种子的生产已成为番茄高产、优质、抗病、早熟栽培的一项基本技术措施。我国番茄杂交种的生产均采用人工杂交制种方法。其中，亲本保存和繁殖与常规品种相同。

人工杂交制种的具体程序包括去雄、标记、花粉采集、授粉、采收等。

a. 去雄。即在开花授粉前将雄蕊去除，去雄所用花蕾以第二天自然开放为原则。

b. 标记：即对授粉植株的雌花进行挂牌标记。

c. 花粉采集。花粉采集一般于上午露水干后即上午 10 时左右进行，阴雨天也可推迟到中午采集。将花或花药适当干燥后收集花粉。

d. 授粉。番茄的花朵在开花前 1～2d 到开花后 2～3d 均能授粉受精结果。授粉后，花粉粒在柱头上萌发，一般从花粉萌发至花粉管到达子房的时间需要 24～36h。如果在授粉后短时间内遇雨，则要等雨停后待花朵稍干进行重复授粉。

e. 采收。种果采收注意识别杂交标记。番茄种子一般为每 667m^2 产量 7.5～15 kg。

在杂交制种中应及时摘除未授粉花序或果实，防止产生自交果。为了在杂交制种中父本能够及时提供足量的优质花粉，一般将父本提早播种 1～2 周，父母本比例通常为 1∶(4～5)。

母本为有限生长型时，多采用三杆整枝，在主杆和两个侧枝上各保留 2 个花序杂交制种；母本为无限生长型时，多采用双杆整枝，在主杆和第一侧枝上杂交 3～4 个花序。父本一般不整枝或多杆整枝。摘顶时注意在最后一个杂交花序上部保留 2 片叶子，以免阳光曝晒果实表面引起灼伤。在杂交制种过程中，避免使用 2，4-D 及其他防止落花落果的生长调节剂，否则所结果实种子少且质量差。

③ 豇豆制种高产栽培技术

A. 播前准备

a. 制种田选择。豇豆属自花授粉作物，对隔离条件要求不高，一般制种田周围 30m 内不种植其他品种豇豆即可。豇豆喜光、喜肥、不耐涝，应选择土层深厚肥沃、排灌方便、前茬为非豆科作物的地块作为制种田。

b. 整地施肥。豇豆根系深，吸肥力和耐旱力强，但其根瘤菌生长不及其他豆类作物，所以整地时必须深耕多施基肥，每 667m^2 施氮磷钾含量各 15% 的三元复合肥 50kg、过磷酸钙 30kg，有条件的最好施入 4000kg 左右腐熟农家肥作底肥。整平后，按 1.2～1.4m 宽包沟开厢，畦高 20cm。

c. 种子处理。播种前，把原种放在纱布或簸箕上晾晒 1～2d，既可杀菌又可增强种子吸水性，播种后容易齐苗。

B. 适时播种

a. 播种期。长江流域春季制种一般要求在 4 月上旬播种，秋季在 7 月中旬播种。春季播种过早，地温低，种子容易霉烂，幼苗出土慢，易缺棵断垄；播种过晚，开花结荚时高温多雨，引起落花落荚，影响产量。秋季播种过早，开花时遇到高温，结荚困难；播种过迟，后期温度低，影响种子成熟。

b. 播种方法。一般采用露地直播覆膜栽培，每 667m^2 需原种 1.5～2.5kg。春播株行距 30cm×70cm，每穴播种 3～4 粒，每 667m^2 播 3000 穴左右；秋播株行距 25cm×65cm，每穴播种 4～5 粒，每 667m^2 播 3500 穴左右。土壤干湿一定要掌握合适，播种时宁可土壤偏干（潮干），千万不可过湿。播种时需留好备用苗，以备补缺用。播种后可用乙草胺、辛硫磷等土壤封闭剂防治杂草和地下害虫，并及时覆膜，这样既可增温、保墒，又可抑制杂草生长。

C. 苗期管理

a. 破膜放苗。春季制种一般播种后 10d 左右出苗，秋播 6d 左右出苗。其间要特别注意及时破膜放苗。防止幼苗在膜下被灼伤或烧死。破膜后用细土封严出苗口。

b. 查苗补苗。幼苗长至 2～3 片复叶时及时查苗，淘汰病弱小苗和非典型苗。整穴缺苗的要进行补苗，保证每穴不少于 2 株苗。

c. 控水蹲苗。合理的肥水管理，以及调节好营养生长与生殖生长的关系是保证豇豆制种高产的重要措施。如果前期肥水过于充足，则营养生长旺盛，造成花序少，开花结荚延迟。因此，水肥管理上要掌握先控后促的原则，如苗期没有干旱、脱肥症状，一般不浇肥水。

d. 插杆引蔓。豇豆抽枝长蔓迅速，有 5～6 片复叶时（蔓长约 50cm）要及时搭架，架高 2.5m 左右，每穴插 1 杆，杆距离植株根部约 15cm，插入深度约 20cm，向内稍倾斜，每两根相交，交叉点离地约 80cm，呈倒“人”字形。这种架形叶片分布均匀，植株结荚部位 70% 以上在架外侧的畦沟上方，通风透光较好，产量较高。引蔓时要顺着其自然生长的方向，即向左绕（逆时针）将其引扶上架，一般需引蔓 2～3 次，引蔓宜在晴天下午进行，因早晨或雨后茎蔓比较脆，容易折断。

D. 开花结荚期管理

a. 肥水管理。豇豆第一花序开放，进入生殖生长阶段后，将连续不断地开花结荚，而且花量、荚量很大，所以从这时开始要经常灌水和追肥，保证营养供应。

灌水的原则是见干见湿，保持土壤湿润。下部荚伸长后，结合浇水每次每 667m^2 施尿素 7～10kg

或三元复合肥 10～20kg，以后看墒情浇水施肥。在正常年份，原则上是每隔 7～10d 灌 1 次水，隔 1 水施 1 次肥。为促进子粒饱满，可进行叶面施肥，从初花期开始每 10d 对叶面喷施 1 次 0.3% 磷酸二氢钾溶液，以延缓衰老，提高后期产量。

b. 整枝打杈。整枝可以调节生长和结荚关系，减少养分消耗，改善通风透光，促进开花结荚。主蔓第一花序现蕾时，其下方的侧芽要全部抹除，使主蔓粗壮，促进开花结荚；对主蔓中上部叶芽抽生的侧枝，留 1～2 叶摘心；主蔓长到架顶并悬空时，应在清晨及时用竹鞭打顶，促使下部侧芽花序形成。

c. 去杂保纯。为保证种子纯度，从苗期开始就要认真检查制种田。花期除杂可根据花瓣颜色逐行检查，将花瓣颜色不同的植株整株拔掉；在商品期可以根据豆荚皮色、长短去杂，将皮色、豆荚长度不同的植株整株拔掉。

E. 病虫害防治

长江流域豇豆制种田主要病害有锈病、轮纹病，害虫有蚜虫、豆荚野螟和美洲斑潜蝇等，注意选对应药剂防治。锈病可用 70% 代森锰锌 400 倍液，或 15% 三唑酮可湿性粉剂 500 倍液防治；轮纹病可用 75% 百菌清可湿性粉剂 600 倍液防治，隔 10 d 左右喷 1 次，连喷 2～3 次；蚜虫、豆荚野螟可用 10% 吡虫啉可湿性粉剂 2000 倍液，或苏云金杆菌可湿性粉剂 1000 倍液等防治；美洲斑潜蝇可用 70% 灭蝇胺 2000 倍液防治。

F. 收种

a. 采摘。豇豆不断开花、连续结荚，豆荚应成熟一批采摘一批。当豆荚发白、发泡、变皱、变软、变轻、不易折断，手捏豆粒可以活动时即可采摘，不必等到老干，稍早摘掉有利于其他豆荚生长。最底层的豆荚，由于拖在地上，为了防止人踩、水泡发霉，同时为了避免坠秧，提高经济效益，可以在嫩的时候摘掉出售。后期豆荚一般较小，可适时摘掉出售或自家食用。

b. 晾晒。摘回的豆荚暂时不能在烈日下暴晒（特别是在七、八月份），应先放在阴处晾干。这样豆荚有一段后熟时间，可促使子粒饱满，增加产量。晾晒时不能铺得太厚，以防发霉，特别是阴雨天，要勤翻动。待大水分晾干后放在太阳下暴晒，提高晾晒效率。

c. 脱粒。因豇豆子粒的两瓣不很平实，容易破碎，所以用棒子捶打时不能铺得太薄，底下也不能太硬，以防止碎粒过多，否则不但造成浪费，而且增加精选时的工作量。脱粒的种子，应继续晾晒至完全干燥。手选前先用合适的筛子和风车筛掉小土粒、碎豆渣等杂质，然后拣净破碎粒、发霉粒、小石子等。待种子含水量达到标准（含水量<8%）后加防虫药装入带薄膜内袋的蛇皮袋中，存放于阴凉干燥处。

④ 茄果类塑料大棚杂交制种技术

长江流域早春低温多雨，初夏梅雨，7 月以后又高温暴雨，对茄果类蔬菜杂交制种和繁种极为不利。利用塑料大棚进行茄果类制种和繁种具有防雨避雨、减轻病害、增加种子产量、提高种子质量等作用。辣椒大棚制种一般每 667m^2 产种子 30～40kg，比露地提高 2～3 倍；番茄制种每 667m^2 产种子量 15kg 以上，比露地提高 1 倍以上；茄子制种每 667m^2 产种子 40kg，比露地高 2～3 倍。

A. 茬口安排

杂交制种的亲本在冷床或温床育苗，3 月中下旬定植于大棚，定植时幼苗要粗壮，现花蕾，4 月中下旬～5 月上旬开始制种，7～8 月收种，占棚 110～125d，种子采收后可进行秋菜育苗或栽培。

B. 杂交授粉的适宜温度和时期（大棚温湿度管理目标）

各地试验研究结果表明，辣椒人工杂交的室温为日最低气温 15℃，日最高气温 30℃以下，日均温 19～24℃，在此温度范围内温度偏低更为有利；番茄开花授粉适宜的温度为 22～25℃，30℃以上或 15℃以下，则授粉结实率急剧下降；茄子授粉坐果的适宜温度范围为 20～35℃，以 28℃最好，低于 20℃，授粉及果实的生长发育就会停止。因此，大棚制种的适宜时期可根据大棚内气温达到上述温度标准时进行。例如湖北省大棚辣椒和番茄制种始期一般在 4 月中下旬，茄子所需温度较高，制种时期要到 5 月上旬。当亲本植株生长健壮而此时又在适宜温度范围内时，适当延长制种时期对提高种子产量有明显作用。近年来，湖北等地于 5 月下旬至 6 月上旬，采用遮阳网覆盖于大棚顶上，对母本棚进行遮阳降温，不但能降低棚温，还增加了空气湿度，延长了制种时间，减少落花，提高了坐果率，同时由于遮光降温，也提高了制种人员的工作效率。也可将遮阳网覆盖在父本棚上，以减轻父本辣椒的病毒病，而且延长了父本椒的生长旺盛期，增加了花蕾数和有效花数，弥补了后期花粉不足的缺陷。

C. 杂交亲本的适宜播期及比例

确定杂交亲本的适宜播种期是为了保证双亲花期能在最适宜的温度范围内相遇，以提高杂交坐果率和杂交种子产量。不同蔬菜种类亲本的适宜播期应根据播种方式和品种熟性等灵活掌握，采用温床播种时播期可迟些，采用冷床时则应适当提前；早熟亲本可适当晚播，中晚熟亲本则应适当早播。江苏省采用较多的为早丰 1 号辣椒，其母本南京早椒冷床播种一般在 11 月上中旬，父本上海甜椒则应在 10 月上中旬播种；如用温床育苗则可分别推迟至 1 月上旬和 12 月上旬播种。苏长茄母本苏州牛角茄于 12 月上旬冷床播种，父本徐州长茄于 11 月上旬冷床播种，采用温床可相应推迟 15～20d。

父母本的比例应视双亲开花数和花数量的多少而定，如早丰 1 号辣椒因父本上海甜椒花少而母本南京早椒花多，故父母本的比例 1∶(1～1.5) 为宜，番茄如早丰的父母本比例一般为 1∶3，茄子一般为 1∶(2～3)。

栽植密度，以辣椒为例，父本行距 33cm，株距 25cm，每 667m^2 定植 5500 株，母本平均行距 50cm，株距 30～40cm。为便于田间操作可用大小行栽种，大行宽 70～80cm，小行宽 40～50cm。

D. 选择去雄的适宜部位和适宜时期

母本植株的第 1 层花，因植株尚未发棵，长势较差，或因棚温偏低对果实生长不利，或因果实太近地面，易感病害，都要疏去。后期高温，顶部花器渐小，长势减弱也不作留种用。一般宜选 2 层以上的花朵去雄。适宜去雄时期是在开花前 1d，即去雄的花蕾以次日能开放为好。所选花蕾不能太小，过早去雄会影响结实率，已全部开放的花也不能选用，以免影响杂交率。在形态上，辣椒宜选花瓣近白色的花蕾，番茄宜选用花瓣已略变黄的大花蕾，茄子宜选用花瓣已微紫的大花蕾去雄。去雄时应把花药去掉，动作要轻，不能碰伤子房和柱头。

E. 及时采集花粉

为了采集足够的花粉，首先应掌握父本开花的习性，如露地辣椒，一般于上午 6 点前后开始开花(阴雨天稍推迟)，8～9 点盛花，近中午时其花粉则大量散落，而种在大棚内的辣椒开花比露地略提前。因此，一般应在上午花朵盛开前采回（也可只把雄蕊取回），取出雄蕊置于培养皿后放至干燥器（密闭容器内放生石灰吸湿）进行干燥，至下午或翌日上午取出花粉备用。应该指出的是，辣椒花粉在采集偏晚时极易散落，必须在每天上午 6～8 点花粉尚未散失时采回，否则难以搜集足够的花粉，同时辣椒的雄蕊较小，还可把花瓣去除后干燥，以利操作。

F. 授粉时间及方法

授粉宜在棚内植株上露水已干时进行。授粉动作要轻，不要碰伤柱头，花粉宜多，以提高结实率，增加种子数。据试验，番茄制种时，如采用花瓣较黄但未开放的花蕾去雄时，可在去雄后立即授粉，重复授粉可提高结实率和单果种子数。气温在 30℃ 以下时不宜再行授粉。若基肥充足母株生长旺盛时，杂交授粉期间不宜施用氮素肥料。辣椒以用开花当天所采集的花粉为好，这种花粉生活力强，结实率高。花粉和柱头的寿命较短，因此开花当天或第 2 天进行授粉为宜。

G. 防止假杂种的措施

首先要在大棚四周围上防虫网纱与顶膜一起形成一道防虫屏障，隔离防杂。此外还要做好以下工作：

进行人工杂交前，必须摘除母本植株上已开的花和所有果实。

杂交制种期间，每天去雄时和授粉前都要将未去雄的花以及当天来不及去雄的大花蕾全部摘掉。

杂交结束后要摘除母本植株上部或基部发叉上所有未采用的大小花蕾，每隔 3～4d 摘除一次，共进行 4～6 次，以彻底除尽未进行杂交的花和花蕾。

每朵花授粉以后应做标记，辣椒可采用将该花朵基部的一张叶片的叶尖掐去作标记，也可在做过杂交的花柄上系一短线或挂一小牌以示区别。番茄、茄子则可用镊子在授过粉的花朵上摘除1～2个花萼进行标记。红熟后及时采收，采收时必须只采收有标记的果实，标记不清或无标记的果实应分开采收，以防止混入假杂果，只有这样才能保证杂交种的纯度在95%以上。

H. 加强栽培管理

a. 温湿度管理。定植后用地膜覆盖以促进根系发育。缓苗前维持高温，基本不通风；缓苗后通风。白天一般保持25℃左右，如遇到春寒应用多层覆盖保温防寒，生长中后期既要注意保湿，又要注意通风降温，避免高温高湿引起病害和落花落果。

b. 追肥灌水。茄果类大棚制种生长期长，需肥量较大，为提高种子产量，促进子粒饱满，每667m^2宜用2000～3000kg优质堆厩肥和100～150kg饼肥作基肥。生长前期外界气温较低，一般不追肥，结果盛期和生长后期分别追肥二次，每次每667m^2施氮磷钾复合肥20～25kg。5月份开始要注意水分管理，应经常保持畦面湿润，尤其是防雨棚中要经常灌水，这样可调节大棚空气湿度，防止落花落果，同时也要注意加强雨后排水工作。

4.1.5 蔬菜种子的贮藏与检验

(1) 蔬菜种子的贮藏

① 蔬菜种子的寿命

通常所说的种子寿命是指在一定的具体条件下，能保持其生活力所能达到的平均年限，一般可以用整个种子群体中50%种子的生活力完全丧失所经历的时间来衡量。主要蔬菜种子寿命及生产上可利用年限参见表4-3。

表4-3 主要蔬菜种子寿命及生产上可利用年限

蔬菜种类	种子寿命/年	生产上利用年限	蔬菜种类	种子寿命/年	生产上利用年限
茄子	3～6	2～3年	菜豆	3～5	2～3年
番茄	3～6	2～3年	豌豆	3～5	2～3年
辣椒	3～4	2～3年	蚕豆	3～6	2～3年
西瓜	3～6	2～3年	甘蓝	3～5	2～3年
黄瓜	3～5	2～3年	白菜	3～5	2～3年
南瓜	3～5	2～3年	萝卜	3～5	2～3年
葫芦	3～5	2～4年	胡萝卜	1～2	1年左右
丝瓜	3～6	2～4年	菠菜	3～4	2～3年
洋葱	1～2	1年左右	芹菜	1～2	1年左右
韭菜	1～2	1年左右	莴苣	3～5	2～3年
大葱	0.6～1	0.5～1年	甜菜	3～6	2～3年

按蔬菜种子的使用年限可分为：

a. 长命种子。在自然条件下可存放3～4年，如茄子、番茄、西瓜等。

b. 常命种子。在一般室内贮藏条件下，可存放2～3年，如萝卜、白菜、甘蓝、南瓜、黄瓜、辣椒、豌豆、菜豆、菠菜等。

c. 短命种子。一般贮藏条件下可存放1～2年，如葱、圆葱、韭菜、胡萝卜、芹菜、毛豆等。

② 影响种子寿命的因素

蔬菜种子是有生命的活体，种子寿命的长短，首先取决于本身的遗传特性，其次是种子个体的生理成熟度、种子的结构、种子的化学成分等因素，也与种子贮藏环境条件有关。

a. 内在因素。包括种子的生理状态（如未充分发育的种子比充分发育的种子寿命短；在缺乏 Ca、P、N、K 营养元素植株上收获的种子，其发芽率低），子粒的大小和完整性（如小粒种子呼吸强度较大粒种子强；种皮受到机械损伤的种子，呼吸作用大大增强），以及种子的化学成分（如种皮的结构特征，花生种子寿命比黄瓜种子短）。

b. 外在因素。影响采种母株生长发育的外界条件对种子生活力的影响：如采种母株在短日照下产生的种子萌发迅速，发芽力高；种子发育期间的外界温度可以影响种子的发芽力；采种母株在缺乏营养时，种子的发芽率降低；种子未达到生理成熟，难以获得较高的发芽率；早开花早结实的着生部位，其种子发育较好，种子发育饱满，发芽率也较高。

贮藏条件：水分，种子本身的含水量高，种子的呼吸强度高，种子本身的含水量与环境中的湿度有关，空气湿度在 65%以下，种子含水量在 4%～14%之间，降低 1%的含水量，种子寿命就增加 1 倍；温度，贮藏温度在 0～35℃范围内，温度每降低 5℃，种子寿命可延长 1 倍；O_2 和 CO_2 气体、微生物和仓库害虫、光等都会影响种子生活力。

③ 种子的贮藏条件

a. 空气相对湿度。种子平衡水分：当环境条件处于稳定状态，经过一定时间，种子的吸附速度等于解吸速度，含水量就保持平衡，这时种子的含水量就叫作平衡水分。相对湿度（RH）为 15%～75%，RH 每增加 10%，种子含水量增加 1%，种子寿命缩短一半。主要种子安全贮藏含水量见表 4-4。

表 4-4 主要蔬菜种子安全贮藏含水量

蔬菜种类	安全贮藏含水量/%	蔬菜种类	安全贮藏含水量/%	蔬菜种类	安全贮藏含水量/%
番茄	7～12	豇豆	9～12	萝卜	9～11
茄子	7～12	菜豆	10～12	大头菜	7
辣椒	7～12	毛豆	9	甜菜	8
甜椒	7～11	蚕豆	12～13	莴苣	7～11
黄瓜	7～12	豌豆	10～11	芹菜	8～11
南瓜	8～11	白菜	7～11	菠菜	8～11
冬瓜	8～9	甘蓝	7～10	茼蒿	8～11
丝瓜	9	花椰菜	7～9	芫荽	11
西瓜	8	芥菜	9～11	苋菜	8
甜瓜	9～11	葱	7～11	蕹菜	8

b. 温度。种子贮藏过程中，最安全的温度是－10～－5℃，在 0～45℃范围内，温度每下降 5℃，种子寿命可延长一倍，反之缩短一半。

c. 通气状况。种子长期贮藏在通气条件下，吸湿增温使其生命活动由弱变强，很快就会丧失活动。干种子以贮藏在密闭条件下较为有利。

在自然贮藏条件下，不同蔬菜种子的寿命有很大的差异，菠菜、芹菜、胡萝卜等蔬菜种子的寿命较长，而大葱、洋葱、韭菜等种子的寿命较短，一般隔年种子发芽率极低或不发芽。

在低温、干燥的环境条件下，能有效地延长种子寿命。因此，根据不同的蔬菜种子，合理调节种子的贮藏条件，改善贮藏方法，可以显著延长蔬菜种子的寿命。

常规的蔬菜种子一般采用室温常规贮藏。在北方特别是西北，气候干燥，且年均气温较低，适宜于蔬菜种子室内常温贮藏。大多数蔬菜种子贮藏数年不会对发芽率有大的影响。如茄果类、瓜类种子贮藏 3～4 年，白菜、甘蓝类种子贮藏 2～3 年，豆类种子贮藏 1～2 年，只要保管得好，都还能安全应用于生产。

我国大部分地区，尤其南方，高温潮湿，不适宜贮藏蔬菜种子，一般室温正常贮藏1～2年后种子就会丧失发芽力。湖南省蔬菜研究所发明了室温干燥贮藏法，取得了较好的效果，一般比常规室温贮藏法延长种子寿命1～3年。具体方法是将种子晒干，含水量达到安全贮藏指标以下（如茄果类种子的含水量不能超过8%），用双层聚乙烯高密度膜塑料袋装袋，每袋种子10kg左右，再将2～3kg纱网袋装的干燥剂（如硅胶）埋入种子，尽量排除袋内空气后，用绳子扎紧袋口，堆放在常温仓库即可。此外，南方的一些种子公司将一些需要贮藏时间较长的种子，运到贮藏条件好的北方，进行异地贮藏，也取得了较好的经济效益。

对于价值比较高的杂交种子特别是茄果类、瓜类杂交种子，当年无法销售完，一般都采用低温冷库贮藏。贮藏的时间可更长，安全性更高。一般低温冷库的温度控制在0℃以下，相对湿度60%以下。

（2）蔬菜种子质量的检验

① 蔬菜种子质量

蔬菜种子的品质包括品种品质及播种品质。品种品质是指与蔬菜遗传特性有关的品质。在种子检验工作中，用真实性和纯度来示，或用真和纯表示。播种品质是指蔬菜种子播种后与发芽出苗有关的特性。种子的播种品种亦可概括为净、饱、壮、健、干五个字。

② 蔬菜种子检验的内容

a. 真实度。

b. 品种纯度。指品种典型一致的程度，即指样品中本品种的种子数（或植株数）占供检样品种子粒数（或总株数）的比例。

c. 净度。种子样品中除去杂质和废种子后，留下的本作物好种子的质量占供检样品总质量的比例。杂质包括大型杂质、有生命杂质（杂草、害虫）、无生命杂质。

d. 种子的含水量。种子含水量是指试样种子中含有水分的质量占供试样品质量的比例，是种子安全贮藏的主要因素。

e. 千粒重。指国家规定1000粒种子的质量，以g为单位。它是反映种子充实、饱满、粒大的指标。

f. 发芽力。指在适合条件下发芽并长出正常植株的能力，通常用发芽率和发芽势表示。

g. 发芽势。指发芽初期在规定日期内正常发芽的种子粒数占供检种子粒数的比例。

h. 发芽率。指发芽末期在规定时期内全部正常发芽的种子粒数占供检种子粒数的比例。

i. 生活力。指种子发芽的潜在能力或种胚具有的生活力。

j. 种子病虫感染率。指种子带病原体或种子害虫的程度，种子病虫感染率一般用种子感染比例或病原体质量比例表示（害虫感染率一般用每千克种子含害虫头数或虫害种子的比例表示）。

k. 种子活力。指在不良的田间条件下，凡有利于成苗的所有种子属性的总和。其本身涉及两方面，一方面是种子发芽及幼苗生长的速度，另一方面是对不良环境条件的忍受力。

l. 种子用价。指样品中真正可利用的种子数量占样品数量的比例，是净度和发芽率的综合指标。

③ 蔬菜种子检验的方法

A. 田间检验

田间检验的内容因作物而异，其侧重点有所不同。一般来说，必须进行下列项目的检验：

a. 常规作物种。证实种子田符合生产该种类种子的要求；播种的种子批与标签一致；从整体上看，属于被检的该作物的栽培品种（品种真实性），并检测品种纯度；鉴定杂草和其他作物种子，特别是那些难以通过加工分离的种子；隔离条件符合要求；种子田的总体状况（倒伏、健康情况）。

b. 杂交种。与花粉污染源有适宜的隔离距离，雄性不育程度很高，低水平的串粉，父本花粉转移至母本的理想条件，每组合（父母本）品种纯度高，在母本收获前先收获父本。

c. 检验时期与次数。种子田在生长季节可以检查多次，通常为苗期、花期、成熟期，但至少应在品种特征、特性表现最充分、最明显的时期检查一次。常规作物通常在成熟期，杂交作物在花期或花药开裂前不久，蔬菜作物则在食用器官成熟期。

B. 室内检验

田间检验是室内检验的基础，一般只有获得田间检验许可证的采种田，其种子才有资格进行室内检验。

在种子入库前，重点检验种子安全贮藏的含水量、发芽率和病虫害感染情况。

在贮藏过程中，重点检验种子含水量的变化、发芽势状况、发芽率以及活力的变化情况。

在播种前，重点检验种子的净度、发芽势、发芽率、活力、千粒重等。

我国蔬菜种子质量检验采用最普遍且结果最可靠的方法仍是田间种植鉴定法。为了缩短鉴定时间，使鉴定结果尽量早出示以便销售，一般利用南北方的气候差异，即在南方生产的种子抽样后到北方鉴定，在北方生产的种子到南方鉴定。出示田间鉴定结果仅要半年时间，基本上能赶上第二年的销售高峰。

除此之外还研究了一些快速鉴定法。如苗期指示性状鉴定法、同工酶技术鉴定法和随机扩增多态性DNA（RAPD）快速鉴定法。采用这些方法大大地缩短了鉴定时间，特别是种子紧缺年份，可以用上述方法鉴定后及时销售，且保证了蔬菜种子质量。但是快速鉴定方法因其局限性而未被大规模应用，如苗期指示性状鉴定法只局限于特定的组合，同工酶技术鉴定方法和RAPD快速鉴定法结果重复性差，且费用较高。

在我国种子检验必须严格按照国家制定的《农作物种子检验规程所有部分》（GB/T 3543—1995）进行检验操作。

④ 如何选购蔬菜种子

在购买种子前，应先调查市场，明确需要种植的作物，然后再根据土地情况和栽培季节选择适宜的品种。

要选择有一定规模、信誉比较好的种子公司和经营部门购买种子。这些部门应有固定的营业场所，具有地方种子管理单位颁发的种子经营许可证和营业执照。

购种时应注意三看：一要看种子包装袋，二要看品种介绍和栽培技术，三要看种子的质量。

购种后，要注意以下问题。一是要保存好购买种子时的发票。二是要及时拆开一袋检查发芽率。如发芽率不好的，要及时与购种单位联系，请求退货或调换。三是要注意保存种子。可将购买的种子放入布袋内，吊挂在阴凉通风处；也可将袋装种子或用剩的种子重新密封好后放入冰箱冷藏室保存。四是种子播种后要保留一定的样品和包装袋，若种子质量有问题，种子播种后不能复原，可以此取得证据。

4.2 蔬菜育苗技术

4.2.1 蔬菜育苗概述

（1）蔬菜育苗的作用

蔬菜育苗，就是将要栽的蔬菜先在苗床内播种培育，待秧苗长到一定大小时，再定植到大田中去。从播种至定植之前的秧苗培育过程，称为蔬菜育苗。

蔬菜育苗的实质是在气候不适宜育苗的季节，利用农用设施、设备及先进的农业技术，人为地创造适宜的环境条件，提前播种，培育出健壮的秧苗，在气候适宜时期再移栽到大田。

采用育苗移栽的方法可以争取农时、减少用工、增多茬口、增加复种指数、发挥地力、减少病虫危害和自然灾害损失，是提早成熟、增加早期产量和总产量、增产增收的一项重要的技术措施。

（2）蔬菜秧苗对环境条件的要求

① 温度

蔬菜种类不同，种子萌芽对温度要求也有差异。一般喜冷凉的蔬菜如芹菜、茼蒿在3℃左右，喜温暖的蔬菜如番茄、南瓜在10～12℃之间，茄子、辣椒及其他瓜类在15℃左右，才能发芽生长。这种温度可作为播种时参考。

蔬菜种子催芽时要求有较高的温度，温度较高发芽快而整齐。一般喜温蔬菜要求28～30℃。喜冷凉蔬菜则需要较低的温度发芽，如菠菜为4℃、甘蓝为8℃、胡萝卜为18℃，也有一些蔬菜如莴苣（笋）、芹菜等在25℃以上时发芽困难或较差，通过变温处理，发芽加快，说明各种蔬菜各有其最适宜的温度要求。

幼苗出土时，需要有相对较低的温度，若此时温度过高，呼吸作用旺盛，则会引起徒长。在保护地（棚室）育苗，光照较差，再加以较高的温度，幼苗更易徒长，因此适当降低温度，可防止幼苗徒长。

真叶长出后，随着枝叶的生长而应逐渐提高温度，而且温度的高低还要与光照强度相适应。光照充足时，温度也可稍高一些，更有利于幼苗进行光合作用，促进幼苗生长。光照不足时，如温度过高，呼吸作用增强，消耗养分过多，使幼苗徒长，生长纤细，抗逆能力减弱。

蔬菜秧苗生育适温一般一年生蔬菜为20～25℃，二年生（半耐寒或耐寒）蔬菜为13～20℃，则更有利于秧苗生长。

② 光照

蔬菜秧苗的生长发育要求一定的光照时间与光照强度。光照不足易使秧苗徒长，生长纤弱，开花结果少产量低，但光照强度过大则易使秧苗灼伤，给秧苗生长带来伤害。光照强度与温度高低有关，随光照逐渐增强，温度也逐渐升高，反之温度渐低。

冬春季光照弱，气温低，在冬季育苗时，一是应充分利用光能，提高保护地内温度，促进幼苗生长，二是应注意扩大幼苗的营养面积，改善幼苗的光照条件，提高光合效率。这对于培育壮苗，增强秧苗质量具有十分重要的作用。

而夏秋季多以直射光为主，光照强度大，气温也高，因此在夏季育苗时，应采用遮阳网、竹帘、芦帘等进行适当的遮阳。不仅可以降温，减少土壤水分蒸发量，而且用太阳的散射光照射秧苗，可以满足苗期生长发育的需要，达到培育健壮秧苗的目的。

③ 水分

水与蔬菜秧苗生长关系密切，床土中含水量的多少不仅影响秧苗吸收能力，也关系到床土温度及土壤通气状况。床土水分过少，秧苗生长发育受到抑制，易形成老化苗；床土水分过多，在光照不足及温度较高的条件下，秧苗极易徒长。床土通气性差、土温低，不仅影响根系生长且降低吸收养分的能力而造成烂根沤根等苗期病害。

不同的蔬菜秧苗生长对土壤水分的要求不同。黄瓜根系少，分布浅，叶片蒸发量大，对床土水分的要求比较严格。茄子秧苗生长对床土水分的要求比番茄秧苗的要求高，只有在保水性较好的床土中育苗，才能培育壮苗。一般适于蔬菜育苗的床土含水量为土壤持水量的60%～80%较为适宜。

育苗时的空气湿度也是非常重要的，空气湿度过低，秧苗水分蒸发量大，导致幼苗体内生理失调，影响生长发育；空气湿度过高，根系发育不良，降低吸收养分能力，极易导致苗期病害的发生。不同的季节、不同的育苗方式、不同的蔬菜种类对空气湿度的要求亦各不相同，应根据蔬菜种类、育苗季节及育苗方式而灵活掌握。

④ 土壤及养分

蔬菜育苗对床土的质量要求较高，床土质量关系到土壤温度、土壤通透性、土壤水分、土壤营养等多方面条件，与秧苗根系发育和吸收养分能力密切相关。因此，良好的床土是培育苗壮的基础。

苗床土应含有较丰富的有机质和速效性氮、磷、钾养分；床土pH值6.5～7，疏松、肥沃、通透性好，无病壤土；或采用人工配制的营养土作为苗床土较好。

蔬菜育苗过程中，种子在适宜温度及供氧条件下，依靠种子内贮藏的养分转化，促进发芽。当幼苗出土，子叶展开转绿以后，才向独立生活的自养阶段过渡。

当第一片真叶出现，幼苗根系吸收养分的能力增强，借助于营养土或播种前的底肥供其幼苗的生长发育。虽然对钾肥吸收量较少，但钾能促进幼苗体内营养物质运转，对培育健壮的蔬菜秧苗以及增强抗逆能力有重要作用。

幼苗对氮和磷吸收量要多一些，氮对幼苗的根、茎、叶、果菜类的果的生长作用很大，但苗期氮肥用量过多，容易造成幼苗徒长，抗病能力降低，或易发生苗期病害。

⑤ 气体

育苗过程中，主要是氧气与二氧化碳对种子发芽、幼苗生长影响较大。

氧气是种子发芽极需的气体，当种子在一定温度下吸水萌动时，对氧气的需要量急剧增加，一般需要10%以上的氧浓度才能萌动出芽。

若无氧或氧气不足时，种子不能发芽或发芽不良。如果浸种催芽时透气不良，或播种后覆盖过厚或床土低洼积水而引起氧气不足时，种子会发育不良，甚至烂种。

不同的蔬菜种子发芽时对氧需要的程度有所不同。如含油脂及蛋白质多的豆类种子，在发芽时要求更多的氧气，通透性好才能发芽；黄瓜和葱的种子在较少的氧气条件下，也能发芽；芹菜和萝卜种子对低氧特别敏感，在5%的浓度条件下几乎不能发芽。

在育苗时，苗床空气中有一定浓度的二氧化碳能增加幼苗同化作用，如果 CO_2 的浓度由0.03%提高到0.1%～0.15%范围内，对幼苗根系发育、茎叶生长、花芽分化及提高产量有显著效果。苗期施用 CO_2 的效果与光照、温度关系密切，在光照较强、温度适宜的条件下，结合苗期肥水管理，效果才能表现出来。

(3) 壮苗的标准

壮苗的植物生理指标：生理活性较强，植株新陈代谢正常，吸收能力和再生力强，细胞内糖分含量高，原生质的黏性较大，幼苗抗逆性，特别是耐寒、耐热性较强。

壮苗的植株形态特征：茎粗壮，节间较短，叶片较大而肥厚，叶色正常，根系发育良好，须根发达，植株生长整齐以及无病苗等。这种秧苗定植后，抗逆性较强，缓苗快，生长旺盛，为早熟、丰产打下良好的生理基础。

4.2.2 蔬菜育苗技术

(1) 育苗设施

保护地育苗的种类很多，主要有增温、保温和降温设施三大类。增温育苗的设施有火窑子（火炕）育苗、酿热温床育苗、电热温床育苗等，保温育苗的设施有塑料小拱棚育苗、塑料大棚育苗、温室育苗，降温育苗的设施有阴棚育苗、遮阳网育苗、遮阳避雨育苗等。

① 火窑子育苗

在育苗床底层挖通热道，前与火炉相连，后与烟囱接通，烟火通道沟上覆盖弧瓦，再覆营养土15～20cm；利用煤、柴草、秸秆等有机燃料燃烧烟火经过通道，直接烘烤，提高床土温度进行育苗。靠燃料燃烧，增加床内温度，延长育苗时间，适用于育苗期短的瓜类、豆类蔬菜育苗。这种育苗方式，风险大，不便控制和管理，现在使用较少。北方部分地区的红薯、西瓜还有采用此法育苗的。

② 酿热温床育苗

在育苗床内挖床坑，填新鲜猪粪、牛粪、羊粪、马粪、兔粪等，与稻草或其他作物秸秆混合，配合一定的水分（60%含水量）和碳氮比［(20～30)∶1］制成酿热物，通过发酵分解释放出的热能，提高苗床土的温度进行育苗。

填酿热物越多，维持较高的床温时间就越长，少则短；前期床温较高，后期床温较低，常利用床温较高的阶段播种，加快出苗速度。在20世纪60～70年代初，多采用这种方式育苗，后由于酿热材料用量大，温度极不稳定逐渐淘汰。但随着提倡有机肥代替化肥和节能环保的进行，近年来酿热温床又被大家所追捧。常见酿热物的碳氮比参见表 4-5。

表 4-5 常见酿热物的碳氮比（C/N）

种类	含碳量/%	含氮量/%	C/N	种类	含碳量/%	含氮量/%	C/N
稻草	42.0	0.60	70.0	大豆饼	50.0	9.0	5.6
大麦秆	47.0	0.60	78.3	棉籽饼	16.0	5.0	3.2
小麦秆	46.5	0.65	71.5	松落叶	42.0	14.2	3.0
玉米秆	43.3	1.67	25.9	栎落叶	49.0	2.0	24.5
新鲜厩肥(干)	25.0	2.80	8.9	牛粪	34.5	1.35	25.6
速成堆肥(干)	56.0	2.60	21.5	马粪	11.6	0.55	21.1
米糠	37.0	1.70	21.8	猪粪	15.0	0.55	27.3
纺织屑	59.2	2.32	25.5	羊粪	16.2	0.65	24.9

③ 电热温床育苗

为了克服酿热温床中温度分布不均匀、升温缓慢的缺点，在电热温床中采用电热线作为加温设备。其加温原理是将电能转变为热能，从而使床土升温。电热线埋入土层深度一般为 10cm 左右。

电热温床育苗是按照不同作物、不同生育阶段对温度的需求，用电热线稳定地控制地温、培育壮苗的新技术。其优点是：能取代传统的冷床育苗，配合塑料大棚，进行人为控温，可达到先促后控和控温不控水的目的，供热时间准确，地下温度分布均匀，不受自然条件制约，提高苗床利用率，节省人力、物力，改善作业条件，安全有效，能在较短的期间内育出大量合格幼苗，是蔬菜商品化育苗的一条新途径。

电热加温苗床的设备主要有控温仪、农用电热线（按功率有 800W、1000W 及 1100W 等规格）、交流接触器（设置在控温仪及加热线之间，以保护控温仪，调控大电流）以及与之配套的电线、开关、插座、插头和保险丝等组成。

电热线布线方法为做深 10cm 左右的苗床，平整床面，在其上部可放置电热线，为隔热保温，下部可放置发泡板材或秸秆。11 月至翌年 3 月份，喜温的黄瓜、辣椒、茄子，每平方米苗床需 90～100W，番茄需 70～80W，如 800W 的电热线，每平方米需 80W，可在 10m^2 的床内铺完。两线的距离 10～15cm，育苗床宜密，分苗床宜稀，靠畦边要密。铺设好后，上盖 10cm 厚的培养土，即可灌水播种或分苗。

电热线与电源的连接要求：如果育苗量小，电热温床只用一根电热线，功率为 1100W 左右，不超过控温仪负荷时，可直接与 220V 电源线连接，把控温仪串联在电路中即可。如果用两根电热线，要并联，切不可串联，否则电阻加大，温度提不上来。如用三根以上多组电热线，控温仪及电热线间加上交流接触器，使用动线三相四线制的星形接法，并联，力求各项负荷均衡（图 4-2）。

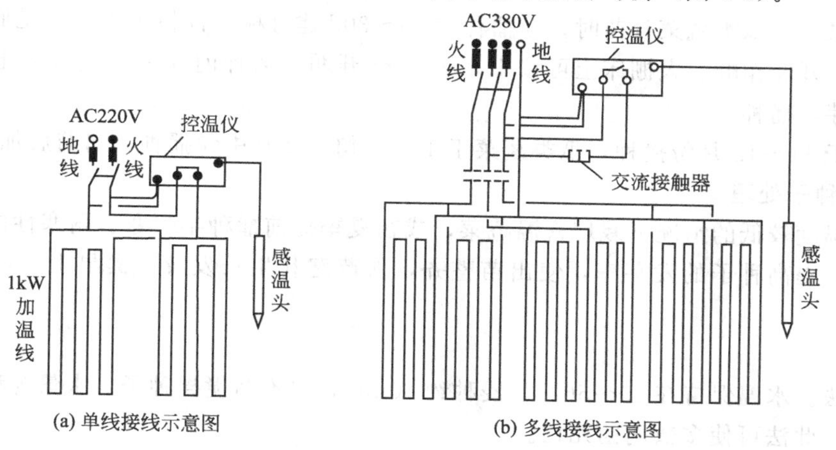

图 4-2 电热温床电热线布线示意图

电热温床育苗种子出芽快，幼苗生长发育好，苗龄短，秧苗素质高，而且省种、省工，是目前大力推广的一项先进育苗方式。电热温床主要用于冬春季瓜果类蔬菜作物的育苗。可根据不同作物及育苗过程中不同生育阶段对地温的要求，把土壤温度调控到最佳状态，确保幼苗健壮生长。电热温床育苗，浇水量要充足，要小水勤灌，控温不控水，否则因缺水会影响幼苗生长。

使用电热温床育苗注意事项：一是电热温床的设计及安装应由专业电工操作，苗床作业时要切断电源，注意人身安全；二是电热线布线靠边缘要密，中间要稀，总量不变，使温床内温度均匀，用容器育苗可先在电热线上撒一层稻壳或铺一层稻草，然后直接摆放育苗钵或穴盘；三是电热线不可重叠或交叉接触，不打死结，注意劳动工具不要损伤电热线，拉头要用防水绝缘胶布包好，防止漏电伤人；四是电热线育苗，播种床盖地膜，保水保温，促进早出苗，分苗初期要扣小拱棚保温；五是选择一天中棚内温度最低的时间（17～20 时，3～5 时）加温，并充分利用自然光能增温、保温；六是电热线使用结束后，要清除盖在上面的土，轻轻提出，擦去泥土，卷好，备以后再用，控温仪及交流接触器存于通风干燥处。

④ 塑料大棚、小拱棚冷床育苗

塑料大棚、小拱棚冷床育苗是继火窖子、酿热温床育苗之后，利用塑料薄膜在农业上的应用而发展起来的一种育苗方式。它是靠太阳照射增加棚内温度，利用塑料薄膜保温性能，维持棚内温度进行育苗。虽然受外界气候影响较大，但克服了火窖子、酿热温床，用燃料酿热材料多、温度不稳定、管理不方便的缺点。自 20 世纪 70 年代以来，成为了广泛运用的一种育苗方式，而且还可以配合火窖子、酿热温床、电热温床进行蔬菜育苗。

⑤ 遮阳避雨育苗

夏季播种育苗正值高温时节，阳光强烈，温度高，并时有阵雨或暴雨，给蔬菜的育苗工作带来了许多困难，影响成苗。为防止曝晒，保湿降温，保证出苗，播种后需进行遮阳。可在播种覆土后直接在畦面铺放秸秆、稻草、树叶、水浮莲及遮阳网等遮阳保湿防雨，出苗前如发现墒情不好，可直接在覆盖物上淋水，但需注意 7～10d 大部分苗出土后要及时揭除畦面覆盖物，否则幼苗胚轴伸长，甚至幼苗顶尖钻进网眼，造成高脚苗或揭覆盖物时损伤折断幼苗。幼苗出土后揭去地面覆盖物的同时，要搭凉棚以达到降温保湿的目的。也可利用塑料大棚进行遮阳防雨棚育苗，将大棚四周的围裙膜撤除，只留棚顶的塑料薄膜供防雨用，并在塑料薄膜上再覆盖遮阳网。遮阳防雨棚，不仅具有挡强光和降温增湿的效应，而且对南方地区防止夏季暴雨袭击有很好效果。利用大棚的现成结构和材料，去掉塑料薄膜，盖上塑料遮阳网也是一种可行办法。遮阳网则要根据天气和温度进行揭盖，阳光强烈时扣上遮阳网，如遇阴天或气温较低时，应将遮阳网卷到一端或撤下来。在定植前 7～10d，要逐渐撤去棚顶的遮阳网，以进行幼苗锻炼，提高抗性。

(2) 播种前的准备

早春进行茄果类、瓜类蔬菜育苗时，在播种前 25～30d 建好棚，深耕炕土，施足底肥，然后肥与土混匀，锄细整平，开厢作畦。大棚床土可按 1.0～1.5m 开厢，播种前 5～7d 进行床土消毒，进行种子处理，浸种、催芽、播种。

茄果类蔬菜于 11～12 月份播种，瓜类蔬菜于 1 月下旬至 2 月中旬播种，出苗后加强苗期管理。

① 播种前的种子处理

一般在早春温度较低的情况下栽培喜温蔬菜，或在夏季提前播种半耐寒、耐寒性的蔬菜，都要采取浸种催芽的方法，提高种子的发芽率，使出苗整齐，秧苗健壮生长发育，提早上市，增加产量和经济收入。

A. 种子处理

a. 温汤浸种法。水温保持在 55～56℃，浸种约 10min，并不断搅拌种子，水量为种子量的 5～6 倍，然后用温水冲洗。此法可使多数病菌死亡。

b. 热水烫种。用于难吸水的种子，水温 70～75℃，种子要充分干燥，水量为种子量的 4～5 倍。烫种时要用两个容器，使热水来回倾倒，直到水温降到55℃时改为不断搅动，后面方法同温汤浸种。此法可使病毒钝化，多种病菌死亡。

c. 低温处理。低温处理种子可使种子发芽迅速而整齐，提高耐寒能力，提早成熟和增加产量。黄瓜萌动的种子经5℃，72h低温处理，发芽快而整齐；莴笋（苣）、芹菜等种子在高温下不易出芽，夏季播种时将种子在冷水中浸泡10h后，将种子置于深水井中距水面33～50cm处，或置于冰箱中低层的贮藏室中处理，约72h即可出芽。

d. 药粉拌种。取0.3%种子质量的杀虫剂或杀菌剂，在浸种后使药粉与种子充分拌匀，也可与干种子混合拌匀。常用杀菌剂有70%敌磺钠、五氯硝基苯、多菌灵、50%福美锌、50%退菌特等，杀虫剂有90%敌百虫粉等。药粉拌种既安全又简便。药粉用量一般为种子质量的0.1%～0.5%，药粉必须与种子充分混合均匀，播种后遇水溶解发挥药效，起到杀菌消毒作用。

e. 药水浸种。一般先按要求于清水浸种，然后浸入药水中，按规定时间消毒。捞出后，立即用清水冲洗，即可播种或催芽后播种。常用方法有：一是福尔马林（即40%甲醛）的100倍水溶液浸种15～20min，然后捞出种子，密闭2～3h，最后用清水冲洗；二是1%硫酸铜水溶液，浸种5min后捞出，用清水冲洗；三是10%磷酸三钠或2%氢氧化钠的水溶液，浸种15min后捞出洗净，可钝化番茄花叶病毒；四是0.1%高锰酸钾水溶液，浸种15min，再洗净，还可用代森铵、多菌灵、五氯硝基苯等药剂300倍液浸种。

B. 种子催芽

催芽是在种子吸足水分后，为促使种子中的养分迅速分解转运，供给幼胚生长的重要措施。温度、氧气和保持着饱和空气湿度是蔬菜种子发芽的必需条件，部分蔬菜种子发芽时还需要光照，如芹菜、莴苣、茴香、胡萝卜、大头菜、雪里蕻、茄子等。催芽过程中的技术措施，就是满足这些条件。

保水可采用多层潮湿的纱布、麻袋布、毛巾等包裹种子。保证氧气供给主要是包裹种子时应使包内种子保持松散状态，如从水中捞出种子装包后，要把种皮上附着的水膜用力甩掉。催芽期间每4～6h松动包内种子1次，起到换气透气的作用，同时使包内种子换位。种子量大时，每20～24h用温热水洗种子1次，排净黏液，以利种皮进行气体交换。洗完种子装包后把水分甩掉，随即松散包内种子，再继续催芽。

蔬菜种子催芽的适宜温度和时间参见表4-6，当有75%左右的种子破嘴或露根时，即停止催芽，准备播种。

表4-6 主要蔬菜种子浸种和催芽的适宜温度与时间

蔬菜种类	浸种时间/h	催芽适宜温度/℃	催芽时间/d
番茄	6～8	25～27	2～4
茄子	24～36	25～30	6～7
辣椒	12～24	25～30	5～6
黄瓜	4～6	25～30	1.5～2
西葫芦	5～6	25～30	2～3
苦瓜	24～36	25～30	5～7
冬瓜	20～24	28～30	6～8
丝瓜	24	25～30	4～5
西瓜	6～8	28～30	1～1.5
菜豆	2～4	20～25	2～3
甘蓝	2～4	18～20	1～2
花椰菜	3～4	18～20	1～2
莴苣	6	15～20	2～3

续表

蔬菜种类	浸种时间/h	催芽适宜温度/℃	催芽时间/d
芹菜	36～48	20～22	5～7
菠菜	10～12	15～20	2～3
茼蒿	8～12	20～25	2～3
芫荽	20～24	浸种后播种	—
韭菜	12	浸种后播种	—
大葱	12	浸种后播种	—
洋葱	12	浸种后播种	—
小白菜	2～4 或不浸种	浸种后播种	—
萝卜	2～4 或不浸种	浸种后播种	—

② **播种期的确定**

播种期的正确与否关系到产量的高低、品质的优劣、病虫害的轻重以及上市销售的季节和时间，而且还影响蔬菜的前后茬口的衔接和安排。

蔬菜播种期的确定受很多因素制约，要考虑季节变化、区域差异，也要考虑生产水平、市场需求，更要考虑蔬菜自身的生物学特性。

决定播种期最重要的是气候条件，如温度、霜冻、日照、雨量等，以及蔬菜的生物学特性，如生长期的长短、对温度及光照条件的要求，特别是产品器官的形成对温、光的要求，以及蔬菜作物对霜冻、高温、干旱、涝渍的忍受能力等。

确定蔬菜播种期的总原则是：应根据蔬菜种类品种对温度和光照条件的要求，市场的需求及各地的地理环境条件，把蔬菜生长和产品器官形成安排在最适宜的温度条件下，来确定播种期，才能获得显著的经济、社会效益。

蔬菜的种类和品种很多，不同种类、不同品种的种子对温度的要求又有所不同。种子发芽的快慢不同，幼苗生长速度不同，苗龄大小不同，各地的地理气候又有明显的差异，设施条件不同，市场需求状况不同，播种期也不同。武汉地区部分蔬菜的播种期及适宜苗龄参见表 4-7。

表 4-7　部分蔬菜的适宜播种期（武汉地区）

蔬菜种类	育苗方式	播种期	苗龄/d	定植期	栽培方式
莴笋	露地	9 月下旬～10 月上旬	40	11 月上中旬	大棚越冬
生菜	露地	9～10 月	30～60	10 月～12 月	大棚越冬
芹菜	露地	8 月中旬～9 月中旬	60～70	10 月中下旬	大棚越冬
草莓	露地	4～5 月		9 月上中旬	大棚栽培
番茄	大棚多层覆盖	11 月下旬～12 月中旬	75	2 月中旬～3 月上旬	大棚春早熟
辣椒	大棚多层覆盖	11 月下旬～12 月上旬	85	2 月下旬～3 月上旬	大棚春早熟
茄子	大棚多层覆盖	11 月下旬～12 月上旬	85	2 月下旬～3 月上旬	大棚春早熟
黄瓜	大棚电热温床	1 月中下旬	40	2 月下旬～3 月上旬	大棚春早熟
西葫芦	大棚电热温床	12 月下旬～1 月上旬	40	2 月上中旬	大棚春早熟
南瓜	大棚电热温床	1 月中下旬	40	2 月下旬～3 月上旬	大棚春早熟
瓠瓜	大棚电热温床	1 月中下旬	40	2 月下旬～3 月上旬	大棚春早熟
苦瓜	大棚电热温床	1 月下旬～2 月上旬	30	2 月下旬～3 月上旬	大棚春早熟
西瓜	大棚电热温床	1 月下旬～2 月上旬	30	2 月下旬～3 月上旬	大棚春早熟
甜瓜	大棚电热温床	1 月下旬～2 月上旬	30	2 月下旬～3 月上旬	大棚春早熟

续表

蔬菜种类	育苗方式	播种期	苗龄/d	定植期	栽培方式
豇豆	直播	2月下旬～3月上旬	—	—	大棚春早熟
菜豆	直播	2月下旬～3月上旬	—	—	大棚春早熟
毛豆	直播	2月上中旬	—	—	大棚春早熟
蕹菜	直播	2月上旬～3月上中旬	—	—	大棚春早熟
落葵	直播	2月上旬～3月上中旬	—	—	大棚春早熟
苋菜	直播	2月上旬～3月上中旬	—	—	大棚春早熟
番茄	遮阳避雨棚	7月中下旬	30	8月中下旬	大棚秋延迟
辣椒	遮阳避雨棚	7月中下旬	30	8月中下旬	大棚秋延迟
茄子	遮阳避雨棚	6月中下旬	30	7月中下旬	大棚秋延迟
黄瓜	直播	8月上旬～9月上旬	—	—	大棚秋延迟
豇豆	直播	8月上旬～9月上旬	—	—	大棚秋延迟
菜豆	直播	8月下旬～9月上旬	—	—	大棚秋延迟
西葫芦	遮阳避雨棚	7月下旬～8月上旬	30	8月下旬～9月上旬	大棚秋延迟
西瓜	遮阳避雨棚	7月下旬～8月上旬	30	8月下旬～9月上旬	大棚秋延迟
莴笋	露地	9月上中旬	30	10月上中旬	大棚秋延迟
生菜		8月中下旬	30	9月中下旬	大棚秋延迟
芹菜	遮阳避雨棚	5～6月	60～80	8月中下旬	大棚秋延迟
夏萝卜	直播	6～8月	—	—	遮阳避雨棚
夏大白菜	直播	6～7月	—	—	遮阳避雨棚
夏甘蓝	遮阳避雨棚	6月上旬～7月上旬	30	7月上旬～8月上旬	遮阳避雨棚
夏花椰菜	遮阳避雨棚	6月中下旬	30	7月中下旬	遮阳避雨棚
夏黄瓜	直播	6月～7月中旬	—	—	遮阳避雨棚
夏豇豆	直播	6月～7月中旬	—	—	遮阳避雨棚
夏苦瓜	直播	6月上中旬	20	6月下旬～7月上旬	大棚棚架
夏芫荽	直播	6～8月	—	—	遮阳避雨棚
夏菠菜	直播	5月下旬～8月中旬	—	—	遮阳避雨棚
番茄	大棚多层覆盖	1月上中旬	75	3月下旬～4月上旬	露地春栽
辣椒	大棚多层覆盖	12月下旬～1月上旬	85	3月下旬～4月上旬	露地春栽
茄子	大棚多层覆盖	12月下旬～1月上旬	85	3月下旬～4月上旬	露地春栽
黄瓜	大棚电热温床	2月中下旬～3月	35～45	3月下旬～4月	露地春栽
西葫芦	大棚电热温床	2月上中旬	40	3月下旬～4月上旬	露地春栽
苦瓜	大棚电热温床	2月中下旬	40	3月下旬～4月上旬	露地春栽
瓠瓜	大棚电热温床	2月中下旬	40	3月下旬～4月上旬	露地春栽
冬瓜	大棚电热温床	3～4月	30	4月～5月	露地春栽
西瓜	大棚电热温床	2月下旬～3月中旬	30～40	4月上中旬	露地春栽
甜瓜	大棚电热温床	2月下旬～3月中旬	30～40	4月上中旬	露地春栽
豇豆	直播	3月中旬～4月	—	—	露地春栽
菜豆	直播	3月中旬～4月	—	—	露地春栽
毛豆	直播	3月中旬～4月	—	—	露地春栽
大白菜	直播	3月～4月中旬	—	—	露地春栽

续表

蔬菜种类	育苗方式	播种期	苗龄/d	定植期	栽培方式
萝卜	直播	2月下旬～4月上旬	—	—	露地春栽
蕹菜	直播	3月下旬～7月	—	—	露地春夏栽
苋菜	直播	3月下旬～7月	—	—	露地春夏栽
落葵	直播	3月下旬～7月	—	—	露地春夏栽
茄子	遮阳避雨	6月上旬	30	7月上旬	露地夏栽
辣椒	遮阳避雨	6月上旬	30	7月上旬	露地夏栽
黄瓜	直播	6月～7月中旬	—	—	露地夏栽
豇豆	直播	6月～7月中旬	—	—	露地夏栽
冬瓜	遮阳避雨＋穴盘	6月上旬～7月上旬	20	6月下旬～7月下旬	露地夏栽
苦瓜	露地＋穴盘	5月中旬～6月上旬	20	6月	露地夏栽
西瓜	直播	7月上中旬	—	—	露地夏栽
甜玉米	露地＋穴盘	4～7月	20～30	5月～8月中旬	露地春夏栽
萝卜	直播	6～8月	—	—	露地夏栽
大白菜	直播	6～7月	—	—	露地夏栽
甘蓝	遮阳避雨	6月上旬～7月上旬	30	7月上旬～8月上旬	露地夏栽
花椰菜	遮阳避雨	6月中下旬	30	7月中下旬	露地夏栽
番茄	遮阳避雨	7月中下旬	30	8月中下旬	露地秋栽
菜豆	直播	7月下旬～8月上旬	—	—	露地秋栽
大蒜	直播	9月上中旬	—	—	露地秋栽
萝卜	直播	8月下旬	—	—	露地秋栽
大白菜	直播	8月下旬	—	—	露地秋栽
菜心	直播	8月～10月	—	—	露地秋栽
甘蓝	遮阳避雨	7月上中旬	30	8月上中旬	露地秋栽
花椰菜	遮阳避雨	7月上中旬	30	8月上中旬	露地秋栽
青花菜	遮阳避雨	7月中下旬	30	8月中下旬	露地秋栽
红菜薹	露地	8月中旬	20	9月上旬	露地秋栽
秋莴笋	露地	8月	20	8月下旬～9月上中旬	露地秋栽
生菜	露地	8月～9月	20～30	9月～10月	露地秋栽
菠菜	直播	9月～10月上旬	—	—	露地秋栽
茼蒿	直播	9月～10月上旬	—	—	露地秋栽
芫荽	直播	9月～10月上旬	—	—	露地秋栽
大蒜	直播	8月下旬～9月上中旬	—	—	露地秋栽
马铃薯	直播	8月中下旬	—	—	露地秋栽
青菜	露地	9月	30	10月	露地秋栽
甘蓝	露地	10月中下旬	40	11月下旬～12月上旬	露地越冬
洋葱	露地	10月中下旬	50～60	12月上中旬	露地越冬
莴笋	露地	10月上中旬	50	11月下旬～12月上旬	露地越冬
萝卜	直播	10月中下旬	—	—	露地越冬
蚕豆	直播	10月中下旬	—	—	露地越冬
豌豆	直播	10月中下旬	—	—	露地越冬

续表

蔬菜种类	育苗方式	播种期	苗龄/d	定植期	栽培方式
菠菜	直播	10月中旬～11月下旬	—	—	露地越冬
茼蒿	直播	10月中旬～11月下旬	—	—	露地越冬
芫荽	直播	10月中旬～11月下旬	—	—	露地越冬
马铃薯	直播	12月～翌年1月	—	—	露地越冬

对于喜温性蔬菜露地冬春播种，可考虑在终霜期前后的7～8d播种或定植，以利安全出苗或缓苗。对于不耐高温的西葫芦、菜豆、番茄等，应考虑避开炎热天气；对于不耐涝渍的西瓜、甜瓜，应考虑避开雨季。夏秋露地播种时则应在初霜前80～120d播种或定植，并采取避开高温暴雨的措施。耐热和耐高湿的如茄子、豇豆、冬瓜、丝瓜、苦瓜、辣椒、蕹菜等，根据其各自生长期的长短，在终霜后和初霜前的100～150d的这一段时间内，根据市场需求随时可以播种，但还是以早春播种产量最高。设施栽培的蔬菜可根据设施所能提供的条件（主要是温度条件）选择播种时间，如大棚栽培可在露地栽培基础上适当提前或延后30～45d。

对于喜冷凉蔬菜，在冬季土壤不封冻的地区，春菜根据其生长期的长短，可在冬前开始直到炎夏到来前的50～90d内进行分期分批播种。也有些喜冷凉蔬菜冬前播种不能过早，要考虑防止先期抽薹的问题。在冬季土地封冻的地区，冻土层在30cm左右的地方，如黄河以南，部分苗期较耐寒的蔬菜如菠菜、莴苣等，可在秋季初霜前15～30d播种，菠菜还可延到初霜后。冻土层在40cm以上的地方，喜冷凉的春菜一般在土壤解冻后到终霜前后播种。秋菜的播种期根据蔬菜自身对夏秋之交热雨天气的抗性和生长期的长短，可在严寒到来前的80～120d播种。但在高纬度或高海拔的高寒地区，有些喜冷凉的蔬菜如大白菜、莴苣、菠菜等，也不可过早播种，以免发生先期抽薹。

③ 播种量

单位面积上播种的数量称为播种量。

播种量的多少，取决于种子大小、播种密度、播种方式、种子质量（出芽比例），此外土壤质地松黏、气候冷暖、病虫灾害、育苗技术等条件也有很大影响。

主要蔬菜种子播种的需种量参见表4-8。

表4-8 主要蔬菜种子播种的需种量参考表

蔬菜种类	需种量/(g/667m²)	蔬菜种类	需种量/(g/667m²)	蔬菜种类	需种量/(g/667m²)	蔬菜种类	需种量/(g/667m²)
番茄	40～50	豇豆	1500	青花菜	20～30	茼蒿	1000～2000
辣椒	80～100	菜豆	2500	球茎甘蓝	50	菠菜	3500～5000
茄子	50	毛豆	5000	青菜	100～250	芫荽	2000～3000
黄瓜	150	超甜玉米	500	雪里蕻	100	冬寒菜	500～1500
西葫芦	200	蚕豆	10000	红菜薹	50～100	小白菜秧	500～1500
瓠瓜	250	食荚豌豆	7500	菜心	400～500	蕹菜	7500～10000
苦瓜	500	洋葱	300～500	萝卜	200～500	落葵	7500～8000
冬瓜	250	大葱	300～500	小萝卜	1500～2500	苋菜	1500～3000
迷你冬瓜	100	韭菜	1000～2500	胡萝卜	500～750	紫苏	40～50
丝瓜	100	大白菜	150	莴笋	50～75	生姜	300000
南瓜	150～200	甘蓝	50	生菜	50～75	大蒜	300000
西瓜	150	紫甘蓝	50	苦苣	20～30	马铃薯	150000
甜瓜	75	花椰菜	50	芹菜	50～100	莲藕	300000

④ 播种前的苗床准备

蔬菜育苗苗床根据其功能可以分播种苗床和分苗苗床。有一部分蔬菜根系再生能力特别强，在播种后幼苗长至 2～3 片真叶时可进行分苗假植，目的是解除主根的顶端优势促进多发须根，增加营养吸收面积，便于幼苗定植后生长和发育，如茄果类、甘蓝类蔬菜育苗一般都要进行至少一次的分苗。几种主要蔬菜所需苗床的面积见表 4-9。

表 4-9 几种主要蔬菜所需苗床的面积

蔬菜种类	每 667m² 大田所需的苗床面积/m²	
	播种床	分苗床
番茄	5～6	40
茄子	3～4	30
辣椒	6～7	40
黄瓜	40～50	—
西葫芦	20～25	—
冬瓜	20～25	—
甘蓝	4～5	40
芹菜	60～70	—
莴苣	5～6	—

早春茄果类、瓜类蔬菜育苗时，在播种前 15～20d，深翻炕土，夏季育苗于 10～15d 前耕翻炕土，使土壤疏松，减少病虫害。播前充分耙碎整平开沟作深沟高畦，畦宽 1.3～1.5m，长随播种量（需苗数量）或土地的长度而定。然后施足底肥，底肥用量因蔬菜种类及苗龄长短而不同。

豆类蔬菜种子脂肪、蛋白质含量高，苗龄短，底肥用量宜淡而少；茄果类、葱蒜类、甘蓝类蔬菜苗龄较长，底肥用量宜多，而且氮、磷、钾肥适量配施。一般每 667m² 施腐熟农家肥 1500～2000kg、尿素 5kg、过磷酸钙 25kg、草木灰 100～150kg、基肥施入后与苗床土壤混合均匀，再整平畦面准备播种。

如果采取护根育苗方式，播前 30～40d 配制好营养土，为防止病害，一般采用晒干过筛的近 2～3 年未种过蔬菜的大田土 6～7 份，腐熟的农家肥 3～4 份，加 1%～2%草木灰，1%的过磷酸钙，再加适量腐熟的人畜粪水混合堆制。播前制作营养土块装入纸钵、草钵、塑料营养钵、塑料穴盘内待播种。

培养土要求：富含有机质，以改善和协调土壤中水、肥、气、热之间的关系；营养成分完全，具备 N、P、K、Ca 等营养元素；微酸性和中性 pH，以利根系的吸收活动；不含病菌虫卵，无杂草种子（进行土壤消毒、预先堆制）；具有良好的物理结构，干裂时不裂纹（拉伤根系），浇水后不板结（透气），且具有一定黏性以利移植秧苗时根系能多带土。

培养土的调制：可因地制宜，就地取材；基本原料是土壤（菜园土、大田土）和肥料（腐熟有机肥、灰粪及化肥等）；6 份大田土（无病菌虫卵）加 4 份腐熟的堆肥、厩肥等进行调制；每立方米培养土中另加腐熟过筛的鸡粪 25kg，过磷酸钙 1kg，草木灰 10kg；调匀后于播种床内铺垫 8～10cm，分苗床 10～12cm。

培养土的消毒：蒸汽消毒和药剂消毒。

福尔马林（40%甲醛）消毒：用福尔马林加水配成 100 倍稀释液，向苗床上喷洒，1kg 福尔马林兑水 100kg 可喷洒 4000～5000kg（1m³）培养土，喷后将培养土拌匀，并在土堆上覆盖塑料薄膜闷 2～3d，充分杀死土中病菌，然后揭开塑料薄膜，经 7～14d，土壤中药气散发完再使用。

多菌灵（50%可湿性粉剂）消毒：把多菌灵（或代森锌、甲基硫菌灵）配成水溶液（稀释 300～400 倍）后，按每 1000kg 床土 25～30g 的多菌灵喷洒，喷后把床土拌匀用塑料薄膜严密覆盖，2～3d 后即可杀死土壤中的枯萎病等病原菌。

药土消毒：按每平方米苗床用 70%五氯硝基苯 5g，65%的代森锌 5g 与 15kg 半干细土拌匀，也可用50%多菌灵10g，70%的甲基硫菌灵10g各与15kg半干细土拌匀，做成药土，于播种时作底土或盖籽土。

(3) 播种技术

蔬菜的播种技术包括播种方式和播种方法。

① 播种方式

蔬菜的播种方式有撒播、条播和穴播三种。

a. 撒播。多用于生长期较短、营养面积较小的速生叶菜，以及用于苗床育苗。这种播种方式可经济利用土地面积，但不利于机械化的耕作管理和采收。同时，对于土壤质地、土地耕整、撒籽技术、覆土厚度、环境条件等技术要求都比较高。

b. 条播。多用于生长期较长和营养面积较大的蔬菜，以及需要中耕培土的蔬菜。速生叶菜通过缩小株距和宽幅多行也可采用条播。这种播种方式便于水肥一体化、机械化耕作等管理，也方便机械化采收。

c. 穴播。也称点播、打窝播种等。多用于生长期较长的大型果菜、叶菜、根菜，以及需要丛植的蔬菜，如韭菜、豆类等。这种播种方式的优点是能够创造局部发芽所需的水、温、气等条件，有利于在不良的环境条件下保证出苗整齐，实现苗全苗旺。如夏季干旱炎热时播种，可以按穴浇水后点播，再加厚覆土保墒防热，待要出苗时再扒去部分覆土，以保证出苗。同时穴播用种量最省，也方便机械化的耕作管理。

② 播种方法

蔬菜播种，有直接用干种子，也有用浸泡过的种子，或用催出芽的种子，因此它们的播种方法有所不同。但不论用何种种子进行播种，播种前都要整碎整平土地，做好菜畦或垄。

干籽播种一般用于湿润地区或干旱地区的湿润季节，趁雨后或人为造墒使土壤墒情合适，能满足发芽期对水分的需要时播种。播种时，根据种子大小、土壤质地、天气状况等，条播的先开1～3cm深的浅沟，撒播的可用钉齿耙耙出播沟，穴播的用锄头开穴（打窝），然后播种。播后用耙耙平沟土盖住种子，也可进行适当的土面镇压，让土壤和种子紧密贴合以利种子吸收土壤中的水分。如果土壤墒情不足，或播后天气炎热干旱，则在播种后需要连续浇水，始终保持土面成为湿润状态以利出苗。但播种后浇水会引起土面板结，使出苗时间延迟或出苗不整齐。为防止土面浇水后板结，可于畦面铺碎草后再进行喷灌，或在畦沟灌水但水不超过畦面让水慢慢渗入土中（此法畦面不宜太宽，且不适合沙性土壤）。还可以在一些出苗慢的蔬菜如芹菜、胡萝卜等，播种时掺入小白菜、大白菜、萝卜等容易出苗的蔬菜种子，利用这些早出苗的蔬菜减少地表蒸发，保持土壤墒情。

浸种和催芽的种子需播种于湿润的土壤中，墒情不够时，应事先浇水造墒后再播种，播法与干籽相同。

在天气炎热干旱或土壤温度较低的季节播种，不论干籽还是浸种催芽的种子，最好用湿播法。即在播种前把畦地浇透水，把存水的凹处撒细土填平，再撒种子。然后依子粒大小覆土0.5～2cm。1～2d后，再用齿耙轻轻耙平和镇压土面，炎热天气和盖土薄的种子，还应盖碎草或秸秆或遮阳网来遮阳防热和保墒，当幼芽顶土时揭除。

③ 苗床播种

苗床因为环境条件优越，播种时多采用撒播和直接播入预先作好的营养钵或营养土块内。茄果类冷床育苗多采用撒播，待幼苗具2～3片真叶以后，再假植到营养钵中；也可将辣椒、茄子直播于营养土块或营养钵内，每穴2～3粒种子，待长出2～3片真叶后再匀苗或定苗；瓜类多采用直播于营养土块或营养钵内；甘蓝、花菜、莴笋、芹菜、葱类等夏季育苗的蔬菜多采用撒播育苗。

播种前，将苗床土充分耙碎整平，用细土填孔隙后，将催芽的种子与草木灰或细砂土混匀撒播。撒播时要注意尽可能地把种子分布均匀，然后用洒水壶浇透底水后，覆盖1cm厚无病虫的细石谷子土或湿润细土，在其上覆盖一层塑料薄膜或遮阳网保温保湿，以利于幼苗迅速出土。

盖细土不宜过厚过薄，过厚会阻碍幼苗出土，过薄则会影响种子脱壳，造成幼苗不能正常生长。当70%左右幼苗出土后，及时揭去薄膜或遮阳网，加强苗期管理，促进幼苗健壮生长。

（4）苗期管理

① 间苗

除采用营养钵、营养块、穴盘等点播育苗措施不需间苗外，撒播、条播育苗的必须间苗。当幼苗出土子叶平展到出现第一片真叶之前，陆续间苗，把过密的幼苗拔除。间苗时，留优去劣，把发芽迟、长势弱、畸形、不符合品种特性的杂株、病株拔掉，保留符合品种特性、生长健壮的秧苗。每次间苗后填压细干土，使保留下来的幼苗植株稳定直立，促进根系发育，幼苗生长。

② 分苗

分苗，也称移苗、假植。在晴天气温较高条件下，把具有2～3片真叶的幼苗，移栽一次，称为分苗。一般采用10cm×10cm行株距，匀苗移栽，移栽后，浇足腐熟清淡的人畜粪水，然后作小拱棚覆盖保温使移栽幼苗迅速返青成活。

也可用纸筒（钵）、塑料钵，装上营养土，再分苗移栽到纸筒（钵）或塑料钵的营养土上，然后将移栽苗钵均匀地摆在大棚育苗床土上，培育成壮苗。

③ 苗期温度管理

不同蔬菜的幼苗对温度的要求不同，同一种蔬菜幼苗在不同的生长阶段对温度的要求又不相同。因此，应根据不同蔬菜作物的不同生长阶段进行温度管理。

蔬菜种子从播种至出苗，子叶展开阶段，要求有充足的水分，良好的通气条件，棚内维持25～30℃的温度，有利于幼苗出土、"脱帽"及子叶平展生长。

当幼苗出土，子叶平展后，到真叶露心开始生长阶段，应控制水分，降低棚内湿度，适当降低棚内温度，防止幼苗徒长，促进根系和叶片生长，使幼苗靠种子贮藏养分生长向土壤中吸收养分而独立生长转移。温度条件满足时晴天中午适当揭膜通风，降低棚内空气湿度。冬春季育苗，番茄白天温度维持20～22℃，夜间10～15℃；辣椒、茄子和黄瓜白天温度22～25℃，夜间16～20℃为宜。

当幼苗真叶显露到生长3～4片真叶时，茄果类蔬菜幼苗根、茎、叶齐备，进入叶原基形成、花芽分化，由营养生长开始向生殖生长过渡时期，恰是冬至到立春（隆冬）低温最冷的时期，应以保温为主，防止冻害。根据茄果类蔬菜幼苗耐寒能力强弱（番茄较强，辣椒次之，茄子较弱），晴天适当通风炼苗的情况下，棚内白天气温维持在20～25℃，土温22～23℃，夜间棚内气温15～18℃，土温14～18℃，使幼苗健壮生长，安全越冬。

立春后至定植前，气温回升较快，秧苗生长迅速，茄果类幼苗有6～8片真叶，已开始现蕾，这段时期应以降温、排湿、炼苗、防止徒长为重点。随着气温回升，逐渐加大通风量，逐渐延长通风时间，使秧苗逐渐适应露地或移栽地块气候条件。

④ 苗期湿度管理

无论是大棚或是小拱棚冷床育苗，棚内空气相对湿度和床土相对湿度以60%～70%为宜。如果湿度过大，棚膜内凝聚的水珠较多，甚至长时期在棚内循环，不利于幼苗生长，抗逆能力减弱，会给苗期病害滋生蔓延提供条件。

幼苗出土后至立春之前，控制浇水，坚持大棚使用无滴棚膜，小拱棚揭膜排水，降低棚内空气湿度和床土湿度。晴天中午适当通风排湿，或中午秧苗上无水珠时，用90%草木灰与10%的石灰拌匀，撒施在苗床土上消毒吸湿，降低土壤湿度等措施，降低棚内空气湿度、土壤湿度，将湿度控制在60%～70%，减少苗期病害。

通风时要防止过猛揭开覆盖物，引起苗床空气湿度骤然下降。

⑤ 苗期肥水管理

在施足底肥和底水情况，出苗后加强苗期管理，严格控制肥水，降低湿度，促进秧苗生长和安全越冬。立春后到定植前，气温逐渐回升，视秧苗生长状况、土壤肥力和气候情况，加强通风炼苗，使秧苗逐渐适应露地气候条件下，于晴天中午适时、适量浇施清淡粪水，促进幼苗健壮生长，培育出适龄壮苗，为丰产增收奠定良好的生理基础。

⑥ 病虫害防治

a.猝倒病。茄果类、瓜类、莴笋、芹菜、洋葱和甘蓝等苗期受害重，主要为害出土后真叶尚未展开时的幼苗。茎基部出现黄褐色水渍状病斑，发展到绕茎一周后变成黄褐色、干枯、缢缩成线状，猝倒死亡。苗床湿度大时，在病苗或其附近苗床上密生白色绵状菌丝。该病是由瓜果霉菌侵染所致。发病最适温度 15～16℃。在低温高湿、幼苗拥挤、光照较弱等条件下幼苗生长缓慢，最易发病，严重时引起成片死苗。猝倒病防治措施：一是建立无病苗床。选择地势高、排水方便、无病原的地块建苗床。床土选用无病新土，肥料用腐熟的。使用旧苗床时床土和苗床四周均应消毒。二是加强苗期管理。播种时适当稀播，子叶展开后及时间苗。正常天气要加强苗床通风，晴天中午前后揭去全部覆盖物，让秧苗直接晒太阳，使之生长健壮。适当节制浇水，降低床内湿度。寒冷天气做好防寒保温工作。发现病苗及时拔除，立即用生石灰：草木灰＝1：10 的比例配成黑白灰撒入苗床。三是药剂防治。出现少数病苗时，立即喷 64%噁霜·锰锌可湿性粉剂 600 倍液，75%百菌清可湿性粉剂 1000 倍液，或 40%三乙膦酸铝 200 倍，或铜铵合剂 400 倍液喷洒。苗床湿度大时，不宜再喷药水，而可用甲基硫菌灵或甲霜灵等粉剂拌草木灰或干细土撒于苗床上。

b.立枯病。茄果类、瓜类、十字花科蔬菜及莴笋和芹菜等苗期受害重，主要为害时期是苗床幼苗期。苗茎基变褐，病部收缩细缢，茎叶萎蔫枯死。病苗直立而不倒伏故称立枯病。该病是由立枯丝核菌侵染而引起的土传真菌病害。发病最适温度 17～28℃。高温高湿有利于病菌繁殖蔓延。此外，秧苗过密、阴雨天气、苗床湿度过大等环境条件往往加重该病的发生和蔓延。立枯病防治措施：一是加强苗期管理，防止苗床内出现高温、高湿状态。增施磷钾肥，增强秧苗抗病力。苗床床土消毒可用 50%福美双可湿性粉剂。二是药剂防治。发病初期可喷洒 20%甲基立枯磷乳油 1000 倍或 36%甲基硫菌灵悬浮剂 500 倍液，也可喷 5%井冈霉素 1500 倍液等。一般每 7d 喷一次，连喷二三次。当苗床同时出现猝倒病和立枯病时，可喷 72.2%霜霉威盐酸盐水剂 800 倍加 50%福美双粉剂 500 倍的混合液。或用绿亨 1 号（95%噁霉灵）4000 倍液浇灌。

c.灰霉病。茄科、葫芦科及十字花科蔬菜幼苗均会受到侵染。蔬菜幼苗在子叶期最易感病。发病初期病斑呈水渍状，逐渐变为淡褐色到黄褐色，湿度高时叶片腐烂，表面产生灰色霉状物。该病由灰葡萄孢菌引起。发病最适温度为 15～27℃，当农事操作（如浇水后或遇寒流后保护地膜内不排风等）造成低温高湿结露时病害严重。灰霉病防治措施：一是加强苗床、栽培棚室的通风，降低里面的湿度。适当控制浇水，浇水应在上午进行，以便排湿，减少夜间结露。做好田园清洁，及时清除病叶、病枝、病果，集中烧毁或深埋。提倡深沟高畦、窄畦，覆盖地膜栽培，以利于降低湿度，不过分密植，增施磷钾，增强抗性。二是药剂防治。发病初期及时喷药。可用 50%的腐霉利可湿性粉剂 1500～2000 倍液，50%异菌脲可湿性粉剂 1000～1500 倍液，25%多菌灵可湿性粉剂 400～500 倍液，75%百菌清 500 倍液。每隔 7～10d 喷一次，共 2～3 次。40%嘧霉胺悬浮剂 800～1000 倍液对灰霉病有特效。温室大棚还可用 10%腐霉利烟熏剂，每 667m^2 用药 250～300g，或喷 5%百菌清粉剂，每 667m^2 用 1kg。

d.黑根病。花椰菜、甘蓝苗期受害严重。病菌主要侵染植株根茎部，使病部变黑。有些植株感病部位缢缩，潮湿时可见其上有白色霉状物。植株染病后，数天内即见叶萎蔫、干枯，继而造成整株死亡。定植后一般停止发展，但个别田块可造成继续死苗。该病是由立枯丝核菌（无性阶段）侵染而引起的病害。发病最适温度为 20～30℃。田间病害流行还与寄主抗性有关。如过高过低的土温、黏重而潮湿的土壤，均有利病害发生。黑根病防治措施：一是苗床土消毒，用 50%多菌灵可湿性粉剂按每平方米苗床 8～10g 与过筛的干细土混匀，取 1/3 作垫土，2/3 作覆盖土。二是种子处理，采用温汤浸种或选用 50%三氯异氰尿酸水溶性粉剂 1g 兑水 1kg 混匀进行种子消毒或用种子质量的 0.3%～0.4%的 50%多菌灵可湿性粉剂拌种。三是加强苗床管理，调节好苗床温湿度和通风的关系，适时放风，防止播种过密，幼苗徒长。四是药剂防治，70%噁醚·代森联可湿性粉剂 500～700 倍液，15%噁霉灵水剂

300 倍液，72.2%霜霉威盐酸盐水剂 400 倍液，58%代锌・甲霜灵可湿性粉剂 500 倍液苗床浇灌。

e. 沤根。也为育苗期常见病害。发生沤根时，根部不发新根和不定根，根皮发锈后腐烂，地上部萎蔫，且容易拔起，叶缘枯焦。幼苗沤根是生理病害。发病与气候条件关系极大，幼苗呼吸作用受到障碍，吸水能力降低，造成沤根。沤根发生后及时松土、提高地温、降低湿度，使其快速长新根。

f. 小地老虎。俗名“土蚕”“地蚕”“切根虫”。主要为害茄果类、瓜类、豆类、十字花科等春播（栽）蔬菜幼苗。幼虫灰黑或黑褐色，体表粗糙，体长 37～47mm。幼虫将蔬菜幼苗近地面的茎部咬断，使整株死亡，造成缺苗断垄，严重时甚至毁种。小地老虎防治措施：一是铲除田边杂草，深翻炕土，消灭越冬虫源，减少危害。二是诱杀成虫，按糖、醋、酒、水比例为 3：4：1：2，加少量敌百虫，将诱液盛于盆内，置于离地面 1m 左右的架上，每 4～5m 设盆一个。三是诱杀幼虫，将鲜嫩菜叶切成小块，与按诱杀成虫糖醋液比例配成的诱液混合均匀，傍晚撒在植株四周或苗床内进行诱杀。四是药剂防治，可用 50%辛硫磷乳油 800 倍液，20%氰戊菊酯乳油 2000 倍液，80%敌敌畏乳油 1000 倍液喷雾防治。

g. 蝼蛄。俗名“土狗子”“拉拉蛄”。食性杂，能为害多种蔬菜和农作物幼苗。成虫体长 36～55mm，体肥大黄褐色。成虫在土中咬食种子和幼苗，咬断幼苗嫩茎，或将根茎部咬成乱麻状，造成缺苗断垄。将土面串成许多隆起的隧道，根土分离成“吊根”，使幼苗成片死亡。防治措施：一是铲除田边杂草，深翻炕土，消灭越冬虫源，减少危害。二是药剂防治，可用 50%辛硫磷乳油 800 倍液，20%氰戊菊酯乳油 2000 倍液，80%敌敌畏乳油 1000 倍液喷雾防治。

h. 蛴螬。蛴螬是金龟子幼虫，又叫白地蚕。为害多种蔬菜。老熟幼虫体长 35～45mm，全身多皱褶，静止时弯成“C”形。幼虫咬断幼苗根茎，造成缺苗断垄，还可蛀食块根块茎，使地上部生长势衰弱，降低产量和质量。防治措施：一是铲除田边杂草，深翻炕土，消灭越冬虫源，减少危害。二是药剂防治，可用 50%辛硫磷乳油 800 倍液，20%氰戊菊酯乳油 2000 倍液，80%敌敌畏乳油 1000 倍液喷雾防治。

i. 金针虫。金针虫是磕头虫的幼虫，俗称“黄蛐蜒”“啃根虫”等。为害多种蔬菜，幼虫长约 23mm，圆筒形，褐黄色有光泽，幼虫蛀食种子和幼根，使蔬菜苗期干枯死亡，也可咬洞穿入茎内，蛀食茎心，造成植株死亡。防治措施：一是铲除田边杂草，深翻炕土，消灭越冬虫源，减少危害。二是药剂防治，可用 50%辛硫磷乳油 800 倍液，20%氰戊菊酯乳油 2000 倍液，80%敌敌畏乳油 1000 倍液喷雾防治。

j. 蜗牛。俗名涎蛐螺、水牛。为害甘蓝、花椰菜、萝卜、豆类、马铃薯等多种蔬菜。贝壳中等大小呈圆球形，壳高 19mm，宽 21mm。以成贝和幼贝在潮湿阴暗处，常在雨后爬出来为害蔬菜，取食作物茎、叶、幼苗，严重时造成缺苗断垄。防治措施：一是清洁田园，铲除杂草，及时中耕与秋季耕翻，破坏蜗牛栖息和产卵的场所，使部分成贝或幼贝暴露地面冻死或被天敌啄食，卵被晒裂。在苗床或菜田四周、地头或垄间撒石灰带，每 $667m^2$ 用生石灰 5～10kg，保苗效果良好。苗床和大棚要通风透光，力求室内清洁干燥。二是人工诱集捕杀。在田间或苗床中设置瓦块、树叶、杂草、菜叶等作诱集堆，使其躲藏其中，然后集中捕获；在菜田区的周围用草木灰、粉碎的贝壳及马毛的混合物做成防虫篱笆，当蛞蝓和蜗牛一接触到这种混合物时，立刻就受到严重的刺激，使这些害虫不能自由行动而死亡。三是每 $667m^2$ 用 6%四聚乙醛颗粒剂 500～750g、10%多聚乙醛颗粒剂 750～1000g、5%四聚乙醛颗粒剂 500～750g 或 3%四聚乙醛颗粒剂 750～1000g 拌过筛的干细土 15～20kg，于傍晚均匀撒在受害植株的行间垄上，特别注意植株周围，也可采取条施或点施，药点（条）间距 40～50cm 为宜。施用颗粒剂最好在气温 15～35℃、菜地浇灌后或小雨后潮湿条件下进行，效果较好。大雨冲刷会降低防治效果，施药后不要在田间行走，避免把颗粒剂踩入土中，颗粒剂不宜和化肥、其他农药混用。

k. 蛞蝓。俗名鼻涕虫。为害多种蔬菜，成虫体长 20～25mm，体宽 4～6mm，长梭形柔软，光滑无外壳，夜间活动最旺。受害植物被刮食，尤其危害蔬菜幼苗的生长点，使菜苗变成秃顶。受害部被排出的粪便污染，菌类易侵入，使菜叶腐烂，阴暗潮湿的环境易于发生。防治措施：一是清洁田园，铲除杂草，及时中耕与秋季耕翻，破坏蛞蝓栖息和产卵的场所。在苗床或菜田四周、地头或垄间撒石灰带，每$667m^2$用生石灰5～10kg，保苗效果良好。苗床和大棚要通风透光，力求室内清洁干燥。二是人工诱集捕杀。在田间或苗床中设置瓦块、树叶、杂草、菜叶等作诱集堆，使其躲藏其中，然后集中捕获，利用研碎的烟末$5kg/667m^2$均匀撒施，或用水浸后喷施可防治菜田蛞蝓。天南星科芋属的芋苗，除赤紫色的茎、叶的芋苗外，其他茎、叶色的芋苗对蛞蝓均有良好的驱避作用，故可在作物地四周栽植芋苗为保护带。三是在蛞蝓发生期，于清晨未潜入土时，可用氨水100倍液或硫酸铜800～1000倍液喷洒防治。

⑦ 定植前的锻炼

为使秧苗定植到大田后，能适应陆地或栽植地块环境条件，缩短缓苗时间，应采取通风降湿和减少土壤湿度等措施来锻炼幼苗，这是培育壮苗的最后一个环节。

锻炼的过程一般7～8d，开始时通风量少，通风时间短，以后逐日加大通风量，减少灌水。

定植前1～2d浇透水，以利起苗，同时喷一次防治病害的药水，结合根外施肥。起苗时应注意根、茎部无病灶，一旦发现有病害侵染，应予以淘汰。保证幼苗带水、带土、带药、带肥出圃。

4.2.3 蔬菜工厂化育苗

蔬菜工厂化育苗以先进的温室和工程设备装备种苗生产车间，以现代生物技术、环境调控技术、施肥灌溉技术、信息管理技术贯穿蔬菜种苗生产全过程，以现代化、企业化的模式组织种苗生产和经营，通过优质种苗的供应、推广和使用良种、节约种苗生产成本、降低种苗生产风险和劳动强度，为蔬菜作物的优质高产打下基础。

(1) 工厂化育苗概况和特点

蔬菜作物的工厂化育苗在国际上是一项成熟的农业先进技术，是现代农业、工厂化农业的重要组成部分。20世纪60年代，美国首先开始研究开发穴盘育苗技术，70年代欧美地区在各种蔬菜、花卉等的育苗方面逐渐进入机械化、科学化的研究，由于温室业的发展，节省劳动力、提高育苗质量和保证幼苗供应时间的工厂化育苗技术日趋成熟。目前发达国家的种苗业，已成为现代设施园艺产业的龙头。

工厂化育苗具有以下特点：

① 节省能源与资源

工厂化育苗又称为穴盘育苗，与传统的营养钵育苗相比较，育苗效率由100株/m^2提高到700～1000株/m^2，能大幅度提高单位面积的种苗产量，节省电能2/3以上，显著降低育苗成本。

② 提高秧苗素质

工厂化育苗能实现种苗的标准化生产，育苗基质、营养液等采用科学配方，实现肥水管理和环境控制的机械化和自动化。穴盘育苗一次成苗，幼苗根系发达并与基质紧密连着，定植时不伤根系，容易成活，缓苗快，能严格保证种苗质量和供苗时间。

③ 提高种苗生产效率

工厂化育苗采用机械精量播种技术，大大提高了播种率，节省种子用量，提高成苗率。

④ 适合于机械化移栽

工厂化穴盘育苗可以实现种苗生产的标准化，幼苗生长一致，整齐度好，更加适合于蔬菜移栽机械的要求。

⑤ 商品种苗适于长距离运输

成批出售，对发展集约化生产、规模化经营十分有利。

(2) 工厂化育苗的场地

工厂化育苗的场地由播种车间、催芽室、育苗温室和包装车间及附属用房等组成。

① **播种车间**

播种车间占地面积视育苗数量和播种机的体积而定，一般面积为 100m^2，主要放置精量播种流水线和一部分的基质、肥料、育苗车、育苗盘等。播种车间要求有足够的空间，便于播种操作，使操作人员和育苗车的出入快速顺畅，不发生拥堵。同时要求车间内的水、电、暖设备完备，不出故障。

② **催芽室**

催芽室设有加热、增湿和空气交换等自动控制和显示系统，室内温度在 20～35℃范围内可以调节，相对湿度能保持在 85%～90%范围内，催芽室内外、上下的温湿度在允许范围内相对均匀一致。

③ **育苗温室**

大规模的工厂化育苗企业要求建设现代化的连栋温室作为育苗温室。温室要求南北走向，透明屋面东西朝向，保证光照均匀。

(3) 工厂化育苗的主要设备

① **穴盘精量播种设备和生产流水线**

穴盘精量播种设备是工厂化育苗的核心设备，它包括以每小时 40～300 盘的播种速度完成拌料、育苗基质装盘、刮平、打洞、精量播种、覆盖、喷淋全过程的生产流水线。穴盘精量播种技术包括种子精选、种子包衣、种子丸粒化和各类蔬菜种子的自动化播种技术。精量播种技术的应用可节省劳动力、降低成本、提高效益。

② **育苗环境自动控制系统**

育苗环境自动控制系统主要指育苗过程中的温度、湿度、光照等的环境控制系统。我国多数地区园艺作物的育苗是在冬季和早春低温季节（平均温度 5℃，极端低温－5℃以下）或夏季高温季节（平均温度 30℃，极端高温 35℃以上）进行的。外界环境不适于园艺作物幼苗的生长，温室内的环境必然受到影响。园艺作物幼苗对环境条件敏感，要求严格，所以必须通过仪器设备进行调节控制，使之满足对光照、温度及湿度（水分）的要求，才能育出优质壮苗。

a. 加温系统。育苗温室内的温度控制要求冬季白天温度晴天达 25℃，阴雪天达 20℃，夜间温度能保持 14～16℃，以配备若干台 15 万千焦/时燃油热风炉为宜，水暖加温往往不利于出苗前后的升温控制。育苗床架内埋设电加热线可以保证秧苗根部温度，在 10～30℃范围内任意调控，以便满足在同一温室内培育不同园艺作物秧苗的需要。

b. 保温系统。温室内设置遮阳保温帘，四周有侧卷帘，入冬前四周加装薄膜保温。

c. 降温排湿系统。育苗温室上部可设置外遮阳网，在夏季有效地阻挡部分直射光的照射，在基本满足秧苗光合作用的前提下，通过遮光降低温室内的温度。温室一侧配置大功率排风扇，高温季节育苗时可显著降低温室内的温、湿度。通过温室的天窗和侧墙的开启或关闭，也能实现对温、湿度的有效调节。在夏季高温干燥地区，还可通过湿帘风机设备降温加湿。

d. 补光系统。苗床上部配置光通量 16000lx、光谱波长 550～600nm 的高压钠灯，在自然光照不足时，开启补光系统可增加光照强度，满足各种园艺作物幼苗健壮生长的要求。

e. 控制系统。工厂化育苗的控制系统对环境的温度、光照、空气湿度和水分、营养液灌溉实行有效的监控和调节。由传感器、计算机、电源、监视和控制软件等组成，对加温、保温、降温、排湿、补光和微灌系统实施准确而有效的控制。

③ **灌溉和营养液补充设备**

种苗工厂化生产必须有高精度的喷灌设备，要求供水量和喷淋时间可以调节，并能兼顾营养液的补充和喷施农药。对于灌溉控制系统，最理想的是能根据水分张力或基质含水量、温度变化控制调节灌水时间和灌水量。应根据种苗的生长速度、生长量、叶片大小以及环境的温、湿度状况决定育苗过程中的灌溉时间和灌溉量。苗床上部设行走式喷灌系统，保证穴盘每个孔浇入的水分（含养分）均匀。

④ **运苗车与育苗床架**

运苗车包括穴盘转移车和成苗转移车。穴盘转移车将播完种的穴盘运往催芽室，车的高度及宽度应根据穴盘的尺寸、催芽室的空间和育苗数量来确定。成苗转移车采用多层结构，根据商品苗的高度确定放置架的高度，车体可设计成分体组合式，以利于不同种类园艺作物种苗的搬运和装卸。

育苗床架可选用固定床架和育苗框组合结构或移动式育苗床架。应根据温室的宽度和长度设计育苗床架，育苗床上铺设电加温线、珍珠岩填料和无纺布，以保证育苗时根部的温度，每行育苗床的电加温由独立的组合式控温仪控制。移动式苗床设计只需留一条走道，通过苗床的滚轴任意移动苗床，可扩大苗床的面积，使育苗温室的空间利用率由60%提高到80%以上。育苗车间育苗架的设置以经济有效地利用空间，提高单位面积的种苗产出率，便于机械化操作为目标，选材以坚固、耐用、低耗为原则。

(4) 工厂化育苗的管理技术

① **工厂化育苗的生产工艺流程**

工厂化育苗的生产工艺流程分为基质、育苗盘、种子的准备，精量播种，恒温催芽，成苗培育，市场销售等阶段，见图 4-3。

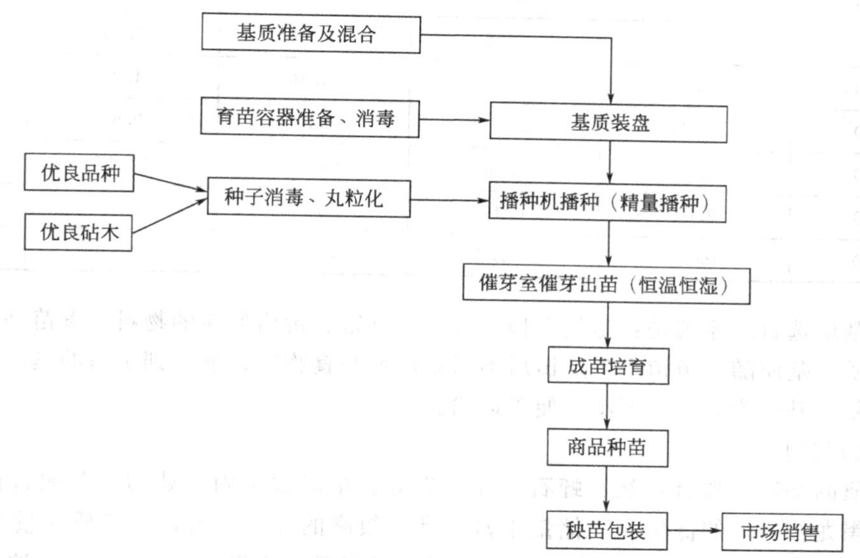

图 4-3 工厂化育苗的生产工艺流程

② **基质配方的选择**

a. 育苗基质的基本要求

工厂化育苗的基本基质材料有珍珠岩、草炭（泥炭）、蛭石等。国际上常用草炭和蛭石各半的混合基质育苗，我国一些地区就地取材，选用轻型基质与部分园土混合，再加适量的复合肥配制成育苗基质。但机械化自动化育苗的基质不能加田土。

穴盘育苗对基质的总体要求是尽可能使幼苗在水分、氧气、温度和养分供应上得到满足。基质理化性状主要有：基质的 pH 值、基质的阳离子交换量与缓冲性能、基质的总孔隙度等。有机基质的分解程度直接关系到基质的容重、总孔隙度以及吸附性与缓冲性。分解程度越高，容重越大，总孔隙度越小，一般以中等分解程度的基质为好。不同基质的 pH 值各不相同，泥炭的 pH 值为 4.0～6.6，蛭石的 pH 值为 7.7，珍珠岩的 pH 值为 7.0 左右。多数蔬菜、花卉幼苗要求的 pH 值为微酸至中性。阳离子交换量是物质的有机与无机胶体所吸附的可交换的阳离子总量，高位泥炭的阳离子交换量为 1400～1600mmol/kg，低位泥炭为 700～800mmol/kg，腐殖质为 1500～5000mmol/kg，蛭石为 1000～1500mmol/kg，珍珠岩为 15mmol/kg，沙为 10～50mmol/kg。有机质含量越高，其阳离子交换量越大，基质的缓冲能力就越强，保水与保肥性能亦越强。较好的基质要求有较高的阳离子交换量和较强的缓冲性能。孔隙度适中是基质水、气协调的前提，孔隙度与大小孔隙比例是控制水分的基础。风干基质的总孔隙度以84%～95%为好，茄果类育苗比叶菜类育苗略高。另外，基质的导热性、水分蒸发蒸腾总量与辐射能等均对种苗的质量产生较大的影响。

基质的营养特性也非常重要，如对基质中的氮、磷、钾含量和比例，养分元素的供应水平与强度水平等都有一定的要求。常用基质材料中养分元素的含量见表4-10。

表4-10　常用育苗基质材料中养分元素的含量

养分种类	煤渣	菜园土(南京)	炭化砻糠	蛭石	珍珠岩
全氮/%	0.183	0.106	0.540	0.011	0.005
全磷/%	0.033	0.077	0.049	0.063	0.082
速效磷/(mg/kg)	23.0	50.0	66.0	3.0	2.5
速效钾/(mg/kg)	203.9	120.5	6625.5	501.6	162.2
代换钙/(mg/kg)	9247.5	3247.0	884.5	2560.5	694.5
代换镁/(mg/kg)	200.0	330.0	175.0	474.0	65.0
速效铜/(mg/kg)	4.00	5.78	1.36	1.96	3.50
速效锌/(mg/kg)	66.42	11.23	31.30	4.00	18.19
速效铁/(mg/kg)	14.44	28.22	4.58	9.65	5.68
速效锰/(mg/kg)	4.72	20.82	94.51	21.13	1.67
速效硼/(mg/kg)	2.03	0.43	1.29	1.06	—
代换钠/(mg/kg)	160.0	111.7	114.4	569.4	1055.3

工厂化育苗基质选材的原则是：尽量选择当地资源丰富、价格低廉的物料；育苗基质不带病菌、虫卵，不含有毒物质；基质随幼苗植入生产田后不污染环境与食物链；能起到土壤的基本功能与效果；有机物与无机材料复合基质为好；密度小，便于运输。

b.育苗基质的配制

配制育苗基质的基础物料有草炭、蛭石、珍珠岩等。草炭被国内外认为是基质育苗最好的基质材料，我国吉林、黑龙江等地的低位泥炭储量丰富，具有很高的开发价值，有机质含量高达37%，水解氮270～290mg/kg，pH值5.0，总孔隙度大于80%，阳离子交换量700mmol/kg，这些指标都达到或超过国外同类产品的质量标准。蛭石是次生云母石在760℃以上的高温下膨化制成的，具有密度小、透气性好、保水性强等特点，总孔隙度133.5%，pH值6.5，速效钾含量达501.6mg/kg.。

经特殊发酵处理后的有机物如芦苇渣、麦秆、稻草、食用菌生产下脚料等可以与珍珠岩、草炭等按体积比混合（1∶2∶1或1∶1∶1）制成育苗基质。

育苗基质的消毒处理十分重要，暂时还可以用溴甲烷处理、蒸汽消毒或加多菌灵处理等。多菌灵处理成本低，应用较普遍，每1.5～2.0m^3基质加50%多菌灵粉剂500g拌匀消毒。在育苗基质中加入适量的生物活性肥料，有促进秧苗生长的良好效果。对于不同的园艺作物种类，应根据种子的养分含量、种苗的生长时间，配制时加入。

③ 营养液配方与管理

育苗过程中营养液的添加决定于基质成分和育苗时间，采用以草炭、生物有机肥料和复合肥合成的专用基质，育苗期间以浇水为主，适当补充一些大量元素即可。采用草炭、蛭石、珍珠岩作为育苗基质，营养液配方和施肥量是决定种苗质量的重要因素。

a.营养液的配方

蔬菜作物无土育苗的营养液配方各地介绍很多，一般在育苗过程中营养液配方以大量元素为主（表

4-11)，微量元素由育苗基质提供。使用时注意浓度和调节 EC 值、pH 值。

表 4-11　工厂化育苗大量元素的营养液配方

配方	成分	用量/g	浓度
A	$Ca(NO_3)_2$（硝酸钙）	500	单独配制成 100 倍液
B	$CO(NH_2)_2$（尿素）	250	混合配制成 100 倍母液
	KH_2PO_4（磷酸二氢钾）	100	
	$(NH_4)H_2PO_4$（磷酸二氢铵）	500	
	$MgSO_4$（硫酸镁）	500	
	KNO_3（硝酸钾）	500	

b. 营养液的管理

蔬菜、瓜果工厂化育苗的营养液管理包括营养液的浓度、EC 值、pH 值以及供液的时间、次数等。一般情况下，育苗期的营养液浓度相当于成株期浓度的 50%～70%，EC 值在 0.8～1.3mS/cm 之间，配制时应注意当地的水质条件、温度以及幼苗的大小。灌溉水的 EC 值过高会影响离子的溶解度；温度较高时降低营养液浓度，较低时可考虑营养液浓度的上限；子叶期和真叶发生期以浇水为主或取营养液浓度的低限，随着幼苗的生长逐渐增加营养液的浓度；营养液的 pH 值随作物种类不同而稍有变化，苗期的适应范围在 5.5～7.0 之间，适宜值为 6.0～6.5。营养液的使用时间及次数决定于基质的理化性质、天气状况以及幼苗的生长状态，原则上掌握晴天多用，阴雨天少用或不用，气温高多用，气温低少用，大苗多用，小苗少用。工厂化育苗的肥水运筹和自动化控制，应建立在环境（光照、温度、湿度等）与幼苗生长的相关模型的基础上。

④ 穴盘选择

为了适应精量播种的需要和提高苗床的利用率，选用规格化的穴盘。制盘材料主要有聚苯乙烯或聚氨酯泡沫塑料模塑和黑色聚氯乙烯吸塑。外形和孔穴的大小国际上已实现了标准化。其规格宽 27.9cm，长 54.4cm，高 3.5～5.5cm；孔穴数有 50 孔、72 孔、98 孔、128 孔、200 孔、288 孔、392 孔、512 孔等多种规格；根据穴盘自身的质量有 130g 的轻型穴盘、170g 的普通穴盘和 200g 以上的重型穴盘 3 种，轻型穴盘的价格较重型穴盘低 30%左右，但后者的使用寿命是前者的两倍。

工厂化育苗是种苗的集约化生产，为提高单位面积的育苗数量，也为了提高种苗质量和成活率，生产中以培育中小苗为主。我国目前工厂化育苗的主要作物为蔬菜，不同种类的蔬菜种苗的穴盘选择和种苗的大小见表 4-12。

表 4-12　不同蔬菜种类的穴盘选择和种苗大小

季节	蔬菜种类	穴盘选择	种苗大小
春季	茄子、番茄	50 孔、72 孔	六七片真叶
	辣椒	72 孔、128 孔	七八片真叶
	黄瓜	50 孔、72 孔	三四片真叶
	花椰菜、甘蓝	288 孔、392 孔	二叶一心
	花椰菜、甘蓝	128 孔、200 孔	五六片真叶
	花椰菜、甘蓝	72 孔	六七片真叶
夏季	芹菜	200 孔、288 孔	五六片真叶
	花椰菜、甘蓝	128 孔	四五片真叶
	生菜	128 孔	四五片真叶
	黄瓜	72 孔、128 孔	二叶一心
	茄子、番茄	72 孔、128 孔	四五片真叶

⑤ **适于工厂化育苗的蔬菜作物种类及种子精选**

目前，适于工厂化育苗的蔬菜作物种类很多，主要的蔬菜种类见表4-13。

表4-13 工厂化育苗的主要蔬菜种类

蔬菜	番茄、茄子、辣椒
	黄瓜、南瓜、冬瓜、丝瓜、苦瓜、西葫芦、瓠瓜、西瓜、甜瓜
	菜豆、豇豆、豌豆
	甘蓝、花椰菜、西兰花、大白菜、红菜薹
	芹菜、落葵、生菜、莴笋、空心菜
	洋葱、芦笋、黄秋葵、甜玉米、香椿

工厂化育苗的园艺作物种子必须精选，以保证较高的发芽率与发芽势。种子精选可以去除破籽、瘪籽和畸形籽，清除杂质，提高种子的纯度与净度。高精度针式精量播种流水线采用空气压缩机控制的真空泵吸取种子。每次吸取一粒，所播种子发芽率不足100%时，会造成空穴，影响育苗数。为了充分利用育苗空间，降低成本，必须做好待播种子的发芽试验，根据发芽试验的结果确定播种面积与数量。

种苗企业根据生产需要确定育苗的品种和时间，在种苗市场形成以前，应根据不同的生产设施、生长季节、蔬菜市场的供求变化、种苗生产的难易程度来选择商品苗的种类。工厂化育苗对种子的纯度、净度、发芽率、发芽势等质量指标有很高的要求，因为种子质量直接影响精量播种的效率、播种量的计算、育苗时间的控制和供苗时间，所以大型种苗企业应拥有自己的良种繁育基地、科技人员、种子精选设备等，在新品种推广应用之前必须进行适应性试验。

⑥ **苗期管理**

a. 温度管理

适宜的温度、充足的水分和氧气是种子萌发的三要素。不同蔬菜种类作物的不同生长阶段对温度有不同的要求。一些主要蔬菜的催芽温度和催芽时间见表4-14。

表4-14 部分蔬菜催芽温度和催芽时间

蔬菜种类	催芽温度/℃	催芽时间/d
茄子	28～30	5
辣椒	28～30	4
番茄	25～28	4
黄瓜	28～30	2
甜瓜	28～30	2
西瓜	28～30	2
生菜	20～22	3
甘蓝	22～25	2
花椰菜	20～22	3
芹菜	15～20	7～10

催芽室的空气湿度要保持在90%以上。蔬菜幼苗生长期间的温度应控制在适合的范围内，部分蔬菜幼苗生长期对温度的要求见表4-15。

表 4-15 部分蔬菜幼苗生长期对温度的要求

蔬菜种类	白天温度/℃	夜间温度/℃
茄子	25～28	15～18
辣椒	25～28	15～18
番茄	22～25	13～15
黄瓜	22～25	13～16
甜瓜	23～26	15～18
西瓜	23～26	15～18
生菜	18～22	10～12
甘蓝	18～22	10～12
花椰菜	18～22	10～12
芹菜	20～25	15～20

b. 穴盘位置调整

在育苗过程中，微喷系统各喷头之间出水量的微小差异，使育苗时间较长的秧苗，产生带状生长不均匀。观察发现后应及时调整穴盘位置，促使幼苗生长均匀。

c. 边际补充灌溉

各苗床的四周边际与中间相比，水分蒸发速度比较快，尤其在晴天高温情况下蒸发量要大一倍左右。因此，在每次灌溉完毕，都应对苗床四周10～15cm处的秧苗进行补充灌溉。

d. 苗期病害防治

瓜果蔬菜及花卉育苗过程中都有一个子叶内贮存营养大部分消耗、而新根尚未发育完全、吸收能力很弱的断乳期，此时幼苗的自养能力较弱，抵抗力低，易感染各种病害。园艺作物幼苗期易感染的病害主要有猝倒病、立枯病、灰霉病、病毒病、霜霉病、菌核病、疫病等以及由环境因素引起的生理性病害有寒害、冻害、热害、烧苗、旱害、涝害、盐害、沤根、有害气体毒害、药害等。对于以上各种病理性和生理性的病害要以预防为主，做好综合防治工作，即提高幼苗素质，控制育苗环境，及时调整并杜绝各种传染途径，做好穴盘、器具、基质、种子以及进出人员和温室环境的消毒工作，再辅以经常检查，尽早发现病害症状，及时进行适当的化学药剂防治。育苗期间常用的化学农药有75%的百菌清粉剂600～800倍液，可防治猝倒病、立枯病、霜霉病、白粉病等；50%的多菌灵800倍液可防治猝倒病、立枯病、炭疽病、灰霉病等；以及64%噁霜·锰锌M8的600～800倍液，25%的甲霜·锰锌1000～1200倍液，70%的甲基硫菌灵1000倍液和72%的霜霉威盐酸盐400～600倍液等对蔬菜瓜果的苗期病害防治都有较好的效果。化学防治过程中注意秧苗的大小和天气的变化，小苗用较低的浓度，大苗用较高的浓度；一次用药后连续晴天可以间隔10d左右再用一次，如连续阴雨天则间隔5～7d再用一次。用药时必须将药液直接喷洒到发病部位，为降低育苗温室空间及基质湿度，打药时间以上午为宜。对于猝倒病等发生于幼苗基部的病害，如基质及空气湿度大，则可用药土覆盖方法防治，即用基质配成400～500倍多菌灵毒土撒于发病中心周围幼苗基部，同时拔除病苗，清除出育苗温室，集中处理。对于环境因素引起的病害，应加强温、湿、光、水、肥的管理，严格检查，以防为主，保证各项管理措施到位。

e. 定植前炼苗

秧苗在移出育苗温室前必须进行炼苗，以适应定植地点的环境。如果幼苗定植于有加热设施的温室中，只需保持运输过程中的环境温度；幼苗若定植于没有加热设施的塑料大棚内，应提前3～5d降温、通风、炼苗；定植于露地无保护设施的秧苗，必须严格做好炼苗工作，定植前7～10d逐渐降温，使温室内的温度逐渐与露地相近，防止幼苗定植时因不适应环境而发生冷害。另外，幼苗移出育苗温室前2～3d应施一次肥水，并采用杀菌剂、杀虫剂进行喷洒，做到带肥、带药出室。

⑦ 秧苗快速繁殖技术

工厂化育苗创造了种苗生长的最适环境，为种苗的快速繁殖提供了物质保证。结合组织培养、扦插繁殖、嫁接等技术的应用，通过规范育苗生产程序，建立各种园艺作物种苗生产的技术操作规程和控制种苗生产过程的专家系统，达到定时、定量、高效培育优质种苗的目的。

⑧ 提高育苗车间利用率及周年生产技术

育苗车间设施条件较好，面积较大，为了充分利用育苗车间的设施设备，应根据作物的种类、供苗的时间合理安排育苗茬口。在育苗的空闲时间播种芽苗菜、耐热叶菜、盆景蔬菜、花卉、食用菌等，提高育苗车间的使用效率，获得更高的经济效益。

(5) 种苗的经营与销售

① 种苗商品的标准化技术

种苗商品的标准化技术包括种苗生产过程中技术参数的标准化、工厂化生产技术操作规程的标准化和种苗商品规格、包装、运输的标准化。种苗生产过程中需要确定温度、基质和空气湿度、光照强度等环境控制的技术参数，不同种类蔬菜种苗的育苗周期、操作管理规程、技术规范、单位面积的种苗产率、茬口安排等技术参数，这些技术参数的标准化是实现工厂化种苗生产的保证。建立各种种苗商品标准、包装标准、运输标准是培育国内种苗市场、面向国际种苗市场、形成规范的园艺种苗营销体系的基础。种苗企业应形成自己的品牌并进行注册，尽快得到社会的认同。

② 商品种苗的包装和运输技术

种苗的包装技术包括包装材料的选择、包装设计、包装装潢、包装技术标准等。包装材料可以根据运输要求选择硬质塑料或瓦楞纸；包装设计应根据种苗的大小、运输距离的长短、运输条件等，确定包装规格尺寸、包装装潢、包装技术说明等。

③ 商品种苗销售的广告策划

目前我国多数地区尚未形成种苗市场，农户和园艺场等生产企业尚未形成购买种苗的习惯。因此，商品种苗销售的广告策划工作是培育种苗市场的关键。要通过各种新闻媒介宣传工厂化育苗的优势和优点，根据农业、农民、农村的特点进行广告策划，以实物展示、现场演示、效益分析等方式把蔬菜种苗商品尽快推进市场。

④ 商品种苗供应示范和售后服务体系

选择目标用户进行商品种苗的生产示范，有利于生产者直观了解商品种苗的生产优势和使用技术，并且由此宣传优质良种、生产管理技术和市场信息，使科教兴农工作更上一个台阶。种苗生产企业和农业推广部门共同建立蔬菜商品种苗供应的售后服务体系，指导农民进行定植移栽穴盘种苗、肥水管理，保证优质种苗生产出优质产品。种苗企业的销售人员应随种苗一起下乡，指导帮助生产者用好商品苗。

4.2.4 蔬菜嫁接育苗技术

(1) 蔬菜嫁接育苗的意义及现状

嫁接苗在世界各国果树栽培中应用较普遍，较自根苗能增强抗病性、抗逆性和肥水吸收性能，从而提高作物产量和品质。

目前，在欧洲，50%以上的黄瓜和甜瓜采用嫁接栽培。在日本和韩国，不论是大田栽培还是温室栽培，应用嫁接苗已成为瓜类和茄果类蔬菜高产稳产和环保型农业的重要技术措施，成为克服蔬菜连作障碍的主要手段。西瓜嫁接栽培比例超过95%，温室黄瓜占70%～85%，保护地或露地栽培番茄也正逐步推广应用嫁接苗，并且嫁接目的多样化。

蔬菜嫁接主要集中于耕地面积小、保护地栽培面积大、轮作不便、连作障碍严重和需要精耕细作的国家。美国等一些国家耕地面积大，集约化程度高，借助轮作可以解决连作障碍，采用嫁接栽培相对较少。

我国蔬菜嫁接栽培历史悠久，20世纪80年代以来，随着温室、大棚等保护设施发展，黄瓜、西瓜嫁接栽培面积逐渐扩大。目前，保护地黄瓜、西瓜嫁接栽培已较普遍，对甜瓜和其他瓜类以及茄果类蔬菜嫁接防病栽培的研究和应用日益增加。

(2) 蔬菜嫁接育苗的方法

随着全球对环境问题的重视，化学农药、消毒剂被限制使用，能避免土传病害、增强耐低温性能、提高品质的嫁接换根技术举世瞩目，尤以日本、韩国以及我国等集约型农业国积极研发应用。传统的手工嫁接方法，要求技术熟练，费时费工，在规模化育苗时虽仍在采用，但也正向着简化工序、节省人工、提高效率的方向发展。近年来，在日本、荷兰等国，手工嫁接育苗正逐渐被智能化机器人嫁接育苗所代替，比手工嫁接提高工效几十倍。

① **劈接**

劈接是茄子嫁接采用的主要方法。砧木提前7～15d播种，托鲁巴姆砧木种子则需提前25～35d。砧木、接穗1片真叶时进行第一次分苗，3片真叶前后进行第二次分苗，此时可将其栽入营养钵中。砧木和接穗约5片真叶时嫁接。嫁接前5～6d适当控水促使砧穗粗壮，嫁接前2d一次性浇足水分。嫁接时首先将砧木于第二片真叶上方截断，用刀片将茎从中间劈开，劈口长度1～2cm。接着将接穗苗拔出，保留2片真叶和生长点，用锋利刀片将其基部削成楔形，切口长亦为1～2cm，然后将削好的接穗插入砧木劈口中，用夹子固定或用塑料带活结绑缚（图4-4）。

番茄劈接时砧木提早5～7d播种，砧木和接穗约5片真叶时嫁接。保留砧木基部第一片真叶切除上部茎，从切口中央向下垂直纵切一刀，深1.0～1.5cm；接穗于第二片真叶处切断，并将基部削成楔形，切口长度与砧木切缝深度相同。最后将削好的接穗插入砧木切缝中，并使两者密接，加以固定。砧木苗较小时可于子叶节以上切断，然后纵切。劈接法砧穗苗龄均较大，操作简便，容易掌握，嫁接成活率也较高。

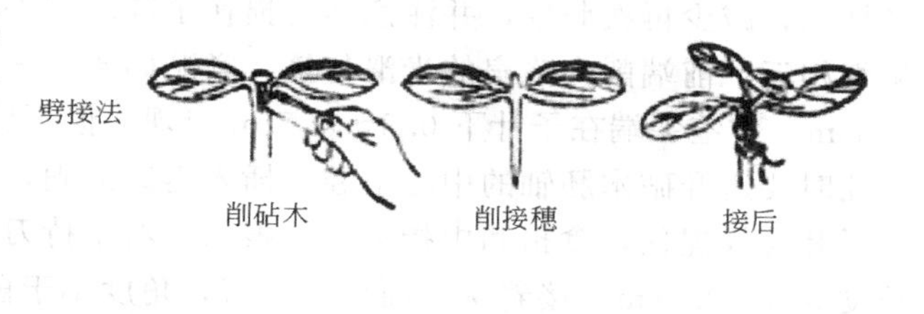

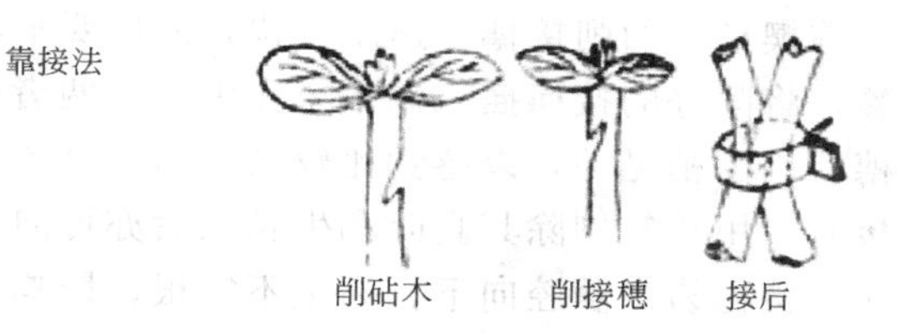

图4-4 嫁接方法示意图

② **靠接**

靠接适用于黄瓜、甜瓜、西瓜、西葫芦、苦瓜等蔬菜，尤其是应用胚轴较细的枕木嫁接，以黄瓜、甜瓜应用较多。嫁接适期为砧木嫁接，以黄瓜、甜瓜应用较多。嫁接适期为砧木子叶全展，第一片真叶显露，接穗第一片真叶始露至半展，砧穗幼苗下胚轴长度5～6cm利于操作。嫁接过早，幼苗太小操作不方便；嫁接过晚，成活率低。通常，黄瓜比南瓜早播2～5d，黄瓜播种后10～12d嫁接；西瓜比瓠瓜早播3～10d，比新土佐南瓜砧早播5～6d，前者出土后播种后者；甜瓜比南瓜早播5～7d，若采用甜瓜共砧需同时播种。幼苗生长过程中保持较高的苗床温湿度有利于下胚轴伸长。同时注意保持幼苗清洁，减少沙粒、灰尘污染。嫁接前适当控苗使其生长健壮。

嫁接时首先将砧木苗和接穗苗的基质喷湿，从育苗盘中挖出后用湿布覆盖，防止萎蔫。取接穗，在子叶下部1～1.5cm处成15°～20°角向上斜切一刀，深度达胚轴直径3/5～2/3；去除砧木生长点和真叶，在其子叶节下0.5～1cm处成20°～30°角向下斜切一刀，深度达胚轴直径1/2，砧木、接穗切口长度0.6～0.8cm。最后将砧木和接穗的切口相互套插在一起，用专用嫁接夹固定或用塑料条带绑缚。将砧穗复合体栽入营养钵中，保持两者根茎距离1～2cm，以利于成活后断茎去根（图4-4）。

靠接苗易管理，成活率高，生长整齐，操作容易。但此法嫁接速度慢，接口需要固定物，并且增加了成活后断茎去根工序；接口位置低，易受土壤污染和发生不定根，幼苗搬运和田间管理时接口部位易脱落。采用靠接要注意两点：一是南瓜砧木幼苗下胚轴是一中空管状体，髓腔上部小，下部大，所以若以南瓜做砧木时，其苗龄不宜太大，切口部位应靠近胚轴上部，砧穗切口深度、长度要合适。切口太浅，砧木与接穗结合面积小，砧穗结合不牢固，养分输送不畅，易形成僵化幼苗，成活困难；切口太深，砧木茎部易折断。二是接口和断根部位不能太低，以防栽植时被基质或土壤掩埋，再生不定根或者髓腔中产生不定根入土，失去嫁接意义。

③ 插接

插接适用于西瓜、黄瓜、甜瓜等蔬菜嫁接，尤其是应用胚轴较粗的砧木种类。接穗子叶全展，砧木子叶展平、第一片真叶显露至初展为嫁接适宜时期。根据育苗季节与环境，南瓜砧木比黄瓜早播2～5d，黄瓜播种后7～8d嫁接；瓠瓜比西瓜早播5～10d，即瓠瓜出苗后播种西瓜；南瓜比西瓜早播2～5d，西瓜播种后7～8d嫁接；共砧同时播种。育苗过程中根据砧穗生长状况调节苗床温度，促使幼茎粗壮，砧穗同时达到嫁接适期。砧木胚轴过细时可提前2～3d摘除其生长点，促其增粗。

嫁接时首先喷湿接穗、砧木苗钵（盘）内基质，取出接穗苗，用水洗净根部放入白瓷盘，湿布覆盖保湿。砧木苗无需挖出，直接摆放在操作台上，用竹签剔除其真叶和生长点。去除真叶和生长点要求干净彻底，减少再次萌发，并注意不要损伤子叶。左手轻捏砧木苗子叶节，右手持一根宽度与接穗下胚轴粗细相近、前端削尖略扁的光滑竹签，紧贴砧木一片子叶基部内侧向另一片子叶下方斜插，深度0.5～0.8cm，竹签尖端在子叶下0.3～0.5cm出现，但不要穿破胚轴表皮，以手指能感觉到其尖端压力为度。插孔时要避开砧木胚轴的中心空腔，插入迅速准确，竹签暂不拔出。然后用左手拇指和无名指将接穗2片子叶合拢捏住，食指和中指夹住其根部，右手持刀片在子叶节以下0.5cm处成30°角向前斜切，切口长度0.5～0.8cm，接着从背面再切一刀，角度小于前者，以划破胚轴表皮、切除根部为目的，使下胚轴呈不对称楔形。切削接穗时速度要快，刀口要平、直，并且切口方向与子叶伸展方向平行。拔出砧木上的竹签，将削好的接穗插入砧木小孔中，使两者密接。砧穗子叶伸展方向呈“十”字形，利于见光。插入接穗后用手稍晃动，以感觉比较紧实为宜（图4-4）。

插接时，用竹签剔除其真叶和生长点后亦可向下直插，接穗胚轴两侧削口可稍长。直插嫁接容易成活，但往往接穗易由髓腔向下，易生不定根，影响嫁接效果。

插接法砧木苗无需取出，减少嫁接苗栽植和嫁接夹使用等工序，也不用断茎去根，嫁接速度快，操作方便，省工省力；嫁接部位紧靠子叶节，细胞分裂旺盛，维管束集中，愈合速度快，接口牢固，砧穗不易脱裂折断，成活率高；接口位置高，不易再度污染和感染，防病效果好。但插接对嫁接操作熟练程度、嫁接苗龄、成活期管理水平要求严格，技术不熟练时嫁接成活率低，后期生长不良。

④ 断根插接

蔬菜断根插接是日本枪木于1976年在普通插接法的基础上创造的，常用于瓜类、茄果类蔬菜的嫁接育苗。通常在瓜类砧木第一片真叶始露时接穗开始播种，当砧木长至1叶1心，接穗子叶展开时即可进行嫁接。嫁接前先将砧木断根，然后采用顶插接法嫁接。现以黄瓜断根插接技术为例说明嫁接过程：嫁接前用刀片将砧木从茎基部断根，嫁接时去掉砧木生长点，用竹签紧贴子叶叶柄中脉基部向另一子叶叶柄基部成45°左右斜插，竹签稍穿透砧木表皮，露出竹签尖，在黄瓜苗子叶基部0.5cm处平行于子叶斜削一刀，再垂直于子叶将胚轴切成楔形，切面长0.5～0.8cm，拔出竹签，将切好的接穗迅速准确地斜插入砧木切口内，尖端稍穿透砧木表皮，使接穗与砧木吻合，子叶交叉成“十”字形。嫁接时力求达到3个“一致”，即竹签粗细与接穗下胚轴一致，竹签插入角度与接穗切口角度一致，接穗切削的速度与嫁接的速度一致。嫁接后迅速将断根嫁接苗扦插入事先准备好的穴盘内进行保温育苗。

断根插接技术利用砧木易生不定根的特点，促其再生新根长成完整植株。由于嫁接过程中已断去根，嫁接过程比较清洁，也可不受昼夜时间限制进行轮班操作，能有效提高嫁接操作效率。扦插生根可以有效地防止砧木徒长，提高嫁接效率，而且新根发生快，侧根多而粗壮，幼苗生长强健，利于高产，但愈合期需配合可控驯化设施进行周到管理，适于黄瓜、西瓜等瓜类蔬菜工厂化育苗。

⑤ 适于机械化作业的嫁接方法

机械化嫁接过程中，要解决的重要问题是胚轴或茎的切断、砧木生长点的去除和砧穗的把持固定。

平、斜面对接嫁接法是为机械切断接穗和砧木、去除砧木生长点以及使切断面容易固定接合而创造的新方法。根据机械的嫁接原理不同，砧穗的把持固定可采用套管、嫁接夹或瞬间黏合剂等方法。

a. 套管式嫁接

此法适用于黄瓜、西瓜、番茄、茄子等蔬菜。首先将砧木的胚轴（瓜类）或茎（茄果类，在子叶或第一片真叶上方）沿其伸长方向成25°～30°斜向切断，在切断处套上嫁接专用支持套管，套管上端倾斜面与砧木斜面方向一致。然后，瓜类是在接穗下胚轴上部，茄果类是在子叶（或第一片真叶）上方，按照上述角度斜着切断，沿着与套管倾斜面相一致的方向把接穗插入支持套管，尽量使砧木与接穗的切面很好地吻合在一起。嫁接完毕后将幼苗放入驯化设施中保持一定温度和湿度，促进伤口愈合。砧木、接穗子叶刚刚展开，下胚轴长度4～5cm时为嫁接适宜时期。砧木、接穗过大成活率降低；接穗过小，虽不影响成活率，但以后生育迟缓，嫁接操作也困难。茄果类幼苗嫁接，砧木、接穗幼苗茎粗不相吻合时，可适当调节嫁接切口处位置，使嫁接切口处的茎粗基本相一致（图4-5）。

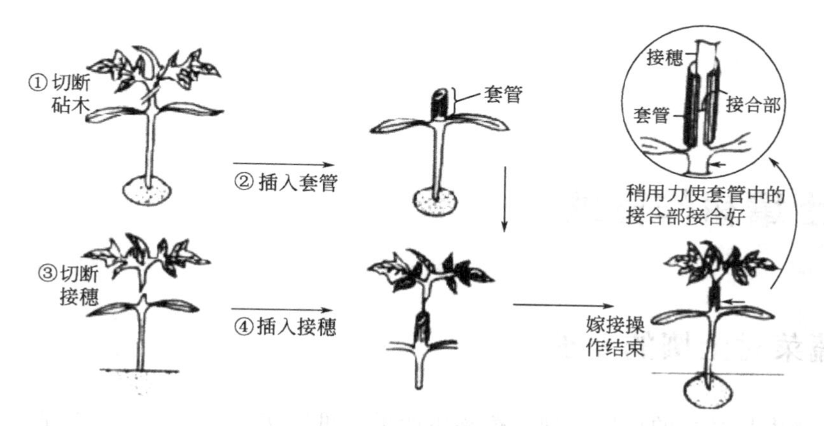

图4-5 番茄套管嫁接示意图

此法操作简单，嫁接效率高，驯化管理方便，成活率及幼苗质量高，很适于规模化的手工嫁接，也适于机械化作业和工厂化育苗。砧木可直接播于营养钵或穴盘中，无需取出，便于移动运送。

b. 单子叶切除式嫁接

为了提高瓜类幼苗的嫁接成活率，人们还设计出砧木单子叶切除式嫁接法。具体方法是：将南瓜砧木的子叶保留1片，将另一片和生长点一起斜切掉，再与在胚轴处斜切的黄瓜接穗相接合。南瓜子叶和生长点位置基本一致，所以把子叶基部支起就大体确保把生长点和一片子叶切断。砧、穗的固定采用嫁接夹比较牢固，亦可用瞬间黏合剂（专用）涂于砧木与接穗接合部位周围。此法适于机械化作业，亦可手工操作。

c. 平面嫁接

平面智能机嫁接法是由日本小松株式会社研制成功的全自动式智能嫁接机完成的嫁接方法，该嫁接机要求砧木、接穗的穴盘均为128穴。嫁接机的作业过程如下。首先，有一台砧木预切机，将砧木在穴盘行进中从子叶以下把上部茎叶切除，然后将切除了砧木上部的穴盘与接穗的穴盘同时放在全自动式智能嫁接机的传送带上，同速行至作业处停住，一侧伸出一机械手把砧木穴盘中的一行砧木夹住，切刀在贴近机械手面处重新切一次，使其露出新的切口，紧接着另一侧的机械手把接穗穴盘中的相应一行接穗夹住从下面切下，并迅速移至砧木之上将两切口平面对接，然后由从喷头喷出的瞬间黏合剂将接口包住，再喷上一层硬化剂把砧木、接穗固定。

此法完全是智能机械作业，嫁接效率高，每小时可嫁接1000株，驯化管理、成活率及幼苗质量高，由于是对接固定，砧木、接穗的胚轴或茎粗度稍有差异不会影响其成活率，砧木在穴盘中无需取出，便于移动运送。平面智能机嫁接法适于子叶展开的黄瓜、西瓜和1～2片真叶的番茄、茄子。

第5章
蔬菜的栽培管理

5.1 菜田土壤耕作管理

5.1.1 蔬菜对土壤的要求

土壤是蔬菜作物生长发育的场所。现代蔬菜生产虽然可以实行无土栽培，但是，目前世界各国绝大多数的蔬菜栽培，仍然是种植在各种土壤上。因此菜田的土壤耕作管理，依然是蔬菜生产上的重要环节之一。

蔬菜作物生长所需的水分、养分、空气、温度等因素，有的直接靠土壤供给，有的受土壤所制约，两者关系十分复杂而密切。蔬菜作物对土壤总的要求是：要具有适宜的土壤肥力，能够不断地提供足够的水分、养分、空气和保持适当的温度。要能满足蔬菜作物对土壤的要求，菜田土壤必须具备以下几点。

（1）深厚的土层和耕层

土壤深度直接影响蔬菜作物根系分布的空间范围、根类组成和土壤环境的稳定性，影响土壤水分、养分的贮量和利用率，从而影响蔬菜生长发育、产量和品质。土壤深度一般用土层厚度表示。土层是指适宜根系生长的活跃土壤层次。土层深厚，根系分布深，吸收水分和养分的有效容积大，吸收量多，生长发育健壮，并有利于抵抗环境胁迫（如水分胁迫、营养胁迫和温度胁迫等），为优质丰产提供有利条件。菜田土壤一般要求土层最好深达1m以上，耕层至少在25cm以上，确保水、肥、气、热等因素有一个保蓄的地下空间，使作物根系有适当伸展和活动的场所。

（2）耕层松紧适宜且相对稳定

耕层的松紧程度，即固相、液相、气相三者比例，随当地气候、栽培作物及土壤本身特性等，各地均有不同的要求。只有松紧适宜且相对稳定的耕层，才能疏松透气、保水保肥，也才能使水、肥、气、热等肥力因素同时存在，并源源不断地供给作物吸收利用。

（3）土壤质地要沙黏适中

土壤质地是土壤矿质颗粒各粒级组成含量的比例。土壤中沙粒、粉粒和黏粒3种粒级比例不同构成质地不同的土壤，如沙质土、壤质土、黏质土和砾质土等。各类质地的土壤对蔬菜作物的生长发育有不同的影响。沙质土壤因其土壤疏松、透水透气性强，故根系分布深而广，根系生长快，是早熟丰产优质的理想用土；壤质土壤因质地均匀、松黏适度，通透性和保水保肥能力强，几乎适用于各种蔬菜的商品生产；黏质土壤致密黏重，孔隙细小，透气透水性差，易积水，但有机质含量较高（但红壤虽是黏重的土壤，其有机质含量却较低），除适于水生蔬菜田外，一般要加以改良才能获得优质高产；砾质土壤与沙质土壤类似，但要经土壤改良后才能种植蔬菜作物。土壤沙黏适中，含有较多的有机质，具有良好的团粒结构或团聚体，这些是保证耕层相对稳定，不断供给作物生活因素的基础，也是菜田土壤的基本要求。

（4）土壤酸碱性要适度

土壤酸碱性一般以土壤的 pH 值来衡量，土壤 pH 值影响土壤中各种矿质营养成分的有效性，进而影响植物的吸收和利用。例如植物吸收铁的形态是 Fe^{2+}，而 Fe^{3+} 是无效的。铁的有效性对土壤的 pH 值有明显的依赖性。土壤 pH 值每升高 1 个单位，铁的有效性将降低至 1/1000。当土壤 pH 值超过 7.5 时，Fe^{3+} 的可溶性降低到 10^{-20} mol/L 的水平。此外土壤 pH 值还影响着多数营养元素的有效性。如氮在土壤 pH 值 6～8 时有效性较高，在小于 6 时，固氮菌活动降低，而大于 8 时，硝化作用受到抑制；磷在土壤 pH 值 6.5～7.5 时有效性较高，在小于 6.5 时，易形成磷酸铁、磷酸铝，有效性降低，在高于 7.5 时，则易形成磷酸二氢钙。酸性土壤的淋溶作用强烈，钾、钙、镁容易流失，导致这些元素缺乏。在 pH 高于 8.5 时，土壤钠离子增加，钙、镁离子被取代形成碳酸盐沉淀，因此钙、镁的有效性在 pH 6～8 时最好。铁、锰、铜、锌、钴五种微量元素在酸性土壤中因可溶而有效性高；钼酸盐不溶于酸而溶于碱，在酸性土壤中易缺乏；硼酸盐在 pH 5～7.5 时有效性较好。主要蔬菜作物最适宜的土壤 pH 值见表 5-1。

表 5-1　主要蔬菜作物最适宜的土壤 pH 值范围表

蔬菜种类	最适宜土壤 pH	蔬菜种类	最适宜土壤 pH	蔬菜种类	最适宜土壤 pH
番茄	6.0～7.5	大白菜	6.8～7.5	洋葱	6.0～6.5
茄子	6.5～7.3	花椰菜	6.5～7.0	大蒜	6.0～7.0
黄瓜	6.3～7.0	萝卜	6.0～7.5	韭菜	5.5～7.0
冬瓜	6.0～7.5	莴苣	6.0～7.0	大葱	6.0～7.5
菜豆	6.5～7.0	芹菜	6.0～7.5	马铃薯	7.0～7.5

（5）土壤水分含量适中

水是蔬菜作物进行光合作用的原料，是养分进入蔬菜植物的外部介质或载体，同时也是维持蔬菜作物体内物质分配、运输和代谢的重要因素。蔬菜作物吸收的大部分水分用于蒸腾，通过蒸腾引力促使根系吸收水分和养分，并有效地调节体温。

土壤水分既是蔬菜作物所需水分的最主要来源，又是土壤中许多物理化学和生物学过程的必需条件。土壤水分主要受降水、灌水、地下水位、土壤蒸发、植物蒸腾、地面覆盖和土壤孔隙度等的影响，含量很不稳定。通常把土壤水分在重力作用下停止移动时的土壤含水量称为田间持水量，这也是植物最容易吸收利用的水分。当土壤含水量下降到使植物呈持久的萎蔫状态时的含水量，称为萎蔫系数。大多数蔬菜作物适宜田间持水量为 60%～80%的土壤水分环境。

土壤水分可分为有效水和非有效水两大类。有效水是指根系能有效吸收利用的田间持水量到永久萎蔫点之间的土壤含水量。非有效水是指低于永久萎蔫点的土壤含水量，主要是土壤胶体表面的吸着水与气态水。土壤类型不同，土壤有效水含量也有差别。土壤含沙粒越多，有效水含量越低，越易出现干旱。

土壤水分过多（如地下水位过高，或土壤渍水），又会使土壤缺氧，根的代谢活力下降，吸水力也随之下降。同时还会增加土壤中厌氧微生物的活动，积累有害的还原性化合物，从而抑制根的生长和吸收，导致中毒甚至死亡。

(6) 土壤清洁无污染

土壤污染是指土壤中积累有毒物质超过土壤自净能力，危害蔬菜植物的生长发育，或将有毒有害物质残留在蔬菜产品中，危害人体健康。土壤污染源主要有：

① **气体污染**。由工矿企业以及机动车、船排出的有毒气体被土壤所吸附造成的污染。

② **废水、污水污染**。由工矿企业排出的工业废水和城市排出的生活污水污染土壤所致。

③ **固体废弃物污染**。由矿渣、污泥、城市生活垃圾及其他废弃物施入土壤中造成的污染。

④ **化肥、农药污染**。土壤中来自化肥、农药的污染物主要是有害重金属和农药残留。过量施用化肥还会引起土壤酸化、板结。

在生产过程中，太阳辐射、降水、风、温度等气候条件，经常影响土壤性质。人类农业活动对土壤的影响更是起到决定性作用。例如，在耕种过程中作物本身要从土壤中吸收大量的水分和养分，根系深入土层也会对土壤发生理化、生物等作用。病虫草害对耕层的影响也将不断累积，特别是耕作、施肥、灌溉、排水等作业本身，既有调节、补充土壤中水、肥、气、热等因素有利的一面，又有破坏表土结构、压实耕层等不利的一面。因此，经过一季或一年生产活动之后，耕层土壤总是由松变紧，孔隙度越来越小。基于以上原因，在蔬菜作物生产过程中，根据作物需求和当地气候、土壤特点，进行正确的土壤耕作就显得极为必要。

5.1.2 土壤耕作管理的任务

土壤耕作管理是指在蔬菜生产中，通过农机具的物理机械作用，根据土壤的特性和作物的要求，改善菜田土壤耕层结构和表层状况的过程，从而调节土壤中水、肥、气、热等因素，为蔬菜作物播种与育苗、出苗或定植、生长与发育创造适宜的土壤环境条件。土壤耕作管理主要包括翻耕、耙地、耢地、镇压、起垄、作畦、中耕等。菜田土壤耕作管理的主要作用如下。

(1) 疏松耕层

在蔬菜生产过程中，由于人畜践踏、机械耕作、降雨灌溉以及土壤本身特性的变化，耕层土壤不可避免地趋于土层紧实土表板结，透水透气性变差，影响作物根系下扎和正常生长。经过翻耕，可以改善土壤耕层的理化性质，增加蓄水、保水和保肥供肥的能力，促进作物生育。

(2) 加深耕层

通过翻耕将耕层土壤上下翻转改善耕层的物理化学性质和生物状况；进行晒垡、冻垡、熟化土壤；通过翻耕将地面上的作物残茬、秸秆、落叶及一些杂草和施用的有机肥料一起翻埋到耕层内与土壤混拌，经过微生物的分解形成腐殖质。腐殖质既能增加土壤中团粒结构，又能提高土壤肥力。

(3) 平整地面

翻耕后的地面或畦面，往往是大平小不平。将高低不平的菜地或畦面整平，有利于排灌，为作物播种、定植创造上松下实的良好条件。

(4) 压紧土壤

压紧土壤可以减少非毛管孔隙，防止土壤空气过分流通，避免水分蒸发；而下层土壤水分则可通过毛管孔隙向上运动，起到保墒和引墒作用。在干旱地区或干旱季节镇压土壤是十分重要的。有些蔬菜如胡萝卜种子播种后，经过镇压能使种子与土壤密接，有利于种子发芽出土。

(5) 开沟培垄

将整平的耕层开沟培垄，在不同的条件下，有不同的目的。在高寒地区，土温较低，开沟培垄可增加土壤与大气的接触面，增加太阳照射面积，提高地温。在南方多雨地区或雨季，起垄开沟有利于排水透气，尤其有利于根茎的生长和防止植株的倒伏。在风沙地区可防止土壤风蚀。

5.1.3 土壤耕作的时期与方法

菜地耕作的时期与方法，因时、因地而异，总的来说都要求深耕。菜田土壤耕作管理应抓住三个主要环节：基本耕作即耕翻，表土耕作即耙、耢、压地，中耕即在生长期中在行间和株间的松土或培土。

(1) 土壤的耕翻

① 耕翻的方法

耕翻的方法大体上有两种，一种是半翻垡耕翻，使垡块翻转角度为135°。耕深为20～25cm，多在晚秋及早春菜收获后用这种方法。第二种方法是旋耕法，利用旋耕机将土壤旋耕，深度可达12～18cm。这种方法破坏性大，使土壤的团粒结构受到破坏，多在夏季倒茬时采用。

② 耕翻的时期

a. 秋翻。为最基本的耕作方式，使底层土壤翻到地表，通过长期冻垡、晒垡可使之熟化。又可及时灭茬、灭草、消灭虫卵或病菌，具有蓄墒、保墒的作用。

b. 春翻。在秋茬收获晚或早的地块进行，或者对于适耕性差的过湿性黏土采用春耕。应提早进行，一般应在土壤化冻16～18cm或返浆期进行。

c. 夏翻。在秋菜播种前进行，起灭茬及疏松土壤的作用。耕翻深度应以13～15cm为宜。

③ 耕翻的深度

采用机引有壁犁耕翻深度为20～25cm左右，而以畜力作业的耕翻深度多为16～22cm。加深耕层可获增产，一般在50cm以内，随耕翻的加深产量可以相应增长，所以提倡深耕。

a. 深耕的作用。菜田土壤的结构可分为耕作层即根系活动的主要场所。往下是4～5cm厚的紧实坚硬横向片状结构的犁底层，它妨碍了上下土层之间水分及营养的运输。再往下是心土层，向耕层土壤补充矿质营养，主要由成土母质岩分解矿物质。由此可见，越是加深耕层，植株根系活动的场所越大，土壤中蓄存有机或无机养分、调节水和气条件的能力越大。因此，加深耕层可望增产。其次，深耕可打破犁底层，有利于根系下扎和多余的水分向下渗透，心土层土壤得以熟化，使上下层土壤的理化性质都得以改善。

b. 深耕的方法。第一次深耕可以在2～3年内有效，每3年深耕一次，在原来基础上加深一寸(1寸≈3.33cm)。要深耕、浅耕、松土相结合以防产生新的犁底层。土层深厚且黏重的土壤，栽培瓜类、根菜类、茄果类蔬菜宜深耕；土层浅且沙性大的土壤，栽培叶菜宜浅耕。深耕时应施足有机肥料，改善土壤的理化性质，加厚活土层，耕作时要考虑到土壤的宜耕性，耕作时深浅要一致，不留大的墒沟。

(2) 表土耕作

表土耕作是基本耕作的辅助措施，是为播种准备条件的耕作，包括耙、耢、压地三项作业。

① 耙地

耙地的作用是疏松表土，耙碎耕层土块，解决耕翻后地面起伏不平的问题，使表层土壤细碎，地面平整，保持墒情，为作畦或播种打下基础。一般用圆盘耙在耕翻后连续进行。北方秋翻地的春耙愈早愈好，应在土壤解冻时顶凌耙地，以保墒防旱。

② 耢地

耢地多在耙地后进行，可与耙地联合作业。在耙后拖一由树枝条编的耢子即可耢地。它可使地表形成覆盖层，减少土壤水分蒸发，同时还有平地、碎土和轻度镇压的作用。

③ 镇压

用镇压器镇压地面，主要目的是碎土保墒，早春顶凌压地以碎土为主。在干旱年份镇压土地可以保住底墒。播种前镇压能防止土壤塌陷，使播种深度一致；播种后镇压，使种子与土壤密接，保证出苗整齐。如土壤墒情及土壤细碎程度适宜时，可免除这一工序。

(3) 中耕与培土

① 中耕

a. 中耕的作用。疏松土壤，提高土壤温度，促进根系发育，增加土壤通气、蓄水、保墒的能力，同时增加土壤中氧的含量，促进根系的吸收功能，同时结合中耕还能除草。

b. 中耕的深度。依蔬菜种类而异。黄瓜、葱蒜类为浅根系，须浅耕；番茄、南瓜为深根系，可行深中耕，深度为7～10cm。就生育期而论，苗期及生育后期宜浅中耕，生育中期可较深。就位置而论，离苗近处宜浅，远处宜深。

c. 中耕的方法。应根据蔬菜作物种类、栽植方式及生产的机械化程度等选择中耕的方法，在高度集约化栽培且劳动力充足条件下，可采用手工操作或手工与小型中耕机或畜力中耕机作业相结合，如实行机械化中耕，畦的形式及行距等应相应变化。

d. 中耕的时期。依栽培季节及蔬菜种类而不同。春季果菜类蔬菜定植时地温低，下雨或灌水后土壤易板结，待土表稍干就应及早中耕，并连续进行2～3次，以疏松土壤，提高地温，促进发根。秋季直播的大白菜、萝卜等出苗后生长1～2片真叶时开始中耕，至封垄前共进行3～4次。一般棚架蔬菜在搭棚架前，不搭架蔬菜在封行前，都要中耕3～4次。对需要中耕的蔬菜尽量提早中耕，增加中耕次数，雨后或灌水后要及时中耕。对于根系分布较浅的蔬菜如黄瓜，以及根再生能力较差的蔬菜如芋，在生长中期开始就不宜中耕。在台风暴雨前也要暂停中耕，以减少水土流失。

② 培土

培土也是中耕的一种形式，其目的是增加局部土层厚度。培土对有的蔬菜有软化产品器官、促进产品器官形成及肥大的作用；有的有促生不定根、增加吸收土壤养分的作用；也有的有防止倒伏、增加排涝能力、提高防寒能力、增加防热能力等作用。

a. 防倒。有些蔬菜如茄子、辣椒等，进入结果盛期，正是有些地区的台风季节，往往容易被大风吹倒，影响结果。经过培土，可以使植株提高抗风能力。

b. 护根。在降雨量大的季节里，由于水土流失，蔬菜近地表的根暴露出来，雨过天晴时，在太阳的曝晒下，往往会使这部分根失水死亡。如能及时杪沟培土，则可起到保护根系的作用。

c. 扩大根系。培土后，茎秆基部处于黑暗湿润的条件下，有些蔬菜如番茄、甜玉米、南瓜等，就会发生大量不定根，增加对于土壤养分和水分的吸收能力。

d. 软化蔬菜。有些蔬菜如芹菜、韭菜、大葱、芦笋等，经过培土，可使叶柄、叶鞘或带状叶的叶绿素消失，使之变白或变黄，提高食用品质，这就是"软化培土"。软化培土有一次培土的，也有分数次进行的。

e. 调节地温。有些蔬菜如芋、马铃薯、姜等其球茎、块茎、根茎在土壤中膨大，要求一定的土壤温度。如马铃薯在地温16～17℃的条件下膨大最快，在武汉地区，以5月上中旬最为适宜，经过培土，可以降低地温，延长块茎膨大适期，从而提高产量。

f. 排水、防冻。在雨季，杪沟培土，可以疏通畦沟，做到排水通畅；在冬季，对于根菜类的留种植株培土，可以起到防寒保暖、预防冻害的作用。

5.1.4 整地作畦

菜地经过耕翻、耙、耢之后，还要整地作畦。其目的主要是便于灌溉、排水、密植及管理。此外对土壤温度、湿度和空气条件也有一定的调节作用。作畦的形式，视当地气候条件（雨量）、土壤条件、地下水位的高低及蔬菜种类而异。常见的有平畦、低畦、高畦和垄等（图5-1）。

(1) 平畦

平畦的畦面与通路(地面)基本相平,畦面要求平整。平畦可节约畦沟所占的面积,提高土地利用率。但仅适用于排水良好,雨量均匀,不需经常考虑排水的地区。

(2) 低畦

畦面低于地面,以便蓄水和灌溉。仅适于北方少雨地区或需经常灌溉的蔬菜,但走道需占一定面积。南方菜田除水生蔬菜外很少使用低畦。

(3) 高畦

畦面高出地面,南方也称深沟高畦。由于每畦上栽植 2 行蔬菜,畦内行距较窄,畦间行距较宽,也称宽窄行栽培畦。一般畦面宽 1m 左右,沟宽 30cm 左右,高度为 15~20cm,长 6~10m。适于降雨多、地下水位高或排水不良,或早春地温较低的地方。高畦暴露在空气中的土壤面积大,蒸发量大,接受阳光多,这样便于排水,减少土壤中水分的含量,且能提高地温,减轻病虫害的发生。在耕层浅的地方,高畦还可增厚耕作层。但高畦沟多,需占较多的土壤面积。适宜栽培瓜类、茄果类和豆类等喜温作物,一般每畦栽植 2 行或 3~5 行,主要根据蔬菜种类而定,不是固定不变的。

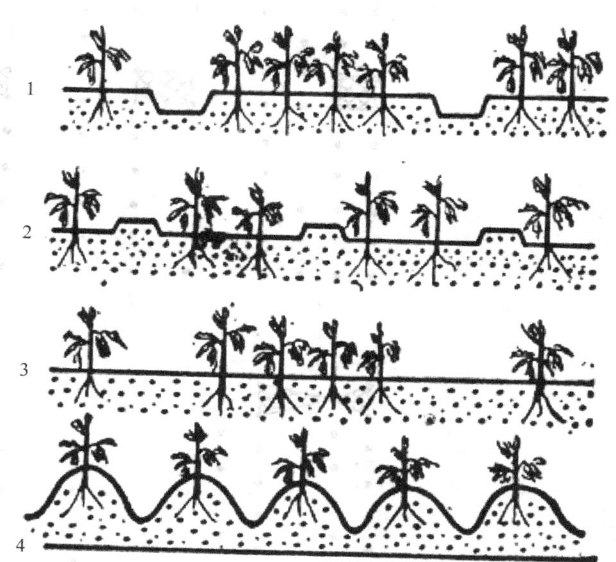

图 5-1 各种菜地作畦的形式示意图

1. 高畦;2. 低畦;3. 平畦;4. 垄

(4) 垄

从实质上讲,垄就是较窄的高畦。其形式是下宽上窄呈拱形,适于需要培土栽培的作物,为我国南方常用的一种畦型。高垄栽培能增厚耕层,早春土温升温快,便于排水和灌溉,有利根系发育。通常垄高 15~25cm,垄距 50~80cm。垄常用于大白菜、萝卜、马铃薯等蔬菜栽培。生产中也有采用大垄双行栽培的。

由于畦的方向不同,关系到作物的行向,行向不仅与作物受光状态有关,而且也与通风、热量和湿度有关。这种情况对于高秆和搭架的蔓性蔬菜影响较大,对于矮生蔬菜影响较小。行向与风向平行,有利于行间通风。在倾斜的山地坡地上作畦时,畦长应与坡度等高,以减少水土流失。

5.2 蔬菜作物的栽植

蔬菜作物的栽植(定植、移栽)是蔬菜栽培中的重要环节,有了健壮的秧苗,需要科学合理栽植才能保证秧苗健壮生长、开花结果,达到丰产、优质、高效的目的。

5.2.1 栽植方式

栽植方式即相邻 4 株或 3 株植物间的平面图。通常分为正方形、长方形、三角形、带状和计划式栽植(图 5-2)。

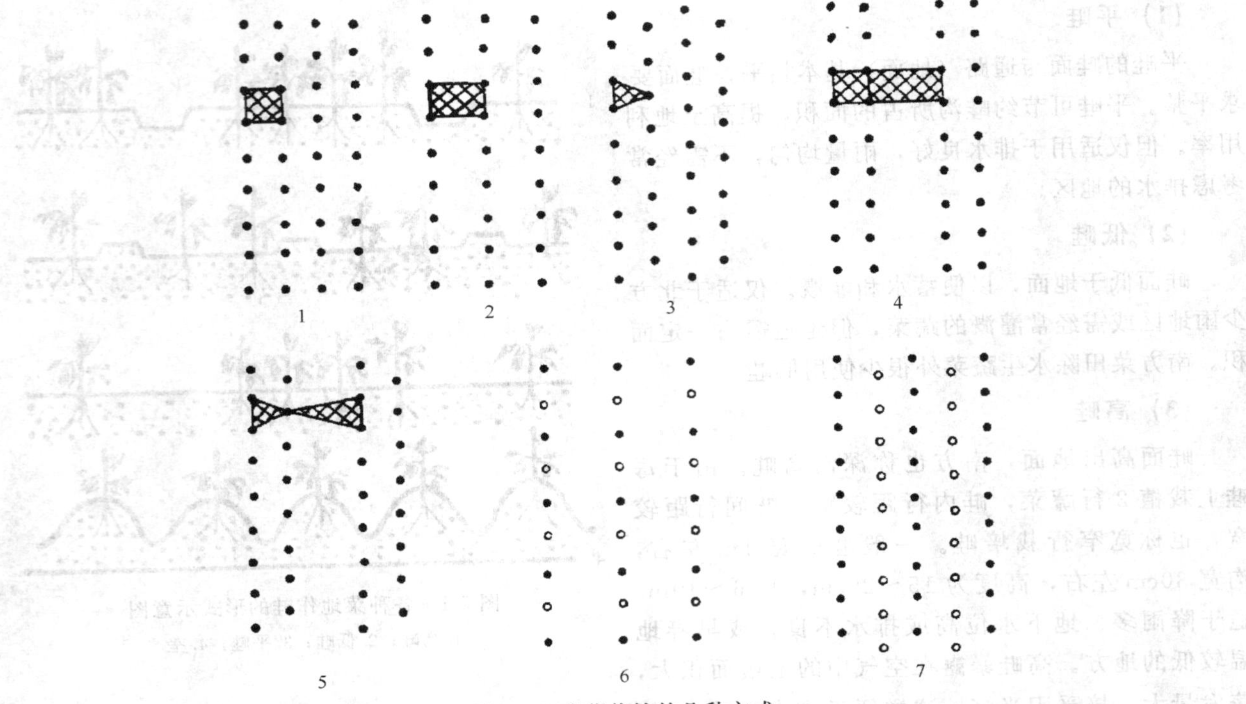

图 5-2　蔬菜栽植的几种方式

1. 正方形栽植；2. 长方形栽植；3. 三角形栽植；4，5. 带状栽植；6，7. 计划式栽植；

● 永久株；○ 临时株

(1) 正方形栽植

正方形栽植就是株间与行间相等。如毛豆、无架菜豆、无架豇豆等按（20～33)cm×（20～33)cm 相等株行距点播，韭菜、香葱、蒕头等按 20cm×20cm 相等株行距栽植，西葫芦按 60cm×60cm 相等株行距栽植，甘蓝按 40cm×40cm 相等株行距栽植。正方形栽植优点是每株占有一定相对独立的空间，株与株间通风透光好，无行间株间之分，纵横作业均可。

(2) 长方形栽植

长方形栽植行距大于株距，相邻 4 株间构成的图形是长方形。这种栽植较适宜密植和行间作业。生产上大多数蔬菜栽培采用这种方式，如大棚番茄、黄瓜、豇豆等多果菜多按 60cm×（20～25)cm 行株距栽植，大棚西瓜、甜瓜等多按 100cm×（35～50)cm 行株距栽植。这种长方形的栽植便于田间作业，也利于果实着色。

(3) 三角形栽植

三角形栽植，也称梅花形栽植，就是相邻两行的单株错开栽植，或正三角形，或等腰三角形，这种栽植也适宜密植。大棚草莓多采用 50cm×15cm 的行株距三角形栽植。

(4) 带状栽植

带状栽植一般是两行一带，这两行内可以是长方形栽植，也可以是正方形或三角形栽植，带间距离大于带内的行间距离。这是最适宜密植的方式，带间作业方便，透光、通气状况也好。生产上按畦定植的蔬菜多属此方式，也称宽窄行栽植。如温室番茄、甜椒、黄瓜多采用此方式，留宽行用于通道，方便操作管理和采摘作业。

(5) 计划式栽植

计划式栽植又称变化定植，为了充分利用土地面积，一些果菜类蔬菜，生长前期时株幅还不大，可加大栽植密度，待生长后期，植株开始出现郁闭时，有计划地疏除一些株（或行）。这种方式可以提高早期产量，适合大棚春早熟栽培。如在栽培早熟的黄瓜时，行间可多定植 1 行，待中间行收获 2～3 个瓜后及早疏除，就是计划式定植方式。另外毛豆、无架菜豆等多按 33cm×33cm 株行距点播，但生产上也有按 15cm×15cm 株行距点播，然后及早间拔采收，以提高总产量。近年来秋播萝卜、大白菜时也通过增加播种密度，采取间苗上市的方式提高早期收益。

5.2.2 栽植密度

蔬菜作物的栽植要有合理的栽植密度，过密、过稀栽植都不利于产量、品质和经济效益的提高。确定栽植密度要从蔬菜作物种类、品种特性、土壤条件、气候条件、栽培方式、栽培季节及栽培水平等方面综合考虑。几种主要蔬菜作物的栽植密度见表 5-2。

表 5-2 几种主要蔬菜作物栽植的适宜行株距

蔬菜种类	行株距/cm	蔬菜种类	行株距/cm	蔬菜种类	行株距/cm
番茄	60×25	萝卜	33×25	雪里蕻	33×25
辣椒	40×33	胡萝卜	20×15	食荚豌豆	40×25
茄子	60×33	大白菜	50×40	蚕豆	33×33
黄瓜	60×20	甘蓝	50×40	芹菜	20×12
西葫芦	60×60	花椰菜	50×40	大蒜	10×10
瓠瓜	60×40	青花菜	50×40	马铃薯	40×20
苦瓜	60×40	青菜	33×25	露地西瓜	200×50
豇豆	60×20(2 株/穴)	菜心	20×10	大棚西瓜	100×35
菜豆	60×25(2 株/穴)	红菜薹	33×25	露地甜瓜	150×80
毛豆	20×20(3 株/穴)	秋莴笋	25×25	大棚甜瓜	100×50
草莓	50×15	春莴笋	33×33	爬地冬瓜	400×50
超甜玉米	40×30	生菜	20×20	搭架冬瓜	100×50

（1）合理密植的意义和作用

近年来，蔬菜的栽植密度有所增加，合理密植能够增加产量，已被大多数人所认识和应用。合理密植增产的原因主要是单位面积内株数增加，叶面积和根系在土中分布的体积也增大，这样则能更多地利用光能、空气和土壤营养与水分。密植也增加了地面遮阳范围，使土壤水分更多地供给植物所利用。同时也有抑制杂草发生、改善田间小气候和减轻风霜危害等作用。合理密植还可使果菜类早期果数增加，早期产量增加，叶菜类增加鲜嫩程度，根菜类减少分枝。

但密植不是无限度的。群体产量是个体产量的总和，因此个体生育良好、产量高，群体产量才会高。但群体产量并非只是由高产的个体所决定的，还有个体的数量问题，一个高产的群体往往是由个体数量较多，但比稀植时稍弱的个体构成的。应当指出，当密度尚小时，适当增加密度对个体的生长没有明显的削弱，因而可增加群体产量；但密度增加到一定程度后，反而会因个体生长过弱而降低群体产量。

（2）合理密植与栽培技术的关系

推行密植，必须与其他有关栽培技术相配合，才能收到良好的效果。

① 与深耕多施肥相结合

密植后，因单位面积株数增加，根系的横展缩小，而向下发展，根系吸收深层土壤的营养和水分。因此，密植必须深耕，多施肥，适时灌溉。

② 与精细管理相结合

密植栽培应当进行及时搭架、整枝、压蔓、摘叶等，使植株向空间发展并合理分布，同时要加强病虫害防治。

③ **采取适当的栽培方式**

番茄和许多瓜类、豆类搭架可比不搭架栽培密植，单干整枝比双干整枝密植。为了便于通风透光及田间管理，也可以采取加大行距，缩小株距的办法。

④ **密度与栽培条件有关**

高温多雨地区栽培蔬菜，应比低温少雨地区稀些。肥力低、无灌溉条件的应比肥力高、有灌溉条件的稀些。

5.2.3 栽植时期

蔬菜植物的生物学特性、各地自然条件、市场需求是决定其栽培季节及栽植时期的主要依据。一年生喜温蔬菜如茄果类、瓜类、薯芋类、水生蔬菜及喜温性豆类等，都需在晚霜过后于露地栽植。在生长期较长的长江流域，番茄、菜豆和马铃薯等可一年春秋栽培两茬；豆类中耐寒的豌豆和蚕豆的适宜播期在初冬（长江流域）或春季化冻后（东北地区）。二年生耐寒性蔬菜如白菜类、甘蓝类、根菜类等主要在秋季播种或栽植；在冬季温暖地区（黄淮以南），葱蒜类及甘蓝、白菜等蔬菜均可秋播后越冬生长，而北方地区甘蓝、小白菜、水萝卜和葱蒜类等都以春播为主。

5.2.4 蔬菜栽植

蔬菜中育苗定植的种类很多，有些是为了提高土地利用率，或避开不良天气，有些是为了提早上市，或延长生育期，提高产量、品质，有时为便于集中管理，达到省工、省力的目的。定植时秧苗正处于生长旺盛期，苗质脆嫩，蒸发快。为加快缓苗，定植时应进行炼苗，起苗时先浇水并尽量减少伤根，带土坨定植，或采用护根育苗。定植后要注意根与土的密接，防止悬根，同时注意保湿，如覆盖小拱棚、秸秆、无纺布、遮阳网等。

（1）栽植前准备

春季露地栽植的蔬菜作物秧苗，需提前在大棚温室中培育好，同时在栽植前要经过充分锻炼，以适应外界大气候的变化，定植前 1 周左右停止灌水。如果未行容器育苗，为保护根系，可进行切营养土块处理，即定植前 3～4d 浇透水，次日用刀按苗距切成一个个苗块，拉开距离晾晒，以保证秧苗健壮。定植后缓苗快，生长好。

春季定植的整地工作，应以提高地温为中心，要施入一定数量有机肥作基肥。定植前，可提前 1～2d 开定植沟或定植穴，晒沟晒穴。栽植果菜类蔬菜可在定植前沟施或穴施一定数量的磷肥，栽植叶菜类蔬菜可局部施些优质有机肥。

（2）定植方法

蔬菜作物秧苗栽植方法，一般是开沟或开穴后，按预定距离（行株距）栽苗，覆一部分土，浇水，待水渗下后，再覆以干土。这种栽植法，既保证了土壤湿度，又利于土表温度的提高。也可采用“座水栽”（随水栽）的方法，即在开沟或开穴后，先引水灌溉，随水将苗栽上，水渗后覆土封苗。这种栽苗法速度快，根系能够散开，成活率也较高。栽植深度依作物种类不同而异，黄瓜、洋葱宜稍浅，番茄、茄子可适当深栽，大葱深栽有利于葱白的加长。在春季，温暖、天晴、无风时栽苗容易成活，缓苗期也短；夏季栽苗时，在阴天全天或晴天的下午定植易于成活；越冬前栽苗，必须在越冬时已发出一定数量的新根，否则易遭冻害。

（3）定植后的管理

蔬菜作物秧苗定植后 3～5d 应注意保温，促进缓苗。缓苗后浇缓苗水，中耕松土，促进根系发育。

为了保证全苗，除做好护秧和促进缓苗外，还应准备一批后备苗，遇有缺苗即可及时补栽。

5.3 菜田灌溉技术

5.3.1 蔬菜灌溉的依据

(1) 蔬菜灌溉的指标

① 土壤含水量指标

农业生产上很多时候是根据土壤含水量来进行灌溉的，即根据土壤墒情决定是否需要灌水。一般作物生长较好的土壤含水量为田间持水量的60%～80%，但这个值不固定，常随许多因素的改变而变化。

② 蔬菜作物形态指标

a.生长速率下降。作物枝叶生长对水分亏缺甚为敏感，较轻度的缺水时，光合作用还未受到影响，但这时生长就已严重受抑。

b.幼嫩叶的凋萎。当水分供应不足时，细胞膨压下降，因而幼嫩叶开始发生萎蔫。

c.茎叶颜色变红。当缺水时植物生长缓慢，叶绿素浓度相对增加，叶色变深，茎叶变红，反映作物受旱时碳水化合物分解大于合成，细胞中积累较多的可溶性糖并转化成花青素。

③ 蔬菜作物生理指标

a.叶水势。当植物缺水时，叶水势下降。对不同作物，发生干旱危害的叶水势临界值不同。不同叶片、不同取样时间测定的水势值是有差异的。

b.细胞汁液浓度或渗透势。干旱情况下细胞汁液浓度常比正常水分含量的植物高，而浓度的高低常常与生长速率成反比。当细胞汁液浓度超过一定值后，就会阻碍植株生长。

c.气孔状况。水分充足时气孔开度较大，随着水分的减少，气孔开度逐渐缩小。当土壤中的可用水耗尽时，气孔完全关闭。因此，气孔开度缩小到一定程度时就要灌溉。

不同地区、不同作物、不同品种在不同生育期，不同叶位的叶片，其灌溉的生理指标都是有差异的。

④ 合理灌溉增产的原因

灌溉能改善栽培环境的土壤条件和气候条件，如降低株间气温、提高相对湿度，这对植物正常生长是极为有利的。当发生大气干旱或土壤干旱时，及时灌水可以使植株保持旺盛的生长和光合作用，同时还可消除光合作用的午休现象，促使茎叶输导组织发达，提高水分和同化物的运输速率，改善光合产物的分配利用，提高产量。

(2) 蔬菜灌溉的基本原则

① 看菜灌溉

首先，不同种类的蔬菜对灌溉的要求不同。不同的蔬菜对土壤过湿的适应性即耐湿性也不同。除水生蔬菜外，只有叶菜类的蕹菜、菠菜、芹菜等，薯芋类中的芋，茄果类中的茄子，瓜类中的丝瓜等相对比较耐湿，其他大多数蔬菜都不耐湿，要求雨后甚至灌溉之后及时排水。

其次，各种蔬菜不同生育阶段的需水特性及灌溉要求也不同。种子发芽期需要充足的水分，因此播种前要浇足底水，或播种后连续浇水，以利发芽出苗。幼苗期叶面积小，蒸腾耗水不多，但此时根系弱小，分布浅，而表土易干燥，所以要小水勤浇，保持表土湿润。移栽的蔬菜在移栽后成活之前要充分供水。苗成活后要控制水分，以利发根。发棵期供水要适当，既不能缺水影响发棵，也不可灌水过多引起徒长、沤根、发病。水分管理上做到见干见湿，浇则浇透，次数不宜多。在产品器官开始形成阶段，例如果菜开花结果初期，肉质根、茎开始膨大期间，刚现花球叶球时期要控制水分，通常称为蹲苗（炼苗）。通过蹲苗促使根系深扎，叶片增厚，抗性增强，避免同化叶徒长引起落花落果，或影响肥大产品器官的形成，造成减产晚熟。产品器官生长盛期（含果菜的结果期）要大量供水，天旱要浇（灌）水。

最后，看蔬菜的长相可确定是否要浇水。如早晨看叶子尖端滴露的有无与多少，中午看叶子是否萎蔫，其他时间看叶片的颜色、看叶片展开的快慢、摸叶片的厚度、看节间长短等，均可判断蔬菜是否缺水。

② 看天灌溉

在长江流域降水多的梅雨季节，水分管理的重点是及时清沟排水。雨后（植株封行之前）还要及时中耕松土，避免土壤板结，这样也有助于散失一部分土壤中过多的水分。干旱少雨的季节要灌水满足蔬菜生长的需要。高温干旱时灌水要在天凉、地凉、水凉的早晚进行，切忌在中午气温高、地热、水热时进行。夏天宜用井水灌溉，尤其是热雷雨之后，土壤温度高、通气不良，一些果菜容易发病。如果此时用井水串灌，可起到降温、通气的作用，这就是菜农“涝浇园”的经验，要求随灌随排，水不上畦面，田间不积水。冬春季气温低，蔬菜耗水少，灌溉也应相应减少，要浇水也应选晴暖天气浇小水，局部点浇或膜下滴灌。对水生蔬菜定植之初要灌深水防寒护苗，成活后宜保持浅水层，以利增温发苗，夏天要灌深水防高温。

③ 看地灌溉

根据土壤的干湿程度采取相应的水分管理措施：干了灌，涝了排，湿了耪（中耕）。沙性土保水力差，灌溉次数要增多；黏性土保水力强，灌溉次数可减少，浇水量不宜大。地势低地下水位高的地方，要节制灌溉，采用窄畦、短畦、深沟高畦或高垄，加强排水。在酸性土地区采取“加粪泼浇”，对盐碱土强调用河水“大水沟灌洗盐”（速灌速排或浸灌降盐）。

④ 根据蔬菜的生育期选择灌溉方式

一是种子发芽期，对土壤水分和空气要求都很高，所以苗床（或秧田）应当先浇水，后整地，使土壤又湿又松，以利出苗迅速整齐。

二是幼苗期，根系尚浅，叶片的保护组织（如角质层等）尚未充分形成，必须充分保证供水，但为了照顾到发根对土壤空气的要求，浇水必须轻灌、勤灌。到定植前一周，要注意控水炼苗，控水的作用在于土壤偏干有利于增气发根和抑制叶面积扩大，促使茎叶糖分积累和保护组织的形成，有利于移植大田后较快地恢复生长。定植后要适量浇水，以利活棵，但浇水不可过多，以免因缺氧而烂根。

三是旺盛生长期，植株逐渐长大，耗水量随之增多，对水分的需要量相应增加。如大白菜、甘蓝的莲座期，马铃薯、芋的结薯初期，必须充分满足营养体生长对水分的需要，以形成足够的叶面积，建立强大的同化机制。

四是产量形成期，如瓜类、豆类的结果结荚期，薯芋类的结薯盛期，大白菜、甘蓝、花椰菜的结球期，这时耗水量最多。此时如水分亏缺，对蔬菜的产量和品质影响很大，因此必须经常保证充分的水分供应。供留种用的或产品要贮藏的田块，收获前数天（一般 7～10d）要适当控水，以提高贮藏性能。

⑤ 结合栽培措施灌溉

灌溉要与其他栽培措施相结合，如施肥后一般要结合灌溉，做到肥水相融；在苗床起苗之前要浇水，便于带土护根；间苗之后要浇一次“合缝水”；分苗或定植之后要浇“定根水”。棚室蔬菜灌溉要与通风结合，冬春季一般要选晴天的中午前灌水，接着大通风，让蔬菜上的水滴和棚内湿气及时散失，然后闭棚升温。要贮藏的蔬菜采收之前水分管理不当易引起蔬菜贮藏期间的病害，要节制灌溉，以免蔬菜产品含水多，易腐烂，而莲藕、荸荠等水生蔬菜采收前要排干水，以便采收；割韭菜、掐菜薹之后要过两三天再浇水，以利伤口愈合。

(3) 蔬菜灌溉时间的确定

随着农业现代化的推进，节水灌溉技术和自动化灌溉设施也已在蔬菜生产上开始推广应用。现代灌溉技术主要根据作物各生育期需水量和土壤水分张力确定蔬菜的灌水日期和灌水量。

土壤水势多用帕（Pa）表示（100000Pa=1bar），但常用水柱高的对数值表示，称为pF值。pF值既能反映土壤水吸力能量大小，又能表示出各种水分常数以及土壤水吸力与含水量的关系。一般pF值=4.2为萎蔫含水量，pF值=3.0为作物生长阻滞含水量，pF值=2.7为田间持水量，pF值=1.6为最大毛管持水量。

当土壤水分张力下降到某一数值时，作物因缺水而丧失膨压以致萎蔫，即使在蒸腾最小的夜间膨压也不能恢复，这时的土壤含水量称为“萎蔫系数”或“凋萎点”。凋萎点用水分张力表示时约为15bar（$1bar=10^5Pa$）（pF值4.2）。一般灌水都是在凋萎点以前，这时的土壤含水量为生育阻滞点。排水良好的露地土壤生育阻滞点约为1bar(pF值3.0)。但该点在同一土壤上，因作物根系大小、栽培方式及是否有覆盖等差异很大。保护地内pF值在1.5～2.0之间，因为保护地内作物根系分布范围受到一定限制，需要在土壤中保持较多的水分。

灌水时期依蔬菜种类、品种、栽培季节、生育阶段、土壤状况、根系范围、地下水位、栽植密度以及施肥法等而异。几种主要蔬菜的灌水期用如下方法确定。

① 番茄

番茄对土壤中水分状况变化的适应性广。水分适量时的pF值为1.5～2.0。不同的发育阶段及其他环境条件适宜的水分指标也不相同。在育苗和生长发育初期pF值为2.5～2.7，在果实膨大初期，对生殖生长和营养生长调节均衡以后的发育阶段，在预报为晴天时，灌水指标为pF值1.5以下，摘心以后更要以低的土壤水分张力进行管理来促进果实膨大。

② 黄瓜

黄瓜的灌水指标比番茄低，一般来说可考虑pF值在1.5～2.0的范围内。但采收盛期在日照射量多、光合作用旺盛时期灌水指标降到pF值1.3～1.4，而且对水分保持量小的沙质土壤的pF值往往还要再降到1.3以下，这是由于像黄瓜之类的阔叶作物，在短时间里水分蒸腾量大，水分补充速度就是个问题。

③ 茄子、青椒

茄子、青椒不宜在过湿状态下生长。管理时茄子的pF值为2.0～2.3，青椒为2.5。只有在排水非常好、不担心发生湿害的条件下，pF值可小于2.0，而沙地栽培的青椒，pF值可按1.5左右的低水分张力管理。

④ 草莓

草莓在连续收获时期水分不足很容易导致产量、品质的降低。灌水指标pF值定为1.5～2.0，而且pF值低于1.5或大于2.0时往往发生问题。特别是3月下旬以后的收获期（在温室内），土壤水分张力上升导致果实品质下降，对火山灰土壤、灰褐色土壤、含砾层土壤地带灌水指标可采用pF值为2.0。

⑤ 网纹甜瓜

网纹甜瓜为特殊栽培，缓苗和摘心前pF值为2.0，授粉后pF值约为2.4，在果实网纹期的约2个星期内pF值为2.4～2.7，网纹形成后pF值大于2.7，用高水分张力管理。

(4) 蔬菜的灌水量估算

① 灌水量估算

蔬菜的灌水量可采用水量平衡法计算，在缺水条件下计划湿润层可适当减小。黄瓜主体根分布虽浅，但整体根分布可达1m左右，计划湿润层深度可适当加大。根据NY/T 3244—2018《设施蔬菜灌溉施肥技术通则》，蔬菜计划湿润层深度一般取20～30cm，土壤为中壤土，土壤干容重为$1.45g/cm^3$，田间持水率22%～28%，适宜土壤含水量上限取田间持水量的85%～95%，适宜土壤含水量下限取田间持水量的60%～65%，设计土壤湿润比为60%～90%，灌溉水利用系数$\eta=0.9$。灌水定额按下列公式进行计算：

$$m=0.1(\beta_{max}-\beta_0)\gamma h\rho/\eta$$

式中　m——设计灌水定额，mm；

β_{max}——田间最大持水量，取β_{max}；

β_0——土壤含水量下限，取$0.7\beta_{max}$；

γ——土壤容重，取$1.45g/cm^3$；

h——计划湿润层深度，取0.3m；

ρ——土壤湿润比，取70%；

η——灌溉水利用系数，取0.9。

② 灌水量和灌水间隔

灌水量和灌水间隔随栽培蔬菜作物的种类、气候条件、土壤的影响等不同而不同。就灌水量而言，各种蔬菜的灌水量相差极大，在1.1～15mm/d之间。在气温较低、光照较弱的冬春季，在没有设施设备增加温度时，宜选择最小灌水量，间隔天数一般应在20d以上；在气温较高的3～6月份和9～11月份，或加温温室，可选择较大灌水量，并根据温度、空气湿度取值，一般温度较低时选最小灌水量，间隔天数较长，温度高时则相反。

主要蔬菜的灌水量和灌水间隔分述如下。

a. 番茄。番茄枝叶繁茂，生长期长，耗水量较大。滴灌条件下，全生育期需水量600～750mm。番茄定植后5～7d滴灌1次缓苗水，滴水量不宜过大，控制在15mm以内，土壤湿度在20%～23%，适当控制水分，有利蹲苗。蹲苗到第一花序着果开始膨大为止。第一花序果实膨大后，生长迅速，需水量增加，应及时进行灌溉"催秧催果"，土壤相对含水量为70%～80%为宜。一般每隔4～5d滴灌1次水，滴水量15～18mm。结果盛期需水达到高峰，应根据天气和土壤水分情况进行滴灌，一般3～4d滴1次水，滴水量在20mm左右，土壤湿度控制在相对含水量75%～85%。此期严防土壤忽干忽湿，以减少裂果发生，应少水勤灌。土壤湿度不易过大，否则会烂根死秧。

b. 黄瓜。黄瓜全生育期可以灌水12～15次，每次每公顷灌水量约$180m^3$，第1次灌水在定植前后进行，第2次在进入结瓜期前进行，以后每隔7～10d灌1次水，盛果期后，可以适当减少灌水次数。

c. 辣椒。辣椒的需水量并不太多。在滴灌条件下需水量在350～450mm，定植后生长期100～120d。辣椒不耐旱，又不耐涝，对水分要求更加严格，须经常适当滴灌，保持土壤湿度，才能高产。缓苗水：定植后地温低，辣椒根系少而弱，滴水量要小，每隔4～6d滴一次水，一般10～12mm，以促根为主，适当蹲苗。初果水：当门椒长到一定大小后，植株生长旺盛，应加大灌水量，每隔3～4d滴一次水，滴水量为15～20mm，土壤湿度控制在相对含水量70%～80%为宜。进入结果盛期，达到需水高峰期，应进行合理灌溉，一般3～4d滴1次水，滴水量20～25mm，土壤湿度控制在相对含水量75%～85%为宜。

d. 茄子。茄子需水量大，生长期长，一般85～100d，比较适合滴灌。土壤湿度75%～85%为宜。定植时，苗钵内灌足水，植床土壤最好干燥些，因为灌水易降低地温，待成活后再根据苗情及土壤湿度要求进行灌溉。前期一般每隔4～6d滴灌1次，滴水量12～15mm，果实膨大期每隔3～5d滴灌1次，滴水量15～18mm，总灌水量在400mm左右。

5.3.2　蔬菜节水灌溉技术

蔬菜是一种高耗水的作物。蔬菜生产上，多年来主要采用传统的明水沟灌和漫灌方式，不仅造成了水资源的大量浪费，还因湿度过大增加了病虫害发生的概率。因此，改变传统灌溉方式，推广现代高效节水灌溉模式是解决水资源短缺最直接、最有效的途径，是实现节本增收、提质增效的有效举措，同时也是建设节水型农业、促进农业可持续发展、推进农业现代化的重要内容。

(1) 蔬菜节水灌溉

目前推广应用的蔬菜节水灌溉技术主要有以下几种。

① 膜下沟灌技术

蔬菜起垄定植后，在两小行之间的沟上覆盖一层塑料薄膜，在膜下架设竹皮或钢丝小拱，沟中浇水，形成封闭的灌水沟。其优点是：简便易行，投入小（投入30～50元/667m^2）；节水效果比较显著，比传统畦灌节水30%以上；减少病虫害，节省用药费用，增产超过10%；操作简单，适宜在各类蔬菜产区示范推广应用。

② 膜下滴灌技术

膜下滴灌技术是在地膜下面利用装在毛管上的滴头将水一滴一滴地、均匀而又缓慢地滴入作物根区附近土壤中的灌水形式。该技术投资稍大，约1500元/667m^2，适宜在大棚温室种植效益较高的蔬菜上应用。优点：一是节水，与大水漫灌比，膜下滴灌可节水70%以上；二是节肥，与大水漫灌相比，膜下滴灌可节肥50%以上；三是保护土壤，滴灌水肥一体化不会造成土壤盐渍化，不会造成土壤板结；四是减少病害，在温室或大棚内使用滴灌，因为没有过多的水分蒸发，空气湿度小，可明显减少作物病害；五是节省劳力，使用滴灌灌水，打开阀门后所有滴头同时滴水，不需看管，省工省力；六是增产，使用滴灌作物长势好，病害发生较轻，一般可提高产量30%以上。

③ 膜下微灌技术

膜下微灌技术的主要特点是微灌带上留有小孔，设有滴头，水从小孔以低压小流量流出，将灌溉水供应到作物根区土壤，实现局部灌溉。在膜下作物行间铺设微灌、微喷软管，在一定压力下微流或微喷在作物根部进行灌溉。优点：单位面积比传统畦灌节水60%以上，增产幅度达20%以上；一次性投资少，约500元/667m^2，能准确地控制灌水量，对水压和水质要求较低；在灌溉的同时，能实现肥水一体化。适宜于露地蔬菜和大中棚蔬菜产区应用。

④ 喷灌技术

喷灌是利用专门设备将有压水送到灌溉农田，并喷射到空中散成细小的水滴，像天然降雨一样进行灌溉。喷灌的优点：对地形的适应性强、机械化程度高、灌溉均匀、灌溉水利用系数较高，尤其是适合于透水性强的土壤，并可调节空气湿度和温度。但基础建设投资较高，而且受风的影响大。

(2) 喷灌和微灌

喷灌和微灌都是比较常用的节水灌溉方法，由于每一种节水灌溉技术都有自身的一些特性，在具体选用的时候要根据本地的需求及实际条件，科学合理应用。

① 喷灌技术

喷灌是利用喷头等专用设备把有压水喷洒到空中，形成水滴并均匀落到田地喷灌面和作物表面的灌溉方法，有效地实现了水资源的节约。利用喷灌技术有效地确保了灌溉面的均匀性，而且水资源利用率明显得到提升，相比于地面灌溉来讲，节省了大量的用水量。喷灌设备多埋于地下，不占地上空间，有利于节省土地资源，可以确保耕种面积提高，实现农作物增产的目标。

② 微灌技术

微灌技术是一种新型的节水灌溉技术，相较于其他灌溉技术来讲，微灌技术灌水流量较小，而且一次灌溉时间较长，灌水周期相对较短，可以准确地控制水量，能够同时将水分和养分输送到农作物的根部。利用微灌技术进行农作物灌溉，不仅可以有效地节约水资源，而且能够节省大量的人力、肥料和农药，可以有效地提高水资源的利用率，改善土壤的结构。

5.3.3 喷灌技术与应用

(1) 喷灌及其特点

喷灌即喷洒灌溉，用压力管道输水，再由喷头将水喷洒到空中，形成细小雨滴，均匀地洒落在地面，湿润土壤并满足作物需水要求的一种灌水方式。喷灌所需压力一般由水泵加压或是利用地形自然落差获得。

喷灌较地面灌溉一般可节水30%～50%，喷灌还可以结合施入化肥和农药，减少了施肥和喷洒农药的劳动量。喷灌时用管道输水，无需田地间渠和畦埂，土地利用率高，一般可增加耕地7%～10%。喷灌还能调节田间小气候，增加近地表层的空气湿度，为作物创造良好的生长发育条件，一般较地面灌溉提高产量10%～20%。

喷灌系统工作压力较高，对设备的耐压要求也高，因而设备投资一般较高。如固定管道式喷灌系统900～1200元/$667m^2$，半固定管道式喷灌系统300～450元/$667m^2$，卷盘式喷灌机约300元/$667m^2$，大型机组约400元/$667m^2$。

喷灌的适用范围较广，几乎适用于灌溉所有的旱地作物，例如谷物、蔬菜、瓜果、香菇、木耳、药材等。从地形上看，既适用于平原也适用于地形起伏的丘陵山地；从土质上看，既适用于透水率大的土壤，也适用于透水率较低的土壤。喷灌不仅可用于农作物的灌溉，而且也可用于园林草地、花卉灌溉，同时可兼作喷洒肥料、喷洒农药、防霜冻、防暑降温、防尘、防火及水景工程等。但喷灌也存在着受风影响大、蒸发和漂移损失大、设备投资高、表层湿润多、深层湿润不足等问题。喷灌宜优先用于经济价值高且连片种植、集中管理的作物，地形起伏大、土壤透水性强、采用地面灌溉困难的地方，水源有足够自然落差，适合修建自压喷灌的地方，灌溉季节风小的地区。

(2) 喷灌系统的组成

喷灌系统通常由水源（包括水泵与动力）、输水系统（管道渠系和田间工程）、喷灌装置（喷头）及附属设备和附属工程组成。

① 水源

喷灌系统与地面灌溉系统一样，首先要解决水源问题。常见水源有：河流、渠道、水库、塘坝、湖泊、机井、山泉等。

喷灌对水源的要求：水量满足要求；水质符合灌溉用水标准（《农田灌溉水质标准》GB 5084），另外在规划设计中，特别是山区或地形有较大变化时，应尽量利用水源的自然水头，进行自压喷灌，选取合适的地形和制高点修建水池，以控制较大的灌溉面积。

② 水泵

常用泵为离心泵，还有喷灌系列泵。

③ 动力

常用的动力设备有：电动机、柴油机、小型拖拉机、汽油机。

④ 田间工程

田间沟渠及建筑物，机组行走的道路。

⑤ 管道系统

一般分干、支两级，还可以为干管、分干管和支管三级，管道上还需配备一定数量的管件和竖管。

⑥ 喷灌机

一种喷水机器，由喷头、水泵、动力、输水管道以及行走设备组成的可移动的机械。

根据移动方式不同，喷灌机可分为人工移动式、机械移动式和自动行走式。

根据动力大小分为：轻型（2.0～4.5kW）、小型（7.5～9.0kW）、中型（20～30kW）、大型（40kW以上）的喷灌机组。

按功能可分为：

a. 喷洒设备，如喷头；

b. 增压设备，如水泵、动力机、驱动设备；

c. 输水设备，如管道及附件接头、三通、四通、阀门、堵头；

d. 行走设备，如动力传动设备；

e. 测量设备，如真空表、压力表、流量计、土壤湿度计；

f. 控制设备，行走控制、安全保护、压力调节器、流量调节器。

一套完整的喷灌设备可以完全包括以上全部喷灌设备，也可以只有其中的一部分主要设备，小型喷灌机组，大型喷灌机组要求不同、组成也不同。

⑦ 附属设备和附属工程

喷灌工程中还要用到一些附属设备和附属工程。如果从河流、湖泊、渠道取水，则应设拦污设施、过滤设施。为了保护喷灌系统安全越冬，应在灌溉季节结束后排空管道中的水，故需设泄水阀。为观察喷灌系统的运行状况，在水泵进出管路上应设真空表、压力表以及水表，在管道系统上还应设置必要的闸阀，以便配水和检修。利用喷灌喷洒农药和肥料时，还需必要的调配和注入设备。

采用卷盘式喷灌机等机组式喷灌系统时应按喷灌的要求规划田间作业道路和供水设施。以电动机为动力时，应架设供电线路，配置低压配电和电气控制箱等。

在部分喷灌工程中，田间渠道和相应的建筑物是保证喷灌系统所需要的水从水源处引至田间的工程设施，以节省管道长度，降低工程造价，属于田间工程系统，也是附属工程的一部分。

（3）喷灌系统的分类

喷灌系统的形式很多，各具特点，分类方法也不同。

一是按系统获得压力的方式，可分为机压式喷灌系统和自压式喷灌系统；

二是按系统设备组成，可分成管道式喷灌系统和机组式喷灌系统；

三是按喷洒特征来分，可分为定喷式喷灌系统和行喷式喷灌系统；

四是按照喷灌系统的主要组成部分在灌溉季节中可移动的程度，可分为固定式、移动式和半固定式三类。我国以第四类分类方法居多，以下按第四类方法作简要介绍。

① 固定式喷灌系统

固定式喷灌系统即喷灌系统的水泵和动力机构成固定的泵站，干管和支管多埋在地下，喷头安装在固定的竖管上。该系统单位面积投资较高，竖管对机耕及其他农业操作有一定的影响，但使用时操作方便，生产效率高，占地少，结合施肥和喷洒农药比较方便，尤其对较陡的丘陵山地，以及利用自然水头喷灌的地方和灌水次数频繁的蔬菜基地或经济作物地区较为适用。

② 半固定式喷灌系统

半固定式喷灌系统即水泵、动力机和干管做成固定的，支管做成移动的。这样单位面积投资远低于固定式喷灌系统。

③ 移动式喷灌系统

移动式喷灌系统在田间仅布置有水源，而动力机、水泵、干管、支管和喷头都是可以移动的，大大提高了设备利用率。这种形式结构简单、使用灵活，单位面积设备投资低，只是移动机组和管道劳动强度大，路渠面积较大。

（4）喷灌系统的规划设计

喷灌系统是由水源取水，经过水泵加压（自压系统除外），再通过各级压力管道，送至竖管及喷头而形成一个完整的管道系统。其中固定管道式多是将干、支管均埋入地下。半固定管道式多是将干管铺设在地上，支管位于地面，灌完一片后移动到另一片，它们的管道设计方法基本一致。机组式喷灌系统则有所不同。这里重点讲述固定管道式喷灌工程的规划设计。

① 喷灌工程规划设计的原则和内容

a. 喷灌工程规划设计的原则

喷灌系统较小时，管道分成两级，干管和支管；有三级管道时分为干管、分干管和支管；有四级管道时，分总干管、干管、分干管和支管。最末一级，带有喷头的工作管道，称为支管。连接喷头与支管的管道称竖管。

管道布置应使管道总长度尽量短，管径小，造价省，有利于防止水击。丘陵山区布置喷灌系统时，一般应使干管沿主坡向布置，支管平行等高线布置。管道布置应考虑各用水单位的需求，便于用水管理，有利于进行轮灌分组。平原地区，支管尽量与作物耕作方向一致。充分考虑地块的地形变化，力求支管长度一致，规格统一，管线纵剖面应力求平顺，减少折点，尽量避免管线出现驼峰。管线的布置应结合排水系统、道路林带、供电系统及行政村的规划，统一规划山、水、田、林、路。

b. 喷灌工程规划设计的主要内容

勘测和收集基本资料：地形资料、土壤资料、气象资料、水源条件、农作物资料、动力供应、交通状况、农业生产现状。

确定喷灌区域：根据水源、地形、土壤、农作物及经济条件，确定喷灌区域的范围和面积。

计算喷灌用水量，进行水源工程的规划设计。

确定喷灌系统类型，对选定的方案进行设计，也可以选两种以上方案进行比较，确定最优方案。

计算工程、设备统计表、编制概预算。

编制工程施工进度计划表。

c. 主要设计成果

喷灌工程规划设计说明书一份。

喷灌工程平面布置图，管道、沟渠纵剖面图，管道结构示意图，建筑物设计（泵站、泄水井、支墩、镇墩、农桥等）。

d. 喷灌工程规划设计类型

管道式喷灌工程规划设计包括固定式和半固定式。

机组式喷灌工程规划设计包括定喷机和行喷机。

自压喷灌工程规划设计。

e. 喷灌工程规划设计依据（标准）

国家标准《喷灌工程技术规范》GB/T 50085—2007。

农业行业标准《设施蔬菜灌溉施肥技术通则》NY/T 3244—2018。

② 喷灌工程规划设计的基本资料

a. 地形资料

喷灌系统的规划布置应有实测的地形图，其比例视灌区大小、地形的复杂程度以及设计阶段要求的不同而定。在规划阶段，333.3hm^2（5000 亩）以上灌区要求 1/10000～1/5000 的地形图，333.3hm^2（5000 亩）以下灌区要求 1/5000～1/2000 的地形图。对于小地块要求 1/1000～1/500 的地形图，对于地势平坦的小块灌区，至少应用平面位置图，包括田块高程、水源位置（水位、高程）等资料。

b. 土壤资料

土壤质地是指土壤颗粒的机械组成，即按不同粒径的矿物质颗粒在土壤中所占比例对土壤进行分类。分类方法有颗粒分析法和野外手测法。土壤质地用来确定允许喷灌强度。单位时间内喷洒降落在田间的水深，称为喷灌强度。喷灌强度在概念上与降雨强度一致，喷灌强度的单位常用：mm/h。喷灌系统的设计喷灌强度不得大于土壤的允许喷灌强度。不同类型土壤的允许喷灌强度可按表 5-3 中数据确定。

表 5-3　不同类型土壤的允许喷灌强度

土壤质地	沙土	沙壤土	壤土	黏壤土	黏土
允许喷灌强度/(mm/h)	20	15	12	10	8

注：有良好覆盖时，表中数值可提高 20%。

当地面坡度大于 5°时，允许喷灌强度按表 5-4 中数据折减。

表 5-4 坡地允许喷灌强度降低值

地面坡度	允许喷灌强度降低值/%
<5°	0
5°～8°	20
9°～12°	40
13°～20°	60
>20°	75

单位体积自然状态下的干土的质量（g/cm^3）为土壤容重。我国大部分地区土壤容重范围在1.3～1.6之间（表5-5）。

土壤田间持水量是指在有良好排水条件下的土壤中，排水后不受重力影响而保持在土壤中的水分含量，常用占干土重的比例表示。在有条件的地方可对灌区土壤田间持水量进行野外测定。我国部分地区田间持水量的参考值见表5-6。

土壤化学特性包括土壤pH值、土壤含盐量、土壤有机质含量以及土壤中氮、磷、钾等含量。

表 5-5 我国部分地区土壤容重的参考值

土壤类型	质地	容重/(g/cm^3)	地区	土壤类型	质地	容重/(g/cm^3)	地区
黑土和草甸土	沙土	1.22～1.42	华北地区	华北平原盐土	沙壤土	1.43～1.56	华北地区
	壤土	1.03～1.39			壤土	1.43～1.56	
	黏壤土	1.19～1.34			黏壤土	1.35～1.40	
黄绵土 垆土 娄土	沙壤土	0.95～1.28	黄河中游		黏土	1.26～1.38	
	壤土	1.00～1.30		淮北平原土壤	沙土	1.35～1.57	淮北平原
	黏壤土	1.10～1.40			沙壤土	1.32～1.53	
华北平原非盐土	沙土	1.45～1.60	华北地区		壤土	1.20～1.52	
	沙壤土	1.36～1.54			黏壤土	1.18～1.55	
	壤土	1.40～1.55			黏土	1.16～1.43	
	黏壤土	1.35～1.54		红壤	壤土	1.20～1.40	华南地区
	黏土	1.30～1.45			黏壤土	1.20～1.50	
华北平原盐土	沙土	1.42～1.62			黏土	1.20～1.50	

表 5-6 我国部分地区田间持水量的参考值

土壤类型	质地	田间持水量/%	地区	土壤类型	质地	田间持水量/%	地区
黄绵土 垆土 娄土	沙壤土	18～20	黄河中游	华北平原盐土	沙壤土	8～34	华北地区
					壤土	26～30	
	壤土	20～22			黏壤土	28～32	
					黏土	23～45	
	黏壤土	22～24		淮北平原土壤	沙土	16～27	淮北平原
					沙壤土	22～35	
华北平原非盐土	沙土	16～22	华北地区		壤土	21～31	
	沙壤土	22～30			黏壤土	22～36	
	壤土	22～28			黏土	28～35	
	黏壤土	22～32		红壤	壤土	23～28	华南地区
	黏土	25～35			黏壤土	32～36	
华北地区盐土	沙土	28～34			黏土	32～37	

c. 气象资料

喷灌工程规划设计应收集的气象资料有：降雨量（年降雨量、典型年日降雨量），蒸发量（水面、陆面），气温（最高、最低、极端），湿度，日照，无霜期（初霜期、终霜期）。

喷灌的缺点之一就是受风影响大，所以做喷灌工程设计应特别注意此问题。风速风向是确定喷头布置形式和管道布置方式的重要依据。

风向一般可分为8个方位，即东、南、西、北、东北、西北、东南、西北八个方向。设计风向是指灌区主要农作物灌水时期内灌水日的主风向。如此季节没有明显的主风向，应按多风向设计。

风速指喷灌工作日的平均风速。气象站给出的风速为10m高处风速，手持风速仪可测量2m处的风速，它们之间换算关系：

$$U_{10}=1.39V_2$$

式中，U_{10}为10m高处风速；V_2为2m高处风速。

风力等级与风速关系为：0级（0～0.2m/s），1级（0.3～1.5m/s），2级（1.6～3.2m/s），3级（3.3～5.5m/s），4级（5.5～7.9m/s）。当风力等级大于3级风时应停止喷灌。

d. 水源条件

对水源的调查内容包括：来水量、水位、水质和含沙量等。其资料应有一定的代表性（长期系列水文资料、典型年日来水量资料），特别要注意灌溉季节的水位流量变化。

应用地下水作喷灌工程水源时，应查明灌区地下水的情况，包括可供开采的单井出水量、水质等。要了解地下水多年平均下降深度的变化，做到在多年运行中保证地下水采补平衡，保护地下水资源。在多泥沙河流上取水，要特别注意河流的含沙量，重要工程要做沉沙设施，以保证喷灌工程的正常运行。

应用城市污水灌溉时，应对污水进行水质处理和检测。喷灌水源的水质应满足《农田灌溉水质标准》GB 5084（参见本书第2章表2-4、表2-5）。

e. 作物

种植制度：根据蔬菜作物种类、品种、面积、分布和轮作计划等选择喷头、布置管道、喷灌分区。

作物生育期：根据蔬菜作物各生育期时间和起止日期确定灌水与灌溉定额、灌水制度。

根系活动层深度：根据蔬菜作物根系活动层深度确定灌水湿润层厚度。根量占总根量80%～90%的土层深度，一般蔬菜作物10～20cm、大田作物20～40cm、果树40～80cm。

作物茎秆高度：不同蔬菜作物茎秆高度，胡萝卜20～30cm、甘蓝25～40cm、辣椒50～70cm、黄瓜100～150cm、菜豆170～220cm。

作物适宜的雾化指标：水滴打击强度是指单位受水面积获得水滴撞击能量的大小，包括作物和地表土壤。具体说就是1mm水深的水滴落在田面上的动能，实践中一般用水滴直径或雾化指标来间接反映水滴打击强度。水滴直径是指落在地面或作物叶面上的水滴直径（mm）。若水滴直径大，则易破坏土壤表层的团粒结构，并造成板结，甚至会打伤幼苗；水滴直径小，则耗能多，射程降低，在空中受风影响大，容易蒸发或漂移。因此要根据灌溉作物、土壤性质确定水滴直径的适宜值。对蔬菜作物一般要求不超过1～3mm。雾化指标（又称Hp/d值）指喷头工作压力水头Hp(mm)与喷头主喷嘴直径d(mm)之比。水滴打击强度（常用雾化指标表示）见表5-7。

表5-7 各种作物适宜的雾化指标

作物种类	Hp/d值
蔬菜及花卉	4000～5000
粮食作物、经济作物及果树	3000～4000
牧草、饲料作物、草坪及绿化林木	2000～3000

作物需水量（生态、生理）：指作物在正常生长的情况下，供给植株蒸腾和棵间土壤蒸发所需的水量，也称作物腾发量（作物蒸腾量与棵间蒸发量之和）。

作物灌溉制度：灌水定额、灌水次数、灌水周期等是设计的依据，实际灌溉时还应根据土壤含水量状况、降雨以及作物发育阶段确定灌溉制度。

③ 喷灌工程规划设计步骤

a. 收集灌区基本资料

通过现场调查，收集必要的地形、土壤、水源、气象、能源及动力机械等有关资料。

b. 喷灌工程用水分析

根据作物需水量拟定相应的灌溉制度。

灌溉制度：指作物播前及全生育期内的灌水次数、灌水日期、灌水定额和灌溉定额。

灌水定额：指单位灌溉面积上的一次灌水量。

灌溉定额：指作物全生育期各次灌水量之和。

设计灌水定额按下式计算：

$$m=0.1\gamma H(\theta_{max}-\theta_{min})/\eta$$

式中，m 为设计灌水定额，mm；γ 为土壤干容重，g/cm^3；H 为喷灌土壤计划湿润层深度，cm，对于蔬菜作物可取 40～60cm；θ_{max} 为土壤含水量上限（取田间持水率）；θ_{min} 为土壤含水量下限（取田间持水率的 60%）；η 为喷洒水利用系数（一般取 0.85～0.95）。

若用 m_0 表示灌水定额（单位 mm），m 表示设计灌水定额（单位 mm），它们之间关系为：

$$m_0=\frac{2}{3}m(\text{mm})$$

10mm 灌水定额相当于 6.67m^3/667m^2 的灌水量。

设计灌水周期指两次灌水时间的间隔，以天表示。设计灌水周期可用下式确定：

$$T=\frac{m}{E_a}\eta$$

式中，T 为设计灌水周期，d；m 为设计灌水定额，mm；η 为喷洒水利用系数；E_a 为作物临界耗水期日平均耗水量，mm/d。

在规划设计中，常采用以下 3 种方法来确定喷灌灌溉制度。

一是总结群众丰产灌水经验。根据当地或邻近地区群众积累的多年喷灌和其他灌溉的经验，深入调查符合设计要求的干旱年份的灌水次数、灌水时间和灌水定额等数据，据此分析确定设计灌溉制度。

二是利用灌溉试验资料。多年来各地进行了不少喷灌田间试验，积累了一定的资料，在认真分析试验资料的基础上，制订设计灌溉制度。

三是水量平衡计算方法。利用农田水量平衡原理，经分析计算制订灌溉制度。当参与计算的各因子数据准确时，计算结果较为可靠。

水量平衡计算法首先是确定播前灌水定额：

$$M_0=0.1\gamma H(\theta_{max}-\theta_0)/\eta$$

式中，M_0 为播前灌水定额，mm；γ 为土壤干容重，g/cm^3；H 为喷灌土壤计划湿润层深度，cm，对于蔬菜作物可取 40～60cm；θ_{max} 为土壤含水量上限（取田间持水率），mm；θ_0 为播前土壤含水量，mm；η 为喷洒水利用系数（一般取 0.85～0.95）。

然后以农田水利学中水量平衡法来制订生育期内的灌水定额和灌水次数：

$$W_t-W_0=W_\gamma+P_0+K+M-\text{ET}$$

式中，W_0、W_t 分别为时段初时和时段 t 时的土壤计划湿润层的储水量，mm；W_r 为由于计划湿润层深度增加而增加的水量，mm；P_0 为保存在土壤计划湿润层深度内的有效雨量，mm；K 为时段 t 内的地下水补给量，mm；M 为时段 t 内的灌溉水量，mm；ET 为时段 t 内的作物田间需水量，mm。

至于全生育期喷灌灌水制度则为：

$$M=M_0+M_i$$

$$M_i=\sum_{i=1}^{n}m_i$$

式中，M 为作物全生育期内的灌水定额，mm；M_0 为播前灌水定额，mm；M_i 为 n 次灌溉定额之和；m_i 为第 i 次灌水定额，mm；n 为全生育期灌水次数。

面积不大，作物种类较单一时，喷灌用水量按下式计算：

$$W_{\mathrm{m}}=m_0A/\eta_{\mathrm{c}}$$

式中，W_{m} 为喷灌用水量，m^3；m_0 为灌水定额，m^3/hm^2；A 为灌溉面积，hm^2；η_{c} 为喷洒水利用系数。

作物种类较多时，喷灌用水量按下式计算：

$$W_{\mathrm{m}}=m_{\mathrm{c}}A/\eta_{\mathrm{c}}(m_{\mathrm{c}}=a_1m_1+a_2m_2+\cdots)$$

式中，W_{m} 为喷灌用水量，m^3；m_{c} 为各作物灌水定额总和，m^3/hm^2；A 为灌溉面积，hm^2；η_{c} 为喷洒水利用系数。a_1、a_2 分别为各作物面积，hm^2；m_1、m_2 分别为各作物灌水定额，m^3/hm^2。

作物种类单一时，喷灌用水流量按下式计算：

$$Q=m_0A/(Tt\eta_{\mathrm{c}})$$

式中，Q 为喷灌用水流量，m^3/h；m_0 为灌水定额，m^3/hm^2；A 为灌溉面积，hm^2；T 为设计灌水周期，h；t 为日喷灌时间，h；η_{c} 为喷洒水利用系数。

国标规定每日净喷灌时间 t(h)：固定式喷灌系统≥12h；半固定式喷灌系统≥10h；移动式喷灌系统、定喷机≥12h。

必须全面掌握设计代表年的来水量和来水流量。

水量平衡分析采用以下原则：

$W_{来}>W_{用}$，$Q_{来}>Q_{用}$，不需修建调蓄工程；

$W_{来}\geqslant W_{用}$，$Q_{来}<Q_{用}$，需修建调蓄工程；

$W_{来}<W_{用}$，需另找水源或减少喷灌面积。

如需修建调蓄工程，那蓄水工程容积为：

日调节：$W_{日来}\geqslant W_{日用}$ (max)，$Q_{来}<Q_{用}$。

蓄水工程容积：

$$V=K(Q_{来}-Q_{用})t$$

式中，V 为蓄水容积，m^3；$Q_{用}$、$Q_{来}$ 分别为用水流量和来水流量，m^3/h；t 为日喷灌时间，h；K 为安全系数，考虑蒸发和渗漏损失，取 1.1～1.2。

c. 喷灌系统选型

不同条件下喷灌系统选型可参见表 5-8。

d. 喷灌系统设计标准

喷灌技术三要素，即喷灌均匀度、喷灌强度、雾化程度都不应低于国家标准《喷灌工程技术规范》GB/T 50085—2007。

在设计风速下，定喷式喷灌系统的组合均匀系数不低于 75%，行喷式喷灌机的组合均匀系数不低于 85%。

表 5-8 不同条件下喷灌系统选型

条件	系统类型
面积较大或地形条件复杂	分区选用不同类型
灌水频繁、地面较陡、地形及地块复杂的丘陵山区，种植经济价值较高的作物	固定式喷灌系统
地形平坦的大田作物区	半固定管道式、移动管道式、小型喷灌机组
灌水次数较少，适度规模的大田作物	卷盘式喷灌机
大中型农场	中心支轴式喷灌机、平移式喷灌机
连片集中的牧草地和矮秆作物种植区	滚移式喷灌机
25mm 以上自然水头的地方	自压喷灌系统

e. 喷头选择与布置

喷头选择要确定的参数（型号）：喷嘴直径（mm），流量（m^3/h），工作压力（kPa），射程（m），制造材料（塑料、铜）和可否控角度。

选择依据：作物种类，土壤条件，管理水平，使用年限（塑料、铜），节能（中低压喷头 200～400kPa）及用户要求。

喷头的喷洒方式可分为：扇形喷洒，田边、路旁、房屋附近；全圆喷洒，其他（田块中间）；带状喷洒，特殊场合（绿化带等）。

在管道式喷灌系统中，喷头有三种运行方式：单喷头喷洒，单行多喷头同时喷洒和多行多喷头同时喷洒。

设施栽培中的喷灌系统支管通常与作物的种植方向一致，但连栋式的温室大棚中，支管通常与大棚的长度方向一致，对于棚间地块采用喷灌时，应考虑地块的尺寸。

喷头组合形式是指喷头在田间的布置形式。喷头在地面上的组合方式通常有正方形、平行四边形、矩形、正三角形和等腰三角形等多种形式（图 5-3），其中正三角形组合方式单喷头控制的湿润面积最大。设计时应根据地块的形状、地块的尺寸等选择合适的组合方式，以保证系统的综合造价最低。

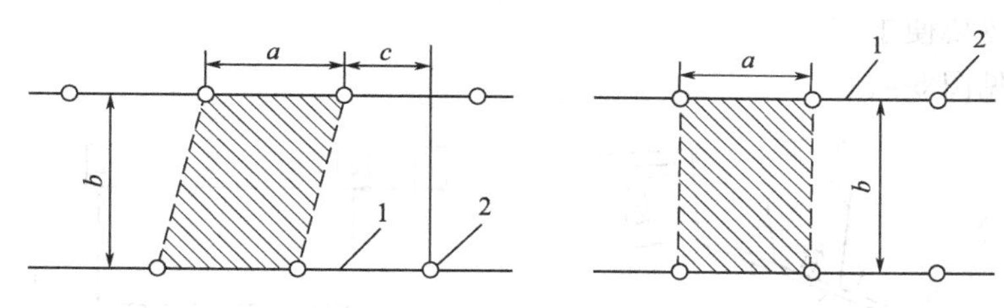

图 5-3 喷头的组合形式示意图

左图：平行四边形组合
a. 同一支管上相邻两喷头间距；*b*. 相邻两支管的间距；

右图：矩形组合
1. 支管；2. 喷头

喷头组合间距确定依据包括喷头射程、允许喷灌强度、喷灌均匀度。

影响因素包括自然条件、田间管理方式。

喷头的组合间距直接与喷头的射程有关。通常确定喷头组合间距的方法是先选定喷头，根据喷头的各项水力参数确定组合间距，然后检验组合后的各项技术指标是否达到设计要求，试算后确定合理的组合间距。生产上多采用经验系数法确定喷头组合间距。

根据设计风速和设计风向确定间距射程系数。

表 5-9 为支管垂直主风向布置时的间距射程系数，当支管与主风向夹角在 0～90°之间时射程系数调整值见表 5-10。

表 5-9　支管垂直主风向布置时的间距射程系数

10cm 高处风速/(m/s)	不等间距布置($a<b$)		等间距布置($a=b$)
	K_a	K_b	K_a,K_b
0.3～1.6	1.0	1.3	1.1～1.0
1.6～3.4	1.0～0.8	1.3～1.1	1.0～0.9
3.4～5.4	0.8～0.6	1.1～1.0	0.9～0.7

表 5-10　支管与主风向夹角在 0～90°之间时射程系数的调整值

支管与主风向夹角 β	K_a,K_b 取值
0～15°	将表中 K_a、K_b 值相互交换
75°～90°	与上表相同
15°～30°	将表中 K_a,K_b 值交换后 K_a 调低一档,K_b 提高一档
30°～60°	按等间距取值
60°～75°	将表中 K_b 调低一档,K_a 调高一档

根据初选的喷头射程 R 和选取的间距射程系数 K_a、K_b 值，用下式计算组合间距：

$$a=K_aR$$

$$b=K_bR$$

注：固定管道式喷灌系统，对计算值取整后直接采用；半固定式喷灌系统，a、b 值调整为标准管长。

f. 喷灌系统布置图

将水源工程、输配水管网及田间管道布置在大于 1/2000 的地形图上。包括水源工程布置、骨干管道的初步布置、田间管道系统的布置三方面的内容。

喷灌管道系统可分为输配水管道、骨干管道（给水栓到水源之间的管道）和田间管道（给水栓以下到田间的管道）。

骨干管道布置的原则：与道路、林带、灌排水系统和居民区相结合，避免横穿这些设施；坚持“最短”原则；给水栓位置要便于管理。

干管布置示意图见图 5-4。

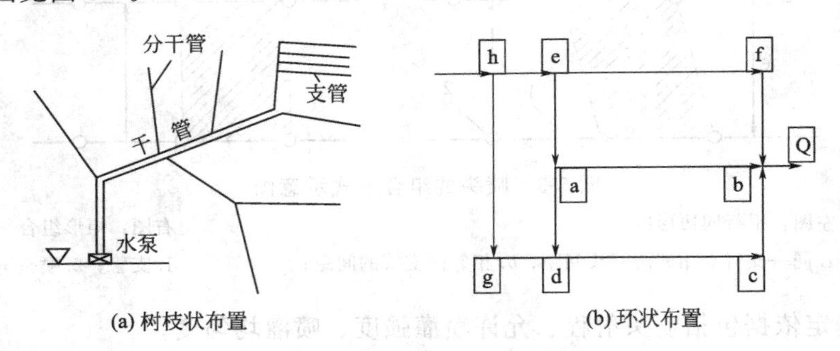

图 5-4　干管布置示意图

树枝状布置：其优点是管线总长度较短，水力计算简单，适用于土地分散、地形起伏地区；其缺点是管道利用率较低，运行某一处出现故障时，常会影响到几条甚至全部系统的运行。

环状布置：其优点是管道利用率高，多路供水流量分散，管径较小，某一水流方向管道出了故障，可由另一方向继续供水；其缺点是管线总长度较大，适用于地块连片的田间供水管网。

田间管道系统的布置依据：地块分布、地面坡度、耕种方向、风向、喷头组合间距、田间道路和排灌渠道（图 5-5）。

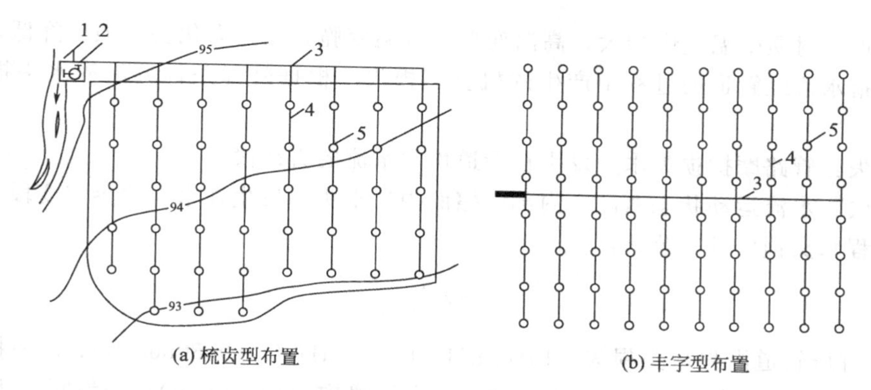

图 5-5　田间管道系统布置示意图

1. 水源；2. 水泵；3. 主管；4. 支管；5. 喷头

田间管道系统布置的原则（注意事项）：应符合喷灌工程规划的要求；喷洒支管应尽量与作物耕种方向一致；喷洒支管最好平行等高线布置，要避免逆坡布置；在风向比较恒定的地区，支管尽量与主风向垂直布置；喷洒支管与上一级管道的连接要避免锐角相交，转折点力求少；在满足喷头组合间距的条件下，尽量使各支管长度一致，利用轮灌区的划分来确定；水源分配均匀一致，避免管道间出现流量过于集中和过于稀少的情况。

g. 喷灌工作制度制订

喷灌工作制度包括喷头在一个喷点上的喷洒时间、喷头每日工作的喷点数、每次需要同时工作的喷头数、确定轮灌编组和轮灌顺序。

喷头在一个喷点上的喷洒时间：

$$t=abm/1000q$$

式中，t 为喷头在一个喷点上的喷洒时间，h；a 为喷头间距，m；b 为支管间距，m；m 为设计灌水定额，mm；q 为喷头流量，m^3/h。

喷头每日工作的喷点数（可移动的次数）：

$$n=t_r/(t+t_y)$$

式中，n 为喷头每日工作的喷点数，次/d；t_r 为喷头每日喷灌作业时间，即设计日净喷时间，h；t 为喷头在一个喷点上的喷洒时间，h；t_y 为每次移动、拆装和启闭喷头的时间，h。

每次需要同时工作的喷头数：

$$n_p=N/(nT)$$

式中，n_p 为每次需要同时工作的喷头数，取整数，个；N 为喷灌区内总喷点数，个；n 为喷头每日工作的喷点数，次/d；T 为设计灌水周期，d。

确定轮灌编组和轮灌顺序需注意以下几个方面：轮灌编组要简单明确，运行方便，应有利于提高管道设备的利用率；各轮灌组的工作喷头数应尽量一致，保证系统的流量较为平稳；制订轮灌顺序时，尽量使流量分散到各输配水管道中去，避免流量集中；根据作物种植制度，具体确定。

h. 管道系统设计

管道系统设计内容包括各级管道的管材和管径的选择、各级固定管道的纵剖面设计、管道系统的结构设计（各配件的位置）。

管道按材料分为金属管道和非金属管道两类。金属管道又分为铸铁管、钢管、薄壁铝合金管和薄壁镀锌钢管。非金属管道又分为自应力钢筋混凝土管、石棉水泥管、聚氯乙烯管（PVC）、聚乙烯管（PE）、改性聚丙烯管、维塑软管和棉塑软管。其中自应力钢筋混凝土管、石棉水泥管为脆硬性管，其他为塑料管。

其中最为常见的是硬聚氯乙烯管（PVC），使用压力范围 0.4～1.6MPa。优点：耐腐蚀，使用寿命长（20 年以上），质量轻，易搬运，内壁光滑，水力性能好，过水稳定，有一定的韧性，能适应较小的不均匀沉陷。缺点：材质受温度影响大，高温变形，低温变脆，受光老化快，强度降低，膨胀系数大。

水头损失：指水流经管道的过程中产生的机械能损失。根据外部条件分沿程水头损失和局部水头损失。

沿程水头损失：管路摩擦损失水头发生在管道均匀水流的直线段。

局部水头损失：水流运动状态紊乱，内部摩擦而损失水头，发生在水流边界突变段。

有压管道沿程水头损失基本公式：

$$h_f=\lambda\frac{L}{d}\frac{v^2}{2g}$$

式中，h_f 为有压管道沿程水头损失，kPa(mH_2O，$1mmH_2O=9.80665Pa$)；λ 为损失系数，可查出厂说明和相关资料；L 为管道长度，m(mm)；d 为管道内径，m(mm)；v 为断面平均流速，m/s；g 为重力加速度，m/s^2 ($g=9.81m/s^2$)。

各种管材沿程水头损失计算公式：

$$h_f=f\frac{LQ^m}{d^b}=S_0Q^mL\left(S_0=\frac{f}{d^b}\right)$$

式中，h_f 为有压管道沿程水头损失，kPa (mH_2O)；Q 为管道流量，L/h；L 为管道长度，m(mm)；d 为管道内径，m(mm)；f、m、b 为常数（可参考表5-11、表5-12）。

表5-11 沿程水头损失公式中的 f、m、b 值

管材	f(Q 以 m^3/h 计，d 以 mm 计)	f(Q 以 m^3/s 计，d 以 m 计)	m	b
硬塑料管	0.948×10^5	0.000915	1.77	4.77
铝管、铝合金管	0.861×10^5	0.0008	1.74	4.74
旧钢管、旧铸铁管	6.25×10^5	0.00179	1.90	5.10

表5-12 聚乙烯管沿程水头损失公式中的 f、m、b 值

管材	管径		f(Q 以 L/h 计)	m	b
聚乙烯管	$d>8mm$		0.505	1.75	4.77
	$d<8mm$	$R_e>2320$，紊流	0.595	1.69	4.75
		$R_e\leqslant2320$，层流	1.75	1	4

多口出流时管道沿程水头损失计算公式：

$$H_f=F\,h_f$$

式中，H_f 为多口出流管道的沿程水头损失，m；F 为多口系数；h_f 为管道最大沿程不变时的沿程水头损失，m。

局部水头损失发生的场合：水流过水断面发生变化时，水流的方向发生变化时，水流通过各种闸阀、逆止阀、底阀、滤网、各种流量计所在位置时。

在无资料时，可按局部水头损失占沿程水头损失的一定比例计算，支管一般为5%～10%，毛管为10%～20%，固定式喷灌系统局部水头损失一般按沿程水头损失的10%～20%计算，取值依管件的多少而定。

支管入口工作压力的确定按支管上工作压力最低的喷头推算：

$$H_{支}=h_f+\Delta Z+0.9h_p$$

式中，$H_{支}$ 为支管入口工作压力 (mH_2O)；h_f 为沿程水头损失，m；ΔZ 为支管进口处高程与抽水水面高差，m；h_p 为水泵出口水头高度，m。

各级管道管径的选择按经验公式法：

当 $Q<120m^3/h$ 时，$D=13\sqrt{Q}$；

当$Q \geqslant 120m^3/h$时，$D=11.5\sqrt{Q}$。

各级管道管径的选择按经济流速法：

聚氯乙烯（PVC）管经济流速为1.0～1.8m/s，通常取1.5m/s，最高不能超过3.0m/s。

$$D=1.13\sqrt{\frac{Q}{\nu}}\times 1000$$

i. 喷灌系统的水泵选择

喷灌用水泵选择基本参数如下。

流量：指水泵在单位时间内能输送水的体积或质量，用Q表示，L/s、m^3/s、m^3/h。

扬程：指单位质量的水通过水泵以后所净增的能量，用H表示，单位m。

功率：指水泵在单位时间内作功的大小，用P表示，单位kW。

允许吸上真空高度：为防止泵发生气蚀，规定的吸上真空高度允许值参见出厂说明。

喷灌系统设计流量的推算如下：

$$Q=n_p q/\eta_c$$

式中，Q为灌溉系统设计流量，L/h；n_p为每次需要同时工作的喷头数（取整数），个；q为喷头流量，L/h；η_c为喷洒水利用系数。

喷灌系统设计扬程的推算如下：

$$H=H_{支}+h_w+h'_w+\Delta Z$$

式中，H为喷灌系统设计扬程，m；$H_{支}$为支管入口工作压力（mH_2O）；h_w为水泵到支管的沿程水头损失，m；h'_w为水泵到支管局部水头损失，m；ΔZ为支管进口处高程与抽水水面高度差，m。

根据H和Q，可直接由水泵样本中选定水泵，一般样本中会同时给出配套电机的参数。

j. 施工

为了保证喷灌系统管网的合理埋深和泄水坡度，避免无效劳动，降低重负荷作业对喷灌管网的不利影响，喷灌工程施工前应做好以下几点工作：

计划中拟拆除的地上构筑物或设施事先拆除，欲修建的地上构筑物或设施应完成。

了解和掌握喷灌区域内埋深小于1m的各种地下管线和设施的分布情况，另外施工前还要进行图纸审核、现场复核和技术交底等技术准备。

施工放样是把图纸上的设计方案搬到实际现场的过程。施工放样是喷灌施工的第一步，这项工作对于实现设计意图、保证喷灌均匀度十分重要。

在大多数情况下，喷灌与种植区域基本吻合，且喷灌工程放样前种植区域已确定。在此情况下，可直接按点、线、面的顺序确定喷头位置，进而结合设计图纸确定管道位置。在喷灌区域与栽培区域不相吻合或喷灌工程施工时栽培区域尚没有实地确定时，就需要通过现场实测确定喷灌区域的边界。常用的实测方法有直角坐标法、极坐标法和交汇法，放样的工具有钢尺、皮尺、测绳、经纬仪、平板仪。无论采用哪种方法确定喷灌区域的边界，都需要进行图纸与实际的核对，如果两者之间的误差在允许的范围内，则可直接进行喷头定位，并在喷头定位的同时进行必要的误差修正；如果图纸与实际之间的误差超出允许的范围，应该对设计方案作必要的修改，然后按照修改后的方案放样，以保证施工放样质量。

喷灌区域边界确定之后，得到一组封闭的曲线或折线，接着是在这些封闭曲线或折线包围的喷灌区域里进行喷头定位。首先确定边界上拐点的喷头位置，然后确定边界上任何两个拐点之间的喷头位置，最后确定非边界的喷头位置。喷头定位工作完成之后，根据设计图纸在实地进行管网连接，即得到沟槽位置，确定沟槽位置的过程称为沟槽定线。沟槽定线前应清除沟槽经过路线的所有障碍物，并准备小旗、木桩、石灰等依测定的路线定线，以便挖掘沟槽。

在新建园区进行喷灌施工时，可直接根据放样结果按要求开挖沟槽，如果是已经建好的园区，则须待到土地空闲季节再开挖沟槽。

沟槽开挖应满足以下要求：

第一，沟槽宽度应便于管道的安装施工且应尽量挖得窄些，一般情况下槽床宽度可由下式确定：

$$B=D+400$$

式中，B 为沟槽宽度，mm；D 为管道外径，mm。

第二，沟槽深度应满足喷头的安装和泄水要求，埋地管道能承受顶部荷载，一般沟槽深度由下式确定：

$$H=D+h$$

式中，H 为沟槽深度，mm；D 为管道外径，mm；h 为管道顶部以上土层厚度，mm，在园地内一般要求 $h=500$mm，普通道路下 $h=1200$mm。

第三，沟槽坡度。当地的冻土层深度一般不影响开挖的深度，即便在寒冷的北方地区也是这样。这主要是因为增加管道埋深丝毫无助于喷灌系统的防冻。解决喷灌系统冬季防冻问题的关键在于做好入冬前的泄水工作。为此，沟槽开挖时应根据设计要求保证槽床有千分之二左右的坡度坡向指定泄水点。

管道安装完毕并经水压试验合格后可进行沟槽回填。喷灌系统的沟槽回填不宜采用机械方法，回填的时间宜为昼夜中气温较低的时段。沟槽回填应分两步完成，先部分回填再全部回填。

部分回填是指管道以上范围内约 100mm 的回填，一般采用沙土或过筛的原土回填，其中不应含有砖瓦砾石或其他杂质硬物。管道两侧应分层夯实，禁止用石块或砖砾等杂物单侧回填。对于聚乙烯管，填土前应对管道压力冲水，冲水压力应接近管道的工作压力，防止回填过程中管道挤压变形，影响喷灌系统的水力条件。

全部回填采用符合要求的原土，要求用轻夯或踩实的方法分层回填，一次填土 100～150mm，直至高出地面 100mm 左右。回填到位后必须对整个沟槽进行水夯，使回填部分下沉，以免种植过程中出现局部沉降，影响灌溉效果。

管道安装是喷灌工程中的主要施工项目。管道安装应满足以下基本要求：

管道敷设应在槽床标高和管道基础质量经检查合格后进行；

管道的最大承受压力必须满足设计要求；

敷设管道前要对管材、管件、密封圈等重新做一次外观检查，有质量问题的均不得采用；

管材应平稳下沟，不得与沟壁或槽床激烈碰撞；

管道在敷设过程中可以适当弯曲，但弯曲半径不得小于管径的 300 倍；

管道穿公路时应设钢套管；

管道安装施工中断时，应采取管口封堵措施，防止杂物进入管道，安装结束后，敷设管道时所用的垫块应及时拆除；

管道系统中设置的阀门井的井壁应勾缝，阀门井底用砾石回填，以满足阀门井泄水要求。

管道安装完之后，应分别进行水压试验和泄水试验。

水压试验一般按照以下步骤进行。

首先缓慢向试压管道中注水，同时排出管道内的空气，水慢慢进入管道以防水锤或气锤。

然后进行严密试验：将管道内的水加压到 0.35MPa 并保持 2h，检查各部位是否有渗漏或其他不正常现象。

接着进行强度试验：严密试验合格后，对管道再次缓慢加压至强度试验压力，保持 1h，检查各部位是否有渗漏或其他不正常现象。在 2h 内压力下降幅度小于 5%，且管道无变形，表明管道强度试验合格。

在严密试验和强度试验过程中，每当压力下降 0.02MPa 时应向管内补水。水压试验不合格应及时检修，检修后达到规定养护时间再次进行水压试验。

水压试验合格后应立即泄水，以检查管网的泄水能力。泄水时应打开所有手动泄水阀，截断立管堵头，以免管道中出现负压，影响泄水效果。泄水停止后，检查管道中是否存在满管积水，并在图纸或现场做标记。泄水区域检查完毕后，应调整河床坡度或采取局部泄水的处理措施进行处理。处理后重复上述步骤重新进行水压和泄水试验，直至合格。

对于加压型喷灌系统，设备安装除喷头、阀门外，还有水泵和电机。水泵和电机安装与一般给排水系统中的安装方法相同。

喷头安装时应注意以下几点：

喷头安装前应彻底冲洗管道系统，直到管网末端出水变清为止，以免管道中杂物堵塞喷头；

喷头应进行质量检查合格后才可安装；

喷头安装高度以喷头顶部与蔬菜根基部（自下而上喷）平齐或蔬菜植株高度（自上而下喷）相适宜；

在平地或坡度不大的场合，喷头的安装轴线与地面垂直，如果地形坡度大于2%，喷头的安装轴线应取铅垂线和地面垂线形成的夹角的平分线，这样可以最大限度地保证组合喷灌均匀度；

根据喷头的安装位置，合理设置其喷洒角度，无论是散射喷头还是旋转喷头，在喷头顶部均有喷洒范围的起点标记，安装位于园地边界的喷头时，应根据喷头的旋转方向将起点标记与对应的园地边界对齐。

工程验收是检验施工质量的重要环节，也是保证工程质量的必要措施。当施工质量不符合设计要求时，可在验收中及时发现和处理，因此必须严格执行工程验收制度。

菜地喷灌工程验收分中间验收和竣工验收。中间验收主要是验收埋在地下的隐蔽工程。凡在竣工验收前被隐蔽的工程项目都必须进行中间验收，并且在前道工序验收合格后才可进行下道工序；隐蔽工程全部验收合格后才可回填沟槽。竣工验收的目的在于全面检验喷灌工程是否达到设计标准、满足使用要求，对于不符合质量标准的施工项目必须整修，甚至返工，经验收合格后才可投入使用。

5.3.4 微灌技术与应用

(1) 微灌及其特点

① 微灌的概念

微灌（包括微喷灌和滴灌）就是利用微灌设备组装微灌系统，将有压水输送分配到田间，通过灌水器以微小的流量湿润作物根部附近土壤的一种局部灌水技术。

微灌可以非常方便地将水施灌到每一株植物附近的土壤，经常维持较低的水压力以满足作物生长需要。微灌省水、省工、节能，灌水器的工作压力一般为50～150kPa；灌水均匀度高，可达80%～90%以上；有利于增产，对土壤和地形的适应性强。但微灌系统投资一般要远高于地面灌溉；灌水器出口很小，极易堵塞，故对过滤系统要求高。

② 微灌技术应用时注意事项

在蔬菜生产上应按实际需要选择相应的微灌方式，一般滴灌适宜茄果类、瓜类等蔬菜作物，作物定植株距在20～30cm，而微喷灌则适于撒播的蔬菜作物，如绿叶菜类等。

生产上进行微灌时，应做到以下几点：

一是微灌水中需加入的肥料，必须是水溶性的肥料，使用管带追肥，微灌后须再浇灌一次清水，用清水清洗一遍管带和管道。

二是贮水池与输水管道要遮光（或使用深色及黑色塑料桶及管道），避免水池和管道内产生青苔。

三是应定期检查滴水孔（滴头）和微喷头。软管出水孔或滴水孔发生轻度堵塞，可用手轻轻揉捏滴孔处，使杂物散开，较严重的需拆下来用清水冲洗。

四是要避免水压鼓破微灌软管，单棚微灌应注意水的压力是否过大，在微喷时应考虑微灌多少棚，才使压力不致过大。

五是使用滴灌最好用地膜盖住进行膜下滴灌。主要是避免地下水分大量蒸发，增加棚内空气湿度，以减少蔬菜作物病害的发生。

六是微灌一般每 $667m^2$ 每次供水时间 2h，每 $667m^2$ 浇水量 $15m^3$ 左右。高温期每次浇水时间不少于 2h，一天分两次（上午 8～10 点，下午 4～6 点），每 $667m^2$ 每次供水量 $20m^3$。

七是每次生产结束后，把滴管和管带收藏起来，放到干燥、避光和低温处保存。管道和软管内的沉积物，要用清水冲出来，晾干后再收起存放。

(2) 微灌系统的组成

微灌系统主要由水源工程、首部枢组、输配水管网和尾部设备灌水器以及流量、压力控制部件和测量仪表等组成，如图 5-6 所示。

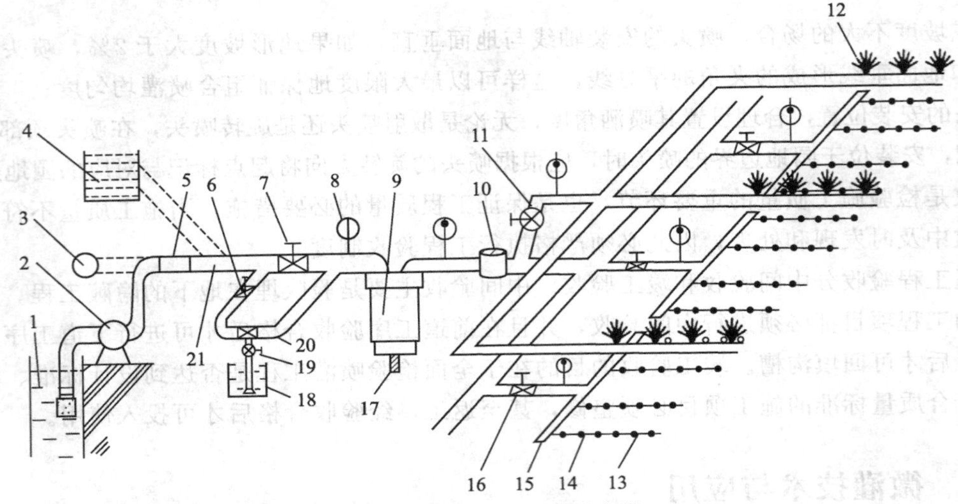

图 5-6 微灌系统组成示意图

1. 水源；2. 水泵；3. 供水管；4. 蓄水池；5. 逆止阀；6. 施肥开关；7. 灌水总开关；8. 压力计；9. 主过滤器；10. 水表；11. 支管；12. 微喷头；13. 滴头；14. 毛管（滴灌带、渗灌管）；15. 滴灌支管；16. 尾部开关（电磁阀）；17. 冲洗阀；18. 肥料罐；19. 肥量调节阀；20. 施肥器；21. 干管

① 水源工程

江河、湖泊、水库、堰塘、井、渠、泉等水质符合微灌要求的均可作为微灌水源。与水源相配套的引水、蓄水和提水工程以及相应的输配电工程称水源工程。

② 首部枢组

首部枢组包括泵组、动力机、肥料罐、过滤设备、控制阀、进排气阀、压力表、流量计等。其作用是从水源中取水增压并将其处理成符合微灌要求的水流送到系统中。

常用水泵有潜水泵、深井泵、离心泵等。动力机可以是柴油机、电动机等，也可以利用自来水、蓄水池的压力水。

在供水量需要调蓄时或使用含沙量很大的水源，常要修建蓄水池和沉淀池。沉淀池用于去除灌溉水源中较大的颗粒，为了避免在沉淀池中产生藻类植物，应尽可能将沉淀池或蓄水池加盖，遮光。

过滤设备的作用是将灌溉水中较大的固体颗粒滤去，避免污物进入系统，造成系统堵塞。过滤设备应安装在输配水管之前。

③ 输配水管网

输配水管网的作用是将首部枢组处理过的水按照要求输送分配到每个灌水单元和灌水器。包括干管、支管和毛管三级管道，毛管是微灌系统末级管道，其上安装或连接灌水器。微灌系统中直径小于或等于 63mm 的管道常用聚乙烯管材，大于 63mm 的常用聚氯乙烯。

④ 尾部设备

尾部设备是微灌系统的关键部件，包括微管和与之相连的灌水器（小微管、滴头、微喷头、滴灌带、渗灌头、渗灌管等）、插杆等。灌水器将微灌系统上游所来的压力水消能后将水成滴状、雾状等施于所需灌溉的作物根部或叶面。

由于组成微灌系统的灌水器不同，其相应的微灌系统称之为滴灌系统、微喷灌系统、小管出流灌系统以及渗灌系统等。

(3) 微灌系统的分类

微灌常按选用的灌水器类型的不同进行分类，即不同灌水方法采用不同的灌水器。

① 按灌水器出流方式分类

a. 小管出流灌溉。该系统主要针对国产微灌系统在使用过程中，灌水器易被堵塞的难题和农业管理水平不高的现实，打破微灌灌水器流通的截面通常尺寸，采用超大流道，以塑料小管代替微管滴头，并辅以田间渗水沟，形成一套以小管出流灌溉为主体的符合实际要求的微灌系统。小管出流灌溉是利用4mm的小塑料管与毛管连接作为灌水器，以细流（射流）状局部湿润作物附近土壤。小管灌水器的流量为80～150L/h。

该系统具有以下优点：堵塞问题小，水质净化处理简单，施肥方便，省水，适应性强，操作简单，管理方便。该技术主要用于果树的灌溉。

b. 滴灌。整个系统从首部输配水管网至灌水器，可根据具体情况，通过比较国内外各家产品的性能做出合理设计和最佳组合。滴灌是利用安装在末级管道上的滴头，或与毛管制成一体的滴灌带将压力水以水滴状湿润土壤，滴灌灌水器的流量为2～12L/h。

滴灌与其他灌溉方式比较具有以下特点：蒸发损失小；因为是局部湿润土壤，省水；可根据作物的生育特点，进行自动控制；可结合灌溉施肥，打药；不板结土壤，改变作物根部环境；因适时适量灌水，可达到增产、优质的效果。

滴灌系统常分为温室滴灌系统、大田滴灌系统、果树滴灌系统等，适用范围广。

c. 微喷灌。微喷灌是利用直接安装在毛管上，或与毛管连接的微喷头将压力水以喷洒状湿润土壤。微喷灌是用很小的喷头将水洒在土壤表面，对作物进行灌溉的一种方式。微喷头有固定式和旋转式两种。前者喷射范围小，水滴小；后者喷射范围较大，水滴也大些。

微喷相比其他滴灌有以下特点：抗堵塞性能好；改善作物的生育环境，提高作物的产量和品质。微喷根据其特点可分为大田微喷、果树微喷、温室内悬挂式微喷。

d. 渗灌。渗灌是利用一种特别的渗水毛管埋入地表以下30～40cm，压力水通过渗水毛管管壁的毛细孔以渗流的形式湿润其周围土壤。它减小了土壤表面蒸发，是用水量最省的一种微灌技术。

渗灌技术的优越性在于：地表不见水、土壤不板结、土壤透气性较好、改善生态环境、节约肥料等。统计资料表明，渗灌水的田间利用率可达95%，渗灌比漫灌节水75%，比喷灌节水25%。

② 按配水管道是否移动及毛管在田间的布置方式分类

根据微灌工程中配水管道在灌水季节中是否移动及毛管在田间的布置方式，可以将微灌系统分为以下四类：

a. 地面固定式微灌系统。毛管布置在地面，在灌水期间毛管和灌水器不移动的系统称为地面固定式系统。这种系统主要用于宽行距果园灌溉，也可用于条播作物灌溉。地面固定式系统一般使用流量为4～8L/h的单出水口滴头或流量为2～8L/h的多出水口滴头，也可以用微喷头。这种系统的优点是安装、拆卸、清洗毛管和灌水器运用比较方便，也便于检查土壤湿润和测量滴头流量变化的情况。缺点是毛管和灌水器易于损坏和老化，影响其他农事操作。

b. 地下固定式微灌系统。近年来，随着微灌技术的改进和提高，微灌的堵塞现象减少，采用了将毛管和滴水器（主要是使用滴头）全部埋入地下的系统。与地面固定式系统相比，地下微灌系统的优点是免除了毛管在作物种植和收获前后的安装和拆卸工作，不影响其他农事作业，延长了设备的使用寿命。缺点是不能检查土壤湿润和灌水器堵塞情况。

c. 移动式微灌系统。按移动毛管的方式不同，移动式微灌系统可分为机械移动和手工移动两种。与固定式相比，移动式微灌具有设备投资低的优点，但管理运行费用较高。

d. 间歇式微灌系统。间歇式微灌系统又称脉冲式微灌系统。工作方式是系统每隔一定时间喷水一次，灌水器的流量比普通滴头的流量大 4～10 倍。间歇式微灌系统使用的灌水器孔口较大，减少了堵塞，而且间隔灌水避免了地面径流的产生和深层渗漏损失。缺点是灌水器制造工艺要求较高。

(4) 微灌系统的规划设计

微灌工程的规划设计与喷灌工程设计一样，在调查研究、实地勘测和收集资料的基础上进行，其规划设计工作内容主要有以下几个方面。

① 微灌工程规划设计依据（标准）

国家标准《微灌工程技术规范》GB/T 50485—2020。

农业行业标准《设施蔬菜灌溉施肥技术通则》NY/T 3244—2018。

② 微灌工程的布置

微灌工程通常是在 1/2000～1/500 比例尺的地形图上进行初步布置，然后将初步布置方案与实际情况对照并进行修正。

a. 首部枢纽位置的确定

首部枢纽位置的选择以投资节省、管理方便为原则，一般首部枢纽均与水源工程相结合。如水源距灌区较远，首部枢纽可布置在灌区旁边，有条件时尽可能布置在灌区中心位置，以减少输水干管长度。

b. 毛管和灌水器的布置

滴灌时毛管和灌水器的布置包括单行毛管直线布置、单行毛管带环状布置和双行毛管平行布置。单行毛管直线布置：一行作物布置一条毛管，适于幼树和窄行密植作物。单行毛管带环状布置：当滴灌成龄果树时，可沿一行果树布置一条输水毛管，然后再环绕树干布置一根毛管并安装 4～6 个滴头，环状管与输水毛管相连接。双行毛管平行布置：滴灌高大作物时，可采用双行毛管平行布置，沿作物两边各布置一条毛管，每株作物两边各安装 2～3 个滴头。上述各种布置形式的滴头位置与树干的距离一般约为树冠半径的 2/3。

微喷头的结构和性能不同，毛管和微喷头的布置也不同。根据微喷头喷洒直径和作物种类，一条毛管可控制一行作物，也可控制若干行作物。

c. 干支管布置

平原地区，干管平行作物种植方向，支管垂直作物种植方向；丘陵山区，干管多沿山脊布置或沿等高线布置，支管则垂直于等高线。

③ 微灌灌溉制度设计

a. 灌水定额

$$m=0.1rz\rho(\theta_{max}-\theta_{min})/\eta$$

式中，m 为灌水定额，mm；r 为土壤容重，g/cm^3；z 为计算湿润层深度，cm，蔬菜取 20～30cm，大田作物取 30～60cm，果树取 80～120cm；ρ 为微灌设计土壤湿润比，%；θ_{max}、θ_{min} 为适宜土壤含水量上、下限（占干土重的比例）；η 为灌溉水利用系数，取 0.90～0.95。

b. 设计灌水周期 T

$$T=\frac{m}{E_a}\eta$$

式中，T 为设计灌水周期，d；m 为灌水定额，mm；η 为灌溉水利用系数，取 0.9～0.95；E_a 为设计耗水强度，mm/d。

c. 一次灌水延续时间

$$t=\frac{mS_rS_t}{\eta q}$$

式中，t 为一次灌水延续时间，h；S_r 灌水器间距，m；S_t 为毛管间距，m；η 为灌溉水利用系数，取 0.9～0.95；q 为灌溉水流量，m^3/h。

当一株作物安装几个灌水器时：

$$t=\frac{mS_rS_t}{\eta nq}$$

式中，S_t 为作物间距；S_r 为作物行距；n 为一株作物安装的灌水器数；η 为灌溉水利用系数，取 0.9～0.95；q 为灌溉水流量，m^3/h。

④ 微灌系统工作制度的确定

微灌系统的工作制度主要有续灌和轮灌两种。不同的工作制度要求的流量不同，因此工程费用也不同。在确定工作制度时，应根据作物种类、水源条件和经济状况等因素作出合理的选择。

a. 续灌

续灌是对系统内全部管道同时供水，灌区内全部作物同时灌水的一种工作制度。优点是每株作物都能得到适时灌水，供水时间短，有利其他农事的安排。缺点是干管流量集中，增加工程投资和运行费，设备利用率低，在水源不足时可能减少灌溉面积。因此，只有在几十亩到近百亩（1 亩$=667m^2$）的小面积菜园、果园，才采用这种工作制度。

b. 轮灌

轮灌是将支管分成若干组，由干管轮流向支管供水，每组支管内部同时向毛管供水。这样可减少系统的流量，从而减少投资，提高了设备利用率。轮灌制度在分组时应考虑作物的需水要求，使土壤水分能得到及时的补给，同时也要考虑水源条件和便于管理，有条件时最好一个轮灌组的土地集中连片，各轮灌组灌溉面积尽量相等。全系统轮灌组数按下式划分：

对于固定微灌工程：

$$N\leqslant\frac{CT}{t}$$

式中，N 为允许轮灌组最大数目，取整数；C 为一天运行的时间，一般为 12～20h；T 为灌水时间间隔（周期），d；t 为一次灌水持续时间，h。

对于移动微灌工程：

$$N\leqslant\frac{CT}{n_st}$$

式中，N 为允许轮灌最大组数，取整数；C 为系统一天工作的时间，一般 12～20h；n_s 为一条毛管在所辖面积内移动的次数；T 为灌水时间间隔（周期），d；t 为一次灌水持续时间，h。

⑤ 微灌工程流量确定

a. 毛管进口流量

$$Q_m=N_mq$$

式中，Q_m 为毛管进口流量，L/h；N_m 为一条毛管上的灌水器总数，取整数；q 为毛管上的灌水器出水流量，L/h。

b. 支管进口流量

$$Q_Z=N_Zq$$

式中，Q_Z 为支管进口流量，L/h；N_Z 为一条支管上的所辖毛管上的灌水器总数，取整数；q 为毛管上的灌水器出水流量，L/h。

c. 干管流量

干管流量是由干管同时供水的各条支管流量之和，即：

$$Q_{干}=\sum_{i=1}^{n}Q_{支i}$$

⑥ 微灌工程水力计算

a. 微灌管道水头损失

一是管道沿程水头损失：

$$h_{f}=f\frac{LQ^{m}}{d^{b}}$$

式中，h_f 为沿程水头损失，m；f 为沿程阻力系数；L 为管道长度，m；Q 为管道设计流量，m^3/h；d 为管道内径，mm；m 为流量指数；b 为管径指数。各种管材的 f、m、b 值可查表。

二是多孔管沿程水头损失：

$$h'_{f}=Fh_{f}$$

式中，h'_f为多孔管沿程水头损失，m；F 为多口系数；h_f 为沿程水头损失，m。

三是局部水头损失：

$$h_{局}=\xi\frac{V^{2}}{2g}$$

式中，$h_{局}$为局部水头损失，m；ξ 为局部水头损失系数；V 为管道流速，m/s；g 为重力加速度，m/s^2，$g=9.81m/s^2$。

b. 灌水小区内允许水头偏差率的确定

一条支管及所辖毛管所控制的灌溉范围称灌水小区。

设计要求灌水小区内各灌水器出水流量均匀程度在允许范围内，即要求灌水小区内流量允许偏差率不应大于20%。包括灌水器流量偏差率与工作水头偏差率。

灌水器流量偏差率为：

$$q_{\gamma}=\frac{q_{max}-q_{min}}{q_{d}}\times 100\%$$

式中，q_γ 为灌水器流量偏差率，%；q_{max} 为灌水器最大流量，L/h；q_{min} 为灌水器最小流量，L/h；q_d 为灌水器设计流量，L/h。

灌水器工作水头偏差率：

$$h_{\gamma}=\frac{h_{max}-h_{min}}{h_{d}}\times 100\%$$

式中，h_γ 为灌水器工作水头偏差率，%；h_{max} 为灌水器最大工作水头，m；h_{min} 为灌水器最小工作水头，m；h_d 为灌水器设计工作水头，m。

c. 灌水小区允许水头偏差分配

为保证灌水小区内灌水器出流均匀，设计中应满足如下条件：

$$q_{\gamma}\leqslant[q_{\gamma}] \qquad h_{\gamma}\leqslant[h_{\gamma}]$$

式中，q_γ 为设计允许流量偏差率，不应大于20%；h_γ 为设计允许工作水头偏差率，%，可按下式计算：

$$[h_{\gamma}]=\frac{[q_{\gamma}]}{x}\left(1+0.15\frac{1-x}{x}[q_{\gamma}]\right)$$

$$q=kh^x$$

式中，x 为灌水器流态指数。

灌水小区允许水头偏差为：

$$[\Delta h]\leqslant[h_\gamma]\ h_d$$

⑦ **首部枢纽设计**

a. 过滤器

过滤器设计进口与出口压力差应按下式确定：

$$\Delta h_2=\Delta h_0+\Delta h_{max}$$

式中，Δh_2 为过滤器设计进口与出口压力差，mH_2O；Δh_0 为过滤器通过净水流时进口与出口水头差，m；Δh_{max} 为过滤器工作时允许进口与出口增加的水头差，m。比值不宜大于 3.0。过滤器前、后管前应装有压力表，当前后压力表压差大于过滤器设计进口与出口压力差时，应冲洗过滤器。

压力表应选择灵敏度为 2.5 级以下的压力表，压力表的量程系数应是设计压力的 1.3～1.4 倍。

b. 施肥罐

施肥罐应根据设计流量、肥料和农药的性质选择，化肥和农药注入及储存设备应耐腐蚀。常用的施肥装置有文丘里施肥器、压差式施肥罐、活塞泵或隔膜泵。

c. 水泵及动力设备

水泵设计扬程：

$$H_\rho=\Delta h_1+\Delta h_2+Z_\rho-Z_b+h_0+\sum h_f+\sum h_\omega$$

式中，H_ρ 为系统设计扬程，m；Δh_1 为施肥装置水头损失；Δh_2 为过滤器设计进口与出口压力差，m；Z_ρ 典型支管进口高程；Z_b 为水源高程；h_0 为典型支管进口设计水头；$\sum h_f$ 为水泵吸水管进口至典型支管进口的管道沿程水头损失之和，m；$\sum h_\omega$ 为水泵吸水管进口至典型支管进口的管道局部水头损失之和。

设计流量：

微灌工程设计流量为同时运行的支管入口处流量之和，即：

$$Q_{设}=\sum_{i=1}^{n}Q_{支i}$$

水泵动力选配：根据所确定的系统设计流量和系统设计扬程，查水泵样本，即可选出水泵和动力设备。

⑧ **管道系统结构设计**

根据各级管道尺寸，确定其连接方式，选择管件，绘制附属建筑物、闸门井、支墩、镇墩等结构图。

⑨ **工程概预算**

分为设备、土建和其他三部分编制。

一般设备部分要分别列出设备名称、规格型号、单位、数量、单价、复价。

土建部分包括泵房、蓄水工程、沉沙池、管线开挖和回填等。应详细列出土石方工程量，砖、石、水泥、石灰、钢材、沥青、油毡等材料的规格、数量、单价、复价及人工费等。

预算的其他部分一般包括：（工程验收或鉴定书）勘测设计书、设备运输费、施工管理和不可预见费等。

(5) 微灌系统的使用和管理

要想保持工程的正常运行，延长工程和设备的使用寿命，关键是要正确地使用和良好的管理。

① **水源工程**

水源工程建筑物有地下取水、河渠取水、塘库取水等多种形式。保持这些水源工程建筑物的完好，运行可靠，确保设计用水的要求，是水源工程管理工作的首要任务。

对泵站、蓄水池等工程应经常维修养护，每年非灌溉季节应进行年修，保持工程完好。

对蓄水池沉积的泥沙等污物应定期排除洗刷。开敞式蓄水池的静水中藻类易于繁殖，在灌溉季节应定期向池中投放蓝矾（硫酸铜），可防止藻类滋生。

灌溉季节结束后应排除所有管道中的存水，封堵阀门、井。

② **水泵**

运行前检查水泵与电机的联轴器是否同心、间隙是否合适、皮带轮是否对正、其他各部件是否正常、转动是否灵活，如有问题及时排除。

运行中检查各种仪表的读数是否在正常范围内，轴承部位的温度是否太高，水泵和水管各部位是否有漏水和进气情况，吸水管应保证不漏气。水泵停车前应先停启动器，后拉电闸。

水泵常见故障大体上可以分为水力和机械两类，可能发生的各种故障、原因和处理方法在水泵说明书上会有详细说明。

停车后要擦净水迹，防止生锈，定期拆卸检查，全面检修。在灌溉季节结束或冬季使用水泵时，停车后应打开泵壳下的放水塞把水放净，防止锈坏或冻坏水泵。

③ **动力机械**

电机在启动前应检查绕组间和绕组对地的绝缘电阻，铭牌所标电压、频率与电源电压是否相符，接线是否正确，电机外壳接地线是否可靠。运行中工作电流不得超过额定电流，温度不能太高。电机应经常除尘，保持干燥清洁，经常运行的电机每月应进行一次检查，每半年进行一次检修。

柴油机在启动前应加足机油、柴油和冷却水，严禁注入未经过滤的机油和柴油；经三次操作不能启动，或启动后运转异常，必须排除故障后再行启动。启动后应逐渐增加转速、负荷，严禁在没有空气滤清器、冒黑烟、超负荷情况下运转，停车时应先逐渐卸去负荷、进行降速，当环境温度低于5℃时停车后应放掉冷却水。柴油机入库存放时，应放净机油、柴油和冷却水，封堵空气滤清器、排气管口和水箱口，覆盖机体。

④ **过滤器**

要得到好的过滤效果，需经常清洗过滤器，否则水头损失明显增大，滤网两边压力差增大会使颗粒通过滤网进入系统中或冲破滤网，引起系统堵塞。

a. 网式过滤器

手工清洗。拆开过滤器，取出滤网用刷子刷洗滤网上的污物并用清水冲洗干净。

自动清洗。在运行中，当过滤器进出口压力差超过一定限度时就需要冲洗，此时打开冲洗排污阀门，冲洗20～30s关闭，即可恢复正常运行。如压力差仍然很大，可重复上述操作，若仍不能很好解决，可用手工清洗。

对滤网要经常检查，发现损坏应及时修复。灌溉季节结束时，应取出过滤器滤网，刷洗晾干后备用。

b. 砂石过滤器

砂石过滤器的反冲洗是砂床水流的反洗过程，反向水流使床砂浮动和翻滚，并冲走拦截的污物。反冲洗时，要注意控制反冲洗水流的速度。反冲洗流速应能够使砂床充分翻动，只冲掉罐中被过滤的污物，而不会冲掉作为过滤用的介质。灌溉季节结束后，要彻底反冲洗，并用氯处理消毒，以防止微生物生长。

⑤ **施肥施药装置**

利用压差式施肥罐进行施肥的缺点是肥液浓度随时间不断变化，当以轮灌方式向各个轮灌区施肥时，存在施肥不均匀的问题，应正确掌握各轮灌区的施肥时间。

用注射泵进行施肥时，最重要的是确定化肥罐内需装多少肥料与水混合，还要校核这些肥料是否能全部溶解在化肥罐的水中。注射泵的维修保养与一般水泵基本相同。对于铁制化肥罐在每年灌溉季节结束后要检查内壁，是否发生防腐涂层脱落或腐蚀情况，并及时处理。

⑥ 管道系统

管道在每次使用时，应打开干管、支管和所有毛管的尾端进行冲洗。冲洗后关闭干管上排水阀，然后关闭支管排水阀，最后封堵毛管尾端。以后每工作一段时间冲洗一次。

灌溉季节应经常对管道系统进行检查维护，保证阀门启闭自如，管道和管件完整无损。

每年灌溉季节结束，必须对管道进行一次全面检查维修，将地面毛管连同灌水器装置卷成盘状，做好标记存放好。

⑦ 灌水器

灌水器堵塞是滴灌系统的主要问题，必须加强以预防为主的维修养护。

a. 堵塞的预防

在系统的运行管理中，除了前面提到的定期维修清洗过滤器、定期冲洗管道等预防堵塞的措施以外，还应采取如下措施：经常检查灌水器工作状况并测定其流量，流量普遍下降是堵塞的第一个征兆，应及时处理；加强水质检测，定期进行化验分析，发现问题采取相应措施解决。

b. 堵塞的处理方法

加氯处理法：氯溶于水后有很强的氧化作用，可杀死藻类、真菌和细菌等微生物，还可与铁、锰、硫等元素进行化学反应生成不溶于水的物质，使这些物质从灌溉水中清除掉。对于由微生物引起的堵塞用加氯处理是很经济有效的方法。

酸处理法：通常用于防止水中可溶性物质的沉淀，或防止系统中微生物的生长，还可以增强氯处理的效果。

对系统进行化学处理时必须注意到化学试剂对土壤和作物有一定的破坏和毒害作用，使用不当会造成严重后果，一定要严格按操作规程操作。一定要注意安全，防止污染水源或对人畜造成危害。

5.4 蔬菜科学施肥

5.4.1 蔬菜施肥技术

(1) 蔬菜施用肥料的种类

蔬菜生产上施用的肥料分为有机肥料和无机肥料两大类，含有一种或多种营养元素。

栽培蔬菜以施用有机肥为主。大多数有机肥是迟效性完全肥，不仅供给蔬菜所需要的氮、磷、钾、钙等元素，还含有微量元素及有机质。有机肥，如人畜粪尿、堆肥、饼肥等，使用时需充分腐熟，多用作基肥，也可作追肥。

无机肥料也可称为化学肥料，属速效性肥料，包括尿素、硫酸铵、碳酸氢铵、硝酸铵和过磷酸钙以及氯化钾、硫酸钾等，多作追肥，也可用作基肥或根外追肥。尿素虽为化肥，仍属有机物，不会使土壤变酸或变碱；硫酸铵是生理酸性肥料，在石灰性或中性土中施用易使土壤缺钙或板结；碳酸氢铵因所含的氨易挥发损失，施用时应适当深施和覆土；硝酸铵是一种中性或微酸性肥料，施用效果好；过磷酸钙所含磷酸易被土壤固定，在施用时应尽量减少与土壤的接触面，如作成颗粒肥，或与有机肥料混合使用。无机钾肥包括氯化钾、硫酸钾和草木灰等，前二者属酸性肥料，在酸性土中施用时应与有机肥或石灰配合。氯化钾不宜施用在块茎蔬菜上，以免影响产品品质。草木灰除含钾外，还含有钙、磷其他矿质元素，属碱性肥料，不宜与硫酸铵、人粪尿混合使用，以减少氮的损失。

近年来菜田由于施用无机肥增多，有机肥减少，加之耕作不善等原因，有些菜地土壤结构日益变劣，蔬菜病害，特别是缺钙症、缺硼症日趋严重。

因地施肥、因菜施肥已经成为化肥减施的科学施肥依据，化肥减施的目的一是提高化肥施用的效果和效益，二是减少因滥用和多用化肥造成的环境污染和对农产品自身品质的影响，化肥特别是氮素化肥利用率不高，造成空气污染和地下水及河流湖泊的富营养化，蔬菜等农产品中硝酸盐含量超标，直接危害人畜健康。

(2) 菜田施肥量

各种蔬菜对氮、磷、钾的吸收利用效率不同，一般利用率最高的是钾，其次是氮，再次为磷，氮极易淋失，磷极易固定，钾的淋失比氮的淋失少。不同蔬菜吸收氮、磷、钾的比例不同，如吸收氮为100，吸收钾平均为150～160，吸收磷约为30。

施肥量的计算方法，以露地番茄为例，如果每公顷产量为40t，吸收氮103kg、磷16kg、钾144kg。如所施肥料氮、磷、钾的利用率分别为60%、15%、80%，则每公顷理论上应施氮172kg、磷107kg、钾180kg，从中扣除土壤中所含可利用的氮、磷、钾量，即为实际施肥量。这一计算用量还应根据选用的肥料种类、土壤类型和栽培季节的差异等因素适当增减。

有机肥料施用量应根据蔬菜对土壤有机质含量的要求，土壤有机质矿化率和肥料有机质含量等因素决定。据测定667m^2地土壤质量为200t，含5%的有机质，其质量为10t，每年矿质化率约为2%，其数量为0.2t，若施用含有机质10%的堆肥，则应补充堆肥量2t。

(3) 蔬菜的施肥时期

施肥时期应与蔬菜的生育期及其对各种养分的吸收量相吻合。日本学者把不同蔬菜对养分的吸收分为2种类型。A型蔬菜从始收期到盛收期对养分的吸收量逐渐增加，此后即大体保持稳定，如黄瓜、茄子、四季豆、豌豆、番茄等；B型蔬菜随着叶片的生长，吸收的养分也是逐渐增加，待叶片长足后，养分从叶片向产品器官转移，吸收量逐渐减少。此类型以萝卜为代表，还有大白菜和结球甘蓝等。蔬菜施肥大体可划分为两大时期：一是播种或定植前施用基肥供全生育期的需要；二是生长期间根据上述不同类型分别进行分期追肥，以补充蔬菜不同生长时期的需要。

追肥的时期，以萝卜等为代表的二年生蔬菜，重点追肥期应当在叶片充分长大和产品器官膨大前。一年生茄果类、瓜类等蔬菜由于生长和发育并进，定植后对养分的吸收不断增加，应多次分期追肥。

(4) 蔬菜的施肥方法

蔬菜施肥方法按施肥时期有施基肥和施追肥两种，按施肥方式又分为环施、穴施、条施和撒施等方法，按施肥部位分土壤施肥和根外施肥（或称叶面追肥）。

① 基肥

有机肥料养分含量低、肥效作用迟缓，尤其未腐熟和半腐熟的有机肥料，施到土壤后需经过腐熟，才能释放出速效养分。有机质约有80%被腐化而成为腐殖质，腐殖质对改进土壤理化性质起重要作用，因此必须作基肥施入。化肥中的磷酸、钙、镁以及微量元素等肥料，以全部作基肥施入为宜。而氮、钾化学肥料，在土壤中流动性大，大部分蔬菜中后期需钾量提高；氮素是蔬菜长期需要的元素，在土壤中随水流失，尤其硝态氮流失更为严重。露地栽培基肥中氮素占全施用量的30%～50%，如果施用肥效较慢的有机肥和迟效性肥料时，氮素施用量可再增加20%。为了防止果菜类蔬菜生长前期徒长，可适当控制氮素施用量。钾肥一次施用量过多，影响其他元素（如镁）的吸收，且钾易随降雨而流失，作基肥用只占全量的50%～60%。

大棚等保护地栽培，因无降雨流失，盐类多集积于土壤中，栽种次数愈多，含盐量愈高。因此，在施基肥前必须测定土壤溶液浓度，如土壤溶液浓度偏高，就少施基肥甚至不施基肥。一般栽种蔬菜土壤的含盐量不得超过0.2%～0.3%（即2000～3000mg/kg）。

为了防止一次施肥过量，造成盐浓度障碍，必须选择适宜的肥料种类和用量。

施用氯化铵和氯化钾肥料，必须控制用量。氯化物肥料中的氯，溶解扩散性大，是不被土壤胶体吸附的阴离子。肥料中氯含量愈高，生理障碍愈大，氯化钾只能施用于耐盐强的作物。对抗盐性弱的莴苣等蔬菜应施用硫酸钾，如施用氯化钾时，必须减少每次的施用量，增加施用次数或施用时加入足够的水。

② 追肥

从施肥总量中减去基肥用量，所得之差即追肥施用量。追肥用量可分数次施入，追肥的肥料种类多为速效氮、钾肥和少量磷肥。每次用量不宜过多，一般果菜类蔬菜定植后15～20d生长缓慢，所需养分不多，不仅注意基肥中施适量速效氮肥，而且追肥也不能过早过多，以防植株徒长，引起落花落果。果菜类蔬菜追施氮、钾肥占总施肥量的50%～60%，磷肥只占20%。一般在生长旺盛的前、中期分3～4次追施。叶菜类蔬菜，特别是结球菜类蔬菜，从生长初期到结球期都不能缺乏养分，尤其是开始结球时，要吸收较多的钾，氮、钾肥应同时追施。根菜类蔬菜在根部膨大期吸收养分量大为增加。不同的种类和品种其根部膨大期也不同，萝卜根部膨大期在播种后30d，胡萝卜根在发芽后70～80d，马铃薯块茎在种植后30～80d开始膨大。根菜类根部膨大期必须补施氮肥。追肥不宜过迟，生长末期土壤含氮量以低为宜，否则易感染病害。

根外追肥的方法：主要指叶面喷肥，即将肥料溶解在水中，喷布在叶片上的施肥方法。根外追肥可避免土壤对养分的固定和土壤微生物对养分的吸收，适合于在植株密度较大或生长后期，或土壤干燥不适于土壤追肥时应用。根外追肥作业方便，并可结合喷灌进行。

叶部营养用肥虽较经济，用量只相当于土壤施用量的1/10～1/5，但是当作物生长旺盛期需要大量养分时，只用叶部营养是不够的。因此，叶部营养只能作为解决特殊问题的辅助性措施，它不能代替土壤追肥，只能作为土壤施肥的一种补充。根外追肥是供给微量元素营养经济而有效的措施，具有用量少、收效快的作用。

施用微量元素必须慎重，因植物需要微量元素量较少，从缺乏到适宜浓度之间的幅度较小，缺乏或过量都可引起植株体内养分吸收、光合产物代谢失调。一般在土壤含量并非极缺的条件下，尽量少采用土壤施入方式，最好用根外追肥。

影响根外追肥效果的主要因素有喷液浓度、时间和部位。叶片对不同种类肥料有效成分的吸收速率不同，对钾肥吸收速率为硝酸钾＞磷酸二氢钾，吸收氮肥速率为尿素＞硝酸盐＞铵盐。无机盐类比有机盐类（尿素除外）的吸收速率高，在喷施生理活性物质和微量元素时，最好加入一定量尿素可提高吸收速率和防止叶片出现暂时的黄化。营养物质进入叶片的速度和数量，在一定的浓度范围内，随浓度增加而提高，超过适宜浓度范围，都会降低追施效果。对于叶菜类，尤其是绿叶蔬菜不宜叶面经常喷施氮素化肥。

一般喷液在叶片上湿润时间能达0.5～1h内，养分吸收速度快，吸收量大。喷叶背面比叶表面吸收得快。喷施时间最好选在傍晚为宜，防止在强光高温下叶片很快变干。

5.4.2 蔬菜配方施肥

在集约化的蔬菜栽培中，有机肥料用量有所减少，化肥用量增加。化肥养分含量单一，如尿素、碳酸氢铵等氮肥只含氮素，普通过磷酸钙、重过磷酸钙等磷肥含有较多磷素，另外还有一些钙和硫，硫酸钾、氯化钾等钾肥只含钾素。化肥的另一特点是养分浓度高，释放速度快，特别是氮素化肥，含氮量高，养分有效供应期短，施用不当就会出现肥害。所以，现代集约化蔬菜栽培中科学施用肥料，使之既能保证均衡地满足蔬菜作物对各种养分的需要，又要防止施肥过多造成的经济损失，施肥技术是极为重要的。

科学施肥包括的内容很多，如施肥量的确定、肥料种类的选择搭配、施肥时期和施肥方法、施肥与其他措施配合等。蔬菜配方施肥是研究蔬菜作物高产优质栽培时肥料需要量和肥料养分种类配比的一种技术。科学配方施肥的核心是正确确定施肥量。

配方施肥是根据农作物达到一定产量时，所需要吸收的氮磷钾养分数量和种植该农作物的土壤所含有的氮磷钾养分可供数量，两者综合平衡之后提出氮磷钾肥料需要量及各养分最佳比例的技术。在正常气候条件和正确的管理状况下，施用这样一个施肥配方的肥料应该可以获得所期望的产量。当然，在需要和可能的条件下，还应该考虑钙、镁、硫和微量元素等其他肥料的供应。

配方施肥包含着“配方”和“施肥”两层意思。“配方”的核心是施肥要做到准确计量，使各种养分形成科学配方。“施肥”是指对在播种前确定的肥料种类用什么方式进行施用，例如，是作基肥还是作追肥、是沟施还是穴施等。

（1）蔬菜配方施肥的理论基础

施肥能提高作物产量和品质，有利于培肥地力。但如果施肥不合理，造成的负面影响也是多方面的，如经济效益降低，对作物、土壤、环境、人类健康都会带来不良后果。从 19 世纪起，某些施肥学说正确地反映了施肥实践中客观存在的事实，所以至今仍然是指导施肥的基本原理。如养分归还学说、最小养分律、报酬递减律、因子综合作用律等。

掌握合理施肥的基本理论可以解决施肥中存在的诸多实际问题，它们是：用养分归还学说来加强菜农的投肥意识；用最小养分律来指导菜农施肥要有针对性；用报酬递减律说服菜农施肥要有限度，从而走出“施肥越多越增产”的误区；用因子综合作用律让菜农了解利用因子间的交互效应提高肥效的道理。

（2）蔬菜配方施肥方案的制订

蔬菜作物种类多，茬口安排复杂，栽培方式多样，给配方施肥增加许多困难。国内关于蔬菜施肥的研究工作远较大田作物落后，资料很少，且目前所能提出的配方施肥技术只是介绍一些局部地区的经验，尚未形成全国统一的配方施肥技术。各地应根据蔬菜种类、种植方式、土壤、气体条件与栽培技术水平总结各自的施肥经验，并安排各种肥料试验，取得适合当地条件的科学施肥数据，用以指导蔬菜配方施肥。这些基础性的工作做得越多，配方施肥就越可靠、越合理、越科学。

目前配方施肥的方法主要有土壤肥力分级与肥料效应法、养分差减法、养分吸收比例法、目标产量法以及养分平衡补缺增施法等。下面以养分平衡补缺增施法和目标产量法为例说明蔬菜平衡施肥的方法。

① 养分平衡补缺增施法配方施肥

第一步，确定蔬菜养分平衡补缺增施法配方施肥计算中的基础参数。

养分平衡补缺增施法配方施肥是建立在利用土壤资源生产潜力的基础上，达到产出与投入的养分收支平衡，通过施肥补充土壤当季供应不足，同时发挥肥料的较佳效益。其施肥量的计算可用下式表示：

$$\text{施肥量}=\frac{\text{作物携出养分量}-\text{土壤可提供养分量}}{\text{肥料养分含量}\times\text{所施肥料养分的利用率}}$$

结合蔬菜生产的特点，即建立在菜田土壤肥力特点、蔬菜生长需肥特点、蔬菜商品价值特点的基础上，而建立蔬菜施肥原则。因此，计算施肥量时，应有特定的参数值。

a. 作物携出养分量

作物携出养分量指作物的全部生物产量所含的养分量。各种蔬菜携出养分量的数值，主要是指氮、磷、钾三要素的数值，有条件时除自测积累数据外，可参考有关书刊、手册介绍的数据，只要将生产某种商品菜的单位面积（如 667m^2）计划产量数值，乘以形成该种商品蔬菜 100kg 或 1000kg 所需的氮、磷、钾养分含量，就可计算出该蔬菜单位面积（如 667m^2）携出氮、磷、钾的数量。应当指出，参考不同资料，同一种蔬菜的养分含量也许相差较大，产生这种差异是与不同土壤特性、所施肥料种类与数量、种植品种、成熟度（取决于上市价值的需要）有关，处于不同生长阶段，养分含量相差较大，如表 5-13。

表 5-13　形成 1000kg 商品蔬菜所需养分总量

蔬菜种类	收获物	养分需要的大致数量/kg		
		氮(N)	磷(P_2O_5)	钾(K_2O)
大白菜	叶球	1.8～2.2	0.4～0.9	2.8～3.7
小白菜	全株	2.8	0.3	2.1
结球甘蓝	叶球	3.1～4.8	0.5～1.2	3.5～5.4
花椰菜	花球	10.8～13.4	2.1～3.9	9.2～12.0
菠菜	全株	2.1～3.5	0.6～1.8	3.0～5.3
芹菜	全株	1.8～2.6	0.9～1.4	3.7～4.0
茴香	全株	3.8	1.1	2.3
莴苣	全株	2.1	0.7	3.2
番茄	果实	2.8～4.5	0.5～1.0	3.9～5.0
茄子	果实	3.0～4.3	0.7～1.0	3.1～0.6
甜椒	果实	3.5～5.4	0.8～1.3	5.5～7.2
黄瓜	果实	2.7～4.1	0.8～1.3	3.5～5.5
冬瓜	果实	1.3～2.8	0.5～1.2	1.5～3.0
南瓜	果实	3.7～4.8	1.6～2.2	5.8～7.3
架菜豆	果实	3.4～8.1	1.0～2.3	6.0～6.8
豇豆	果实	4.1～5.0	2.5～2.7	3.8～6.9
胡萝卜	肉质根	2.4～4.3	0.7～1.7	5.7～11.7
水萝卜	肉质根	2.1～3.1	0.8～1.9	3.8～5.1
小萝卜	肉质根	2.2	0.3	3.0
大蒜	鳞茎	4.5～5.1	1.1～1.3	1.8～4.7
韭菜	全株	3.7～6.0	0.8～2.4	3.1～7.8
大葱	全株	1.8～3.0	0.6～1.2	1.1～4.0
洋葱	鳞茎	2.0～2.7	0.5～1.2	2.3～4.1
生姜	根茎	4.5～5.5	0.9～1.3	5.0～6.2
马铃薯	块茎	4.7	1.2	6.7

b. 土壤可提供的养分

一般在前茬作物收获后，土壤尚未耕翻前，采集耕层土壤样品，测定土壤各种速效养分含量，代表可供本茬作物利用的养分量。例如，测得某块菜地土壤碱解氮 70mg/kg、土壤速效磷 80mg/kg、土壤速效钾 120mg/kg，乘以 0.15 换算为每 667m^2 耕层可供应的速效养分的量为氮 10.5kg、五氧化二磷 12kg、氧化钾 18kg。因地、因作物可再乘以利用系数，这一计算方法早已在大田作物上广泛应用。

根据蔬菜生产的特点，提出以下校正系数：

一是蔬菜利用土地的系数。在种植各种蔬菜时，多要作畦、起垄、开沟，以利排水，这样畦沟及垄沟就占有一定面积，这部分土地的养分就不能计算为可供植物利用的。种植蔬菜经初步计算得出需乘以 0.8 的校正系数。如上例经乘以 0.8 的校正系数后，每 667m^2 耕层可供应的速效养分的量为：氮 8.4kg、五氧化二磷 9.6kg、氧化钾 14.4kg。

二是蔬菜生长季节不同的养分调节系数。一般早春茬菜处于由低温到高温的生长季节，前期生长慢，需适当增肥促长；秋茬菜处于由高温到低温的生长季节，前期生长快，应适当减肥控旺。这可由土壤提供养分量加以调整，即早春茬菜将土壤提供量乘以 0.7 的校正系数，秋茬菜将土壤提供量乘以 1.2 的校正系数。如上例每 667m^2 耕层可提供 8.4kg 氮，如是种植春茬番茄、黄瓜等蔬菜，经乘以 0.7 应校正为可提供 5.88kg 氮；如是种植秋大白菜、萝卜，则应乘以 1.2 的校正系数，结果为可提供 10.08kg 氮。

三是土壤速效养分利用系数。蔬菜种类较多，受施肥的影响也较大，目前尚没有通过系统的实验求出这方面的数据。因此，现仅参考有关资料，结合目前蔬菜施肥的状况，暂定土壤碱解氮的利用系数为 0.6，土壤速效磷的利用系数为 0.5，土壤速效钾的利用系数为 1.0。应当说明，土壤速效养分的测定结果及其利用系数，均与外界环境的变化有关，速效钾的利用系数暂定为 1.0，是基于目前钾肥来源相当紧张，不得不依靠利用土壤速效钾，乃至利用缓效钾的补充。历来，菜田土壤钾素的补充是靠施用有机肥料，今后还应如此。

c. 增施养分量的系数

在土壤速效养分含量高或作物携出养分量少的情况下，经计算后，可能会出现可提供的养分量超过需要量。例如有些蔬菜消耗养分量并不多，一般每 667m^2 氮 7.5～10kg，五氧化二磷 3～4kg、氧化钾 5～10kg。当计算土壤可提供养分量时，土壤碱解氮如为 110mg/kg，每 667m^2 可提供的氮就超过 7.5kg；土壤速效磷如为 80mg/kg，每 667m^2 可提供的五氧化二磷就可超过 4kg；速效钾如为 100mg/kg，每 667m^2 可提供的氧化钾就可超过 10kg。这一供肥水平，似乎可不需要施肥了。但是，根据蔬菜生产特点，栽培蔬菜需土壤提供的养分强度要高，才能适合蔬菜短期速生的需要。这一点从有些蔬菜土壤养分丰、缺指标的测定中得到证实。

从供肥总量上看，可供全生育期的需要量，但达不到某一生长阶段所需养分的强度量，如不增施一定量的肥料，就会使得生长速度慢，其产品达不到蔬菜商品化的要求。例如大白菜虽然能达到一定生物产量，但包心不好，失去商品价值及食用价值。再如黄瓜虽也能开花结瓜，但生长较慢，形成的瓜条僵老，不够鲜嫩，失去上市商品标准，影响产值。因此，就有必要通过增施一定量的肥料，以激发并提高土壤提供养分的强度。确定这一增施肥料量，可定为相当携出量 20%～40%，土壤肥力较高可少施，土壤肥力中等或较低应多施。此外，如在土壤肥力中等偏下的情况下，计算补施量少于携出量的 20% 时，也应将补施量提高到相当于携出量的 20%。

指定蔬菜配方施肥时要考虑蔬菜生产的这一特点，增施肥料还具有培肥土壤肥力的意义。但是，当土壤可供量超过携出量 1 至 2 倍以上时，也可不需增施，尤其是磷、钾肥料。如有些高肥力菜地，土壤速效磷在 150mg/kg 以上，速效钾在 250mg/kg 左右，就没有增施磷、钾肥的必要。

保护地蔬菜生产，由于特定的气温条件和商品需抢早、鲜嫩，才能获得较大的产值效益，故应增大施肥量。一般增加量相当于需肥量的 80%～120%，其增施部分应该以施有机肥为主，除提高有效养分外，对调节温室、大棚的气和热环境条件也有重要意义。

d. 所施肥料养分的利用率

这是最难以确定的参数，不仅因肥料种类多，成分极其复杂，并受土壤特性及施肥技术，以及栽培作物种类与环境条件的影响，而且不同肥料或同一肥料有效养分含量高、低可有较大的差异。

化肥有其有效养分含量高，易为植物吸收利用的优点，但也有易于流失、固定的损失，利用率一般为：氮素化肥 30%～45%，磷素化肥 5%～30%，钾素化肥 15%～40%。

有机肥料成分复杂，养分含量远较化肥低，其有效养分及其利用率的高低与腐解程度有关，尤其在蔬菜生产上大量施用的各种粪肥，多因腐解与保存不当，氮易损失，影响利用率。一般有机肥所含的磷、钾利用率较化肥的磷、钾利用率为高。腐熟的人粪尿、鸡和鸭粪肥类的氮、磷、钾的利用率约为 20%～40%，猪厩肥氮、磷、钾的利用率约为 15%～30%，土杂肥成分极为复杂，养分含量及利用率相差极大，一般氮、磷、钾的利用率约为 5%～30%。

从生产现实出发，不能先经过各种肥料利用率试验，求得准确的利用率后，再进行配方施肥。因此，可在提供的利用率变幅中，选择较为接近的数值，可再经过生产实践以及各种试验工作，今后不断修正利用率，使之更加接近生产实际。

各种肥料的养分含量数值，除可自测积累数据外，均可引用有关书刊、手册上提供的数据。如鸡粪一般养分含量氮为 2.0%～4.0%，五氧化二磷 2.5%～4.5%，氧化钾 1.2%～2.5%；养分利用率氮约 40%～50%，五氧化二磷约 30%～40%，氧化钾约 50%～70%。

第二步，蔬菜养分平衡补缺增施法配方施肥量的计算。

蔬菜生产根据配方施肥方案计算施肥量，只需将前面所提供的各项参数分别代入求施肥量的公式中，就可求得，以下为计算所需的各项参数的计算过程：

a. 作物携出养分量的计算

查有关资料或自测得到生产某种蔬菜 100kg（或 1000kg）商品菜所需的氮、磷、钾含量，乘以此蔬菜计划的 667m^2 产量，列式为：作物携氮（五氧化二磷、氧化钾）量（kg/667m^2）＝计划的 667m^2 产量×此蔬菜氮（五氧化二磷、氧化钾）含量（%）。

b. 求土壤可提供养分量

土壤可提供养分量是以测得土壤速效养分含量（mg/kg）乘以各项系数，列式为：

一是土壤可提供氮量（kg/667m^2）计算：一般栽培＝土壤碱解氮（mg/kg）×0.15×0.8×0.6＝土壤碱解氮（mg/kg）×0.072；早春栽培＝土壤碱解氮（mg/kg）×0.15×0.8×0.6×0.7＝土壤碱解氮（mg/kg）×0.0504；秋季栽培＝土壤碱解氮（mg/kg）×0.15×0.8×0.6×1.2＝土壤碱解氮（mg/kg）×0.0864。

二是土壤可提供五氧化二磷量（kg/667m^2）计算：一般栽培＝土壤速效五氧化二磷（mg/kg）×0.15×0.8×0.5＝土壤速效五氧化二磷（mg/kg）×0.06；早春栽培＝土壤速效五氧化二磷（mg/kg）×0.15×0.8×0.5×0.7＝土壤速效五氧化二磷（mg/kg）×0.042；秋作栽培＝土壤速效五氧化二磷（mg/kg）×0.15×0.8×0.5×1.2＝土壤速效五氧化二磷（mg/kg）×0.072。

三是土壤可提供氧化钾量（kg/667m^2）计算：一般栽培＝土壤速效氧化钾（mg/kg）×0.15×0.8×1.0＝土壤速效氧化钾（mg/kg）×0.12；早春栽培＝土壤速效氧化钾（mg/kg）×0.15×0.8×1.0×0.7＝土壤速效氧化钾（mg/kg）×0.084；秋作栽培＝土壤速效氧化钾（mg/kg）×0.15×0.8×1.2＝土壤速效氧化钾（mg/kg）×0.144。

c. 求应补施养分量

应补施养分量是以作物携出养分量（kg/667m^2）－土壤可提供养分量（kg/667m^2），列式为：应补施氮（五氧化二磷、氧化钾）养分量（kg/667m^2）＝作物携出氮（五氧化二磷、氧化钾）量－土壤可提供氮（五氧化二磷、氧化钾）量。

d. 求增施养分量

凡经计算作物携出量小于土壤可提供量，亦即如上述应补施养分量计算结果为负数值时，舍去此数值，只需将作物携出养分量乘以 0.2～0.4，即为增施养分量。

e. 求应施肥料量

应施肥料量是将应施养分量折算为所要施用肥料量。计算时是将计划施用的肥料的养分含量（%），乘以该肥料的利用系数后，除以应施养分量，可得出该肥料应施用量，列式为：

$$\text{应施肥料量}(\text{kg}/667\text{m}^2)=\frac{\text{应施某种养分量}(\text{kg}/667\text{m}^2)}{\text{所施肥料的养分含量}(\%)\times\text{所施肥料的利用率}}$$

【蔬菜养分平衡补缺增施法配方施肥计算示例】

在有以上各项基本数值之后，就可进行具体的计算，在生产中应用。现举例如下：

例 1：某块菜地为中等肥力土壤，于早春测得土壤速效养分为碱解氮 75mg/kg、速效磷 80mg/kg、速效钾 120mg/kg。计划种植春茬黄瓜，预计 667m^2 产量 4000kg。现计算施肥量。

计算产 4000kg 黄瓜约需养分量：经查有关资料，每形成 1000kg 黄瓜商品菜需氮 2.734kg、五氧化二磷 1.034kg、氧化钾 3.471kg。计算后 4000kg 共需氮 10.936kg、五氧化二磷 4.136kg、氧化钾 13.884kg。

计算土壤可提供养分量：氮提供量为土壤碱解氮 75×0.0504＝3.780kg；五氧化二磷提供量为土壤速效磷 80×0.042＝3.360kg；氧化钾提供量为土壤速效钾 120×0.084＝10.080kg。

计算应施养分量：应施氮量为 10.936kg－3.780kg＝7.156kg；应施五氧化二磷量为 4.136kg－3.360kg＝0.776kg；应施氧化钾量为 13.884kg－10.080kg＝3.804kg。

计算应施肥料量。将以上所需施用的养分量，如折算为施用化肥量，应为：

氮如折算为施用硫酸铵，按含氮量 20％，利用率 35％计：

$$应施硫酸铵=\frac{7.156}{0.2\times0.35}=102.2\text{kg}$$

五氧化二磷如折算施用普通过磷酸钙，按含五氧化二磷量 14％，利用率 20％计：

$$应施普通过磷酸钙=\frac{0.776}{0.14\times0.2}=27.7\text{kg}$$

氧化钾如折算为施用硫酸钾，按含氧化钾量 50％，利用率 35％计：

$$应施硫酸钾=\frac{3.804}{0.5\times0.35}=21.7\text{kg}$$

在生产实践中，种植蔬菜不可能全靠化肥。因此，在现实生产中，总要施用有机肥料，这样就可减少化肥施用量。而且，蔬菜配方施肥是建立在施用有机肥的基础上。因此，在蔬菜配方施肥的计算中，应首先计算有机肥可提供养分量，不足部分才用化肥来补充。做到有机肥与化肥相结合，以有机肥为主，化肥为辅，充分发挥肥料的增产作用。

因此，本例如施用 2500kg 有机土杂肥（农家肥）时，应施的化肥就要大为减少，其计算结果如下：

先计算原定 667m^2 施 2500kg 有机土杂肥可提供的养分量，如土杂肥所含养分为氮 0.45％、五氧化二磷 0.3％、氧化钾 0.4％，利用率分别为 20％、25％、40％，则可提供：

氮＝2500×0.45％×20％＝2.25kg；

五氧化二磷＝2500×0.3％×25％＝1.87kg；

氧化钾＝2500×0.4％×40％＝4.00kg。

应补施化肥量，就等于应施肥料量－有机肥提供量，则：

$$应施硫酸铵=\frac{7.156-2.25}{0.2\times0.35}=70.09\text{kg};$$

$$应施普通过磷酸钙=\frac{0.776-1.87}{0.14\times0.2}=0\text{kg};$$

$$应施硫酸钾=\frac{3.804-4.00}{0.5\times0.35}=0\text{kg}。$$

根据以上计算，在施 2500kg 有机土杂肥的基础上，磷、钾肥可不用施，只需施用硫酸铵 70kg，就可满足当季作物对氮、磷、钾的需要。

② 目标产量法配方施肥

目标产量法是目前国内外确定施肥量最常用的方法。我国推广应用的主要是养分平衡法配方施肥，该方法容易掌握，但应用时必须具备五个有效数据，即作物计划产量、单位经济产量作物的吸肥量、土壤供肥量、肥料利用率及肥料有效养分含量。其中最关键的数据是土壤供肥量，它需要进行土壤化验分析才能准确确定。

目标产量法基本原理：该法是以实现作物目标产量所需养分与土壤供应养分量的差额作为确定施肥量的依据，以达到养分收支平衡。因此，目标产量法又称养分平衡法。其计算式如下：

$$F=\frac{YC-S}{NE}$$

式中，F 为施肥量，kg/hm^2；Y 为目标产量，kg/hm^2；C 为单位产量的养分吸收量，kg；S 为土

壤供应养分产量，kg/hm^2 ［等于土壤养分测定值×2.25（换算系数）×土壤养分利用系数］；N 为所施肥料中的养分含量，%；E 为肥料当季利用率，%。

实践证明，参数确定是否合理是该法应用成败的关键。

a. 确定目标产量

以当地前 3 年平均产量为基础，再加 10%～15%的增产量为蔬菜的目标产量。

b. 单位产量养分吸收量

它是指蔬菜每形成一单位（如每 1000kg）经济产量从土壤中吸收养分量（参考表 5-14）。

c. 土壤养分测定值

有关菜园土壤有效养分的测定方法及其丰缺状况分级的一般性参考指标列于表 5-15、表 5-16。

d. 换算系数 2.25

2.25 是 mg/kg 换算成 kg/hm^2 的因数。每公顷 20cm 耕层土壤质量约 225 万千克，则将土壤养分测定值（mg/kg）换算成 kg/hm^2 计算出来的系数为 2.25。

e. 土壤养分利用系数

为了使土壤测定值（相对量）更具有实用价值（kg/hm^2），应乘以土壤养分利用系数进行调整（表 5-14）。一般土壤肥力水平较低的田块，土壤养分测定值很低，土壤养分利用系数应取＞1 的数值，否则计算出的施肥量过大，脱离实际；反之，肥沃土壤的养分测定值很高，土壤养分利用系数应取＜1 的数值，否则计算出的施肥量为负值，也难以应用。

f. 肥料中养分含量

一般化学氮肥和钾肥养分较稳定，不必另行测定。而磷肥，必须进行测定，否则计算出的磷肥用量就不准确。

g. 肥料当季利用率

肥料利用率一般变幅较大，主要受作物种类、土壤肥力水平、施肥量、养分配比、气候条件以及栽培管理水平影响。目前化学肥料的平均利用率：氮肥按 35%计算，磷肥按 10%～25%计算，钾肥按 40%～50%计算。

表 5-14 不同肥力菜地的土壤养分利用系数

蔬菜种类	土壤养分	不同肥力菜地的土壤养分利用系数		
		低肥力	中肥力	高肥力
早熟甘蓝	碱解氮	0.72	0.58	0.45
	速效磷	0.50	0.22	0.16
	速效钾	0.72	0.54	0.38
中熟甘蓝	碱解氮	0.85	0.72	0.64
	速效磷	0.75	0.34	0.23
	速效钾	0.93	0.84	0.52
白菜	碱解氮	0.81	0.64	0.44
	速效磷	0.67	0.44	0.27
	速效钾	0.77	0.45	0.21
番茄	碱解氮	0.77	0.74	0.36
	速效磷	0.52	0.51	0.26
	速效钾	0.86	0.55	0.47
黄瓜	碱解氮	0.44	0.35	0.30
	速效磷	0.68	0.23	0.18
	速效钾	0.41	0.32	0.14

表 5-15 菜园土壤有效养分丰缺状况分级

水解氮(N)		有效磷(P_2O_5)		速效钾(K_2O)	
含量/(mg/kg)	丰缺状况	含量/(mg/kg)	丰缺状况	含量/(mg/kg)	丰缺状况
≤100	严重缺乏	≤30	严重缺乏	≤80	严重缺乏
100~200	缺乏	20~60	缺乏	80~160	缺乏
200~300	适宜	60~90	适宜	160~240	适宜
>300	过高	>90	偏高	>240	偏高
交换性钙(CaO)		交换性镁(MgO)		有效硫(SO_4^{2-})	
含量/(mg/kg)	丰缺状况	含量/(mg/kg)	丰缺状况	含量/(mg/kg)	丰缺状况
≤400	严重缺乏	≤60	严重缺乏	≤40	严重缺乏
400~800	缺乏	60~120	缺乏	40~80	缺乏
800~1200	适宜	120~180	适宜	80~120	适宜
>1200	偏高	>180	可能偏高	>120	偏高

表 5-16 土壤中微量元素的分级指标

元素	类别	分级指标			适用的土壤
		低	中等	高	
B	有效硼/(mg/kg)	0.25~0.50	>0.50~1.00	>1.00~2.00	石灰性土壤 酸性土壤
Mn	活性锰/(mg/kg)	50~100	>100~200	>200~300	
Zn	有效锌/(mg/kg)(DTPA 溶液提取)	0.5~1.0	>1.0~2.0	>2.4~4.0	
Zn	有效锌/(mg/kg)(0.1mol/L HCl 提取)	1.0~1.5	>1.5~3.0	>3.0~5.0	
Cu	有效铜/(mg/kg)(DTPA 溶液提取)	0.1~0.2	>0.2~1.0	>1.0~1.8	
Mo	有效钼/(mg/kg)(草酸-草酸铵溶液提取)	0.10~0.15	>0.15~0.20	>0.20~0.30	

目标产量法配方施肥方法评价：该法的优点是概念清楚，计算方便，便于推广。但是应该指出，要结合蔬菜生产的特点、菜地土壤肥力特征、作物需肥规律以及蔬菜商品价格特点，确定必要的参数和土壤养分利用系数，才能取得满意的结果。此外，施用大量有机肥料时，应在计算出的施肥量中适当扣除一部分养分量，否则容易造成过量施肥而带来不良后果。

【目标产量法配方施肥计算施肥量的示例】

例 2：某块菜地为中等肥力土壤，于早春测得土壤速效养分含量为碱解氮 75mg/kg，速效磷（P_2O_5）35mg/kg，速效钾（K_2O）100mg/kg。计划种植春茬黄瓜，预计目标产量为 60000 kg/hm^2。现按下列步骤计算施肥量。

第一步，计算每公顷产 60000kg 黄瓜需要养分量。

经查有关资料得知，每形成 1000kg 黄瓜商品菜的养分吸收量为：氮（N）3kg，磷（P_2O_5）1.05kg 和钾（K_2O）4kg。因此，每公顷产 60000kg 黄瓜的养分需要量：

需氮（N）量：3×60=180 kg/hm^2；

需磷（P_2O_5）量：1.05×60=63 kg/hm^2；

需钾（K_2O）量：4×60=240 kg/hm^2。

第二步，计算土壤供应养分量。

为了便于计算施肥量，应先将土壤养分测定值乘以换算系数使 P 转变为 P_2O_5，K 转变为 K_2O。

土壤碱解氮（N）数值不变。

土壤速效磷（P）35×2.29=80mg/kg（P_2O_5）。

土壤速效钾（K）100×1.2=120mg/kg（K_2O）。

根据土壤养分测定值判断土壤养分的丰缺状况（表5-15），选择相应的土壤养分利用系数（表5-14），按下式计算土壤供应养分量。

土壤供应养分量＝土壤养分测定值×2.25（换算系数）×土壤养分利用系数。

土壤供氮（N）量：土壤碱解氮 75mg/kg×2.25×0.35＝59.1kg/hm²；

土壤供磷（P_2O_5）量：土壤速效磷 80mg/kg×2.25×0.23＝41.4kg/hm²；

土壤供钾（K_2O）量：土壤速效钾 120mg/kg×2.25×0.32＝86.4kg/hm²。

第三步，计算应施养分量。

以需要养分量减去土壤养分供应量即得应施养分量。

应施氮（N）量：180 kg/hm²－59.1kg/hm²＝120.9 kg/hm²；

应施磷（P_2O_5）量：63 kg/hm²－41.4kg/hm²＝21.6kg/hm²；

应施钾量（K_2O）量：240 kg/hm²－86.4kg/hm²＝153.6kg/hm²。

第四步，计算化肥用量。

按尿素含 N 46％，当季利用率为 35％计算，则：

$$应施尿素量=\frac{120.9}{0.46\times 0.35}=750.93\text{kg/hm}^2$$

按普通过磷酸钙含 P_2O_5 14％，当季利用率 20％计算，则

$$应施过磷酸钙量=\frac{21.6}{0.14\times 0.2}=771.43\text{kg/hm}^2$$

按硫酸钾含 K_2O 50％，当季利用率 45％计算，则

$$应施硫酸钾量=\frac{153.6}{0.5\times 0.45}=682.67\text{kg/hm}^2$$

以上是化肥施用量，基本符合黄瓜的养分推荐量，但在实施中必须坚持化肥与有机肥料配合施用的原则进行施肥，因此，施肥量应作适当的调整。

（3）蔬菜配方施肥应注意的问题

蔬菜与大田作物一样，配方施肥必须以施用有机肥为基础，尤其是新菜地的建设更应如此。这样才能保证商品菜生产的产量和品质，从而获得较好的经济效益。单纯依靠化学氮肥进行速生蔬菜（生长期短，如小白菜等）生产是可以的，但对于大多数蔬菜来说，这种施肥措施是极不科学的。在实施中应根据蔬菜种类生长发育的特点、培肥土壤的需要和经济合理施用的原则，确定施用有机肥与化肥的用量和比例。

蔬菜配方施肥计算示例中得到的施肥量，仅仅是按获得一定产量计算出的化肥施用量，但是在生产实际中常常施用一定数量的有机肥料。在实施过程中，如果施用的有机肥料数量多，质量又好，就应在计算施肥过程中适当扣除一部分养分量比较合理；如果施用的有机肥料数量少，质量较差，在计算施肥量中则不必扣除，而视为改土的措施也是可以的。

按配方施肥确定的施肥量是适合于正常栽培和正常气候下的合理施肥量。但是考虑到蔬菜生长季节不同，土壤供肥强度有差异，一般早春茬菜处于由低温到高温的生长季节，前期生长慢，需适当增肥促长；秋茬菜处于由高温到低温的生长季节，前期生长快，应适当减肥控旺。

蔬菜配方施肥的实质就是蔬菜的平衡施肥。其特点是根据蔬菜的需肥规律、土壤供肥性能与肥料效应，在有机肥料为基础的条件下，提出氮、磷、钾及微量元素肥料的适宜用量和比例。提高蔬菜生产量不仅要重视肥料的投入，从某种意义上来讲，更应注意其施肥的养分比例，才能收到预期的效果。偏施氮肥，养分比例失衡是导致肥料利用率降低的主要原因。应当指出，养分平衡是相对的，而养分不平衡则是绝对的。因此，在实施过程中，一定要密切注意土壤养分含量的变化，力求所施养分的比例趋于平衡，从而增进肥效。

配方施肥的基础是对土壤供肥能力的科学判定，而判定的基础是对土壤进行化验分析和在该土壤上

进行的作物试验。我国土壤类型繁多，土壤肥力水平差异较大，不同土壤有不同的养分供应能力，生产实际中应根据土壤的性质、土壤的养分含量，确定土壤的养分供应能力。

蔬菜配方施肥方案的确定是以土壤养分测定值为依据的，除了大部分养分被作物吸收外，还有一部分养分尤其是磷、钾会在土壤中积累，从而提高了土壤速效养分的含量水平。因此，应定期进行土壤测定，密切注意土壤速效养分含量的变化，以便调整施肥配方，尤其是在没有淋溶条件的设施条件下栽培蔬菜。原则上，一方面选择种植面积大的主要菜地进行不定期跟踪的土壤测定，以便了解土壤养分的动态变化；另一方面可通过总结类比，综合分析，判断不同地块肥力等级，以便对蔬菜施肥方案不断作出经验性判断和修正，使之符合实际情况也是比较可行的。

不同作物种类甚至同一作物的不同品种，其需肥规律各不相同，生产中应根据作物的营养特性及其养分需求规律，科学确定肥料的用量和施肥方式。

5.4.3 蔬菜水肥一体化

水肥一体化是将灌溉与施肥耦合一体的先进农业技术，将传统的浇地改为浇作物，肥随水走，以水促肥，实现水分和养分的同步供应。水肥一体化技术可提高水肥利用效率，提升作物的产量及品质，降低劳动力成本，还可减轻农作物的病虫害，改良土壤环境，保护环境，实现经济效益与环境保护的有机统一。

广义的水肥一体化是指根据作物需求，对农田水分和养分进行综合调控和一体化管理，以水促肥、以肥调水，实现水肥耦合，全面提升农田水肥利用效率。狭义的水肥一体化是将肥料溶解在水中，借助管道灌溉系统，使灌溉与施肥同时进行，适时适量地满足作物对水分和养分的需求，实现水肥一体化管理和高效利用。研究表明，地表灌溉的利用率仅为45%，喷灌为75%，而滴灌高达95%，还可节约60%以上的肥料，节省80%以上的用工。随着国家农业农村部对水肥一体化应用范围以及重视程度不断加大，蔬菜水肥一体化进程得到了有效推进。推广水肥一体化技术就是将灌溉施肥效益最大化。

(1) 水肥一体化的主要模式

水肥一体化技术是将灌溉与施肥融为一体的农业新技术，是借助压力系统（或地形自然落差）将可溶性固体或液体肥料配兑成水肥，按土壤养分含量和作物的需肥规律、特点，通过可控管道系统均匀、定时、定量地向作物根系生长区域输送。

一套典型的高效灌溉系统通常由首部枢纽、控制系统、供水管网及灌水器等组成。首部枢纽一般包括取水口、提水增压泵、过滤系统、施肥系统；控制系统包括电器控制柜或程序控制器、电磁阀或闸阀、传感器、控制线路等；供水管网包括总管、干管、支管和毛管；灌水器是整个系统末端的灌水装置，分为滴灌、微喷和喷灌等系列。

① 滴灌

滴灌是按照作物的需水要求，通过整体式的滴灌带、滴灌管，将安装在毛管上的滴箭、滴头或者其他孔口式灌水器把水或者肥液均匀而又精准地滴入作物根系区附近土壤中的灌水方法。滴灌不会破坏土壤结构，可以使土壤内部水、肥、气、热等经常保持在适宜作物生产的良好状况，蒸发损失小，不产生地面径流及深层渗漏。由于具有精准、微量、可控等特点，滴灌系统是高效水肥一体化灌溉中应用最多的载体。滴灌技术在设施栽培、露地栽培方面都具有非常大的优势，具有安装简单、便于操作、成本低廉等优点。因此，滴灌是很多蔬菜作物灌溉的首选。

② 微喷

微喷是利用折射、旋转或辐射式等微型喷头，或微喷带等灌水器，将水或肥液均匀喷洒到作物表面或根区的灌水形式。微喷的工作压力低、流量小，与滴灌一起均属于微灌范畴。按用途不同分为以灌溉为目的和以调节小气候为目的2种，适用于所有适合叶面灌溉的蔬菜。生产上茄果类、瓜类等蔬菜作物生产一般采用施肥器＋滴灌模式，蔬菜工厂化育苗和绿叶蔬菜生产一般采用施肥器＋微喷模式。

③ **喷灌**

喷灌是借助专业的喷头将具有一定压力的水喷洒到空中，散成细密均匀的水滴后降落到地面或作物叶面的灌水方法。因材质不同，喷灌喷头通常有塑料、合金和全铜等类型；从喷洒角度上来分，有全圆和可控角喷头；从安装形式上通常分为移动式、半固定式和固定式喷灌系统。常用的摇臂式喷头喷洒半径可从几米到数十米。喷灌具有覆盖范围大、投资较低、安装使用方便等特点，广泛用于大面积种植的露天蔬菜基地。

④ **潮汐灌溉**

潮汐灌溉是一种针对盆栽植物的营养液栽培和为容器育苗所设计的底部给水的先进灌溉方式。潮汐灌溉系统由营养液循环系统、控制系统、栽培床、栽培容器组成。该方式利用落差原理，实现定时给水与施肥。将种植盆置于营养种植槽内，营养液定期循环流动，需定期检测和调节营养液。

（2）水肥一体化施肥装置

目前，国内水肥一体化技术主要通过喷灌、滴灌和微喷灌方式实施，其系统主要由水源工程、施肥装置、过滤装置、管道系统和灌水器等组成。其中，施肥装置是实现水肥一体化的核心装置之一，灌溉施肥质量的好坏很大程度上取决于施肥装置的性能优劣。

目前，常用的施肥方式包括重力自压式施肥法、压差式施肥法、文丘里施肥器、注肥泵法和水肥一体机等。

① **重力自压式施肥法**

重力自压式施肥法，是指利用水位高度差产生的压力进行施肥，如图 5-7 所示。该施肥装置结构简单，施肥时无需额外动力，成本较低，固体肥和液体肥均能使用，农户易于接受；但该方式施肥效率较低，难以实现自动化，且随着施肥过程的进行，肥液浓度不均匀。目前，该方式主要应用于山区、高地等具有自压条件优势的地区，在华南地区的柑橘园、荔枝园、龙眼园等果园有大量的果农使用。

② **压差式施肥法**

压差式施肥法主要通过压差式施肥罐实施，压差式施肥罐通过两根细管与主管道相接。工作时，在主管道上两根细管接点之间安装一个节流阀以便产生压力差，借助压力差迫使灌溉水流从进水管进入施肥罐，并将充分混合的肥液通过排液管压入灌溉管路，如图 5-8 所示。

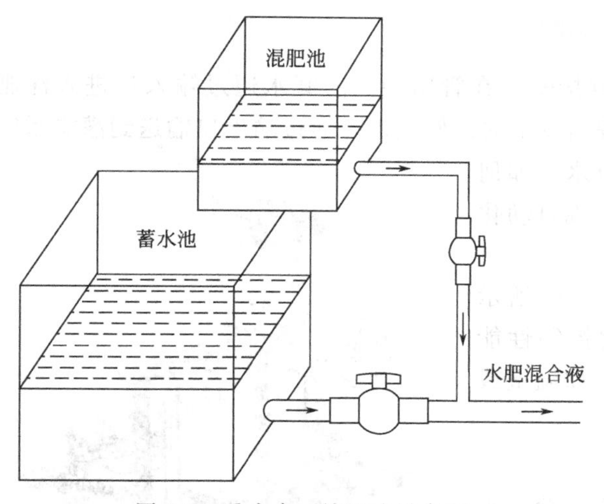

图 5-7 重力自压施肥法示意图

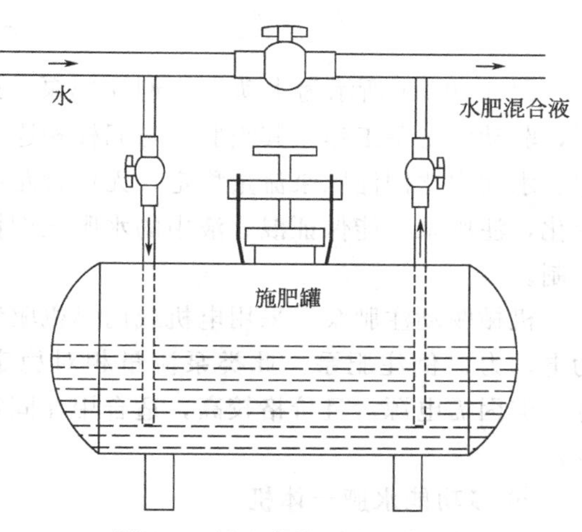

图 5-8 压差式施肥法示意图

压差式施肥法系统简单、设备成本低、操作简单、维护方便，液体肥料、固体肥料均可直接倒入罐中使用，施肥时不需要外加动力，在我国温室、大棚和大田种植应用普遍。然而，该方式也存在一些弊端：一是节流阀增加了压力的损失；二是由于施肥罐体积受限，施肥过程中需多次注肥，劳动强度高，不适于自动化控制；三是灌溉过程中无法精确控制灌溉水中的肥料注入速度和肥液浓度。

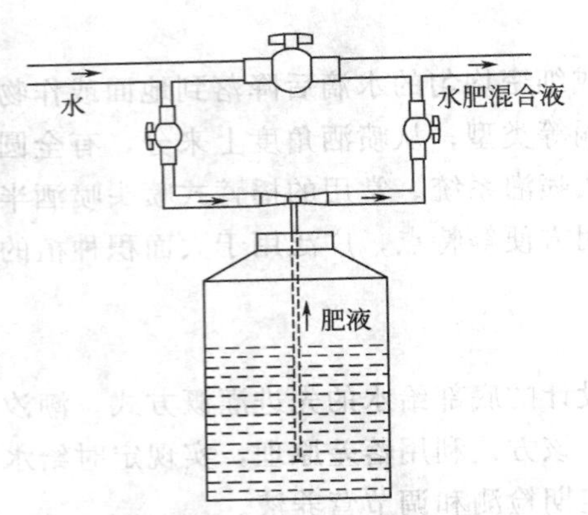

图 5-9　文丘里施肥法示意图

③ 文丘里施肥法

此种施肥方式主要借助文丘里管实现，利用文丘里管的喉管负压将肥液从敞口的肥料罐中均匀吸入管道系统中从而进行施肥，如图 5-9 所示。文丘里管构造简单、成本较低，具有显著的优点，可直接从敞口肥料罐吸取肥料，不需要外部能源，吸肥量范围大，且肥液浓度均匀，适用于自动化和集成化较高的场合，目前在施肥机上应用较多。该方式同样存在缺点：水头压力损失大，通常需要损耗入口压力的 30% 以上，为补偿水头损失获得稳压，通常需配备增压泵。

④ 注肥泵法

注肥泵法依靠管道内部的水压或者使用外部动力（电机、内燃机等）驱使注肥泵将肥液注入管道系统实施灌溉施肥。注肥泵是一种精准施肥设备，在无土栽培技术应用普遍的国家（如荷兰、以色列等）应用广泛。注肥泵的施肥速度可以调节，施肥浓度均匀，操作方便，不消耗系统压力；但注肥泵装置复杂，与其他施肥设备相比价格昂贵，肥料必须溶解后使用，有时需要外部动力。根据注肥泵的动力来源又可分为水力驱动和机械驱动两种形式。

(a) 水动力比例注肥泵

(b) 电动力比例注肥泵

图 5-10　比例注肥泵

图 5-10(a) 所示为水动力比例注肥泵。此类泵可直接安装在管路中，灌溉水通过输入口进入注肥泵，驱动注肥泵工作，其吸肥口与肥桶相连，将肥液按照设定的比例吸入，通过输出口输送到灌溉系统中。水动力比例注肥泵流量稳定，无论管路中的水压及水量如何变化，注肥泵都能保证混合液中的水肥比例恒定，易实现自动化控制。

机械驱动注肥泵多采用电机或内燃机驱动。图 5-10(b) 所示为电动力比例注肥泵。此类泵流量相对稳定，自动化控制性能好，但因需电源，且价格较高，适合用在固定的场合，如温室或井边。

⑤ 多功能水肥一体机

多功能水肥一体机又叫智能施肥机，一般包括控制系统、吸肥系统、混肥系统、压力管道系统及动力源等，如图 5-11 所示。

智能施肥机的安装通常有“主管式”和“旁路式”两种类型。对于小型施肥系统通常采用“主管式”，大型施肥系统则通常采用“旁路式”。根据安装条件的不同，又可分为 4 种方式，即旁路吸肥式、旁路注肥式、主管压差式和主管加压式。

图 5-11　智能施肥机

a. 旁路吸肥式

旁路吸肥式施肥机运行原理如图 5-12 所示，启动文丘里管工作的压差值由抽吸泵提供。施肥机运行时，下端多孔管因抽吸泵产生的吸力，压力非常低，使文丘里管有最高的吸入量，损耗最低，从而完成各通道单元素肥液的吸取。在肥液吸取过程中，EC/pH 值感应器实时采集水肥混合液中的酸碱度及电导率，并反馈到控制系统；控制系统通过调控注肥通道上电磁阀实现肥液输入量控制，从而实现精准配肥；混合后的水肥混合液在水泵的作用下灌入管路系统，通过灌溉管网进行灌溉施肥。

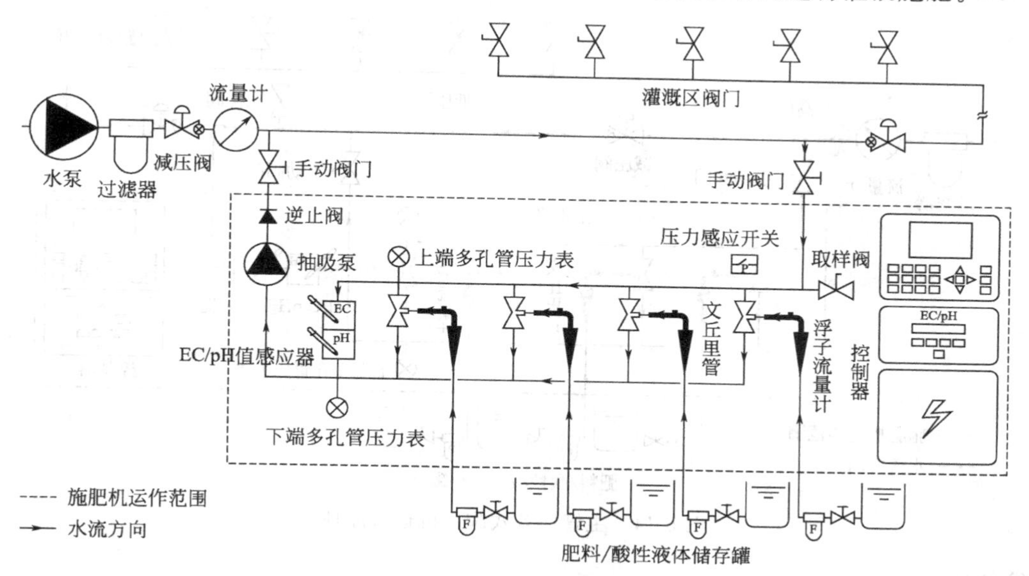

图 5-12　旁路吸肥式施肥机运行原理图

b. 旁路注肥式

旁路注肥式施肥机运行原理如图 5-13 所示，启动文丘里管工作的压差值由施肥机上的加压泵提供。工作时，在注肥加压泵的作用下，上端多孔管上的压力较大，使文丘里施肥器进出口产生压力差，利用文丘里管的喉管负压完成各通道单元素肥液的吸取。由于加压泵只需满足文丘里管工作压差需求即可，可有效降低能耗。

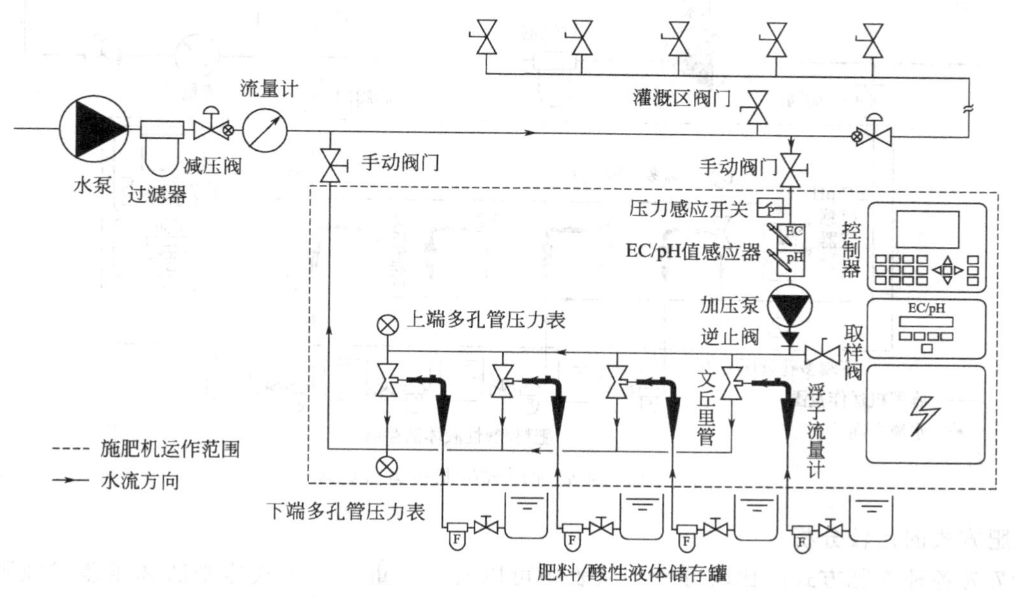

图 5-13　旁路注肥式施肥机运行原理

c. 主管压差式

主管压差式施肥机运行原理如图 5-14 所示。在施肥机进出口中间安装减压阀，调整减压阀使施肥机进水点与排液点之间形成压力差，从而使文丘里施肥器进出口产生压力差，进而完成各通道单元素肥液的吸取。选用此种安装方式，必须确保主管道上施肥机进出口两端有足够的压差值，且要求施肥机下游有足够的压力，能满足灌溉用水需求。此种安装方式，无需抽吸泵或加压泵，可应用在没有交流电的地方，施肥机的注肥通道可通过直流控制器控制，只需安装太阳能发电板提供 12V 直流电即可。

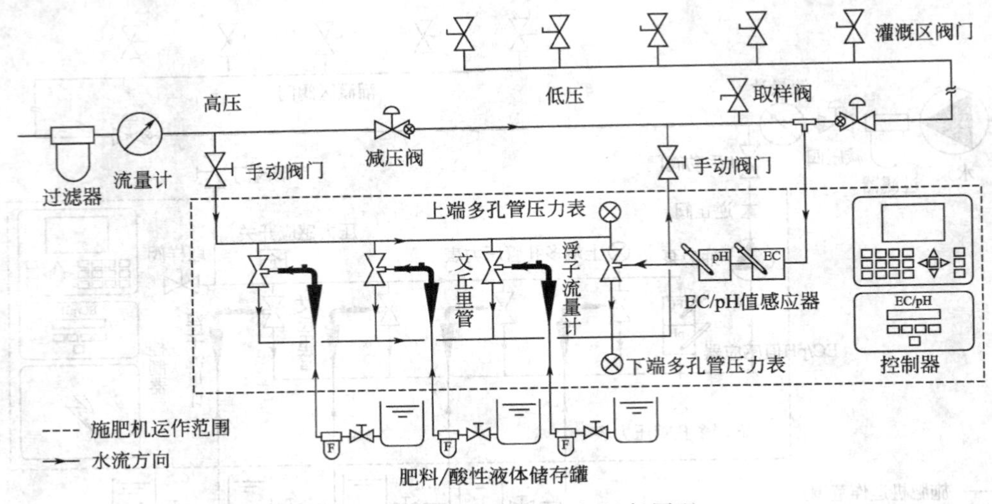

图 5-14　主管压差式施肥机运行原理

d. 主管加压式

主管加压式施肥机运行原理如图 5-15 所示。选用此种安装方式，需把施肥机的进水口连接到主管道水泵的出水口，施肥机出肥口连接到主管道水泵的进水口，使用水泵前后产生的压力差启动文丘里管，完成各通道单元素肥液的吸取。此种安装方式仅需利用水泵即可实现施肥功能，节省了注肥泵或吸肥泵，可大幅度节省能耗。

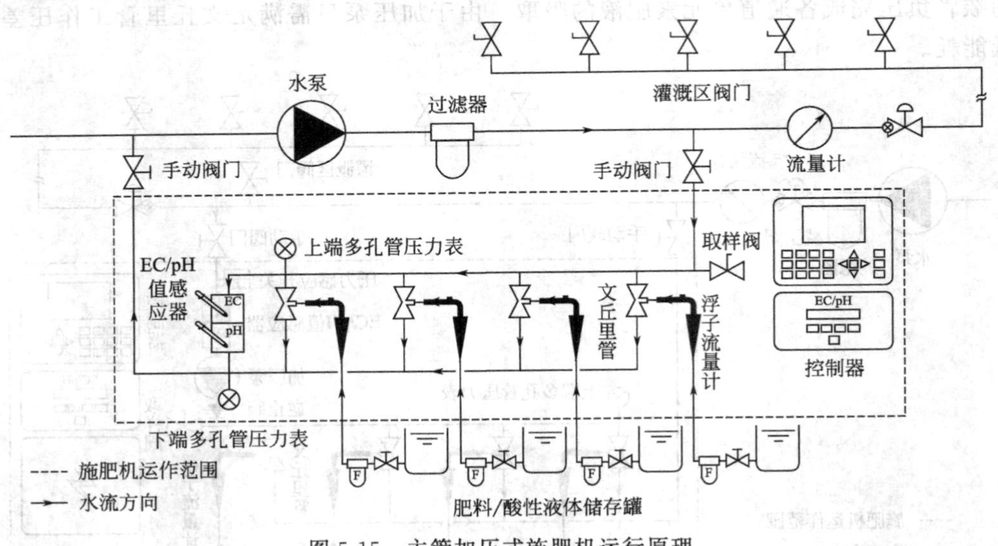

图 5-15　主管加压式施肥机运行原理

⑥ 施肥方式的比较分析

表 5-17 为各种施肥方式的比较分析。从表中可以看出：重力自压式施肥法和压差式施肥法属于定量施肥，施肥过程中肥料溶液浓度会随施肥时间逐渐变小；而文丘里施肥法、注肥泵法和水肥一体机则属于比例施肥，施肥过程中肥料溶液浓度随施肥时间始终保持恒定。其中，水肥一体机施肥精准、自动

化程度高，可大幅度节省劳动力，适合大面积土地灌溉施肥；通过集成传感技术和通信技术等，还可实现作物生长环境参数和作物生长信息的自动采集，根据采集的信息智能决策作物的水肥需求，实现水肥一体精准施入，大大提高水分和肥料的利用率。水肥一体机体现了精准农业信息化、智能化、自动化的发展趋势，是未来精准灌溉施肥的重要发展方向。

表 5-17 各种施肥方式比较分析

施肥方式	原理	优点	缺点	施肥类型
重力自压式施肥法	利用水位高度差产生的压力进行施肥	成本低，操作简单，不需额外的加压设备，适合液体和固体肥料	对地形条件有要求，施肥效率低，施肥均匀性低，不适宜自动化	定量施肥
压差式施肥法	利用进出水管间的压力差迫使灌溉水从进液管进入施肥罐，再将肥液从出液管注入灌溉管路中	结构简单，成本较低，不需额外的加压设备，适合液体和固体肥料	肥液浓度易受水压变化的影响，节流阀会产生水头损失，大面积施肥时溶肥次数多，不适宜自动化	定量施肥
文丘里施肥法	利用文丘里管产生的真空吸力，将肥料溶液从肥料桶均匀吸入管道进行施肥	结构简单，成本较低，肥液浓度均匀，无需外部动力，适宜自动化	吸肥能力和施肥浓度受工作水压影响，吸肥量较小，调压范围有限，系统压力损失较大	比例施肥
注肥泵法	利用注肥泵将肥液注入到管路系统中进行施肥	不受水压和流量变化的影响，施肥速度可以调节，施肥浓度相对均匀，操作方便，易实现自动化	设备造价较高，对水质的要求较高，有些型号需要动力驱动，不利于节能减排	比例施肥
水肥一体机	利用施肥机吸肥、混肥并将肥液注入到管路系统中进行施肥	肥液浓度恒定，施肥精准，自动化、智能化程度高	结构复杂，造价较高，对操作人员要求高	比例施肥

(3) 主要蔬菜适宜的高效灌溉模式

① 根菜类

凡是以肥大的肉质直根为产品的蔬菜都属于根菜类。在我国栽培较多的有萝卜、胡萝卜、芜菁、根用芥菜，尤以萝卜和胡萝卜栽培最为普遍。根菜类为深根性植物，并以肉质根为产品器官，主要根系分布在 20～40cm 深的土层中，生产上多用种子直播，不耐移植，多露天栽培。这类蔬菜适宜的高效灌溉模式有滴灌和微喷。

a. 窄垄种植的根菜类。萝卜、大头菜等蔬菜种植行距较大，以滴灌最佳。采用滴灌时，滴头间距 20～50cm，流量 1.38～4.00L/h，通常每垄铺设 1 条滴灌管，使用寿命长，耐虫害，也可使用壁薄的贴片式滴灌带，一次性投入成本较低。

b. 起宽垄栽植的根菜类。因定植密度较大，该类蔬菜根系和叶片分布都很密集，以微喷最适。应用微喷时，灌水器可采用喷洒半径 3m 左右的 5429 旋转微喷头，出水成细雨状。旋转微喷头最好采用组合布置，组合间距 3m 左右，相互交叉补充，以提高灌水的均匀性。露天灌溉的微喷头可采用地插式安装，根据植株高度选用一定高度的地插杆，通过输水毛管连接管道和微喷头。温室栽培时，常采用倒挂的形式安装微喷头，输水管道借助温室结构铺设在温室顶部，不影响正常的其他作业，无需反复拆装。

② 叶菜类

叶菜类蔬菜可细分为白菜类、甘蓝类和绿叶菜类，常见的有大白菜、菜心、甘蓝、花椰菜、小白菜、生菜、菠菜等。叶菜类蔬菜的共同特点是根系浅，大部分分布在 10cm 左右的土层中，吸收能力弱，一般栽植相对密集，生长周期最多几个月，植株矮小。露天季节性栽培已不能满足广大消费者的市场需求，温室大规模种植周年生产已经成为主流。叶菜类蔬菜的叶面积较大，水分蒸发量大，整个生长期对土壤湿度和空气相对湿度都有较高的要求，根据地形、栽培方式及土地租用年限，应选择不同的高效灌溉模式。

a. 露天大面积种植的叶菜类。该类蔬菜适宜采用喷灌或微喷，均匀湿润根系层土壤。为减少对叶面的冲击，应用喷灌时，建议使用工作压力低、喷灌均匀度高的摇臂喷头，如3022双喷嘴摇臂喷头（喷洒半径7m左右，流量0.7～1.0m^3/h），或选用H33高均匀度阻尼旋转喷头（喷洒半径11.0～14.3m，流量0.66～1.94m^3/h）。对于叶片特别娇嫩的叶菜，如生菜、小白菜，应采用微喷。灌水器可选用5429旋转微喷头，地插式安装以3m左右的间距组合布置喷头，实现全面灌溉湿润。喷灌和微喷不仅可以满足小白菜等叶菜频繁均匀灌水的需要，还可以达到清洗叶面但不损伤嫩叶的效果。

b. 大规模设施栽培的叶菜类。适宜采用微喷，选择倒挂形式安装。如采用5429旋转微喷头，通常6m宽的大棚布置2排喷头，8m宽的大棚可布置2～3排，喷头间距3m左右；如采用5428雾化微喷头，则通常在每畦上方安装1排为宜，喷头间距1m左右。叶面肥可结合微喷同时施用，如采用雾化微喷头，还可以实现水肥药一体化作业，省工省力、均匀高效。微喷应少量多次，控制灌溉时间，以防植株间温湿度过高，还可预防霜霉病和软腐病，减少蚜虫等虫害的发生。

设施规模化叶菜类蔬菜床植栽培，无论是基质育苗还是穴盘栽植，其共同特点是栽培容器的底部留有出水孔。若需要叶面灌溉，适宜采用悬挂式自走喷灌机，专为温室苗床栽培灌溉设计，喷灌机在悬挂于温室顶部的轨道上运行，进行灌溉作业，以减少对温室其他生产作业的影响；若只进行根部灌溉，可采用潮汐灌溉，采用潮汐灌溉方式的作物，其生长量明显优于人工浇灌方式，不但能降低坏疽叶和褶皱叶的发生，还可减少用水量达33%，提高水分利用效率达40%。同时，由于潮汐灌溉没有淋溶作用，还能减少氮素使用量达30%～35%，大大提高氮素的利用效率。

c. 气雾栽培的叶菜类。绿叶菜气雾栽培采用雾化微喷灌溉，通常采用5427涡流雾化喷头，将营养液雾化，使其直接包裹于植物根系，达到气雾栽培的目的。水雾在空气中受到根系的遮挡及重力作用，较难均匀地喷洒到每一株植株根部，会造成作物长势不均，降低叶菜的品相。因此，在布置雾化微喷头时需要加大密度，尽量满足每株植株对水肥的需求，实现气雾栽培的高质高量。

③ 茄果类

茄果类蔬菜是指茄科以浆果作为食用部分的蔬菜作物，包括番茄、茄子和辣椒等。茄果类是我国蔬菜生产中最重要的果菜类之一，加之适应性较强，全国各地普遍栽培，具有较高的经济价值，温室大棚四季种植。茄果类蔬菜的共同特点是根系分布较浅，主要分布在30～50cm的土层当中，根系密集，须根较多，再生能力较强，最适于育苗移栽。茎直立性或者蔓生，多支架栽培，营养生长与生殖生长同步进行。茄果类蔬菜灌溉既满足需水要求，又不能使空气湿度过大。空气湿度大不仅阻碍正常授粉，而且病害发生严重，因此最适宜的高效灌溉模式是滴灌。因栽培基质与种植方式的不同，需选择不同类型的滴灌灌水器。

a. 起垄宽窄行栽培的茄果类。茄果类蔬菜多为有限生长型，起垄宽窄行栽培行距一般在50～60cm、株距30～35cm，根系区域宜采用贴片式滴灌带进行带状湿润。可每垄铺设1～2条滴灌带，使出水口朝上，滴头间距约30cm。若进行覆膜栽培，可在育苗移栽时将地膜和滴灌带同时铺设好，在合适的进水位置安装文丘里施肥器或比例式注肥泵，以便实现水肥一体化。因茄果类蔬菜生长周期仅有几个月，采用滴灌带性价比高，回收方便，前期投入小，滴灌是茄果类蔬菜高效灌溉的一种良好方式。多年大规模种植茄果类蔬菜的种植户宜选用滴灌管。相对于滴灌带而言，滴灌管的管壁较厚，抗光降解、紫外线，耐压、耐候性好，使用寿命更长。若作无限型生产，也可采用滴灌管代替滴灌带，铺设方法一样，一次投入，长期受益。

b. 穴盘育苗后移栽基质栽培的茄果类。1800系列滴箭作为滴灌中常用的一种灌水器，具有灌溉精准、出水均匀，可以根据不同时段灵活调整滴水位置的独特优点，更加有利于实现精准化生产管理。一般采用单行布置，每垄铺设1条PE管，将单支滴箭插在蔬菜根系附近的基质中。此法成本投入较高，但可以确保植物根系最有效地吸收水肥，当通过穴盘育苗后移栽基质栽培时，可根据植株根系的生长情况来调节滴箭位置，并使不同位置基质中的养分均衡释放。

④ **瓜类**

瓜类蔬菜多为一年生攀缘性或蔓性草本植物，最常见的有黄瓜、西瓜、甜瓜、南瓜、苦瓜、丝瓜等。其共同特点是根系入土浅，主要分布在10～30cm的土层中，再生能力弱，吸肥能力差，故灌水、施肥需要少量多次。由于不断结果和采收，对营养元素需求量大。

a. 起垄种植的瓜类。适宜的灌溉模式为滴灌，常用灌水器类型有滴灌带和滴箭。瓜类蔬菜的生育周期不足1年，因此适合采用贴片式滴灌带进行灌溉。露地栽培通常起垄行植，开花结果后要搭架固定，因此，滴灌带应在幼苗移栽前铺设好，以免后期铺设损伤植株。铺设方法大体是每一小高畦上铺设2条滴灌带，即每行植株铺设1条，将滴灌带顺畦间铺于小高畦上，使出水孔朝上。滴头与作物主根宜错开5～10cm，避免滴头长时间在主根位置滴水，造成烂根。在低温季节，可以在滴灌带上覆膜，覆膜具有保持土壤温度、减少水分蒸发、促进作物根系发育等优点。

b. 无土基质栽培的瓜类。固体基质对水、气的通透性较强，使得瓜类蔬菜根系环境的水、气更易调节，更加有利于根系的发育。特别是在采用容器栽培时，应选用滴箭作灌水器进行灌溉。用长度可以定制的毛管从供水PE支管上引出即可，另一端连接滴箭，滴箭的安插位置具有极大的灵活性。由于无土栽培容器的高度不一且摆放的行株距不一致，此时滴箭可灵活安装和移动，适应性较强，以实现根部精准灌水施肥。温室瓜类蔬菜行植与露天种植的滴灌模式相似，温室密闭性较高，应严格控制空气湿度，以防病害发生。

⑤ **食用菌类**

食用菌含有丰富的蛋白质和氨基酸，其含量是一般蔬菜和水果的几倍到几十倍。随着技术的不断改进和更新，新品种不断增加，目前可不受地区资源条件的限制进行栽培。常见的食用菌有平菇、香菇、木耳等，其生长发育与环境的温度、湿度、pH值等因素密切相关。目前主要的培育方式有设施和露地2种，适宜采用微喷灌调节生长环境。

露地食用菌培育多数在林下进行，其遮阳效果好，散射光充足，环境开阔，通风好，湿度是由水分蒸发形成的，所以同样需用微喷系统调节温度和湿度。适合选择5428雾化微喷头，采用地插式安装，地插杆有碳钢和塑料2种材质，高度不够时应配套延长套装。微喷头先向培育基质周围环境补充水分，通过水分蒸发进而调节湿度，促进出菇，避免高温高湿诱发链霉菌或过干使菇蕾枯萎死亡。温度适宜、光线适中，则菌肉厚、菇柄短、色深、质量好，抢占有利市场。

如在设施内（温室或工厂化栽培），宜采用雾化效果更好的5427涡流雾化喷头，根据栽培模式的要求，采用匹配密度和组合形式的方式安装，可以直接调控温室内空气湿度和温度。设施内采用雾化微喷系统，必须做好合适的通风和光照措施。

如果投资许可，可以采用高压弥雾系统，微米级的水雾可以在空气中悬浮，飘逸和扩散效果更突出，可有效调节空气的湿度、温度。在规模化设施内布置，设备数量比微喷要少很多，设备的隐蔽性要好，不会影响设施内光照等条件，还能增加空气中负氧离子含量。

(4) 水肥一体化技术注意事项

① **优选灌溉施肥模式**

水肥一体化技术是一次投入多年使用的设施装备，一次性投入较大。应根据种植作物种类、栽培的方式和季节、生产者的经济条件等优选适合的灌溉施肥模式。一般大棚配套简易型水肥一体化设施成本800～1200元/667m^2、国产智能型水肥一体化设施成本2000～3000元/667m^2、以色列进口水肥一体化设施成本在5000～8000元/667m^2。

② **科学选用肥料品种**

按土壤化验数据、种植品种、生育阶段等调配肥料种类及营养配方，适当添加腐殖酸类、氨基酸类肥料有利调节蔬菜生长。目前市场上有许多水溶性复合肥，但成本高，因此推荐施用单元素速溶肥料。常用速溶氮肥有尿素、碳酸氢铵、硝酸铵等；可溶性二元复合肥有磷酸二氢钾、硝酸钾、磷酸铵等；速溶钾肥有硫酸钾、氯化钾等；速溶中微肥有硼酸、硫酸锌、硫酸锰、硫酸镁、螯合铁、硫酸亚铁、钼酸铵、硫酸铜等。

③ 制订灌溉施肥次数

应综合考虑土壤肥力、生育期、蔬菜生长营养状况、天气等决定灌溉施肥次数的综合因素。以薄肥勤施为原则，视天气情况，观察土壤含水量，一般7～12d灌水、追肥1次。滴肥液前先滴5～10min清水，然后打开肥料母液贮存罐的控制开关使肥料进入灌溉系统，调节施肥装置的水肥混合比例或调节肥料母液流量的阀门开关，使肥料母液以一定比例与灌溉水混合后施入田间。肥液滴完后再滴10～15min清水，以延长设备使用寿命，防止肥液结晶堵塞滴灌孔。发现滴灌孔堵塞时可打开滴灌带末端的封口，用水流冲刷滴灌带内杂物，可使滴灌孔畅通。

④ 制订营养元素比例与浓度

施用氮素考虑调配氨态氮和硝态氮的比例。化肥不可任意混合，防止混后沉淀引起养分损失或堵塞管道。肥料母液浓度要小于其饱和浓度。水肥混合后浓度以检测电导率（EC）为准，一般EC值调配1.5～2.5mS/cm之间，不宜超过3.0mS/cm。化肥混配肥料母液可否混合贮存参考表5-18。

表5-18　水肥一体化肥料母液可否混合贮存一览表

肥料母液	氨水	硫酸铵	氯化铵	碳酸氢铵	硝酸铵	尿素	磷酸铵	硫酸镁	硫酸锌	硫酸锰	硼酸	硝酸钾	硝酸钙	磷酸钾	硫酸铜
氨水															
硫酸铵	●														
氯化铵	○	○													
碳酸氢铵	○	○	○												
硝酸铵	○	○	○	○											
尿素	○	○	○	○	○										
磷酸铵	●	○	○	○	○	○									
硫酸镁	●	○	○	●	○	○	●								
硫酸锰	●	○	○	●	○	○	●	○							
硼酸	○	○	○	○	○	○	○	○	○						
硫酸锌	●	○	○	●	○	○	●	○	○	○					
硝酸钾	○	○	○	○	○	○	○	○	○	○	○				
硝酸钙	●	●	●	●	○	○	●	●	●	●	○	○			
磷酸钾	○	○	○	○	○	○	○	●	●	●	●	○	●		
硫酸铜	●	○	○	●	○	○	●	○	○	○	○	○	●	●	

注："○"表示可以混合；"●"表示不可混合。

（5）水肥一体化技术发展趋势

a.不同地区、不同作物水肥耦合机理研究。目前，我国水肥一体化在实际应用中还存在灌溉施肥不均匀、设备不配套、与中耕管理矛盾等问题，且水肥耦合技术研究大多集中在经济作物，研究内容多为区域性研究，不具有通用性。水肥一体化技术不是单纯的灌水与施肥紧密结合的新型技术，应综合考虑区域条件、作物种类及种植农艺等因素，建立起适宜的灌溉施肥模式、设备管理措施和田间栽培技术，形成合理的水肥一体化技术系统，这样才能充分发挥该技术的最大效用。

b.CFD（计算流体动力学）数值模拟技术在水肥一体化中的应用研究。目前，国内的水肥一体化装置多是在国外成熟产品的基础上进行仿制和本土适应性改进，产品存在作业精度低、可靠性差等问题，且传统的设计方式耗时长、成本高，不利于产品的快速研发。应用CFD仿真技术可以方便地分析水肥装置的水肥特性，发现缺陷并优化改进，有助于发展施肥一体化装置硬件的自主创新设计。研究表明，采用CFD数值模拟方法的模拟结果与试验结果高度一致。因此，应加大CFD数值模拟技术在水肥一体化中的应用研究。

c. 低压灌溉施肥技术的研究。水肥一体化灌溉施肥过程中，为使灌水器、施肥装置、过滤器等装置正常工作，保证灌溉施肥质量，系统中通常需较大的工作压力，由此造成能耗过大、系统造价过高，制约了水肥一体化技术的推广应用。低压灌溉技术可以在保证灌溉质量的同时降低系统能耗，减少系统投资，是未来水肥一体化发展的重要方向。因此，应在管路布置、低压灌溉装置开发等方面加大研究，推进低压灌溉技术的发展。

d. 模糊控制技术在水肥一体化中的应用研究。目前，国内的水肥一体机配肥过程存在滞后、大惯性、数学模型不确定等问题，导致混肥精度不高、pH 值调控不准。PID（比例、积分、微分）模糊控制技术是通过大量实际操作数据归纳总结出的控制规则，不需要精确的数学模型。研究表明，模糊 PID 控制比传统 PID 控制具有更小的超调量和稳定时间，使混肥浓度尽快逼近目标浓度，可满足农作物生长对水肥的要求，提高水肥利用率。但是，目前 PID 模糊控制技术转化和推广进行得并不好，还需在精准算法方面结合试验验证形成准确、稳定、适应性广的成熟技术。

e. 物联网技术在水肥一体化中的应用研究。农业生产和信息技术的结合是新时代农业发展的趋势。基于物联网的水肥一体化系统，综合运用通信技术、智能控制技术和传感技术等，通过传感器对农作物的生长环境进行实时监测，采集农作物生长信息和作物生长环境信息，包括土壤的水分、酸碱度、营养成分以及空气的湿度、氧气浓度和二氧化碳浓度等，并将这些信息上传到物联网云平台，使用云计算技术对数据进行信息化处理，并按照各种农作物的不同成长需要，实现自动化控制灌溉施肥。物联网技术不仅实现了精准施肥，降低了水肥的浪费，且减少人工干预，大幅度降低了人力成本，提高了系统的使用效益。

5.5 菜田除草

在一般情况下，杂草的生长速度远超过作物的生长速度，而且杂草生命力极强，如不加以人工控制，很快会压迫蔬菜的生长，造成草荒。杂草除与作物争夺水分、光照和营养外，还常是病虫害的潜伏场所或媒介，有的杂草还是寄生性的。因此，除草是农业上的重要措施之一。杂草种子多，发芽力强，甚至能在土壤中保持数十年的发芽能力，一旦遇到合适条件，即可发芽出苗。因此，除草应在杂草幼小而生长弱的时候进行，并需多次除草，效果才好。

5.5.1 菜田杂草的种类

按植物学分类可分为双子叶杂草和单子叶杂草两类，这也是选择除草剂种类的依据。

按生活史分类，可分为一年生杂草，二年生杂草和多年生杂草。一、二年生杂草主要靠种子繁殖，所以减少杂草种子落入田间的数量为主要防除措施，即在开花结实前将这类杂草除掉；多年生杂草除种子繁殖外，多以无性繁殖为主，防治难度大，多采用耕作方法，周期性铲除杂草地上和地下部分，使其贮藏营养耗尽，或用内吸传递型除草剂防除。

5.5.2 菜田杂草的特点

（1）多实性

如龙葵、苋、藜和马唐等，一年中每株可产生万粒以上的种子。

（2）种子便于传播

很多杂草种子都具有传播结构。如蒲公英、刺儿菜种子轻，又有冠毛可随风传播；鬼针草、苍耳和蒺藜等种子上带有钩刺，可以附在动物的毛皮上或人的衣服上传播；而更多的是通过人们的农事活动，借种子的调运、有机肥料的撒施等传播。

(3) 种子寿命长，成熟不一致

许多杂草种子埋在土中经数年乃至几十年还有生命力，如荠菜种子可存活6年，刺菜7年，稗草5～10年，龙葵20年，车前、马齿苋、苋属40年，萹蓄50年。不少杂草的种子需要进行后熟，且成熟期不一致，可以保证越过不良的环境条件，还能分期发芽，延长发生时间。

(4) 可以进行无性繁殖

如刺儿菜、狗牙根、田旋花、茅草和芦苇等除可种子繁殖外，主要通过地下茎繁殖。机械耕作时，切断地下茎，形成许多新的植株，如667m^{2}地的狗牙根茎长达54km，有芽30万个，在良好条件下一年内根茎数量可增长几十倍。

(5) 抗逆性强

如稗草种子在40℃下堆沤仍可存活一个月，白茅的根茎在－20℃甚至－30℃的低温仍能存活。

由于杂草的上述特性，耕层土壤已成为杂草种子的天然种子库，每平方米耕层内含1万～3万粒杂草种子。

5.5.3 菜田杂草防除的方法

(1) 人工除草

利用手工工具进行除草，是目前采用最多的方法，费工、费力、费时、效率低，但除草效果好。

(2) 机械除草

用机械进行除草，比人工除草效率快，但只能除掉行间的杂草，株间的杂草还需靠人工除去。

(3) 物理除草

使用黑色地膜覆盖，由于没有光照条件杂草无法生长，从而达到除草目的。

(4) 生物除草

利用杂草的天敌杀灭杂草，如利用某些植物病原菌及细菌、植物寄生线虫、螨类、昆虫、鱼类、软体动物、高等植物、藻类等防除杂草。

(5) 农艺措施除草

利用轮作，合理耕翻，合理倒茬，使用腐熟有机肥料及清洁田园等农艺措施也可有效减轻杂草危害。

(6) 化学除草

自20世纪70年代以后，我国开始在菜田推广化学除草剂，利用除草剂消灭杂草，是现代农业生产中的重要措施之一。其方法简便、效率高，可以杀死株间、行间的杂草，也大大减轻了劳动强度。

5.5.4 化学除草的应用

(1) 除草剂的种类

根据使用方法，除草剂的种类有以下3种。

① 茎叶处理剂

适用于作物生长期或非耕地杂草出苗后灭草。如草甘膦、烯禾啶、精吡氟禾草灵、高效氟吡甲禾灵和氟磺胺草醚等，这些除草剂只适用于某些作物的某一生育期，使用时要注意防止药害。

② 土壤处理剂

适用于蔬菜播种前或播种后出苗前或蔬菜生长期间杂草出苗前使用，如仲丁灵、氟乐灵等应用广泛。

③ 茎叶兼土壤处理剂

如利谷隆等，既可在菜田作土壤处理剂，也可作茎叶处理剂。

根据除草剂的作用方式又可分为触杀性除草剂与内吸性除草剂。前者只有局部杀伤作用，不能在植物体内传导，如五氯酚钠等；后者可以被植物的根、茎、叶吸收，在体内传导，如扑草净、嗪草酮等。

根据除草剂用途还可分为选择性除草剂和灭生性除草剂。选择性除草剂在适合用量下能消灭杂草而不伤害作物，如氟乐灵、仲丁灵、甲草胺、扑草净等。灭生性除草剂一般不用于菜田。

除草剂也可以根据其化学成分分为无机除草剂和有机除草剂两大类，无机除草剂多无选择性，菜田应用的都是有机除草剂。有机除草剂种类繁多，按其化学结构可分为：苯氧乙酸类除草剂，如 2,4-D、二甲四氯；二苯醚类除草剂如乙氧氟草醚（果尔）、乙羟氟草醚、氟磺胺草醚等；酰胺类除草剂如敌稗、甲草胺、毒草胺等；取代脲类除草剂如除草剂 1 号、利谷隆等；甲苯胺类除草剂如氟乐灵、仲丁灵等；三氮苯类除草剂如扑草净、嗪草酮等；氨基甲酸酯类除草剂如禾草丹、燕麦灵等；代脂肪酸类除草剂如茅草枯（2,2-二氯丙酸）等；此外还有微生物除草剂如鲁保 1 号，可用以防治大豆菟丝子。绿色食品标准中禁止使用 2,4-D 类的除草剂和二苯醚类除草剂，如除草醚等，但在蔬菜育苗前的土壤处理和发芽前处理是可以使用部分除草剂的。

(2) 除草剂的使用

① 使用方法

一是土壤处理：用喷雾法、喷洒法或随水浇施法对土壤表面进行处理。

二是茎叶处理：灭生性除草剂可在播种前喷洒杂草茎叶，杀灭杂草，选择性除草剂则可在播种前、播后苗前或作物生长期使用。

② 使用时期

主要有播前处理、播后苗前处理和出苗后处理三个时期。

③ 几种主要蔬菜的化学除草

茄果类蔬菜：定植前每 667m^2 用 48%氟乐灵乳油 75～150g 或 48%仲丁灵乳油 200～250g，喷雾处理土壤并混入土中 3～5cm。定植后缓苗前处理也可。缓苗后除上述两种外，还可用 48%甲草胺乳油 150～200g，50%禾草丹 300～400g 处理土壤。

瓜类蔬菜：黄瓜定植缓苗后稍长一段时间，可每 667m^2 用 48%氟乐灵 100～150g，48%甲草胺乳油 200g，48%仲丁灵 200～250g 或 25%草铵膦乳油 150～200g 定向喷雾处理土壤。西瓜可在出苗后 3～4 叶时每 667m^2 用 48%氟乐灵乳油 100～150g 喷雾处理土壤。

伞形科蔬菜：伞形科蔬菜对多种除草剂有较强的抗药性，可使用的种类很多，常用的有氟乐灵、仲丁灵在播种前或移栽前后均可使用，出苗前一般可用扑草净、利谷隆、双甲胺草磷、异丙甲草胺等。如胡萝卜、芫荽和芹菜等在播后出苗前每 667m^2 用 20%双甲胺草磷乳油 250～375mL 或 33%二甲戊灵乳油 100～150mL 加 50%扑草净可湿性粉剂 50～75g，兑水 40kg 喷雾处理土壤。

百合科蔬菜：韭菜和葱播后苗前每 667m^2 用 33%二甲戊灵乳油 150g 或 48%仲丁灵 200g 喷雾处理土壤。出苗后也可使用二甲戊灵、仲丁灵或扑草净处理土壤。大蒜、移栽洋葱、老根韭菜、根茬分葱和大葱除利谷隆要慎用外，其余几种除草剂如高效氟吡甲禾灵、氟磺胺草醚、仲丁灵、毒草胺、氟乐灵等均可使用。

十字花科蔬菜：十字花科蔬菜对除草剂抗性差异较大，如在直播时以萝卜抗药性最强，甘蓝、大白菜次之，小白菜抗药性较差，花椰菜最差。草铵膦和异丙甲草胺可在上述几类蔬菜上使用，丁草胺和仲丁灵可在萝卜、甘蓝、大白菜上应用，甲草胺和二甲戊灵只能在萝卜上应用，氟乐灵可在定植以后的甘蓝与花椰菜上使用。

豆科蔬菜：豆科蔬菜抗药性较强，多种除草剂可用，主要有利谷隆、氟乐灵、甲草胺等。

菊科蔬菜：莴笋、茼蒿等可以用草铵膦防治。

水生蔬菜：藕等水生蔬菜可用扑草净、敌草隆等除草剂进行防治。

5.6 植株调整

有相当一部分蔬菜在栽培过程中需要进行植株调整。

5.6.1 植株调整的作用

植株调整的作用主要有：平衡营养器官和生殖器官的生长；利于通风透光，提高光能利用率；利于合理密植；减少病虫害和机械损伤；增大个体，提高品质，促进早熟。

植株调整的理论基础是生长相关理论和群体结构理论。

5.6.2 植株调整的方法

(1) 摘心、打杈

① 摘心、打杈的目的和意义

蔬菜生长过程中，摘除植株的顶芽叫摘心，摘除侧芽称打杈。摘心和打杈具有如下意义。

首先是改变生长状态，人为控制株形。茄果类和瓜类蔬菜，生产上若任其自然生长则枝蔓繁生，结果不良。为了控制其营养生长，促进果实发育，使每一植株形成最适的果枝数目，达到提高产量改良品质的目的，都需要进行摘心和打杈。如番茄在自然生长情况下枝叶繁茂，若将其侧芽全部摘除，只留顶芽生长，即为单干整枝；若除顶芽外在第一果穗下又留一个侧芽，与顶芽同时生长，则为双干整枝。

其次是控制生育期，促进后期果实的成熟。原产于热带的茄果类、瓜类，由于当地生长期长，枝叶繁茂有利于长期结果，但在温带以北栽培，因受霜期限制，到生长后期同化器官的旺长会影响果实的发育和产量，并且在外温降低时开花结实首先停止，而枝叶尚可生长，在这种情况下会徒然耗费营养。因此，需要摘心和打杈控制生长，集中营养于果实中。

再次是控制营养生长，提高早期产量。生产中有时为了获得较多的早期产量，也常采用摘心打杈的办法，控制营养生长，促进早熟。

最后是采用了摘心和打杈的方法，可以适当增加密度，合理密植，提高单产。

② 摘心、打杈的方法与时期

摘心和打杈多用手摘除，在枝杈较大时，可用剪刀剪除。生产中打杈一般都将侧芽从茎部彻底摘除，摘心则需在最顶端的果实上部留 2～3 叶摘除顶芽。

摘心的时期依蔬菜种类不同而异，也与栽培方式、栽培目的等有关。打杈的时期一般以侧芽长至一定长度时（多为 3～5cm）为宜，但生产上为管理方便，常见芽即摘。

(2) 摘叶、束叶

a. 摘叶。摘叶是减少营养耗损，改善小气候条件，减轻病害的一项措施。植株上不同叶龄的叶片，其同化效率差别很大。刚展开的叶依靠自身同化产物和其他器官供给的营养而生长；完全展开的青壮龄叶片是全株最主要的同化器官；老叶的同化产物已少于自身的消耗，靠外运补充维持生活，并且下部的老叶受光少。所以摘除老叶可降低干物质消耗，有利于空气流通，减轻病虫害，促进果实成熟。对于感病重的叶片、黄叶也应摘除。

b. 束叶。这一措施适于花椰菜和大白菜等。主要目的是促进叶球和花球的软化，防止污染，同时又可防寒，提高产品质量，也利于株间的通风透光。束叶都是在生育后期进行的，花椰菜是在花球显露后，白菜是在早霜到来时。

(3) 疏花疏果与保花保果

a. 疏花疏果。疏花疏果是指摘除无用的、无效的、畸形的、有病的花或果实。不同蔬菜疏花疏果的目的和作用不一样。大蒜、马铃薯、藕、豆薯等，摘除花蕾及果实，有利于地下部产品器官的膨大。番茄、西瓜等去掉畸形和有病的及多余的果实，可以促进保留下来的果实的发育。黄瓜提早栽培时，早采收或去掉过多的花果，有利于植株旺健生长和果实发育。摘除花果的时期不同，对植株的影响也不同。据研究，去掉黄瓜的花蕾，对植株影响不大；除去刚开放的花，有一定作用；摘除幼果对促进营养生长作用最明显。

b. 保花保果。蔬菜生产中，常因温度、光照、水分、营养等环境条件的不适，或受自身生长状态的影响及机械损伤等，导致开花坐果不良，产生落花落果。所以要采取保花保果的措施。保花保果除从栽培上控制好环境条件外，主要是采用生长调节剂（生长素类）处理。

(4) 压蔓、支架

a. 压蔓。压蔓是一些匍匐生长的蔓生蔬菜（如南瓜、西瓜、冬瓜等）栽培管理的一个重要环节。压蔓的主要作用有：可以固蔓防风，避免风卷蔓滚而导致不易坐果；可以控制顶端生长，调节生长与结果之间的矛盾，利于坐果；使茎叶聚积更多的养分而变粗，利于壮秧；使茎叶均匀分布于田间，利于充分利用阳光，减少遮阳与竞争；压入土中的茎节可产生大量不定根，增加吸收能力。压蔓分明压和暗压，并按一定距离分次进行。明压是用土块将蔓直接压于地面上，暗压是开一与蔓顺向的沟，将蔓放于沟内，再用土压住。

b. 支架。对于许多蔓生或半蔓生的蔬菜，如瓜类、豆类、番茄等，如任其自然塌地生长容易感病，叶面积指数也小，不利于密植。支架可大大增加叶面积指数，提高光能利用率，通风透光良好，改善田间小气候，增加密度，提高单位面积产量。支架的形式有人字架、篱架、棚架、四角架、直立架等。支架后要每隔一定的距离用绳进行绑蔓，绑蔓多用“∞”字形绑法。现在市场上也有绑蔓器供选择。

5.6.3 植物生长调节剂的应用

(1) 植物生长调节剂的种类和生理功能

植物生长调节剂是人工合成的类似天然植物激素的化合物，在一定条件下它和天然植物激素一样具有调节生长发育的作用。

① 生长素类

生长素类主要包括吲哚乙酸、吲哚丙酸、吲哚丁酸、萘乙酸、萘乙酰胺、萘乙酸甲酯、萘氧乙酸、2,4-D、对氯苯氧乙酸等。主要功能是促进生根，防止脱落，促进果实生长，形成无籽果实等。

② 赤霉素类

现已发现赤霉素类生长调节剂 50 余种，主要有 GA3、GA4＋7 及 GA1＋2 等。主要功能是对矮性表现型逆转，代替长日低温引起莲座期植株抽薹，刺激开花，改变瓜类性型表现（诱雌），打破休眠，促进叶菜类生长。

③ 细胞分裂素类

细胞分裂素类生长调节剂有 10 余种，应用最多的是苄基腺嘌呤。主要功能是促进细胞分裂诱导组织分化，防止、抑制衰老，促进萌发以及保鲜等。

④ **脱落酸**

脱落酸具有促进衰老，促进组织培养中器官的形成，延长休眠等作用。

⑤ **乙烯**

应用的商品为乙烯利。具有抑制纵向伸长，促进横向加粗，促进果实成熟，提高瓜类雌花比例作用。

⑥ **植物生长抑制物质**

植物生长抑制物质包括抑制剂和延缓剂。

矮壮素（CCC）主要作用是抑制新枝的生长，可培育壮苗。

丁酰肼可防止徒长，培育壮苗，防止落果，促进花芽分化。

抑芽丹防止块茎、鳞茎的贮期萌芽。

多效唑（PP333）延缓营养生长，防止徒长。

(2) 植物生长调节剂在蔬菜上的应用

① **促进生长，提高产量**

赤霉素可促进叶菜类的生长，提高产量。如在芹菜收获前20～30d用30～50mg/kg的赤霉素溶液喷洒叶面，在菠菜收获前15～20d用10～20mg/kg赤霉素喷施叶面，在芫荽、茴香、苋菜、茼蒿等5片叶左右时用20mg/kg的赤霉素处理，均能增产。注意喷后加强肥水管理。

② **促进插枝生根**

生长素类如吲哚乙酸（IAA）、吲哚丁酸（IBA）、萘乙酸（NAA）等都具有促进生根的作用。

a. 番茄扦插育苗。选8～10cm长的中上段枝，用100mg/kg IAA溶液浸10min或NAA50mg/kg 10min，浸深3cm，然后插入无土基质中，可促进生根。对茄子、辣椒、黄瓜等也有效。

b. 大白菜、甘蓝叶芽扦插繁殖。选从外向内的第10～30片叶位的芽，用1000～2000mg/kg的IBA或NAA快速浸蘸切口，然后插于基质中，10～15d可生根。

③ **防止徒长、培育壮苗**

在番茄、黄瓜苗期3～4叶时土壤浇施500mg/kg的矮壮素或叶面喷施1000～2000mg/kg的丁酰肼，一周后即可表现节间较短，叶色浓绿，生长健壮。用200～300mg/kg的乙烯利喷施也有抑制徒长的作用。近年来有人试验用50～150mg/kg的多效唑喷施茄果类幼苗，也有壮苗的作用。

④ **打破休眠、促进发芽**

用50～100mg/kg的赤霉素浸种，可打破白菜类、莴苣、茄果类及胡萝卜种子的休眠，促进发芽。也常用0.5～1mg/kg的赤霉素（GA），浸种15～20min，打破马铃薯种薯和大蒜的休眠。

⑤ **促进结实、防止脱落**

a. 防止番茄落花。常用的调节剂是2,4-D和对氯苯氧乙酸。2,4-D防止落花，促进子房膨大的效果显著，但必须沾花。使用浓度为15～20mg/kg，沾花一次。对氯苯氧乙酸可以用30～50mg/kg溶液喷花。二者的使用时期均在开花当天或前后1～2d。注意浓度不可加大，否则易产生空洞果和畸形果。

b. 防止茄子、辣椒落花。用30～50mg/kg的对氯苯氧乙酸喷花。

c. 防止瓜类化瓜。在开花期用20～30mg/kg的2,4-D处理西葫芦花，或用5mg/kg的2,4-D对西瓜喷花，可以提高坐果率和促进果实发育。

⑥ **促进果实膨大**

氯吡脲KT-30（CPPU）为新型植物生长调节剂，是具有高活性的苯脲类分裂素物质，可以影响植物芽的发育，加速细胞有丝分裂，对器官的横向生长和纵向生长都有促进作用。促进细胞增大和分化，促进果实膨大，防止果实和花的脱落，增加产量。氯吡脲用于坐果，主要用于花器、果实处理。在甜瓜、西瓜上应慎用，尤其在浓度偏高时会有副作用产生。处理后12h遇雨水需重喷。氯吡脲与生长素或赤霉素混用，其效果优于单用，但须在专业人员指导下或先试验后示范的前提下进行，勿任意使用。

a. 甜瓜、黄瓜。在雌花开放当天或开花前2～3d，10～16℃时每10mg加水0.5～1kg，17～25℃时每10mg加水1～1.5kg，26～30℃时每10mg加水1.5～2kg搅拌成均匀溶液。浸瓜胎或用微型喷雾器均匀喷雾瓜胎，用药后结瓜率达98%～100%，且幼瓜生长快速、瓜大、质优，可以提早上市。

b. 西瓜。在雌花开放当天或前后1d，用喷雾器喷雾瓜胎或用0.1%可溶性液剂20～33倍液涂果柄1圈，可防止西瓜生长势过旺和无昆虫授粉引起的难坐果和瓜化现象，提高坐果率及产量，增加含糖量。此方法也适用于甜瓜。

c. 黄瓜。当低温光照不足、开花受精不良条件下，为解决“化瓜”问题，于开花前一天或当天，用0.1%可溶性液剂20倍液涂瓜柄，可提高坐果率，促进结果，使果实大小均匀，增加产量，提高质量。

d. 草莓。采摘后用0.1%可溶性液剂100倍喷果或浸果，晾干保藏，可延长贮存期。

e. 樱桃萝卜。在6叶期喷0.1%可溶性液剂20倍液，可缩短生育期，增加产量。

f. 白萝卜。用5mg/kg药液于肉质根开始膨大期叶面喷施，每4d喷施1次，共4次，可抑制春季大棚萝卜糠心和抽薹，提高产量。

g. 大豆。在始花期喷0.1%可溶性液剂10～20倍（50～100mg/L），可提高光合作用，增加蛋白质含量，增加产量。于结荚期用1mg/kg药液喷施，可以促进生殖生长，提高产量。

h. 辣椒、番茄、茄子、西葫芦。用5～15mg/kg药液于盛花期后浸幼果，可提高坐果率，膨果，增产。

⑦ 促进果实成熟和催熟

a. 番茄催熟。有3种方法：一是采后浸果处理，在转色期将果实摘下用2000～4000mg/kg的乙烯利溶液浸果1min，取出沥干，放于20～25℃条件下，2～3d即可转红；二是植株上喷洒，在果实转色时，用500～1000mg/kg的乙烯利喷果，可提前5～6d成熟，浓度不可过高，且以喷果为主；三是植株上涂果，用2000～4000mg/kg的乙烯利溶液涂抹到植株上转色期的果实上，效果较好，涂抹方法可用棉花、毛笔或手套。

b. 西瓜、甜瓜催熟。用500～1000mg/kg的乙烯利在植株上喷洒长足个的西瓜、甜瓜果实，催熟作用明显，也可在采收后用1000～4000mg/kg的乙烯利浸果10min进行催熟。

⑧ 控制雌雄性别表现

a. 黄瓜。诱导雌花：在夏秋黄瓜栽培时，用100～200mg/kg的乙烯利溶液喷洒1～3叶期幼苗，具有明显的增雌作用。诱导雄花：对于黄瓜雌性系的留种，可用100mg/kg的GA或硝酸银300mg/kg喷洒1～3叶期幼苗，可诱导雄花。

b. 南瓜（西葫芦）。在三叶期用500mg/kg的乙烯利喷洒，明显增加雌花。

c. 甜瓜。用100～200mg/kg的乙烯利在2～3叶期叶面喷洒，可使主茎第10节前后的2～3节均能着生两性花。

另外，使用合适的生长调节剂，还可控制蔬菜的抽薹与开花，抑制马铃薯、洋葱等的贮期萌芽，延长贮期以及防衰保鲜等。

第6章

蔬菜采收及商品化处理

蔬菜采收中最重要的技术是根据不同种类蔬菜产品的特点制订相应的采收标准，确定适合的采收容器、采收时期和采收方法。同时对商品蔬菜还应进行采后商品化处理，以利蔬菜产品的运输，延长产品质量和寿命，适于净菜上市和超市销售的要求，方便消费，并提高蔬菜产品的附加值，促进农民增收致富，推动蔬菜产业化进程。

6.1 蔬菜的采收

采收是蔬菜生产过程的最后一个环节。蔬菜种类繁多，收获的产品可以是植物学上不同的器官，有根菜、茎菜、叶菜等以营养器官为产品的蔬菜，还有以花、果实、种子等生殖器官为产品的蔬菜，其成熟采收的标准、方法难以统一。在生产实践中要根据产品特点、采后用途进行全面评价，以判断最适采收期，采用适当的采收方法。

6.1.1 蔬菜产品的采收时期

蔬菜产品采收时期的确定主要取决于产品的成熟度、市场情况、生产目的、消费需求等。大多数蔬菜产品均为活体器官，各种蔬菜产品，不管是叶菜、根菜或果菜，都必须及时采收，才能获得良好的外观品质、内在品质和风味。

(1) 成熟度

处于不同成熟度的蔬菜产品器官，其营养成分在种类和数量上都有很大差异。蔬菜产品的“成熟”常有两种不同的含义：一是商品成熟，二是生理成熟。

① 商品成熟

蔬菜产品器官生长到适于食用的成熟度，即具有该品种适于食用时的形状、大小、色泽及品质，为商品成熟。如茄子、青椒、黄瓜、西葫芦、丝瓜、苦瓜、豇豆、菜豆等，在采收时，其产品是它们幼嫩的果实，而种子并未成熟；至于大白菜、萝卜、花椰菜、洋葱、芹菜、莴笋等，其产品则是它们的叶球、肉质根、花球、鳞茎（叶变态器官）、叶片、嫩茎等营养器官，生产上更是要避免未熟抽薹。

② 生理成熟

蔬菜产品器官达到生理上的成熟，其果实内的种子也已成熟。如西瓜、甜瓜、番茄、红椒等其产品器官（果实）适于食用时，也正是果实成熟时，如果提早采收，则产量低、品质差。一般来讲，采后可以直接就近上市的成熟度可高一些，反之如果采后需要长途运输的，成熟度可稍低一些。

（2）采收标准

蔬菜产品的采收要按照各种蔬菜不同的采收标准，在易于保持蔬菜鲜度的最佳时期采收。

① 硬度标准

常用的成熟度标准是根据产品器官的硬度变化来确定的。蔬菜食用的部位不同，对成熟度的要求也不一致，因此硬度的采收标准差异也很大。硬度采收标准有不同的含义：一是表示蔬菜产品没有过熟过软，能耐储藏、耐运输、耐装卸，如番茄、辣椒等采收时要求有一定的硬度，成熟度太高果实变软不耐储藏运输，再如西瓜、甜瓜等采收时也不宜过熟，影响食用品质；二是表示蔬菜发育良好，充分成熟，达到采收的质量标准，如结球甘蓝、花椰菜采收时要求叶球、花球有一定的硬度，结球紧实，如冬瓜、南瓜应在表皮变硬之后，充分成熟，且部分品种表面有蜡粉等特征出现时采收，此时用指甲掐不动表皮；三是硬度过高表示食用品质下降，如采收嫩瓜的瓠瓜、西葫芦、嫩南瓜应在表皮变硬之前采收，此时指甲很容易掐穿表皮；再如豌豆、毛豆、四季豆、甜玉米、黄秋葵等都应在幼嫩时采收，硬度过高食用品质反而下降。

② 植株生长状态标准

蔬菜植株地上部生长状态以及产品器官外部形态、色泽等也可以作为判定蔬菜成熟度、确定采收时期的标准。如马铃薯、生姜、大蒜头等，当植株地上部分开始枯黄时，说明地下部分的产品器官块茎、根茎、鳞茎已经充分成熟，此时采收最为适宜；番茄红熟初期即可采收催熟，远销时甚至应在白熟期或变色期采收，罐藏或制酱的番茄宜在充分成熟期采收。

③ 其他标准

马铃薯块茎表皮易脱落，是成熟的特征；甜玉米在子粒上有乳汁，穗丝开始变褐时采收；西瓜成熟时，坐瓜节和附近各节上的卷须呈枯萎状；紫色和红色茄子可根据宿留萼片边沿，尚未形成花色素的白色宽窄来判断，白色越宽说明果实生长较快，花青素来不及形成，果实嫩，果实宿留萼片边沿已无白色间隙就已变老，食用价值降低；莴笋以其心叶是否生长平口而作为采收标准，心叶平口即为适宜的采收时期；绿叶蔬菜一般以植株达到一定大小时陆续采收为宜；黄花菜应在花蕾接近开放而尚未开放时采收品质最佳；莼菜应在水中的卷叶基本长足，但尚未展开时采收；茭白在其叶鞘一侧膨开，微露白眼便可采收。

随着蔬菜产业生产过程标准化程度不断提高，蔬菜产品的大小、形状、颜色等外观性状的标准化将成为发展趋势。

（3）采收适期

对于一次性采收的蔬菜，如大白菜、结球甘蓝、马铃薯、萝卜、生姜、荸荠、莲藕等，采收的时间可以适当延迟；对于多次采收的蔬菜，如番茄、茄子、青椒、黄瓜、豇豆、菜豆等，在结果前期，采收次数勤些（即采收间隔的时间短些）会有利于后期果实的生长。采收的早晚，对品质影响也很大。在成熟过程中，有的蔬菜产品器官的碳水化合物的变化，主要是由糖转变为淀粉，因而其干物质也随之增加。如豆类的种子、薯芋类的块茎或块根，成熟度越高，淀粉含量越高，也越耐贮藏。而番茄、红椒、西瓜、甜瓜、草莓等产品，在成熟过程中主要是由淀粉转变为糖，因而过于成熟以后，质地就会变软，不耐贮藏运输，西瓜、甜瓜的食用品质也会受到影响甚至不能食用。

根据蔬菜产品对采收标准要求的严格程度，可将蔬菜产品分为三种类型：

① 采收标准严格，采收适期弹性小的蔬菜

此类蔬菜在采收时期的安排上一定要注意掌握好采收适期，及时采收上市，不可提前也不能延迟，以保证其商品品质。如西瓜、甜瓜、青豌豆（粒用）、毛豆、菜豆、花椰菜、青花菜、菜心、红菜薹、芥蓝、蘑菇、草菇等。

② 采收标准不太严格，但只能适当提前而不可延后采收的蔬菜

此类蔬菜对采收标准要求不是很严格，但是只能提前采收，而不能推迟采收，否则会影响产品的食用品质。如番茄、辣椒可以采收红熟果实，但成熟后果实变软，影响贮藏和运输；西葫芦、茄子、瓠瓜、丝瓜、苦瓜以采收嫩果为主，可以适当提前采收，果实更加幼嫩，品质更佳，还可增加总产量，但不可延迟采收；萝卜提前一点采收可能影响产量，但不影响商品性，但过晚采收会导致糠心影响食用品质；菠菜、鸡毛菜、茼蒿、芹菜等叶菜收获时对产品大小要求不高，采收时间的弹性较大，但也不可采收太晚，否则纤维增加甚至不堪食用。

③ 采收标准不太严格，但只能适当延后而不可提前采收的蔬菜

此类蔬菜对采收标准要求不是很严格，但是只能延后采收，而不能提前采收，否则也会影响产品的食用品质和产量。如甘蓝采收太早结球不紧实，产量下降；芋、马铃薯、山药等提前采收产量低，也不耐贮藏运输。

6.1.2 蔬菜产品的采收方法

蔬菜种类多，采收技术复杂，不同蔬菜产品对成熟度要求各异，因而不同蔬菜的采收方法各不相同。大致分为徒手采收、手工工具采收、机械化采收 3 种。

① 徒手采收

供鲜食的、多次采收的蔬菜必须有选择地采摘，且避免机械损伤，以防贮运过程中腐烂变质，多采用手工采收。长蔓的豆类（菜豆、豇豆）、瓜类（黄瓜、丝瓜、瓠瓜）及无限生长型的番茄、茄子、辣椒等多用支架栽培，成熟期分散，产品部位、形状及产品大小差异较大，带刺或者过软不耐碰的都无法用机械采收；洋葱、大蒜采收时是连根拔起，在田间晒 3～4d，使外皮干燥伤口愈合。

② 手工工具采收

可借助手工工具如剪刀等采摘工具进行采收，以提高徒手采收的效果和效率。如甜瓜、南瓜、葫芦采收的时候可以借助剪刀进行采收，适当留一点瓜把，更有利于贮藏和提高商品性；韭菜、藜蒿、茼蒿等可借助镰刀进行采收；蒜薹、菜心、红菜薹还可借助一些专门的刀具进行采收，以提高采收效率；地下根茎类蔬菜大都用锹或锄头刨挖，如芋头、荸荠、生姜、菊芋等，刨挖时应避免损伤根部；近年来莲藕的采收生产中主要借助水枪用高压水流冲击泥块以暴露藕身便于采挖。

③ 机械化采收

短蔓的豆类（如毛豆、无架豇豆、无架菜豆等）、红椒、加工番茄等结果集中，成熟期相对一致，可利用机械进行采收；老熟的南瓜，果皮较厚而硬，可利用机械进行采收；另外土壤中生长的马铃薯、胡萝卜等一次性采收的蔬菜也适合机械化采收；此外像甘蓝、花椰菜、莴笋、豌豆等也都适合机械化采收。机械化采收的蔬菜对生产和管理的标准化程度要求较高，如小白菜秧、茼蒿、菠菜等叶菜从整地、播种、生产管理都按照标准化的要求才能生长一致，以便于机械化采收。机械主要由识别系统、挖掘器（切割器）、收集器、运输带等几部分组成，大型机械还附有分级、装袋等设备。如何减少机械采收时的损失并保证品质的整齐已经成为国内外研究的热点。

6.2 蔬菜采后的商品化处理

蔬菜采后商品化处理工作是商品蔬菜采收后销售前的必需环节，蔬菜采收后依然在进行呼吸作用、蒸腾作用，导致产品发生损耗和失水，同时也易因采收时的机械损伤导致微生物感染，极易腐败变质。

因此，降低温度，降低氧气含量，提高二氧化碳含量，减少机械损伤，提高空气湿度等是采收后比较合适的贮藏保鲜措施。同时还应尽量减少中间环节，以保证果蔬产品新鲜、柔嫩及保持风味。

蔬菜采后处理技术主要包括蔬菜产品的预冷、整理清洗和分级包装及运输等，可保持或改进品质，提高商品价值，减少浪费，增加效益，提高市场竞争力。

广义地讲，蔬菜生产不仅是指从播种到采收的栽培过程，而且还包括了采收后的清洗、分级、包装、预冷、加工和贮运等产后商品化处理。

蔬菜经过商品化处理，既有利于保持优良品质乃至在某些方面改善品质，提高商品性，又有利于减少腐烂，避免浪费；既方便人民生活，又可使蔬菜商品增值，使生产者和经营者增加经济效益。

总之，蔬菜产品的采后处理对提高商品价值、增强产品的耐贮运性能具有十分重要的作用。

6.2.1 蔬菜的采后整理和清洗

整理与清洗是采后处理的第一步，目的是剔除有机械伤、病虫危害、外观畸形等不符合商品要求的产品，以便改进产品的外观，改善商品形象，便于包装贮运，有利于销售和食用。

(1) 蔬菜的采后整理

蔬菜产品从田间收获后，往往带有残叶、黄叶、泥土、病虫污染等，严重影响产品的外观和商品质量，而且更重要的是携带有大量的微生物孢子和虫卵等有害物质，成为采后病虫害感染的传播源，引起采后的大量腐烂损失，必须进行适当的处理。

有的蔬菜产品还需进行进一步修整，并去除不可食用的部分，如去根、去叶、去老化部分等。如结球白菜、甘蓝、莴苣、花椰菜、青花菜等要除去过多的外叶并留存适当的保护叶；萝卜、胡萝卜、芜菁等要修掉顶叶和根毛；芹菜要去根，有的还要去叶。部分叶菜单株体积小，重量轻，还要进行捆扎。应根据产品的特点进行相应的整理，以获得较好的商品性和贮藏保鲜性能。

(2) 蔬菜产品的清洗

清洗主要是洗掉表面的泥土、杂物和农药等。

清洗方法可分为人工清洗和机械清洗。在蔬菜采后的各项处理工作中，清洗是最先采用机械设备的，随着蔬菜超级市场特别是加工小包装盒方便型即食小包装的出现，已相继推出具有清理、洗涤、去皮、切断、包装等多功能的复合型清洗整理设备。按照洗涤机械使用的工作介质分为干洗和湿洗两类，干洗时采用压缩空气或直接摩擦，湿洗一般用水。有的蔬菜不能水洗，如马铃薯水洗后不耐贮运。

在清洗过程中应注意清洗用水必须清洁。产品清洗后，清洗槽中的水含有高丰度的真菌孢子，需及时将水进行更换。另外，可在水中加入漂白粉或50～200mL/L的氯进行消毒防止病菌的传播。在加氯前应考虑不同产品对氯的耐受性。清洗液的种类很多，可以根据条件选用。如果清洁剂和保鲜剂配合使用，还可进一步降低果实在贮运过程中的损失。蔬菜经过清洗后一定要晾一下，去掉表面水分。

6.2.2 蔬菜的采后预冷

(1) 蔬菜采后预冷的作用

预冷是将新鲜采收的产品在运输、贮藏或加工以前迅速除去田间热，将其组织温度降低到适宜温度的过程，以延缓蔬菜的新陈代谢，保持新鲜状态。恰当的预冷可以减缓代谢速度，减少产品的腐烂，最大限度地保持产品的新鲜度和品质。快速除去田间热既能延缓后熟，又能减少加工过程中的质变，还能够有效地节省在贮藏或运输中所必需的机械制冷负荷。

① 预冷的作用

一是快速排除蔬菜采后所带的田间热，节省运输和贮藏中的制冷负荷。

二是在运输或贮藏前使产品尽快降低品温，快速抑制呼吸作用和降低生理活性，以便更好地保持产品的生鲜品质。

三是快速降低品温，减少贮运初期的温度波动防止结露现象发生。

四是减少营养损失和水分损失，延缓变质和成熟的过程，延长贮藏寿命。

五是抑制微生物的侵染和生理性病害的发生，提高耐贮性。

② 预冷应遵循的原则

一是采后要尽早进行预冷处理，并根据蔬菜种类和特性选择最佳预冷方式。一次预冷的数量要适当，要合理包装和码垛，尽快使产品达到预冷要求的温度。

二是预冷的最终温度要适当，一般各种果蔬的冷藏温度就是预冷终温的大致标准。还可以根据销售时间的长短、产品的易腐性等适当调整终温，预冷要注意防止产品的冷害和冻害。

三是预冷后必须立即将产品贮入已经调整好温度的冷藏库或冷藏车内。

(2) 蔬菜预冷的方法

预冷是蔬菜低温冷链保藏运输中必不可少的环节，预冷措施必须在产地采收后立即进行。预冷的方法很多，最简单的是将产品摊放在阴凉、通风的条件下，使其自然冷却，也可将产品浸渍在冷水中，或用流水漂洗、喷淋使温度降低。目前常用的预冷技术主要有冷库预冷（冷风预冷）、冷水预冷、冰预冷、真空预冷、压差预冷。预冷所要达到的温度，因种类、品种、运输条件、贮期长短等不同而异。

① 冷水预冷

冷水预冷是以水为介质的一种冷却方式，将果蔬浸在冷水中或者用冷水冲淋，达到降温的目的。冷却水有低温水（一般在0～3℃左右）和自来水两种，前者冷却效果好，后者生产费用低。目前使用的水冷却方式有流水系统和传送带系统。水冷却降温速度快，产品失水少，但要防止冷却水对果蔬的污染。因此，应该在冷却水中加入一些防腐药剂，以减少病原微生物的交叉感染。商业上适合于用水冷却的蔬菜有胡萝卜、芹菜、甜玉米、网纹甜瓜、菜豆等。

② 冰预冷

冰预冷是通过冰的融化，吸收果蔬的热量，使果蔬降温的方法。它包括在包装箱或托盘内放入冰，或用冰覆盖在托盘上。冰和产品的接触会促使其快速冷却，这种冷却方法经常结合运输进行。一般来说，把产品由35℃降至2℃所需冰的质量为该产品质量的38%。这种冷却方法适用于与冰接触不易产生伤害的产品或需要在田间立即进行预冷的产品。但冰预冷降低温度和保持产品品质的作用有限，只能作为其他预冷方式的辅助措施。由于冰块的最高温度为0℃，与果蔬长时间直接接触容易产生冷害，只有一些耐低温的果蔬才能采用此种预冷方式，如抱子甘蓝、甜玉米、胡萝卜、芹菜、菠菜、花菜、葱、甘蓝、蒜薹等。采用覆冰预冷时温度变化不均匀，冰块融解不均衡，易造成运输过程中车辆的安全隐患。对于电商产业，目前较多采用蓄冷剂冰袋预冷，此种方式多为一次性流通使用，容易造成较大的浪费与污染。

③ 冷风预冷

冷风预冷是使冷空气迅速流经产品周围使之冷却。冷风预冷可以在低温贮藏库内进行，将产品装箱，纵横堆码于库内，箱与箱之间留有空隙，冷风循环时，流经产品周围将热量带走。这种方式适用于任何种类的蔬菜，预冷后可以不搬运，原库贮藏。但该方式冷却速度较慢，短时间内不易达到冷却要求。

④ 压差预冷

压差预冷是在产品垛靠近冷却器的一侧竖立一隔板，隔板下部安装一风扇，风扇转动使隔板内外形成压力差。产品垛上面设置一覆盖物，覆盖物的一边与隔板密接，使冷空气不能从产品垛的上方通过，而要通过水平方向穿过包装上缝或孔在产品缝隙间流动，将其热量带走。差压风机为压头高的多叶轴流风机，采用抽吸的气流方式，因此库内气流均匀，无死角。但由于冷风与果蔬直接接触，存在干耗失水现象。压差预冷是在冷库预冷的基础上弥补了其不足而研究发展起来的预冷技术。压差预冷与冷库预冷成本相当，但预冷效率可较冷库预冷提高 2～6 倍，预冷时间仅为冷库预冷 1/10～1/4，是一种适宜大多果蔬且成本较低的预冷方式，在发达国家其应用量仅次于冷库预冷，位居第二位。压差预冷适用于果菜类蔬菜。

⑤ 真空预冷

真空预冷是将果蔬放在真空室内，迅速抽出空气至一定真空度，使产品体内的水在真空负压下蒸发而冷却降温。压力减小时水分的蒸发加快，如当压力减小到 533.29Pa 时，水在 0℃就可以沸腾，在真空冷却中，大约温度每降低 5.6℃失水量为 1%。真空冷却的效果在很大程度上取决于蔬菜的比表面积、组织失水的难易程度以及真空室抽真空的速度。因此，不同种类的蔬菜真空冷却的效果差异很大。生菜、菠菜、莴苣等叶菜最适合于用真空冷却，纸箱包装的生菜用真空预冷，在 25～30min 内可以从 21℃下降至 2℃，包心不紧的生菜只需 15min。还有一些蔬菜如芦笋、花椰菜、甘蓝、芹菜、葱、蘑菇和甜玉米也可以使用真空冷却，但一些比表面积小的产品如果菜类、根茎类蔬菜等由于散热慢而不宜采用真空冷却。真空冷却对产品的包装有特殊要求，包装容器要求能够通风。

蔬菜产品冷却效果受诸多因素的影响，如产品体积、产品受冷却介质影响的程度（堆码和包装）、产品与介质的温度之差、冷却介质的速度、冷却介质的种类。应该根据产品种类和条件选择合适预冷方法。预冷后的产品要在适宜的贮藏温度下及时进行贮运，若仍在常温下进行贮藏运输，不仅达不到预冷的目的，甚至会加速腐烂变质。

主要蔬菜预冷温度、适宜预冷的方式及预冷时间参见表 6-1。

表 6-1 主要蔬菜预冷温度、适宜预冷的方式及预冷时间表

蔬菜种类	预冷温度/℃	冷库温度(菜温)/℃	预冷时间		
			冷库预冷/h	压差预冷/h	真空预冷/min
番茄(绿熟)	10～13	<15	15～24	4～6	
青椒	7～10	<15	10～20	3～4	
茄子	9～10	<15	15～24	4～6	
黄瓜	10～13	<15	15～20	4～5	
蒜薹	1～5	<5	20～24	3～4	15～20
菜豆	9～10	<15	20～24	3～4	15～20
豌豆	1～2	<5	20～24	3～4	15～20
荷兰豆	1～2	<5	20～24	3～4	15～20
南瓜	7～10	<15	1～2 天	6～7	
西瓜	10～13	<15	2～3 天	6～8	
甜瓜	3～5	5～6	1～2 天	4～6	
白菜	1～2	<5	1～2 天	5～6	
甘蓝	1～2	<5	1～2 天	4～6	
抱子甘蓝	1～2	<5	15～20	3～4	15～20
芦笋	1～2	<5	15～20	3～4	15～20
花椰菜	1～2	<5	15～20	4～5	
青花菜	1～2	<5	15～20	4～6	15～20
菠菜	1～2	<5	15～20	3～4	15～20
芹菜	1～2	<5	15～20	3～4	15～20
小白菜	1～2	<5	15～20	3～4	15～20

续表

蔬菜种类	预冷温度/℃	冷库温度(菜温)/℃	预冷时间		
			冷库预冷/h	压差预冷/h	真空预冷/min
羽衣甘蓝	1～2	<5	15～20	3～4	15～20
生菜	1～2	<5	20～24	4～6	15～20
大葱	1～2	<5	15～20	3～4	15～20
大蒜	1～2	<5	15～20	3～4	15～20
菊苣	1～2	<5	15～20	3～4	15～20
姜	10～13	<15	15～20	3～4	
芋头	7～10	<15	20～24	4～6	
胡萝卜	1～2	<5	20～24	3～5	
萝卜	1～2	<5	24～28	7～10	
草莓	1～2	<5	15～20	3～4	
甜玉米	1～2	<5	20～24	6～8	15～20
蘑菇	1～2	<5	15～20	3～4	15～20

6.2.3 蔬菜产品的保鲜处理

(1) 表面涂剂保鲜

有些果菜类如番茄、黄瓜、甜椒等采后为了减少水分损失，防止皱缩和凋萎，可在果实表面涂一层蜡质或其他被膜剂加以保护，这种处理方法称表面涂膜。常见的如打蜡。打蜡还可以增加蔬菜光感，改善产品色泽，增进感官品质，同时对产品的保存也有利，是常温下延长贮藏寿命的方法之一。青萝卜、芜菁、芜菁甘蓝、甜瓜和甘薯在国外也常打蜡。目前，该技术已在水果、果菜类园艺产品及其他园艺产品上广泛使用。

蜡液是将蜡微粒均匀地分散在水或油中形成稳定的悬浮液。蜡微粒的直径通常为 0.1～10μm，蜡在水中或溶剂中的含量一般是 3%～20%，最好是 5%～15%。果蜡的主要成分是天然蜡、合成或天然的高聚物、乳化剂、水和有机溶剂等。天然蜡如棕榈蜡、米糠蜡等；高聚物包括多聚糖、蛋白质、纤维素衍生物、聚氧乙烯、聚丁烯等；乳化剂包括脂肪酸蔗糖酯、油酸钠、吗啉脂肪酸盐等。这些原料都必须对人体无害，符合食品添加剂标准。目前商业上使用的大多数蜡液都以石蜡和巴西棕榈蜡混合作为基础原料，石蜡可以很好地控制失水，巴西棕榈蜡则使果实产生诱人的光泽。近年来，含有聚乙烯、合成树脂物质、乳化剂和润湿剂的蜡液材料逐渐被普遍使用，它们常作为杀菌剂的载体或作为防止衰老、生理失调和发芽抑制的载体。我国 20 世纪 70 年代起也开发研制了紫胶、果蜡等涂料，在西瓜、黄瓜、番茄等瓜果上使用效果良好。目前还在积极研究用多糖类物质作为涂膜剂，如葡甘聚糖、海藻酸钠、壳聚糖等。现在在涂膜剂中还常加入中草药、抗菌肽、氨基酸等天然防腐剂以达到更好的保鲜效果。

涂蜡的方法可以分为人工涂蜡和机械涂蜡。人工涂蜡是将洗净、风干的果实放入配制好的蜡液中浸透(30～60s) 取出，用蘸有适量蜡液的软质毛巾将果面的蜡液涂抹均匀，晾干即可。机械涂蜡是将蜡液通过加压，经过特制的喷嘴，以雾状喷至产品表面，同时通过转动的马尾刷，将表面蜡液涂抹均匀、抛光，并经过干燥装置烘干。两者相比，机械涂蜡效率较高，涂抹均匀，果面光洁度好，果面蜡层硬度易于控制。

不论采用哪种涂蜡方法都应做到以下三点：

① 涂被厚度均匀、适量。过厚会引起呼吸失调，导致一系列生理生化变化，果实品质下降；过薄效果不明显。

② 涂料本身必须安全、无毒、无损人体健康。

③ 成本低廉，材料易得，便于推广。值得注意的是，涂蜡处理只是产品采后一定期限内商品化处理的一种辅助措施，只能在上市前进行处理或作为短期贮藏、运输的一种保鲜手段，否则会给产品的品质带来不良影响。

(2) 化学制剂保鲜

为了降低产品的消耗，改善产品外观，可用化学制剂处理。在清洗蔬菜的水中加入低浓度的漂白粉，可以减少许多蔬菜病害的蔓延。如加入100～200mg/L次氯酸钙处理胡萝卜、萝卜、番茄、甜椒等可以减少腐烂。马铃薯、黄瓜、蒜薹等用仲丁胺（2-AB）熏蒸（60mg/L）12h可减少腐烂。番茄采用赤霉素处理可以推迟成熟，增加贮藏时间。抑芽丹（青鲜素）可以防止洋葱、萝卜、胡萝卜、马铃薯发芽，丁酰肼（B9）可以抑制蘑菇采后的褐变。在实际使用时必须按照立法要求进行。

(3) 辐射处理保鲜

利用照射源发出的高能射线照射新鲜蔬菜，可以延长其贮藏寿命。当蔬菜被照射时，自身和携带的微生物、昆虫就会吸收射线的能量，使内在的物质结构和反应机制发生变化，出现不同程度生理异常，最终导致多种异常的生物学症状，甚至死亡。

各种生物对射线的耐受力不同，研究表明引起蔬菜腐败的常见病原菌在较低的辐照剂量下就可被杀死，而果蔬等鲜活农产品具有自身的生活机能，较低的剂量下，射线引发的生理损伤可经过一段时间的修复而趋于正常，同时射线对生物酶活性可能产生适度的抑制，由此带来的抑制新陈代谢的效应正好符合延缓后熟衰老的需要。

经γ射线照射后，可以抑制新鲜蔬菜如块茎、鳞茎的发芽，抑制蘑菇破损、开伞，调节果实的成熟度，对蔬菜表面进行杀菌、杀虫、杀卵等。上海科技大学射线应用研究室对马铃薯用1000rad的^{60}Coγ射线进行辐射处理，贮藏300d无发芽，烂耗仅8%。辐射作为一种不损伤食品品质的“冷杀菌”技术，越来越显示其重要的应用价值。

6.2.4 蔬菜产品的分级与包装

(1) 蔬菜产品的分级

分级是指不同蔬菜种类根据产品器官的形态特征、品质指示性状，从质量和大小上区分，选择出不同规格蔬菜产品的过程。

分级是提高商品质量和实现产品商品化的重要手段，并便于产品的包装、运输及市场的规范化管理。

蔬菜产品由于供食用的部分不同，成熟标准不一致，所以没有固定的规格标准。在许多国家，蔬菜产品的分级通常是根据坚实度、清洁度、大小、质量、颜色、形状、成熟度、新鲜度，以及病虫感染和机械损伤等多方面考虑。我国一般是在形状、新鲜度、颜色、品质、病虫害和机械伤等方面已经符合要求的基础上，按大小进行分级。由于蔬菜产品器官在不同种类、品种之内存在相当大的差别，因而按照大小分级的依据标准就不尽相同，可以依据整个产品或产品的某个部位的直径、质量、体积、长度、密度进行。一旦选择了一个特定的参数作为制订大小分级的依据，那么其他有关参数就在一定范围内被固定下来了。如胡萝卜按照最大直径或质量分级、番茄可按直径分级等。

蔬菜分级是发展蔬菜商品流通的需要。上市前，蔬菜产品一般要在产地进行分级。在我国现阶段几乎全用人工分级。主要是根据产品的品质、色泽、大小、成熟度、清洁度和损伤程度来进行分级，部分蔬菜分级的参考标准见表6-2。

表 6-2 部分蔬菜分级的参考标准

作物种类	商品性状基本要求	大小规格	特级标准	一级标准	二级标准
菜豆	同一品种或相似品种；完好，无腐烂、变质；清洁，不含任何可见杂物；外观新鲜；无异常的外来水分；无异味；无虫及无病虫害导致的损伤	长度(cm) 大：>20 中：15～20 小：<15	豆荚鲜嫩、无筋、易折断；长短均匀，色泽新鲜，较直；成熟适度，无机械伤、果柄缺失及锈斑等表面缺陷	豆荚比较鲜嫩，基本无筋；长短基本均匀，色泽比较新鲜，允许有轻微的弯曲；成熟适度，无果柄缺失；允许有轻微的机械伤、锈斑等表面缺陷	豆荚比较鲜嫩，允许有少许筋；允许有轻度机械伤，有果柄缺失及锈斑等表面缺陷，但不影响外观及贮藏性
黄瓜	同一品种或相似品种；瓜条已充分膨大，但种皮柔嫩；瓜条完整；无苦味；清洁、无杂物、无异常外来水分；外观新鲜、有光泽，无萎蔫；无任何异常气味或味道；无冷害、冻害；无病斑、腐烂或变质；无虫伤及其所造成的损伤	长度(cm) 大：>28 中：>16～28 小：11～16 同一包装中最大果长和最小果长的差异(cm) 大：≤7 中：≤5 小：≤3	具有该品种特有的颜色，光泽好；瓜条直，每 10cm 长的瓜条弓形高度≤0.5cm；距瓜把端和瓜顶端 3cm 处的瓜身横径与中部横径相近，横径差≤0.5cm；瓜把长占瓜部长的比例≤1/8；瓜皮无因运输或包装而造成的机械损伤	具有该品种特有的颜色，有光泽；瓜条较直，每 10cm 长的瓜条弓形高度>0.5cm 且≤1cm；距瓜把端和瓜顶端 3cm 处的瓜身横径与中部的横径差≤1cm；瓜把长占瓜部长的比例≤1/7；允许瓜皮有因运输或包装而造成的轻微损伤	具有该品种特有的颜色，有光泽；瓜条较直，每 10cm 长的瓜条弓形高度>1cm 且≤2cm；距瓜把端和瓜顶端 3cm 处的瓜身横径与中部的横径差≤2cm；瓜把长占瓜部长的比例≤1/6；允许瓜皮有少量因运输或包装而造成的损伤，但不影响果实耐贮性
水果黄瓜	具本品种的基本特征，无畸形，无严重损伤，无腐烂，果顶不变色转淡，具有商品价值	长度(cm) 大：>10～12 中：>8～10 小：6～8	果形端正，果直，粗细均匀；果刺完整、幼嫩；色泽鲜嫩；带花；果柄长 2cm	果形较端正，弯曲度 0.5～1cm，粗细均匀；带刺，果刺幼嫩。果刺允许有少量不完整，色泽鲜嫩，可有 1～2 处微小疵点，带花，果柄长 2cm	果形一般，刺瘤允许不完整，色泽一般，可有干疤或少量虫眼，允许弯曲，粗细不太均匀，允许不带花，大部分带果柄
南瓜	具本品种的基本特征，无腐烂，具商品价值	单果重(kg) 大：>1.3～1.5 中：>1.1～1.3 小：0.8～1.1	果形端正；无病斑，无虫害，无机械损伤；色泽光亮，着色均匀；果柄长 2cm	果形端正或较端正；无机械损伤，瓜上可有 1～2 处微小干疤 或白斑；色泽光亮，着色较均匀；果柄长 2cm	果形允许不够端正，瓜上允许有干疤点或白斑，色泽较光亮，带果柄
西葫芦	同一品种或相似品种；清洁，无杂质；外观形状完好，无柄，基部削平；鲜嫩，色泽正常；无裂口、无腐烂、无变质、无异味；无病虫害导致的严重损伤；无冷冻导致的严重损伤	单果质量(kg) 大：>0.6 中：0.3～0.6 小：<0.3	果实大小整齐，均匀，外观一致；瓜肉鲜嫩，种子未完全形成，瓜肉中未出现木质脉径；修整良好；光泽度强；无机械损伤、病虫损伤、冻伤及畸形瓜	果实大小基本整齐，均匀，外观基本一致；瓜肉鲜嫩，种子未完全形成，瓜肉中未出现木质脉径；修整较好；有光泽；无机械损伤、病虫损伤、冻伤及畸形瓜	果实大小基本整齐，均匀，外观相似；瓜肉较鲜嫩，种子完全形成，瓜肉中出现少量木质脉径；修整一般；光泽度较弱；允许有少量机械损伤、病虫损伤、冻伤及畸形瓜
丝瓜	具本品种基本特征，无畸形，无损伤，无腐烂，无老化，具商品价值	长度 (cm) 大：>30～35 中：>25～30 小：20～25	瓜鲜嫩；果形端正；无瑕疵点、病斑、虫害；果色亮丽；带花；果柄 2～3cm，果直，粗细均匀	瓜鲜嫩；果形端正；无瑕疵点、病斑、虫害；果色亮丽；带花；果柄长 2～3cm；弯曲度 0.5～1cm，粗细均匀	瓜尚嫩；果形一般；允许有瑕疵点、病斑、虫害；果色一般；允许带花、带果柄；允许弯曲、粗细不均匀

续表

作物种类	商品性状基本要求	大小规格	特级标准	一级标准	二级标准
苦瓜	新鲜;果面清洁,无杂质;无虫及病虫造成的损伤;无腐烂、异味;无裂果	长度(cm) 大:>30 中:20～30 小:<20	外观一致;瘤状饱满,果实呈该品种固有的色泽,色泽一致;果身发育均匀,质地脆嫩;果柄切口水平、整齐;无冷害及机械伤	外观基本一致;瘤状饱满,果实呈该品种固有的色泽,色泽基本一致;果身发育基本均匀,基本无绵软感;果柄切口水平、整齐;无明显的冷害及机械伤	外观基本一致;果实呈该品种固有的色泽,允许稍有异色;稍有冷害及机械伤
番茄	相同品种或外观相似品种;完好、无腐烂、变质;外观新鲜、清洁、无异物;无畸形果、裂果、空洞果;无虫及病虫导致的损伤;无冻害;无异味	直径大小(cm) 大:>7 中:5～7 小:<5	外观一致,果形圆润无筋棱(具棱品种除外);成熟适度、一致;色泽均匀,表皮光洁,果腔充实,果实坚实,富有弹性;无损伤、无裂口、无疤痕	外观基本一致,果形基本圆润,稍有变形;已成熟或稍欠熟,成熟度基本一致,色泽较均匀;表皮有轻微的缺陷,果腔充实,果实坚实,富有弹性;无损伤、无裂口、无疤痕	外观基本一致,果形基本圆润,稍有变形;稍欠成熟或稍过熟,色泽较均匀;果腔基本充实,果实较坚实,弹性稍差;有轻微损伤,无裂口,果皮有轻微的疤痕,但果实商品性未受影响
樱桃番茄	相同品种或外观相似品种;完好,无腐烂、变质;外观新鲜、清洁、无异物;无畸形果、裂果、空洞果;无虫及病虫导致的损伤;无冻害;无异味	直径大小(cm):2～3	外观一致;成熟适度、一致;表皮光洁,果萼鲜绿,无损伤;果实坚实,富有弹性	外观基本一致;成熟适度、较一致;表皮光洁,果萼较鲜绿,无损伤;果实较坚实,富有弹性	外观基本一致,稍有变形;稍欠成熟或稍过熟;表皮光洁,果萼轻微萎蔫,无损伤,果实弹性稍差
辣椒	新鲜;果面清洁,无杂质;无虫及病虫造成的损伤;无异味	长度和横径(cm) 羊角形、牛角形、圆锥形长度 大:>15 中:10～15 小:<10 灯笼形横径(cm) 大:>7 中:5～7 小:<5	外观一致,果梗、萼片和果实呈该品种固有的颜色,色泽一致;质地脆嫩;果柄切口水平、整齐(仅适用于灯笼形);无冷害、冻害、灼伤及机械损伤,无腐烂	外观基本一致,果梗、萼片和果实呈该品种固有的颜色,色泽基本一致;基本无绵软感;果柄切口水平、整齐(仅适用于灯笼形);无明显的冷害、冻害、灼伤及机械损伤	外观基本一致,果梗、萼片和果实呈该品种固有的颜色,允许稍有异色;果柄劈裂的果实数不应超过2%;果实表面允许有轻微的干裂缝及稍有冷害、冻害、灼伤及机械损伤
长辣椒	具有同一品种特征,适于食用;果实新鲜洁净,发育成熟,果形完整,果柄完好,不留叶片,果面平滑;无异味,无异常水分;具有适于市场购销和贮存要求的新鲜度和成熟度;无腐烂、雹伤及冻伤等缺陷		具有果实固有色泽,自然鲜亮,颜色均匀;具有果实固有形状,弯曲度在15°以下;果实丰实,不萎蔫,果柄新嫩;无机械伤及病虫伤;整齐度与平均长度的误差≤(±5)%;同批次不合格品率不超过10%	具有果实固有色泽,较鲜亮,颜色较均匀;具有果实固有形状,弯曲度在15°～20°;果实丰实,不萎蔫,果柄较新嫩,略皱;有轻微机械伤及病虫伤;整齐度与平均长度的误差≤(±7.5)%;同批次不合格品率不超过10%	具有果实固有色泽,不够鲜亮,略有杂色;具有果实固有形状,弯曲度在20°～30°;果实丰实,无明显萎蔫,果柄不够新嫩;有较明显机械伤及病虫伤;整齐度与平均长度的误差≤(±10)%;同批次不合格品率不超过15%

续表

作物种类	商品性状基本要求	大小规格	特级标准	一级标准	二级标准
茄子	同一品种或果实特征相似品种；已充分膨大的鲜嫩果实，无籽或种子已少量形成，但不坚硬；外观新鲜；无任何异常气味或味道；无病斑、无腐烂；无虫害及其所造成的损伤	长茄(果长:cm) 大:>30 中:20～30 小:<20 圆茄(横径:cm) 大:>15 中:11～15 小:<11 卵圆茄(果长:cm) 长:>18 中:13～18 小:<13	外观一致，整齐度高，果柄、花萼和果实呈该品种固有的颜色，色泽鲜亮，不萎蔫；种子未完全形成；无冷害、冻害、灼伤及机械损伤	外观基本一致，果柄、花萼和果实呈该品种固有的颜色，色泽较鲜亮，不萎蔫；种子已形成，但不坚硬；无明显的冷害、冻害、灼伤及机械损伤	外观相似，果柄、花萼和果实呈该品种固有的色泽，允许稍有异色，不萎蔫；种子已形成，但不坚硬；果实表面允许稍有冷害、冻害、灼伤及机械损伤
青花菜	花球充分发育，具有适于鲜销、正常运输和装卸要求的成熟度；新鲜，无萎蔫，有光泽；修整良好，允许保留3～4片嫩叶；主花茎切削平整，无变色，髓部组织致密，不空心；无虫及病虫导致的损伤；无裂球，无冷害、冻害，无严重机械损伤；清洁、无异味、无杂质、无不正常的外来水分；无腐烂、发霉	最大直径(cm) 大:>15 中:10～15 小:<10	外观一致；花球圆整，完好；花球紧实，不松散；色泽浓绿、一致；花蕾细小、紧实，未开放；花茎鲜嫩，分枝花茎短；无机械损伤	外观基本一致；花球较圆整，完好；花球尚紧实，四周略有松散；色泽浓绿、基本一致；花蕾较紧实，但尚未开放；花茎鲜嫩，分枝花茎短；允许有机械损伤，但不明显	外观基本一致；花球完好；花球略松散；色泽略显黄绿或有少量异色花蕾；花蕾有少量开放；花茎较嫩，分枝花茎较长；允许有机械损伤，但不严重
茎用莴苣	清洁、修整良好、无杂质；外观形状完好，带嫩尖，具有适于鲜销的成熟度；无不正常的外来水分；外观新鲜、不失水，无老叶、黄叶和残叶，具有品种的固有色泽；无腐烂和变质现象；无虫及病虫导致的损伤；茎秆无抽薹，无空心，无裂口；无异味	茎秆质量(g) 大:>500 中:350～500 小:<350	茎秆直，外观一致；茎秆鲜嫩；成熟度适宜、一致，无现蕾，保留4环嫩叶片；茎秆无机械损伤	茎秆较直，外观基本一致；茎秆较鲜嫩；成熟度基本一致，无现蕾；允许有少量轻微的机械损伤	茎秆较直，外观稍有差异；茎秆较鲜嫩，允许外皮稍有木质化；成熟度基本一致，允许少量现蕾；允许少量的机械损伤和锈斑
生菜	具本品种的基本特征，无病斑，无黄叶，无老叶，具有商品价值		无虫眼，无焦尾，单株重200g以上，刀口平	无虫眼，允许外叶有少量斑点；无焦尾；单株重100g以上；刀口平	允许外叶有少量虫眼或病斑，允许有焦尾，单株重50g以上

续表

作物种类	商品性状基本要求	大小规格	特级标准	一级标准	二级标准
大白菜	清洁、无杂物;外观新鲜、色泽正常,不抽薹,无黄叶、破叶、烧心、冻害和腐烂;茎基部削平,叶片附着牢固;无异常的外来水分;无异味;无虫及病虫害造成的损伤	单株质量(kg/株) 春秋季大白菜 大:>3.5 中:2.5~3.5 小:<2.5 夏季大白菜(kg/株) 大:>1.0 中:0.75~1.0 小:<0.75	外观一致,结球紧实,修整良好;无老帮、焦边、胀裂、侧芽萌发及机械损伤等	外观基本一致,结球较紧实,修整较好;无老帮、焦边、胀裂、侧芽萌发及机械损伤等	外观相似,结球不够紧实,修整一般;可有轻微机械损伤等
菜心	同一品种或相似品种;形状基本一致,不带根,清洁、无杂物;外观新鲜,表面有光泽;不脱水,无皱缩,无腐烂、发霉;无异常的外来水分;无严重机械伤;无冻害、冷害伤;无异味;无害虫;无空心	薹茎长度(cm) 大:>20 中:15~20 小:<15 同一包装中最长和最短的长度差异(cm) 大:≤3 中:≤2.5 小:≤2	薹茎长度一致,粗细均匀,色泽一致,茎叶嫩绿,叶形完整;无凋谢、黄叶、病虫害和其他伤害,无白心;无机械损伤;花蕾不开放	薹茎长度较一致,粗细较均匀,茎叶嫩绿,叶形较完整;无凋谢、黄叶、病虫害和其他伤害,无白心;允许1~2朵花蕾开放;无机械损伤	具有菜心固有的形状、色泽;允许薹茎稍有弯曲,粗细基本一致;可有少许黄叶或破损叶;允许有少量虫咬叶,但不严重,心叶完好;允许少量花蕾开放;允许少量机械损伤
芹菜	具有本品种固有形状,色泽优良,成熟度适宜,质地脆嫩	单株质量(g) 大:>400 中:300~400 小:<300	鲜嫩色正,株高40cm以上,不空心,去根,洗净,无病虫害	鲜嫩色正,株高35cm以上,略有病虫害,加工整修,去根,洗净	新鲜,不过老,无严重病虫害,加工整修,去根,洗净
蒜薹	外观相似的品种;完好、无腐烂、变质;外观新鲜、清洁、无异物;薹苞不开散;无糠心;无害虫;无冻伤	长度(cm) 长:>50 中:40~50 短:<40	质地脆嫩;成熟适度;花茎粗细均匀,长短一致,薹苞以下部分长度差异不超过1cm;薹苞绿色,不膨大;花茎末端断面整齐;无损伤、无病斑点	质地脆嫩;成熟适度;花茎粗细均匀,长短基本一致,薹苞以下部分长度差异不超过2cm;薹苞不膨大,允许顶尖稍有黄绿色;花茎末端断面基本一致;无损伤、无明显病斑点	质地较脆嫩;成熟适度;花茎粗细较均匀,长短较一致,薹苞以下部分长度差异不超过3cm;薹苞稍膨大,允许顶尖发黄或干枯;花茎末端断面基本整齐;有轻微损伤,有轻微病斑点

续表

作物种类	商品性状基本要求	大小规格	特级标准	一级标准	二级标准
大葱	同一品种或相似品种；较清洁；基本完好；葱白无严重的松软和汁液外溢；去除老叶和黄叶；无腐烂、变质、异味；无病虫害导致的严重病斑和外皮开裂等损伤；无冷冻、高温、机械导致的严重损伤	葱白长度(cm) 长：>50 中：30～50 短：<30 同一包装中的允许误差(%) 长：≤15 中：≤10 短：≤5	具有该品种特有的外形和色泽；清洁，整齐，直立，葱白肥厚，松紧适度，质嫩，纤维少，葱白无破裂、空心、汁液外溢和明显失水，无冷冻、病虫害原因引起的病斑及机械等损伤	具有该品种特有的外形和色泽。清洁，整齐，较直立，葱白较肥厚，质嫩，纤维少，葱白基本无破裂、弯曲、汁液外溢，无冷冻、病虫害原因引起的病斑及机械等损伤	清洁，较整齐，允许少量葱白松软、破裂、弯曲和葱白汁液少量外溢，无冷冻、病虫害等原因引起的病斑，允许轻微机械伤
洋葱	同一品种或相似品种；基本完好；最外面两层鳞片完全干燥，表皮基本保持清洁；无鳞芽萌发；无腐败、变质、异味；无严重损伤；无冻害	横径(cm) 大：>8 中：6～8 小：<4～6 同一包装中的允许误差(%) 大：≤2 中：≤1.5 小：≤1.0	鳞茎外形和颜色完好，大小均匀，饱满硬实；外层鳞片光滑无裂皮，无损伤；根和假茎切除干净、整齐	鳞茎外形和颜色有轻微的缺陷，大小较均匀，较为饱满硬实；外层鳞片干裂面积最多不超过鳞茎表面的1/5，基本无损伤；有少许根须，假茎切除基本整齐	鳞茎外形和颜色有缺陷，大小较均匀，不够饱满硬实；外层鳞片干裂面积最多不超过鳞茎表面的1/3，允许小的愈合的裂缝、轻微的已愈合的外伤；有少许根须，假茎切除不够整齐
马铃薯	同一品种或相似品种；完好；无腐烂；无冻伤、黑心、发芽、绿薯；无严重畸形和严重损伤；无异常外来水分；无异味	单薯质量(g) 大：>300 中：100～300 小：<100	大小均匀；外观新鲜；硬实；清洁，无泥土，无杂物；成熟度好；薯形好；基本无表皮破损、无机械损伤；无内部缺陷及外部缺陷造成的损伤；单薯质量不低于150g	大小较均匀；外观新鲜；硬实；清洁，无泥土，无杂物；成熟度较好；薯形较好；轻度表皮破损及机械损伤；无内部缺陷及外部缺陷造成的轻度损伤；单薯质量不低于100g	大小较均匀；外观较新鲜；较清洁，允许有少量泥土和杂物；中度表皮破损；无严重畸形；无内部缺陷及外部缺陷造成的严重损伤；单薯质量不低于50g
萝卜	具有同一品种特征，适于食用；块根新鲜洁净，发育成熟，根形完整良好；无异味，无异常水分		同一品种，形状正常，大小均匀，肉质脆嫩致密，新鲜，皮细且光滑，色泽良好，清洁；无腐烂、裂痕、皱缩、黑心、糠心、病虫害、机械伤及冻害；每批样品不合格率不得超过5%	同一品种，大小均匀，形状较正常，新鲜，色泽良好，皮光滑，清洁；无腐烂、裂痕、皱缩、糠心、冻害、病虫害及机械伤；每批样品不合格率不得超过10%	同一品种或相似品种，大小均匀，清洁，形状尚正常；无腐烂、皱缩、冻害及严重病虫害和机械伤；每批样品不合格率不得超过10%

续表

作物种类	商品性状基本要求	大小规格	特级标准	一级标准	二级标准
胡萝卜	具有同一品种特征，适于食用；块根新鲜洁净，发育成熟，根形完整良好；无异味，无异常水分	单个重(g) S级：<150 M级：>150～200 L级：>200～300 2L级：>300	保持块根固有色泽，自然鲜亮，颜色均匀；保持块根固有形状，形状均匀，无歪扭、弯曲、开裂或凸起，无青头；无机械伤及病虫伤块根；整齐度与平均长度的误差≤(±5)%；同批次不合格品率低于10%	保持块根固有色泽，自然鲜亮，颜色均匀；保持块根固有形状，略有歪扭、弯曲、开裂或凸起，无明显青头；有轻微机械伤及病虫伤；整齐度与平均长度的误差≤(±7.5)%；同批次不合格品率低于12%	保持块根固有色泽，颜色略有差异；保持块根固有形状，有明显歪扭、弯曲、开裂或凸起，略有青头；有较明显机械伤及病虫伤块根；整齐度与平均长度的误差≤(±10)%；同批次不合格品率低于15%
结球甘蓝	清洁，无杂质；外观形状完好，茎基削平，叶片附着牢固；无外来水分；外观新鲜，色泽正常，无抽薹，无胀裂，无老、黄叶，无烧心、冻害和腐烂	单个球茎(cm) 大：直径>20 中：直径15～20 小：直径<15	叶球大小整齐，外观一致，结球紧实，修整良好；无老帮、焦边、侧芽萌发及机械损伤等，无病虫害损伤	叶球大小基本整齐，外观基本一致，结球较紧实，修整较好；无老帮、焦边、侧芽萌发及机械损伤，允许少量虫害损伤等	叶球大小基本整齐，外观相似，结球不够紧实，修整一般；允许少量焦边、侧芽萌发及机械损伤，允许少量病虫害损伤等
芥蓝	同一品种或相似品种；形状基本一致，不带根，清洁、无杂物；外观新鲜，花蕾不开放；不脱水，无腐烂；无病害、黄叶和侧薹；无异常的外来水分；无异味	茎薹长度(cm) 大：>15 中：10～15 小：<10	花薹长短一致，粗细均匀；薹叶浓绿、圆滑鲜嫩，叶形完整；无虫害和其他伤害	花薹长短基本一致，粗细较均匀；薹叶浓绿、鲜嫩，叶形基本完整；无虫害和其他伤害	植株长短、粗细稍有差异；可有少量破损叶、虫咬叶，但不严重
茭白	具体同一品种特征，茭白充分膨大，其成长度达到鲜食要求，不老化；外观新鲜、有光泽，无畸形，茭形完整，无破裂或断裂等；茭肉硬实、不萎蔫，无糠心；无灰茭，无青皮茭，无冻害，无其他较严重的损伤；清洁、无杂质，无害虫，无异味，无不正常的外来水分；无腐烂、发霉、变质现象；壳茭不带根、切口平整，茭壳呈该品种固有颜色，可带3～4片叶鞘，带壳茭白总长度不超过50cm	横径(mm) 大：>40 中：30～40 小：<30 同一包装中最大和最小直径的差异(mm) 大：>10 中：≤10 小：≤5	净茭表皮鲜嫩洁白，不变绿变黄；茭形丰满，中间膨大部分匀称；茭肉横切面洁白，无脱水，有光泽，无色差；茭壳包紧，无损伤	净茭表皮洁白、鲜嫩，露出部分黄白色或淡绿色；茭形丰满，较匀称，允许轻微损伤；茭肉横切面洁白，无脱水，有光泽，稍有色差；茭壳包裹较紧，允许轻微损伤	净茭表皮洁白、较鲜嫩，茭壳上部露白稍有青绿色；茭形较丰满，允许有轻微损伤和锈斑；茭肉横切面洁白，有色差，横切面上允许有几个隐约的灰白点；茭壳允许有轻微损伤
山药	同一品种或相似品种；完好，无腐烂、变质；断面白色，无裂痕；无异常的外来水分；无异味，无虫及病虫害造成的损伤	直径(cm) 大：>5.5 中：4.5～5.5 小：<4.5 各规格山药长度应在30cm以上	块茎外观新鲜，个体间长短、粗细均匀，色泽均匀，无机械伤、疤痕、畸形和缺陷，无明显附着物	块茎外观新鲜，个体间长短、粗细较均匀，无明显畸形，允许有轻微机械伤或疤痕，允许有少量土沙附着	块茎硬度适中，允许有轻微畸形和少量杂色，允许有轻微机械伤或疤痕，允许有少量土沙附着
干花菇	无异味菇，干香菇的含水量在10%～13%之间，无霉变、腐烂，无虫体、毛发、动物排泄物、泥、蜡、金属等异物	菌盖直径(cm) 大：>6.0 中：4.0～6.0 小：<4.0	菌褶颜色米黄至淡黄；扁半球稍平展或伞形，菇形规整；菌盖厚度大于1.0cm，菌盖表面花纹明显、龟裂深；开伞度小于6分；无虫蛀菇、残缺菇、碎菇体	菌褶颜色米黄至淡黄；扁半球稍平展或伞形，菇形规整；菌盖厚度大于0.5cm，菌盖表面花纹较明显、龟裂较深；开伞度小于7分；虫蛀菇、残缺菇、碎菇体小于1.0%	菌褶颜色淡黄色至略黄；扁半球稍平展或伞形；菌盖厚度大于0.3cm，菌盖表面花纹较少、龟裂浅；开伞度小于8分；虫蛀菇、残缺菇、碎菇体在1.0%～3.0%

（2）蔬菜产品的包装

分级通常和包装一起进行。蔬菜产品包装是蔬菜标准化、商品化，保证安全运输和贮藏的重要措施。有了合理的包装，就有可能使蔬菜在运输途中保持良好的状态，减少因互相摩擦、碰撞、挤压而造成的机械损伤，减少病害蔓延和水分蒸发，避免蔬菜散堆发热而引起腐烂变质。包装可以使产品在流通中保持良好的稳定性，提高商品率和卫生质量。

合理的包装可以减轻贮运过程中的机械损伤，减少病害蔓延和水分蒸发，保证商品质量。

包装容器应具备的基本条件为：

保护性，在装饰、运输、堆码中有足够的机械强度，防止蔬菜受挤压碰撞而影响品质。

透气性，利于产品呼吸热的排出及氧、二氧化碳、乙烯等气体的交换。

防潮性，避免容器的吸水变形而致内部产品的腐烂。

清洁、无污染、无异味、无有害化学物质，另外，需保持容器内壁光滑，容器还需卫生、美观、质量轻、成本低、便于取材、易于回收。

包装外应注明商标、品名、等级、质量、产地、特定标志及包装日期。

包装一般分两大类：一类是运输包装，一类是商品包装。目前，我国的运输包装种类很多，主要有板条箱、竹筐、塑料箱、纸箱、麻袋、草袋和尼龙网袋等。蔬菜的商品包装一般在产地和批发市场进行，也有些在零售商店进行。包装材料主要是塑料薄膜。实行商品包装可防止水分蒸发，保持蔬菜鲜嫩，还可美化外观，提高商品质量，便于消费者携带。

6.2.5 蔬菜贮藏保鲜技术

蔬菜生长发育达到一定的质量要求时就应收获。收获的产品由于脱离了与母体或土壤的联系，不能再获得营养和补充水分，且易受其自身及外界一系列因素的影响，质量不断下降甚至很快失去商品价值。为了保持蔬菜的质量和减少损失，克服消费者长期均衡需要与季节性生产的矛盾，大多数蔬菜都需要进行贮藏。

新鲜蔬菜贮藏的方式很多，常用的有简易贮藏、通风库贮藏、机械冷藏、气调贮藏和减压贮藏等。根据贮藏温度的调控方式又可分为自然降温和人工降温。应根据不同蔬菜的采后生理特性，结合当地气候、土壤和现有条件，可选择适宜的贮藏方法和贮藏条件来保持蔬菜的营养价值和原有风味，延长贮藏寿命和上市时间。

（1）简易贮藏

简易贮藏包括堆藏、沟藏（埋藏）和窖藏三种基本形式，以及由此衍生的假植贮藏和冻藏。简易贮藏简单易行，设施构造简单，建造材料少，修建费用低廉，具有利用当地气候条件、因地制宜的特点，在缓解产品供需上又能起到一定的作用，在我国许多蔬菜产区使用非常普遍。虽然简易贮藏方式的贮藏寿命不太长，然而对于某些种类的蔬菜有其特殊的应用价值，如沟藏适合于贮藏萝卜、生姜，冻藏适用于贮藏菠菜，假植贮藏适用于芹菜、青蒜，大白菜可以窖藏，洋葱可以堆藏或垛藏。

① 堆藏

堆藏是将蔬菜按一定形式堆积起来，然后根据气候变化情况，表面用土壤、席子、秸秆等覆盖，维持适宜的温湿度，保持产品的水分，防止受热、受冻、风吹、雨淋的贮藏方式。堆藏可分为室外堆藏、室内堆藏和地下室堆藏。北方常用此方法贮藏大白菜、甘蓝、洋葱等。堆藏是将蔬菜直接堆积在地下，受地温影响较小，主要受气温的影响。当气温过高或过低时，覆盖就有隔热或保温防冻的作用。另外，覆盖还能在一定程度上保持贮藏环境中一定的空气湿度，甚至能够积累一定的二氧化碳，形成一定的自发气调环境，故堆藏具有一定的贮藏保鲜效果。堆藏的好坏主要取决于覆盖的方法、时间及厚度等因素，因此堆藏往往需要较多的经验。另一方面，由于堆藏受气温的影响很大，故在使用中有一定的局限性。

② **沟藏**

沟藏也称为埋藏，是将蔬菜按一定层次埋放在泥、沙等埋藏物里，以达到贮藏保鲜目的的一种贮藏方法。沟藏一般是应用时临时建造，结束后填平，不影响土地种植或其他用途，且主要以土为原料，用于覆盖或遮挡阳光。沟藏法在北方普遍用于根菜类蔬菜的贮藏，市场上菜贩贮藏生姜也多采用沙藏。沟藏法主要利用较稳定的土壤温度来维持所需要的贮藏温度，也较易控制一定的湿度和积累一定的二氧化碳来减少自然消耗和抑制蔬菜的呼吸强度。沟藏法主要有以下特点：构造简单、成本低；在晚秋至早春这段时间内，可以得到适宜而稳定的低温贮藏条件；能适当地进行保湿和防冻处理。不过，沟藏也存在许多问题，如贮藏初期产品散热易产生高温，贮藏期间内不易对贮藏物进行检查，挖沟和管理需要较多的劳动力。

③ **窖藏**

窖藏主要是利用窖、窑来贮藏产品的一种方式。贮藏窖主要有棚窖和井窖，且是根据当地自然地理条件的特点进行建造的。它既能利用变化缓慢的土温，又可以利用简单的通风设备来调节窖内的温度和湿度。产品能随时入窖出窖，并能及时检查贮藏情况，故窖藏在各地有广泛的应用。窖藏贮藏管理技术大致分为三个阶段：降温阶段，产品在入窖前，首先要对窖进行清洁消毒杀菌处理，入窖以后，夜间要经常打开窖口和通风孔，以尽量多导入外界冷空气，加速降低窖及产品温度，白天由于外界温度高于窖内温度，要及时关闭窖口和通气孔，防止外界热空气侵入；蓄冷阶段，冬季在保证贮藏产品不受冻害的情况下，应尽量充分利用外界低温，使冷量积蓄在窖体内，蓄冷量愈大，则窖体保持低温时间愈长，愈能延长产品的贮藏期限，因此冬季应该经常揭开窖盖和通气孔以达到积蓄冷量的目的，另外，还要定时清除腐烂产品；保温阶段，春季来临以后，窖外温度逐步回升，为了保持窖内低温环境，此时应严格管理窖盖和通气孔，尽量少开窖盖和减少人员入窖时间。

④ **冻藏**

简易冻藏是指利用自然低温条件，使耐低温的蔬菜产品在冻结状态下贮藏的一种方式。冻藏主要适用于耐寒性较强的蔬菜，如菠菜、芫荽、芹菜等绿叶菜。用于冻藏的蔬菜在0℃时收获，然后放入背阴沟的浅沟内（约20cm），覆盖一层薄土。随着气温下降，蔬菜自然缓慢冻结，在整个贮藏期保持冻结状态，无需特殊管理。在出售前，则取出放在0℃下缓慢解冻，仍可恢复新鲜品质。

⑤ **假植贮藏**

假植贮藏是一种抑制生长的贮藏方法，是把带根收获的蔬菜等密集假植在沟内或窖内，使它们处在极其微弱的生长状态，但仍保持正常的新陈代谢过程。这一方法主要用于芹菜、莴苣等蔬菜的贮藏保鲜。假植贮藏实际上是给蔬菜换另一个环境，强迫蔬菜处于极微弱的状态。这样，蔬菜能从土壤中吸收少量的水分和养料，甚至进行光合作用，能较长期地保持蔬菜的新鲜品质，随时采收，随时供应市场消费。

（2）通风库贮藏

通风库贮藏指在有较为完善隔热结构和较灵敏通风设施的建筑中，利用库房内、外温度的差异和昼夜温度的变化，以通风换气的方式来维持库内较稳定和适宜贮藏温度的一种贮藏方法。其基本特点与窖窑类似，且设施比较简单、操作简便、贮藏量也较大。不过由于是依靠自然条件来调节库内温度，在气温过高或过低的地方，则很难达到理想的贮藏温度，而且其中的湿度也较难精确控制，应用上受到一定的限制。

通风库有地下式、半地下式和地上式三种形式，其中地下式与西北地区的土窑洞极为相似。半地下式在北方地区应用较普遍，地上式以南方通风库为代表。可根据当地气候条件和地下水位高低选择采用。通风库贮藏宜建在地势较高、交通方便的地方，为了防止库内湿度过大，要求地下水位在1m以下。通风库的方向要根据当地的温度与风向而定，一般在北方以南北长为宜，这样可以减少迎面风；而南方则以东西长为宜，以便减少阳光直射面、增大迎风面。库形的要求并不严格，但一般要求高度在

4m 以上，以利空气自然对流，达到好的通风降温效果。

通风库的材料宜以因地制宜、就地取材和经济适用为原则，如砖、石头甚至木材均可作为库体的建筑材料。要注意选择好具有隔热性能的材料。材料的隔热性能将导热系数来表示，导热系数越小，隔热性能越好，建筑中通常将导热系数小于 0.84kJ/(cm·k) 的材料称为隔热材料。良好的隔热材料要求具有导热系数小、不易吸水腐烂、不易燃烧、无臭味、便宜和取材容易等特点。可根据材料的不同采用不同的厚度。在通风贮藏库设计中，隔热材料的选择需考虑材料的热阻率、来源、耐用性和所需费用等多个方面，实践中，常将几种材料配合使用（表 6-3）。

表 6-3 各种材料的隔热性能

材料名称	导热系数/[W/(m·K)]	热阻率/[(m·K)/W]	材料名称	导热系数/[W/(m·K)]	热阻率/[(m·K)/W]
聚氨酯泡沫塑料	0.023	43.48	锯末	0.105	9.52
聚苯乙烯泡沫塑料	0.041	24.39	炉渣	0.209	4.78
聚氯乙烯泡沫塑料	0.043	23.26	木料	0.209	4.78
膨胀珍珠岩	0.035～0.047	28.57～21.28	砖	0.790	1.27
加气混凝土	0.093～0.140	10.75～7.14	玻璃	0.790	1.27
泡沫混凝土	0.163～0.186	6.13～5.38	干土	0.291	3.44
软木板	0.058	17.24	干沙	0.872	1.15
油毛毡	0.058	17.24	水	0.582	1.72
芦苇	0.058	17.24	冰	2.326	0.43
刨花	0.058	17.24	雪	0.465	2.15
铝瓦楞板	0.067	14.93	秸草秆	0.070	14.29

库墙一般采用夹心墙，在两层砖墙之间填加隔热材料，如干燥的稻壳、炉渣、刨木花等，应分层填紧密，以防下沉；然后在夹层内的两个墙面上进行防潮处理，防止外部水汽进入夹层时，填充材料受潮隔热能力下降。常见的防潮措施有涂沥青防潮、挂油毡防潮和覆盖塑料薄膜防潮，或者贴高效隔热材料，如软木板、聚氨酯泡沫塑料板等，并进行防潮处理。

库顶的建造一般有三种形式：人字形库顶、平顶和拱形顶。人字形库顶即在人字形屋顶架内，下部设天花板，天花板上铺放质轻高效的保温材料，如蛭石、锯末、谷壳等。地上式和半地下式通风贮藏库多用人字形库顶。平顶则是将隔热材料填充在库顶夹层间，大型通风贮藏库多采用平顶。拱形顶是用砖或混凝土砌成拱形顶，顶上覆土，多为地下式通风贮藏库采用。

库门也需要良好的隔热性能，一般用二层木板中间填充锯末、谷壳、软木板、泡沫塑料等做成，库门两表面用金属薄板隔汽。库门须与门框紧密闭合，防止漏冷气。

通风系统一般由进、排气窗或进、排气筒组成。通过进、排气系统向库内引入冷空气，发生冷、热气流对流，热气流上升由排气装置排出，从而使库内降温。进、排气口的设置对通风降温效果影响极大，一般应按下述原则进行：进气设施设置在库的下部或基部，并安装在主风方向的方位上；排气口则开设于库的上部或顶部；由于进、排气口的气压差越大，气流交换速度越快，降温效果越好，应设法增大进、排气口的垂直距离，尽量提高气压差。对某一库房，在总的通风面积不变时，气口面积较小，数量较多；反之面积较大，则数量越少。前者的通风效能较好。气口的面积适于在 (25×25)cm～(40×40)cm 之间。气口应合理地分散设置以使全库通风均匀。真正要对某一库房的通风量和通风面积进行计算，涉及的因素很多，但经验表明，500t 以下的贮藏库，每 50t 产品的通风面积应不小于 $0.5m^2$。在自然通风条件下，每 $1000m^3$ 的库容进、排气口的总面积可按 $6m^2$ 计算。

(3) 机械冷藏

机械冷藏指的是利用制冷剂的相变特性，通过制冷机械循环运动的作用产生冷量并将其导入有良好隔热效能的库房中，根据不同贮藏商品的要求，控制库房内的温、湿度条件在合理的水平，并适当加以通风换气的一种贮藏方式。

机械冷藏库根据制冷要求不同分为高温库（0℃左右）和低温库（低于－18℃）两类，用于贮藏新鲜蔬菜产品的冷藏库为前者。机械冷藏要求有坚固耐用的贮藏库，且库房设置有隔热层和防潮层以满足人工控制温度和湿度贮藏条件的要求，适用产品对象和使用地域不断扩大，库房可以周年使用，贮藏效果好。机械冷藏的贮藏库和制冷机械设备需要较多的资金投入，运行成本较高，且贮藏库房运行要求有良好的管理技术。

常见的冷库都是由围护结构、制冷系统、控制系统和辅助性建筑四大部分组成。

保鲜冷库的围护结构主要由墙体、屋盖、地坪、保温门等组成。围护结构是冷库的主体结构。目前，围护结构主要有3种基本形式，即土建式、装配式及土建装配复合式。土建式冷库的围护结构是夹层保温形式（早期的冷库多是这种形式）。装配式冷库的围护结构是由各种复合保温板现场装配而成，可拆卸后异地重装，又称活动式。土建装配复合式的冷库，承重和支撑结构是土建形式，保温结构是各种保温材料内装配形式，常用的保温材料是聚苯乙烯泡沫板多层复合贴敷或聚氨酯现场喷涂发泡。

制冷系统是保鲜冷库的心脏，该系统是实现人工制冷及按需要向冷藏间提供冷量的多种机械和电子设备的组合。机械冷藏库通过制冷系统持续不断运行排出贮藏库房内各种来源的热能（包括新鲜园艺产品进库时带入的田间热，新鲜园艺产品作为活的有机体在贮藏期间产生的呼吸热，通过冷藏库的围护结构而传入的热量，产品贮藏期间库房内外通风换气而带入的热量，及各种照明、电机、人工和操作设备产生的热量等）达到并维持适宜低温。制冷系统包括制冷剂与蒸发器、压缩机、冷凝器和必要的调节阀门、风扇、导管和仪表等。

机械冷藏库用于贮藏新鲜蔬菜产品时效果的好坏受诸多因素的影响，除了入库前对库房及用具均应进行认真彻底地清洁消毒，做好防虫、防鼠工作外，在管理上特别要注意以下方面：

① 产品装载

蔬菜进入冷藏库前进行产品预冷，预冷方法有水冷却、冰触冷却、真空冷却等方法。进入冷贮的产品应先用容器包装，按一定方式堆放，尽量避免散贮方式。堆放的总要求是“三离一隙”，即离墙、离地坪、离天花，货物之间留一定空隙。

② 温度管理

产品入库后应尽快达到贮藏低温，不同蔬菜贮藏的适宜温度是有差别的，如黄瓜、四季豆、甜椒等蔬菜在0～7℃之间就会发生伤害。贮藏过程中温度的波动应尽可能小，最好控制在±0.5℃以内。此外，库房所有部分的温度要均匀一致，这对于长期贮藏的新鲜蔬菜产品来说尤为重要。

③ 湿度管理

对于绝大多数新鲜蔬菜产品来说，相对湿度应控制在80%～95%，也要保持相对湿度的稳定。库房建造时，增设能提高或降低库房内相对湿度的湿度调节装置是维持湿度符合规定要求的有效手段。人为调节库房相对湿度的措施有：当相对湿度低时需对库房增湿，如向地坪洒水、空气喷雾等，对产品进行包装，创造高湿的小环境，如用塑料薄膜单果套袋或以塑料袋作内衬等；当相对湿度过高时，可用生石灰、草木灰等吸潮，也可以通过加强通风换气来达到降温目的。

④ 通风换气管理

机械冷藏库必须要适度通风换气，保证库内温度分布均匀，降低库内积累的二氧化碳和乙烯等气体浓度，以达到贮藏保鲜的作用。通风换气的频率视蔬菜种类和入贮时间而有差异。对于新陈代谢旺盛的对象，通风换气的次数可多些。通风换气时间的选择要考虑外界环境的温度，理想的是在外界温度和贮温一致时进行，防止库房内外温度不同带入热量或过冷对产品带来不利影响。生产上常在每天温度相对最低的晚上到凌晨这一段时间进行。

为了保证良好的制冷效果，必须经常对制冷系统进行维护。如对直接输冷式的蒸发器进行经常冲霜，否则会影响冷却效果，另外，还要保证制冷剂不泄露。

(4) 气调贮藏

气调贮藏是调节气体成分贮藏的简称，指的是改变新鲜园艺产品贮藏环境中的气体成分，来延缓衰老，减少损失的一种贮藏方法。气调贮藏被认为是当代贮藏新鲜园艺产品效果最好的贮藏方式。通常是增加 CO_2 浓度和降低 O_2 浓度以及根据需求调节气体成分浓度。

① **气调贮藏的原理与特点**

正常空气中 O_2 和 CO_2 的浓度分别为 20.9%和 0.03%，其余的则为氮气（N_2）等。通过降低 O_2 浓度或/和增加 CO_2 浓度等改变了气体浓度组成，抑制新鲜园艺产品的呼吸作用、蒸发作用和微生物的侵染，达到延缓新陈代谢速度，推迟后熟、衰老和变质的目的。有报道指出，对气调反应良好的新鲜蔬菜产品，运用气调技术贮藏时其寿命可比机械冷藏增加一倍甚至更多。

② **气调贮藏的影响因素**

气调贮藏寿命除取决于贮藏品种的遗传特性外，还受以下环境因素的影响：

a. 温度。降低温度对延缓呼吸作用、减少物质消耗、延长贮藏及保鲜期的重要性是其他因素不可代替的。贮藏温度决定于贮藏品种种类和条件。一般原则下，在保证产品正常代谢不受干扰的前提下，可尽量降低贮藏温度，同时力求稳定。一般气调贮藏的温度比机械冷藏稍高（1℃左右）。

b. 相对湿度。维持较高的相对湿度，对于降低贮藏产品与大气之间的蒸气压差，减少蔬菜产品的水分损失具有重要作用。气调贮藏时要求相对湿度一般比冷藏库高，一般的果蔬保鲜贮藏要求环境的相对湿度在 90%以上，个别品种可高达 95%～98%。

c. 气体浓度。已有研究证明，气调贮藏中低浓度氧气在抑制后熟作用（调控乙烯的产生）和抑制呼吸中具有关键作用。氧气浓度的确定与园艺产品的种类和品种有关，降低氧气浓度也有一定的限度，一般以能维持正常的生理活性、不发生缺氧（无氧）呼吸为底限。许多研究指出，引起多数果蔬无氧呼吸的临界氧气浓度在 2%～2.5%。提高二氧化碳的浓度对延长多种园艺产品的贮期都有效果，但其浓度过高，会导致风味恶化和二氧化碳中毒的生理病害。二氧化碳的最有效浓度取决于不同产品对二氧化碳的敏感性，及其他相关因素的相互关系。

d. 乙烯。贮藏的蔬菜产品会有乙烯产生，气调贮藏中应尽量排出乙烯。通过降低 O_2 浓度，增加 CO_2 浓度，能够减少乙烯的生成量。

气调贮藏中，各种因素是通过综合作用来影响贮藏效果的。各因素之间也相互关联，相互制约。如高湿状态下能有效抑制产品水分蒸发而减少损耗，但若此时二氧化碳浓度过高，就易产生碳酸而使产品腐蚀、褐变，造成新的损失。

③ **气调贮藏的类型**

气调贮藏分为两种类型：可控气调贮藏和自发气调贮藏（MA 贮藏）。

a. 可控气调贮藏。产品密封在不透气的气调室（库）中，利用产品自身的呼吸作用，借助气调机械设备，对封闭系统中氧气和二氧化碳的组成进行调节，使之符合气调贮藏的要求，则称之为可控气调贮藏。该方法能有效地控制贮藏环境的气体组成，贮藏质量较高，但是所需设备条件高，成本也高。

b. 自发气调贮藏（MA 贮藏）。自发气调贮藏是依靠蔬菜产品自身的呼吸作用和塑料的透气性能来调节贮藏环境中氧气和二氧化碳浓度，使之符合气调贮藏的要求。塑料薄膜的种类、密度、厚度不同，对气体和水蒸气的透气性也不一样，选择适宜的塑料薄膜能够使贮藏环境达到适宜的气体组成和相对湿度。此法通常与普通机械冷藏和通风库贮藏等相结合，还可以在运输中应用，使用方便，成本低，效果也较好，是气调贮藏方法的一次革新。塑料薄膜越薄，透气性越好，但容易破裂，如加厚，虽可提高薄膜强度，但透气性降低。硅橡胶膜的透气性比一般塑料大 100～400 倍，将其与薄膜结合能弥补单纯使用薄膜的缺陷。硅橡胶窗气调贮藏是将园艺产品贮藏在镶有硅橡胶窗的聚乙烯薄膜袋内，利用硅橡胶膜特有的透气性能进行自动调节气体成分的一种简易气调贮藏方法。

(5) 减压贮藏

减压贮藏是气调贮藏的发展，又称低压贮藏或真空贮藏。在冷藏基础上降低密闭环境中的气体压力

（一般为正常大气压的1/10左右，即10.1325kPa），使贮藏室中的氧气和二氧化碳等各种气体的绝对含量下降，造成一个低压条件，起到类似气调贮藏中的降氧作用；当贮藏室中达到所要求的低压时，新鲜空气则首先通过压力调节器和加湿器，使空气的相对湿度接近饱和后再进入贮藏室，使贮藏室内始终保持一个低压高湿的贮藏环境，达到贮藏保鲜的要求。

减压贮藏室与气调库和冷藏库的主要不同点在于有一个具有多方面作用的减压系统，由真空设备、冷却设备和增湿设备组成，起到减压作用、通风换气作用、增湿作用和制冷作用。

与一般气调贮藏和冷藏法相比，减压贮藏具有以下优点：与气调贮藏相比，进气简单，除了空气，不需要提供其他的气体发生装置和二氧化碳清除装置；制冷降温与抽真空连续进行，压力维持动态稳定，所以降温速度快，可以不预冷而直接入库；操作灵活简便，仅通过控制开关即可；经减压贮藏的产品，解除低压环境后，后熟和衰老过程仍然缓慢，具有较长的货架寿命；换气频繁，能及时排除有害气体，有利于长期保鲜贮藏；对贮藏物要求不高，可同时贮藏多种园艺产品。

减压贮藏也有一些不足，表现在：对减压贮藏库要求较高，至少能承受1.01325×10^5Pa以上的压力，建筑难度大，费用高；减压条件下，组织水分易散失，要注意保持高湿又要配合应用消毒防腐剂以防微生物危害；刚从贮藏室取出的产品风味不好，需要放置一段时间再出售以恢复原有风味与香味；在管理上减压贮藏不仅要注意维持低压条件，还需要仔细控制温度和相对湿度。以上不足和管理上的高要求，限制了该技术在生产中的推广应用，目前该技术主要用于长途运输的拖车或集装箱运输中。

6.2.6 蔬菜的运输

运输是蔬菜产销过程中的重要环节。在发达国家，蔬菜的流通早已实现了“冷链”流通，新鲜蔬菜一直保持在低温状态下运输。我国的蔬菜运输条件还相对落后，低温运输量相对小，大部分蔬菜采用普通卡车和货车运输。

汽车运输方便灵活，可做到点对点服务，减少装卸次数，减少流通环节，加快流通速度。目前，我国铁路运输蔬菜限于冷藏车辆不足，多数采用“土保温”的方法，也就是使用普通高帮车加冰降温，加棉被或草苫（帘）保温的方法装运蔬菜。此外，也还有部分蔬菜是采用加冰保温车和机械保温车运输。

公路运输应注意以下几点：用于长距离运输蔬菜的车辆，应以大型卡车为主，车况良好；车厢应为高帮，有顶篷，装车时不能用绳子勒捆、挤压，减少运输过程中蔬菜的机械损伤；一般来讲，常温下运输蔬菜应在1000km以内，24h内到达销售网点为好；各种蔬菜耐贮运的特性不同，装车运输数量、运输距离及时间各不相同；装车时要注意包装箱、筐、袋之间的空隙，一般不能散装，车前和车的两边应留有通风口，不能盖得太严；汽车运输主要应抓住一个快字，坚持快装快运，到达销售网点后，及时卸菜整理销售。

第7章 根菜类蔬菜栽培

根菜类蔬菜是指由直根膨大而形成肉质根的蔬菜植物。主要包括十字花科的萝卜、大头菜（根用芥菜）、芜菁、芜菁甘蓝、辣根等；伞形科的胡萝卜、根芹菜、美洲防风；菊科的牛蒡、婆罗门参；以及藜科的根甜菜等。其中栽培最广的有萝卜和胡萝卜，其次为大头菜、芜菁甘蓝及芜菁。

根菜类蔬菜可供炒、煮、加工和生食，耐贮藏运输，不但为冬季主要蔬菜，而且其类型品种很多，一年四季均可栽培，对蔬菜周年均衡供应有很重要的作用。根菜中富含碳水化合物、维生素与矿物质，可以调节人体生理机能，有利于健康。其中胡萝卜中含有大量的胡萝卜素，是维生素A的前体；萝卜中含有淀粉酶和芥辣油，生食能助消化。此外根菜的加工制品也是出口商品，远销东南亚各地。根菜的叶子及肉质根也是家畜的良好饲料，并且根菜类对土壤及气候的适应性广，生长快，产量高，栽培管理简易，生产成本低，便于大面积机械化生产。所以根菜类在我国蔬菜生产中是很重要的一类。

根菜类大都是原产温带的二年生植物，少数为一年生及多年生植物。在生长的第一年形成肉质根，贮藏大量的养分，到第二年抽薹开花结实。

根菜类都属于耐寒性或半耐寒性的植物，萝卜、芜菁、胡萝卜、根甜菜等喜冷凉气候，而牛蒡较耐高温。萝卜种子在2～3℃时开始发芽，发芽适温为20～25℃，幼苗期间较耐高温（25℃）和低温（－3～－2℃），莲座叶生长适温15～20℃，而肉质根生长适温13～18℃，高温条件不利于根的发育。胡萝卜耐热与耐寒的能力都比萝卜强，种子发芽适温同萝卜，幼苗期能耐高温，也能耐－3～－2℃低温，叶生长适温为23～25℃，肉质根肥大适温为20～22℃，超过25℃肉质根短而品质粗。牛蒡生育适温为20～25℃，夏季超过30℃能正常生长，且耐寒性也强。虽然地上部在3℃时枯死，但在长江流域地下部仍能正常越冬至翌春萌发。

根菜类一般都用种子繁殖，宜行直播，大头菜、芜菁与芜菁甘蓝等，可先育苗再移栽，而辣根则用扦插繁殖。根菜类的叶在营养生长期皆为丛生，萝卜、大头菜等为单叶，有板叶与花叶两类；胡萝卜则为三回羽状复叶，叶丛伸展有直立、平展等型。根菜类都为天然异花授粉植物，虫媒花，甜菜则为风媒花。在遗传上相似的种间及在同一种的不同品种间易于杂交，在留种栽培时需严格隔离。

7.1 萝卜栽培

萝卜属十字花科萝卜属，二年生或一年生草本植物，染色体数 $2n=2x=18$。

萝卜肉质根中富含蛋白质、碳水化合物、维生素与矿物质，可以调节人体生理机能，增进健康。因其含有淀粉酶和芥辣油，生食有促食欲助消化作用。其叶子（萝卜缨）及肉质根也是家畜的良好饲料。萝卜还具有较高的药用价值，中医认为萝卜有下气、定喘、消食、除胀、利大小便、止气痛等功效，现代医学研究表明，萝卜中含有能分解亚硝胺的酶，常食萝卜能抑癌防癌。另外萝卜中的木质素能提高巨噬细胞活力，增强人体免疫力。

萝卜对土壤及气候的适应性广，生长快，产量高，栽培管理简易，生产成本低，便于大面积机械化生产。在长江流域萝卜一般在秋季播种，并于当年形成产品器官（肉质根），次年春天在温度升高、日照延长时抽薹开花结籽。近年来，萝卜不但成为冬季主要蔬菜，随着品种的改良，大棚栽培的应用，使得萝卜一年四季均可栽培，且能耐贮藏运输，因此在蔬菜周年均衡供应中有很重要的作用。目前，我国常年萝卜种植面积在120万～130万公顷。

7.1.1 类型和品种

我国是萝卜起源中心之一，品种资源非常丰富。可依据根形、根色、用途、生长期长短、栽培季节及品种对春化反应的不同等分类。这里以栽培季节分类为例来介绍萝卜栽培的主要品种。

(1) 秋冬萝卜

此类萝卜在长江流域秋季播种，冬季收获，生长期70～120d，此期是萝卜周年生产中产量最高、品质最好的一个生长季节。长江流域一般在处暑前后（8月底）播种，11～12月份大量上市，由于气候适宜，各类地方优良品种均可种植。长江流域主要栽培品种有：雪单一号、黄州萝卜、糖晶萝卜、秀美1号、世农CR301、捷如玉、日本秋宝、蔬谷板玉、红冠、宁红萝卜、南春白9号及“白沙”系列、“秋宝”系列、“白玉春”系列等。

(2) 冬春萝卜

长江流域10月中下旬播种，露地越冬，3～4月份收。应选用耐寒性强，对春化要求严格，抽薹晚，不易空心的品种。主要栽培品种有：雪玉春、白玉春、春玉1号、春玉2号、雪单一号、美玉二号、宁白3号、春雪莲、春早生、枭龙、春翡翠、天春大根、大棚大根、白光、白雪春、CR9646、四季小政等。

(3) 春夏萝卜

长江流域从12月上旬～3月上旬播种，4～5月份收。露地栽培，也可地膜覆盖，接冬春萝卜后上市，可调剂春缺。主要栽培品种有雪单一号、雪单二号、春红1号、春白2号、汉白春、汉白玉、白玉春、早玉春2号、天春大根等。

(4) 夏秋萝卜

长江流域夏季（7月上中旬）播种，秋季（8月下旬始收）收获，夏秋萝卜在市场调剂上也很重要。这类萝卜生长在高温多暴雨季节，病虫严重，须选择抗热、抗病虫能力强，不易空心，生长期短的品种，同时配合科学的栽培管理，才能获得优质丰产。主要栽培品种有双红萝卜、夏抗40天、短叶13号、伏抗萝卜、夏秋美浓、夏优1号、夏优301、东方惠美和中秋红萝卜等。

(5) 四季萝卜

根扁圆形或长形的小型萝卜，生长期短，在露地除严寒酷暑季节外，随时皆可播种。不过在秋冬季有产量高的其他萝卜品种，故很少栽培，多在春季露地栽培，供春末夏初市场。主要栽培品种有上海小红萝卜、杨花萝卜（樱桃萝卜）和小缨枇杷缨萝卜等。

7.1.2 栽培特性

(1) 形态特征

a. 根。萝卜种子萌发后及营养生长初期，其幼苗的胚轴和直根均未膨大，生有许多侧根以吸收土壤中的营养。直根开始膨大后，叶子制造的养分就逐渐贮藏到根部而形成肥大的肉质根。萝卜的根系较浅，宜选择土壤深厚富含有机质、保水保肥力强、灌排便利的土壤栽种。

b. 茎。萝卜在营养生长期为短缩茎，通过阶段发育后，顶芽抽生一个花茎，称为主枝，高1～1.3m，再于其上各叶腋间抽生侧枝。

c. 叶。萝卜的叶在营养生长期为丛生，有板叶与花叶两类。叶丛伸展有直立、平展等类型。

d. 花。萝卜为总状花序，花色白或淡紫色，为天然异花授粉植物，虫媒花，在制留种栽培时需严格隔离。

e. 果实和种子。萝卜的果实为长角果，成熟后不开裂，种子为不正球形，千粒重7～8g，种子发芽力可保存5年，但生产上宜用1～2年的新种子。一般都用种子繁殖，应行式直播以避免肉质根分叉。

(2) 生长发育

萝卜的整个生长发育过程，可分为营养生长和生殖生长两个时期。

① 营养生长期

萝卜营养生长期是从种子萌动、出苗到形成肥大的肉质根的整个时期。

a. 发芽期。由种子开始萌动到第一片真叶展开为发芽期，靠种子内贮藏的养分和适宜的温度、水分、空气等外界条件进行生长。此期主要是吸收根的生长，要求适宜的温度和湿润的土壤，播种后3d左右即可出苗。防止土壤干旱，是保证出苗的关键。

b. 幼苗期。幼苗第一片真叶展开到“破肚”为幼苗期。这时主根以纵向加长生长为主，并开始横向加粗生长，使得初生皮层开裂，表现为“破肚”。此期大型萝卜需20d左右，小型萝卜5～10d。幼苗期的生长量较小，对水分和营养的需要量不多，但由于根吸收能力较弱，此期需保持土壤湿润，并配合中耕浅锄，以降温保墒，促进根系发育。

c. 肉质根膨大期。从“破肚”到收获为肉质根膨大期。其生长过程因生长情况不同又可分为莲座期（或叶部生长盛期）和肉质根生长盛期两个时期。

d. 莲座期（叶部生长盛期）。由“破肚”到“露肩”需20～30d。此期是叶片旺盛生长期，第2叶环完全展开，形成强大的同化面积，植株对矿质营养的吸收量明显增加，要供应适量肥水以扩大同化面积，促进肉质根的迅速膨大，同时要适当控制灌水，防止叶片疯长消耗营养，影响肉质根的膨大。

e. 肉质根生长盛期。由“露肩”到“圆腚”，肉质根充分长大达到采收标准。此期叶片生长减缓并渐趋停止，肉质根增大，大部分营养物质输入肉质根贮藏起来。此期肉质根的生长量占最终产量的80%左右，是肥水管理的关键时期。

② 生殖生长期

秋冬萝卜由营养生长过渡到生殖生长，肉质根要经过冬季的一段休眠期，于第二年抽薹、开花、结果，完成其生活周期。早春播种的小型萝卜，在当年就可抽薹、开花、结果。现蕾至开花，一般需20～30d，花期需30～40d，至种子成熟还需要30d左右。自抽薹开花，同化器官制造的养分及肉质根贮藏的养分都向花薹中运转，供给抽薹开花结实之用。萝卜抽薹开花后的肉质根就变为空心，失去食用价值，因此栽培上应避免未熟抽薹。

(3) 对环境条件的要求

a. 温度。萝卜属于半耐寒性的蔬菜，喜冷凉气候，种子发芽适温为20～25℃，幼苗期间较耐高温和低温，莲座叶生长适温15～20℃，而肉质根生长适温13～18℃，高温条件不利于根的发育。

b.光照。萝卜生长需要充足的光照，在苗期和生长期要注意合理栽植密度，过密不利于根的发育。需在低温、长日照的条件下完成发育阶段。在种子萌动、植株生长以及在肉质根贮藏时，都能在低温下通过春化，在长日照条件下，通过光照阶段。但不同的种类和品种，通过春化所需要的温度与时间差异较大。以肉质根为栽培目的时，须防止其通过发育阶段；以采种为目的时，应使植株通过春化，才能开花结实。

c.水分。萝卜的叶大，根群分布浅，不耐旱。土壤与气候过于干燥与炎热时，萝卜的辣味增强、品质差。水分供应不均匀，则易使肉质根开裂。

d.土壤及营养。萝卜以湿润而富含腐殖质、排水良好而深厚的沙壤土为最好，黏重土壤仅适于直根入土较浅的品种，如钩白、露八分等。耕层过浅，坚实，则易引起肉质根的分叉畸形。土壤pH值以5.8～6.5为宜，较耐酸性土壤。根据各地大量试验，对萝卜氮磷钾标准施肥量为：每公顷氮300kg、磷150kg、钾300kg。其中以2/3作基肥，1/3作追肥分次施用为宜。应注意不宜偏施氮肥，重视钾肥、磷肥的施用。

7.1.3 栽培季节和茬口

萝卜最好的前茬作物是黄瓜、西瓜、甜瓜，其次是大蒜、洋葱、春马铃薯、西葫芦。远郊和农村乡镇实行粮菜轮作的前茬可选小麦、蚕豆、早稻、大豆、玉米等。对于种十字花科蔬菜和油菜的田地，最好间隔3～4年轮作一次，以减轻病虫的危害。

萝卜在长江流域可以通过不同季节选择适宜的品种做到周年生产和供应。主要栽培季节包括秋冬茬（处暑前后，即8月下旬播种为宜，在避免肉质根受冻的情况下可根据气候条件、品种、播种期、栽培目的及市场情况来确定收获适期）、冬春茬（10月中下旬为播种适期，最佳收获期在3月下旬，可据市场需求进行采收，也可根据萝卜不同薹高、不同大小，分次采收，大棚栽培可提早采收）、春夏茬（从12月上旬～3月上旬可连续播种，4月中下旬～5月上旬收获，此茬萝卜宜采用地膜覆盖，或用小拱棚及大棚栽培）和夏秋茬（夏季7月上中旬播种，秋季8月下旬始收，播种后40～50d要及时采收）。

7.1.4 萝卜栽培管理技术

（1）秋冬萝卜栽培

① 适期播种

秋冬萝卜播种期很重要。如果播种过早，秧苗长期处于高温干旱或高温高湿的环境，容易发生病虫害，肉质根顶部开裂，心部发黑，品质变差。播种太晚，萝卜生长季节缩短，没有生长足够的叶片，肉质根不能充分膨大而减产。长江流域各地应在处暑前后播种为宜。我国在地区上越向北，播种期越相应提早，如在江淮之间，以立秋到处暑为播种适期，在黄河及淮河流域，都以立秋（8月上旬）为标准，在立秋前后3d为播种适期。

② 整地施肥

在前茬作物收获后，抓紧时机反复深耕细耙，一般耕翻2～3次，并使土壤充分曝晒、风化，以减少病菌、消灭杂草。整地的同时要施入基肥。萝卜施肥应以基肥为主，追肥为辅。基肥以有机肥为主，每667m^{2}施用腐熟的农家肥3000～4000kg，也可每667m^{2}用菜籽饼150kg腐熟后加复合肥25kg混合条施在畦中央。南方萝卜栽培多采用深沟高畦，畦面龟背形，畦长4m、宽1.1m、高15～20cm，畦土耕作层厚25～30cm。

③ 合理密植

选择适于本地消费习惯、优势强的杂种一代良种直播，大型品种点播，中型品种条播，小型品种撒播。点播的穴距15～30cm，每穴播种5～8粒种子，每667m^2播种量250～400g（进口品种点播的穴距15～30cm，每穴播种1～2粒种子，每667m^2播种量100g左右）；条播每667m^2播种量500～750g；撒播每667m^2播种量1000～1500g。播种后用腐熟的渣肥与菜园土1∶1充分混匀后盖籽，如果土壤干旱应及时灌水，以利出苗。播后4～5d进行查苗、补种，保证全苗。

④ 间苗定苗

间苗分2～3次进行，拔除劣、杂、弱苗，以逐步扩大幼苗的营养面积，最后按不同品种株行距要求定苗。间苗的原则是“早匀苗，多间苗，晚定苗”。第一次间苗，在子叶张开时，把子叶浓绿、根的颜色有变化和两子叶开展方向与畦的方向相同的幼苗拔除（每穴留4～5株壮苗）；第二次间苗在2～3片真叶时，把叶片形状发生变异的拔掉（每穴留2～3株壮苗）；第三次在5～6片真叶时定苗，按规定株距，选留壮苗1株，其余苗拔除。

⑤ 中耕除草

秋冬萝卜幼苗期仍处在高温高湿季节，杂草生长旺盛，要及时中耕除草，以使土壤保持松软、洁净、无草，维持土壤墒情，防止土壤板结。在幼苗期中耕不宜过深，肉质根生长盛期尽量少松土，严防碰伤根颈和真根部，以免引起叉根、裂根和腐烂。

⑥ 合理灌排

秋冬萝卜出苗前后气温高，要小水勤浇，每天傍晚浇一次小水。定苗前控制灌水，促进直根延长生长。定苗后不久，主根开始“破肚”，此后叶数增多，叶面积加大，蒸发水分多，需较高的土壤湿度使直根生长快，品质好。从“破肚”至“露肩”，地上部和肉质根同时生长，需水量较多，此时为防止叶片徒长，应掌握地不干不浇水，地发白时再浇水的原则。“露肩”到采收前10d停止浇水，以防止肉质根开裂，提高萝卜的耐贮性。南方有些年份秋冬季也会雨水绵绵，应及时清沟排渍，灌水应根据天气情况，随灌随排。

⑦ 科学追肥

基肥充足而生长期较短的品种，少施或不施追肥，尤其不宜用人粪尿作为追肥。大型品种生长期长，需分期追肥，但要着重在萝卜生长前期施用。第一次追肥在幼苗第二片真叶展开时进行，每667m^2施稀薄腐熟人粪尿1000kg；第二次在“破肚”时，每667m^2施腐熟人粪尿1000kg，加过磷酸钙和硫酸钾各5kg；第三次在“露肩”期以后，用量同第二次。或在定苗后，每667m^2用腐熟豆饼50～100kg或草木灰100～200kg，在植株两侧开沟施下，施后盖土。当萝卜肉质根膨大盛期，每667m^2再撒施草木灰150kg。追肥后要进行灌水，以促进肥料分解。

⑧ 病虫害防治

主要害虫有黄曲条跳甲、蚜虫、小菜蛾、菜青虫和斜纹夜蛾等，要以防为主，危害时5～7d喷药一次。病害主要有软腐病、霜霉病、白斑病、黑斑病及花叶病毒病等，主要是以综合防治为主，如选用抗病品种，采用无病种子，管理上做到深沟高畦、土壤水分适宜、清洁田园、及时灭虫、施用完全肥料及腐熟肥料等。

⑨ 及时采收

秋冬萝卜的收获适期，可根据当地的气候条件、品种、播种期、栽培目的及市场情况来确定。如早熟品种收迟了就容易空心；迟熟和根部大部分露在地上的品种（也称露身品种）要在霜冻前及时采收，以免受冻；迟熟而大部分根在土中的品种（也称隐身品种）则尽可能迟收，以提高产量。需要贮藏的萝卜更要注意勿受冻害，一旦受冻，贮藏时易空心。

（2）冬春萝卜栽培技术

① 适时播种

湖北武汉地区在10月15日～25日为播种适期，武汉以北地区适当提前，武汉以南地区适当延后。

播种密度为行距 50cm，株距 23cm，穴播每穴 5 粒种子，用腐熟渣肥与菜园土各 50%混匀盖籽。每 $667m^2$ 用籽 0.5kg。

② 加强管理

在施足底肥的情况下，苗期结合间苗中耕以施氮肥为主，每 $667m^2$ 施 1000kg 稀薄腐熟人粪尿加尿素 10kg。在冬至施一次越冬肥，以猪牛粪为最佳，浓度加大。立春后气温逐渐回升，应加强对萝卜温光水肥气的管理，注意清沟排渍，利用晴天中耕除草，以利通风透气，并勤施追肥，以保证萝卜营养生长正常进行，抑制萝卜生殖生长，以保丰收。

③ 分次收获

当萝卜单根重 0.5kg 左右，根据市场需求可进行采收，也可根据萝卜不同薹高、不同大小，分次采收。薹高 10～15cm 时不影响品质，但冬春萝卜最佳收获期在 3 月下旬，此时既是蔬菜淡季，又是萝卜的高产期。

(3) 春夏萝卜栽培技术

① 整地作畦

春季雨水多，温度低，湿度大，应选择背风向阳、土层较深厚、土质疏松、排水良好、有机质含量多、中性和弱酸性的砂质壤土整地作畦。

② 适时播种

从 12 月上旬～3 月上旬可连续播种。元月份播种的应覆盖地膜，或用小拱棚及大棚播种栽培，播种后 7～10d 可出齐苗。

③ 田间管理

撒播的樱桃萝卜当幼苗 2～3 片真叶时定苗，苗间距 5～6cm 即可。大型萝卜每畦两行，株距 15～20cm，每 $667m^2$ 5000～8000 株，苗出齐后进行二次间苗，并利用晴天中耕除草，勤追肥，勤中耕，以促进肉质根生长，抑制抽薹。第一次追肥在幼苗长出 2 片真叶时结合松土施下，但必须浅耕，每 $667m^2$ 施 1500kg 稀薄腐熟人粪尿。第二次追肥在大破肚时，每 $667m^2$ 施 1000kg 腐熟人粪尿加过磷酸钙和硫酸钾各 5kg。第三次追肥在萝卜进入露肩期，用量同第二次。

④ 及时收获

春夏萝卜主要在 4 月下旬～5 月上旬收获，当肉质根长到 0.2kg 左右时应进行分期采收。随着气温的逐渐升高，萝卜的营养生长速度减慢，生殖生长加快，当薹高 10cm 后，萝卜易空心和木质化，影响品质。

(4) 夏秋萝卜栽培技术

① 适时播种

夏秋播种萝卜，气温高、暴雨多，除选用生长势强的杂交一代外，一定要保证种子质量. 每 $667m^2$ 用种量 0.75kg，播种后 2～3d 内遇大暴雨应及时补播。

② 田间管理

夏秋萝卜生长在酷暑高温多暴雨季节，应采用深沟高畦栽培，掌握三凉（天凉、地凉、水凉）灌水，避免土壤过干过湿，以利萝卜生长。在萝卜肉质根膨大盛期，每 $667m^2$ 施 1500kg 腐熟人粪尿加过磷酸钙和硫酸铵各 5kg，还要注意防止黄曲条跳甲的危害。

③ 及时收获

夏秋萝卜收获适期一般只有 10d 左右，应在单根重 250g 时到空心前收获。品种和播期不同，收获期有差异。就目前推广的品种而言，如短叶 13 号 7 月 20 日播种，单根重长到 250g 需要 45d，长到 400～500g 需要 50～55d，生育期达到 55d 时单根重会超过 500g，但多会空心。随着播种期的推迟，收获季节天气逐渐凉爽，肉质根生长逐渐缓慢，而且市场价格也稳定下来，采收标准可以在不影响品质的前提下以考虑产量为主。为了保证萝卜鲜嫩，增加产量，可在收获前 1～2d 灌水一次。萝卜上市时应按不同大小分级分期上市，提高商品性，增加经济效益。

(5) 影响肉质根品质的主要问题及防止措施

① 先期抽薹

萝卜在肉质根未充分肥大以前，就有“先期抽薹”的现象。抽薹以后，营养物质即供开花结实之用，肉质根由致密的状态变为疏松，失去食用价值。抽薹决定于品种特性和外界条件。如果在肉质根膨大未达到食用成熟度以前，遇到低温及长日照满足了其阶段发育所需要的条件，植株就抽薹开花。在栽培上常因品种选用不当、品种混杂、播种期太早以及管理技术不当等引起先期抽薹。所以，防止先期抽薹的关键在于使萝卜在营养生长期间避免通过阶段发育的低温和长日照。例如在不同季节、不同地区选用适宜的品种，适期播种，选用阶段发育严格的品种及耐抽薹的品种等。另外加强栽培管理，肥水促控结合，也可防止和减少先期抽薹的损失。

② 肉质根开裂

肉质根开裂的重要原因是在生长期土壤水分供应不均匀所致。例如秋冬萝卜在生长初期遇到高温干旱而供水不足时，肉质根因皮层的组织已渐硬化，到了生长中后期，温度适宜、水分充足时，肉质根内木质部的薄壁细胞迅速分裂膨大，硬化了的周皮及韧皮部细胞不能相应的生长，因而发生开裂现象。所以栽培萝卜在生长前期遇到天气干旱时要及早灌溉，到中后期肉质根迅速膨大时要均匀供水，才能避免肉质根开裂的损失。

③ 肉质根空心

萝卜空心严重影响食用价值。空心与品种、播种期、土壤、肥料、水分、采收期及贮藏条件等都有密切的关系，因此在栽培或贮藏时要尽量避免各种不良条件的影响，防止空心现象的发生。

④ 肉质根分叉

分叉是肉质根的侧根膨大的结果。导致肉质根分叉的因素很多，如土壤耕作层太浅、土质坚硬等。土中的石砾、瓦屑、树根等未除尽，阻碍了肉质根的生长，也会造成分叉。长形的肉质根在不适宜的土壤条件下，一部分根死亡或者弯曲，因此便加强了侧根的肥大生长。施用新鲜厩肥也会影响肉质根的正常生长而导致分叉。此外营养面积过大，侧根没有受到邻近植株根的阻碍，营养物质的大量流入会造成侧根的肥大生长从而导致分叉。相反，在营养面积较小的情况下，营养物质便集中在主根内，分叉现象较少。

⑤ 肉质根辣味

辣味是肉质根中芥辣油含量过高所致。其原因往往是气候干旱、炎热，肥料不足，害虫危害严重，肉质根生长不良，等。此外，品种间也有很大的差异。

7.2 胡萝卜栽培

胡萝卜为伞形花科胡萝卜属二年生草本植物，在世界蔬菜中的地位极为重要，主要分布在欧洲与亚洲，以俄罗斯和中国栽培面积最大，我国胡萝卜常年栽培面积15万～20万公顷。

胡萝卜的肉质根富含蔗糖、葡萄糖、淀粉和胡萝卜素，也含有较多的矿物盐类。其中以胡萝卜素含量最高，每100g鲜重含1.67～12.10mg，在蔬菜中居首位。胡萝卜素经食用消化后，可水解成两倍的维生素A，是预防夜盲病与呼吸道疾病的主要营养物质。

7.2.1 类型和品种

(1) 主要类型

胡萝卜原产阿富汗，12～13世纪经土耳其传入欧洲，13世纪末（元朝初期）传入中国。胡萝卜进化程度较低，迄今仍未见亚种和变种的出现。根据现有材料，可将其分为四种生态型：

① 阿富汗胡萝卜，根细长，有白、黄、橙、红、紫等色，为半野生型胡萝卜；

② 中国胡萝卜，即以华北为中心进化发展的胡萝卜，根形由粗短至细长，根色有白、黄、橙、红、紫等色，抽薹有早有晚；

③ 欧洲胡萝卜，即以荷兰为中心发展进化的胡萝卜，有长根种和短根种，根色以橙红为主，抽薹较晚；

④ 美国胡萝卜，根色多黄、橙色，根形多粗短，抽薹较晚。

(2) 主要品种

胡萝卜的形态变异没有萝卜的大，因此品种较少，依肉质根的皮色可分为红、黄、紫三类，依肉质根的形状可分为长圆柱形、长圆锥形和短圆锥形三类。

a. 长圆柱形。根细长，肩部粗大，根先端钝圆，晚熟。长江流域主要栽培的品种有菊花心、三红胡萝卜、新黑田五寸、红誉五寸、长沙红皮胡萝卜和新透心红胡萝卜等。

b. 长圆锥形。根细长，先端尖，味甜耐贮藏，多为中晚熟品种。主要品种有潜山红胡萝卜、汕头红胡萝卜、烟台五寸胡萝卜和黄胡萝卜等。

c. 短圆锥形。早熟，产量低，春栽抽薹迟。主要栽培品种有麦村金笋、关东寒越和烟台三寸胡萝卜等。

7.2.2 栽培季节与方式

(1) 秋胡萝卜

胡萝卜性喜冷凉气候，幼苗耐旱与耐热能力比萝卜强，而且生长期也长。为了争取高产质优，须利用幼苗耐热的特性将播种期提早，以便有充足的生长期。在长江流域，一般在大暑与立秋间播种，稍迟可在处暑播种，晚秋至翌春收获。华南地区在8～10月份播种，2～3月份收获。

(2) 春胡萝卜

选择冬性强、耐抽薹、耐热的品种，利用地膜加小拱棚覆盖可于1～2月份播种，5～6月份收获。近年来也有用水果胡萝卜品种如阿德莱、贝卡在3月20日左右撒播，55～60d即可收获。

(3) 夏播

在高山高海拔地区于5～6月份播种，8～10月份可供上市。

(4) 冬播

利用大棚多重覆盖栽培，欧洲系统小型胡萝卜，可在11～12月份播种，翌春2～5月份收获。

选用不同品种和多种栽培方式，可以实现周年供应。

7.2.3 胡萝卜栽培技术

(1) 土壤选择

胡萝卜适于土层深厚、肥沃、富含腐殖质又排水良好的壤土或沙壤土，黏重土壤排水不良容易发生歧根、裂根，甚至烂根。土壤的耕层不应浅于25cm，适宜的土壤湿度60%～80%；土壤过干，肉质根细小，粗糙，肉质粗硬。土壤湿度变化太大，会导致肉质根的产量和品质下降。

(2) 整地作畦施基肥

一般5m×1.33m梳形开畦或包沟1.8m开直厢，既利于排水，又利于灌水。在播种前须翻耕炕地

20～30d，然后再撒施基肥，三犁三耙后再按以上规格整地作畦。基肥施用量每 $667m^2$ 施腐熟豆饼 100kg、过磷酸钙 50kg、氯化钾 30kg 或腐熟堆肥 3000kg 加过磷酸钙 50kg、氯化钾 30kg。

(3) 播种

胡萝卜种子（果实）皮厚，上生刺毛，果皮含有挥发性油，且为革质，吸水透气性差，发芽慢，胚小，生长势弱，且无胚及胚发育不良的种子多，另外果皮及胚中还含有抑制发芽的胡萝卜醇，因此发芽率低。种子处理是保证全苗及获得丰产的重要措施。具体方法是：用相当于种子质量 90％的水浸种，并分两次加水，第一次加水一半，使种子湿润，经 3～5h 后再加入另一半水分，同时将种子与水拌匀，在 24h 内每 1h 翻动一次，24～48h 内每隔 3～5h 翻动一次，此后每天早晚各翻动一次，4～5d 后种子即已膨胀或已开始萌动，此时即可置于干净的容器中，盖上湿布，放在 0℃条件下处理 10～15d，而后取出播种在湿润的土壤中。为提高发芽率，用 50mg/kg 赤霉素或硝酸钾溶液代替清水处理种子效果更好。

夏季播种时，为防雨后土壤板结，可在胡萝卜播种时撒少量小白菜或水萝卜，既可为胡萝卜遮阳，亦可提高经济效益。播种深度，沙性土壤 1.5～2.5cm，黏重土 1.0～1.5cm。播种后覆土要轻、浅、匀，且覆土后要盖上稻草等物以防暴雨并保潮。出苗后要及时揭去覆盖物。条播行距以 16.7cm 为宜。

(4) 田间管理

a. 间苗。胡萝卜喜光，种植过密不利于肉质根的形成，因此，幼苗出齐后要及时间苗。第一次间苗在 1～2 片真叶、苗高 3cm 时进行，留苗密度以 3～5cm 见方为宜；第二次间苗在苗高 7～10cm 时进行，以 6～7cm 见方留苗为宜；第三次即定苗，在株高 15～20cm 时进行，以 10cm 见方为宜，大型品种 15～20cm 见方，每 $667m^2$ 留苗 3 万～5 万株。

b. 除草。在高温多雨季节杂草生长迅速，应及时除草。与小白菜等混合条播的可在幼苗出土前按指示作物的位置除草，苗高 3～5cm 时结合间苗进行中耕除草。且大雨后须培土，以防根部外露出现绿色。为节省用工，还可使用除草剂，出苗前可施用异丙甲草胺、甲草胺、氟乐灵等，苗期可施用高效氟吡甲禾灵、烯禾啶等。

c. 追肥。胡萝卜生长期长，除基肥外，还要追肥 2～3 次，但要控制氮肥施用量，否则易引起叶片徒长，影响肉质根的膨大，同时追肥要稀，否则易引起歧根。第一次追肥在出苗后 20～25d、苗龄 3～4 片真叶时进行，每 $667m^2$ 用尿素 2kg、过磷酸钙 3～4kg、氯化钾 2kg，加少量腐熟人粪尿，兑水 1500kg 施入；第二次追肥在出苗后 40～50d（定苗后）进行，每 $667m^2$ 施尿素 4kg、过磷酸钙 4kg、氯化钾 3.5kg，加少量腐熟人粪尿，兑水 1500kg 施入。

d. 灌溉。胡萝卜叶面积小，蒸发量少，根系发达，吸收力强，比较耐旱，但在夏秋干旱季节，特别是在根部膨大时，需要适量灌水。一般应将土壤湿度保持在 60％～80％，若供水不足，则肉质根瘦小而粗糙；若供水不匀，忽干忽湿，则易引起裂根。肉质根充分膨大后应停止浇水，以防烂根。

(5) 采收

胡萝卜肉质根的形成，主要在生长后期，越趋于成熟则肉质根颜色越深，且粗纤维和淀粉逐渐减少，甜味增加，品质柔嫩，营养价值增高。因此胡萝卜采收不宜过早，而应待肉质根充分肥大成熟后采收，否则影响产量和品质。长江流域秋播胡萝卜（7～8 月份播种）宜在 12 月份收获，并在立春前收完。立春后植株转入生殖生长，抽薹开花，品质下降。春胡萝卜 5～6 月份分期采收上市，如遇高温期采收，容易腐烂，要经预冷，贮藏于 0～3℃冷库内，可在整个夏季随时供应上市。

7.3 其他根菜类栽培

其他根菜类蔬菜栽培技术参见表 7-1。

表 7-1 其他根菜类蔬菜栽培技术简表

种类	栽培方式	茬口	品种	播种期	定植期	采收期
芜菁	露地	秋季栽培	温州盘菜、碟子萝卜、焦作芜菁等	8 月上中旬	9 月上中旬	12 月中下旬
芜菁甘蓝	露地	秋季栽培	四川洋大头菜、上海芜菁甘蓝等	8 月上中旬	9 月上中旬	12 月中下旬
根用芥菜	露地	秋季栽培	襄樊大头菜、花叶大头菜等	8 月上中旬	9 月上中旬	11 月下旬～12 月上旬
牛蒡	露地	春季栽培	柳川理想、渡边早生等	3 月中旬	直播	6 月中旬
	露地	秋季栽培	柳川理想、渡边早生等	8 月上旬	直播	10 月下旬
	露地	露地栽培	野川等	4～5 月	直播	9～10 月
根甜菜	露地	春季栽培	扁平类型、圆扁类型等	3～4 月	直播	5～6 月
	露地	秋季栽培	圆扁类型、圆球类型等	7～9 月	直播	10～12 月
	塑料大棚	早春栽培	扁平类型、圆扁类型等	1～2 月	直播	3 月中旬～4 月
根芹菜	露地	早春栽培		2～3 月大棚	4 月	5 月中旬～6 月
	露地	露地栽培		8 月上中旬	9 月	11 月中旬～12 月

第8章

白菜类蔬菜栽培

白菜类蔬菜在植物分类学上都是十字花科芸薹属的植物。它们分属于三个不同的种：白菜，叶片薄、绿色、无明显的蜡粉、叶缘波状，包括大白菜、小白菜、乌塌菜、菜薹、薹菜等；甘蓝，叶片厚、蓝绿色、有明显的蜡粉、叶缘波状，包括芥蓝、结球甘蓝、皱叶甘蓝、抱子甘蓝、球茎甘蓝、花椰菜、木立花椰菜、白花芥蓝等；芥菜，叶片薄、绿色、无明显的蜡粉、叶缘锯齿状，包括叶用芥菜、茎用芥菜等。在栽培学上，以绿叶为产品的小白菜、乌塌菜、菜薹、薹菜、芥蓝等是绿叶菜类。

白菜类蔬菜的类型很多，而各类型中又有极为丰富的品种。因此，在白菜类生产上可以利用不同的类型和品种，根据它们的特性要求，结合不同海拔的山地，实行排开播种，可以实现周年供应。

白菜类蔬菜中白菜和芥菜起源于亚洲内陆温带地区，甘蓝起源于西欧沿海温带地区，都喜温和冷凉气候，最适宜的栽培季节是月均温 15～18℃。白菜类蔬菜大都是生长期较长的作物，如温和季节的日数不足，可以利用幼苗对温度适应性强的特性，在炎热或寒冷的季节提前播种育苗。白菜类蔬菜幼苗多数都有很强的耐寒性，能耐严霜，幼苗甚至可耐短期－8℃的低温，但大白菜、茎用芥菜和花椰菜等是半耐寒性，只能耐轻霜。白菜类蔬菜的耐热性很弱，在月旬均温 21℃以上的季节生长不良，只有结球甘蓝和球茎甘蓝的一些品种可在较热的夏季栽培。

白菜类蔬菜都是低温通过春化阶段、长日照通过光照阶段的植物，但各种植物通过阶段发育的要求和时期不同，大约可分为三类：①结球甘蓝、抱子甘蓝和球茎甘蓝对于通过阶段发育的条件要求比较严格，需要长期 10℃以下的低温通过春化作用，也要求 14h 以上的长日照通过光照阶段，而且植株还必须长到一定大小时才能进行阶段发育，因此它们是二年生植物。一般在秋季完成营养生长，经过长期的冬季，到翌年春暖日长时才抽薹、开花、结实。正因为要长到一定大小的植株才能通过阶段发育，因此控制越冬时幼苗的大小，是防止越冬甘蓝未熟抽薹的关键。②白菜和芥菜植株不需要长到一定大小就可以在 15℃以下的低温下以较少的日数通过春化阶段，并在 12h 以上的日照下通过光照阶段。因此，它们虽是二年生植物，但春播也能在当年开花结实。③以花球或花薹为产品的花椰菜、青花菜、菜薹等对阶段发育要求不很严格，它们是一年生植物，在播种当年就可以发生花薹。白菜类蔬菜抽薹后品质明显下降（食用菜薹的菜心、红菜薹、芥蓝等除外），栽培上要注意在不同的栽培季节选用不同品种，或采取其他相应栽培措施，防止先期抽薹。

白菜类的原产地在温暖季节里雨水多，空气湿润而土壤水分充足，因此白菜类都有很大的叶面积，蒸腾量很大，但因根较浅，利用土壤深层水分的能力不强，因此栽培时要求合理灌溉，保持较高的土壤湿度。但白菜类也不耐渍，在浇水过多或雨后田间积水时，土壤通气不良，影响根系的吸收作用，轻者植株生长不良或容易感染病害，重者全株枯死。为了促进根系的发展以加强吸收能力，必须精细整地和中耕，同时注意建设良好的田间排灌系统，确保旱能灌，涝能排。

大型的白菜类蔬菜单株生长量很大，小型的单株生长量小，但因常高度密植而总生长量也很大，因此它们都是吸收矿质养分很多的作物。栽培时要求利用天然肥沃而且保肥力强的土壤，并施用较多的基肥和追肥。其叶丛很大，需要较多的氮素营养促进叶的生长，生长肥茎和叶球的白菜类需要较多的钾素营养，生长花薹的白菜类还需较多的磷素营养，因此合理配合三要素的供给非常重要。缺钙易导致结球类如大白菜、甘蓝等发生“干烧心”生理病害。白菜类蔬菜以中性或微酸性土壤为好。

白菜类蔬菜所感染的病虫害基本相同，尤其是霜霉病、白斑病、黑斑病、黑腐病、软腐病、根肿病等，随着病残体在土壤中过冬。因此，同是白菜类则不宜彼此前后接茬，应与豆类、茄果类、瓜类等蔬菜及其他农作物轮作，以减轻病害的发生。

白菜类蔬菜花为复总状花序，一般呈深浅不同的黄色，但芥蓝有开白花的，为异花授粉作物，虫媒花，在自然界有自交不亲和性。同一种类各变种间可以相互杂交，采种留种时不同类型和品种间应严格隔离防杂。果实为长角果，成熟时容易开裂，因此白菜类蔬菜采种时待大部分果实成熟时即应及时采收，以免损失。果实中种子排成二列，每个果实中含种子 10～20 粒，种子近圆形，褐色，千粒重白菜类 1～3g，甘蓝类 2.5～4.5g，芥菜类 0.7～1.5g。

白菜类蔬菜均用种子繁殖，可根据不同种类及生产季节行式直播或育苗移栽。一般秋冬大白菜多采用行式直播，甘蓝类、芥菜类多采用行式育苗移栽。

8.1 白菜栽培

8.1.1 类型和品种

白菜在我国分布广阔，栽培面积很大，消费量也最多。大白菜是我国秋、冬和春季供应的主要蔬菜之一。小白菜在我国南方各地普遍栽培，周年生产，尤其在淡季蔬菜供应上占有重要的地位。菜薹在长江流域各地区栽培的主要是紫菜薹，在华南栽培的是菜心。薹菜在黄淮地区有少量的栽培，除绿叶供食外，直根和嫩薹亦可供食。一般在秋季或早秋播种，冬春供应。

白菜原产于我国，栽培历史悠久，经长期选择和培育，创造了丰富的栽培类型。它的亚种有三个：小白菜亚种（不结球白菜）、大白菜亚种（结球白菜）和芜菁亚种。其中小白菜亚种和大白菜亚种，在农业生物学分类上属于白菜类。

(1) 小白菜亚种

小白菜亚种又分为以下 5 个变种：

① 普通白菜变种

普通白菜变种是小白菜类中最主要的一类，适应性强，除北方寒冷地区外，适于周年栽培与供应。按其成熟期、抽薹期的早晚和栽培季节特点，分为秋冬白菜、春白菜及夏白菜等三类。

秋冬白菜多在 2 月份就抽薹，故又称二月白或早白菜，它们按叶柄色泽又可分为白梗菜与青梗菜两类。白梗菜叶柄色白，依其叶柄长短还可分为高桩类（长梗种）、矮桩类（短梗种）和中桩类（梗中等）。高桩类株高 45～60cm 或以上，叶柄与叶身长度之比大于 1，株形直立向上，幼嫩时可鲜食，充分成长后，纤维稍发达，专供腌制加工，优良的农家品种如南京的高桩、杭州的瓢羹白、苏浙皖的花叶高脚白菜等；矮桩类株高 25～30cm 或以下，叶柄与叶身长之比等于或小于 1，品质柔嫩甜美，专供鲜食，优良农家品种如南京矮脚黄、广东矮脚乌叶白菜、常州短白梗等；中桩类株高介于长梗与矮梗之间，鲜食、腌制兼用，品质亦介于两者之间，优良的农家品种有南京二白、广东中脚和高脚黑叶、云南蒜头白等。青梗菜叶柄色淡绿至绿白，多数为矮桩类，品质柔嫩，有特殊青菜味，逢霜雪后往往味更佳美，主要做鲜菜供食，优良的农家品种如上海矮箕白菜、上海中箕白菜、苏州青、扬州大头矮、常州青梗菜等。

春白菜长江流域多在3～4月份抽薹，又称慢菜或迟白菜，一般在冬季或早春种植，春季抽薹之前采收供应，可鲜食亦可加工腌制，具有耐寒性强、高产、晚抽薹等特点，唯品质较差。按其抽薹时间早晚，还可分为早春菜与晚春菜。早春菜较早熟，在长江流域多在3月份抽薹，因其主要供应期在3月份，故称“三月白菜”。优良的农家品种有：属于青扁梗的有杭州半早儿、杭州晚油冬、上海二月慢、上海三月慢，属于青圆梗的如南通马耳头、淮安九里菜，属于白扁梗的如南京白叶，属于白圆梗型的如无锡三月白等。晚春菜在长江流域冬春栽培多在4月上中旬抽薹，故俗称“四月白菜”。优良的农家品种有：属于白扁梗型的如杭州蚕白菜、南京四月白、长沙迟白菜，属于白圆梗型的如无锡四月白、如皋菜薹子，属于青扁梗型的如上海四月慢、上海五月慢、安徽四月青，属于青圆梗型的如东四月青、舒城白乌等。

夏白菜则为5～9月份夏秋高温季节栽培与供应的白菜，称火白菜、伏白菜，具有生长迅速，抗高温、雷暴雨、大风、病虫等特点，杭州、上海、广州、南京等地，有专供高温季节栽培的品种，如杭州的火白菜、上海火白菜、广州马耳白菜等。但一般均以秋冬白菜中生长迅速、适应性强的品种做夏白菜栽培，如南京的高桩、南京的二白、杭州的荷叶白、广州的佛山乌等。

② 乌塌菜变种

植株塌地或半塌地，叶片浓绿至墨绿，叶面平滑和皱缩，有光泽，全缘，耐寒力强，江南地区多在晚秋播种育苗，春节前后供应。经霜雪后，味甜优美，但生长缓慢，单产较低。按其株型分为塌地和半塌地两类型。塌地型植株塌地，与地面紧贴，优良农家品种如常州乌塌菜、上海小八叶、上海中八叶、上海大八叶等；半塌地型植株开张角度与地面成45°以内角，优良的农家品种有南京瓢儿菜、上海杭州的塌棵菜、安徽的黄心乌、成都和昆明的乌鸡白等。

③ 菜心（菜薹）变种

菜心主要收获菜薹，收获菜薹的蔬菜还有紫菜薹、油菜薹、白菜薹等。菜心是我国南方特产蔬菜之一，在广东和广西栽培历史悠久，品种资源丰富，一年四季均可生产，在蔬菜周年供应上有重要地位，目前在福建、上海、四川、云南、湖南等地有少量栽培。优良的菜心品种有四九菜心、萧岗菜心、桂林柳叶早菜花、桂林柳叶中菜花、黄叶中心、青柳叶中心、三月青菜心、柳叶晚菜心等。紫菜薹、油菜薹、白菜薹等，在四川、湖北、湖南、上海、江苏和浙江等地栽培较多，一般秋冬播种育苗，冬春收获。紫菜薹的极早熟品种（从播种到始收菜薹55d以内）有华红1号、2号、3号和4号及湘红1号、2号；早熟品种（从播种到始收菜薹60～70d）有十月红1号、2号，九月鲜，成都姻花菜薹等；中晚熟品种（从播种到收获80d左右）有湖北武昌的大股子、胭脂红、一窝丝和迟不醒等。

④ 薹菜变种

植株冬前塌地，立春后向上生长，株型开展，叶片长卵圆形或长倒卵形，叶缘全缘或基部有深裂，色黄绿、绿、深绿或墨绿，花茎叶为抱茎。秋播者冬春形成肥大的圆锥形直根，除绿叶为主要食用器官外，直根与花薹幼嫩叶均可供食用（薹菜）。薹菜耐寒性及耐碱性较强，故在黄淮地区普遍栽培，一般均在秋季或早春播种，冬春供应。按抽薹期早晚分为早中熟类型和晚熟类型。早中熟类型一般早秋播种当年内可采收，晚秋播种的于翌年3月份抽薹，优良的农家品种有徐州的燥薹菜、二伏燥薹菜、济南花叶薹菜等；晚熟类型晚秋播种，于翌年3月下旬至4月上中旬抽薹，如徐州的笨薹菜、杓子头薹菜、泰安圆叶薹菜等。

⑤ 分蘖菜变种

植株初生塌地，其后则斜展，成长后植株高30～40cm，初期自短缩茎环生塌地的基生叶10多片，以后即自各叶腋分蘖，每蘖生叶数片至10多片。初生叶较大，板叶或花叶，叶片较厚，绿、深绿或墨绿色，叶柄绿白色或浅绿色，狭而肥厚，半圆梗；叶腋分生的叶片大小不一，但形状、色泽与初生叶相同。每株叶数有数十至百片以上，耐寒性强，宜做春菜栽培，但栽培不普遍，以江苏南通地区栽培较多，依抽薹早晚分早春种与晚春种。早春种晚秋播种，翌春 3 月份抽薹，早春采收供应，如南通马耳黑菜、如皋毛菜等；晚春种也晚秋播种，翌春 4 月份抽薹，晚春供食用，如南通四月不老、如皋菜蕻子等。

(2) 大白菜亚种

大白菜亚种也可分为 4 个变种（图 8-1）。

① 散叶变种

散叶变种为最原始类型，不形成叶球，以莲座叶作为菜用或作小白菜栽培，其抗热性和耐寒性强，抗病性也强。

② 半结球变种

半结球变种莲座外层顶生叶抱合成叶球状，内层空虚，耐寒冷，品质稍差，适合高寒地区栽培。

③ 花心变种

花心变种能形成较坚实的叶球，但球顶叶先端向外翻转，称之为舒心，色泽浅绿或黄白色。耐热性强，生长期短，可在秋季做早熟栽培。如北京的翻心白、徐州的狮子头等。

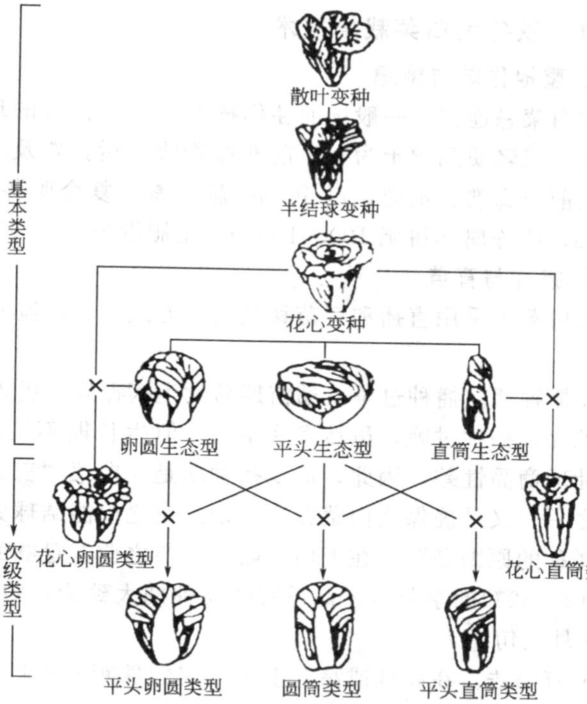

图 8-1 大白菜分类和进化过程示意图

④ 结球变种

结球变种为大白菜最进化类型，能形成坚实的叶球，顶生叶抱合严密，不翻转，以叶球为产品。这个变种中栽培品种非常丰富，在全国各地普遍栽培。

结球变种又可分三个生态型。即直筒生态型：叶球细长、直筒形，生育期 90d 左右，大多为晚熟品种，抗逆性和适应性强，代表品种如天津青麻叶和河头白菜等。卵圆生态型：叶球短圆形，球顶钝圆或尖锐，叶色绿至淡绿，球叶褶抱，结球前期外层叶先迅速生长构成叶球外廓，然后内层叶生长，充实内部，生长期大部分在 100d 左右，抗逆性较差，对肥水条件要求严格，叶球品质好，代表品种有福山包头、胶州白菜、济南小根等。平头生态型：叶球上大下小，呈倒圆锥形，球顶平，叶球叠抱，适合大陆性气候的温和季节栽培，对肥水条件要求严格，抗逆性较差，如洛阳大包头、菏泽包头莲等品种。

南方各地区栽培的大白菜，半结球类型的栽培很少，花心类型的品种如翻心黄、翻心白，一般作早熟栽培，但面积不大，而大量栽培的是结球类型中的三个生态型品种。一般由山东、河北、河南三省引进。结球白菜的品种原来就很丰富，加之近年来育种工作的迅速发展，又选育出了许多优良的新品种和一代杂种，因此，栽培类型和品种更加丰富。在南方地区选用不同品种可以做到周年生产和供应。如适于春大白菜栽培的优良品种有北京小白口、日喀则 1 号、鲁春白 1 号、日本引进的春大将等；适于夏季栽培的耐热品种有伏宝、夏丰、夏阳白、小杂 55、小杂 56、早熟 5 号、早熟 6 号、早熟 8 号、韩国夏盛等；适于秋冬季栽培的品种更多，目前长江流域主要栽培生长期 70～90d 的品种，如丰抗 70、豫园 1 号、山东 4 号、山东 7 号、山东 15 号、鲁白 8 号、鲁秋白 3 号等。

8.1.2 大白菜栽培

长江流域大白菜可以周年生产、周年供应。按照季节的不同，基本可以划分为：秋冬大白菜栽培、春季大白菜栽培和夏季大白菜栽培等三种类型。

(1) 秋冬大白菜栽培技术

① 整地作畦与施肥

大白菜忌连作，一般选前茬作物为非十字花科的地块，且以保水、保肥能力强，排水良好的沙壤土、壤土或轻质黏壤土为宜。前茬作物收获后，要及时清洁田园，深翻土地，深度以20～25cm为宜。耕地之前施腐熟有机肥，每667m^{2}施尿素、复合肥各25kg，腐熟粗粪肥3000～4000kg或厩肥、堆肥5000kg，或施腐熟饼肥100～150kg。土肥混匀，耙碎整平，长江流域雨水多，应采用高畦或高垄栽培。

② 播种与育苗

大白菜可采用直播和育苗移栽两种方式。长江流域多采用直播方式，以减少移栽导致的伤口引发软腐病。

a. 播种期。播种过早，幼苗期易发生病毒病，进入结球期软腐病发病率高，产量和质量下降，叶球不耐贮存；播种过晚，虽然发病率低，但生长期不足，特别是结球期的天数不足，结球不紧实，产量低，叶球商品性差。因此，适期播种既是大白菜"三大"病害（软腐病、病毒病和霜霉病）的综合防治措施之一，又是确保大白菜在生长期结束之前能结球紧实，获取高产优质的不可忽视的农业技术措施。适期播种的原则是要求在大白菜收获季节之前有足够的结球天数，并能将大白菜结球期安排在最适于结球的12～22℃的季节里。最适宜的播种期大致为：黄淮以南长江以北8月上中旬，长江及以南8月下旬～9月上旬。

b. 直播法。在高畦或高垄上按一定的株距开穴进行穴播或条播。大型品种，如福山白菜，行距70～80cm，株距60～70cm，每667m^{2}栽植1500株左右；中型品种，如山东四号，行距60～70cm，株距50～60cm，每667m^{2}栽植约1700株；小型品种，如鲁白6号，行距50～60cm，株距40～50cm，每667m^{2}栽植2000～2200株；极早熟品种，如夏丰、夏阳，行距40～50cm，株距33～35cm，每667m^{2}栽植5000株左右。直播法不经过移栽，不会损伤根系，所以软腐病的发病率比育苗移栽法低得多。种子发芽需要有充足的水分和空气，所以应该在适播期内趁土壤墒情最好的时候播种。天旱土壤墒情不好就要先浇水再播种；如果在适播期内遇到连续阴雨天气，无法开穴或开沟时，就按穴距把种子播在畦面上而后覆盖薄薄一层过筛的干细土即可。每穴播种8～10粒，每667m^{2}用种量150g～250g。

c. 育苗移栽法。如果前茬收获较迟，或是劳力紧张等原因来不及在适播期内将栽培大白菜的田块整好，也可在适播期的前3d先在苗床育苗，而后定植到田块。育苗移栽的播种期要比直播早4～5d。用撒播法，每667m^{2}苗床需种子1500～2000g，撒播时应力求撒匀，为此可以用种子用量的5～10倍细土和种子混合后再撒种。播后覆一层细土盖住种子。苗床面积和栽植面积的比例为1∶20。如果采用营养土块或是纸钵育苗，可以不伤根或少伤根，不易感染软腐病，移栽后基本上没有缓苗期，可以弥补育苗移栽的缺点。

d. 苗期管理。直播的大白菜要进行2～3次间苗，间苗的原则是"分次间苗，早间苗，晚定苗"。第一次间苗在"拉十字"期，将出苗迟、子叶畸形、生长衰弱和拥挤在一起的幼苗，以及第一对真叶大小明显不均的幼苗拔去。每穴留苗5～7株，条播的每4～5cm留1株。第二次间苗在"拉十字"后5～6d，有2～3片真叶后，选生长强健、叶片生长正常的幼苗留下，每穴留3～4株，条播的每7～9cm留1株。第三次间苗于第二次间苗后的5～6d，幼苗有5～6片真叶时，淘汰叶色过深，叶面无毛（个别品种本身无毛除外），叶柄细长无叶翅的杂种苗，穴播每穴留2～3株，条播10～12cm留1株。最后一次间苗在"团棵期"进行，选留1株最好的幼苗。晚定苗目的是能确保全苗。间苗宜在中午太阳光强时进行，这样容易通过其萎蔫程度而淘汰根部受伤的苗子。每次间苗后都要浇水或施以腐熟稀粪水，使间苗后土壤空隙得到填实。苗期其他管理参照育苗移栽法。

e. 育苗移栽法，播种时正值炎热高温季节，播后每天应早晚各浇水一次，因为此时天凉、地凉、水凉，浇水后可以降低地温，并可确保种子发芽所需的水分。当幼苗"拉十字"和幼苗期时分别间苗一次，最后的苗距为8～10cm。每次间苗后用5%的充分腐熟的人粪尿追肥。近年来采用遮阳网育苗效果很好，能够有效降低苗床地表温度，创造菜秧较好的生长条件，还能防止夏季雷阵雨的危害。可在苗床上搭 70～100cm 高的平棚或直接用小拱棚来覆盖遮阳网，一般在中午前后太阳最炎热时或是雷阵雨之前盖上，其余时间都要揭除，这样秧苗才能进行良好生长。育苗的苗龄以 25d 左右为好，此时幼苗具有 5～6 片真叶。

③ 定植

移栽菜苗应在下午 4 时以后进行。移栽前 1d 应先在苗床浇水，次日起苗时根部可多带些土。秧苗要随起随栽，移栽时深浅要适度，太深菜心会被土埋没，影响生长。营养土块和纸钵要栽在土面以下。移栽后要及时浇定根水，并连续浇水 3d，早晚各一次，活棵后转入正常管理。栽植的密度和直播的行株距相同。

④ 田间管理

田间管理包括追肥、灌溉、中耕除草、捆菜及病虫防治。

a. 追肥。除施足基肥外，还应根据大白菜不同的生长期的形态确定追肥的时期和数量。第一次追肥在幼苗期，可结合间苗或中耕后，每 $667m^2$ 追施稀薄腐熟人粪尿 200kg，加 10 倍水浇施于幼苗根部附近；第二次在莲座期追施“发棵肥”，可沿植株开 8～10cm 深的小沟施肥，每 $667m^2$ 施腐熟的人粪尿 700～1000kg 或尿素 6～8kg，过磷酸钙 7～10kg；第三次一般在结球前的 5～6d 追施“结球肥”，每 $667m^2$ 施用腐熟人粪尿 2000～3000kg 或尿素 8～12kg，硫酸钾和过磷酸钙各 10～15kg，或用粉碎后腐熟的饼肥 100～150kg 离根部 15～20cm 开 10cm 深的沟施下并与土壤掺匀后覆土；第四次在结球后半个月施“灌心肥”，可促进包心紧实，每 $667m^2$ 施腐熟人粪尿 1000～1500kg 或尿素 5～7kg。此时大白菜已经封行，不必开沟，可将肥加入灌溉水中，随水冲施于畦沟中。大白菜还可以采用根外追肥，一般在莲座期和结球前期先后喷 3～5 次 0.5%～1%的尿素和磷酸二氢钾混合液，每次间隔 7～10d，下午四时以后无风天气喷施，容易被叶片吸收，效果好。现在生产上也有根据大白菜需肥规律、土壤肥力状况等用养分差减法来进行配方施肥。

b. 灌溉。要根据大白菜不同生长期对水分要求的特点并结合当地的气候、土壤和降雨量来决定浇水次数和浇水量。发芽期要求土壤湿润、种子发芽快、出苗整齐。如土干要先浇水再播种。幼苗期根系浅，气温高，需要多次浇水，以降低土温 6～10℃，有利于幼苗生长，并有效防止病毒病的发生。一般从播种到定棵要浇水 5～6 次，播种前 1 次，齐苗后 1 次，间苗 3 次，定棵 1 次。幼苗期生长量小需水量也小，应掌握小水勤浇的原则；莲座期生长量增大，形成大量的功能叶和 4～5 级根系，需要较多的水分，因根系的生长发育需要一定的氧气，此时浇水的原则是土壤要见干见湿；结球的前中期生长量最大，也是需要水分最多的时期，要保持土壤湿润，此时缺水，则结球不良，一般每隔 5～7d 浇水 1 次；结球后期，由于气温低，蒸发量小，大白菜生长缓慢，需水量减少，在收获前 5～7d 应停止浇水，以利于贮存。浇水应和追肥相结合，一般追肥后要紧接着浇透水一次，便于根系的吸收利用。幼苗期以浇为主，莲座期和结球期采用沟灌，灌水时水不要上畦面。南方雨水多的年份还要注意清沟排水。

c. 中耕除草。大白菜生长期需中耕 2～3 次，第一次在三叶期，这时幼苗根系浅，浅锄 3cm 左右；第二次在定棵后，有 7～8 片真叶时，要深锄 5～6cm，促进根系向深层发展；第三次在莲座期后植株封行前，浅锄 3cm。菜农的经验是“头锄浅，二锄深，三锄不伤根”。

d. 捆菜。捆菜又叫束叶，要贮藏的大白菜在采收前 10～15d 可将外叶扶起，用甘薯藤或稻草等，在离球顶 10～15cm 处把外叶捆起，这样既可减少收获时的机械损伤，也使叶球免受冻害。

e. 病虫防治。大白菜的霜霉病、病毒病和软腐病，是造成其产量不稳定的主要因素。霜霉病可用波尔多液、甲霜灵锰锌、代森锰锌、三乙膦酸铝和百菌清等喷洒；病毒病则是要及时防治蚜虫；软腐病用中生菌素或噻菌铜喷洒叶柄基部或灌根。

⑤ 采收与贮藏

早熟品种一般抗热、抗病性较强，因此播种期较长，采收标准不严格，只要叶球成熟或叶球虽未包紧但已具商品价值时就可随市场需要分批采收上市。中晚熟品种为使叶球充分成熟，便于贮运，应尽可能延迟收获，收获越迟叶球的生长日数越多，产量也就越高。但是大白菜抗寒力不强，尤其进入结球期之后不耐−5～−3℃的低温，因此采收不宜过迟。

当叶球充分长大、手压顶部有紧实感时便可采收。采收时，切除根茎部，剔除外叶、烂叶，分等分级，净菜上市。

(2) 春大白菜栽培技术

① 品种选用

针对长江流域春季短、夏季高温干旱、梅雨期雨水多的气候特点，宜选冬性强、抽薹晚、早熟、耐病耐热的品种，如日本的无双，韩国的春大将、阳春，和我国的日喀则1号、黄点心2号、小杂56、早杂1号、鲁白1号等。

② 栽培方式和时期

露地栽培：直播，长江流域一般在3月下旬，过早易发生先期抽薹，5～6月份上市供应。保护地栽培：2月下旬至3月上旬在温室、大棚或小棚内进行穴盘育苗，注意多重覆盖保温，到3月下旬定植大田，5～6月采收上市。也可地膜加小拱棚覆盖，在3月上中旬直播，利用小拱棚和地膜昼间高温脱春化的原理，防止早期抽薹而提前结球和上市。

③ 栽培技术要点

除选择冬性强的早熟品种和掌握适期播种及定植外，还要选择肥沃且排灌方便的土地，施足速效基肥和追肥，促其在很短的生长期内迅速形成莲座叶和叶球，使营养器官的生长速度超过花薹的伸长速度，在未抽薹前即已形成叶球。同时采用密植法，每$667m^2$栽植株数可比秋大白菜增加1倍而达到4000～5000株。保护地栽培时要防止持续低温，做好夜间多重覆盖防寒，防止通过低温春化诱导花芽分化和现蕾抽薹。春雨过多的年份，在莲座后期，容易发生霜霉病危害，可喷洒58%的甲霜灵锰锌500倍液防治。

④ 采收

春大白菜生长迅速，一般3月下旬定植的，经过50～60d就可以采收。每$667m^2$产量2000～3000kg。

(3) 夏大白菜栽培技术

① 品种选用

夏大白菜正处在夏季高温多暴雨，此时病虫害种类多，而且容易形成灾害性气候，要特别注意选择耐热、抗病、生长期仅50～55d的早熟品种。如夏丰、早熟5号、早熟6号、夏阳白、热抗白45天、伏宝以及中国台湾的夏阳、明月、白阳等。

② 适期播种

宜6～8月份播种育苗，但长江流域7～8月份绝对高温可达40℃，日均温28℃以上，田间生长不良，因此最好选择在海拔700m以上高山栽培。

③ 栽培技术要点

除选择品种和播种期外，还要特别重视土地和茬口的选择。要选地势较高，排灌方便，土质疏松肥沃富含有机质，前茬不是十字花科或茄科重发病的地块。由于夏大白菜生长期短，要多施腐熟的堆肥等有机肥，一般每$667m^2$施2000kg以上，做成深沟高畦或小高垄。直播或移苗的，都要保证全苗、齐苗和壮苗。直播时，每$667m^2$播种量150～200g，也可增大到500g左右，定棵前间小苗扎把上市。育苗最好采用穴盘育苗，以提高成活率和抗高温的性能。注意及早防治蚜虫、斜纹夜蛾并预防病毒病的感染。夏大白菜的病虫害种类多，其中常年菜地的软腐病、高山地区的根肿病尤为严重，应注意及早采取措施加以防治。合理密植，每$667m^2$栽2700～3300株。及时追肥浇水，苗期、定苗或定植后各追液肥一次；结球前期重施N、K肥一次，每$667m^2$施尿素10～15kg，硫酸钾20kg；莲座期和结球期天气晴朗，则每4～5d浇水一次，促进叶球充实肥大。

④ 及时采收

耐热大白菜从定植至采收共35～50d，成熟采收标准是以双手从叶球两侧挤压无松散感为适收期。

但是在高温多雨季节，容易发病腐烂，宜稍提早采收上市。

8.1.3 小白菜栽培

小白菜为我国长江流域及其以南地区普遍栽培的一种大众化蔬菜。其品种类型繁多，可四季生产、周年供应。不同的地区都有各自的适于当地栽培和消费习惯的优良品种。如南京的矮脚黄、瓢儿菜，苏州的苏州青、香青菜，上海的上海青、五月慢，浙江的蚕白菜、油冬白，安徽的黄心乌、黑心乌，湖北的泡泡青、箭杆白，广东的奶白菜、黑叶白菜等。

小白菜生长期短，采收期灵活，能周年生产与均衡供应。可根据市场需要采用灵活的栽培和采收方式，如菜秧（鸡毛菜）、慢棵菜、栽棵菜和擗叶采收等，很多地区还有使用幼嫩花薹的习惯。加工腌制也是小白菜的一个重要用途。如南京的高桩、杭州的瓢羹白（扁梗型）、扬州的花叶高脚白菜（圆梗型）、武汉的箭杆白（长梗型），株高在45～60cm以上，植株直立，幼嫩时可鲜食，充分长成后，纤维稍发达，专供腌制加工。其腌制产品组织脆嫩，风味鲜美。

菜心、芥蓝等以花薹为产品的白菜类，可利用不同品种在露地排开播种，实现周年供应。红菜薹一般在秋季栽培，主要在秋冬季供应上市。

(1) 秋冬小白菜栽培技术

① 栽培季节

秋冬季为小白菜最主要的生产季节。一般以育苗移栽，采收成长植株为主。长江流域是8月上旬至10月上中旬。华南地区一般自9～10月至12月陆续播种，分期分批定植，陆续采收供应至翌春2月份抽薹开花为止。如武汉矮脚黄、南京矮抗青，上海的矮箕白菜、中箕白菜、上海青，杭州的早油冬，广州的江门白菜和佛山乌叶等，均宜在此期内分期播种、栽植和采收。生长期随不同地区气候条件而异，江淮中下游多在寒冬前采收完毕。早播的定植后约经30d，迟播的经50～60d才能采收，华南地区定植后20～40d即可收获。但产量品质在江淮中下游地区均以9月上中旬播者为佳。其中有专供加工腌制的白菜品种，如高桩、瓢羹白等，在江淮中下游地区宜于处暑至白露间播种，秋分定植，小雪前后采收腌制，质量最佳。耐寒性较强的一些青梗菜均适宜于9月中下旬播种，30d苗龄定植，至春节前后供应。

耐寒性较强的塌菜品种和一些青梗菜，如常州青梗菜、扬州二青子，在产区均宜于9月中下旬播种，30d苗龄，定植后至春节前后供应。

② 主要品种

由于小白菜各地消费习惯不同，形成了很多有地方特色的品种和类型。适宜作秋冬栽培的小白菜品种有：矮脚黄、苏州青、上海青、矮抗青、夏冬青、冬常青、绿星、绿优1号、二月菜、吴江香青菜、蚕石白菜、春不老、香港奶白菜、矮脚黑叶白菜等。

③ 播种育苗

小白菜生长迅速、生长期短，可以直播，亦可育苗。苗床地宜选择未种过十字花科蔬菜，保水保肥力强，排水良好的壤土。前茬收获后要耕翻晒垡，尤其是连作地块，更要注意清洁田园，深耕晒土，以减轻病虫危害。一般每667m^2施用2000～3000kg粪肥作基肥。

播种应掌握匀播与适当稀播，密播易引起徒长，提早拔节，影响秧苗质量，冬季还影响抗寒力。播种量依栽培季节及技术水平而异。秋季气温适宜，每667m^2苗床播750～1000g。为了提高均匀程度，种子可与细土、细沙或复合肥混拌后撒播。播后轻轻压实或覆盖干细土0.5～0.8cm，随后浇透水，以喷灌为佳。育苗系数（大田面积与苗床面积之比）早秋高温干旱季节为(3～4)∶1。适期播种的白菜种子2～3d即可出苗。出苗前如果阳光强烈、温度高，宜采用遮阳网覆盖进行保水、降温，出苗后及时揭除覆盖物。育苗期间保持苗床见干见湿状态，苗期的水肥管理，要根据土壤肥力、苗情和天气灵活掌握，并注意轻浇勤浇。此外，要注意苗期杂草与病虫害的防治，尤其要抓好治蚜防病毒病的工作。为保持幼苗整齐一致，防止小苗过密拥挤形成高脚苗，苗床育苗的小白菜，齐苗后应及早间苗。间苗一般分

2次进行，在齐苗后进行1次，1～2片真叶时再进行1次，以叶不搭叶为宜。间苗要求去密留匀、去弱留壮、去小留大、去杂留纯。当幼苗达到植株健康、无病虫害、无黄叶、无高脚苗、苗龄25～30d、株高10～12cm、5～6片真叶的成苗标准时，即可移栽定植。

苗龄随地区气候条件与季节而异。气温高苗龄宜小，气温适宜，苗龄可稍大，一般不超过25～30d。但晚秋或春播的苗龄需40～50d。华南地区苗龄相应要短些，暖天约20d，冷天30～35d为宜。栽植前需浇透水，以利拔苗。

④ 整地施肥

栽植小白菜的土地一年中要经1～2次深耕，一般深翻20～25cm，并经充分晒垡或冻垡。如由于条件限制不能晒垡或冻垡，也要早耕晒土7～10d。晒地的田块，移栽后根系发育好，病虫少，发棵旺盛。秋季作腌白菜栽培的，栽植前约一周，每667m^{2}施基肥腐熟粪肥3500～4000kg，作鲜菜栽培的每667m^{2}施1500～2000kg。

⑤ 合理密植

大多数小白菜品种适于密植，密植不仅增加单产，且品质柔嫩。病毒病严重的地区或年份，把密度大幅度提高尤为必要。具体依品种、季节和栽培目的而异。对开展度小的品种，采收幼嫩植株供食或非适宜季节栽植，宜缩小栽植距离。例如杭州油冬儿7月播种，8月上旬栽植，栽植株行距20cm×20cm，每667m^{2}栽植密度13000株左右；而9月上旬播种，10月上旬定植的，气候适宜，栽植株行距25cm×25cm，每667m^{2}栽植密度在7500～8000株；腌白菜一般植株高大，叶簇开展，栽植距离应较大，使植株充分成长，一般株行距33cm见方，每667m^{2}栽植密度5000～6000棵。

栽植深度也因气候、土质而异，早秋宜浅栽，以防深栽烂心；寒露以后，栽植应深些，可以防寒。土质疏松可稍深，黏重土宜浅栽。

⑥ 田间管理

要注意栽植质量，保证齐苗，如有缺苗、死苗发生，应及时补苗。中耕多与施肥结合进行，一般施肥前疏松表土，以免肥水流失。

小白菜根群多分布在土壤表层8～10cm范围，根系分布浅，吸收能力低，对肥水要求严格，生长期间应不断供给充足的肥水。多次追施速效氮肥，是加速生长、保证优质丰产的主要环节。如氮肥不足，植株生长缓慢，叶片少，基部叶易枯黄脱落。利用速效性液态氮肥从栽植至采收，全期追肥4～6次。一般从栽植后3～4d开始，每隔5～7d施肥1次，至采收前约10d为止，浓度由淡至浓，逐步提高。苏浙沪等地多在栽植后施肥，以后连续3～4d浇水，促进幼苗的发根与成活。幼苗成活转绿后，开始逐渐加大浓度。开始发生新叶时，应中耕，然后施用同样浓度的液态氮肥2次，并增加施肥量。栽后15～20d，株高20～23cm时，应施1次重肥。其中腌白菜品种生长期长，要施2次重肥。第一次栽后15～20d，另一次在栽后1个月，每667m^{2}施腐熟粪肥1000～1500kg或尿素10～15kg，以供后期生长。采收前10～15d应停止施肥，使组织充实。否则，后期肥水过多，组织柔软，不适于腌制和贮运。总结各地农家施肥经验的共同点：一是栽植后及时追肥，促进恢复生长；二是随着白菜个体的生长，增加追肥的浓度和用量。至于施肥方法、时期、用量，则依天气、苗情、土壤状况而异。一般原则是幼株，天气干热时，在早晨或傍晚浇泼，施用量较少，浓度较稀；天气冷凉湿润时，采用行间条施，用量增加，浓度较大，次数可减少。广州菜农经验，当地南风天，潮湿、闷热，追肥不宜多施，否则诱发病害和烂菜；凉爽天气，小白菜生长快，则宜多施浓施。

小白菜的灌溉，一般与追肥结合进行。通常栽植后3～5d内不能缺水，特别是早秋菜的栽培，下午栽后浇水，至次日上午再浇1次水，连续浇3～4d后才能活棵。冬季栽菜，当天即可浇稀的液态氮肥，过2～3d后再浇1次即可。生长期视土壤湿度情况浇水，保持土壤见干见湿，如遇连续阴雨天气及时清沟排水，防止渍害发生。

随着节水灌溉设施的迅速普及，小白菜宜以多施有机肥和生物有机肥做基肥为主，生长期则适当追施化肥，同时配合微喷叶面施肥，以保证小白菜产品的清洁优质与高产。

⑦ **病虫害防治**

小白菜秋季栽培主要虫害有蚜虫、菜青虫、夜蛾类害虫等。菜青虫、夜蛾类害虫主要在幼苗期为害（9月中下旬至10月上中旬），防治宜早不宜迟；蚜虫则可全生育期为害。病害主要是霜霉病，在高温干旱年份和蚜虫多的年份，病毒病的发生也会加重。

a. 防治原则。严格控制好田间湿度，病虫害防治采取预防为主、综合防治的方针，优先采用农业防治、物理防治、生物防治，合理使用高效、低毒、低残留的化学农药防治，达到安全生产、优质生产的目的。

b. 防治方法。一是农业防治。选用抗病品种和一代杂种；加强肥水管理，培育壮苗、壮株，增强植株抗病能力；前茬口收获后做好清洁田园工作，及时清理田间残叶，带出田间销毁；冬季深翻后冻垡；夏季耕翻后闷棚，也可用水漫灌后闷棚；合理安排茬口，不与十字花科蔬菜连作；采用与葱蒜类、根茎类或水生蔬菜轮作的方法。二是物理防治。使用防虫网阻断部分虫源；利用频振式杀虫灯、黄板或性诱剂诱杀害虫。三是生物防治。利用天敌进行防治，或在田边种植蓖麻等植物有效驱除蚜虫，或利用生物农药进行虫害防治。四是药剂防治。发生病虫害时及时使用农药防治，具体用法、用量见表8-1。

表8-1 小白菜主要病虫害药剂防治简表

病虫害名称	农药名称	含量及剂型	使用方法	安全间隔期/d
软腐病	噻菌铜	20%悬浮剂	75～100g/667m^2 喷雾	≥14
霜霉病	代森锰锌	80%可湿性粉剂	160～220g/667m^2 喷雾	≥10
	丙森锌	70%可湿性粉剂	130～160g/667m^2 喷雾	≥21
菜青虫	高效氯氟氰菊酯	5%微乳剂	15～27mL/667m^2 喷雾	≥7
	溴氰菊酯	2.5%乳油	30～50mL/667m^2 喷雾	≥7
	苏云金杆菌	32000IU/mg 可湿性粉剂	30～50g/667m^2 喷雾	
蚜虫	啶虫脒	5%乳油	15～25mL/667m^2 喷雾	≥7
	吡虫啉	70%水分散粒剂	1～2g/667m^2 喷雾	≥7
甜菜夜蛾	高氯·甲维盐	4.2%微乳剂	60～70mL/667m^2 喷雾	≥7
	虫酰肼	20%悬浮剂	80～100mL/667m^2 喷雾	≥14
小菜蛾	甲氯菊酯	20%乳油	40～80mL/667m^2 喷雾	≥14
	阿维菌素	1.8%乳油	30～50mL/667m^2 喷雾	≥5

⑧ **及时采收**

小白菜的生长期依地区气候条件、品种特性和消费需要而定。长江流域各地秋白菜栽植后30～40d，可陆续采收。早收的生育期短，产量低，采收充分长大的，一般要50～60d。华南地区自播种至采收一般需40～60d。

外叶叶色开始变淡，基部外叶发黄，内层叶片转向闭合生长，心叶伸长与外叶相平（平菜口）时，植株即已充分长大，达到采收标准，产量最高。秋冬小白菜因成株耐寒性差，在长江流域宜在冬季严寒季节前采收，腌白菜宜在初霜前后采收完毕。

采收时切除根部，去除老叶、黄叶和病株，净菜上市。

小白菜的产量，因季节、生长期、品种和栽培技术不同而有差别。秋白菜充分成长者每667m^{2}产量可达3000～5000kg，塌菜类生长缓慢，植株矮小，每667m^{2}产量一般在2500～3000kg。

（2）春小白菜栽培技术

① **栽培季节**

春季生产的小白菜有“大棵菜”（或称“栽棵菜”）和“菜秧”（或称“小白菜”“鸡毛菜”）之分。大棵菜是在前一年晚秋播种，以小苗越冬，次春收获成株供应，适播期长江流域在10月上旬至

11月上旬；菜秧一般在当年早春播种，采收幼嫩植株供食，但播种时间要求严格，播种太早难以避免低温影响，随春天日照延长，很容易抽薹开花，影响质量，降低产量，甚至丧失食用价值；播种晚了，长势比较好，很少有抽薹现象，但上市晚，产量低。播种适期的标准是月旬平均温度达到4～5℃以上。

② 品种选择

选用春小白菜的品种要求具有冬性强、耐寒性强、温度回升时不易抽薹开花等特点。在品种的选用上，不同地区要根据本地的消费习惯及预期上市时间来确定。适宜春季栽培的小白菜品种有四月慢、五月慢、白叶三月慢、四月白、春不老、乌叶矮脚白、毛菜、二青、大头矮等。

③ 整地施肥

选择土质疏松肥沃、有机质含量高的沙壤土。每667m^2撒施农家肥3000～4000kg，深翻20～25cm，作深沟高畦。

④ 播种定植

早春小白菜育苗移栽的播种量为每667m^2苗床1.5～2.5kg，育苗系数为8～10。播种的方法有撒播和条播，撒播比条播用量大，播种时墒情要好，对于墒情不好的要灌水造墒播种，条播的行距10～15cm，覆土厚度在1.5～2cm。覆土过厚出苗晚，苗不齐，出苗后幼苗瘦弱。小白菜定植栽培可用小拱棚或大棚等保护设施育苗。为了早收获，定植可密一些，行距10～12cm，株距10cm，每667m^2保苗5万株以上。

⑤ 田间管理

一般在4～5片真叶时灌水，过早，降低土壤温度，生长缓慢，同时由于泥浆污染子叶及生长点，会引起大量死苗；过晚，影响植株生长，产量低。

结合灌水追施速效氮肥，每667m^2追施硫酸铵25～30kg，或尿素12～15kg。保证营养生长期有充足的养分，达到高产优质。增施氮肥可延迟抽薹，提高产量，延长供应期，氮肥不足则会提早抽薹。

春小白菜的灌水，一般与追肥结合。通常定植后3～5d内不能缺水，冬季种菜，当天即可浇施稀的液态氮肥，过2～3d后再浇一次水即可。

⑥ 病虫害防治

春小白菜的病虫害防治主要在立春气温回升后，害虫主要有黄曲条跳甲、地老虎等，四、五月份气温较高时要注意防治菜青虫和小菜蛾。病害主要为霜霉病。

⑦ 及时采收

春小白菜植株长到一定大小后可随时采收，可根据市场供应的丰歉和价格高低决定上市时间，但必须在抽薹前收获。

(3) 夏季小白菜秧栽培技术

“菜秧”又叫小白菜、鸡毛菜、细菜等，是利用小白菜幼嫩植株供食用的商品名称。一年中除冬季外，可随时露地播种。早春播易抽薹，应选冬性强的春白菜品种，主要栽培季节为6、7、8三个月的高温时期。

夏季小白菜生长，高温暴雨是影响生长的主要因素。在栽培上首先应选抗热、抗风雨、抗病、生长迅速的品种。如上海、杭州的火白菜，南京的矮杂一号，扬州小白菜，江苏的热抗青、热抗白，广东的马耳菜，湖南的矮脚小白菜，武汉多采用上海青、矮脚黄等。近年来生产上推广的品种有夏抗3号、京夏青、青伏令、夏丽、绿领35、夏欣、福美、锦绣、京冠1号、京冠4号、夏绿2号、京研快菜、暑热、沃尔618等。此外用无毛的大白菜品种如早熟5号、早熟8号等来生产大白菜秧供市，在商品性、产量、抗性等方面都有不错的表现。

小白菜秧栽培上的特点是直播，播种量大，生长期短。一般每667m^2播种1.5～2kg，株行距4～

6cm 见方。上海农民栽培鸡毛菜的播种量为 2.5～3kg，采取密播缩短采收期。其栽培技术与速生绿叶蔬菜相同，需要经常供给充足的养分和水分，选择疏松肥沃的土地，特别是夏季种小白菜要选用夜潮土和黑沙土，而且要通风透气，阴凉，靠近水源，便于灌溉，要充分利用地下水、泉水、山沟水或菱藕塘水，温度较低则更好。菜地采用深沟高畦，畦宽 1.5～3m，以增加土地利用率。广东、广西的水坑畦，免耕免淋畦，适于当地夏白菜的生长。

夏季天旱出苗困难，在出苗前每天早晚浇 1 次水，保证苗期水分供应。刚出芽时，如天气高温干旱，还要在午前、午后浇接头水，保持地表不干，以防烘芽死苗。近年来，南方各地农家种夏季小白菜，播种后采用黑色遮阳网浮面覆盖保湿降温，出苗后及时揭除，大大节省浇水人力。出苗后应及时间苗（鸡毛菜不行间苗），一般播种后 10d 左右间苗 1 次，株距 3～4cm，其后 1 周再间 1 次，距离 6～8cm，如秧苗健壮，距离可稀些，瘦弱则密些。

管理工作主要是施肥和灌水。齐苗以后每天浇 1～2 次水，当植株覆满畦面时，看天气情况隔 1～2d 浇 1 次液态氮肥。浇水应掌握轻浇勤浇的原则，避免在温度高时浇水。上海、绍兴农民的经验是每次阵雨以后，用清水冲洗叶面上的泥浆，并降低温度，以免小苗倒伏而引起病害或蒸坏。小白菜生长 20～30d 以后，要及时在短期内收完，以免被暴雨袭击而造成损失。

利用 20～30 目的防虫网和遮阳网覆盖，防雨棚栽培夏季小白菜，据试验可增产 20%～30%，使南方人喜食的夏季小白菜实现了优质高产和无（少）农药栽培。通常利用大棚骨架或设置帐式纱网栽培，其栽培技术要点在于 7 月高温期网内避免浇水过量，宁干勿湿，以防不通风高湿高温诱发烂菜死苗。遮阳网覆盖注意阴雨天，冷夏型气候下不宜应用。晴热夏季宜选用遮光率 50%～60%的黑色网，以防止影响产量品质。

夏季抗热菜秧栽培多配套防虫网、防雨棚等设施，播种至出苗需盖遮阳网，早晚喷灌水。夏季最快 16 d 收菜秧，长江流域 1 年至少可收获 8 茬菜秧。因夏季小白菜秧大多成株株型稍散，尤其是一些束腰性差的品种叶片脆、易折，不耐储存和运输，故不建议作大棵菜栽培。晚秋或早春栽培，若遇冷空气需及时覆盖加温设施或提前采收（植株遇低温再回暖后易春化抽薹）。

小白菜秧夏季栽培时多处于高温多雨的条件，菜秧容易腐烂，病毒病、炭疽病发病率高；秋季主要病害为霜霉病，需加强田间管理，降低土壤持水量；秋冬采收前软腐病会严重影响产量。虫害有菜蚜、黄曲条跳甲、小菜蛾、菜青虫、蝼蛄等。

小白菜产量和采收日期，因生产季节而异。在长江流域，2～3 月份播种的，播后 50～60d 采收，每 667m^2 产 1500～2000kg，高的达 2500～3000kg；6～8 月份播种的，播后 20～30d 可收获，每 667m^2 产 1000～1500kg。大多数一次采收完毕。也可先疏拔小苗，按一定株距留苗，任其继续生长，再陆续采收，产量较高。

采收时间以早晨和傍晚为宜，净菜标准上市。

8.1.4 红菜薹栽培

红菜薹又名紫菜薹，是小白菜的一个变种。红菜薹是我国的特产蔬菜，起源于长江流域中部，在武汉地区具有悠久的栽培历史，近年来红菜薹作为优质高档菜引种到全国各地栽培。红菜薹花茎色泽鲜艳，脆嫩爽口，营养丰富，早熟品种和中晚熟品种大量上市之时分别正值国庆节、元旦、春节前后，在市场上供不应求，深受大众的喜爱。

（1）生物学特性

红菜薹的根系不发达，无明显的主根。根系入土深度 40cm 左右，横向伸展半径 40cm。

叶片有两种：一种是莲座叶，为制造营养的器官，多为桃心圆形叶、卵圆形，叶缘波状，基部深裂或有少数裂片，叶柄长，叶脉明显；另一种为薹生叶，呈卵圆形或披针形，无裂片，叶柄短以至退化。

茎也有两种：一是粗壮的短缩茎，一般长 12cm 左右，直径 5.0cm，其上着生叶片，且抽生花薹；

另一种为花薹茎，主花薹和侧生花薹都从短缩茎上发生，花薹茎肥嫩，未木质化前为红菜薹食用部分，花薹茎一般在25～35cm长采收为宜。

红菜薹属耐寒的一、二年生蔬菜，如同菠菜、大蒜一样能耐－2℃的低温，短期可忍耐－10℃到－5℃的低温，同化作用最旺盛的气温为15～20℃，对春化低温要求不严，不需要低温就能抽薹。

红菜薹对光照的要求不是很严格，在光照较弱和较强的地区都能生长良好。

由于红菜薹的根系入土层较浅，耐旱、耐涝能力均较弱，需要充足的水分和湿润环境条件，尤其土壤水分对菜薹品质影响较大。当土壤水分不足时，菜薹含纤维多、僵硬、品质较差，但水分过多则易造成软腐病等病害。

(2) 类型与品种

红菜薹种质资源主要集中在湖北、湖南、四川三省，江西、河南、北京、上海等地的红菜薹品种都是从这三省引种过来，其中个别地方通过引种和多年的常规选育，也形成了对当地环境条件适应的地方品种。

① 根据品种的熟性分类

a. 早熟品种。这类品种生育期短，从播种到始收期45～70d，相对耐热，抗病性强，冬性弱，在长江流域，可以作夏秋栽培和早秋栽培。夏秋栽培一般在大暑（7月下旬）前后播种，处暑（8月下旬）前后定植，国庆节开始采收，可选用。早秋栽培则在8月中下旬～9月上旬播种栽培，如武昌大股子、尖叶子红油菜薹、长沙阉鸡尾、湖南省蔬菜研究所选育的“湘红一号”等品种。

b. 中晚熟品种。在8～9月份播种，在秋分至寒露（9月下旬～10月上旬）定植，采收在11月到第二年2月份。从播种到采收一般需经历70～120d，表现耐寒，菜薹品质好，产量高，冬性强。这类品种种质资源较多，如湖北武汉十月红、胭脂红、湖南湘红二号、阴花红油菜薹、长江中红菜、湘潭大叶红菜、四川成都二早子红菜薹等。

c. 极晚熟品种。长江流域在冬季到来之前播种并定植，露地越冬直至第二年2月份以后气温开始回升时抽薹，耐寒性强，在长江中下游冬季能安全越冬，于2～3月份开始采收。熟性在120d以上，这类品种品质较差，产量低，现在少有栽培。代表性品种有：武汉迟不醒、信阳红菜薹、长沙迟红菜。

② 根据品种的植株色泽分类

红菜薹之称谓主要在于植株叶片，绿中带红或紫色并且叶脉、叶柄及菜薹外皮也为红或紫色。根据色泽深浅可以分为4类：

a. 紫红色类型。湖北地方品种多为此类型，即菜薹外皮及薹上叶柄和叶脉的颜色为紫红色。植株外叶绿带紫，紫色成分较多，外叶叶面有蜡粉则呈暗紫色，无蜡粉则变为亮紫色有光泽。故湖北品种既称红菜薹也称紫菜薹，代表品种有大股子、胭脂红、十月红。

b. 红色类型。湖南红菜薹多为红色类型，即菜薹外皮、薹上叶片的叶柄和主叶脉的颜色为红色，侧叶脉为绿色，而植株外叶红色成分较少。故湖南品种俗称红菜，而没有紫菜薹之称，代表品种有阉鸡尾、长沙中红菜、湘潭大叶红菜。

c. 暗紫红色或紫黑色类型。大部分四川品种属于此类，叶片墨绿色，叶片的叶脉和菜薹外皮暗淡无光泽且多有蜡粉。代表品种有早熟品种尖叶子红油菜薹、中晚熟二早子、阴花红油菜薹。

d. 紫罗兰色类型。仅四川宜宾摩登红为非常美丽的紫罗兰色，植株外叶紫绿色，紫色色素含量最高，菜薹外皮及薹上叶柄和叶脉包括侧脉均为紫色。

(3) 栽培季节与栽培方式

红菜薹一般在秋季栽培，育苗移栽，也可越冬栽培，但目前种植较少。

合理安排播种期是获得优质、丰产的关键。可根据以下两方面来确定：一是红菜薹苗期和莲座叶生长期约45d，要求平均气温在15～25℃，温度过高，植株病害多，温度过低，莲座叶生长量不足就开始抽薹，菜薹细小，产量低；二是菜薹生长气温要求低一点，在5～15℃，过高菜薹纤维多，品质差，过低如在0℃或0℃以下，菜薹停止生长或有冻害。因此要根据各地气候特点合理安排。长江流域一般在8月10日～9月10日播种，海拔1000m左右的山区可于7月份播种，1200m以上的高山地区可于4～5月份播种。

在武汉因为夏季温度高，一般播种期较迟，在8月中下旬到9月上旬播种。

品种多采用华中农业大学选育的十月红1号和2号及一代杂种华红1号、2号、3号和4号。这些品种的特点是早熟高产质优，特别是作早熟栽培，8月10日～15日播种，播种后50～60d即可采收。

（4）红菜薹栽培技术

① 播种育苗

选土层深厚、腐殖质含量高的沙壤土作苗床，于播种前20d进行多次翻耕晒土，施足底肥，然后作1.2m宽高畦，将土整碎、耙平便可播种。

播种方法一般都用撒播，种子需播均匀，每667m^{2}用种量约50g。播后用耙子将表土耕动一下，种子即入土中，然后灌水，使水慢慢地浸透，但水不上畦面，以利种子顺利出苗。苗床土要保持湿润，天旱必须勤浇水；苗出齐后施腐熟清水粪提苗1～2次；间苗使株间有3～5cm的距离。

② 整地作畦

红菜薹软腐病严重，忌连作，可与瓜类、豆类、茄果类和水稻轮作，也可与晚熟辣椒套种。采用深沟高畦，既便于排灌，也能减少软腐病、霜霉病的发生。根据土质条件，先做成宽4～8m、长不定的大厢，厢沟宽0.7m，深15～20cm，再在大厢上横向按1.1～1.2m的距离开沟，沟宽33cm，深度15～20cm，即为宽80～87cm的小畦。

③ 定植与管理

播种后20～30d，6～7片真叶时定植。整成宽窄行定植，宽行70～80cm，窄行30～40cm，株距30～40cm，每667m^{2}定植3000株以上。定植时使秧苗稍加萎蔫，以减少或避免叶柄折断，一般宜在晴天下午3时以后或阴天进行。不宜栽得很深，否则容易引起腐烂，同时影响下部叶腋中侧芽的发生，其深度以不超过基生叶为原则。定植后立即浇定根水。苗成活后，须追提苗肥，以促进植株早发。生长前期适当控制氮肥和浇水，以防徒长和发病。植株进入旺盛生长期，需水大肥勤施，以促进外叶生长和侧芽萌生。提苗肥和发棵肥都以腐熟人粪尿为主，发棵肥应于封行前施下，每667m^{2}施1000～1500kg，也可用50kg饼肥代替。抽薹后可少施肥，但如果薹不粗壮，每667m^{2}可施尿素5kg以催薹。

④ 采收与采后处理

当嫩薹达到食用标准时采收。采收过早，影响产量；采收过晚，容易老化。红菜薹的采收方法正确与否，对产量和品质的影响大。主薹长25cm左右从基部掐断，不要留桩，否则影响侧薹发生。最好在晴天采收，切口要呈斜面，以免渍水而引起伤口腐烂。

8.2 甘蓝栽培

8.2.1 类型和品种

甘蓝起源于欧洲地中海沿岸，约有四千年的栽培历史，是世界上栽培历史最长、面积最大的蔬菜之一。甘蓝的野生种顶芽和侧芽，能发生繁茂的叶丛，而不形成特殊的贮藏器官。在进化过程中，在不同的环境条件影响下经过人工长期培育和选择，形成了许多栽培变种。如结球甘蓝顶芽活动力强，开始长成叶簇，然后形成叶球；抱子甘蓝侧芽能形成许多小的叶球；球茎甘蓝茎部短缩茎膨大成为球状肉质茎；花椰菜在顶端形成肥嫩花球；木立花椰菜形成许多短缩的肥嫩花枝。另外在我国广东、广西、福建和台湾等地区栽培的芥蓝也属于甘蓝的一个变种。

甘蓝类蔬菜在我国栽培历史不久，但发展很快，特别是结球甘蓝，南北各地普遍栽培，在蔬菜栽培中占很重要的位置。花椰菜在南方普遍栽培，北方各地区也有发展。球茎甘蓝北方栽培较多，而南方各地区栽培面积不大。芥蓝在华南栽培甚广。

① 结球甘蓝

结球甘蓝，别名甘蓝、洋白菜、包菜、卷心菜、莲花白等。原产地中海至北海沿岸。其食用部分为叶球，质地脆嫩，营养丰富，富含维生素 C、磷和钙。

依叶球的颜色及性状可分为普通甘蓝、赤球甘蓝和皱叶甘蓝。

普通甘蓝依叶球的形状可分为平头、圆头和尖头三类。

平头型植株较大，外叶呈团扇形，叶球顶部扁平，整个叶球呈扁圆形。平头型品种结球紧实，产量高，品质好，从定植至收获 70～100d，多为中晚熟或晚熟品种，一般做秋冬甘蓝栽培。此类型早熟的品种有中甘 8 号、西园 7 号、早夏 16 等，中晚熟品种有黑叶小平头、黄苗、京丰 1 号、中甘 20 等，晚熟品种如晚丰等。

圆头型植株中等，叶片较少，叶球顶部圆形，整个叶球呈圆球型或高圆球型。圆头型品种结球紧实，品质中等，多为早熟或早中熟品种，从定植到收获 50～70d。抗病、耐热、耐寒性均较差。在长江流域越冬栽培易发生先期抽薹现象，但可作秋甘蓝进行早熟栽培。在美国、英国、荷兰、法国、丹麦、印度等国栽培的多为此类型。如丹京早熟、迎春、春蕾、争春、中甘 11、中甘 15、中甘 18、中甘 21、8398 等早熟品种都属圆头型。

尖头型植株较小，叶片长卵形，叶球顶部尖圆，整个叶球呈心脏形，大型者称牛心，小型者称鸡心。尖头型品种冬性强，不易先期抽薹，但结球较松，产量较低，品质亦较差，从定植到叶球初收 50～70d，较早熟，多作春甘蓝栽培。代表品种有金早生、小鸡心（鸡心种）、大鸡心（牛心种）。

② 花椰菜

花椰菜又名菜花、花菜、椰菜花、芥蓝花、花甘蓝、球花甘蓝，是甘蓝种中以花球为产品的一个变种。其食用器官为花球，营养丰富，风味鲜美，外形美观，深受消费者喜爱。

花椰菜类蔬菜包括花椰菜、青花菜、紫花菜及黄花菜，其产品器官花球的形状、颜色都有明显差异。关于花椰菜类的分类，大多数文献都将其定为甘蓝种中的两个变种，即花椰菜变种和青花菜变种，而把紫花菜归于青花菜变种内，甚至有人将其归为两个亚种，即花椰菜亚种和青花菜亚种。有学者采用 AFLP（扩增片段长度多态性）分子标记技术研究了花椰菜类蔬菜基因组亲缘关系，结果表明花椰菜类蔬菜遗传同源性较高，亲缘关系较近，从而把花椰菜类蔬菜作为甘蓝种下的一个亚种，即花椰菜亚种，再包括 3 个变种：花椰菜变种、青花菜变种和紫花菜变种。

花椰菜类蔬菜按花球颜色分为花椰菜（白花菜）、青花菜、紫花菜和黄花菜等 4 个类型；按栽培季节和对环境条件的适应性，又可分为春花椰菜类型、秋花椰菜类型、越冬花椰菜类型和四季花椰菜类型。

花椰菜（白花菜）的花球是由肥大的主花茎和许多短缩的肉质花梗及绒球状花枝顶端集合而成。每一个肉质花梗上有若干个 5 级花枝组成的小花球体，小花球体致密，形成紧实的肉质花球，花球表面为白色，乳白色，花梗颜色有白色、浅绿色、紫色三种。白花菜典型特征是花球白色，植株生长势强，叶片宽大，全缘叶，无缺刻。近年来一类松散型花球（松花菜）也很受市场欢迎，松花菜属花椰菜中的一个类型，蕾枝长，花层薄，花球充分膨大时不紧实，口感脆嫩甘甜，炒食不易烂，加热后花梗更绿，深受消费者青睐。

青花菜其主茎顶端的花球为分化完全的花蕾组成的青绿花蕾群，与肉质花茎和小花梗组合而成。其叶腋的芽较为活跃，主茎顶端的花球一经摘除，下面叶腋便生出侧枝，而侧枝顶端又生出小花蕾群，因此，可多次采摘。花球颜色有浅绿、绿、深绿、灰绿等。世界各地普遍栽培。青花菜的典型特征是花球绿色，叶缘多具缺刻，叶身下端的叶柄处多有下延的齿状裂叶，叶柄较长。

紫花菜花球是由肉质花茎、花梗及紫色花蕾所形成。花球表面颜色有紫红、紫色、灰紫色3种。紫花菜以主茎结球，叶片为长卵形，叶缘无缺刻。紫花菜的主要植物学性状介于花椰菜和青花菜之间，其突出的特征为花球紫色，茎、叶脉也为紫色或浅紫色。

黄花菜花球是由肉质花茎、花梗及花色肉质花蕾所组成。花球表面为黄色和橘黄色2种，所不同的是前者为花青色素形成的色泽，后者为高含量胡萝卜素所致。从花球表面形状来看，黄花菜还可分为螺旋状花球（宝塔状、珊瑚状）和光滑花球2种，前者为系统进化而成，后者为花椰菜与青花菜杂交而成的中间类型。

在生产上花椰菜品种依其生育期长短及花球发育对温度的要求，分为极早熟种、早熟种、中熟种、晚熟种和极晚熟种等5种类型。

a. 极早熟种。从定植到初收花球在40～50d。植株较矮小，生长势弱，叶片狭长细薄，叶色浅绿，单球重0.2～0.4kg。其特点是耐热性强，但冬性弱，对环境条件反应敏感，较易出现先期现球现象。生产上常用的品种有丰花50、龙峰40、瑞雪特早45天、早生50，松花类型的品种有佳美50、夏松宝等。

b. 早熟种。从定植到初收花球在50～70d。植株矮小，株高40～50cm，开展度50～60cm。单球重0.3～0.5kg。植株较耐热、耐湿，但冬性差。在生产上常用的品种有丰花60、秋王70天、龙峰60天、瑞雪特大60天，松花类型的品种有优松55、台松55、雪峰58、雪峰65，青花菜品种有早绿、翠光、碧松、绿宝2号、上海1号、中青1号等。

c. 中熟种。从定植到初收花球在70～90d。植株中等大小，外叶较多，20～30片。株高60～70cm，开展度70～80cm，花球较大，紧实肥厚，近圆形，单球重0.5～1.0kg。较耐热，冬性较强，要求一定的低温花球才能发育。在生产上常用的品种有津雪88、秋王80天、瑞雪特大80天，松花类型的品种有雪美70、津松70、津松75、松花75、白玉80、浙农松花80天，青花菜品种有优秀、炎秀、台绿3号、浙青80、秋绿、绿领、里绿、佳绿、绿雄90等。

d. 晚熟种。从定植到初收花球在90d以上。植株高大，外叶多，30～40片。株高60～70cm，开展度80～90cm。花球大，紧实肥厚，近半圆形，单球重1.0～1.5kg。冬性和耐寒性均较强，但耐热性差。在生产上常用的品种有瑞雪100天、瑞雪120天、龙峰特大100天，松花类型的品种有庆松95、雪峰95、雪峰100，青花菜品种有绿宝3号、碧绿1号、马拉松、圣绿等。

e. 极晚熟种。从定植到初收花球在140d以上，有的品种达240d。植株高大，生长势强，冬性和耐寒性均很强。株高80～100cm，开展度90～110cm。花球大，紧实肥厚，近半圆形，单球重2～3kg。这类品种多分布于我国南方地区，如上海、湖北、四川等地。代表品种如云梦慢慢长240天、冬花240天。

8.2.2 结球甘蓝栽培

(1) 秋甘蓝栽培技术

① 栽培季节

长江流域6月下旬至8月上旬播种，8月上旬至9月上旬定植，10月至次年2月收获。其中以7月播种最为适宜，温度状况由高温逐渐向低温转移，最适合甘蓝生长。

② 品种选用

长江流域可根据市场需要，采用早、中、晚熟品种搭配，分期播种，分批上市。要求国庆节前后上市的应选择早熟且能耐一定高温的品种，如夏光、奥其那、早佳、绿冠王、丽丽、绿宝石A、秋魁65等，在6月下旬至7月上旬播种；要求春节前后供应的则选用晚熟品种，如绿秀、绿缘、紫微、米亚罗、优胜者、旺旺、比久1039、绿娃娃等，于7月下旬至8月上旬播种；要求元旦后～4月中旬上市的，可选用耐寒的春盛、冬祥、迎风、思特丹、京丰1号、苏甘27、中甘1305、楚甘662等，于8月中旬播种。

③ 培育壮苗

a. 苗床设置。秋甘蓝育苗期正值夏季炎热多雨季节，苗床应选择通风凉爽、土壤肥沃、排灌方便、前作非十字花科、病虫害少的地块。前作收获后及时清除杂草，翻耕晒地。播种前耙碎土块，每667m^{2}施入腐熟人粪尿或优质厩肥1500～2000kg作基肥，再进行浅耕耙平，使土壤疏松，土肥混匀，做成宽（连沟）1～1.2m的高畦。

b. 播种。为防止播后浇水土壤板结，可采取播前浇水抢墒播种的方法。播种前畦面浇小水润透，待水渗下后将种子均匀撒播，播后覆一层细土（厚1～1.5cm）。每667m^{2}大田用种50g左右。也有将种子直接播到营养钵或穴盘中，或先播于苗床等苗有2～3片真叶时再移到营养钵中。播种后采用遮阳网直接覆盖，以保持土壤湿度，并防止大雨冲刷后土壤板结。

c. 搭棚遮阳。甘蓝秧苗虽能耐热，但以凉爽湿润环境为宜。7月份天气不仅炎热，而且常多暴雨，搭阳棚既可遮阳又能避雨。播种后3～4d，当幼苗出土时，要揭去遮阳网并改搭阳棚。另外也可直接用小拱棚架覆盖遮阳网。近年来南方地区利用大棚骨架采用"一网一膜"的防雨棚来育苗效果很好。一般大棚在晴天上午9～10时盖帘，下午3～4时揭帘，晚间和阴天不盖。盖帘后的温度要比露地低7～8℃。随着幼苗的生长，逐渐延长见光时间。

d. 分苗。当幼苗有2～3片真叶时分苗，分苗时选优汰劣，并按大、中、小苗分级移植。分苗地同样施足腐熟底肥整成高畦，选晴天傍晚按10cm见方假植幼苗，边移苗边浇水，栽后3～4d内全天候遮阳，并注意喷水。若采用营养钵和营养块分苗，效果更好。成活后遮阳覆盖材料早盖晚揭。经过分苗可使幼苗植株茎节粗矮，叶小肉厚，株型矮壮，根系发育良好，有利于后期结球整齐和增强抗逆能力。

e. 肥水管理。播种后如天气干旱无雨，可1～2d浇水1次，最好采用畦沟内灌水，水不上畦面而渗入畦内，保持畦面湿润，利于出苗。对初出土的幼苗，晴天应每天早晨浇水1次，以后幼苗逐渐长大，根系入土稍深，可根据天气情况减少浇水次数。大雨后要及时排水，为防苗床湿度过大，可在苗间撒些干土或草木灰吸潮，以免幼苗徒长或发生病害。苗期追肥一般以腐熟稀薄人粪尿追施2次。第一次于播种后7～10d进行，同时进行间苗除草；第二次在分苗后5～7d追肥促苗。

有菜青虫、小菜蛾、斜纹夜蛾和黄曲条跳甲等害虫危害时，应及时喷药防治。

④ 整地作畦

秋甘蓝多采用中、晚熟品种，生长期较长，产量高，需肥多，应选择肥沃的土壤种植。前作收获后及时翻耕土地，利用夏季的高温烤晒土壤。在土壤不干不湿时及时耙碎耙平，整地作畦。并视土壤肥沃情况，下足底肥，一般在翻耕前每667m^{2}施腐熟厩肥4000kg左右和磷钾肥25～30kg。甘蓝怕涝，要求排水良好，整地要求做到高畦窄厢，三沟配套。

⑤ 定植

秋甘蓝苗期35～45d，6月下旬至8月上旬播种的，定植期一般在8月初～9月上旬。定植时气温仍高，最好选择阴天或晴天的傍晚定植，并且秧苗带土，减少根系损伤，定植后立即浇定根水，促使成活。

一般耐热的早中熟品种如夏光等按34cm×45cm定植，每667m^{2}栽植3500～4000株；中熟品种如旺旺等，株行距40cm×50cm，每667m^{2}栽植2500～2800株；晚熟品种如迎风等株行距50cm×60cm，每667m^{2}栽植1500～2000株。

⑥ 田间管理

a. 追肥。甘蓝生长期间通常追肥4～5次，分别在缓苗期、莲座初期、莲座后期和结球初期进行，并重点在结球初期。追肥的浓度和用量，随植株的生长而增加，并酌量增施磷、钾肥。定植成活后及时用腐熟稀水粪提苗，或每667m^{2}施尿素5～7.5kg。在莲座叶生长初期施一次腐熟人粪尿，或每667m^{2}施尿素7.5kg。在莲座叶生长盛期，在行间开沟窖施饼肥，并加草木灰，施后封土浇水。球叶开始抱合时，追施一次重肥，每667m^{2}施腐熟人粪尿700～800kg，或尿素15kg。此后早熟和中熟品种一般不再追肥。对于中晚熟和晚熟品种在结球中期（距上次追肥时间15～20d）还应再施一次速效化肥。此时畦面已被外叶覆盖，施肥不方便，可用1%的尿素加0.1%～0.2%的磷酸二氢钾进行根外喷施，或每667m^2随水冲施尿素5～7.5kg，促进结球紧实。在干旱和施肥浓度高或积水情况下植株对钙吸收困难，易产生缺钙症。缺钙引起叶缘枯焦，俗称干烧心。因此，天气干旱时追肥的浓度宜淡。此外，老菜地和红黄土壤容易发生镁和硼缺乏症。

b.浇水。定植浇水后如发现秧苗心叶被泥糊住，次日清晨可用喷雾器喷清水冲净心叶上的泥土，下午再浇一次水。天旱无雨时，定植后的第三天下午再浇一次水。生长前期由于气温高，蒸发量大，应每隔7～10d浇水1次。到了开始包心进入生长盛期更不能缺水。天旱时生长不良，结球延迟，甚至开始包心的叶片也会重新张开，不能结球。甘蓝形成1kg叶球，约需要吸收100kg水分。浇水的次数根据天气情况和土壤保水力而定。如果在晴天的中午前后叶片萎蔫塌地，就应及时浇水，保持畦面湿润。叶球包紧后应停止浇水，否则容易引起叶球炸裂。甘蓝喜湿润，但忌土壤积水，遇大雨时要及时清沟排水，防止田间积水成涝。

c.中耕除草。在生长前期和中期应中耕2～3次。第一次中耕宜深，以利保墒和促根生长。进入莲座期中耕宜浅，并向植株四周培土以促外茎多生根，以利养分和水分的吸收。结合中耕进行除草。

d.病虫害防治。主要病害有黑腐病、菌核病和软腐病等，虫害主要有小菜蛾、蚜虫、菜青虫、甜菜夜蛾、斜纹夜蛾和菜螟等，注意及时防治。

⑦ 采收

甘蓝宜在叶球紧实时采收。判断叶球是否包紧，可用手指在其顶部压一下，如有坚硬紧实感，表明叶球已包紧，可以采收。结球甘蓝用于贮藏的收获期可略迟于大白菜。

（2）春甘蓝栽培技术

① 品种选择

不同品种通过春化阶段的快慢不同，一般应选用生长期较短而且通过春化阶段慢的品种。长江流域宜选用青莲、圆春、春魁、春丰、春雷、京丰1号、鸡心、牛心、红亩紫甘蓝等品种。如果要将北方的春甘蓝品种引种到南方种植，可根据当地气候条件和北方品种易抽薹的特点，适当推迟播种，同时采用大棚或保温设施育苗。这样既能避免发生先期抽薹，又可利用北方品种早熟的特性提前上市。

② 播种

适时播种育苗是克服先期抽薹的主要措施。长江流域，春甘蓝应在10月上旬以后播种，以较小的幼苗越冬，4～5月份采收上市。如在9月份播种，第二年春天大多会先期抽薹而不结球。但播种过迟，越冬时幼苗太小，虽然不会先期抽薹，但收获期延迟，产量较低。近年来也有利用嫒春、奥奇那、极早、丽丽、三多、紫甘70、中甘21、中甘28等品种，在11～12月播种，30～50d苗龄，5～6月份采收上市的春甘蓝栽培模式。

③ 定植

在长江流域以11月下旬至12月上旬定植为宜。定植过早，在年内幼苗生长过大，可能发生先期抽薹的损失；定植过晚，幼苗根系尚未恢复生长，寒冷来临，可能发生受冻缺苗现象。因此，结合各地气候条件，适当掌握定植期，既达到防止先期抽薹，又达到苗全苗壮的要求。

④ 控制幼苗生长

春甘蓝除在定植前施迟效性厩肥或堆肥作基肥外，一般在越冬前不再追肥，这也是防止未熟抽薹的关键。冬前施肥过多，易导致幼苗过大而未熟抽薹。如果定植时苗较小，定植后可用腐熟稀释的人粪尿施一次提苗肥。春甘蓝在春暖后开始生长，应于惊蛰前（3月上旬）施一次腐熟人畜粪尿400～500kg或含氮为主的复合化肥10kg；春分前后（3月下旬）在行间开沟重施一次追肥，可以施腐熟的人粪尿或经过发酵的粪肥700～800kg；到结球期再施一次10kg尿素作追肥。春甘蓝生长期主要在3月上中旬至5月上旬，这段时间生长迅速，要充分满足其对养分的需要。

⑤ **采收**

采收时间依品种、定植时间和管理情况而不同。一般叶球包紧后就应及时收获，否则因球内中心柱伸长易发生炸裂，雨后易引起腐烂。春甘蓝叶球一般没有秋甘蓝紧实，因此产量往往较低，一般每 667m² 产量 2000～3000kg。

(3) 夏甘蓝栽培技术

① **品种选择**

夏甘蓝生长前期正值梅雨季节，中后期又遇高温干旱天气，故应选择耐热、耐涝、抗病、生长期短、结球紧实且整齐度高的品种。目前长江流域多用夏光、苏晨 1 号、泰国夏王、日本快宝、中甘 8 号、黑丰、西园 8 号、早夏 16、珍月等。

② **栽培要点**

长江流域于 4～5 月份分期播种育苗，适宜苗龄 30～35d。为保证成活率，可选用 128 孔穴盘进行育苗。种植地宜选地势高、排灌方便的地块。前茬作物收获后，每 667m² 施腐熟的有机肥 3000kg，作深沟高畦。栽植密度为每 667m² 栽种 3000～4000 株。缓苗后及时进行第一次追肥，每 667m² 施尿素 10～15kg，并浇水、中耕。莲座叶生长期行第二次追肥，用量同第一次。到结球期，再施一次追肥，每 667m² 尿素可增加到 15～20kg。分次追肥，可避免雨季养分流失，发生脱肥。夏季多雨要注意排水，及时中耕除草，同时要防治菜青虫等危害。采收宜于傍晚进行，经夜间预冷，利于外运销售，否则容易腐烂。

8.2.3 花椰菜栽培

(1) 秋花椰菜栽培技术

① **播种育苗**

花椰菜秋季栽培时，播种一般在 6～7 月份进行，此时长江流域正值炎热多雨，通常要遮阳防雨。苗床应选在地势高燥、通风凉爽、土质肥沃的沙壤土地块。苗床土壤深翻后充分曝晒，施入腐熟的有机肥作底肥。

花椰菜种子细小，苗床一定要整碎整平，播种多为撒播，约每 10m² 苗床用种量 50g，可栽 667m² 大田。

播种后要保持苗床湿润，切勿干旱，也应防止大雨和积水。在幼苗出土再浇水后，可撒细沙土 1～2 次，防止幼苗拱土而导致的根部外露与幼苗倒伏。

幼苗长出 3～4 片真叶，按大小分级进行分苗，株行距 (6～7)cm×(10～12)cm，促使根系发达，增强抗逆能力，培育壮苗。

播种床可在"一网一膜"的大棚内进行，分苗床缓苗活棵后可逐渐撤除遮阴物。

秋花椰菜不宜蹲苗，否则苗龄过大会出现"先期现球"现象。

苗期正值高温暴雨季节，病虫杂草极易滋生，应注意及时防治。

② **整地定植**

秋花椰菜应选土层深厚肥沃、富含有机质、保水保肥、排灌便利的壤土或黏质壤土地块栽培。结合翻耕土壤，每 667m² 施入腐熟的有机肥 4000～5000kg，或沼渣、粪土 1500～2000kg，过磷酸钙或钙镁磷肥 20～25kg，土肥混匀后作深沟高畦。花椰菜对硼、钼、镁微量元素有特殊需求，在定植时可每 667m² 用钼酸铵或钼酸钠 10g 左右及硼砂或硼酸 50g 左右，制成水溶液施入定植穴中作基肥。

早熟品种在 5～6 片真叶时定植，中晚熟品种在 7～8 片真叶时定植。

早熟品种按株行距 (35～40)cm×(40～50)cm 定植，每 667m² 密度为 2500～3000 株；中晚熟品种按株行距 (40～50)cm×(55～60)cm 定植，每 667m² 密度为 1600～2300 株。

定植后要及时浇定根水。定植期正值高温季节，移植前先开好穴，穴中浇透水，起苗定植，定植后每天早、晚各浇水1次，连浇3～4d。

③ 田间管理

花椰菜幼苗定植成活后，气温仍较高，蒸发量大，要采取小水勤浇的措施，以保持土壤湿润，直到缓苗后，中晚熟品种可适当蹲苗，以促地下根系发育，控制地上部的生长。早熟品种以促为主，可以不蹲苗。

花椰菜莲座叶生长期施肥以氮肥为主，进入花球期再适当增施磷钾肥。花椰菜生长前期，需要氮肥较多，至花球形成前15d左右、丛生叶大量形成时，应重施追肥；在花球分化、心叶交心时，再次重施追肥；在花球露出至成熟期间还要重施2次追肥。每次每667m^2追施尿素15～20kg，复合肥20～25kg，晚熟品种可增加1次追肥，肥料随水施入。在花球膨大中后期叶面喷施0.1%～0.5%硼砂液、0.01%～0.08%钼酸钠或钼酸铵，可促进花球膨大，3～5d喷1次，共喷3次。也可喷0.5%～1%尿素液或0.5%～1%磷酸二氢钾液。

夏秋季病虫草害易滋生蔓延，应加强防治。黑腐病可用6%春雷霉素1000倍液喷雾防治，霜霉病可用80%烯酰吗啉水分散粒剂20g/667m^2喷雾防治，小菜蛾可用8000 IU/mg苏云金杆菌悬浮剂100mL/667m^2喷雾防治，蚜虫可用10%吡虫啉可湿性粉剂10g/667m^2喷雾防治。

此外，为防止阳光直射花球，影响品质，应多次进行折叶盖花球。

④ 采收

花球充分长大，洁白且表面平整紧密，边缘未散开时为采收适期，应适时收割。松花菜在花球周边开始松散时则为采收适期。收割花球时带3～4片嫩叶，以减少损伤和污染。花球采收后应立即上市销售或存放于4℃左右冷库中预冷保鲜。

秋花椰菜采收期长，可根据花球成熟状况陆续上市，下霜时可束叶保护花球。

(2) 春花椰菜栽培技术

① 播种育苗

花椰菜生长适宜的温度比较窄，并且花球的发育温度要求严格，因此，要根据各地的气候条件，将花球形成安排在月平均温度在15～20℃的范围内。长江流域春花椰菜一般在12月～翌年1月大棚内育苗，苗龄30～40d，每667m^2大田栽培需种子25～50g，需播种床6～8m^2。第一片真叶时间苗，保持苗距1.5cm左右，2～3片真叶时分苗，株行距10cm见方，分苗床面积40～60m^2。分苗时及时浇水稳根，并注意保温，缓苗后，中耕松土。苗期注意温度和水分管控，否则易造成苗小、叶丛小、花球亦小的减产现象，勿长期低温和干旱，以防出现“小老苗”。

② 整地定植

花椰菜对土壤的营养条件要求比较严格，故应选土层深厚、富含有机质、保水保肥、排灌良好的地块栽培，结合深翻、整地，每667m^2施入5000kg腐熟的有机肥。

定植前应适宜，定植过早，地温低，缓苗慢，生长慢，易出现“先期现球”的现象；定植过晚，则上市期晚，经济效益降低。一般地温稳定在8℃以上，气温稳定在10℃以上定植较为安全。

定植时，幼苗5～6片真叶，起苗要仔细，多带土坨少伤根，以利缓苗。

定植密度，早熟品种株行距(30～35)cm×(40～50)cm，中晚熟品种(45～50)cm×(50～60)cm，栽后立即浇水定根。

③ 田间管理

花椰菜生长前期主要是生长叶片，扩大同化面积，只有形成了一个健壮的营养体，才能形成硕大的花球，故加强肥水管理至关重要。缓苗期结束，植株开始生长时，应结合浇水进行第1次追肥，一般每667m^2追施尿素15kg，此后中耕1～2次，第1次追肥15～20d后，进行第2次追肥，每667m^2追施1∶2的腐熟沼液500kg或尿素15kg，并浇水1～2次，为莲座叶旺盛生长打下基础。莲座叶形成时，应避免植株徒长，可适当蹲苗，并深中耕1～2次，促进根系发育。一般在花球直径2～3cm大小时，结束蹲苗，及时进行浇水施肥，除追施氮肥外，还应追施磷、钾肥，每 667m^2 追施复合肥 20～30kg，并及时浇水。此后，在花球形成期，应及时供应水肥，一般每隔 4～5d 浇水 1 次，保持土壤处于湿润状态。土壤干燥则易引起过早的散花，此期还应追施复合肥 2～3 次，每次每 667m^2 追施 20kg。

花球在阳光直射下，易由白色变成淡黄色，进而形成绿紫色，并可生出小叶，降低品质。故在花球形成期，可把叶丛用草绳束起来，或摘下基部的老叶盖在花球上，以防阳光直射。生长期中，还要注意黑腐病、黑斑病及蚜虫、菜粉蝶的危害。

④ 收获

适时采收也是保证花椰菜产量高、品质优的重要措施。采收过早，花球还未充分长成，产量降低；采收过晚，花球松散，表面凹凸不平，颜色发黄，出现毛花，品质变劣。适时采收的标准是花球充分长大，质地洁白，表面平滑、凹凸较少，花球紧实。收获时，在总花茎分枝下部保留几片嫩叶，以保护花球，在运输和销售过程中避免受损伤和污染。

8.3 芥菜栽培

8.3.1 类型与品种

芥菜属芸薹属芥菜种。芥菜的类型较多，除了油用芥菜外，菜用芥菜包括根芥、茎芥、叶芥和薹芥四大类，其中茎芥又有茎瘤芥、笋子芥和抱子芥 3 个类型。叶芥的变异类型更多，包括大叶芥、小叶芥、分蘖芥、花叶芥、叶瘤芥、宽柄芥、结球芥、卷心芥、长柄芥、凤尾芥、白花芥等 11 种类型。

(1) 根芥菜

根芥菜也称大头菜。在我国以云南、四川、贵州、湖北、湖南、江苏、浙江等地出产最为有名。其肉质根辣味较重，不宜鲜食或炒、煮食，一般都经过腌制或酱制加工。

根据其肉质根的形状，可分为圆锥根、圆柱根和近圆球根 3 类。

圆锥根：肉质根上大下小，类似圆锥，根长 12～17cm，粗 7～9cm。主要品种有四川的白缨子大头菜、合川大头菜、云南的油菜叶、湖北的襄阳大头菜、江苏的小五缨大头菜和大五缨大头菜。

圆柱根：肉质根上下大小基本接近，肉质根长 16～18cm，粗 7～9cm。主要品种有小叶大头菜、缺叶大头菜、荷包大头菜等。

近圆球根：肉质根长 9～11cm，粗 8～12cm，纵横径基本接近。主要品种有四川的兴文大头菜、马边大头菜，云南的花叶大头菜和广东的细苗等。

根据生长发育时期，可把根芥菜分为早、中、晚熟三类。

早熟品种：从播种至收获 90～120d，在长江流域，8 月中旬至 9 月上旬播种育苗，9 月中旬至 10 月上旬定植，11 月中旬至 12 月上旬收获。如昆明油菜叶、江苏大五缨大头菜、襄阳大头菜等。

中熟品种：从播种至收获 121～150d，在长江流域，8 月下旬至 9 月上中旬播种育苗，9 月下旬至 10 月上中旬定植，翌年 1 月收获。如成都荷包大头菜、重庆小叶大头菜、内江缺叶大头菜等。

晚熟品种：从播种至收获 151～180d，在长江流域，8 月中下旬播种育苗，9 月中下旬定植，翌年 2 月中下旬收获。如昆明花叶大头菜等。

(2) 茎芥菜

茎芥菜包括茎瘤芥、儿芥和笋子芥三个变种。茎瘤芥既可鲜食，也可加工，但以加工为主；儿芥以鲜食为主，加工为辅；笋子芥几乎不加工，全作鲜食。

茎瘤芥也叫榨菜，青菜头。其主要特点是茎膨大成瘤状，茎上叶基外侧有明显的瘤状突起3～5个。该肉质茎称为瘤茎，是主要的产品器官。茎瘤芥原产重庆，在重庆和四川各地均有栽培，浙江省在20世纪30年代从重庆引进茎瘤芥栽培，目前栽培面积也较大。

根据瘤茎和肉瘤的形状，茎瘤芥可分为纺锤形、近圆球形、扁圆球形和羊角菜形等4个基本类型。

a. 纺锤形。瘤茎纵径13～16cm，横径10～13cm，两头小，中间大。如重庆的蔺市草腰子、细匙草腰子等。

b. 近圆球形。瘤茎纵径10～12cm，横径9～13cm，纵横径基本接近。如四川的小花叶和枇杷叶等。

c. 扁圆球形。肉瘤大而钝圆，间沟很浅，瘤茎纵径8～12cm，横径12～15cm，横径/纵径大于1。如重庆的柿饼芥。

d. 羊角菜形。肉瘤尖或长而弯曲，似羊角，只宜鲜食，不宜加工。如四川的皱叶羊角菜、矮禾棱青菜。

(3) 叶芥菜

叶芥的用途很广，可以炒食、做汤，也可加工成泡菜、酸菜和腌制菜。叶芥菜是芥菜类蔬菜中适应性最广的一类，全国各地均有栽培，但各地栽培面积不一样，各地的主栽种类也不同。如结球芥菜主要在广东、福建及台湾等地区栽培，花叶芥主要在上海、江苏等地区栽培，四川、重庆栽培的叶芥变种最多。

① 大叶芥

大叶芥的特点是叶宽大、叶柄短而阔、叶柄横断面呈弧形、中肋不宽大，在全国大叶芥有很多优良的地方品种，也是加工蔬菜的主要原料，被誉为四川四大名菜之一的“南充冬菜”的原料就是大叶芥品种，如鸡子青菜、二宽壳菜、箭杆菜、宽叶箭杆青菜、乌叶菜等；贵州省独山、都匀“盐酸菜”的主要原料也是大叶芥品种，如独山大叶芥。此外福建建阳春不老、宁德满街抱、福州阔枇杷芥菜，广东的三月春芥菜、南风芥、高脚芥，江西红筋芥菜、圆梗芥菜，云南澄江苦菜、粉杆青菜等，都是供鲜食或加工酸菜的优良品种。

② 小叶芥

小叶芥的叶较小，叶柄长而窄，叶片较短圆，叶柄横断面呈半圆形，花较小，黄色。在四川、重庆、贵州、云南等地有丰富的栽培品种。被誉为四川四大名菜之一的加工品“宜宾芽菜”就是用小叶芥作原料加工而成的。作为“宜宾芽菜”原料的品种有二平桩、二月青菜、四月青菜等。既可用于鲜食又可用于加工的小叶芥品种有重庆涪陵圆叶甜青菜、蓝筋青菜，垫江红筋青菜，四川万源鸡血青菜、泸州白杆甜青菜，云南圆杆青菜等。

③ 白花芥

白花芥的特点与小叶芥相比，花较大，花瓣呈乳白色，其他性状与小叶芥相似。白花芥品种很少，较大范围栽培的主要品种有四川泸州的白花青菜、白杆青菜。

④ 花叶芥

花叶芥的特点是叶较小，叶缘深裂或全裂成多圆重叠的细羽丝，状如花朵，叶柄长而窄，横断面近圆形。花叶芥作鲜食为主，叶片柔软，炒食清香浓郁。主要品种有上海金丝芥、银丝芥，甘肃花叶芥菜，江苏木樨芥，陕西腊辣芥。

⑤ 长柄芥

长柄芥别名香菜，四川及重庆部分地区大面积栽培，作鲜食、煮食或炒食具有浓郁的清香味，风味好，品质佳。主要品种有梭罗菜、烂叶子香菜、长梗香菜、叉叉叶香菜等。

⑥ 凤尾芥

目前仅在四川部分地区有零星栽培，品种有凤尾芹菜、阉鸡尾辣菜。叶长披针形，叶面平滑，全缘，叶柄横断面呈近圆形。以腌制加工为主，亦可鲜食。

⑦ **叶瘤芥**

叶瘤芥的最大特点是叶柄上有瘤状突起物，这是其他任何芥菜变种都不具备的特征。叶瘤芥分布范围很广，长江流域各地区均有栽培，但以四川省的品种最多。主要作为鲜食或泡菜用。主要品种有四川的窄板奶奶菜、宽板奶奶菜、花叶奶奶菜、鹅嘴菜、鸡啄叶、耳朵青菜，重庆南瓜儿青菜，上海白叶弥陀芥、黑叶弥陀芥，江苏常州弥陀芥，浙江湖州瘤子芥等。

⑧ **宽柄芥**

宽柄芥的特点是叶宽大，叶柄短而阔，中肋宽大，叶柄横断面呈弧形，叶柄和中肋不合抱。宽柄芥在我国南方各地区均有栽培。芥辣味淡，质地较柔嫩，主作鲜食，主要品种有四川宽帮青菜、花叶宽帮青菜、大片片青菜、宽帮皱叶青菜、白叶青菜，上海粉皮芥，湖南面叶青菜，江苏黄芽芥菜，贵州皮皮青菜，等。

⑨ **卷心芥**

卷心芥最大的特点是叶柄和中肋合抱，心叶外露，其他形状与宽柄芥相似，主要分布在四川和重庆。产量高、品质好，鲜食和加工皆宜。主要品种有四川成都砂锅青菜，自贡香炉菜、包包青菜，重庆市郊罐罐菜，垫江抱鸡婆青菜，万县米汤青菜，等。

⑩ **结球芥**

结球芥特点是心叶叠抱成球状。主要分布在华南及东南沿海一带，以广东的澄海、汕头，福建的厦门及台湾等地栽培较多。芥辣味淡，熟食略带甜味，鲜食加工皆宜。主要品种有广东番苹种包心芥菜、短叶鸡心芥、晚包心芥、哥苈大芥菜，福建厦门包心芥菜、霞浦包心芥菜等。

⑪ **分蘖芥**

分蘖芥的特点是在营养生长期其短缩茎上侧芽萌发成多数分蘖。主要分布在长江中下游地区及北方各地区。分蘖性强，芥辣味浓，以腌制加工为主。主栽品种有江苏九头雪里蕻、黑叶雪里蕻，浙江细叶雪里蕻、青种千头芥，湖南大叶排、细叶排、鸡爪排，江西细花叶雪菜，四川尖叶雪菜，等。

(4) 薹芥

薹用芥菜的主要特征是花茎或侧薹发达，抽生早，柔嫩多汁，以嫩薹作为主要产品，叶也可食用或加工。在单薹类型中，叶的比例很大，多薹类型中，叶的比例很小。

多薹型，顶芽和侧芽均抽生较快，侧薹发达。如重庆小叶冲辣菜，贵州贵阳辣菜、枇杷叶辣菜等。一般在9月上旬播种，10月上旬定植，定植后40d左右陆续采收嫩薹食用。

单薹型，顶芽抽生快，形成肥大的肉质花茎，侧薹不发达。如重庆大足冬菜、广东梅菜、浙江天菜等。一般在9月上旬播种，10月上旬定植，翌年2月下旬～3月上旬收获。

(5) 子芥菜

子芥菜又叫蛮油菜、辣油菜、大油菜等。种子用于榨油，制芥末和咖喱。包括油用芥菜和菜用芥菜两类。作为油用芥菜，在印度、中国西北及西南地区有较大面积栽培；作为制芥末和咖喱原料的菜用芥末，栽培面积较小，在我国青海和甘肃有少量栽培。

子芥菜株型高大，花茎分枝性强，植株分枝节位高。耐寒、耐旱、耐瘠，适应性强。栽培方法与叶芥相同。加工也比较简单，一般只需研成粉末即可。

8.3.2 根芥菜栽培

(1) 整地施基肥

根芥的前作一般是早南瓜、番茄、茄子、辣椒等。如果前作是大田作物则更好。前作收获后，翻地之前每 $667m^2$ 施入腐熟的农家肥1500～2000kg，过磷酸钙25～30kg，草木灰150kg。肥料撒施于土面后，及时深翻土壤40～50cm。打碎耙平后作深沟高畦（垄）。

（2）播种育苗

根芥在各地均于秋季播种。长江流域一般在 8 月下旬播种，播种过早易感染病毒病，且易先期抽薹；播种过晚，因前期营养生长不够充分而产量低、品质差。

根芥可直播，也可育苗移栽。直播者肉质根发生分叉较少，形状整齐；育苗移栽的发生分叉较多，但管理较为方便，且可充分利用土地。为了减少肉质根分叉，可采取带土移栽或早移栽的方法定植。

云南大头菜多用直播法。在土壤干燥的情况下，挖深 20cm 左右的穴点播，每穴播种子 2～4 粒，播后覆腐熟堆肥盖籽并灌水。土壤潮湿时也可以不开穴，按一定株行距点播，播后用齿耙子耙土，在耙土的过程中，种子自然就落在土壤的空隙中。每 667m^2 用种量约 100g。根芥菜种子细小，覆土不宜过深。直播匀出的幼苗，也可移栽到其他地方或用来补棵。

育苗的苗床地应选保水保肥好的壤土地块，播前半个月深耕 20cm，每 667m^2 施入 2500kg 腐熟农家肥，40kg 过磷酸钙，200kg 草木灰作底肥，炕土后于播前整细耙平，作深沟高畦。按每 667m^2 苗床 300～400g 的用种量将种子撒播于苗床，每 667m^2 苗床的幼苗可供 1hm^2 大田定植。苗床播种后覆盖过筛的腐熟细堆肥，覆盖厚度以不见种子为度，然后浇水，并覆盖稻草以防大雨和干旱。出苗后再及时去除覆盖物。真叶 2～3 片及 3～4 片时分别匀苗 1 次。去掉高脚苗及有病虫为害的苗，苗距 6cm。匀苗后施以稀薄的液肥。如果播种量过大，并未及时匀苗，则幼苗纤细瘦弱，其肉质根生长也不正常，常会导致“硬棒”或“打锣锤”形的肉质根产生。

（3）定植

苗龄 30d 左右，约 5 片真叶时定植，此时已可见稍膨大的肉质根。根据品种开展度大小的不同，行距可为 37～47cm，株距 33～40cm，一般每 667m^2 栽 3000～3500 株。栽植过密，肉质根变小，如果单个肉质根小于 250g 就不适合加工了。定植前苗床先浇水，以便带土取苗。定植时将幼苗直根垂直于定植穴中央，埋土不要超过短缩茎处，使根部扭曲，不受损伤，将来肉质根生长整齐，侧根少。

（4）田间管理

根芥生长期一般追肥 3 次，第 1 次于定植成活后或直播定苗后施入稀薄腐熟沼液（1：4）或每 667m^2 用尿素 5～7kg 兑水浇施，以促进形成强大叶簇。第 2 次于叶片和肉质根迅速生长时（10 月中下旬），用较浓沼液（1：2）或每 667m^2 用尿素 10～15kg 随水追施。第 3 次看长势施肥，用量比第 2 次略少，如果长势很旺，可不再追肥。

天气干旱时，要进行灌水，最好采取滴灌等节水灌溉方法。

根芥生长前期一般要进行 3 次中耕。第 1 次、第 2 次是浅中耕，只需把根际板结的表土锄松即可，第 3 次进行深耕，深度 12～15cm。

根芥的抽薹、开花一般不需要经过低温阶段。如果播种过早，常在年前发生先期抽薹（肉质根未充分膨大就抽薹的现象叫先期抽薹或未熟抽薹），一旦抽薹，将有很大一部分光合产物运往花薹中，从而影响肉质根的产量和品质，因此应及时摘心。摘心时应注意避免伤口积水。通常用锋利的小刀尽可能地靠近基部把花蕾割掉，使断面略呈斜面，可防止积水腐烂。如果花茎已长得很高了，就不能用刀割，只能用手把花蕾抹掉，因为此时的花茎已经中空，割断后雨露易进入，导致腐烂。

（5）病虫害防治

根芥的主要病害是病毒病。其主要毒源是芜菁花叶病毒。病毒可在种株上越冬，也可在蔬菜、田边杂草上越冬，主要通过蚜虫传播。适当晚播可减少病毒病的发生。根芥栽培的目的主要是加工，成熟早晚对产值影响不是很大，在不影响肉质根膨大的情况下，应尽可能晚播。此外，及时防治蚜虫也是控制病毒病发生的主要措施。

根芥的虫害主要有菜青虫、小菜蛾、蚜虫、潜叶蝇等，要及时清除田间残枝烂叶和杂草，并及时用药对症防治。

8.3.3 叶芥菜栽培

叶芥菜一般都在秋冬季栽培，只有分蘖芥的少数品种可在春季栽培。

(1) 整地施基肥

叶芥菜对土壤要求不严格，各种土壤都可以栽培。但土壤不宜太酸，土壤 pH 值以 6～7 为好。前作和上一年冬季栽培的作物以非十字花科作物为宜。为了获得高产，应选择保水保肥能力强，排灌方便，疏松肥沃、有机质丰富的土壤来栽培叶用芥菜。

地块选定后，在定植前 10～20d，每 667m^2 施入腐熟农家肥 2000～3000kg，过磷酸钙 30～40kg，草木灰 150kg，然后深翻，将肥料耙入土中，晒垡。定植前整细耙平，按品种开展度或栽植密度要求作深沟高畦。每畦种 4～6 行，畦高约 20cm。

(2) 播种育苗

叶用芥菜的栽培多数地区是先育苗后移栽。

南方大多数地区在 9 月上旬至 9 月下旬播种，但一些分蘖芥可在 8～12 月分期分批播种。叶芥种子细小，苗床整理应特别精细，早秋播的应选择保水保肥性好的土壤作苗床，晚秋播的要注意排水。苗床地翻耕后，土壤要充分曝晒，并施足基肥，使土壤疏松肥沃，以利幼苗生长。每 667m^2 苗床播种 500g，可供 12340m^2 大田定植。播种后，立即洒水并覆土 3～6mm，早秋播种的应盖草保湿或搭阴棚，且应注意早晚浇水。出苗后，揭去紧贴苗床的覆盖物，2～3 片真叶时间苗，苗距约 3～6cm，并施稀薄的沼液（1：4）提苗或每 667m^2 用 3～5kg 尿素兑水浇施。

(3) 定植

幼苗具 5～6 片真叶时定植。早秋播种的苗龄一般为 25～30d，晚秋播种的 40d 左右。

定植的株行距因品种而异。一般早熟品种，植株开展度较小，按行距 33～40cm，株距 25～33cm 的密度定植；中晚熟品种，植株开展度较大，可按行距 40～46cm，株距 33～40cm 的密度定植。分蘖芥一般定植的行株距为 25～33cm。起苗前一天傍晚，将苗床浇足水，以便起苗时少伤根，定植时要选在阴天或晴天下午 4 时以后，以利幼苗缓苗活棵。定植前先按株行距开穴，然后将带土的幼苗移栽入穴中，立即用细土掩盖根系，并轻轻地将土压一下，以便土壤与根系更好接触，便于根系吸收水分和养分。栽好后立即浇定根水。

(4) 田间管理

叶用芥菜的生长期，绝大部分时间是秋冬季，而长江流域秋冬季阴雨天气比较多，因此对叶芥的水分管理应以排水为重点，少数播种比较早的，生长期正遇高温干旱，水分管理的重点是前期灌水，后期排水。要做到旱能灌、涝能排，芥菜田不能积水，否则根系会因缺氧而生长不良。大雨后，土壤容易板结，应及时松土和除草。

水分管理可与追肥结合进行。叶用芥菜以叶供食，叶是营养器官，因此，追肥应以氮肥为主，但也应适当配合磷、钾肥，以增强抗病能力，增加产量，特别是以肥大中肋和叶柄为主要产品的品种类型更应适当追施磷、钾肥。追肥一般 3～4 次，由淡到浓，第 1 次追施稀薄沼液（1：4）或尿素 3～5kg 兑水浇施，至最后一次追施沼液（1：2）或尿素 10～15kg 兑水浇施。早秋栽培的叶芥，因前期高温生长快，要及时追肥，特别是早熟品种早期不能缺肥；白露前后（9 月上旬）播种的品种，重施追肥期应在 10 月底至 11 月初之间；寒冷地区冬季不宜追肥，否则易受冻害。晚熟品种于春暖后及时施肥灌水，以免提早抽薹。

前两次追肥可结合中耕进行。收获前停止追肥和浇水，以免产品含水量过高而影响品质。

鲜食和加工原料的采收标准也不一样。作为加工原料，要求产品充分长成，且水分含量要低，重点考虑的是产量和适合加工；而作为鲜食的叶芥对采收要求则不严格，从幼苗到成株都可采收，重点考虑的是产量、市场价格及当地的消费习惯，如华南沿海一带和攀枝花等居民很喜欢用芥菜幼苗打汤，因此，它的生长期很短，一年可种植很多茬，播种后40～60d就收获。

(5) 病虫害防治

病毒病一直是芥菜的主要病害，近年来根肿病的发生也很严重，成为芥菜主要病害之一。防治根肿病可用生石灰调节土壤酸碱度，一般每667m^{2}施入75kg生石灰，或实行5年以上的轮作，发病初期也可用70%甲基硫菌灵500～1000倍液灌根。

虫害主要是蚜虫、菜青虫和小菜蛾，应及时对症防治。

第9章 葱蒜类蔬菜栽培

葱蒜类蔬菜属于百合科葱属，为二年生乃至多年生草本植物，在我国南北各地广泛栽培，历史悠久，种类繁多。主要有大蒜、洋葱、大葱、分葱、韭菜、韭葱及藠头等。因为它们都具有特殊的辛辣气味，所以也称香辛类蔬菜。其中韭菜、大葱、分葱、藠头等为我国原产，大蒜早在二千多年前自中亚西亚传入我国，而洋葱及韭葱在我国栽培历史不久。

我国北方以大蒜（头）及大葱栽培较多，而南方则以各种分葱（小香葱）、叶用大蒜（青蒜）、藠头较多，韭菜南北各地都普遍栽培，在丰富花色品种上起了很大作用。葱蒜类不但可以作为鲜食及调味品，而且可以脱水加工。另外，大蒜、洋葱、薤和韭花还是重要的出口蔬菜。

大多数葱蒜类蔬菜适宜生长的温度为12～20℃，耐寒性较强。长江以南，各种葱蒜类均能露地越冬，地上部不致冻死。而韭菜冬季地上部枯死，以宿根越冬，到第二年重新发芽。薤耐寒性较弱。大蒜、洋葱、薤和胡葱的鳞茎形成需要长日照的诱导，并在夏季高温季节进入休眠，因此，栽培季节相对比较单一。

葱蒜类蔬菜含有丰富的维生素C，较多的硫、磷、铁等。但人们对于葱蒜类蔬菜的嗜好，主要还在于它含有特殊的辛辣味和去腥功能。在大多组织中，都含有蒜氨酸，一旦细胞受到损伤，蒜氨酸在蒜氨酸酶的作用下生成具有较强刺激味的蒜素。蒜素是食品的原料，在医学上可以用来预防和治疗多种疾病。

9.1 洋葱栽培

9.1.1 类型和品种

洋葱的类型从形态分类上可分为以下三个种类：

(1) 普通洋葱

每株通常只形成一个鳞茎。种子繁殖，少数品种在特殊环境下在花序上形成气生鳞茎。

普通洋葱，一般根据其鳞茎的形状又分为扁球形、圆球形、卵圆形及纺锤形洋葱；也可以根据成熟度的不同分为早熟、中熟及晚熟洋葱；还可以按不同地理纬度分为下面三个类型：

“短日”类型：适应于我国长江以南，北纬32°～35°地区。这类品种，大多秋季播种，春夏收获。

“长日”类型：适应于我国北方各地，北纬35°～40°以北地区。这类品种在早春播种或定植（用鳞茎小球），秋季收获。

中间类型：适应于长江及黄河流域，北纬在32°～40°之间。这类品种，秋季播种，第二年晚春及初夏采收。

(2) 分蘖洋葱

分蘖洋葱能够分蘖，通常不结种子。每一分蘖基部能形成鳞茎，用分蘖的小鳞茎繁殖。

(3) 顶生洋葱

在花序上着生许多气生鳞茎。气生鳞茎可以用来繁殖，不结种子，主要作腌渍用。同分蘖洋葱一样，顶生洋葱除特殊目的外，经济价值不高，很少栽培。

目前我国生产上主要以普通洋葱为主。普通洋葱的每一类型中，都可以按照鳞茎的皮色分为红皮种、黄皮种及白皮种。

a. 红皮洋葱。葱头外表紫红色，鳞片肉质稍带红色。扁球形或圆球形，直径8～10cm。耐贮藏、运输。休眠期较短，萌芽较早，表现为早熟至中熟，5月下旬至6月上旬收获。华东各地普遍栽培。代表品种有上海红皮等。

b. 黄皮洋葱。葱头黄铜色至淡黄色，鳞片肉质，微黄而柔软，组织细密，辣味较浓。扁圆形，直径6～8cm。较耐贮存、运输，早熟至中熟。产量比红皮种低，但品质较好，可作脱水加工用。圆形或高圆形，适合出口。代表品种有连云港84-1、DK黄、OP黄、大宝、莱选13等。

c. 白皮洋葱。葱头白色，鳞片肉质，白色。扁圆球形，有的则为高圆形或纺锤形，直径5～6cm。品质优良，适于作脱水加工的原料或罐头食品的配料。但产量较低，抗病较弱。在长江流域秋播过早，容易先期抽薹。代表品种有哈密白皮等。

目前，国内主栽品种有南京黄皮洋葱、上海红皮洋葱、北京紫皮洋葱等。但随着出口的增加，国外优良品种也逐步引进。一般欧美地区喜欢白皮纺锤形、个大的洋葱，而日本、韩国则需黄皮扁圆形的洋葱，国内则要求红皮圆球形的洋葱。

9.1.2 生物学特性

(1) 植物学特征

洋葱弦状浅根系，根毛极少，主要分布在15cm的耕层内。茎短缩，称“盘状茎”，其上环生叶。叶中空，横切面半月形，由叶鞘和管状叶片两部分组成，直立生长，叶鞘套合成“假茎”。叶鞘基部膨大成鳞茎，圆球形、扁球形或长椭圆形，皮紫色、黄色或绿白色。花多淡紫色，或近于白色，伞形花序，包于2或3个反卷的苞片内，小花梗长2.5cm左右，瓣片狭披针形，雄蕊突出，内方三花丝基部膨大，两边为浅裂或齿状。食用部分为鳞茎（图9-1）。

(2) 生长发育周期

长江流域，均为秋播，以幼苗越冬，到第二年5～6月间收获葱头，第三年抽薹开花结籽。其生长发育周期可分为幼苗期（生育前期）、植株旺盛生长期（中期）、鳞茎膨大期（后期）和生殖生长期等4个时期。

① **幼苗期**。指播种、定植及越冬期间这一段时期。从播种到定植（图9-2）50～60d，定植后越冬期间，地上部及地下部都很少生长。在栽培上要注意防冻保苗。

② **植株旺盛生长期**。从春暖以后到鳞茎膨大前，地上部及地下部旺盛生长的一段时期。这个时期为3月下旬至5月上中旬，是植株生长最快的时期。叶数不断增加，叶面积迅速扩大，为鳞茎的形成奠定物质基础。与此同时，新根亦迅速增加，而老根则逐渐减少。

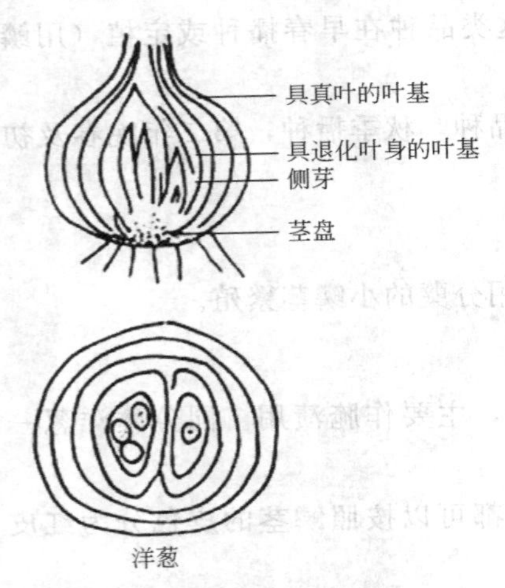

图 9-1　洋葱的解剖结构

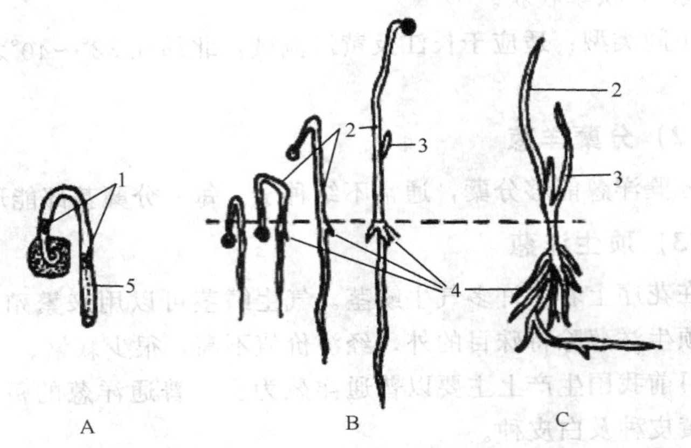

图 9-2　洋葱发芽的顺序

A. 种子的萌发；B. 幼苗的发育；C. 出苗经过 25d 的幼苗；
1. 子叶的伸长区；2. 子叶；3. 第一片叶；4. 自鳞茎盘长出的不定根；5. 初生根

③ **鳞茎膨大期**。5 月中旬到 6 月上旬，植株不再增高，但鳞茎迅速膨大。到鳞茎膨大末期，植株倒伏，叶的同化物质运转到鳞茎中去。此时，新根虽仍有增加，但老根迅速衰老，所以全株根数不再增减。鳞茎成熟收获后，进入休眠期，其长短因品种而异，一般为 60～70d。

④ **生殖生长期**。采种的成熟鳞茎于当年秋季再栽到田里，翌年（即播种后的第三年）抽薹、开花、结籽。种子于 6 月中下旬成熟。

（3）对环境的要求

洋葱种子的发芽温度为 15～25℃，适温为 20℃左右。生长适温为 15～20℃，地上部适温为 20℃左右，地下部为 16℃左右。

洋葱根系分布在 30cm 表土内，根的吸肥、吸水力弱。应在含有机质多而保水力强的沙质壤土中栽培为宜。洋葱不适合在酸性土壤中生长，可在基肥中混入一定量的过磷酸钙以调节酸度，磷同时对洋葱的发根和幼苗生长有重要作用。另外氮肥过多易引起徒长苗，造成定植后不易发根和返苗。

鳞茎的发育形态主要有洋葱类型（包括胡葱、薤等）和大蒜类型（包括大头蒜，即南欧蒜等）二种类型。洋葱类型的鳞茎是由鳞盘所生出的叶鞘基部膨大而成，洋葱的鳞茎要求必须在一定时间长日照下才能分化形成，而在短日照下则不能形成鳞茎。这个长日照的临界长度则因品种而异，不同纬度间引种时必须注意其对日照的要求。在正常气温下，日照长度为 12～15h。

葱蒜类蔬菜地上部为管状或扁平多蜡质的叶片，较耐旱；地下部为弦状须根，在生长过程中从短缩茎的基部发生新的须根。根群分布范围广，但入土不深，几乎无根毛，吸水力很弱。因而栽培上也不耐过分的干旱，要求有一定肥力和保水力强的土壤。

土壤的矿质营养及水分，尤其是氮素营养，影响根的吸收及叶的同化能力，从而影响鳞茎的大小和产量。同时，氮肥的施用时期，对鳞茎形成影响很大。在光照时间超过临界时间以后，氮的用量不会影响鳞茎的形成；但在临界时间附近时，如果氮肥不足，会促进鳞茎的膨大，而氮肥过多，反而会延缓鳞茎的膨大。

9.1.3　栽培技术

我国长江和黄河流域普遍采用秋播冬种、次年夏季采收的方式。由于气候条件适合洋葱生长，产量也较高。北方较寒冷的地区采用秋播春种、次年夏季采收。秋播后冬季对秧苗进行假植囤苗或苗床覆盖防寒等措施保护幼苗过冬。春暖后，定植于露地，或早春保护地育苗，春暖定植。夏季温度偏低和雨水较少的地区一般春播春种、秋季采收，并采用短日类型或对日照要求不严格的品种。

（1）整地作畦与施肥

选择含有机质多而保水力强的沙质壤土栽培。在作畦前，将地进行3耕3耙，并整平。畦宽1.3m，畦长30～50m。每667m^{2}施腐熟的有机肥1500kg、过磷酸钙25kg。

（2）播种与育苗

秋播并以幼苗越冬。如播种过早，第二年有先期抽薹的可能（表9-1）；而播种过迟，鳞茎膨大时，植株过小，影响产量。具体的播种期因各地气候条件而不同，一般越往南播种期越迟，越向北越早。如在江淮地区不宜早于9月下旬播种，杭州、上海宜在10月上旬播种，武汉宜在10月中旬播种。一般采用干籽播种。苗床撒播要均匀而稀，100cm^{2}苗床有种子60粒左右。播种后，小心盖土，并在上面盖一层稻草或麦秆。

表9-1　红皮洋葱播种期与先期抽薹的关系

播种期	抽薹率/%				
	4月20日	4月27日	5月15日	5月13日	5月25日
9月10日	4.5	9.0	11.0	12.3	15.6
9月29日	0	0	0	0.4	1.1
10月9日	0	0	0	0	0

（3）定植

洋葱的定植时期一般在11月中下旬，最迟到12月上旬。长江流域如果栽植期迟于冬至易被冻死。定植时，要对幼苗加以选择及分级，一般以苗龄50～55d、茎粗0.6～0.8cm、株高25cm的“三叶一心”苗较好。洋葱的叶直立，密植增产的效果明显。南北各地，一般为行距15～20cm，株距10～15cm。定植深度以2～3cm为度。栽得过深，鳞茎全部生长在土中，容易产生畸形；栽得过浅，鳞茎膨大后，露出土面过多，可能引起开裂，影响品质。地膜覆盖以及在行间施入堆肥等是减少缺苗的重要措施，既可提高土温，又可减少土表蒸发。

（4）田间管理

洋葱的田间管理工作包括追肥、灌溉、中耕除草及病虫害防治。除基肥以外，要多次施追肥。定植后2周左右进行初次追肥，一般需施入全量的磷肥和适量的氮肥和钾肥以促进根系的生长和地上部的生长。春暖（3月）以后，植株开始生长，要追肥1次。整个4月到5月上旬，是长江流域洋葱生长的最旺盛时期，也是需肥最多的时期。这时要重施1～2次氮肥和钾肥。3月份缺乏钾肥会降低鳞茎的质量及密度。增施磷、钾肥，不仅可以促进根系及叶的生长，而且有利于鳞茎的发育，提高品质及耐藏性。另外，由于植株需硫量较多，应根据不同情况增施一些硫肥。

洋葱在各个生长发育过程，对水分的要求不同。南方各地，雨水较多，大都结合追肥（粪肥）适当浇水。在春雨期间，还要注意排水。

洋葱根系浅，中耕宜浅，一般不超过3cm，以免伤根。往往在施追肥以前，进行1次中耕，使施入肥料易渗入土中。最近，利用新型除草剂防治洋葱等蔬菜上的杂草也获成功，提高了工效。

洋葱属绿体（幼苗）春化的植物，其抽薹与播种季节、幼苗大小（图9-3）和施肥技术有非常密切的关系。因此，在越冬时，应该控制幼苗的大小来克服先期抽薹。

洋葱最严重的病害是霜霉病，且在生长的各个时期都会发生。可用波尔多液、甲霜灵·锰锌、代森锰锌、三乙膦酸铝和百菌清等喷洒。地下害虫主要是白蛆（种蝇的幼虫），为害根部，采用氨水和敌百虫等浇根有一定的效果。

（5）采收与贮藏

长江一带大部分地区均在5月中下旬开始采收。采收过早，鳞茎尚未完全成熟，含水量也较高，产

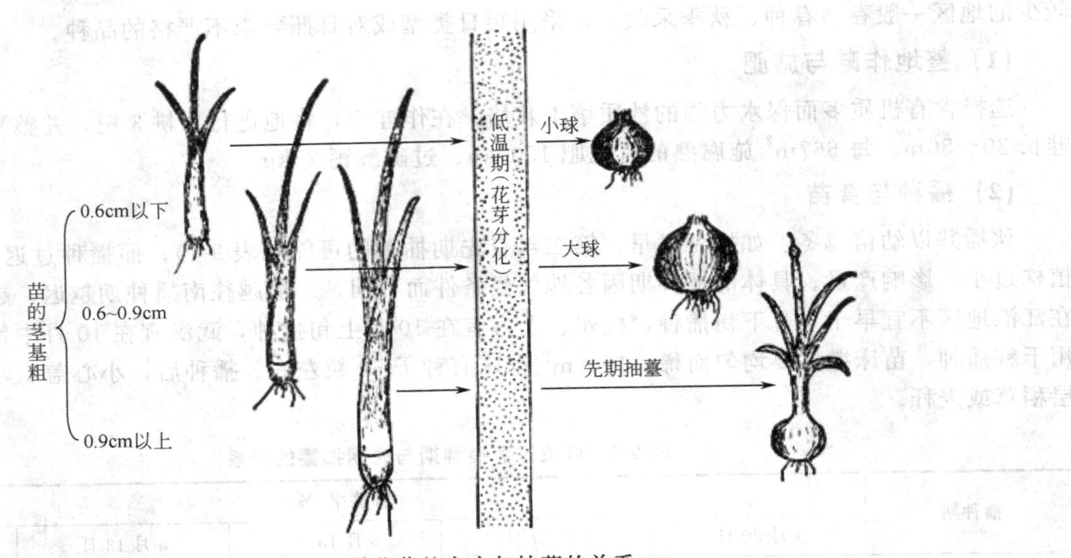

图 9-3　洋葱苗的大小与抽薹的关系

量低，不耐贮藏；采收过迟，叶部全部枯死，采收后正是梅雨季节，容易腐烂。一般是鳞茎已充分膨大，叶子有大半枯萎又未完全枯萎为采收的适期。采收方法为在晴天连根拔起，在田间晒 3～4d，使外皮干燥，但不要曝晒过度。洋葱是耐贮藏的蔬菜，有一定的休眠期（品种间有长有短），在一般通风条件下，可以贮藏 5～6 个月。萌芽后会失去食用价值。为了防止抽芽，延长贮藏期，可用马来酰肼 0.25％水溶液，在洋葱收获前两星期喷到叶子上（要在叶子尚未全部枯萎时处理）来破坏生长点的组织。这样采收以后，可以贮藏到第二年 3～4 月仍不抽芽。此外，用射线（γ 射线、X 射线等）处理也可以防止抽芽，延长贮藏期。

9.2　大蒜栽培

9.2.1　类型和品种

大蒜按蒜瓣大小、皮色可分为白皮蒜、紫皮蒜等；按蒜薹有无、叶片质地可分为有薹蒜和无薹蒜；按每一鳞茎的蒜瓣的多少，可分为多瓣蒜和独蒜；按对低温或长日照的感受性不同可分为低纬度类型和高纬度类型。

低纬度类型的大蒜对低温要求低，短日照下（8～10h）也能随温度的升高而形成鳞茎并早熟。高纬度类型的大蒜要求在一定时间的低温（5℃下，3 个月）和长日照（大于 14h）下才能形成鳞茎，中晚熟类型具有蒜瓣，是由茎盘所生的侧芽的叶鞘（无叶身）膨大而成。

主要品种有嘉定大蒜、徐州白蒜、太仓大蒜、舒城大蒜、嘉祥大蒜、毕节大蒜、吉阳大蒜、二水早和川西大蒜等。

9.2.2　生物学特性

(1) 植物学特征

大蒜植株矮小，弦状根。茎短缩，盘状。鳞茎（蒜头）为数个小鳞茎（蒜瓣）集合而成。每一蒜瓣由 2 层鳞片和 1 个芽构成（图 9-4）。外层为保护鳞片，内层为贮藏鳞片。保护鳞片随鳞茎膨大，养分转移，干缩成膜状。内层鳞片有几片幼叶。叶由叶片及叶鞘组成。叶片披针形、扁平、绿色。叶鞘圆筒状，多层叶鞘套合着生于短缩茎盘上，形成假茎，叶部的分生组织在叶鞘基部为“居间生长”。花茎（即蒜薹）圆柱形，长 60～70cm，顶部有总苞，伞形花序，花与气生鳞茎混生其中，因小鳞茎的生长抑制花的发育，表现为不孕性，使花中途凋萎。食用部分为鳞茎和叶。

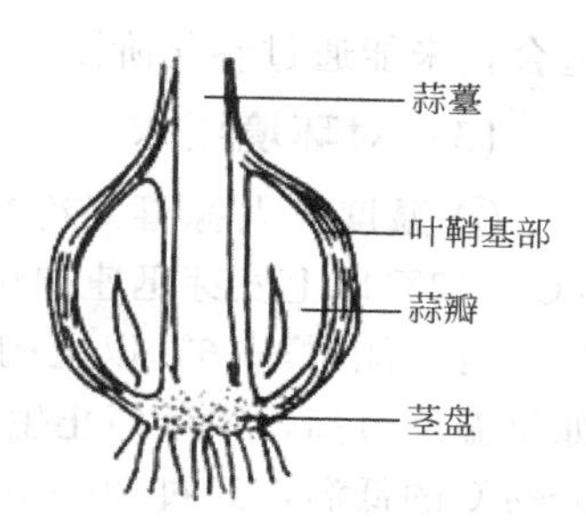

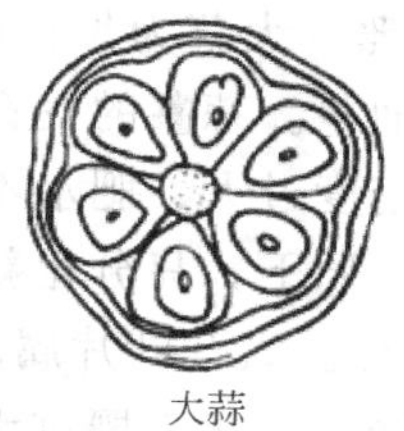

图 9-4　大蒜的解剖结构

（2）生长发育周期

大蒜一般用蒜瓣作繁殖材料，其生育周期包括发芽期、幼苗期、花芽及鳞芽分化期、抽薹期、鳞茎膨大期、鳞芽休眠期。如果用气生鳞茎为繁殖材料，地下鳞茎成熟后还有一个气生鳞茎膨大生长期。

① **发芽期**。从种瓣播种到第 1 片真叶通过叶鞘出叶口伸长展开，为发芽期。实质上种瓣解除休眠，如温度适宜，贮藏期间即可萌动，进入发芽期。但在生产上多以播种期作为发芽始期。发芽期所需的天数与品种、播期早晚、环境条件等有关。如解除休眠后，芽已露出再播种，条件适宜约 9～10d 即通过发芽期。如刚通过休眠期时播种，则需 20d 左右。发芽期所需的有机营养，完全由肥厚的肉质鳞瓣供给。

② **幼苗期**。从初生叶展开到鳞瓣干瘪腐烂（称烂母）为幼苗期。烂母是大蒜植株幼苗期结束的形态标志；营养苗端开始转化为生殖苗端，则是其幼苗期结束的生理标志。大蒜幼苗期的生长时间，决定于播种季节。如山东省大蒜多在秋季播种，幼苗期包括越冬前的幼苗期、越冬期、返青期和烂母期，时间较长，150～165d。除去越冬停止生长的时间，幼苗期约 40～60d。幼苗期是营养生长阶段，生长点不断分化新的叶原基，新生叶片不断伸长与生长，营养体不断增大，为鳞芽、花芽的分化打下基础。到幼苗末期，叶原基分化结束，花芽和鳞芽相继分化。同时，在烂母期前后，在茎盘的周围发生不定根。

③ **花芽及鳞芽分化期**。从花芽、鳞芽分化开始，到分化结束为止，为花芽及鳞芽分化期。烂母是最后一个叶原基分化形成，到最后一片叶长出叶鞘充分展开，这一时期植株营养体充分生长，叶片的数量、同化面积和根的数量均达到一生的最大值。花芽分化时间大体是 25～30d，和鳞芽分化的时间前后相隔 5～7d，鳞芽分化时间在 5～7d 结束。花芽、鳞芽的分化，标志着大蒜由营养生长过渡到营养生长与生殖生长并进阶段。

④ **抽薹期**。从花序总苞开始长出叶鞘，到花茎的大小充分长成为抽薹期。这也是蒜头膨大前期。它包括露尾和露苞两个阶段，经 25～30d。其生长的特点仍然是营养生长与生殖生长并进，是生育的盛期阶段。蒜薹在生长中期以前生长缓慢，中期以后加快生长。在这期间蒜头也随之膨大，叶已全部长出，叶面积达最大值。此时是植株根系生长最快阶段。

⑤ **鳞茎膨大期**。从采收花茎到鳞瓣发育成熟，为鳞茎膨大期。花茎采收后，顶端生长优势解除，进入鳞茎膨大盛期。此期根的生长量不再增加，趋向衰退，叶片由绿变黄，植株长势衰退，叶片中的营养物质向蒜头转移，蒜头迅速膨大。到末期，蒜头膨大趋向缓慢。此期约经 20～25d。

⑥ **鳞芽休眠期**。鳞瓣发育成熟，即进入生理休眠期。在休眠期，即使具有适宜的温度、水分和气体条件，鳞瓣也不会发芽生长。休眠期与品种特性有关，一般在 50～90d 之间。休眠期过后，叶鞘和叶原基便开始活动生长，只要条件适宜，幼芽即在鳞瓣中生长。如需继续贮藏，需要低温条件抑制生长。

⑦ **气生鳞茎膨大期**。在不采收嫩花茎的情况下，大蒜地下鳞茎膨大期中，花茎顶端的气生鳞茎也在缓慢生长。地下鳞茎成熟后，叶片制造的有机营养和根系吸收的矿质营养，集中供给气生鳞茎膨大生长。气生鳞茎成熟后，全株开始枯黄，此期长约 15d。

根据地区不同，大蒜可分为春播或秋播。秋播大蒜幼苗要经过一个冬天，整个生育期长达 200～240d；春播大蒜全生育期 90～100d。大蒜是绿体通过春化的植物，在发芽期和幼苗期感受低温，通过春化，在长日照和较高的温度下完成光周期，进行花芽分化、抽薹、分瓣，形成鳞茎。如果环境条件不适合，未能通过春化阶段，则花芽和鳞芽可能不分化、少分化，而形成独头蒜、少瓣蒜。

(3) 对环境要求

① **温度**。大蒜喜好冷凉的环境条件，其生长适宜温度为12～25℃。蒜瓣萌芽的最低温度为3～5℃，12℃以上发芽迅速加快，20℃左右为发芽最适温度。幼苗生长的适温为14～20℃，幼苗具有4～5片叶时，能耐－16℃以上的低温，蒜薹伸长期的适宜温度为15～20℃，鳞茎膨大期适温为20～25℃，如果温度过高，鳞茎停止生长，转入休眠状态。大蒜也属绿体春化型。一般从大蒜萌动到幼苗期，如遇0～4℃的低温，经过30～40d即通过春化阶段。

② **光照**。大蒜为长日照植物，在12h以上的日照和15～20℃的温度下，茎盘上的顶芽即转向花芽分化迅速抽薹。蒜薹的发育，除受温度、光照影响外，还与营养条件有关。如种瓣太小、土壤瘠薄、播种过晚、密度过大、肥水不足等，都有可能形成无薹蒜或独头蒜。另外大蒜头的形成要求长日照。一般品种在短日照下，只分化新叶而不能形成鳞茎。但亦有早熟的品种对光周期要求不太严格。

③ **水分**。大蒜叶片属耐旱生态型，但根系入土浅，吸收水分能力弱，所以在营养生长前期，应保持土壤湿润，防止土壤过干。特别是在花茎伸长和鳞茎膨大期，需要较多的水分，要求土壤经常保持湿润状态。到鳞茎发育后期，应控制浇水，降低土壤湿度，以促进鳞茎成熟和提高耐藏性，以免因高湿、高温、缺氧引起烂脖（假茎基部）散瓣，蒜皮变黑，从而降低品质。

④ **土壤营养**。大蒜对土壤种类要求不严格，但根系弱小，以富含腐殖质而肥沃的壤土最好。疏松透气、保水排水性能强的土壤，适于鳞茎生长发育，使蒜头大而整齐，品质好、产量高。砂质土栽培大蒜辣味浓，质地松，不耐贮藏。适宜的土壤酸碱度为pH6～7，过酸根端变粗，停止延长生长，过碱则种瓣易烂，小头和独瓣蒜增多，降低产量。大蒜喜氮、磷、钾全效性有机肥料。增施腐殖肥料，可提高大蒜产量。一般每667m^2施肥量为氮8.6kg、磷7.4kg、钾8.6kg。幼苗初期，主要利用种瓣内贮藏的养分，对土壤中的三要素吸收量很少。到了花薹伸长期和鳞茎膨大中期，根茎叶生长繁茂，同化和吸收机能进入盛期，总的吸收量逐渐达到最高值。到鳞茎膨大后期，植株趋向成熟，茎叶逐渐干枯，根系老化，对土壤营养吸收能力则相对减弱。在鳞茎膨大期应适量追施氮肥，过多则易导致鳞茎散裂。如果土壤中含硫较多，可以增加鳞茎中硫化丙烯的含量，辣味增强。

9.2.3 栽培季节与方式

长江流域大蒜多行秋播。除极早熟品种当年可抽生蒜薹外，其他品种当年仅能生长幼苗，经露地越冬后于次年春季陆续采收蒜薹、蒜头。

长江流域大蒜以露地生产为主，生产产品主要有青蒜、蒜薹和蒜头；也可在冬春低温季节进行保护地栽培，生产青蒜和蒜黄，以鲜嫩产品调剂淡季供应。

大蒜的栽培季节主要依栽培目的和栽培方式而异，长江流域各地大蒜的栽培季节可参考表9-2，灵活掌握。

表9-2 长江流域大蒜的栽培季节

栽培方式	所需产品	播种期	收获期	产量(以667m^2计)
露地栽培	青蒜	8月中旬～9月中下旬	10月中旬至翌年3月	1500～2500kg
	蒜薹	9月中旬至10月上旬	3月下旬至5月上旬	200～400kg
	蒜头(多瓣蒜)		4月中旬至5月中下旬	700～1000kg
	蒜头(独头蒜)	11月中旬至1月中旬	4月中旬至5月中下旬	400～500kg
	蒜黄	8月中旬至10月底,分期播种,培土栽培	播后20～30d采收	每千克蒜头可生产1.2～1.5kg
设施栽培	蒜苗(凉棚蒜)	7月～8月上旬	8月中旬～10月上旬	750～1000kg
	青蒜	9月中旬至11月下旬	12月中旬至2月	1500～2000kg
	蒜黄	8月上旬至翌年5月下旬	播后20～40d采收	每千克蒜头可生产1.2～1.5kg

由表 9-2 可知，长江流域大蒜的设施栽培主要有夏季凉棚蒜苗栽培、冬季大棚青蒜栽培和四季（春、秋、冬季）蒜黄栽培。至于蒜薹和蒜头栽培由于占地时间太长，与露地栽培相比，熟性产量品质差异不明显，除了地膜覆盖和喷滴灌等配套设施外，很少采用棚室进行设施栽培（仅大蒜脱毒苗及原原种生产需隔离棚室栽培）。

近年来，针对长江流域广大消费者喜食青蒜的习惯，生产上开始从欧美地区引种韭葱代替青蒜，因为韭葱形似青蒜，只是基部不会膨大形成蒜头。韭葱可以用植物学的种子作繁殖器官，用种量少，成本低，省工省力，且春、秋、冬季均可种植，生长适温 8～28℃。直播、育苗移栽均可，每 667m^2 用种量 300g（育苗移栽）～500g（直播栽培），韭葱生长速度快（播种后 80～100d 陆续采收），产量高（每 667m^2 产量 4000～5000kg），而且辛辣味浓，品质好。

9.2.4 栽培技术

(1) 整地及施基肥

播种前的整地施肥工作，基本上与洋葱等相似。避免连作，土壤以肥沃、排水良好的沙质壤土为宜。

(2) 播种

大蒜采用蒜瓣直播。秋播大蒜栽培，南方大部分地区在 9～10 月份播种，4～5 月份采收蒜薹，6 月份采收蒜头；以青蒜为栽培目的时，可从 7 月份开始播种，但早播时蒜种需经低温处理，以便打破休眠。

在播种前应对种用的蒜瓣进行选择与分级。严格的选择应从田间未采收前开始，特别要除去带有病毒的植株。采收以后，选择具有品种特征、蒜头圆正、大而无损伤的蒜头。

生产上为了打破休眠，促进发芽，可在播种前剥去蒜皮或在播种前把蒜瓣在水中浸泡 1～2d，以利于水分的吸收和气体的交换。此外，把蒜瓣放在 0～4℃的低温下（生产上可利用冷库或冰块）处理 1 个月，可大大提早发芽。这些方法，特别适用于青蒜栽培，可以提早播种，提早供应。

播种方法是把蒜瓣插入土中，而微露尖端，不宜过深。以收获蒜头为栽培目的时，株行距为（15～20)cm×(10～13)cm，或更密些，每公顷播种量 750～2000kg。株行距越大，鳞茎单球越重，但易发生畸形鳞茎。以收青蒜为栽培目的时，播种较密，株行距 12cm×(4～7)cm。

(3) 田间管理

当苗出土 3～6cm 时，要开始施追肥，以氮肥为主。在青蒜生长期间，从 8～9 月到 11～12 月，要追肥 2～3 次，促进地上部的生长。地上部的生长量大，产量也越高。以收蒜头为栽培目的时，除在幼苗期施追肥外，于越冬前应再施 1 次追肥。第二年春暖后，是大蒜植株生长的旺盛期，要施 1 次重肥。蒜头开始膨大后，不宜施肥过多、过浓，以免引起鳞茎腐烂。促进蒜头的发育，要获得高产，必须在开始形成鳞茎时有较大的叶面积。

中耕除草工作在蒜苗出土后特别重要。当苗高 10～15cm 时，中耕可以深些；而当苗高 30cm 以上，中耕要浅些。一般中耕浇水都结合施肥。但到了第二年 4～5 月间，鳞茎已经开始膨大，此时雨水多，应注意排水，不然容易引起蒜瓣开散。如果施氮肥过多，新生的蒜瓣幼芽有再度生叶的可能，从而影响蒜头的品质及贮藏性。近来一些实验表明，利用化学除草剂如除草通、氟乐灵、西马津（simazine）、莠去津（atrazine），结合有色薄膜覆盖均有较好的除草效果。

(4) 采收

大蒜的鳞茎、蒜叶及蒜薹都可以食用。由于食用的部位不同，采收的时期与方法也不同。

青蒜是以幼嫩的叶子及假茎作为食用部位。长江一带于 7～8 月份播种后，从当年 10 月份至次年春季均可采收。但进入夏季后，叶的组织逐渐老化，纤维含量增加，不再作为青蒜食用。采收的方法，绝大多数都是一次连根拔起，但也可以在冬前，植株 30cm 高左右，在假茎基部，离地面 3～5cm 收割 1 次。收割后，加强肥水管理，可以再生新叶于第二年 2～3 月份再采收 1 次。

采收蒜薹与采收蒜头有密切的关系。一般有蒜薹的都有分瓣的蒜头，但有蒜头的不一定有蒜薹。蒜薹与蒜瓣幼芽几乎同时分化，蒜头要等到老熟以后才采收，而蒜薹分化后，伸长很快，需及时采收，不然会影响蒜头的产量。

在蒜薹采收后 20～30d 即可开始采收蒜头。如不采收蒜薹，蒜头也会膨大，但产量会下降 15%以上。采收季节多是雨水较多的季节，如过迟不收，蒜头容易腐烂，采收后也易散开，不耐贮藏。

9.3 韭菜栽培

9.3.1 类型与品种

韭菜常以其耐寒性的强弱，叶子的形状、长短、颜色及分蘖习性等作为分类的依据，也可根据食用的部位而分为叶用种、花薹用种、叶与花薹兼用种及根用种。在云南昆明还有食用肥嫩须根的品种。按照叶的宽窄，可分为宽叶种（或称大叶种）及窄叶种（或称小叶种）。

全国各地的主要栽培品种有霉韭、雪韭（又名冬韭）、马鞭韭、寒育、791 韭菜、汉中冬韭、平韭 2 号、寒青韭、大麦韭、马商韭、西蒲韭、二流子、黄格子、大叶韭、细叶韭（软尾）和安顺大叶韭等。近来还育成了一些杂交品种，正在生产上推广。

9.3.2 生物学特性

(1) 植物学特征

韭菜为弦线状须根系，着生于短缩茎基部，可分为吸收根、半贮藏根和贮藏根，其形态与结构均有差异。春季发生吸收根和半贮藏根，其上可发生 3～4 级侧根。秋季发生短粗的贮藏根，不发生侧根。随着植株分蘖，生根的位置和根系在根茎上逐年上移，俗称“跳根现象”，需压土盖肥防止根茎裸露。

茎由胚芽发育而成，初期呈盘状，因逐年分蘖而成根状茎，根茎顶端生叶，基部生根。叶由叶片及叶鞘组成，叶片扁平带状，叶鞘抱合成“假茎”，假茎基部膨大呈葫芦形（图 9-5）。叶面覆有蜡粉。叶的分生带在叶鞘基部，收割后可继续生长。伞形花序，两性花，花冠白色，花被 6 片，雄蕊 6 枚，子房上位，3 室，每室含种子 2 粒。蒴果、种子黑色，盾形，千粒重 4～6g。食用部分为叶。

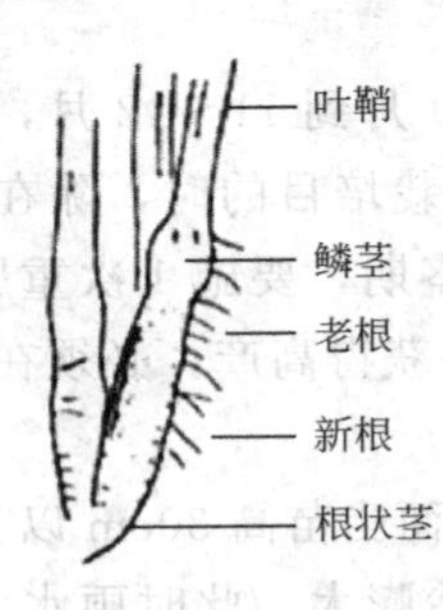

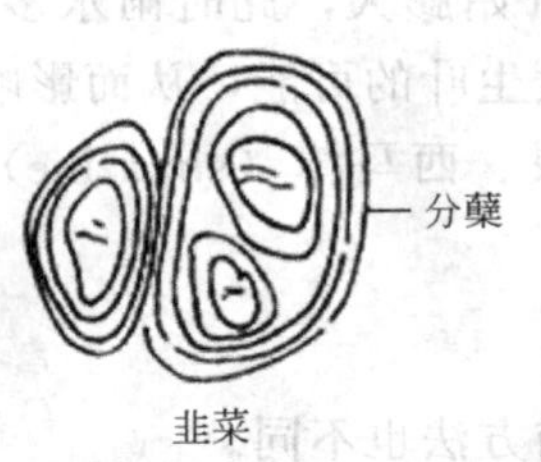

图 9-5 韭菜的解剖结构

(2) 生长发育周期

韭菜的生育期可划分为营养生长和生殖生长两个阶段。一年生韭菜一般只进行营养生长；二年生以上的韭菜，营养生长和生殖生长交替进行。

① **营养生长时期**。韭菜从播种到花芽分化为营养生长期，可划分为发芽期、幼苗期和营养生长期三个阶段。

a. 发芽期。从播种后种子萌动到第一片真叶显露为发芽期，历时 10～20d。

b. 幼苗期。从一片真叶出土到定植为幼苗期。此期地上部生长缓慢，根系生长占优势，根系生长较快，构成须根系，植株瘦小，历时 60～80d。

c. 营养生长期。从定植之后到花芽开始分化为止为营养生长期。此期随着叶数、根量的增加，植株大量分蘖，营养充足时一年可分株4～5次，由1株可分生为10余个单株。此期应加强肥水管理，若营养不足，则很少或不能发生分株。

② **生殖生长期**。韭菜属绿体春化型，只有植株达到一定的大小，积累一定量的营养物质后，才能感受低温完成春化，分化花芽，然后在长日照条件下抽薹、开花，进入生殖生长阶段。二年生以上的韭菜，营养生长与生殖生长交替进行，每年秋季抽薹开花。

(3) 对环境要求

a. 温度。韭菜喜冷凉气候，耐寒力极强，不耐高温。叶子生长的适宜温度为12～24℃，当气温超过25℃植株生长缓慢，纤维增多，品质下降。高于30℃时，叶子发黄，甚至枯萎。韭菜是耐寒的蔬菜，叶子能忍耐－5～－4℃的低温，甚至更低。地下根茎在气温至－40℃时也不致遭受冻害。翌春当温度上升至2～3℃，韭菜开始返青，萌发新叶。

b. 光照。韭菜在中等光照强度条件下生长良好，耐阴，光补偿点为1220lx，光饱和点为40000lx，适宜光强为20000～40000lx。叶片生长要求光照强度适中，光照过强时植株生长受到抑制，纤维增多，叶肉组织粗硬，品质显著下降，甚至引起叶片凋萎；光照过弱时植株的同化作用减弱，叶片发黄，叶小，分蘖少，产量低。韭菜属长日照植物，植物通过低温春化后，在长日照下通过光照阶段后才能抽薹开花结种子。

c. 水分。韭菜根系吸收力弱，喜湿，要求土壤经常保持湿润，才能满足植株生长发育的需要。如果土壤缺水，叶肉组织往往粗硬，纤维增多，品质降低。韭菜叶片狭长，面积小，表面覆有蜡粉，角质层较厚，气孔深陷，水分蒸发较少，具有耐旱的特点，生长要求较低的空气湿度，适宜的空气湿度为60%～70%。对土壤湿度要求较高，为80%～95%。

d. 土壤营养。韭菜对土壤的适应性强，但以土质疏松、保土层深厚、保水保肥能力强的壤土栽培效果为准。韭菜成株对轻度盐碱有一定的适应能力，土壤酸碱度以pH 5.6～6.5为宜。喜肥力中等，对肥料的要求以氮肥为主。氮肥充足，叶片肥大柔嫩，色泽深绿，产量高。多年生的韭菜田每年施用1次硫、镁、硼、铜等微量元素肥料可促进植株生长健旺，增加分蘖，延长采收年限。

9.3.3 栽培技术

(1) 整地作畦与播种

韭菜1次栽植后，多年不再翻耕，而且在冬季要做软化栽培。因此，在施足基肥的基础上，进行1次深耕，并以行距宽而丛距密的方式进行作畦整地。分别在春季或秋季进行播种育苗，当年秋季或第二年春季定植。种子必须是前一年或当年收的新鲜种子。每667m^{2}苗床的播种量为25～30kg，育成的秧苗可以供10倍左右面积的大田栽培所用。

(2) 栽植方式与密度

当幼苗生长到约20cm高，在立秋处暑间可以定植。如果是秋季播种的，则要以幼苗越冬，到第二年清明前后定植。注意不要在炎热的夏天定植。定植时，对幼苗要进行整理及选择，剪去过长的须根，有时还要剪去一部分叶子的先端，以减少蒸发，利于缓苗。韭菜都是丛栽的，每丛10～20株。具体的栽植密度因间作或单作及品种的生长势、分蘖力的强弱和管理水平而定。

(3) 田间管理

秋季定植后，叶的生长迅速，分蘖力也较强，应该加强肥水管理，满足生长及分蘖的要求。在严寒到来以前，施1次重肥，以促进生长，使更多的营养物质运转达到地下的根状茎中积累起来满足第二年春天发芽和生长的需要。一般不收割青韭。到第2～3年以后，每年进行多次收割。每收割1次，施1次重肥，促进叶的生长与分蘖。收割相隔时间的长短，视生长状态及温度高低而定。进入收割年龄以后，必须注意培养地下根茎的生长，避免植株相互拥挤，分蘖细小，产量下降。要及时清除老根、老叶，进行培土、施肥，促使恢复生长。

南方夏季高温、闷热，不适于韭菜叶的生长。这个时期不要收割，以保护植株过夏。等到秋凉以后，可以恢复生长。长江以南地区的韭菜，其地上部可露地越冬，但在某些地区及年份，并不是完全无冻害。对于耐寒力弱的品种，可适当加盖稻草。

培土是韭菜田间管理的一项重要工作，而培土又与跳根有关。收割的次数越多，跳根的距离越大。因而，韭菜生长的年数越多，新根大部分都分布在土壤的表层。每年要进行培土。

(4) 地下病虫害的防治

韭菜的根状茎及叶鞘基部长期生长在土中，容易发生各种病害及虫害。主要地下害虫是韭菜地蛆和蓟马等。要防治这些虫害，可于定植前或虫害发生前用糖醋液诱杀成虫，也可用溴氰菊酯、氯氰·马拉松乳油喷洒或辛硫磷、喹硫磷乳油等来防治，但应避免使用剧毒高残留农药。广西玉林地区，在稻田中，采用深沟（沟内 40cm 水）高畦栽培，较好地防治了韭菜地蛆的发生。引起烂根的原因，是韭菜枯萎病为害。这种病菌在排水不良的土壤中，尤其是在夏季高温季节暴雨以后，又遇猛烈的阳光容易发生，防止的方法主要是开沟排水，培育壮苗。

(5) 采收

南方除炎热的夏季外，几乎周年都可采收青韭。长江流域一带，一般从春到夏，收割青韭 2～4 次。收割时都要留 3～5cm 的叶鞘基部，以免伤害叶鞘的分生组织及幼芽，影响下一次的产量。7～8 月间，气温高，生长慢，一般不收青韭，而只收韭菜薹。入秋以后，也可收青韭 1～2 次或不收，以养根为主。等到冬季，大都利用培土软化，采收韭黄。一般全年产量为 $5\times10^4 kg/hm^2$ 左右。

(6) 软化栽培

葱蒜类蔬菜耐寒性强，在冬、春季不需要很高的温度就能生产，其软化产品有韭黄和蒜黄，质地脆嫩，味道变得较清淡而又不失葱蒜类特有的风味。

韭菜等软化栽培的原理是覆盖各种覆盖物，包括草棚、培土及盖瓦筒等使新生的叶子在不见阳光下生长而不形成叶绿素，因而新生出来的叶鞘及叶片均为白色或淡黄色。韭菜等软化后，叶肉组织中的纤维化程度亦大为减弱，叶身中的维管束的木质部较不发达，细胞壁的木质化程度减弱。不管是韭菜、大葱或大蒜，经过软化后的叶子组织柔嫩，增进了食用价值。生产上，软化后的韭菜又可分为韭白、韭芽和韭黄。所谓韭白就是只软化韭菜的假茎，所以叶鞘部分变为白色，叶片部分为绿色。韭芽是指在冬季生产中，用泥土等覆盖，在早春收割长仅 20cm 左右的小韭菜。而韭黄则是人为制造黑暗环境条件，让植株在弱光下生长而得到的韭菜。

具体软化的方法很多，如北方栽培较多的“囤韭”就是把韭菜在冬季前连根掘起，移到温暖的地方（如地窖），利用其根状茎的营养物质生长韭叶。而在南方较多的是利用培土、草棚、花盆、瓦筒等覆盖的方法进行软化栽培。

培土软化是长江流域最普遍的一种方法。各地具体做法大同小异，均在秋、冬季或春季每隔 20 余天进行 1 次培土，共 3～4 次。夏季温度高，培土以后，容易引起腐烂。

瓦筒软化是用一种特别的圆筒形瓦筒，罩在韭菜上，利用瓦筒遮光。瓦筒高 20～25cm，上端有一瓦盖或小孔（孔上盖瓦片），这样既不见光又通风，夏季经过 7～8d 后可以收割，冬季经过 10～12d 也可以收割。一年可以收割 4～5 次。

草片覆盖软化是通过培土软化获得韭白后割去青韭，然后搭架 40～50cm 用草片进行覆盖。最适宜的时间是在生长最旺盛的春季（3～4 月份）及秋季（10～11 月份）。夏季盖棚容易导致温度高、湿度大，若通风不良，容易引起烂叶。

黑色塑料拱棚覆盖特别适合于低温期的软化，而在气温高时则易导致棚内温度过高，但可通过加盖遮阳网来降低棚内温度。

第10章
薯芋类蔬菜栽培

薯芋类蔬菜是以淀粉含量比较高的地下变态器官（块茎、根茎、球茎、块根）供食用的蔬菜总称。我国栽培的薯芋类蔬菜种类十分丰富，按对温度条件的要求，分为两类：一类喜冷凉气候，如马铃薯、菊芋、草石蚕等；另一类喜温暖气候，如姜、芋、山药、魔芋、葛、豆薯等。

薯芋类蔬菜产品器官为地下的茎或根，含水分较少，比较耐贮藏运输，不仅能延长供应期，也便于地区间余缺调剂。

10.1 马铃薯栽培

马铃薯，又称土豆、地蛋、山药蛋、洋山药、爱尔兰薯、荷兰薯等。马铃薯富含淀粉（10%～25%）和蛋白质（2%～4%），既能做菜，又能代粮，并为淀粉、葡萄糖和酒精等工业的原料。马铃薯食用方法多种多样，深受各国人民的喜爱。马铃薯起源于秘鲁和玻利维亚的安得斯山区，是当今世界上普遍种植的重要作物，是继水稻、小麦、玉米之后的世界上第四大粮食作物。2016 年我国农业部正式发布《关于推进马铃薯产业开发的指导意见》，将马铃薯作为主粮产品进行产业化开发，马铃薯将成为小麦、稻谷、玉米三大主粮品种之后的我国第四大主粮品种。

10.1.1 类型和品种

我国地域辽阔，生态类型多样，马铃薯的类型比较丰富。马铃薯品种按皮色可分白皮、黄皮、红皮和紫皮等品种；按茎块形状分圆形、椭圆、长筒和卵形品种；按薯块颜色分黄肉品种、白肉品种。在栽培上通常依块茎成熟期分为早熟品种（从出苗至块茎成熟为 50～70d）、中熟品种（80～90d）、晚熟品种（100d 以上）。根据用途可分为糖用品种、菜用品种、加工品种、饲用品种。

主要栽培品种很多，适合于二季作地区栽培的早熟优良品种有东农 303、克新 4 号、鄂马铃薯 1 号、鄂马铃薯 3 号、中薯 2 号、郑薯 5 号、郑薯 6 号、弗乌瑞它、鲁马铃薯 1 号、鲁马铃薯 2 号、鲁马铃薯 3 号等。

10.1.2 生物学特性

(1) 植物学特征

① **根**。马铃薯根系是在块茎萌芽后当芽长 3～4cm 时从芽的基部发生出来，构成主要吸收根系，称初生根或芽眼根。以后随着芽的伸长，在芽的叶节上与匍匐茎发生的同时，发生 3～5 条根，长 20cm 左右，围绕着匍匐茎，称匍匐根或次生根。初生根和次生根组成一个有大量分支的须根系，起吸收作用。根系主要分布在 30cm 土壤表层中。它们最初与地平面倾斜生长，达到 30cm 左右而转向下垂直生长，植株正下方没有根系。根系的数量、分支多少、入土深度和分布范围受品种特性和栽培条件共同影响。但由种子产生的实生苗的根系则有所不同，为直根系，主要根系分布在植株正下方。

② **茎**。马铃薯的茎分地上和地下两部分。地下茎包括匍匐茎、块茎。地上茎为一年生，皮绿色或紫色，主茎以花芽封顶。地下茎呈负向地性生长，与地上茎形态基本相同，也具有节间，只不过其叶片退化成细小的鳞片，侧枝变态生长成为匍匐茎。匍匐茎呈横向生长，覆土过浅或栽培条件不良时，匍匐茎露出地表直立生长成为地上茎。同样，地上茎的腋芽本应该发育成侧枝，深覆土埋在地下时便发育成匍匐茎。匍匐茎最先于地下茎的基部茎节上发生并横向生长，具有伸长的节间，茎端变成钩状。匍匐茎入土多集中在 5～10cm 表土层中，长度 3～10cm，能形成二、三次分枝。匍匐茎节上着生由叶片退化成的鳞片叶，鳞片叶分布顺序同地上茎的叶片分布。当匍匐茎发育到一定时期，在特定条件下亚先端膨大生长，形成块茎。一般情况下每一地下茎能发生 4～8 条匍匐茎，其中约 50%～70%能形成块茎，不能形成块茎的匍匐茎发育后期自行萎缩。

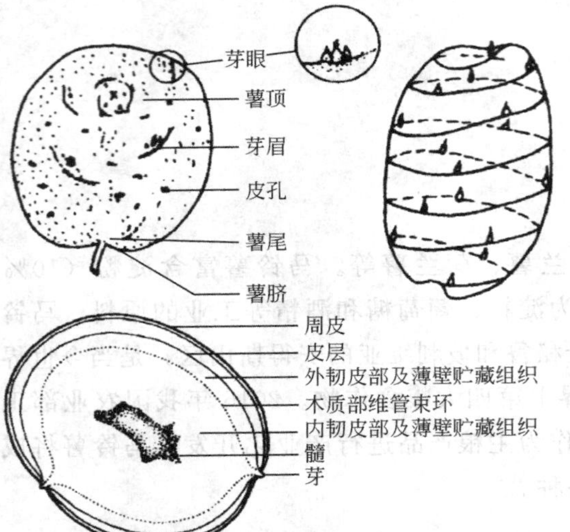

块茎是匍匐茎亚先端形成的短缩肥大变态茎，其形状有圆、卵圆、椭圆、扁圆等，皮色有红、紫、黄、白等色，薯肉有黄色和白色两种。块茎与匍匐茎相连的一端为薯尾，相对一端为薯顶。块茎上分布芽眼，芽眼由芽和芽眉构成。每个芽眼中有 3 个芽，居中为主芽，两侧为副芽。主芽顶端优势明显，侧芽一般不萌发，只有主芽受抑制或使用生长调节剂处理才能萌发。薯顶芽眼分布较密，发芽势较强。生产中切块时采用从薯顶至薯尾的纵切法。块茎上均匀分布皮孔系块茎与外界交换气体的通道（图 10-1）。

芽眼
薯顶
芽眉
皮孔
薯尾
薯脐
周皮
皮层
外韧皮部及薄壁贮藏组织
木质部维管束环
内韧皮部及薄壁贮藏组织
髓
芽

块茎剖面结构

图 10-1 马铃薯块形态、剖面结构及块茎上的芽眼分布

③ **叶**。马铃薯最先出土的叶为单叶，即初生叶，心脏形或倒心脏形，全缘。以后发生的叶为奇数羽状复叶，顶端叶片单生，顶生小叶之下有 4～5 对侧生小叶。小叶柄上和小叶之间中肋上着生裂片叶。绝大部分品种的主茎叶由 2 个叶环，加上顶部的两个侧枝以上的复叶构成马铃薯的主要同化系统。叶片表面密生绒毛，一种披针形，另一种顶部头状，它们有收集空气中水汽的效应，有些品种还具有抗害虫的作用。复叶叶柄基部与主茎相连处着生的裂片叫托片，具小叶形或镰刀形或中间形，可作为识别品种的特征。

④ **花**。马铃薯的花序为伞形花序或分枝型聚伞形花序，着生在茎的顶端。早熟品种第一花序、中晚熟品种第二花序开放时，地下块茎开始膨大，因此花序的开放系马铃薯植株由发棵期生长转入结薯期生长的形态标志。

⑤ **果实和种子**。马铃薯果实为浆果，球形或椭圆形，青绿色。种子小，千粒重 0.6g，可贮藏 4～5 年。品种间结实率差异很大，有的品种天然结实率高，有的品种早期花蕾脱落，有的品种虽能开花，但

不结实。我国西南气候可保证马铃薯有150d的生长期，种子可用于繁殖种薯或直接用于生产。因其基因组成为多倍体，后代性状分离广泛，影响种子的直接利用。

(2) 生长发育周期

全生育期分为休眠期、发芽期、幼苗期、发棵期和结薯期等几个不同时期。

① **休眠期**。收获后的马铃薯块茎在适宜条件下很长一段时间内不萌动，呈休眠状态，休眠是生长和代谢的停滞状态。马铃薯块茎休眠属生理性休眠，休眠期长短与品种和贮藏条件等有关。温度0～4℃，块茎可长期保持休眠；在26℃左右，因品种不同，休眠期从1个月左右到3个月以上不等。马铃薯休眠期的长短意义重大，休眠期长有利于贮藏和延长市场供应。种薯通过休眠后才能播种。可以用赤霉素打破休眠，提高贮藏温度、切块、切伤顶芽、用清水多次漂洗切块等也都可以解除休眠。

② **发芽期**。从萌芽至出苗是发芽期。第一段生长的中心为芽的伸长、发根和形成匍匐茎，营养和水分主要靠种薯，按茎叶和根的顺序供给，种薯发芽时的环境条件，影响其生长的速度和好坏。与此同时，还有主茎第二、第三段茎和叶的分化和生长。当幼芽出土时主茎上的叶原基已分化完成，顶芽变成花芽，呈圆球状。

③ **幼苗期**。从幼苗出土到幼苗完成一个叶序的生长过程为幼苗期。早熟品种第6叶、晚熟品种第8叶展平，俗称团棵，是幼苗期结束的形态标志。幼苗期历时15～20d，仍以茎叶和根的生长为中心，但生长量不大，展叶速度较快，约2d发生1片叶。幼苗期茎叶分化很快，主茎及其他器官分化完毕且主茎顶端已经分化花蕾，侧枝、叶开始生长。在出苗后7～8d地下匍匐茎开始水平方向生长，团棵前后开始形成块茎。幼苗期短暂，只有约半个月时间，因此应抓紧各项栽培措施促进根茎叶的生长。

④ **发棵期**。从团棵到第12或第16叶展平，早熟品种以第一花序开花、晚熟品种以第二花序开花为发棵期结束标志，为时1个月左右。发棵期内主茎叶已全部形成，并有分枝及分枝叶的扩展。根系继续扩大，块茎膨大到鸽蛋大小，生长中心由茎叶向产品器官转移。

⑤ **结薯期**。由主茎顶端显现花蕾到收获时止为结薯期。发棵期末叶面积达到高峰，进入结薯期基部叶片开始枯黄脱落，叶面积开始负增长，植株同化产物向块茎运输速度加快，块茎膨大速度随之加快，尤其开花时块茎膨大速度达到高峰期，块茎产量一半以上是在结薯期内形成的。结薯期长短与气候条件、品种特性和栽培技术关系密切，一般为30～50d。结薯期要维持植株茎叶正常功能，减缓叶面积负生长速度，提高光合生产力和延长光合产物生产时间，并使光合产物顺利向块茎输送，从而获高额产量。

(3) 对环境要求

① **温度**。马铃薯生长发育需要较冷凉的气候条件。块茎播种后，地下10cm土层的温度达7～8℃时幼芽即可生长，10～12℃时幼芽可茁壮成长并很快出土。特别是早熟品种，如果播种早，马铃薯出苗后常遇晚霜，气温降至0℃时，则幼苗受冷害，严重会导致死亡。

② **光照**。马铃薯是喜光作物，其生长发育对光照强度和每天的日照时间反应强烈。马铃薯一生中对光的要求是不同的，在马铃薯第一阶段生长（即发芽期）要求黑暗，光线抑制芽伸长，促进加粗、组织硬化和产生色素。幼苗期和发棵期长日照有利于茎叶生长和匍匐茎发生。结薯期适宜短光照，成薯速度快。强光不仅影响马铃薯植株的生长量，而且影响同化产物的分配和植株的发育。强光下叶面积增加，光合作用增强，植株和块茎的干物重明显增加。短日照有利于结薯不利于长秧。此外，短日照可以抵消高温的不利影响。

③ **水分**。马铃薯生长过程中要供给充足水分才能获高产。发芽期所需水分很少，但发芽期需要土壤中含有适当的水分，这样有利于马铃薯刚生出的根生长，否则根部伸长，芽生长也会受到抑制，不宜出土。所以在播种前，要求土壤土层上部疏松，而下部保持土层湿润。

④ **土壤**。马铃薯适应性非常强，一般土壤都能生长。最适合马铃薯生长的土壤是沙质壤土，有足够的空气，对块茎和根系生长有利。但由于这类型土壤保水、保肥能力差，种植时最好采取平作培土，

适当深播，不宜浅播垄栽。砂质土生长的马铃薯块茎整洁、表皮光滑、薯形正常、淀粉含量高，便于收获。如果在黏重的土壤种植马铃薯，最好利用高垄栽培，有利于排水、透气。由于此类土壤保肥、保水能力强，只要排水通畅，马铃薯产量往往很高。

⑤ **营养（肥料）**。马铃薯一生中，需要大量的肥料。在氮、磷、钾三要素中马铃薯需钾肥最多，氮肥次之，磷肥最少。马铃薯每形成1000kg产品需从土壤吸收4.38kg氮、0.79kg磷、6.55kg钾。马铃薯生长除需上述三大要素外，还需要其他元素。如钙、镁、硫、锌、铜、钼、铁、锰、硼等。

10.1.3 栽培季节与茬口

长江流域春季进行商品薯生产，秋季气温逐渐冷凉，有利于提高种性，种薯生产在秋季。掌握的栽培原则是春天尽量早种早收，秋季适当晚种晚收，使结薯期处于月平均温度15～21℃。本区属于我国马铃薯种性退化区，生产用种主要靠外调，也可以在该区建立脱毒种薯繁育体系繁育良种。

春薯播种前需催芽播种，温度低时，出苗缓慢。晚播虽然出苗快，但其苗端不如早播分化程度高，尽管早、晚播种出苗时间几乎一样，但仍以早播为好。多年来生产经验证明：与适宜播种期相比，每推迟5d则减产10%～20%。适宜播种期以当地断霜期为准，向前推30～40d，且宁早勿晚。武汉春播适期为2月上中旬，湖北很多地区大都提前到12月底播种。

秋薯适宜播种期，应以当地初霜期为生长结束期，向前推算50～70d为出苗期，再向前推算播种后至出苗的天数，则可确定适宜播种期。如湖北武汉8月下旬播种，11月中下旬收获。

10.1.4 春马铃薯栽培

（1）整地及施基肥

疏松肥沃的壤土或沙壤土、排灌方便的地块适宜于马铃薯种植。南方春作马铃薯前茬作物为水稻的地块，秋收后翻耕疏松土壤，结合施肥作宽约2m的高畦，开沟排水。结合冬耕或春耕，施用6×10^4～7.5×10^4kg/hm^{2}腐熟优质农家肥。播种前沟施化肥作种肥。种肥用量为尿素和磷酸二氢铵各75kg/hm^2。结合施用种肥，应拌以防治地下害虫的农药。

（2）种薯处理和育苗

播种前催芽是春季提早上市的重要措施，催芽可以促进早出苗，提高产量，把马铃薯的物候期提早7～10d。催芽时间一般在当地马铃薯适宜播种期前20～30d进行。催芽的方法有切块催芽和整薯催芽。

切块催芽因为打破了种薯的顶端优势，切块后各切块上的芽眼得到了相似的养分条件，萌芽速度快，大小也一致。切块也是淘汰病薯的过程。可用75%的酒精或开水把沾有青枯病、环腐病菌的刀刃和切板擦净。切薯的方法（图10-2）：用刀从块茎头尾纵切为两半，再从尾芽下刀切成每块带1个芽眼、质量25～30g大小的切块。种薯切块一定要大小均匀不可过小（切成小片或挖芽眼），以免切块失水、养分不足而影响幼苗的发育。在二季作地区切块大多数只带1个芽眼，每穴出1～2棵苗，这样大薯率较高。一季作地区切块较大，每穴出苗2～3株，这种切块抗旱能力强。切块时间以催芽前1～2d为宜，若过早切块失水多或引起烂种。切后应尽早播种。

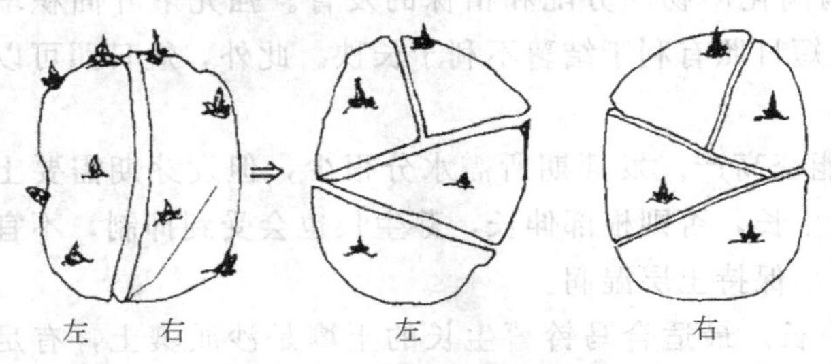

图10-2 马铃薯切块方法示意图

切块催芽可以采用阳畦催芽、筐催芽。春季催芽的关键是温度和湿度。阳畦催芽数量大，阳畦底面要平整、湿润。一层切块一层土（潮润土），一般可摆多层。摆层太多，因下边温度低，出芽较慢，易使薯芽不整齐。最上层的封土应稍厚，并定期喷水。阳畦内温度掌握在18～20℃，最高不超过

25℃。整薯催芽可在大棚、温室或室内进行，温度不超过20℃，否则芽尖容易坏死、变黄。另整薯催芽以薯块堆放2～3层为宜，并且每周翻1次，使受光均匀，待下部薯芽萌动时，切薯或整薯播均可。

见芽后为避免幼芽黄化徒长和栽种时碰断，应将出芽后的种薯放在散射光或阳光下晒，保持15℃左右的低温，让芽绿化粗壮，需20d左右时间。在这个过程中虽幼芽停止伸长，但却不断地发生叶原基和形成叶片，以及形成匍匐茎和根的原基，使发育提早。同时，晒种能限制顶芽生长而促使侧芽的发育，使薯块上各部位的芽都能大体发育一致。暖晒种薯一般增产20%～30%，但暖晒种薯不应时间过长，否则造成芽衰老，引起早衰，易受早疫病侵染。

为了节省种薯或前作尚未收获时应采用育苗移植。种薯在终霜前20～30d播种，播种后覆土3～4cm，保持15～20℃土温。栽植前低温锻炼幼苗几天。

(3) 播种

马铃薯块茎形成时的适宜土壤温度为16～18℃，白天气温24～28℃，夜间气温16～18℃。播种时10cm地温应稳定地回升到5～7℃，或以当地断霜期为准，向前推30～40d为适宜播种期。适期早播种可增加产量。

播种密度因品种、栽培条件等而定。早熟品种一般株型较矮，密度可稍大，以5000～6000穴/667m^2、保苗8000～9000株/667m^2为宜。若采用大小垄双行栽培，大垄行距80cm，小垄行距20cm，株距20cm左右，每穴1块薯。

播种深度对产量和薯块质量影响很大。应以土壤墒情和土壤种类而定，一般情况下深度为7～10cm，过浅，地下匍匐茎就会钻出地面，变成一根地上茎的枝条，不结薯。块茎露出地面，顶芽见光会抽生新的枝条，或见光变绿，失去商品价值。覆土后加盖地膜效果显著。

(4) 田间管理

春马铃薯发芽期内温度较低，且蒸发量少，在墒情比较好时不必浇水。幼苗期应结合施肥早浇水，发棵期内不旱不浇，干旱年份浇2～3遍水。结薯期是块茎主要生长期，需水量较大，土壤应保持湿润，一般情况下应连续浇水。早熟品种在初花、盛花和终花期，晚熟品种在盛花、终花期和花后，周内连续3次浇水，对产量的形成有决定意义。对块茎易感染腐烂病害的品种如克新4号等，结薯后应少浇水或及早停止浇水。

在施足基肥的基础上，马铃薯应进行追肥。幼苗期要早追肥，以速效氮为主，追施氮肥3～5kg/667m^2，施肥后浇水。发棵期追肥要慎重，一般情况下不追肥。若需要补肥可在发棵早期或等到结薯初期，切忌发棵中期追肥，否则会引起植株伸长。最后一次追肥要在现蕾期进行。根据植株生长情况也可进行叶面追肥，尿素、磷酸二氢钾2∶1混用，浓度为0.3%。

马铃薯出苗后应进行中耕松土，提高地温，促进根系的生长。幼苗期浇水后应立即进行中耕保墒。发棵期浇水与中耕相结合，浇水后及时中耕培土，待植株拔高封垄时进行大培土，培土时注意保护茎及功能叶。

(5) 采收

一般情况下，植株达到生理成熟期即可及时收获。生理成熟期的标志是大部分茎叶由绿变黄，部分倒伏，块茎停止膨大，并容易从植株上脱落。春马铃薯应在雨季和高温临近时收获。如果进入雨季收获，贮存期间马铃薯易腐烂。黄河以北地区6月中下旬收获，黄河以南及江淮以北地区6月上中旬收获。

收获应选在晴天、土壤适当干爽时进行。收获时要避免损伤，及时剔除镐伤、腐烂薯，装筐运回，不能放在露地，要防止雨淋和阳光的曝晒。刚刚收获的薯块带有大量的田间热和自身呼吸而产生的热量，要求贮藏场所阴凉、通风，薯块不宜堆积过高，堆高以30～50cm为宜。贮藏期间应翻动几次，拣去病、烂、残薯，然后再装入透气的筐和袋子里架起来贮藏。

(6) 病虫防治

马铃薯在生长发育过程中易出现一些生理性病害。如播种后条件不良时，幼苗出土过程中易出现非正常生长；老龄块茎播后地温过低时，出苗前后匍匐茎尚没伸长时其先端便开始形成小的块茎，称为梦生薯；甚至小块茎的顶芽萌动继续形成一串小块茎，形成链球薯。

土壤湿度过大，块茎呼吸受到抑制，皮孔内的薄壁细胞突出，皮孔向外生长，块茎表面遍布白色的小疙瘩，湿度过大的同时伴有高温，严重时会导致块茎死亡，引起生理性烂薯。结薯期内如果土壤水分不均匀或温度不稳定，易引起二次生长，导致细腰薯、链球薯、梦生薯等畸形薯。

除了生理病害外，还有一些侵染性病害，如病毒病、晚疫病、早疫病、疮痂病、环腐病、青枯病和癌肿病等。主要虫害有地老虎、金针虫、马铃薯瓢虫和蚜虫等。

10.1.5 秋马铃薯栽培

(1) 整地及施基肥

秋马铃薯栽培要选择地势高燥、涝能排、旱能浇的地块，并施足底肥，农家肥必须腐熟，底肥量参照春马铃薯栽培。秋马铃薯应起高垄栽培，且多为单垄，垄距 60cm，行距稍宽，便于培土。高培土是秋马铃薯栽培的主要措施，垄高 30cm，既可防涝，又能降温。

(2) 种薯处理

种薯播种前必须解除休眠。催芽可选择切块催芽或整薯催芽。切块催芽用种量小，易打破休眠，出芽快，但在高温高湿条件下，易感染病毒和各种病菌，发生大量烂种，影响秋薯的安全生产。整薯催芽过程中烂薯少，播种后抗逆性强，出苗率高，产量高，但用种量大。现在普遍采用小整薯催芽。

整薯催芽应提前 20d 进行。先用浓度为 10～30mg/L 的赤霉素溶液浸泡 10min 左右，浸种后捞出并控出水分，即可直接上沙床催芽。为了防止烂薯可用多菌灵、中生菌素喷洒薯块。整薯催芽出芽不太整齐，催芽 10d 左右应扒开床土把芽长 2～3cm 的种薯拣出来，放在通风阴凉处，使之见光（散射光）进行绿化锻炼；再把未发芽的薯重新埋好继续催芽，一般 20d 大致可以出齐芽。

切块催芽务必防止感染。用挑选过的薯块作种薯，在雨后或早晚凉爽时切块，并边切块、边浸种、边晾干。然后使用浓度为 10～20mg/L 赤霉素溶液浸泡 10min，捞起晾干后，再尽量使刀口切面向上，喷洒 1 次杀菌剂，杀菌剂一般为 3%中生菌素 1000～1200 倍液或多菌灵 600～1000 倍液。晾薯以 0.5～1d 为宜，使切口尽快干燥并形成新的愈伤组织。晾干后的切块堆积催芽。1 周左右芽长 1～2cm 时，将种薯块置于散射光下炼芽。

(3) 播种

播种期主要由气候、种薯的处理方法和种薯的生理年龄所决定。播种过早，受到高温和雨水多的影响容易烂薯，且病毒病严重，极易退化；播种过晚，生长期不够。多年来二季作地区秋季栽培马铃薯多采用早熟品种。一般以当地初霜期为准，向前推 60d 为适宜出苗期，播种到出苗约为 10d，因此自当地初霜期向前推 70d 左右为适宜播种期。中原地区适宜播种期在 8 月上中旬、长江流域适宜播种期在 8 月下旬或 9 月上旬。播种尽量避开连续阴雨天。

秋季播种质量很重要，关系到马铃薯田间出苗、生长和后期的产量。秋播马铃薯的密度稍大于春薯。高培土是秋季保苗的一项重要措施，从垄底到垄背应为 30cm 高。

(4) 田间管理

秋季马铃薯种植难度很大，播种时块茎尚未通过休眠，播种后不易出苗；土壤高温高湿，种薯易烂，造成缺苗断垄；幼苗期高温对生长不利。显然，发芽期和幼苗期是栽培管理的关键。秋薯不蹲苗，播种后即可浇水，增加浇水次数还可降低地温。浇水过后及时中耕、除草、疏松土壤。追肥宜早施，促使薯秧旺盛生长，秋季有秧就有薯。其他管理同春季种植。

(5) 采收

秋马铃薯采收的早晚依早霜到来的时间而定，待地上部被初霜打死后，即可采收。采收和贮藏期间马铃薯必须防冻。秋季收获的马铃薯仍然带有大量的生物热和田间热，冬贮前要进行预贮。马铃薯贮藏以温度2～4℃、空气湿度80%为宜。

10.2 芋栽培

芋，又名芋艿、毛芋、芋头等，原产于中国、印度、马来半岛等热带沼泽地区。世界各国广为栽培。但以中国、日本和太平洋诸岛国栽培最多。我国是世界上芋栽培最早的国家，分布范围很广，以华南栽培最多，长江流域近年也有较大发展。

10.2.1 类型和品种

芋头在我国栽培历史悠久，其产量高，球茎富含淀粉和蛋白质，可粮菜兼用。叶用芋的叶柄专作菜用，其他芋的肥大叶柄及叶片是良好的饲料。

芋头按用途可分为叶用芋和茎用芋两个变种。

叶用芋变种，以无涩味或涩味淡的叶柄为产品，球茎不发达或品质低劣，不能供食，一般植株较小。

球茎用变种，以肥大的球茎为产品，叶柄粗糙、涩味重，一般不食用。依母芋和子芋发达程度及子芋着生的习性，球茎用芋头又分为以下类型（图10-3）。

a. 魁芋类型。植株高大，以食用母芋为主，子芋较少、较小，有的仅供繁殖用。母芋重可达1.5～2.0kg，占球茎总质量的一半以上，品质优于子芋。淀粉含量高，为粉质，肉质细软、香味浓、品质好。

b. 多子芋类型。子芋大而多，无柄，易分离，品质优于母芋，质地一般为黏质，母芋质量小于子芋总重。有水芋、旱芋、水旱芋等。

c. 多头芋类型。球茎分蘖丛生，母芋与子芋及孙芋无明显差别，互相密接重叠，球茎质地介于粉质与黏质之间，一般为旱芋。

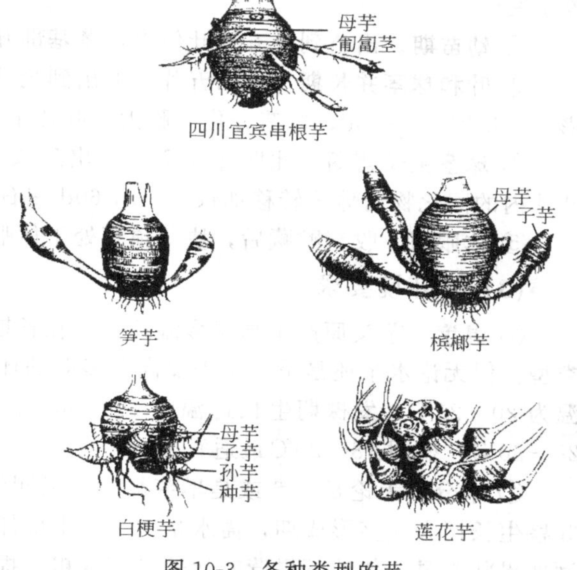

图10-3 各种类型的芋

主要栽培品种有广东红柄水芋、四川武隆叶菜芋、四川宜宾的串根芋、福建竹芋、福建桶芋、台湾面芋、福建白芋、广西荔浦芋、宜昌白荷芋、宜昌红荷芋、长海白梗芋、广州白芽芋、福建青梗无娘芋、台湾乌播芋、成都红嘴芋、浏阳红芋、长沙白荷芋、长沙乌荷芋、广东九面芋、江西新余狗头芋、福建长脚九头芋、四川莲花芋等。

10.2.2 生物学特性

(1) 植物学特征

① **根**。芋头的根为白色肉质纤维根。初生根多着生在种芋的顶端，新生幼苗出土后，着生位置则在幼苗基部。基部膨大生长后形成母芋，根实际上着生在球茎的基部。根长可达1m以上，但根系主要分布在40cm范围内。根毛很少，肉质不定根上的侧根代替根毛作用，吸收力较强。

② **茎**。芋头的茎短缩，节间短，形成地下球茎。球茎有圆形、椭圆形、卵圆形、圆桶形等多种形状。其上具有明显的叶痕环，节上有棕色鳞片毛，为叶鞘残迹。球茎节上均有腋芽，其中部分健壮腋芽能发育成为新的球茎。但也有的品种腋芽发育成匍匐茎，其顶端再膨大生长为球茎。球茎中含有草酸钙，生食涩味很重，煮后被高温破坏，涩味消失。作繁殖材料的球茎称为种芋。种芋萌发后形成的植株茎短缩，基部逐渐膨大为球茎，称之为母芋。母芋每伸长一节，地面上就长出一个叶片，供给植株光合营养。当地上部光合产物丰富时，母芋中下部的腋芽会膨大而形成小的球茎，称为"子芋"。在适宜条件下子芋形似母芋又形成新的小球茎，称"孙芋"。如此而曾孙芋、玄孙芋等。

③ **叶**。芋头的叶片互生，叶片盾状卵形或略呈箭头形，先端渐尖。叶腋处的叶面常具有暗紫色斑，有密集的乳突，存蓄空气形成气垫。叶柄色绿、红、紫或黑紫，常作品种命名依据。叶片长 25～90cm，宽 20～60cm。叶柄长 40～180cm，直立或披展，下部膨大成叶鞘。从子芋和孙芋上生长的叶片，通称为儿叶片。结构与性能与主茎上的叶片无异。

④ **花**。野生芋为佛焰花序，长 6～35cm，自上而下为附属器、雄花序、中性花序及雌花序，在温带很少开花，热带和亚热带只有少数品种开花，多不结子。北方芋不开花，用赤霉素结合短日照处理能使植株开花，但开花率仅达 40%左右。

(2) 生长发育周期

① **出苗期**。从播种到第一片叶露出地面 2cm 左右，种芋可分化出 4～8 条根，4～5 片幼叶，属自养阶段。

② **幼苗期**。出苗到第五片叶伸出，茎基部开始膨大，逐渐形成母芋，此期植株生长缓慢。

③ **叶和球茎并长期**。从第五片叶伸出到全部叶片伸出，植株共生长 7～8 片叶片，母芋、子芋迅速膨大，历时 40～50d，球茎分化、膨大与叶片生长并进，是一生中最旺盛生长阶段。

④ **球茎生长盛期**。此期叶片全部伸出到收获为止。母芋、子芋等球茎继续膨大，其含水量下降，叶片内的同化物向球茎转移加快，历时 60d 左右。

⑤ **休眠期**。收获贮藏后，块茎顶芽处于休眠状态。

(3) 对环境要求

① **温度**。芋头原产于高温多湿地带，在长期的栽培过程中形成了水芋、水旱兼用芋、旱芋等栽培类型。但无论水芋还是旱芋都需要高温多湿的环境条件，13～15℃芋头的球茎开始萌发，幼苗期生长适温为 20～25℃，发棵期生长适温为 20～30℃。昼夜温差较大有利于球茎的形成，球茎形成期以白天 28～30℃，夜间 18～20℃最适宜。

② **水分**。无论是水芋或是旱芋都喜欢湿润的自然环境条件，旱芋生长期要求土壤湿润，尤其叶片旺盛生长期和球茎形成期，需水量大，要求增加浇水量或在行沟里灌浅水。同时注意在球茎形成初期喷洒地果壮蒂灵，使地下果营养运输导管变粗，提高地下果膨大活力，果面光滑，果型健壮，品质提高，达到丰产。水芋生长期要求有一定水层，幼苗期水层 3～5cm。叶片生长盛期以水深 5～7cm 为好，收获前 6～7d 要控制浇水和灌水，以防球茎含水过多，不耐贮藏。

③ **光照**。芋头较耐弱光，对光照强度要求不是很严格。在散射光下生长良好，球茎的形成和膨大要求短日照条件。

④ **土壤**。水芋适于水中生长，需选择水田、低洼地或水沟栽培。旱芋虽可在旱地生长，但仍保持沼泽植物的生态型，宜选择潮湿地带种植。芋头是喜肥性作物，其球茎是在地下土层中形成的，因此应选择有机质丰富、土层深厚的壤土或黏壤土，以 pH 值 5.5～7 最适宜。

10.2.3 栽培技术

(1) 栽培季节

芋头为喜温作物，在温暖季节生长良好，一般一年只种植一茬，春种秋收。春季 5cm 地温稳定在

12℃时为适宜播种期，一般在终霜过后开始种植。秋季 10cm 地温降至 12℃，在霜降前后收获。

（2）整地及施基肥

芋头要选择有机质丰富、土层深厚、肥沃、保水的壤土或黏土种植。水芋适合于水中生长，以水田或低洼地栽培；旱芋难适于旱地栽培，仍应选择潮湿地方。芋头忌连作，连作生长不良，产量降低且腐烂较重，连作一般减产 20%～30%，需实行 3 年以上轮作。

芋头的生长期长，需肥量大。旱芋一般每 667m^2 施腐熟农家肥 2500～3000kg，并增施氮磷钾复合肥 20～30kg。水芋可用厩肥、河塘泥和绿肥。

据报道，旱芋对钾的需求量最大，氮肥次之，磷最少。在每 667m^2 产球茎 3500kg 时，每生产 1000kg 球茎需纯氮 4.02kg，五氧化二磷 1.44kg，氧化钾 7.63kg。

（3）播种育苗

a. 种芋选择。从无病田块中健壮株上选母芋中部的子芋作种。一般选择单重 25～50g 以上、顶芽充实、球茎充实、形状整齐的芋头作种芋。多头芋因母芋、子芋、孙芋相连，难以分开，只有分切若干作种。芋头用种量大，每公顷用种量依品种、种芋大小和栽植密度而不同，一般为 50～200kg/667m^2。

b. 催芽育苗。芋头生长期长，催芽育苗可以延长生长季节，提高产量。早春提前 20～30d 在冷床育苗，床温保持 20～25℃和适宜湿度，床土不宜过深。当种芽长 4～5cm、露地无霜冻时，及早栽植。据试验槟榔芋育苗移栽较直播增产 13.3%。

（4）定植

芋头较耐阴，应适当密植。为了便于培土，多采用大垄双行栽培。一般大行距 70cm 左右，小行距 25cm，株距 0.45cm 左右，密度为 3000～3200 株/667m^2。

芋头宜深栽，便于球茎生长，农谚有云"深栽芋，浅栽苕"。覆土深度自种芋至垄顶约 10cm，以露顶芽为准，过浅影响发根。水芋栽种前应施肥、耙田，并灌浅水 3～5cm，按一定株行距插入泥中即可。

槟榔芋地膜覆盖早期土壤可平均增温 2.94℃，其生育期提前，母芋、子芋发生提早，延长了有效的膨大期，株高、叶数也有不同程度增加。每公顷产芋 3.13×10^4kg，较对照增产 16.9%，母芋平均重为 1355g，较对照增 10.3%，子芋重 575g，较对照增 33.7%。

（5）田间管理

芋头喜湿，忌干旱，但出苗前一般不浇水，否则地温降低，土壤板结，不利于发根、出苗。前期气温较低，生长量小，维持土壤湿润即可，应防止积水，以免影响根系生长。遇雨进行中耕使土壤疏松。中后期生长旺盛及球茎形成时需充足水分，应及时灌溉。高温季节灌水应在早晚进行，忌中午灌溉伤根。栽植水芋时，小芋定植成活后将田水放干，以提高土温，促进生长。培土时放干水，结束时保持 4～7cm 水深。7～8 月份间为了降低土温，水深应达 13～17cm，并经常换水，处暑转凉后保持湿润，9 月份后排干田水，以便采收。

芋头需肥量高，除基肥外，应采取分次追肥，促进生长和球茎发育。追肥原则是苗期少或不追肥，在子芋和孙芋生长旺盛时期大量追肥，最后一次追肥应施长效肥并配合钾肥。

出苗前后应多次中耕、除草、疏松土层，以增加地温，促进生根、发苗，发现缺苗时及时补苗。地膜覆盖栽培，当幼芽出苗时应人工破膜，使幼芽露出土面，并覆土压实膜口，提高地温。此后结合肥水管理进行中耕。

培土能防止顶芽抽生，促进子芋、孙芋膨大，并增加侧根生长，增进吸收及抗旱能力，同时调节温、湿度。一般在 6 月份地上部迅速生长，母芋迅速膨大，子芋、孙芋形成时培土，以后每 20d 进行 1 次，厚约 7cm，共进行 2～3 次。

（6）病虫害防治

芋头主要病害是软腐病、疫病，在高温气候条件下发生。防治方法是实行 3～4 年轮作，选用无病株茎作种，减少机械损伤，以及发病初期喷波尔多液或多菌灵等防治。虫害主要有斜纹夜蛾幼虫为害叶片。

(7) 采收

叶变黄衰败是球茎成熟的标志，此时采收淀粉含量高，品质好，产量高。但为了供应市场也可提前采收。种芋待充分成熟后采收，采收前几天割去叶片，伤口愈合后在晴天挖掘，收获时切勿造成机械损伤。收获后去除残叶，不要摘下子芋，晾晒1～2d，选择高燥温暖处窖藏或在壕沟内用土层积堆藏。堆藏时顶层盖35cm厚土层，使堆内温度稳定在10～15℃，使之不受冻害，但温度也不能高于25℃，否则会引起烂堆。

10.3 山药栽培

山药，另名薯芋、白苕、山薯等。山药富含淀粉、蛋白质和碳水化合物，以及副肾皮素、皂苷和黏液质等成分。黏液质的氨基酸组成全面，人体必需的氨基酸含量高，因而山药不仅具有很高的营养价值，而且也是滋补功能强的中药材。

10.3.1 类型和品种

世界栽培山药分为三个种群，即亚洲种群、美洲种群和非洲种群，我国栽培的山药属于亚洲种群。有两个种：

(1) 普通山药

普通山药又名家山药，茎圆形无棱翼，按块茎形态分为三种变种。

a. 扁块种。块茎扁似脚掌，适宜于浅土层和黏重多湿的土壤种植。

b. 圆桶种。块茎短圆棒形或不规则形状，主要分布在南方各地。

c. 长柱种。块茎长30～100cm，横径3～10cm。

(2) 田薯

田薯又名大薯，茎多角形并具棱翼，主要分布在南方各地区，北方较少。

主要栽培品种：湖北武穴佛手山药、江西上高脚板薯、四川重庆脚板苕芋、浙江黄岩薯药、台湾圆薯、济宁米山药、河南淮山药、沛县花籽山药、广东葵薯和耙薯、福建银杏薯、台湾长白薯、江西广丰千金薯等。

10.3.2 生物学特性

(1) 植物学特征

a. 根。山药根系有主根和须根之分，山药栽子萌芽后，茎基部发生的根系为主根，呈水平方向伸展达1m左右，主要分布在20～30cm土层中，起吸收作用。块茎上着生有须根。

b. 茎。山药为多年生藤本植物，茎细长右旋，长可达3m以上。山药地下肥大部位是块茎，形状有长圆柱形、圆桶形、纺锤形、掌状和团块状，皮色有红褐、黑褐和紫红等颜色，肉白色，也有淡紫色，表面密生须根。长山药块茎先端有一隐芽和茎的斑痕，连同块茎的前端约30cm，可以用作繁殖材料，称“山药栽子”或山药嘴子或山药尾子。而块茎切块可以发生不定芽用作繁殖材料称“山药段子”。叶腋节可着生气生块茎，椭圆形，俗称“零余子”。长形山药的块茎有明显的垂直向地生长习性，块茎顶端具地上茎遗留的斑痕，其侧有一个隐芽。块茎下端有一群始终保持着分生能力的薄壁细胞，借以不断增殖和膨大，块茎停止生长后，先端逐渐变成圆钝，色泽呈浅褐色。

c. 叶。山药的叶单生、互生，至中部以上对生。叶三角状、卵形至广卵形，基部戟状心形，先端锐长尖，叶柄长。

d. 花。山药为雌雄异花异株。总状花序，花单生，2～4 对腋生，花小，白色，蒴果具三翅，扁卵圆形。栽培种很少结实。

(2) 生长发育周期

山药从萌芽到块茎收获，可分为 5 个生长时期。

a. 发芽期。从萌芽到出苗为发芽期，以零余子为播种材料，需 25～35d。

b. 块茎生长初期。从出苗到开始发生气生的铃状块茎即零余子为块茎生长初期。需 60d 左右。此期生长以茎叶为主，不断发生不定根，地下块茎的生长量极小。

c. 块茎生长盛期。从开始发生零余子到茎叶基本稳定为块茎生长盛期。需 60d 左右。此期茎叶和地下块茎的生长都很旺盛，地下块茎重量增长迅速。

d. 块茎生长后期。从茎叶基本稳定到地下肉质块茎基本形成，体积不再增长为块茎生长后期。此期茎叶不再生长，但仍制造大量光合产物。光合产物一方面运输到地下块茎，使块茎重量增加。另一方面运输到地上块茎即零余子，充实零余子内部的营养物质。

e. 休眠期。霜后茎叶渐枯，零余子由下而上渐渐脱落。地下块茎和零余子都进入休眠状态。此时收获产量最高，营养最丰富，香味最浓，品质最优。

(3) 对环境要求

山药茎叶生长喜高温、干燥，怕霜冻，25～28℃为茎叶生长的最适温度。零余子发芽最适温度为25℃。地下块茎在 20～24℃条件下生长最快，20℃以下生长缓慢。地下块茎耐寒性强。在土壤冻结的条件下也能露地越冬。山药对光照强度要求不很严格，在弱光条件下能正常生长发育，但是块茎的形成和营养的积累仍需要较强的阳光。山药的产品器官块茎是在地下土壤中形成的，种植山药以排水良好、土层深厚、土质肥沃的沙壤土最好。山药对水分要求不严格，幼苗期和发棵期要适当浇水，促进根系深入土层。块茎膨大盛期要求始终保持土壤湿润。山药不耐涝，长江流域应选地势高、排水良好、渗水性强的地块栽培。山药对营养元素吸收以钾最多，氮次之，磷较少。每生产 1000kg 山药，约需吸收纯氮 4.32kg，纯磷 1.07kg，纯钾 5.38kg。

10.3.3 栽培技术

(1) 整地及施基肥

纯作山药冬季深挖沟，一般沟距 1m，宽 25～30cm，深 0.8～1.2m。春季随解冻随填土，结合填土，施用充分腐熟的农家肥作基肥，并与土掺和均匀。

栽培方式可单作，也可间作。如春季可与速生蔬菜间作，夏季与茄果类蔬菜间作，秋季与秋菜间套作。一般情况下应与其他作物轮作。在同一地块种植时，每年应隔行挖沟，这样可三年不重沟。

(2) 栽植

山药栽子栽植法：10cm 地温稳定在 10℃时栽山药栽子，于畦中央开 10cm 深沟，施少量种肥后，将栽子平放沟中。株距 15cm，最后覆土 10cm。

山药段子栽植法：在正常播期前 15～20d，将块茎切成 4～7cm 的小段，然后将其置于温室或冷床中催芽，见芽后按上述方法栽植。

零余子栽植法：选大型零余子按 1m 畦两行、株距 8～10cm 栽植。第一年形成小山药 30cm 长，第二年全块茎栽植，可用于更换老山药栽子。

(3) 田间管理

当芽长到1cm长时，将多覆的土扒开成沟，以便浇水。伸蔓后及时支架，一般用人字架，高150～200cm，以后利用茎的右旋生长特性，引蔓上架。生长前期将侧芽除去，使群体通风透光好，入伏以后及时摘除零余子，使养分集中供应块茎。

在块茎和茎叶迅速生长期，结合浇水施用复合肥300～450kg/hm^2。在整个生育期应分2～3次追肥。生长前期即使是沙质土地也不浇水，以使地茎向下生长。但块茎膨大时期应注意浇水，并始终保持土壤湿润。雨涝时及时排水。山药出苗后及时中耕松土以提高土温。同时每次浇水后，也应及时中耕松土除草。

(4) 收获

霜降前后，茎叶枯黄时收获块茎，但收获零余子需提前1个月。长柱种山药入土深达60～100cm，收获较费力，而且易铲断块茎。一般应从畦的一端开始，先挖出60cm见方的坑，人坐于坑沿，然后用山药铲沿着山药在地面下10cm处两边的侧根，铲除根侧泥土，一直铲到山药沟底见到块茎尖端。最后，用铲轻试尖端已有松动时，一手提住山药栽子的上端，一手沿块茎向上铲断其后的侧根，直到铲断山药栽子贴地层的根系，这样就可以完整收获山药。

10.4 生姜栽培

生姜简称姜，又叫鲜姜，是一种产量高，食用范围广，经济效益好的蔬菜。生姜在中国、日本、印度栽培最多，欧美地区栽培较少。我国除东北和西北的寒冷地区外，全国各地都有栽培。

姜的食用部分是根状茎，有特殊的辣香味（姜油酮、姜油酚及姜油醇等），具去腥、除膻、淡臭的功效。生姜除熟食做香料外，还可以把生姜加工成各种姜制品，如糖姜、冰姜、醋姜、糟姜、姜芽、桂花姜、酱渍姜、干姜等，供人们四季食用，香甜脆辣，回味无穷，且久贮不腐。

10.4.1 类型和品种

根据植株形态和生长习性可分为两种类型。一是疏苗型：植株高大，茎秆粗壮，分枝少，叶深绿，根茎节少而稀，姜块肥大，多单层排列，例如山东的莱芜大姜。二是密苗型：长势中等，分枝多，叶色绿，根茎节多而密，双层或多层排列，浙江栽培的都为这种类型，如余杭的红爪姜、永康的五指岩生姜、衢州的白坞口生姜。这些品种都适合于山地栽培，辛辣味较浓，品质好，受市场欢迎。

我国生姜栽培品种主要分为疏苗肉姜和密苗片姜两类，如以地名或根茎及姜芽的形状和色泽命名，有南姜、北姜之分。

生姜品种很多，不少是按产地来命名的，如河南张良姜、山东莱芜姜，也有根据皮色来命名的，如安徽铜陵白姜、陕西城固黄姜，还有根据芽色来命名的，如浙江黄爪姜、福建红芽姜等。

10.4.2 生物学特性

(1) 植物学特征

生姜在植物学分类上属于单子叶植物，姜科，姜属。它具有发达的根，茎、叶，很少见花、果。

a. 根。生姜是多年生宿根植物，它的根有两种。一种是纤维根，每株12～16条，洁白如线，分布在一尺（1尺=33.33cm）之内的土层中，吸收水分和养料，供应全株的需要，同时还起着固定植株的作用。另一种是肉质根，每株9～15条，每条肉质根长10～20cm，其粗度，细者如火香，粗者似筷。它的主要作用是吸收营养，贮藏物质，供应植株生长发育的需要。总之，生姜的根系是由纤维根和肉质根构成的，因而，生姜要求在土层深厚、疏松、含有丰富的有机质的土壤环境条件下生长。

b.茎。生姜的茎可分为两种。一种是地上茎，其高度为60～100cm，极少数有130～160cm，其粗度为0.5～1cm。地上茎长出地面，其基部带有赤色，其余为绿色，地上茎着生叶片，是输送营养物质的渠道。另外一种是地下茎，肥大成不整齐的扁平形的根状茎，表皮黄色或灰白色，俗称“根茎”，也就是我们日常生活中所食用的姜。根茎上具有肥大的芽，栽植后可生长新的植株，植株的侧面可以形成多次分枝，产生新姜。

c.叶。生姜的叶片呈广披针形，互生，排列成二列。每株生姜有叶片17～23片，叶的长度一般为16～26cm，叶的宽度为1.5cm左右。叶片比较薄，中脉较粗，叶缘呈微波状，叶的背面有白色极细小的绒毛，叶正面光滑无毛，叶色呈淡黄绿色或绿色。叶脉均从主脉发出，叶舌很小，叶顶部平截或少凹，无叶柄或有而极短。叶片是生姜的重要器官，是制造营养物质的特殊“工厂”，它的作用主要有光合作用、蒸腾作用和呼吸作用。

d.花。生姜的花似襄荷花，一般开花者很少。即使开花也是极个别的，花的颜色呈淡黄色或紫红色，花莛直立，从根茎上发出，高为25～30cm，被以覆瓦状疏离的鳞片，穗状花序，卵形或椭圆形，苞片卵形，长约3cm，先缩具硬尖，橙绿色。

（2）生长发育周期

姜为无性繁殖，播种所用种子就是根茎。姜的根茎无自然休眠期。收获之后，遇到适宜的环境即可发芽。生姜的整个生长过程基本上是营养生长过程，因而其生长虽有明显的阶段性，但划分并不严格。根据生长特性和生长季节可分为发芽期、幼苗期、旺盛生长期、根茎休眠期四个时期。

a.发芽期。从种姜上幼芽萌发至第一片姜叶展开为发芽期。发芽过程包括萌动、破皮、鳞片发生、发根、幼苗形成等几部分。生姜发芽极慢，在一般条件下，从催芽到第一片叶展开需50d左右。姜发芽期主要依靠种姜贮藏的养分发芽生长，因此，必须注意姜种的选择。

b.幼苗期。从第一片叶展开到具有2个较大的侧枝，即俗称“三股杈”期，此期为幼苗期，需60～70d。这一时期，由完全依靠母体营养转到新株能够吸收和制造养分。以主茎和根系生长为主，生长缓慢，生长量较小。但该期是为后期产量形成基础的时期，在栽培管理上，应着重提高地温，促进发根，清除杂草，以培养壮苗。

c.旺盛生长期。从第2侧枝形成到新姜采收为旺盛生长期。此期分枝大量发生，叶数剧增，叶面积迅速扩大，地下根状茎加速膨大，是产品器官形成的主要时期。此期需70～75d。前期以茎叶生长为主，后期以地下根状茎膨大为主。在栽培管理上，盛长前期应加强肥水管理，促进发棵，使之形成强大的光合系统，并保持较强的光合能力；盛长后期应促进养分的运输和积累，并注意防止茎叶早衰，结合浇水和追肥进行培土，为根茎快速膨大创造适宜的条件。

d.根茎休眠期。姜不耐霜、不耐寒，北方天气寒冷，不能在露地生长，通常在霜期到来之前便收获贮藏，迫使根茎进入休眠。休眠期因贮藏条件不同而有较大差异，短者几十天，长者达几年。在贮藏过程中，要保持适宜的温度和湿度，既要防止温度过高，造成根茎发芽，消耗养分，又要防止温度过低，根茎遭受冻害。生姜适宜的贮藏条件为11～15℃（5℃以下易受冻害，15℃以上姜发芽），相对湿度75%～85%。

（3）对环境要求

a.温度。姜喜温暖，不耐霜，幼芽在16～17℃开始萌发，但发芽很慢。在22～25℃生长较好，高于28℃则导致幼苗徒长而瘦弱。茎叶生长期以25～28℃为宜，高于35℃以上，则生长受抑制，姜苗及根群生长减慢或停止，植株渐渐死亡。根茎生长盛期要求昼温22～25℃，夜温18℃以上，有利于根茎膨大和养分的积累，温度在15℃以下则停止生长。

b. 光照。姜喜阴凉，对光照反应不敏感，光呼吸损耗仅占光合作物的2%～5%，为低光呼吸植物。其发芽和根茎膨大需在黑暗环境进行，幼苗期要求中等光照强度而不耐强光，在花荫状态下生长良好，旺盛生长期则需稍强的光照以利光合作用。南方地区栽培夏季应搭阴棚或安排在瓜架下生长。

c. 水分。姜根群浅，吸收水分能力较弱，且叶面保护组织不发达以致水分蒸发快，因此不耐干旱，对水分要求较严。出苗期生长缓慢需水不多，但若土壤湿度过大，则发育、出苗趋慢，并易导致种姜腐烂。生长盛期需水量大大增加，应经常保持土壤湿润，土壤持水量以在70%～80%为宜。若土壤持水量低于20%，则生长不良，纤维素增多，品质变劣。生长后期需水量逐渐减少，若土壤湿度过高则易导致根茎腐烂。

d. 土壤。姜适应性强，对土质要求不很严，无论沙壤土、壤土、黏壤土均可种植。但在土层深厚、疏松、肥沃、有机质丰富、通气而排水良好的土壤上栽培姜产量高，姜质细嫩，味平和，沙壤土种植的姜块更光洁美观。姜对土壤酸碱度较敏感。姜适宜的土壤pH值为5～7.5，若土壤土层pH值低于5，则姜的根系臃肿易裂，根生长受阻，发育不良；pH值大于9，根群生长甚至停止。

e. 养分。生姜在生长过程中，需要不断地从土壤中吸收养分来满足其生长的要求，养分中以氮、磷、钾三要素最大。生姜属喜肥耐肥作物，它对土壤养分的吸收利用具有一定的规律。生姜全生育期吸收的养分钾最多，氮次之，然后是镁、钙、磷等。不同生长期对肥料的吸收亦有差别，幼苗期生长缓慢，这一时期对氮、磷、钾三要素吸收量占全期总吸收量的12.25%；而旺盛生长期生长速度快，这一时期吸肥量占全生育期的87.25%。

10.4.3 栽培技术

(1) 严格选地，避免连作

选择土质肥沃、土层深厚、透气性好、有机质丰富，保水保肥力强的沙壤土、壤土、黏壤土，要求田块地势稍高，排灌方便，不易积水。生姜不宜连作，应与水稻、十字花科、豆科作物等进行3～4年的轮作。

(2) 精选姜种，促进早发

选择姜块肥大丰满、皮色光亮、肉质新鲜、质地硬、具有1～2个壮芽、重50～75g、无病害的老姜作种姜。种姜播种前用50%多菌灵500倍液浸泡消毒。种姜消毒后，先晒2～3d，待姜块表面发亮时，即可堆放，用稻草覆盖进行保温催芽，要求保持湿润，温度控制在20～25℃，当姜芽长到1cm时即可播种。

(3) 适时播种，合理密植

灌溉条件好，气温高，且不催芽，在惊蛰节令播种；无灌溉条件及气温低，且需要催芽，在清明前后或谷雨节令播种。播种实行条播，行距35～40cm，株距26～30cm，沟深10～20cm，每667m^2用种500kg左右。每667m^2用15kg尿素、25kg复合肥作种肥，将肥料放入沟内与土壤混匀。播前1h左右浇底水，使土壤湿润，将姜种斜放，芽朝一个方向排列，排好后用充分腐熟的农家肥或土杂肥覆盖，厚度6～8cm，肥上再盖少量土壤即可。

(4) 施足基肥，科学追肥

生姜生长期长，应采取施足基肥、多次追肥的原则。整地时，每667m^2用腐熟有机肥3000kg、钾肥25kg作基肥。当苗高30cm左右、有1～2个分枝时追1次肥，每667m^2施20kg尿素，也可用清粪水浇苗；立秋前后，每667m^2施复合肥50kg、硫酸钾25kg，在距植株基部15cm左右开沟施入，覆土灌水；地下根茎膨大时，每667m^2施尿素10～15kg、硫酸钾15～20kg。

(5) 遮阳降温，促进生长

生姜是喜阴、不耐高温和强光的植物，因此夏季生长期间要进行遮阳，以促进生长。遮阳方法很多，可以搭棚遮阳，也可与高秆作物玉米进行间作。

(6) 防旱防涝，及时培土

生姜不耐干旱，也不耐涝，对水分要求严格。生长期以保持土壤湿润为宜，在夏季高温期间，应及时浇水降温，以早、晚浇水为好，雨水天应及时排除田间积水，以减少姜瘟的发生。为防止根茎露出地面，表皮变厚，品质变劣，要进行培土，一般结合浇水施肥进行2～3次培土，每次培土3cm左右，使原来的种植沟变成垄。培土可以抑制过多的分蘖，使姜块肥大。

(7) 搞好病虫害防治

病害主要有腐烂病和斑点病。腐烂病一般在7月份始发，8～9月份为发病盛期，发现病株及时拔除，挖去带病菌土，在病穴内撒施石灰，用干净无菌土填埋。斑点病发病初期喷洒50%百菌清800倍液，隔7～10d喷1次。虫害主要有姜螟、姜蛆，用敌百虫或辛硫磷进行叶面喷洒防治。姜瘟为细菌性病害，多发生在高温多雨的季节，在根茎上病斑为水浸状，逐渐由黄褐色变为灰白色并变软腐烂，有恶臭。应及时拔除病株，穴内撒入消石灰进行消毒。可用姜瘟灵、姜瘟净、中生菌素、苯醚甲环唑等药喷雾并灌根，每667m^2用药液150kg进行防治。

(8) 采收留种

生姜一季栽培，全年消费，从7～8月份即可陆续采收，早采产量低，但产值高，在生产实践中，菜农根据市场需要进行分次采收。

收种姜，又叫“偷娘姜”，即当植株有5～6片叶时，采收老姜（即娘姜），方法为用小锄或铲撬开土壤，轻轻拿下种姜，取出老姜后，马上覆土并及时追肥。

收嫩姜（子姜），立秋后可以采收新姜即子姜，新姜肥嫩，适于鲜食及加工，采收愈早，产量愈低，主要由市场价值规律决定。

收老姜，霜降前后，茎叶枯黄，即可采收，此时采收产量高，辣味重，耐贮藏，可作加工、食用及留种。长江流域霜降过后应及时收获，以免受冻害。收获方法可采用挖掘法，或先浇水润土，两天后将生姜整株拔起。南部无霜地区可割去地上茎叶，上盖稻草等覆盖物，可根据需要随时采收或留种，但土壤湿度不宜太大。

留种用的姜，应设采种田，生长期内多施磷钾肥，少施氮肥。选晴天采收，选择根茎粗壮、充实、无病虫及损伤姜块，单独贮存，在贮藏期经常检查，拣出病、坏姜。

第11章 茄果类蔬菜栽培

茄果类蔬菜是指茄科植物中以浆果作为主要食用器官的蔬菜，包括番茄、茄子、辣椒、酸浆、枸杞、香瓜茄等。番茄主要食用成熟果实，茄子食用嫩果，辣椒和酸浆的嫩果和红果都可食用。枸杞虽有浆果，但主要作为药用，其叶和嫩梢在我国广东、广西是较为重要的叶菜。香瓜茄在哥伦比亚和智利等国家的市场上是普通果菜，其有淡黄和紫色条纹，并具甜瓜香味，但甜度较低，以鲜食为主，目前已在我国有少量引种。长江流域主要栽培的茄果类蔬菜有番茄、茄子和辣椒。

茄果类蔬菜原产于热带，不耐霜冻，其生长发育要求温暖的气候、较强的光照及良好的通风条件。茄果类蔬菜生长期长，采收供应期长，产量高效益好，在长江流域露地可作春秋两季栽培，通过分期播种，配合设施栽培，可周年供应。

11.1 番茄栽培

番茄又称西红柿、番柿、洋柿子等。原产于南美秘鲁，是生长在热带高山地区的多年生草本植物，在温带则作为一年生作物栽培。

番茄除可鲜食和烹饪多种菜肴外，还可制成酱、汁、沙司等强化维生素C的罐头及脯、干等加工品，用途广泛。每100g鲜果含碳水化合物2.5～3.8g，蛋白质0.8～1.2g，维生素C15～25mg，胡萝卜素0.25～0.35mg及多种矿物质元素。番茄健脾开胃，除烦润燥，含丰富的维生素C和胡萝卜素，有抗癌和降低心血管发病率的作用。目前美国、俄罗斯、意大利和中国为主要生产国，在中国、日本以及欧美地区有大面积的温室、塑料棚及其他保护设施栽培。

11.1.1 类型和品种

目前栽培的番茄都属于普通番茄，包括5个变种：

a. 普通番茄。即栽培番茄，植株茁壮，分枝多，匍匐性，果大，叶多，果形扁圆，果色可分红、粉红、橙、黄等，该变种包括绝大多数的栽培品种。

b. 直立番茄。茎短而粗壮，分枝节短，植株直立，叶小色浓，叶面多卷皱，果柄短，果实与普通番茄相似。因为产量较低，生产中栽培很少。但能直立生长，栽培时无须立支架，便于田间机械化操作是其突出特点。

c. 大叶番茄。叶大，有浅裂或无缺刻，似马铃薯叶，故又称薯叶番茄。蔓中等匍匐，果实与普通番茄相同。

d. 樱桃番茄。果实小呈圆球形，果径约 2cm，果色红、橙或黄，形如樱桃（故名），2 室，植株强壮，茎细长，叶小，色淡绿。

e. 梨形番茄。果小，形如洋梨，2 室，果红、黄等色，生长健壮，叶较小，浓绿。

根据生长习性，番茄可分为有限生长类型和无限生长类型。

(1) 有限生长类型

有限生长型又称“自封顶”类型。这类品种植株较矮，结果比较集中，具有较强的结实力及速熟性，生殖器官发育较快，叶片光合强度较高，生长期较短，适于早熟栽培。主要品种有：

红果品种：北京早红、青岛早红、早魁、早丰（秦菜 1 号）、兰优早红、鲁番 1 号、河南 5 号、郑番 2 号、意大利 18 号、罗城 1 号等。

粉红品种：北京早粉、早粉 2 号、早霞、津粉 65、西粉 3 号、东农 704、苏粉 1 号、苏粉 2 号、苏抗 9 号、齐研矮粉、锦州矮秧、日本 3 号等。

黄果品种：兰黄 1 号等。

(2) 无限生长类型

生长期较长，植株高大，果形也较大，多为中、晚熟品种，产量较高，品质较好。主要品种有：

红果品种：卡德大红、天津大红、冀番 2 号、大红袍、台湾大红、美国 4 号、特罗皮克、佛洛雷德（佛罗里达）、托马雷斯、红辉、凯莱、阿沙克利等。

粉红品种：粉红甜肉、佳粉 10 号、强丰、鲜丰（中蔬 4 号）、中蔬 5 号、中杂 4 号、中杂 7 号、中杂 9 号、丽春、双抗 2 号、沈粉 1 号、沈粉 3 号、L-401、L-402、辽粉杂 3 号、毛粉 802、鲁番 3 号等。

黄果品种：桔黄嘉辰、大黄 1 号、大黄 156、丰收黄、新丰黄、黄珍珠等。

白果品种：雪球等。

樱桃番茄近几年栽培较多，常用品种有圣女、小玲、金珠、迷你公主、樱桃红、美国 5 号、东方红莺等。

11.1.2 生物学特性

(1) 植物学特征

① **根**。番茄的根系发达，分布广而深。大部分根群分布在 30～50cm 的土层中，根系再生能力很强，不仅易生侧根，在茎上很容易发生不定根，所以番茄移植和扦插繁殖比较容易成活。

② **茎**。番茄茎为半直立或半蔓性，茎基部木质化。番茄茎的分枝形式为合轴分枝（假轴分枝），茎端形成花芽。无限生长型的番茄在茎端分化第一个花穗后，其下的一个侧芽生长成强盛的侧枝，与主茎连续而成为合轴（假轴），第二穗及以后各穗下的一个侧芽也都如此，故假轴无限生长。有限生长型的番茄，植株则在发生 3～5 个花穗后，花穗下的侧芽变为花芽，不再长成侧枝，故假轴不再伸长。番茄茎的丰产形态为节间较短，茎上下部粗度相似。徒长株（营养生长过旺）节间过长，往往从下至上逐渐变粗；老化株相反，节间过短，从下至上逐渐变细。

③ **叶**。番茄的叶片呈羽状深裂或全裂，每片叶有小裂片 5～9 对，小裂片的大小、形状、对数，因叶的着生部位不同而有很大差别。

④ **花**。番茄花为总状花序或聚伞花序。花序着生节间，花黄色。每个花序上着生的花数，品种间差异很大，一般 5～10 余朵不等，少数品种可达 20～30 朵。有限生长型品种一般主茎生长至 6～7 片真叶时开始着生第一花序，以后每隔 1～2 叶形成一个花序，通常主茎上发生 2～4 层花序后，花序下位的侧芽不再抽枝，而发育为一个花序，使植株封顶。无限生长型品种在主茎生长至 8～10 片叶出现第一花

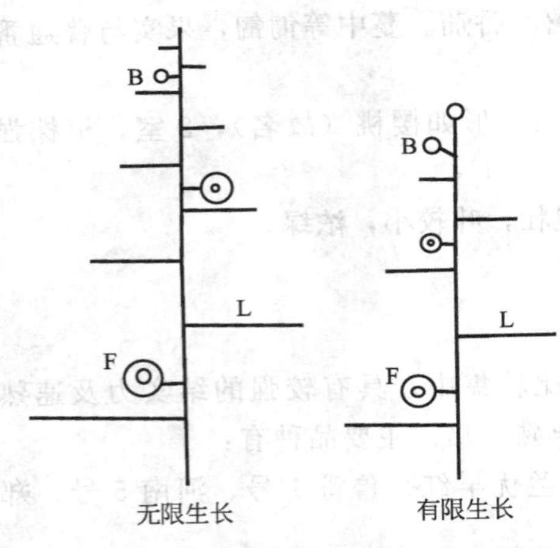

图 11-1　番茄两种不同结果习性示意图

B. 花蕾；F. 果实；L. 叶子

序，以后每隔 2～3 片叶着生 1 个花序，条件适宜可不断着生花序开花结果（图 11-1）。

⑤ **果实和种子**。番茄的果实为多汁浆果，果实的形状有圆球形、倒卵圆形、长圆形、扁圆形等。果肉由果皮（中果皮）及胎座组织构成，栽培品种一般为多室。番茄种子扁平，表面有灰色绒毛，千粒重 2.7～3.3g。

（2）生长发育周期

番茄生长发育过程一般分为发芽期、幼苗期、开花坐果期三个时期。

① **发芽期**。从种子萌发到第一片真叶出现（破心、露心、吐心）为发芽期（图 11-2）。一般仅需 7～10d。发芽期能否顺利完成，主要决定于温度、湿度、通气状况及覆土厚度等。

② **幼苗期**。由第一片真叶出现至开始现大蕾为幼苗期。番茄幼苗期经历两个阶段：从破心至 2～3 片真叶展开（即花芽分化前）为基本营养生长阶段，这阶段主要为花芽分化及进一步营养生长打下基础；2～3 片真叶展开后，花芽开始分化，进入第二阶段，即花芽分化及发育阶段，从这时开始，营养生长与花芽发育同时进行。一般情况下，幼苗长到 3～4 片真叶、幼茎粗度达 0.2mm 左右时就开始花芽分化；长到 5～6 片叶时，就可现蕾。

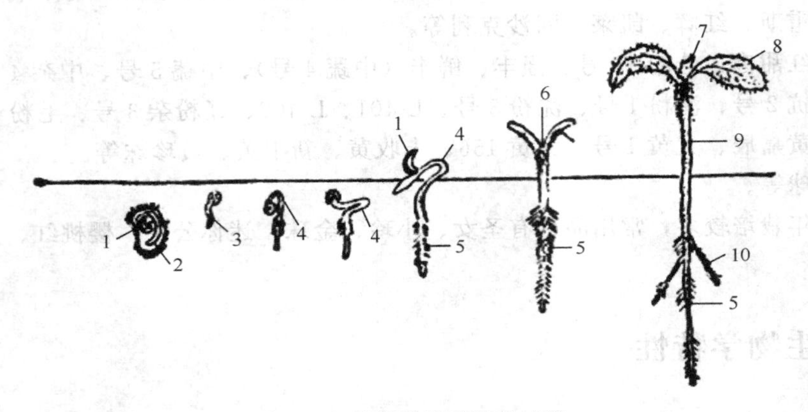

图 11-2　番茄种子及发芽过程

1. 子叶；2. 胚根；3. 幼根；4. 胚轴；5. 主根；6. 生长点；7. 真叶；8. 出土后子叶；9. 出土后胚轴；10. 侧根

③ **开花坐果期**。番茄从第一花序出现大蕾至坐果为开花坐果期。开花坐果期是以营养生长为主过渡到生殖生长与营养生长同时进行的转折期，直接关系到产品器官的形成和产量，特别是早期产量。此期管理的关键是协调营养生长与生殖生长的矛盾。番茄无限生长型的中、晚熟品种容易营养生长过旺，甚至徒长，引起开花结果的延迟或落花落果；反之，有限生长型的早熟品种，在定植后容易出现果坠秧的现象，植株营养体小，果实发育缓慢，产量不高。

（3）对环境的要求

① **温度**。番茄是喜温作物，生长发育最适宜的温度为 20～25℃。低于 15℃，开花和授粉受精不良，降至 10℃时，植株停止生长，5℃以下引起低温危害，致死温度为－2～－1℃。

② **光照**。番茄是喜光作物，光饱和点为 70000lx，在栽培中一般应保持 30000～35000lx 以上的光照强度才能维持其正常的生长发育。番茄对光周期要求不严格，多数品种属中日性植物，在 11～13h 的日照下，植株生长健壮，开花较早。

③ **水分**。番茄根系发达，吸水力强，对水分的要求属于半耐旱蔬菜，既需要较多的水分，又不必经常大量灌溉。土壤湿度范围以维持土壤最大持水量的 60%～80% 为宜，番茄对空气相对湿度的要求

以 45%～50%为宜。空气湿度过大，不仅阻碍正常授粉，而且在高温高湿条件下病害严重。

④ **土壤**。番茄对土壤条件要求不太严格，但栽培以肥沃、富含有机质、保水保肥力强、排水良好、土层深厚的沙壤土或壤土为宜。番茄适于在微酸性至微碱性的土壤上种植，适宜土壤 pH 为 6～7。氮肥对番茄茎叶的生长和果实的发育有重要作用；磷的吸收量虽不多，但对番茄根系和果实的发育作用显著；钾吸收量最大，钾对糖的合成、运转及提高细胞液浓度，加大细胞的吸水量都有重要作用。番茄吸收钙的量也很大，缺钙时番茄的叶尖和叶缘萎蔫，生长点坏死，果实发生顶腐病。

11.1.3 露地春番茄栽培技术

(1) 育苗

定植期确定后，提前 60～70d 播种育苗。播种前要求对种子进行消毒处理。番茄种皮较薄，热力消毒易烫伤种子，应以药剂消毒为主。播种时不宜过密，以每平方米播种 25～35g 种子为宜，每公顷需种量 300～450g。

番茄耐移植，但由于花芽分化的连续性，在育苗过程中不宜多次分苗，提倡一次分苗和早分苗，最晚在 2～3 片真叶花芽开始分化前分完，并以塑料营养钵或纸筒等容器分苗为好。番茄分苗后要适当地提高气温和地温 2～3℃，促进缓苗。缓苗后秧苗生长逐渐加快，为防止徒长，苗床温度应比缓苗期降低 2～3℃，但夜间气温不能低于 10℃。水分以保持床土表干下湿为宜，秧苗心叶淡绿色标志水分正常。

定植前应进行秧苗锻炼，逐渐降低苗床温度，特别是夜温。在秧苗锻炼过程中，不要过分控制水分，以保持晴天中午秧苗不明显萎蔫为宜，否则，秧苗易老化。

(2) 整地与施基肥

选择深厚、疏松、肥沃、排水良好的土壤栽培番茄。为促进根系向纵深发展，必须深耕。冬季休闲的地块，可在上冻前深耕 25～30cm，翻后不耙，以利土壤风化。深耕应结合增施基肥，一般每 667m^2 施有机肥 5000～7500kg。在施基肥的同时，最好将过磷酸钙与有机肥混合施用，每 667m^2 施过磷酸钙 30～40kg。番茄可采用平畦或高畦栽培。北方比较干旱的地区或高度密植的早熟栽培以平畦为宜，一般畦宽 1.2～1.5m、畦长 8～10m。南方及水源充足的地方或低洼易涝地应采用高畦栽培。

(3) 定植及密度

春番茄露地定植时期应根据当地气候条件而定，一般应在晚霜过后、日平均气温达 15℃以上、地温稳定在 10℃以上时定植。

春番茄的栽植密度取决于品种、整枝方式、生长期长短等多方面因素。早熟品种密植栽培的适宜密度为每 667m^2 栽植 2800～3000 株，中、晚熟品种栽培的适宜密度为每 667m^2 栽植 2000～2500 株。

(4) 中耕、追肥及灌水

番茄定植后应及时进行中耕。早中耕、深中耕有利于土温的提高，促进迅速发根与缓苗生长。中耕应连续进行 3～4 次，深度一次比一次浅，并可适当培土，促进茎基部发生不定根，扩大根群。

番茄需肥量较大，除重施基肥外，还应根据需要追施速效性肥料。第一果穗果实开始膨大时，结合浇水要追施 1 次催秧催果肥。每 667m^2 可施尿素 15～20kg，过磷酸钙 20～25kg，或磷酸二铵 20～30kg，缺钾时应施硫酸钾 10kg，也可用 1000kg 腐熟人粪尿和 100kg 草木灰代替化肥施用。在第二穗果和第三穗果开始迅速膨大时各追肥 1 次。除土壤追肥外，可在结果盛期辅以根外追肥，用 0.2%～0.5%的磷酸二氢钾或 0.2%～0.3%的尿素或 2%的过磷酸钙水溶液喷施叶面，或喷多元复合肥。还可用 50～100μL/L 硼酸或硫酸锌等微量元素根外喷施。

番茄有一定的耐旱能力，但要想获得高产，必须重视水分的供给与调节。定植后 5～7d 可浇 1 次缓苗水，然后中耕保墒，控制浇水，适当蹲苗。中、晚熟品种开花结果较晚，营养生长较旺，在结果前应控制水分。番茄的吸水量到结果盛期达到高峰，这期间 4～6d 灌水 1 次，使整个结果期保持土壤比较均匀的湿润程度，防止忽干忽湿，减少裂果及顶腐病的发生。番茄对土壤通气条件要求比较严格，雨后应及时排水，防止烂根。

(5) 植株调整

番茄具有茎叶繁茂、分枝力强、生长发育快、易落花落果等特点，为调节各器官之间的均衡生长，改善光照、营养条件，在栽培过程中应采取一系列植株调整措施，如搭架、绑蔓、整枝、打杈、摘心、保花保果、疏花疏果等。除少数直立性品种外，均需搭架栽培。一般多采用圆锥架（三角圆锥架或四角圆锥架），比较简单、牢固。

番茄的整枝方式多种，各有特点。露地栽培常用的整枝方式有单干整枝、改良单干和双干整枝。单干整枝，只保留主干，侧枝全部摘除。这种方式适于密植，在生长期较短的条件下可获得较高的单位面积产量。缺点是单位面积用苗数多，根系发展受到一定限制，植株容易早衰。为克服上述缺点，可实行改良式单干整枝法，即在单干整枝的基础上，保留第一花序下的一个侧枝，留一穗果摘心。类似这种改良式单干整枝方法也多种多样，可根据栽培需要灵活应用。双干整枝，除保留主枝外，再留第一花序下的一个侧枝，其余侧枝全部除去。这种整枝方法，早期产量不如单干整枝，且结果较晚，适用于生长期较长、生长势旺盛的中晚熟品种。

在整枝过程中，摘除多余侧枝，即打杈。打杈过晚，消耗养分过多，在植株生长初期，过早打杈会影响根系的发育，尤其对生长势较弱的早熟品种，应待侧枝长到3～6cm长时，分期分次摘除。

对无限生长型品种，在生长到一定果穗时，需将植株顶部摘除，称为摘心或打顶，以保证有限的生长期内所结的果实能充分肥大和成熟。摘心应根据栽培方式而定。在南方栽培时，留3～4层果穗；在北方栽培时，留4～5层果穗摘心。

原则上番茄栽培不进行摘叶，保持植株较大的同化面积。只有在结果盛期以后，对基部的病叶、黄叶才可陆续摘除，改善通风条件，减少呼吸消耗。

(6) 保花保果

番茄落花现象比较普遍，造成落花的原因主要有以下两个方面。一是营养不良性落花。主要是土壤营养及水分不足、植株损伤过重、根系发育不良、整枝打杈不及时、高夜温下养分消耗过多、植株徒长、养分供应不平衡等原因引起落花落果。二是生殖发育障碍性落花。温度过低或过高、开花期多雨或过于干旱，都会影响花粉管的伸长及花粉发芽，产生畸形花（如长花柱或短花柱花等）而引起落花。露地春番茄早期落花的主要原因是低温或植伤，番茄夏季落花主要原因是高温多湿。

使用植物生长调节剂可有效地防止落花，而且可刺激果实发育，形成与授粉果实同样大小甚至超过其大小的无籽果实。常用的生长调节剂有：2,4-D（2,4-二氯苯氧乙酸），使用浓度为10～20μL/L，蘸花或涂花；PCPA（对氯苯氧乙酸，又称防落素、番茄灵），使用浓度为25～30μL/L，可作喷花处理。

(7) 生理性病害及其防治

番茄果实发育的生理性病害是栽培中存在的主要问题之一。生理性病害导致的结果有畸形果、空洞果、顶腐病、裂果、筋腐病、日烧病等，对产品质量影响很大。

① **畸形果**。畸形果主要产生于花芽分化及发育时期，即在低温、多肥（特别是氮素过多）、水分及光照充足条件下，生长点部位营养积累过多，正在发育的花芽细胞分裂过旺，心皮数目过多，开花后各心皮发育的不均衡而形成多心室的畸形果。畸形果中的顶裂型或横裂型果实，主要是花芽发育时不良条件抑制了钙素向花器的运转而造成的。另外，因为果实生长先是以纵向生长为主，以后逐渐横向肥大生长，所以，植株在营养不良条件下发育的果实往往是尖顶的畸形果。为防止畸形果的发生，育苗期间温度不宜控制过低，水分及营养必须调节适宜。

② **空洞果**。即果实的果肉不饱满，胎座组织生长不充实，种子腔成为空洞，严重影响果实的质量和品质。受精不良、使用生长调节剂浓度过高等，均容易产生空洞果。此外，在果实生长期间，温度过高，阳光不足，或施用氮肥过多，营养生长过旺，果实碳水化合物积累少等，也会形成空洞果。在栽培

中应加强管理，提高环境控制技术，为果实生长创造适宜条件，避免空洞果发生。

③ **顶腐病**。又称脐腐病、尻腐病，在果实顶部发生黑褐色的病斑，在阴雨天气或空气湿度大时则发生腐烂。它是果实缺钙而引起的生理病害。造成果实内缺钙的原因：一是土壤缺钙；二是土壤干燥、土壤溶液浓度过高，特别是钾、镁、铵态氮过多，影响植株对钙的吸收；三是在高温干燥条件下钙在植物体内运转速度缓慢。为防止顶腐病，可多施有机肥，酸性土壤应施用石灰调节，保持适宜的土壤溶液浓度，适当控制铵态氮的用量，尽量避免土温过高及土温的剧烈变化。供水要均匀，防止忽干忽湿。在结果期，可用0.5%氯化钙喷新叶及新长出的花序，以补充钙的含量。

④ **裂果**。在果实发育后期容易出现裂果。裂果现象有环状开裂和放射状开裂。裂果的主要原因是：果实生长前期土壤干旱，果实生长缓慢，遇到降雨或浇大水，果肉组织迅速膨大生长，果皮不能相适应增长，引起开裂。为防止裂果产生，除注意选择不易裂果的品种外，在栽培管理上应注意增施有机肥，合理浇水，供水均匀，避免果实受强光直射。

⑤ **筋腐病**。果实膨大期的生理病害。发病症状可分两种类型，褐变型和白化型。前者果实内维管束及其周围组织褐变，后者果皮或果壁硬化、发白。两种类型的发病条件相似，是多种不良条件诱发的病害。为防止筋腐病的发生，特别应注意肥料的使用，适当增施钾肥，氮肥施用以硝态氮为主等。

⑥ **日烧病**。在夏季高温季节，由于强光直射，果肩部分温度上升，部分组织烫伤、枯死，产生日烧病。日烧病的危害，品种间差异较大。叶面积较小，果实暴露或果皮薄的品种易发病。为防止日烧病，应在结果期避免果实的日灼，最好采用圆锥架或人字架，绑秧时将果穗配置在架内叶荫处。适当增施钾肥可增强其抗性。

11.1.4 大棚春早熟栽培番茄

（1）选择适宜品种

大棚春季早熟栽培番茄应选择早熟或中早熟、耐弱光、耐寒品种或杂交种。

（2）提早定植

提早定植的时间依据棚室内的最低温度来确定，清晨10cm深的土温达到5℃以上，最低气温不低于0℃条件下要尽量抢早定植。应选择阴冷天气刚过，晴暖天气刚开始的上午栽苗。一般早熟品种密度为每667m^2定植3500～4000株，中晚熟品种密度为每667m^2定植2800～3200株。

（3）变温管理

番茄定植后，每天的温度以采用“四段变温”管理为宜，即把一天的气温分为四段进行管理。午前见光后，应使温度迅速上升至25～28℃，以促进植株的光合作用；午后随着光合作用的逐渐减弱，进行通风换气，使温度降至25～20℃；前半夜为促进叶片中的光合产物运转到其他器官，应使温度保持在14～17℃；后半夜为尽量避免呼吸消耗，应使温度降至10～12℃（不要低于6℃）。定植初期外界气温低，因此应采取各种保温覆盖措施（覆盖草帘、纸被，张挂天幕以及设置小拱棚等），以提高保护地内的气温和地温，促进生根、缓苗和植株的正常生长发育。

（4）增加光照

在温度允许的情况下，尽量早揭和晚盖多层保温覆盖物，经常清除透明覆盖材料上的污染物。在日光温室的后墙和两侧山墙上，可张挂反光幕（膜），以增加温室内的光照。后期要及时打掉下部的病叶、老叶、黄叶，增加群体的通风透光程度，促进果实早日转色成熟。

（5）合理施肥灌水

当第一穗果长至核桃大小时开始施肥灌水。每667m^2可追施尿素12～15kg、过磷酸钙或磷酸二氢钾20kg、硫酸钾10kg，不可单追尿素。也可使用三元复合肥15～20kg。第一穗果采收后，可再按上述用量追施 1 次。每次追肥都应与灌水相结合。灌水次数、灌水量应根据植株长势和天气情况而定，而且要以防病为前提。应选择晴天上午浇水，实行膜下灌水，以防空气湿度过大。

(6) 植株调整

a. 搭架与绑蔓。在番茄定植 2 周左右，开始搭架，设施内为了有利于通风透光最好用尼龙线吊蔓。

b. 整枝与打杈。对有限生长型番茄以改良式单干整枝为主；对无限生长型番茄以单干整枝为主，也可采用连续摘心整枝或多次换头整枝等方式进行整枝。

(7) 果实催熟

为了促进果实成熟，提早上市，可施用乙烯利催熟。将 40% 乙烯利配成 400～800 倍水溶液（500～1000μL/L），然后用软毛刷或粗毛笔将溶液涂在绿熟期的果实上，可提早上市 6～7d；还可将果实采摘后催熟，将 40% 乙烯利加水稀释成 200 倍液（2000μL/L），把番茄放入溶液中浸 1min，捞出放在 25℃ 左右的密闭条件下催熟，4～6d 转色变红。

11.1.5 大棚秋季延迟栽培番茄

大棚秋季延迟栽培番茄的栽培技术关键是预防病毒病。应选择抗病性强（尤其抗病毒病）、耐热、生长势旺盛、大果、无限生长型的中晚熟品种。

育苗期以日历苗龄 25～30d 为宜，生理苗龄以株高 15～20cm、有 3～4 片叶展开为宜。育苗时要准备防高温防雨苗床，并在其上部搭遮阳棚。播种时种子最好直播在营养土块或塑料钵、纸袋、塑料袋等育苗容器中，每钵（袋）播 3～4 粒种子，待出苗后再间除弱小苗，每钵留 1 株。为防止徒长，在幼苗 2～3 片真叶展开时，可用 0.05%～0.1% 的矮壮素或 0.15%～0.20% 的丁酰肼喷洒叶片 2～3 次。苗期要防治蚜虫，喷施植病灵或病毒 A 预防病毒病。

定植时仍处于阳光较强、高温多雨季节，故要做好遮阳防雨准备。温室大棚的棚顶防雨遮阳，四周通风。生育后期，随着温度降低和光照减弱，应以增温、保湿、增光为主，逐渐减少放风，加强保温覆盖，并把塑料薄膜上的遮阳物撤掉，将薄膜擦拭干净，增加透光率。

秋茬番茄多采用单干整枝，留 3～4 穗果摘心，每穗果留 4～5 个。开花期仍需用生长素蘸花或喷花。当果实长到核桃大小时，每 667m^2 追施磷酸二铵 20kg，并随之灌水。每次灌水后都要及时中耕培垄，随着气温下降，灌水次数应减少。后期可将植株下部叶片打掉，并注意避免空气相对湿度过大和薄膜上的水滴落到植株上。

11.2 茄子栽培

茄子是茄科茄属植物，在我国各地普遍栽培，面积也较大，为我国南北各地夏秋的主要蔬菜之一，近年通过保护地栽培，可以实现周年生产和供应。茄子以嫩果供食用，它的鲜果中含有丰富的蛋白质、脂肪、碳水化合物、钙、磷、铁及维生素 A 原、维生素 C 等。紫色茄子中还含有丰富的皂苷等物质，具有保护心血管的功能。茄子的食用方法多样，可以炒食、烧（煮）食、油炸，又可清蒸拌食，还可以加工成酱茄子、腌茄子，或干制成茄干。

11.2.1 类型与品种

按照熟性早晚可分为早熟种、中熟种和晚熟种，按形状分为圆茄、长茄和灯泡茄。按颜色分为紫茄、红茄、白茄和绿茄等。

植物学上将茄子分为大圆茄、长茄和卵茄三个变种。

a. 大圆茄。植株高大，叶宽而厚，茎高60～90cm，有灰毛；果圆球形、扁球形、倒卵圆形或椭圆球形，单果重500～2000g；花大而单生，与叶对生或近于对生；果皮色紫、黑紫、红紫或绿白。不耐湿热，中国北方栽培较多。大多数为中晚熟品种。主要品种有北京五叶茄、九叶茄、大红袍、安阳紫圆茄、山东高唐紫圆茄、洛阳大青茄、西安大圆茄、天津大民茄及郎高等。

b. 长茄。植株中等，叶较小而狭长；果实长棒状或扭曲呈蛇状，长20～30cm或更长，径粗2.5cm或更细，皮薄，肉质柔软，种子少，为南方主栽品种。在北方长茄和圆茄栽培的面积相当。大多为中早熟品种。主要栽培品种有黑龙江科选一号、沈阳柳条青、辽宁盖县长茄、武汉鳝鱼头、成都墨茄、南京紫长茄、杭州红茄、台湾屏东长茄等。

c. 卵茄。植株较矮小，开展度大，叶小而薄；果实卵圆形或灯泡形，果实有紫色、白色和绿色，大小中等，单果重100～200g。抗逆性较强，南北方都有种植。大多为早中熟种。主要品种有北京灯泡茄、天津中心茄、孝感白茄、湖南灯泡茄、日本桔真茄等。

茄子的杂种优势明显。杂种一代植株强健，抗逆性强，产量高，一般比亲本增产40%～60%，近年来已广泛应用于生产。如黑又亮、鲁茄1号、冀茄2号、湘茄2号、华茄一号、鄂茄一号、伏龙茄、紫龙茄、杭州红茄、苏崎茄、农友长茄和新娘都是比较优良的杂种一代。

11.2.2 生物学特性

(1) 形态特征

① **根**。茄子的根系发达，吸收能力强。其主根在不受损害的情况下，能深入土壤达1.2～1.5m，横向伸展直径2.0～2.5m，但分苗或移栽后主根往往受伤折断，因而发生大量横向伸展的侧根，使它的主要根群都分布在30cm以内的土层中。茄子根木质化较早，再生能力差，不定根的发生能力也弱，在育苗移栽的时候，应尽量避免伤根，并在栽培技术措施上为其根系发育创造适宜的条件，以促使根系生长健壮。

② **茎**。茄子的茎粗壮直立，木质化程度高，一般不需支架，国外引进的温室栽培无限生长型单轴分枝品种仍需吊蔓或支架。其茎秆粗壮程度因品种而异，一般叶片大而圆，圆形果实品种直立性强，小叶果实条形品种茎秆较细弱，分枝也较多。茎的颜色有黑紫、紫、紫绿和绿色，与果实、叶色有连锁遗传关系。一般果实为紫色的品种，其嫩茎及叶柄都带紫色；果实为白色或青色的，其嫩茎及叶柄多带绿色。茄子的主茎分枝能力很强，几乎每个叶腋都能萌芽发生新枝。但是，由于茄子的分枝习性为“双杈假轴分枝”，即植株主茎在结了门茄之后，发生叉状分枝，分成两个粗壮相同的杈枝；这两个分枝结果之后，其上又成倍发生分杈；如此往上，一而二、二而四、四而八地延续分枝（图11-3）。实际生产上，也有一部分腋芽不能萌发，或者即使萌发长势也很弱，在水肥不足的条件下尤其明显。

图11-3 茄子的分枝结果习性

1. 门茄；2. 对茄；3. 四母斗；4. 八面风

③ **叶**。茄子为互生单叶，叶片较大，叶形有圆形、长椭圆形和倒卵圆形，叶缘有波浪状钝缺刻，叶面粗糙而有绒毛，叶色一般深绿或紫绿色，叶的中肋与叶柄的颜色与茎相同。

④ **花**。茄子的花为两性花，自花授粉，紫色或淡紫色，也有白色的，一般为单生，茄子花较大而下垂。茄子一般在幼苗有真叶 3～4 片时，幼茎粗达 0.2cm，花芽开始分化。影响分化的因素包括温度、光照及营养。所以这个时期应加强管理。

茄子的开花结果是相当有规律的。茄子第 1 朵花着生节位依品种而异，一般早熟品种从 5～7 片真叶后着生第 1 朵花（实际上 5 片叶开花的品种很少，如北京五叶茄，大多为 6～7 片叶，甚至 8 片叶），中晚熟品种着生节位为 9～12 片叶。茄子为“双杈假轴分枝”，其主茎在结第 1 个果实后，果实下面的第一侧枝生长最旺，与主茎并驾齐驱，待主茎第 2 个果实和这个侧枝第 1 个果实着生后，其直下叶腋又各长成一强壮侧枝，如此向上，一而二、二而四、四而八地不断双杈分枝生长，果实也相应一次增加。习惯上把主枝上的第 1 个果实叫“门茄（根茄）”，形成的双杈即主茎第 2 果实和侧枝第 1 果叫“对茄（二梁子）”，对茄上再形成四杈又结 4 果叫“四母斗（四母茄）”，再向上成 8 果叫“八面风”，以后形成 16 果则叫“满天星”。这样茄子不断呈几何级数增加。下部茄子不断长大成熟、收获，而上部则不断开花生长，所以采收不绝。当然这只是开花规律，在实际栽培过程中的结果不会这么理想，成熟期也不会那么一致，有时因养分竞争、光照或密度的影响，会发生落花落果现象。结果多少与整枝方式、肥水管理等都有关，所以应创造其适宜生长的环境条件，才能获得高产稳产。

⑤ **果实和种子**。果实为浆果，心室几乎无空腔，它的胎座特别发达，形成果实的肥嫩海绵组织，用以贮藏养分，这是供人们食用的主要部分。幼嫩茄子常常有一种涩味（生物碱），必须经过煮熟才能消除，所以一般茄子不能生食（也有可以生食的品种）。茄子果实的发育，比其他果菜类特殊而有趣，茄子花经过授粉之后，花冠脱落，萼片宿存，幼果开始膨大，当发育很快的幼果突露出萼片时，其形状颇似愤怒的人眼睛，故称为“瞪眼睛”，这是茄子果实生长发育过程中的一个临界指标，从此果实进入迅速膨大期，这个时期，应加强肥水管理满足果实生长发育需要。在茄子果实发育过程中，果肉先发育，种子后发育，果实将近成熟时，种子才迅速生长和成熟。采收将近成熟的果实，其中尚未成熟的种子，在采收以后，仍然会增大，果肉的有机营养会转运到种子中去。所以，果实在采下后放置几天，使其种子充分成熟，能提高种子质量。一个优良的茄子品种，它的果肉应该初期生长得较快，而成熟慢，种子的发育也慢，以延长幼嫩果实的适宜采收时期。

(2) 生长发育过程

同番茄一样，茄子的生长发育也可分为发芽期、幼苗期和开花结果期 3 个时期。

① **发芽期**。从种子吸水萌发到第 1 片真叶出现为发芽期。茄子发芽期较长，一般需要 10～15d。发芽期能否顺利完成，主要决定于温度、湿度、通气状况及覆土厚度等。播种后保持 25～30℃，出苗快。

② **幼苗期**。第 1 片真叶出现至第 1 朵花现蕾为幼苗期，需要 50～60d。此阶段为茄苗生育的关键时期，白天适温 22～25℃，夜间 15～18℃有利于花芽分化和第 4 级侧枝分化的完成。茄子幼苗期经历两个阶段：第 1 片真叶出现至 2～3 片真叶展开即花芽分化前为基本营养生长阶段，主要为花芽分化及进一步营养生长打下基础；2～3 片真叶展开后，花芽开始分化，进入第二阶段，即花芽分化及发育阶段，从这时开始，营养生长与花芽发育同时进行。

③ **开花结果期**。门茄现蕾后进入开花结果期，茎、叶和果实生长的适温白天 25～30℃，夜间为 16～20℃。温度低于 15℃时，果实生长缓慢；高于 35～40℃时，花器发育受阻，果实发育畸形或落花、落果；低于 10℃时，生长停顿，遇霜则冻死。茄子开花的早晚与品种和幼苗生长的环境条件密切相关。幼苗在温度较高和光照较强的条件下生长快、苗龄短、开花早，尤其是在地温较高的情况下，茄子开花较早。茄子茎秆上的每个叶腋几乎都潜伏着一个叶芽，条件适宜时，它们就能萌发成侧枝，并能开花结果。

(3) 对环境条件的要求

① **光照**。茄子为喜光性蔬菜，对光周期的反应不敏感，对光照长度和强度的要求较高。光照强度

的补偿点为2000lx，饱和点为40000lx。在自然光照下，日照时间越长，越能促进发育，且花芽分化早，花期提前。日照长，生长旺盛，尤其在苗期，连续24h的光照处理条件下，花芽分化快、开花早；如果光照不足，则花芽分化晚，开花迟，甚至长花柱花少，中花柱和短花柱花增多。茄子的种子具有嫌光性，在光照下发芽慢，而在暗处发芽快；幼苗生长发育不仅受光照强度的影响，而且受日照长短的影响，一般在光照时间为15～16h的条件下，幼苗初期生长旺盛。光照强，开花数多，落花数少；反之，开花结实不良、着色不佳。

② **温度**。茄子种子发芽阶段的最适温度为25～30℃。若低于25℃，发芽缓慢，且不整齐；超过35℃，发芽快，但长势不一致，易衰弱，苗期生长最适温度为22～25℃。能正常生育的最高温度为32～33℃，最低温度为15～16℃。超出该范围，对茄子苗期生长发育极为不利。茄子苗期温度管理，不仅要考虑幼苗期的营养生长，而且还要考虑花芽分化、发育对温度的要求。温度管理的关键是昼夜温差，即白天的气温要保持促进叶片光合作用的温度，夜间的气温保持有利于叶片中同化产物向外运转。适宜的昼夜温差：白天22～25℃，夜间15～18℃。结果期温度控制得好对高产有重要作用。白天适宜温度范围在20～30℃之间，以25℃为最适。气温降至20℃以下，授粉受精和果实发育不良；低于15℃，则生长缓慢，易产生落花；低于13℃则停止生长；低于10℃，新陈代谢紊乱。相反，温度超过35℃，茎叶虽能正常生长，但花器官发育受阻，短柱花比例升高，果实畸形或落花、落果。夜间最适温度为16～20℃，如夜温高，不能促进发育最旺盛的果实膨大，同化物质送往生长部位的量变少，将逐渐出现植株营养不足的症状，从而影响后继花果的生长发育，导致减产。

③ **水分**。茄子不耐旱，需要充足的土壤水分，在高温高湿环境条件下生长良好，对水分的需要量大。当根系充分伸展后，才有一定的耐旱性。茄子对水分的要求随着生育阶段的不同而有所差别。茄子种子含水量一般在5%～6%，发芽时吸收的水分接近其质量的60%，所以茄子种子发芽需要充足的水分，水分不足，种子则发芽率低、出苗慢。幼苗生长初期，要求水分充足，随着幼苗的不断生长，植株根系逐渐发达，吸水能力增强，这时如果水分过多，再遇上光照不足或夜温过高或密度过大，均易引起幼苗徒长。花芽分化期，在正常光照、温度条件下，充足的水分能够促进幼苗生长和花芽分化，如果水分过多，幼苗长势弱，花芽形成质量差。开花结果期，如果出现高温干旱，茄子植株生长势减弱，生长发育受阻，易引起植株早衰并出现落叶、落花、落果现象。茄子坐果率和产量与当时的降雨量及空气相对湿度成负相关。茄子果实中含93%～95%的水分，水分对果肉细胞的膨大起着非常重要的作用，茄子果实发育期，田间最大持水量以保持在70%～80%最好，一般不能低于55%，如果水分不足，果实发育不良，多形成无光泽的僵果，品质变劣。空气湿度长期超过80%，则又容易引起病害的发生。如果遇到淹水，则会对植株、果实造成较大危害。

④ **气体**。茄子不仅从土壤中吸收营养，而且还从空气中吸收二氧化碳，通过光合作用合成植株生长发育所需的基础物质——碳水化合物。因此，空气中二氧化碳浓度直接影响着茄子的生长发育。在茄子光合作用的二氧化碳饱和点以下提高二氧化碳浓度，可明显增加株高、茎粗、叶片数、叶面积、开花数及坐果率，加快其生长发育速度。研究显示，将大气中二氧化碳浓度（0.03%）提高到0.1%～0.15%，其光合效率可比正常情况下提高2～3倍。

⑤ **土壤及营养**。茄子对土质的适应性强，对土壤要求不太严格，在通气性和水分含量适宜的沙质至黏质土壤都能栽培。但茄子耐旱性差，且喜肥，所以土壤必须排水性好又不干燥，一般以含有机质多、疏松肥沃、排水良好的沙质土壤生长最好，尤以栽培在微酸性至微碱性（pH6.8～7.3）土壤上产量较高。沙质土由于地温容易上升，适于作早熟栽培，但生长势衰弱得早；在地下水位高、排水不良的过度潮湿黏质土中，根尖容易腐烂；在耕层浅的黏质土中根系不能充分伸展，容易发生早衰。茄子对于肥料的吸收以钾最多，氮次之，磷最少。需要较多的矿质元素有氮、磷、钾、钙、镁。茄子是需肥较多的蔬菜，生育期长，每生产10000kg商品果，大约需吸收氮30kg、磷6.4kg、钾55kg、钙44kg。施肥时可以把总量1/3～1/2的氮肥、钾肥和全部的磷肥作为基肥，其余的作为追肥施入。追肥最好要根据不同时期的吸收量，在茄子需要前补给所需要的肥料量。因为茄子忌干燥，可以结合灌水把肥料作为液

肥分次施用。

11.2.3 茬口安排

长江流域茄子栽培的方式一般分为春季早熟栽培、露地栽培、秋季延后栽培和越冬栽培等（表11-1）。

表 11-1 长江流域主要地区茄子栽培茬口与方式

地区	茬口名称	主要品种	栽培方式	播种育苗期	定植期	株行距/cm	始收期
上海、南京、杭州	春早熟茄子	杭丰一号、 杭茄一号、 苏崎茄	大棚、 中棚、 小棚	10月中下旬 11月上中旬 11月中下旬	2月上中旬 2月下旬～3月上旬 3月中下旬	33×50 35×55 35×60	4月下旬～5月上旬 5月上中旬 5月中旬
	春夏茄子	上海条茄、 杭州红茄、 苏州牛角	露地或 地膜	11月下旬	4月中下旬	33×60	5月下旬
	夏秋茄子	宁丰伏茄、 伏龙茄、 紫龙茄	露地或 地膜	3月～6月上旬	4月下旬～7月上旬	45×70	6月上旬～8月上旬
武汉、长沙、南昌	春早熟茄子	迎春茄、 湘早茄、 鄂茄1号、 苏崎茄	大棚、 中棚、 小棚	10月上中旬 10月中旬 10月下旬	11月～12月上旬 2月上中旬 3月上中旬	33×55	4月下旬～5月上旬 5月上中旬 5月中下旬
	春夏茄子	鄂茄1号、 湘早茄、 苏崎茄	露地或 地膜	11月上中旬	3月下旬～4月上旬	35×65	5月下旬～6月上旬
	夏秋茄子	伏龙茄、 紫龙茄、 上海条茄	露地或 地膜	4月下旬～6月上旬	5月下旬～7月上旬	45×75	6月下旬～8月上旬
重庆	春茄子	渝茄1、2号， 三月茄	地膜	10月中旬	3月上中旬	33×65	4月下旬～5月上旬
	秋茄子	渝茄1、2号， 五月花茄	露地	5月上旬～6月上旬	6月中旬～7月上旬	40×65	8月上中旬

11.2.4 茄子春季早熟栽培

(1) 整地施肥

选用地势高燥、排灌方便、保水保肥性能好、3年未种过茄果类蔬菜（茄子、辣椒、番茄）的地块种茄子。前茬作物收获后立即深翻并做到“三犁三耙”。定植前15～20d开始整地施肥作畦。结合整地施入底肥。每$667m^2$可施菜饼150kg、进口三元复合肥25kg、生石灰40～80kg、过磷酸钙30kg或者有机肥3000～4000kg、进口三元复合肥20～30kg、生石灰40～80kg、过磷酸钙30kg。

(2) 育苗

a. 播种期。为了争取早熟，定植时要求幼苗已现花蕾，因此要早播，保证苗龄90～100d，工厂化育苗的苗龄在60d左右，可以此推算播种期。长江中下游地区春季早熟栽培多在12上旬至翌1月上旬播种。

b. 播种。用55℃热水浸种20min，湿纱布包裹，25～30℃催芽，对种子进行变温处理，能提高发芽率和发芽势。2/3的种子露白时播种。若用干种子播种，可用种子质量的1%百菌清拌种后均匀散播。播种前搭建好大棚，平整好棚内苗床，铺上5cm厚的营养土，苗床浇足底水，薄撒一层干细土。播种量一般每平方米床面播种 5～8g 种子，把种子均匀撒播于床面，覆盖 0.5～1cm 细土或砻糠灰，稍加镇压，疏盖稻草，再覆盖地膜，以防压苗，保持湿度，防止板结，提高地温，加快出苗。

c. 苗期管理。出苗前棚内保持昼温 25℃以上、夜温 15～18℃，5～7d 出苗。出苗后的温度控制白天 20～25℃，晚上 14～16℃，超过 28℃时要及时放风，防止徒长。苗期可间苗、移苗 1～2 次。2～3 片真叶期移入营养钵。定植前 7～10d 开始低温锻炼。壮苗的标准是茎粗，节间短，有 9～10 片真叶，叶片大，色浓绿，大部分现蕾。

（3）定植

茄子喜温，定植时要求棚温不低于 10℃，10cm 地温不低于 12℃，相对稳定 7d 左右。长江流域采用大棚＋小拱棚＋地膜覆盖特早熟栽培时，12 月～翌年 1 月定植；大棚＋地膜覆盖早熟栽培时，2 月上中旬定植；小拱棚加地膜栽培时，3 月上中旬定植；露地栽培一般在 3 月底至 4 月初定植为宜。定植时，选择寒尾暖头的天气，按照品种特性和栽培方式确定合适的行距、株距和密度，挖穴定植。一般每畦栽两行，株距 40～45cm，行距 50～60cm，每 667m^2 栽 2400～2600 株。

（4）田间管理

a. 温、光调控。茄子不耐寒，定植一周内，要以保温为主，促进返苗。返苗后，白天温度保持在 28℃左右，夜间 15℃以上，促发新根；晴天棚内温度超过 30℃时，特别是高温、高湿时，要及时通风换气。南方春季阴雨天气较多，光照相对不足，晴天或中午温度较高时应及时全部或部分揭开草帘和小棚，增加植株的光照时间。天晴，早揭迟盖；天阴，迟揭早盖。对使用时间过长，透光不好的膜要及时更换。

b. 肥水管理。茄子喜肥耐肥，多施氮肥，很少引起徒长。苗期多施磷和钾，可以提早结果。盛果期根据结果和植株缺肥的表现程度，可结合中耕培土，多次追肥。每次每 667m^2 追施 10kg 尿素或 50kg 腐熟人粪尿。生长过程中还可根据苗情和植株表现，随时喷洒 0.1%～0.2%的磷酸二氢钾进行根外追施。南方雨水多，应深沟高畦，做到旱能浇、涝能排。

c. 植株调整及防止落花。整枝摘叶有利于通风透光，减少病害，增加花蕾，提高坐果，改善品质。当“对茄”坐果后，把“门茄”以下侧枝除去；当“四母斗”4～5cm 大小时，除去“对茄”以下老叶、黄叶、病叶及过密的叶和纤细枝，摘下来的枝、叶要集中烧掉。低温、弱光、土壤干旱、营养不足都会引起落花。温度低于 17.5℃、高于 40℃会因为花粉管停止伸长生长而引起落花。2,4-D 和 PCPA 及其制剂可以防止早期低温弱光引起的落花，可用 10～15mg/kg 的 2,4-D 液点花，或 20～30mg/kg 的 PCPA 喷花。避免重复点花。千万不能将激素洒落在嫩叶和嫩芽上，以免产生危害。浓度过大易形成畸形果、僵果。

d. 病虫害防治。茄子的重要病害为立枯病、绵疫病、黄萎病、褐纹病等，虫害主要有红蜘蛛、茶黄螨等。按照“预防为主，综合防治”的植保方针，坚持以“农业防治、物理防治、生物防治为主，化学防治为辅”的无害化控制原则。发病初期可用福美双、百菌清、三乙膦酸铝、噁霜・锰锌防治立枯病、绵疫病；用甲基硫菌灵、多菌灵、甲霜铜等防治黄萎病、褐纹病等病害；用炔螨特等防治红蜘蛛、茶黄螨。

（5）采收

茄子是多次采收嫩果的蔬菜，及时采收达商品成熟的果实对提高产量和品质非常重要。紫色和红色茄子可根据宿留萼片边沿、尚未形成花色素的白色宽窄来判断。白色越宽说明果实生长较快，花青素来不及形成，果实嫩；果实宿留萼片边沿已无白色间隙就已变老，食用价值降低。采收果实以早晨最好，其次是傍晚，不要在中午气温高时采收，以延长市场货架的存放时间。

（6）清洁田园

采收结束后，将残枝败叶和杂草清理干净，集中进行无害化处理，保持田间清洁。

11.2.5 茄子延秋栽培

(1) 利用残桩复生作延秋栽培

立秋前后（8月上旬），长江流域正值高温酷暑，春季栽培的茄子也逐渐进入衰老期，其产量和商品性降低。很多地方，此时多进行延秋再生栽培。其方法是选择生长状况良好、长势平衡、无严重病虫害的地块，在茄子植株第一分枝以上保留3个侧枝留8cm短截，剪去以上所有枝叶，把剪下的枝叶全部带出园地，集中处理。同时清除园内杂草和病虫害枯枝、残叶，以减少病虫害的发生。剪后一周即有幼芽萌发，抽生新枝，形成新的植株。一般可萌发10～20个芽，选择保留健壮、长势和方向好的饱满芽，只留4～5个长成再生果的果枝，其余的芽全部抹去，追施速效肥料，促进生长和结果。在长江中下游地区，前期可加盖遮阳网，后期至10月中下旬拱棚或大棚可覆盖薄膜，延长采收期。

(2) 育苗移栽薄膜覆盖延秋栽培

长江流域，5～6月底育苗，6～7月底定植，10月上中旬覆盖薄膜，8月上旬～9月初始收，采收期可延长至11～12月。秋季气温下降时，要及时扣棚。扣棚前，加强肥水管理，保秧壮果。扣棚要逐步扣严，使茄子从露地生长到棚内生长有一个逐渐适应的过程。扣棚后，前期要大量通风，避免温度过高，湿度过大，有利于开花结果；后期加强防寒保温，延长生育期，促进果实成熟争取丰产。

11.2.6 茄子的嫁接技术

随着茄子保护地栽培面积的不断扩大和不可避免地进行连作，其土传病害发病严重，主要有青枯病、枯萎病、黄萎病、线虫病等。选择抗病砧木，培育嫁接苗是有效的防治途径。

(1) 砧木的选择

托鲁巴姆、托托斯加砧木均抗青枯病、枯萎病、黄萎病、线虫病等病害，但其种子极小，发芽较困难，所以要比接穗提前25～30d播种。红茄是应用比较早而广泛的茄子砧木，主要抗黄萎病，中抗枯萎病，嫁接成活率高，嫁接苗抗逆性强。CRP抗青枯病、枯萎病、黄萎病、线虫病4种土传病害，耐涝，适合保护地使用。

(2) 嫁接方法

在确定茄子的供应期后，再根据砧木和接穗品种的生长速度决定各自的恰当播期。春季露地和小拱棚茄子3月中旬嫁接，4月上中旬定植；北方秋季大棚秋延后栽培，7月中旬嫁接，8月中下旬定植。嫁接方法主要以劈接和斜切接法较多。劈接法是在砧木长到6～8片真叶、接穗长到5～7片真叶时，将砧木置于嫁接操作台上，保留两片真叶，用刀片平切去以上的部分，在茎中垂直竖切1.2cm深的切口；拔出接穗幼苗，保留2～3片真叶，切掉下部，并削成与砧木切口相当的楔形，随即插入砧木切口，仔细对齐，用特制的嫁接夹固定。斜切接法的嫁接苗龄与劈接法相同，嫁接时接穗保留两片真叶，以下部分斜削去，形成一个和砧木面积、形状相同而方向相反的平面，把砧木和接穗的面对齐贴紧，用特制的嫁接夹固定。工厂化育苗现在主要采用套管（自行车气门芯）嫁接。

(3) 嫁接苗的管理

为促进嫁接苗成活和生长，应把温度控制在日温25～28℃、夜温20～22℃，湿度保持在95%，避免高温和阳光直射，9～10d接口可以愈合。不要去夹太早，用塑料条绑缚的愈合后要松绑，以免影响生长。其他管理措施与普通苗大致相同。

11.3 辣椒栽培

辣椒又叫大椒、青椒、番椒，没有辣味的品种，也叫甜椒、柿子椒等，茄科辣椒属，原产于南美洲热带草原，明朝末年传入我国，在我国栽培历史悠久（300余年的历史），辣（甜）椒在我国从南到北栽培普遍，南方以辣椒为主，北方以甜椒为多。辣（甜）椒作菜用叫青椒，多在果实未变红脆嫩时采收。

辣椒果实中含有丰富的蛋白质、糖类、有机酸、维生素及钙、磷、铁等矿物质，辣椒维生素含量为菜中之冠，胡萝卜素含量也较多。另外还有辣椒素，能增进食欲，帮助消化，并有祛湿驱寒等医药作用。

11.3.1 类型与品种

辣椒在中国各地普遍栽培，类型和品种较多，为夏秋的重要蔬菜之一。辣椒果实色泽鲜艳，风味好，营养价值很高，维生素C的含量尤为丰富。每100g青辣椒含维生素C 100mg以上，红熟辣椒高达342mg。干辣椒则富含维生素A，还含有丰富的辣椒素（$C_{18}H_{27}NO_3$），具芬芳的辛辣味。辣椒除鲜炒食外，还可腌渍和干制，加工成辣椒干、辣椒粉、辣椒油和辣椒酱等，也是出口创汇的重要农产品之一。

我国辣椒品种资源相当丰富，有许多优良的品种（图11-4），以及抗病、早熟、丰产的一代杂种。各品种类型及主要品种如下：

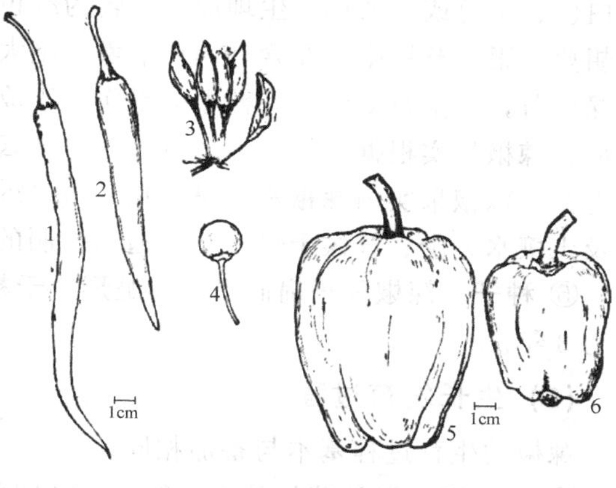

a. 甜椒类型。如茄门甜椒、天津大甜椒、保定大甜椒、世界冠军、济南甜椒、巴彦甜椒、柿子椒10号、农发甜椒、农大40、中椒2号、中椒3号、中椒4号、中椒5号、中椒7号、甜杂1号、甜杂2号、甜杂6号、天津8号、津椒2号、辽椒3号、吉椒2号、双丰甜椒、哈椒2号、龙椒1号、龙椒2号、冀椒1号、早熟3号、同丰37号、牟农1号、海花3号、洛椒1号、早丰52等。

图11-4 辣椒不同品种类型

1. 四川长海椒；2. 杭州羊角椒；3. 朝天椒；4. 樱桃椒；5. 大甜椒；6. 上海茄门椒

b. 微辣（半辛辣）类型。如鲁椒1号、辽椒1号、辽椒4号、早丰1号、沈椒1号、苏椒1号、苏椒5号、华椒17、华椒8号、湘研1号、湘研2号、早杂2号、洪杂1号、吉椒3号、龙椒2号、洛椒2号、湘研3号、海丰3号、长丰椒、麻辣三道筋等。

c. 辛辣类型。如洪杂3号、洪杂4号、金线香、鸡泽羊角辣、望都大羊角椒、永城大羊角椒、伊犁辣子、湘潭尖椒、咸阳七星椒、南京朝天椒、上海羊角椒、新疆羊角椒、济南羊椒角、天线3号、石线2号、22号尖椒、8819线椒、益都羊角椒等。

近几年从国外引进的优良辣椒品种在生产应用也很多，如荷兰的红英达、黄欧宝、紫贵人、白公主，法国的红天使、黄天使、橙天使、白天使、圣奇，美国12号（褐色甜椒）、美国18号（白色甜椒），德国3号、德国6号等。

11.3.2 生物学特性

(1) 植物学性状

① **根**。辣椒的根系不发达，根量少，入土浅，根群一般分布于15～30cm的土层中。根系的再生能

力相对较弱，不易发生不定根，不耐旱也不耐涝。

② **茎**。辣椒的茎为半直立或半蔓性，茎基部木质化，能直立生长，一般不需设立支架。其分枝结果习性与茄子相似。花芽形成后，花芽直下的侧芽萌发生长最旺，再向下逐渐减弱，第1侧枝与主茎同时生长，形成双杈或三杈分枝，开花往上又分叉，如此反复向上生长，枝杈逐渐增多。果实最下面的叫门椒，再向上分别叫对椒、四母斗、八面风、满天星，基本和茄子相同。

③ **叶**。辣椒的叶片为单叶，互生，卵圆形、长卵圆形或披针形，通常甜椒较辣椒叶片稍宽。叶先端渐尖、全缘，叶面光滑，稍有光泽，也有少数品种叶面密生绒毛。氮素充足，叶形长，而钾素充足，叶幅较宽；氮素过多或夜温过高时叶柄长，先端嫩叶凹凸不平，低夜温时叶柄较短；土壤干燥时叶柄稍弯曲，叶身下垂，而土壤湿度过大则整个叶片下垂。

④ **花**。辣椒的花为完全花，即雌雄同花，自花授粉，但自然杂交率为7%～10%，也称常异交植物，采种时应自然隔离300～500m。辣椒花为顶生，且多为单生，即每一枝条分叉处，着生一朵花，将来结一个果，果梗多下垂。但也有些品种在分叉处着生花3～4朵甚至10余朵不等，呈丛生状，果实多朝上生长，常称“朝天椒”。

⑤ **果实**。辣椒的果实也是浆果，但其果实结构与番茄、茄子有所不同，其果皮与胎座组织发生分离，形成较大空腔，果皮发达，约占整个果实质量的80%～85%，是食用的主要部分。果型有方灯笼、长灯笼、牛角、羊角、圆锥、圆球等形状。辣椒的青熟果（嫩果、商品成熟果）浅绿色至深绿色，少数为白色、黄色或绛紫色，生理成熟果转为红色、橙黄色或紫红色。红色果实果皮中含有茄红素、叶黄素及胡萝卜素，黄果中主要含有胡萝卜素。绝大多数栽培品种在成熟过程中由绿直接转红，也有少数品种由绿变黄，再由黄变红。一株上的果实由于成熟度不同而表现出绿、黄、红等各种颜色，如五色椒属此类型。辣椒果实根据其辣味强弱有极辣（如云南的涮椒）、微辣和不辣三种类型，与其果实内辣椒素含量有关。辣椒果实内辣椒素含量一般为0.3%～0.4%，因品种及栽培条件不同差异较大，一般小果品种及土壤水分少、气候干燥、氮肥适当控制的条件下辣椒素含量会显著提高。

⑥ **种子**。辣椒种子扁而平，肾脏形，千粒重平均6g左右，新种子有光泽呈淡黄褐色，种子使用寿命为3年。

(2) 生长发育过程

辣椒的生育过程基本与番茄相同。

① **发芽期**。经催芽的种子一般5～8d即可出土，出土后子叶展开，真叶幼芽出现，在正常温度下，发芽期需15d左右。

② **幼苗期**。从第一片真叶生长至花蕾明显出现为幼苗期，幼苗期时间依育苗方式和管理不同而异。一般大棚育苗90～100d，工厂化育苗时间60～70d。

③ **开花期**。从第一花蕾显现至门椒坐住为开花期，这个时间较短，早熟栽培可跨越苗期和定植后的缓苗再生长的过程，时间20～30d。

④ **结果期**。坐果后直至拉秧为结果期，这个时期开花和结果交叉，边开花，边着果生长，边采收上市。管理关键是调节好营养生长与结果的关系，使植株营养生长和开花结果都达到最佳状态，避免间歇性结果，才能获取丰产早熟。

辣椒的花芽分化是在4片真叶，茎粗1.5～2.0mm时开始，所以把这个时期最好安排在分苗以后，即在3片真叶或3叶1心时分苗。缓苗后幼苗盛长并开始花芽分化，这个时期应加强幼苗的管理，光、温、肥、水达到适量可使花芽饱满，个数增多。据观察，当达到11片真叶时已能形成28个花芽。

(3) 对环境条件要求

① **温度**。辣椒喜温暖，不耐霜冻，对温度的要求的适应比番茄及茄子都广，能耐较高及较低的温度。种子发芽最适温度25～30℃，如温度合适7～9d即可完成发芽期。高于35℃发芽快，但芽弱；低于15℃种子发芽缓慢；若低于10℃种子则不能发芽。幼苗期最适温度白天23～25℃，夜间以17～24℃

为宜，高于30℃茎叶易徒长，低于5℃易受冻害，如长期处于5～10℃的低温条件，易形成“僵苗”。适宜花芽分化的温度为24℃，温度适宜花芽分化早，着生节位低，开花期早。温度过高花的素质差，温度过低花数少，节位上升，形成花芽在自然光照中比长日照区快，花数多，坐果率高。而开花结果期白天以23～27℃，夜间以18～23℃最好，较低的夜温有利于果实发育和营养积累，但以夜温不低于15℃为宜。在15℃以下生长极慢，花粉基本不萌发，不能坐果，10℃以下生长停止，5℃以下有轻微冻害，0～1℃植株受冻。但温度高于33℃生长缓慢，落花落果，36℃生长基本停止。

② **水分**。辣椒根系不太发达，既不耐干旱，又不耐涝，要求湿润疏松的土壤。耐旱性低于茄子，更低于番茄，土壤干旱，叶片小，不发棵，果实僵小。辣椒的整个生育期要求适宜的土壤湿度为70%～85%，适宜的空气湿度为50%～70%。但空气过于潮湿，易发生各种病害；土壤过湿，氧气缺乏，对根系生长不利。土壤积水数小时，植株萎蔫，雨季积水达12h以上，不及时排水，根系会缺氧窒息死亡。根据这个特点，辣椒的幼苗期应适当浇水，保持土壤见干见湿，以利秧苗正常生长。水分过多，温度低，易“沤根”，水分不足，温度高，也易造成“僵苗”。开花结果期生长量大，温度高，蒸腾作用加强，必须经常浇水，保持土壤湿润。如水分不足，则果实不能迅速膨大，造成大量落花落果，并使植株生长受到抑制。

③ **光照**。辣椒的光饱和点仅3×10^4lx，比番茄（7×10^4lx）和茄子（4×10^4lx）都要低。光强过大，茎叶矮小，易诱发病毒病和果实日灼病。为解决北方夏季光照太强（4×10^4～8×10^4lx甚至16×10^4lx），可采用与高棵高架蔬菜、粮食间套种。辣椒对光照时间要求也不太严格，一般日照10h为好。但光照弱，通风不良，也易造成植株徒长，开花少，坐果率低，果实的品质下降。

④ **土壤及营养**。辣椒对土壤要求比番茄和茄子严格，高产栽培要求肥沃、有机质丰富、结构良好的壤土，因辣椒根系对氧气要求较严格，透气良好肥沃的土壤是丰产的基础。辣椒对营养条件要求较高，氮素不足或过多都会影响营养体的生长及营养分配，导致落花。充足的磷、钾肥有利于花芽提早分化，促进开花及果实膨大，并能使植株健壮，增强抗病力。

11.3.3 辣椒春季早熟栽培

（1）品种选择

宜选耐寒、结果集中、早熟、高产的品种。如湘早秀、元帅、真龙6号、福椒4号、芜湖椒、洛椒98A、景秀红、鼎秀红6号、美佳2号等。

（2）播种育苗

辣椒大棚春早熟栽培一般11月上中旬大棚套小棚播种育苗，或12月上中旬大棚内电热温床育苗，2月上中旬定植，4月中下旬开始采收上市；露地春早熟栽培3月下旬定植，5月中下旬开始采收上市。

a. 苗床准备。苗床地必须选择未种过茄果类、瓜类、马铃薯等蔬菜的地块，多次翻耕晒垡，施足腐熟的有机肥或按4份腐熟堆肥+6份干净（无病菌虫卵）的大田土配制培养土铺床，10cm厚。

b. 种子处理与播种。播种前用55℃温水浸种15～20min，在病毒病发病严重地区还要用10%磷酸三钠浸种15～20min，捞出洗净后继续用常温水浸种4～6h，捞出后搓洗几次。然后将种子出水控干，用纱布包裹在28～30℃下催芽，经4～5d，胚根露出即行播种。播种宜选“冷尾暖头”晴天播，播种前苗床浇透底水，播后盖约1cm厚细土。每667m^2大田用种50g，需播种床7～8m^2。播后地面盖薄膜保湿，小棚盖严薄膜，夜间盖草帘保温防冻。

c. 播后管理。播种至出苗，苗床应尽量维持25～30℃，促苗迅速出土。秧苗出齐后，适当降低床温，维持白天20℃，夜间12℃，防止高温高湿秧苗徒长。真叶出现后，床温又要稍提高，以白天25℃，夜间15℃左右为宜。两片真叶时分苗，分苗前3～4d要降床温，白天20℃，夜间10～15℃，进行分苗前的适应锻炼。分苗于营养钵。每667m^2大田需分苗床35～40m^2。分苗后5～6d内，应提高床温促进新根发生，白天床温25～30℃，夜间15～20℃，分苗成活后，床温白天为25℃，夜间不低于10℃，定植前10d，又要行秧苗锻炼，即适当降温。在苗期肥水管理上，播前苗床浇足底水，在小苗期间应尽量少浇水，利用小棚冷床育苗时，可采用分次覆细土法保墒，一般不必浇水。利用温床，特别是大棚内电热温床育苗时，土壤水分易蒸发，因此，需轻浇、勤浇补水。苗床培养土肥沃的，一般不追肥，分苗床内，要酌情追施氮磷钾复合肥或腐熟了的人畜粪水，配合0.2%的磷酸二氢钾叶面喷施，效果更好。

d. 壮苗标准。苗高15～20cm，6～8片真叶，叶片肥厚，大而浓绿，茎粗壮，节间短，无虫无病，第一花普遍现蕾，接近花期，根系发达，须根多，根白色。

(3) 定植

a. 定植期。定植期的温度指标为大棚内10cm地温稳定在10℃左右，夜间棚内最低气温不低于5℃时才可定植。长江流域大棚内多重覆盖定植期2月上中旬，单层大棚安全定植期为2月下旬～3月上旬，露地栽培安全定植期为3月下旬～4月上旬。过早定植，地温不够，苗子迟迟长不动，反而影响早熟。

b. 整地施基肥。辣椒的生长特点是生长期长，产量高，施肥要以基肥为主，并结合施速效肥作追肥。基肥充足，则发棵早，前期生长快，营养生长和生殖生长均好，这是早熟丰产的关键。每$667m^2$施腐熟的猪粪、人粪尿3000kg，豆饼100kg，过磷酸钙25kg，氯化钾15kg。冬季休闲地，最好冬前施入一半肥料，另一半肥料春季作畦时集中施入。土肥混匀后，翻耕作畦，按1.2m宽连沟作高畦，畦上栽3行，并及时铺上地膜。

c. 定植。选冷尾暖头晴天定植，定植前15～20d提前扣棚盖膜增温。为预防病害，定植前2～3d，可往秧苗上喷布250倍石灰等量式波尔多液。按30～33cm株距，每畦栽3行，每穴栽双株。

(4) 定植后管理

a. 大棚调温控湿。定植后一周内闭棚保温，维持棚温25～30℃，促幼苗发根缓苗，其后视天气情况适时通风、换气、见光。生长前期维持白天20～25℃，夜间13～15℃，开花结果期维持白天小于30℃，夜间大于15℃，防止落花落果，白天温度26～28℃以上，要加强通风。对温湿度的调控可通过不透明覆盖物的揭盖和通风口大小的调节来掌握。定植早期（2月中下旬）夜间要多重覆盖保温，3月中旬以后可揭小拱棚，4月中旬以后大棚昼夜通风，5月中旬揭除薄膜，只留顶膜防雨，6月上中旬后可在棚顶盖遮阳网降温。

b. 锄草、中耕培土。定植缓苗后及时松土，以提高地温，松土做到“头遍试，二遍深，三遍四遍不伤根”，并结合中耕逐次进行培土壅根防倒伏。

c. 浇水追肥。早熟栽培，肥水管理要定时定量，过多过少都会影响产量。定植时，要浇定根水，7～8d后配合追肥浇缓苗水，中耕1次。以后根据土壤湿度浇水，开花时不能大浇，如干旱，在开花前浇或坐果后浇，第一果坐稳后，结合浇水，追施化肥，促进果实发育。下部果子采收，上部继续生长，要不断补充肥料，并注意氮、磷、钾肥配合使用。一般在第一果收获时，每$667m^2$施尿素10kg，到盛果期，每$667m^2$施复合肥25～30kg。

(5) 病虫防治

病害主要有猝倒病、疫病、炭疽病、灰霉病、疮痂病、病毒病等，要注意对症及早防治。虫害主要有蝼蛄、蚜虫、小菜蛾、棉铃虫、茶黄螨等，也要及早用药。防治苗期病害（如猝倒病、立枯病）主要通过种子消毒、曝晒床土并消毒、有机肥料充分腐熟等措施，并结合喷药防治，如64%噁霜·锰锌500倍液、75%甲霜·锰锌1000倍液等。病毒病主要是搞好种子消毒和蚜虫防治，还可喷药预防，如20%病毒A400倍和抗病毒灵500倍，如加600倍细胞分裂素混合喷洒，防效更佳。疮痂病可用1∶1∶200的波尔多液预防，发病初可喷95%CT杀菌剂2000倍、辣椒植宝素700倍、3%中生菌素1000～1200倍等。防治疫病、炭疽病、灰霉病用75%增效百菌清500倍、代森锰锌500倍、50%异菌脲800倍等交替使用，防治效果很好。

(6) 采收

开花授粉后，18～25d，果实充分膨大，青色转浓时就可采收上市。4 月上中旬开始上市，每 667m^2 产量 3000～4000kg。

11.3.4 辣椒秋季延迟栽培

长江流域辣椒露地秋季栽培一般在 7 月上中旬遮阳避雨播种育苗，8 月上中旬定植，9 月底开始采收上市；大棚秋延后栽培 7 月底至 8 月初遮阳避雨播种育苗，8 月底定植，要求 9 月上中旬长好丰产架子，9 月下旬～10 月中旬结好果子，10 月下旬～11 月维持大棚适宜温度，促辣椒膨大长足，12 月保温防冻，到元旦、春节上市销售。

(1) 品种选择

秋延后栽培辣椒应选用耐高温和低温，抗病、生长势强的品种，大棚延秋栽培还可选择果大肉厚、结果集中、成熟果实红色鲜艳的品种一次性采收。目前普遍栽培的有湘研 3 号、洛椒 4 号、皖椒 1 号、新汴椒 1 号、苏椒 5 号、湘研 10 号等。

(2) 育苗

育苗期长江流域多在 7 月至 8 月初，宜用“一网一幕”遮阳避雨育苗。

a. 苗床准备及消毒。选排灌方便、通风良好、有机质丰富的地块，深翻，施足底肥，整平后作成连沟 1～1.2m 宽的高畦。然后每平方米苗床用 50% 福美双可湿性粉剂 10g，均匀撒布在 5～10cm 深的苗床土中，整平畦面后即可播种。

b. 种子消毒。每 667m^2 大田用种 80g 左右，播种前应进行种子消毒，具体方法是：先把种子放在通风弱光下晾晒 4～6h，再将种子用 55℃温水浸种 15～20min，并不断搅拌，再转入常温水下浸种 2～4h，捞出后再用 10% 磷酸三钠水溶液浸泡 20min，捞出反复洗净后即可播种。

c. 播种。整平畦面浇足底水均匀播籽，覆土厚 0.8cm，床面盖旧塑料农膜或旧网保湿，幼苗期缺水，可用喷壶于早晚浇水，并注意病虫防治。

d. 移苗。播种后 20d 左右，2～3 片真叶时，在晴天傍晚或阴天移苗，边移苗边浇定根水。定植前 5～7d，揭去遮阳网炼苗，以适应露地环境。

e. 苗期管理。遮阳网要日盖夜揭，晴盖阴雨揭。要始终保持苗床湿润但不积水，凉地清水浇苗。

(3) 定植

a. 整地施肥。每 667m^2 施腐熟土杂肥 4000～5000kg 或饼肥 100～200kg，氯化钾 8～10kg 优质复合肥 20～30kg，稀人粪尿 1500～2000kg。深翻，土肥混匀后 4.5～6m 宽大棚作两畦，中间沟宽 40cm，深 15cm。

b. 定植。9 月上旬，幼苗 8～10 片真叶，苗高 15～17cm 时定植。壮苗标准：刚现蕾分叉，叶色深绿，茎秆粗壮，根系发达，无病虫危害。选阴天或晴天下午定植，株行距 30～35cm 见方，边栽边浇定根水，并及时铺地膜保湿促早发。

(4) 管理

a. 大棚管理。辣椒生长最适宜的温度为白天 24～28℃，夜间 15～18℃。大棚延秋栽培时白天气温大于 30℃，大棚膜上最好加盖遮阳网，且日夜通风。白天气温稳定在 28℃以下时，揭掉大棚膜上的遮阳物；11 月中旬第一次寒潮期间，棚内要及时搭好小拱棚，夜间气温 5℃时，小拱棚膜上再覆盖草帘。12 月以后，最低气温可达－2℃，可在小拱棚上覆一层草帘，然后再盖棚膜，再在上面覆盖草帘。这样既保温，又可防止小棚膜上水珠滴到辣椒上产生冻害。一般上午 9 时后，揭小拱棚上覆盖物，下午 3 时盖上，正常年份，长江流域可在棚内安全越冬。

b. 水肥管理。秋延后辣椒施肥以基肥为主，看苗追肥。切忌氮肥用量过多，造成枝叶繁茂大量落花，推迟结果。追肥以优质复合肥为好，溶水浇施，一般每次每 667m^2 大棚用 10～12kg，分别在定植后 10～15d 和坐果初期追施。定植后到 11 月上旬，棚内土壤保持湿润，切忌忽干忽湿和大水漫灌。11 月中旬以后，以保持土壤和空气湿度偏低为宜。

c. 植株调整。应将门椒以下的腋芽全摘除，生长势弱时，第 1～2 层花蕾应及时摘掉，以促植株营养生长，确保每株都能多结果增加产量。10 月下旬到 11 月上旬植株上部顶心与空枝全部摘除，减少养分消耗，促进果子膨大长足。摘顶心时果实上部应留两片叶。另外也可用 15～20mg/L 2,4-D 和 35～40mg/L 防落素保花保果。

(5) 病虫防治

同辣椒春季早熟栽培。

(6) 采收供应期

12 月～翌年 2 月根据市场行情采收上市。每 667m^2 产量 1500～2000kg。

11.3.5 辣椒露地栽培

辣椒喜温、不耐霜冻，长江流域露地栽培一般多于冬春季播种育苗，晚霜过后定植，晚夏拉秧，在夏季温度不很高的地区也可越夏直至深秋拉秧。

(1) 育苗

培育适龄壮苗是辣椒丰产稳产的基础，不仅有利于早熟，且能促进发秧，减轻病毒病的危害。育苗期一般为 80～90d。播种前将辣椒种子放在阳光下晒 2～3d，以促进发芽。然后用 50～55℃热水浸种 10～15min，待水温逐渐降至 30℃，继续浸种 6～8h，再冲洗干净，置于 30℃处催芽。每天用温水淘洗 1～2 次，经 4～6d，种子大部“露白”时即可播种。播前苗床须浇透水，待水渗下后用撒播法播种，播后覆盖一层厚约 1cm 的湿润细土。苗床播种量 50～100g/m^2。幼苗出土前，保持床温 30℃左右。子叶展开后，逐渐降低苗床温、湿度，以防止幼苗徒长，一般白天 18～20℃，夜间 12～16℃。初生真叶显露后，须提高温度，白天维持 20～25℃，夜间 15～18℃，并尽量增加光照。幼苗长到具 3～4 片真叶时，为避免幼苗过分拥挤，须分苗到分苗床中继续培育。分苗后应提高温度，促进缓苗。缓苗后，白天保持 25～30℃，夜间 20℃左右。并根据幼苗长势，适当浇水、追肥。定植前 7d 左右，进行幼苗锻炼，以增强幼苗定植后的抗逆性。定植时幼苗的外部形态，应达到壮苗的标准：株高 20cm 左右，具 10～12 片（甜椒 8 片）真叶，节间短，叶色深绿，叶片厚，根系发达，须根多，花蕾明显可见。

(2) 整地施肥

辣椒病害较多，应选择近 2～3 年内未种过茄科蔬菜、排水良好、疏松肥沃的土壤种植。基肥采用撒施与沟（穴）施相结合，2/3 的基肥（每 667m^2 施腐熟有机肥 5000～7500kg）在耕翻时施入，剩下的 1/3 在整地时施入沟（穴）中。

辣椒不耐湿，南方多雨地区，一般采用深沟高畦栽培，畦高 20～25cm，沟宽 33～40cm。畦式通常有窄畦与宽畦两种：窄畦宽 1.2～1.6m，每畦栽 2 行；宽畦宽 2.3～2.7m。北方多采用垄作，垄距 50～70cm。

(3) 定植

在 10cm 土温稳定在 15℃左右时即可定植。每穴栽 1～2 株。栽植密度根据品种特性、土壤肥力及管理水平确定。植株高、开张度大的品种株距宜大些，每 667m^2 定植 3000～4000 穴；株型紧凑的品种株距可小些，每 667m^2 定植 5000～6000 穴。

(4) 田间管理

定植后要促根发秧，开花结果期要促秧攻果，调节好营养生长与生殖生长的关系，后期要着重于保秧防衰，确保秋椒产量。

在施足基肥的前提下，及时追肥。追肥一般用腐熟的粪肥，并加入少量速效氮肥。定植缓苗后轻追肥一次，以促进发棵。蕾期及开花期适当增加施肥量，但氮肥不可过多，以免营养生长过旺，生殖生长受阻造成落花。盛果期需大量追肥，以保证果实膨大需要，每采收一批，即追肥一次。辣椒忌涝，水分管理上应掌握“少浇、勤浇”的原则，保持土壤湿润，雨季时须注意田间排水。

辣椒定植缓苗后，须中耕三四次，早中耕、勤中耕，有利于提高地温，防止土壤板结，促进根系发育。在结果初期封行前，应结合中耕培土三次以上，以利于通风透光，改善土壤温、湿度状况，并防止植株倒伏。

辣椒的落花、落果与落叶（通称“三落”）现象对产量影响很大。落花率一般可达 20%～40%，落果率达 5%～10%。温度过低或过高辣椒授粉受精不良，这是引起落花的主要原因。春季低温季节，开花后用萘乙酸 50μL/L 浓度溶液喷花，可有效地防止落花。此外，一些病害，如轮纹病（早疫病）等，也会引起落果，炭疽病、白星病都会引起落叶，应注意防治。

（5）采收

辣椒因利用的目的不同，果实采收的标准也不相同。作为鲜食的，一般要采收青果，也可采收红熟果实。而作为干辣椒调味用的，必须在红熟时采收。

11.3.6 干辣椒栽培

干辣椒或称辣椒干，是指果实干燥后作为调味用的辣椒，不但国内的需求量很大，而且也是重要的外贸副食品之一。干辣椒多在大田区生产，管理上一直比较粗放。近些年来，不断改进栽培技术，产量有所提高。以下简要介绍主要栽培技术特点。

（1）选用良种

作为干椒生产的品种，应果实细长、果色深红、株形紧凑、结果多、部位集中、果实红熟快而整齐、果肉含水量小、干椒率高、辣椒素含量高。各特产区都有符合上述条件的优良品种，如鸡泽羊角辣、望都大羊角椒、永城大羊角椒、咸阳线辣子等。

（2）育苗

一般多用冷床或小棚育苗，3 月底至 4 月中旬播种，苗龄 50～60d。育苗技术与一般辣椒相同。

（3）定植

干椒品种一般株形紧凑，适于密植。采用大小行，每穴 2～3 株，每 667m^2 可达 1.2 万～1.8 万株。丛栽密植不仅增加株数，而且可防止倒伏。

（4）田间管理

干椒肥水管理大体与辣椒相似。但因其定植期较晚，地温较高，在定植时应灌透水，几天后再轻灌 1 次缓苗水，然后精细中耕蹲苗。施足底肥的条件下，开花坐果后可适当追肥、灌水，促进开花结果。干椒栽培要求采收成熟果实，除氮肥外，应重视磷、钾肥的施用。注意雨后排水、松土、促根保秧。果实开始红熟后，应控制浇水以至停止灌水，促进果实红熟，防止植株贪青徒长，降低红果产量。红熟期不追肥，尤其忌氮肥，做到控水控肥。

（5）适时采收

商品干椒一般待果实全部成熟后一次采收。为了提高红辣椒的产量和质量、降低青果率，也可分次采收，最后一次整株拔下。辣椒干制的方法有两种：一是晒干法，即利用日光曝晒辣椒，自然干燥；二是人工干燥法，即建造烤房，加温烤干辣椒。一般 4kg 左右鲜椒可制 1kg 干椒。

第12章 瓜类蔬菜栽培

瓜类蔬菜是指葫芦科植物中以瓠果作为主要食用器官的蔬菜。我国栽培的瓜类蔬菜有10余种，其中最重要的为黄瓜、南瓜、西葫芦、冬瓜、丝瓜、苦瓜、瓠瓜、西瓜、甜瓜等。由于对各种瓜类果实的利用不同，有些是以幼嫩果实供食用，如黄瓜、西葫芦、瓠瓜、丝瓜、苦瓜等，有的是以老熟果实供食用，如西瓜、甜瓜等，甚至有些嫩果老熟果均可食用，如冬瓜、南瓜等，另外南瓜、佛手瓜还可以以嫩梢供食用，南瓜的花也可以做菜用，有些地区栽培西瓜、南瓜、瓜蒌则以收获种子进行炒制做休闲食品为目的，在栽培管理上，应根据栽培的目的而采取适当的技术措施。

瓜类蔬菜性喜温暖，不耐寒冷，其生长发育要求较高的温度和充足的光照条件。西瓜、甜瓜、南瓜根系发达，耐旱性强，其他瓜类根系较弱，要求湿润的土壤。瓜类蔬菜茎蔓性，应进行整枝、压蔓或设立支架等。瓜类雌雄同株而异花，靠昆虫异花授粉，棚室栽培除黄瓜可单性结实外，均应人工辅助授粉。依开花结果习性，瓜类蔬菜有以主蔓结果为主的，如西葫芦、早黄瓜；有以侧蔓结果早、结果多的，如甜瓜、瓠瓜；还有主侧蔓几乎能同时结果的，如冬瓜、丝瓜、苦瓜、西瓜等。瓜类蔬菜的结果习性虽然因种类和品种而有差异，但是都能连续开花结果，其营养生长和生殖生长是相互影响、相互制约的，在生产上，常利用摘心、整蔓、肥水管理等措施来调节营养生长与生殖生长的关系。

长江流域瓜类蔬菜多以春种夏收为主，如南瓜、冬瓜；有的采收可延长到秋季，如丝瓜、苦瓜；还有的除可春种夏收外，还可夏种秋收，如西瓜、甜瓜；黄瓜春夏秋三季（3～8月份）均可播种，配合保护地栽培，可周年供应。

12.1 黄瓜栽培

黄瓜又称胡瓜、王瓜，是葫芦科甜瓜属一年生草本蔓生攀缘植物。黄瓜是世界普遍种植的蔬菜，中国、日本、俄罗斯、美国是黄瓜的主要生产国家。黄瓜在我国种植普遍，南北皆有，一年内可以多茬栽培，供应时间长，是全国各地保护地栽培的最主要的蔬菜之一。黄瓜果实中含有丰富的维生素A、维生素C及其他对人体有益的矿物质。黄瓜食用方便，适作鲜食、凉拌、熟食、泡菜等。

12.1.1 类型与品种

黄瓜起源于喜马拉雅山南麓的热带雨林地区和中国云南西双版纳。古代分两路传入我国内地，即一路由原产地传入长江以南地区，形成了华南型黄瓜；一路沿丝绸之路传入北方地区，形成了华北型黄瓜。

(1) 华南型黄瓜

华南型黄瓜主要分布在中国长江以南地区和东南亚、日本。该类型茎叶繁茂，耐湿热，对温度和日照长度比较敏感。果实较小，无棱，刺瘤稀，黑白刺或无瘤、无刺，表面光滑。嫩果绿、绿白、黄白色，味淡。

(2) 华北型黄瓜

华北型黄瓜分布在中国北方、朝鲜、日本等地。植株长势中等，抗病能力强。对日照长短反应不敏感。根系弱，不耐干旱，不耐移植。嫩果棒状，大而细长，绿色，棱瘤明显，刺密，多白刺，皮薄。

由于长期自然和人工的选择，已形成不同的栽培目的和方式的品种类型。不同栽培季节和栽培方式的主要品种如下：

(1) 秋冬或冬春日光温室品种

密刺类型（长春密刺、山东密刺、新泰密刺）、津春 3 号、津优 3 号、津绿 3 号、中农 13 号、豫艺新世纪等。

(2) 早春各类保护地品种

津优 1 号、中农 201、中农 202、中农 7 号、华黄瓜 2 号、早丰 1 号、银胚 99、津优 30、湘黄瓜 3 号、泸 58 号等。

(3) 春秋露地兼用品种

津春 4 号、中农 8 号、豫黄瓜 2 号、津绿 4 号、津优 4 号、津春 5 号、豫园新秀、渝杂黄 2 号、中农 10 号、华黄瓜 2 号、华玉、白玉等。

(4) 夏季栽培品种（抗热、耐热）

津研 7 号、夏盛、夏青 4 号、华黄瓜 1 号等。

(5) 加工黄瓜品种

我国加工黄瓜专用新品种的培育相对滞后于鲜食黄瓜品种的培育。现多采用常规地方品种，或以鲜食加工兼用新品种代之。加工专用杂交品种有线杂 1 号等。

12.1.2 生物学特性

(1) 形态特征

① **根**。黄瓜起源于喜马拉雅山南麓的印度北部，属热带雨林潮湿地区，土壤腐殖质含量高，保水能力强，在长期的系统发育中形成了分布浅而弱的根系。在瓜类中黄瓜属于浅根系的植物，主要根群分布在 20cm 左右的耕层土壤中，根系好气性强，吸收能力和抗旱能力均弱。根系木栓化早而快，断根后再生能力差，不适宜多次移苗，宜采用护根法育苗，早移栽，多带土。根颈处易发生不定根，苗期覆土可促进不定根发生，扩大根群。黄瓜根系有喜温、喜湿、好气、不耐高浓度土壤溶液等特性。

② **茎**。黄瓜茎一般为蔓性无限生长型，五棱中空，上有刺毛，有主、侧蔓之分。以主蔓结瓜为主的品种，分枝性弱（保护地栽培多用此类型品种），而主、侧蔓均可结瓜的品种，分枝性强，主蔓上每个叶腋里都能发生侧蔓，需整枝打杈。植株 5～6 片叶之前，茎节短缩可直立生长，以后则节间伸长，需插架或吊蔓。第 3 片真叶展开后，每节都发生不分枝的卷须，靠卷须攀援生长。

③ **叶**。黄瓜的叶分为子叶和真叶。子叶两片对称生长，呈长圆形或椭圆形。子叶大小、性状、颜色与环境条件有直接关系。发芽期观察子叶形态，能看出育苗环境的温、光、水、气等条件是否适宜

(环境条件适宜，饱满的种子，子叶肥厚，成熟不充分的种子，子叶形态不整齐或出现畸形)。真叶互生，呈五角形或心脏形，叶片大而薄，上有刺毛，蒸腾系数高，加之根系浅，抗旱力弱。叶色为浓绿或黄绿色。

④ **花**。黄瓜雌雄异花同株，单性花，偶尔也出现两性花，着生于叶腋，雌花较大，一般单生，也有两个以上簇生。雄花较小，一般簇生，也有单生的。花均为鲜黄色，通常于清晨开放。花冠钟形。雄花 3 个雄蕊，雌花花柱短，柱头 3 裂，雌花能单性结实，子房下位，雌雄花均有蜜腺，属虫媒花。雌花在蔓上出现最早节位，一般早熟品种为主蔓第 3～4 节，可连续发生数朵。

⑤ **果**。黄瓜果实棒状，有刺，其大小、形状、颜色因品种而异。果皮由花托和子房壁发育而成(植物学上为假果)，食用部分为中内果皮。嫩果肉质脆嫩品质佳，老熟果肉质硬化，果皮发黄，种子充实，一般每果中含种子 150～300 粒。

⑥ **种子**。种子扁平，披针形或长椭圆形，表面光滑，黄白色或白色，千粒重 30g 左右，种子无生理休眠期，但需要后熟。种子寿命 3～4 年，3 年以上的种子发芽力显著降低，生产上多用 1～2 年的种子。

(2) 生育周期

黄瓜的生育周期大致分为发芽期、幼苗期、抽蔓期和结果期。

① **发芽期**。从播种后种子萌动到幼苗破心，即第一片真叶显露时为发芽期，需 6～10d。黄瓜发芽期生长主要是种子的胚轴生长和两片子叶的生长。幼苗出土前是依赖种子所贮存营养的异养阶段，出土后转向依赖子叶通过光合作用制造营养物质的自养阶段，这时幼苗的绝对生长量很小，但其相对生长速率很大，对外界温度、水分及营养供应十分敏感。发芽期内幼苗苗端已进行叶片的分化，应给予较高的温湿度和充分的光照。此时若温度偏高、光照偏弱或苗子过密，下胚轴易于伸长，形成徒长苗。

② **幼苗期**。从真叶出现到第 4 片叶展平为幼苗期，需 20～30d。此期在主根不断生长的同时，侧根陆续发生和生长。叶片生长速度较快，茎端不断分化叶原基。幼苗期结束时，黄瓜苗端已分化出 20 余片真叶，第 15～16 叶腋以下花器性别已确定。栽培上发芽期和幼苗期并称育苗期。黄瓜幼苗在育苗期内生长的快慢受温度影响很大，此期应注意管理苗床温度，通过调节温度控制幼苗的生长速率。尤其控制黄瓜幼苗下胚轴的生长。幼苗期是黄瓜花芽分化期，花的性别（雌花或雄花）及雌花着生节位的高低，雌花数量的多少，主要是在幼苗期确定。在育苗期间适当降低夜温，加大昼夜温差，进行短日照处理，均可促进雌花形成，增加雌花密度。幼苗期在 1～2 片真叶时，用 150～200mg/L 的乙烯利处理生长点，可以促进雌花的形成，栽培夏秋黄瓜，由于幼苗期处在日照长、气温高的条件下，不利于雌花形成，用乙烯利处理效果较好。本期内分化大量花芽，生殖生长开始，但仍以营养生长为主，管理的重点是促进根系的发育，促进花芽分化和叶面积扩大。

③ **抽蔓期**。从第 4 片叶展平到第一雌花开放坐住果为抽蔓期。此期植株节间伸长，由直立状态变为匍匐生长，并孕蕾开花，是黄瓜幼苗期向结果期过渡转折期，需 25d 左右。黄瓜先开雄花，后开雌花，雌花出现早晚受遗传性、环境条件和栽培技术所支配。早熟品种雌花出现早，着生节位低，瓜码密度大；晚熟品种则雌花着生节位高，间隔叶数多。此期植株由营养生长为主转向营养生长与生殖生长同时并进，管理要点是既要促使根系增强，又要扩大叶面积，确保花芽数量和质量，应通过搭架绑蔓、整枝打杈等管理，促进叶面积增长，控制疯秧，提高坐果率。

④ **结果期**。从第一雌花坐果到拉秧为止称为结果期。春黄瓜结果期 30～60d，日光温室冬春茬黄瓜结果期可长达 180～200d，此期的长短是产量高低的关键。结果期的特点是一面长秧，一面开花结果，在管理技术上应保持秧果平衡，使秧果并茂，人为延长采收时期，才能提高产量，增加效益。黄瓜可以单性结实，不经授粉受精也能形成果实，但没有种子，而且受精果实的发育速度明显快于单性结实的果实。结果期是黄瓜一生中需肥、需水最多的时期，应加强肥水管理，满足植株对肥、水、光照等条件的需求。在一般条件下，开花后 7～15d 为商品果成熟期，果实的生理成熟约需 40d。黄瓜是所有瓜类蔬菜中早熟性最突出的（耐低温、弱光，可单性结实，嫩瓜上市等），生产上为了使早期结果不影响后期

果实的生长，就需要及时采收嫩瓜，结合水肥管理，促进蔓叶继续生长，为连续开花结果提供条件。

（3）对环境条件的要求

① **温度**。黄瓜是喜温性蔬菜，怕冷忌霜。种子发芽的适温是28～30℃，低于11℃不能发芽，高于35℃发芽率反而下降；幼苗期白天25～28℃，夜间13～15℃较为适宜，白天温度过高，会导致徒长，经过低温锻炼的幼苗可以短期忍耐－2～1℃的低温，对低温的适应能力与降温的缓急、锻炼程度有关；结果期白天25～30℃，夜间15～18℃较为适宜，温度达35℃时光合产量与呼吸消耗处于平衡状态，超过35℃以上，呼吸消耗高于光合产量，生长不良，并易形成苦味瓜，处于45℃时3h叶片褪绿，50℃时1h呼吸基本停止，60℃下经5～6min组织枯死，低于10～12℃时生理失调，10℃以下不能生育，4℃受寒害，0℃引起冻害。黄瓜对地温的要求更为严格，其根系对地温变化非常敏感，黄瓜根伸长的最低温度为8℃，最适温为32℃，最高温为38℃，根毛发生的最低温度是12～14℃，最高温度为38℃，黄瓜生长发育最适地温为25℃左右，若地温降至12℃以下，由于根系的生理活动受阻，吸水吸肥受到抑制，茎叶生长停止，下部叶片发黄。以黑籽南瓜为砧木嫁接的黄瓜对地温的适应性显著增强，地温降到15℃，甚至12℃仍能正常生长。黄瓜的生长发育还要求一定的昼夜温差，一般说来，白天温度22～29℃，夜间温度10～15℃，昼夜温差10～15℃左右最为适宜。据研究，黄瓜同化产物在16～20℃的夜温下运输较快，但在10～20℃的夜温范围内，温度越低则呼吸消耗越少，一般前半夜还进行物质的转运，后半夜完全是呼吸消耗。所以，若能分段控制温度，使前半夜温稍高，以利同化产物的运输，后半夜温稍低，以减少呼吸消耗，可显著提高产量。此外，一般黄瓜进行光合作用，午前完成全天的70%，因此白天的温度，在阴天光照不足时，宜稍低，可降低呼吸消耗，晴天光照充足时，上午温度宜稍高，以增强光合作用，午后光合作用降低，温度则宜稍低。

② **湿度**。黄瓜根系浅，地上部消耗水分多，因此具有喜湿、怕涝、不耐旱特点。生长发育要求较高的土壤湿度和空气湿度，土壤湿度为田间最大持水量的70%～90%，空气湿度白天80%，夜间90%。黄瓜对空气干燥的适应能力，随土壤湿度的提高而增强，因此在空气干燥的地区，只要灌溉条件便利，保证土壤湿度，也可获得高产，即如果土壤水分适宜，空气湿度稍低（50%左右），亦可生长良好。土壤水分不足时，叶片由下而上开始萎蔫。缺水主要影响黄瓜果实细胞体积的膨大，从而引起畸形瓜（大肚、蜂腰、尖嘴等）的产生，所以尤其在结瓜期不能缺水（畸形瓜还可以由营养不足、前期低温后期高温、土壤水分急剧变化以及受精不良种子发育不均匀等引起）。如果田间积水或土壤水分长期处于饱和状态，则会因土壤通气状况恶化而影响根系的呼吸及其他生理活动，轻者引起减产，重者根系坏死，从而导致整个植株死亡。空气湿度过高对黄瓜生长发育也不利，在空气湿度超过90%时，叶表面会形成水膜，干扰气体交换，并对光线产生折射作用，削弱光合强度。空气湿度过高，蒸腾作用受阻，影响养分和水分的吸收，也会影响光合作用，造成生长发育不良，降低产量。此外，空气湿度过高时，叶缘会出现水滴，为病原菌的侵入和病害蔓延创造条件，从而导致病害的发生和发展。总体来说，黄瓜对空气相对湿度的适应能力较强，夜间空气相对湿度达90%～100%也能忍受，但湿度过大容易发生病害。此外，黄瓜不同的生长发育阶段对水分的要求也不同，发芽期，种子要吸足水分，使贮藏物质水解，以利迅速发芽；幼苗期适当供水，不可过湿；初花期要控制浇水，以调整生长和结瓜在养分分配上的矛盾；结瓜期需水量增加，则需及时供水。

③ **光照**。黄瓜喜光，也较耐弱光。光饱和点一般为5.5×10^4～6.0×10^4lx，光补偿点为1×10^4lx，最适光照强度为4×10^4～6×10^4lx，在2×10^4lx以下，植株生育迟缓，1×10^4lx以下则停止发育。黄瓜较耐弱光，当光强降到自然光照的1/2时（3×10^4lx），其同化量基本上不下降，但光量为自然光照1/4时，同化产量会降低到13.7%，植株生育不良，从而引起“化瓜”现象。黄瓜具有一定的耐阴性，这就为春到夏和秋黄瓜的适当遮光栽培，降低地温、气温（可分别降低4～5℃和3℃），减少病害，促进生育，提高产量，创造了有利条件。在北方（三北地区）节能型日光温室中，冬天使用无滴膜，其内部光照也能达到3×10^4lx。此外光质对黄瓜的生育也有较大影响，600～700nm的红光、400～500nm的青光对黄瓜光合成的效果高，同时对黄瓜的生长、形态的形成和花的性型分化都有密切关系。黄瓜属

于短日照植物，8～12h的日照和较低的夜温，有利于植株由营养生长向生殖生长的转化和雌花的分化，因此在冬春大棚的栽培过程中，每个节上都有1～5个雌花。

④ **土壤及营养**。黄瓜是连续结瓜，不断采收的蔬菜，根系浅，好气性强，吸收能力弱，故以选用富含有机质、疏松肥沃、保水保肥力强、能灌能排的沙壤土为宜，沙性土壤发苗快，早熟，但易早衰；黏质土壤生育迟缓，但生长旺盛，生长期长。黄瓜产量较高，应施入大量的农家有机肥，以增加土壤孔隙度。在pH6.5～7.0的微酸性或中性土壤中生长良好（适应的pH值范围为5.5～7.6）。黄瓜对营养的吸收，以K最多，N次之，再次是Ca、P、Mg等。在生长发育初期，吸收的N较多，播种后20～30d，P的效果格外显著，随茎蔓的增长，K的吸收量猛增。有试验表明，前期缺K对产量影响要大于后期缺K。N、P、K各元素的50%～60%是在结瓜盛期被吸收的，叶和果实内三元素的含量各占一半。氮肥不足，叶片中叶绿素含量减少，表现为从下部叶开始，叶色均匀变黄，并逐渐向上部叶片蔓延；磷肥不足，细胞分裂受阻，光合产物不能正常运出，致使叶子表现为暗绿色并无光泽，茎细不发根；钾肥不足，影响光合作用的进行，叶子表现为从基部叶子开始先叶缘和脉间叶肉组织失绿，后叶缘干枯，并逐渐向叶中心和上部叶片发展（在日光温室和大棚冬春季栽培时，因地温影响钾肥的吸收，黄瓜特别容易出现缺钾症状，所以要特别重视钾肥的施用）。

⑤ **气体**。黄瓜原产地土质属腐殖土，形成了根系浅、对氧气要求严格的特性。黄瓜根系需要较多的氧气，土壤含氧量在10%左右较为适宜，低于2%时根系受害。嫁接后的苗子对土壤含氧量的要求降低，但仍需注意中耕，因为积水板结的土壤也会使嫁接苗根系受害。土壤中含氧量还受土质、施有机肥量、含水量的多少而不同，浅层含氧量多，所以根系多分布浅土层中。黄瓜的CO_2补偿点为50mg/L，在一定范围内，CO_2浓度提高，黄瓜的光合强度也增高，产量和质量也随之提高。在日光温室、塑料大棚冬春季生产中，由于温度条件限制不能通风，上午光合作用旺盛的时候，棚室内CO_2浓度会低于室外空气中的CO_2浓度，从而引起光合强度的降低，造成光能的浪费，所以必须进行CO_2施肥。一般要求施肥后棚室内CO_2浓度达到1000mg/L，另外增施有机肥料也能明显增加棚室内的CO_2浓度。

12.1.3 栽培茬口

黄瓜栽培方式很多，栽培面积大的是春季露地栽培和日光温室栽培，长江流域较多的利用塑料大棚进行秋延迟和春提前栽培（表12-1）。

表12-1 长江流域黄瓜栽培季节

栽培方式	适宜品种	播种期	定植期	收获供应期	备注
塑料大棚春提前栽培	津优1号、津春2号、长春密刺、新泰密刺、中农5号、华黄2号等	1月下旬至2月上旬	3月1日至20日前后	4月下旬至6月上旬	温床育苗
春露地栽培	津春4号、津春5号、中农8号、豫黄瓜2号、华黄瓜1号等	3月上旬至中旬	4月上旬至下旬	5月下旬至7月上旬	拱棚育苗
夏露地栽培	中农8号、津春4号、津春5号、豫黄瓜2号、华黄瓜1号等	5月下旬至6月下旬		7～9月	露地直播
秋露地栽培	津研7号、津春4号、豫黄瓜2号、华黄瓜1号等	7月上中旬		8月下旬至10月	露地直播
塑料大棚秋延迟栽培	津优1号、津春2号、中农5号、农大14号、华黄瓜2号等	7月20日		9月下旬至10月	露地直播，后期覆盖

12.1.4 大棚春早熟栽培

(1) 品种选用

适于大棚春黄瓜早熟栽培的品种有：长春密刺、新泰密刺、津春5号、津研4号、津杂1号、津杂2号、宁丰3号、杭青2号、华早1号、早丰1号、银胚99、申青1号及津优30等。

(2) 培育壮苗

a. 配制营养土。按体积计，未种过瓜类的大田土6份，优质腐熟的堆厩肥4份，每立方米培养土再加腐熟捣细的饼肥10kg，过磷酸钙0.5～1kg，草木灰5～10kg，充分拌匀即成。

b. 铺电热线。将床土起出10cm深，床底整平后，每平方米按80W功率铺线，再将营养土铺入床内10cm厚，整平床面，或将营养土装入营养钵，排放在床上，浇足底水，24h后播种。

c. 种子处理。选饱满的种子用55℃温水浸种15～20min，转入常温水继续浸种8～10h，再用50%多菌灵或代森锌或甲基硫菌灵600倍液，浸种30～60min，捞出冲洗干净，即可采用纱布包裹，置25～30℃条件下催芽，2d即可出芽。

d. 播种。元月上中旬按每667m^{2}大田用种100～200g的标准撒播在苗床上或播入营养钵内，每钵播1～2粒，出苗后留一株，播完后盖1cm厚的细营养土，最后覆盖一层地膜，出苗后及时揭掉。

e. 分苗。撒播于苗床的破心苗即移入营养钵中，每钵1株，浇透水，继续放电热温床上育苗。

f. 苗床温度管理。从播种到子叶出土要维持较高的床土温度，白天25～30℃，夜间20℃左右，幼苗出土后适当降温，白天25℃左右，夜间16℃左右。分苗后苗床保持25～30℃，3～4d缓苗后，降至白天20～25℃，夜间6～8℃炼苗。

g. 苗床水分管理。苗期经常保持床土湿润，补水要选晴天无大风中午进行，补水结合追5%～10%充分腐熟的人粪尿（滤去粪渣），追肥后必须充分通风排湿。后期炼苗时控制水分。

h. 壮苗标准。子叶完好，约5片真叶，株高20cm左右，茎粗0.6～0.7cm，叶色深绿肥厚，无病虫害，根系发达，苗龄45～55d。

(3) 定植

a. 定植期。棚内最低土温8℃以上，气温稳定在10℃以上时即可定植。多重覆盖大棚可在2月中下旬，普通大棚安全定植期为3月上中旬。

b. 整地施基肥。黄瓜是需水量大而怕涝渍又不能与瓜类作物连作的蔬菜。宜选高燥、排灌方便的砂质壤土栽培。定植前要深耕晒垡，并施足基肥，每667m^{2}施优质厩肥3000～4000kg，尿素20kg，过磷酸钙25～30kg，钾肥30～35kg，化肥与有机肥混合结合耕地深施，施人粪尿4000～5000kg。作连沟1.2～1.4m宽高畦，畦面盖地膜。

c. 定植。定植前15～20d提前扣棚增温，选冷尾暖头晴天定植。按20～30cm株行距每畦栽2行。定植水要浇透，定植后当天一定要保证1～2h光照时间，以提高棚温，促进缓苗。栽后地膜穴洞口一定要用土壅严，防止地膜内熟气外溢，灼伤下部叶片。

(4) 定植后的管理

a. 保温防冻与通风降湿。定植后缓苗期闭棚提温促缓苗，3月底前主要是保温防冻，采用大棚、草帘、小棚和地膜四层覆盖，白天适当通风。4月底前，夜间注意保温，白天要注意通风降湿，5月份以后则以通风降温排湿为主，当午间棚内气温达到30℃时开始通风，下午棚内气温降至25℃时停止通风。6月份撤除大棚底围裙膜，保留棚顶膜防雨。

b. 植株调整。黄瓜栽培应进行搭架、整枝、绑蔓、摘心、摘叶等植株调整措施。塑料大棚种植黄瓜，一般采用塑料绳或麻绳吊蔓。黄瓜主侧蔓均可结瓜，早春以主蔓结瓜为主，除去前10节以下所有的侧枝，10节以上的侧枝可留下结瓜。卷须在绑蔓时摘除。当植株生长到后期时及时摘心，节约养分，以利回头瓜的发生。4月上中旬，小棚撤除后搭架或吊蔓，为了改善通风透光条件，植株普遍坐瓜1～2条后，隔1～2株打顶1株，植株普遍采瓜3～4条后，全部打顶，成瓜期及时摘除侧蔓和老叶、病叶、黄叶。

c. 肥水管理。追肥要掌握早、勤、巧的原则，以促进植株早发、中稳后健。定植后用淡粪水扶根，苗期洒浇稀粪水2～3次，结果后，一般每7～10d随水追施一次尿素10kg，或人粪尿1500kg/667m^2。整个生育期每5～7d叶面喷施一次0.2%～0.3%磷酸二氢钾。水分管理，及时浇缓苗水，结果前控制浇水，结果初期10d左右浇一水，成果期5～7d浇一水，后期7～10d浇一水，梅雨季节注意大棚四周清沟排水。

(5) 病虫防治

主要防治霜霉病、白粉病、疫病、枯萎病、细菌性角斑病、根结线虫、瓜绢螟、黄守瓜、蚜虫等。

a. 霜霉病。64%噁霜·锰锌500倍液，百菌清烟雾剂每667m^2用0.3kg；或75%百菌清粉尘1kg/667m^2；25%甲霜·锰锌与25%代森锌以1:2混合的500倍液，40%三乙膦酸铝可湿性粉剂250倍液等每隔1周或交替喷药。

b. 白粉病。15%三唑酮1500倍（进口25%的4000倍），75%百菌清可湿性粉剂600倍液，50%甲基硫菌灵1000倍液。

c. 疫病。40%三乙膦酸铝300倍液，25%甲霜灵与65%代森锌1:2混合剂600倍或1:0.8:200倍波尔多液喷雾或灌根等。

d. 枯萎病。黑籽南瓜作砧木嫁接换根；发病初期用50%多菌灵500倍液或嘧啶核苷类抗生素用100mg/L灌根或50%甲基硫菌灵500倍液灌根。

e. 细菌性角斑病。70%甲霜铝铜600倍液，30%DT杀菌剂500～600倍液，1:2:300波尔多液等每7～10d喷1次，连续3～4次。

f. 根结线虫。土壤消毒，3%氯唑磷颗粒剂，每667m^2用4～6kg，拌细土50kg撒施，深耙20cm或沟施。

g. 蚜虫。溴氰菊酯1000倍液或0.5kg/667m^2敌敌畏熏蒸，或10%吡虫啉5000倍液、25%氰戊·乐果800倍液、21%氰戊·马拉松5000倍液等防治。

(6) 采收

大棚春早熟栽培3月下旬开始上市。根瓜要早收，以利发秧和上部结瓜，保证每株成瓜6～8条，平均单瓜重0.25kg，每667m^2产量3000～4000kg，高产的可达5000kg以上。

12.1.5 露地春黄瓜栽培

(1) 品种选择

露地春黄瓜栽培应选用较耐低温、雌花节位低、瓜码密、早熟、节成性好的春黄瓜类型。常用的为津研1号、津研2号、津研3号、津研4号、津杂1号、津杂2号、津春2号、华黄3号、津优1号等品种。

(2) 培育壮苗

春露地黄瓜一般用阳畦或塑料大棚育苗，并在定植前35～40d育苗。育苗时同样配制培养土，平整苗床，装营养钵，浇足底水。浸种催芽后，当胚根露出时即可播种。苗床出苗前不通风，白天维持28～30℃，夜间15～20℃以上；出苗后适当通风，白天维持25～28℃，夜间维持12～15℃。第1片真叶展平后至定植前7d左右，白天维持20～25℃，夜间12～15℃。定植前7d低温炼苗。黄瓜适龄壮苗特征是：下胚轴短（3～4cm）；子叶肥厚；茎粗，节间短，基部第三节茎粗在0.5cm以上；叶片厚实，水平展开，色稍深有光泽，叶柄与茎夹角45°；根系粗壮发达，色白，吸收力强，定植后缓苗快。

(3) 整地及施基肥

为避免重茬障碍和减轻病虫害，应实行 3～5 年轮作，避免与黄瓜或其他瓜类作物连茬。按黄瓜对土壤条件的要求选好地块，冬闲地多于冬前翻耕，开春后复耕，耕深 25～30cm，并结合翻耕施用基肥。一般基肥用量为优质有机肥 5000kg/667m^2 以上，并结合施基肥每 667m^2 施入饼肥 100～150kg，加复合肥 40kg 或过磷酸钙 30kg。露地春黄瓜作畦方式有高畦和垄作几种形式，常与地膜覆盖结合进行。

(4) 定植

定植宜在当地断霜后进行，并根据当地的经验或天气预报和具体地块的气候条件综合分析确定。当地表 5cm 深处温度稳定在 12℃以上时，选择晴天定植。定植密度为 4000 株/667m^2，定植后浇水。

(5) 田间管理

a. 灌水与中耕。定植返苗后及时浇返苗水，然后多次中耕，扣地膜。黄瓜进入结果期，伴随气温渐高，吸水量日益增加，灌水量也要逐渐加大。末瓜期，植株开始进入衰老阶段，需水和浇水量减小。

b. 追肥。黄瓜根浅喜肥不耐肥，追肥宜少量多次，根瓜采收前后第 1 次追肥和浇水，以后逐渐加大肥水量。盛瓜期果实生长迅速，每 1～2d 浇 1 次水，每浇 2 次水追肥 1 次。追肥时要增加磷钾肥，黄瓜生育后期也应不断追肥，防止瓜秧早衰，提高抗性，减轻病害，提高总产量。

c. 植株调整。黄瓜的植株调整包括搭架绑蔓、整枝打杈、摘心摘叶去卷须等内容。春黄瓜以搭架栽培为主，多用人字形架，架高 1.7～2.0m，插杆小架一般高 0.67～1.0m，每株一杆。株高 23～27cm 时开始绑蔓，以后每隔 3～4 叶绑 1 次蔓，绑蔓时摘除卷须，并除去根瓜下的侧枝，及时清除基部黄、老、病叶。

(6) 采收

黄瓜以嫩果供食，应及时采收，晚摘不但影响品质，而且导致坠秧，延缓下一个果实的发育，尤其是根瓜的采收更要适当提前，采收应在早晨进行。采收时期应根据植株长势和市场情况而定。

12.1.6 露地夏秋黄瓜栽培

(1) 选择适宜品种

夏、秋黄瓜栽培，应选择耐热、抗病、生长势旺盛、丰产性好的品种，如津杂系列、湘春七号、八号黄瓜、耐暑三尺、中农八号、津优 40 等。

(2) 选择适当的播种时期

夏秋黄瓜播种期因前作及市场需求而异，一般 5～7 月份可分期播种。虽然播种越晚，温度越高，对植株生长影响相对较大，但以黄瓜采摘期正值 8～9 月份蔬菜市场淡季为佳，能获得较好的经济效益。也不能播种太晚，因后期气温低，影响结瓜。

(3) 轮作炕地，高畦栽培

黄瓜忌连作，一般需轮作 3 年以上，最少也要隔年种植。选择“夏旱轻、秋凉早、土夜潮”的稻田砂壤土栽培为好，可选择晚熟越冬和早熟春夏菜罢园后栽植。炕地能消灭杂草，增加肥力，促进土壤疏松，促使根系发达，减轻病虫危害，炕地时间以 10～20d 为好。采用深沟高畦栽培技术是夏秋黄瓜夺取丰产的重要环节。夏季气温高，暴雨多，整地要做到深沟窄厢，高畦栽培，能灌能排。一般畦宽 1.3m (带沟)，沟宽 0.4～0.5m，沟深 0.2～0.3m，要求围沟深于腰沟，腰沟深于畦沟，三沟相通，雨后不留渍水。

(4) 培育壮苗、保全苗

夏秋黄瓜播种方式采用干籽直播、催小芽播种和育苗移栽两种形式。

a. 干籽直播或催小芽播种。多数菜农在直播黄瓜前7～10d先撒播一批速生叶菜，如热水白菜、苋菜借以护阴保苗。播种前按株行距开好穴，每穴播种3～4粒，覆盖一些碎稻草，保持穴土湿润。播种后并及时灌水，水以齐厢面湿透为止，不淹厢面。

b. 育苗移栽。一般在露地苗床进行，并要架设防雨遮阳、通风良好的阴棚，事先做好营养床土、营养块（钵）。苗龄不宜过长，一般7～10d，以两片子叶展开为度，于阴天或下午5点钟后进行定植，株行距25cm×60cm，覆土后及时浇好定根水。

(5) 加强管理、合理施肥

a. 喷施乙烯利诱导雌花。在黄瓜上应用乙烯利促进雌花发育，使原来着生雄花的主茎节位形成雌花，降低了雌花着生节位，并且能促进早坐瓜、多结瓜。使用乙烯利，要根据黄瓜花芽分化特点严格掌握喷施时间和喷施浓度。一是掌握喷施时间，黄瓜有2～3片真叶时，第二至第十一节位叶腋的花芽陆续分化，但性别尚未确定，在此期间喷施乙烯利效果最好。4叶期后花芽性别已经确定，使用乙烯利徒劳无益。二是选晴天下午4时以后喷施，将配制好的药液均匀喷在全株叶片及生长点上，力求雾滴细小。三是根据喷施次数定浓度，用40%乙烯利水剂控制黄瓜花芽性别的适宜浓度为2000～2500倍液。若喷施2次，喷施浓度为2000倍液，7～10d后再喷施一次。若喷施3次，喷施浓度应适当降低，使用2500倍液。四是喷施乙烯利后要加强管理，黄瓜用乙烯利处理后雌花增多、节间变短，在植株20节以内几乎节节都着生雌花，要使幼瓜坐住并正常发育，必须加强管理，确保肥水供应充足，保证植株和瓜条正常生长发育。在生长中后期喷施叶面肥，保证植株营养生长与生殖生长的需求，防止早衰。

b. 植株调整。当植株6～8叶，蔓长25～30cm时即可上蔓，并及时绑蔓。3～4节绑一道，呈“之”字形绑蔓，使叶片分布均匀、合理，充分利用阳光进行光合作用。当黄瓜第一个雌花开放时，去掉其下所有侧枝，以后侧枝可留一叶片摘心，因为侧枝上下面第一节出现的花为雌花，可结回头瓜，又可改善通风透光减少营养消耗。当茎蔓离架顶15～20cm时打顶，刺激侧蔓萌发结瓜，同时摘除下部病、老、黄叶。

c. 施肥技术。夏秋黄瓜营养生长与生殖生长同时进行，时间短、长势快、需肥量大，施肥应掌握“基肥足、苗肥轻、果肥重”“少吃多餐、用腐熟肥料”的原则，一般基肥应施人粪尿1500kg左右、复合肥50kg或复合肥50kg加碳酸氢铵25kg。苗期定植后按1∶10的人粪尿作提苗肥，间隔一个星期再追肥一次，进入结果期后加重追肥比例，有条件可收一次瓜，追一次肥；如遇下雨天每667m^2可撒施尿素5～7.5kg，进入盛果期以后，可用0.3%磷酸二氢钾加0.3%尿素进行根外追肥。

d. 水分管理。夏秋黄瓜既喜水又怕水。若灌水不当，会引起病害发生，导致黄瓜减产，提前罢园。所以灌水要看天、看地、看苗，根据情况灵活掌握，浇水应在清晨或傍晚三凉（水凉、气凉、土凉）时进行，千万不要在中午高温时浇水，灌水以沟灌“跑马水”最好，做到小水勤灌、随灌随排，不留渍水，浇水前控后促，结瓜后需水多，以保持土壤潮润为宜，降低田间温度。采收盛期更要加强肥水。

(6) 采收

定植后一个月或播种后40d左右开始采收。一般开花后7～10d即可采收，此时品质最好，天热，瓜也发育较快，宜勤收，一般隔天采收，以确保瓜条鲜嫩和植株旺盛生长。

12.1.7 黄瓜化瓜的原因及防治措施

刚坐下的瓜纽儿或果实在膨大时中途停止，由瓜尖至全瓜逐渐变黄、干瘪，最后干枯，俗称为化瓜。黄瓜出现少量化瓜（约占1/3）是植株自我调节的正常现象。但大量化瓜则属异常，它往往与品种不适、管理不当或天气异常等因素有关。

（1）化瓜发生的原因

化瓜主要是植株供应养分不足所致。

品种原因：不同品种对肥水要求不同，化瓜率也不一样。

高温引起化瓜：白天气温高于32℃，夜间高于18℃，正常光合作用受阻，呼吸作用骤增，造成营养不良而化瓜；同时高温条件下，雌花发育不正常，出现多种形状的畸形瓜。应采取措施，加强管理，防风降温。

连续阴天、低温引起化瓜：连续阴天时，植物的光合作用和根系吸收能力受影响，造成营养不良而化瓜。

棚内二氧化碳浓度：棚室内夜间二氧化碳浓度可高达500mg/L，而日出两小时后，植株吸收二氧化碳，棚室内夜间二氧化碳浓度降到100mg/L，这样就影响黄瓜植株制造养分。

密度对化瓜的影响：密度过大，化瓜率高，原因多种，主要是根系集中于地表，密度大时，根系竞争吸收养分，而地上部蔓叶、叶柄竞争空间气体，透光、通风性降低。

水肥对化瓜的影响：光合作用离不开水，同化物质的运转也是以水为介质进行的。如果水肥供应不足，光合产物减少，可能引起化瓜；若施肥不科学，氮过多，营养生长过旺，消耗大量养分，也引起化瓜；棚室湿度过大也引起化瓜。

底部瓜对上部瓜的影响：从开花到收瓜7～12d要及时采收，否则底部瓜会夺走大量养分，从而引起上部瓜化瓜。

育苗技术不高引起化瓜：苗期温湿度、肥水控制管理不科学，如过分干旱、低温，育出的苗“花打顶”，入棚室后管理不善，雌花分化过多，引起化瓜。

激素使用不当：浓度过大，配比不科学，着瓜太多引起化瓜。

病虫害引起化瓜：黄瓜霜霉病等病害、温室白粉虱等虫害发生严重时，明显阻碍了植株产生养分供应瓜条，导致化瓜。

（2）防治黄瓜化瓜的措施

选择化瓜率低的品种。多施底肥有机肥，并深耕促进根系发达。及时采收下部瓜，以免与上部瓜争夺养分，引起上部瓜化瓜。叶面喷肥，及时喷施叶面肥，喷0.3%硫酸亚铁，可使叶片深绿、长势旺，产量高；喷0.1%磷酸二氢钾2～3次，增产明显。控制夜间温度不要过高，以减少呼吸消耗。补充施用二氧化碳，促进同化作用。

选用激素，用50～100mg/kg赤霉素（1g，加水25～35kg），加40mg/kg萘乙酸（1g，加水17.5～20kg），二者混用效果好，可用配好的液体用毛笔顺瓜涂抹或点涂雌瓜，用手持喷雾器喷瓜均能减少、减轻化瓜，且瓜条膨大速度快，增产显著；喷1000mg/kg的丁酰肼或甲哌鎓4～5g/667m^2，加水25～40kg，分2～3次用。

12.2 南瓜栽培

南瓜属葫芦科南瓜属，品种资源较丰富、适应性广、用途多、耐贮运等。南瓜含有各种营养成分，如糖类、淀粉、蛋白质、精氨酸、抗坏血酸、果胶、葫芦巴碱、钙、磷、铁、锌、钴等。现代医学发现，钴、果胶等对预防糖尿病、高血压、冠心病、脑血管疾病有疗效，近年南瓜被誉为保健食品。

南瓜在我国南北各地普遍栽培，生长强健，根系发达，能耐瘠抗旱，除低洼地不宜种植外，不择土地，能在不适宜农耕的隙地生长良好，栽培管理容易。嫩瓜炒食，老瓜煮食，叶、花均可食用，

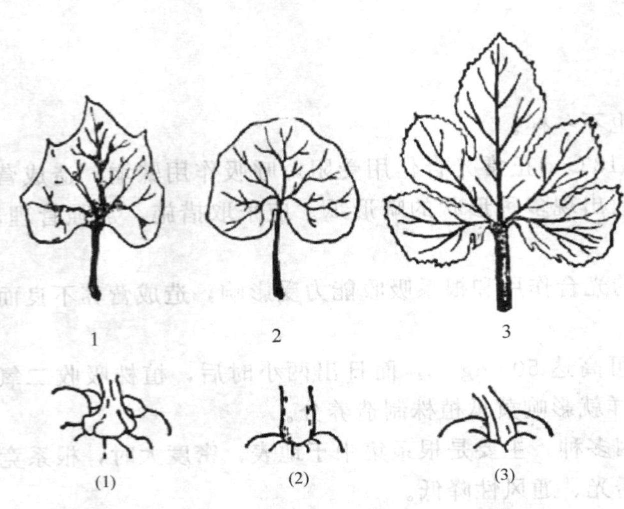

图 12-1　南瓜、笋瓜、西葫芦的叶和果梗
1. 南瓜叶；2. 笋瓜叶；3. 西葫芦叶
(1) 南瓜果梗；(2) 笋瓜果梗；(3) 西葫芦果梗

同时南瓜也是很好的饲料。老熟瓜耐贮藏运输，是较好的度淡外销品种。种子含油量达 50%，可榨油或炒食。

12.2.1　类型和品种

南瓜属有 5 个栽培种，即南瓜（中国南瓜）、笋瓜（印度南瓜）、西葫芦（美洲南瓜）、黑籽南瓜和灰籽南瓜。生产栽培以前 3 种为多（图 12-1），我国南北各地均有栽培，尤其是西葫芦能提早上市，对春淡季供应有很大意义。黑籽南瓜是我国云南特产，目前主要利用作为黄瓜的嫁接砧木。

(1) 中国南瓜

南瓜品种类型很多，按成熟期分早熟品种、中熟品种、晚熟品种，按果实大小分大南瓜、小南瓜，按果实形状分圆南瓜、长南瓜，按用途分食用品种、观赏品种、嫁接品种等。

按果实形状分为两个变种：一是圆南瓜变种，果实扁圆或圆形，表皮多具纵沟或瘤状突起，浓绿色，具黄色斑纹，如湖北的柿饼南瓜、南京的磨盘南瓜和猪头南瓜、杭州的糖饼南瓜等；二是长南瓜变种，果实长形，顶部膨大，表皮绿色，具黄色花，如浙江的十姐妹南瓜、上海的黄狼南瓜、南京的牛腿南瓜和象腿南瓜、苏北的吊瓜。

(2) 笋瓜

果实椭圆、圆或纺锤形等，表皮光滑，嫩果白色，成熟时淡黄、金黄、乳白、橙红、灰绿或花斑等。笋瓜的品种依皮色分为白皮、黄皮及花皮，按大小分为大笋瓜及小笋瓜。长江流域常用的品种有南京的大白皮笋瓜、小白皮笋瓜、大黄皮笋瓜，安徽的白皮笋瓜、黄皮笋瓜、花皮笋瓜，淮安的北瓜。除此以外还有一种红南瓜，脐边有突起，果皮硬，耐贮藏，放在桌上作观赏用的金瓜，也属于笋瓜。

(3) 西葫芦

按生长习性分三个类型：一是矮生类型，早熟，植株直立，节间短，株高 0.3～0.5m，第 3～8 节开始着生雌花，如早青一代、白玉等，此类型耐低温强，成熟早，在瓜类中，比黄瓜还早上市，对解决四五月份早春淡季供应有重要意义；二是半蔓生类型，中熟，蔓长 0.5～1.0m，主蔓第 8～10 节着生第 1 雌花，少有栽培，如昌邑西葫芦；三是蔓生类型，较晚熟，蔓长 1～4m，主蔓第 10 节左右发生雌花，其又有珠瓜和搅瓜两个变种。珠瓜较少。搅瓜的果肉成丝状，质脆，爽口，有植物海蜇之称，别名金瓜、金丝瓜、面条瓜、海蜇南瓜等。果实椭圆形，成熟时金黄色或有花纹。西葫芦品种按植株性状分矮生类型（早熟）、半蔓生类型（中熟）与蔓生类型（较晚熟）三个类型。

12.2.2　生物学特性

(1) 形态特征

南瓜、笋瓜、西葫芦三者在形态上有很大区别（表 12-2），在自然情况下，一般不易杂交，其各类型品种间易杂交。

表 12-2　三种南瓜形态特征的区别

项目	南瓜	笋瓜	西葫芦
别名及产地	金瓜、番瓜、中国南瓜，原产亚洲南部，主要分布在中国、印度、马来西亚、日本等国	玉瓜、蜡梅瓜、印度南瓜，原产印度	角瓜、搅瓜、美洲南瓜、金丝瓜、面条瓜，原产北美
茎	蔓性，五棱形，有软毛，茎细长，节上易生不定根	蔓性，粗大，近圆筒形，有粗绒毛，节上易生不定根	蔓性或矮生，有棱或沟，并有坚硬刺毛
叶	叶心脏形或浅裂的五角形，叶脉交叉处常有白斑，有柔毛	叶大，圆形或心脏形，浅裂或无，无白色斑点	叶卵形，叶缘缺裂深，叶背脉和叶柄上有刺毛
花	花冠裂片大，展开而不下垂，雌花萼片常呈叶状	花冠裂片柔软，向外下垂，萼片狭长	花冠裂片狭长，直立或展开，萼片狭长，花冠筒呈下小上大的喇叭形
果实	果梗细长，硬，基本膨大成五角形的"梗坐"；果肩多凹入，表面光滑或瘤状凸起，成熟果肉有香气，糖、淀粉含量高；以嫩果或老熟果供食用	果梗短，圆筒形，海绵质(组织疏松)，基部不膨大；果肩凸出或凹入，果表平滑，成熟果无香气，含糖少；嫩果供食用或做饲料，有的品种以收种子为栽培目的	果梗较短，硬，基部稍膨大，有明显纵沟，五棱；早熟形小，成熟果外果皮极坚硬，果肉蒸煮后可搅成面条状，多以嫩果供食用，金丝瓜变种，老熟瓜供食用，经沸水煮熟后，用筷子搅拌一下，肉质呈金丝状，凉拌食用，还可干制、速冻、罐装，并可出口
种子	种子边缘隆起，色较深暗，与种子中部有明显区别，种脐歪斜、圆钝或平直	种子边缘不隆起，边缘与中部色泽一致，种子较大	种皮周围有不明显的狭边，种脐平直或圆钝，种子较小

(2) 生育周期

① **发芽期**。种子萌动至子叶展平，第 1 片真叶显露，约 10d。一般用 40～50℃温水浸种 2～4h，在 28～30℃的条件下催芽 36～48h。在正常条件下，从播种至子叶开展需 4～5d。从子叶展开至第 1 片真叶显露需 4～5d。

② **幼苗期**。从第 1 片真叶显露到第 5 片真叶展开，30d 左右。在 20～25℃的条件下，生长期 25～30d，如果温度低于 20℃时，生长缓慢，需要 40d 以上的时间。此期主、侧根生长迅速，节间开始伸长生长，卷须出现，早熟品种出现花蕾，有的品种出现雌花和分枝。

③ **抽蔓期**。第 5 片真叶展开到第 1 雌花开放，10～15d。此期茎叶生长加快，从直立生长变为匍匐生长，卷须抽出，雄花陆续开放，为营养生长旺盛的时期，茎节上的腋芽迅速活动，抽发侧蔓。同时，花芽亦迅速分化。此期要根据品种特性，注意调整营养生长与生殖生长的关系，同时注意压蔓，促进不定根的发育，以适应茎叶旺盛生长和结瓜的需要，为开花结瓜期打下良好基础。

④ **结果期**。从第 1 雌花开放至果实成熟，茎叶生长与开花结瓜同时进行，到种瓜生理成熟需 50～70d。南瓜、笋瓜的主蔓和侧蔓均能结果。短蔓种的西葫芦，侧蔓少或不发生，而以主蔓结果为主，主蔓 2～4 节便可着生雌花，雌花密。南瓜、笋瓜中的早熟品种在主蔓 5～7 节出现雌花，晚熟品种在 16～18 节间或更晚出现雌花。在第 1 朵雌花出现后，每隔数节或连续几节都能出现雌花。不论品种熟性早晚，第 1 雌花结的瓜小，种子亦少，早熟品种尤为明显。此期根系生长速度降低，茎、叶生长与果实生长同时进行。果实各种结构分化完成，同化产物大量向果实运输。南瓜果实硕大，有独占养分的特点。当一个南瓜生长时，其他南瓜往往落花或化瓜。必须第一瓜采收后才能坐第二个瓜。南瓜没有单性结实能力，必须授粉才能刺激南瓜生长。南瓜授粉之后，7～15d 即可采收嫩瓜食用。开花后 30～35d 便可达到老熟程度，即可采收老熟瓜。

(3) 对环境条件要求

① **温度**。西葫芦原产美洲热带地区，性喜高温，但对温度有较强的适应性。种子发芽最低温度为

13℃，最适温度为28～30℃，最高温度为35℃，10℃以下和40℃以上不发芽；生长适宜温度为18～25℃，适当的低温有利于雌花的分化；果实膨大的适宜夜温是10～20℃，西葫芦在32℃以上的高温花器发育不正常，40℃以上植株停止生长；根系伸长的最低温度为6℃，最适温度为15～25℃，根毛发生的最低温度为12℃，最高温度为38℃。中国南瓜种子在13℃以上开始发芽，以25～30℃最为适宜；生长最适宜的温度为18～32℃；开花结果温度要求高于15℃，果实发育最适宜的温度为25～27℃，35℃以上则花器官不能正常发育，结果停歇。笋瓜生长适温15～29℃。总体来说，南瓜耐低温能力不如笋瓜和西葫芦，而西葫芦耐高温能力不及南瓜和笋瓜。研究表明，西葫芦对温度的需要，比笋瓜还要低些，西葫芦在高温下，往往病毒病严重，所以西葫芦在南方大部分地区，主要做早熟栽培，以供应4～5月份的春淡季需要。

② **光照**。南瓜在充足的光照条件下生长良好，在弱光下生长瘦弱，节间长，叶片薄，常因营养不良而化瓜，因此在早春保护地栽培时，应尽可能早揭晚盖不透明覆盖保温材料（如大棚内小拱棚膜、草帘等），使西葫芦能得到足够的光照。南瓜和黄瓜一样，低温和短日照能促进花芽分化和雌花形成，在昼温20℃、夜温10℃、日照8h的情况下，不但雌花多而且子房和雌花都比较肥大，南瓜育苗时可加以运用，但应注意，在光照10h下的坐果率要比短日照（7h）下高。

③ **水分**。南瓜根系强大，有较强的吸水能力，此特性在直播时表现得特别突出，因此南瓜栽培时，以直播栽培较为有利。由于西葫芦的叶大而多，蒸腾作用旺盛，在栽培时要适时灌溉，缺水易造成茎叶萎蔫和落花落果。尤其在育苗移栽或土壤耕层浅时，根系分布浅，蓄积水分有限，更容易干燥缺水，水分过多时，则会影响根的呼吸，进而影响根系的吸收和正常发育，导致地上部的失调。南瓜在头瓜未坐稳之前，当土壤湿度大或氮肥过多时，常易出现徒长；在雌花开放时，若阴雨连绵，常不能正常授粉，也会造成落花落果。

④ **土壤及营养**。虽然南瓜耐瘠薄土壤能力较强，为获高产，最好选用肥沃的沙壤土进行栽培。南瓜喜微酸性土壤，适宜的土壤pH为5.5～6.8。南瓜的吸肥能力较强，在肥沃的土壤栽培时，要注意N、P、K肥料的配合，防止因氮肥过多引起茎叶徒长和落花落果。南瓜对大量元素的吸收是K最多，N次之，Ca居中，Mg和P最少。其吸收的趋势与生长量的增加趋势基本相同，前期吸收量较少，随着生长量的不断增大，肥料的吸收量也逐渐增大，其吸收高峰在盛果期。

12.2.3 南瓜栽培技术

(1) 品种选用

中国南瓜反季节栽培宜选用一串铃、青皮一串铃、甜栗等早熟、耐阴雨低温品种，普通栽培则根据栽培目的和市场需求选用相应的品种，如蜜本南瓜、日本红蜜南瓜、贝贝南瓜、奶油南瓜、湘芋南瓜等，秋播栽培可选用耐热抗病的锦栗、一品、黄狼南瓜等品种。

(2) 选地整地

南瓜对土壤的要求不甚严格，沙质土、黏壤土、壤土均可种植，但要获得高产稳产，则以选择富含有机质的沙壤土、壤土最为适宜。由于春季多雨、秋季干旱，起畦要深沟高畦，一般畦宽（包沟）1.8～2.3m。

(3) 育苗及定植

南瓜春季1～3月份播种，秋播7～8月份。早熟栽培育苗移栽，中晚熟直播。育苗一般用塑料小拱棚防寒，苗龄最好为20～30d。苗期要控制水分湿度，2～3片真叶时定植。株距0.5～0.7m，每667m^2栽植600～800株。南瓜定植的株行距大，每667m^2栽植的株数较少，但单株产量大。如果缺苗，将会严重降低产量。在定植和缓苗过程中，各种因素的影响，例如人工操作不小心碰伤，或病虫害伤害幼苗，或因风力强劲刮断幼苗茎叶等而造成缺苗。所以在定植后进入缓苗期时，要加强查苗、补苗工作，一经发现缺株或幼苗受损，必须及时拔除，补栽新苗。补苗时要注意挖大土坨，尽量少伤根系，栽后要及时浇水，以保证成活。

(4) 田间管理

① **肥水管理**。南瓜的肥水管理要根据不同的生育阶段、土壤肥力和植株长势的情况进行。在肥料施用上，应该做到有机肥与无机肥配合，尽量增施有机肥。一般用有机肥和磷肥作基肥；钾肥也主要作基肥，1/3 作追肥；氮肥 1/3 可作基肥，2/3 作追肥。根据研究，在一定氮钾肥基础上，增加磷肥能提高南瓜产量。具体操作，整地时每 667m^2 施腐熟有机肥 2000～3000kg 作基肥。施肥量视植株发育情况和土壤肥力而定，生长前期适当控制养分，以防徒长。在南瓜缓苗后，如果苗期较弱，叶色淡而发黄，可结合浇水进行追肥，追肥可用 1∶(3～4) 的淡粪水，即 1 份人粪尿加 3～4 份水，每 667m^2 用量 250～300kg，追施发棵肥。如果肥力足而土壤干旱，也可只浇水不追肥。在南瓜定植后到伸蔓前的阶段，如果墒情好，尽量不要灌水，应抓紧中耕，提高地温，促进根系发育，以利壮秧。在开花坐果前，主要应防止茎、叶徒长和生长过旺，以免影响开花坐果。当植株进入生长中期，结 1～2 个幼瓜时，应在封行前重施追肥，以保证充足的养分，一般每 667m^2 追施 1∶2 的粪水 1000～1500kg。有的地方是在根的周围开一环形沟或用土做一环形的圈，然后施入人畜粪和堆肥，再盖上泥土，这次追肥对促进南瓜果实的迅速膨大和多结瓜有重要意义，必须及时进行。这个时期如果无雨，应该及时浇水，并结合追施化肥，每次每 667m^2 施用硫酸铵 10～15kg 或尿素 7～10kg，或复合肥 15～20kg。在果实开始收获后，追施化肥，可以防止植株早衰，增加后期产量。如果不收嫩瓜，而以后准备采收老瓜，后期一般不必追肥，根据土壤干湿情况浇 1～2 次水即可。在多雨季节，还要注意及时排涝。南瓜喜有机肥料，在施用化肥时要力求氮、磷、钾配合施用。施肥量应按南瓜植株的发育情况和土壤肥力情况来决定，如瓜蔓的生长点部位粗壮上翘、叶色深绿时不宜施肥，否则会引起徒长、化瓜。如果叶色淡绿或叶片发黄，则应及时追肥。除施肥时要及时灌水外，一般地不干不淋水，植株生长壮旺不淋水，同时要做到及时排涝。

② **中耕除草**。南瓜定植的株行距都较大，每 667m^2 种植的株数较少，宽大的行间，水、肥适宜，光照又充足，气温不断升高，杂草很容易发生，所以从定植到伸蔓封行前，要进行中耕除草。结合除草进行中耕，由浅入深。注意不要牵动秧苗土块，以免伤根。为促进根系发育，中耕时，要往根际培土。中耕不仅可以疏松土壤，增加土壤的透气性，提高地温，而且还可以保持土壤湿度，利于根系发生。第 1 次中耕除草是在浇过缓苗水后。在适耕期进行，中耕深度为 3～5cm，离根系近处浅些，离根远的地方深一些，以不松动根系为好。第二次中耕除草，应在瓜秧开始倒蔓向前爬时进行，这次中耕可适当地向瓜秧根部培土，使之形成小高垄，有利于雨季到来时排水。随着瓜秧倒蔓，植株生长越来越旺，逐渐盖满地面，就不宜再中耕了。一般中耕 3～4 次。但如封行前没有将杂草除尽，又进入高温多雨季节，更有利于杂草丛生，此时要用手拔除，以防止养分的消耗和病虫害的滋生。

③ **整枝和压蔓**。整枝和压蔓是南瓜获得早熟高产的技术措施之一。爬地栽培的南瓜，一般不进行整枝，放任生长，特别是生长势弱的植株更不必整枝。但是，对生长势旺，侧枝发生多的可以整枝，去掉一部分侧枝、弱枝、重叠枝，以改善通风透光的条件。否则，南瓜枝叶茂盛，往往易引起化瓜。整枝方法有很多，如单蔓式整枝、多蔓式整枝，整枝也可以不拘于某种形式，多种方法并用。单蔓式整枝，是把侧枝全部摘除，只留一条主蔓结瓜。一般早熟品种，特别是密植栽培的南瓜，多用此法整枝。在留足一定数目的瓜后，进行摘心，以促进瓜的发育。多蔓式整枝，一般用于中晚熟品种，就是在主蔓第 5～7 节时摘心，而后留下 2～3 个侧枝，使子蔓结瓜。主蔓也可以不摘心，而在主蔓基部留 2～3 个强壮的侧蔓，把其他的侧枝摘除。不拘形式的整枝方法，就是对生长过旺或徒长的植株，适当地摘除一部分侧枝、弱枝，叶片过密处适当打叶，这样有利于防止植株徒长，改善植株通风透光条件，减少化瓜现象的发生。压蔓具有固定叶蔓的作用，同时可生出不定根，辅助主根吸收养分和水分，满足植株开花结果的需要。在瓜秧倒蔓后，如果不压蔓就有可能四处伸长，经风一吹常乱成一团，影响正常的光合作用和田间管理操作。压蔓操作可使瓜秧向着预定的方位展开，压蔓前要先行理蔓，使瓜蔓均匀地分布于地面。当蔓伸长 60cm 左右时进行第一次压蔓，方法是在蔓旁边用铲将土挖一个 7～9cm 深的浅沟，然后将蔓轻轻放入沟内，再用土压好，生长顶端要露出 12～15cm，以后每隔 30～50cm 压蔓 1 次，先后进

行3～4次。对于实行高度密植栽培的早熟南瓜，则可以压蔓一次，甚至不压蔓。当它进入开花结瓜期，在已经有1～2个瓜时，可以选择一个瓜个大、形状好、无伤害的瓜留下来，顺便摘去其余的瓜，同时摘除侧蔓，并打顶摘心。打顶时，要注意在瓜后留2～3片叶子，便于养分集中，加快果实的膨大。为提高产量和品质，早熟南瓜栽培可进行支架种植，棚架栽培均比爬地南瓜通风透光好，结瓜率高，瓜个大，品质好，可增产30%～40%。南瓜棚架栽培时宜采用单蔓整枝的方式进行整枝。

④ **人工辅助授粉**。采用人工授粉的方法，可以防止落花，提高坐果率。授粉要在晴天上午进行，用开放的雄花在雌花柱头上轻轻涂抹，以达到授粉的目的。

(5) 病虫防治

a. 白粉病。受害时叶片或嫩茎出现白色霉斑，严重时整个叶片布满白粉。可选用70%三唑酮700倍稀释液，或硫悬浮剂250倍稀释液，或50%多菌灵500倍稀释液，或硫黄胶悬剂250倍稀释液，或百菌清600倍稀释液，交叉使用，连喷3～4次。

b. 病毒病。受害植株叶面出现黄斑或深浅相间的斑驳花叶，叶面出现凹凸不平，茎蔓和顶叶扭缩。可选用20%病毒A或病毒一号500倍稀释液，或83增抗剂100倍稀释液，或菌毒宁600倍稀释液，隔7～10d喷1次，连喷3次。

c. 斑点病。受害株叶斑圆形至近圆形，湿度大时斑面密生小黑点，严重时斑点融合，导致叶片局部枯死。可选用70%甲基硫菌灵800倍稀释液，或50%异菌脲1500倍稀释液，或75%百菌清800倍稀释液，或硫悬浮剂500倍稀释液，每半个月喷1次，连喷2次。

d. 虫害。主要有蚜虫、黄虫、瓜蝇、夜蛾等类害虫。用抗蚜威加杀虫双或菊酯类农药交叉使用即可防治。

(6) 采收与贮藏

南瓜既可采收嫩瓜，也可采收老熟瓜。早期结的瓜以采嫩瓜为好，可以使往后生长的幼瓜有充足的营养而生长良好。嫩瓜以谢花后10～15d采收为宜。老熟瓜在谢花后35～60d采收。嫩瓜宜随采随卖。老瓜应在充分成熟、皮蜡粉浓、刻划不动、皮色转黄后采收。准备贮藏的南瓜，应连瓜柄上5～10cm长的瓜蔓剪下，宜选老熟、无损伤、无病虫的活藤瓜，并注意轻拿轻放，以在天晴数日后的上午采收为宜。贮藏应选择通风阴凉场所，下垫木板，单层码放或搭架分层存放，并及时拣除烂瓜，一般可贮藏3～6个月，能连续不断供应市场。

12.2.4 西葫芦大棚早熟栽培

(1) 品种选择

西葫芦属葫芦科南瓜属，春季设施栽培的西葫芦品种应选择株型紧凑，雌花节位低，耐寒性较强，短蔓型的早熟品种。适合设施栽培的国内品种有早青一代、银青西葫芦、西葫芦长青王、早抗30，国外引进的较好品种有阿多尼斯9805西葫芦、黑美丽、曼谷绿二号、灰采尼等。

(2) 播种育苗

a. 壮苗标准。茎秆粗壮，节间短，叶片浓绿、肥厚，叶柄较短，具有3～4片真叶，株型紧凑，根系完整，苗龄30～35d。

b. 适期播种。适宜播种期应根据定制期和绝对苗龄来推算确定。西葫芦一般苗龄30～35d，因育苗条件不同苗龄也不同。播种过早，秧苗较大，定植时叶柄易折断，抑制生长；播种过迟，定植时秧苗较小，栽后环境条件不及苗床好，生长缓慢，达不到早熟的目的。

c. 营养钵或纸袋育苗。配制好营养土后，进行装钵（袋），营养钵或纸袋（可用废旧报纸制成，高10～13cm，直径9cm的纸袋）装土不宜过满，边装边压，留出一部分覆土。装好营养土后营养钵或纸袋密排于育苗畦内，并用细土填埋间隙，营养钵或纸袋应保持高度一致，便于管理。现代生产也有用穴盘装填基质进行育苗，西葫芦一般选用50孔或72孔的穴盘，基质可用泥炭∶蛭石∶珍珠岩＝1∶1∶1的体积比混合，可每立方米基质添加20kg腐熟的有机肥，苗期只需及时浇水即可满足幼苗生长需要。

d.浸种催芽。播种前首先进行选种，除去杂物、小籽、坏籽及颜色不正常的秕籽，留用干净、饱满均匀一致、具有本品种特征特性的种子，进行浸种催芽。一般用55～60℃温水浸种，水的体积相当于种子体积的5倍以上，不断搅拌，直到水温降到25℃左右时停止，再浸泡6～8h，捞出用1％高锰酸钾浸种20～30min或用10％磷酸三钠浸种15min，可预防病毒病。而后将种子清洗干净，洗掉种子表面的黏物，稍晾后用浸湿的新纱布或没有油污的干净棉布包好，放入磁盘内，上盖湿布，保温保湿，置于温暖处催芽，如电热毯、电饭锅的保温状态等，保持25～30℃，有条件的最好放在恒温箱中催芽。一般2～3d出芽，种子露芽至芽长度达1.5cm时可播种。芽子过长，虽然出土快，但播种时易碰断，且出土后子叶展开无力，生长缓慢，因此若播种时遇阴雨雪天而不能播种时，可将种子放在冷凉的地方，控制生长，进行蹲芽。

e.播种方法。一是将催好芽的种子，直接播种于装好营养土的营养钵或纸袋内；二是先将催好芽的种子均匀地撒播在经消毒并浇足水的锯末或膨胀蛭石的育苗盘中，待子叶展开后分苗到营养钵或纸袋中；三是播种于穴盘中。西葫芦根系生长速度快，分苗宜小宜早，否则伤根较多，抑制生长。

f.苗期管理。西葫芦幼茎易伸长生长，严格控制温湿度是防止徒长、培育壮苗的关键。播种后保持高温促进出苗，昼温保持25～30℃，夜温18～20℃，地温15℃以上，一般3～4d即可出苗。大部分幼苗出土后应适当降低温度，开始通风，维持白天25℃左右，夜间13～14℃，从子叶展平，到第一真叶展开时，主要降低夜温，积累营养物质，以促进幼苗粗壮和雌花分化，防止胚轴伸长形成徒长苗，其温度管理是白天20～25℃，夜间10～13℃。从第一真叶展开一直到定植前10d，要逐渐提温，白天达25℃左右，促进幼苗充分生长发育，力争达到定植的标准。从定植前10d开始逐渐加大通风量，降温炼苗，使其能适应早春定植地的环境条件。纸袋或穴盘育苗土壤水分蒸发量大，且底部对深层土壤水分的利用有一定限制，所以苗期缺水时，应选晴天上午用喷壶喷洒补水。

(3) 整地定植

西葫芦春季栽培应提前半个月扣膜，深翻土壤并施入肥料，每667m^{2}施用腐熟厩肥5000～6000kg，过磷酸钙50kg，复合肥30～40kg，肥料2/3撒施，1/3沟施，做成畦高为25cm的高畦，并覆盖地膜。

地温稳定在13℃以上，夜间最低气温不低于10℃时，即为安全定植期。早熟栽培应根据保护设施的情况，尽量适期提早定植。长江流域一般在2月中下旬选晴头寒尾的晴天上午进行定植，定植后浇水，立即覆土，移苗深度以苗坨表土与畦面相平为宜。大棚多层覆盖特早熟栽培甚至可以提早到1月下旬～2月上旬定植，定植后如果温度较低，要及时覆盖小拱棚，必要时还可在小拱棚上加盖草帘等防寒设施。

西葫芦的种植方式有两种：一种方式是大小行种植，大行80cm，小行50cm，株距45～50cm；另一种方式是等行距种植，行距60cm，株距50cm，每667m^{2}定植2000～2200株。

(4) 栽培管理

a.温度管理。定植后的缓苗阶段不通风，密闭以提高温度，促使早生根缓苗。缓苗期间白天棚温应保持25～30℃，夜间18～20℃。缓苗后将温度适当降低，白天将棚温控制在20～25℃，夜间12～15℃，以促进植株根系发育，有利于雌花分化和及早坐瓜。坐瓜后适当提高温度，白天维持在22～26℃，夜间15～18℃，以促进瓜的膨大。进入结瓜盛期后，气温逐渐升高，要逐渐加大通风量，延长通风时间，白天最高温度不宜超过30℃。

b.肥水管理。一般缓苗期间不浇水，如果定植时浇水不足，可根据土壤墒情浇一次小水。缓苗后到根瓜坐住前要控制浇水。当根瓜坐住后浇一次水，并随水每667m^{2}追施尿素或复合肥10～15kg。进入结瓜盛期后要根据天气情况和土壤墒情及时浇水，一般每7～10d浇一次水，每次随水追施尿素或复合肥10～15kg。浇水尽量选择在晴天上午进行，浇水后要注意通风降湿，有条件的尽量采取滴灌和膜下暗灌方式进行。

c. 植株调整。由于春季设施栽培均选用矮生的早熟品种，生长过程中一般不需要进行吊蔓与绑蔓工作，生长过程中应及时摘去老叶、病叶和黄叶。

d. 保花保果。春季气温低，加上设施的阻碍作用，传粉昆虫很少，而西葫芦的单性结实能力又很差，导致春季设施栽培常因授粉不良而造成落花或化瓜。多采用人工辅助授粉，即在雌雄花开放时，于上午 9：00～10：00 时，采摘当天开放的雄花，去掉花冠（瓣），将雄花花药轻轻地涂抹在雌花柱头上，一朵雄花最多涂抹 3 朵雌花，人工授粉最好坚持每天上午进行，直到采收完毕，生产上也可用蘸 2,4-D 或喷防落素进行保果。生长素处理不仅可以保花保果，并可促进幼瓜膨大，提早上市，尤其是对于雌花先开放的早熟品种，是提高早期产量必不可少的措施。可用 20～30mg/kg 的 2,4-D 在开花当天上午用毛笔蘸液涂抹花梗部或柱头，子房（小瓜胎）涂抹时防止药液溅落在茎叶上产生药害。若用 40～50mg/kg 的防落素因药害小，可用小型喷雾器喷洒柱头。西葫芦使用生长素处理花朵后可单性结实，雄花一般失去作用，应及时摘除，可减少养分消耗。雌花过多时，也应适当进行疏花。

(5) 病虫害防治

西葫芦设施栽培的主要病害是病毒病、白粉病、灰霉病、绵腐病，主要虫害是蚜虫、白粉虱等。

(6) 采收

西葫芦以食用嫩瓜为主，一般开花后 7～10d 即可采收 0.5kg 重的嫩瓜。及时采收，可促进上部幼瓜的发育膨大和茎叶生长，有助于提高早期产量，特别是根瓜的采收要早，一般根瓜达到 0.25kg 即可采收，采收过晚会影响第二瓜的生长。进入结瓜盛期后，瓜的采收可根据植株长势而定，长势旺的植株适当多留瓜，留大瓜采收，徒长的植株适当晚采瓜；而对于长势弱的植株应少留瓜，适当早采瓜。采摘最好用刀进行，瓜柄尽量留在主蔓上。

12.3 瓠瓜栽培

瓠瓜，葫芦科葫芦属，别称蒲瓜、葫芦、扁蒲、夜开花等（图 12-2），原产于印度和非洲南部的丛林地区，主要分布在印度、斯里兰卡、印度尼西亚、马来西亚、菲律宾、哥伦比亚和巴西等国。瓠瓜喜温暖和湿润的气候条件，在我国栽培历史悠久，是供应夏淡的主要蔬菜之一。我国南方普遍栽培，北方较少种植。

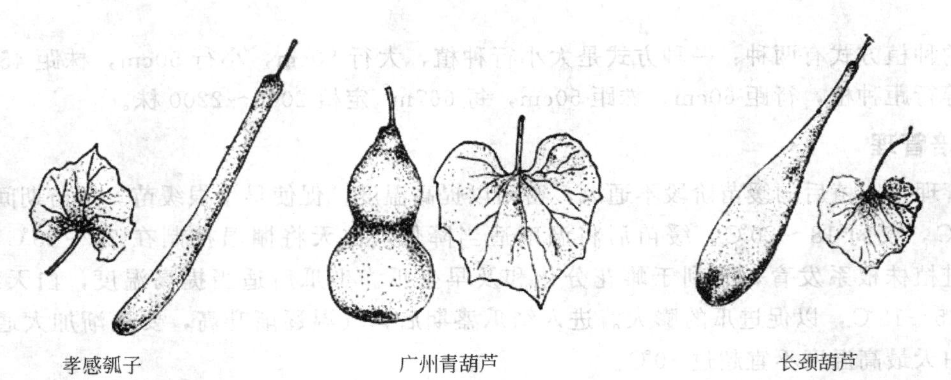

图 12-2 不同类型的瓠瓜

瓠瓜以幼嫩瓜供食用，肉质柔嫩，多炒食也可作羹汤。葫芦是瓠瓜的变种，嫩瓜肉质较致密，清香可口，老熟的葫芦还可作用具（瓢）。瓠瓜营养丰富，每 100g 鲜重含水约 95g，蛋白质约 0.6g，脂肪

0.1g，碳水化合物3.1g及其他矿物质及维生素等。

12.3.1 类型和品种

瓠瓜有5个变种。

① **瓠子变种**。果实长，嫩果供食，绿白色，柔嫩多汁，果肉白色。按果型可分为长圆柱形和短圆柱形两类。长圆柱形的果实长42～66cm，最长可达1m，果实横径7～13cm；短圆柱型的果实长20～33cm，横径13cm以上。

② **长颈葫芦变种**。果实圆柱形，蒂部圆大，近果柄处较细长，嫩果食用，老熟后可成器。

③ **大葫芦变种**。果实扁圆形，直径20cm左右，嫩果食用，老熟后可成器。

④ **细腰葫芦变种**。果实蒂部大，近果柄部较小，中间缢细，嫩时可食，老熟者可成器。

⑤ **观赏葫芦变种**。果实小，长10cm，中部缢细，下部大于上部，果实成熟后作为儿童玩具，无食用价值，观赏用。

目前我国南方瓠瓜的主要栽培的地方品种有浙江长瓠子、南京面条瓠子、江西青蒲、湖北孝感瓠子、广州大棱、江苏棒锤瓠子、湖北狗头瓠子、七叶瓠子、江西木勺蒲、武汉百节葫芦、广州青葫芦、大花、花葫芦等。

12.3.2 生物学特性

(1) 形态特征

① **根**。瓠瓜为浅根性作物，根主要分布在20cm以内的耕作层，水平方向伸展范围广，但再生能力弱，不耐渍。

② **茎**。瓠瓜为一年生攀缘草本作物；茎、枝具沟纹，被黏质长柔毛，老后渐脱落，近无毛，茎蔓长3～4m以上，分枝力强，茎节易生不定根，卷须分叉。以侧蔓结瓜为主，栽培上常常进行摘心，摘心可促进侧蔓发生，达到提早结果的目的。

③ **叶**。瓠瓜植株叶柄纤细，长16～20cm，有和茎枝一样的毛被，顶端有2腺体；叶片卵状心形或肾状卵形，长、宽均为10～36cm，不分裂或3～5裂，具5～7掌状脉，先端锐尖，边缘有不规则的齿，基部心形，弯缺开张，半圆形或近圆形，深1～3cm，宽2～6cm，两面均被微柔绒毛，叶背及脉上较密。

④ **花**。瓠瓜为单花腋生，雌雄同株，雌、雄花均单生。雄花：花梗细，比叶柄稍长，花梗、花萼、花冠均被微柔毛；花萼筒漏斗状，长约2cm，裂片披针形，长5mm；花冠黄色，裂片皱波状，长3～4cm，宽2～3cm，先端微缺而顶端有小尖头，5脉；雄蕊3，花丝长3～4mm，花药长8～10mm，长圆形，药室折曲。瓠瓜的雌花花梗比叶柄稍短或近等长；花萼和花冠似雄花；花萼筒长2～3mm；子房中间缢细，密生黏质长柔毛，花柱粗短，柱头3，膨大，2裂。

⑤ **果实**。瓠瓜瓜形因品种不同而异，一般有长棒形、长筒形、短筒形、扁圆形或束腰形等形状。嫩果表皮为淡绿色，瓜面具有白绒毛，肉白色，后变白色至带黄色，由于长期栽培，成熟后果皮变木质，单瓜重0.5～2.5kg。

⑥ **种子**。瓠瓜种子较大，种皮灰白色，倒卵形或三角形，顶端截形或2齿裂，稀圆，长约2cm，每条种瓜可收籽250～350粒，千粒重125g左右，老熟后外果皮坚硬不堪食用。花期夏季，果期秋季。

(2) 生长发育过程

瓠瓜的整个生长发育过程，从种子萌动至第一雌花开放前为营养生长阶段。种子在充足的水分、空气和较高的温度（30～35℃）下迅速发芽出土。子叶展开后，地下部生长快，地上部生长较慢。当第

4～5片真叶展开后，生长加快，节间伸长，叶腋开始发生卷须。主蔓上从叶腋抽生子蔓，子蔓上又抽生孙蔓。主蔓着生雌花较晚，侧蔓多在第1～2节着生第一雌花，一般以侧蔓结果为主。瓠瓜的雌雄性分化受环境条件的影响，特别受光周期与植物生长调节剂的影响。瓠瓜属短日性植物，苗期短日照可以使主蔓提早发生雌花；应用乙烯利（1000～2000mg/kg）液处理也有同样效果。这是因短日照和乙烯利处理使雌蕊原基的内源脱落酸（ABA）含量提高，抑制雄蕊原基进一步发育。但日照和乙烯利处理只有在雄蕊原基短于0.4cm才有促雌效应。雌花开放后，进入生殖生长阶段，营养生长和开花结果同时进行。雌蕊受精后，子房和子房壁一起发育成果实。生长适温为20～30℃，15℃以下生长不良，10℃以下停止生长，5℃以下开始受害。对光照条件要求高，阳光充足，病害少，生长和结果良好。

瓠瓜于开花后10～15d果皮具白绒毛时采收。留种需选择具有品种典型性状，生长健壮抗病力强，结果早的植株作为留种株。第一瓜及时采收，第2、3瓜留种，而将其余幼瓜和雌花全部摘去。做好隔离，防混杂，增施磷肥，促进种子充实。待种瓜外皮发黄，绒毛完全消失，果皮已坚硬时采摘。后熟十天左右剖瓜取种。

(3) 对环境条件的要求

瓠瓜喜高温，不耐低温霜冻，生长适宜温度为20～25℃，种子在15℃时开始萌芽，最适发芽温度为30～35℃。瓠瓜生长前期喜湿润的气候，结果期喜晴天，若空气湿度过大，叶、花、嫩果都容易腐烂。瓠瓜适于在保水保肥力强而排水良好的土壤上栽培，长瓠子属浅根系，不耐干旱，而圆葫芦的根系入土较深，耐旱力较强，但都不耐渍。

12.3.3 栽培技术

(1) 栽培季节

瓠瓜原产于热带，喜温暖的气候条件，一般瓠子适于早熟栽培作夏菜供应，也适宜晚熟栽培作秋淡季供应，还可利用大棚、小拱棚等保护栽培，5月份即可上市，葫芦适于晚熟栽培，作伏秋淡季供应。在长江流域春瓠子露地栽培，多在惊蛰前后播种于温床或冷床进行育苗，而葫芦一般在清明至谷雨露地直播。

(2) 培育壮苗

早熟栽培多进行育苗移栽，长江流域大棚早熟栽培在1月上中旬播种，2月中下旬定植，小拱棚栽培1月下旬播种，3月上旬定植，晚熟栽培在4月上中旬播种，苗龄40～50d。

瓠瓜种子的种皮坚硬，播后出土较慢，一般都是先催芽后播种，营养钵或穴盘育苗。将种子放入60～65℃温水中浸泡5～7min，并不断搅拌种子，然后放入20℃水中浸10～12h让种皮吸足水分。浸种结束后将种子放在28～30℃恒温环境内催芽，同时每天用清水清洗1次，一般1周就可出芽、吐白，然后播种。育苗时应避免氮肥过多，保证有充足的光照，注意保温保湿，定植前7～10d要进行炼苗。定植时秧苗要茎秆粗壮，叶色深绿，开展度大于株高。

(3) 施足基肥，合理密植

瓠瓜适于在保水保肥力强而排水良好的土壤上栽培，栽培瓠瓜的地块要进行秋翻，以促进土壤熟化和消灭土壤中的病菌虫卵，耕翻的深度以30cm为宜。瓠瓜生育期长，产量高，需肥量大，要结合春耕，施足基肥，每667m^{2}施入腐熟有机肥3000～5000kg，过磷酸钙50kg，优质复合肥50kg。整地要上疏下实，定植前30d将土打碎，做成1.5～2.0m宽的高畦，以利排水。

当幼苗有2～3片真叶展开时，断霜后即可定植大田。定植时间应选无风晴天上午进行。1.5～2m宽的高畦，每畦可栽植2行，株距60～80cm，每667m^{2}可定植1000～1200株，大棚早熟栽培的株距30～40cm，每667m^{2}可定植2000～2500株。

葫芦多在房前屋后搭棚架栽培。

（4）植株调整

瓠瓜分枝能力强，采用摘心处理，可使茎蔓生长旺盛，植株不易衰老，采收期长，上市早。方法是在主蔓长有6～8叶时，将主蔓打顶，以促进子蔓生长，子蔓可选留1～2个健壮硕大的雌花，并在雌花上部留1～2片叶摘心，应当注意的是必须保留最上部一条子蔓的顶心，令其代替主蔓生长。此后再将抽生的孙蔓如前法摘心，每蔓留瓜1～2个，如此循环。当蔓长40～50cm，有10片以上叶时，及时插架绑蔓，一般瓠子多用粗竹竿搭成“人”字架。

（5）田间管理

瓠瓜产量高，植株生长旺盛，耗水量大，需肥量多，在植株生长前期应适当浇水、中耕、施肥；坐果后晴天经常浇水，并酌情分次追肥，注意氮磷钾肥的混合使用。

瓠瓜根浅，应浅松土，缓苗后及时中耕浅锄。当蔓长30cm时，在离根7～10cm处进行浅锄。瓠瓜生育期短，对肥水要求高，返苗后施提苗肥1次；当茎蔓长30cm时，正值摘心后侧蔓开始生长，应施分蔓肥1次，用量尿素10～15kg/667m^2；蔓长到70cm后，进入大量雌花形成及结果期，施催果肥1次，施肥量为尿素10kg/667m^2、复合肥20kg/667m^2；头瓜采收后，再追施1次氮肥。以后结果期另分期追肥2次，促使后续瓜生长。追肥后及时浇水。

（6）病虫防治

瓠瓜生长前期注意防治蚜虫和病毒病，发生大量蚜虫及时用50%烯啶·呋虫胺可湿性粉剂3000倍液，或2.5%溴氰菊酯乳剂3000倍液，或2.5%甲氰菊酯乳剂3000倍液，或40%吡虫啉水溶剂1500～2000倍液等，喷洒植株1～2次。中后期应防治白粉病，发病初期可用70%甲基硫菌灵1000倍液，25%三唑酮1500倍液或80%三乙膦酸铝500倍液防治。

（7）及时采收

瓠瓜从开花到生理成熟一般25～30d，嫩瓜一般在开花后10～15d即可采收上市。

瓠瓜果实有时发生苦味，食后对健康有较大影响，用苦味瓜炒肉，肉也变苦。据研究，其苦味是由遗传因子决定，是由显性苦味基因促使果实形成一种糖苷——葫芦苷而使果实带有强烈苦味。防治措施：一是田间发现苦味瓜株，立即拔除，以防花粉传播；二是在无苦味瓜的田块或地区采种；三是开花前将雌花套袋自交，在该植株的其他果上切一片尝味，如不苦，则可作采种用。

12.4 冬瓜栽培

冬瓜，葫芦科冬瓜属，原产于中国南部、东南亚及印度等地。冬瓜适应性强，现在我国南北各地均有栽培，而以南方各地栽培较多。

冬瓜喜温耐热，产量高，耐贮藏，有消暑解热的功效，是盛暑季节的重要蔬菜之一，对于调节蔬菜淡季供应有重要作用，同时由于其耐贮藏运输，也是广大农村产业结构调整主要选择种植的蔬菜。

冬瓜除作菜用，还可加工成冬瓜糖、酱制冬瓜、冬瓜干等，冬瓜还有减肥、润肺功效，可消除身体水肿。冬瓜皮和冬瓜种子也可入药，有利尿、止咳等功效。

12.4.1 类型和品种

冬瓜的类型，按果实形状有扁圆、短圆柱、长圆柱等类型，根据果实大小可分为节瓜、小型冬瓜和大型冬瓜三类，也可根据果实颜色和被白粉情况分为青皮冬瓜与粉皮冬瓜，还可根据栽培方式分为地冬瓜、棚冬瓜和架冬瓜。

(1) 大型冬瓜。植株长势壮旺，每株结瓜少，瓜硕大，单瓜重10～20kg。中熟或晚熟，主蔓一般在15节发生第一雌花，以后每隔5～6节发生一个或两个雌花。播种至收获150～180d或更长时间，长江流域及南方各地多栽培此类冬瓜。果实呈长圆筒形、短圆筒形、扁圆形或长棒形。果皮青绿或浓绿色，被白色蜡粉或无。一般每株选留一个果，老熟时采收，耐贮藏运输。常见品种有广东青皮冬瓜、湖南粉皮冬瓜、上海青皮冬瓜、昆明大子冬瓜、台湾的青壳大冬瓜和白壳大冬瓜等。

(2) 小型冬瓜。每株结瓜多，瓜小，扁圆或圆形，采收嫩瓜，单瓜重2～5kg。早熟或较早熟，第一雌花发生节位一般在第10节左右，个别品种（如北京一串铃）在第3～5节发生雌花，以后可连续开雌花，适于保护地栽培，播种至收获需110～130d。常见品种有北京一串铃冬瓜、四川成都的五叶子冬瓜、四川绵阳米冬瓜、南京提早冬瓜、台湾的圆冬瓜等。

(3) 节瓜。又名毛瓜，是冬瓜的一个变种，单果重0.5～1.0kg。我国广东、广西、台湾栽培历史悠久，栽培面积大，其他地区也引种作早熟栽培。果实圆筒形，先端钝或尖，密被绒毛，嫩果供食，老熟果实被白色蜡粉或无，亦可供食。节瓜品质柔滑，产量高，耐贮藏。在广东、广西，春、夏、秋三季均可生长，生长期80～100d，节瓜营养丰富，风味独特，无论是炒食，还是煲汤，都很受欢迎，此外还具有清热、消暑、利尿、解毒、消肿等功效。节瓜易栽培，耐贮运，已发展成为我国南菜北运、补充蔬菜供应淡季的特色蔬菜。常见品种有广州七星仔、广西绿仙子等。

12.4.2 生物学特性

(1) 形态特征

① **根**。冬瓜根系强大，须根发达，深度0.5～1.0m，宽度1.5～2.0m，其根系吸收能力强。茎节上特别是基部的茎节在潮湿条件下还易产生不定根。

② **茎**。冬瓜茎蔓性，五棱，绿色，密被绒毛，分枝力强，每节腋芽都可发生侧蔓，侧蔓各节腋芽也可发生副侧蔓，如任意生长，茎蔓非常繁茂。初生数节的腋芽只抽发侧蔓，5～6节以后的茎节除抽发侧蔓外，每个茎节还抽出分歧卷须，十余节后，每个茎节还发生花芽，着生雄花和雌花。

③ **叶**。冬瓜叶片肾状近圆形，宽15～30cm，5～7浅裂或有时中裂，裂片宽三角形或卵形，先端急尖，边缘有小齿，基部深心形，弯缺张开，近圆形，深、宽均为2.5～3.5cm。表面深绿色，稍粗糙，有疏柔毛，老后渐脱落，变近无毛；背面粗糙，灰白色，有粗硬毛，叶脉在叶背面稍隆起，密被毛。叶柄粗壮，长5～20cm，被黄褐色的硬毛和长柔毛。卷须2～3歧，被粗硬毛和长柔毛。

④ **花**。花单性同株，也有两性花的品种如北京一串铃冬瓜，单生。一般先着生雄花，随后发生雌花，雌雄花的发生有一定规律。一般在幼苗期开始花芽分化，分化迟早因品种与环境条件而不同。早熟品种较早，晚熟品种较迟。主蔓上的花芽，首先分化发育雄花，然后分化发育雌花，雌雄花发生迟早与顺序，不同品种有区别。以北京一串铃冬瓜为代表的小型冬瓜从第3～5节便开始连续发生两性花，大部分小型冬瓜第一雌花发生节位一般在第10节左右，以后可连续发生雌花；大型冬瓜品种（如广东青皮冬瓜）主蔓第10节左右发生雄花，发生若干节雄花后才开始出现雌花，以后每隔5～7节发生一个雌花（也有连续两雌花的），这样，第一雌花多在15～19节，第二雌花多在20～24节，第三雌花在24～28节，第四雌花在26～31节，第五雌花在30～36节，主蔓在40节前一半可发生4～8个雌花。侧蔓发生雌花较早，可在第1～2节发生，以后也是每隔5～7节发生一个或连续两个雌花。根据冬瓜的开花着果习性，小型冬瓜一般要让雌花多坐果，采收嫩果，提高产量；大型冬瓜则注意利用适当节位的雌花坐果，争取结大果，提高产量。也可利用雌花发生的规律性，每株采收中等大小果实2～3个，提高产量。

⑤ **果实**。果实为瓠果，幼果具绒毛，成熟时无绒毛，果皮绿色。果形因品种而不同，有扁圆形、

圆筒形或长圆筒形等，被白色蜡粉或无。果肉厚而纯白色，疏松多汁，味淡，果瓤部空洞较大。果实大小因品种有很大差异（质量 1～3kg 至 10～20kg，有的可达 50kg），嫩、老果均可食用。

⑥ **种子**。种子黄白色，有棱或无，千粒重 50～100g，有棱种子较轻，无棱种子较重。种皮厚，发芽慢。

（2）生长发育过程

冬瓜从种子到种子整个生长发育过程 100～140d，可以分为下列四个时期：

① **种子发芽期**。从种子萌动到子叶展开为种子发芽期。冬瓜种子萌动需要充足的水分和较高的温度。如在 40～50℃温水中浸种 3～6h，然后在 30℃左右温度下催芽，发芽快也较整齐，一天半至两天时间便大部分发芽。催芽后播种至子叶展开需 5～10d，干籽播种需 7～15d。

② **幼苗期**。从子叶展开到第 6～7 片真叶发生，开始伸出卷须为幼苗期。幼苗期发生的叶片较小，但根系开始迅速生长。幼苗期结束时，根的横向已有 0.5～1.0m，深达 30cm 以上，腋芽开始活动。这时期在 20～25℃气温下，需 25～30d，15℃左右生长缓慢，约需 40～50d。

③ **抽蔓期**。幼苗具 6～7 片真叶，开始抽出卷须，直至植株现蕾为抽蔓期。此期节间逐渐伸长，从直立生长变为匍匐生长，幼苗期低温短日照，现蕾的节位低，抽蔓期短，甚至没有抽蔓期。早熟品种现蕾节位低，只有很短的抽蔓期，大型冬瓜在第 10 节以上才现蕾，抽蔓期一般约需 10～20d。

④ **开花结果期**。自植株现蕾至果实成熟为开花结果期。此期生殖生长与营养生长同时进行，此期的长短因坐果的迟早与采收标准不同。大型冬瓜，一般留一个果，需要考虑有相当的营养生长基础后坐果，坐果后要 30d 以上才能逐渐成熟，因此开花结果期较长；小型冬瓜，如采收嫩果上市，开花结果期较短，但如连续采收则也较长，一般需 50～70d。

（3）对环境条件的要求

① **温度**。冬瓜喜温、耐热。生长发育适温为 25～30℃，种子发芽适温为 28～30℃，根系生长的最低温度为 12～16℃，均比其他瓜类蔬菜要求高。授粉坐果适宜气温为 25℃左右，20℃以下的气温不利于果实发育。

② **日照**。冬瓜为短日性作物，短日照、低温有利于花芽分化，但整个生育期中还要求长日照和充足的光照。结果期如遇长期阴雨低温，则会发生落花、化瓜和烂瓜。

③ **水分**。冬瓜虽然根系发达，吸收面积大，吸收能力强，但是茎叶繁茂，叶面积大，蒸腾作用强，需要较多水分，因此冬瓜是需要水分较多的蔬菜，不大耐旱。在开花结果期，茎叶旺盛生长，特别是坐果以后，果实迅速发育，需要水分较多，因此这时必须供给充足的水肥，但空气湿度过大或过小都不利于授粉、坐果和果实发育。果实发育后期特别是采收前，也不宜供水过多，否则降低品质，不耐贮藏。

④ **土壤及营养**。冬瓜对土壤要求不严格，沙壤土或黏壤土均可栽培，但需避免连作。冬瓜生长期长，植株营养生长及果实生长发育要求有足够多的土壤养分，必须施入较多的肥料。据研究，每生产 5000kg 冬瓜需氮 15～16kg，磷 12～12.5kg，钾 12～15kg。施肥以氮肥为主，但不宜偏施氮肥，应适当配合磷、钾肥，增强植株抗逆能力，并增加单果种子生产量。

12.4.3 栽培技术

（1）栽培方式

栽培方式有地冬瓜、棚冬瓜和架冬瓜三种。

① **地冬瓜**。植株爬地生长，单位面积株数较少，管理比较粗放，基本上放任生长，其优点是花工少，节省棚架材料，种植成本低。缺点是瓜型欠佳，要经常扶瓜，否则畸形果率高；果皮易受外界环境影响而破损，影响耐贮性；光能利用低，结果大小不均匀，单位面积产量较低。行距 3～3.5m，株距 60～80cm，每 667m^2 约 300～400 株，早熟种可以栽 600 株。

② **棚冬瓜**。植株用竹木搭棚上架，有高棚和矮棚之分。高棚棚高1.8～2.0m，人可以在棚下管理操作，瓜蔓上棚面以前摘除侧蔓，上架后多任意生长。矮棚棚高65～100cm，果实长大后接触地面，既防风害，又减少强日灼伤。大型冬瓜1m×2m株行距，每667m^2 300～400株，小型冬瓜连沟2m宽高畦栽2行，50cm株距，每667m^{2}约1000株。棚冬瓜坐果和单果重都比地冬瓜好，单位面积产量一般比地冬瓜高，但基本上仍是利用平面面积，也不利于密植和间种，一般只能在瓜蔓上棚前间套种。且搭棚材料多，成本高。

③ **架冬瓜**。支架的形式有多种。广东有"三星鼓架龙根"或"四星鼓架龙根"，即用三或四根竹竿搭成鼓架，各鼓架上用横竹连贯固定，一株一个鼓架；湖南长沙有"一条龙"支架，每株一桩，在1.3m左右高处用横竹连贯固定；上海则用"人字架"。一般大型冬瓜连沟1.5m作高畦（垄），每畦（垄）栽1行，株距60cm，每667m^{2}约700株。虽然各地支架形式多种多样，但都结合植株调整，较好地利用空间，有利于合理密植，并使坐果整齐，果重均匀，成熟一致，高产稳产。也有利于间作套种（如姜、芋、葛等），充分利用土地，增加复种指数，又比大棚冬瓜节省材料，降低成本，因此比较科学合理。

(2) 栽培季节

冬瓜一般都在一年内气温较高的季节栽培，各地多在春暖后播种。一般在地上断霜，土壤温度稳定在15℃以上时播种或定植，在种植时间上比黄瓜约晚5～7d。长江流域大型冬瓜可在3月上中旬大棚或小拱棚内播种育苗，4月上中旬定植，或清明至谷雨（4月上旬至下旬）露地直播，7～9月份收获。如果利用番茄、辣椒、茄子等地套种棚架冬瓜，可在3月中下旬播种，冬瓜播种迟、早对产量影响较大，一般说来适当早播，冬瓜开花就较早，茎节短，雌花较多。因此，掌握好播种期对冬瓜的丰产有一定的作用。

节瓜在华南地区露地生产，分春夏秋三季，由于华南地区无严寒气候，定植期不很严格，其播种时期分别为1～3月份、4～6月份及7～8月份，苗龄30d左右。武汉地区引种栽培，3月上旬大棚内电热温床播种育苗，4月上旬露地定植，搭人字架，5月底开始采收嫩瓜，可连续采收两个多月。

(3) 播种育苗

冬瓜一般都采用育苗定植，播种量100～150g/667m^2。有3～4片真叶时定植，苗龄40～50d。

① **种子处理**。选饱满的种子，用70～80℃热水烫种，搅拌至30℃时静置，浸种6～8h。也可用50～55℃温汤浸种15～20min，搅拌至常温后再浸泡6～8h。浸泡好的种子用清水洗去表层黏液，将种子沥干，用湿纱布包好，放入30～32℃的恒温箱内催芽2～3d，每天用清水淘洗种子1～2次，待80%种子破嘴露白时，就要及时播种在营养钵或穴盘内。如芽过长，播种时易损伤芽尖而造成植株生长僵化，且容易得病。冬瓜种子种皮厚，富含角质层，同时组织疏松，不易下沉吸水，所以它是蔬菜中最难发芽并易于出现问题的种类之一。正因为它吸水困难，发芽慢而不整齐，如果在浸种催芽时管理不当，氧气供应不足，就会产生"闷籽"现象而不发芽；另外在发芽时，强烈呼吸的情况下，排出的二氧化碳，聚集在种子堆内，也会引起种子窒息（闷籽）中毒，甚至造成"沤种"现象，不可不加以警惕。

② **种子播种**。播种时先浇足底水，待水渗下后畦面按10cm见方划格，用竹签插深1cm播种孔，每格播1粒种子（芽朝下），用营养钵或穴盘育苗的则放1粒发芽的种子于钵内或穴盘内，随播随盖潮细土或培养土1～3cm，并覆盖薄膜保湿。

③ **苗期管理**。冬瓜要求的温度较高，所以在苗床温度和通风管理方面要适当注意，幼苗期的每个阶段，以保持比黄瓜略高1～2℃温度为宜。播种至出苗前温度控制在28～30℃，不通风，昼温25～28℃，夜温15℃左右。出苗后及时揭开地面覆盖的薄膜，第一片真叶展平后至定植前7～10d，温度白天控制在20～25℃，夜间12～15℃，要注意及时通风降温去湿，通风时要小心，以免"闪苗"。定植前7～10d浇水，之后逐渐增加通风量，进行低温锻炼。定植前3d除去所有覆盖物，密切注意天气变化，避免霜冻为害。

(4) 整地作畦施基肥

冬瓜根系发达，需要深耕 25cm，有条件的地区应达 33cm，深耕后晒白，促使土壤风化。栽培早熟冬瓜应作成连沟 1.2～1.4m 宽的高畦，栽培晚熟品种畦宽 1.7～2.0m。开好畦沟、腰沟和围沟，覆盖地膜。

冬瓜生长期长，产量高，需要较多的肥料，应多施腐熟的有机肥，如人粪尿、堆肥、厩肥、商品生物有机肥等，多施磷钾肥料可使果实发育良好，增加产量，且有促进早熟的作用。每 667m^2 施腐熟的优质农家肥 3500～5000kg 或菜枯 100kg 或商品有机肥 300kg，并配合施过磷酸钙 50kg、45%三元复合肥 50kg，磷肥能增强冬瓜的抗性，同时能促进植株早结瓜，多结瓜。

(5) 合理密植

冬瓜的栽植密度因品种特性、栽培方式与栽培季节等而不同。早熟品种生长期短，结果较小，比中熟品种和晚熟品种适于密植。小型冬瓜的单位面积产量，是由株数、单株结果数和单果重三方面构成的，以株数和单株结果数二者为主，所以应通过密植来提高产量，一般 667m^2 栽植 1000 株左右，大棚栽培的节瓜每 667m^2 可栽植 1500 株左右。大型冬瓜则不同，多数实行一株一瓜，果实硕大，一般果重 15kg 左右，经常达到 20～25kg 甚至更重，它的单位面积产量是由株数和单果重组成的，所以大型冬瓜栽培，应该注意发挥它的个体产量的这种特性，在注意单果重的基础上适当密植，以达到高产稳产。

平棚架栽培一般畦宽约 350cm（连沟），双行植，株距 70～80cm，每 667m^2 栽 500 株左右。架冬瓜栽培一般行株距为 150cm×(70～80)cm，每 667m^2 可植 600 株左右。地冬瓜一般畦宽约 400～500cm（连沟），双行植，株距 80～100cm，每 667m^2 植 300 株左右。

(6) 植株调整

冬瓜的茎蔓很繁茂，靠主蔓结果，所以培育健壮的主蔓非常重要。由于主蔓的每个茎节都可抽发侧蔓，随着主蔓伸长，侧蔓不断发生，因此必须经常及时地摘除侧蔓，才能培育健壮的主蔓。冬瓜的主蔓有以下 5 种整蔓方式：

一是坐果前留一二侧蔓，利用主、侧蔓结果，坐果后侧蔓任其生长，此方式适用于地冬瓜。

二是坐果前摘除全部侧蔓，坐果后的侧蔓则任其生长，此方式适用于地冬瓜和棚冬瓜。

三是坐果前摘除全部侧蔓，坐果后留三四条侧蔓，其余侧蔓摘除，主蔓打顶或不打顶，此方式适用于架冬瓜。

四是坐果前后均摘除全部侧蔓，坐果后主蔓不打顶，此方式多用于架冬瓜。

五是坐果前后均摘除全部侧蔓，坐果后主蔓保持若干叶后打顶，此方式多用于架冬瓜。

以上主要指大型冬瓜的整蔓方式，采用哪种方式要根据栽培方式、栽植密度、植株长势等情况而定。

整蔓的同时要做好引蔓、压蔓工作。合理的引蔓、压蔓可以创造较大的吸收面积和通风透光环境。棚架冬瓜引蔓首先要考虑把理想的坐果节位放在棚架的适宜位置上。根据大型冬瓜的雌花着生习性和坐果要求，一般在主蔓具有 15～20 节左右时才引上棚架，早熟品种 15 节左右上架，晚熟品种一般在 18～20 节，这部分茎蔓长达 1.6～2.0m，让其爬地生长，可采用以下三种不同方式进行引蔓：

a. 顺藤式引蔓：植株按相同方向引蔓，而且两畦之间在对称的一边引蔓，以便管理。一般株距 1m 左右，按照 15～20 节蔓长，每株应在相邻的第二株上架。每畦尽头的两株则按相反方向引蔓。这种方式，瓜蔓集中一边，另一边有利于间作。

b. 剪刀式引蔓：两棵植株交叉引蔓，瓜蔓引向对方的棚架。

c. 盘藤式（或圈藤式）引蔓：每棵植株在自己株距范围内圆形引蔓，这种引蔓，瓜蔓分布比较均匀，也不妨碍间作套种。

结合引蔓还要进行压蔓，以固定瓜蔓的走向，并促发不定根，增加营养吸收面积，为以后植株生长和结果打下基础。一般情况下，当植株进入开花结果期之后，地面瓜蔓的部分茎节便陆续抽出不定根，所以在这前后都应做好压蔓工作。一般情况下，棚架冬瓜压蔓一次，爬地冬瓜压蔓3～4次，定植后待蔓长到1m左右，可进行一次压蔓，用泥土压在瓜蔓茎节上，使其长出不定根。压蔓时，叶子露出土面，瓜蔓的顶端露出30cm左右，爬地冬瓜以后每隔15d压一次蔓，直到瓜蔓铺满厢面为止。压蔓时注意切勿把着生雌花的茎节以及顶端生长部分压进土里。

从棚架底至棚架顶部的引蔓，一般直引便可。有的绕着鼓架螺旋向上引蔓，这种操作比较复杂，花费工时较多，现在不宜提倡。在架高1.3m左右，从架底生长至架顶有7～8节，所以瓜蔓长至横架横竹（龙根）时已达26～28节，如果以25～35节作为适当的坐果节位，那么横架横竹（龙根）前后的节位就是坐果节位。其后的引蔓，如平棚栽培，则引蔓上棚并使瓜蔓按相同方向生长，坐果后不摘侧蔓，让其在棚面生长；如一条龙架式，湖南长沙习惯使瓜蔓绕横竹螺旋式前进，瓜蔓绕竹要松动，以免蔓叶互相荫蔽，有些地方则用直引，这样蔓叶集中在架上，地面和果实都比较裸露；采用鼓架龙根式，则使瓜蔓跨越龙根，引上相邻的鼓架上，然后再引至第三个鼓架的龙根上，这样在鼓架的上、中、下部都有叶片分布，立体利用空间，又避免了地面裸露、果实裸露。

(7) 肥水管理

冬瓜生长期长，产量高，需肥水量较大。幼苗期以前需要肥水很少，抽蔓期也不多，而在开花结果特别在结果以后需要充足的肥水。追肥数量上，引蔓上架前占施肥总量的30%～40%，授粉至吊瓜占60%～70%，采收前20d应停止施肥。一般幼苗期薄水薄肥促苗生长，抽蔓至坐果肥水不宜多，要适当控制，以利坐果。选定瓜后肥水要充足，以促进果实膨大，应在15～25d内连续追施2～3次重肥，每次追施进口复合肥15～25kg，并配合淋水，晴天可放半沟水。大雨前后要避免施肥和偏施氮肥，以免引起病害。

(8) 提高坐果率，促进结大瓜

大型冬瓜每667m² 只有几百株，每株只留一果，因此，坐果率和果实大小是冬瓜高产稳产的关键。

a. 提高坐果率的措施。冬瓜的坐果受植株的生长情况和具体的气候条件的影响。植株有良好的营养生长，才能保证雌花的正常发育、正常坐果，营养生长过旺或过弱，均不利于坐果；气候条件与坐果也有很大关系，天气晴朗、气温较高和湿度较大等条件有利于坐果，空气干燥、气温低和降雨多时，昆虫活动少，不利于授粉，且降低柱头的受精能力，因而坐果差；此外瓜实蝇和瓜蓟马等害虫也影响坐果。针对上述原因，提高冬瓜坐果率主要措施有：

一是选定适宜的坐果季节，在确定播种期时，应优先考虑把坐果和果实发育安排在最适宜的季节，一般要求在雨季前后、空气湿度较大、气温20℃以上时，具体时间则根据各地气候而定。

二是提供良好的营养条件，如植株的营养生长弱，应在推迟坐果的同时加强追肥，待营养生长好转后坐果，如营养生长过旺而影响坐果时，在坐果前应节制肥水，坐果后才继续供给水肥，采用主蔓打顶，控制顶端生长优势，也可促进坐果。

三是人工辅助授粉，不良的气候条件影响坐果时，采用人工辅助授粉，能显著提高坐果率，应用15～20mg/L的2，4-D处理瓜柄，可提高坐果率。

四是栽植密度要适当，过密也会降低坐果率。

五是做好害虫的防治工作，直接影响坐果的害虫有瓜实蝇和瓜蓟马，瓜实蝇危害果实，瓜蓟马主要危害幼嫩生长点和果实，均要及时防治。利用瓜实蝇成虫在午间高温时段多栖息在瓜棚下和早晚活动交尾产卵的习性，在成虫盛发期，于中午烈日当空或傍晚天黑前喷药毒杀成虫，药剂可选50%杀螟丹可溶性粉剂2000倍液，或20%氰戊菊酯或25%溴氰菊酯乳油3000倍液，或21%氰戊·马拉松乳油6000倍液，3～5d喷1次，连喷2～3次。为害冬瓜的蓟马主要是棕榈蓟马，又称瓜蓟马，蓟马虫体极小，早期难于发现，加上其繁殖快，极易成灾，因此，在防治上要注意经常检查，及早发现，及时用药。其成虫对蓝色有趋性，可采用双面涂不干胶的蓝色PVC板，每块约80cm²（10cm×8cm），每隔15m田地插1块，高出植株约30cm，防止成虫产卵。药剂防治可在苗期及开花前各喷1次70%吡虫啉水分散粒剂 15000 倍液，在开花期可选用 20%丁硫克百威乳油 800 倍液、2%阿维菌素微囊悬浮剂 1500 倍液、50%啶虫脒水分散粒剂 3000 倍液等轮换使用，每隔 7～15d 喷 1 次，连续喷 2～3 次。

b. 促进结大瓜的措施主要包括以下几方面。

一是坐果节位要适当。坐果节位与果实大小有很大关系，早熟品种在 9～12 节，中熟品种在 20～25 节，晚熟的大型品种在 30～40 节，一般主蔓第二、三个雌花坐果比第一个雌花坐果的产量高。据研究，广东青皮冬瓜以 23～35 节坐果的果实最重，大果率最高，22 节以前和 35 节以后都不理想，亦即主蔓上第 3～5 个雌花坐果，结大果的可能性较高，因为此时有强健的营养生长基础和良好的营养状况，为结大果奠定了较好的物质基础。

二是选好坐果的果形。幼果形状与果实大小有一定关系，如广东青皮冬瓜，幼果形状为圆筒形，上下部大小一致，肩宽而平，顶圆钝，全身被绒毛且具光泽，为理想的果形。这种果形绝大多数能结大果，长形果也能结大果，在幼果有 150～250g 重时便可分辨。

三是主蔓打顶。通过主蔓打顶，可提高叶的光合效能，还可促进坐果，同时还有利于适当密植，提高产量。研究表明，广东青皮冬瓜在 23～35 节坐果的情况下，坐果后保留果上面 15～20 片叶再打顶，植株保持 45～50 叶便可，具体因地区和品种而异。如南京青皮早熟，果实较小，可在 50～60 节摘心，湖南粉皮较晚熟，果实较大，可在 56～65 节摘心。总之，结大果要有强健的营养生长基础作保障。

四是提供良好的水肥条件。冬瓜坐果以后，果实迅速发育，蔓叶也在继续旺盛生长，因此需要大量的营养和水分。对于大型冬瓜，在果实发育的 40～50d 内，初期（坐果后 15～20d）是供水的重要时机，这时供足肥水，可为果实发育打好基础，如缺水缺肥，轻则影响果实的充分发育，降低果重，重则化瓜；果实发育中期（坐果后 20～25d），应继续供应肥水，此时如肥水中断或供应不及时，植株的蔓叶生长将迅速变弱，果实的长势变慢甚至停止；果实发育后期（坐果 35d 以后），此时如植株蔓叶生长正常，可不再追肥，保持土壤湿润便可。

五是要有足够的温度条件。温度是冬瓜发育的重要条件，要求有 20℃以上的温度，以 25℃左右及一定的昼夜温差最为适宜，15℃以下果实发育缓慢，难以结大果。对于秋季低温来得早的地区，要避免太迟播种，使果实发育时受低温影响而降低产量。

六是搞好护瓜工作。冬瓜果大且重，在果实发育至一定大小时应做好护瓜工作。护瓜的要求是把果实固定在棚架的适当位置上，保护果实不会脱落，可用草绳套住果实或用麻绳套住果柄然后系在棚架上进行护瓜。护瓜应在果重 2～3kg 时进行。护瓜后，要使瓜蔓承受的重量转到吊绳上，瓜前瓜后的茎蔓要松动，周围没有妨碍果实继续发育的东西，才算合适。同时在瓜接触地面时，要用麦秆和稻草垫在果实下面以防止果实腐烂，在瓜上面也要盖草防止烈日曝晒，青皮冬瓜比粉皮冬瓜根容易被太阳晒伤，盖草能防止晒伤。

欠缺上述条件，就容易造成畸形果。冬瓜畸形果有三种：一是果实顶部萎缩不发育，变成上大下小；二是果实中部萎缩不发育，变成两头大中间小；三是果实基部萎缩不发育，变成上小下大。这三种畸形果中以第一种出现较多。主要是刮北风、气温骤降，降雨，土壤瘠薄，基肥不足，施肥灌溉不均匀等引起。只要保证上述提高坐果率、促进结大瓜的各项措施及时到位，是可以少发生或不发生畸形果的。

（9）病虫害防治

冬瓜病害主要有疫病、枯萎病、炭疽病、病毒病、白粉病等，虫害主要有蓟马、蚜虫、黄守瓜、斜纹夜蛾等。按照预防为主、综合防治的植保方针，坚持以农业防治、物理防治、生物防治为主，化学药剂防治为辅的原则，严禁使用国家禁限用的高毒、高残留、高生物富集性的农药及其混配农药。

① 农业防治

选用抗（耐）病虫的优良冬瓜品种；铲除田边杂草，基肥以有机肥为主；及时拔除病株，摘除病叶、老叶和病瓜，携出田外进行无害处理。

② 物理防治

悬挂黄色黏虫板或黄色机油板诱杀蚜虫，利用频振式杀虫灯和性诱剂诱杀夜蛾科害虫的成虫等。

③ **化学防治**

a. 疫病。在苗期、大田栽培前期选用58%甲霜灵·锰锌可湿性粉剂500倍液（安全间隔期7d）、56%霜脲·锰锌可湿性粉剂700倍液（安全间隔期10d）、50%琥珀·甲霜灵可湿性粉剂600倍液（安全间隔期7d）防治。

b. 枯萎病。在苗期、大田栽培前期选用50%多菌灵可湿性粉剂500倍液（安全间隔期14d）、70%甲基硫菌灵可湿性粉剂800倍液（安全间隔期7d）、50%霜·福·稻瘟灵可湿性粉剂800倍液（安全间隔期7d）防治。

c. 炭疽病。高温多雨时期选用75%百菌清可湿性粉剂600倍液（安全间隔期10d）、50%多菌灵可湿性粉剂500倍液（安全间隔期14d）、50%甲基硫菌灵可湿性粉剂700倍液（安全间隔期7d）防治。

d. 病毒病。大田栽培前、中期可选用0.5%抗毒剂1号水剂300倍液（安全间隔期5d）、20%病毒A可湿性粉剂500倍液（安全间隔期7d）、5%菌毒清可湿性粉剂300倍液（安全间隔期5d）、NS-83耐病毒诱导剂100倍液（安全间隔期7d）防治。

e. 白粉病。大田栽培中、后期可选用70%甲基硫菌灵可湿性粉剂1000倍液（安全间隔期7d）、50%多菌灵可湿性粉剂600～800倍液（安全间隔期14d）、75%百菌清可湿性粉剂600倍液（安全间隔期10d）防治。

f. 蓟马。可选用47%青雷·王铜可湿性粉剂600～800倍液（安全间隔期7d）、25%杀虫双水剂400倍液（安全间隔期15d）、98%杀螟丹原粉2000倍液（安全间隔期7d）防治。

g. 蚜虫。可选用24%多抗霉素600倍液（安全间隔期11d）、50%抗蚜威可湿性粉剂2000倍液（安全间隔期20d）、10%吡虫啉可湿性粉剂1000倍液（安全间隔期10d）防治。

h. 黄守瓜。可用20%敌畏·氰乳油500倍液（安全间隔期10d）或21%氰戊·马拉松乳油6000倍液（安全间隔期5d）防治。

i. 斜纹夜蛾。7～8月可选用苜蓿夜蛾核多角体病毒600～800倍液（安全间隔期5d）、5%茚虫威3000倍液（安全间隔期7d）防治。

(10) 采收及贮藏

采收应在植株大部分叶片保持青绿时进行。冬瓜成熟的标志是皮上绒毛消失、果皮暗绿或出现白粉。当果实达商品成熟后选晴天采收，采收时要留一小段果柄，以利贮藏。

棚架冬瓜一般株行距1m×2m，每667m^2栽植300株左右，密植的株行距0.8m×2m，每667m^2栽植400株左右，一般每667m^2产量5000kg左右，条件好的达到10000～15000kg，但有随着密度增加而降低单果重的倾向。

冬瓜喜温耐热，属冷敏性蔬菜，不耐低温贮藏，低于10℃往往会发生冷害。贮藏适宜温度为10～15℃，相对湿度为70%～75%，要求通风良好。温度过低时增加覆盖物或启动加温设施，温度过高时开窗通风散热。贮藏棚（室）应遮阳、通风透气、隔湿保温、防鼠害等。在冬瓜入库前2～3d，用高锰酸钾、来苏尔（或甲醛）药液对贮藏棚（室）进行喷雾或熏蒸消毒。安全间隔期后再进行冬瓜贮藏。贮藏期间，特别是冬瓜刚入库时，应注意加强通风，在中午气温较高时，一定要开窗通风换气，这样可排除潮气，降低环境湿度，保持库内干燥状态。冬瓜贮藏期间，只要能掌握好温、湿度环境条件，一般均可贮藏3～4个月或更长时间，可根据市场需求、价格以及贮藏的批次，择机上市。

a. 简易贮藏。冬瓜收获后，选瓜地里地势较高、排水方便的地方作贮地，每667m^2冬瓜需准备贮地60m^2。贮地宽2m，开好排水沟，平整土地后铺一层薄膜，薄膜上覆盖稻草，避免冬瓜与薄膜接触。草上堆放冬瓜，可放3层，再在瓜上覆盖稻草，以看不见瓜为宜，稻草上覆盖薄膜，薄膜下垂到地面将瓜堆四周包住，膜上覆盖稻草、瓜蔓或遮阳网。

b. 大棚贮藏。棚宽6～7m，棚高1.8m，按10m贮瓜1×10^4kg的标准确定棚的长度。棚地铺薄膜，膜上覆草，草上放瓜，可放6排3层。

c. 室内贮藏。选择通风条件好、背北风、散热快的房屋作为贮藏室，室内用木板搭起距地面20～

30cm 的平台，按 1.3m 分行，并在其上撒一层稻草，成行平放冬瓜 4～5 层，行间预留人行道，便于检查和清理烂瓜。

12.5 西瓜栽培

西瓜别名水瓜，葫芦科西瓜属，原产于热带非洲。西瓜营养丰富，除了含糖之外，还含有蛋白质、多种氨基酸、有机酸、多种无机盐类，是消暑佳品。西瓜还具有药用价值，外果皮入药名为翠衣。全国种植西瓜普遍，经济效益较好，适宜与棉、菜、玉米等作物间套种植。

12.5.1 类型和品种

我国的西瓜品种可分为 3 个国内生态型和 3 个国外生态型。

① **华北生态型**。分布在黄河及其以北地区。本类型品种的主要特点是生长势强，果型大，成熟较晚，耐旱不耐湿，瓤质沙软，较耐运不耐贮，果实含糖量（7%～9%）大多不高，籽较大，果形、皮色、瓤色多样化。

② **华南生态型**。主要分布在长江及以南地区。本类型品种的主要特点是生长势较弱，果型较小，成熟较早，耐阴雨，果皮薄，瓤质软，不耐贮运，果实含糖量不高（6%～9%）。

③ **西北生态型**。主要分布在甘肃、宁夏、新疆以及内蒙古等地。本类型西瓜的主要特点是生长势旺，果型大，生育期长，坐瓜节位高，成熟晚，耐旱，果皮厚，瓤质粗，耐贮运，果实含糖量 8%～9%。本地区是我国西瓜良种繁育基地。

④ **日本生态型**。主要分布在日本及中国台湾省。日本与华东及华南生态类型相似，因此本生态型西瓜的特点与华南型相同。主要表现为适应性广，成熟早，经改良后含糖量高，品质佳，引入中国后被广泛种植或作育种材料。当前大多数主栽品种均与本类型品种有亲缘关系，如早花、郑州 3 号、京欣 1 号（F1）、郑杂 5 号（F1）以及几乎所有的 4 倍体西瓜。

⑤ **美国生态型**。主要分布在美国东南部及墨西哥海湾区和中西部各州。本类型西瓜的主要特点为生长势强，果型大，生育期长，晚熟，果皮坚韧，瓤质脆，耐贮运，果实含糖量较高（9%～11%）。中国育成的一代品种中，几乎都有本类型的品种作为亲本，如红优 2 号、新澄、郑杂 5 号等。

⑥ **俄罗斯生态型**。主要分布在俄罗斯伏尔加河中下游、北高加索、乌克兰草原等。本类型品种的主要特点是多为中型果，中熟，耐旱不耐湿，瓤质脆，品质较好，果实含糖较高（9%～10.5%）。

我国主要栽培品种有以下几种：

① **早熟品种（第二雌花开放到果实生理成熟需 28～32d）**。郑杂 5 号、京欣 1 号、庆农 3 号、郑抗 3 号、郑抗 6 号、少籽巨宝、皖杂 3 号、苏杂 2 号、丰乐 1 号、早佳等。

② **中熟品种（第二雌花开放到果实生理成熟需 32～35d）**。西农 8 号、豫西瓜 9 号、郑抗 4 号、聚宝 1 号、新澄、金花宝、湘蜜 3 号、苏密 2 号、翠宝、聚宝 3 号、金钟冠龙等。

③ **晚熟品种（第二雌花开放到果实生理成熟需 35d 以上）**。新红宝、庆红宝、红优 2 号、赣杂 1 号等。

④ **无籽西瓜品种**。郑抗无籽 1 号、京欣无籽 1 号、黑蜜无籽 2 号、蜜枚无籽 1 号、黑蜜 5 号、洞庭 1 号、洞庭 3 号、无籽 3 号、广西 2 号、邵阳 304（雪峰无籽）、翠宝 5 号、昌乐无籽、凤山 1 号、农友新 1 号、农友新奇等。

⑤ **礼品瓜品种（小型品种果实 1～2kg，特殊皮色、瓤色等）**。黑美人、早春红玉、金兰、春兰、新小凤、特小凤、红铃、秀铃、秀丽、宝冠等。

12.5.2 生物学特性

(1) 形态特征

① **根**。西瓜根系强大，吸收能力强，耐旱能力强，主根可深入土层1m左右，侧根也很发达，主要分布在30cm以内的耕作层中。西瓜具有强大的深入土中和分布面广的根系，能吸收大量水分，所以它具有很强的耐旱能力。但西瓜幼苗根纤细易折断，再生力弱，不耐移植，育苗时要保护好根系，且苗龄不宜过大，最好控制在2～4片真叶，育苗时间为一个月左右。

② **茎**。西瓜茎又称蔓，主蔓在5～6片叶之前直立生长，超过30cm长到一定长度时，由于机械组织不发达，支撑不住自身重量，便匍匐地面生长。茎的分枝能力很强，可萌发3～4级侧枝。叶腋容易发生侧蔓，子蔓又易发生孙蔓，枝叶繁茂，常互相遮阳，妨碍通风透光，影响开花结果，所以栽培上要进行整枝。西瓜的茎节上极易产生不定根，采用压蔓的办法，可促使不定根形成，增加吸收面积，固定植株，防止滚秧。

③ **叶**。西瓜叶片呈羽状，单片，互生，无托叶，叶缘深缺刻，叶片表面有蜡质和绒毛，是适应干旱的形态特征之一。西瓜叶形因生育期而异。子叶两片，较肥厚，呈椭圆形。保护子叶完整，延长子叶功能期，是培育壮苗的重要措施。子叶后主蔓上第1～2片真叶，叶片较小，近圆形，无裂刻或有浅裂，叶柄也较短；伸蔓后逐渐呈现各品种固有的叶形；生育后期新生叶片又逐渐变小，但叶形不变。西瓜成龄叶片一般长18～25cm，宽15～20cm。氮肥过多，浇水过量，光照不足，叶片大而薄，对生长发育不利。由于西瓜叶片较脆，易受外力损坏，须严格防风及精细作业。西瓜叶柄长而中空，通常长为15～20cm，略小于叶片长度。若肥水过多，光照过弱，叶柄伸长，长度超过叶片，且蔓叶重叠，叶片色淡叶薄，结果不良，这是徒长的形态特征。生产上瓜农常将叶柄与叶片的相对长度作为植株是否徒长的形态指标。

④ **花**。西瓜一般是雌雄同株异花，为单性花，少数品种雌花也带有雄蕊，称雌型两性花，杂交制种时应注意除去雄蕊，以免自交。西瓜在第二片真叶展开前已开始有花原基形成，3～5片叶后开始开花。先开雄花，后开雌花，且雄花数量多。除着生雌花节外，每一叶腋均着生一至数朵雄花，主蔓第一雌花着生节位随品种不同而异，一般早熟品种着生节位低，多在第5～7节上；晚熟品种则多在10～13节。西瓜主、侧蔓均能开花结果，侧蔓第一雌花多着生于5～8节，以后主侧蔓均是每隔3～5节或7～9节着生一朵雌花。其中，主蔓第一雌花和节位过远的雌花所结的果实个小，品质差，几乎没有商品价值。而主蔓上20～30节即第3、4雌花和侧蔓上第10～15节即第2、3雌花形成的果实最大。西瓜雌花柱头和雄花花药均有蜜腺，为虫媒花，主要靠蜜蜂、蚂蚁传粉，因此，品种间易自然杂交而引起品种混杂退化，采种时应严格隔离，至少相距1000m。西瓜为半日花，即上午开花，下午闭花。晴天通常在早晨6:00～7:00开始开花，阴雨天或气温较低，空气湿度过大时，开花延迟。上午10:00左右花瓣开始褪色，11:00左右闭花，15:00左右完全闭花。因此，正常条件下，人工授粉最适宜的时间是上午8:00～9:00，10:00以后授粉，坐果率显著降低。西瓜的雄花在晴天适温下，开花的同时或稍晚即散出花粉。但在低温或降雨的次日，开花晚，而且即使开花，花粉散出也推迟。由于西瓜花寿命短，人工授粉最好在当天进行，以减少落花化瓜，提高坐瓜率。

⑤ **果实**。西瓜果实为瓠果，由子房受精发育而成。整个果实则由果皮、果肉、种子三部分组成。其中，果皮由子房壁发育而成，果肉由胎座发育而来，种子则由受精后的胚珠发育而成。不同品种的西瓜，其形状、大小、皮色、花纹、瓤肉颜色表现多种多样。这些特征常用作辨别品种的主要依据。第一，果实的大小主要决定于子房的大小和开花后20d左右果实的发育。在雌花刚开放的4～5d，是果实能否坐住的关键时期；在其后的15～20d，是果实体积增大的主要时期，增长量为整个瓜重的90%左右；果实成熟前10d，体积增加缓慢，主要是果实内部成分的变化。因此，开花前后应及时整枝打杈，加强肥水管理，人工辅助授粉，可提高坐瓜率。第二，西瓜果形不一，有圆球形、高圆形、短椭圆形和

长椭圆形等。通常生长初期以纵向生长为主，中后期则横向生长占优。果实发育初期若遇低温、干燥、光照不足、营养生长过旺时，常产生畸形果。第三，果皮厚薄也是反映品种优劣的重要指标。除品种不同外，还和留瓜节位有关，留瓜节位低的果实小、畸形、皮厚、空心、纤维多。这与果实发育初期叶片数少、养分积累不足及低温引起植株长势较弱有关。对此，生产上多摘除第1个瓜，选留第2～3个瓜。其中尤以第3个瓜较好，瓜大皮薄。但考虑到早熟性及保险性，仍以留第2个瓜为宜。第四，瓜瓤色泽关系到品质及各地消费习惯的差异。其色泽不同与瓜内所含色素不同有关。红瓤含茄红素和胡萝卜素，且主要由茄红素含量多少决定，由此形成淡红、大红等不同色泽；黄瓤则含各种胡萝卜素；白瓤含黄素酮类，与各种糖结合成糖苷而存在于细胞液中。

⑥ **种子**。西瓜种子长圆而扁平，颜色、大小因品种不同而异，有黑、白、红、灰等色，有些品种有黑边或白边，种子发芽年限3～5年。大籽类型种子千粒重100～150g、中粒类型40～60g、小籽类型20～25g。每个瓜有种子300～500粒。

(2) 生长发育过程

西瓜从播种到收获一般经历100～120d，整个田间生长发育过程可分为发芽期、幼苗期、伸蔓期和结果期四个阶段。栽培上必须针对每个时期的生长规律及前后时期的协调关系，采取不同的促控措施，才能取得高产优质。

① **发芽期**。即从播种到第一片真叶显露的过程。在25～30℃条件下，完成这一过程需经10d左右，此期主要是消耗种子中贮藏的养料，供幼胚的萌发、胚根和下胚轴的伸长，为幼苗独立自养阶段做准备，应保证适宜的温湿条件，避免下胚轴的过旺生长，形成高脚苗，促进生长锥中幼苗叶的分化和生长。

② **幼苗期**。即从第一片真叶显露到出现5～6片真叶团棵时为幼苗期。在气温15～20℃时，幼苗期约需一个月时间。此期根系已相当发达，并具有较强的吸收能力，而地上部也形成了一定数量的叶面积。在二叶期花芽已经开始分化，至团棵时，主蔓顶端已分化出8～9枚小叶，六节以前各叶腋都有侧蔓分化，其后各节的叶腋均有小叶、侧蔓、卷须和花芽分化，第三雌花分化已经结束。构成西瓜产量的所有花芽都是在幼苗期分化的。所以栽培上应加强苗期管理，促进根系发育和花芽分化，防止发生秧苗徒长、寒根、沤根、烧根等生理障碍。

③ **伸蔓期**。从团棵至主蔓坐瓜节位雌花开放为伸蔓期。在20～25℃的气温条件下，需15～20d。此期根系继续旺盛增长，至雌花开放期地下吸收体系已基本形成；茎叶生长加快，节间伸长，叶面积迅速扩大，雄花雌花陆续分化、发育和开放。在栽培上除继续加强地面管理促进根系增长外，要注意整枝和茎蔓固定，调整好植株营养生长和生殖生长的关系，特别是生长势强的品种更应注意控秧，避免营养生长过于旺盛而降低坐果率。

④ **结果期**。从主蔓坐果节位的雌花开放到果实生理成熟为结果期。在气温25～30℃的条件下需经过25～40d。结果期天数的多少，主要取决品种熟性，其中早熟品需25～28d，中熟品种需30～35d，晚熟品种35d以上。在这段时间内，果实发生“褪毛”“定个”等形态变化。根据这些临界特征，又可划分为坐果期、果实生长盛期和结果后期。坐果期指从留果节位的雌花开放至果实褪毛，为果实生长初期，需4～6d，此时果实生长优势尚未形成，营养生长仍很旺盛，是决定西瓜坐果与化瓜的关键时期。在管理上要严格控制灌水、施肥，及时整枝打杈和压蔓，促进坐果，提高结瓜率；果实生长盛期指从果实褪毛到定个，需18～24d，此时果实已成为当时的生长中心和营养物质的输入中心，果实直径和体积急剧增长，要加强肥水管理，进行“留果”、“摘心”和“打尖”，促进果实膨大；结果后期指从果实定个到生理成熟，需7～10d。此期果实甜度提高，表面的花纹清晰，果皮硬化并逐渐成熟，是决定西瓜品质好坏的关键时期。应停止浇水，注意排水，防止蔓、叶早衰，并采取“垫瓜”“翻瓜”等措施来提高果实的品质。

(3) 对环境条件的要求

① **温度**。西瓜属喜温耐热作物，对温度的要求较高且比较严格。对低温反应敏感，遇霜即死。西

瓜种子发芽的最低温度在15℃以上，低于此温度绝大部分品种的种子不能萌芽，发芽最适温度为25～30℃，在15～35℃的范围内，随着温度的升高，发芽时间缩短。当温度超过35～40℃时，会有烫种的危险。在西瓜早熟栽培中，一般采用温床育苗，以满足西瓜发芽出苗对温度的要求。在西瓜生育过程中，当气温在13℃以下时，植株的生长发育就会停滞。西瓜生育的下限温度为10℃，若温度在5℃以下的时间较长，植株就会受到冷害。西瓜生长发育的适宜温度为18～32℃。在这一温度范围内，随着温度的升高，生长发育速度加快，茎叶生长迅速，生育期提前。当温度达到40℃时，如果水分和肥料充足，也同样有一定的同化机能，但不能维持较长时间。若温度再升高，植株就会受到高温伤害。在冬春温室或大棚内种植西瓜，其适温范围较大。在夜温8℃、昼温38～40℃、昼夜温差达30℃的条件下，仍能正常生长和结果。西瓜开花坐果期的温度下限为18℃，若气温低于18℃则很难坐瓜，即使坐住往往果实畸形，果皮变厚，成熟期延长，糖分含量明显下降。开花结果期的适宜温度为25～35℃。西瓜喜好较大的昼夜温差，在适温范围内，昼夜温差大，有利于植株各器官的生长发育和果实中糖分的积累。西瓜根系生长的最低温度为10℃，根毛生长的最低温度为13～14℃，根系生育的适宜温度为28～32℃。据测定，西瓜根系在12～13℃时的生长量仅为30℃时的1/50。在西瓜早熟栽培时，因早春温度较低，所以多采用温床育苗；在移苗定植时，采用地膜、小拱棚、草帘、大棚等多层覆盖，并选晴暖天气进行，以满足根系生育对温度条件的要求。

② **光照**。西瓜是喜光作物，需要充足的光照。据测定，西瓜的光补偿点约为4000lx，光饱和点为80000lx，在这一范围内，随着光照强度的增加，叶片的光合作用逐渐增强。在较强的光照条件下，植株生长稳健，茎粗，节短，叶片厚实，叶色深绿。而在弱光条件下，植株易出现徒长现象，茎细弱，节间长，叶大而薄，叶色淡。特别是开花结果期，若光照不足会使植株坐果困难，易造成“化瓜”，而且所结的果实因光合产物少，含糖量降低，品质下降。在西瓜早熟栽培育苗过程中，加强通风、透光、晒苗是培育壮苗的措施之一。光谱成分对西瓜的生长发育也有一定的影响，若光谱中短波光即蓝紫光较多时，对茎蔓的生长有一定的抑制作用。而长波光即红光可以加速茎蔓的生长。西瓜属于短日照作物，光周期为10～12h，在保证正常生长的情况下，短日照可促进雌花的分化，提早开花。但是在8h以下的短日照条件下，对西瓜的生长发育不利。

③ **水分**。西瓜根系发达，可深扎入土壤1.5～2m。西瓜叶片有较多的裂刻并被绒毛，以减少水分的蒸腾，因而西瓜具有较强的耐干旱能力。西瓜要求土壤疏松通气，雨量过多或土壤板结不利其生长，其根系极不耐涝，尤其苗期雨量过多，地面渍涝，会严重影响西瓜幼苗的生长发育，继而显著延迟生育期。伸蔓期雨量过多，会引起旺长，难以坐瓜，显著降低产量。西瓜枝叶茂盛，果实含水量高，生育期大部分时间处于干旱季节，叶片蒸腾强度大，耗水量极多，对水分要求又极为强烈，如水分不足，则影响营养体的生长和果实的膨大。据测定，每株西瓜一生中大约需要消耗水1t。如果缺水，西瓜生长发育会受到严重的影响。伸蔓期缺水，迟迟不发棵，生育期延长。开花期干旱，易造成授粉不良，形成“化瓜”。试验表明以土壤持水量60%～80%最为经济。不同生育期有所不同，幼苗期田间持水量为65%，伸蔓期为70%，而果实膨大期应保持75%，否则影响产量。对土壤水分的敏感时期，一是在坐果节位雌花现蕾期，此时如水分不足，雌花蕾小，子房较小，影响坐果；二是在果实膨大期，如土壤水分不足，影响果实膨大，严重影响产量。要求空气干燥，适宜的空气相对湿度为50%～60%。空气潮湿，则西瓜生长瘦弱，坐果率低，品质差，更重要的是诱发病害。空气湿度过低，则影响西瓜的营养生长和花粉萌发。西瓜的根系不耐水涝，瓜田受淹后根部腐烂，造成全田死亡，因此要选择地势较高的田块种植，并加强清沟排水工作。

④ **土壤及营养**。西瓜根系好气性强、需氧量大，结构疏松、排水良好、有机质丰富的沙质土壤最适宜西瓜栽培。西瓜喜生茬、土净，因此，生荒地也适宜种植西瓜，老菜园不适于西瓜种植。西瓜最适宜中性土壤，但较为耐酸碱，pH在5～7范围内能正常生长发育。一般西瓜对土壤的适应性广，沙土、黏土、酸性红黄壤、沿海盐碱地均可栽培，新垦地病害少，杂草少，可以得到较好的收成。西瓜产量高，需肥量大。氮、磷、钾三要素的吸收中以钾为最多，氮次之，磷最少，三者之间的吸收比例为

3.28∶1∶4.33。不同生育期，对三要素的吸收差异很大，生育前期吸收氮多，钾少，磷更少，中后期吸收钾多。从总吸收量上看，发芽期和幼苗期吸收量最少，伸蔓期和果实膨大期吸收量最大，结果后期又变小。应根据不同生育时期和植株生长状态施肥，基肥以磷肥及农家肥为主，苗期以氮肥轻施，伸蔓期适当控制氮肥，坐果以后以速效氮、钾肥为主。

12.5.3 西瓜露地栽培技术

(1) 栽培季节和茬口

西瓜露地栽培就是在没有保护设备条件下的栽培。各地的气候有很大差异，因而播种时间也各不相同，南方地区由于气温较高，播种时间偏早，而北方地区气温较低，一般播种较晚。春季露地直播栽培，一般以当地终霜已过，地温稳定在15℃左右时为露地播种的适宜时间。播种的最佳时间，还应根据品种、栽培季节、栽培方式以及消费季节等条件来确定。如武汉地区早熟西瓜，一般3月上中旬大棚或小拱棚播种育苗，4月上中旬定植，6月中下旬开始收获上市；秋西瓜7月上中旬播种，9月下旬开始采收上市。

前茬对西瓜产量、品质及抗病性都有较大的影响，良好的前茬可以提高产量和品质，增加抗病能力，为丰产、丰收打下基础。栽培西瓜最好前茬是荒地，其次是二荒地及禾谷类作物茬口，豆茬及菜地不理想，瓜茬不能连种。

(2) 品种选择

种植西瓜要根据市场需求及当地的气候条件选择适当品种。如果抢早上市，就要选择早熟品种。如果创高产，收大瓜，以产量求效益，就须选择丰产性能好、果型大、耐贮运的中晚熟品种。如各地选用的品种有百丰7号、玉玲珑、早抗丽佳、超级京欣、津花4号、京秀、豫艺甜宝、沃特尔、新机遇、黄怡人一号、西农八号、卡其三、早佳8424、黑美人、庆农5号、庆发8号、华蜜8号、极品美抗8号、日本黑蜜等。

(3) 选地整地施足基肥

栽培西瓜要选土壤疏松、透气性好、能排水、便于运输的地块。田间主路按生产田块实际情况规划，要求宽6m，每10～15行应留2m宽生产路。

西瓜地不能连作，一般要5～6年轮作一次，否则枯萎病严重，应考虑嫁接栽培。为了创造一个疏松透气、保温蓄水、适宜西瓜根系生长发育的土壤环境，瓜田必须深耕，最好冬前进行翻地，翻耕深度25cm以上。

基肥是西瓜丰产的基础，基肥充足，不仅瓜大、产量高，而且病害减轻、品质好、商品率高。按种植行使用开沟机开沟，沟间距1.8m，开1条宽30～40cm的施肥沟，施肥沟深20～30cm。将基肥均匀施入施肥沟后机械覆土回填，起垄机起60～70cm高、15～18cm宽定植垄，平整定植垄。每667m^{2}施入优质腐熟有机肥2000～3000kg，施含氮、磷、钾复合肥40～50kg，基肥均匀施入施肥沟后覆土回填。

在定植垄上铺设一条滴灌带，采用覆膜滴灌管铺设机同时完成铺设滴灌毛管和覆膜作业。地膜覆盖后铺设地面支管并连通毛管，开机检查滴灌系统是否正常。

(4) 播种育苗

a. 种子处理。播种前，将种子摊在日光下照晒1～2d，再用70℃热水烫种15s。不停搅动，或用0.1%高锰酸钾溶液浸种10min后用清水冲洗数遍，倒入30℃无污染温水浸泡8～10h，使种子充分吸水后，捞起摊晾。将浸好的种子平放在湿纱布上，种子上面再盖上一层湿纱布，置入28～30℃条件下催芽，每隔10～12h用28～30℃温水冲洗、翻动一次，至种子“露白”，温度逐步下降至20～25℃，准备播种。

b. 营养土配制。一是选用腐熟的农家肥土，过筛，每立方米加拌45%三元复合肥1kg、75%百菌清50g，堆沤3～5d；二是直接选用商品育苗基质，每立方米加拌三元复合肥2kg或腐熟的有机肥20kg备用。

c. 育苗方式。选择背风向阳、管理方便、土层深厚的地块进行大棚加小拱棚多层覆盖育苗。用8cm×10cm营养钵装营养土2/3，每钵播放一粒“露白”种子。整齐摆放在电热育苗床上，浇足底水，上层撒2cm厚营养土，最后搭建小拱棚，夜间加盖草帘保温。

d. 播种后管理。一是温光管理。播种出苗60%以上，草帘要每天早揭晚盖。晴天中午逐步由小到大先揭小拱棚膜通风，后揭大棚膜通风换气。保持晴天25～30℃、阴天20～25℃，夜间不低于16℃，棚内气温高于30℃时需加大通风量。夜间低于15℃时，要提早封闭棚保温，或者用浴霸灯等另外加热增温。齐苗后白天保持22～26℃，移栽前7～10d白天加大通风量，延长通风时间，移栽前3～5d揭去小拱棚膜，18～20℃低温炼苗。二是肥水管理。营养钵电热温床育苗失水较快，出苗后根据营养土墒情，趁晴天中午揭膜洒水，保持营养土含水量70%～80%。两叶一心用根多多或苏米尔0.2%浓度溶液灌根。

e. 苗期病虫害防治。一是控水保温，加大通风见光；二是用45%百菌清烟剂点放熏蒸，或用敌磺钠拌干细土撒施；三是用70%代森锰锌800～1000倍液喷雾。

f. 恶劣天气防治。早春大棚育苗正处在低温阶段，若遇连续阴天或倒春寒，切忌连续多日不揭棚见光通风，每天需揭毡帘保证见光5h以上。遇寒流天气，一是及时加固检修大棚；二是压紧棚膜；三是及时辅助加温，遇雪雨和久阴突然放晴，适当遮阳。

目前生产上大多推行集约化穴盘育苗，利用工厂化育苗设施进行西瓜嫁接育苗。

壮苗标准为苗龄25～30d，苗高6～13cm，真叶3～4片，叶色浓绿，子叶完整，幼茎粗壮。

（5）定植

a. 定植时间。武汉地区露地西瓜定植时间一般为4月上中旬，定植行内5cm地温应稳定在12℃以上，白天平均气温稳定超过15℃，选无风晴天定植。

b. 定植密度。中早熟品种行距180cm，株距50～60cm，每667m^2保苗700株左右。晚熟品种行距200cm，株距55～65cm，每667m^2保苗500株左右。

c. 定植方法。用专用打孔器，按照要求的株距在定植垄的正中间开定植穴，再放入西瓜苗。定植时应保证幼苗茎叶与苗坨的完整，定植深度以苗坨上表面与畦面齐平或稍低（不超过2cm）为宜，培土至茎基部，并封住定植穴，浇足定植水。

（6）田间管理

a. 压蔓整枝。露地栽培应采用少整枝或不整枝的简约化栽培技术，定植后植株自然生长。待瓜蔓长40～50cm时进行压蔓，压蔓时要使各条瓜蔓在田间均匀分布。压蔓时采用竹签或专用压蔓器以倒“V”字形固定瓜蔓，每间隔4～6节在离瓜蔓生长点约15cm处固定，避免在幼嫩处固定造成损伤，一般坐果前整枝1次或不整枝。

b. 辅助授粉。采取蜜蜂辅助授粉方法可提高坐果率，1箱蜂（3000～5000头）放在2000～3335m^2（3～5亩）西瓜地中央，当有15%植株开花时，将蜂箱放入田中直到选果结束。也可人工辅助授粉。

c. 选果留果。幼果生长至鸡蛋大时，及时剔除畸形瓜，选健壮果实留果，一般每株留1个果。简约化栽培一般进行2～3次选果，以保证每株选留健壮果实。

d. 果实管理。幼果生长至拳头大时将幼果果柄顺直，然后在幼果下面垫上瓜垫。

e. 水肥管理。西瓜生长前期以有机肥为主，配施氮、磷、钾复合肥，后期追施氮、钾速效肥。定植期定植水应滴足、滴透，膜下土壤全部湿透且浸润至膜外部边沿土壤。伸蔓初期滴灌浇水1次，以后每隔5～7d滴灌浇水1次。坐果后每667m^2追施氮（N）12kg、磷（P_2O_5）7kg、钾（K_2O）10kg（采用水溶性肥料），方法为随水滴施。果实采收前5～7d停止滴灌浇水。西瓜生育期间，根据西瓜植株的长相判断是否缺水，可在晴天中午光照最强、气温最高的时候，观察叶片或生长点（龙头）的表现。在幼苗期，如果中午叶片向内并拢，叶色变为深绿色，表明植株已经缺水。西瓜伸蔓以后，如果龙头上翘，而叶片边缘变黄，则说明水分偏多。在西瓜结果期，观察叶片萎蔫情况，如果叶片萎蔫或稍有萎蔫并很快就恢复，表明不缺水；若萎蔫过早，时间偏长，恢复较慢，则说明缺水。

（7）病虫害防治

露地西瓜主要虫害有小地老虎、瓜蚜、黄守瓜、瓜叶螨、瓜蓟马、瓜实蝇和棉铃虫等。主要病害有猝倒病、疫病、炭疽病、白粉病、蔓枯病和枯萎病等。应坚持预防为主，综合防治的原则。

a.农业防治。一是加强田间管理。播种前对田块进行深耕细作整理；育苗过程中，控制良好的温湿度，后期注意植株的通风透光，防止因高温高湿而造成病害的发生。生长期定期清除田间杂草；科学施肥，运用经过充分腐熟的肥料，减少病原的带入。二是在选用抗病品种的基础上，对种子进行处理，可减少炭疽病的发生；另外，采用嫁接砧木换根技术，是有效防治枯萎病的重要措施。

b.物理防治。主要针对蚜虫和蓟马等害虫。蚜虫在田间可通过黄板诱蚜进行防治。有研究还显示，在田间悬挂蓝板和淡蓝板对蓟马有较好的诱杀效果，悬挂高度与瓜藤齐平或者略高于其顶部。

c.药剂防治。一是常见病害防治。用75%百菌清可湿性粉剂500倍液或70%代森锰锌可湿性粉剂800倍液喷雾防治炭疽病；30%氟菌唑可湿性粉剂1500～2000倍液防治白粉病。二是常见虫害防治。用90%敌百虫晶体0.5kg，加水稀释5～10倍，拌麦麸、豆饼作毒饵捕杀地老虎；用75%灭蝇胺可湿性粉剂4500～5000倍液+1.8%阿维菌素乳油1500～2000倍液喷雾防治斑潜蝇；用10%吡虫啉水分散粒剂5000倍液喷雾防治蚜虫、蓟马等。

（8）适时采收

a.采收成熟度判定。西瓜成熟度可根据果实发育期及植株变化来综合判定。小果型早熟品种果实发育期24～28d，中果型早熟品种28～32d，大果型早熟品种32～35d，大果型中晚熟品种35d以上。卷须变化：留瓜节位以及前后1～2节上的卷须由绿变黄或已经干枯，表明该节的瓜已成熟。果实变化：瓜皮变亮、变硬，底色和花纹对比明显，花纹清晰，边缘明显，呈现出老化状；有条棱的瓜，条棱凹凸明显；瓜的花痕处和蒂部向内凹陷明显；瓜梗扭曲老化，基部绒毛脱净；西瓜贴地部分皮色呈橘黄色。手感鉴别：一手托瓜，另一手拍其上部，手心感到颤动，表明瓜已成熟；也可在摘瓜时轻轻将柄摇动，瓜柄从瓜蔓上能容易摘下者一般为熟瓜。根据以上方法综合判断，适时采收。

b.采收时间。长途运输时提前3～4d采收。短距离运输时，尽量在基本完全成熟时采收。雨后、中午烈日时不宜采收。

c.采收方法。采收时保留瓜柄，用于贮藏的西瓜在瓜柄上端留5cm以上枝蔓。采收后防止日晒、雨淋，及时运送出售，暂时不能装运的，应放在阴凉处，并轻拿轻放。

12.5.4 无籽西瓜栽培技术

长江流域2000年以前无籽西瓜仅春季播种，现在从2～7月份中旬都有播种，但仍然以春播为主，占85%左右。春播时期气温多变、低温寡照、倒春寒频繁。根据这一气候特点，结合无籽西瓜发芽及苗期对温度和光照的要求，露地直播和育苗时期均应在3月底以后。生产上为了提早无籽西瓜上市时间，一般利用大棚、中棚在3月份选择冷尾暖头增温保温育苗。春播无籽西瓜生长中期正值梅雨期，日照少、降水多、湿度大、病虫多发，影响无籽西瓜植株的正常生长与坐果。这样就需要有的放矢地采用深沟高畦栽培，提早坐果、带瓜入梅，或者利用植物生长调节剂来控制无籽西瓜植株的营养生长和保花保果，以减少梅雨对无籽西瓜生长、发育和坐果的不利影响。无籽西瓜生长后期多为高温、少雨、多风的干旱时期，对无籽西瓜的成熟和销售有利，但同时也给迟熟品种和秋西瓜栽培管理增加了难度。因此，秋西瓜应采取地膜覆盖保墒等措施，前期地膜上还应该覆盖稻草或麦秆进行降温、促生长、防早衰。

长江流域无籽西瓜生产的突出特点是多季节栽培和间作套种。无籽西瓜的多季种植，一是春季大棚育苗，大棚多层覆盖或双膜覆盖，提早栽培，这种栽培模式主要是选用黄瓤、黄皮、花皮和小果型无籽西瓜品种，集中在大中城市近郊，栽培面积较小，占5%～8%；二是选用抗性强的大果型品种进行春播栽培，占85%左右；三是秋季栽培，占7%～10%。

(1) 品种选择

如洞庭一号、洞庭三号、广西三号无籽西瓜、新生代三号、中农无籽3号、郑抗无籽5号、天使无籽2号、冰花无籽、花蜜3号、台湾新一号、农康无子三号、白马王子、无籽5号、荆州301、蜜童等。

(2) 适时播种，培育壮苗

a. 播种期。无籽西瓜一般在3月中旬到7月20日播种为宜，有保护地栽培条件的播种期可提早到2月下旬～3月上旬。无籽西瓜生长发育需要的温度比普通二倍体西瓜高，播种过早，无籽西瓜育苗难度大，而且销售期与二倍体有籽西瓜销售主峰期重叠，价格不高。7月20日后播种，管理不当和遇到灾害性天气坐瓜迟时，瓜小，难以成熟，影响产量和效益。

b. 营养钵的选择。营养钵有纸钵、塑料微膜钵、塑料营养钵等，目前瓜农通常采用的是塑料微膜钵和塑料营养钵。这两种营养钵价格便宜，不易烂钵，保温保湿性强，出苗快而整齐。工厂化育苗多用50孔或72孔穴盘。

c. 苗床的选择。苗床分温床和冷床二种形式。温床又分酿热温床、电热温床、火坑温床等，这些都是通过酿热物、电或烧火来加温的，以保持种子出苗所需的温度。冷床是西瓜育苗的一种既经济又简单的育苗方法，白天利用太阳的辐射来增加苗床温度，晚上加盖草帘保温。不管哪种育苗方法，床址应选在背风向阳、地势高燥、排水良好、阳光充足的开阔地方。

d. 营养土的配制。营养土要求疏松、肥沃，不带病虫杂草，切忌从种过西瓜、蔬菜的田地里取土。有条件的最好在头年沤制，其方法是：一层草皮，一层猪粪，加入适量的人畜粪，上盖塑料薄膜密封，次年翻晒过筛即成。如当年临时采集，则选择风化后的稻田泥土，通过打碎过筛，配入适量的过筛的猪牛粪渣，配制的比例是65%的大田土加35%的腐烂农家肥拌匀后，再按每立方米营养土加上2kg优质三元复合肥，注意要粉碎三者并充分混合均匀装入营养钵中，土要装紧，然后再紧排在苗床上，等待播种。或选用3年以上没有种植过葫芦科作物的生茬土做苗床，按照$1m^3$的苗床土，加入45%硫酸钾三元复合肥1kg、25%的多菌灵75g和3%的辛硫磷颗粒剂40g，在播种前10d混合均匀即可装钵或制钵。

e. 种子处理。在浸种前选晴天晒种，以增加种子内部酶的活力，使种子吸水快。种子消毒也是在浸种前进行，主要杀死种子表面细菌，避免种子带菌入床。消毒方法有二种：一是高温杀菌，即把种子放在55℃的恒温水中浸10～15min，不断搅拌，同时保持种子受热均匀，冷去后再加清水浸3～4h；二是先用清水浸5～6h，弃水后用40%的福尔马林100倍液浸种20min，也可用1%的硫酸铜浸泡5min，然后，用清水冲洗2～3次，洗净药液，避免种子发生药害。不管哪种消毒杀菌方式，种子都要用饱和石灰水去滑，待种子不滑时，再用清水冲洗干净。每$667m^2$用种量为50g，无籽西瓜与有籽西瓜比例为(8～10)∶1。

f. 催芽。无籽西瓜种壳厚。因此在催芽前要用指甲钳或嘴轻轻地把种子脐部嗑开，长度为种子的1/3，千万不能损伤种仁。种子破壳后，平放在经过消毒的湿润沙盘或锯木屑盘中，种子不宜放得过厚，上盖一块湿润毛巾和一层薄膜，以防水分蒸发，然后放在32～35℃的恒温条件下催芽，一般30h左右，即可露白，也可在出芽前用37℃的高温催芽。当种芽已露白时，将温度降至32～33℃，这种变温催芽有利于芽齐、芽壮。催芽的方法很多，如用电灯泡、暖水瓶、电热毯、猪牛粪堆等。不管哪种方法，主要是在种子周围创造种子发芽的温湿条件。当芽长达到0.3～0.5cm长时，即可选出播种；未发芽的，继续再催芽，直到3～5天后仍不发芽的种子直接丢弃。

g. 播种。在播种前一天用清水加0.1%的甲基硫菌灵溶液将营养钵泥土充分淋透，并来回2～3次。播种时先用小竹签在营养钵正中插一小孔，然后把催芽的种子，每钵一粒，芽尖（胚根）向下插入孔中，种壳与土面平排，播种后立即用事先准备好的干细泥土覆盖，厚约1cm。播种后不能再浇水，以防营养钵表面板结，造成通气不良而影响出苗，并清理好苗床四周的排水沟及鼠洞，防止苗床进水和发生鼠害。

h. 苗床管理。苗床管理分二个阶段，即出苗前和出苗后的管理，各不相同，各有侧重。其管理方法如下。出苗前的管理，这一时期的中心任务是保温防鼠。如床内温度在30℃左右的条件下，一般3d内可齐苗，若温度在20℃左右，不仅会延长出苗时间，而且长出的瓜苗瘦弱，成苗率低。因此，播种一定要看准天气，白天除盖好薄膜外，晚上要在薄膜上加盖草帘，以保持床内有较高的温度。晴天的中午，床内温度不能超过40℃，如达40℃，要揭开两头通气，待温度降至30℃时，再封闭两头，以防高温烧苗。为防鼠害，可采取堵洞、药物毒杀或在苗床周围用薄膜围成1m高的篱笆，千万不可粗心大意。出苗后的管理，这一时期的中心任务是及时去壳，降低床内温度，严防病害。及时去壳是无籽西瓜露地栽培中的第二个关键措施。无籽西瓜种子因它的种性所致，种子出苗后，种壳夹住子叶，难以自动冲开种壳而正常生长，往往造成子叶黄化、霉烂。因此，必须进行人工去壳“摘帽”。去壳宜在早晨种壳湿润时进行，操作时动作要轻，千万不能夹住种壳往上提，以免损伤子叶或扭断幼茎。去壳不能过早，当70%的瓜苗出土或子叶现青时进行，并连续去壳2～3d，瓜苗出土后，让其接受露天气候的锻炼，一般拱膜要完全揭开，以降低床内温度，严防猝倒病的发生和形成高脚苗。雨天要盖好薄膜，但两头须打开通气。苗期应严格控制浇水，若发现营养钵表土发白、泥土变硬、幼苗有凋萎现象，应酌情浇水。浇水尽量在晴天下午三时前进行，一次浇透，避免多次浇水。当幼苗达一片真叶时，可根据天气和苗情，适当追施0.4%的复合肥水，对培育壮苗十分有利。

(3) 整地作畦，施足基肥

a. 瓜田的选择。西瓜根系对土壤适应性较强，一般的土壤西瓜均能正常生长，但土层深厚、肥沃疏松的沙壤土较为理想。同时选择地势高燥、能排能灌的地块种植，以防涝渍，影响西瓜的生长。针对西瓜连作易受到枯萎病等多种病虫为害，宜选择前茬没有种过瓜类的地块，最好前茬作物是水稻、麦类等禾本科作物或薯类作物。

b. 整地作畦。西瓜是深根作物，为了充分发挥其增产潜力，瓜田要求多次耕翻，使土壤达到耕作层深厚、墒情足、肥力大、通透性好，以形成良好的根际环境，确保西瓜丰产丰收。为了能及时排灌，种植西瓜必须做高畦，畦宽2m。结合长江流域前期雨水多，后期干旱的实际，做畦应以排为主，排、灌结合，通常做成高畦和配套排、灌兼用的系统，一定要开好“三沟”，做到能排能灌。

c. 施足基肥。基肥虽是慢性肥料，但有机质含量丰富，肥效长，埋在地里吸水性强，盖膜后水分不易蒸发，可源源不断地供给西瓜生长。基肥应占全期用量的60%，以每667m^{2}产量5000kg为例，中等肥力的土壤每667m^{2}应施腐熟的猪牛粪2000～3000kg或土杂肥3000～4000kg，复合肥30～50kg，尿素5kg，腐熟枯饼肥100kg。为了加深土层，增强植株的抗旱能力，避免肥料过多而产生肥害，要求所有的基肥抽沟条施，与本土混匀，培好畦面，盖好地膜。高肥力的土壤基肥可酌情减少。

(4) 大田定植

a. 定植时期。露地栽培大田定植期必须在绝对终霜期以后，长江流域春季一般在4月中下旬后平均气温在18℃以上，才能保证瓜苗免受冻害。还应根据各地的小气候、海拔高度、幼苗生长状况而定，密切注重当时的天气，抓紧在寒潮刚过、气温回升的无风晴天定植，这样便于操作，质量有保证，定植后缓苗期短。无籽西瓜一般在苗龄30～35d、真叶2～4片时进行移栽。

b. 种植密度。合理密植，充分利用阳光，以促进植株的生长和结果。无籽西瓜植株的生长势强，坐瓜节位偏高，成熟期较晚，定植的株行距密度比普通二倍体西瓜适当稀些，一般为(0.4～0.5)m×(3.5～4.0)m。种植密度根据气候条件、品种、土壤肥力、整枝方式、种植水平及栽培目的而定。一般露地栽培比较粗放，应适当稀植，发挥单株个体的作用，以增大果型，达到增产的目的。集约栽培，如小拱棚早熟栽培，则应增大密度，以发挥群体作用。免整枝栽培，每 $667m^2$ 种植 150～200 株；双蔓整枝栽培，小果型西瓜每 $667m^2$ 种植 560～660 株，大果型西瓜每 $667m^2$ 种植 450～550 株；嫁接栽培一般采取稀植，每 $667m^2$ 种植 200～250 株。每 $667m^2$ 还需配种 30～40 株有籽西瓜作授粉植株。

c. 定植技术。定植技术与幼苗成活及生长有直接关系，是保证全苗和齐苗的关键，故应淘汰病苗、弱苗，按幼苗生长分级划片种植。定植技术要领是少损伤根系，土坨与土壤紧密接触，随栽随管，促进幼苗生长。定植后保持地表疏松，有利于发根。在瓜墩四周覆草、覆沙，可以增温保墒，促进幼苗生长。如覆盖地膜，其效果更为显著。

d. 配制授粉品种。由于无籽西瓜是三倍体，自身雄花的花粉没有生活力，不能刺激雌花子房膨大。所以生产上栽培无籽西瓜时，需要配制生活力强、花粉多的普通有籽西瓜提供花粉，以刺激无籽西瓜雌花子房正常发育膨大。常用的授粉品种为普通二倍体西瓜，配制比例为（8～10）∶1。配制的授粉品种可集中种植，也可与无籽西瓜同行隔株或隔行种植，但果皮的颜色要有别于无籽西瓜，以防采摘时混淆。

(5) 田间管理

a. 肥水管理。无籽西瓜产量的高低，与土质、肥水、气候等诸多因素有关，特别是肥水对产量影响极大。施肥上应以有机肥为主，化肥为辅，重施基肥，巧施追肥，才能达到增产增收的目的。无籽西瓜前期生长缓慢，在倒蔓前必须追施 1～2 次提苗肥，第一次在移栽活棵后 5～7d 追施 0.5%的复合肥水，隔一星期后追施 1%的尿素水，每次每株至少浇肥水 0.5kg，注意肥水不要沾在茎叶上。当瓜苗长至 50～60cm 时，预施一次坐果肥，一般在蔓尖顺瓜行开一条小沟，深约 20cm，每 $667m^2$ 施复合肥 20kg，硫酸钾 15kg，均匀施入沟内，泥土覆盖，并结合清除杂草。追施膨瓜肥则应以速效性肥料为主，施多施少应根据瓜苗及天气而定，一般每 $667m^2$ 施复合肥 10kg，尿素 10kg。方法是在藤叶的空隙处挖穴点施或配成水溶液施入。果实中后期如叶片出现老化、返黄，应补施叶面肥 2～3 次。摘完第一批瓜后，应保护好藤叶，并追施速效性氮肥，以确保第二、三批瓜的丰收。

b. 植株调整。栽植密度的不同，整枝方式的不同，对无籽西瓜的产量及果实大小有着显著的影响。每 $667m^2$ 栽植密度 600 株左右，三蔓整枝产量为最高，但单瓜重中等偏小，随着栽植密度的减少，单瓜重逐渐增加。多年来的实践证明，对中大果型无籽西瓜品种，每 $667m^2$ 以 500 株，三蔓整枝（即保留主蔓，在第 3～5 个叶芽内选出 2 个健壮子蔓）为最好，既可保证单瓜重，又可保证产量。在肥力较差、施肥水平不高的地块，以三蔓整枝为宜；而施肥水平较高的田块以采用双蔓整枝为宜。免整枝栽培只引蔓和压蔓，不整枝。整枝栽培一般留一主蔓加一侧蔓或留一主蔓加二侧蔓，其他多余蔓全部摘除。整枝时结合引蔓和压蔓。

c. 人工授粉。无籽西瓜雄花发育不良，无受精能力。雌花必须借助普通有籽西瓜的花粉，受花粉激素的作用，刺激子房膨大，最后发育成果实。所以在种植无籽西瓜的同时，必须配植约 10%～20%普通有籽西瓜，以提供正常的花粉。在选择授粉品种时其果型或皮色要完全与无籽西瓜区分，以便收瓜时识别。授粉品种和无籽西瓜一定要分开栽植，不能混栽在一起，可按栽植比例隔畦栽培。授粉雄花可在开花当天早晨或前一天傍晚采摘，要先摘好雄花用盆盛好，盖上毛巾，然后授粉，否则雄花经风吹日晒，花粉干枯散落而失效。雌花完全开放时，即可进行人工授粉，其方法是：将雄花花瓣反转，露出花蕊，轻轻地将花粉涂在雌花柱头上，要肉眼能看到花粉，一般一朵雄花授 1～2 朵雌花。若一朵雄花授多朵雌花，则授粉量不够，结的瓜很可能会呈三角形，品质低劣，只有授足花粉果实才端正，品质好。授粉时用力不可太猛，以免损伤柱头而落花，整个授粉工作宜在上午 10 时前完成，如天气不好，又正值授粉期，必须强制坐瓜，可于前一天傍晚采摘成熟的雄花蕾放在 25～30℃的恒温下或放于灯泡下增温，使花药开裂。在授粉时将授了粉的雌花用纸帽罩好，避免雨水浸湿柱头，使花粉失去活力。

d. 选果留瓜。幼果生长发育至鸡蛋大小、开始褪毛时，进行选留果，选留主蔓第二或第三雌花坐果。免整枝栽培，一株可留一个果或多个果；二蔓或三蔓整枝栽培，每株只留一个果。

e.垫瓜。为了使无籽西瓜果型端正，果皮颜色一致，在幼果拳头大小时将幼果果柄顺直，然后在幼果下面垫上通透性好的干草。垫瓜可用麦秆或茅草，同时可防止蚂蚁、金龟子等害虫的侵害，坡度较陡的地块，用竹木棒插入土中来固定西瓜，以防果实滑下山坡。垫瓜一般在瓜长到 1～1.5kg 时进行，可将瓜蔓提起，将瓜下面的土块打碎整平，垫上麦秸或稻草，使幼瓜坐在草上。

f.翻瓜。果实停止生长后要进行翻瓜，翻瓜在下午进行，顺一个方向翻，每次翻的角度不超过 30°，每个瓜翻 2～3 次，让整个果实充分接受阳光照射，促使瓜果颜色均匀，成熟度一致。具体翻瓜时间以晴天的午后为宜，以免折伤果柄和茎叶。翻瓜要看果柄上的纹路（即维管束），通常称作瓜脉，要顺着纹路而转，不可强扭，而且双手同时操作，一手扶住果尾，一手扶住果顶，双手同时轻轻扭转。每次翻瓜应沿同一方向轻轻扭转，一次翻转角度不可太大，以转出原着地面即可。在西瓜采收前几天，将果实竖起来，以利果形圆正，瓜皮着色良好。

g.防止裂瓜、空心瓜。无籽西瓜生产栽培中出现裂瓜、空心瓜，不仅影响产品价格，也严重影响了果实的食用价值。裂瓜、空心瓜多发生在果实发育膨大期，主要因土壤水分供应不均匀。当西瓜幼果发育至鸡蛋大小时（膨大期），是西瓜一生需水最多，也是对缺水反应最敏感的时候。此时干旱缺水，一方面因果肉细胞供水不足，导致膨大速度慢于果皮形成速度而导致空心。另一方面，果皮过度失水，造成老化缺乏弹性，突然大量灌水或遇降雨，果肉组织的膨大速度比果皮生长快，或是遇连阴乍晴天气，温度上升太快，造成裂瓜。另外，温度偏低、养分供应不足也易形成空心瓜。其次是品种原因。控制方法为生产上除选用抗裂品种外，还要多施有机肥，增施磷、钾肥，保证植株生长有充足的养分供应。在果实膨大至成熟期，适量补施钾肥，增强果皮的可逆性，也可对植株喷施叶面肥。同时要及时合理灌水，灌水应以少量多次为原则，切忌大水漫灌，保持土壤见湿见干，禁止土壤干燥后骤湿。另外高温期浇水应在清晨或傍晚进行，雨后及时排水。并且适度整枝，避免果实受强光直射造成果皮失水老化。

（6）病虫害防治

主要病害有猝倒病、疫病、炭疽病、霜霉病、白粉病、蔓枯病、枯萎病和病毒病；主要虫害有小地老虎、瓜蚜、黄守瓜、瓜叶螨、瓜蓟马、瓜实蝇、瓜娟螟、斜纹夜蛾、小菜蛾、棉铃虫。

a.农业防治。配制好营养土，控制湿度，加强光照，进行蹲苗和炼苗，培育壮苗，可有效预防苗期猝倒病、疫病和炭疽病。选用抗病品种，实行轮作，重茬种植采用嫁接苗栽培，预防枯萎病等土传病害发生。种植地提前深耕翻晒越冬，清除种植地周围杂草，消灭越冬虫卵，减少疫病、炭疽病、蔓枯病、小地老虎、蓟马、瓜娟螟等病虫源。采用深沟高畦，种植畦面垫干草，施肥以有机质肥为主，少施氮肥，增施磷、钾肥，合理引蔓整枝，防止瓜田渍水，促进植株生长健旺，增强抗病力。适当喷施叶面肥，增强植株的抗病性。

b.物理和诱杀防治。物理防治主要通过将黄板放在苗床、瓜地附近诱杀斜纹夜蛾、棉铃虫、蚜虫、蓟马的成虫。安装防虫网可有效减少病虫危害。用银灰色地膜覆盖，可减少蚜虫、蓟马、黄守瓜危害。诱杀防治用黑光灯诱杀夜蛾科、螟蛾科的成虫。用糖、醋、酒、水和敌百虫晶体，按 6∶3∶1∶10∶1 比例配成药液放在苗床、瓜地附近诱杀斜纹夜蛾、棉铃虫、蚜虫、蓟马的成虫。用浸泡过敌百虫白糖药液的青菜嫩叶诱杀地老虎成虫。用米糠、小鸡饲料按比例混合加适量猪油、鸡油等动物油脂炒香，拌上敌百虫药液诱杀蝼蛄（土狗）。用香蕉或菠萝皮 40 份，90％敌百虫 0.5 份加水调成糊状，每 $667m^2$ 设 20 个点，每点 25g，可诱杀果实蝇等。早上人工捕杀小地老虎和黄守瓜成虫。

c.生物防治。选用苏云金杆菌类生物农药防治斜纹夜蛾、棉铃虫等夜蛾科害虫。保护或迁入食蚜瓢虫、草铃等可收到防治蚜虫、螨类的效果。释放赤眼蜂可消灭夜蛾科、螟蛾科的虫卵。

d.化学防治。要合理混用、轮换交替使用不同作用机制或具有负交互抗性的药剂，可以减缓病虫产生的抗药性，做到 1 次用药防治多种病虫。施用农药应在技术人员指导下进行。防治方法：可选用 1％氨基阿维菌素苯甲酸盐（甲维盐）乳油 20～40mL/$667m^2$ 兑水 60kg 喷雾防治瓜娟螟、斜纹夜蛾、小菜蛾、棉铃虫等；可选用 5％吡虫啉乳油 3000 倍液、20％甲氰菊酯乳油 2000 倍液、2.5％联苯菊酯乳油 3000 倍液等喷雾防治蚜虫；用 2500～3000 倍液 5%吡虫啉乳油、21%氰戊·马拉松乳油 6000 倍液防治蓟马；用 1.8%阿维菌素（虫螨克）2000 倍液、0.15%农克螨乳油 2000 倍液或 20%双甲脒（螨克）乳油 2000 倍液防治瓜叶螨；用 20%甲氨基阿维菌素苯甲酸盐乳油 1000～1500 倍液防治瓜实蝇；可选用精甲霜·锰锌、百菌清或霜脲·锰锌 600～800 倍液喷雾防治猝倒病、疫病、霜霉病；可选用 70%甲基硫菌灵 800 倍液或 45%咪鲜胺 2000 倍液、80%福·福锌 500～600 倍液等农药喷雾防治炭疽病；可 70%甲基硫菌灵 1000 倍液、75%百菌清 800 倍液、15%三唑酮 1000 倍液喷雾防治白粉病；可选用异菌脲 1000～1500 倍液、70%代森锌、50%多菌灵或 40%嘧霉胺 800 倍液喷雾防治蔓枯病。

(7) 及时采收

多数无籽西瓜没有充分成熟时，果皮厚、可溶性固形物含量低（含糖量低）、食用率较低，固有品质特性未充分表达，不受消费者欢迎。因此，应该在充分成熟后采摘上市，这样才能使品质和价格更好。但如果需要长途运输，也可以适当提早采收销售。

早熟品种一般自开花坐果之日起经 28～30d、中熟品种一般经 32～35d，果实即成熟，若远销外地可提前 3～4d 采收。最佳采收时间为上午 10 时～12 时、下午 3 时～5 时。采收时用剪刀将果柄从基部剪断，每个果保留一段绿色的果柄。在搬运中要轻拿轻放，避免机械损伤。

无籽西瓜因坐果节位、坐果期不同，果实间成熟度不一，应分次陆续采收，采收的成熟度还应根据市场情况而定。如当地供给可采 9 成熟的瓜，于当日或次日供给市场；运销外地的可采收 7～8 成熟的瓜。

12.5.5 大棚西瓜栽培技术

早春栽培一般于 1 月上中旬大棚电热温床播种育苗，2 月中下旬至 3 月上旬定植，4 月下旬至 5 月上中旬开始收获上市；秋西瓜 8 月上中旬播种，10 月中下旬开始采收上市。与常规露地栽培相比，早春大棚西瓜具有上市早、产量高、质量好、效益显著等优势，已成为农业结构调整、农民致富的首选项目之一。

(1) 品种选择

在品种的选择上要考虑其抗病性能强、早熟、后期管理简便、抗寒、抗旱、含糖量高、籽少、商品性能高、耐储存、耐运输等特性。大中果型选择京欣 2 号、早佳 8424、苏蜜六号、抗病京欣、丰收二号、豫星二号、津美大果、至尊、丽都等，小果型选择早春红玉、小兰、万福来、特小凤、黄小玉、红小玉、全家福、桔宝、超级 2011、春宝宝、全美 2K、墨童、帅童、金童、帅哥等。

(2) 培育壮苗

a. 营养土配制。选择未种植过瓜果类地表土过筛，按照每立方米地表土加入腐熟有机肥 1kg 的比例混合均匀作为营养土。

b. 种子处理。在播种前做好晒种工作，将种子放置在阳光下暴晒 3d，然后将种子放置于 55℃温水中浸种 15min，然后让温度下降到 30℃，维持这个温度浸种 6～8h。

c. 催芽。浸好的种子捞起后稍控水用湿纱布包好，放在 28～30℃温度下催芽，约经 40h，70%～90%种子萌动时即可播种，每 667m^2 大棚需种子 100g 左右。

d. 播种。选晴天上午播种，播种前苗床浇透水，将催芽的种子播于营养钵中，覆土 1.0～1.5cm。立即插架盖膜，注意保温保湿。穴盘育苗，播种深度 1.0～1.5cm，播后覆盖消毒蛭石，淋透水后，苗床覆盖地膜。等到西瓜出苗 80%之后就可以培育砧木苗。砧木应比接穗早播 3～5d，当砧木子叶出土后，即可催芽播种西瓜。砧木浸种后直接进入苗床，当子叶出土展开之后嫁接。

e. 苗床管理工作。嫁接前砧木苗和西瓜苗要精心管理，要有充足的光照和适宜的温湿度条件，一般白天温度保持在 26～28℃，夜间保持在 12～15℃，白天温度超过 28℃时应通风换气。子叶展开前每天浇 1 次水，并在早上八点半之前、下午四点半后停止浇水，以避免夜间苗床积水，阴雨天气不浇水。接穗苗 2 片子叶展平，砧木苗第 1 片子叶完全展平时适合嫁接，嫁接前 1d 将砧木苗浇透水，并用 50%多菌灵可湿性粉剂 700 倍液对砧木、接穗及周边环境进行消毒处理。

f. 嫁接。一般采用插接方法进行嫁接，操作步骤：准备粗 0.2～0.3cm、长 20cm 左右的竹签，将前端削尖；接着用竹签的前端紧贴砧木一子叶基部的内侧，向另一子叶的下方斜插，插入深度约为 0.5cm，不可穿破砧木表皮；然后用刀片从西瓜子叶下约 0.5cm 处入刀，在相对的两侧面各向下斜切 1 刀，切面长 0.5～0.7cm，刀口要平滑；接穗削好后，即拔出砧木中的竹签，并插入接穗，插入的深度以削口与砧木插孔齐平为宜。接穗所削的楔形要求与砧木插孔的大小和长短一致。

g. 苗床管理。一是温度管理，嫁接后 2～3d，白天温度控制在 25～28℃，并进行遮光处理，棚内不宜进行通风；嫁接后 3～6d，白天温度控制在 22～28℃，夜间温度控制在 18～20℃。在嫁接苗第 1 片真叶展开后，温度控制在 25～30℃，定植前 1 周温度控制在 20～25℃。二是湿度管理，在嫁接后的 2～3d 苗床密闭，使苗床内的空气湿度达到饱和状态，嫁接 3～4d 后逐渐降低湿度，在清晨和傍晚湿度高时通风排湿，并逐渐增加通风时间和通风量，嫁接 10～12d 后苗床湿度以控为主，在底水浇足的基础上尽可能不浇水或少浇水。三是光照管理，在嫁接后的前 2d，苗床应进行遮光，第 3 天在清晨和傍晚除去覆盖物接受散射光各 30min，第 4 天增加到 1h，逐渐增加光照时间，1 周后只在中午前后遮光，10～11d 后尽可能增加光照时间。在管理过程中，应及时摘除砧木上萌发的不定芽。定植前一周进行炼苗处理，保证定植瓜秧有 3～4 片真叶。苗期管理主要是合理通风透气、合理控温控湿，并预防苗期猝倒病、立枯病和灰霉病。目前很多种苗公司有穴盘嫁接苗出售，可直接购买使用。

(3) 整地施基肥

选择排灌方便、地势高燥、土层深厚、土质疏松肥沃、前 2 年未种过瓜类的大棚砂壤土或壤土耕地作为春季塑料大棚早熟西瓜的栽培地；冬闲季节要提前清洁田园、深耕、冻垡、炕晒、通风，以降低土壤含水量并使土壤疏松。整地时将耕地深耕细耙，并每 667m^2 均匀施入充分腐熟粪肥 2000～2500kg 或充分腐熟菜籽饼 100～150kg，再加过磷酸钙 50～60kg、硫酸钾 20～25kg 作底肥，基肥 60%采用撒施，然后翻入土中，土肥混匀，另外 40%集中沟施入栽培畦内。搭架或吊蔓栽培的作包沟 1～1.2m 的小高垄，并铺地膜。地爬栽培双蔓整枝和每株留一瓜的情况下，按 2m 的宽度包沟开畦，畦面作成中间略高、两侧略低的龟背形，畦高 15～20cm、畦面宽 1.5m、畦沟上部宽 0.5m。提前用 2m 宽的地膜覆盖好畦面，地膜四周用细土封盖严实，并提前 15～20d 盖好大棚薄膜，以提高地温待定植。

(4) 定植

2 月中下旬至 3 月上旬，当幼苗有 3～4 片真叶时即可选冷尾暖头晴天定植。地爬栽培每畦定植 1 行，定植株距为 0.4m，每 667m^2 栽 700～750 株。搭架或吊蔓栽培包沟 1～1.2m 的小高垄每垄栽一行，株距 30～50cm，每 667m^2 栽 1200～1700 株。

大小苗分垄分棚栽，不栽病弱小苗。定植后，先浇足定根水，再用细土封盖压膜。定植前，先用与 10cm×10cm 规格大小的营养钵相配套的打孔器在畦面中间按定植株距打好定植穴，将选好的健壮西瓜幼苗连同营养钵一起运入大棚内，分别摆放在各定植穴附近畦面上，再向定植穴内全部浇适量底水，待水渗下后栽植幼苗；栽苗时要小心脱掉塑料营养钵，将带有完整土坨的幼苗栽入定植穴内，使土坨表面与畦面基本平齐，摆正西瓜幼苗后，用手将细土填入土坨四周并轻轻压实，但不可挤破土坨和碰伤幼苗，并尽快用打孔器从定植穴掏出土和畦沟细土封严地膜定植口，以防地膜内冒出的热气对西瓜幼苗造成热害。

每棚幼苗移栽完后，用充分腐熟的清粪水或 0.5%～1%尿素溶液施 1 次提苗肥。为预防病害，可在幼苗定植缓苗后用 77%可杀得（氢氧化铜）可湿性粉剂，或 50%多菌灵可湿性粉剂，或 70%敌磺钠可湿性粉剂，或 50%甲基硫菌灵可湿性粉剂，或 25%甲霜灵可湿性粉剂，或 75%百菌清可湿性粉剂，或 64%噁霜·锰锌可湿性粉剂，或 58%甲霜·锰锌可湿性粉剂等杀菌剂 600～1000 倍液喷洒幼苗。

每个大棚定植完毕后，将畦面清扫干净，每畦插好拱棚架，覆盖好塑料薄膜保温，但拱棚薄膜周边不必压得过于牢实，以便气温大幅上升时昼揭夜盖。为了定植当天就能提高土壤温度，一般要求在15：00以前完成定植工作，并封闭好大棚和拱棚。

(5) 定植后的管理

a.查苗补苗。幼苗定植后的15d内，应经常检查其成活情况，发现没有成活的，要尽早及时补栽。西瓜幼苗在生长过程中，有时会遭受地下害虫咬食而死亡，要尽早清除死亡幼苗，灭除土壤中的地下害虫，并补栽幼苗。

b.温度调控。幼苗定植后1周内，应将地温提高到18℃以上，以利于幼苗苗壮成长，因此，一般情况下每天大部分时间要密闭大棚和拱棚，只在中午高温时适当通风换气。如果白天幼苗环境温度超过35℃，则加长通风换气时间，进行降温。若遇到倒春寒天气，则在拱棚上增加1层薄膜覆盖保温，保持地温12℃以上。缓苗期间无需浇水，以避免增湿发病和降低地温。幼苗定植1周后，其生长的环境温度白天应控制不超过32℃，夜间应控制不低于15℃。随着天气日益变暖要逐渐增加通风量，以利于西瓜伸根发蔓、生长健壮。当瓜蔓长到30cm左右时，拆除拱棚。4月中下旬至5月上旬为西瓜盛花期，应保持较高夜温，特别是人工授粉后如果夜温较低，会造成落果并影响果实膨大。5月中下旬当气温稳定回升到18℃以上时，要大幅度加大通风量，白天保持西瓜植株生长的环境温度不高于32℃，以防过大的昼夜温差和过高的昼温造成西瓜果实肉质变劣、品质变差。

c.湿度调控。大棚内的空气湿度一般高于外界环境，但覆盖地膜可明显降低大棚内的空气湿度。西瓜植株茎叶封行后，茎叶蒸腾量大、耕地灌水量大，使大棚内空气相对湿度增加，白天一般在60%～70%，夜间一般在80%～90%。为降低棚内的空气相对湿度，减少病害，可在晴朗白天适当加大通风透气力度、延长通风透气时间、减少灌水次数、减少灌水量等，使棚内的空气相对湿度长时间保持在60%～70%。

d.光照调控。西瓜生长发育需要强光照，但因为大棚和拱棚塑料薄膜表面容易结露珠或者表面不干净，特别是在多层覆盖的情况下，射入棚内的光照强度会降低，所以，不要使用透光较差的旧薄膜覆盖大棚和拱棚，要使用无滴膜，并注意保持薄膜表面干净。

e.气体调控。在封闭情况下大棚内常会积累有害氨气和亚硫酸气体，若浓度超过一定范围会使西瓜植株受害，严重时会造成植株死亡。因此，在西瓜整个生长发育过程中要采取适当的通风换气方法，使大棚内的空气保持新鲜，防止有害气体积累为害。

f.植株调整。春季塑料大棚地爬早熟栽培的西瓜植株一般采用一主蔓一侧蔓的双蔓整枝法。当主蔓长到30～40cm时，侧蔓开始长出，待侧蔓长到约20cm时，选留1条生长健壮侧蔓，其他侧蔓全部摘除。在西瓜果实膨大之前，主蔓、侧蔓上再长出的侧蔓和孙蔓均要及时摘除。在整蔓的同时，要合理引蔓、摘除卷须。西瓜果实膨大后，上部再长出的侧蔓和孙蔓则任其生长。大棚吊蔓或搭架栽培多采用双蔓整枝，主蔓长30cm左右时，选留健壮侧蔓1个，其余摘除。也有用单蔓整枝的。支架用竹竿直立支棚架或用尼龙绳吊蔓，用竹竿时，在每株西瓜的两侧插竿，中上部绑一横竿，各行之间再用两道竹竿拉紧。吊蔓则是在每行苗上方拉一根铁丝，并固定在棚架上，一条瓜蔓一根绳子，一头系在上方的铁丝上，另一头系在瓜蔓上，每天将瓜蔓按逆时针方向绕在绳子上。绑蔓方式采用每蔓一竿，小弯曲上架，注意防止叶片重叠，坐瓜后顶部留15片叶摘心，全株留叶片50～55片。一般当瓜蔓齐棚顶时摘心，以控制其营养生长，促进其生殖生长，提高单果重，增加产量。

g.人工授粉。春季塑料大棚早熟栽培的西瓜一般在4月中下旬至5月中旬开花，由于大棚内极少有授粉昆虫活动，必须人工辅助授粉才能确保结果。人工辅助授粉宜在上午7:00～9:00进行，阴雨天雄花散粉时间一般晚1h，人工辅助授粉时间可延后1h。人工辅助授粉时，把雄花摘下，将雄蕊对准雌花的柱头轻轻蘸几下，让柱头上有明显的黄色花粉即可，一般情况下1朵雄花可授粉2～3朵雌花。每授粉1朵雌花，当即挂上写明日期的标牌，以便准确掌握西瓜果实的成熟日期。为提高坐果率，主蔓、侧蔓上的雌花均可进行人工辅助授粉，一般每株植株上先开放的第1～3朵雌花均要进行人工辅助授粉；

如果第1朵雌花节位过低，可将第2～4朵雌花人工授粉，以利于选留果实。此外，也可用药剂处理，一般用CPPU（氯吡脲）10mL兑水15kg喷施雌花正反面，或人工授粉与药剂处理两者配合使用效果更好。

h. 定瓜和吊瓜。为使西瓜早熟、高产和果形端正，以选留第15～18节位的第2朵雌花坐果为宜，选留果过早则果实小且果形不正，选留果过晚则不利于早熟。一般人工辅助授粉后5～8d幼果长到鸡蛋大小时选果，每株选留1个果柄粗壮、发育快、无破损、无畸形的幼果。选留果时，要优先选留主蔓上的果，如主蔓上留不住果时，可在侧蔓上选留果，其他未选留的幼果要及时摘掉。当瓜重500g左右时，要及时吊瓜，以防瓜蔓承受不了瓜重而坠地。托瓜可用8～10号铅丝弯成直径约12cm的圆环，再用尼龙绳包扎线在环上绕织成网状，便成瓜托，在瓜托圆环的三等分点上各系一根细绳（尼龙绳、麻绳均可）吊在大棚钢管架上即可，也有用尼龙网袋直接套在瓜上吊起。也有在瓜坐稳并长至500g左右时，将蔓放下使瓜着地，让瓜蔓继续绕绳子生长。爬地栽培的当选留果长到一定大小时也要适当翻瓜。

i. 肥水管理。大棚西瓜地膜覆盖栽培的基肥量占总施肥量的80%～90%，果重500g左右时，每667m^{2}可追施优质三元复合肥20～25kg，在底肥充足的情况下，不需要进行根部追肥。为了防止茎叶早衰，在选留的果实长到一半大小后，可用0.5%～1.0%尿素溶液加0.1%～0.3%磷酸二氢钾溶液结合防治病虫害进行叶面追肥2～3次，每间隔7～10d喷1次。西瓜极不耐涝，雨季要注意棚周围的清沟排水，生长前期以控水为主，瓜坐稳后，长到拳头大小时，开始灌水，灌水切不可上畦面，待水渗透瓜垄后，应立即排除沟中余水。采收前7d左右不要灌水。水分管理切忌忽干忽湿，以防裂瓜。

j. 除草。只要畦面地膜四周、西瓜定植穴地膜的破口处及畦面地膜破损处及时用细土封盖严实，畦面就难以长出杂草，即使长出少量杂草也会因为承受不了地膜内的高温、少氧而死亡。对于畦沟长出的少量杂草，可人工及时去除。

(6) 病虫害防治

大棚西瓜病虫害主要有猝倒病、炭疽病、蚜虫和红蜘蛛。针对这些病虫害在做好农业防治工作的基础上，还要做好药物防治。

a. 西瓜猝倒病。在发病初期可以选择使用喷洒或浇灌64%噁霜·锰锌可湿性粉剂500倍液，或68%甲霜·锰锌水分散粒剂500～600倍液，或72.2%霜霉威盐酸盐700倍液，或50%烯酰吗啉3000倍液，或60%吡唑·代森联1200倍液。

b. 西瓜炭疽病。发病初期可以选择使用50%咪鲜胺锰盐可湿性粉剂1500～2500倍液、25%咪鲜胺乳油1000～1500倍液、68.75%噁唑菌酮水分散性粒剂1000倍液、40%双胍三辛烷基苯磺酸盐可湿性粉剂1500倍液，每7d左右喷一次，连喷2～3次。

c. 西瓜蚜虫。在蚜虫发生期，可喷施10%吡虫啉可湿性粉剂2000～4000倍液、50%灭蚜松乳油2500倍液、20%氰戊菊酯乳油1000倍液、2.5%溴氰菊酯1000～2000倍液50%抗蚜威可湿性粉剂1000～3000倍液等。

d. 西瓜红蜘蛛。发现红蜘蛛应及时喷药防治。常用药剂有80%敌敌畏1000倍液、哒螨·灭幼脲2000倍液、20%四螨嗪2000倍液、73%炔螨特乳剂2000倍液、50%溴螨酯乳油1000到1500倍液等。

(7) 采收

一般早熟品种授粉后30d左右，中熟品种35～40d收获。大棚早熟栽培，5月上中旬开始采收上市，每667m^{2}产量2500～4000kg。

果实采收时要按挂牌标明的人工授粉日期和该品种果实生长发育所需的天数，结合用手拍瓜和用指弹瓜听音的方法以判断其成熟度；还可通过观察其形态特征判断其成熟度，即凡是果实表面有光泽、果柄和果脐基部稍有凹陷、果柄表面绒毛稀疏或脱落、果实同节位的卷须枯萎程度超过一半以上的西瓜果实都为成熟果实。成熟的果实要及时采收，采收好的果实要轻拿轻放，妥善包装并及时运输上市。

采后需对西瓜果品进行分级，贴上标签，用纸箱包装销售，以获取更高的经济效益。

12.5.6 大棚西瓜一茬多熟栽培技术

随着生活水平的提高，人们越来越注重西瓜的品质和口感。普通的西瓜品种常规栽培效益普遍下降，随着设施栽培技术的提高，大棚一茬多熟西瓜省种、省工栽培得到长足发展。该种栽培方式通过提早播种、选择优良品种等技术，使西瓜品质大大提高，及时供应淡季市场，售价高、效益好，有力地推动了西瓜产业的发展。

(1) 品种选择

根据市场需求，选择低温条件下生长快、耐低温弱光、丰产抗病、单瓜较重、易坐瓜、瓜能正常膨大成熟、品质优的早熟品种，如小兰、京欣、早佳（84-24）、早春红玉、黄金西瓜、墨童、帅童、天黄、拿比特、秀芬等。

(2) 播种育苗

a. 播种时间。根据品种特性、设施条件及当地气候条件确定播种期。如大棚＋小棚＋地膜栽培模式，可于1月中旬播种，3月上旬移栽，5月上中旬上市；三棚四膜、特早熟栽培模式，于12月中下旬播种，2月上中旬移栽，4月中下旬上市。

b. 苗床地选择。宜选择栽培大田附近、供电方便、光照充足、地块高燥、避风向阳、地下水位低、排灌方便处育苗。

c. 营养土配制。提前1个月堆制营养土，宜选择土质疏松、肥沃、保水保温性好的土壤。取5年以上未种过瓜类的大田土，加入0.2%复合肥、0.1%硫酸钾、0.2%磷酸钙、5.0%腐熟有机肥，与适量水拌匀，用膜覆盖堆沤15d以上。为防止发生土传病害，可用50%多菌灵600倍液或1%福尔马林液消毒，翻晒均匀，晾干过筛备用。

d. 苗床准备。一般大棚种植每667m^2西瓜需育苗800～1200株，需苗床5～10m^2。育苗前搭棚，准备电热温床。整成宽1.3m的育苗床，挖成深5cm的凹床。下铺1层薄膜，以促进保温。铺厚2～4cm的干垄糠，上覆1层无病细土，平整床面。铺电热线加温，8～10m^2苗床铺设1kW电热线，畦中间宜稀，两边稍密，接上电源、开关和控温仪。选用10cm×10cm塑料营养钵或50孔穴盘，待装好土后整齐排列于苗床，最后覆膜。

e. 种子处理。为提高发芽率，播前宜选晴朗天气晒种1d。晒后用55℃温水浸种15～30min，同时进行搅拌。然后用25℃温水浸种2～4h，为提高种子抗病性，可用1%甲醛溶液处理10min。捞出后擦净种子表面黏液，用湿纱布包好，置于28～32℃条件下催芽，一般24～30h后露白（芽长约为4mm），在15～20℃条件下炼芽12h，待80%种子出芽后统一播种。

f. 播种。播种前1周将育苗棚消毒，播前2d预热苗床，并一次浇足定根水，土温控制在25℃以上即可播种。选晴天午后播种，一钵一粒，宜放平种子，播后覆5mm厚的细泥。然后铺地膜，搭好中小拱棚，覆膜保温。

g. 苗期管理。一是土温管理，西瓜齐苗后至真叶展开前，下胚轴极易伸长，形成高脚苗，要适当降温，土温控制在21℃左右。真叶展开后逐渐提高土温至23℃左右，二叶一心期后保持19℃左右。定植前1周应逐渐降温，蹲苗炼苗，使根系生长粗壮。二是光照、气温管理。晴天可以切断电热线电源，揭去小拱棚上防冻草帘，使瓜苗多见光。阴天也尽量让瓜苗多见散射光。上午10：00～14：00，当外棚气温在15℃以上时，揭去小拱棚薄膜，增加光照强度。若阴雨天气持续2～3d，可在距离苗高40cm左右处，每间隔2m装1盏40～60W灯泡，白天开灯补光5～6h。如果棚温低于15℃，应通电加温，若棚外气温达25℃以上，可揭去棚内薄膜。当外棚内气温降至25℃以下时，应立即盖好内外棚薄膜以保温。在外界气温低、棚内湿度高、瓜苗出现病害时，除及时喷药防治外，可交替采用盖外棚膜、揭内棚膜或盖内棚膜、揭外棚膜的办法降湿。三是水肥管理。西瓜苗床水分管理宜干不宜湿。在电热育苗中，由于电热加热，加快了苗床水分的蒸发，营养土容易失水。因此，要特别注意苗床的保湿和水分补充。一般常用覆盖湿润细土的办法调节床土水分。选晴天下午每钵约浇水 50mL，水温尽量与地温相近，每次须浇透水，但不宜多浇。浇水后适当揭膜通风，待瓜苗叶片的水滴晾干，于床面覆 1 层细土，促进保湿。一般久雨初晴后，棚温升高快，地温升高较慢，瓜苗会出现生理性失水，造成叶片萎蔫，应进行叶面喷水。同时在棚上盖遮阳网遮阳，揭膜通风降温，可以缓解叶片的萎蔫，恢复其正常生长。西瓜苗期一般不需追肥，因出苗至 2 片子叶开展以前基本靠子叶贮藏的养分，其后根系的吸收能力逐渐增强。如果瓜苗后期长势弱，可于叶面、根外喷施 0.2%～0.3%尿素和磷酸二氢钾。如幼苗出现徒长现象，应及时喷施多效唑 2500 倍液，并在清晨或傍晚浇水，保持土壤湿润。移栽前 7～10d 停止浇水，并注意炼苗。

h. 病虫害防治。春季西瓜育苗虫害发生较少，出苗后可用 2.5%溴氰菊酯乳油 1000～2000 倍液喷 1 次进行预防。但可能会发生一些病害，如烂根、炭疽病、猝倒病、疫病等。苗床湿度高是病害发生的共同条件，苗期应以预防为主。因此，在瓜苗生长所需水分较充足的条件下，应尽量减少浇水次数，加强通风，以降低苗床湿度，同时结合药剂防治。对小棚内湿度较高的最好用腐霉·百菌清熏蒸，用铅丝吊起，每 10m^2 空间用小号腐霉·百菌清 1 颗，于傍晚时段点燃，次日清晨开棚门通风。一般隔 7～10d 熏蒸 1 次。若膜内湿度不高，结合揭膜，可间隔 5～7d 用多菌灵、百菌清交替预防 1 次，效果较好。

i. 壮苗标准。苗龄 40d 左右，真叶 2～4 片，叶色浓绿，子叶完整，嫁接苗接口愈合良好，节间短，幼茎粗壮，无病虫为害。

（3）大棚建造

在计划种植的地块，用拖拉机、耕井机翻犁耙细，并经平整后建棚，按 5.6m 宽划线。其中棚间距 0.8～1.0m，棚宽 4.6m，高 1.8m，棚长根据地块长度而定（但考虑滴管带均匀供给肥水，最长不超过 45m 为宜）。两棚头间距 2m，每隔 2 排设置排水沟，沟深 0.7m，可排可灌。选用长 7m、宽 6mm 的竹片，沿棚长每隔 1.3m 左右插 1 片。竹片两端插土深度为 40cm，棚首尾各用 2 片竹片固定，沿棚长顶部中央位置用竹片固定，大棚膜选用宽 7m、厚 0.06mm 的无滴膜，大棚膜用量 65kg/667m^2。地膜用宽 2m、厚 0.015mm 的农膜，地膜用量 20kg/667m^2。滴灌设备有小管 200m、大管 20m、接头 6 个、开关 6 个、扎丝等其他材料。

（4）整地施基肥

选 5 年内未种过西瓜的田地，最好是地势平坦、土层深厚、排灌方便的沙壤土或壤土。定植前 20～30d，深翻耕耙，深度为 30cm 左右为好，晒白，再二犁三耙，将其整平整细。基肥以肥效长、养分完全的有机肥为主，辅以适量的无机肥和镁、锌、硼、铁等微肥。定植前 15～20d，每 667m^2 撒施堆沤 15～20d 后拌匀的优质农家肥 1500～2500kg、饼肥 100～150kg、过磷酸钙 40～50kg，另加三元复合肥 30～40kg、尿素 10kg，与土壤充分混匀。

（5）适期定植

a. 定植前的准备。定植前 15d 对有可能发生枯萎病的田块进行土壤消毒，盖膜前进行一次除草、施药，切忌立即盖膜和定植。定植前一天，施好送嫁肥药，用 0.2%～0.3%磷酸二氢钾、70%甲基硫菌灵 1000 倍液，做到带肥带药下田。

b. 适时定植。宜于瓜苗长至 3～4 片真叶时定植，一般于 2 月上旬至中旬，大棚土温上升到 15℃以上时，选择晴天上午移栽。距畦边 15cm 左右开穴，每棚作 2 畦，每畦种 2 行，行距 80～90cm，要求双蔓整枝株距 40cm，三蔓整枝株距 60cm。爬地栽培，一般中果型瓜（如早佳 8424）每 667m^2 栽植 300～400 株，株距 50～60cm，小果型瓜（如早春红玉）栽植 400～500 株，株距 45cm；搭架栽培，中果型瓜栽植 800 株左右，株距 60cm，小果型瓜栽植 1200 株左右，株距 40cm。

（6）田间管理

a. 大棚温度管理。西瓜定植初期是全年气温最低时期，因此采用五层膜（大棚＋内棚＋小中棚＋小棚十地膜）覆盖保温管理。大棚外膜需压实，防止气温与外面对流，影响棚内温度的提高。为了不影响透光，所有农膜必须用新的。靠棚边锄草不便，因此需铺设黑色地膜，达到抑草目的。大棚中间操作方便，宜铺透明地膜，其也有增温作用。西瓜蔓长达9节左右，瓜头也顶到小棚时揭去小内棚。在此期间内层棚内温度不超过30℃一般不需通风。3月下旬时揭去小中棚，4月上中旬适时揭去内棚，此时期棚外气温渐渐上升，棚内温度超过30℃时，大棚两端通风，开始时通风口要小，以后渐渐放大，室外最低温度稳定在20℃以上时大棚通风口常开。长江流域过了梅雨季节进入高温期，应加大通风量，大棚两侧肩部每隔4m在农膜上破一个直径为0.5cm圆形通风口。棚内湿度以50%～60%为最好。全生育期保留大棚顶膜。

b. 肥水管理。西瓜长季节栽培生长期达270d以上，养分供应以科学追肥为重点，除基肥外必须定期补给养分，为了达到长季节栽培，追肥采用滴灌补肥补水相结合技术。基肥每667m^2施入腐熟有机肥2500kg。第一批单瓜重达1kg以后每隔7～10d追肥1次，追肥每667m^2用40%硫酸钾型复合肥10kg加5kg磷酸二铵加0.2kg磷酸二氢钾，追肥随水滴灌。每次每667m^2滴灌水量300～400kg，具体用量根据田间实际情况而定。

c. 整枝。一般采取二蔓整枝。前三批瓜以一蔓坐瓜另一蔓作辅养蔓，交替进行。主蔓与侧蔓走向相反，与畦面垂直，单蔓长到畦边时人工引拉180°使瓜蔓转弯生长，以后如此反复。第一批瓜为主蔓第二雌花坐瓜，第二批瓜为侧蔓坐瓜，第三批瓜为主蔓上的新生侧蔓坐瓜，第四、五、六批瓜均为见雌瓜胎就授粉。一般在2月下旬开始进行整蔓、引蔓。单株坐瓜后整株瓜蔓长势明显减弱，第三个瓜坐瓜后不需再整蔓，只要适当拉蔓控制生长方向。

d. 人工辅助授粉。第一批瓜3月中旬开始选主蔓第二雌花授粉，第一批坐瓜期温度偏低，采用坐瓜灵强迫坐瓜，以后每批瓜均采取人工雄花对雌花直接授粉。授粉时注意雌瓜胎要正，防畸形瓜。第一批瓜采收前10d左右开始授第二批瓜，以后授粉均在前一批瓜采收前10d左右授粉，也就是当前一批瓜采收时下一批瓜已坐瓜。

(7) 病虫防治

嫁接西瓜主要病害是炭疽病、蔓枯病，而且其发生较自根西瓜相对早而重，砧木子叶苗就发生炭疽病，伸蔓期、坐果期所发生的蔓枯病比自根西瓜略重；主要害虫是蓟马、蚜虫、红蜘蛛、美洲斑潜蝇。

炭疽病用80%代森锰锌500倍液，或10%苯醚甲环唑1500倍液，或64%噁霜·锰锌500倍液，或75%百菌清600倍液，或58%甲霜灵500倍液等；蔓枯病用10%苯醚甲环唑1500倍液，或43%戊唑醇5000倍液，或80%代森锰锌500倍液，或70%甲基硫菌灵500倍液，或10%苯醚甲环唑1500倍液加70%甲基硫菌灵500倍液等防治。蓟马用50%苯丁锡4000倍液，蚜虫用1%杀虫素1000～1500倍液，红蜘蛛用1%阿维菌素1500倍液，美洲斑潜蝇幼虫用5%甲维盐微乳剂10mL或5%啶虫脒乳油20～30mL，兑水40～50kg喷雾防治；成虫用10%氯氰菊酯或4.5%高效氯氰菊酯乳油2000倍液与20%吡虫啉可溶性剂4000～5000倍液交替使用，每7～9d喷一次，连喷2～3次。

(8) 适时采收

根据品种特性、当地气象条件或瓜果成熟度确定采收标准，一般早熟品种可于4月底成熟，产量可达到3000kg/667m^2。如栽培期间病虫害防治得当，收获时枝叶保持茂盛，可以继续追肥。一般大棚瓜管理好可连续收4～6茬瓜，每667m^2产量可达8500kg；第1批瓜于4～5月上市，二茬瓜于6月至7月上旬上市，以后每隔15～20d坐果一批，最后一批西瓜上市可推迟至10月中下旬。

12.5.7 西瓜生产上常见问题及防治措施

(1) 粗蔓

① **症状**。从甩蔓到瓜坐住后开始膨大期间均可发生，以瓜蔓生长伸长约80cm以后发生较为普遍。

发病后，距生长点8～10cm处瓜蔓显著变粗，顶端粗如大拇指且上翘，变粗处蔓脆易折断纵裂，并有少许黄褐色汁液，生长受阻。以后叶片小而皱缩，近似病毒病，影响西瓜的正常生长，不易坐果。

② **发生原因**。偏施氮肥，整枝不及时，营养生长过盛，生殖生长受到抑制；土壤或植株缺少硼、锌等微量营养元素；浇水量过大或土壤含水量过高；土壤有机质含量低，通气性差或温度忽高忽低或光照不充足等原因都会造成西瓜粗蔓。

③ **防治措施**。选用抗逆性强的品种，据田间试验表明，早熟品种易发生，中晚熟品种发生轻或不发生；加强苗期管理，合理控制温度、湿度；平衡施肥，增施有机肥、硼和锌等微肥，调节养分平衡，满足西瓜生长对微量营养元素的需要；调控浇水量，少量多次，膜下灌温水；开花前后出现粗蔓时，用手指捏一下生长点，抑制瓜蔓生长，开花后采取人工授粉，促进坐果；病状发生后，用含硼、锌元素的微量元素水溶肥，一周一次，连喷2～3次。

(2) 裂瓜

① **发生原因**。品种原因，皮薄而且皮脆的品种易裂瓜；土壤干旱，氮肥过多造成植株对硼和钙的吸收障碍造成裂瓜；果实膨大初期遇持续低温，发育停止，之后再继续膨大引起裂瓜；或果实发育某一阶段，土壤干旱，果实发育受阻，后期浇水过多或下大雨，水分供应失调，造成裂瓜。一般在花痕部位首先开裂；采收时果实皮薄、振动引起裂瓜；在近成熟期灌水过多，也会发生裂瓜。实践证明五六分熟时最易发生裂瓜；久阴乍晴或温度调控过大，温度上升太快太高，也会引起裂瓜。

② **防治措施**。选用瓜皮偏厚、韧性大的西瓜品种；重施有机肥，冬季采取地膜覆盖或地热线提高地温，促进根系发育吸收耕作层水分和养分；增施钾肥和黄腐酸类肥料提高果皮韧性；合理浇水，坚持少量多次，肥水同施的原则；及时收瓜，应在晴天中午或下午瓜含水量较少时收瓜，早、晚收瓜时，因瓜含水量较多，在收瓜和搬运的过程中易发生裂瓜。

(3) 果实日烧病

① **产生原因**。果实裸露暴晒，在高温、强光下，果面局部温度急剧升高，水分迅速蒸发产生日烧现象。轻者局部果皮出现日烧病斑，重者发生瓜瓤恶变；钙元素在西瓜水分代谢中起重要作用，土壤中缺钙或施氮过多，钙元素吸收障碍也会引起日烧病的发生；雨后果实上有水珠，天气放晴，汇聚阳光形成日灼斑，这种日灼斑一般较小。土壤干旱、持续高温、雨后暴晴、土壤黏重、低洼积水等因素都会引起西瓜日烧病。

② **防治措施**。重施有机肥，配合磷、钾、钙肥合理施用氮肥，促进枝叶茂盛；果实发育后期，用草帘或瓜蔓将西瓜果实盖住（俗称阴瓜、盖瓜），能有效预防日烧病的发生；露天栽培的西瓜用遮阳网覆盖栽培；开花结果期以后，喷施含钙的水溶肥，每10～15d施一次，连用2～3次；增施钾肥和黄腐酸类肥料或喷洒含铜、锌等营养的微量元素水溶肥，提高抗热性，以增强抗日灼能力。

(4) 空洞果

① **发生原因**。膨果期低温、供水不足、持续高温形成空洞果；低节位坐瓜，果实离根部太近或果实采收过晚；光照不足，光合产物少或养分不足，尤其是膨果期养分不足形成空洞果；硼元素对促进养分在果实内部运输有重要作用，缺硼果肉养分吸收受阻形成空洞果；嫁接西瓜易发生空洞果。空洞果在膨大期发生，主要原因是果皮和瓜瓤生长速度不一致。空洞果分横断空洞果和纵断空洞果两种：一是干旱或低温，养分供应不足，后期持续高温，形成横断空洞果；二是果实成熟期，浇水过多，果肉发育不均衡，形成纵断空洞果。

② **预防措施**。重施有机肥，合理追施氮、磷、钾、钙等营养肥，提高地温，使其在适宜的温度条件下坐果及膨大。在低温、肥料不足、光照较弱等不良条件下，可适当推迟留瓜，采用高节位留瓜；坐果后及时整枝，一般品种采用“一主二侧”三蔓整枝法，瓜膨大期停止整枝。同时采用疏掉病瓜、多余瓜，调整坐果数等措施可避免空洞果；均衡肥水管理，防止植株早衰，增加果实甜度。

(5) 脐腐果

① **发病原因**。土壤缺钙或土壤酸化或土壤墒情忽干忽湿造成植株对钙的吸收受阻；水分、养分供应失调，土壤干旱，叶片与果实争夺养分，导致果实脐部大量失水；氮肥施用过多，导致西瓜对钙的吸收受阻，使脐部细胞生理紊乱，失去控制水分的能力；施用激素类药物干扰了西瓜的正常发育形成脐腐病。

② **防治措施**。重施有机肥，增强保水保肥性，为根系生长提供良好的环境；均衡供应肥水，避免水分忽高忽低；开花结果期喷施含钙、硼等水溶肥，每 10d 喷一次，连喷 2～3 次。

(6) 厚皮瓜

① **发生原因**。西瓜坐瓜位置离根部太近；硼元素缺乏，阻碍养分运输，其停留在瓜皮部成为厚皮瓜，影响到养分在果肉的运输就形成空洞果；采收过早，成熟度不够；氮肥施用过多，磷、钾及微量元素补充不足；果实膨大期温度、地温过低都会形成厚皮瓜。

② **防治措施**。选用薄皮品种；重施有机肥，氮、磷、钾、微肥配合施入；膨果期注意温度调节，冬季可铺地热线或加盖地膜；合理留瓜，果实不要离根部太近；适时追施硼肥加强果肉养分运输畅通，防止厚皮瓜的产生。

(7) 肉质恶变果（紫瓤瓜）

① **症状**。成熟果的瓜瓤不透明而呈红紫色的玻璃状，其特点是含糖量低，pH 值高，瓜瓤为淤血状，弹打果实发出“当当”敲木声。

② **发生原因**。果实长时间受到高温影响或长时间阳光直射，养分、水分的吸收和运转受阻产生紫瓤瓜；持续阴雨突然转晴，或土壤忽干忽湿，水分变化剧烈，根系受损产生生理障碍导致紫瓤瓜；膨果后期脱肥尤其是磷、钾、微肥不足，植株早衰，产生肉质恶变果；植株感染病毒病发生肉质恶变果；整枝过重或叶片受损，又遇上高温，使果实呼吸异常，产生乙烯导致肉质恶变。

③ **防治措施**。重施有机肥，提高地温，促进根系生长；加强水分管理，严禁大水漫灌和水分忽高忽低；及时适当整枝、疏花、疏果；开花结果期及时补充磷、钾、钙及中微量营养元素防止后期脱肥；高温阳光强烈，叶面积不足，果实裸露时，用草帘、枝蔓遮盖果实；及时及早用药剂防治蚜虫、飞虱，切断病害传播途径。

(8) 西瓜果肉发硬

① **发生原因**。成熟、采摘期温度过低；磷肥施用过多或施用过含氯的肥料；高温干旱或营养不良，尤其是膨果期微量营养元素补充不足使西瓜果肉发硬。

② **防治措施**。成熟、采摘期注重调控温度，冬季可采取地热线、地膜覆盖等措施促进根系发育；重施有机肥，氮、磷、钾、钙肥合理施入，禁施含氯肥料；及时适量浇水，少量多次保持土壤水分适宜；开花结果期施含钾、钙的水溶肥，每 10d 施用一次，连用 2～3 次，能增加甜度，防止果肉发硬。

(9) 黄带果（粗筋果）

① **主要症状**。黄带是从叶片运往果实的同化物质不足或运转受阻而到果实成熟时仍保留发达的维管束和纤维所致。它们是运输养分和水分的通道，在正常果实膨大的初期，这些组织较为发达，随着果实的膨大和成熟逐渐消失。但有些果实进入成熟期后，部分组织残留下来形成了黄带。这些组织多为白色，严重时呈黄色带状纤维，由此得名称黄带，并继续发展为粗筋。有黄带的果实，含糖量低，瓤质差。

② **发生原因**。土壤中或植株缺钙、缺硼诱发黄带果；长势过旺的植株上结的西瓜，成熟过程中遇低温发育成黄带果；叶片受损或整枝过度，光合作用不充分或连续高温、干旱等条件下发育成黄带果；用南瓜砧木嫁接的西瓜易形成黄带果。

③ **防治措施**。施有机肥，合理调控温度和湿度，保证硼、钙等营养元素的吸收；合理施肥浇水，

坚持少量多次、肥水同施的原则；合理及时整枝、疏花疏果；适时适量喷施含硼、钙元素水溶肥；根据情况选择适宜的砧木。

（10）畸形果

① **常见种类和症状**。尖嘴瓜，瓜果的花蒂部位变细，果梗部位膨胀形成尖嘴瓜。葫芦（大肚）瓜，瓜果的顶部接近花蒂部位膨大，而靠近果梗部较细，呈葫芦状。扁形瓜，瓜的横径大于纵径，使瓜呈扁平状，有肩，果皮增厚，呈扁形状。偏头瓜，表现为果实发育不平衡，一侧发育正常，而另一侧停滞，形成偏头瓜。

② **发生原因**。西瓜在花芽分化阶段，养分和水分供应不均衡，影响花芽分化产生畸形果；土壤缺乏钾、硼、钙等营养元素或植株吸收钾、硼、钙等营养元素受阻产生畸形果；瓜果膨大期养分供应不足或坐瓜期温度低易形成畸形果；土壤干旱或授粉不均匀或整枝过重或结瓜过多或坐瓜位置离根太近或坐果较晚易形成畸形果；土壤有机质含量低或地温低或湿度过大或病虫害危害使根系受损易形成畸形果。

③ **防治措施**。注重花芽分化期养分、水分、温度管理；控制坐瓜部位，在第2～3朵雌花留瓜；采取人工授粉，每天早上7:30～9:30用刚开放的雄花涂抹雌花，尽量用异株授粉或用多个雄花给一朵雌花授粉，授粉量大，涂抹均匀利于瓜形周正；重施有机肥，适时适量浇水施肥，尤其重施钾、硼、钙等营养肥，可以大幅度减少畸形果的发生；要保证肥水均匀供应，防止忽多忽少；注重翻瓜，使瓜的四周受光均匀，防止瓜面温度差异太大，而形成歪瓜、烂瓜；及时及早防治病虫害。

第13章 豆类蔬菜栽培

豆类蔬菜是指以嫩荚果、嫩豆粒或豆芽等供食用的豆科植物。我国栽培的豆类蔬菜主要包括豇豆、菜豆、菜用大豆（毛豆）、扁豆、刀豆、四棱豆、莱豆、绿豆、蚕豆、豌豆等。

豆类蔬菜中，蚕豆和豌豆为长日照植物，适于冷凉的环境条件，比较耐寒，长江流域可露地过冬；其他豆类蔬菜则属于短日照植物，喜温或耐热。很多品种对光照长短的要求不严格，但是幼苗期有短日照，能促进花芽分化。豆类蔬菜都比较耐旱，较低的土壤湿度除适于根瘤菌的生活外，也符合豆类蔬菜生长发育的需要。豆类的种子富含蛋白质，播种后水分过多，容易腐败而丧失发芽能力，因此早春露地播种最好干籽播种。开花前水分过多，容易引起茎叶徒长和减少花芽分化。开花和结荚时雨水多或土壤湿度大，容易造成落花落荚。豆类蔬菜以嫩豆荚或豆粒供食，由于根瘤菌的作用，对氮素营养需要较少而需要较多的磷和钾素营养。但也因种类和品种而有所不同，以采收嫩豆荚或根瘤不发达的豆类以及豆类蔬菜生长前期根瘤菌固氮能力较低时，则仍需较多的氮素营养，以采收老熟豆粒的则可供应少点氮素营养，多供应磷和钾素营养。根瘤菌生长要求土壤中有较多的有机质，大量施入有机肥料，会增进根瘤的发育。豆类蔬菜多为自花授粉，天然杂交的可能性很少，所以留种比较方便。

长江流域普遍栽培的豆类蔬菜主要有豇豆、菜豆、毛豆、扁豆、蚕豆、豌豆，可采取露地栽培与设施栽培相结合，实现周年供应，因此豆类蔬菜在蔬菜周年供应中有重要地位。如长江流域在4月初便有蚕豆、豌豆上市，5月有菜豆开始采收上市，到炎热的夏季叶菜缺乏时，有豇豆、毛豆、扁豆等供应，秋季仍有菜豆、毛豆、豇豆、扁豆等供应，其中扁豆一直可供应到10月至11月。此外，还可随时生产黄豆芽和绿豆芽以及豌豆苗、蚕豆苗上市。

13.1 豇豆栽培

豇豆又名豆角、长豆角等（因其荚果均成双生长，左右相对，形如兽角，故形象地称角豆、豆角），豆科豇豆属，原产于非洲东部和亚洲南部的热带地区。我国为豇豆的第二起源地，故自古就有栽培。

豇豆嫩荚果富含蛋白质、碳水化合物、胡萝卜素及维生素C，营养价值高，颇受消费者欢迎。可煮食、炒食、凉拌，也可腌渍、酱渍加工，制成泡菜，旺产季节烫漂晒干，冬季与肉共炖，别有风味。老熟种子可代粮食，与大米共煮成豆饭、豆粥，清香可口，制成豆沙可作糕点馅料等。茎叶还可作牲畜饲料。

豇豆在栽培上适应性强，尤其是能忍耐高温。在长江流域，豇豆自3月中下旬至7月份播种，5月下旬至11月份收，是夏秋的主要蔬菜之一，对蔬菜周年供应，特别是7～9月份蔬菜淡季供应有重要作用，是夏秋淡季度淡的当家菜。

13.1.1 类型与品种

栽培豇豆分菜用豇豆和粮用豇豆两类。菜用豇豆的嫩荚肉质肥厚，脆嫩，做菜用。粮用豇豆果荚皮薄，纤维多而硬，不堪食用，种子做粮用。

(1) 按茎的生长习性分类

豇豆按茎的生长习性可分蔓生型和矮生型。

① 蔓生型

茎蔓长，花序腋生，随主蔓伸长，各叶腋陆续抽出花序和侧蔓，顶芽为叶芽，主茎不断伸长可超过3m，侧枝旺盛，并能不断结荚。栽培时需支架，生长期较长，产量较高。主要品种有红嘴燕、铁线青、燕带豇、之豇28-2、高产4号、鄂豇1号、之豇特早30、早翠等。

② 矮生型

茎矮小，直立，多分枝而成丛生状，植株4～8节顶端形成花芽，并发生侧枝，形成分枝较多的直立株丛，结荚早而集中，生长期短。栽培时无需支架，生长期短，成熟较早，产量较低。主要品种有一丈青、早矮青、黄花青地豇豆、特选无架豇、美国无架豇豆等。

(2) 按荚果的长短分类

按荚果的长短可分为长豇豆与短豇豆两类。

① 长豇豆

荚果长30～90cm，嫩荚肉质肥厚，脆嫩，主要作菜用。

② 短豇豆

荚果长30cm以下，荚皮薄，纤维多而硬，不堪食用。种子主要作粮食用，也有部分品种作菜用的。

(3) 按荚果颜色分类

按荚果颜色分为青、白和红色等类型。

① 青荚种（青豆角）

茎蔓较细。叶片较小，较厚，色绿。嫩荚细长，浓绿色，肉质致密，脆嫩。较能忍受低温而不甚耐热，较耐贮，品质佳，产量稍低。一般在春、秋两季栽培。各地优良的品种资源，如广州的大叶青、铁线青豆角、南昌的青皮长豆角、杭州青豆角、成都的五叶子豇豆、湖南湘豇2号、上海张塘豇、燕带豇豆、湖北早翠等。

② 白荚种（白豆角）

茎蔓较粗壮。叶片较大，较薄，浅绿色。嫩荚肥大，青白色至白色，荚肉较薄，质地较疏松，种子易显露。耐贮性稍差。对低温较敏感，耐热性较强，产量较高。一般多在春夏季栽培。各地优良的品种资源，如成都红嘴燕，广州长身白，湖北白鳝鱼骨、长白杜豇，上海洋白豇豆，南京白豇2号、宁豇1号，无锡早豇，扬豇40，浙江之豇28-2，陕西罗裙带以及高产四号等。

③ 紫荚种（红豆角）

茎蔓较粗壮，茎蔓和叶柄带紫红色。叶片较长，绿色。嫩荚粗短，紫红色，肉质中等，容易老化。耐热，多在夏季栽培。采收期短，产量较低。各地优良的品种资源，如上海、南京一带的紫豇豆，广州的西园红，湖北的红鳝鱼骨，江西的花皮冬豆角，北京紫豆角以及台湾春秋红等。

此外，按种子颜色还可分为黑、白和红褐双色豇豆等。

13.1.2 生物学特性

(1) 形态特征

① **根**。豇豆成株主根深50～80cm，主要分布在15～18cm的表土层内，主根相对明显，侧根着生稀疏，其根群比其他豆类稍弱小。根易木栓化，再生能力弱，有根瘤着生，但根瘤稀少，不及其他豆科植物。

② **茎**。豇豆幼茎多棱，成株茎分矮生和蔓生两种类型。矮生种茎直立，花芽顶生，株高40～60cm，不需支架；蔓生种一般分枝力强，枝繁叶茂，茎蔓为草质，需设立支架，茎蔓呈左旋缠绕，茎色有青、绿、紫红等。

③ **叶**。子叶出土，第1真叶为单叶，1对，对生，以后的真叶为三出复叶，互生，多为卵状菱形，绿或浓绿色，全缘，无毛。叶片较厚，不易萎蔫，光合能力强，具有一定的抗旱能力，且又比较耐阴。

④ **花**。豇豆花为总状花序，腋生，花梗长10～16cm，顶端着花，多数从主蔓的第6～7节开始着生（早熟品种主蔓3～5节、晚熟品种主蔓7～9节，侧蔓1～2节开花）。每一花序有2～4对花芽，常成对结荚，形似兽角。往往是第1对花芽形成荚以后，后面的一对花芽才开花，一般每花序通常结成一对果荚，营养条件好，管理精细的，其余的花也能陆续开放结荚。豇豆在夜间和早晨开花，中午闭合凋谢。花蝶形，有白色、黄色、淡紫红色。雌雄同花，雄蕊先熟，自花授粉，天然杂交率约2%。

⑤ **果实**。豇豆开花后子房伸长成荚，荚细长，绿、浓绿或紫色，横断面扁圆形或圆筒形，横径0.7～1.0cm，一般长荚种果长30～100cm，短荚种只有10～30cm。荚直或顶端稍曲，下垂。每荚含种子10～24粒。

⑥ **种子**。种子长肾形或弓月形，种皮有褐、紫、黑、黄白色和各种花斑（黑白或紫白相间等），种皮色泽深浅与花色有密切关系。凡花为紫蓝色的品种，种皮颜色较深，而白花品种，种皮则多为浅色。不同品种的种子大小相近，千粒重120～150g。

(2) 生长发育过程

豇豆生长发育过程以蔓生型为例，自播种至豆荚成熟可分为四个时期，即种子发芽期、幼苗期、抽蔓期和开花结荚期（图13-1）。

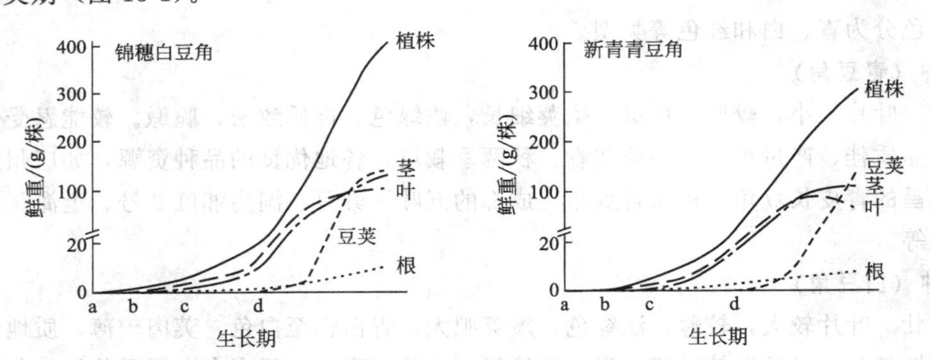

图13-1 蔓生长豇豆生育过程植株和各器官的鲜重增长动态

a.发芽期（10～20d）；b.幼苗期（12～26d）；c.抽蔓期（26～50d）；d.开花结荚期（50～56d）

① **种子发芽期**。豇豆自种子萌动至第一对真叶开展为种子发芽期。子叶出土，不进行光合作用，靠贮藏养分在发芽时分解使用，至第一对真叶开展，便可进行光合作用。当温度在20～30℃、湿度适当时，6～7d发芽；如在14～21℃则需10～12d发芽。种子发芽所吸收的水分，一般不超过种子质量的50%。水分过多，种子容易霉烂，降低发芽率。发芽期内各器官主要利用子叶贮藏的营养物质进行生长，待养分消耗完后子叶便枯萎脱落，发芽期即结束。发芽时水分不宜过多，否则容易烂种，降低发芽

率。所以在生产上，播种后连遇阴雨或供水过多，特别是低温阴雨，土壤板结时，常常造成烂种，或出苗后发生猝倒病等病害，严重缺苗。因此，在豇豆的发芽期，在控制水分的同时，要提供疏松、透气和排水良好的土壤环境（图 13-2）。

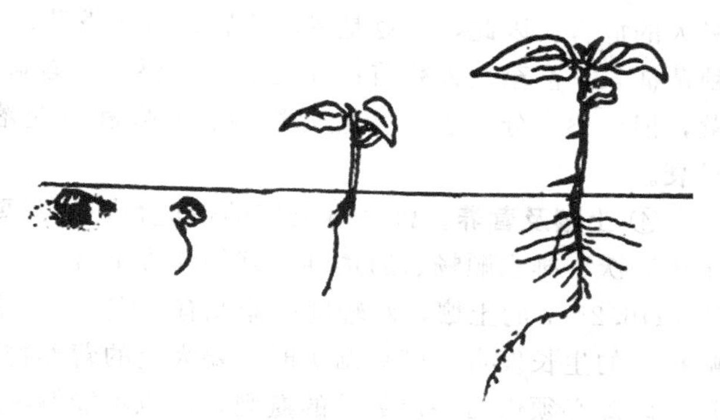

图 13-2　豇豆种子的发芽过程
从左到右：播后 3d、5d、7d、11d

② **幼苗期**。豇豆自第一对真叶开展至具有 7～8 片复叶为幼苗期，幼苗期需 15～20d。如在 15℃以下的较低温度和阴雨条件，幼苗容易烂根，轻则抑制生长，重则死苗。夏季高温，又容易引起猝倒病。豇豆的根容易木栓化，再生能力弱，如行育苗以在第一对真叶展开前移植才易成活。幼苗期主要以营养生长为主，同时花芽开始分化。幼苗期节间短，茎直立，根系也逐渐展开，以后节间伸长，不能直立而缠绕生长，同时基部腋芽开始活动，便转入抽蔓期。

③ **抽蔓期**。豇豆有 7～8 片复叶至植株现蕾为抽蔓期，这个时期主蔓迅速伸长，基部开始多在第一对真叶及第 2～3 节的腋芽抽出侧蔓，根瘤也开始形成。抽蔓期要求较高温度和良好日照，此期为 10～15d，早春气温低，则时间会延长。这时植株生长迅速，节间伸长，并孕育花蕾，初期根瘤固氮能力差，应施肥养蔓，但也要防止茎蔓生长过旺影响结实。

④ **开花结荚期**。豇豆植株现蕾后至豆荚采收结束或种子成熟，一般为 50～60d。主蔓开始抽出花序的节位因品种而异，早熟种一般在 3～4 节，一般品种多数在 7～9 节。侧蔓抽出的花序较早，一般在 1～2 节。主、侧蔓抽出第一花序后，其后花序多连续发生，早发生侧蔓的品种，主蔓和侧蔓往往可以同时采收豆荚。从单花来说，开始分化至花器形成约需 25d，现蕾至开花需 5～7d，开花至豆荚商品成熟需 9～13d，至豆荚生理成熟还需 4～10d，并因品种和栽培季节而不同。这时期植株的开花结实与茎蔓生长同时进行，需要大量的养分和水分、充足的光照和适宜的温度。花期湿度过大或干旱、温度过高或过低、光照太弱以及病虫害等都会导致豇豆的落花落荚，而在良好的营养条件下，植株可以发生较多侧蔓，从这些侧蔓上抽出花序，植株上原来花序的副花芽又可以发育成花蕾，开花结荚，菜农称此现象叫“翻花”，可延长采收期半个月以上，增产 10%～20%。生产上促进翻花的主要措施是在结荚盛期开始重施追肥。

（3）对环境条件的要求

① **温度**。豇豆原产于热带，因而喜温且具有较强的耐热性。种子发芽的最低温度是 8～12℃，最适 25～28℃；幼苗生长的适温是 25～30℃，幼苗期较高的温度还能促进花芽的分化和发育；抽蔓至开花初期 20～25℃较为适宜，开花结荚适温 25～28℃，在白天最高气温达 35℃左右时仍能正常生长和开花结荚，短时期 40℃也能忍受，但时间长易引起落花落荚。豇豆对地温敏感，10℃以下生长受阻，5℃以下受寒害，0℃时死亡。

② **光照**。豇豆喜光，有一定的耐阴性，但开花结荚期光照不足时，会造成落花落荚。光照强度影响光合产物的生产而影响植株体内碳氮代谢及其比例，从而影响花芽分化。日照充足，光照较强，有利于植株生长开花正常，提高结荚率。豇豆对日照长短的反应分两类。一类是对日照长短反应不敏感，长日照和短日照条件下都能正常开花结荚，长豇豆品种多数属于这一类型。另一类对日照长短要求比较严格，如果是适宜在短日照下栽培的，在长日照下生产时，往往表现为开花推迟，茎叶繁茂而徒长。日照长短还可以直接影响到分枝习性和花序着生节位的高低，短日照可以促进主茎基部节位发生侧枝，且第一花序着生的节位降低，长日照下主蔓侧枝发生得晚，主蔓第一花序着生的节位也提高。另据研究，日照长短还影响花芽分化的数量，短日照使花芽分化数增多。

③ **水分**。豇豆的耐旱能力在各类蔬菜中是首屈一指的。因为它的根系较发达，吸收能力较强，同时叶片蒸腾量较小。但是，豇豆的耐涝能力却较弱，无论是阴雨连绵，还是大雨滂沱，都会给豇豆带来

极大的危害。因此，豇豆是忌涝作物。种子发芽期和幼苗生长期水分不宜过多，以免降低发芽率和造成秧苗徒长，甚至烂根死苗；开花结荚期要求比较高的土壤水分和一定的空气湿度，干旱会造成落花落荚，但土壤水分过多又会造成烂根、发病和落花落荚，也不利于根瘤菌的活动，植株也会出现黄叶、早衰。

④ **土壤及营养**。豇豆对土壤的适应性广，只要排水良好的疏松土壤，均可栽培，而以土层深厚、土壤肥沃、排水顺畅、通透性良好的沙壤土最好。土壤黏重、低洼潮湿的地块对豇豆生长不利。豇豆适于pH6.2～7的土壤，对轻度的盐碱有一定的忍受能力，土壤酸性过强，会抑制根瘤菌的生长，也就影响植株的生长发育。豇豆结荚时需要大量的营养物质，不能脱肥。且其根瘤菌又远不及其他豆科植物发达，因此必须供给一定数量的氮肥，但也不能偏施氮肥，如前期氮肥过多，使蔓叶徒长，会延迟开花结荚，应该与磷钾肥配合施用。增施磷肥，可以促进根瘤菌活动，根瘤增多，豆荚充实，产量增加。

13.1.3 栽培季节

豇豆在我国长江以南各地春、夏、秋均可栽培，生长季节长，必须根据气候条件选用适当的品种。豇豆一般分春季栽培和夏秋季栽培，春季栽培于2月下旬至3月下旬育苗，3月中旬至4月中旬定植（也可在4月上旬至5月上旬直播栽培），5月下旬至7月中旬采收，7月下旬至8月上旬采种；夏秋季栽培于5月中旬至8月初直播栽培，7月上中旬至10月下旬采收。

13.1.4 豇豆春季栽培技术

(1) 整地施基肥

选择疏松、肥沃、排灌方便、富含有机质的土地（最好是选用上年未种过豇豆的地块）翻耕20～25cm。播种前10～20d，彻底清除前茬作物的秸秆、杂草等残留物，并集中带出田外烧毁或深埋，以减少病虫原基数。每667m^{2}施腐熟有机肥料2000～3000kg、过磷酸钙40～50kg、氯化钾40～50kg作基肥，然后作宽1.2～1.5m（连沟）的高畦，并开深沟，以利排水，防止涝害。

(2) 播种、育苗

豇豆可直播，也可育苗移栽，一般春豇豆育苗移栽。通过育苗移栽，可适当抑制营养生长，促进生殖生长。采用营养钵或保温苗床育苗，播种期大棚为2月上中旬，小拱棚为2月下旬至3月上旬，露地栽培育苗为3月中下旬，露地栽培直播为4月上中旬。每667m^{2}播种量为2.5kg左右。育苗一般选用大棚，播前准备好营养土苗床或营养钵。营养土苗床要提前翻耕，捣细耙平，每667m^{2}施腐熟有机肥1000kg左右；如用营养钵育苗，则营养钵直径不应小于8cm，高不应低于10cm。然后在平整的苗床上按7～8cm见方播粒大饱满的种子3～4粒（营养钵中同样播3～4粒种子），浇足底水，盖上0.5cm厚的营养土，再平铺地膜，然后用小拱棚保温。播种后，4～7d可出苗，幼苗出土后及时揭掉地膜，但小拱棚仍要昼揭夜盖。出苗后，棚内白天保持温度20～25℃，注意既要保温又要通风和换气，以保证幼苗生长整齐、健壮。种子发芽期和幼苗期床土不宜过湿，以免降低发芽率，或导致幼苗徒长，甚至烂根死苗。

直播的豇豆当第一对初生叶出现时，及时进行间苗，每穴留苗2～3株。缺苗处及时进行补种或移苗补栽。

(3) 定植

根据栽培方式和生育指标来确定豇豆的定植期。采用营养土块育苗一般于第一复叶开展时定植。采用营养钵育苗时可延迟至2～3片复叶时定植。大棚栽培于2月下旬，小拱棚栽培于3月下旬，地膜栽培于4月上旬，露地栽培于4月中下旬定植。采用营养钵育苗时应用打洞器打洞移栽，采用营养土育苗时用定植刀挖穴定植，定植后浇定根水，并及时覆盖细土。一般每畦种2行，穴距20～25cm，每667m^{2}栽3500～

4000穴，每穴留苗2株。种植密度因播种季节、品种类型与栽培条件（如土壤肥力、施肥灌溉水平等）而异。一般秋播比春播稍密，青荚类型比白荚和紫荚类型稍密，矮生类型比蔓生类型稍密。

(4) 田间管理

豇豆前期不宜多施肥，防止肥水过多，引起徒长，影响开花结荚。定植成活后浇1次腐熟粪水，当植株开花结荚以后，一般追肥2～3次，每667m² 每次追尿素5～15kg，或腐熟人粪尿750～1000kg，促进植株生长，多开花，多结荚。豆荚盛收期，应增加肥水，此时如缺肥水，就会落花落荚，茎蔓生长衰退。豇豆抽蔓后要及时搭架引蔓，架高2.0～2.5m。搭架后根据植株生长习性及时按逆时针方向引蔓上架。引蔓宜在晴天下午进行，以防折断。合理整枝，使茎蔓均匀分布能提高光能利用率。可利用主蔓和侧蔓结荚，增加花序数及其结荚率，延长采收期，提高产量。为此，应适当选留侧蔓，摘除生长弱和发生第1花序迟的侧蔓，选留生长健壮发生第1花序早的侧蔓，并对主蔓中部以上长出的侧蔓在抽出第1花序后留4～5叶打顶，以增加花序数和促进花序良好发育；主蔓长至棚架顶部、蔓长2m左右时也可打顶，打顶后可促进各花序上的副花芽形成，并方便采收豆荚。

(5) 病虫害防治

豇豆的主要病害有锈病、霜霉病、炭疽病、叶斑病等，虫害有蚜虫、豆野螟等。锈病可侵害茎、叶和豆荚，在叶片上产生红锈色较密的小斑点，使荚不堪食用。防治方法是在发病初期用25%的三唑酮加水1000～1200倍喷雾。豆野螟的成虫产卵于花蕾和嫩梢，孵化后侵入花蕾危害，继而侵入荚内蛀食幼嫩豆粒，使荚内和蛀孔外堆积虫粪，不能食用。防治方法是注意田间检查，在虫卵孵化高峰期，用2.5%的溴氰菊酯或氰戊菊酯加水2000倍喷雾2～3次。

(6) 采收及留种

豇豆从开花至生理成熟需15～23d，当嫩荚已饱满，种子痕迹尚未显露时应及时采收嫩荚，商品豆荚一般以开花后11～13d为采收适期。种植户也可根据市场需求和价格，选择合适的时机采收。以早晚采收为宜，采收时注意不要损伤其他花芽。

一般豇豆留种应选无病的植株基部和中部豆荚，花序成对结荚，整齐，豆荚具本品种性状。当豆荚弯曲不易折断，手按豆荚种子可活动时便可收种。要在收后及时脱粒，充分晒干后保存。

13.1.5 大棚春早熟豇豆栽培

(1) 品种选择

豇豆从植株形态上分蔓生、半蔓生和矮生三大类，一般大棚栽培豇豆以蔓生和矮生两类居多。由于受大棚栽培环境和栽培条件的影响，大棚栽培选择的豇豆优良品种应具备以下条件：叶片稍小、节间稍短、主蔓长度中等、坐荚容易、较耐弱光、耐寒性强等。可选用绿白色荚豇豆品种或青色荚早熟品种种植。各地可根据市场需求选定豇豆品种。如天畅四号、连豇3号、台宝豇豆、早玉-80、龙须豇、改良宁豇3号、万寿豇、扬早豇12、三尺绿等。

(2) 播种育苗

豇豆一般以直播为主，大棚早春栽培则以2月中下旬温室大棚育苗为主。豇豆根系须根少、再生能力差，育苗粗放易造成伤根，影响定植后植株生长，因此，宜采用营养钵育苗，可全根定植，这样缓苗早、生长快、提早上市。

a. 营养土配制。选择肥沃田土6份、腐熟有机肥4份，每立方米床土中加入过磷酸钙5～6kg、草木灰4～5kg，上述肥料整细过筛混合后，掺入0.05%敌百虫和多菌灵或敌磺钠，堆积10d左右。豇豆幼苗在营养过剩的土壤中种植极易烧根，因此营养土配成后，可先用白菜类种子试种，观察2～3d，如有根尖发黄现象，须再加田土调淡，然后装入塑料营养钵内，准备播种。

b. 播种前准备。播种前要晒种 1～2d，使种子本身充分干燥，持水量一致，以利于发芽和杀死种皮表面的病原菌和虫卵。由于豇豆的胚根对温度、湿度较敏感，为避免伤根，一般不进行催芽。

c. 播种。播种时，先将营养钵内的营养土浇透水，每穴放种子 4 粒，并盖 2cm 厚的细土，播种后可在营养钵上加盖地膜，以利保湿。然后提高苗床温度，白天床温保持在 33～35℃、夜间在 20～25℃，不通风换气，5～6d 后出苗。出苗后及时通风排湿，防止幼苗下胚轴伸长。

d. 培育壮苗。豇豆出苗后，要特别注意幼苗的温度与湿度管理，出苗率达 85% 以上时就要开始通风排湿。常规方法是先开天窗 0.5h，再开侧面通风口，通风口要由小到大逐渐降温，防止大风扫苗。白天温度保持在 20～30℃、夜间 14～15℃。子叶展平、初生真叶展开后，白天温度保持在 30℃左右、夜间 12～13℃。经 10d 左右要及时间苗，以每个营养钵内留 3 株苗为宜。用塑料营养钵育苗，营养土易干，要时常观察苗情，发现叶片下垂时就要补充水分。苗床浇水要选在晴天中午进行，要浇透营养土。根据幼苗叶色判断是否需要补充营养液，补充营养液配方以尿素 1000 倍液、磷酸二氢钾 1000 倍液为宜。

e. 苗期炼苗。为增强幼苗的抗逆性和促进定植后幼苗生长快，定植前需炼苗 4～5d。白天提高温度，增加放风量，夜间适当降低夜温。锻炼时晴天白天温度升高到 30℃后通风，最高温度可达 33～35℃，夜间可降至 8～10℃，加大昼夜温差，使白天光合作用的营养在茎、叶上多积累，使叶色深、叶片厚，以增强幼苗自身素质，提高幼苗抗低温能力。注意营养土不能缺水，一般炼苗前浇 1 次足水。在炼苗期间，要调换苗床营养钵的位置，加大苗株距，使幼苗全身见光。阴雨天要适当保温，避免幼苗受低温危害。炼苗后以达到豇豆幼苗生长点和最上面的一片叶平齐、叶片色泽深绿为最佳标准。

(3) 适时扣膜

早春栽培的正常定植适期为 3 月上中旬。前茬有蔬菜的大棚，在豇豆定植前 5～7d 收获完毕；前茬无蔬菜的大棚，在定植前 15～20d 扣棚、不通风，尽量提高棚温，以促使地温提高，使土壤完全解冻。

(4) 整地施肥定植

a. 施足基肥。一般每 667m^2 施腐熟有机肥 2000kg、过磷酸钙 50kg、硫酸钾 20kg，随耕地施入。耙平后做畦，畦宽 80～90cm、高 20cm 左右，畦沟宽 35～40cm、深 15cm。

b. 定植。一般采用宽窄行定植，大行 80cm、小行 40cm，株距 24cm 左右。幼苗定植深度以子叶露出土面为宜。浇足定植水，待水下渗后，畦面覆盖地膜，地膜宽为 80～90cm，把苗拉出“膜眼”封平。若提早定植，可在定植畦上加扣小拱棚进行短期覆盖。棚高 80～100cm，拱棚架用竹竿或商品塑料小拱架，覆盖材料可用普通塑料薄膜。定植时要选长势均衡的幼苗，淘汰病苗、弱苗，在大棚边缘及门口处定植大苗，使秧苗生长一致。

(5) 定植后的田间管理

a. 温度管理。在大棚内幼苗定植初期，要注意温度管理。为促进幼苗生长，要密闭大棚，不通风，保持高温高湿环境 4～5d，白天温度控制在 20℃以上，一般在 25～28℃，夜间为 15～18℃，空气相对湿度达 60%～80%。当棚内气温超过 32℃时，中午应进行短时间的通风换气，适当降温。注意寒流、霜冻等灾害性天气，如遇上述灾害天气，宜采取大棚四周围草帘或覆盖遮阳网等增温措施。缓苗后应开始通风排湿降温，白天温度控制在 15～20℃，夜间为 12～15℃，防止幼苗徒长。加扣小拱棚的棚内也要通风，外界气温升高后幼苗生长加快，触及小拱棚顶时，应撤去小拱棚。随着幼苗的生长，棚温要逐渐提高，白天温度控制在 20～25℃，夜间为 15～20℃，棚温高于 35℃或低于 15℃对豇豆生长结荚均不利。进入开花结荚期后，温度不宜太高，30℃以上会引起落花落荚，应及时通风，调节棚温，上午当棚温达到 28℃时就开始通风，下午降至 15℃以下关闭通风口。豇豆生长中后期，外界温度稳定在 15℃以上时，可昼夜通风。气温稳定在 20℃以上时，逐渐撤去棚膜，此时进入结荚后期。

b. 肥水管理。肥水管理要做到前控后促。豇豆开花结荚前控制肥水，防止幼苗徒长及茎叶生长过旺，导致花序少且开花部位上升造成中下部空蔓；结荚后要加强肥水管理，促进结荚。在缓苗阶段不施肥、不浇水，若定植水不足，可在缓苗后浇缓苗水，以后不再浇水。进行蹲苗的，从定植至开花前一般不浇水、不追肥。开花期不浇水，否则易引起落花。结荚初期开始浇第1次水，并施追肥，以促进果荚和植株生长。追肥以腐熟人粪尿和氮素化肥为主，每667m^2施30%腐熟人粪尿500～800kg，或每平方米施硫酸铵30g或硝酸铵22.5g。浇水后要加大通风量，排除棚内湿气，以减少发病。结荚盛期是需肥高峰期，肥水不足易造成嫩荚产量和品质显著下降。因此结荚盛期宜集中追肥3～4次，一般每667m^2施50%腐熟人粪尿700～1000kg，并及时浇水，一般每7～10d浇1次水。注意在棚内浇水时，每次浇水量不宜太大，还可结合防病治虫叶面喷施0.3%磷酸二氢钾。豇豆采收期如肥水不足，植株易早衰，应在整个采收期注意肥水的均衡供应。

c.搭架引蔓。当植株长出5～6张叶片，开始伸蔓时，要及时用竹竿搭“人”字形架，每穴插1根，并架横竿连接、扎牢。引蔓于架上，引蔓宜在下午进行，防止茎叶折断。

(6) 防止落花落荚

a.原因。幼苗生长初期，花芽分化时遇到低温，直接影响开花结荚。开花期遇到低温或高温或棚内湿度过大或土壤和空气湿度过小等情况均会影响植株授粉受精。在结荚期，若植株生长状况差、营养不良，或植株生长过旺，也会使叶与花之间、花与花之间、果荚与果荚之间争夺养分，从而导致落花落荚。后期植株生长势变弱，营养物质减少，也会引起落花落荚。

b.防止办法。在幼苗期创造适宜的环境条件培育壮苗，防止幼苗受低温危害，从而促进花芽分化；合理密植、及时搭架，创造良好的通风透光条件。在开花期注意温湿度管理，防止温度和湿度过高或过低，同时开花期以保墒为主，促根控秧，为丰产奠定基础。追肥浇水要掌握好促控结合，早期不偏施氮肥，增施磷、钾肥。及时防治病虫害，促进植株健壮。及时采收，防止果荚之间争夺养分。在生产上，于开花期喷施生长调节剂，一般喷施萘乙酸5～25mg/kg或对氯苯氧乙酸2mg/kg，可在一定程度上防止落花落荚、提高坐荚率。

(7) 病虫害防治

豇豆的主要病害有锈病、煤霉病、枯萎病、病毒病，主要虫害有豆荚螟、地老虎、斜纹夜蛾、蚜虫、潜叶蝇等。生产上应根据实际情况，采取轮作换茬、合理密植与施肥、加强田间管理、采用药剂防治等方法控制病虫害的发生。

(8) 采收

大棚豇豆定植后40～50d即可开始采收嫩荚，一般在花后10～20d、豆粒略显时及时采摘，防止已长成的商品果荚继续生长，对其他小果荚及植株产生影响。成熟初期每5～6d采收1次，盛期每3d左右采收1次。豇豆的每个花序有2～3对以上花芽，采收时不能损伤花序上其他花蕾，不连花一起摘下，以便继续开花结荚。果荚大小不等，必须分次采收，采摘方法是在嫩荚基部1cm处掐断或剪断。豆荚采收后及时上市。

13.1.6 大棚秋延迟豇豆栽培

(1) 品种选择

选用前期抗高温、后期耐低温、抗病抗逆性强、商品性状好、产量高的品种，要求种子纯度≥95%、净度≥98%、发芽率≥95%、水分含量≥8%。播种前，选择晴天晒种2～3d。

(2) 播前准备

中等肥力地块，结合整地每667m^2施优质腐熟有机肥3000kg、尿素5kg、过磷酸钙30kg、硫酸钾15kg，筑畦宽100～120cm，打碎土块，耧平畦面。播种前覆盖大棚顶膜，掀起两边（棚长方向）裙膜，顶部棚膜封严，既可通风降温，也可挡雨遮雾。也可敞棚栽培，气温降低后再扣棚膜。覆膜后进行消毒处理，每667m^2用硫黄粉2～3kg、80%敌敌畏乳油0.25kg拌上锯末，分堆点燃，然后密闭大棚1

昼夜，随后放风，待药味散尽后再播种。也可在播种前利用太阳能进行高温闷棚。

（3）播种

8 月上旬播种。在畦内按大行距（70～80cm）、小行距（40～50cm）开沟，沟深 5cm，顺沟灌水，待水渗下后播种。将种子贴在沟边距离沟底 2.5cm 左右，每隔 20cm 点播 2～3 粒种子，每 $667m^2$ 用种量 2000～2500g。为防止曝晒，播后在种子上封 1 个土垄，高 2～3cm。高温高湿有利于种子萌发，3d 左右即可拱土出苗。

（4）田间管理

a. 间苗、补苗、定苗。大棚秋延后豇豆要早间苗、晚定苗，及时拔除病劣苗。如发现缺苗、断垄，应及时补苗，每 $667m^2$ 留苗 5500～6000 株。

b. 中耕。豇豆定苗至缓苗后，宜勤中耕松土保墒，蹲苗促根，使植株生长健壮。若水肥过多，茎叶生长旺盛，则花序数减少，形成中下部空蔓。

c. 水肥管理。蹲苗至第一花序出现，结合施肥浇第 1 次水。如定植前底肥不足，应在垄两侧或行间开沟，每 $667m^2$ 施饼肥 100kg 或尿素 20kg，随后封沟并插架。结荚后保持畦面湿润，每浇 2～3 次水施 1 次尿素或硫酸铵 10～15kg。豇豆采收期长，水肥不足易出现脱肥现象，表现为结荚少、生长停止、落叶、不发生侧枝等，因此采收期要注意水肥供应。高温季节易出现停止生长的现象，称为伏歇，应及时防病、治虫、打老叶、中耕除草和追肥浇水，促使植株生长旺盛、萌发侧枝和花芽，形成产量高峰。叶面喷施 0.2%～0.5%硼、钼等微肥有利于豇豆结荚。

d. 植株调整。第 1 花序出现后，及时抹除花序下侧芽，促使主蔓生长，集中营养供应，坐花多。主蔓第一花序以下的侧枝，应在早期留 2～3 片叶摘心，促使侧枝形成一穗花序。当主蔓生长到 15～20 节、高 2～2.5m 时摘心，以控制营养生长，促进多出侧枝，形成较多花芽。

e. 温度调节。9 月下旬至 10 月上旬，当夜间气温降低至 13℃以下时，及时覆盖两边裙膜。敞棚栽培应及时扣棚膜。扣裙膜后，白天加强放风，白天保持 30～32℃、夜间 13℃以上。随着外界气温下降，逐步提高白天温度，蓄存热量，以提高夜间温度。10 月中下旬以后进入低温期，以防寒保温为主，适当通风换气，在大棚内部四周特别是北边可围上草帘，以防外界低温侵袭。

（5）病虫害防治

按照预防为主、综合防治的植保方针，坚持以农业防治、物理防治、生物防治为主，化学防治为辅的无害化治理原则。

a. 物理防治。一是黄板诱杀：白粉虱、美洲斑潜蝇可在棚间悬挂黄板诱杀，纸板规格为 10cm×20cm，涂上黄漆，涂 1 层机油，每 $667m^2$ 悬挂 30～40 块，一般 7～10d 重涂 1 次。二是防虫网阻虫：在大棚通风口覆盖防虫网阻止蚜虫迁入。三是银灰膜驱避蚜虫：将银灰膜剪成宽 10～15cm 膜条，悬挂在棚室放风口处。四是黑光灯诱杀：可用黑光灯诱杀多种地下害虫成虫。

b. 化学防治。化学防治优先采用粉尘剂、烟雾剂，喷雾防治，注意轮换用药、合理混用。

蚜虫：可用 10%吡虫啉可湿性粉剂 2000～3000 倍液或 25%溴氰菊酯乳油 2000～3000 倍液喷雾防治，也可用 22%敌敌畏烟剂 500g/$667m^2$ 熏蒸防治。

白粉虱：可用 2.5%联苯菊酯乳油 3000 倍液或 10%吡虫啉可湿性粉剂 2000～3000 倍液喷雾防治。

潜叶蝇：可用 1.8%阿维菌素乳油 2000～3000 倍液喷雾防治。

茶黄螨：可用 1.8%阿维菌素乳油 3000 倍液或 10%吡虫啉可湿性粉剂 1500 倍液喷雾防治。

疫病：可用 72%霜脲·锰锌可湿性粉剂 800 倍液或 69%安克·锰锌可湿性粉剂 500～1000 倍液喷雾防治，也可用 45%百菌清烟剂 120g/$667m^2$ 熏蒸防治。

炭疽病：可用 75%百菌清可湿性粉剂 600 倍液或 10%苯醚甲环唑水分散粒剂 1500 倍液喷雾防治。

白粉病：可用 10%苯醚甲环唑水分散粒剂 1500 倍液或 40%氟硅唑乳油 5000 倍液喷雾防治。

枯萎病：可用 95%噁霉灵可湿性粉剂 3000 倍液或 70%甲基硫菌灵可湿性粉剂 800 倍液，或 75%百菌清可湿性粉剂 800 倍液喷雾防治。

锈病：可用 2%宁南霉素水剂 1000 倍液喷雾防治。

病毒病：可用抗毒丰Ⅱ号水剂 400 倍液喷雾防治。

(6) 采收

根据当地市场消费习惯及品种特性及时分批采收，减轻植株负担，并确保商品果品质，促进后期植株生长和果实膨大。豇豆一般在花后 10～20d 豆粒略显时采收，收获初期每隔 4～5d 采收 1 次，盛果期每隔 1～2d 采收 1 次。豇豆从下往上陆续挂果，各层花序上的多对花芽开放也有先后顺序，果荚大小不等，必须分次采摘。采摘时要特别注意保护小花蕾不受损害，最好在嫩荚基部 1cm 处剪断。

(7) 清洁田园

将残枝败叶和杂草清理干净，并及时进行无害化处理，保持田园清洁。

13.2 菜豆栽培

菜豆又名四季豆、芸豆、架豆、梅豆、青刀豆、玉豆等，豆科菜豆属，原产于中南美洲，17 世纪引入欧洲栽培，以后传入亚洲，再引入我国，现在我国各地均有栽培。以嫩豆荚或老熟种子供食用。据分析，每 100g 嫩豆荚含水分 88～94g，蛋白质 1～3.2g，碳水化合物 2.3～6.5g，粗纤维 0.3～1.6g，抗坏血酸 6～57mg 及其他维生素和矿物质。我国菜豆主要以嫩荚供食用，除鲜食外，还可干制、腌渍、罐制、速冻等，同时菜豆也比豇豆更耐贮藏、运输，所以也是长江流域高山栽培的主要果菜。

13.2.1 类型和品种

菜豆的品种很多，按照荚壁纤维发达程度可分为软荚种和硬荚种，作为蔬菜栽培的菜豆大多是软荚种。软荚菜豆按茎的生长习性又分为矮生型、蔓生型两类，也有少数是半蔓性类型的；按豆荚颜色有绿、黄及紫色斑纹等；按种子颜色有黑、白、红、黄褐及各种花斑等。

(1) 矮生型

株高 50cm 左右，茎直立，基部节间短，上部节间长，主枝 4～8 节开花封顶，呈有限生长。开花结荚早，多为早熟品种，生长期短，由于采收期较集中，适于机械化栽培，但产量较低，多数品种品质较差，主要品种有上海矮箕黑籽、长沙四月豆、施美娜、法国细刀豆、意大利玉豆、江户川、黑梅豆、供给者、优胜者等。

(2) 蔓生型

主茎生长点为叶芽，可形成复叶 18 片以上，高达 2～4m，初生节间短，4～6 片叶开始伸长，左旋，不断向上伸长缠绕在支架上。叶腋伸出侧枝或花序，陆续结果。成熟较矮生型晚，收获期长，产量高，品质比较好，主要品种有西宁菜豆、上海白花架豆、扬白 313、湖南五爪豆、双季豆、九粒白、芸丰、红花白荚、红花青荚、西杂二号、白天鹅、九节鞭、泥鳅豆、金龙王、泰国架豆王等。

13.2.2 生物学特性

(1) 形态特征

① **根**。菜豆有主根，但不甚发达，入土浅，根系呈圆锥形，大部分种在 20～30cm 土表层中。侧根

生长较快，据观察，播后10d，子叶尚未完全出土时，主根长6cm，侧根已有8～9条，并开始有根瘤形成。值得注意的是其不定根发生得早，在苗期即可发生，由胚轴的基部与主根相连部开始发生不定根，对此，一般栽培者不太重视，若在此时（播后25～30d）及时培土，促进不定根发生和生长，无疑可加强根系、提高植株的吸收能力。根瘤从幼苗期开始形成（播后10d左右），根瘤菌的活动需要植物体内的糖，幼苗期植株小、生长慢、光合能力弱，根瘤菌也因缺糖而固氮能力小，叶色易变淡呈缺氮状，因此，豆科作物施基肥，苗期追施少量氮肥，对其生长、发育是非常有效的。根瘤菌固氮能力最高的时期为开花结荚期，占全部固氮量的80%。此时施氮过多反而降低固氮能力，增施P、K可提高固氮率。

② **茎**。菜豆植株的茎色多数为绿色或紫红色。茎蔓的高矮与类型有关。矮生直立型的主蔓茎高20～60cm，有7～9个节，分枝1～5个，可从第一对真叶的叶腋开始出现，并有二级侧枝发生，植株形成丛生状，花序封顶，为有限结荚习性。蔓生型主茎长达200cm以上，有节15～30个，初期3～4节的节间距较短，呈直立状，之后开始抽蔓，分枝1～8个，花序从叶腋间抽伸，呈无限结荚类型。半蔓型介于蔓生型与矮生型之间，在生产上因环境或栽培条件的变化，可向蔓生或矮生型转化。茎上有短软刺毛，蔓生型的茎有较强的逆时针缠绕能力，为了茎叶分布均匀，人工辅助引蔓是有必要的。

③ **叶**。四季豆种子发芽，其子叶出土，它是种子发芽及出土阶段营养的最初来源。之后，子叶变绿，进行光合作用，仍提供供幼苗生长的营养，种子的好坏与破损否，直接影响着幼苗的健壮程度。当第一对对生真叶展开时，子叶营养耗尽，逐渐脱落。这一对对生真叶为单叶，心脏形，单叶存活时间的长短与植株的健壮有直接关系，存活时间越长、植物越健壮。之后生长出来的均为三出复叶，且互生，小叶呈卵圆、卵菱或心脏形，绿色，全缘，具长叶柄，基部有1对托叶，叶面和叶柄被绒毛。

④ **花**。叶腋抽生总状花序，花序出现的早晚决定着品种的熟性，但受环境影响较大，一般早熟品种3～4节即有花序，每花序着生2～8朵花，乃至10余朵花。花为蝶形，有旗瓣1枚，翼瓣两枚，下方边缘合拢的龙骨瓣二枚，合计五片。花的多少与生长有关，更与品种相关。花色有白、浅红（紫）、紫（红）色，少有浅黄色。花朵小，1.0～1.5cm，其龙骨瓣卷曲呈螺旋状（约540°），包裹着雌雄蕊（雌蕊一枚，雄蕊为两体的1+9枚），从而确保菜豆为高度自花授粉的作物，自然杂交率在1%以下，有些品种受环境影响，雌蕊极易伸出龙骨瓣，从而容易杂交。开花时间为早晨5:00以后，9:00～10:00时开花完成。而授粉时间则在开花前几小时已自行授粉（菜豆杂交育种时必须在开花前一天去雄，待第二天花盛开时授粉）。授粉后约4h受精率已达80%，但成荚率仅有20%～50%，成荚率高低直接影响着产量，而影响成荚率的高低除品种外，环境、营养起着更大作用，也是值得研究者与栽培者研究、探讨和关注的问题。

⑤ **荚果与种子**。荚果长7～20cm，宽0.8～1.7cm，喙长0.7～1.5cm（矮蔓、高蔓品种常以喙的长短来区分）。荚果横切面从扁圆形至圆形，差别很大。嫩荚有黄色、淡绿与绿色，或有紫（红）斑条纹。成熟荚有粉白色、黄白色、褐色，或有斑纹。这些都是区分品种的标志性状。每荚有种子3～10粒。嫩荚的荚壁革质层形成的早晚决定其品质优劣，过早形成革质层的品种，品质差、适采期短。子粒有扁圆、卵圆、椭圆、肾形等。粒色有白、黄、褐、紫红、蓝黑等色，或上有各色斑纹，百粒重为15～70g。上述性状也是鉴别品种的重要标志，尤其粒形与粒色，品种内的变化不大。

(2) 生长发育过程

菜豆生长发育过程与豇豆基本相同，整个生长发育过程可分为发芽期、幼苗期、抽蔓期和开花结荚期四个时期。

① **发芽期**。从种子萌发出土到第一对基生叶展开为发芽期。种子播种10h左右即可吸足水分，在适温下1～2d出现幼根，5～7d子叶露出土面，再经3～5d，出现第一对真叶，并开始展开，发芽期结束。发芽期的长短主要因温度而异，春季大棚播种的菜豆发芽期10～12d，露地播种的菜豆发芽期须半个月左右。

② **幼苗期**。从第一对真叶出现到第3～9个复叶展开为幼苗期。矮生菜豆此期需20～30d，展开

3～5个叶，蔓生菜豆30～40d，展开6～9个叶。幼苗期主要是根、茎、叶营养体的生长，同时也开始花芽分化。

③ **抽蔓期**。从第4～5片复叶展开到植株现蕾为抽蔓期（蔓生种）或发棵期（矮生种）。此期需10～15d。其特点是地上部和根系营养生长都极其旺盛，也是菜豆花芽分化的主要时期。

④ **开花结荚期**。从开始开花到结荚终止的这一段时期，叫开花结荚期。矮生品种一般播种后30～40d便进入开花结荚期，嫩荚采收期20～30d；蔓生品种一般播种后50～70d进入开花结荚期，嫩荚采收期45～70d。开花后5～10d豆荚显著伸长，15d已基本长足，25～30d内完成种子发育。

（3）对环境条件的要求

① **温度**。菜豆喜温，不耐热也不耐霜冻。种子发芽的适宜温度为20～25℃，8℃以下、35℃以上不易发芽。幼苗生长适温为18～20℃，13℃以下停止生长。开花结荚期的适宜温度为18～25℃，15℃以下、27℃以上均不能结荚，出现落花落荚现象。同时，菜豆从播种到开花需要700～800℃的积温，低于这一有效积温，菜豆植株即使开花，也不会结荚，所以在春季早熟栽培中，播种期不能过早。

② **光照**。菜豆生长发育对日照长度的要求不严格，即在较长的日照或较短的日照下均能开花。所以，只要温度条件许可就能进行菜豆栽培。但是，菜豆生长、开花结荚需要较强的光照，如果光照不足，则容易发生徒长、落花落荚，这在早春栽培中应引起重视。

③ **水分**。菜豆性喜湿润，也较耐旱，但不耐涝。在整个生育期间，适宜的土壤湿度为土壤田间持水量的60%～70%。土壤水分不足，则开花延迟，结荚数少、豆荚小。种子发芽需要充足的水分，但如果水分含量过高，则容易烂种，所以在菜豆播种时一般不浸种，也不宜浇水。

④ **土壤及养分**。菜豆对土壤条件的要求相对较高，一般需要有机质含量丰富、土层深厚、排水良好的土壤，土壤酸碱度以pH 6.2～7.0为宜。尽管菜豆具有一定的固氮能力，但其生长发育过程中仍需要较多的氮肥；菜豆对磷的吸收量不大，但缺磷会造成严重减产。进入开花期后，植株对氮、磷、钾的需求量增加，增施磷、钾肥对促进生长和开花结荚有良好的作用。

13.2.3 栽培季节

长江流域可在春、秋两季栽培，以春季栽培为主。早春栽培在断霜前半个月至1个月用冷床或加温苗床育苗，断霜后定植大田，一般可在2月下旬至3月上旬育苗，3月中下旬定植，直播宜在3月中旬至4月上中旬。秋播多在7～8月。利用塑料大棚可以进行春早熟或秋延迟栽培，以延长菜豆的采收和供应季节。

13.2.4 春菜豆栽培技术

菜豆既不耐寒也不耐炎热，可以在月平均温度为10～25℃的季节栽培，生殖生长期的温度对产量的形成起决定性作用。因此，栽培上最好能把菜豆持续开花季节安排在月平均温度为18～25℃的月份里。我国大部分地区的菜豆栽培分春秋两季生产，春菜豆在土温稳定于8℃以上时播种，终霜出苗，矮生型可以比蔓生型早播几天。

（1）整地作畦

菜豆对土壤要求较严，应选土层深厚、排水良好的沙壤土至黏壤土种植。酸性土要施石灰中和后才可种植，碱性土不宜种植，菜豆忌连作。菜豆根系较深，一般应深耕20～25cm，每667m^2施腐熟有机肥1500～2000kg、优质复合肥40～50kg，再行耕耙作畦。在长江流域及其以南春夏多雨地区，宜作高畦，一般畦宽0.8～1m，畦沟宽30～40cm，沟深20～25cm。

（2）直播或育苗

菜豆种植有直播和育苗移栽两种。选用粒大、饱满、无病虫的新种子播种，大面积栽培一般进行大田直播。直播多在当地日平均气温已稳定升至10℃以上、已基本断霜时进行，长江流域直播宜在3月中旬至4月上中旬，蔓生型菜豆在畦上按行距60cm开深3～4cm、宽10cm左右的种植浅沟，在沟中按穴距25～30cm点播，每穴播种3粒，肥田偏稀，瘦田偏密，播后覆细土厚2～3cm，沙土偏厚，黏土偏薄。矮生型菜豆按行距和穴距均为33cm左右点播，每穴仍播种3粒。如土壤干旱发白，应于播种前一天浇底水造墒，播种后一般不宜浇水，以防土壤板结。如采用育苗移栽，可比大田直播提前15～20d播种，采收期也可相应提前。育苗时应选避风向阳、排水良好的地点做成冷床（阳畦），用营养钵或护根钵育苗，然后栽植。每667m^{2}播种量矮生型为7.5kg左右，蔓生型为3.5～4kg。

（3）定植

由于菜豆根系再生能力较弱，伤根后不易发新根，所以生产中多用小苗移栽，当苗龄在20～25d、幼苗有3～4片真叶时即可移栽。一般在长江流域，大棚栽培时矮生型菜豆在2月下旬至3月上旬定植，塑料小拱棚栽培在3月15日左右定植，地面覆盖栽培在3月25日左右定植，露地栽培在4月上中旬定植；蔓生型菜豆的定植时间比上述各栽培方式相应推迟7～15d。

（4）田间管理

出苗或栽植成活后要及时查苗补棵，立即补种或匀苗移补，保证每穴有苗2～3株。出苗后或定植成活后15～25d，当蔓生型开始抽蔓（出龙头）、矮生型开始分枝时，每667m^{2}施10%的稀薄腐熟粪肥液或0.5%的尿素稀肥水一次，即每667m^{2}用粪肥200kg或尿素10kg稀释浇施，以促进生长和花芽分化。到第一、二花序已结出嫩荚3～4个和开始采收嫩荚后，要再追施两次重肥。施肥量比第一次加倍，并增施过磷酸钙15kg左右，地旱时加水稀释浇施，地湿拌细土开穴点施。矮生型菜豆结荚期短，以后不再追肥（表13-1）；蔓生型结荚期较长，视生长结荚情况还应适当追肥2～3次。菜豆生长前期易受杂草危害，应中耕除草2～3次，封行后停止中耕。蔓生型在开始抽蔓时要及时用细竹或芦竹搭“人”字形支架，一般架高2m左右，以引蔓向上生长和结荚。菜豆不耐旱、涝，苗期要保持土壤干干湿湿，只宜小水勤浇；开花结荚期要始终保持土壤湿润，多雨天气要做好排水工作，达到雨止田干，避免落花落荚。

表13-1　追施氮肥时期对矮生菜豆生育和结实的影响

处理区	追肥时期	分枝数	结荚数	单株结荚重/g
播种后12d追肥	花芽分化前	5.5	9.4	70.4
播种后28d追肥	花芽分化盛期	4.5	7.2	50.9
播种后44d追肥	开花期	3.6	6.0	48.2

（5）病虫害防治

菜豆的主要病害有锈病、疫病、病毒病等，主要虫害有蚜虫、红蜘蛛、茶黄螨、小地老虎、豆野螟等，要注意防治。

（6）采收

矮生型自定植后40～50d始收，采收期20d左右；蔓生型自定植后60～70d始收，采收期30d左右。一般开花后10～15d可采收嫩荚。采收标准为：当豆荚颜色由绿转为淡绿、外表有光泽、种子略为显露时即可采收。前期采收必须及时，否则不仅影响品质，而且还会影响营养体的不断生长，采摘时手要轻，尽量保护幼荚和花朵不受损伤。

（7）留种

菜豆为自花授粉作物，异花授粉的概率为0.2%～10%，为了保持优良品种的纯度，不同品种间隔宜在100m以上。矮生菜豆宜选留强壮无病植株中部所结荚果作种，蔓生菜豆宜选留植株基部和中部即在蔓三分之二高度以下的荚果，植株上部的荚果，种子大都不充实，不宜选留。种株除留种荚外，其余嫩荚应摘除。

菜豆种子发育大致在开花后25～30d完成。据试验，开花后15d的种子完全没有发芽能力，20d的种子发芽率只有7.9%～24.1%，25d为52.8%，30d为58.3%，35d为97%。但是开花后15d采收下来的豆荚经过后熟可以提高发芽率，如后熟5d其发芽率达43.3%，10d为66.7%，15～20d可达100%。因此种荚采收后宜进行后熟。当豆荚从青绿转为黄色，不易折断时，为种用成熟。如采收过迟，遇雨会在荚内发芽腐烂。每667m^2种子产量矮生种25～35kg，蔓生种约100kg。种子发芽能力一般可保持3年，但生产上多采用上一年采收的种子。

13.2.5 秋菜豆栽培技术

（1）品种选择

应选择耐热、抗锈病和病毒病、结荚比较集中、坐荚率高、对光的反应最好不敏感或短日照品种。如绿龙架豆、双丰架豆、泰国架豆王、白玉豆、丰收1号、长白7号、碧丰、秋抗6号、秋抗19号、秋紫豆、四季无筋、优胜者等。

（2）整地做畦

在前茬罢园拉秧后应马上深翻灭草，每667m^2施腐熟有机肥2000～2500kg，做成10～15cm高的小高畦。

（3）适期播种

秋菜豆宜直播，播种时应有足够的墒情，最好在雨后不粘土时播种或浇水润畦后播种。如播后遇雨，土稍干时要及时松土。播种不能过深，以不超过5cm为宜。与小白菜等套、间作，可降低地温和维持较好的水分状况。

a.播期。确定秋菜豆的播种期应根据当地常年初霜期出现时间往前推算，到初霜来临蔓生菜豆应有100d的生长时间，矮生菜豆应有70d以上的生长时间。一般长江流域播种期宜在7月底至8月初。

b.适当密植。秋菜豆生育期较短，长势较弱，株小，侧枝少，单株产量也较低，应加大密度，可采用行距不变，适当缩小株距，每穴多点1～2粒种子。一般株行距（20～25）cm×（55～60）cm，每667m^2用种量5kg。

（4）田间管理

a.中耕蹲苗。秋菜豆出苗后气温高，水分蒸发量大，应适当浇水保苗，蹲苗期宜短，中耕要浅，中耕多在雨后进行，以划破土表、除掉杂草为目的。

b.搭架引蔓。当茎蔓开始伸长时要及时搭架。可采用“人”字形架或独立架，最好搭成独立架以提高通风透光性。在茎蔓开始向架上攀爬时应注意引蔓，使茎蔓均匀地沿架材向上攀爬，以免相互缠绕影响通风透光。

c.保花保荚。秋季栽培菜豆很容易受到秋雨及较大温差的影响而出现严重的落花落荚现象。为提高秋季菜豆的结荚率，保证产量，除良好的田间管理外，还应在开花期用2mg/kg的对氯苯乙酸水溶液，或15mg/kg的萘乙酸水溶液喷洒花序，可有效防止落花落荚，提高结荚率。

d.肥水管理。秋菜豆生长期短，应从苗期就加强肥水管理，一般从第一片真叶展开后要适当浇水追肥，施追肥要淡而勤，切忌浓肥或偏施氮肥。开花初期适当控制浇水，结荚之后开始增加浇水量。雨季及时排水，热雨后还应浇井水以降低地温，俗称“涝浇水”。随着气温下降，浇水量和次数也相应减少。追肥可在坐荚后进行。

（5）病虫防治

注意及时防治锈病、枯萎病、病毒病、豆荚螟、甜菜夜蛾、红蜘蛛等病虫害。

菜豆锈病可用15%三唑酮可湿性粉剂1000倍液，或12.5% R-烯唑醇可湿性粉剂400～500倍液交替喷施2～3次；枯萎病可用70%甲基硫菌灵可湿性粉剂1000倍液防治；第1序花开后，用2.5%高效氯氟氰菊酯乳油3000倍液防治豆荚螟。

(6) 嫩荚采收

一般从9月中下旬开始采收，10月下旬早霜来临前收获完毕，暖冬条件还可延后。秋菜豆一般在开花后10d左右即可采收。采收标准是：豆荚颜色由绿转为白绿，表面有光泽。一般1～2d采收1次，做到勤摘勤售。

13.2.6 大棚菜豆春早熟栽培技术

(1) 品种选择

早春大棚宜选用耐低温弱光、早熟、耐寒、耐热、抗病性强、品质好、产量高的优良品种。据试验，连农无筋二号、高产架豆王、白丰、特长九号等品种在早春大棚种植中表现比较好，可根据市场需求选择。其中高产架豆王早熟性好，生育期长，再生能力强，适应性广，且荚大产量高。

(2) 播种育苗

a.播种期。一般在定植前20d开始播种育苗，早春大棚促早栽培通过大棚加小拱棚加地膜覆盖的栽培方式，可在2月上中旬播种育苗。

b.播种方式。早春保护地促早栽培需要育苗移栽，育苗方法有营养钵育苗和苗床育苗，苗圃选择应靠近定植地点，最好在大棚内多层覆盖保温或加温育苗。菜豆根系的木栓化程度高，根的再生能力差，塑料大棚菜豆春茬栽培时多实行营养钵育苗移栽的方法，不仅能培育壮苗，而且定植时不伤根、发根快，比直播增产10%～20%。

c.营养土配制。用腐熟有机肥4份、干净园土6份，加入0.1%的复合肥，充分混合均匀并过筛后装入营养钵（10cm×10cm）中，或者装入50孔或72孔穴盘中。忌装得过满，基质高度应比钵口低1.5～2.0cm。或者用市场上配制好的基质直接装入营养钵中，此方法省时、省力、省工，可有效抑制苗期病害，但费用高。

d.种子处理。选择种皮有光泽、无斑点的2年以下的新种子，播前5～6d进行晒种和选种，晒种在每天11：00～14：00进行，持续2～3d。播种前2d，用高锰酸钾1000倍液浸种20min，而后用清水洗净，再用常温水浸4h，洗净后用湿纱布包住种子，置于25～30℃条件下催芽，每天用温水洗种子1～2次。2d左右，多数种子露白，即可播种。

e.播种。播种前将营养钵浇透水，待水渗下后，用手指或圆柱形工具对准每个钵中央，按下3cm深的穴，将种子播在穴中，每钵播种2～3粒，然后覆盖过筛营养土2cm厚左右，最后扣上小拱棚或覆盖地膜以保温、保湿。

(3) 苗期管理

播种后保持苗床温度，白天25℃，夜间20℃。幼苗出土后，揭去地膜，再盖0.3cm厚的过筛消毒细土，温度降低到白天20℃左右，夜间10～15℃，以防徒长，并加强光照，保持每天10～11h的充足光照，空气湿度在65%～75%，并且注意防止苗期低温多湿。当外界气温达到17℃以上时放大风，外界气温15℃以上时，可不覆盖地膜，中午前后发生轻度萎蔫时浇一次透水，不要小水勤浇，易徒长。播后20d，当第一对真叶展开时为移植的适宜时期。定植前除去保护地的覆盖物炼苗，并在定植前一天，浇一次水，利于秧苗脱钵。壮苗的标准是：苗龄20d，子叶完好，4～5片真叶，株高5～7cm，第1片复叶初展，根系发达，无病虫害，叶片厚且色浓，节间短、柄短。

(4) 定植

a.定植前的准备。选择3年内没种过豆类作物的田块种植，并且根据土壤肥力和目标产量确定施肥总量。一般情况下每 667m^2 施入腐熟有机肥 4000～5000kg，过磷酸钙 20～40kg，草木灰 50kg 作基肥，深翻 25～30cm，整地。定植前 10d 覆盖地膜，以提升地温。然后起 60cm 宽的垄，两垄的中心距离为 1.2m。垄上覆盖地膜，在垄的两边开穴种植。行距 60cm，穴距 40cm，每穴定苗 2 株，每 667m^2 定植 2800 穴左右。如果土壤干旱应提前一星期浇水造墒。

b. 定植方法。定植应选择冷尾暖头的晴天进行。定植前先将苗床浇透水，然后带土起苗，淘汰子叶缺损、真叶扭曲等弱苗、病苗和虫苗。定植时，先在挖好的穴中浇足定植水，水下渗后，每穴定植 2 株；再覆少量营养土，使苗坨与膜面相平；然后培土压严膜口，搭上小拱棚，覆盖保温材料。

（5）定植后的管理

a. 苗期管理。苗期为从定植到 6 片真叶展开。早春保护地促早栽培，定植后成活前，应保持较高的棚温，白天保持在 25～30℃，夜间保持在 15℃以上，大棚密闭不透风，以提高地温，促进缓苗。缓苗以后适当降低温度，棚温白天保持在 22～25℃，夜间不低于 15℃。保持较干的土壤状态，如太干，浇小水，不宜大水浇灌。在上述施肥的基础上，苗期一般不用施肥。连续 2 次精细中耕，每次间隔 7d 左右。

b. 伸蔓开花期管理。从 5～6 片真叶展开至荚果坐住为伸蔓开花期，约 20d。首先要控水、控温、控肥，此期一般不浇水施肥，白天温度在 20～28℃，夜间 15℃。当植株主蔓长至 30～40cm 时，插架或吊绳引蔓。在每行植株正上方预置距地面 2m 高的铁丝，从铁丝上垂下绳子，把绳子用活扣绑到茎基部，盘蔓上去。在主蔓长到铁丝前，让茎蔓沿吊绳回头向下，进行回蔓。主蔓长过铁丝 20cm 时，摘心。现蕾时，打掉第一花序以下的侧枝。

c. 结荚期管理。从荚果坐住至采收结束为结荚期，40～60d。此期以大肥、大水、高温为主。“干花湿荚”是菜豆浇水的原则。进入结荚盛期要加大浇水量，使土壤水分保持在田间最大持水量的 70%以上。进入高温季节采取轻浇、勤浇、早晚浇水的方法。每 4～5d 浇 1 次水，每隔 1～2 次水，追施一次速效性氮肥和钾肥。同时，还应针对性地喷施微量元素肥料，根据需要可用 0.2%磷酸二氢钾加 0.1%硼砂加 0.1%钼酸铵溶液，或 2%过磷酸钙浸出液加 0.3%硫酸钾溶液喷施防早衰。保持棚温在 25～28℃。当侧蔓高于铁丝时要及时落蔓，并摘去各蔓的生长点。生长过旺的要摘除部分功能叶，减少养分消耗。中后期应及时摘除下部老叶、病叶，减少病害发生。

（6）主要病虫害防治

大棚菜豆主要病害有根腐病，可用 70%甲基硫菌灵可湿性粉剂 800～1000 倍液浇灌根部，也可用 75%百菌清 600 倍液或 50%多菌灵 500～600 倍液喷洒植株主茎基部；炭疽病用 75%百菌清可湿性粉剂 600 倍液防治；锈病发病初期用 25%三唑酮可湿性粉剂 2000～3000 倍液，或 50%萎锈灵乳油 800～1000 倍液，或 40%敌唑酮可湿性粉剂 4000 倍液防治；细菌性疫病可用高锰酸钾 1000 倍液，或 3%中生菌素 1000～1200 倍液喷雾防治。菜豆主要虫害有豆蚜，用高效苏云金杆菌（Bt）水剂 500～700 倍液喷雾防治。

（7）采收

一般开花后 10～15d 即可采收。采收标准为豆荚颜色由绿转为淡绿、外表有光泽、种子略显露。采收过迟，纤维多，品质差，种子发育需消耗大量养分，不利植株生长和结荚，容易造成落花落荚。

13.2.7 大棚菜豆秋延迟栽培技术

（1）播期确定

选用适应性强，前期抗病、耐热，生长后期较耐寒、丰产、品质好的品种，如特选西宁菜豆、连农无筋 2 号、优胜者等。播种期从 8 月底至 9 月初，其标准是在初霜期前 100d 左右。播种过早，易受高温、干旱或台风暴雨天气影响，且结荚期提前，达不到延迟采收的目的；播种太迟，有效积温不足，产量下降。

(2) 整地播种

菜豆秋季栽培一般采用直播。如果土壤比较干燥，播种前5d左右灌水，待水下渗后整地作畦，如果土壤干湿适宜，在整地后应立即播种，不需浇水。整地前施足基肥，精细整地，深沟高畦，畦面成龟背形，畦宽（连沟）1.3～1.5m。穴播，每穴3～4粒种子。矮生菜豆每畦种4行，穴距30cm；蔓生种每畦种2行，穴距20～25cm，每穴播种4～5粒。播种后覆土2～2.5cm，并在畦面上覆盖稻草降温保湿。在前茬作物拉秧很晚而不能播种的情况下，可用育苗移栽，但必须采用营养钵。

(3) 定苗

一般播种后3～4d即可出苗，出苗后清除秧苗上方的稻草，子叶展开，真叶开始显现时间苗，每穴留苗2～3株。发现有缺株，应在阴天或晴天傍晚补苗，并浇水保苗。育苗移栽的，在子叶展开后即可定植，边定植边浇水，畦面盖稻草，并在大棚上覆盖遮阳网。

(4) 田间管理

夏秋季雨水较多，土壤易板结，杂草生长快，在出苗后或浇缓苗水后封垄前应分次中耕除草，结合中耕每隔7～10d培土一次，一般培土2～3次。

在开花前追施一次薄肥，进入开花期后，当第一批嫩荚长2～3cm时轻追一次肥，进入盛荚期，重施追肥。植株开花时，应控制浇水，幼荚伸长肥大后，可每隔7～10d浇水一次，保持土壤湿润。进入10月中旬霜降以后，棚内温度降低，应停止追肥，减少浇水。

蔓生菜豆在植株抽蔓后应及时搭架引蔓。

生长期间，及时防治锈病、病毒病、菌核病、蚜虫、红蜘蛛等。

10月中下旬后，气温下降，应及时覆盖薄膜保温，白天保持20～25℃，夜间不低于15℃。如果白天温度超过30℃，应及时通风。11月中旬以后，矮生菜豆采用大棚内搭建小拱棚，可维持较适宜的温度条件，延长采收期。若保温条件好，温度管理得当，采收期可延迟到11月底至12月初。

13.3 菜用大豆栽培

菜用大豆别名毛豆、黄豆、枝豆等，豆科大豆属的一个栽培种。嫩豆粒和干豆粒均可菜用，以鲜食为主，可炒食、凉拌、加工罐制或速冻，成熟豆粒可作豆芽和其他豆制品（如豆腐、干子、千张、豆豉、豆瓣酱等）的原料。菜用大豆滋味鲜美，营养丰富，每100g嫩豆粒含水分57.0～69.8g，蛋白质13.6～17.6g，脂肪5.7～7.1g，胡萝卜素23～28mg，并含有丰富维生素、矿物质、氨基酸等。大豆起源于中国，是我国的古老作物之一，逐渐向世界各地传播，现已成为世界性的重要作物。我国各地均有种植，长江流域栽培较多，是夏秋季主要蔬菜之一。

13.3.1 类型与品种

大豆按用途分为食用和饲用两类，按播种季节分为春播、夏播等，按种皮颜色分为黄、青、褐和双色大豆，按子粒大小分为极小粒、小粒、中粒、大粒、特大粒和极大粒，按对光周期反应的灵敏程度分为极早熟、中早熟、中熟、中迟熟、迟熟和极迟熟类型，按生长习性分为无限生长和有限生长类型，等。

无限生长类型的菜用大豆，茎蔓性，叶小而多，一株上所结的种子大小差异较大，开花期较长，产量较高。此类品种多分布在我国东北、华北雨量较少的地区，南方多雨和肥水条件好时易徒长倒伏。有限生长类型的菜用大豆，植株较矮，茎直立，不易倒伏，叶大而少，顶芽为花芽，豆荚集中在主茎上，一株上的种子大小差异较小，成熟较早，喜爱肥水较好的条件，此类品种多分布在长江以南多雨地区。

生产上菜用大豆品种常以成熟早晚来分。早熟类型生育期90d以内，如上海的三月黄、四月青、五月乌，杭州的五月拔，武汉的黑毛豆、成都的白水豆等地方良种，以及江苏的灰荚2号、宁蔬60、红丰3号、苏州五毛、台湾75、华春18、福建厦引1号、上海早红芒、早冠、K新早、95-1、辽鲜1号、北丰、大丰、合丰25、特早熟上农香等选育品种，长江流域作早熟栽培于5月下旬至6月下旬采收；中熟类型生育期90～120d，如杭州的六月拔、无锡的六月白、南京的白毛六月黄、武汉六月炸等地方良种，以及台湾292、宁青豆1号、鲁青豆1号、广州毛豆、日本毛豆、淮阴矮脚早毛豆、豆冠、K新绿、绿宝石等选育品种，长江流域于7月上旬至8月上旬收获；晚熟类型生育期120d以上，长江流域9月下旬至10月下旬收获，品质最佳，如上海酱油豆、慈姑青、迟熟上农香，南京绿宝珠、大青豆，杭州五香毛豆等。

13.3.2 生物学特性

(1) 形态特征

① **根**。菜用大豆的根系发达，直播的植株主根可深达1m以上，侧根开展度可达40～60cm；育苗移栽的植株根系受抑制，分布较浅。菜用大豆根的再生能力较弱，移苗应在苗小时进行。根部有根瘤菌共生，形成根瘤。增施磷肥，培育壮苗，使植株有充足的碳水化合物和磷供根瘤菌生长和繁殖，增强固氮作用，促使植株旺盛生长。

② **茎**。菜用大豆茎直立或半直立强韧（有限生长类型茎直立，无限生长类型茎半蔓性，长江流域一带多为有限生长类型），圆形而有不规则棱角，被灰白至黄褐色绒毛（一般14～15节），幼茎分为绿、紫两种，绿茎开白花，紫茎开紫花。老茎灰黄或棕褐色。

③ **叶**。菜用大豆子叶出土，第一对真叶为单叶，对生，以后为三出复叶，小叶卵圆形，叶柄基部有三角形托叶一对，叶面被绒毛或无。

④ **花**。短总状花序，腋生或顶生，花小，白色或紫色，自花授粉，天然杂交率不超过1%，有限生长类型植株主茎和分枝的顶端着生花序，植株不再继续往上长，无限生长类型的植株无顶生花序。菜用大豆的优良品种，大多是有限生长类型，这类植株在主茎中上部先开花，然后分别向上向下逐节开花。

⑤ **果实和种子**。每一花序结3～5个荚，嫩荚绿色，被有白色或棕色绒毛，每荚有种子1～4粒。菜用大豆的嫩种子均为绿色，种子老熟后呈黄、青、紫、褐、黑等色。种子形状有圆球、椭圆、扁圆等。种子无胚乳，千粒重100～500g，贮藏寿命4～5年。

(2) 生长发育及对环境条件要求

菜用大豆生长发育过程可大致分为发芽期、幼苗期、开花结荚期、灌浆鼓粒期四个阶段。各个阶段生长特点不同，对环境条件的要求也有差异。

① **发芽期**。从种子萌动到子叶展开。菜用大豆种子发芽的适宜温度为15～25℃，需4～6d，30℃以上发芽快，但幼苗细弱。发芽的低温界限是6～7℃。发芽前种子要吸收其本身质量1～1.5倍的水分。播种后若土壤温度低，土壤中水分过多、氧气缺乏，容易引起烂种。子叶出土展开，见光转绿后，即能进行光合作用，制造养分供胚芽和胚根的生长和发育。

② **幼苗期**。从子叶展开到植株始花。子叶展开后，主茎陆续伸长，第1对真叶展开，5～6d后第1复叶展开，以后一般3～4d出现1复叶，每长出1复叶分化两节，同时腋芽开始活动，分化花芽和分枝，根系也迅速生长。幼苗的生长适温为20～25℃，真叶出现前的幼苗能耐短时间−2～3℃的低温，随着真叶展开，耐寒力减退。幼苗期根系的生长速度比地上部快，为促进根群向土壤深层发展，应控制土壤水分在60%～65%，这时根系要吸收一定量的磷素营养，供幼苗植株生长和根瘤菌的繁殖。一般

第1个复叶展开第3个复叶初现时开始花芽分化，分化期20～30d。花芽分化的适温为25～30℃，花芽分化也受日照长短的影响。大豆是短日照植物，在9～18h日照范围内，日照越短，越能促进花芽分化，多数品种在12h左右光照下形成花芽，延长光照会抑制发育。早熟品种的花芽分化期较早，晚熟品种较迟。有限生长类型和南方极早熟品种对日照长短要求不严格，春秋两季均能开花结实。花芽分化完成后4～5d开花。苗期养分充足，可以分化出较多的花芽，并顺利长成健全的花蕾。

③ **开花结荚期**。从始花到幼荚形成。有限生长类型品种单株花期20d，无限生长类型品种30～40d或更长。此期是营养生长和生殖生长最旺盛的时期，适宜昼温22～29℃，夜温18～24℃，空气相对湿度74%～80%，同时需要大量的土壤水分和养分供应。在菜用大豆的开花结荚期会有一部分花蕾、花和幼荚脱落，脱落率的高低对产量影响极大。在同一植株上，着生在分枝上的花、荚比着生在主茎上的脱落率高；在同一花轴上，上部的花、荚比中、下部的脱落率高。造成花、荚脱落的主要原因是营养供应不足，另外，土壤水分失调、温度过高或过低（花期短时的－0.5℃低温花朵即受害）、光照不良以及病虫害等都会增加落花落荚数量。在开花结荚期，喷洒浓度为20～30mg/kg的4-碘苯氧乙酸，可减少花、荚的脱落。

④ **灌浆鼓粒期**。从幼荚形成到子粒成熟。开花后20d内，豆荚迅速伸长，然后加宽，最后增厚，子粒逐渐膨大，当种子体积达到最大时称为鼓粒期，这期间种子质量迅速增加，各种营养物质迅速积累，水分逐渐减少。开花后20～30d，种子形成中期，干物质迅速增加，达8%～9%，含水量降至60%～70%，以脂肪积累为主。开花后30～40d，种子含水量迅速下降，有机物质转化成贮藏状态，主要积累蛋白质。种子干重增加到最大值，水分降到20%以下，种子出现品种固有色泽、形状和大小。从鼓粒至成熟期间，积累有机物质多，水分充足，每荚子粒多，百粒重，品质佳。菜用大豆胚珠受精后，其子房壁逐渐发育成豆荚，豆粒增长初期有胚乳，以后被吸收成种子内层，子叶同时发育。豆粒发育所需物质70%来自开花鼓粒期叶子的光合作用，30%来自茎、荚的光合产物和荚中贮藏的养分。此期除了需要充足的光照外，还需要供给充足的肥水，在生产上重施磷肥和氮肥，及时灌水或排涝，防治病虫，可以减少秕粒和秕荚。此期适温19～20℃，特别是生长后期对温度较敏感，当温度在1～2.5℃时植株受害，温度降至－3℃时，植株冻死，故在无霜期短的地方，选择适当品种很重要。

幼苗出现第1对真叶时，已开始形成根瘤，两周后开始固氮，生长早期固氮活性较弱，开花后迅速提高，以开花至青粒形成最高，约占总固氮量的80%，近成熟时根瘤含氮量下降，内部空虚，易脱落。根瘤菌发育最适温度为25℃左右，过高或过低都不利于生育和固氮。光照较强，根瘤菌生活必需的光合产物多，固氮活性提高。光照不足，固氮活性降低。同时还要求土壤含水在最大持水量的60%～80%，适合的土壤pH值在4～8之间。

13.3.3 栽培季节

长江流域各地菜用大豆一般分春播、夏播和秋播，应根据各类品种对光周期的反应及其熟性确定播种期。生产上也可以选用一些感光性迟钝的品种，播种期弹性大，可以从3～7月份分期播种，不仅可以解决8～9月份伏缺的问题，而且对采摘加工、出口贸易，也是十分有利。

春播一般在2～3月直播或育苗，6～7月份采收；夏播一般在4～6月份，7～9月份采收；秋播一般在7月～8月上旬，9～10月份采收。近年来也有利用塑料大、中小棚进行春早熟栽培的，可提早上市一个月左右，经济效益也较好。

13.3.4 菜用大豆栽培技术

(1) 品种选择

目前长江流域生产上可供选择的菜用大豆品种很多，如台湾75、台湾951、台湾981、台湾292、宁蔬 60 等，这些品种各有其不同的特征特性，适宜于多种模式的栽培。另外还可选用抗病、抗逆性强、优质丰产、商品性好的浙农 6 号、浙农 303、浙农 753 等品种。

（2）播种前准备

a. 地块选择。选择地势平坦，排灌方便，土质疏松，肥沃的沙壤土。

b. 施足基肥。基肥以腐熟有机肥、蔬菜专用复合肥为主，每 667m^2 施有机肥 1000～1500kg，复合肥 50kg，若土壤过酸，可撒施生石灰调至近中性为佳。

c. 整地做畦。播种前要深耕土壤，及早整地作畦，一般畦面宽度（连沟）120cm，畦高 20cm 比较合适。也可根据各地种植习惯和排灌条件而定。

（3）播种

a. 播种期。长江流域菜用大豆露地栽培 3 月中旬至 8 月上旬均可播种。

b. 合理密植。合理密植可以增加结荚数，促进豆粒饱满，提高产量。适宜密度应根据土壤肥力和耕作栽培等条件确定。一般每 667m^2 保苗 2 万株左右，株行距 22cm×22cm，每 667m^2 用种量 6～8kg。

在播种前要分别进行种子筛选和晾晒。选种要选粒大饱满、纯度高、不带病虫害的种子。同时拌种时要采用药剂、根瘤菌拌种或种子包衣。药剂拌种时用 50%多菌灵按种子质量的 0.4%拌种，以防止根腐病。拌种时应注意随拌随播。处理后的种子不宜过夜。

c. 造墒播种。种子发芽要求较多的水分，播前应先放大水造墒，2～3d 后可播种。提前造墒是保证一播全苗的关键技术。出苗前绝对不能浇水。出苗后，及时查苗补播。

推广机械条播，利于苗全、苗匀。

（4）田间管理

a. 播后除草。播后用乙草胺进行土壤封闭处理。禾本科杂草 3～5 叶期用盖草能化除。在整个生育期间，松土除草 2 次。

b. 间苗补苗。出苗后要适时补苗、间苗，拔除弱苗、小苗、病苗。

c. 水分控制。总体掌握“干花湿荚”的原则。幼苗与开花初期保持较低的土壤湿度，结荚期保持土壤湿润，若遇干旱可大水漫灌 1～2 次。

d. 肥料控制。及时追施苗肥，幼苗期每 667m^2 施尿素 5～10kg；初花期根据苗情、土壤肥力适量施复合肥 10～20kg。

（5）病虫害防治

a. 农业防治。及时中耕除草，发现病株及时处理。合理轮作倒茬，清理沟渠，及时排灌，严防积水。

b. 化学防治。菜用大豆的害虫主要有豆荚螟、蚜虫、锈病等。豆荚螟在毛豆开花结荚期灌水 1～2 次，可杀死入土蛹幼虫。幼虫卷叶，入荚前用 2%阿维菌素 1000 倍液或 10%吡虫啉 3000 倍液喷雾防治。锈病防治：首先，选用无病种子或对种子进行消毒处理；其次，实行轮作，避免重茬；再次，在发病初期，可用 75%甲基硫菌灵可湿性粉剂 800 倍液喷雾，苗期喷药 2 次，结荚期喷药 2～3 次，每次相隔 5～7d。

（6）采收

采收标准为豆粒充分长大，豆粒饱满鼓起，豆荚由绿色转变为浅黄绿色。适时采收，豆粒糖分高，口感香甜，品质佳；采收过迟，豆粒变硬，糖分降低，口感稍差；采收过早，瘪粒多，产量低。

采收时可全株一次收毕，也可分 2～3 次采收。采收后应放在阴凉处，以保持新鲜，有条件的可进行清洗、分级、包装、预冷等商品化处理。

采收过程用工量大，使用采收机械可大大提高劳动效率。

（7）留种

留种用的植株必须待种子完全成熟，植株茎秆干枯，叶片枯黄，豆荚变成褐色，豆粒干硬，与荚壁分离，摇动植株荚内发出响声，并在豆荚未炸开前采收。整株拔起脱粒过筛，充分晒干，一般每667m^2采收干种子120～150kg。

生产上也可将春播夏收的种子立即直播，到10月中旬采收干种子，由于种子是在阳光充足的秋季发育成熟，而且采收后是在低温的冬季贮藏，故种子充实，发芽势高。

13.3.5 菜用大豆大棚早熟栽培技术

长江流域露地菜用大豆上市期在6月，大棚栽培可提早至5月初上市，效益显著。

(1) 品种选用

应选用对光照要求低、耐寒性好、株型紧凑、品质优、宜密植的早熟或特早熟生育期55～65d的品种，如早冠、K新早、大粒早、95-1、台湾75、台湾292、辽鲜1号、早生白鸟、特早4号、宁蔬60、青酥2号、青酥6号等。

(2) 播种育苗

大棚早熟栽培多行育苗移栽，用大棚内多重覆盖育苗。播种前苗床施入腐熟堆厩肥，饼肥作基肥，整平做高畦，最好是用营养土块或营养土钵育苗，播种期为元月中下旬。播种前应精选种子，选粒大、饱满、色泽明亮、无病虫害、无损伤的种子，晾晒1～2d，可提高发芽力，播种时浇足底水，每个营养土块（6cm×6cm）或营养钵放3粒种子，播后用松细土覆盖2cm，出苗前不可浇水，以免烂种。一般播后10d左右出苗，再经过15～20d，当幼苗第一对真叶由黄绿色转变成青色，而尚未展开时为定植适期，苗龄25～30d，每667m^2大田所需苗株的播种量是2.5～3.5kg。

(3) 定植

大棚春早熟栽培应在2月下旬、3月上旬定植。定植前15～20d扣棚增土温，利于缓苗。定植前一周翻地，每667m^2施腐熟有机肥2000～3000kg，优质氮磷钾复合肥40～50kg，钼酸铵0.5kg，与土壤混匀后耙平，做成宽高畦，以15～20cm见方的株行距定植，每穴2～3株，栽植时要浇水稳苗。为节省用工，也可在2月上中旬大棚内按15～20cm见方的株行距直播，每穴播种4～5粒。

(4) 田间管理

菜用大豆定植后5～7d内以保温促缓苗为主，一般不通风换气。幼苗活棵后可适当通风散湿，白天保持20～25℃，棚温超过26℃即可加强通风，夜间要多重覆盖保温，维持夜温不低于14℃为宜，并注意多次中耕培土。幼苗期宜保持较低的土壤湿度，促使根系下扎，扩大吸收面积，菜用大豆开花结荚期的需水特性为“干花湿荚”，即在开花期水分要少些，此时湿度大，落花落荚重；结荚后再浇水促荚生长。一般追肥2次，第1次在现蕾前后，追施1次氮磷钾复合肥10～12.5kg/667m^2，开花结荚期是需肥高峰期，因此在嫩荚坐住后施第二次追肥，每667m^2追施氮磷钾复合肥25kg。此后可每隔10d叶面喷施一次0.3%磷酸二氢钾，连续2～3次。对有限生长类型品种始花期摘心、打顶可显著提高产量，促进早熟，无限生长类型品种，则在盛花期以后摘心。

(5) 病虫防治

早春大棚病虫较轻，主要病害是锈病、白粉病，主要害虫是蚜虫，策略是防重于治，应采取农业防治、生物防治为主，药物防治为辅的综合防治。

(6) 采收

早熟栽培一般都抢早上市，即在进入鼓粒期后，就可陆续采收，但也不宜太早，否则豆粒瘪小、商品性差，产量低，反而影响经济效益。采收时可全株一次收完，也可分2～3次采收，大棚早熟栽培5月上中旬即可开始上市，一般每667m^2产鲜豆荚500～750kg。

13.4 豌豆栽培

豌豆，豆科豌豆属，又称荷兰豆、荷仁豆、青豆、回回豆、小豆等。豌豆作为粮食和蔬菜成为世界性的重要作物。豌豆的种子、嫩荚和嫩梢均可食用，有丰富的营养。还可加工制成粉丝、酱油、淀粉、罐头等。

13.4.1 类型和品种

豌豆依其用途分为粮用豌豆与菜用豌豆两大类型，按茎的生长习性分蔓生、半蔓生和矮生三种类型，按品种熟性分为早熟、中熟和晚熟三类，按豆荚的结构分为软荚和硬荚两类，按食用部分分为荚用、子粒用和嫩梢用三类，按子粒表皮形态又可分为圆粒和皱粒两类等。

(1) 按用途分类

① **粮用豌豆**。属大田作物。通常为紫花，也有红花和灰蓝色花。在托叶和叶腋间、茎秆和叶柄上带紫红色。种子有斑纹，灰褐、灰青等颜色。耐寒力强，能抵抗不良环境。做粮食或制淀粉及绿肥用。

② **菜用豌豆**。多数为白花，也有紫花。有软荚种和硬荚种两类。软荚种采收嫩豆荚，硬荚种以食用鲜嫩种子为主。种子有各种颜色，如白色、黄色、绿色、粉红色及其他颜色。耐寒力较弱，植株比较柔弱。

(2) 按食用部分分类

① **荚用类型**。有蔓生、半蔓生和矮生的软荚品种。食用嫩荚为主，也可食用豆粒和嫩梢。白花或紫花。生产上使用的食荚豌豆的优良品种如食荚大菜豌豆、蜜脆食荚豌豆、日本小白花、久留种米丰、台中11、大白花豌豆、莲阳双花、红花中花、大荚豌豆等。

② **子粒用类型**。蔓生和矮生的硬荚品种为主，白花，食用豆粒。生产上使用的硬荚豌豆的优良品种如苏豌1号、小青英、中豌4号、中豌6号、团结2号、成豌6号、绿株、小青荚、白玉豌豆、上农4号大青豆、春早豌豆、杭州白花豌豆、成都冬豌豆等。

③ **嫩梢用类型**。矮生，除上述一些品种可作嫩梢栽培外，还有专门用于生产豌豆苗的品种，如早豆苗、无须豆尖1号等。

13.4.2 生物学特性

(1) 形态特征

① **根**。直根系，主根发达，侧根多，有根瘤，主要根群分布于20cm的表土层。

② **茎**。方形或圆形，绿或黄绿色，中空，表面有蜡质，分蔓生、半蔓生和矮生，侧枝多。

③ **叶**。子叶不出土，真叶为偶数羽状复叶，具2～3对小叶，与茎同色，互生，复叶顶端小叶退化成卷须，基部有1对耳状托叶，抱茎。紫花豌豆托叶抱茎处呈紫色，托叶比小叶大，是豌豆的一个形态特征。

④ **花**。总状花序，腋生，着花1～2朵，偶有3朵；蝶形花，白或紫红，自花授粉。

⑤ **果实和种子**。果实为荚果，横断面扁平或近圆筒形，青绿色，分软荚和硬荚。硬荚的厚膜组织发达，荚皮不可食用，采收豆粒，成熟时厚膜干燥收缩，荚果开裂；软荚的厚膜组织发生晚，纤维也少，采收豆荚为主，也可收豆粒，成熟时不开裂。每荚含种子2～4粒，多达7～8粒。种子圆而表面光滑的为圆粒种，近圆而表面皱缩的为皱粒种，绿或黄白色，百粒重从几克至四十克。种子寿命2～3年。

(2) 生长发育过程

豌豆的生长发育过程与豇豆、菜豆基本相同。蔓生种分为种子发芽期、幼苗期、抽蔓期和开花结荚期。一般矮生种和半蔓性种则无抽蔓期或只有很短的抽蔓期，开花结荚期也相对较短。

① **种子发芽期**。一般需10d。种子发芽吸水量为种子重的100%～120%，圆粒种发芽始温1～2℃，皱粒种稍高，为3～5℃，发芽适温18～20℃。豌豆发芽时子叶不出土，所以播种深度可比子叶不出土的豇豆、菜豆等稍深些。发芽时也不宜水分过多，否则也容易烂种。

② **幼苗期**。一般10～15d。豌豆第一真叶为复叶，真叶出现后，开始光合作用，便完成发芽期，转入幼苗生长。豌豆幼苗能忍受－5～－4℃的低温，温度降至－8～－7℃会冻死，生长始温15～18℃。

③ **抽蔓期**。一般需25～30d。自幼苗期开始，茎蔓不断伸长，并陆续抽发侧蔓，侧蔓多发生在茎基部，上部较少，长日照、气温低时侧蔓发生较早，较多。蔓生类型的抽蔓期长，矮生类型短或无。此期需要良好的日照，15～23℃温度，对土壤营养需要量开始迅速增多。

④ **开花结荚期**。一般需80～90d。植株现蕾以后，进入开花结荚期，此期一方面茎叶迅速生长，根系继续扩大，根瘤增加，一方面花芽不断分化发育，陆续开花结荚。开始抽出花序的节位因品种而不同，早熟种一般在5～8节，中熟种一般在9～11节，晚熟种一般在12～16节。在种子萌动以后给予低温长日照条件，可以提早抽出花序，所以南方品种引种北方，可以提早开花结荚。荚果发育时，初期是豆荚的发育，在谢花后8～10d大多数豆荚便停止伸长，这时种子才开始发育，嫩豆荚应在这个时候采收，过时则豆荚的纤维素及种子的淀粉均增加，品质变劣，一般自开花至嫩荚采收需15～20d。开花结荚的适温18～20℃，超过26℃花期缩短，豆荚早熟。花和豆荚均不耐低温，3～5℃受冻，此期还需要良好的日照和充足的营养。

(3) 对环境条件的要求

① **温度**。豌豆在我国各地均可种植，在寒温带地区夏播栽培，在暖温带地区冬播栽培，在气候寒暖适中地区则既可春播，也可秋种。但豌豆喜凉爽湿润气候。种子发芽最低温度1～2℃，最适温度6～12℃，幼苗的耐寒力比蚕豆稍强。但豌豆不耐高温，生长期内以气温15℃左右为宜，但开花期以18℃左右为宜，结荚成熟期则需18～20℃的气温。如气温高于26℃，即使时间短暂，也会影响产量和品质。豌豆从种子萌发到成熟需积温1700～2800℃。有些品种幼苗时期需积温较多，有些品种则开花至成熟时期需积温较多，在栽培与引种时应注意。

② **水分**。豌豆种子发芽时需吸收种子自身质量100%～120%的水分。在生长发育后期，每形成一单位干物质需水800倍以上。因此，豌豆在生长发育过程中，必须有充足的水分供应，才能生长良好，荚大粒饱。如果在生育期中遇到干旱，会严重影响产量。故有“豌豆喜湿不耐旱”之说。但在成熟期间如果遇上多雨天气，也会延迟成熟，降低产量。

③ **土壤**。豌豆较耐瘠薄，对土壤要求不严格。但以黏质并含有石灰质的壤土最好，黏土上也能种植；轻质沙土则生长较差，在盐碱地或低洼渍水地也不能正常生长。在土壤pH值5.5～6.7之间生长良好，pH值小于4.7则不能形成根瘤。

④ **日照**。豌豆是长日照作物，长日照有促进开花的作用。将南方品种引到北方种植，大多数品种都提早开花。但有些早熟品种缩短日照至10h，对开花无明显影响。

⑤ **养分**。豌豆子粒需要供应较多氮素，每生产50kg子粒，约需从土壤吸收氮素1.55kg、磷0.33kg、钾1.43kg。豌豆与根瘤共生，能从空气中固定氮素供给植株三分之二的氮素需要，因此只需在生长前期追施少量氮素化肥，后期注意磷钾微肥供应即可满足需要。

13.4.3 豌豆栽培技术

(1) 选地整地施基肥

选择土壤耕作层疏松、理化性状良好、排灌方便、肥力均匀、不重茬和上茬未种过豆科作物的田块。结合整地，施入基肥，基肥用量应占总用肥量的70%以上。一般每667m^{2}基肥用量为有机肥1000kg、尿素8kg、过磷酸钙20kg和氯化钾15kg。播种前耕翻土壤20cm。结合耕翻，整地作畦，畦面宽2～3m，同时开好田间沟，并注意清沟理墒，做到排灌畅通。

(2) 种子与播种

种子质量标准：种子纯度≥97%，净度≥98%，发芽率≥90%，水分≤12%。去除病斑粒、虫蛀粒、小粒、秕粒、破粒、异色粒和混杂粒。

种子处理：在播种前晒种1～2d，可用50%多菌灵可湿性粉剂拌种，用药量为种子重的0.2%。

播种期：10月中下旬至11月上旬。

播种方式：采用机械播种或人工条播均可，播种深度3～5cm。

播种量：每667m^{2}用种量10kg。

播种密度：行距40～50cm，每667m^{2}留苗3.5万株。

(3) 田间管理

补苗间苗：幼苗出土后，要及时查苗补缺，促进苗全。补苗的方法分为补种和补苗，其中补种以浸种催芽播种为宜。如豆苗过多或过密，宜及早间苗定苗，促进苗壮。

松土除草：松土除草2～3次，一般在苗高5～7cm时进行第1次松土；苗高10～15cm时进行第2次松土，并进行培土；第3次松土除草宜根据豌豆生长和杂草情况灵活掌握。

肥水管理：在土质瘦薄、底肥不足、幼苗生长细弱、叶色淡黄的情况下，宜进行追肥。追肥宜在苗高17～20cm时进行，一般每667m^{2}施腐熟的兑水人畜粪尿1000kg或优质氮磷钾复合肥15～20kg，不追施氮素肥料。生长期间，注意保持土壤湿润，多雨季节注意排水防渍。

(4) 病虫害防治

a. 防治原则。应坚持“预防为主，综合防治”的植保方针。优先采用农业防治、生物防治、物理防治，科学使用化学防治方法。

常见病虫害有根腐病、霜霉病、白粉病、蜗牛、蚜虫、豌豆象、潜叶蝇等。

b. 防治方法。一是利用农业防治。通过合理布局，实行轮作换茬，加强松土除草，降低病虫数量，培育无病虫害壮苗。二是采取生物防治。保护和利用瓢虫、草蛉、食蚜蝇、蚜茧蜂等自然天敌，杀灭蚜虫等害虫。三是采用物理防治。早晚人工捕捉蜗牛。针对蚜虫等害虫对颜色敏感的特性可用银灰膜避蚜，或用黄板引诱等方法，控制害虫的危害。最后才是化学防治。根腐病在发病初期可用50%多菌灵可湿性粉剂500倍液，或70%甲基硫菌灵可湿性粉剂800倍液，或75%百菌清可湿性粉剂600倍液喷施根部，安全间隔期均为7～10d；霜霉病在发病初期可用50%多菌灵可湿性粉剂1000倍液喷雾，或90%三乙膦酸铝可湿性粉剂500倍液喷根部，或69%安克·锰锌可湿性粉剂1000倍液喷雾，安全间隔期分别为7～10d、15d和10～15d；白粉病在发病初期或始花期用25%三唑酮可湿性粉剂2000倍液喷雾，或15%的三唑酮可湿性粉剂1000倍液喷雾，或50%苯菌灵可湿性粉剂1500倍液喷雾，或70%甲基硫菌灵可湿性粉剂1000倍液喷根部，安全间隔期均为7～10d；蚜虫在百株蚜量超过1500头开始防治，可用10%吡虫啉可湿性粉剂3000～4000倍液，或3%啶虫脒可湿性粉剂1600倍液，或10%吡蚜酮可湿性粉剂1600倍液，或24.5%阿维菌素乳油1000倍液喷雾，安全间隔期均为10～15d；豌豆象在开花期、卵孵盛期或初龄幼虫蛀入花蛀幼荚之前开始防治，可用24.5%阿维菌素乳油1200倍液或菊酯类农药喷雾，安全间隔期均为7d；潜叶蝇在受害叶片幼虫3～5头或发病初期防治，可用25%灭胺·杀虫单乳油1500倍液，或1.8%阿维菌素乳油3000倍液，或25%高效氯氟氰菊酯乳油4000倍液喷雾，安全间隔期分别为10～15d、10～15d和7～10d；蜗牛在每株新被害幼叶或幼荚0.15个时开始第1次防治，可用6%四聚乙醛颗粒剂傍晚前后撒施，安全间隔期均为5～7d。

(5) 采收

子粒鼓粒饱满时及时采收，或根据市场需求适时采收。

13.4.4 食荚菜豌豆的栽培技术

(1) 土地选择

选地势平坦、灌排方便的田块种植，要求土壤含有机质较高，沙壤土到黏壤土均可，以微酸性到中性为宜。豌豆最忌连作，必须与非豆科作物轮作换茬，并至少应隔3～4年才能回到原田块种植。

(2) 整地作畦

选适宜种植豌豆的土地施足基肥，一般每$667m^2$施腐熟有机肥2000～3000kg、过磷酸钙30～40kg，均匀撒施后深耕细耙，作畦。长江流域雨水多，要作深沟高畦，一般畦高20～25cm，畦宽1m左右，畦沟宽30～40cm。三沟配套，保证排水畅通。

(3) 播种

长江流域多进行秋播，10月下旬至11月初播种，也可在早春2月下旬至3月初播种，用地膜覆盖，促进早出苗；在华北地区宜行春播，播种期多在3月上中旬；在华南地区于9～11月分期播种，当年冬季和次年春季分期采收。

播种方法，如为1m宽的畦，每畦播种2行；如2～3m宽的畦，每畦播种4～6行；行距60～66cm，穴距为13～17cm，每穴点播种子3粒，播深3～4cm，每$667m^2$用种量5kg左右。如利用棉花茬套作不能翻耕，应将种子点播在各行棉花植株之间，每穴播种3～4粒，并在距播种穴两侧约10cm处开穴点施过磷酸钙，每$667m^2$施30～40kg。

(4) 田间管理

苗期进行浅中耕和除草2～3次，促进根系生长和固氮根瘤菌的繁殖，并可提高植株抗寒能力。播后如遇干旱，须及时浇水，促进出苗。出苗后应保持土壤较干，防止过湿烂根，并促进根系深扎。开花结荚期对水分敏感，干旱时要适当浇水，多雨要清沟排涝，防止水分过多或干旱，引起落花落荚。秋播苗应在当地日平均气温降到5℃左右时，沿种植行条施腐熟的有机肥，并结合培土壅根防冻。春季返青后或春播苗开始抽蔓时，追施速效肥稀粪水或氮素化肥，每$667m^2$施尿素5～10kg，促进茎叶生长。开始采收嫩荚后，需再施1～2次追肥，每$667m^2$施复合肥10～20kg，要求氮、磷、钾并重，防止偏施氮肥。始花期要及时拔除不符合本品种特征的混杂苗。蔓性品种当苗高20cm左右时，用细竹竿、芦竹或细树枝等立人字架，每两行为一架，及时引蔓，保持蔓的分布均匀，改善通风透光条件，注意定期检查，防止倒伏。

(5) 病虫害防治

豌豆主要病害有白粉病、霜霉病；虫害有潜叶蝇和蚜虫。白粉病在叶片上出现多数白色粉霉状病斑时，用50%多菌灵或20%三唑酮加水1000倍喷雾防治2～3次。霜霉病多在开花结荚期发生，在叶上出现黄绿色不规则病斑，可用50%甲霜灵或90%三乙膦酸铝加水500～600倍喷雾2～3次。潜叶蝇和蚜虫都可用20%溴氰菊酯或高效氯氟氰菊酯等菊酯类农药加水2000～2500倍喷雾防治。

(6) 采收

一般在开花后7～10d采摘嫩荚，即在嫩荚中种子开始形成、照光见有子粒痕迹时采摘。

食粒青豌豆与食荚青豌豆的栽培技术基本相同，但有以下几点区别：第一，食粒青豌豆蔓生品种与食荚青豌豆蔓生品种种植密度一样，但矮生品种种植密度应增大一倍，即行距由66cm改成33cm左右，不需支架；第二，食粒青豌豆到豆粒充实时采收，比食荚青豌豆所需养分多，因此，开花结荚期应比食荚青豌豆多施1～2次追肥，并要施用复合肥，氮、磷、钾三要素并重，适当增施微量元素钼肥，更能增产；第三，食粒青豌豆采收期迟于食荚青豌豆，一般在开花后15～20d采摘，过早采摘豆粒太小，不宜食用，过迟豆粒老化，品质变劣。

13.4.5 光温处理促进豌豆早熟栽培技术

(1) 品种选用

苏豌 8 号豌豆是江苏省农业科学院蔬菜研究所利用早熟的矮生直立豌豆品种中豌 6 号为母本，矮生早熟大粒甜豌豆品种 S4008 为父本，经过杂交和系统选育而成。苏豌 8 号是针对中国南方地区豌豆不耐冻害、生育期长、上市偏晚等问题培育的荚粒兼用型早熟豌豆新品种，同时依据春化作用原理，运用 LED 光源及温度联合处理豌豆种子，并利用大棚设施条件，避免低温冻害的影响，缩短其生育期，鲜荚鲜粒提早上市，产量增加，提高产值。同时有效避开高温导致的病虫害对豌豆生长后期的影响，减少了各类除草剂、杀虫杀菌剂等农药使用量，提高产品质量和安全性，满足出口创汇的要求。此外，还可安排适宜的后茬作物，提高农民经济效益，具有较强的市场竞争力和广阔的产业化前景，适宜长江流域各地示范推广。

(2) 温光处理

选取大小一致的豌豆种子用 50%多菌灵可湿性粉剂 500 倍液浸种 2h，种子洗净，清水浸泡充分吸水后，均匀铺在底部铺有吸水纸的育苗盘中进行催芽。待出芽后移到 0～15℃温度段、12h 光照至 12h 黑暗的人工育苗箱中（光源为白光 LED 灯，额定功率为 70W，灯珠均匀排布，下照面光强均匀），放置 15d，进行 LED 光源及温度联合处理。

(3) 适时播种

将处理后的豌豆种子于 9 月初播种到设施大棚内，移栽密度 7000～8000 株/667m^2；若播种时温度高于 25℃，需架设遮阳网，豌豆全生育期须严格控制棚内温度在 25℃以下。

(4) 田间管理

播种时覆盖地膜，在冬季温度低于 3℃时架设小拱棚；在豌豆出芽期、成长期、开花结荚期均增施肥料，并做好防虫防病处理。防虫处理指对豌豆潜叶蝇进行防治，防病处理指对豌豆白粉病或霜霉病进行防治。

豌豆潜叶蝇的防治方法为成虫盛发期或幼虫潜蛀时，选择兼具内吸和触杀作用的杀虫剂，如用 90%敌百虫晶体 1000 倍液、2.5%三氟氯氰菊酯乳油 4000 倍液或 25%阿维·杀虫单乳油 1500 倍液，任选 1 种进行喷雾。或在受害作物单叶片有幼虫 3～5 头时，掌握在幼虫 2 龄前，在上午 8:00～11:00 时露水干后，幼虫开始到叶面活动或者老熟幼虫多从虫道中钻出时喷施 25%阿维·杀虫单乳油 1500 倍液，或 1.8%阿维菌素乳油 3000 倍液，或在初见叶片出现细小孔道时，及时用阿维·敌敌畏乳油或阿维菌素喷雾 2 次。

豌豆白粉病的防治方法为清洁田园，病残体集中烧毁，及时耕翻土地。化学防治为在病害始发期、下部叶片初现白粉状淡黄色小点时，选用 25%三唑酮可湿性粉剂 2000 倍液，或 50%苯菌灵可湿性剂 1500 倍液等喷雾进行防治。

豌豆霜霉病的防治方法为加强田间管理，清洁田园、铲除杂草、减少病原，发现病株及早拔除。化学防治为可采用 25%甲霜灵可湿性粉剂以种子质量的 0.3%进行拌种，或在发病初期使用 90%三乙膦酸铝可湿性粉剂 500 倍液、72%霜脲·锰锌可湿性粉剂 800～1000 倍液、72.2%霜霉威盐酸盐水剂 700～1000 倍液、69%代森锰锌·烯酰吗啉可湿性粉剂 1000 倍液，任选其中 1 种进行防治。

(5) 收获

11 月开始分批采收鲜荚或者鲜粒上市，秸秆就地还田可培肥地力。

苏豌 8 号品种与光温联合处理促进豌豆提早成熟栽培技术相结合可使豌豆增产 30%以上，提早成熟 4 个月以上，无冻害情况发生。有效避开高温导致的病虫害对豌豆生长后期的影响，病虫害比常规栽培减少 50%以上。可与其他设施非豆科作物轮作，安排合适的茬口，显著提高经济效益。

第14章 绿叶蔬菜栽培

绿叶蔬菜是以嫩叶、嫩茎或嫩梢供食用的速生蔬菜。绿叶蔬菜种类繁多，形态风味各异，适应性广，生长期短，采收期灵活，在蔬菜的周年生产和均衡供应、品种搭配、提高复种指数、提高单位面积产量及经济效益等方面具有不可替代的重要作用。

我国栽培的绿叶蔬菜主要有莴苣、芹菜、菠菜、茼蒿、芫荽、蕹菜、苋菜、落葵、苦苣、紫背天葵、藜蒿、荠菜、马齿苋等。

根据对温度的要求不同，绿叶蔬菜又可分为二类：一类要求冷凉的气候，较耐寒，而不耐炎热，如莴苣、芹菜、菠菜、茼蒿、芫荽、荠菜等，生长适温为15～20℃，能耐短期的霜冻，其中以菠菜耐寒力最强，这些蔬菜在冷凉条件下栽培产量高、品质好，在高温条件下品质降低或难以正常生长；另一类喜温暖而不耐寒，如苋菜、蕹菜、落葵等，生长适温为25～30℃或更高一些，10℃以下停止生长，不耐霜冻，遇霜即枯死。

喜冷凉的绿叶蔬菜主要作秋冬栽培或越冬栽培为主，也可作早春栽培，而喜温暖的绿叶蔬菜则以春夏栽培或越夏栽培为主，也可作夏秋栽培。长江流域冬春季（11月份至翌年3月份）气温低，气候寒冷，喜温不耐寒的绿叶蔬菜无法露地生产，夏季（6～8月份）又炎热多雨，同时大风暴雨频繁，有时1h降雨量就达100mm以上，使大多数绿叶蔬菜，尤其是喜冷凉而不耐热的绿叶蔬菜不能正常生长。因此城郊型蔬菜基地必须配套一定比例（20%以上）的塑料大棚，在冬春季可以进行喜温不耐寒的绿叶蔬菜的春季提前、秋季延后或越冬栽培，在炎热夏季可以进行喜冷凉而不耐热的绿叶蔬菜的遮阳、降温、避雨栽培，从而实现绿叶菜的周年生产、均衡供应。此外利用大棚覆盖防虫网也能较好地防治绿叶蔬菜的害虫为害。

14.1 莴苣栽培

莴苣是菊科莴苣属能形成叶球或嫩茎的一、二年生草本植物，原产于地中海沿岸，性喜冷凉湿润的气候条件。按食用部分可分为叶用莴苣和茎用莴苣。叶用莴苣又称生菜，世界各地普遍栽培叶用莴苣，主要分布于欧洲、美洲，我国主要在广东、广西、台湾栽培较多，现全国各地均有栽培；茎用莴苣就是莴笋，适应性强，我国南北各地普遍栽培，是长江流域在3～5月份春淡季供应的主要蔬菜之一。

莴苣含有丰富的胡萝卜素、硫胺素、核黄素及钙、磷、铁等矿物质，还有一定的药用及保健价值，其果实有活血、通乳作用，茎叶白汁有镇痛、催眠作用。近年来，随着人们对优质反季节蔬菜的需求增加，茎用和叶用莴苣利用不同品种排开播种，配套设施栽培，可以分期采收，周年供应。

14.1.1 类型与品种

莴苣分叶用莴苣和茎用莴苣两个类型。

(1) 叶用莴苣

叶用莴苣包括直立莴苣、皱叶莴苣和结球莴苣三个变种，习惯上把不结球的称散叶莴苣，结球的称结球莴苣。

① **直立莴苣（或长叶莴苣）**。叶狭长直立，长倒卵形或长披针形，深绿或淡绿色，叶面平，全缘或稍有锯齿，植株直立生长，内叶一般不抱合或卷心呈筒形，开展度小，腋芽较多，比较容易抽薹。常见的品种有牛利生菜、登峰生菜、长叶生菜、油麦菜等。

② **皱叶莴苣**。叶面皱缩，叶缘深裂，宽扁圆形，开展度大，叶片颜色丰富多彩，有绿色、黄绿色、紫红色和紫红黄绿相间的花叶等，不包球或莲座丛上部叶子卷成蓬松的小叶球，腋芽多，易抽薹。可掰叶食用或分期采收，该变种色彩丰富，是冷餐拼盘的好原料。不耐贮运，多作鲜销。软尾生菜、玻璃生菜、意大利耐抽薹生菜、奶油生菜、红叶生菜、鸡冠生菜、花叶生菜等属此类型。

③ **结球莴苣**。近年由国外引进的品种多属此类型，故又称西生菜。叶片大，扁圆形，叶全缘，有锯齿，叶面光滑或微皱缩，绿色或黄绿色，叶丛密，心叶能形成明显叶球，呈圆球至扁圆球形，外叶开展，产量高，品质好，又可分为绵叶和脆叶两种，是欧美地区普遍种植的主要蔬菜，近年国内栽培面积日渐扩大，利用设施栽培在长江流域可做到周年供应。主要品种有凯撒、奥林匹亚、萨利纳斯、马莱克、大湖366、绿湖388、柯宾、阿斯特尔、卡罗娜、王冠、皇帝等。

(2) 茎用莴苣

茎用莴苣根据叶片形状可分为尖叶和圆叶两个类型或部分尖圆叶过渡类型（图14-1），各类型中依茎的色泽又有白莴苣、青莴苣、紫红莴苣之分。

图14-1 茎用莴苣的几种类型

① **尖叶莴苣**。叶片披针形，先端尖，叶簇较小，节间较稀，叶面平滑或略有皱缩，色绿或紫，肉质茎棒状，下粗上细。较早熟，苗期较耐热，可作夏莴笋、早秋莴笋、春提前莴笋栽培。主要品种有尖叶鸭蛋笋、杭州尖叶、宜昌尖叶、西宁莴苣、四川早熟尖叶、成都尖叶子、上海大尖叶、早青皮、南京紫皮香、贵州双尖莴笋。

② **圆叶莴苣**。叶片倒卵形，顶端稍圆，叶面皱缩较多，叶簇较大，节间密，茎粗大，成熟期晚，耐寒性较强，多不耐热，可作秋延迟莴笋、冬莴笋、越冬春莴笋栽培。主要品种有紫叶莴苣、上海大圆叶、南京白皮香、成都二白皮、杭州圆叶、孝感莴笋、竹蒿莴笋、锣锤莴笋、大皱叶、大团叶、红园叶等。

14.1.2 生物学特性

(1) 形态特征

① **根**。莴苣为直根系，主根强健，移栽后主根切断，能发生较多的侧根，主要分布在土壤表层，为浅根性蔬菜。

② **茎**。叶用莴苣茎短缩，抽薹时开始伸长，茎用莴苣幼苗为短缩茎，但在植株莲座叶形成后，茎伸长肥大成笋状，长卵形或棍棒形，皮有绿、绿白、紫绿、紫色等，肉有绿、黄绿、绿白等色。

③ **叶**。叶为根出叶，单叶互生，叶面光滑或皱缩，绿色或绿紫色，叶形有披针、长椭圆、倒卵圆等形状。结球莴苣在莲座叶形成后，心叶结成圆、扁圆、圆锥、圆筒等形状的叶球。

④ **花**。头状花序，花浅黄色，每个花序有20朵花左右，自花授粉，也可借昆虫进行异花授粉，异交率1%左右。

⑤ **种子**。种子是植物学上的瘦果，小而细长，梭形，黑褐色或银白色，成熟后顶端有伞状冠毛，能随风飘散，因此采种应在飞散之前进行。种子千粒重0.8～1.2g。种子成熟后有一段时间的休眠期，贮藏一年后，种子发芽率会有所提高。

(2) 生长发育

莴苣是一、二年生植物，其生长发育可分为营养生长和生殖生长两个时期。

① **营养生长期**。营养生长时期包括发芽期、幼苗期、发棵期及产品器官形成期（包括叶用莴苣的结球期和茎用莴苣的肥茎期），各个时期的长短因品种及栽培季节而异。

a. 发芽期。播种到真叶初现，其临界形态标志为"露心"，需8～10d。

b. 幼苗期。"露心"至第一个叶环5～7片叶全部平展，其临界形态标志为"团棵"，直播17～27d，初秋播种需时较短，晚秋播种需时较长。育苗移栽的需要30d左右。在幼苗期中，植株生长缓慢，叶片和根系的重量增长很小，主要是叶数的增加，据研究，苗端平均每两天能分化1片小叶。

c. 发棵期。从"团棵"至开始包心或茎开始肥大，需15～30d，这一时期叶面积的扩大是结球莴苣和莴笋产品器官生长的基础。

d. 产品器官形成期。结球莴苣从"团棵"以后一面扩展外叶，一面卷抱心叶，到发棵完成时，心叶已经形成球形，然后是叶球的扩大与充实，所以发棵期与结球之间的界线不像大白菜和结球甘蓝那样明显，从卷心到叶球成熟需30d左右。莴笋的幼苗短缩茎在进入发棵期后开始肥大，整个发棵期短缩茎的相对生长率不高，而且增长幅度不大，为茎肥大初期，以后茎与叶的生长齐头并进，相对生长率显著提高，达最高峰后两者同时下降，开始下降后10d左右达采收期。露地越冬的春莴笋完成发棵期短缩茎开始肥大后，温度降低，进入长达100d左右的越冬期和返青期，在此期间短缩茎的增长很缓慢，返青过后，茎的相对生长率显著提高，进入茎肥大期。

② **生殖生长期**。莴苣的抽薹开花，不需要先经过一个低温阶段，而在高温（高于22～24℃）、长日照条件下反而比低温长日照更易抽薹开花结籽，完成生育周期。

(3) 对环境条件的要求

① **温度**。莴苣是半耐寒性蔬菜，喜冷凉，稍耐霜冻，忌高温，在天气炎热时生长不良。在长江流域可以露地越冬，但耐寒力随植株的成长而逐渐降低。莴苣的种子在4℃以上就能缓慢发芽，而以15～20℃最适，出芽需4～5d。莴笋种子在30℃以上，生菜种子在27℃以上进入休眠状态，发芽受抑制。因此，在高温炎热的季节播种时，播前需进行种子低温处理，如在5～18℃下浸种催芽，种子才能发芽良好，出苗率高。莴苣在不同的生长时期所要求的温度不同，幼苗期对温度的适应性较强，可耐－5℃的低温，－6℃时叶片有冻伤，幼苗生长的最适温度为12～20℃，在日平均温度29℃的高温下，生长缓

慢，高温日晒常致高地温而使幼苗胚轴受灼伤，而引起倒苗，因此在高温季节育苗时需要进行遮阳降温。成株的抗冻性较差，在0℃以下即容易受冻害。茎叶生长时期最适宜的温度为11～18℃，在夜温较低（9～15℃）、昼夜温差大时更有利于叶簇生长，茎部粗壮肥大，获得高产。莴苣通过阶段发育属于“高温感应型”，此时期的日平均温度超过24℃，夜间温度长时间在19℃以上，则植株易徒长、蹿高、抽薹，造成减产甚至绝收。在开花结实期要求有较高的温度，以22～28℃为最适，开花后15d左右瘦果成熟，10～15℃可正常开花，但不能结实。结球莴苣对温度的适应范围较窄，与莴笋相比，结球莴苣既不耐寒也不耐热，结球莴苣结球期的生长适温为15～20℃，日平均气温高于20℃，就会造成生长不良，出现徒长、结球松散、提早拔节抽薹等现象，影响产量，降低品质。不结球莴苣（散叶莴苣）对温度的适应范围介于莴笋与结球莴苣之间。

② **光照**。莴苣种子是需光种子，发芽时适当的散射光可促进发芽。播种后，在适宜的温度、水分和氧气供应条件下，不覆或浅覆土时均可较覆土的种子提前发芽。莴苣为喜中等强度光照植物，光补偿点为1500～2000lx，光饱和点为25000lx。要求日光充足，生长才能健壮，叶片肥厚，嫩茎粗大。长期阴雨，遮阴密闭，影响叶片和茎部的发育，因此莴苣生长期间，宜合理密植，生菜稍耐弱光，强光下生长不良。莴苣在长日照下发育速度随温度升高而加快，早熟品种最敏感。

③ **水分**。莴苣为浅根性作物，根系吸收能力较弱，但叶面积大，叶片多，蒸腾量大，消耗水分多，因此不耐旱，但水分过多且温度高时又易引起徒长，所以对水分要求严格，而且在不同的生育时期对水分有不同的要求。幼苗期应保持土壤湿润，勿过干过湿或忽干忽湿，以免幼苗老化和徒长；发棵期应适当控制水分，进行蹲苗，使根系往纵深生长，莲座叶得以充分发育；结球期或茎部肥大期水分要充足，如缺水，叶球或茎长得细小，味苦，但在结球和茎肥大的后期，又要适当控制水分，如此时供水过多，又易发生裂球、裂茎以及软腐病。

④ **土壤及营养**。莴苣的根吸收能力弱，且根系对氧气的要求高，在黏重土壤或瘠薄的地块上栽培时，根系生长不良，地上部生长受抑制，结球莴苣的叶球小，不充实，品质差，莴笋的茎细小木质化，且易提前抽薹和开花。因此莴苣的栽植宜选排灌方便，有机质丰富，保水保肥的壤土或沙壤土，并应实行轮作，避免重茬，以减轻病害。结球莴苣喜欢微酸性土壤，适宜的土壤pH为6.0左右，pH在5.0以下或7.0以上时生长不良，莴笋的适应性稍强。莴苣对土壤营养的要求较高，其中对氮素的要求尤为重要，任何时期缺少氮素都会抑制叶片的分化，使叶片减少，幼苗期缺氮表现更为显著，因此在施足基肥的基础上追施速效氮肥能提高产量，增进品质，此外磷钾肥也不可缺少。据分析，生长期为120d，每667m^2产量1500kg的叶用莴苣，吸收氮3.8kg，磷1.8kg，钾7.4kg。幼苗期缺磷不但叶数少，而且植株变小，产量降低，叶色暗绿，生长势衰退。任何时期缺钾虽然不影响叶片的分化，但影响叶片的生长发育和叶片的重量，尤其是结球莴苣的结球期如缺钾，会使叶球显著减产。因此在生菜结球期或莴笋的肥茎期，植株在供给氮磷的同时，还需维持氮钾营养的平衡。如果氮多钾少，则外叶生长过旺，呈现徒长现象，而叶球和嫩茎则较轻，严重影响产量。偏施氮肥还会导致叶片中硝酸盐含量增加，影响品质安全。

14.1.3 栽培季节

茎用莴苣（莴笋）喜冷凉气候条件，茎叶生长最适温度11～18℃，成株不耐寒，在长日照和高温条件下容易抽薹。在冬季较冷的地区以春季栽培为主，在冬季较暖和的地区除春、秋栽培外，还可适当提前延后栽培。近年通过利用保护地冬季防寒保温和夏季遮阳防雨降温栽培技术，莴笋可以做到排开播种，周年供应，不仅丰富了市场花色品种，又增加了经济效益。

叶用莴苣（生菜）适应性强，可参考莴笋的栽培季节。结球莴苣对温度的适应范围较小，不耐低温和高温。长江流域各地秋冬播种，春季收获或秋播冬收。高寒山区可春播夏收或夏播秋收。近年来，根据叶用莴苣的生育期随各个时期温度变化和品种而不同，在夏季（6月下旬至9月上旬）遮阳防雨，降温降湿，冬季（11月至翌年3月）采取多层覆盖保护性措施，运用小批量多期播种（全年约20个播期，每15～20d播种1次）可以做到周年生产和均衡供应。

茎用莴苣（莴笋）和叶用莴苣（生菜）全年的主要茬口安排见表14-1。

表14-1 长江流域莴苣的周年栽培茬次

类型	栽培方式	茬口	品种	播种期	定植期	采收期
莴笋	塑料大棚	秋延迟栽培	三青王、种都5号、雪里松等	9月上中旬	10月上中旬	12月下旬～翌年2月
	塑料大棚	春早熟栽培	三青王、科兴系列、种都系列等	9下旬～10月上旬	11月上中旬	3月～4月上旬
	塑料大棚	夏季栽培	耐热二白皮、绿奥夏王系列等	5月上旬～6月上旬	5月下旬～6月	7月～8月
	露地	秋季栽培	耐热二白皮、夏翡翠、青峰王等	8月上旬～8月下旬	8月下旬～9月下旬	9月下旬～12月上旬
	露地	越冬栽培	雪里松、寒春王、秋冬香笋王等	9月下旬～10月上旬	11月上中旬	4月中旬～5月下旬
	露地	春播栽培	春秋二青皮、竹叶青、红剑等	3月上旬	4月上旬	6月
叶用莴苣	塑料大棚	越冬栽培	卡罗娜、绿湖、柯宾、油麦菜等	9月上旬～10月下旬	10月～12月下旬	12月上旬～翌年4月上旬
	塑料大棚	春季栽培	卡罗娜、绿湖、柯宾、油麦菜等	12月下旬	2月中旬	4月中旬～5月中旬
	遮阳大棚	夏季栽培	绿湖、大湖、意大利耐抽薹等	5月中旬～7月中旬	6月下旬～8月中旬	7月下旬～9月中旬
	大棚＋露地	春季栽培	卡罗娜、绿湖、柯宾、油麦菜等	1月～3月上旬	3月中旬～4月	5月中旬～6月中旬
	露地	春季栽培	卡罗娜、绿湖、柯宾、油麦菜等	3月中旬～4月下旬	5月上旬～6月中旬	6月上旬～7月中旬
	露地＋遮阳	夏季栽培	绿湖、大湖、意大利耐抽薹等	5月中旬～6月下旬	6月下旬～7月下旬	7月下旬～8月下旬
	露地	秋季栽培	卡罗娜、绿湖、柯宾、油麦菜等	8月中旬	9月中旬	10月下旬～11月中旬
	露地＋覆盖	秋季栽培	卡罗娜、绿湖、柯宾、油麦菜等	8月下旬	9月下旬	11月～12月上旬

14.1.4 春莴笋栽培

长江流域春莴笋秋季播种育苗，初冬或早春定植，春季收获。

(1) 品种选择

宜选用抗寒性强，茎部较肥大的品种，武汉地区近年主要选用优质、高产、抗病、商品性好的三青王、种都5号、雪里松、笋王、青秀、春秋二青皮、竹叶青、红剑、科兴系列、种都系列等品种。

(2) 播种育苗

栽培莴笋多先育苗后定植。培育壮苗应选用品质优良的种子。可用风选或水选法选取较重种子，淘汰较轻种子。其次，适当稀播，以免幼苗拥挤，导致胚轴伸长和组织柔嫩，特别是9～10月播种的春莴笋或初春播种的夏莴笋，因气候温和、土温适宜、出苗容易，播种量尤不宜大。一般每667m^{2}苗床用种0.75kg左右，约可定植大田25000m^2。苗床应以腐熟堆肥和粪肥为底肥，并适当配合磷钾肥料。幼苗生长拥挤时应匀苗1～2次，使其生长健壮。真叶4～5片时定植，以免幼苗过大、胚轴过长，不易获得肥大的嫩茎。8月上旬播种的苗龄25d左右，9月播种的苗龄30～35d，10月份播种的苗龄约40d。在冬季寒冷的长江流域，以定植成活后越冬为好，且植株不宜过大，以免受冻害。

(3) 整地与定植

莴笋的根群不深，应选用肥沃和保水保肥力强的土壤栽培。莴笋对土壤的适应性较强，但栽培春莴笋或冬莴笋时，如雨水较多，霜霉病、菌核病、软腐病较易发生，应选用排水良好的土壤，并最好实行轮作。栽植地块应深耕晒土，以改进土壤理化性质，并减少病害。宜于在翻耕时施入大量的厩肥、堆肥，特别是春莴笋常于次春套种其他春季蔬菜，尤需事先施足底肥。一般每667m^{2}施腐熟农家肥3000kg加饼肥100kg或腐熟商品有机肥1500kg加三元复合肥（N：P：K为15：15：15）75kg。底肥应提前7～10d施入土壤中，然后用机械旋耕2～3次。

根据地形和间套作物作宽1.3～2.6m的畦。在多雨季节栽培宜作高畦，以利排水，在寒冷地区可行沟植，以防寒风。一般于11月中下旬、幼苗6～7片真叶、苗龄35～40d时定植为宜。定植距离因品种和季节而异。早熟品种行株距24cm×20cm左右，中晚熟品种33cm×27cm左右。在气温较高不适于莴笋生长的季节可适当密植，在适宜莴笋生长的季节可稀一些。莴笋幼苗柔嫩，定植时应多带土，以免折伤根系，并选择土壤湿度适宜或阴天定植，定植后及时浇水。

（4）田间管理

一般莴笋追肥3～4次。定植成活后施肥一次，以利根系和叶片的生长。进入莲座期，茎开始膨大，及时追施重肥，以利茎的膨大，此时脱肥，茎部变老而纤细，不易获得肥大的嫩茎，但莴笋不耐浓厚肥料，最大浓度不超过一般粪肥的50%。追肥不宜过晚，过晚易致茎开裂。越冬的春莴笋除在定植成活后追肥1次外，冬季不再追肥，避免较冷的地区或年份遭受冻害，开春暖和后及时追肥，以促进叶片生长和茎膨大。在春季气温增高和干旱情况下，应及时灌溉，并结合追肥，否则茎部迅速抽长而不膨大，影响产量和品质。一般在植株封行前及施肥前中耕和锄草。

莴笋茎部较易发生细瘦徒长，其原因：一是受长日照高温的影响导致早期抽薹，二是干旱缺肥，三是土壤水分过多或偏施氮肥。解决的途径是根据不同的栽培季节选用不同的品种，施用完全肥料、充足基肥，春前不偏施氮肥，并及时中耕保墒，使植株生长健壮，春后莲座叶形成茎膨大或天气干旱时，及时灌溉追肥，土壤水分过多时及时排水。

（5）病虫害防治

春秋季雨水较多时，莴笋常发生霜霉病、菌核病、灰霉病、叶斑病、病毒病等；主要虫害有蚜虫、蓟马、地老虎等。霜霉病、菌核病危害较大，严重影响产量。防治方法是通风和排水，降低空气和土壤湿度，避免连作，勿栽植过密及浇水过多，常浅锄保持土表干燥，摘除病叶，发生前用0.5%的波尔多液预防，及时挖掉病株，清除枯叶，集中销毁。

（6）采收

春莴笋一般3～4月份采收上市，保护地栽培的一般在3月上中旬收获，露地栽培的一般在4月中旬开始收获。采收标准是心叶与外叶平，俗称平口，或现蕾以前为采收适期。这时茎部已充分肥大，品质脆嫩。如收获太晚，花茎伸长，纤维增多，肉质变硬甚至中空，品质降低；过早采收则影响产量。

14.1.5 秋莴笋栽培

秋莴笋栽培正是炎热季节，温度高，种子发芽困难，不易全苗，且幼苗还易徒长，同时在长日照高温条件下，花芽分化早，抽薹迅速。培育壮苗及防止未熟抽薹是关键。

首先应选择好品种。武汉地区近年早秋栽培多选用抗热性强，不易抽薹的夏翡翠、青峰王、金典香尖、清夏尖笋王、种都一号、耐热二白皮、紫皮香、青皮香、三青王、绿奥夏王系列等品种；晚秋栽培则宜选用脆嫩、肉质绿色、耐寒性强的品种，如耐寒二青皮、冬青、澳立3号、郑兴圆叶、绿丰王、成都挂丝红、翠竹长青、极品秋丰王、雪里松、种都5号等系列品种。

其次是适期播种，培育壮苗。秋莴笋由播种到采收需要3个月，适于秋莴笋茎、叶生长的适温期是在旬平均温度下降至21℃左右以后的60d内，所以苗期以安排在旬平均温度下降到21～22℃时的前一个月比较安全。播种太晚因生长期短而产量低。种子采用凉水浸泡5～6h，用纱布包好，甩干或晾干种子表面水分，置15～18℃冷凉环境下见光催芽（可放入冰箱冷藏室或悬挂在水井内催芽），保持湿润，种子每天用清水清洗并翻动一次，2～3d后出芽率达70%～80%时即可播种，每667m^2大田栽培用种量30～50g。武汉地区早秋莴笋宜于6月底至7月中旬播种，晚秋莴笋宜于8月上旬播种。用湿播法播种，浅覆土，遮阳降温，即可顺利出苗。早晚浇水，及时匀苗，以免徒长。经20多天4～5片真叶时定植，密度比春莴笋稍大。

第三是定植后肥水管理要及时，应根据天气情况下午 4 时以后浇水施肥。一般进行 3 次追肥：第 1 次在定植后 10d（缓苗后）轻追肥，每 $667m^2$ 施腐熟人粪尿 500kg；第 2 次在定植后半个多月重追肥，每 $667m^2$ 施腐熟人粪尿 1000kg；第 3 次约在定植后 40d，轻追肥，每 $667m^2$ 施腐熟人粪尿 500kg。追肥应在封行以前结束，后期施肥不能过多，以免幼茎开裂。前期还应注意中耕，避免土壤板结，影响生长及产品质量。

第四是采收要及时，当莴笋主茎顶端和最高叶片的叶尖相平时即可采收。早秋栽培的莴笋一般在 9 月中下旬肉质茎充分膨大时收获，晚秋栽培的莴笋一般于 10 月下旬收获。

14.1.6 大棚秋延迟莴笋栽培

(1) 品种选择

宜选用耐寒性强、茎部肥大的中晚熟品种，这些品种易达到优质高产。武汉地区近年选用的主要品种有翠竹长青、三青王、极品雪松、雪里松、笋王等。

(2) 播种育苗

武汉地区宜于 9 月上中旬播种，此时播种气温已不是很高，可不必浸种催芽而用干种子播种。其他同露地栽培。

(3) 定植

武汉地区宜于 10 月上中旬，幼苗 5～7 片真叶，苗龄 25～30d 定植为宜。定植时株距 30cm，行距 40cm，每 $667m^2$ 定植约 5000 株。定植后浇足定根水。

(4) 田间管理

① **排灌**。定植成活后，遇干旱及时灌跑马水保墒，切忌大水漫灌，宜采用膜下滴灌带滴灌。采收前 20d 停止灌溉，多雨时要及时排水，防止田间渍涝。

② **追肥**。定植成活后每 $667m^2$ 追施尿素 5～10kg。在植株封行前（莲座期）进行第 2 次追肥，每 $667m^2$ 行间穴施优质复合肥 25～30kg。结合病虫害防治喷 2 次叶面微肥。采收前 20d 停止施肥。

③ **适时扣棚保温**。宜于 11 月上中旬霜冻前扣棚。控制温度白天不超过 24℃，夜间不低于 10℃。阴雨天注意棚内保温，晴天时白天将棚两头打开通风换气，降低棚内温湿度，保持棚内空气干燥，减轻病害发生。

(5) 病虫害防治

病害主要有霜霉病、菌核病、灰霉病、病毒病等，虫害主要有烟粉虱、蚜虫、美洲斑潜蝇、黄曲条跳甲等。

应遵循预防为主，综合防治的原则，采用农业防治为主，化学防治为辅的综合防治措施。农业防治主要包括深翻炕地、轮作换茬、选用抗病品种、及时清沟排渍、清洁田园、防除杂草等。

霜霉病发病初期可用 50%烯酰吗啉可湿性粉剂 1500 倍液或 50%霜脲氰可湿性粉剂 1500 倍液或 72%霜霉威水剂 600 倍液喷雾，安全间隔期 5d；菌核病发病初期可用 50%异菌脲可湿性粉剂 1000 倍液或 50%腐霉利可湿性粉剂 1500 倍液或 25%嘧菌酯悬浮剂 1500 倍液喷雾，安全间隔期 5d；灰霉病发病初期可用 50%腐霉利可湿性粉剂 1500 倍液或 40%嘧霉胺 1500 倍液或 50%异菌脲可湿性粉剂 1000 倍液喷雾，安全间隔期 5d；病毒病发病初期可用 5%菌毒清 500 倍液或 2%宁南霉素 500 倍液或 20%盐酸吗啉胍·乙酸铜 500 倍液喷雾，安全间隔期 5d。

烟粉虱可用 4%阿维·啶虫脒 2000 倍液或 2.5%联苯菊酯 2500 倍液或 10%吡虫啉可湿性粉剂 2000 倍液喷雾，安全间隔期 7d；蚜虫可用 10%吡虫啉可湿性粉剂 2000 倍液或 50%抗蚜威 2000 倍液喷雾，安全间隔期7d；美洲斑潜蝇可用10%灭蝇胺悬浮剂或5%顺式氯氰菊酯5000倍液或1.8%阿维菌素3000倍液喷雾，安全间隔期7d；黄曲条跳甲可用10%溴氰虫酰胺1000倍液或1%甲维盐2000倍液喷雾，安全间隔期7d。

(6) 采收

大棚秋延迟莴笋生长期较长，一般在12月初至次年1月收获，可根据市场需要，随时收获上市。收获后在运销过程中也要注意保温防冻。

14.1.7 大棚春提前莴笋栽培

(1) 品种选择

应选用节间短、茎秆粗壮、茎不开裂、香味足、脆嫩、肉质绿色、耐寒耐抽薹品种，如耐寒二青皮、冬青、澳立3号、郑兴圆叶、绿丰王、成都挂丝红、种都5号等系列等。

(2) 培育壮苗

① **苗床准备**。选择疏松、肥沃、排水良好的沙壤土作苗床，播前整细耙平，施足基肥。一般每$667m^2$苗床施用腐熟的堆肥、人畜粪或其他畜禽肥3000kg左右。

② **适时播种**。一般9月下旬至10月上旬露地播种育苗，播前将苗床浇足底水，待水渗下后，将种子拌干细土均匀撒播（因此时天气转凉，可不必浸种、催芽，用干种子播种）。播后覆盖细土1cm，每$667m^2$苗床播种量为3～5kg，苗床与大田面积比为1∶10。

③ **苗床管理**。一般在苗床上间苗2次，在子叶展开后间第1次苗，在2～3片真叶展开后间第2次苗，以叶与叶互不搭靠为准，苗距保持3～5cm。苗期应适当控制浇水，以免幼苗徒长，土壤干燥时，可适当浇水，当苗龄达40d左右、有4～5片真叶时定植。

(3) 及时定植

定植前将大棚内土壤深翻晒垡，施足基肥，每$667m^2$施腐熟土杂肥3000kg，三元复合肥50kg，然后整平、耙细、作畦，畦宽2m（棚宽4.5m，一棚2畦，中间留路沟）。11月上中旬将大、小苗分别定植于已扣好薄膜的大棚内，株行距为25cm×30cm。

(4) 定植后的管理

① **温湿度管理**。定植初期要注意通风降湿，夜间气温在0℃以上时，仍要放风，以锻炼植株，提高抗性。当气温在0℃以下时，大棚内夜间要盖小拱棚并加盖草帘（白天揭开草帘，增加光照）。当茎部开始膨大至收获前，白天棚温控制在15～20℃，超过24℃应通风降温，以免徒长，降低品质，夜温不应低于5℃，以促进莴笋迅速生长、膨大。

② **肥水管理**。定植后，浇足稳根水，5～6d缓苗后，浇1次缓苗水，并顺水追1次提苗肥，可每$667m^2$施尿素5～7kg，以后连续中耕松土2～3次，以利蹲苗，促进根系发育。当长到8片叶开始团棵时，再随水追1次肥，可每$667m^2$施尿素10kg，然后继续中耕、蹲苗。当植株长至16～17片叶、茎部开始膨大时，应及时浇水追肥，可顺水追施1次壮苗肥，每$667m^2$施三元复合肥25～30kg。此后应经常保持土壤湿润，地面干就浇，浇水要匀，防止大水不均，造成茎部开裂。

③ **病害防治**。大棚莴笋主要发生霜霉病、灰霉病和菌核病，除加强农业防治措施外，还应结合药剂及时防治。一般在发病初期用25%甲霜·锰锌可湿性粉剂800～900倍与50%腐霉利可湿性粉剂1500倍液或与50%多菌灵胶悬剂500～600倍混合液，连喷2～3次，每次间隔7d，防效较好。

(5) 收获

莴笋收获的最适时期是主茎顶端与最高叶片的叶尖相平时，应及时收获。为了提前上市，可适当早采收，收大留小，分批上市，以提高产量。

利用塑料大棚覆盖栽培，可将上市期提早到2月中旬左右，较露地越冬春莴笋提前40～50d上市，平均单产1500kg，高产可达2000kg，经济效益十分可观。

14.1.8 生菜栽培技术

生菜的叶片和叶球口感脆嫩、味甜，营养丰富，且适应性广，在长江流域可四季栽培。一般冬季应选择耐低温、弱光、早熟、丰产、抗病、商品性好的生菜品种，如花叶生菜、玻璃生菜和14624结球生菜；晚春、夏秋栽培的品种有奥林匹亚、凯撒、皇帝、意大利耐抽薹等。

(1) 播种育苗

生菜种子小，不易出芽，宜采用育苗移栽方法。

① **种子处理**。生菜高温季节播种，种子需进行低温催芽处理。先用井水浸种6h左右，将种子搓洗捞出后用湿纱布包好，置于15～18℃条件下催芽。也可将用湿纱布包好的种子吊在水井中或放在5℃左右冰箱里24h，再将种子置阴凉处保湿催芽（用200mg/kg赤霉素920浸种24h可顺利打破生菜种子休眠）。2～3d即可齐芽，80%种子露白后及时播种。

② **苗床准备**。旬平均气温高于10℃时在露地育苗，低于10℃时在保护地内育苗。夏季育苗应采取遮阴、降温、防雨涝等措施。每平方米苗床施腐熟农家肥10～20kg、磷肥0.025kg，苗床土与肥料比例为3∶1，将肥料与苗床土拌匀打碎过筛，铺成厚8～10cm、宽1m、长10m的苗床，整平床面。用25%甲霜灵可湿性粉剂9g、70%代森锰锌可湿性粉剂1g、细干土4～5kg混匀（每平方米苗床用量），取1/3药土撒入苗床，2/3药土播种后覆盖在种子上面。

③ **播种**。播种前将苗床浇足底水，待水渗透后，将已催芽种子播于床面。为使播种均匀，将处理过的种子掺入少量细沙土，混匀，再均匀撒播，覆细土厚0.5cm。夏季播种后覆盖遮阳网或稻草，降温保湿促出苗，冬季播种后盖膜增温保湿。每667m^{2}大田育苗需种量20～30g。

④ **苗期管理**。春季保护地育苗应选择采光好、便于通风换气的大棚或小拱棚作苗床，适当控制浇水，湿度不可过大；夏季育苗，除遮阳降温外，要多喷水以利降温，每天浇3次水，小苗吐心时揭除遮阳网，并浇1次小水，浇水后，苗床上再盖一薄层细土。生菜苗期适温为15～18℃。2片真叶时间苗，同时拔净苗畦内的杂草，间苗后浇1次水。4～9月育苗，苗龄25～30d；10月到翌年3月育苗，苗龄30～45d。

(2) 整地移栽

① **整地施肥**。应选择前茬为非菊科作物、地势平坦、排灌方便、土壤肥力高、耕作层深厚的壤土或黏壤土地块种植，定植前15d清除杂草，每667m^{2}施腐熟农家肥2000～3000kg、复合肥20～30kg，深翻25～35cm，筑深沟高畦，畦宽（含沟）1.8m，畦面宽1.4m、沟宽40cm。

② **定植**。苗龄25～45d，具有5～6片真叶时即可定植。移栽前1天浇足水，以利于起苗时秧苗多带土，提高定植成活率。定植时尽量保护幼苗根系，可大大缩短缓苗期，促进秧苗快速生长。根据天气情况和栽培季节适时移栽。春、夏、秋季露地栽培可采用挖穴栽苗后灌水的方法；冬春季保护地栽培可采取水稳苗的方法，即先在畦内按行距开定植沟，按株距摆苗后浅覆土，在沟中灌水，然后覆土将土坨埋住，避免全面灌水后降低地温影响缓苗。定植株行距为散叶生菜10cm×15cm，小棵上市，结球生菜20cm×30cm，大棵上市。定植后及时浇定根水，栽植深度以埋住土坨为宜，不可埋住心叶。

(3) 田间管理

① **温度管理**。生菜缓苗后温度要保持在18～22℃，结球期时白天适温20～22℃，夜间12～15℃为宜。

② **水分管理**。生菜定植后到莲座前期水分管理以保持地面见干见湿、促进根系扩展和莲座叶生长为原则。浇透定植水后，中耕保湿促进缓苗；浇缓苗水后，视土壤墒情和植株生长情况决定浇水次数，3～5d浇1次水，沙壤土2～4d浇1次水，夏季每天浇水1～2次。春季气温较低时，土壤水分蒸发速

度慢，水量宜小，浇水间隔的日期长；春末夏初气温升高，干旱风大，浇水宜勤，水量要大；夏季多雨时少浇或不浇，无雨干热时浇水降低土温；生长盛期需水量多，浇水要足，经常保持土壤湿润；莲座中后期，为使莲座叶保持旺盛不衰和球叶迅速抱合，形成较紧实的叶球，应保持土壤湿润，不断供给水分。注意结球期应供水均匀，否则易引起叶球开裂或球叶开张生长；植株生长后期应避免浇水过多，以免结球生菜发生裂球或感染软腐病；采收前停止浇水，便于采收和贮运。

③ **肥料管理**。为保证生菜正常生长或结球，除整地时施足基肥外，生长期内还需分次追肥。为促进幼苗生长，可施用1次速效氮肥，每667m^{2}冲施尿素5～7kg；定植缓苗后，为促进莲座叶生长，每667m^{2}施尿素10～15kg，在植株旁开沟施入、埋土，随即浇水；结球期间为促进植株叶片正常结球，每667m^{2}可施氮磷钾三元复合肥（15-15-15）20～25kg，促进莲座叶同化养分尽快运送到球叶，促进球叶充实。

④ **中耕除草**。定植缓苗后，为促进根系发育宜进行中耕除草，疏松土壤，增强土壤通透性。封垄前可酌情再中耕1次。

(4) 病虫害防治

按照预防为主、综合防治的植保方针，优先选用农业防治、物理防治、生物防治方法，合理使用化学农药防治方法。

① **农业防治**。选用高抗优良品种，严格实行轮作制度，筑深沟高畦栽培；发现病株及时清除，并用生石灰撒施病株周围；加强肥水管理，增强植株抗病力；科学施肥，清洁田园，清除杂草。

② **物理防治**。可用频振式杀虫灯诱杀蛾类飞虫等，采用银灰膜避蚜虫或黄板诱杀蚜虫和其他飞虫等。

③ **生物防治**。可使用中生菌素、新植霉素、苏云金杆菌（*Bt*）制剂等生物农药。

④ **病害化学防治**。灰霉病：受害叶片病斑初期为水浸状，后扩大，茎基腐烂，疮面上生灰褐色或灰绿色霉层，天气干燥时病株渐干枯死。低温高湿时易发病。发病初期可喷洒50%多菌灵可湿性粉剂600～700倍液或70%甲基硫菌灵可湿性粉剂600～800倍液防治，5～7d喷1次，连续防治2～3次。软腐病：一般在高温下易发病。发病初期可喷洒氢氧化铜3000可湿性粉剂1500倍液或3%中生菌素可湿性粉剂1000～1200倍液防治。霜霉病：在低温高湿、种植密度过大、地面积水等情况下发病较多。发病初期可喷洒58%甲霜·锰锌可湿性粉剂500倍液或精甲霜·锰锌可湿性粉剂500倍液防治，5～7d防治1次，连续防治2～3次。病毒病：可用病毒A可湿性粉剂500倍液或增抗剂100倍液防治，隔7d防治1次，连续防治3～4次，同时及时防治蚜虫。

⑤ **虫害化学防治**。生菜虫害主要有蚜虫、小地老虎、蝼蛄、蛴螬和蓟马等。应在整地种植前杀灭地下害虫，也可在傍晚用敌百虫晶体800～1000倍液灌根或用毒饵诱杀，严禁使用高毒、高残留农药。蚜虫等叶上害虫，可在结球前采用喷雾方法防治，以免防治过晚污染叶片。可用10%吡虫啉3000～4000倍液，或50%氰戊菊酯5000倍液等低毒、高效农药交替喷雾防治。

(5) 采收

生菜从定植到收获，散叶不结球生菜或油麦菜需30～40d、结球生菜需40～60d。散叶生菜的采收期比较灵活，采收规格无严格要求，可根据市场行情适时采收，特别是在高温时段，叶片形成后即可采收；结球生菜应及时采收，用手掌轻压球面有实感即可采收。

14.1.9 大棚生菜冬季栽培

(1) 选择良种

冬季大棚栽培应选耐寒性较强、抗病、丰产的品种。江淮地区可选用绿湖、都莴苣、美国PS、萨利纳斯、柯宾、卡罗娜、黑核等品种。

(2) 播种育苗

选保水保肥性能好，肥沃的沙壤土地，播前7～10d整地，施足基肥，每$666.7m^2$大田需备苗床$20～30m^2$，用种50g左右，每$10m^2$苗床施过筛腐熟土杂肥50kg，硫酸铵0.3kg，过磷酸钙0.5kg和氯化钾0.2kg（也可用氮磷钾三元复合肥0.5kg代替），基肥施入后要充分与床土混合，并整平打碎作畦。

播种前浇足底水，水渗下后，选择生活力强的新种子混沙撒播，要播均匀，播后覆盖土以盖没种子为度。

播种后保持畦面湿润，3～5d可齐苗。幼苗两叶一心时及时间苗，使幼苗均匀分布，生长健壮，苗距3～5cm。间苗后施1次稀薄肥液促幼苗生长，生菜幼苗对磷肥敏感，缺磷时叶色暗绿，生长衰退，苗期注意补充磷肥，保证幼苗正常生长，可用磷酸二氢钾喷或随水浇1次。苗期喷1～2次75%百菌清600倍液或70%甲基硫菌灵1500倍液防止霜霉病发生。

苗龄30～60d，长有4～5片真叶时定植于大棚中。

(3) 整地定植

定植田应选择保水保肥力强、土壤肥沃、排灌方便的田块，结合整地，施足基肥。一般每$666.7m^2$施腐熟土杂肥2500kg，并增施氮磷钾三元复合肥35kg，混入土中，也可用人粪尿打底肥，整平畦面，做1～1.2m宽高畦。

散叶莴苣可适当密些，行株距20～25cm；结球莴苣的行株距为30～40cm，其中，早熟品种，植株偏小，以30cm左右为宜，中晚熟品种植株较大，行株距35～40cm。

起苗前要浇水湿润床土，以利起苗时多带土，定植深度不宜过深，以免埋住菜心，影响缓苗，引起腐烂。定植后及时浇水，促使迅速活棵，5～6d可缓苗成活。

(4) 定植后管理

① **施肥**。生菜主要是以生食凉拌为主，因此提倡不浇施人粪尿，追肥以尿素等化肥为主。结球生菜在生长过程中，各阶段对养分要求比较严格，在施足基肥基础上，采取“促前，控中，攻后”的技术措施，即早期施氮肥促生长，中期控肥限徒长，后期重肥攻叶球。定植后整个生育期要追肥3次：第一次在缓苗后15d左右进行，促使幼苗发棵，生长敦实；第二次在结球初期进行，并在结球中期再追1次肥，使叶球充实膨大，每$666.7m^2$每次可施尿素10kg，并喷施磷钾肥料以补充磷、钾。

② **浇水**。浇水是生菜栽培中的关键措施。浇水过多，植株生长快，但叶片薄，结球松散，产量较低。所以要掌握好浇水时间和数量。大棚冬季栽培一般浇水5～6次即可，即定植后3～5d要浇一次缓苗水，促进缓苗后发出新根。在第一次追肥后应浇1次足水，可使莲座叶生长旺盛，植株充分生长。以后根据土壤情况，在蹲苗期间适当浇1次水，浇水后要中耕，继续蹲苗。第四次浇水应在结球前结合追肥进行，这次水量要充足，可使植株生长加快，内叶结球迅速。此后在结球中期追肥时要浇1次水，促使结球大而紧实，但应注意结球后最好不直接浇水，因结球生菜叶片多较脆嫩，浇水不当，容易冲散叶片，感染病害，应提倡沟灌渗透为宜。采收前5～7d应停止浇水，利于收后贮运。

③ **中耕蹲苗**。生菜根系大部分在土壤表层，中耕不宜过深，以免损伤根系。缓苗水后的中耕，行间宜深，株间及根际宜浅，勿锄伤新根。以后还要酌情浅中耕1次，以利疏松土壤，促进根系发育。第1次追肥及浇水后的中耕可深些，然后进行蹲苗，可使根系发育健壮，外叶生长肥厚宽大。

④ **通风与保温**。11月上中旬大棚要扣膜，12月中旬再搭小拱棚，低温来临前小拱棚覆盖草帘保温。在大棚冬季栽培时，应注意保温防寒和通风，控制棚温在15～20℃，夜温不低于5℃为宜。晴天中午棚温高时要通风，阴雨雾雪天气，也要在白天揭帘，让植株接受散射光进行光合作用，并行短时通风，防止湿度过高，引起病虫害发生。

⑤ **病虫害防治**。病害主要有霜霉病、软腐病、灰霉病、顶烧病、菌核病，要及早对症防治。虫害主要有蚜虫，宜用高效低毒的农药进行防治，但收获前7～10d一定要禁止用药。

(5) 采收

散叶生菜采收标准不严格，可根据市场需要随时收获，但早收产量较低，晚收易抽薹、发病，一般在定植后40d开始上市。结球生菜冬季一般在定植后60～80d，用手触摸球体有一定硬度时即可采收。结球生菜成熟期不很一致，应成熟一个，采收一个，迟收容易裂球和腐烂，因此及时收获也是生菜丰产增收的一项重要环节。结球生菜收割时，自地面割下，剥除外部老叶，长途运输时要留3～4个外叶保护，准备贮藏时可多留几片外叶以减少失重。

(6) 包装

因结球生菜很脆嫩，包装运输时要注意防震减压，以保障产品质量和获得较好的经济效益。最好用厚0.003～0.005cm聚乙烯薄膜袋单球包装，每袋打孔径0.3cm的小孔6～8个，装瓦楞纸箱中，生菜不耐贮，要尽早运到市场销售。

14.2 芹菜栽培

芹菜俗称旱芹、药芹，是伞形花科芹属中形成肥嫩叶柄的二年生蔬菜。芹菜营养丰富，100g芹菜中含蛋白质2.2g、钙8.5mg、磷61mg、铁8.5mg，其蛋白质含量比一般瓜果蔬菜高1倍，铁含量为番茄的20倍左右，芹菜还含有丰富的胡萝卜素和多种维生素，对人体健康十分有益。芹菜还含有挥发性的甘露醇，具有特殊的香味，可炒食、做馅、凉拌等，有增进食欲、调和肠胃、解腻消化的功效，现代医学研究发现芹菜具有预防肠癌的功能，是优良的保健蔬菜。国外最新研究发现，芹菜中富含水分和纤维，并含有一种能使脂肪加速分解的化学物质，因此芹菜还是减肥佳品。

另外，芹菜叶中营养成分远远高于芹菜茎（叶柄），叶中的胡萝卜素含量是茎的88倍，维生素C含量是茎的13倍，维生素B_1含量是茎的17倍，蛋白质含量是茎的11倍，钙含量超过茎的2倍。因此，芹菜叶片的营养价值不容忽视，吃芹菜不应扔掉芹菜叶。

芹菜适应性广，全国各地均有栽培，尤其是近年来，随着蔬菜生产的不断发展，芹菜的消费量也不断增加，已成为我国城乡居民消费的主要绿叶蔬菜之一。露地栽培与设施栽培相结合，从春到秋可排开播种，周年生产。

14.2.1 类型和品种

芹菜的品种很多，分中国芹菜（本芹）和西洋芹菜（洋芹）两大类。

(1) 中国芹菜

中国芹菜叶柄细长，依叶柄颜色可分为青芹和白芹两个类型。青芹叶片较大，深绿或绿色，叶柄较粗，绿色或淡绿色，有些品种心叶黄色，植株高大，生长健壮，香味浓，软化栽培品质更佳；白芹叶较细小，淡绿色，叶柄黄白色，植株较矮小而柔弱，质地较细嫩，品质较好，但香味稍淡，抗病性差。按叶柄的充实与否又可分为空心与实心两种，实心芹菜品质较好，春季不易抽薹，产量高，耐贮藏；空心芹菜品质较差，春季易抽薹，但抗热性较强，宜夏季栽培。芹菜适应性强，一般来说凡是能够在露地栽培的品种，大棚内都可以选用栽培。冬春大棚生产宜选用耐寒性强，叶柄长而且实心，纤维少，品质好，高产耐贮抽薹晚的品种；夏季大棚生产多选用耐热性强和生长快的空心品种。生产上芹菜的主要品种有开封玻璃脆、春丰、津南实芹、铁杆芹菜、青梗芹、培芹、药芹、白芹等。

(2) 西洋芹菜

西洋芹菜的株形大，叶柄肥厚，富含糖分，味甘鲜，芳香柔和，纤维少，品质脆嫩，耐贮运。我国自20世纪30年代开始引种，现在是我国的重要出口蔬菜之一，国内市场的销售量也正在迅速增大，是一种丰产、优质的高档蔬菜，营养丰富，既可凉拌生食，又可炒食。西洋芹菜依叶柄的颜色可分为青梗和黄梗两大类型。青梗品种的叶柄绿色，圆形，肉厚，纤维少，抽薹晚，抗逆性和抗病性强，熟期晚，不易软化；黄梗品种的叶柄不经过软化就自然呈金黄色，叶柄宽，肉薄，纤维较多，空心早，对低温敏感，抽薹早。主要品种有高梗金自白、犹他52-70R、佛罗里达683、意大利冬芹、意大利夏芹、晚抽薹96、巴斯加夏芹、美国85-1、美国83-2、巨人、康乃尔19、康乃尔619、高原、玉皇、皇后、美国大棵西芹、百利、加州王等。

孜然芹属伞形花科孜然芹属，近年已成为人们生活中的一种重要食品佐料，需求量逐年增多，种植面积也不断扩大，已成为一种重要的香料作物。

14.2.2 生物学特性

(1) 植物学特征

① **根**。芹菜为直根系浅根性蔬菜，直播的有主根，移栽后侧根发育迅速。主根肥大生长，能贮存养分，受伤后可产生大量侧根。根系主要分布在10～20cm表层土壤中，横向扩展最大范围30cm左右，吸收能力较弱，不耐干旱。长成的植株根内输导组织发达，能从地上部把氧气输送到地下部，所以芹菜的耐湿能力较强，但幼苗期输导组织不发达，仍然怕涝。

② **茎**。营养生长期茎短缩，叶着生在短缩茎的基部，叶片似根出叶，叶柄长而发达，为主要食用部分。叶柄横切面直径中国芹菜1～2cm，西洋芹菜3～4cm。根据不同品种，叶柄的颜色有深绿色、淡绿色、黄绿色、白色等。芹菜叶柄上端停止生长早，基部一直处在幼嫩状态，可以不断伸长，栽培上可利用这一特性，进行培土软化，以提高品质。生殖生长期茎伸长为花茎，并可产生一、二级侧枝，高60～90cm，每个分枝顶端形成花序。

③ **叶**。芹菜叶为二回奇数羽状复叶，叶柄发达，尤其是西芹，是主要食用部位。每叶具2～3对小叶和一片尖端小叶。叶柄中薄壁组织发达，充满水分、养分，维管束附近的薄壁细胞分布着含有挥发性的油腺，分泌出挥发油使芹菜具有香味。叶柄有空心和实心之分，叶柄空心或实心是由品种特性决定的。然而，在高温干燥、肥水不良条件下实心品种也会出现空心叶柄。叶柄上有由维管束构成的纵向棱线，各维管束间充满着贮藏营养物质的薄壁细胞。包围在维管束外部的是厚壁组织，叶柄表皮下还有发达的厚角组织，它们构成了对叶柄起支持作用的主要机械组织。优良的品种在适宜的环境和良好的栽培条件下，叶柄的维管束、厚壁组织及厚角组织不发达，而内部的薄壁组织发达，并充满水分和养分，叶柄挺立，质地脆嫩，味道鲜浓。除品种因素外，在高温干燥、肥水不足或生长时期过长、叶片老化情况下，常因薄壁组织破裂，造成叶柄中空，维管束和厚角组织发达，纤维增多，品质下降。

④ **花**。芹菜为复伞形花序，虫媒花，花白色，萼片、花瓣、雄蕊各5枚，雌蕊由二心皮构成，子房2室。

⑤ **果实及种子**。芹菜果实为双悬果，表面有纵纹，果实含有挥发油。生产上播种用的种子实际上是果实。种子褐色，种子细小，千粒重0.4g左右，有4～6个月休眠期，且外表革质，透水性差，发芽慢，尤其高温条件下不易发芽。

(2) 生长发育过程

芹菜的生长发育过程，可分为营养生长时期和生殖生长时期。一般来说，芹菜是二年生植物，第一年生长叶丛，为营养生长时期，第二年抽薹、开花、结实，为生殖生长时期。芹菜是以肥大叶柄为主要食用和商品部分的，花薹的抽生将使芹菜失去食用价值，从而影响经济效益。因此，无论是露地栽培还是保护地栽培，都是以延长营养生长期获得较多的肥大柔嫩叶柄为目的，必须尽量满足其营养生长所要求的条件，避开或减少转向生殖生长的条件，而获得优质高产的产品。

① **发芽期**。芹菜播种后，吸收土壤里的水分，在适宜的温度和空气等条件下开始发芽，种皮破裂，先长出胚根，然后两片子叶出土。种子萌动到子叶展开，15～20℃需10～15d。

② **幼苗期**。子叶展开到有4～5片真叶（西洋芹为7～9片），20℃左右需45～60d（西洋芹80d左右），为定植适期。幼苗期适应性较强，可耐30℃左右的高温和4～5℃低温。

③ **外叶生长期**。从定植至心叶开始直立生长（立心），在18～24℃适温下需20～40d，遇5～10℃低温10d以上易抽薹。这一阶段主要是根系恢复生长。初期处于营养消耗状态，基部的1～3片老叶因营养消耗而衰老黄化，在其叶腋间可能长出侧芽，即分蘖，特别是西芹。分蘖会妨碍植株的生长，应及时摘除。随着根系恢复生长和新根的发生，幼苗恢复生长，陆续长出3～4片新叶。由于移栽后营养面积扩大，受光状况改变，新叶呈倾斜状态生长，这是外叶生长期的最显著特征。随着外叶的生长和充实空间，植株受光状态发生改变，继续发生的新叶则开始直立生长。

④ **心叶肥大期**。从心叶开始直立生长至产品器官形成收获，此时叶柄迅速肥大增长，生长量占植株总量的70%～80%，12～22℃时需30～60d，为采收适期。立心以后，生长速度加快，约2d可分化一片叶，每天可生长2～3cm。此期陆续生长心叶，叶柄积累营养而肥大。同时根系旺盛生长，大量发生侧根，须根布满耕层，主根也贮藏营养而肥大。

⑤ **花芽分化期**。从花芽开始分化至开始抽薹，约2个月。芹菜为绿体春化型蔬菜，当苗龄达30d以上，幼苗有4～5片真叶（西芹7～8片真叶）、苗粗达0.5cm以后就可以感应低温。苗株越大，感应低温的能力越强，完成春化需要的时间越短，实际上，植株大小（生理苗龄）比日历苗龄的影响更重要。据研究，芹菜花芽（序）分化经历分化初期、花序分化期、小伞花分化期及小花分化期。

⑥ **抽薹开花期**。从开始抽薹至全株开花结束，约2个月。越冬芹菜受低温影响通过春化，营养苗端在2～5℃时开始转化为生殖苗端。春季在15～20℃和长日照下抽薹，形成花蕾，开花结籽。花芽分化完成后，遇到适宜的长日照条件即抽生花薹，长出花枝。花序开花的顺序是顶端花伞的花先开，其次是一级侧枝的花伞开花，以后顺次是二级侧枝到五级侧枝的顶伞开花。小（单）花开放的顺序是从周围以同心圆状向中心开放，每天开3～5朵。一个大花伞的花开完需7d。每株的花伞数以三级和四级侧枝上最多，其次按二级、五级和一级侧枝的顺序逐渐减少。

⑦ **种子形成期**。从开始开花至种子全部成熟收获，约2个月，大部分时间与开花期重叠。就一朵花而言，开花后雄蕊先熟，花药开裂2～3d后雌蕊成熟，柱头分裂为二。靠蜜蜂等昆虫传粉进行异花授粉，授粉后30d左右果实成熟，50d枯熟脱落。

（3）对环境条件的要求

① **温度**。芹菜属于耐寒性蔬菜，要求较冷凉湿润的环境条件，在高温干旱条件下生长不良。芹菜在不同的生长发育时期，对温度条件的要求是不同的。种子在4℃时开始萌发，发芽期最适温度为15～20℃，低于15℃或高于25℃，则会延迟发芽的时间和降低发芽率。30℃以上几乎不发芽。适温条件下，7～10d就可发芽。芹菜在幼苗期对温度的适应能力较强，能耐－5～－4℃的低温。品种间耐寒力有一定差异，低温季节栽培应选择耐寒品种。幼苗在2～5℃的低温条件下，经过10～20d可完成春化。幼苗生长的最适温度在15～23℃。芹菜在幼苗期生长缓慢，从播种到长出一个叶环大约要60d的时间。因此，多采用育苗移栽的方式栽培。定植至收获前这个时期是芹菜营养生长的旺盛时期，此期生长的最适宜温度为15～20℃。温度超过20℃则生长不良，品质下降，且容易发病。芹菜成株能耐－10～－7℃的低温。秋芹菜之所以能高产优质，就是因为秋季气温最适合芹菜的营养生长。

② **光照**。芹菜是一种耐弱光的蔬菜作物。光照的长短对它的营养生长影响不大，但是对它的生殖生长影响非常大，尤其是越冬栽培中，光照调节不好，会过早地发生抽薹现象，严重影响产量和品质。芹菜种子发芽时喜光，有光条件下易发芽，黑暗下发芽迟缓。芹菜的生育初期，要有充足的光照，以使植株开展，充分发育，而营养生长盛期喜中等光强，光照度在10000～40000lx较适宜。因此，冬季可在温室、大棚及小拱棚中生产，夏季栽培需遮光。另据试验，弱光下芹菜呈直立性生长，而强光抑制伸长生长，使叶丛横向扩展，所以芹菜适应在保护地内栽培，但应适当密植。长日照可以促进芹菜苗端分

化花芽，促进抽薹开花；短日照可以延迟成花过程，而促进营养生长。因此，在栽培上，春芹菜适期播种（如清明后播种），保持适宜温度和短日照处理，是防止抽薹的重要管理措施。而冬季大棚生产虽然低温条件可以满足，但当年已经没有长日照条件，所以不会有先期抽薹的问题。

③ **水分**。芹菜为浅根性蔬菜，吸水能力弱，对土壤水分要求较严格，整个生长期要求充足的水分条件。适宜的土壤相对含水量为60%～80%，空气相对湿度为60%～70%。播种后床土要保持湿润，以利幼苗出土；营养生长期间要保持土壤和空气湿润状态，否则叶柄中厚壁组织加厚，纤维增多，甚至植株易空心老化，使产量及品质都降低。在栽培中，要根据土壤和天气情况，充分地供应水分。

④ **土壤营养**。芹菜喜有机质丰富、保水保肥力强的壤土或黏壤土。沙土及沙壤土易缺水缺肥，使芹菜叶柄发生空心。芹菜对土壤酸碱度的适应范围为pH值6.0～7.6，耐碱性比较强。芹菜要求较完全的肥料。在任何时期缺乏氮、磷、钾，都会影响芹菜的生长发育，而以初期和后期影响更大，尤其缺氮影响最大。每生产100kg产品，从土壤中吸收氮40g，磷（P_2O_5）14g，钾（K_2O）60g。对氮、磷、钾的吸收比例，本芹为3∶1∶4，西芹约为4.7∶1.1∶1。苗期和后期需肥较多。初期需磷最多，因为磷对芹菜第1叶节的伸长有显著的促进作用，芹菜的第1叶节是主要食用部位，如果此时缺磷，会导致第1叶节变短。缺磷妨碍叶柄的伸长生长，而磷过多时则会使叶柄纤维增多。钾对芹菜后期生长极为重要，可使叶柄粗壮、充实、有光泽，能提高产品质量。缺钾影响养分的运输，使叶柄薄壁细胞中贮藏养分减少，抑制叶柄的增粗生长。在整个生长过程中，氮肥始终占主导地位。氮肥是保证叶片生长良好的最基本条件，对产量影响较大。氮肥不足，会显著地影响到叶的分化及形成，叶数分化较少，叶片生长也较差，而且叶柄也易老化空心。叶柄空心是细胞衰老的表现，细胞内果胶物质减少，细胞膜内产生空腔，输导组织之间的大薄壁细胞形成空心。叶柄空心除与缺肥有关外，还与高温、干旱或低温受冻等有关，在这些逆境条件下，干物质的运输和分配受到阻碍，叶柄内部细胞因营养供应不足而空心。此外，芹菜对硼较为敏感，土壤缺硼时在芹菜叶柄上出现褐色裂纹，下部产生劈裂、横裂和株裂等，或发生心腐病，发育明显受阻。

芹菜栽培中需要注意的几个因素。芹菜是以叶柄为商品的蔬菜，因此一切栽培措施都要围绕叶柄的生长来进行。首先水分不足、缺氮和低温受冻，叶柄容易产生空心；其次温度过高、土壤干燥、缺硼，叶柄会发生“劈裂”现象，西芹缺钙则易烂心（心腐病）；最后在芹菜株高达到20cm以上、收获前半个月，喷1次赤霉素，施用浓度为10mg/kg，结合0.1%的磷酸二氢钾效果更好。选择晴天上午9点以前喷洒，阴雨天禁止使用。喷后要多浇水，多施肥。使用赤霉素不但可以增加产量，而且可以提高质量，增加抗病性。

14.2.3 栽培季节与方式

芹菜的露地栽培，应把它的旺盛生长时期安排在冷凉的季节里，因而以秋播为主，也可在春季栽培。由于苗期能耐较高温和较低温，秋季栽培可以提早播种，以适应9月淡季的需要，也可适当晚播于冬季及次春收获。在长江流域秋播可以从7月上旬到10月上旬，7月上旬播种的主要在9～10月份采收，一般采用早熟耐热的品种，播种时应采取遮阳降温措施。在8月上旬播种，可在次年1月以后采收。于9月或10月上旬播种的则于次年3～4月抽薹前收获完。春播以3月为播种适期，过早易抽薹，迟则影响产量和品质。

(1) 芹菜大棚栽培的主要方式

大棚秋（延迟）芹菜：5～6月播种育苗，8月中下旬定植，10月下旬至11月上旬，天气转冷不适于芹菜生长时，大棚覆膜保温，11月上旬开始采收。

大棚冬芹菜：一般7月上旬至8月上旬播种育苗，9月上旬至10月上旬定植，10月下旬至11月上旬及时扣棚膜保温，12月下旬至2月上中旬采收，正好春节供应。

大棚春（越冬）芹菜：8月中旬至9月中旬播种育苗，10月中下旬定植，11月上旬气温逐渐降低时，要及时扣棚膜保温，3 月上中旬开始收获，正好春淡时上市。

大棚夏芹菜：又叫伏芹菜，春季断霜后至5月上中旬播种，6 月上旬定植，6 月下旬开始覆盖遮阳网，以减弱棚内阳光，覆盖遮阳网最好做到盖顶不盖边、盖晴不盖阴、盖昼不盖夜，前期盖、后期揭。这一季芹菜正好在 8～9 月秋淡时收获。

西洋芹菜生长期长，从播种到采收要 150～200d，其中从播种到定植及从定植到采收各 75～100d。西洋芹菜不及中国芹菜耐热耐寒，需要在冷凉湿润的气候条件下生长，最适生长温度为 15～20℃，温度过高过低均会使其生长不良。13℃为感温临界温度，低于 13℃，时间过长则植株先期抽薹。－3℃以下会使植株受冻。25℃以上伴以干燥气候，又会使植株纤维化，品质变劣。因此，西洋芹菜栽培对环境条件要求比中国芹菜严格些，加之其生长期长，在长江流域要充分生长，目前只能在大棚中栽培。

(2) 西芹大棚栽培的主要方式

大棚秋冬季栽培：秋冬季栽培从高温到低温，符合西芹生长习性要求，而且适合的生长期长，植株可充分生长，不但产量高，而且品质优，供应期长，是长江流域西芹栽培的主要季节。一般 5 月上旬至 8 月下旬皆可播种，8 月上旬至 10 月下旬定植，10 月下旬至次年 3～4 月抽薹前采收。分批播种可以分期采收，如 5 月上旬播种的苗，8 月上旬定植，经 80～90d 生长，10 月下旬即可开始采收；7 月上旬播种要到 9 月下旬定植，供应期正值元旦到春节期间；8 月播种的，10 月定植，冬季覆盖保温可延长到次年 3～4 月抽薹前采收。

大棚春夏季栽培：春夏季栽培，幼苗有相当长的时间在低温下生长，春季以后又进入长日照时期，冬性弱的品种大都会先期抽薹，丧失商品价值。因此宜选择春化阶段长、冬性强的品种，如晚抽薹 96、巴斯加、意大利夏芹、美国芹菜等品种冬性都比较强，适合作春茬栽培。一般 12 月上旬至元月上旬大棚内播种，2 月下旬至 3 月上旬定植，5 月上中旬开始大棚保留顶膜且加盖遮阳网，降低棚温，在 6 月上中旬高温来临之前及时采收上市。

14.2.4 中国芹菜栽培关键技术

(1) 整地作畦与施肥

芹菜适宜在富含有机质、疏松、肥沃、保水、保肥的壤土或黏壤土中生长，适应中性或微酸性。一般实行 2～3 年的轮作，有利于抑制或减轻病害的发生。不论是春栽、夏栽或秋栽，在定植前半个月左右，土壤要翻耕晒白。结合翻耕，每 $667m^2$ 地施腐熟有机肥 4000～5000kg、过磷酸钙 30～35kg、尿素 10～15kg 作基肥，并兼施一些含磷、钾和微量元素（如硼等）的叶菜类专用复混肥，以补充营养，防止叶柄裂纹病和烂心病的发生。整地时作宽 1.2～1.4m（连沟）、高 20～25cm 的畦。

(2) 播种与育苗

芹菜种子小，出苗慢，苗期长，播种后常遇高温干旱或多雨季节，育苗难度较大，为此，应注意以下几方面。

a. 苗床选择。宜选地势较高、排灌方便、土壤肥沃、保水保肥性好的地块，要求精细整地，施入充分腐熟的有机肥。为了避免强光暴晒和防雨降温，利于幼苗出土，苗床须搭遮阳棚，在苗床埂外搭小拱棚，高 1～2m，覆盖旧薄膜，四周裙膜均应卷起离开地面，以便苗床内通风降温，下雨时将卷起的薄膜放下，防止雨水流进苗床造成涝害。在旧薄膜下最好覆盖一层遮阳网、苇帘、带叶树枝或杂草等，可起到遮阳降温作用。苗床四周要挖好灌、排水沟。

b. 种子催芽。芹菜种子在高温下不易发芽，且种皮革质较硬，不易透水，又含有挥发油，发芽慢，播种前须进行浸种催芽。即播前 6～8d，进行低温浸种催芽，用凉水浸泡 24h，用清水淘洗几次，同时轻轻揉搓种子，然后捞出种子用纱布或麻袋包好，放在冷凉的地方（15～18℃左右）催芽，每天用凉水淘洗种子一次，6～8d 后种子露白出芽，即可播种。

c. 播种。一般采用湿播法，先浇足底水，水渗下后覆上一层过筛的细土，然后把催过芽的种子与一些细沙土一起混合均匀撒播。播完立即盖一层细潮土，约 0.3cm 厚盖住种子即可，再覆盖遮阳网、稻草、青草等，以降温保湿防暴雨。出苗后，揭去地面覆盖物。芹菜苗期一般 60d 左右，小苗细弱，生长慢，苗床内极易长杂草，一般在芹菜播种后出苗前每 667m^2 用 48% 氟乐灵乳油 100～150mL 或 48% 地乐胺乳油 200mL，兑水 40～60kg 喷雾处理土壤，然后混土。

d. 苗期管理。出苗前保持苗床土壤湿润，当幼芽顶土时，可轻浇一次水，小苗出齐以后仍保持土壤湿润，每隔 2～3d 浇一次小水，早晚进行。幼苗长出 1～2 片叶时可撒一次细土，并将拱棚覆盖的遮阳物逐渐上卷，锻炼幼苗，8 月下旬可把遮阳棚撤去。幼苗长出 3～4 片叶时，可进行分苗，一般在午后进行。

(3) 定植和培土软化

芹菜的合理密植和培土软化是争取高产、优质的重要措施之一。经密植或软化以后，叶柄的厚角组织不发达，薄壁细胞增加，叶柄粗而柔嫩。直播的苗高 3cm 左右应间苗，苗高 12cm 左右、具 4～5 叶即可定苗或栽植。夏末初秋播种的芹菜按 6cm 行株距定植，较晚播种的可加大至 12cm 行株距定苗。采取这种密度的一般不需软化。

如果要将芹菜进行软化栽培，可根据各地具体条件作畦宽 1.3～1.6m 或 2.6～3.3m，开沟栽植，作埂宽 0.5m，高约 24cm，供以后培土使用，栽植株距 6cm 左右。一般播种后 50d 左右选大苗栽植，栽植不宜过浅或过深，以免影响发根和生长。

培土软化芹菜，一般在苗高约 30cm，在天干、地干、苗干时进行，并注意不使植株受伤，不让土粒落入心叶之间，以免引起腐烂。培土一般在秋凉后进行，早栽的培土 1～2 次，晚栽的 3～4 次。每次培土高度以不埋没心叶为度。春播芹菜一般不进行培土软化。

(4) 田间管理

幼苗定植后，3d 内要勤浇水，保持土表湿润，并降低地温，促进缓苗。缓苗后，植株开始生长，应控制浇水，进行浅中耕，促使新根发育，同时除净杂草，摘掉下部黄叶。待芹菜新长出的叶片直立向上、叶片增大、叶柄伸长、进入旺盛生长期时是产量的主要形成期，应加强肥水管理。保持土壤湿润，一般隔 4～5d 浇一次水，结合浇水分期追肥 4～5 次，每次每 667m^2 施尿素 10～15kg；天气转凉后减少浇水，植株生长中后期可叶面喷施 0.3%～0.5% 磷酸二氢钾，对芹菜产量和品质的提高有利。

(5) 病虫害防治

芹菜的病害主要有早疫病、斑枯病、菌核病、软腐病、病毒病和黑斑病等，主要害虫有蚜虫。应采取综合防治，以防为主，注意田园清洁，合理轮作，种子消毒。发病初期喷洒 50% 多菌灵可湿性粉剂 500 倍液防治早疫病，25% 多菌灵可湿性粉剂 300 倍液防治斑枯病、菌核病，用 1：0.5：(160～200) 倍波尔多液防治黑腐病，喷洒 500～600 倍代森锌液防治软腐病。防治蚜虫可喷洒 10% 吡虫啉 3000～4000 倍液，或 50% 氰戊菊酯 5000 倍液等高效低毒农药交替防治。

芹菜在栽培过程中如环境条件不适，生长发育会出现异常，引起生理性病害。在缺钙的酸性土壤种植容易发生黑心病，在种植前施适量石灰，施肥时氮、磷、钾配合，不过多偏施氮肥，发病后叶面喷洒 2～3 次 0.5% 的氯化钙或硝酸钙液可防治该病害的发生。土壤缺硼则导致芹菜叶柄开裂，可用 0.05%～0.25% 硼砂水溶液喷洒叶面加以防治。

(6) 采收

由于播种期、栽培方式和品种不同，采收要求也不一样。一般除早秋播种采用间拔采收外，其他都一次采收完毕。夏末初秋或春季栽培每 667m^2 可产 1000～1500kg，冬季采收每 667m^2 可产 3000～3500kg。根据市场需要，也可采取多次劈收的方法。采收后可进行假植贮藏、冷藏或气调贮藏。

14.2.5 西洋芹菜栽培关键技术

(1) 播种育苗

西芹多采用育苗移栽，苗期还需分苗假植。西芹苗期多在高温干旱季节，因此必须遮阳降温，促进种子发芽和生长。苗床地最好利用大棚留天膜避暴雨，棚膜上覆盖遮阳网，或直接用遮阳网。播种前床土应充分整细。种子用井水浸种12～24h，然后混细沙置于冰箱催芽，待有50%～60%种子发芽时播种，若没有冰箱也可吊在深井中水面上催芽。播种量2～3g/m^2，可育2000～3000株苗。播后覆浅土，盖草浇水，出苗后即揭草。以后以凉水进行小水勤浇，通常高温季节早晚各浇水1次。当苗有2～3片真叶时，进行分苗假植。假植苗间距6cm见方，每667m^2大田需假植床18m^2。为避免起苗伤根，有条件的可假植于6～8cm口径的营养钵中，每钵假植1株。在以后的管理中，应勤浇凉水，并追施1～2次腐熟稀薄粪水。约经30d，当幼苗5～6片真叶时定植。

(2) 整地定植

整地时施入腐熟基肥，每667m^2施有机肥5000kg，另外，再施尿素40kg、过磷酸钙30kg，深施翻入土层。定植密度的大小取决于市场的需求。合理密植，产品细长、脆嫩，适当稀植并加大肥水供应量，植株粗壮而有光泽，适合长途运输。小棵西芹一般行株距均为10cm左右，每穴2～3株，每667m^2栽6万株，单株重100～150g；中棵西芹一般行株距均为20cm左右，每667m^2栽1.6万株，单株重500g左右；大棵西芹一般行距为33～35cm，株距均为30～33cm左右，每667m^2栽5500～6000株，单株重1.5kg左右。栽后即浇移苗水，以后浇水3～4次。

(3) 肥水管理

西芹吸肥吸水量大，但又不耐浓肥，因此追肥应结合浇水进行薄肥勤施，通常秋季每天于早晚灌水一次，施肥每隔7d一次，在叶丛生育盛期应大水大肥，以满足植株生长的需要。在追肥时应注意全生育期以氮肥为主，前期配施磷肥，以促进根系的发育和叶片分化；生育盛期增施钾肥，以促进心叶的发育和外叶的同化作用，使养分向心叶输送，以提高品质。另外应注意钙、硼元素的供应。当土壤干旱缺水时，最易诱发缺硼症，因此除应多浇水外，一般每667m^2需硼砂500～700g或用0.2%硼砂溶液喷施叶面2～3次。

(4) 除草、除蘖、培土

西芹株行距大，前期生育又较慢，极易滋生杂草。为减少除草用工，可用除草剂防治，一般定植前用50%扑草净100g/667m^2兑水60kg喷雾于土表，或定植后用48%地乐胺乳油250mL加水60kg在移栽后对土表喷施，中后期可改用人工拔草。西芹极易发生分蘖，使养分分散，需随时除去分蘖。进行软化栽培时，应在采收前10～15d培土，垄高为20cm左右。

(5) 采收

西芹一般在23片叶以后叶柄品质最佳。因此，一般定植3个月后，待心叶得到充分发育时采收，每株净重达1kg以上，一般每667m^2产量可达5000kg以上。采后应剥除基部老叶，并割去叶梢，按标准捆扎，用保鲜膜包装，防止叶片失水萎蔫。若长途运输一般宜装入塑料周转箱，放入适量碎匀冰块降温保鲜，或用保温车运输。

14.2.6 越夏芹菜栽培技术

越夏栽培芹菜可在4月中旬～6月下旬播种，7月下旬～10月上旬上市供应。

(1) 地块和品种选择

越夏芹菜栽培应选富含有机质、保水保肥力强的壤土或黏壤土，栽培田要求地势平坦、土壤结构适宜、排灌方便通畅、前茬未种过芹菜。前茬收获后及时深耕，土壤晒烤后，结合施肥和施石灰整细整平地块，每 667m^2 施腐熟有机肥 4000～5000kg、饼肥 75kg、叶菜类专用复合肥 250kg。越夏栽培芹菜，应选择优质丰产、耐热抗病、商品性好的芹菜品种，如文图拉、申芹 2 号、津南实芹、上海青梗芹菜、百利等。

(2) 播种育苗

芹菜种子小，种皮厚且表皮有革质，还有油腺发生，透水性差，发芽慢。为达到出苗快、苗齐、苗全的目的，播前必须进行浸种催芽。播种前 7～8d，用 50～55℃温水浸种 20min，其间不断搅拌，杀死种子表面病菌，然后用清水浸泡 24h，使种子充分吸水，再揉搓种子并淘洗数遍到水清为止，随后用湿纱布包好，置于 15～20℃阴凉处或冰箱冷藏室内（5～10℃）催芽，每天用清水洗 1 次，保持半干湿状态，经过 5～7d，80％种子露白时即可播于苗床上。播种前 1d 夜里或播前 4h，苗床浇透大水，以表面呈稀泥状为宜，播前均匀撒盖干细土。为保证播种均匀，掺入种子同量的清沙或干细土撒播，播种后撒干细土作盖土，耙平即可。播种后不再浇水，以免苗床表土板结。出苗后，根据天气和幼苗生长情况，2～3d 淋水 1 次，出苗后 10d 左右追施 0.5％尿素液，3～4 片真叶时追施 2％过磷酸钙浸出液。

(3) 定植

芹菜苗高 8～12cm、长有 4～6 片真叶时即可定植。土壤充分耙匀，筑畦面宽 1.2～1.5m、沟宽 0.4m，定植株行距 10cm×15cm，开浅沟单株种植，以露心叶为度，浇足定根水，每 667m^2 栽 3 万～3.5 万株。

(4) 田间管理

越夏芹菜栽培需覆盖遮光率为 60％～70％的黑色遮阳网，四周敞开通风，直到采收。覆盖遮阳网有两个优点：一是降低光照强度，同时可降低地面温度 4～6℃，基本满足芹菜生长温度要求，有利于芹菜正常生长，保证丰产丰收；二是改善芹菜品质，使芹菜叶柄柔嫩、气味减淡、口感好，芹菜商品性好。芹菜为喜水作物，生长期间要始终保持畦面湿润，以利植株生长，提高产量和品质。定植后 20d 内，每隔 2～3d 在早上或傍晚浇 1 次水，保持土壤湿润，降低地温，遇雨及时排水促进缓苗，防止田间湿度过大导致斑枯病、腐烂病发生。缓苗后，心叶生长期每 667m^2 施尿素 7kg、硫酸钾 3kg 作提苗肥；旺盛生长期分别在前期和中期追肥，每次每 667m^2 施尿素 10kg、硫酸钾 4kg（追肥时不可从心叶浇下去）。如发生心腐病，可叶面喷洒 0.3％～0.5％硝酸钙或氯化钙液防治，同时叶面喷施 0.2％硼砂或硼酸溶液防止茎裂。为防止芹菜体内积累硝酸盐，采收前 15d 左右停止施肥（特别是氮肥），也不宜施用激素，以达到无公害蔬菜标准。芹菜缓苗后进行中耕蹲苗，生长期间需中耕除草 2～3 次。

(5) 病虫害防治

高温季节栽培芹菜病虫害较多，主要有叶斑病、斑枯病、软腐病和蚜虫等。叶斑病又称早疫病，主要危害叶片，发病初期可用 77％氢氧化铜可湿性粉剂 500 倍液或 50％多菌灵可湿性粉剂 800 倍液喷施防治；斑枯病又称叶枯病，叶片、叶柄和茎均可染病，发病初期可喷施 75％百菌清 600 倍液或 64％噁霜·锰锌 500 倍液防治；软腐病为细菌性病害，主要发生在叶柄基部或茎上，发病初期可选用 3％中生菌素可湿性粉剂 1000～1200 倍液、14％络氨铜水剂 400 倍液喷施防治。蚜虫整个生长期都会发生，可用 10％吡虫啉 2500 倍液或 50％抗蚜威 2500 倍液喷杀。

(6) 适时采收

夏芹菜生长期正值高温炎热，不利于芹菜生长，因此较秋芹菜早采收。茎高 40～60cm 时芹菜茎叶嫩绿，质量好、产量高，上市后售价高。采收时将芹菜连根拔起，剔除黄叶，用未受污染的水洗净泥土，避免包装储运销售过程中造成二次污染。

14.2.7 秋季芹菜栽培技术

（1）土壤选择

芹菜应选择在富含有机质、保水保肥力强的壤土或黏壤土中种植。栽培田要求地势平坦、土壤结构适宜、排灌方便通畅、前茬为未种过芹菜的地块。

（2）整地施肥

前茬收获后，应及时深耕，晒烤过白后结合施肥和施石灰整细整平。每 667m^2 施腐熟有机肥 4000～5000kg、饼肥 75kg、叶菜类专用复合肥 250kg。

（3）选用优良品种

应选择叶柄长、实心、纤维少、丰产、抗逆性好、抗病虫害能力强的品种，如玻璃脆、津南实芹、美国芹菜、四季西芹、日本西芹、黄心实芹等。

（4）播种及育苗

芹菜可以直播，也可以育苗移栽。芹菜苗期较耐高温，但其旺盛生长期应安排在冷凉季节，因此秋季芹菜可以安排在 7 月上旬～10 月上旬播种，有些地区也可以提早在 6 月播种。

（5）播种前处理

秋芹菜播种时因温度高、出苗慢而且参差不齐，播种前应进行低温浸种催芽。用 50℃温水浸泡 15～20min，捞出后清水浸种 12～24h，然后吊在井中离水面 30～60cm 或置冰箱的冷藏室里催芽，3～4d 后有 80％的种子出芽后播种。

a. 播种。苗床宜选择在阴凉处，播种后覆盖并搭棚遮阳，或者与生长较快的小白菜及萝卜种子混播，以便遮阳。播种前先把育苗畦内浇透水，水渗后将种子掺少量的细土均匀撒播在畦面上，播种后上覆 0.5cm 厚的细土，注意薄厚一致，撒土厚度以能盖严种子为宜。在杂草出苗前每 667m^2 喷施 100mL 的二甲戊灵进行除草，以防止芹菜苗期草害。高温期间育苗应在畦面上用塑料膜或者稻草覆盖，用于保湿及防止暴雨冲刷和大量雨水进入苗床。

b. 育苗。芹菜在苗期应经常保持土壤湿润，小水勤浇，但也不可以浇水过多，以免根系分布过浅而不利于芹菜的后期生长。前期应注意高温暴晒，后期要逐渐掀开塑料膜或稻草，注意炼苗，在 8 月下旬即可撤掉。在幼苗 1～2 片真叶时，浇水后应向畦面撒 1 层细土，将露出地面的苗根盖住，每次浇水应在早晚进行（高温季节），气温低时要在中午浇水。当幼苗 3～4 片真叶时，随水浇施 1 次速效性氮肥。苗期间苗 2～3 次，以防幼苗徒长，并注意防止杂草及病虫害。

一般在幼苗苗龄 50～60d，即幼苗 5～6 片真叶时定植。取苗时，应将苗床先浇透水，连根带土挖出，可铲断一部分主根，以利于侧根的发生。

（6）定植

幼苗在栽植前应按大小先分好，分别栽植，以利于生长整齐。定植时间一般选择在阴天及晴天傍晚定植，宜浅栽，定植深度为 1～1.5cm，以不埋去心叶为宜。种植深度不应太深，太深浇水后心叶易被泥浆埋住，影响发根和生长，造成缺苗。刚定植完，立即用遮阳网遮盖降温，做到白天盖、晚上掀，培养出根系发达、叶面厚实、茎秆粗壮的健壮芹菜苗。

合理密植是芹菜优质高产的关键，采用深沟高畦栽培，一般行距 30cm，穴距 10cm 时，每穴栽 2～3 株，穴距 7cm 时，每穴栽 1～2 株。若采用穴距 7cm 密度种植时，则不需要软化栽培，若是采用穴距 10cm 及以上密度栽培时，则应进行软化栽培，防止纤维素增加，失去食用价值，降低产值。需要培土软化的芹菜当植株高 25～30cm，在月平均气温降到 10℃左右天气开始转凉后开始培土，气温过高时培土易发生病害，导致植株腐烂。因培土后不再浇水，故在培土前要连续浇 3 次大水。一般早栽培土 1～

2次，晚栽培土3～4次。在天干、地干、苗干时进行，阴雨天叶面有水时培土易造成植株腐烂，应选择在晴天下午没有露水时培土。注意土粒要细，不要使植株受伤，不让土粒落入心叶之间，以免引起腐烂，每次培土高度以不埋没心叶为宜。所用的土要细碎，没有石块杂质，也不能混入粪肥，以免引起腐烂，每隔2～3d培1次土，一般要培土4～5次，最终培土总厚度为17～20cm。沟栽行距宽的培土厚度可达30cm左右。经过培土软化的叶柄白而柔嫩，品质提高。另外，培土还有防寒作用，可适当延长生长期和延迟收获期，增加产量。

（7）田间管理

a.肥水管理。芹菜根系较浅，浇水应勤浇、均匀浇，保持土壤湿润，特别在越冬期间，要保证地上不能缺水。施肥也应薄肥勤施，每隔5～7d施浇一次，将肥溶解于水中，浓度不超过30%，前期以氮肥为主，后期还应多施磷、钾肥。若在生长中缺水缺肥，往往造成厚角组织加厚，导致空心而老化，品质也随之大大下降，不堪食用。缓苗期从定植到缓苗需15～20d，此期间要勤浇水、浇小水，始终保持土壤湿润，降低地温。蹲苗期即植株缓苗后进入缓慢生长阶段，一般为10～15d，在这个阶段，气温逐渐下降，生长量不大，需水量不多，应适当控制浇水，多进行中耕，促进根系生长和叶片分化，防止徒长，土壤湿度以见干见湿为宜。此期若浇水过多、过勤，仅外部六七片叶迅速生长，而心叶生长受到抑制，单株重量小，总产量小，且易发生病害。营养生长旺盛期时日均气温达到15～20℃时，是芹菜生长最适宜的时期，此时期植株营养体加大，同化能力增强，是产量形成和增长的关键时期，一般为30d左右，应加强肥水供应，确保芹菜高产、优质。芹菜没有特别需要大量肥料的时期，要薄肥勤施，在蹲苗结束后立即追施速效氮肥，以后每隔5～7d追施速效氮肥，并注意磷、钾肥配合施用。同时注意保持土壤湿润，浇水应在晴天上午进行，还应注意加强通风降湿，防止湿度过大发生病害。此外，缺硼、温度过高或过低、土壤干燥等原因会使硼素的吸收受到抑制，叶柄常发生“劈裂”，初期叶缘呈现褐色斑点，后期叶柄维管束有褐色条纹而开裂，可每667m^2施0.5～0.75kg硼砂防治。

b.打老叶。到生产中后期，下部叶片老化，失去光合作用，影响通风透光，可将病叶、老叶打去，并深埋或烧掉。

（8）病虫害防治

芹菜的病虫害防治要采取综合防治，以防为主，注意田园清洁、合理轮作、种子消毒等。芹菜发生的病害主要有叶斑病、斑枯病、菌核病等。叶斑病、斑枯病发生时，可用600倍的代森锰锌加1000倍的甲基硫菌灵或1000倍的异菌脲加1000倍的甲基硫菌灵进行喷药防治，7～10d喷1次，连喷2～3次；菌核病发生时，可用1000倍菌核净或1000～1500倍的异菌脲加腐霉利等进行喷药防治。此外保护地种植的芹菜还应加强通风排湿，以减少病害发生。芹菜发生的虫害主要有蚜虫、白粉虱、甜菜夜蛾等。蚜虫、白粉虱发生时可用1500倍的吡虫啉或2000倍的啶虫脒进行喷药防治；甜菜夜蛾发生时可用3000倍的甲氧虫酰肼喷药防治。另外，芹菜栽培的过程中，如果环境条件不适，也会经常出现生理性病害。在缺钙的酸性土壤中，容易发生黑心病，可在种植前施用适量的石灰，并注意氮磷钾配施，发病后可在叶面喷洒2～3次0.5%的氯化钙或硝酸钙溶液。土壤缺硼则导致芹菜叶柄开裂，可用0.05%～0.25%硼砂水溶液喷洒叶面加以防治。

（9）采收

采收一般都是1次采收完毕，而不采用间拔采收。芹菜定植后60d左右，株高达到40cm以上即达采收的标准。现实栽培中可根据下茬的需要或市场行情采收，但也要根据种植品种生长期的要求而定，否则会造成产量和品质下降。采收要在上午9～10时进行，留根2cm左右，抖掉泥土，整理后扎捆。采收时注意勿伤叶柄，摘除老叶、黄叶、烂叶，整理后上市。短期储藏，可在棚内假植储藏，分期上市。

14.2.8 大棚冬芹菜栽培

(1) 栽培季节

利用简易塑料大棚时，于7月下旬至8月上旬播种育苗，9月上旬至10月上旬定植在大棚等保护设施中，元旦春节陆续收获上市。

(2) 适宜品种

大棚冬芹菜栽培的后期处于秋末冬初的低温季节，所以要选用耐寒性强、叶柄充实、不易老化、纤维少、品质好、柱形大、抗病、适性强的品种。由于收获期较长，且采收越晚价格越高，所以不要选速生品种，宜选用生长缓慢、耐贮藏的品种，所以选用的品种有美国芹菜、津南实芹1号、玻璃脆、意大利冬芹等。

(3) 播种育苗

大棚冬芹菜的播种育苗期应适当，如播种过早，则收获期提前，不便于冬季供应贮藏；播期过晚，在寒冬来临前芹菜尚未完全长足，则产量不高。

a. 建育苗床。育苗床应选择地势高，易灌能排、土质疏松肥沃的地块。苗期正值雨季，做畦时一定设排水沟防涝。畦内施腐熟的有机肥3000～5000kg/667m^2，然后浅翻、耙平，做成宽1.2～1.5m的高畦。芹菜苗期较长，加上天热多雨，杂草危害十分严重，可施用除草剂防治杂草。一般用48%的氟乐灵乳油，用量100g/667m^2，或58%的甲草胺乳油，用量200g/667m^2。上述药液之一加水35kg喷洒于畦面，然后浅中耕，使药与土均匀混合1～3cm，即可防止多种杂草发生。

b. 种子处理。芹菜种子发芽缓慢，必须催芽后才能播种。先用凉水浸泡种子24h，后用清水冲洗，揉搓3～4次，将种子表皮搓破，以利发芽。种子捞出后用纱布包好，放在15～20℃的冷凉处催芽，每天用凉水冲洗1～2次，并经常翻动和见光，6～10d即可发芽。待80%的种子出芽时，即可播种。育苗期易发生斑枯病、叶枯病等病害，为防止种子带菌，可用48～49℃的温水浸种30min，以消灭种子上携带的病菌。

c. 播种。应选在阴天或傍晚凉爽的时间，播前畦内浇足底水，待水渗下后，将出芽的种子掺少量细沙或细土拌匀，均匀撒在畦内，然后覆土0.5～1cm厚。用种量1～1.5kg/667m^2。为了防止苗期杂草生长，播后可用50%扑草净，用量100g/667m^2，掺细沙20kg，撒于畦面。

d. 苗期管理。大棚冬芹菜栽培苗期正值炎热多雨季节，为了降低地温，防止烈日灼伤幼苗和大雨冲淋，播种后应采取适当方法在苗床上遮阳。在幼苗出土后，2～3片真叶期陆续撤去遮阳物。幼苗出土前应经常浇小水，一般是1～2d浇1次，保持畦面湿润，以利幼芽出土，严防畦面干燥，幼苗缺水死亡。幼苗出土后仍需经常浇水，一般3～4d浇1次，以保持畦面湿润，降低地温和气温。雨后应立即排水，防止涝害。芹菜长出1～2片真叶时，进行第1次间苗，间拔并生、过密、细弱的幼苗。在长出3～4片真叶时，定苗，苗距2～3cm。结合间苗，及时拔草。在幼苗2～3片真叶时追第1次肥，施尿素7～10kg/667m^2。15～20d后追第2次肥，每667m^{2}施尿素10～15kg。苗期根系浅，可在浇水后覆细土1～2次，把露出的根系盖住。定植前15d应减少浇水，锻炼幼苗，提高其适应能力。芹菜秋延迟栽培定植前本芹的壮苗标准是：苗龄50～60d，苗高15cm左右，5～6片真叶，茎粗0.3～0.5cm，叶色鲜绿无黄叶，根系大而白。西芹的苗龄稍长，一般为60～80d。

(4) 定植

定植前施优质腐熟的有机肥5000kg/667m^2，另混入过磷酸钙50kg。然后深翻、耙平，做成宽1～1.5m的高畦。栽植前育苗床应浇透水，以便起苗时多带宿土，少伤根系。定植应选阴天或晴天的傍晚进行。定植株行距一般为12cm×13cm，单株较大的西芹品种，如美国芹菜为（16～25）cm×（16～

25）cm。根据行距开深 5～8cm 的沟，按株距单株栽苗。

(5) 田间管理

a. 肥水管理。定植后 4～5d 浇缓苗水。待地表稍干即可中耕，以利发根。以后每 3～5d 浇水 1 次，保持土壤湿润，降低地温，促进缓苗。定植 15d 后，缓苗期已过，即可深中耕、除草，进行蹲苗。蹲苗 5～7d，使土壤疏松、干燥，促进根系下扎和新叶分化，为植株的旺盛生长打下基础。待植株粗壮，叶片颜色浓绿，新根扩大后结束蹲苗，再行浇水。以后每 5～7d 浇 1 次水。

定植后 1 个月左右，植株已长到 30cm 左右，新叶分化，根系生长，叶面积扩大，进入旺盛生长时期。此时正值秋季凉爽、日照充足季节，外界条件很适合芹菜的需求，加上蹲苗后根系发达，吸收力增强。因此，在管理上应加大水肥供应，一般每 3～4d 浇 1 次水，保持地表湿润。蹲苗结束后追第 1 次肥，随水冲施腐熟人粪尿 $5000kg/667m^2$，或复合肥 $15～20kg/667m^2$。以后每隔 10～15d 随水冲施尿素或复合肥 $15～20kg/667m^2$，于收获前 20d 停止追肥。

大棚冬芹菜定植前期外界温度较高，浇水量宜大。待进入保护设施后，外界气温渐低，保护设施内的温度也不高，加上塑料薄膜的阻挡，土壤蒸发量很小，浇水次数应逐渐减少，浇水量也应逐渐降低。只要土壤不干燥就无需浇水，如浇水也应在上午进行，下午及时掀开塑料薄膜排出湿气，防止空气湿度太大而发生病害。

b. 光照、温度管理。芹菜秋延迟栽培中，在早霜来临前的 10 月下旬至 11 月上旬，即应把大棚的塑料薄膜扣好。夜间加盖小拱棚保温。白天尽量保持 15～20℃，夜间 6～10℃。入冬前多数植株尚未长足，适宜的温度条件可以保证芹菜继续生长，增加产量。

在栽培后期，外界寒冷，大棚要减少通风，保证保护设施内夜间不低于 0℃，白天尽量保持在 15℃ 以上。有条件时，在畦上设小拱，利用多层覆盖，保持温度。

(6) 收获

由于市场价格是收获越晚价格越高，越接近元旦和春节价格越高，所以应尽量晚采收。一般株高 60～80cm 即可采收。

14.2.9 大棚越冬（春）芹菜栽培

大棚越冬芹菜（又叫春芹菜），这一茬特点是在凉爽气候条件下育苗，在保护地内越冬，开春后在保护地中长成，3 月春淡时上市供应。

(1) 品种选择

春芹菜的品种应选择耐寒性强、品质好、产量高、抽薹晚的品种。目前普遍栽培的还有春丰、开封玻璃脆、青梗芹、津南实芹 1 号、铁杆大芹菜等。

(2) 露地育苗

春芹菜要培育素质好的秧苗，大苗壮苗越冬是丰产的关键，因此要掌握以下育苗的关键环节。

a. 整地要细，基肥要足。前茬作物收获后，每 $667m^2$ 施优质厩肥 5000kg，过磷酸钙 50kg，然后耕翻作畦。要求畦平，无坷垃，以保证灌水均匀。

b. 选种和浸种催芽。选用发芽率高的当年新种，除去杂质，播种前要用 48～50℃ 的温水浸种 30min，然后冷水降温，用手搓洗。并在冷水中再浸种 24h，然后在冷凉处催芽 5～7d，种子萌动即可播种。

c. 播种。播种期从 8 月中旬至 9 月中旬，将催好芽的种子掺上细沙土进行撒播，力求撒匀，每 $667m^2$ 用种 0.5～1kg，播种前用除草剂喷洒畦面，以防草荒。播种方法同前。

d. 苗期管理。播后根据天气情况进行浇水保苗，苗出齐后及时间苗、拔草，3 片真叶时定苗，苗距 3cm 见方。定苗后适当控制浇水，促根生长，培育壮苗。幼苗高达 6～9cm 时即可起苗定植。有条件的还可喷一次0.3%的磷酸二氢钾液使苗子生长健壮。

(3) 定植及定植后的管理

10月中下旬定植，株行距9～12cm见方，定植前整平土地，施足基肥，定植方法同前。定植缓苗后要及时追肥（每667m² 施硫酸铵20kg）、中耕和蹲苗。蹲苗能使幼苗粗壮，有利于防冻。11月上旬，气温逐渐降低，要及时搭棚扣膜。务必选择无风天气扣膜，薄膜要求扣平，抻开，不留皱。扣好薄膜后要及时用压膜线或铅丝压膜固定，以免被风刮坏。扣膜初期，由于天气尚未寒冷，晴天中午时棚内温度可达35℃以上。所以要及时放风，温度控制在15～20℃。随着天气逐渐寒冷，要逐渐减少放风，只在中午前后通风调湿。进入12月份后，气温下降剧烈，注意加盖草苫，早揭晚盖。越冬期间，要注意防寒保温，一旦遭受冻害，容易造成叶柄中空，影响品质和产量。其次要控制蚜虫危害。到第二年2月上旬气温开始回升，大棚内午间温度达15℃以上时，芹菜开始生长。2月中旬，午间温度达到25℃以上时可放顶风，并加强追肥浇水和中耕等管理。这时注意保暖升温，使芹菜快速生长，可于晴天中午结合浇水，每667m² 冲施腐熟的人粪尿1000kg，以后每6～7d灌水一次。3月上中旬开始收获，产量每667m² 可达5000～6000kg。

由于大棚越冬芹菜收获期偏晚，目前大多作为早春露地果菜的前作，影响大棚早春黄瓜、番茄定植，降低了前期产量和产值。经试验，将芹菜与分葱间作，早春分葱早收获后定植早春黄瓜、番茄，使其与芹菜间作，可解决上述矛盾，能获得双丰收。这样芹菜收获时正值春淡，产值很高，又不误大棚黄瓜、番茄的早熟高产。

14.2.10 大棚秋冬季西芹栽培

秋冬季栽培从高温到低温，顺乎西洋芹菜生长习性，而且品质优，供应期长，是长江流域西洋芹菜主要栽培季节。

(1) 品种选择

秋冬季栽培的品种没有特殊要求，只要产量高品质好的品种均能在秋季生长。绿色品种株型高大，产量高，抗逆性较强，是目前我国推广的主要品种类型；黄色品种株形矮小，抗逆性不如绿色品种，产量偏低，但净菜率较高，在日本及我国香港澳门市场上较绿色品种畅销，内地一些高级宾馆也急需，若为特需栽培或出口种植，则应优先选用。

(2) 育苗

秋冬季栽培的育苗期正值夏季高温季节，需要精细管理。苗床地应选择既能排水又能灌水，土质疏松肥沃，透气性良好的地块。播前床土要深耕晒透，结合整地施入充分腐熟的有机肥料作基肥，地要整平整细，作1.2m左右宽的高畦或平畦。

5月上旬～8月下旬皆可播种，分批播种可以分期采收。由于西洋芹菜是喜凉作物，高温季节播种须低温催芽。先用15～20℃清水浸泡24～48h，浸种过程中要搓洗几遍，搓裂种皮，以利种子吸水，然后将种子用湿纱布包裹，置于冰箱的冷藏室内，5～10℃处理3～5d，也可吊在井中催芽，每天冲洗一次，待种子约50%出芽时即可播种。

苗床浇足底水后，适墒播种，播种要匀，盖土要细，以不见种子为度。每667m² 苗床撒种子0.5kg，苗床与定植田面积比为1∶(4～5)。播种床利用大棚加一网一膜（即一层遮阳网，一层薄膜）覆盖，以防止暴雨冲刷，操作也方便。播种后至出苗前，苗床上要覆盖湿草帘，并经常洒水，保持床土湿润，以利幼苗生长。出苗后，无大棚架苗床要盖严，夜间可以揭除，以吸收露水有利于秧苗苗壮。出苗后，苗高2.5cm时，就要间苗，苗距3.3～6.6cm见方；苗高10cm时，有3～4片真叶可移苗假植一次，苗距10cm×8cm，由于种子出苗不齐，移苗时应注意大小苗分开以便于管理。假植苗床同样需要遮阳保温降湿。播种较晚可不必遮阳。

西洋芹菜幼苗生长缓慢，要及时拔除杂草，防止草害。在整个育苗期间，都要注意浇水，经常保持土壤湿润。浇水要小水勤浇，且应在早晚进行，午间浇水造成畦表面温差，易致死苗。齐苗后勤浇稀粪水，每次每667m^{2}施用1000～1500kg，促进幼苗生长。定植前7d左右控制浇水，炼苗壮根，以利于定植后的缓苗活棵。

(3) 定植

8月上旬至10月下旬，当苗高20cm左右，7～8片真叶时定植到大田。

西洋芹菜应选土层深厚，疏松肥沃，排灌条件良好的地块栽培。定植前每667m^{2}施优质厩肥4000～5000kg，然后深翻、整地，耙平作畦，畦宽1～1.2m，南方多用高畦栽培。

选阴天或晴天下午定植，定植时应尽量带土护根，使秧苗减少损伤。西洋芹菜的成株个体较大，栽植密度比中国芹菜要稀得多，我国种植本地芹菜大多采用10cm见方的株行距，以这种密度种植西洋芹菜是不适宜的。秋冬季生育期长，一般75～100d，植株充分生长，商品性的西洋芹菜单株达到750～1500g，特别是特需栽培或出口种植，株距行距一定要放宽，一般以（20～25)cm×(50～60)cm株行距且单株定植最好，这样栽植才能充分生长，表现固有的品质和风味。栽苗的深度以不埋心叶为宜。

(4) 田间管理

先定植在大棚框架内露天生长，10月下旬至11月上旬温度降低应进行覆膜以提高温度（覆盖时间以旬平均气温13℃为下限来确定）。扣棚初期要及时放风，降温排湿。随着气温下降，逐步减少放风量，12月份温度降到0℃以下时大棚下再套小棚，小棚夜间还应加盖草帘以防冻。

西洋芹菜原产于地中海沿岸沼泽地带，叶片脆嫩，其肥大的根系对土壤湿度要求较高，应经常浇水，保持土壤湿润，如水分不足，不但生长缓慢，而且纤维老化，品质变劣。栽培时，及时浇透水，以促成活，2～3d后浇缓苗水，并松土1～2次，整个生长期要小水勤浇，保持畦面湿润，一般5～6d浇一次水。西洋芹菜耗肥耗水量大，但又不耐浓肥，因此追肥宜结合浇水行薄肥勤施，通常浇两次水追一次肥，有条件的可水水带肥。肥料种类以速效性的氮肥或人粪尿为主，每次按每667m^{2}追施硫酸铵10～15kg，最好是化肥和人粪尿交替追肥。在叶丛生育盛期施大水大肥，水肥并举，以满足植株生育需要。除全期均以氮肥为主外，前期应配施磷肥，以促进根系发育和叶数分化，生育盛期应增施钾肥，以促进心叶的发育，提高产品品质。此外还应注意有无缺钙、缺硼症，并针对性补施肥料。

在生长前期，茎基部出现分蘖，形成侧枝，应及时除去，以保证养分集中供应。

西洋芹菜株行距大，前期生育又较缓慢，极易滋生杂草，应及时中耕除草。为减少除草用工，可用除草剂防治，中后期可改用人工除草。

行软化栽培时，应在采收前10～15d进行培土，土垄高度为20cm左右，注意泥土不要撒入心叶中。也可采用遮光的办法，用包装纸包裹叶柄，或者植株四周用陶土管、钵以及竹筒围住，达到软化的目的。

西洋芹菜生长期中应密切注意蚜虫危害，蚜虫不但使芹菜卷叶、生长不良，同时还能传播病毒病，所以应定期喷洒高效低毒农药以消灭蚜虫。病害主要有斑枯病等，要及早防治。

为提高产量和改善品质，在采收前30d和15d各叶面喷施一次赤霉素，浓度为20×10^{-6}～30×10^{-6}mg/L（10^{-6}表示百万分之一浓度），并配合水肥。在遇到干旱、低温、弱光或短日照等环境条件下不利于生长时，喷施赤霉素经常会表现出更好的效果。但赤霉素处理后，极易遭受冻害，因此，处理后要密切注意天气变化，搞好保温防寒。

(5) 及时采收

西洋芹菜定植后75～100d，生长正常的单株重为750～1000g，大的可达1500g左右。心叶直立向上，心部充实即应及时采收。如延时采期，虽心叶可续性生长，但外叶变黄，叶柄变空且易开裂。因此生产上多采用分期播种分批采收的方法来延长采收供应期。如5月上旬播种的苗，8月上旬定植，经80～90d生长，10月下旬即可开始采收；7月上旬播种要到9月下旬定植，供应期正值元旦到春节期间；8 月上旬至下旬播种，10 月份定植，冬季覆盖保温可延长到次年 3～4 月份抽薹以前采收。秋冬季栽培，每 667m^2 产量可达 4000～5000kg。

西洋芹菜植株脆嫩，应成片采收，以提高产品的商品率。采收时，齐地面切割，使叶柄基部相连而不分散，然后削去黄叶，洗净泥土，如能每株用塑料袋单独包装，不但能提高商品性，而且能起保鲜作用，增加经济效益。

14.2.11 大棚春夏季西芹栽培

（1）选用冬性强的品种

春夏季栽培，幼苗有相当长时期在低温下生长，春季以后又进入长日照时期，冬性弱的品种大都先期抽薹，丧失商品价值。因此应选择春化阶段长、冬性强的品种。如晚抽薹 96、巴斯加等品种冬性都比较强，适于作春茬栽培用。

（2）播种育苗

12 月上旬至元月上旬播种于大棚内。如采用电热线加温育苗，播种期可推迟 15～20d。3～4 片真叶时移苗假植 1 次，苗距 10～13cm 见方，移苗床也设在大棚内。育苗期间气温低，棚内白天尽量保持在 15～20℃，夜间也要保持在 5～10℃，温度愈高，秧苗生长愈快，苗期愈短。反之，苗床温度愈低，从播种到定植时间愈长，而且先期抽薹率也愈高。

（3）定植

2 月下旬～3 月上旬，6～8 片真叶时带土定植在塑料大棚中。春栽由于生长期较短，发棵较小，为提高单位面积产量，定植时可适当加大密度，一般株行距为（15～20)cm×50cm，单株定植。

（4）定植后的管理

春季生长由低温到高温，一般来说不是西洋芹菜生长的理想季节。春大棚栽培要及时放风降温，随着气温升高逐步加大放风量。4 月下旬温度高时，白天应将四边围裙膜揭开，以防高温灼害。棚中温度应控制不超过 30℃，经常保持土壤湿润。

西洋芹菜抗热性差，在高温下易出现“烂心”现象，同时纤维变粗，品质变劣，因此到 5 月中旬要加盖遮阳网，降低棚温。在高温来临之前即 6 月上中旬以前及时上市。

春季栽培，5 月份以后会有蚜虫、螨等危害，应经常检查，及时喷高效低毒农药防治。

其他管理可参照秋冬季栽培。

（5）采收

6 月中旬以后，温度逐步升高，开始不适于西洋芹菜生长，应及时采收，过分延迟则品质变劣。春夏季栽培由于生长期短，发棵小，采收时一般单株重 500～700g，每 667m^2 产量 2500～3000kg。

14.3 菠菜栽培

菠菜为藜科菠菜属以绿叶为主要产品器官的一二年生草本植物，又名波斯草、赤根菜、角菜、菠棱菜。

菠菜含有丰富的维生素 C、胡萝卜素、蛋白质，还含有人体所需的钙、磷、铁等矿物质。每 100g 食用部分含水量 94g 左右、蛋白质约 2.3g、碳水化合物 3.2g、维生素 C 约 59mg、钙 81mg、磷 55mg、铁 3.0mg，还含有草酸，食用过多影响人体对钙的吸收。

菠菜味甘，性凉，是一种具有保健和治疗疾病功能的食用蔬菜。主要功用有养血、止血、敛阴、润燥，用于衄血、便血、坏血病、慢性便秘、高血压、舌疹等。

现代医学研究表明菠菜有诸多重要的保健功能：

补血作用：菠菜含铁、钙，较多的维生素C和维生素K，有一定的补血和止血作用，可作为治疗胃肠出血的辅助食品。

帮助消化：菠菜中的膳食纤维对胃和胰腺的分泌功能有一定促进作用，可提高胃、肠、胰腺的分泌功能，增进食欲，帮助消化，尤其更适合于老人和儿童的食用。

稳定血糖：菠菜中含有一种与胰岛素作用类似的物质，所以糖尿病病人多吃菠菜，有利于血糖的稳定。

通肠导便：菠菜中含有大量的植物粗纤维，具有促进肠道蠕动的作用，利于排便。

防口角炎：菠菜中含有较多的维生素 B_1 和维生素 B_2，常食菠菜有预防口角炎的作用。

延缓衰老：菠菜中维生素E含量很多，维生素E是一种抗氧化剂，能阻止机体内部氧化过程，益于长寿。人体缺乏维生素E时，对性功能有影响。

防止畸胎：菠菜中含有叶酸，孕妇多吃菠菜，有利于胎儿大脑神经的发育，防止畸胎。

14.3.1 类型和品种

菠菜依其种子（果实）外形分为有刺和无刺两个类型。

(1) 有刺种

果实呈棱形，有2～4个刺。叶较小而薄，戟形或箭形，先端尖锐，故又称尖叶菠菜。在我国栽培历史悠久，又称中国菠菜。生长较快，但品质较差，产量较低。有刺种菠菜叶面光滑，叶柄细长，耐寒力强，耐热性弱，对日照反应敏感，在长日照下易抽薹，适合于秋季栽培或越冬栽培，质地柔嫩，涩味少。春播时容易先期抽薹，产量低，夏播生长不良。有刺类型的优良品种如青岛菠菜、合肥小叶菠菜、绍兴菠菜、双城尖叶、铁线梗、大叶乌、沙洋菠菜、华菠一号、菠杂10号等。

(2) 无刺种

果实为不规则的圆形，无刺，果皮较薄。我国过去栽培较少，近年来逐渐增多。叶片肥大，多皱褶，椭圆形、卵圆形或不规则形，先端钝圆或稍尖，又称圆叶菠菜。叶基心脏形，叶柄短，耐寒力一般，但耐热力较强。对长日照的感应不如有刺种敏感，春季抽薹迟，产量高，品质好。适合于春夏或早秋栽培。无刺类型的优良品种如广东圆叶菠菜、上海圆叶菠菜、法国菠菜、美国大圆叶、春不老菠菜、南京大叶菠菜、寒绿菠菜王等。

14.3.2 生物学特性

(1) 形态特征

① **根**。菠菜有较深的主根，直根发达粗壮，呈红色，味甜，可以食用。主要根群分布在土壤表层25～30cm处。侧根不发达，故不适于移栽。

② **茎**。营养生长期间为短缩茎，抽薹前菠菜的叶片簇生在短缩茎上，根出叶。生殖生长期间花茎抽长，高60～100cm，花茎柔嫩时也可以食用。

③ **叶**。叶戟形或卵形，色浓绿，质软，叶柄较长，花茎上叶小。

④ **花**。菠菜的花为单性花，一般为雌雄异株。雄花穗状花序，着生于花茎顶端或簇生于叶腋中，每簇有花2～20朵。无论雌花或雄花，都没有花瓣，只有花萼。花萼4～5裂，雄蕊数与花萼同。花药黄色，成熟时纵裂，同一花内花药开裂时间不同，可延续数日。花粉多，黄绿色，轻而干燥，属风媒

花。雌花簇生在叶腋，每叶腋有小花6～20朵，雌花子房单生，无花柱，有4～6枚，分裂达基部，柱头呈触须状。两性花自交或与同株上雄花交配均能结果。

⑤ **果实**。菠菜的果实在植物学上称“胞果”，内含一粒种子，种子外面有革质果皮，水分和空气不易透入，所以发芽较难。果实因品种不同分无刺和有刺两种。有刺的品种每500g种子4万～5万粒，无刺品种每500g种子5万～5.5万粒。菠菜播种用“种子”实为果实，发芽年限3年左右。

菠菜属雌雄异株植物，从性别看可以分为以下5种类型：

① **绝对雄株**。即纯雄株。植株上只生雄花，花茎上的叶片薄而小，花茎上部完全无叶。雄花穗状，密生于茎先端和叶腋间，抽薹早，叶数少，叶丛小。

② **营养雄株**。植株上也仅生雄花，花茎叶与雌株上的叶相似，花茎顶部叶片较发达。雄花簇生于花茎叶腋，抽薹较纯雄株晚，花期长，与雌株花期接近。叶丛发育良好，属高产株型。

③ **雌雄异花同株**。在同一株上着生有雌花和雄花，能结种子。抽薹期、株态与雌株相似。基生叶和茎生叶均发达，也属高产类型。抽薹晚，花期与雌株相近。依雌花和雄花比例有几种情况：雄花较多，雌花较多，雌雄花数相等，早期发生雌花后期发生少数雄花。

④ **雌雄同花株**。同一花内具有雄蕊和雌蕊，这类植株往往同时生有单性的雌花和雄花，能结种子，抽薹期、株态与雌株相近。

⑤ **雌株**。植株上只有雌花，雌花簇生在花茎叶腋。抽薹最晚，比纯雄株晚7～14d，茎上叶发育良好，直达茎顶，叶丛大而重，为高产株型。

一般情况下，雌雄株比例相等。但依品种而有不同，如有刺品种绝对雄株多，无刺品种营养雄株多。绝对雄株较小，抽薹较早，产量低，供应期短，花期也短，在授粉、采种上意义不大。营养雄株、雌株和雌雄同株，植株大、产量高、抽薹迟，可延长供应，它们的花期相同，花期也长，在授粉、采种上有重要意义。

另外环境条件不适于菠菜营养生长时，可促进性型分化，向雄性方面转化，环境条件适于营养生长时，则能增加雌株比例。

(2) 生长发育周期

① **营养生长期**。营养生长时期是指从菠菜播种、出苗，到已分化的叶片全部长成为止。菠菜的发芽期从种子播种到2片真叶展开为止（春、夏播约需1周，秋播约需2周），这一阶段的生长进程比较缓慢。最初主要是子叶面积和重量的增加，如果综合条件适宜，在出苗后1～2周内子叶面积和重量以每周2～3倍的速度增长，而真叶的增长量甚微。两片真叶以后，叶数、叶面积、叶重量同时迅速增长。与此同时苗端分化出花原基，叶原基不再增加。当展开的叶数不再增加时（叶数因播期而异，少者6～7片，多者20余片），叶面积和叶重继续增加，当二者增长速度减慢时，即将进入生殖生长期。

② **生殖生长时期**。生殖生长时期是指从菠菜花芽分化到抽薹、开花、结实、种子成熟为止。菠菜是典型的长日照作物，在长日照条件下能够进行花芽分化的温度范围很广，夏播菠菜未经历15℃以下的低温仍可分化花芽。花序分化到抽薹的天数，因播期不同而有很大差异，短者8～9d，长者140多天。这一时期的长短，关系到采收期的长短和产量的高低。

(3) 对环境条件的要求

① **温度**。菠菜是绿叶菜类中耐寒力最强的一种。成株在冬季最低气温为－10℃左右的地区，都可以露地安全越冬。耐寒力强的品种具有4～6片真叶的植株可耐短期－30℃的低温，甚至在－40℃的低温下根系和幼芽也不受损伤，仅外叶受冻枯黄。具有1～2片真叶的小苗和将要抽薹的成株抗寒力较差。菠菜种子发芽的最低温度为4℃，最适温度为15～20℃，在适宜的温度下，4d就可以发芽，发芽率达90%以上。随着温度的升高，发芽率则降低，发芽天数也增加，35℃时发芽率不到20%。在营养生长时期，菠菜苗端叶原基分化的速度，在日平均气温23℃以下时，随温度下降而减慢。叶面积的增长以日平均气温20～25℃时为最快。如果气温在25℃以上时，尤其是在干热的条件下，生长不良，叶片窄

薄瘦小，质地粗糙有涩味，品质较差。

② **光照**。菠菜是长日照作物，在12h以上的长日照条件下，随温度提高抽薹日期提早。但温度增高到28℃以上时，即使具备长日照条件，也不会抽薹开花。如果温度相同，延长了日照时间，就可加速抽薹开花。长时间低温有促进花芽分化的作用。不同品种在花器发育时对光照和温度要求的差异很大，这是各品种抽薹有早有晚的原因。花芽分化后，花器的发育、抽薹、开花随温度的升高和日照时间的加长而加速，如越冬菠菜经过低温短日照的冬季后转为温度较高、日照较长的春季时，便迅速抽薹。但夏播菠菜未经低温同样花芽可以分化，这说明低温并非是菠菜花芽分化必不可少的条件，能够进行花芽分化的温度范围是比较广泛的。

③ **水分**。菠菜在生长过程中需要大量水分。在空气相对湿度80%～90%，土壤湿度70%～80%的环境条件，营养生长旺盛，叶肉厚，品质好，产量高。生长期间缺乏水分，生长速度减慢，叶组织老化，纤维增多，品质差。特别是在温度高、日照长的季节，缺水使营养器官发育不良，且会促进花器官发育，抽薹加速。但水分过多也会生长不良，降低叶片的含糖量，缺乏滋味。

④ **土壤营养**。菠菜是耐酸性较弱的蔬菜，适宜的土壤pH为5.5～7.0。每生产1000kg菠菜需纯氮（N）2.5kg，磷（P_2O_5）0.86kg，钾（K_2O）5.59kg。菠菜以肥沃、保水和保肥力强的沙壤土最适宜。菠菜需要完全肥料，要求施较多的氮肥，氮肥不足，生长缓慢，植株矮小，叶脉硬化，叶色发黄，品质差，容易抽薹。然而，菠菜施肥应根据土壤肥力、肥料种类、栽培季节、日照情况而定，过量的氮肥会增加菠菜硝酸盐和亚硝酸盐的含量，对人体健康不利。

14.3.3 栽培的季节与方式

由于菠菜适应性强，尤其是耐寒、耐冻能力强，而且生育期短，易种快收，在长江流域春、秋、冬季均可露地栽培，近年随着遮阳网防雨棚的发展，大棚夏菠菜也试栽成功。因此，通过选择不同品种，排开播种，可以实现菠菜的周年栽培，均衡上市。

① **秋菠菜**。一般在8月下旬至9月上旬播种，播后30～40d可分批采收，也可提前于7月下旬或延迟于9月中下旬播种，供应期10月上旬～12月份。

② **越冬菠菜**。一般在10月下旬至11月上旬播种，于次春抽薹前分批收获，供应期12月下旬至翌年4月份。

③ **春菠菜**。一般在2～4月份播种，但以3月中旬为播种适期，播种后30～50d采收，供应期4～6月上中旬。

④ **夏菠菜**。一般在5月下旬至8月中旬播种，遮阳、防雨棚栽培，6月下旬至9月收获。

14.3.4 菠菜栽培技术

菠菜适应性广，生育期短，有耐寒耐热的品种，栽培方式有越冬菠菜、春菠菜、秋菠菜、夏菠菜、保护地菠菜栽培等。在南方大多数地区，以秋播为主。选用耐热的早熟品种行早秋播种，于当年收获；选用晚熟和不易抽薹的品种行晚秋播种，于次春收获。近年随着遮阳网、防雨棚应用，可选用耐热和不易抽薹的品种，进行春播或夏播。

(1) 土壤选择

菠菜对土壤的要求不严格，一般沙质壤土栽培表现早熟，在黏质壤土栽培容易获得丰产。播种前整地深25～30cm，作畦宽1.3～2.6m，播前施足基肥。

(2) 品种选择

夏菠菜应选择耐热力强、生长迅速、耐抽薹、抗病、产量高和品质好的品种。比较适宜夏季种植的品种有：荷兰比久5号菠菜F1、日本北丰、绍兴菠菜、沪菠一号等。其次可用广东圆叶菠菜，以及南京大叶菠菜、华菠1号等。这些品种在30℃左右的高温下仍能正常生长，每667m^2可产1500～2000kg，管理技术得当每667m^2产量可达3000kg。

春播宜种植高产、优质、抗性强、耐抽薹的无刺品种，如大佛罗菠、维多利亚菠、迟台菠、寒绿菠菜王、M7菠菜、盛绿、速生大叶、马可菠罗、太阳神、益农998、圆宝、京菠3号、先锋、庆丰2号、高盛、冬宝、金富、超越等。

(3) 种子处理和播种

菠菜种子实际是胞果，其果皮的外层是一层薄壁组织，可以通气和吸收水分，而内层是木栓化的厚壁组织，通气和透水困难。为此，在早秋或夏播时，一般要进行种子处理，即将种子浸凉水约12h，放在4℃低温的条件下处理24h，然后在20～25℃条件下催芽。经3～5d出芽后播种。均采用直播法，以撒播为主，也有条播和穴播的。早秋播种，由于气候炎热、干旱，且时有暴雨，生长较差，常死苗，播种量宜大。一般撒播每667m^2播种量10～15kg。播前先浇底水，播后用草或遮阳网覆盖，保持土壤湿润，以利出苗。为了防止高温暴雨，还可搭棚遮阳。

在9月上旬前后播种，气温逐渐降低，不必进行浸种催芽，每667m^2播种量为5kg左右。10月份播种或春播，每667m^2播种量为3.5～4.0kg。播种量除随播种季节而异外，也因播种方法、采收方法不同而有差异。一次采收完毕的，春播的用种量可少些，在高温条件下栽培或进行多次采收的，可适当增加播种量。

疏苗匀苗。出苗后7～8d进行第1次疏苗，再过9～10d后进行第2次疏苗，再过10d左右后进行第3次疏苗。疏苗时要确保苗距均匀，且要严防损伤被留苗根系。注意第3次疏除的菜苗可供食用，以免浪费。

(4) 肥水管理

菠菜播种后用作物秸秆覆盖畦面，降温保湿，防大雨冲刷，保证苗齐苗匀。当出苗2/3时，于傍晚或早上揭去覆盖物。出苗后，对出苗过密的地方要及时进行间苗定苗。菠菜发芽期和初期生长缓慢，在早秋或春季苗期应及时除去杂草。生长期土壤干旱，需及时浇水，一般5～7d浇1次水，经常保持土壤湿润。夏秋季浇水时间要放在清晨或傍晚时进行。

秋菠菜前期气温高，追肥可结合灌溉进行，可用20%左右腐熟粪肥追肥；后期气温下降浓度可达40%左右。越冬的菠菜应在春暖前施足肥料，以免早期抽薹，在冬季日照减弱时控制无机肥的用量，以免叶片积累过多的硝酸盐。分次采收的，应在采收后追肥。

(5) 病虫害防治

菠菜种植中常见的病害主要有猝倒病、霜霉病、炭疽病、病毒病，虫害主要有潜叶蝇、蚜虫。防治病虫害，可结合农业防治和药剂防治进行。农业防治，实行2～3年轮作，合理密植，科学灌水，清洁田园，及时清除病残体。药剂防治，注意科学用药。猝倒病防治方法：菠菜出苗后，可用噁霉灵3000倍，或克菌丹1500倍液喷洒地面和植株；如发病较重，可用72.2%霜霉威盐酸盐600倍液加68.75%噁酮·锰锌1000倍液喷雾。霜霉病防治方法：可喷72%锰锌·霜脲600倍，或58%甲霜灵可湿性粉剂500倍液，或64%噁霜·锰锌可湿性粉剂500倍液，或40%三乙膦酸铝可湿性粉剂200倍液，隔7d交替连喷2次。炭疽病防治方法：用70%甲基硫菌灵1000倍液，或50%多菌灵可湿性粉剂600倍液，或70%代森锰锌可湿性粉剂500倍液，隔7d交替连喷2～3次。最好根据不同药剂特性复配防治。病毒病防治方法：及早消灭蚜虫，减少传染病毒机会，可以选用35%吡虫啉悬浮剂6000～8000倍液、1.8%阿维菌素乳油2500～3000倍液或4.5%高效氯氰菊酯乳油或水乳剂1500～2000倍液等药剂喷施防治。

(6) 采收

秋播30d左右，株高20～25cm时可以采收。以后每隔20d左右采收1次，共采收2～3次，春播常1次采收完毕。早秋播每667m^{2}产1250kg左右，迟播的每667m^{2}可达2000kg，越冬的每667m^{2}可达2500kg，春播的每667m^{2}约产1250kg。

14.3.5 夏菠菜的防雨棚栽培技术

在容易栽培菠菜的秋冬季，上市菠菜过分集中而价格低廉，而春夏季和夏秋季因缺少晚抽薹、耐热、抗病的菠菜品种，出现了供应上的淡季。

如果利用高山地区或高纬度地区栽培，则因菠菜不耐运输而难以满足消费需要。因此，在此时大棚栽培出的菠菜经济效益、社会效益都很高，可满足消费者对菠菜周年供应的需求。

菠菜是对高温抗性弱的蔬菜，同时又有抗雨弱的特性，在夏播时，收获前如遭雨淋，上市后极易腐烂，降低商品性，故必须防止雨淋。因此，在近郊或交通发达的乡、镇可以进行菠菜的防雨棚栽培。遮雨期从6月份到8月份。

进行防雨棚栽培的优点是：第一，由于避雨，在多雨的夏季能生产出优质的菠菜；第二，下雨天气，也能进行收获作业；第三，单位面积产量显著增加，经济效益高。

夏菠菜栽培技术要点如下：

（1）棚型的选择

遮雨栽培分为小拱棚与大拱棚两种，如从栽培的温度性与作业方便出发，最好采用大棚。一般选5～6m宽的大棚作为防雨棚，棚长度依地形条件而定，通常长30～40m，为防大风吹袭，压膜线要拉紧，固定牢靠。

（2）品种的选择

夏季高温下耐热、晚抽薹品种的选择，是夏菠菜稳产多收的关键之一。日本的明星、冈目、NKD、圆球、动画等品种较好。我国在菠菜育种方面的研究开发起步较晚，目前多选用较耐热的广东圆叶菠菜、台湾清风菠菜等以及国外的强力品种。

（3）防治连作障碍

夏菠菜的土传病害，主要有立枯病，因危害较重，一般在播前要进行土壤消毒。在前作收获后，仔细耕翻，使土壤疏松，播种前15d左右，用50～100倍福尔马林喷洒土壤进行消毒，然后立即采用塑料薄膜覆盖土面，2～3d后揭除薄膜，翻耕土壤，排除毒气，2周后再整地施肥播种。

（4）深耕整地

菠菜的大多数根系虽分布在30cm土表层，但菠菜根系发达，可伸展到1m深的土层。因此，为了使根系在土中很快生长，必须进行深耕，必须像栽培萝卜、胡萝卜等根菜类一样，抓住整地这一环节。

菠菜夏季防雨棚栽培应选择灌水排水方便、土传病害少的地块。菠菜忌酸性土壤栽培，土壤酸度过强，对菠菜生育不利，理想的pH为6.5左右。现代工业废气污染，酸雨区土壤严重酸化，菠菜难以发芽和生长，所以通常在酸性土区要补充石灰，每667m^{2}可撒施腐熟土杂肥2500～3000kg，石灰100kg，然后深耕均匀，再在土壤表层撒施复合肥100kg，钾肥20kg，作成便于排水的高畦，每棚4个，畦上按15～20cm行距划小沟，条播。

（5）种子处理和播种

为防止立枯病，可以用克菌丹可湿性粉剂拌种或用克菌丹乳剂600倍液消毒种子。种子消毒后，进行水洗，然后浸种24h，让种子吸足水分，再进行催芽。催芽时把种子悬挂于井中或放入冰箱冷藏室中，在井中2～3d，在冰箱中5～6d，种子破口后即可播种。每米条沟中播种30～40粒种子。播种量太大，则叶肉薄，优质品率低。据研究，条播比撒播叶数、优质品率、叶肉厚度和叶色均要优。

（6）覆土、镇压、管理

菠菜的播种材料系果实，播后要与土壤密切接触，就必须要覆土后稍镇压。并要在播种前就要提高土壤墒情，务必在土壤湿润条件下播种，播种后又要浇透水，防止土表干燥，使出苗整齐。出苗后原则上不浇水或少浇水。水分过多，容易发生霜霉病。

夏季杂草生长繁茂，影响菠菜的生长和收获作业，要及时中耕除草，也可以采用相应的除草剂如丁草胺等，进行土壤处理，防除杂草。

菠菜系速生蔬菜，要求土壤肥力高，宜以基肥为主，并要注意生长期间的水分管理（防雨棚内容易出现土壤水分不足）和浇水方法，才能获得稳产高产。

夏菠菜初夏播种时可以不遮阳降温，但盛夏播种应在棚膜上再盖遮阳网降低温度，以利菠菜生长，一般从播前一天覆盖到出齐苗为止。

夏季播种的菠菜的栽培，促其生长的关键是生育初期浇足水分，施足肥料和防雨，形成良好的生育环境。

(7) 收获

播种后 25～35d，株高 20～25cm 时即可收获上市。收获时一般采用镰刀沿地割起，去根，然后扎把；也有用连根拔起，然后用菜刀切根的方法。从防治立枯病等土壤病害上考虑，连根拔起，然后集中在一个地方切根处理的方法较好。另外，也可以连根拔起，且连根 250g 装入袋中出售。此种方法能较好地保持其新鲜度。

夏季防雨棚栽培的菠菜几乎不需要浇水，最多用水冲洗根部即可。扎好把后直接放入筐中，及时上市。

14.4 蕹菜栽培

蕹菜又名空心菜、竹叶菜、通菜、藤菜，是旋花科甘薯属以嫩茎叶为产品的一年生或多年生蔬菜。我国自古栽培，现在南方各地区栽培较多。

蕹菜是一种营养成分非常丰富且全面的蔬菜。据分析，每 100g 可食部分含蛋白质 3g，脂肪 0.6g，碳水化合物 7.4g，钙 188mg，磷 49mg，铁 4.1mg，胡萝卜素 2.14mg，硫氨酸 0.06mg，核黄素 0.24mg，烟酸 1.0mg，抗坏血酸 15mg，还含有人体所需的多种氨基酸。蕹菜营养成分与番茄比较，其维生素 A 比番茄高 4 倍，维生素 C 高 17.5%，粗纤维高 2 倍，蛋白质高 3 倍，胡萝卜素高 5 倍，核黄素高 8 倍，而钙的含量是番茄的 12 倍。蕹菜味甘、性寒，有清热、解毒、止血功能。

蕹菜性喜温暖，耐热耐湿不耐寒，长江流域从 4 月初至 8 月底均可露地直播或育苗移栽，分期播种，分批采收，也可一次播种，多次割收，供应期 5 月中下旬～10 月。近年利用大棚覆盖早春栽培蕹菜，大大提早了蕹菜的上市供应期，比露地栽培早上市 30～70d，且经济效益显著。

14.4.1 类型与品种

蕹菜按能否结籽分为子蕹和藤蕹两种类型。

(1) 子蕹

为结籽类型，主要用种子繁殖，也可以扦插繁殖。生长势旺盛，茎较粗，叶片大，叶色浅绿。夏秋开花结籽，是主要栽培类型。品种有广东和广西大骨青、白壳，湖南、湖北的白花和紫花蕹菜，江西吉安大叶蕹菜、浙江的游龙空心菜，泰国空心菜，等。

(2) 藤蕹

一般栽培条件下不开花结籽，主要用扦插繁殖。旱生或水生，品种有四川蕹菜，叶片较小质地柔软，生长期长，产量高；湖南藤蕹茎秆粗壮，质地柔嫩，生长期长；广东细叶通菜和丝蕹两个品种，茎叶细小，旱植为主，较耐寒，品质优良，产量稍低。

按对水的适应性分为旱蕹和水蕹。旱蕹品种适于旱地栽培，味较浓，质地致密，产量较低；水蕹适宜于浅水或深水栽培，也有品种可在旱地栽培，茎叶比较粗大，味浓，质脆嫩，产量较高。

14.4.2 生物学特性

(1) 形态特征

① **根**。空心菜根系分布浅，为须根系，用种子繁殖的主根深入土层25cm左右，主根上着生四排侧根，用无性繁殖的在茎节上所生不定根长达35cm以上，再生能力强。

② **茎**。属蔓生植物，茎蔓生，圆形而中空，柔软，绿色、浅绿色或淡紫色，茎粗1～2cm。侧枝萌发能力强，茎有节，每节除腋芽外，还可长出不定根，适于扦插繁殖。节间长为3.5～5cm，最长的可达7cm，旱生类型茎节短，水生类型茎节较长。

③ **叶**。子叶对生，马蹄形。真叶互生，叶面光滑，全缘，浓绿或浅绿色。叶脉网状，中脉明显突起，叶有宽卵形、长卵形、短披针形和长披针形等。叶宽8～10cm，最宽的可达14cm，叶长13～17cm，最长可达22cm。叶柄较长，为12～15cm，最长者为17cm。

④ **花**。单生花或聚伞花序腋生，完全花，苞片2，萼片5，花冠漏斗状，白或浅紫色。子房2室。

⑤ **果实及种子**。果为蒴果，卵形，内含种子2～4粒。种子近圆形，黑褐色，皮厚，坚硬，千粒重32～37g。

蕹菜以种子或嫩茎繁殖，长江流域规模化生产多以种子繁殖。

(2) 对环境条件要求

蕹菜性喜高温多湿环境。种子萌发需15℃以上；种藤腋芽萌发初期须保持在30℃以上，这样出芽才能迅速整齐；蔓叶生长适温为25～30℃，温度较高，蔓叶生长旺盛，采摘间隔时间短。蕹菜能耐35～40℃高温，15℃以下蔓叶生长缓慢，10℃以下蔓叶生长停止；不耐霜冻，遇霜茎叶即枯死。种藤窖藏温度宜保持在10～15℃，并有较高的湿度，不然种藤易冻死或干枯。

蕹菜喜较高的空气湿度及湿润的土壤，如环境过干则藤蔓纤维增多，粗老不堪食用，大大降低产量及品质。

蕹菜喜充足光照，但对密植的适应性也较强。蕹菜是短日照作物，在短日照条件下促进开花结实，在北方长日照条件下不宜开花结实，留种困难。有些品种在长江流域甚至广州都不能开花，或开花不能结实，所以只能采用无性繁殖。

蕹菜的适应性强，对土壤条件要求不严格，黏土、壤土、沙土、水田、旱地均能栽培。但因其喜肥喜水，仍以比较黏重、保水保肥力强的土壤为好。蕹菜的叶梢大量而迅速生长，需肥量大，耐肥力强，对氮肥的需要量特大。据研究，蕹菜对氮磷钾的吸收量以钾较多，氮其次，磷最少，钙的吸收量比磷和镁多，镁的吸收量最少。吸收量和吸收速度都随着生长而逐步增加。氮磷钾的吸收比例因生长期有所不同，在生长的前20d对氮磷钾的吸收比例是3∶1∶5，在初收期（40d）则为4∶1∶8，即在生长后期需要氮、钾比例比前期增加。

14.4.3 栽培季节与方式

蕹菜性喜温暖，耐热耐湿，不耐寒，长江流域从4月初至8月底均可露地直播或育苗移栽。分期播种，分批采收，也可一次播种，多次割收。供应期5月中下旬～10月份。

近年来，各地都利用大棚或塑料小拱棚覆盖早春栽培蕹菜，或育苗供露地早熟栽培，效果很好，大大提早了供应期，且经济效益显著。

蕹菜的栽培方式可分为露地栽培、保护地栽培和无土栽培，其中露地栽培可分为旱地栽培、水田栽培和深水栽培。

（1）旱地栽培技术

旱地栽培是最普及也是最简单的栽培方式，只要能控制好栽培各个环节，该技术也能发挥其作用，取得良好的经济效益。

① **整地，施足基肥**。空心菜喜欢充足的光照及肥水，应选择背风向阳、富含有机质、蓄水保肥能力较强的沙壤土地块种植。菜地提前半个月翻耕晒白，以减少病虫害、疏松土壤。晒白后整地筑畦，畦宽 1m、高 0.3m，畦长可根据地块特点合理安排，但不宜超过 10m，以利搭拱棚和覆盖薄膜，畦间挖沟宽 0.35m。每 667m^2 施腐熟土杂肥 2000～3000kg 作基肥，与土壤混匀整平，3d 后即可播种。

② **播种间苗**。播前用多·福·锌 1000 倍液浸种 24h，捞出沥干后按畦称种，均匀撒播。播后拍平，盖细土防露籽，同时浇水、覆盖地膜保湿出苗。播后 5～6d 待齐苗后揭膜间苗，去弱留强，移密补稀，苗与苗之间保持拳头大小空间。

③ **田间管理**。光照管理，在阳光不充足时要及时揭膜盖膜，以保证充足的阳光和进行保温。养分管理，视苗情及时供给养分，同时也要合理排灌，确保水分供应充足及防止渍水。施药防病，防止叶斑病、炭疽病等侵染危害。

④ **适时采收**。一般主茎高度达 25～30cm 时采收，每次采收留基部芽节 1～2 节，隔 8～10d 采收第 2 批。6 月中旬揭膜，揭膜后露地生长，8 月中旬采收结束。采收的空心菜摘去下部老叶，净菜上市。

（2）水田栽培技术

选择排灌方便、肥沃、背风向阳、烂泥层较浅的田块种植，施足基肥。耕翻平整土地，然后将秧苗按株距 24～26cm 斜插于土中，要求入土深 2～3 节，叶和梢尖露出水面。水层大约 3cm 高，在大雨时要及时做好排水工作，以防植株被淹，导致减产。

（3）浮水栽培技术

秧苗头尾相间或呈羽状排列，按一定的宽度编织在草绳上。选择水深肥沃的烂泥塘，然后将各条草绳按大小行固定在泥塘两边的木桩上。其他的田间管理比较简单，需要注意的是避免大风吹倒空心菜导致产量及品质下降甚至无收获。可以在空心菜栽培地附近种植菱白、蒲草等植物。如果发现有缺肥的死水处应追肥。水培过程一般病虫害较少，因而很少使用农药。

（4）深液流浮板栽培技术

目前我国水生蔬菜栽培总面积约 50 万公顷，虽然占全国蔬菜播种面积不到 10%，但其优良的品质和风味深受消费者喜爱。尤其是水生蔬菜在生产和栽培过程中病虫害很少，因而很少使用农药，种植出的空心菜更接近无公害蔬菜标准。空心菜的深液流浮板栽培采用较为先进的技术，只要使用该技术的栽培地的空气及水源不受污染及在育苗时土壤肥料也不受污染，整个生产过程就能接近无公害生产，即可生产出无公害的空心菜。

因时因地制宜，选择优质品种，建设营养液池，营养液可循环利用，在营养液面放上固定空心菜用的泡沫板用于栽植空心菜幼苗。当幼苗在苗床上生长到叶心时便可定植到营养液上。当植株生长一段时间之后，要及时检测营养液中的各种成分，保证营养能够满足作物生长的需要。

综上所述，旱地栽培技术最为普及，容易被广大农民朋友掌握并实施；水田及浮水栽培技术管理不方便，较麻烦。而深液流浮板栽培对技术要求很高，也要求种植者具备一定的营养液的配制与管理知识，同时该项技术也大大增加了种植空心菜的成本。

14.4.4 大棚蕹菜早春栽培技术

(1) 品种选择

宜选用较耐低温，生长势旺盛，适应性强，产量高，品质优的品种。武汉地区早熟栽培推荐品种：泰国空心菜、白骨柳叶空心菜、江西空心菜、白杆圆叶空心菜等。

(2) 播种育苗

大棚蕹菜早春栽培，长江流域可于2月上中旬温床播种。播种前，预先在大棚内铺好电热线，做好电热温床，并配制好营养土铺于电热线上。播种前苗床浇透底水，并浸种催芽后播种。

因蕹菜的种皮厚而硬，春播干籽往往要15d才出芽，湿籽也要10d出芽，而催芽的种子3～4d就可出芽。根据这种情况可采用3种子混播或分层播，先出苗，长得快的早收，后出苗，长得慢的晚收，这样可延长大棚蕹菜供应时间。

催芽的方法是先浸种24h，然后在30℃的温度条件下催芽3～4d。

播种时，先将苗床整平，浇透底水，播种量每667m^{2}约30kg，其中干籽10kg，浸种后的湿籽10kg，催好芽的种子10kg，混匀后一起撒播或分层播种，播后覆土2.5～3cm厚。

播种盖土后畦面覆盖薄膜增温保湿，密闭大棚，夜间加盖小拱棚和草帘，保证棚内温度达到30～35℃。3～4d后催过芽的种子开始出苗，要及时揭去地面覆盖物。

苗高3cm左右时，加强水肥管理，经常保持土壤呈湿润状态和有充足的养分，白天可适当通风，夜间要保温、增温。播种后30d左右，当苗高13～20cm时，即可间拔上市或定植。

如果全部用于定植，则可用催芽种子播种，每667m^{2}用种15kg，苗床与定植田面积比为1：(15～20)。

(3) 定植

蕹菜性喜有机质丰富、肥沃而潮湿的土壤，它分枝性强，不定根发达，生长迅速，栽培密度大，采收次数多，丰产而耐肥。因此宜选择肥沃、水源充足的壤土栽培，定植前结合翻地施足基肥，每667m^{2}施腐熟堆、厩肥3000～5000kg。

定植期为3月上中旬，抢"冷尾暖头"晴天上午栽植于大棚中，定植株行距均为16.5cm，每穴2～5株，栽后及时浇水。

(4) 田间管理

a. 大棚管理。定植活棵前，要密闭大棚，以提高地温和气温。缓苗后，晴天中午若棚内温度达28℃以上，则可逐渐进行通风换气，但到夜间外界气温仍较低，应注意保温。4月中旬以后可以逐渐加强通风。至5月上中旬可揭去棚膜，进行露地栽培。

b. 肥水管理。蕹菜对肥水需求量很大，要经常保持土壤湿润状态，除施足基肥外，还要追肥。最好每采摘一次追肥1～2次，肥料以追施稀薄的人粪尿为主，并兼施少量速效氮肥，但忌浓度过大，以免烧苗。一般每半个月追肥1次，每5～6d浇1次水。干旱与缺肥会影响产量和品质，勤浇水、勤追肥是夺取高产的关键。

(5) 采收

大棚早春蕹菜栽培采收有两种方式，可根据市场行情和大棚茬口灵活运用。

第一种方式是一次性收获。在育苗大棚苗高18～21cm时，结合定苗间拔上市。尤其是用干籽、湿籽、催芽籽混播的可分批上市，延长供应期，这样早期产量每667m^{2}可达1500～2500kg，且3月上中旬即可上市，比露地栽培提早50～70d，此时上市价格每千克为6～8元，每667m^{2}可收入1万～2万元，经济效益极好。

第二种方式是定植到大棚后，多次割收上市。即在苗高13～20cm时定植，当蔓长33cm时开始第一次采收，也可根据市场行情提早采收。在第1～2次采收时，基部留2～3节，以促进萌发较多的嫩枝而提高产量，采收3～4次后，应适当重采，仅留1～2节即可，否则发枝过多，生长纤弱缓慢，影响产量和品质。为了保证上市质量，要做到及时采收。这种栽培方式在4月上中旬即可开始上市，仍比露地栽培提前30～40d，早收2～3次，产量比第一种方式有所增加，每667m^{2}早期产量3000kg左右，此时的上市价格每千克市场价2～3元，每667m^{2}收益6000～12000元，效益也很可观。如果前期茬口倒不过来，先育苗后移栽也是切实可行的。加上后期可行露地栽培，可连续采收到10月份，每667m^{2}的总产量在7500～10000kg，总收益也可达1万～2万元。

14.4.5 籽蕹芽苗菜栽培技术

籽蕹芽苗菜是用蕹菜种子萌发培育出的外观漂亮、口感清爽多汁的一种蔬菜，是芽苗菜生产中常用的种类之一，也是消费者非常喜欢的蔬菜之一。籽蕹芽苗菜生产方式不受季节限制，周期短、见效快、经济效益高，市场前景广阔。

(1) 生产场地要求

芽苗菜生产场地应具备以下几个条件：催芽室和栽培室温度保持在25～28℃，催芽室和栽培室保持黑暗，具有自来水、储水罐或备用水箱等水源装置，具有通风设施，能进行室内自然通风。

(2) 品种选择

选用发芽率高、发芽势强、生长速度快、下胚轴或嫩茎较粗壮的品种。推荐使用品种为泰国空心菜。

(3) 生产设备

苗盘与基质：选用长62cm、宽23cm、高3～5cm规格的有孔塑料盘；基质选用吸水、保水能力较强，使用后不易产生残留物、可重复利用的白棉布等。

喷淋工具：要求喷水要均匀细致，常用工具有常规喷壶和细孔加密喷头等。

(4) 芽苗菜的栽培管理

a.种子清选与浸种。选择饱满、无虫蛀、无残破、成熟度较高的种子，用自来水漂洗1～2次，去掉破残、畸形、瘪粒、已发芽的不合格种子和杂质。将漂洗好的种子在室温条件下用自来水浸泡20～24h，捞出种子后再用自来水清洗2～3次。

b.苗盘与基质的消毒处理。苗盘用0.2%漂白粉溶液浸泡10～60min（根据苗盘被污染程度酌定），刷洗后用清水冲洗干净。将基质棉布在沸水中煮10min，沥干冷却备用。

c.催芽。将消毒处理过的苗盘放在25～28℃的催芽室中，将处理好的棉布平铺在苗盘中，用喷壶均匀喷水，使棉布充分润湿，但不能积水。将65g左右浸泡好的种子均匀铺在棉布上，用干净的塑料薄膜覆盖苗盘保湿，在黑暗环境中催芽2～3d。

d.苗期管理。种子开始出芽时，去除苗盘上的塑料薄膜，将苗盘移至25～28℃的栽培室中，全遮光培养。种子全部出芽后，每天浇水2～3次，以棉布湿润但不积水为宜。当种壳开始脱落时，用喷壶从芽苗顶部进行喷淋，种壳吸水湿润易于脱落。催芽室应定时进行通风换气。

(5) 采收

籽蕹芽苗菜从催芽到成熟一般为8～10d。待芽苗高13cm左右，高度基本整齐一致，子叶完全展开呈嫩黄色时即可采收。每盘可产芽苗菜160g左右。

(6) 生产中的注意事项

a.烂种。在水量过多或高温、高湿密闭的条件下极易引发烂种、烂芽，必须控制浇水量和温度。

b.芽苗菜沤根和烂茎。这些现象多是生产过程中对卫生、温度、水的管理不当造成的。喷淋不彻底种壳不易脱落，种壳中的杂质附着在茎或胚轴上容易引发烂茎；苗盘中有积水、温度过低均易造成沤根。因此，在籽蕹芽苗菜的生产过程中要根据周围环境条件调整温、湿度，减少病害发生。种植盘和基质每次使用前要进行清洗消毒。

c. 芽苗菜高度不整齐。选用质量好的种子，种子铺平且水平放置苗盘，浇水要均匀，出芽后尽量不再翻动种子。

14.5 苋菜栽培

苋菜又名青香苋、红苋菜、红菜、米苋等，为苋科苋属以嫩茎叶供食用的一年生草本植物，原产于中国、印度及东南亚等地，中国自古就作为野菜食用。作为蔬菜栽培以中国与印度居多，中国南方又比北方多，在中国的南方各地均有一些品质优、营养高的苋菜品种，因苋菜的抗性强、易生长、耐旱、耐湿、耐高温，加之病虫害很少发生，故苋菜不论是在中国还是国外，都渐渐被人们所认识，而得到发展，是大众喜爱的夏季主要绿叶蔬菜之一。

苋菜所含的铁质、钙质、蛋白质均非常丰富。据测定，每100g可食用部分含水分90.1g，蛋白质1.8g，脂肪0.3g，碳水化合物5.4g，粗纤维0.8g，灰分1.6g，胡萝卜素1.95mg，维生素 B_1 0.04mg，维生素 B_2 0.16mg，尼克酸1.1mg，维生素C 28mg，钙180mg，磷46mg，铁3.4mg，钾577mg，钠23mg，镁87.7mg，氯160mg。

苋菜叶富含易被人体吸收的钙质，对牙齿和骨骼的生长可起到促进作用，并能维持正常的心肌活动，防止肌肉痉挛。同时含有丰富的铁、钙和维生素K，可以促进凝血，增加血红蛋白含量并提高携氧能力，促进造血等，最宜贫血患者食用。因此，我国民间将苋菜与马齿苋一起视为骨折病人和临床孕妇的最佳食蔬。

苋菜还是减肥餐桌上的主角，常食可以减肥轻身，促进排毒，防止便秘。苋菜中富含蛋白质、脂肪、碳水化合物及多种维生素和矿物质，其所含的蛋白质比牛奶更能充分被人体吸收，所含胡萝卜素比茄果类高，可为人体提供丰富的营养物质，有利于强身健体，提高机体的免疫力，有“长寿菜”之称。

苋菜中铁、钙的含量比菠菜高，为新鲜蔬菜中的佼佼者。更重要的是，苋菜中不含草酸，所含钙、铁进入人体很容易被吸收利用。因此，苋菜能促进小儿的生长发育，对骨折的愈合具有一定的食疗价值。

14.5.1 类型与品种

苋菜品种很多，依叶形可分为圆叶种和尖叶种。圆叶种叶圆形或卵圆形，叶面常皱缩，生长较慢，较迟熟，产量较高，品质较好，抽薹开花较迟。尖叶种叶披针形或长卵形，先端尖，生长较快，较早熟，产量较低，品质较差，较易抽薹开花。

依叶片颜色分为红苋、绿苋和彩色苋。

(1) 绿苋

叶和叶柄绿色或黄绿色，食用时口感较红苋和彩色苋为硬，耐热性较强，适于春季和秋季栽培。主要品种如湖北的马蹄苋、圆叶青苋、猪耳朵青苋，南京的木耳苋、秋不老，杭州的尖叶青、白米苋，广州的高脚尖叶、柳叶、矮脚圆叶、犁头苋、大芙蓉叶等。

(2) 红苋

叶片和叶柄紫红色，食用时口感较绿苋为软糯，耐热性中等，适于春季栽培。主要品种有杭州红圆叶，广州红苋，湖北圆叶红苋菜、猪耳朵红苋菜，四川大红袍等。

(3) 彩色苋

叶边缘绿色，叶脉附近紫红色，质地较绿苋为软糯。早熟，耐寒性较强，适于早春栽培。主要品种有上海和杭州一带的一点珠、尖叶红米苋，四川的蝴蝶苋、剪刀苋，广州的尖叶花红、中间叶红、圆叶花红等。

14.5.2 生物学特性

(1) 形态特征

a. 根。苋菜根较发达，分布深广。

b. 茎。茎粗大，幼时有毛或无毛，绿色或红色。高 80～150cm，有分枝。

c. 叶。叶互生，叶片卵形、菱状卵形或披针形，叶长 4～10cm，宽 2～7cm，有绿、黄绿、紫红或杂色，顶端圆钝或尖凹，具凸尖，基部楔形，全缘或波状缘，无毛。叶柄长 2～6cm，绿色或红色。

d. 花。花单性或杂性，顶生或腋生穗状花序。花小，花被片膜质，3 片。雄蕊 3 枚，雌蕊柱头 2～3 个。

e. 果实及种子。胞果矩圆形，盖裂。种子圆形，紫黑色，有光泽，直径约 1mm，千粒重 0.7g，成熟后易脱落。花期 5～8 月份，果期 7～9 月份。

(2) 对环境条件的要求

苋菜喜温暖，较耐热，温暖湿润的气候条件对苋菜的生长发育最为有利。种子在 10～12℃时缓慢发芽，14～16℃发芽较快，22～24℃发芽最快，但超过 36℃时发芽和出苗均受阻。温度低于 10℃或高于 38℃时生长极慢或停止。苋菜不耐寒，生长中遇 0℃就受冻害，并很快死亡。

苋菜要求土壤湿润，但不耐涝，对空气湿度要求不严。直播的苋菜，直根深入土层，具有一定的抗旱能力，但土壤水分充足则叶片柔嫩，品质较好。苋菜耐涝性较差，过度潮湿或地面积水，都会影响生长以致死亡。多枝的大株丛遇多雨多风天气，容易倒伏。

苋菜属高温短日性蔬菜，在高温短日照条件下，易抽薹开花，食用价值降低。不同品种抽薹开花也有早有迟，如广州高脚尖叶抽薹较早，而南京秋不老抽薹开花较晚。在气温适宜，日照较长的春季栽培，抽薹迟，品质柔嫩，产量高；夏秋播较易抽薹开花，产品较粗老。

苋菜不择土壤，肥沃的沙壤土或黏壤土均可栽培，苋菜为喜肥作物，通常以土层深厚、连年施肥的改良的土壤为适宜，最好是多肥的菜园地。贫瘠的沙地、结构不良的黏土地、冷浆低湿地等都不适宜。苋菜对土壤适应性较好，酸性土壤和碱性土壤上都能生长，但以 pH 值 5.8～7.5 最为适宜。

14.5.3 栽培季节

苋菜的生长期 30～60d，在全国各地无霜期内，可分期播种，陆续收获。在长江流域一般 3 月下旬至 8 月上旬均可露地播种，供应期 5 月中旬至 10 月下旬。近年来，利用塑料大中棚茄果类、瓜类、豆类等蔬菜的早熟栽培间套作苋菜或栽培苋菜，成为早春棚栽蔬菜上市最早的品种之一，深受市场欢迎。

14.5.4 苋菜栽培技术

(1) 整地

栽培苋菜通常以地势平坦、排灌方便、土层深厚、有机质多、杂草少的沙壤土或黏壤土地块为最好。

苋菜种子细小，根部发达，要求精细整地。整地质量不良，是苋菜缺苗断垄、降低产量的重要原因之一。种苋菜的地必须适时秋翻，翻地的深度应在20cm以上。翻后及时耙地、做畦。结合整地，每667m^{2}施优质农家肥2500～3000kg作基肥，翻地前均匀施入。

（2）播种

以采收幼苗供食者，一般都用直播法，各地多套种在瓜架、豆架或茄子下，也常与其他绿叶蔬菜混播，分批采收。由于苋菜种子细小，生长期短，整地应细碎平整，并施用足够的粪肥为基肥，适期播种的每667m^{2}播种量0.5kg左右，在不良的播种条件下或增加采收次数时应加大播种量。

播后覆以细沙或草木灰或浓厚的粪肥，有的地区不覆土而适当镇压。

以采收嫩茎为主者，可育苗移栽，株行距30cm左右。

（3）田间管理

早春播种者10d左右出土，夏秋播只需要3～5d。出苗后应及时追肥、浇水、间苗及除草，追施腐熟稀薄的粪肥或其他氮肥。在夏秋栽培苋菜尤宜加强水肥管理，否则急速开花结实，影响品质和产量。播种后40～45d，苗高10～12cm，具5～6片叶时，陆续间拔采收。早春播和秋播的早熟品种每667m^{2}产量750kg，春、夏播每667m^{2}产量1000～1500kg，育苗移栽以茎供食用每667m^{2}产量2000～2500kg。

（4）采种

苋菜种子产量高而易收获，一般不单设采种田。可从普通田圃中选优良品种性状的单株留种，不收割，不捏头。植株高大型单株要架上支柱，以防倒伏。当留种株变黄、子粒变硬时割下种株，晒干脱粒。

春、秋播种的苋菜都可以留种，但春播留种的占地时间较长。5月份播种的要到8月份才能收种，每667m^{2}可收种子100kg左右；一般在7月份播种，10月份收种，每667m^{2}可收种子75kg左右。留种植株以25～30cm的行株距为宜。

14.5.5 大棚苋菜早春栽培

近年来，温室、大棚除了广泛用于茄果类、瓜类和豆类等蔬菜的早熟栽培，不少地方利用这些保护地栽培设施，间套作苋菜，甚至有大棚栽培苋菜的报道。大棚苋菜3月份播，4月份收，5月份就结束，60～70d的时间，平均产量每667m^{2}达1200～1500kg，而且上市正逢“春淡”，是早春播棚栽蔬菜上市最早的品种之一，经济效益高，产值每667m^{2}达12000～15000元，比棚栽其他蔬菜还划算。近年来，随着苋菜的高营养价值逐渐被人们认识，棚栽苋菜深受欢迎，社会效益也极显著。

（1）整地与播种

栽培苋菜要选择地势平坦、排灌方便，杂草少的地块，如苋菜田间杂草较多，除草和采收极为不便。播前将土地耕翻，并每667m^{2}施入腐熟的优质土杂肥3000kg，再耙平作畦，畦面要细碎平整。

选择适宜大中棚春早熟栽培的苋菜品种，要求具有产量高、抗逆性强、耐寒等特点，双柳地区主栽品种为经过改良复壮的红圆叶。武汉市推荐品种：猪耳朵红苋菜（穿心红）、红圆叶苋菜等。

于3月上中旬抢冷尾暖头播种，多层覆盖的大棚可提早到2月上中旬播种，湖北省武汉市某地区甚至在12月份或元月就开始播种，2月中下旬～6月份持续采收。因早春气温较低，出苗较差，播种量宜加大，每667m^{2}用种3～4kg。苋菜种子细小，多在种子中掺些细沙撒播，播后用脚踏实镇压畦面。或在播种后覆以细沙或草木灰，有些地方习惯用浓厚的粪肥盖籽也可以，播后地膜覆盖并将大棚密闭。

武汉地区采用的做法是播种前一天浇足底水，一般采用撒播的方法，播后立即覆盖地膜，加盖小拱棚。一般每隔15～20d采收1次，每采收1次播种1次，共播种3～4次。第1次每667m^{2}播种量

1.5～2.0kg，第 2 次每 667m^2 播种量 1.0～1.5kg，第 3 次以后每 667m^2 播种量 1.5～2.0kg，一般每 667m^2 平均播种量为 4～6kg。同时，还可以根据市场供求变动以及当地具体的气候和苋菜的生长状况，灵活改变每次的播种量，以减少风险，增加经济效益。

（2）田间管理

a. 大棚光温管理。苋菜喜温暖气候，耐热性强，不耐寒冷，20℃以下即生长缓慢，因此早春栽培保温措施至关重要。从播种到采收棚内温度一般要保持在 20～25℃，播种后覆盖地膜，闭棚增温，促进出苗，一般播种后 5～7d 即可出苗，此时可揭去地膜，使幼苗充分见光，如天气特别寒冷时还需在小拱棚上再加盖 1 层薄膜或草帘等覆盖物。苋菜生长前期以保温增温为主，后期则应避免温度过高，棚内温度高于 30℃时应适当通风降温。在晴天的中午，先将大棚两头打开，小拱棚关闭，后揭开小拱棚膜，关闭大棚，两种方法交替使用，每次通风 2h 左右。同时，在保证苋菜不受冻的情况下多见光，促使其色泽鲜艳。当大棚内温度稳定在 20～25℃时，可撤去小拱棚，并同时打开大棚的两头通风降温。

b. 浇水与追肥。播种时浇足底水，出苗前一般不再浇水。出苗后如遇低温切忌浇水，以免引起死苗。播种出苗子叶出土后，即揭去地膜，立即扣小棚，及时除杂草，真叶展开两片时，抢晴天，揭小棚，除草，间苗，施清水粪。如遇天气晴好，结合追肥进行浇水，具体方法：将三元复合肥或尿素均匀撒入畦面，用瓢将水泼浇在肥料上。幼苗 3 片真叶时追第 1 次肥，以后则在采收后的 1～2d 进行追肥，结合浇水每次每 667m^2 追施三元复合肥 10～15kg、尿素 15kg。

c. 中耕与采收。苋菜的播种量较大，出苗较密，在采收前杂草不易生长，当采收后，苗距已稀，杂草生长容易，因此每次采收，都要根据田间杂草情况，注意除草。大棚内易滋生杂草，至少人工拔草 3 次，以免出现草荒影响苋菜生长。当苋菜株高 15cm 左右、8～9 片叶时可间拔采收，每隔 2d 左右挑选大株间拔 1 次，每次采收要掌握收大留小，并注意均匀留苗，及时采收有利于后批苋菜的生长，从而提高总产量。每间一次，上一次清水粪，收获 3～4 次后罢园换茬。

（3）病虫害防治

苋菜主要病害是苗期猝倒病和白锈病。

苗期猝倒病的防治方法：一是做好床土消毒，每平方米苗床撒施 50％多菌灵可湿性粉剂 8g，或用 54.5％噁霉・福美双可湿性粉剂 1500 倍液或 95％噁菌灵可湿性粉剂 3000 倍液喷洒床土；二是药剂防治，可用 72.2％霜霉威盐酸盐水剂 800～1000 倍液，或 53％精甲霜・锰锌水分散粒剂 500 倍液，或甲霜灵可湿性粉剂 1000 倍液喷雾。

白锈病的防治方法：发病初期可用 50％甲霜铜可湿性粉剂 600～700 倍液，或 50％多菌灵可湿性粉剂 600～800 倍液，或 40％三唑酮可湿性粉剂 500 倍液喷雾防治，每 7～10d 喷 1 次，连续防治 2～3 次。

苋菜主要害虫是小地老虎和蚜虫。

小地老虎可用 90％敌百虫晶体 1000 倍液，或 50％辛硫磷乳油 1000 倍液喷土防治。

发现蚜虫后可用 10％的吡虫啉可湿性粉剂 3000 倍液，或 50％抗蚜威可湿性粉剂 3000 倍液，或 40％氰戊菊酯乳油 6000 倍液喷雾防治。

第15章 水生蔬菜栽培

水生蔬菜是一类生长在水里的蔬菜总称。我国栽培的水生蔬菜种类十分丰富，主要有莲藕、茭白、慈姑、水芹、菱角、荸荠、芡实、蒲菜、莼菜、豆瓣菜、水芋和水蕹菜等。水生蔬菜喜湿，不耐干旱，生育期间须经常保持一定水层，但也不宜水位过深或猛涨猛落。根据对水深的适应性可分为深水和浅水两大类。能适应深水的有莲藕、菱、莼菜等，作浅水栽培的有茭白、水芹、慈姑、荸荠等。

水生蔬菜生育期都较长，一般都在150～200d，要求温暖，不耐低温，一般在无霜期生长，多为春种秋收。水芹和豆瓣菜较耐寒，长江流域可做越冬栽培。

水生蔬菜主要分布在我国南方，即从北纬20°～32°、东经101°～123°的广大区域内，包括淮河、长江、钱塘江、闽江、珠江和澜沧江等江河流域，其中在洞庭湖、鄱阳湖、太湖、巢湖、洪泽湖等大型湖泊周围尤为集中。而淮河流域以北，则仅在气候较为温和、水源较为充足的局部地区，如陕西的关中地区、山东的黄河沿岸等有少量种植。多利用低洼水田和浅水湖荡、河湾、池塘等淡水水面栽培，也可实施圩田灌水栽培。

水生蔬菜具有独特的口味、丰富的营养和保健功能，一般含有5%～25%的淀粉、1%～5%的蛋白质以及多种维生素等，营养价值很高。水生蔬菜产品多属于“凉性”食品，莲子（芯）、芡实、慈姑等还含有较多具有药效的生物碱成分，经常食用有较好的“降火”功效。我国莲藕、茭白、慈姑、荸荠、芡实、菱角、莼菜等水生蔬菜的加工产品均已出口到国外市场，遍及日本、韩国、东南亚、大洋洲、北美洲、欧盟等国家和地区，深受广大消费者喜爱。

15.1 莲藕栽培

莲藕属睡莲科，原产于印度及亚洲南部，为多年生水生草本植物。莲藕是我国主要水生蔬菜，在我国栽培约有3000年历史。目前，莲藕在我国南北各地普遍栽培，其中以长江流域、珠江三角洲、洞庭湖、太湖及江苏里下河地区为主产区，我国台湾地区莲藕种植也很普遍，世界上作为蔬菜栽培的还有日本、印度、巴基斯坦、埃及、伊朗、越南、泰国、缅甸、斯里兰卡、印度尼西亚及俄罗斯南部等。在欧美地区则作为观赏植物来栽培。

莲藕的别名很多，如藕、莲、荷、水芙蓉等。

莲藕用途很广，既是食品，又是药物，还可供观赏。鲜藕富含营养，芳香甘醇，易于消化吸收，是理想的滋补食品。据测定，每100g鲜藕含水分77.9～89.0g、淀粉10.0～20.0g、蛋白质1.0～2.0g、脂肪 0.1g、粗纤维 0.5g、钙 19mg、镁 16.4mg、磷 51mg、铁 0.5mg、胡萝卜素 0.02mg、维生素 B_1 0.11mg、维生素 B_2 0.04mg、维生素 C 25mg、尼克酸 0.4mg 以及棉子糖、水苏糖、果糖、蔗糖及多酚化合物等。可炒食、腌制咸藕及蜜饯糖藕或加工成藕粉。每 100g 莲子含蛋白质 16.6～17g、碳水化合物（主要是淀粉）61.8～66.8g 及磷等，可鲜食或制成糖莲子。

15.1.1 类型与品种

按莲藕产品器官的利用价值可分为藕莲、子莲和花莲三个类型。

（1）藕莲（菜藕）

藕莲以收获肥大的根状茎为目的。一般叶脉突起，开花或少花，不结籽或结籽。根状茎粗 3.5cm 以上。依适应水位可分浅水藕与深水藕。目前我国藕莲的栽培面积在 33 万～40 万公顷。

① **浅水藕**。适于沤田浅塘或稻田栽培，水位多在 30cm 以下。本类莲藕一般多属早、中熟品种，如鄂莲一号、鄂莲三号、苏州花藕、苏州慢荷、扬藕一号、浙湖一号、武植二号、鄂莲四号、鄂莲五号、海南洲藕、湖南泡子、杭州花藕、南京花香藕、湖北鸭蛋头等。

② **深水藕**。相对浅水藕而言，能适应池塘或湖荡栽培，水位宜 30～100cm，夏季水深达 1.3～1.65m 也可栽种。藕入土深，宜土层较厚、深水的湖荡种植。本类品种一般多为晚熟品种，如江苏宝应的美人红、小暗红，湖南泡子，广东丝苗藕，等。

（2）子莲

子莲以食用莲子为主，一般叶脉不隆起，花常单瓣，有红花及白花两种，结实多，莲子大，藕细小而硬，肉稍带灰色，品质差。子莲也有浅水莲和深水莲之分。目前我国藕莲的栽培面积在 10 万公顷。

① **深水莲**。适应较深水层，一般要求水位 30～50cm，最深可达 1.2～1.5m。适于浅水湖荡种植，优良品种有寸二莲、吴江青莲子、鄱阳红花等。

② **浅水莲**。一般要求水位 10～20cm，最深不超过 50cm，一般多在水田栽培，多次采收，品质好。优良品种有湘莲、建莲、太空 1 号、赣莲 85-4、赣莲 85-5 等。

（3）花莲

花莲的莲花极美，供观赏及药用，甚少结实，藕细质劣。莲花的优良品种有千瓣莲、红千叶、白万万、小舞妃等。

15.1.2 生物学特性

（1）形态特征

① **根**。莲藕的根为须状不定根，主根退化。各节上环生须状不定根 5～8 束，每束有 7～21 条，长 10cm 左右，幼苗期根较少，成株期根较多。新萌发根为白色，老熟后深褐色。由于节节生根，根群对莲藕营养吸收和植株的固定起着重要的作用。如果根系不断地被移动（大风、人畜践踏等），藕的生长和形状将会受到影响。

② **茎**。供食用的部分称为藕，是莲藕的变态茎。茎先端为喙状物，是由鳞片包住的，其中由顶芽、幼叶和侧芽组成，被称为藕苫；嫩叶向上延伸，浮出水面，开展为荷叶，顶芽及副芽在泥中横向生长，称为莲鞭。有的节位上还有分化出来的花芽。种藕顶芽萌发后，其先端生出细长的根状茎，粗 1～2cm，先斜向下生长，然后在地下一定深处呈水平生长。莲鞭的分枝性较强，自第三节起，每节都可抽生分枝，即侧鞭，侧鞭的节上又能再生分枝。莲鞭一般多在 10～13 节开始膨大而形成新藕，也有在 20 节形成新藕的。新藕多由 3～6 节组成，称主藕，其先端一节较短，称为藕头，中间的 2～4 节较长而肥大称为藕身，最后一节最长而细，称为尾梢。主藕第 2、3 节上可抽生分枝称子藕，子藕还可抽生孙藕。母

藕、子藕先端的顶芽包藏着叶芽和花芽。藕的皮色有白色和黄白色，散生着淡褐色的皮孔。藕的中间有许多纵直的孔道，与莲鞭、叶柄中的孔道相通。叶柄的孔道又与荷叶中心的叶脐相接，进行气体交换(图 15-1)。

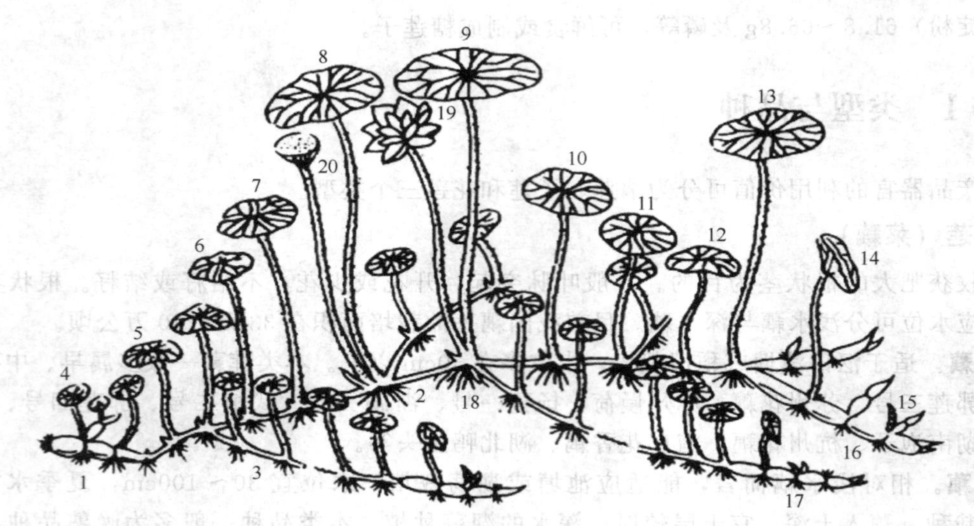

图 15-1 莲藕的生长发育过程

1.种藕；2.主鞭；3.侧鞭；4.水中叶；5.浮叶；6～9.上升阶梯叶群；10～12.下降阶梯叶群；13.后栋叶；14.终止叶；15.叶芽；16.主鞭所结新藕；17.侧鞭所结新藕；18.须根；19.荷花；20.莲蓬

③ **叶**。莲藕的叶通称荷叶。为大型单叶，由地下茎各节向上抽生。具长柄，开始纵卷，以后展开，近圆形或盾形，全缘，顶生，正面绿色，有蜡粉，背面灰绿色。荷梗的横切面有六个通气孔，四大二小，大孔在前，小孔在后，由孔的位置也可探知地下藕鞭相连情况及藕头的方向。荷叶中心为叶脐，叶脉与叶脐相连，从叶脐向叶缘呈放射状排列。叶脐处叶脉汇集，流通空气，经过荷梗与地下茎进行气体交换。叶脐表皮较薄，不可触破，以免漏入雨水，引起全株腐烂。荷叶既是制造营养的器官，又起着交换气体的作用。因此与藕的生长发育关系很大。保护好荷叶，是夺取莲藕高产的关键。如在生长盛期，荷叶遇大风导致损伤过多，就会造成藕的大量减产。从种藕上发生的叶片很小，荷梗（即叶柄）细软不能直立，沉入水中，称为荷钱叶或钱叶。抽生莲鞭后发生的第一、二片叶浮于水面，亦不能直立，称为浮叶；随后生出的叶，则随着气温上升，叶面积愈来愈大，宽 60～80cm，荷梗粗硬，其上侧生刚刺，挺立于水面上，称为立叶，并愈来愈高，一般高出土面 60～120cm，形成上升阶梯的叶群。当叶群上升至一定高度以后，即停留在该高度上，随后发生的叶片，一片比一片小，荷梗愈来愈短，便形成下降阶梯的叶群。新叶初生时卷合，然后张开，故见卷叶便可找到藕头生长的地方。结藕前的一片立叶最高大，荷梗最粗硬，称为后栋叶，故植株出现后栋叶时，标志着地下茎开始结藕。最后一片叶为卷叶，叶色最深，叶片厚实，叶柄短而细，光滑无刺或少刺，着生于新藕的节上，称为终止叶。挖藕时，只要将后栋叶和终止叶连成一条直线便可判断新藕着生的方向和位置，从终止叶到后栋叶之间的叶片数便可探知藕身有几节，并可知后栋叶附近的子藕节数。主鞭自立叶开始到终止叶的叶数，因品种和栽培季节而不同，一般有 10～16 片。侧鞭开始 1～2 片为浮叶，以后发生立叶，情况与主鞭相似（图 15-1)。

④ **花**。莲藕的花通称荷花。早熟品种一般无花；中晚熟品种主鞭大约自六七叶开始至后栋叶为止，各节与荷梗并生一花，或间隔数节抽生一花。主鞭开花的多少，与外界环境条件、种藕大小及品种有关。土壤肥沃、种藕肥大、光照强、温度高时，开花较多；水深低温、种藕瘦小时，开花较少。荷花单生，花色有红、白、黄、绿及洒金等，两性花。一般莲藕的花多白色，少量粉红或红色。萼片 4～5 片，花瓣 15～25 片，长椭圆形。雄蕊 100～400 枚，花丝较长，群生于花托下，淡黄色，花药顶生卵形附属物。雌蕊柱头顶生，花柱极短，子房上位，心皮多数，散生，陷入肉质花托内。花一般自清晨开始开放，到下午 3 时左右闭合，花期 3～4d。

⑤ **果实和种子**。莲藕的花谢后，留下倒圆锥形的大花托，即为莲蓬。每一心皮形成一个椭圆形坚果，内含一颗种子，即莲子。每个莲蓬有莲子15～25个，但也因品种而有差异。自开花至莲子成熟需40～50d，一般荷花盛开，表示藕已进入生长盛期。果实外皮尚为绿色，未硬化时，可作为水果食用；果实成熟后，外有黑色硬壳，俗称莲乌或石莲子，去壳即见有紫红种皮的莲子。莲子肉即子叶白色，营养价值很高，莲心即胚芽，绿色，是一味中药，其味清苦，具有清心去热、涩精、止血、止渴等功效。莲子亦可繁殖，但变异较大，一般多用种藕繁殖。且其外壳坚硬致密，空气和水分很难渗入，种子生命力极强。据报道，莲子发芽力能保持200～500年之久，故有“千年不烂的莲子”“千年古莲也发芽”等谚语。

(2) 生长发育过程

从种藕萌芽至新藕成熟的生长发育过程需180～200d，按其生长发育规律可分为萌芽生长期、茎叶生长期、结藕期和休眠期。

① **萌芽生长期（幼苗期）**。本阶段从种藕萌芽开始到立叶发生为止。在长江流域，于4月上中旬气温上升到15℃左右，土中的种藕开始萌芽生长。气温达18～21℃，植株抽生立叶。生长前期植株的营养来源，主要依靠种藕贮存的养分。须根发生以后，藕鞭各节生根生叶，吸收土中营养，进入旺盛生长。

② **茎叶生长期（成株期）**。从植株抽立叶至再现后栋叶为止为茎叶生长期。植株发生叶片以后开始分枝，随着植株茎叶的旺盛生长，发生分枝更多。当气温达25～30℃时，时雨时晴，最适植株生长。此时开始现蕾开花，7～8月份达盛花期。此时为植株营养生长的主要时期，要求根、莲鞭旺盛生长，为植株吸收、制造和积累养分建成强大的营养系统，但也不宜生长过旺，以防疯长贪青，延迟结藕。因此，必须根据莲藕的生长情况，从肥水管理方面加以促进和控制。莲藕植株庞大，极耐肥，故要求松软、土层深厚、腐殖质多的土壤。

③ **结藕期**。后栋叶出现到藕成熟为产品器官形成期，一般进入盛花以后和抽生后栋叶开始植株进入结藕期。植株各部分的营养物质除一部分输向果实外，大部分则向顶端部分迅速集中，逐渐肥胖和充实形成为藕。结藕时间因品种、生长条件而有较大的差异。早熟品种，水浅及密植条件下，结藕提早；晚熟品种，水深或结藕期受台风干扰动摇植株、折断荷梗、水位暴长猛落，都会使结藕期延迟，甚至造成减产，此时应注意保护。在湖北，早熟品种6月下旬至7月上旬、中晚熟品种在7月上中旬开始坐藕，从嫩藕开始形成到采收，经20d左右。立秋以后，气温下降，植株同化养分逐渐向地下茎累积，藕身逐渐充实长圆，淀粉含量亦逐渐增加。寒露霜降以后，植株完全停止生长，叶、花、藕鞭逐渐枯死腐烂，以地下新藕越冬。

④ **休眠期**。新藕完全形成后，莲地上叶开始枯黄，进入休眠。湖北武汉地区一般在9月底至翌年的3月底为莲藕的休眠期。

(3) 对环境条件的要求

莲藕的生长发育需要温暖、无风而阳光充足的气候条件，最喜土层深厚、有机质含量丰富的土壤和较稳定的水位。

① **温度**。莲藕一般要求温度15℃以上才能萌芽生长；茎叶生长旺盛期适宜温度为25～35℃；结藕初期也要求较高的温度，以利藕身的膨大；后期则要求较大的昼夜温差，白天气温25～30℃，夜晚降到15℃左右，以利于养分的积累和藕体的充实；休眠期要求5℃以上的温度，宜保持5～10cm水位，否则藕体易受冻腐烂。

② **光照**。莲藕为喜光植物，生长和发育都要求光照充足，不耐遮阴。前期光照充足，有利于茎、叶的生长，后期光照充足有利于开花结果和藕身的充实。莲藕对日照长短的要求不严格，一般长日照有利于茎、叶的生长，短日照则有利于结藕。

③ **水分**。莲藕属水生植物，适宜在水源清洁无污染的环境中生长，其根、地下茎部分叶柄、花梗

均在水中或水下泥中生长。莲藕长期在水生环境中生长，由此产生了许多适应水生生活的器官结构。地下茎叶柄、花梗叶片中均有发达通气孔道，由此保证了植株在水中的呼吸和新陈代谢的需要。莲藕在整个生育过程中均不可缺水。其中，萌芽生长期要求浅水，水位以5～10cm为宜，进入旺盛生长期，随着植株叶柄的长高，要求水位也逐步加深，宜30～50cm，以后随着植株的开花结果和结藕，水位宜逐渐落浅，以利于藕体的膨大。结藕期间水位过深，易引起结藕延迟，藕身细瘦。夏季高温，可通过临时灌深水降温，但水深不能淹没荷叶，否则易造成窒息死亡。整个生长期间，水位变化宜平缓，切忌暴涨猛落。进入休眠越冬时，只需保持浅水。

④ **土壤**。莲藕对土壤质地有较强的适应性，由于它的地下茎处于泥下生活，故形成一定的适应结构，地下茎的顶芽、叶芽和花蕾均为圆锥形，使之容易向前伸出，且阻力较小。此外，由于顶芽分生组织区的细胞分裂和居间细胞的伸长运动而产生的特殊动力，将茎尖部推向前进，如此产生的特殊动力，确保了莲藕的地下茎能够正常生长发育。莲藕最好种植在低洼烂田、淤泥较深厚、土质较肥沃的荡田或水稻田，一般以在10～20cm以上松软的淤泥层和保水性强的富含有机质的壤土或黏壤土为最适。要求土壤有机质含量在1.5%以上，pH值在5.6～7.5，最适pH值为6.5左右。莲藕对氮磷钾三要素的要求并重，一般藕莲类型的品种，对氮、钾的需要量较多，而子莲类型的品种，对氮、磷的要求较多。研究表明莲藕合理配施氮、磷、钾及硼、铜、铁等中微量营养元素，能促进营养生长，提高产量。每667m^2优化施肥量分别为：氮18～24kg，五氧化二磷6kg，氧化钾12kg，硼砂1kg，硫酸铜2kg，硫酸亚铁3kg。

莲藕植株脆嫩怕风害，在风力15m/s以上时，出水的荷叶便遭受损害，如果荷梗或花梗被风吹断，水就会从花柄叶柄折断处侵入茎中，引起地下部分的腐烂。

15.1.3 栽培季节与方式

莲藕生长发育要求温暖湿润的环境，主要在炎热多雨的季节生长。一般都在当地日平均气温稳定在15℃以上，水田土温稳定在12℃以上时种植。

露地条件下，长江流域多在3月下旬到4月中旬开始播种，7月开始采收青荷藕，秋冬至第二年春季4月萌芽前采收枯荷藕。近年来开始应用塑料大棚栽培莲藕，种植期可提前到3月上中旬，5月下旬即可开始采收上市。

另外近年武汉地区还推广了以下两种模式。

莲藕返青早熟栽培模式：一般于3月下旬至4月上旬定植，7月上中旬采收大藕上市，小藕作为种藕重新定植，冬季莲藕留地越冬，保留至翌年返青生长，重新结藕，第二年返青生长的莲藕6月中下旬至7月下旬采收，采收后用小藕做种重新定植。

莲藕延后采收栽培模式：鱼塘栽培莲藕叶片枯萎后，灌1.5m以上深水越冬并保持到翌年5月上旬至6月中旬采收。

因此武汉地区莲藕的上市期基本覆盖全年12个月。另外在4月初至6月上中旬还可采收藕带上市，7～8月间可采收莲蓬上市。

15.1.4 莲藕栽培技术

(1) 藕的几种繁殖方式

① **莲子繁殖**。由于莲子外披一层坚硬的果壳，先要将果壳凹入的一端敲破，然后浸泡在26～30℃水中催芽。待芽长出后浸在水中以防脱水萎缩，长到4叶1鞭，便可定植大田。莲子繁殖因初期生长缓慢，必须提前1个月在保护地育苗，才能在当年结成有商品价值的藕。

② **整藕繁殖**。生产上最常用的一种繁殖方式，即采用整支莲藕作种定植。将主藕鞭同子藕及孙藕

的整支按照一定行株距栽下。栽种的办法为顶端插入泥中，尾梢露出泥面，藕头按 20°左右角度斜插入泥，入泥深 5～10cm。

③ **子藕繁殖**。子藕是指主端上分枝的侧枝。子藕有一节的、两节的，还有四节子藕，这与子藕在主藕上着生的部位有关，愈靠近藕头着生的子藕，节数愈少，愈靠近藕梢部位的子藕，节数愈多。不论是哪一节子藕，均可切下单独作藕种繁殖。一般生产上用具 2～3 个节间的子藕作种，每穴栽种 2～3 个子藕，其顶芽分布在不同方向。子藕作种是一种较经济的留种方法。

④ **藕头繁殖**。将主藕或子藕顶端的一段带芽切下作种，即用主藕顶端一节切下来作种，也可切下子藕顶端一节藕头作种。

⑤ **藕节繁殖**。将带腋芽的藕节切下，进行繁殖。即从节切下 5～6cm 一段栽种，这是利用藕节上的腋芽来进行繁殖。

⑥ **顶芽繁殖**。即用主藕或子藕顶端的芽连同基节切下，插在软泥土苗床中，扦插时，如气温尚低，需用塑料薄膜覆盖。待顶芽的基节上长出不定根，顶端长出 2～3 片小叶，外界气温又稳定在 15℃以上时，方可定植大田。定植方法：将不定根及莲鞭均埋入泥中，小叶露出水面，栽后要注意浅水灌溉，以提高泥温，促使早发。每 667m^2 栽顶芽 500～600 个。

⑦ **莲鞭扦插**。待田间莲藕上的芽伸出莲鞭，长出分枝后，将带有顶芽的两节莲鞭（保持两片叶子），完整挖起移栽入田中，栽时芽头及莲鞭均浅埋泥中，荷叶要伸出水面。此法一般用作田间补苗，注意不要伤害幼根和芽。

⑧ **试管藕繁殖**。通过组织培养快繁技术，在试管内诱导形成试管藕，育苗后直接定植到大田进行繁殖。或先用试管藕在保护地内水培繁殖成 0.25kg 重的微型藕，再用微型藕定植大田。此法可用于繁殖无毒种苗。

以上方法均可繁殖出新藕。最节约用种的是顶芽繁殖，但要加强管理，莲子繁殖也可节省藕种，但莲藕多为异花授粉，后代常长出多种类型，商品价值较低，故除育种外，一般不大采用；整藕作种是一种传统方式，用种量太大；藕节是利用其腋芽，生长能力较弱，也不宜采用。以利用藕头或子藕繁殖为好，莲鞭扦插则可作为补苗或迟栽之用。

（2）栽藕前的准备

① **整田与施肥**。选地要求水源充足，地势平坦，排灌便利，能常年保持 10～30cm 水深。定植前 15d 左右整地，整地时耕翻深度 25～30cm，清除杂草，做到泥面平整、泥层松软，要求地平、泥活、草净、土肥、水足。在稻田种藕，要将稻田耕翻耖平，基肥是丰收的基础，同时在第二次耕翻前，将基肥施下，一般每 667m^2 要施堆肥或厩肥 3000kg，或复合肥 25kg、腐熟饼肥 50kg 及尿素 20kg，或人粪尿再加青草 2000kg，第一年或种植莲藕三年以上的田块施用生石灰 75kg。

② **品种选择**。在 20 世纪 80 年代以前，中国莲藕栽培的都是地方品种，武汉地区常用的是六月爆、湖南泡子等。80 年代以后，开始莲藕育种工作，以武汉市农科院蔬菜研究所为代表的藕莲新品种选育工作成效显著，形成了第 1 代藕莲品种如 8126、8143 等，80 年代中后期推广面积较大；第 2 代藕莲品种如鄂莲一号、鄂莲二号、鄂莲三号、鄂莲四号等，以高产为首要目标；第 3 代藕莲品种如鄂莲五号、鄂莲六号、鄂莲七号、鄂莲八号、鄂莲九号、鄂莲十号和新五号等，以优质、入泥浅为显著特征。其中鄂莲七号、鄂莲十号适于早熟栽培，6 月底即可开始采收青荷藕；鄂莲六号、鄂莲七号及鄂莲十号是脆藕品种，凉拌、炒食皆宜；鄂莲五号、鄂莲八号和新五号为粉藕，适合煨汤；鄂莲五号为经典品种，适应性强，栽培面积最广；鄂莲九号是高产品种，粉脆适中，每 667m^2 产量可达 3000kg 以上。

③ **种藕准备**。早熟栽培，品种如鄂莲七号、鄂莲十号每 667m^2 需种藕 300～400kg，中晚熟栽培，品种如鄂莲五号、鄂莲六号、鄂莲八号、鄂莲九号和新五号每 667m^2 需种藕 200～300kg。要求品种纯度不低于 95%，带泥量不高于 20%，单个种藕藕支具有至少 1 个顶芽、2 个节间、3 个节，且未受病虫为害，无大的机械伤，萌发率不低于 90%。从种藕采挖到大田定植的时间间隔不宜超过 10d。种藕临时贮藏可采用遮阳浇水保湿或水中浸泡等方法。

④ **催芽**。挖种藕时，如果还不到适宜的栽种季节，或者到季节，但由于早春气温不稳定，时高时低，为了使莲藕能迅速生长，可先在室内或草棚内催芽。催芽方法是将藕种堆放在室内或草棚中，堆高150cm左右，上覆草席，经常洒水，保持一定湿润，使顶芽长出，天气晴好时，再行栽种。

(3) 栽种技术

① **栽种密度**。栽种密度因品种、肥力条件和收获季节而有差异。一般早熟品种稍密，晚熟品种稍稀；瘦田稍密，肥田稍稀。此外要求提前收获者要加大密度。早熟栽培者定植密度宜为行距1.5～2m、穴距0.8～1.2m；常规栽培者定植密度宜为行距2.0～2.5m、穴距1.5～2.0m，每穴排放整藕1支或子藕2～4支。

② **栽种方法**。将藕种先按一定行距摆放在田间，行与行之间各株摆成梅花形，四周芽头向内，其余各行也顺向一边，中间可空留一行，栽时将芽头按20°角斜向插入泥中，入泥深5～10cm，尾梢翘出水面。深塘中栽藕，可将2～4支藕捆为一束，先浮于水面摆开，用脚分沟，用藕叉将藕种插入泥中。藕种如不催芽要随挖随栽，防芽头干浆。

(4) 田间管理

① **追肥**。施足基肥条件下，可追肥2～3次。第一次在长出立叶1～2片时，第二次可在封行时，第三次在后栋叶出现时。每667m^{2}第一次可施粪肥1000～1500kg或复合肥20kg加尿素15kg，第二次施复合肥20～25kg，第三次追肥可施尿素和硫酸钾各10～15kg，早熟栽培者可只施两次追肥。

② **除草松土**。在封行前要随时除掉杂草，在立荷叶1～2片时，施肥后可将藕种四周泥土用手或锄扒松，以利莲鞭生长。松土除草时，应防止折断荷梗。其中，水绵发生时，宜用5mg/kg硫酸铜水溶液浇泼，晴天进行，3～5d一次，连续2次；浮萍发生时，宜在浮萍表面撒施尿素或碳酸氢铵防治。

③ **转藕头**。为了使莲鞭在田中分布均匀，且避免插入田埂，要随时检查莲鞭生长方向。即看前端小叶折卷的朝向来决定转动藕头的方向。转藕头时，先将莲鞭前一二节的泥土扒开，露出芽头及莲鞭，再用手将莲鞭托起调整方向，埋入泥土中，不要硬拉，以防莲鞭折断。转藕头时间以晴天下午为好。调整过的地下茎在新叶上用手掐一个裂口作为标记，以免日后造成不必要的重复。

④ **水层管理**。水层深度，一般藕田不可断水。整个生长季节内，都保持一定水深，一般10～30cm。水层深度应根据前期浅、中期深、后期又浅的原则加以控制。生长中期，气温高，此时荷梗也高，水深可达20cm以上，在枯荷后，如留种到次年，应保持一定深度的水层，以防土壤干裂，在寒冬冻坏地下茎，同时可避免干田后土块变硬，难以挖起。

⑤ **摘叶除花割叶柄**。摘叶除花：一是当立叶满布田间后，浮叶被遮阳，逐渐枯黄，同化作用降低，可以摘除，使阳光透入水中，以提高土温。二是在夏季生长茂盛的藕田里，花叶繁茂，叶片相互郁闭，严重影响通风透光，下面叶片枯死，这时期，要适当摘除一部分老叶，并将花梗折曲（为防雨水侵入，不可折断）或除去花蕾，以改善通风透光条件，提高光合作用效率，同时避免开花结实，节约养分的消耗，促进地下茎（藕）的肥大生长。注意一般健全的立叶不可摘除，摘叶过多过早会影响藕的产量，处暑后（8月底）荷叶生长缓慢应停止摘老叶。割叶柄：为了提高莲藕的品质，促使藕身的表皮去掉铁锈（氧化铁），可在荷叶和叶柄全部枯死前（即在采收莲藕之前约半个月），在灌有水的情况下，割去地上荷叶的叶柄，此时地下部分停止呼吸，水顺荷叶梗进入藕身就可使藕表面的锈色减退。此外，藕株娇嫩，容易折损，因此，在生长期间内，严谨牲畜家禽窜入践踏，非田间操作管理，禁止人们进入藕田，以保护卷叶不受损伤。

(5) 病虫草害防治

病虫草害防治应坚持“预防为主，综合防治”的原则，优先采用农业防治、物理防治和生物防治措施，配合使用化学防治措施。一是农业防治，宜实行水旱轮作或与茭白等水生蔬菜轮作，采用抗病品种和无病种苗，做好田园清洁，清除田间和田边的眼子菜、鸭舌草等杂草。同时加强管理，增施有机肥，提高植株抵抗能力。二是物理防治，斜纹夜蛾宜用杀虫灯等诱杀成虫，人工捕杀虫卵和幼虫；蚜虫宜用黄板诱杀。三是生物防治，保护或释放天敌，如蚜虫可用瓢虫、蚜茧蜂、蜘蛛、草蛉、蚜霉菌、食蚜蝇等天敌防治。生物源农药防治，如利用昆虫性信息素诱杀斜纹夜蛾成虫，用苏云金杆菌可湿性粉剂500～800倍液喷雾防治斜纹夜蛾幼虫，利用苦参碱、鱼藤酮等防治蚜虫。放养泥鳅、黄鳝等捕食莲藕食根金花虫（稻根叶甲）幼虫。莲藕食根金花虫亦可于4月下旬～5月中旬，每667m^2用茶籽饼10kg，捣碎，清水浸泡24h，之后浇泼田间。

莲藕主要病虫害防治方法如下。

① **莲藕腐败病**。腐败病俗称“藕瘟”“莲瘟”，是为害莲藕的重要病害，主要危害地下茎和根部，并造成地上部分叶片和叶柄枯萎。由地下茎中心处逐渐扩展蔓延，莲藕出现“菊花心”，直至腐烂。此病难于发现及防治，一般病田减产15%～20%，严重时，全田一片枯黄，减产50%以上。防治方法则是以预防为主，越冬田覆水15～20cm，可有效减少腐败病源；每667m^2施生石灰100kg和硫黄粉5kg或用50%多菌灵可湿性粉剂2kg拌细土20kg撒于地表；发病严重地块，进行3年以上水旱轮作；选用抗病品种和无病种藕，种藕用50%多菌灵或甲基硫菌灵800倍液，或75%百菌清可湿性粉剂800倍液喷雾后，用塑料薄膜覆盖密封闷种24h，晾干后播种；栽植前施足腐熟有机肥，注意氮磷钾配合施用，增施硅肥，补施硼、锌、钼等微肥，促进植株生长，增强植株抗逆及抗病性；及时进行田间检查，发现病株及时拔除、深埋或烧毁；田间操作时，应尽量减少人为给地下茎造成损伤；发病期间深水灌溉，降低地温抑制病菌繁殖；发病初期用50%多菌灵可湿性粉剂600～800倍液，或50%甲基硫菌灵可湿性粉剂800～1000倍液，或50%多菌灵可湿性粉剂600倍液加75%百菌清600倍液喷雾。也可用上述混合药粉500g拌细土25～30kg，堆闷3～4h后撒入浅水层莲蔸下，2～3d后再用上述混合剂600倍液或70%甲基硫菌灵800倍液或25%甲霜灵可湿性粉剂1000倍液，喷洒叶面或叶柄，连喷2～3次。

② **食根金花虫**。又称食根叶甲、地蛆、藕蛆等。幼虫潜入泥中蛀食根和根状茎，在莲鞭上形成多个褐色或黑色的蛀孔。在莲藕膨大期，幼虫亦可蛀食膨大根状茎（藕），在藕体上造成多个褐色和黑色的蛀孔。防治方法以防为主，宜采用水旱轮作，清除田间和田边杂草；放养泥鳅、黄鳝等捕食幼虫；莲藕种植整田时，每667m^2施入生石灰75～100kg、茶籽饼粉10～15kg。在莲藕发芽前，每667m^2用3%辛硫磷颗粒2.5～3kg，拌25～30kg干细土，傍晚时在放净水的藕田中撒施，第二天再放水3cm深，湿润藕田，过3d后恢复正常水浆管理。

③ **斜纹夜蛾**。一般5月份开始危害，7～9月份危害盛发期。具有暴食性、杂食性、多发性、迁飞性、繁殖力强等特点，在长江流域一年可发生多代。以幼虫为害莲藕叶、花、果等地上部分器官，低龄幼虫群集啃食荷叶叶肉，严重者荷叶仅剩表皮和叶脉，呈网纱状；高龄幼虫吃食叶片，造成缺刻，亦取食心皮、幼嫩莲子等，严重者荷叶仅剩叶脉。防治方法：每667m^2设置1个性引诱器（置诱芯1个）或频振式杀虫灯（1盏/2hm^2），诱杀成虫；人工摘除卵块或捕杀3龄以前群居的幼虫；3龄后的幼虫每667m^2用2.5%溴氰菊酯乳油60mL兑水60kg，或5%氟啶脲1500倍液喷雾1次，或200g/L氯虫苯甲酰胺悬浮剂5～10g兑水，常规喷雾。

④ **莲缢管蚜**。莲整个生长期均可危害，4月下旬至5月上旬是莲缢管蚜发生的高峰期之一。成虫和若虫多见成群密集于莲藕新生藕苫叶叶背及叶柄上，危害较轻时叶片现黄白斑，危害较重时造成叶片卷曲皱褶、叶柄变黑、花蕾凋谢等。防治方法：设施栽培时，可采用黄板诱杀；大田栽培时田间发生比例约30%以上时进行化学防治，用10%吡虫啉可湿性粉剂1000～1500倍液、3%啶虫脒乳油1500～2000倍液、2.5%溴氰菊酯乳油2000倍液、50%抗蚜威可湿性粉剂2000～3000倍液等。

⑤ **潜叶摇蚊**。以幼虫潜食叶肉危害莲藕的浮叶和实生苗叶，由叶背面侵入，开始时潜道呈线形，随着幼虫的取食，潜道呈喇叭口状向前扩大，最终形成短粗状紫黑色和绛紫色蛀道。大龄幼虫将虫粪筑在虫道两侧，因而潜道内有一段形似“=”号深色平行线。受害严重时浮叶叶面布满虫斑，几乎没有绿色面积，终致浮叶腐烂、枯萎。一般潜叶摇蚊轻微发生时，可不用进行防治。如果浮叶受害面积超过四分之一时应及时进行防治。可用90%敌百虫晶体1500倍液，或80%敌敌畏乳油1500倍液，或2.5%高效氯氟氰菊酯乳油3000～5000倍液喷雾防治。

⑥ **龙虾**。又称克氏原螯虾、小龙虾。前期可为害新生茎叶。在定植前7d，每$667m^2$用2.5%溴氰菊酯乳油50mL兑水后均匀浇泼1次，田间水深保持3cm。

⑦ **田间杂草防除**。秕壳草（稻李氏禾）、眼子菜、野荸荠等杂草，可人工及早防除；浮萍，用碳酸氢铵控制；水绵，用硫酸铜溶液浇泼，晴天防治，每7d一次，共2～3次。硫酸铜用量根据水深而定，每$667m^2$的用量，按每10cm水深0.5kg硫酸铜计算。除草剂建议谨慎使用。藕田化学除草：12.5%高效氟吡甲禾灵或35%精吡氟禾草灵，在禾本科杂草幼苗3～4片叶时使用，使用时先将藕田水排干，每$667m^2$用12.5%高效氟吡甲禾灵40mL加水40～50kg，充分搅拌后，叶面喷雾，施药要均匀，不漏施，不重施，施药后4d左右待杂草枯死后复水。

(6) 藕的采收

藕的采收分青荷藕采收与枯荷藕采收。

收青荷藕正在炎夏，是为了供应淡季，同时再栽一季其他作物。这一茬藕的产量虽低但市价高。收青荷藕所用的品种都是早熟品种。收青荷藕前一周，应割去地上荷梗，以减少表皮上的锈色。收青荷藕时，可将主藕向市场出售，而将较小的子藕栽在田块四周，与下茬作物，如晚稻、水芹、豆瓣菜等套作。待晚稻作物收获后，子藕虽长大，但商品性不足，仍留田中，以待次年作为藕种。

收老熟藕，有的在秋冬收后上市，有的在次年春季收后上市或作藕种。秋冬收获，有两种方法。一是全田挖完。要求全部挖尽，这样一方面可防止残株带病，另一方面可防止遗留莲子次年发生混杂现象。二是抽行挖藕。即挖去四分之三面积，留四分之一不挖，隔行再挖四分之三，这样留下的四分之一即作为藕种，次年藕芽萌发，发出新藕。这个办法长藕早，用早熟种如鄂莲一号，可在次年6月份即采收新藕。

(7) 藕的贮存

藕在秋冬成熟后，可以不必挖起，就地贮存，随要随挖，一直可贮存到次年4月份发芽时为止。如果为了退田，或防止冬季雪天不便田间工作需要挖起，则首先注意不要挖伤；在洗藕去泥时，不要擦破表皮，最好是不去泥。广东菜场上的藕，常带一层薄泥，以保证藕的鲜嫩。如远地运输，特别是作种藕外运不能带泥时，不要硬刮，以防伤藕的老皮。可用水管冲洗，再用1000倍多菌灵液浸泡3～5min，再放入珍珠岩或蛭石中，装入聚乙烯薄膜袋，再装入纸箱中，这样在室温条件下（25℃以下）可保持60d不坏。

(8) 留种

原原种应在原原种繁殖区内繁殖，由育种者或品种所有者指导进行。原种在原种繁殖区繁殖，繁殖原种用的种藕应来自于原原种。原种纯度应达97%以上。生产用种宜在生产用种繁育基地内繁殖，繁殖生产用种的种藕应来自于原种或直接来自原原种。生产用种纯度应达95%以上。

品种间宜采用水泥砖墙（深1.0～1.2m，厚25cm）或空间（10m以上）隔离。原原种繁殖小区面积宜67～$667m^2$，原种与生产用种繁殖小区面积宜667～$1500m^2$。同一田块连续几年用于繁种时，应繁殖同一品种，更换品种时应先种植其他种类作物1～2年。不同品种相邻种植，土埂必须在2m以上。

对于连作种藕田，宜推迟10～15d定植，定植前挖除上年残留植株。生长期应将花色、花形、叶形、叶色等性状与所繁品种有异的植株挖除。进入花期后，宜10～15d巡查一遍，去杂并及时摘除花蕾和莲蓬。进入枯荷期后，对于田块内仍保持绿色的个别植株应予以挖除。种藕采挖时，应对入泥深浅、藕皮色、芽色、藕头与藕条形状等与所繁品种有异的藕支及感病藕支予以剔除。种藕贮运时，同一品种应单独贮藏、包装和运输，并做好标记，注明品种名称、繁殖地、供种者、采挖日期、数量及种藕级别等。

15.1.5 子莲栽培技术

子莲在我国主要分布在江西（广昌、石城一带）、福建（建宁一带）、浙江（建德、武义、龙游）、湖南（湘潭）、湖北等地，面积在10万公顷左右。其中江西、福建、浙江、湖南各地多实行一年一栽；湖北各地则多实行三年一栽，栽植第二、第三年4月初至6月上中旬抽取藕带进行疏苗。

(1) 品种选择

应选用通过省级农作物品种审（认）定或登记的品种及优良地方品种。宜选用鄂子莲1号（满天星）、太空3号、太空36号、建选17号、建选35号、湘莲等。

(2) 种藕准备

种藕质量要求品种纯度不低于95%，带泥量不高于20%，单个种藕藕支具有至少1个顶芽、2个节间、3个节，且未受病虫为害，无大的机械伤，萌发率不低于90%。每$667m^2$大田的种藕用量宜种藕120～150支。

(3) 大田准备

种植子莲的大田应做到地势平整、耕层疏松、土壤肥沃、田园清洁、水源充足及保水设施完善。土壤酸碱度宜为pH5.6～7.5，土壤类型宜为富含有机质的黏壤或壤土。宜于大田定植前7～10d，每$667m^2$施$N:P_2O_5:K_2O$为15：15：15的复合肥50kg、硼砂1.0kg（或硼酸0.5kg）、七水硫酸锌1.0～1.5kg（或一水硫酸锌0.5～1.0kg）及农家肥料2000～3000kg，之后耕翻（深度25～30cm）耙平。宜每3年施用一次新鲜生石灰，每$667m^2$每次用量75kg。

(4) 大田定植

定植时期宜为3月下旬～4月下旬。种藕应在田间均匀排放。定植密度宜为行距2.0～2.5m、穴距2.0～2.5m，每穴排放1支主藕或1支主藕和1～2支子藕，定植穴在行间呈三角形排列。种藕藕支宜按20°角斜插，藕头入泥10cm，藕梢翘露泥面。田块四周边行定植穴内藕头应朝向田块内，至中间两条对行间的距离加大至3m。

(5) 大田管理

① **追肥**。宜于定植后30～35d和第60～65天分别施第一次、第二次追肥，每次每$667m^2$施复合肥和尿素各10kg；进入采收期后，每15d追肥1次，每次每$667m^2$施复合肥10kg、尿素5kg及硫酸钾3kg。追肥时，应避免肥料溅落或滞留于叶片上。另外，进入开花期后，宜用0.1%～0.2%硼砂、硼酸或聚硼酸钠水溶液进行叶面喷施，喷用量为$60kg/667m^2$，每10～15d一次。

② **水深调节**。宜常年保持水深20cm。

③ **除草**。定植前，结合耕翻整地清除田间及田埂杂草；定植后至封行前，宜人工拔除杂草。其中，水绵发生时，宜用5mg/kg硫酸铜水溶液浇泼，晴天进行，3～5d一次，连续2次；浮萍发生时，宜在浮萍表面撒施尿素或碳酸氢铵防治。

④ **疏苗**。子莲最好是每年种植，对于一次定植，多年栽培的田块，应从第2年开始进行早期疏苗。宜于6月20日前，采收藕带（幼嫩根状茎），或按照行距2.5m、穴距1.5～2.0m间隔留苗，割除非预留植株的荷梗。在采收季节，宜及时摘除弱小叶片、过密叶片、老化叶片及病虫为害叶片。

⑤ **去杂**。子莲种植过程中，对于混杂的种藕、植株、遗落田间的莲子及其实生苗等应清除。种藕采挖和定植期间，宜根据种藕形状、颜色、大小、藕头形状、顶芽颜色等，剔除混杂者；开花结籽期，宜根据莲蓬和莲子的形状、大小、颜色及品质等，人工拔除杂株，或用10%草甘膦水剂5～10倍液注射杂株荷梗和花柄，杀灭杂株；任何时候，对于遗落田间的枯老莲蓬、莲子及莲子实生苗均宜及时人工清除。

⑥ **辅助授粉**。宜于花期放蜂授粉，平均每2～$3hm^2$设置1个蜂箱。放蜂时，应防止农药使用对蜂群的影响。

(6) 采收

以鲜食为目的者，宜于青绿子期采收，且宜于销售当日的早晨采收，或于前一天傍晚采收。要求莲子饱满、脆嫩、味甜。7d以内短期贮藏保鲜，温度宜为3～10℃。以加工捅心白莲为目的者，宜于黄褐子期采收。采收后去莲壳（果皮）和种皮，捅除莲心（胚芽），洗净沥干，之后烘干（宜先置80～90℃下烘至莲子发软，后置60℃下烘干至含水量不高于11%）。磨皮莲宜于黑褐子期采收，采收后露晒5～7d。莲壳、种皮及莲心均可采用机械去除。

以鲜食和加工捅心莲为目的，7～8月期间宜隔日采收1次，即每两天采摘1次，其他时期宜每3d采收1次，每667m^{2}可产鲜莲蓬4000～5000个（约500kg），或鲜食莲子300～350kg；以加工磨皮莲为目的，一般年采收6～8次，每667m^{2}可产铁莲子150kg以上；藕带是子莲种植的副产品，第2年可抽藕带，从4月初一直可抽到6月上中旬，每667m^{2}可产鲜藕带100～150kg。

15.1.6 藕带栽培技术

藕带是莲藕未膨大根状茎顶端的一个节间及顶芽，俗称藕鞭、藕簪。藕带微甜而脆、滋润爽口，生食、熟食均可，是湖北地区深受人们喜爱的春夏时令特色蔬菜。就藕带来源而言，主要为子莲，其次为藕莲。子莲藕带一般实行一次定植，两年或三年栽培，于第2年和第3年采收藕带。藕莲藕带栽培与常规藕莲栽培相比，要求土壤肥沃疏松，增加单位面积上的定植芽数，进而增加根状茎的分枝数，增加藕带产量。

(1) 品种选择

一般藕莲品种均可用于藕带栽培，如鄂莲一号、鄂莲五号、鄂莲六号、鄂莲七号、武植二号等。宜选藕带兼用型藕莲品种00-26莲藕、鄂莲8号、芦林湖莲藕及武植2号等，以及子莲品种太空36号、满天星、建选17号及建选35号等。

(2) 栽培模式

一是"藕带商品莲藕"栽培模式。3月中下旬～4月中下旬定植，一般每667m^{2}用种量为300～400kg以上，5月中下旬～7月底分期采收藕带。藕带停止采收后，加强肥水管理，9月下旬～翌年3月中下旬或4月中下旬采收商品藕。二是"藕带种用莲藕"栽培模式。3月中下旬～4月中下旬定植，一般每667m^{2}用种量为300～400kg以上，6月中下旬～9月上旬分期采收藕带。藕带停止采收后，生产种用莲藕。每667m^{2}藕带产量可达300～400kg。该模式下，秋季长成的莲藕较小，商品性差，但用作翌年种藕则比较适合，每667m^{2}种藕产量可达1000～1250kg。这种方式繁殖的种藕，有的采挖用作种藕，有的不采挖，直接留地用作本田翌年的种藕，采收藕带。该模式在稻田栽培时，藕带可采收至8月中下旬；在鱼池或水塘栽培时，可采收至9月上中旬。三是"子莲藕带"栽培模式。子莲藕带是以生产莲子为主要目的，藕带是子莲栽培的副产品。子莲结藕较小，商品性较差，因此很少作蔬菜食用，但可加工成藕粉，也可作生产用种藕。若不挖取，第二年莲田种藕会在春季萌发，在5月至6月上中旬采收藕带，6月中旬后不再抽藕带。子莲藕带平均长50cm、粗1.0cm，单支重30g以上，表皮黄白色或粉白色。据调查，近年来子莲藕带产区每667m^{2}子莲（铁莲子）产量150kg左右，藕带产量100kg左右，采收藕带已成为当地莲农增收的重要渠道。湖北地区子莲一般实行一次定植，采收3～5年。

(3) 种藕准备

种藕质量要求品种纯度不低于95%，带泥量不高于20%，单个种藕藕支具有至少1个顶芽、2个节间、3个节，且未受病虫为害，无大的机械伤，萌发率不低于90%。藕莲品种种藕用量宜为400kg/667m^2，子莲品种种藕用量宜为120～150支/667m^2。

(4) 栽培技术要点

a. 土壤准备。用作"藕带-藕莲"栽培的田块，要求土壤肥沃疏松、耕深25～30cm，基肥应尽量多施腐熟的畜禽粪肥、堆肥等农家肥，每667m^{2}可施肥3000～4000kg。亦可每667m^{2}可施N：P：K比例为15：15：15的复合肥（后同）50kg、腐熟饼肥50kg及尿素20kg，加大用种量。一般情况下，当年定植用种藕用量要求每$667m^2$达到300～400kg，比常规栽培多50～150kg。

b.及时追肥。进入藕带采收期后，一般要求每15d左右追肥一次，每次每$667m^2$可追施复合肥10kg及尿素10kg。采用“藕带——商品莲藕栽培模式”时，于7月下旬每$667m^2$追施复合肥50kg、尿素20kg及硫酸钾肥15kg；采用“藕带——种用莲藕栽培模式”时，宜于8月中下旬追肥，用量比“藕带——商品莲藕栽培模式”减半。

c.水位管理。生长前期保持5cm左右的浅水，有利于水温、土温的升高，促进萌芽生长。生长中期（花果盛期）水层加至10～15cm。冬季莲田保持水位5～10cm。

（5）及时采收

藕带采收应及时，子莲藕带一般第二年4月下旬至6月中旬采收藕带，一般隔一天采收一次。采收藕带时，应防止踩伤根状茎。根据根状茎上的立叶走向，找准该根状茎的最前一片立叶（未充分展开的立叶），顺着立叶开口方向向前，入泥下摸，采取最前端一个节间。前期采收强度宜低，便于植株发棵；后期采收强度可以大一些。采收的藕带长度以25～50cm为宜。藕带采收过短，影响产量；过长，则纤维化程度过高，影响口感和品质。采收的藕带顶芽若被叶鞘包裹，这种藕带俗称“笔筒苫”，是藕带中的上品。藕带采收后用清水洗净，顺向理齐装运，短期贮藏可用清水浸泡。结合绿色防控技术，每$2hm^2$安装1盏太阳能杀虫灯。子莲藕带一般每$667m^2$产干子莲（壳莲）100kg以上，藕带100kg。

藕莲藕带采收同样是以采收“笔筒苫”为佳。5月初莲塘封行后，4～5片立叶时开始采收藕带，如果是专用于采收藕带的莲池可采收至8月底，每2d采收一次。在未展开立叶的开口前方，入泥下摸采摘。以顶芽饱满但芽鞘尚未开裂为适宜采收指标。一般每$667m^2$藕带产量可达300～400kg，莲藕产量可达1000～1250kg。

15.2 茭白栽培

茭白别名茭瓜、茭笋、蒿芭等，是禾本科菰属多年生宿根草本沼泽植物。原产于中国，由同种植物菰演变而来。茭白的食用部分为变态的肉质嫩茎，是植株受菰黑粉菌寄生后，茎尖受病菌分泌物吲哚乙酸刺激，畸形膨大而成。

茭白在长江流域以南各地区均有栽培，湖北武汉、浙江余杭、江苏扬州等地为主要产区，东南亚也有少量栽培。茭白产品器官为变态肉质嫩茎，炒食或作汤。每100g嫩茎含水分88.95～93.27g、蛋白质1.0～1.6g、碳水化合物1.8～5.7g、粗纤维0.7～1.1g、可溶性糖2.18～4.84g、脂肪0.3g以及维生素和矿物质等。茭白在未老熟前，有机氮素是以氨基酸状态存在，味鲜美，营养价值较高。

茭白上市期主要在春季和秋季。茭白的采收期在5～6月份及10月份前后，对调剂蔬菜市场、丰富花色品种有一定作用。种植区域主要在长江以南地区，品种类型以太湖流域最为丰富，栽培技术多种多样。根据采收上市次数分为单季茭和双季茭，双季茭又可以分为秋茭早熟、夏茭迟熟的无锡类型品种群和秋茭迟熟、夏茭早熟的苏州类型品种群。双季茭白的夏茭由于生长期较短，在春季气温回升较迟的长江以北地区一般难以保证产量。无锡类型茭白的秋茭一般在9月份开始采收上市，能较好地填补高温“伏缺”。一些地方剥取的野生茭白（茭草）叶鞘的幼嫩内芯，称为“茭儿菜”，含有较多游离氨基酸，鲜嫩可口；部分地区还在茭白大量上市季节，将肉质茎切片晒干或腌制，贮藏到冬春季节成为风味食品。

15.2.1 类型与品种

按采收季节茭白可分为一熟茭和两熟茭。

a. 一熟茭。又称单季茭，只能在秋季短日性才能孕茭，春季栽培秋季采收一次，可连续采收 3～4 年。一熟茭上市一般比两熟茭的秋茭早，多在 8～9 月份上市，对水肥条件要求不高。一熟茭又可分长薹管品种群和短薹管品种群，主要品种有一点红、寒头茭、象牙茭、美女茭、无为茭、蒋墅茭、萎葑茭、鄂茭一号等。

b. 两熟茭。又称双季茭，对日照长短要求不严，在初夏和秋季都能孕茭。栽植当年秋季采收一次，称秋茭；翌年初夏再收一次，称夏茭，对水肥条件要求较高。主要品种有鄂茭二号、中秋茭、蚂蚁茭、两头早、刘潭茭、广益茭，苏州小蜡台和杭州梭子茭等。

15.2.2 生物学特性

(1) 形态特征

① **根**。茭白具有发达的须根系，在植株的短缩茎和根状茎上都有分布。短缩茎节上须根 10～30 条，根状茎节上 5～10 条，根长 20～70cm。新生根粗约 1mm，老根粗 1.5～2.0mm，黄褐色，且具大量根毛。根系主要分布纵深 30～60cm，横向半径 40～70cm 范围内。

② **茎**。茭白有短缩茎、根状茎和肉质茎三种。短缩茎直立生长，腋芽休眠或萌动形成分蘖，下位节着生须根。部分品种孕茭后节间变长达 20～30cm，茎长达 50～100cm。进入休眠期后，短缩茎的地上部多死亡，而地下部分保持生命力。根状茎由短缩茎上的腋芽萌发形成，粗 1～3cm，具 8～20 节，节部有叶状鳞片、休眠芽、须根。根状茎一般在翌年初春向上生长，产生分株即"游茭"，3～5 株丛生或单生。肉质茎系茭白植株受菰黑粉菌侵染后，菰黑粉菌分泌吲哚乙酸刺激膨大形成，一般 4 节。肉质茎即食用器官，其形状、颜色、光滑度、紧密度、大小等性状，是区别品种的主要特征。

③ **叶**。茭白有叶 5～8 片，叶由叶片和叶鞘两部分而成。叶片与叶鞘相接处有三角形的叶枕，称"茭白眼"。叶鞘自地面向上层层左右互相抱合，形成假茎。叶鞘肥厚，长于节间，基部则常有横脉纹；在叶片和叶鞘相接处的内侧有一三角形膜状突起物，称叶舌，它可防止水、昆虫和病菌孢子落入叶鞘内。叶舌膜质，略成三角形，长达 15mm；叶片扁平而宽广，条形或狭带形，长 150～200cm，宽 3～5cm，具纵列平行脉。表面粗糙，背面较光滑，分枝多簇生，开花时上举，结果时开展。

④ **花、果**。雄茭是指少数植株，抗病力特别强，黑穗菌的菌丝不能侵入，不能形成茭白，至夏秋花茎伸长抽薹开花的植株。灰茭是指部分植株过熟后或菌丝体生长迅速，致茭白内部已充满黑褐色的孢子，致使品质恶劣，不能食用。雄茭中心抽薹高出雌茭之上，较易识别，宜及时连根拔除，不可留根株于土中。野生栽培茭的雄茭能在 5～8 月份抽穗开花，圆锥花序，长 50～70cm。栽培茭白雄茭能开花，但不能形成种子，只有野生茭白才能形成种子。种子为颖果，圆柱形，长约 10mm，成熟后为黑褐色。

(2) 生长发育过程

茭白一般不开花结实，以分株进行无性繁殖，其生育过程经历萌芽期、分蘖期、孕茭期和休眠期。

① **萌芽期**。从越冬母株基部茎节和地下根状茎先端的休眠芽萌发、出苗至长出 4 片叶，约需 25～40d。萌芽始温 5℃，适温 15～20℃，并需 2～4cm 的浅水层。

② **分蘖期**。从新苗出现定型叶开始，到大部分新苗分别成长为株高已稳定并在各株基部抽生 1～2

次分蘖为止。本期经历的时间因茭白类型和栽培年度有差异，一熟茭经历130～150d；两熟茭栽植的当年（秋茭采收年）需150～170d，而在第二年（夏茭采收年）时间较短，为60～80d。

③ **孕茭期**。从茎拔节至肉质茎充实膨大的过程，需40～50d。主茎先孕茭，其后有效分蘖陆续孕茭。孕茭需有一定的叶数，同时要有菰黑粉菌寄生，才能开始拔节伸长。菰黑粉菌能促使植株更多地分泌吲哚乙酸类生长激素，刺激茎先端数节膨大和增粗，形成肥嫩的肉质茎，最后使外面包被的叶鞘中部被肉质茎挤开，形成裂缝表明已达到采收成熟。孕茭持续时间，受气候条件和品种特性的影响较大。孕茭还需充足的氮肥，适量的磷、钾肥及一定的水层。充足的阳光和短日照均有利于孕茭。一般单支肉质茎孕茭需8～17d，全田植株孕茭持续30～60d。

④ **休眠期**。从植株叶片全部枯死，以地上茎中下部和地下根状茎先端的休眠芽越冬开始，至翌春休眠芽开始萌发为止，需80～150d。一般在气温5℃以下时进入休眠，翌春气温上升到5℃以上时开始萌发。

(3) 对环境条件的要求

① **温度**。茭白属喜温性植物，生长适温10～25℃，不耐寒冷和高温干旱，栽培地区的无霜期在150d以上，遇霜后茭叶即枯死，在休眠期内能耐－10℃的低温。萌芽温度在5～7℃，分蘖适温在20～30℃，孕茭适温18～25℃，低于10℃或高于30℃则均不能正常孕茭。昼夜温差大，利于肉质茎的营养积累。对单季茭而言，其孕茭除需短日照外，温度决定不同品种的熟性。对双季茭而言，对日照不敏感，温度为其孕茭的决定因素，且不同品种孕茭适温不同，如苏州地区的多数品种孕茭适温为18～21℃，而无锡地区的品种孕茭适温为22～26℃。因此，双季茭白由高温地区向低温地区引种时，提早孕茭，如南种北引；低海拔地区向高海拔地区引种，也会提早孕茭。双季茭白中的同一品种在夏、秋两季的孕茭期的温度是一致的，一般而言，双季茭白夏茭早熟，则秋茭迟熟，而秋茭早熟的，则夏茭迟熟。茭白孕茭对温度的反应是相当稳定的，而与生育期的积温无关。不同大小的茭白植株，在适宜的温度和光照下都可孕茭。但植株孕茭后，要形成一定大小、具商品价值的肉质茎必须使植株达到一定大小。多数品种植株，叶片达10片叶以上时，肉质茎重50g以上。

② **光照**。对日照反应的不同决定了能否在春夏之交的5～6月份孕茭，也就是茭白的两大类型双季茭白和单季茭白的区别所在。双季茭白对日照长短要求不严格，不同日照条件下均可孕茭。单季茭白只能在短日照条件下孕茭，也就是只能在秋季才孕茭。因此单季茭向低纬度或低海拔地区引种时，一般表现为早熟。向高纬度或高海拔地区引种时，多表现为迟熟。

③ **水分**。茭白为浅水水生植物。生长期内不能缺水，植株从萌芽到孕茭，水位应逐渐加深。一般从5cm逐渐加深到25cm，才能促进有效分蘖和分株孕茭，并使茭肉白嫩，同时减少无效分蘖发生。水位最深不能淹没茭白眼，否则，会引起茎基部节间拔长，茭肉缩短，降低产量和品质。

④ **菰黑粉菌**。菰黑粉菌又称茭白黑粉菌，茭白黑粉菌的双核菌丝寄生在植株体内，菌丝体为许多长筒状细胞连接而成的具有分枝的丝状体。距生长锥较近的幼叶菌丝含量较多，而距生长锥较远的幼叶菌丝则较少。就一片叶而言，叶基部菌丝含量较多，叶顶部菌丝分布较少，叶生长到衰老期后菌丝不再存在。茭白分蘖腋芽发生位点的细胞质浓厚，菌丝体分布较多，菌丝粗壮，且生长旺盛。入秋，一部分菌丝在膨大的茎中形成冬孢子，待肉质茎腐烂，冬孢子散布到寄主体外的田间；另一部分菌丝宿存在直立茎基部（薹管）和根状茎中越冬。越冬菌丝在翌年随直立茎和根状茎的萌动生长而繁殖，因此，新生的植株一开始就受到菌丝的侵染。

茭白肉质茎的形成需要菰黑粉菌的侵染寄生。植株体内如果无菰黑粉菌，茭白茎也就不会膨大，甚至到夏秋可抽薹开花、结实，这种茭称为“雄茭”。如茭白在孕茭期菰黑粉菌产生厚垣孢子，肉质茎内产生不同程度的黑点，有的肉质茎全被厚垣孢子占满，成为一包黑灰，不能食用，这种茭白称为“灰茭”。正常茭在生长过程中，不断会有雄茭和灰茭植株分离出来。栽培上每年都要进行严格的选种，才能保持其种性。生产上一般在夏茭采收时，淘汰雄茭，在秋茭采收时淘汰灰茭，年年选种，并进行分墩和分株复壮，以保持种性。

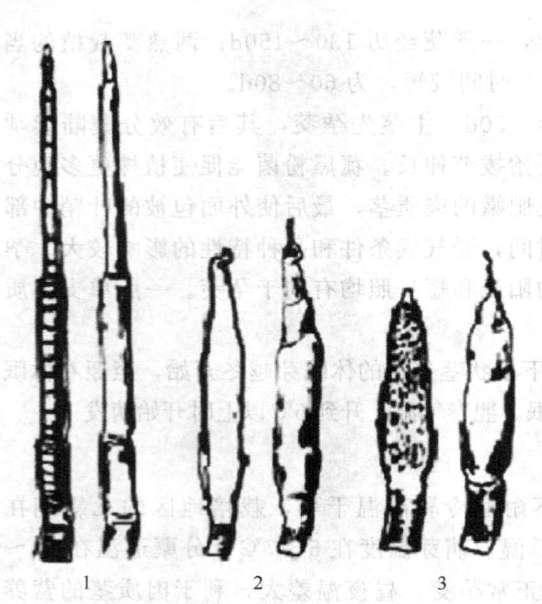

图 15-2　雄茭、正常茭、灰茭茎部的比较
1.雄茭；2.正常茭；3.灰茭

雄茭、灰茭和正常茭从植株外形上很容易识别（图 15-2）。

雄茭的植株高大，生长季节株丛明显高于正常茭，叶片较宽，直立性强，仅先端下垂，假茎圆，不膨大，花茎中空，薹管较高。

正常茭生长势中等偏弱，植株较矮，叶片宽阔，最后一片心叶显著短缩，叶色较淡，茭肉肥大时，假茎发扁，在叶鞘一侧裂开，茭肉较长。

灰茭生长势较正常茭略强，叶色深绿，叶鞘发黄，始终不裂开，植株在夏季常不孕茭，茭肉较短小，切开即可见黑色孢子。

15.2.3　栽培季节与方式

茭白属喜温性植物，以分蘖和分株进行无性繁殖，不耐寒冷和高温干旱，栽培地区的无霜期需 150d 以上。长江流域，一熟茭一般在 4 月份定植，两熟茭可分春栽和夏秋栽两种。春栽常在 4 月中下旬进行，夏秋栽在 7 月下旬至 8 月上旬进行。其中秋茭早熟的品种多行春栽，秋茭晚熟品种可行夏秋栽。

茭白的需肥量大，容易发生病虫害，应实行轮作。一般低洼水田常与莲藕、慈姑、荸荠、水芹、蒲草等轮作，在地势较高的水田，可与旱生蔬菜及其他作物实行水旱轮作。

近年来，长江流域利用大棚栽培，双季茭品种春季在清明前后定植，夏秋季在 6 月下旬至 7 月上旬定植，10～11 月份采收秋茭，翌年 4 月上旬夏茭上市。设施茭白早熟栽培是近年来茭白产业发展的一项创新技术，主要用于在冬春季等不适气候条件下促进茭白生长以达到提早采收的目的，目前已在浙江省取得良好效果。据文献报道，浙江省有 3000hm^2 的茭白设施栽培基地，主要集中在台州地区，其中台州市黄岩区有近 2000hm^2 的设施栽培茭白基地，产值达 2 亿元，成为我国最大的茭白设施栽培基地。

15.2.4　茭白栽培技术

(1) 整地施基肥

茭白生长期长，植株庞大，需要大量肥料；孕茭期需灌 16～20cm 深水，使茭笋软白，因此，应选择土壤肥沃、含有机质 5%以上、排灌方便的田块。一般施用农家肥料，如人畜粪或绿肥作基肥，每 667m^2 施 2000～3000kg。稻田则更应多施，并充分沤烂，做到田平、泥烂、肥足，以保证连续采收几季。

(2) 寄秧育苗

寄秧育苗是近年来茭白栽培技术的重要改进，即在秋季选优良母株丛（茭墩内无灰茭、雄茭，结茭整齐一致、薹管较低）挖起，先在茭秧田中寄植一定时间，然后再分苗定植于大田。采用这种方法可促进茭白早熟，提高种苗纯度和质量，便于茬口安排。寄秧田与大田的比例为 1∶20。寄秧田要求土地平整，排灌方便，整地时每 667m^2 施入有机肥 1500～2000kg。一般在 12 月中旬到翌年 1 月中旬移栽，此时母株丛正处于休眠期，移栽时不易造成损伤。寄秧密度以株距 15cm，行距 50cm 为宜，栽植深度与田土表面持平。

(3) 栽植

一熟茭多为春栽，两熟茭常可分为春栽和夏秋栽。

a. 春栽。一熟茭所有品种和两熟茭的晚熟品种都适于春栽。长江中下游地区一般于 4 月中下旬，当茭苗高 30cm 左右、日平均气温达 15℃以上时即可栽植。从寄秧田或留种田连泥将母株丛挖出，用利刀顺着分蘖着生的方向纵切，分成若干小墩，注意尽量不伤及分蘖和新根。每小墩要求带有薹管，并有健全分蘖苗 3～5 株，随挖、随分、随栽。如从外地引种，运输过程中应注意保温。如栽时茭苗植株过高，可于栽前割去叶尖，留株高 30cm 左右，以减少水分蒸发和防止栽后遇风动摇。一般株距 50cm，行距 100cm。栽植深度以所带老薹管与田面相平为度。宜在阴天或傍晚时移栽。

b. 夏秋栽。湖北武汉和江苏苏州等地秋茭晚熟的两熟茭品种常作为早熟莲藕的后作。茭秧在 4 月于藕田四周或秧田育苗，7 月下旬至 8 月上旬栽插。栽前先打去基部老叶，然后起苗墩，用手将苗墩的分蘖顺势一一扒开，每株带 1～2 苗，剪去叶梢 50cm 左右。栽植方法同春栽，栽植行距 40～50cm，株距 25～30cm，每 667m^2 栽 4000 穴。

(4) 田间管理

① 两熟茭的秋茭和一熟茭的田间管理

a. 水层管理。茭白在不同的生育时期对灌水的深度要求不同。水层管理的原则是：浅水栽插、深水活棵、浅水分蘖、中后期逐渐加深水层、采收期深浅结合、湿润越冬。萌芽生长期及分蘖前期宜浅水，保持 3～5cm 水层，以利于地温升高，促进分蘖和发根。每墩平均分蘖数达到 18 株左右时，将水层逐渐加深到 10cm 左右，以控制无效分蘖的发生。7～8 月份高温阶段，水层要加深到 15cm 左右，以降温并控制后期分蘖的形成，促进孕茭。每次追肥前宜放浅田水，施肥后待肥料吸入土中再灌水。台风暴雨后，要注意及时排水，最高水位不能超过茭白眼，以防止薹管的拔高。秋茭采收期间，间歇灌溉，即平时灌水深度 20cm 左右，当天在采收完毕后，降低水层至 1～2cm，第二天再将水层恢复到 20cm，以便根系能获得较多的氧气。

b. 追肥。茭田追肥应掌握前促、中控、后促的原则，结合水层管理，促进前期有效分蘖，控制后期无效分蘖，促进孕茭，提高产量和品质。一般在栽植活棵后，每 667m^2 追施尿素 5～7kg 或粪肥 1000kg，称为提苗肥；第二次追肥在分蘖初期进行，一般于 5 月上旬每 667m^2 追施尿素 15～20kg，或粪肥 2000kg，以促进分蘖形成和分蘖的快速生长，称为分蘖肥；第三次追肥应在全田有 20%～30%的株丛开始扁秆，即刚进入孕茭期时进行，一般每 667m^2 追施尿素 20kg、硫酸钾 15kg，称为催茭肥。夏秋栽植的新茭田，当年生长期短，一般只在栽植后 10～15d 追肥 1 次，每 667m^2 施腐熟粪肥 1500～2000kg。

c. 摘黄叶、割枯叶、壅根及疏墩。茭白生长期一般需中耕 3～4 次，从定植成活或次年萌芽开始，到封行时为止，每隔 10～15d 耘耥一次。7～8 月份间，应摘除植株黄叶 2～3 次，以利通风，促进孕茭。秋茭采收以后，地上部经霜冻枯死，老茭墩根次年惊蛰萌芽之前将地上枯叶齐泥割去，留下地下根株。

② 两熟茭的夏茭田间管理

老茭墩根系密集，分蘖拥挤，在 4 月上中旬分蘖高 30cm 左右时应进行疏苗，将细小密集的分蘖除去，每 2～2.5cm^2 留 1 强壮分蘖，同时在茭墩根际压泥壅根，使分蘖散开，改善营养状况。

春季萌芽初期，苗高 15～20cm 时对生长拥挤的株丛应进行疏苗 2 次，使每墩的苗数控制在 20 株左右，并使苗向四周散开生长，苗距保持在 6cm 左右。在疏苗的同时，进行分墩补苗，从株丛大、出苗多的茭墩上挖出具有 6～8 株苗的小墩，填补缺穴，使全田密度均匀，生长一致。

两熟茭的夏茭生育期短，因此必须尽早追肥才能满足生长和孕茭的需要。除了在萌芽前施 1 次较重的有机肥外，在萌芽后 15～20d 内要再追施 1 次较重的有机肥。每 667m^2 施粪肥或厩肥 2000kg 左右，夏茭追肥应以有机肥为主，否则会引起茭肉品质变差。

(5) 病虫害防治

茭白与水稻同属禾本科植物，它们的病虫害大致相同，并能相互传染。其主要病害有胡麻叶斑病、茭白纹枯病和茭白瘟病；主要虫害有长绿飞虱、大螟、二化螟等。茭白瘟病的防治方法：不偏施氮肥，增施磷、钾肥；发病初期用 40%异稻瘟净 600 倍液喷雾防治。茭白纹枯病的防治方法：及时清除黄叶，改善通风透光条件，发病初期用 50%井冈霉素 1000 倍液，或用 40%异稻瘟净 600 倍液喷雾防治。胡麻叶斑病的防治方法：发病初期用50%扑海因或40%异稻瘟净600倍液喷雾防治，隔10d左右喷1次。长绿飞虱，可用50%辛硫磷1500倍液或2.5%溴氰菊酯2000～2500倍液喷雾防治。大螟、二化螟可用16%甲维·茚虫威悬浮剂10～15mL/667m^2，兑水30kg喷雾，隔7～10天喷1次。

(6) 采收

秋茭在秋分到寒露间采收，一熟茭较两熟茭采收早，春栽比秋栽采收早。早期采收，3d采1次；后期气温低，茭白老化较慢，4～5d采收1次。夏茭于立夏到夏至采收，采收时，气温较高，露出水面容易发青，可3～4d采收一次。采收方法：秋茭应于薹管处拧断，夏茭则连根拔起，削去薹管，留叶鞘30cm，切去叶片，然后包装。茭白最好鲜收鲜销，如运销外地，应将水壳放置阴凉处，可贮存一周。

15.2.5 茭白设施栽培技术要点

(1) 品种选择

培育设施栽培专用茭白品种将有利于稳固和发展茭白设施栽培面积，在茭白种类上必须选择夏、秋茭兼收和以夏茭为主的双季茭品种，在早熟、高产、优质、抗病虫害等方面表现突出。宜选用鄂茭2号、鄂茭4号、浙茭99-1、浙茭911、河姆渡双季茭白、浙茭6号、浙茭3号、浙茭2号等品种。

(2) 选留种苗

应从上年结茭整齐，生长一致，抗逆性好，分蘖性强，无灰茭、雄茭及杂株的茭墩中选留种苗。如河姆渡双季茭白，春栽苗高20～30cm，从老茭墩中掘出劈成小墩栽植。浙大茭白夏秋季栽培，4月初掘取种墩，分苗寄植，株行距30cm×60cm，加强寄秧田肥水管理和除草，栽前剪去基部老叶，掰开后每株留有硬软管和分蘖苗1～2个，剪去上部叶片，留1m左右下部叶。

武汉地区则是3月下旬～4月上旬单株分苗假植，行距0.5m、株距0.3m。

(3) 大田定植

选择土壤疏松肥沃、排灌方便、保水保肥性强、平整无杂草、上年未种过茭白的田块种植。春栽每667m^2施有机肥2000～2500kg、碳酸氢铵和过磷酸钙各50kg作基肥；夏秋季栽培，每667m^2施腐熟有机肥1000～1200kg或茭白专用有机肥50kg。河姆渡双季茭白种植行株距90cm×60cm，每667m^2栽1200墩，每墩4～5株。浙大茭白种植宽行100cm、窄行80cm，窄行双行种植，株行距各50cm左右，每667m^2栽1500墩，每墩1～2株。以阴天或晴天下午4时后移栽为宜。

武汉地区6月上中旬定植，宽窄行种植，宽行行距1m，窄行行距0.6m，株距0.5m，若定植时茭苗过高，宜截除叶片上部，留株高0.3m，以减少水分蒸发，选择阴雨天气或者早晚进行移植，茭苗随起随栽。

(4) 棚温管理

1月上旬搭棚盖膜，盖棚前3d，每667m^2施腐熟有机肥2000～3000kg、复合肥30kg，田间保湿保温促进萌芽。晴天气温高于25℃，棚内温度高于32℃时，棚膜两头和中间及时揭开通风降温，防止烧苗。

(5) 疏苗和补苗

春季萌芽后，苗高15～20cm时，对生长过密的株丛进行疏苗，每株丛宜留外围壮苗20棵，并向株丛中央压泥块。

(6) 追肥

追肥采取促-控-促方法。

春栽茭白移栽后10d，每667m^2施尿素10～15kg、过磷酸钙20～30kg；15d后每667m^2施复合肥50kg作长秆肥；7月中旬追施碳酸氢铵或尿素；秋茭孕茭后有25%～30%扁秆时巧施秋茭孕茭肥，每667m^2施尿素15kg。翌年1月底至立春前施夏茭基肥，每667m^2施有机肥1000kg、碳酸铵和过磷酸钙各 50kg；2 月底 3 月初施苗肥，每 $667m^2$ 施尿素 12～15kg；3 月下旬施分蘖肥，每 $667m^2$ 施复合肥 30kg；4 月中旬酌情施孕茭肥，每 $667m^2$ 施尿素 10kg、过磷酸钙 20kg、氯化钾 10kg。

夏秋栽茭白移栽后 20d，每 $667m^2$ 追施尿素 10kg，35d 后每 $667m^2$ 施碳酸氢铵和过磷酸钙各 40～50kg；8 月底 9 月初每 $667m^2$ 施三元复合肥 40kg 或其他相应肥料；后期视茭白叶色巧施催茭肥，每 $667m^2$ 施碳酸氢铵 30～40kg。翌年追肥同春栽茭白。

(7) 水分管理

水分管理掌握浅-深-浅-露-深-浅原则。移栽后浅水勤灌促分蘖，后灌水逐渐加深，高温及孕茭期灌深水。结合追肥耕田 1～2 次，植株封行后及时搁田，秋茭采收后仍以浅水为主。12 月底以后保持田平湿润、不开裂。翌年 1 月底施好夏茭基肥灌浅水，以利于提高土壤温度，促进地下匍匐茎萌发。2 月底 3 月初开始浅水勤灌，萌芽后遇寒潮应深水护苗。

(8) 耘田、剥叶、培土

定植成活后，隔 10～15d 耘田 1 次，达到田平整、无杂草、泥不过实。结合耘田及时剥去黄叶、老叶、病叶。及时疏苗，每墩保留 15 株左右有效株，随时拔除雄茭、灰茭植株。茭白开始孕茭后，在植株基部分次培土，培土高度不可超过茭白眼。梅茭采收时保护好小分蘖及蘖芽，秋茭采收后保留新抽生的分蘖，一般不采收茭肉。

(9) 病虫草害防治

茭白病害主要有胡麻斑病、锈病、茭白纹枯病、小黑菌核病等，虫害主要有二化螟、稻蓟马等。

a. 胡麻斑病。危害症状：主要危害叶片，病斑椭圆形，边缘深褐色，中部黄褐色至灰褐色，斑外围具有黄晕，潮湿时斑面出现暗灰色至黑色霉病征；发病严重时，叶片病斑密布，有的联合为大斑块，终致叶片干枯。发病条件：高温多雨天气、连作地块、缺钾或缺锌致植株生长不良、过度密植、株间通透性差等均加重发病。防治方法：收获时彻底清除病叶，集中烧毁，减少翌年病菌源；施足基肥，配方施肥，适时喷施叶面肥，增强植株抗病力。发病初期可选用 20%三环唑可湿性粉剂 600 倍液、50%异菌脲可湿性粉剂 700～800 倍液、70%代森锰锌可湿性粉剂 400 倍液喷雾防治。

b. 锈病。危害症状：主要危害叶片、叶梢和茎秆；病部前期散生稍隆起褐色小疱斑，疱斑破裂后散出褐色粉状物，为病菌夏孢子堆，后期病部出现黑色短条状疱斑，严重时病斑密布，水分蒸腾量剧增，导致叶鞘、叶片枯死。发病条件：每年 7～8 月份气温高、湿度大、田间植株过密通风不良、茭白田连作、栽培管理粗放、偏施氮肥等情况下最易发病。防治方法：冬季齐泥面割去茭墩残株枯叶，铲除田边、沟边杂草，收集烧毁，减少越冬菌源；实行轮作，合理密植，加强肥水管理，摘除植株基部病、黄叶，促进通风透光。发病初期可用 40%氟硅唑乳油 8000～10000 倍液或 12%腈菌唑乳油 1500 倍液喷雾防治，隔 7～10d 喷 1 次，连喷 2～3 次。

c. 纹枯病。发病条件：主要危害秋茭，以 6～8 月份发病最重，9 月下旬后停止发病。时晴时雨、高温高湿天气、连作田块、长期深灌、偏施氮肥、植株长势过旺、管理粗放、株间郁闭等情况下病害发生较重。防治方法：消灭越冬菌源，合理密植，施足有机肥，增施磷钾肥，加强肥水管理，及时清洁田园。发病初期可用 5%井岗霉素水剂 800～1000 倍液或 50%多菌灵可湿性粉剂 800 倍液喷雾防治。

d. 二化螟。危害症状：蚁螟孵化后，先群集在叶鞘内危害，初孵幼虫有群集性，蛀食叶鞘组织，造成枯鞘；3 龄开始逐渐分散转移，蛀入茎中造成枯心苗、枯茎和虫蛀茭，为茭白主要害虫。防治方法：冬季火烧茭白墩，齐泥面割除茭白墩残株，集中烧毁，消灭越冬幼虫；早春在幼虫转移危害前铲除田埂、田边、沟边杂草，消灭各代幼虫；幼虫即将化蛹时，排干田水，使幼虫化蛹部位降低，待化蛹高峰期灌深水淹虫；在二化螟羽化阶段，用黑光灯等诱杀成虫；幼虫孵化高峰期可用 1.1%烟·楝·百部碱乳油 1000～1500 倍液喷雾防治。

e. 稻蓟马。可选用 2.5%高效氟氯氰菊酯乳油 2000～2500 倍液、20%吡虫啉浓可溶剂 2500～4000 倍液、20%丁硫克百威乳油 2000 倍液、10%虫螨腈乳油 2000 倍液、1.8%阿维菌素乳油 2000 倍液、

25%双硫磷或杀螟松乳油500倍液喷雾防治。

f.草害。采取化学防治与人工除草相结合的方法。可在茭苗移栽后25～30d，每667m^2用10%苄嘧磺隆可湿性粉剂20g拌土25kg撒施，预防杂草。

(10) 采收

茭肉肥大后，叶鞘略有裂缝时及时采收。采收标准为孕茭部位明显膨大，叶鞘开裂1.5～2.0cm。秋茭一般隔1～2d采收1次，如气温较高应提前采收。采收时先折断茎管，连同上部叶片一同采下，然后剪去上部叶片，外部叶鞘留1～2张，整理后捆扎或包装。

大棚栽培可促进茭白的提早采收，比露地提早16～30d，且露地成熟期早的品种在设施栽培中成熟期亦早，两者达极显著相关。

15.3 荸荠栽培

荸荠，又称马蹄、地栗、乌芋等，是莎草科荸荠属多年生浅水性草本植物。原产于中国南部和印度。在中国栽培历史有2000多年。

荸荠以地下球茎供食用，富含多种营养成分，每100g新鲜球茎含蛋白质0.8～1.5g，碳水化合物12.9～21.8g，脂肪0.3g，粗纤维0.3g，钙4mg，磷45mg，铁0.8mg，以及含有少量胡萝卜素和维生素C。荸荠主要在冬春季节上市，作为风味、休闲食品。荸荠品种较多，主要根据球茎的形态、色泽和内部品质区分。皮色以红色为基本色泽，可以分为深红色、红褐色、棕红色和红黑色；球茎的外部形态区别在于球茎的顶芽有尖与钝之分，其底部有凹脐和平脐之分；内部品质主要以淀粉含量不同，有的含量较低，宜生食；有的含量较高，宜熟食或加工制粉。荸荠球茎中含有一种不耐热的抗菌物质——荸荠英，对金黄色葡萄球菌、大肠杆菌和绿脓杆菌等有害菌类均有抑制作用，是防治急性肠胃炎的佳品。部分产品加工成清水马蹄，用作菜肴的配料，用荸荠提取的淀粉，具有健胃、祛痰、解热的功效，可以制成荸荠冻等风味食品；荸荠还可以煮熟、风干后贮藏，作为风味食品。

目前，荸荠广泛栽培于我国长江流域及其以南各地区，广西桂林、浙江余杭、江苏高邮和苏州、福建福州、湖北孝感和团风等地为著名产区。长江以北地区亦有少量栽培。在国外，朝鲜、日本、越南、印度、澳大利亚、美国也有栽培。在中国南方利用水田或开发沼泽地进行栽培，并常与慈姑、浅水莲藕和席草等水生作物轮作。

15.3.1 类型与品种

按球茎的淀粉含量分为水马蹄和红马蹄两种类型。其中水马蹄类型为富含淀粉类型，如广州水马蹄、宣州大红袍等；红马蹄类型为少含淀粉类型，如桂林马蹄、孝感荸荠、余杭荠等。

按顶芽尖钝和脐洼（靠匍匐茎端）深浅，荸荠可分为平脐和凹脐两种类型。

a.平脐类型。该类型品种球茎顶芽尖，球茎较小，球茎的脐部与四周底部基本相平，含淀粉多，肉质粗，适于熟食或加工淀粉，一般为早、中熟品种。主要栽培品种有苏荠、高邮荸荠、广州水马蹄、宣州大红袍等。

b.凹脐类型。该类型品种球茎顶芽钝，球茎较大，球茎的脐部比四周底部有较深的凹陷，含水分多，含淀粉少，肉质甜嫩，渣少，适于生食及加工罐头，一般为中、晚熟品种。主要栽培品种有余杭荠、桂林马蹄、孝感荸荠等。

15.3.2 生物学特性

(1) 形态特征

① **根**。荸荠根为须根系，发生于由球茎抽生出不明显短缩茎基部茎的节处和根状茎茎节上，细长，初为白色，后变褐色，无根毛，入土深20～30cm。荸荠的根系一方面起固定植株的作用，另一方面直接为植株供应矿质营养和水分。在育苗时，荸荠前期营养主要来源于母球茎所贮养分，后期主要依赖于根系，故荸荠育苗质量的好坏主要取决于根系的发达程度，根系愈发达，荸荠移栽成活率愈高。

② **茎**。荸荠的茎分为肉质主茎、叶状茎、根状茎、球茎四种。肉质主茎位于球茎萌发后发生的发芽茎和根状匍匐茎的先端，在生长前期为短小而不明显的短缩茎，其顶芽及侧芽向地上抽生叶状茎，基部的侧芽向土中抽生根状匍匐茎。叶状茎，绿色，直立，丛生，细长管状，可进行光合作用。叶状茎高100cm左右，粗0.5cm，中空，内具多数横隔膜，隔膜中有筛孔，可流通空气。根状茎初为乳白色后变淡黄色，组织疏松，有3～4节，长10～15cm，直径0.4cm左右。前期高温长日照下，根状茎横向土中生长，先端肉质茎向上抽生叶状茎，向下生根，成为一独立分株，分株又可抽生根状茎，再形成分株，这种根状茎称为分株型根状茎；另一类根状茎发生于生长中后期，其顶端几节在低温短日照下可膨大形成球茎，这种根状茎称为结球型根状茎。球茎一般由8节组成，基部5节膨大成扁圆形，节上有鳞片叶，最上3节的鳞片将芽包成尖嘴状，球茎是繁殖器官，也是产品器官。

③ **叶**。荸荠的叶退化成膜片状，着生于叶状茎基部及球茎上数节，包被主、侧芽，对主、侧芽起保护作用。

④ **花和果实**。结球期，自花茎顶端抽生穗状花序，小花呈螺旋状，贴生，外包萼片，具雄蕊3个，花药黄色，雌蕊1个，子房上位，柱头3裂。授粉受精后，每一小花结籽一粒，壳革质，灰褐色，不易发芽。生产上一般不用种子繁殖。

荸荠形态特征见图15-3。

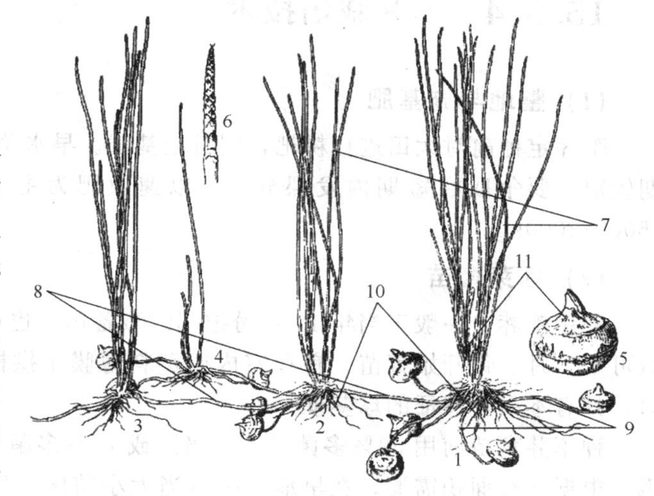

图15-3 荸荠植株

1.母株；2～4.分株；5.球茎；6.花序；7.叶状茎；8.分株型根状茎；9.结球型根状茎；10.须根系；11.膜状叶片

(2) 生长发育过程

生产上荸荠以球茎进行无性繁殖，即整个生育周期是从球茎顶芽萌发开始到新的球茎成熟为止，总生育期长210～240d，在其一生中大体上可分为萌芽期、分蘖分株期和荸荠球茎形成期3个阶段。

① **萌芽期**。从母球顶芽萌动至抽生叶状茎高10～15cm为止。球茎萌动后，抽生发芽茎，发芽茎上长出短缩茎，其向上抽生叶状茎，向下长须根，形成幼苗。此期主要依靠球茎贮藏的养分分解转化供应新苗生长，约需20d。

② **分蘖分株期**。从分蘖、分株开始至开始抽生结球型根状茎为止。幼苗形成后，不断分蘖，形成母株，母株侧芽向四周抽生匍匐茎3～4根，匍匐茎长至10～15cm长时，其顶芽萌生叶状茎，形成分株。如此方式分蘖、分株，不断扩大营养面积。分株级次因栽培期而异，栽培越早分级数越多，多者可达8～10级，需120～150d。

③ **荸荠球茎形成期**。从开始抽生结球型匍匐茎至球茎充分成熟为止。秋季气温开始下降，日照变短，分蘖分株基本停止，地上茎绿色加深，同时地下匍匐茎先端开始膨大形成球茎。此后，随气温不断下降，地上叶状茎逐渐由上向下枯黄，球茎逐渐充实，皮色由白色变为红黑色，达到充分成熟，随即进

入休眠。此期需70d左右。

（3）对环境条件的要求

① **温度**。休眠过冬的球茎在温度达15℃左右时开始萌发。分蘖、分株及叶状茎生长适温为20～30℃。结球适温为20～25℃，并需较大的昼夜温差。休眠时能耐3～5℃的低温。

② **水分**。荸荠生育过程中适宜较浅水位，但不能断水。萌芽期宜2～3cm浅水；分蘖、分株形成期宜7～9cm；结球期宜逐渐落浅到3～5cm；越冬的球茎，只要保持一薄层浅水即可。

③ **光照**。荸荠喜光，但萌芽期组织柔弱，应防止强光暴晒。荸荠生长发育对日照长短比较敏感。高温、长日照条件下，促进分蘖、分株及叶状茎生长，低温、短日照条件下，促进植株进入结球期。

④ **土壤**。荸荠要求有机质丰富、松软、肥沃土壤，耕层深20cm为宜。对土壤酸碱度要求不严，但以微酸到中性为好。分蘖、分株期需大量氮素，但过多易徒长和倒伏；结球前需要较多的氮、磷肥；结球期需较多的钾肥。

15.3.3 栽培季节及方式

荸荠需在无霜期生长。在长江流域，立秋前（8月上旬）可随时育苗移栽。可与莲藕、茭白等前后接茬。在清明至小暑间（4月上旬至7月上旬）育苗，并尽量早栽，使植株能在夏季高温、长日照条件下发生分蘖和分株，在入秋后低温、短日照条件下结球，易获高产。其中清明至谷雨（4月上旬至下旬）催芽育苗的称早水荸荠，夏至前后（6月下旬）催芽育苗的称伏水荸荠，小暑至大暑（7月上旬至下旬）催芽育苗的称晚水荸荠。

荸荠不宜连作，一般需实行2～3年的轮作。

15.3.4 荸荠栽培技术

（1）整地与施基肥

荸荠定植前对大田进行耕耙，同时施基肥。早水荸荠因生长期长，以施有机肥为主；晚水荸荠生长期较短，要争取在短期内发棵分株，以速效肥为主，并适当加大施肥量。一般每667m^2施有机肥1500～2000kg。

（2）催芽育苗

种用荸荠，一般于当年12月份挖起贮藏备用。也可以田间越冬保存，次年直接挖起育苗。长江流域可于4月上旬开始育苗，宜在室内或塑料薄膜小拱棚内进行。选个体较大、顶芽和侧芽完整、无伤口，具有本品种特征的球茎催芽。

种荸荠育苗前用50%多菌灵600倍液或70%多菌灵可湿性粉剂1000倍液，对种球浸泡18～24h消毒。根据栽种面积需要，在旱地整一适当大小苗床，种荠按3cm间距排播，覆盖细土，厚度以盖住顶芽为宜，灌水保湿20～25d，苗高20～25cm时假植至水田，密度放稀至12～15cm，前期水深1～2cm，后期可加深至2～3cm，每周追浇稀粪水1次。待苗高35～40cm时即可定植，在定植前再将荸荠苗浸泡药剂18h，同时剔除病弱苗。

根据轮作安排，可以春季或夏季育苗。春季育苗一般于4月上中旬育苗。因春季气温较低，出苗慢，应在栽植前45d催芽育苗。种荸荠于3月中旬前挖起，于室内或露地旱秧田进行催芽。顶芽15cm左右高，并有3～4个侧芽萌发时，即可假植水田。行距20～26cm，株距16～20cm，栽植深度以将短缩茎上的根系栽没为度。

夏季育苗时前作如为双季早稻，荸荠于8月初定植，应于6月下旬至7月初育苗。夏季气温高、出苗快，25～30d。种荸荠在春分挖起后，先行堆藏，育苗前取出。此时堆积的种荸荠略有干缩，顶芽已萌发细弱的叶状茎，因此在催芽前先将顶芽尖端摘除0.5cm左右，以利吸水萌芽。然后浸种1～2昼夜，待种荸荠浸胖后再催芽育苗。夏季气温高，浸种后1d种荸荠就可萌芽，发芽后，即可将种荠排列于水秧田。

(3) 定植

在长江流域，早栽荸荠苗龄50～70d都可栽植。栽植时，将母株上的分株和分蘖自匍匐茎中部切断，去梢，留45cm高的叶状茎栽入田中，每穴一株或具有3～5根叶状茎的分株一丛，带球茎的秧苗入土约9cm深。行距50～60cm，株距25～30cm。晚栽荸荠苗龄25～30d。

荸荠栽植选用的苗有两种，其一是球茎苗，即将种荠催芽育成小苗，最后以球茎为栽植单株，每一种球只育成一株苗。其缓苗期短，早期分蘖分株多，停止早，要注意栽植密度。早水荸荠每667m^{2}栽1000株为宜，伏水荸荠每667m^{2}栽2500～3000株为宜，行株距（70～80)cm×(30～40)cm，晚水荸荠7月30日以前每667m^{2}栽4000株为宜，行株距（50～60)cm×30cm，8月栽植适当加大密度。其二是分株苗，即在定植前尽量提早用球茎育苗，促其多分蘖和分株，栽时将分蘖和分株一一拆开，每栽植苗含有叶状茎3～4根，每一种球可育成数株苗。其缓苗期较长，栽植时期宜早不宜迟。若用分株苗每667m^{2}早水荸荠3000株，伏水荸荠4000～5000株，行株距（50～60)cm×(25～30)cm。另外，球茎苗栽植时适宜深度为9cm，以球茎入泥中9cm深，根系搭着泥为度。分株苗栽植时，先将根株埋齐，然后插入土中，深12～15cm。

(4) 田间管理

荸荠从定植到开始结球可发生分株3～4次，田间除草追肥都应在1～2次分株期间进行。每次除草之后，追肥一次。开始分株时，每667m^{2}施尿素15kg、过磷酸钙15kg、硫酸钾10kg。追肥时，先放干田水，均匀撒施，施后1～2d还水。开始结球时，每667m^{2}施过磷酸钙10kg、硫酸钾10kg。

荸荠在不同的生育时期对灌水的深度要求不同。早水荸荠栽植初期，气温较低，田间宜保持2～3cm浅水，以利于地温升高，促进分蘖和发根；在分蘖、分株时期，应逐渐加深水层至7～10cm。晚水荸荠栽植时正值高温伏旱季节，栽后宜加深水层至6～8cm，以后加深到10cm左右，以利生长和发棵；进入结球期，水层应落浅到3～5cm，最后保持1～2cm浅水过冬。

(5) 病虫害防治

荸荠病害主要是秆枯病，俗称荸荠瘟，一般发生在8～9月份，造成荸荠秆大量死亡，导致结球小，甚至不结球。发病初期用50%退菌特500～800倍液，每隔5～7d防治1次，一般用药2～3次。

荸荠的虫害主要是白禾螟，俗称荸荠钻心虫。在幼虫孵化期可用18%的杀虫双水剂或20%速杀螟800～1000倍液兑水喷雾防治。

(6) 采收

荸荠到冬季地上部分枯死，球茎进入休眠期，即可开始采收。早期采收的球茎质嫩、味淡、皮薄、色浅，不耐贮藏；冬至前后采收的球茎色红、味甜、皮厚，较耐贮藏。采收时，一般于采收前一天排干田水。挖起后选皮色深、脐部深、芽粗短的球茎带泥摊置阴处，至八成干时撒上细干土，即可窖藏或堆藏。

荸荠采收方式，多采用人工或机械采挖，采挖时应尽可能降低人为损伤球茎的可能性，采收后应用洁净水冲洗干净，要求带泥量不超过0.3%，并分级包装上市。

(7) 良种繁育

荸荠在生产上多以球茎进行无性繁殖，在良种繁育过程中易产生机械混杂，造成荸荠良种种性退化，从而影响产量与品质。所以说荸荠良种繁育是荸荠生产中不容忽视的一个环节。

① **良种繁育程序**。荸荠生产良种主要由生产良种圃进行生产，其来源大体有两种方法：其一，在生产大田内进行严格种荠挑选，第二年混合种植，形成原种圃，第三年进一步扩大繁殖，去杂去劣，生

产出生产良种；其二，在生产大田内进行片选，即选择生长整齐一致的大田，去杂去劣，混合采收作为第二年的生产良种（图 15-4）。

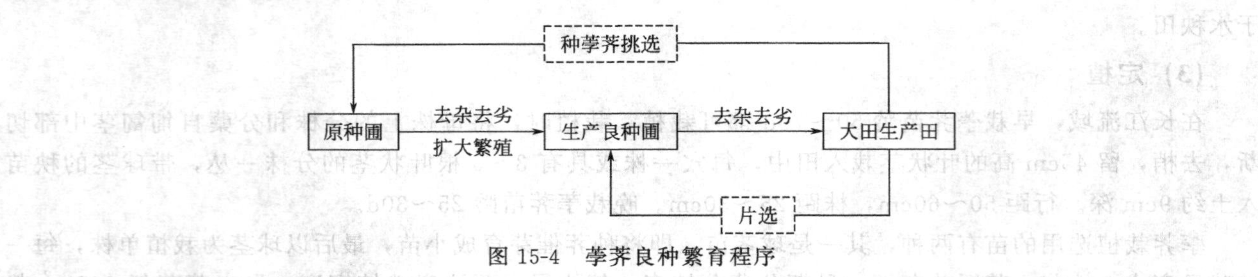

图 15-4　荸荠良种繁育程序

② **选种标准**。选种分初选和复选二次完成。选择地上部群体生长整齐一致、无倒伏或轻微倒伏、无病虫危害的田块定为留种田，在生长过程中还须进行多次挑选，淘汰病株、弱株、劣株以及不符合本品种特征特性的植株，此为初选。冬前收获贮藏越冬的荸荠时进行复选，在留种田中选择无病虫伤口，不破损，球茎饱满整齐、稍厚、色泽好，皮色深浅一致，符合品种特性的球茎。若在田间越冬的种荠待翌年挖起时复选。

③ **技术措施**。一般要求生产原种或生产良种所用的田块实行水旱轮作 3 年以上，原种或生产良种采收、运输等过程中防止一切途径的机械混杂，其他田间管理同大田生产。

种球茎应选择顶芽充实饱满，皮色变成黑褐色或黑色且具有品种特性的老熟球茎，一般于前一天排去田水后采收，采后不洗泥堆藏，用塘泥封堆，保持 10～15℃，并定期检查。

第16章 多年生及杂类蔬菜栽培

多年生蔬菜包括多年生的草本植物和木本植物，草本植物主要有黄花菜、百合、芦笋、朝鲜蓟、食用大黄、鱼腥草、襄荷等，此外，韭菜、草莓等也可以归为多年生草本植物，木本植物主要有竹笋、香椿、叶用枸杞等。

多年生蔬菜一次繁殖以后，可以连续采收数年，多年生的草本蔬菜地上部每年枯死，多以地下根或茎越冬。

长江流域种植较多的多年生蔬菜主要有竹笋、芦笋、黄花菜、草莓等。多年生蔬菜除鲜食外，还可脱水和罐藏。如黄花菜干、百合干、笋干、芦笋罐头等。芦笋罐头是国际市场的畅销品，近年来在长江流域也有引种栽培，发展较快。

杂类包括一些在农业生物学分类中不好归属的蔬菜，如甜玉米、黄秋葵、仙人掌、芦荟、蕨菜、薇菜、发菜、地皮菜、石耳、葛仙米等。

16.1 竹笋栽培

竹笋，是竹的幼芽，也称为笋，又称竹萌、竹芽。以来源分，有苦竹笋、淡竹笋、毛笋等。以采取时节分，有冬笋、春笋、鞭笋等。分布于长江流域及南方各地。采收后，去壳鲜用，或加工（干燥、浸渍）贮存备用。

竹为禾本科竹亚科多年生常绿草本植物，食用部分为初生、嫩肥、短壮的芽或鞭。竹原产于中国，类型众多，适应性强，分布极广。全世界共计有 30 个属 550 种，盛产于热带、亚热带和温带地区。中国是世界上产竹最多的国家之一，共有 22 个属 200 多种，分布于全国各地，以珠江流域和长江流域最多，秦岭以北雨量少、气温低，仅有少数矮小竹类生长。

竹笋含有丰富的蛋白质、氨基酸、脂肪、糖类、钙、磷、铁、胡萝卜素、维生素 B_1、维生素 B_2、维生素 C。每 100g 鲜竹笋含干物质 9.79g、蛋白质 3.28g、碳水化合物 4.47g、纤维素 0.9g、脂肪 0.13g、钙 22mg、磷 56mg、铁 0.1mg，多种维生素和胡萝卜素含量比大白菜含量高一倍多；而且竹笋的蛋白质比较优越，人体必需的赖氨酸、色氨酸、苏氨酸、苯丙氨酸，以及在蛋白质代谢过程中占有重要地位的谷氨酸和有维持蛋白质构型作用的胱氨酸，在竹笋中都有一定的含量，为优良的保健蔬菜。

中医认为竹笋味甘、微寒，无毒。在药用上具有清热化痰、益气和胃、治消渴、利水道、利膈爽胃等功效。竹笋还具有低脂肪、低糖、多纤维的特点，食用竹笋不仅能促进肠道蠕动，帮助消化，去积食，防便秘，并有预防大肠癌的功效。竹笋含脂肪、淀粉很少，属天然低脂、低热量食品，是肥胖者减肥的佳品。

竹笋一年四季皆有，但唯有春笋、冬笋味道最佳。竹笋是竹秆的雏形，纵切面可见中部有许多横隔和周围的肥厚笋肉，笋肉又被笋箨包裹着。笋肉、横隔及笋箨的柔嫩部分均可食用。毛竹鞭抽生后3～6年为发笋盛期，冬季可挖冬笋，清明前后开始采收春笋，早竹的春笋品质比毛竹佳。麻竹、绿竹等丛生型竹栽植两年后开始收笋，每年4～11月份为采收期，7～8月份为盛收期。竹笋的笋头刚露出土面为采收适期，过迟采收，纤维多，具苦味。

鲜笋含水量高，毛竹春笋含水量为90%，冬笋为85%，属鲜嫩食品，不耐贮藏和长途运输。

16.1.1 类型和品种

中国是世界上竹类资源最为丰富的国家之一，据调查，我国的竹有22属200余种。

所有竹种都能产笋，但可作为蔬菜食用的竹笋，必须是组织柔嫩、无苦味或其他恶味，或虽稍带苦味，经加工除去苦汁后可以食用。

在长江流域的笋用竹主要是刚竹属的毛竹和早竹等。在珠江流域和福建、台湾等地区的笋用竹主要是慈竹属的麻竹和绿竹等。笋用竹还有箣竹属的箣竹、车筒竹和苦竹属的慧竹等。

我国南方笋用竹的种类及主要分布如下。

(1) 刚竹属

刚竹属包括毛竹（长江流域）、早竹（浙江、江苏的雷竹）、淡竹（长江流域）、水竹（长江以南各地区）、石竹（浙江、江苏）、斑竹（长江流域及黄河下游）、白哺鸡竹（浙江、江苏）、乌哺鸡竹（浙江、江苏）、刚竹（长江流域及山东、河南、陕西）。

(2) 慈竹属

慈竹属包括麻竹（广东、广西、福建、台湾、贵州、云南）、绿竹（广东、广西、福建、台湾、浙江）、吊丝球竹（广东、广西）、大头甜竹（广东、广西）、慈竹（广西、湖南、湖北、贵州、四川、云南）、梁山慈竹（广西、贵州、四川）。

(3) 箣竹属

箣竹属包括箣竹（广东、广西、福建、台湾）、车筒竹（广东、广西、四川、贵州）。

(4) 苦竹属

苦竹属包括慧竹（东南沿海各地）。

按竹秆在地面的分布状况和地下茎的生长习性，可把各种竹分为散生型、丛生型和混生型三类。属于同一类的各种竹，其形态特征、器官功能和生长习性等基本相同，栽培技术也基本相同。

(1) 散生型

散生型包括刚竹属和唐竹属等，例如毛竹、早竹、哺鸡竹等重要笋用竹属于这一类。这类竹的竹秆疏散分布。它们的地下茎是细长的竹鞭，在土下以水平方向蔓延。竹鞭上的一部分侧芽可发育成笋，穿出土面长成竹秆和枝叶，而另一部分侧芽可发育成新鞭。这类竹种进行营养繁殖时，其种株必须带有健壮的竹鞭。

(2) 丛生型

丛生型包括慈竹属和箣竹属等，例如麻竹、绿竹和箣竹等笋用竹属于这一类。这类竹的地下茎节密粗短，不能在土下作长距离蔓延，其顶芽出土成笋，长成竹秆。从新竹秆秆基部的大芽（笋芽）再抽生粗短的地下茎，同样以顶芽出土成笋，长成竹秆。故新竹秆靠近老竹秆，形成密集的竹丛。这类竹进行营养繁殖时，其种株必须具有健壮的笋芽。

(3) 混生型

混生型包括苦竹属和茶秆竹属等。例如笋味鲜美的慧竹属于这一类。这类竹的地下茎兼有短缩粗大的和细长成竹鞭的两种。因此，它们的竹秆分布既有丛集性又有疏散性。它们的营养繁殖方法既可采用散生型的，也可采用丛生型的。

16.1.2 生物学特性

(1) 形态特征

① **根**。竹的根是须根。它的入土深度比一般木本植物浅得多，这是竹不耐旱的一个原因。任何竹种的秆基部都长着大量的须根，称为竹根。属于散生型的竹种在竹鞭的每一节上发生许多须根，称为鞭根。属于丛生型的竹种，如麻竹、吊丝球竹和大头甜竹等的枝条基部都有根点。根据这一特性，可利用枝条扦插繁殖。

② **竹鞭**。与秆柄相连的地下茎为竹鞭。属于散生型的竹种有竹鞭，能在土中横向伸展到远处。竹鞭有许多节，除与母鞭连接处较细小的一段外，每节有一个侧芽，并从节上发生鞭根。发育良好的侧芽，一部分可发育成笋，另一部分可抽生新鞭。竹鞭粗壮则它发生的侧芽也粗壮，故产笋多而肥大，发鞭旺盛。竹鞭弱则产笋少而细小，发生的新鞭也弱小。竹鞭发育的好坏，决定于地上部供应同化养分的多少和根系从土壤中吸收矿质营养和水分的多少，同时与土壤的疏松通气情况也有密切关系。竹鞭在土中以波浪状起伏向前伸展。竹鞭先端部分称鞭梢，有坚硬鞭箨包裹着，其尖端有强大的穿透力。若鞭梢被折断，则断处附近的1～2个侧芽会萌发成新鞭继续向前发展。鞭梢肉质柔嫩处是生长点，切下可食用，称为鞭笋。其他竹鞭部分称鞭身。毛竹鞭一般分布在15～40cm深的土层内，有时可达1m深左右，壮龄期为3～6年生，可生存10年以上；早竹、淡竹和哺鸡竹等的竹鞭一般分布在10～25cm的土层中，壮龄期为2～4年生，可生存6～8年。

③ **竹秆**。竹秆为竹的地上茎，可分为秆茎、秆基、秆柄三部分。秆茎：直立，圆柱形，有节，节上有两环，上环为秆环，下环为箨环，箨环是秆箨的着生处。两环间着生芽，形成竹枝。两节节间为竹间，中空。节间的内部有竹隔。秆基：竹秆基部入土的部分，节间短而粗大。慈竹属和簕竹属等的秆基有4～10枚互生的大芽，排列成相对的两列，这些芽可以萌笋长竹；刚竹属竹种的秆基一般没有大芽，或只有少数发育不完全的大芽，不能萌笋或发鞭；苦竹属竹种的秆基有2～6枚大芽，既可萌笋也可发鞭。从秆基的节上着生大量须根，为竹根。秆基可固定秆茎直立，同时也可吸收土壤水分和养分。秆柄：秆基的下端与竹鞭相连接的部分，节密生，有10多节，光滑、坚硬、不生根。秆柄通过竹鞭构成新竹、母竹、笋芽的通道。母竹的养分，竹根、鞭根吸收的养分和水分都通过秆柄的连接点输送，同时秆柄还支撑固定地上部的生长不致倾倒。

④ **竹笋**。竹笋是竹秆的雏形，它是一个短缩肥大的芽。从竹笋的纵切面，可见它中部有紧密重叠的许多横隔，相当于竹秆内的节隔，两隔之间就是节间。从横隔的数目就可知道以后的竹秆节数。在横隔周围是肥厚的笋肉，它相当于竹秆的秆壁。笋肉被笋箨紧密包裹着。笋肉、横隔和笋箨的柔嫩部分滋味鲜美可供食用。

a. 毛竹笋。毛竹壮龄竹鞭上一部分壮芽，在秋季开始分化成笋芽，到冬季有些发展较快的笋芽已相当肥大，可从土中挖取，就是冬笋。到春季随着温度上升，笋芽继续生长膨大，不久露出土面就是春笋。冬笋一般在冬季或早春采收，春笋以清明至谷雨间为多。5～6月份后，毛竹的地下竹鞭开始发鞭，至7～8月份，鞭的顶端幼嫩，切下竹鞭的鞭梢作为蔬菜食用的就是鞭笋。由于竹鞭有很强的顶端优势，鞭梢切除后，接近先端的1～2个侧芽就会萌发抽生新鞭，可再采收鞭笋。

b. 早竹笋。早竹类中雷竹和哺鸡竹以及淡竹、刚竹等散生竹，它们形成笋芽比毛竹迟。早竹类在秋后冬初形成笋芽，淡竹和刚竹等要在春季形成笋芽。由于它们的笋芽形成期较迟而且笋体小，故一般不出冬笋，只在芽出土后收春笋，早竹的春笋产期在毛竹之前，淡竹的产笋期在毛竹之后，可延长竹笋供应期。它们的春笋和鞭笋品质都比毛竹好。近年来，生产上利用雷竹等最早熟的笋用品种，通过秋冬季的保温覆盖，也可在冬季里采收到"春笋"。

c. 丛生竹笋。麻竹、绿竹和甜竹等是从壮龄竹秆基部的几个大芽陆续萌发（3～4年生以上的竹秆秆基上的大芽已失去萌发力），抽生短缩的地下茎，其顶芽向上生长，穿出土面成为竹笋，再发展成新竹，在新竹的秆基部也同样有几个大芽，可再抽生笋、长成竹。一般在7～8月份高温季出笋，而且笋期很长，可延迟到11月份。绿竹、甜竹比麻竹出笋早15～20d。任何竹种的笋出土前都生长缓慢，出土后不久则生长非常迅速，使笋很快伸高成竹秆，这是由于它的每一节间的基部都具有居间分生组织，能进行居间生长。随着笋体的长高，笋内纤维增强，组织变粗糙，因此为了保证质量必须及时采收竹笋。

⑤ **竹枝**。竹枝是由竹秆节上的芽萌发长成的。枝条中空有节，每节生小枝，小枝上长叶。刚竹属的竹种每节抽生两条枝，慈竹属和箣竹属的竹种每节抽生许多枝，而且枝易发根，可供扦插繁殖用。

⑥ **竹叶**。叶片着生在小枝上，互生成两行。竹叶分叶鞘与叶片两部分。在叶鞘与叶片间的内侧边缘有舌头状突起称叶舌，叶鞘顶部两侧有薄耳状物称叶耳。叶的大小、形状、色泽依竹种而异，并受环境条件的影响而发生变化。竹叶是光合作用器官，新竹在叶片开展以前，完全靠母竹和竹鞭供给养分和水分。叶展开呈绿色后才能独立生活。一般散生竹的叶片每年脱落一次，而毛竹在新竹形成的第一年是一年脱落一次，以后发生的竹叶则每两年换叶一次。生产上常把竹叶脱落的周期称为度或届。丛生竹竹叶一般也是一年脱落一次，新竹叶生长时，由于顶端优势，上部叶片发生快，下部枝叶延续数年还可抽枝长叶。

⑦ **花与果实**。竹是多年生一次开花的植物，开花结实是竹生理成熟和衰老的标志，竹子性成熟后就要开花结果，然后枯亡。竹子开花是一种生理现象，一般发生在天气长期干旱、竹林土壤板结、杂草丛生、老鞭纵横的竹园。这是因为竹子严重缺水，营养不足，光合作用减弱，氮素代谢降低，糖浓度相应增高，造成糖氮比较高，为花芽的形成和开花创造了条件。可见，竹子开花是恶劣的生长环境所引起的。因此，根据竹种的特性，采取适当的管理措施，即可控制竹子开花。例如，对毛竹林，可采用松土、施肥、盖土、浇水、挖竹蔸、防治病虫害等措施，为竹子创造适宜的生长环境，就可避免竹林出现开花现象。不同种类竹子开花结果周期不同，有10年、50年、60年甚至120年的。竹花的结构与一般禾本科植物基本相同，为总状花序，小花有内、外稃各一片，雄蕊3～6枚，雌蕊1枚，含1胚珠。风媒花，授粉率和结实率都很低。竹果不开裂，为颖果，通常认作种子，成熟后易脱落。因某些品种果实细小，也称竹米。竹米可以食用，炒后十分美味。竹米营养丰富，主要成分有淀粉、粗蛋白质、粗脂肪、粗纤维等。

(2) 对环境条件的要求

① **温度**。竹要求温暖、湿润的环境。故在我国长江流域以南，竹林茂盛，而在北方竹林少。属于丛生型的竹种一般比散生型的竹种需要更高的温度，因此麻竹、绿竹、箣竹等，主要分布在珠江流域和福建、台湾。而毛竹、淡竹和早竹等主要分布在长江以南到南岭以北地区。毛竹生长需在年平均温度14～20℃的区域内，以16～17℃为适宜区，盛夏平均温度在30℃以下，寒冬平均温度在4℃以上。麻竹、绿竹和箣竹等丛生竹类要求年平均温度18～20℃，1月平均温度在6～8℃，0℃左右受冻害。慈竹要求年平均温度16～18℃，1月平均温度2～4℃。毛竹在旬平均温度为10℃左右时，其春笋开始出土，早竹类的温度与毛竹相近，但部分早竹的出笋温度不到10℃，所以比毛竹出笋早。哺鸡竹在15℃左右，其中红哺鸡竹要比乌哺鸡竹出笋早一些。丛生竹要求温度更高，如淡竹、刚竹要求16℃以上的旬平均温度春笋才出土，一般要到6月份以后才能出笋。由于每年的月平均温度不同，出笋的季节也会有差异，一般春季转暖早，笋期也会提前。

② **水分**。竹的枝叶繁茂，水分蒸腾量大，而鞭根入土较浅，不耐干旱，要求湿润的环境。这也是我国南方竹林多而北方竹林少的一个原因。一般毛竹、早竹类的分布在年降雨量1000～2000mm地带，

而麻竹、绿竹需要年降雨量在1400mm以上。慈竹要求年降雨量在1200mm以上才能生长良好。土壤湿度对竹鞭生长发育的影响很大，一般夏、秋间雨量分布均匀，土壤适度湿润，则发鞭粗壮，其侧芽分化成笋芽的数量多，翌年产笋多；倘若夏、秋间降雨少，特别是秋季和初冬孕笋期间干旱，则发鞭弱，笋芽少，翌年产笋少。干旱还会抑制竹的营养生长而促进生殖生长，故大旱之后常会出现大片竹林开花。但土壤湿度过大以致土中空气缺乏，则不利竹的地下茎和根系的呼吸代谢活动。在积水的地方也会引起地下部腐烂，故在地下水位较高的地区，尤宜选山坡地营造竹林，若栽竹于平地，则必须重视开沟排水。

③ **土壤及营养**。竹需要土层深厚，土地疏松、肥沃、湿润、排水和透气性能良好的土壤，土壤pH以4.5～7为宜。土层薄、贫瘠、石砾多，或者土质黏重、通气和排水不良，对竹鞭和根系的生长都不利，产笋数量少、质量差。据测定，每生产100kg鲜笋，须从土壤中吸收氮素0.5～0.7kg，磷0.1～0.15kg，钾0.2～0.25kg。根据以上情况，生产上施用尿素2.8kg、磷肥1.2kg，钾肥1.7kg，可供100kg鲜笋的产出。施肥的种类是春夏施化肥，秋季施有机肥，新竹林还可种植一些豆科绿肥，每667m^{2}生产目标600～800kg鲜笋的成龄竹园，推荐氮、磷（P_2O_5）、钾（K_2O）的施入量分别为24kg、12kg、12kg。

16.1.3 竹的繁殖

竹的繁殖方法很多，有母竹移植、竹蔸移植、移鞭、移笋、竹秆压条、竹秆扦插、竹枝扦插和播种育苗等。生产上散生竹一般用母竹移植法，从生竹用分株或竹秆压条法（从生型竹类如麻竹、绿竹、簕竹、大头甜竹和慈竹等，它们的竹秆和枝条上具有隐芽，在适宜的条件下能发笋、生根，长成竹苗，故可用竹秆或竹枝进行压条和扦插繁殖）。

（1）母竹移植法

母竹移植法是一种传统的繁殖方法，操作简易，竹子易成活，成林早，但繁殖系数低。由于体积大，搬运不便，不能满足大面积造林的需要。长江流域自12月份至翌年3月份均可移栽，也可在盛夏来临前的梅雨季节5～6月份种植。散生型竹种要选1～2年生的幼龄竹做母竹。毛竹的母竹以胸径3～6cm左右为宜。旱竹、淡竹、哺鸡竹等的母竹，以近地面处直径2～3cm为宜。按上列标准选择生长健壮、分枝较低、竹秆正直和无病虫害母竹作种竹。挖取母竹时，毛竹留“来鞭”30～40cm，“去鞭”50～70cm；旱竹等留“来鞭”约30cm，“去鞭”40～50cm。要避免损伤竹鞭上的侧芽，尽可能多带鞭根尤其是要保护竹秆基部的秆柄不与竹鞭裂开，否则竹秆与竹鞭的输导组织被破坏，难以成活。

（2）竹秆压条繁殖

一般宜在2～4月份间，在竹秆养分积累多、体内营养开始流动前，选1～2个隐芽饱满的竹秆做压条进行压条繁殖。从竹秆基部向外开一水平直沟，沟底填细土，适当施肥，并把肥料与土拌匀。在竹秆基部背面砍一缺口，深达竹秆直径的2/3，然后将竹秆向开沟方向慢慢压倒。留20节左右，削去竹梢，保存最后一节的枝叶，以利光合作用和养分水分的运输。其余各节枝条除留主枝1～2节和隐芽外，都从基部剪掉。把竹秆压入沟内，枝（芽）向两侧，覆土3～5cm，稍压实，露出末端一节的枝叶。浇水后覆草，以后要经常灌水。约经3个月，各节隐芽发笋、生根，长出竹苗。到第二年春季把压条挖起，逐节锯断成独立的竹苗，供繁殖用。

（3）竹秆扦插繁殖

按上述做压条用的标准选定竹秆，从基部砍断，留20节左右锯去竹梢。每节的枝条除留主枝一节及周围侧芽外，其余全部剪掉。用整条竹秆扦插在苗床上，开沟方法与压条法相同。截段扦插的，把竹秆从节间锯断成具有1节或2节的小段作为插材，要保持湿润。在扦插前把插材用浓度为100mg/kg的萘乙酸或10mg/kg的吲哚乙酸浸12h，可促进生根，提高成活率。先在苗床上按行距25～30cm开水平沟，深宽各 10～15cm。然后将插材两端切口内塞满湿泥，双节段还要在两节之间凿 1 小孔，注水封泥，放入沟中。一般双节段平放，单节段斜放或直放，各段相距约 15cm。覆土，使竹节埋入土下约 3cm，稍压实再盖草浇水。截段扦插比整段扦插的出苗率高，苗生长也较快，一般经 7～8 个月的苗即可造林。而整段扦插的，要经一年才可造林。

(4) 竹枝扦插繁殖

苗圃建立和苗床管理等同竹秆扦插繁殖法。竹枝扦插宜在 3～4 月份进行。从 2～3 年生的竹秆上选生长健壮、隐芽饱满并有根点的主枝，从基部砍下并在第 3 节上约 2cm 处剪断，最上 1 节适当保留些枝叶，以利光合作用。中间 1 节上的侧枝留 1 节剪断，基部的侧枝全部剪除。把枝箨剥去使芽眼露出，即可扦插。在苗床上以行距 25～30cm 开沟，按约 15cm 的株距将竹枝斜埋，使芽眼向两侧。覆土后使最下 1 节埋入土下 3～6cm，露出最上 1 节的枝叶，然后盖草浇水。在竹秆上每节只有 1 条主枝，为了多育苗也可利用粗壮的侧枝扦插。

(5) 种子繁殖

用竹株开花结实后的新种子（竹谷）繁殖，发芽率为 50%～70%，竹谷贮藏一年后，几乎不发芽，因此要用新种子育苗。成苗后定植到大田中栽培。

16.1.4 竹笋栽培技术

散生型竹种的地上部和地下部的关系是鞭生笋，笋长竹，竹养鞭；而丛生型竹种则是芽生笋，笋成竹，竹养芽。为了多产笋都必须使枝叶旺盛和鞭、芽粗壮。栽培上的技术措施，也都是围绕这些目标来进行。

目前竹林可分用材林、笋用林和笋竹兼用林 3 种，生产上以兼用林为多。

(1) 竹林建立

① **选地和整地**。应在丘陵、山坡开辟竹林，宜选酸性土。在秋、冬季进行整地。坡度在 20°以下，最好全面开垦。在坡度为 20°～30°的地区，为了防止水土流失，宜采用带状整地，即按等高线每隔 2～3m 开垦宽约 3m 的带状梯田。在 30°以上的陡坡地，宜采用块状整地，即只开垦栽植点周围 2m 左右的地面。

② **栽植季节和方法**。长江流域在 11 月份至次年 2 月份为栽植毛竹的适宜时期。在此范围内以年前栽植较好。在冬季较冷的地区则宜春季栽植。用母竹移栽的，每 667m^2 栽 20～35 株。用竹蔸移植、移鞭或移实生苗的，每 667m^2 栽 40～55 株。栽植前按株行距定点挖穴，把表土和心土分别放在穴的两侧。在坡地挖穴时把穴的长边与等高线平行。为了减少蒸发及被风吹动摇，将母竹留 4～5 盘枝叶砍去梢部。栽植时穴底先铺一层表土厚约 20cm，若施基肥必须用充分腐熟的，并拌入土中。然后将种竹放入穴中，把竹鞭放平，先盖表土再盖心土，分层压紧。上面盖一层松土，并使盖土略高于地面成馒头形，防止积水烂鞭。土面盖杂草枯叶等以减少水分蒸发。在天气干旱时还要先适当灌水再盖土。为了防止风害，应设立支架。用竹苗栽植的不必设支架。

(2) 竹林管理

① **施肥**。根据经验，笋用林每年每 667m^2 宜施堆肥或厩肥等农家肥 1500～2500kg 或塘泥 3500～5000kg。若用化肥，氮磷钾三要素宜按 5：1：2 比例配施。在新建竹林，可利用间隙栽培苜蓿、紫云英、猪屎豆等豆科绿肥，或大豆、绿豆、蚕豆、豌豆等豆科作物，借根瘤菌的作用提高土壤的含氮量。把绿肥和豆科作物的茎叶翻入土中，既增加土壤养分又能改良土质，同时还可防止杂草滋生。新植竹林于春夏季节施粪肥或氮素化肥，促进根系发展和发鞭，肥料应多加水稀释，分数次浇在竹蔸附近。成林竹园则可把肥料施在掘笋留下的穴内，并酌量另掘穴或沟，使肥料分布均匀。掘春笋后和掘鞭笋后各施

一次粪肥或氮素化肥，以促进新竹成长和发鞭孕笋。堆肥、厩肥等有机肥在冬季填入掘冬笋后留下的穴内，用土覆盖。或于松土前把肥料铺在地面，结合松土翻入土中。

② **灌溉与排水**。我国南方降雨量大，但不均匀。夏秋季发生干旱，应及时灌水，对促进笋芽的发生有利。新植竹林灌水有困难的地方可铺施栏肥或杂草，以保持湿润的土壤环境，保证母竹的成活。夏秋也易遇台风暴雨，雨水过多积累也会导致烂鞭或笋芽的枯亡，应注意及时排水。

③ **松土与除草**。新植竹林郁闭前，易滋生杂草，成林竹园有老竹采伐时留下的竹蔸、浮生的老竹鞭，均影响竹林的生长。所以松土除去杂草、竹蔸、老竹鞭，减少与笋竹争夺养分，又可熟化土壤，改善土壤通气状况。新植竹林每年要除草松土2次，第一次在新竹枝叶展开后梅雨季节来临前的5～6月份间进行，不能太早也不可过迟，以免影响新竹的生长或除草不净。第二次在立秋以后的8～9月份间进行，这时杂草种子尚未成熟，铲除后种子不会散布蔓延。第一次宜深，应除去竹蔸与老鞭，第二次应尽量少伤鞭以影响笋芽的形成。成林竹园一般每年除草松土一次，宜在7～8月份间进行。竹蔸一般在秋冬挖除，竹蔸挖起后，坑内施入肥料，再盖土填平。平地和缓坡地可全面除草松土，坡度较大处宜在竹株附近除草松土，以免土壤流失。松土时应离竹基30cm为好，以防伤害竹根。

④ **母竹的选留和更新**。新植竹林营造后，应逐年选留壮笋成竹。选留的笋应粗壮、生长势强、无病虫害，同时使竹株分布均匀。选留期应在旺笋期后，长江流域宜在清明与谷雨（4月上旬至下旬）之间。每年留竹量，毛竹应每667m^{2}留20～25株，高产林可留40～50株，一般不能少于15株。早竹80～100株。留笋时可多留几株，在生长过程中可淘汰生长受阻的植株，使留竹量相对保持平衡。一般7年生以上的竹，生长势逐渐减弱，可以砍伐，因此满园竹园每年应砍伐与选留新竹相同数目的老竹，使林内母竹每年保持一定的密度。生产上一般5年生以上的竹都要缓慢淘汰，其数量应保持在一度竹占35%，二度竹占30%，三度竹占20%，四度竹占13%，五度竹占2%。砍伐要求在冬季进行。早竹应砍伐3～4年生老竹，或早竹的用材林也应每四年全园砍伐一次。

⑤ **钩梢**。笋用竹由于管理精细，土壤肥沃疏松，所以竹林抗风能力也相对较弱，生产上在新竹抽生当年的10～11月份间，截去竹秆的先端称为钩梢。钩梢可控制竹子的顶端生长优势，有利于发鞭和笋芽的形成，又可防止季风、台风和大雪的危害。为了保持适宜的同化面积，一般毛竹钩梢后应保留10～15盘竹枝。

(3) 病虫害防治

① **病害**。竹煤病，主要发生在竹叶及小枝上，开始叶正面有不规则的黑色煤污状斑点，后来整个叶片布满黑色煤污层，影响竹叶的光合作用。防治方法是适当疏伐毛竹，防治蚜虫或用石硫合剂杀死煤病病苗。竹笋基腐病，又称烂脚病，初期病斑出现在毛笋基部，严重时使竹笋腐烂。避免在低洼处种植毛竹，开沟排水，清除病株，或用生石灰进行土壤消毒等方法来防治竹笋基腐病。另外还有竹丛枝病、竹秆锈病、毛竹枯梢病等，主要防治方法是发现病株立即砍除烧毁。

② **虫害**。竹螟，又称“竹苞虫”、竹卷叶虫，主要危害竹叶。采取冬季翻土消灭越冬幼虫，灯光诱杀成虫，喷洒90%敌百虫500倍液毒杀苞叶内幼虫等方法进行防治。竹大象虫，又称“竹象”“竹龙”，成虫啃咬笋上部并产卵，幼虫蛀入笋内取食，使被害笋霉烂、枯死。防治方法是冬季破坏其越冬的土室，人工捕杀成虫。地蚕，又称“地老鼠”，蚕食嫩笋，严重时使整株笋枯死。可用90%敌百虫1000倍液喷杀，采用除草灭虫、诱杀成虫、毒饵诱杀幼虫等方法防治。

(4) 竹笋的采收

毛竹由于采收期不同，有冬笋、春笋和鞭笋之分。冬季竹鞭的笋芽发育早而肥大快，春节前采收的为冬笋。冬笋一般不易采收，主要是冬笋在地下不出土，不易发现，采收时主要根据竹秆、竹枝的生长情况和表土的异样来判断和采收。冬季在枝叶茂盛叶色浓绿的壮龄竹周围仔细观察，找到地表泥块松动或有裂缝处挖下，就可得到冬笋。在壮龄竹鞭上常连续着生几个冬笋，挖笋时宜沿鞭翻土寻找，找到冬笋后从基部切断，不可伤鞭，挖笋后留下的坑穴要用土填平。春季笋芽刚露头而采收的为春笋，毛竹一般在清明前后（4月上旬）开始出春笋，春笋出土后生长很快，要及时采收，否则影响其品质。在夏末初秋，在竹鞭的生长顶端的嫩梢采收下来称鞭笋，一般只能少量采收。经营较好的毛竹笋用林，一般每年每 667m² 产竹笋 500～750kg，丰产的可达 1000kg 左右。

早竹类包括早竹、淡竹、石竹、白哺鸡竹、乌哺鸡竹等许多种和品种，都是属于散生型的中小型笋用竹，其中早竹的产笋期比其他各竹种早得多，在上海、杭州一带，通常在 2 月份间开始出笋，3 月份为旺产期，直到 4 月份还能采收。接在早竹之后产笋的有淡竹、白哺鸡竹、红哺鸡竹、花壳哺鸡竹和乌哺鸡竹等。乌哺鸡竹在 5～6 月份间产笋，供应晚期需要。早竹类的春笋品质比毛竹好，精细栽培的每年每 667m² 产竹笋 750～1000kg。它的鞭笋产量比毛竹多，有些品种，如杭州的芒芽竹，发鞭性极强，鞭笋产量较高，是一个适于生产鞭笋的竹种。

丛生型笋用竹包括麻竹、绿竹、大头甜竹、吊丝球竹、簕竹、车筒竹等，主要采收基部的嫩芽，同时选留 1～3 对芽不采收，其基部当年还有笋芽发生可采收，有的到第二年才能形成新的笋芽。丛生竹产笋期较长，一般在 6～11 月份间，一般绿竹和吊丝球竹每年每 667m² 产竹笋 500～1000kg，麻竹和大头甜竹每年每 667m² 产竹笋 1000～1500kg。

16.1.5 笋用雷竹覆盖栽培技术

雷竹又名早竹或早园竹，是我国特有的优良笋用竹。

雷笋粗壮洁白，甘甜鲜嫩，营养丰富，爽脆可口。根据测定，每 100g 鲜笋中，含水分 89.95g、蛋白质 2.74g、脂肪 0.52g、糖分 3.54g，热量 29.80kcal（1kcal＝4.185kJ），粗纤维 0.55g，还富含人体必需的氨基酸、6 种常量元素、12 种微量元素。在中医上有着广泛的药用保健功能，能够节制肥胖，减少肠癌的发生。

雷竹笋用林高产栽培技术，概括起来有如下六个方面。

(1) 林地的选择

雷竹对林地的重要气象条件的基本要求是：年平均气温 14.5～17℃，年相对湿度 75%～78%。

雷竹对林地的土壤条件是沙质壤土或红、黄壤，微酸性壤土，土层深 50cm 以上，土质必须疏松肥沃、腐殖质丰富、排水良好，最好用农耕熟地和梯田建园。大面积集中连片开发的低丘岗地，海拔应在 400m 以下，坡度 15°以下，背风向阳，光照充足，交通方便，靠近水源。

(2) 高质量建园

新建竹园前，要用机械或人工进行深翻，深度在 45cm 以上，全面清除石块、树根、杂灌等。每 667m² 挖穴 80 个，株行距 2.9m×2.9m，穴的规格长 60cm，宽深各 40cm，并在穴内施足底肥。对地势平坦的竹园要开挖围沟和厢沟，厢沟每 5～7m 一条，沟宽 25cm，深 30cm，围沟要深于厢沟，确保竹园雨停地干。对 1hm² 以上成片竹园，要规划人行道、机耕道，便于作业和管理。

a. 品种选择。目前有早、中、晚熟雷竹品种四个：细叶乌头竹、宽叶雷竹、青壳雷竹、嘉兴雷竹。作为大面积基地栽种，可四个品种并栽，这样可以错开采笋期，延长竹笋加工期。作为农户小面积栽种，最好选择细叶乌头雷竹，因其暴笋期早，产量高，可以提前上市销售，价格稍高，经济效益较好。

b. 母竹质量要求。母竹质量至关重要，它必须是生长健壮、枝叶茂盛、分枝低、未开花且无病虫害的 1～2 年生的嫩竹，其直径应是 2～4cm，过大、过粗的竹种，不易成活。

c. 母竹的挖掘。在老竹园挖母竹时，首先查看竹鞭走向，一般竹秆第一盘枝开口方向，便是来鞭和去鞭的走向。沿竹鞭两侧逐渐深挖，来鞭从 10～15cm 截断，去鞭从 20～30cm 截断，须注意保护好竹秆与竹鞭连接处的“螺丝钉”，“螺丝钉”是竹秆与竹鞭根系之间进行营养传输的枢纽，挖掘母竹时，根部应带宿土 5kg 以上，砍去梢部，切口平滑无裂口，留枝 4～7 盘。

d. 竹种运输。竹种装卸运输中，不得损伤鞭侧芽与“螺丝钉”，尽量减少宿土掉落。

e. 栽竹技术。通常栽竹时间在每年 12 月至翌年 3 月期间，或在梅雨季节的 5～6 月份进行。栽植母竹时，竹鞭在穴内应水平放置，深 20～25cm，先填表土，压实踩紧，晴天栽植时要浇水保温，再在竹篼下培土成“瓜墩”形状。在一块竹园内，所有母竹来鞭与去鞭方向保持一致，以避免因竹鞭生长方向混乱，导致来年新竹分布不匀，形成林中空地。

(3) 幼龄竹林的管理

a. 间作。新建竹园第一年可以间作豆类、花生等矮秆作物，这样以耕代补，增加收益。从第 2 年起不得再间作，以免影响竹鞭生长。

b. 松土除草。竹园的松土除草，生年至少三次：第一次 4 月份，浅锄杂草；第二次 6 月份，用二齿角锄深翻 20cm；第三次 9～10 月份，有鞭处浅锄，无鞭处深挖。

c. 施肥。竹园的施肥，应以人畜粪、饼肥等有机肥为主，一年中施肥必须达到四次：第一次，在 3 月份结合挖笋施“产后肥”，在笋洞内每穴施腐熟饼肥 50g 并覆土填穴，促进母竹生长恢复；第二次，在 6 月份结合竹园深翻施“长鞭肥”，每 667m^2 施 150～200kg 腐熟菜饼，撒施竹园后，深翻入土；第三次，在 9 月份结合浅锄撒施“催芽肥”，每株施腐熟饼肥 50～100g；第四次，在 11 月份重施“保温肥”，每 667m^2 施腐熟饼肥 200～300kg 或商品有机肥 1500～3000kg。

(4) 满园竹园的管理

a. 合理密植。调整竹林结构，保持合理的竹林密度，是获得竹笋高产的重要措施。雷竹的立竹度以 800～10000 株/667m^2 为宜，立竹的年龄结构要合理。一般雷竹母竹以 2～3 年出笋力最强，4～5 年下降，6 年以上的老竹应更新去除。因此，每年留新除老，以保持 1～3 年生竹占 70%以上。除去老竹的时间，以 6 月份为最好，可结合松土进行。除去老竹方法宜采用连竹篼一起挖去，不宜采用砍伐的方法，这样，可使新鞭在疏松的土壤中生长。

b. 合理钩梢。为降低竹林高度防止风倒雪压，雷竹要进行钩梢。钩梢时间一般选在 6 月较好。过早钩梢，竹林就变得更脆，会降低抗风倒雪压的承受能力；钩梢偏迟，又会抑制竹下部枝叶及地下鞭根的生长。竹农也可根据当地气候、竹林地形条件和经营习惯选择钩梢时间，通常应在 5～9 月份这段时间内选择。钩梢的高度，一般应留枝 12～15 梢左右，留枝过多，失去钩梢的目的，留枝过少，影响光合作用的能力。

c. 笋期管理。对 1～3 年逐步形成的新建竹园，因母竹尚未满园，每年每株母竹应留笋 2～3 个，笋间距离 50cm 以上。对于 4 年以上已满园的竹林，要适时挖除早、晚期笋，保留中期笋，每 667m^2 选留 200 余个大笋、壮笋，让其长成新竹，其余全部挖除。根据挖小留大、挖密留稀的原则，挖除过密笋、并笋、病早害笋和退笋。

(5) 雷竹园覆盖保温

雷竹笋生长出土的先决条件，必须是土壤温度达到 9℃以上。在正常的情况，为使雷竹笋 3 月上旬出笋期提前到春节前后，就需采用覆盖保温的方法，使春笋冬出，以提高经营者收益。

覆盖对象必须是建园 4 年以上，已满园的竹林。覆盖的时间在每年 11 月中旬至 12 月上旬，覆盖的材料用谷壳、稻草、竹叶、麦壳等均可。

覆盖的方法为在施足保温肥后浇一次透水。先将稻草盖在下层，厚 15～20cm，作为增温层；再用谷壳盖 20～25cm，作为增温层，以控制地表温度在 15℃左右。

覆盖后 20～25d，冬笋即陆续长出，这样，冬笋和春笋出笋期可延长 70～80d。

(6) 竹林保护

雷竹林常见病虫害有丛枝病、黑粉病、竹秆锈病等，常见的虫害有竹蚧壳虫、竹卷虫等。对上述病虫害，要防治并举，对症治理，提倡采用以生物防治为主的综合方法，有机生产禁止使用化学农药。一般发现病虫危害株应立即伐除烧毁，杜绝病菌的传播。同时要加强竹林抚育，竹林密度不宜过大，以提高抗病能力。还可针对成虫有较强趋光性特点，设置黑光灯诱杀；老熟幼虫在土中越冬，可采取松土翻耕，使幼虫因秋旱、冬寒而死亡。

对因竹鞭年龄偏大等生理原因造成的开花竹，应及时连根挖除。对因土壤缺少氮肥等环境因素造成提前开花的雷竹，应采取增施氮肥、少施磷肥措施，促其更新复壮。

一般雷竹园在12月份进行施肥、浇水、覆盖后40d左右就开始出笋了，这时就可以进行挖笋。由于覆盖物较厚，外界气温又低，一般竹笋都在覆盖物中，应注意及时进行采收。当人在覆盖物上走过，如发现脚下有顶硬的感觉，就可拨开覆盖物，根据母竹第一盘竹枝的伸展方向，确定铁铲下土方向。应与竹枝方向平行，以免铲伤竹鞭。将铁铲顺着竹笋慢慢深入，当铲子达到笋基部时，手便有一种碰硬感觉，此时便可稍微用力，将笋与竹鞭连接处拨开，拔出竹笋。然后将土回盖原处，再将覆盖物盖好，使土层继续保持一定温度。

16.2 芦笋栽培

芦笋又称石刁柏、龙须菜，为百合科天门冬属中能形成嫩茎的多年生宿根草本植物。

芦笋以其柔嫩的幼茎作为蔬菜食用，也可制成罐头食品。幼茎出土见光后呈绿色，称绿芦笋，供鲜食；培土软化的则呈白色，称白芦笋，多作罐头食品原料。芦笋幼嫩食用部分是一种低热量、营养价值高的蔬菜，且风味鲜美，芳香、纤维柔软可口。每100g食用嫩茎中含蛋白质3.1g、脂肪0.2g、糖类3.7g、纤维素0.8g、各种氨基酸平均含量102.3mg、维生素A 897IU、维生素B_1 0.17mg、维生素B_2 0.15mg、维生素C 33mg、钙22mg、磷52mg、铁1.0mg。蛋白质中含有人体必需的氨基酸成分，矿物质中含有各种微量元素，尤其硒的含量较多。此外还有具有保健效果的特殊营养成分，如天冬酰胺、芦丁、甘露聚糖、胆碱、叶酸等。

16.2.1 类型和品种

根据芦笋嫩茎颜色的不同，芦笋可分为绿色芦笋、白色芦笋、紫绿色芦笋、紫蓝色芦笋、粉红色芦笋等几种。多数品种因在不同的栽培条件下，嫩茎的颜色也不同。例如，在芦笋生产中，同一品种既可采收绿笋也可以采收白笋，在嫩茎长出地平面之前进行培土，培成小高垄，使嫩茎在黑暗的土壤中不见光生长，在嫩茎出土之前采收嫩茎则为白色，故称为白芦笋；如果在嫩茎长出地平面之前不进行培土，使嫩茎在自然光照条件下生长，嫩茎为绿色，故称为绿芦笋。由于品种的不同或环境的变化，一些芦笋的嫩茎基部或头部形成紫色、紫绿色、紫蓝色、粉红色等色泽。

芦笋按嫩茎抽生早晚分早、中、晚熟三种类型。早熟类型嫩茎多而细，晚熟类型嫩茎少而粗。目前我国芦笋品种主要还是引自欧美等地区，目前比较好的有一代全雄杂交种和一代杂交种。全雄杂交种有西德全雄、西班牙全雄、荷兰全雄等，其中以荷兰全雄吉利木、硕丰较为突出，抗病性和产量比常规品种高60%左右，但因制种困难，种子价格昂贵（1kg种子折合人民币4.6万～5万元），目前国内仅用于科研和对比实验；一代杂交种产量和抗病性比常规种提高40%～50%，一级笋率可达90%以上，而且价格较低，较受笋农欢迎，比较好的品种主要有国产的鲁芦笋一号、芦笋王子F1、2000-3 F1，进口的有荷兰的弗兰克林，日本的杂交一号，美国的改良帝王、阿特拉斯、阿波罗、格兰德、佛罗里达、伊诺斯、泽西奈特等。根据价格及综合比较，芦笋王子F1较为突出。

各地选用芦笋品种时一定要因地制宜，在了解品种特性基础上，有计划、有目的地引进，切忌生搬硬套，盲目引进，造成不应有的损失。在生产上表现较好的芦笋品种主要有格兰德、阿波罗、阿特拉斯、安德丽亚斯、弗兰克林、泽西奈特、极雄皇冠、UC115、加州301（UC301）、泽西王子、广岛、紫色激情、太平洋紫芦笋、鲁芦笋一号、芦笋王子、冠军、88-5改良系、硕丰、2000-3等。

16.2.2 生物学特性

(1) 形态特征

① **根**。芦笋的根系属于须根系，根群发育特别旺盛，具有长、粗、多的特点。芦笋种子播种后，随种子发芽先长出初生根，然后在地下茎上发生肉质根，肉质根上再发生须状纤细根（吸收根）。随着植株生长，根系逐渐庞大。芦笋的根系由肉质贮藏根和须状吸收根组成。肉质贮藏根由地下根状茎节发生，多数分布在距地表30cm的土层内，寿命长，只要不损伤生长点，每年可以不断向前延伸，一般可达2m左右，起固定植株和贮藏茎叶同化养分的作用。肉质贮藏根上发生须状吸收根。须状吸收根寿命短，在高温、干旱、土壤返盐或酸碱不适及水分过多、空气不足等不良条件下，随时都会发生萎缩。芦笋根群发达，在土壤中横向伸展可达3m左右，纵深2m左右。但大部分根群分布在30cm以内的耕作层里。

② **茎**。芦笋的茎可分为初生茎、地上茎、地下茎三种。初生茎：芦笋种子萌芽时首先长出地面的茎称为初生茎，是由胚芽发育而成的。地下茎：随着幼苗的生长，在初生茎与根的交接处，产生突起，形成鳞茎，亦叫地下茎或地下根状茎。地下根状茎是短缩的变态茎，多水平生长。当分枝密集后，新生分枝向上生长，使根盘上升。肉质贮藏根着生在根状茎上。根状茎有许多节，节上的芽被鳞片包着，故称鳞芽。根状茎的先端鳞芽多聚生，形成鳞芽群，鳞芽萌发形成鳞茎产品器官或地上植株。地上茎：肉质茎，其初生嫩茎就是产品。芦笋的粗细，因植株的年龄、品种、性别以及气候、土壤和栽培管理条件等而异。一般幼龄或老龄株的茎较成年的细，雄株较雌株细。高温、肥水不足，植株衰弱。不培土抽生的茎较细。地上茎的高度一般在1.5～2m之间，高的可达2m以上。芦笋为雌雄异株，株性比约为1。雌雄株在性状上有较大差异。雄株：植株矮，分枝多，开花早，发生茎多，幼茎单重小，但产量高。雌株：植株高大，分枝稀，开花迟，发生茎很少，幼茎粗大，总产量略低。生产上以培养雄株为多，一是产量较高，二是采收年限较长。

③ **真叶及拟叶**。在芦笋茎的各节上着生的淡绿色、薄膜状、呈三角形结构物，就是芦笋已经退化的真叶，俗称鳞片。通常所说的芦笋叶，实际上是变态的枝。它是从膜状叶腋中丛生出来的6～9条针形叶状枝，植物学上称为叶状枝或拟叶。芦笋的主茎和分枝中均含有叶绿素，可进行光合作用。

④ **花**。芦笋是雌雄异花异株的植物，在自然条件下，雌雄株大体相等。雌、雄花分别着生在雌、雄株的叶腋处，单生或簇生，花小，呈钟状。萼片及花瓣各6枚。雄花淡黄色，花药黄色，有6个雄蕊，并有柱头退化的子房。雌花绿白色，花内有绿色蜜球状腺。虫媒花。

⑤ **果实和种子**。雌花经授粉受精后，发育成果实，类似豌豆大小和形状的球形浆果，直径7～8mm，由果皮、果肉、种子三部分组成。果实未成熟时呈深绿色，逐渐变为淡绿、橙绿、橙红，成熟时为朱红色，含糖量较高。果内有3个心室，每室内有1～2个种子。种子黑色，千粒重20g左右。

(2) 生长发育过程

芦笋为多年生作物，一生中要经过发芽期、幼苗期、幼年期、成年期和衰老期五个生长发育阶段。芦笋不同的品种或同一品种一生过程中的不同生育期，对环境条件的要求既有相同之处又有不同之处。要想提高栽培芦笋的经济效益，首先必须选用适宜当地栽培的优质、高产良种，然后根据选用品种的特性和各生育期发育规律对环境条件的要求，通过各种技术措施改变不利于芦笋生长发育的因素，尽量满足该品种各生育期对环境条件的要求。这样不但使芦笋能进行良好的生长发育，提早进入成年期和延长成年期的时间，而且在年生长周期中可以延长生长发育期，使该品种的优质、高产等生物学特性能充分发挥，从而达到了投入少、经济效益高的目的，否则将造成经济效益严重下降或栽培失败。因此，在栽培芦笋时，必须掌握芦笋的生物学特性，根据品种的特性和各生育期对环境条件的要求，制订出相适应的管理技术措施，为笋株的健壮生长发育创造一个比较适宜的环境条件。

① 芦笋的生命生育周期

芦笋的生命生育周期也称为生活史。芦笋从种子萌发至生长发育产生种子，地上茎的寿命虽然只有几个月的时间，但是芦笋地下茎盘的寿命却比较长，而且在不同的地区和不同的管理条件下有较大的差异。在热带地区一般为7年左右；在亚热带地区一般为10年左右；在温带地区一般为10～15年；在寒冷地区一般为15～20年，在管理好的情况下可达20年以上，日本有50年的报道。根据芦笋植株形态特征的不同变化，将芦笋的生命生育周期分为发芽期、幼苗期、幼年期、成年期和衰老期五个生育阶段。

a. 发芽期。发芽期是指种子的胚由休眠状态转入萌发状态至第一个地上茎（初生茎）出土散头的时期。芦笋种子吸水膨胀后种皮变软，透入氧气促进呼吸作用，胚乳在酶的作用下被分解为简单的可溶性物质供胚吸收利用。种子的胚也由休眠状态转为活动状态，随着胚的分生组织细胞不断进行分裂和体积增大，在胚的一端形成胚根首先突破种皮形成初生根，在胚的另一端形成胚芽突破种皮发育成初生茎。发芽期一般需要20d左右，此期必须要给以适宜的温度、湿度、空气等条件，并加强病虫害的防治，确保一播全苗。

b. 幼苗期。幼苗期是指从初生茎出土散头至向大田移栽之前在苗床生长发育阶段的时期。在苗期随着幼苗的不断生长发育，笋株的形态特征发生了下列变化：首先是在初生根和初生茎交接处的组织膨大产生小突起，形成最初的地下茎盘，不但初生根增多、增粗和增长，而且贮藏根和鳞芽也随之形成；地下茎盘开始发生分歧而不断扩大，贮藏根逐渐增多、增粗和增长；地上茎也随之增多、增粗和增高，分枝开始形成，枝叶也由少逐渐增多。幼苗期的长短受育苗方式和移栽时间的影响比较大，一般以地上茎3～5个、苗高25cm左右和贮藏根10条左右时移栽比较适宜。幼苗期一般需要60d左右，加强幼苗期的管理，为幼苗的发育创造一个比较适宜的环境条件，促进幼苗的健壮发育，不但使幼苗移栽之后能提早进入采收期，而且为以后能获得优质、高产奠定了基础。

c. 幼年期。幼年期是指从幼苗移栽至地上茎发育到能开始采收的时期。此期，笋株的地下部分和地上部分生长发育逐渐加快，根系逐渐增多、增粗和增长，地下茎盘随着分歧的逐渐增多而向多个方向扩展，鳞芽的分化、形成数量也随之增多。地上茎抽生数量由移栽时的3～5个逐渐增加到十几个至几十个，地上茎的高度由移栽时的25cm左右逐渐增加到150cm以上，地上茎的粗度由0.2cm左右逐渐增加到1cm以上。在幼年期有的嫩茎粗度虽然达到了采收的标准也不可采收，目的是为了促进笋株的健壮发育和为以后能获得优质、高产奠定基础。根据芦笋的生长发育规律，一般地上茎平均粗度达到0.8cm以上，每墩地上茎具有15个以上时开始采收为适宜。幼年期所需时间的长短受品种、环境条件和管理技术水平等因素的影响很大，在一般情况下生长5～7个月即可进入采收期。为了促进笋株的健壮发育，缩短幼年期，使地上茎提早进入采收期，除加强肥水和病虫害防治等管理措施外，必须做好植物激素的调节工作。

d. 成年期。成年期是指从地上茎发育到能开始采收至嫩茎产量和品质明显下降的时期。此期是芦笋生命生育周期中生长发育最旺盛的时期，分歧和鳞芽群数量进一步增多，地下茎盘迅速向四周扩展；根系和地上茎的数量也随着增加，但粗度变化不大。由于成年期的时间比较长，在长江流域以北一般为8～13年，为了便于芦笋优质、高产栽培措施的制订，根据芦笋的生长发育规律和嫩茎产量与品质的变化，将芦笋的成年期分为成年前期、成年中期和成年后期三个阶段。

从地上茎发育到能开始采收至嫩茎进入盛产期之前的时期为成年前期。此期笋株生长发育比较迅速，抗逆能力也比较强，地下茎盘随着分歧迅速增多而向四周扩大，贮藏根的数量和长度也迅速增加，地上茎抽生的数量由少到多、由细到粗，嫩茎的产量也由低到高。成年前期的长短主要受管理技术措施的影响，在管理得当的情况下一般为2～3年左右，如果管理不当成年前期所经历的时间长达多年或栽培失败。

成年中期是指嫩茎高产、稳产和品质最好的时期，也是芦笋生命生育周期中最旺盛的时期。此期，地下茎盘随着分歧不断地增加向四周迅速扩展，内围的地下茎发生重叠状态又形成多个生长点，使地下茎盘内外都能形成鳞芽群而萌发地上茎；早年形成的贮藏根不断发生枯死，而新的贮藏根又不断形成，使贮藏根的体积达到最大值，此时也是吸收肥水、贮藏养分和合成细胞分裂素、赤霉素、植物碱、氨基酸等能力最强的时期；母茎和秋茎发育健壮，枝叶茂盛，光合作用能力强，同化的物质多，鳞芽群分化、形成的数量也比较多；嫩茎抽生的数量多、生长快、发育粗壮、粗细均匀、畸形少、品质好，是芦笋一生中经济效益最好的时期。在管理措施适宜的情况下此期可达 8～10 年，一般为 5～7 年左右，如果管理不当芦笋的成年中期将大大缩短或毁灭。

成年后期是指芦笋的产量和质量与成年中期相比有着显著差异的时期。随着栽培时间的延长，土壤环境恶化，地下茎盘分歧的增加逐渐减缓，地下茎重叠现象趋于严重，贮藏根和分歧老化、枯死的数量逐渐增多；嫩茎抽生的数量逐渐减少，细弱茎、畸形笋逐渐增多，品质逐渐下降。此期持续的时间一般为 1～2 年。

e. 衰老期。衰老期是指芦笋的产量和品质迅速下降至丧失再继续作为经济作物栽培价值的时期。此期，笋株的抗逆能力严重下降，病害发生严重；地下茎盘向周围的扩展速度也迅速减缓，地下茎大幅度上升；地下茎和贮藏根大量腐烂，鳞芽群休眠、萎缩和枯死严重；地上茎的高度和粗度显著降低，枝叶稀少；嫩茎萌发数量迅速减少，细弱和畸形笋再次增多，经济效益迅速下降，甚至失去继续采收的价值。因此，芦笋进入衰老期要及时更新。

② 芦笋的年生育周期

芦笋的年生育周期是指每年芦笋生长发育状况变化的整个过程。在自然环境条件下，凡是气候变化四季分明的地区，芦笋的年生育周期均随着自然环境条件的变化经过生长和休眠两个明显不同的阶段。在我国的南方和其他国家的热带地区，芦笋地上茎或枝叶虽然不会随自然环境条件的变化全部枯死进入明显的休眠期，但是，笋株会随自然环境条件的变化形成一个不明显的休眠期。例如：在我国的福建、广东、海南和台湾的一些地区，虽然冬季无霜冻或只有几天的霜冻，芦笋的地上茎或枝叶不会随着自然环境条件的变化而枯死，但是因受笋株自身生物节律的支配，即使在温度达到 10℃以上和其他条件比较适宜的情况下，鳞芽也不会萌发形成新的地上茎，整个笋株的生长发育明显减弱。因此，在环境条件适宜的情况下，随着笋株体内激素的变化而产生一个不明显的休眠期。

a. 生长期。生长期是指从笋株通过休眠期之后鳞芽开始萌动至地上茎枯黄凋谢鳞芽停止生长的时期（冬季寒冷的地区）或从笋株通过不明显的休眠期之后鳞芽开始萌动至整个笋株的生长发育明显减弱鳞芽停止萌发的时期。芦笋的生长发育规律受环境条件和栽培技术措施的影响较大，在不同的环境条件和不同的栽培技术措施下，芦笋的生育特点也有所不同。为了便于管理措施的制订，应根据当地的气候条件和栽培管理方法将成年笋的生长期划分为几个不同生育阶段。在四季分明选留母茎栽培的地区，年生长期应分为鳞芽萌发期、采收期、养分补充期、养分积累期四个阶段；在不选留母茎栽培地区和热带地区，年生长期应分为鳞芽萌发期、采收期、养分（充实）积累期三个阶段。

ⅰ. 鳞芽萌发期。鳞芽萌发期是指鳞芽由休眠至开始萌发的时期。芦笋在越冬、母茎和秋茎形成期间鳞芽处于休眠状态，由于鳞芽萌发的时间比较长，鳞芽萌发时间的早晚和多少受品种、笋龄、气候、栽培措施等因素的影响比较大。为了促进鳞芽的提早萌发和增加鳞芽的萌发数量，提高芦笋的产量与品质，在芦笋生产中必须根据当地的气候特点、品种的特性、鳞芽萌发的规律、栽培的方式等因素选择适宜的品种和适宜的栽培措施。在温度、水分等气候条件适宜的情况下，鳞芽萌发的时间比较早，鳞芽萌发的数量也比较多，否则鳞芽萌发的时间推迟，鳞芽萌发的数量比较少或不萌发。在自然环境条件下，采取增温或降温措施可促使鳞芽提早萌发，鳞芽萌发的数量也比较多。由于受笋株自身生物节律的支配，笋株体内的脱落酸的含量增高使笋株进入休眠期，即使在气候条件适宜的情况下，鳞芽也不会萌发。这就是芦笋在控温促成栽培中，笋株在没有通过休眠期之前，如果不采取激素调节，即使温度、水分、养分等条件比较适宜，鳞芽也不会在短时间内萌发的主要原因。因此，在气候条件适宜的情况下，选用芦笋保增收水剂浇灌根盘或喷施枝叶，降低笋株脱落酸的含量，打破笋株的休眠或防止温度过高笋株进入高温休眠，不但可促进鳞芽提早萌发，而且可提高鳞芽的发育速度和增加鳞芽的萌发数量。

ⅱ.采收期。采收期是指地上茎生长期间采收嫩茎的时期。根据气候条件、栽培管理方法和笋株生长发育状况的变化等，采收期应分为3～4个不同采收阶段。在无霜期比较短采取不留母茎栽培的地区，采收期分为春夏采收期和秋季采收期两个阶段；在无霜期比较长采取选留母茎栽培的地区，采收期分为春夏采收期、夏秋季采收期和秋季采收期三个阶段；在冬季也适宜笋株生长的地区，采收期分为春季采收期、夏季采收期、秋季采收期和冬季采收期四个阶段。

春季采收期是指每年春季嫩茎采收的时间。这种采收方法适宜笋株成年前期和上年秋季养分积累较少的田块或冬季适宜笋株生长的地区母茎已老化的田块，春季适当采收一段时间后停止选留母茎。如果延长采收期，造成贮藏根内的养分消耗过多，将影响以后的产量和品质。因此，春季采收期的长短应根据根株和嫩茎的素质确定。

春夏采收期是指从立春之后嫩茎发育到符合采收标准时至夏季母茎形成之前采收的时间。此期地上茎抽生的多少与粗细、生长的速度与品质的优劣等，主要受养分、激素、温度、水分等因素的影响。在春夏采收期笋株生长发育状况的主要变化是，通过采收嫩茎抑制地上茎的生长，刺激地下茎盘产生较多的分歧而形成更多的鳞芽群，促使地下茎盘迅速扩展和嫩茎的抽生数量不断增多。随着采收时间的延长，贮藏根内的养分逐渐减少，吸收、合成等功能逐渐减弱，地上茎抽生数量逐渐减少，嫩茎的发育也逐渐变细，畸形笋的数量会增多。因此，为了提高芦笋的产量和品质，必须根据地上茎的发育状况确定停止采收选留母茎或秋茎的时间。

夏季采收期是指每年夏季嫩茎采收的时间。这种采收方法适宜上年夏季定植的芦笋和上年秋茎发育比较差养分积累较少的田块或冬季适宜笋株生长的地区母茎已枯死的田块。由于春季地上茎抽生的数量少而且细弱，春季如果采收，造成贮藏根内的养分大量消耗，致使贮藏根和鳞芽大量休眠或萎缩，将严重影响以后的产量和品质。因此，春季必须先选留母茎夏季再采收。此期笋株的根系、鳞芽、地上茎等器官生长发育所需要的养分主要靠母茎供应，由于母茎同化的产物不需要经过贮藏过程的一系列物质转化而直接被利用，从而提高了母茎的光合作用强度和同化产物的生物效应，减少了贮藏根的萎缩和鳞芽的休眠与退化，促进了根系、地下茎与地上茎的发育。随着嫩茎的不断采收，笋株的地上生长点不断得到抑制，母茎同化产物又能满足笋株发育的需要，促使地下茎盘因产生分歧又形成较多的鳞芽群，嫩茎抽生数量既多又粗壮，畸形笋和细弱笋明显减少。因此，夏季采收期的长短、嫩茎产量的高低和品质的优劣，主要受母茎发育状况和温度、肥料、水分等因素的影响。

夏秋采收期是指从夏季母茎形成之后至秋茎形成之前采收的时间。此期笋株生长发育状况的变化过程与夏季采收期基本相同，夏秋采收期的长短主要由秋茎发育所需要的时间和母茎发育状况来确定。秋茎有效生育期一般不少于100d，在满足秋茎发育所需要时间的情况下，如果母茎遭受病虫的危害或受其他因素的影响，造成母茎发育比较差或枯死，使母茎的同化能力严重下降或停止，这时必须提早停止采收留秋茎。

秋季采收期是指每年秋季嫩茎采收的时间。这种采收方法适宜亚热带地区和热带地区栽培的芦笋，此期笋株的根系、鳞芽、地上茎等器官的生长发育所需要的养分主要靠母茎供应，因此，秋季采收期的长短、嫩茎产量的高低和品质的优劣，主要受母茎发育状况和温度、肥料、水分等因素的影响。在四季分明的地区，秋茎选留的时间偏早或选留秋茎时地上茎抽生过多，秋季可以将多余和无效嫩茎采收。

冬季采收期是指每年冬季嫩茎采收的时间。这种采收方法适宜亚热带地区和热带地区栽培的芦笋或四季分明的地区控温促成栽培的芦笋。

ⅲ.养分补充期（母茎生长期）。根据笋株生长发育状况的变化，养分补充期又可分为母茎形成期和养分充实期两个时期。母茎形成期是指从选留母茎鳞芽开始萌发至母茎发育到其光合作用产物能满足自身生长需要的时间。此期地下部贮藏的养分主要供应母茎的发育，是母茎迅速生长的时期，笋株的生长中心是母茎，嫩茎抽生数量很少，在母茎形成期根株贮藏的养分逐渐降到最低点。母茎形成所需要的时间，主要取决于鳞芽的发育状况和根株内养分的残存数量。在一般情况下母茎形成所需要的时间为30d左右，在管理比较科学的情况下母茎形成所需要的时间只有20d左右。养分充实期是指从母茎发育到光合作用产物能满足自身生长的需要至母茎清除的时期。此期母茎光合作用产物源源不断地供应地下根系、鳞芽、嫩茎等器官的发育，使笋株的养分得到充实，贮藏根、鳞芽、嫩茎等器官发育比较迅速，嫩茎抽生的数量也迅速增多。养分充实期所需时间的长短主要受气候、肥料、水分、植物调节剂、病虫害等因素的影响，一般情况下为60～70d。

ⅳ.养分积累期（秋茎生长期）。从停止采收选留秋茎至秋茎枯黄停止生长的时间为养分积累期。嫩茎停止采收后，地上茎不断抽生，在适宜的条件下，地上茎出土15d左右时，拟叶开始进行光合作用制造养分，地上茎出土20d后，拟叶基本形成，光合作用能力不断增强，合成的养分不断输送到贮藏根、鳞芽、嫩茎等器官中。随着地上茎和枝叶的不断增加，秋茎的光合作用能力迅速增强。此期的温度比较适宜，昼夜温差比较大，笋株呼吸作用消耗的光合产物比较少，净光合作用效率比较高，光合产物源源不断地输送到笋株的地下部，供贮藏根、鳞芽、地下茎等器官的发育和贮藏，为翌年优质、高产奠定基础。秋茎生长期，一般不少于100d，最好能达到120d左右。

b.休眠期。在气候变化四季分明的地区，休眠期是指秋茎枝叶枯死至翌年鳞芽开始萌动的时期。在冬季温暖如春的地区，笋株一年四季都能生长而不枯死，但是，因受笋株自身生物节律的支配，仍有一个不明显的休眠期。在各芦笋栽培区，当温度达到35℃以上时，整个笋株的生长发育明显减弱或基本停止，笋株进入短时间的高温休眠期。芦笋休眠期的长短除了受温度的影响外，主要是受笋株体内植物激素的影响。笋株进入休眠期时，笋株体内的脱落酸含量逐渐增多，生长素、赤霉素、细胞分裂素等激素的含量逐渐减少。待笋株的休眠期通过后，笋株体内的脱落酸含量逐渐减少，生长素、赤霉素、细胞分裂素等激素的含量逐渐增多后，在温度、肥水等条件适宜的情况下，笋株才能进行生长发育。

(3) 对环境条件的要求

① **温度**。芦笋对温度的适应性很强，既耐寒，又耐热，从寒带到热带均能生长。但是温度对芦笋的生育、产量及品质影响很大，因此芦笋适宜生长在夏季凉爽冬季温暖的温带地区。在温度较高的热带和亚热带地区，芦笋植株不休眠，一年四季不断生长，产量较高，不过由于温度偏高，呼吸作用旺盛，消耗养分较多，会导致茎叶衰老快，嫩茎纤维多，品质差。冬季寒冷地区，地下部分耐寒性较强，−20℃下进入休眠期能安全越冬。芦笋种子的发芽始温为5℃，适温为20～25℃。温度高于30℃，种子发芽率、发芽势明显下降。芦笋幼苗可忍受−12℃的低温。用种子繁殖可连续生长10年以上。冬季寒冷地区地上部枯萎，根状茎和肉质根进入休眠期越冬；冬季温暖地区，休眠期不明显。在休眠期，极耐低温。春季地温回升到5℃以上时，鳞芽开始萌动；土温达到10℃或超过10℃时，芦笋嫩茎开始抽发。15℃时嫩茎增多，但17℃以下易产生空心笋，在17～25℃的条件下抽生的嫩茎数量多且品质最好，此时采收的嫩茎，多肥大细嫩，笋尖的鳞片包裹紧密。在30℃时嫩茎抽发量最多，生长速度最快，但此时嫩茎变细，易散头、易老化、有苦味。35～37℃植株生长受抑制，甚至枯萎进入夏眠。芦笋光合作用的适宜温度是15～20℃。温度过高，光合强度大大减弱，呼吸作用加强，光合生产率降低。芦笋每年萌生新茎2～3次或更多。一般以春季萌生的嫩茎供食用，其生长依靠根中前一年贮藏的养分供应。嫩茎的生长与产量的形成，与前一年形成茎数和枝叶的繁茂程度成正相关。随植株年龄增长，发生的嫩茎数和产量逐年增多。随着根状茎不断发枝，株丛发育趋向衰败，地上茎日益细小，嫩茎产量和质量也逐渐下降。一般定植后的4～10年为盛产期。芦笋的收获时间一般在春季的四月至五月。

② **光照**。芦笋是喜光作物，光饱和点为40000lx，地上部茎叶生长期需要有充足的光照，以利于同化产物的制造和积累，光照不足会严重影响芦笋的生长发育。芦笋叶片退化靠拟叶进行光合作用，拟叶呈针状，要求较长的光照，才能满足植株生长发育的需要。风力较大地区应设立支架，防止倒伏而影响光照。植物的行向与主风向平行，有利通风，增强光合作用，减少病虫害。

③ **水分**。栽培芦笋应选择水源充足、排灌条件较好的地块，才能满足芦笋高产的要求。芦笋的叶退化成鳞片，茎枝成针状似叶，且表面有一层蜡质，植株蒸腾量较小，芦笋还有庞大的根系，贮藏根内含有大量水分，可以短期调节水分不足。但芦笋吸收根不发达，吸收水分能力弱，因此过于干旱易造成芦笋减产，特别是嫩茎采收期，干旱使嫩茎发生少而细，粗纤维增多，品质变劣。芦笋不耐涝，如果土

壤长期水分过多，如地下水位过高、排水不良或常积水的地块，易使土壤中氧气不足，会使吸收根、鳞芽不发生，并产生腐烂现象，导致整株死亡。另外，若空气湿度过大，再遇高温，也易导致芦笋病害(茎枯病)大量发生。故栽植地块应高燥，雨季注意排水。

④ **土壤**。芦笋是多年生宿根性地下茎作物，有庞大的地下茎鳞芽盘和根系，根群发育十分旺盛，生理及呼吸作用都很强，同时芦笋根系具有吸收和贮藏双重作用。根系发育情况主要取决于土壤性质，要促进根系的发育，必须选择通透性好的土壤，以土层深厚有机质多而肥沃的腐殖土壤或沙壤土为宜。芦笋在土壤疏松、土层深厚、保肥保水、透气性良好的肥沃土壤上，生长良好。芦笋能耐轻度盐碱，但土壤含盐量超过0.2%时，植株发育受到明显影响，吸收根萎缩，茎叶细弱，逐渐枯死。芦笋对土壤酸碱度的适应性较强，凡pH为5.5～7.8之间的土壤均可栽培，而以pH6～6.7最为适宜。

16.2.3 栽培季节与方式

白芦笋在长江流域地区以春播为主，在3月中下旬行保护地育苗，6月上旬定植，或4月上旬露地育苗，立秋后定植。秋播9月份育苗，翌年立春后定植，苗龄约为6个月，一般均在播后的第3年春始收，5～6年盛收，经济栽培10年左右。亚热带地区，可在2月中下旬保护地播种育苗，5～6月份定植，第2年春就可始收嫩茎，或者秋季7月中下旬播种，9月份间定植，第2年养根，第3年春始收。近年南方福建等地行密植栽培，3～4年即行更新，产量大幅度增长。

由于要求周年供应，绿芦笋的栽培方式也演变成多种多样，主要栽培方式是：

普通露地栽培。与白芦笋相似，一般从4月份开始采收，一直采到7月份间，8～11月份为茎叶生长根株养成期，此后冬季进入休眠期，到翌年春又采收，年年反复进行。

小棚早熟栽培。在早春2月份开始扣小棚，可使绿芦笋比露地栽培提早20～40d上市，至6月下旬结束，然后长茎叶培养根株。

大棚栽培。在元月份扣上大棚，再行多重覆盖，包括地膜、小拱棚、二重覆盖等措施，使绿芦笋采收期提早到2月份就可以开始采收，至6月份结束后，长茎叶培养根株。

日光温室或大棚内酿热物温床栽培。将二年生根株于11月上旬掘起，排在大棚或日光温室的酿热物温床中，可使嫩茎从12月份开始供应至次年3月份结束。棚室内可与其他蔬菜轮作栽培，以经济利用设施土地。

两作栽培。除春季露地采收绿芦笋外，在秋季根株养成阶段的8～9月份，继续采收部分绿芦笋，要注意留茎叶数与采收嫩茎数的合理比例。

16.2.4 芦笋栽培技术

(1) 芦笋育苗技术

芦笋的繁殖有小苗分株法、种子育苗及组织培养快繁等。由于分株法要求株苗生长时间长，分株费力、费时，分株的小苗根系少，伤根严重，定植以后生长缓慢、长势弱、产量低、采笋寿命短，在大田生产中不宜采用此法繁殖。组织培养快速繁殖也只是用于珍贵品种及杂交亲本的扩繁，成本很高，生产上应用价格难以接受。种子繁殖法是生产上普遍采用的方法，苗子便于运输，繁殖系数大，根系好，苗子长势强，产量高，采笋寿命长，用种子繁殖的过程又分直播和育苗移栽两种模式。

直播栽培优点在于直播生长势强，当年生长量大，株丛扩展快，成园早，初次采笋产量高；但主要的缺点有出苗率低，用种量大，苗期管理困难，易滋生杂草，土地利用不经济，成本高，根株分布浅，植株容易倒伏，经济寿命不长，等。因此，除土地多、气候温暖、芦笋生育期长的地方采用外，通常不大应用。但自20世纪70年代以来，由于地膜覆盖技术和除草剂的普及，解决了出苗率低和杂草滋生的问题，应用逐渐增多。

育苗移栽比直播栽培具有较多优点。一是集中育苗出苗率高，可节省用种，降低成本；二是集中育苗便于管理，出苗快而整齐，有利于防治病虫害和培育壮苗，以达到早期丰产；三是幼苗在栽培时可以按芦笋生长发展方向进行定向定植，便于培垄、采笋和其他方面的管理。

芦笋育苗有三种方式：一是露地育苗，二是塑料大棚或小拱棚育苗，三是连栋温室工厂化穴盘育苗。各地可根据当地的自然条件和育苗时期的需要进行选择。目前，芦笋栽培普遍采用塑料大棚或小拱棚育苗，它具有增温保湿性能好、建造容易、造价低等优点，比露地育苗可提早 30 多天成苗，产量明显增加，能够为芦笋早期丰产奠定良好基础。

a. 育苗地的选择。育苗地要选择土质疏松、土壤肥沃、透气性好的壤土或者沙质壤土。同时育苗地还要具备水浇条件和便于排水，无季风危害，环境空旷通风。土壤酸度大的地方，还应撒施生石灰，以矫正土壤酸度。

b. 育苗时间。为延长芦笋的年生长期，长江流域一般可在 3 月上中旬，用小拱棚育苗较为适宜。

c. 育苗方法。将地深翻 25cm 左右，每 667m^2 施入腐熟好的有机肥 3000～5000kg，氮、磷、钾各 15%的复合肥 50kg，与土壤充分拌匀，拌成营养丰富的培养土，然后做成 1.2m 或者 1.5m 的畦。要求畦面平整，土壤细碎，深沟高畦，以便排灌。种植白芦笋每 667m^2 用种量为 60g，育苗地面积 20～30m^2，绿芦笋每 667m^2 用种量为 75g，育苗地面积为 30～40m^2。如果采用营养钵或穴盘育苗，效果更好。移栽时便于起苗，伤根轻，移栽成活率高。

d. 种子处理。将新种子浸湿后，置于 0～5℃低温下处理 60d，或将种子与湿润黄沙层积于露地过冬，以利于完成休眠期。一般生产上选用 1 年的陈籽播种，但应保管在干燥密闭处。

e. 浸种催芽。芦笋种子皮厚坚硬、外被蜡质，直接播种往往不易吸水发芽。因此，播种前必须先催芽。催芽的方法是：将种子先用清水漂洗，洗去秕种和虫蛀种，再用 50%的多菌灵 300 倍液浸泡 12h，消毒后将种子用 30～35℃的温水浸泡 48h，浸泡期间每天换水 1～2 次；种子充分吸收水分膨胀后，将种子滤出，放入盆中，上盖湿布，置于 25～28℃的环境中进行催芽，并每天用清水淘洗 2 次。当种子有 10%左右的胚根露白时，即可进行播种。播种不宜太迟，否则易将胚根弄断。芦笋种子发芽与温度关系极为密切，种子发芽的最适温度是 25～30℃。

f. 播种方法。播种前先将畦面灌足底水，按株行距各 10cm 划线，将催芽的种子单粒点播在方格的中央，然后每 667m^2 撒施辛硫磷颗粒 4～5kg，再用细筛将土均匀地筛在畦面上，覆土厚 2cm 即可。

g. 造棚盖膜。早春育苗为了提高地温，播种后要立即造棚盖膜，拱棚内控制温度为 25～28℃，夜间 15～18℃。待苗出齐后，要经常观察棚内的温度变化，当棚内温度超过 30℃时，要揭开拱棚两头，进行通风炼苗，并逐渐去掉薄膜，注意防止去膜过急造成闪苗因而遭受损失。当芦笋幼苗长出 3 个以上的地上茎时，即可准备定植。

芦笋种子与其他作物种子不同，发芽需要的时间特别长。种子萌发及幼苗生长期间，对温度、光照及水肥等条件反应敏感。因此，苗床管理的重点是尽量满足种子萌芽及幼苗生长时期对这些条件的要求，从而达到培育壮苗的目的。

h. 控制适宜的苗床温度。芦笋是喜温性蔬菜。种子发芽的早晚和幼苗出土的快慢，主要取决于畦内温度。如果采用露地育苗，由于播种时温度已较高，故种子萌发及幼苗出土较快。而利用大棚或小拱棚育苗，由于播种时温度尚低，而且气候变化较大，因而种子萌芽晚，出土慢。据试验，在地温为 15℃时，发芽需要 24d；20℃需要 15d；当地温达到 25℃时，仅需 10d。温度太低，出苗期拉长，种子内贮藏的养分消耗增多，幼苗长势弱。为了提高苗床温度促使种子尽快萌发，在种子发芽期间，一定要盖严塑料薄膜，不能透风散气，草帘、苇毛苫等覆盖物要适当早盖、晚揭，以保持夜间有较高畦温，这期间，畦内温度白天最好控制在 25～28℃，有条件的也可采用电热温床或酿热温床。幼芽出土后，随着嫩茎顶端的散开及分枝的形成，开始进行光合作用，逐渐由自养转向异养。幼苗出齐后，要进行通风。利用拱棚育苗时，起初在畦的南侧将薄膜支起进行通风，然后逐渐将两端及北侧揭开增加通风力度，最后将薄膜全部揭去。幼苗生长期间，要适当早揭、晚盖，以延长幼苗光照时间，有利于壮苗的培育。幼苗生长期，控制的温度是：白天25～28℃，夜间15～18℃。

i. 适时追肥。为促进幼苗生长，培育壮苗，当幼苗抽发第二条嫩茎时，应追施一次氮、磷、钾复合肥。一般33m^2的标准苗床，追施复合肥1.5kg，施后要立即浇水，以利于肥效的发挥。以后隔20d追一次肥，共施2～3次，以保证幼苗的健壮生长。

j. 防旱排涝。芦笋幼苗生长期间，根系较浅，对水分反应比较敏感，水分缺乏时，幼苗生长缓慢，甚至萎蔫发黄。因此，遇旱要及时浇水，一般5～7d浇一次水，保持土壤见干见湿。芦笋不耐涝，最忌床苗积水，积水易造成根系腐烂，并导致病害发生。所以，遇雨后要注意巡视苗床，及时清沟排水。

k. 中耕除草。芦笋育苗时单粒点播，密度较小，前期幼苗生长较慢，容易滋生杂草。杂草不仅与幼苗争夺肥水和阳光，而且还易导致病虫害发生，因此，应及时拔除。清除杂草时不要损伤幼苗。浇水或施肥及时划锄松土，避免苗床土层板结，以利于根系发育和幼苗的健壮生长。也可喷洒除草剂防治杂草。一般每667m^2苗床用除草剂利谷隆100g，加水100kg，于播种后3～5d喷洒畦面及畦沟，但2个月后仍需人工除草。

l. 防治病虫害。芦笋幼苗生长期间，极易遭受地老虎、蝼蛄、蛴螬等害虫的侵袭，造成缺苗。因此，一定要注意检查防治。在苗期生长后期由于温度高、湿度大，容易感染茎枯病和褐斑病，应每隔7～10d喷一次药，主要药剂有50%多菌灵、80%代森锰锌等。

芦笋按其苗龄长短分小苗及大苗两种。小苗苗龄为60～80d，苗高30～40cm，茎数3～5个。一般于寒冷季节在保护地中播种，终霜后定植于大田，以利于延长年内的生长季节。这种小苗定植方便，省时、省工，且不会伤根，不易感染土壤病害。栽后的植株生长发育迅速，可大大缩短株丛养成期。一般在长江流域及华北地区于2～3月份播种，5月份定植，翌年即可开始采收。但在定植初年，田间枝叶覆盖度低，易受草害，且栽植浅，植株容易倒伏，因此，管理上要注意防除杂草，并进行多次培土。在无霜害的前提下，小苗定植愈早，年内生育期愈长，根株发育愈健壮，积累贮藏养分愈多，翌年春季收获的产量也愈高，并连续影响以后年份的产量。因此，小苗的理想播种育苗期应在终霜前或安全定植期前60～80d，保护地播种育苗。若因茬口关系需推迟播种育苗，也应尽量安排在前茬拉秧早的茬口，以争取早播早定植。否则，小苗栽植的优越性不仅不能充分发挥，且会因定植过迟，遇温暖多雨天气而造成病害重、缺株多，或遇高温干旱天气，定植成活率降低。

大苗又称一年苗。一般苗龄长达5个月，在高寒区无霜期短，则需一年长成苗。其优点是便于苗期管理、茬口安排，可以深植，以后长出的地上茎粗大，而茎数较少，不易倒伏，栽植初年的枝叶覆盖度大，杂草少。但起苗和定植都很费力费工，且伤根重，易感土壤病害；根株生长发育慢，成园迟，初年产量和总产量均较低。不过在年生育期短的寒冷地区，可缩短大田株丛养成期，在干旱区定植成活率高。因此，寒冷地方及年降水量少的地区，仍用此法育苗。一般大苗所需的有效积温界限为2500～3000℃，在此范围内相应的株高为70～100cm，肉质根12～30条，根株重20～60g。

(2) 整地和定植

a. 栽培地的选择。芦笋是多年生宿根作物，种植后有连续10多年的经济寿命。因此，它比一般农作物的选地更需慎重。要选择适于根系及根株发育的土壤。因为芦笋的根系不仅担负吸收功能，吸收水分和无机养料，供应植株生长发育的需要，而且还是一个贮藏器官，即为地上茎叶同化养分的贮藏库。因此，根系发达，不仅能增强植株的吸收机能，而且还扩充了同化养分的库容量。所以，只有在利于根系发育的土壤上种植，以形成强大的根系，才能获得高产优质。虽然芦笋对土壤的适应性很广，但不同性质的土壤对根系发育的影响仍极大。在疏松深厚的砂质土上，植株的肉质根多、长、粗；而在黏性重的土壤上，肉质根少、短细。一般以土质疏松，通气性好，土层深厚，排水良好，并有一定保水、保肥力的砂土或壤土最为适宜。应避免选择透气性差的重黏土。这种土壤不仅不利于根系发育，更不利于培土、采收等作业，而且容易产生畸形笋。避免选择耕作层浅，底土坚硬，根系伸展不下去的土地。要求耕作层有30cm深，底土也较松软，不是重黏土或坚实的土层。还应避免在强酸性或碱性的土壤上种植，以选择pH值5.8～6.7的微酸性土壤为最适宜。植株在微碱性的土壤中能够生长，但在pH值8

左右的碱性土壤，植株的生长就会受很大影响。土壤酸度大的地方，应撒施生石灰，以矫正土壤酸度。不能在地下水位高的地块种植。芦笋的根系可以深达地下 2～3m，地下水位高时，根系就难以向下伸展，而且易引起根群腐烂，造成缺株。不能在水稻或水生蔬菜的近邻种植，否则会因水田渗水、土壤长期过湿，影响根系的发育和植株的生长。不能在石砾多的土地上种植，否则会使嫩茎弯曲，降低产品的质量。以前为桑园、果园、番茄地的地块也不宜种植，否则易发生紫纹羽病。

b. 整地与土壤改良。芦笋根系分布又广又深，深层土壤的理化性状的改良，只能依赖定植前的土壤耕作。因此，定植前必须通过耕作，创造一个适于根系生长、促进植株生育、有利于提高植株耐病力的土壤生态环境。一般旱地要深翻 30cm，水田需更深一些。要打破犁底层，以利于雨水渗滤，避免田间积水。结合深翻，每 667m^2 撒施腐熟有机肥 5000kg。另外，还需施过磷酸钙 80～100kg，与堆厩肥混合后施入土中，以尽量满足芦笋一生中对肥料的需要。

c. 定植时期。芦笋定植时期可分春植、秋植和生长期定植 3 种。春植在春季根株休眠期刚结束，鳞芽开始活动，但尚未萌芽时进行。秋植在晚秋茎叶刚枯黄，根株开始休眠时进行。生长期定植在茎叶生长发育期间进行。至于选择何时定植为宜，则应根据各地气候条件、育苗方式、作物茬口等情况而定。通常一年生的大苗都行春植或秋植。冬季寒冷的地方，因苗株耐寒性弱，起苗受伤的苗株经不起严寒，宜行春植。冬季气候温和的长江流域等地，则以秋植较春植有利。因为当秋季地上部枯黄时，地下根系还在继续生长，此时起苗定植，至翌春萌芽前，根部伤口早已愈合，根与土壤密接，萌芽早，植株生长壮旺。而在冬季没有休眠期的华南地区，无论春植和秋植均为生长期定植。因此，定植期主要根据育苗时期和茬口来决定。但从芦笋植株的生长节律来看，宜行早春定植。因为从 12 月至翌年 2 月，植株生理上有一个不明显的休眠期，鳞芽萌发少，定植成活率自然较高。小苗栽植都在生长季进行，要注意带土定植，少伤根系，并应避开雨季，否则起苗受伤后的苗株，极易感染病害，造成缺株、断垄。

d. 起苗。定植后的苗株不仅靠原有根系吸收矿质养分和水分，更依赖肉质根系的贮藏养分供应植株的再生长。故起苗时伤根严重的，对定植苗的再生长会产生很大影响。根系损伤少，贮藏养分多，吸收机能好，定植苗生长自然健旺，早年嫩茎产量较高。为减轻起苗与定植过程中的伤根问题，应在土壤干湿适宜时掘苗，便于将根系固结的泥土抖落下来，达到逐株自然分离，挖苗应深，尽量将肉质根留长一些。起苗后应避免日晒风吹，以免肉质根干瘪，影响定植成活率和植株的生长。最好边起苗、边分级、边定植，切忌长距离运输或隔天定植。在不得已时，置于塑料纺织袋中，保持湿度，最多只能放 2～3d。近年发展的工厂化穴盘育苗可以长途运输，异地供苗。

e. 选苗与分级。据试验，生产上选择高产优质的苗株定植，可使单位面积产量提高数倍至 10 多倍。选苗时可根据苗株茎枝形态鉴别出以后嫩茎的优劣，如苗茎粗大，有生长粗大嫩茎的可能；第一分枝离地高，嫩茎顶部鳞片包裹密，不易开散；分枝与主茎的夹角小，嫩茎顶部鳞片也不易开散；主茎直立，断面圆整，分枝上方主茎上的纵沟浅，嫩茎多圆整等。将苗分级栽培的主要目的是便于田间管理，避免生长发育速度快的植株影响生长慢的植株。生长季长的大苗，一般根据根株质量或肉质根数分级。凡根株重 40g 以上，根数 20 条以上的为一级苗；根株重 20～40g，根 10～20 条者为二级苗；根株重 20g 以下，少于 10 条者为劣质苗。由于各地气候、土壤条件、管理水平不同，苗株发育速度会有显著差异，实际分级时，应根据实际情况，将处于平均值以上者列为一级苗，近于平均值的列为二级苗，明显低于平均值的为劣苗，劣苗应予淘汰。生长季短的小苗，可依据株高、茎数、茎粗、根数等综合因素来决定分级标准。

f. 栽植密度。芦笋的栽植密度对株丛发育、嫩茎数量和质量，以及单位面积的产量变化，均有很大影响。一般稀植的株丛发育快，单株逐年收获量的增长快，嫩茎粗，质量好；增加栽植密度会不利于株丛发育，影响单株产量的增长，但早年单位面积产量大大提高，以后虽随株龄的增长其差距趋于缩小，但多年累计产量仍明显超出稀植，而且在一定范围内，对嫩茎质量并不会有明显影响。但当密度超过一定范围后，尤其双行栽培芦笋时，由于株间竞争加剧，嫩茎的质量会受严重影响，且株丛在养成期间由于茎叶过茂、田间通风透光不良，下部枝叶容易黄化落叶，导致病害蔓延。因此，最适宜的栽植密度，应在不使嫩茎变细的范围内，以达到提高单位面积的产量为原则。在确定栽植密度时，除栽培白芦笋需培土软化，为取土方便，应扩大行距外，还应根据各地有效生育期长短、雨量、土壤肥力、栽培管理等多种因素来决定。有效生育期短，土壤瘠薄，降雨少，可提高密度；有效生长季长，土壤肥沃，雨水充沛，株丛生育容易过旺，病害多，则应稀些，特别应扩大行距，以利于通风透光，便于控制病害蔓延。生育期长的，用母茎采收的，由于延长了采收期，株丛养育期缩短，避免了株丛生育过茂现象，则可缩小株行距。一般白芦笋栽培的行距为 180cm，株距 30cm。为避免株间剧烈竞争，且避免病害流行蔓延，长江流域芦笋生产上都不宜双行密植。

g. 栽植深度与栽植方法。苗株栽植深浅，常会影响栽植成活率，株丛的生长发育，嫩茎发生的早晚、产量和质量。白芦笋栽培中，苗株栽植深浅还会影响培土断根问题。一般栽植过深，成活率低，根部氧气不足，早期植株发育不良，春季嫩茎发生迟，采收嫩茎时，残留部分多，消耗养料，影响产量。而浅栽虽然容易成活，株丛生长发育快，春季嫩茎发生早，数量多，但鳞芽瘦，嫩茎细，茎叶繁茂，容易倒伏，且易受干旱、霜冻等自然灾害的影响。栽植深浅仅对植株早期的发育有影响，多年以后的根株在土下均处于相似的位置，表明地下茎在适合的环境下向水平方向生长，不适合时就会改变方向，达到适合的土层后又水平方向生长。因此，无论当初深栽还是浅栽，多年后植株周围的地下茎的位置，大体上都处于同一深度。栽植深度应随苗龄大小、土质和气候条件的不同而异。多雨，土壤透气性差，宜浅；少雨，气候干燥，土质疏松，宜适当深栽，一般以 10～15cm 为宜。刚栽植时覆土厚度只需 3～6cm，当新的地上茎长出后，再分次覆土到一定深度。否则，将由于根部氧气供应不足，成活率降低。栽植时，应将苗株按一定株距摆放在预先准备好的定植沟中，并注意行内株间排列是否成一直线。由于粗大肉质根不易与土壤密接，摆苗时应注意将根系放舒展，不可弯曲或相互重叠，覆少部分土后将苗株向上提拉一下，以免根部留有空隙，然后再覆土、镇压，浇稳根水，再覆松土保墒，并避免土表板结。

(3) 田间管理

芦笋从定植到采笋所需时间的长短，因育苗方式和定植时间的不同而有很大差异。头年育苗，次年4月份定植的，当年可生长5个月，大棚或小拱棚育苗，5～6月份定植的还可生长3～4个月，这两种类型第二年春天都可采笋，而且产量较高。春季露地育苗，8月份以后定植的第二年春天无法采笋。

a. 补苗与病虫害防治。定植后1个月内要进行查苗补苗。补苗时要浇足底水，确保成活，补栽的幼苗仍然要注意定向栽植。定植后的幼苗由于抗逆能力差和再生力差，如茎枯病和地下害虫等一旦发生就会造成严重损失，必须经常巡视田间，发现病虫及时防治。

b. 浇水和中耕培土。定植后要及时浇水缓苗，待水渗下后再进行覆土。覆土时要打碎土坷垃，防止压倒幼苗，因这时笋株很小，必须精细管理。定植后的芦笋苗小根浅，耐旱能力较弱，应视天气状况和墒情变化适时浇水。每次追肥后，也应浇水以促进肥料的分解，发挥肥效。秋季是芦笋秋茎旺发期，又是积累养分为第二年创高产的关键时期，若遇秋旱要适时浇水，否则会影响幼茎的抽发，导致植株早衰。北方地区冬季封冻前的立冬前后普浇一次越冬水，以利芦笋安全越冬，并培土 15cm 以减少来年空心笋的数量。

c. 追肥。幼苗定植 20d 以后进入正常生长期，这时应追施尿素或碳酸氢铵等速效氮肥，促使幼苗快速抽生地上茎，加大地上生长量。这时每 667m^2 追施尿素 30kg 或碳酸氢铵 50kg。施肥时距芦笋 20～25cm 顺垄开沟通，沟通深以 10cm 为宜，将肥料施入沟通内及时覆土耙平。注意追肥时防止将肥撒在地面或肥料距植株太近，以免养分流失或灼烧植株，施肥后及时浇水。定植 40～50d 时应追施第二次秋发肥，此时正值第一次肥力已过和第一批嫩茎抽发高峰已过，第二批嫩茎将要抽发时，及时追入第二次秋发肥，会使笋芽生长健壮，发芽数量多。这次追肥以复合肥为主，氮肥为辅，每 667m^2 可追氮磷钾复合肥 40kg、尿素 10kg，以保证芦笋停止生长之前对肥料的需要，在秋季发育到最大限度，积累更多的同化物质，为第二年丰产打下坚实基础。每次追肥后必须及时浇水。

(4) 芦笋的采收及采收后的田间管理

定植第二年后的芦笋，即进入采笋期，是芦笋生产的黄金时间，此时田间管理的好坏直接关系到芦笋的生长年限和每年的采收产量。

① 芦笋的采收

按照一般的栽培技术管理要求，通常是第一年早春育苗，当年夏季定植，第二年开始少量采收。但露地育苗，秋季定植的芦笋，因年生长期较短，第二年春一般不宜采收或春笋产量较低，可实行留母茎秋季采笋。

a. 清园。即在采笋之前清除芦笋地上的残落叶、拔除越冬母茎，对笋田病害较重的地块要进行土壤消毒，目的是便于培垄采笋和防治病虫害的发生。清园一般在早春解冻后进行，可以防止冬季低温对芦笋地下部分的不良影响，另外，所留芦笋地上茎的入土部分开始腐烂，容易拔除。清园时，对芦笋地上的茎逐根拔除，不能用刀割，以避免笋茬感染病害，也不能用锄头刨，以免将鳞茎盘上的越冬笋芽刨掉。将拔除的茎秆集中在一起烧掉。

b. 松土与消毒。清园后要及时划锄松土，然后耙平地面准备培垄。如果上年芦笋病害严重，要进行土壤消毒，方法是对整个芦笋地面喷洒50%多菌灵300倍液。

c. 施肥与培垄。培垄软化笋茎是白芦笋栽培的重要措施。在采笋期间不让嫩茎长出地面，但根系仍在活动，随着地温的不断升高，根系吸收养分的能力也随之提高。芦笋嫩茎的抽发单靠年前肉质根内贮藏的养分远远不够，需要分次施肥加以补充。其中施用氮、磷、钾含量各为15%的复合肥产量最高。在肥力较差的笋田里追肥效果更好，且采笋后期追肥的增产效果更为明显。在采笋期间的追肥措施要根据土壤肥力、管理水平等灵活运用。采笋期追肥应以速效肥、无机肥为主，不宜追施未经充分腐熟的土杂肥。春季在芦笋嫩茎未长出地面前，要培土做垄，嫩茎培垄时间因气候条件而定。培垄过早，土温回升慢，会延迟嫩茎抽发时间；过晚则早发的嫩茎长出地面见光变色。一般在地下10cm深处的土温达到10℃时，在采笋前的15～20d培垄比较合适。培垄分一次或多次，如果芦笋栽培培垄，土层较厚，土温上升慢，应分次培垄，每次培土10cm左右，土温提高后再培一次，最后培成标准的土垄。培垄的土壤应为湿润状态，土壤过干或过湿均不适宜。培垄时要在离芦笋鳞茎盘0.4m以外处取土，以免损伤芦笋根系。培土时要将土壤中的砖、瓦、石块拣净，土块打碎拍细，垄要培实，以防嫩茎抽发时碰到硬块弯曲变形。培垄伤根会严重影响芦笋产量。因为芦笋积累的营养全部贮存在贮藏根中，而贮藏根又较长，一般1～2m，且寿命较长，4～5年，在培垄时一经伤根，就会有大量的营养被断留在土壤中，减少芦笋养分的供给，致使上一年的营养积累不能充分发挥作用而影响产量。土垄的大小应根据笋龄和芦笋生长的状态而定。一般成龄笋，生长好的垄宽可大一点，幼龄笋和生长差的笋垄宽可以小一些。总之，应根据笋龄的增长而逐渐加宽土垄。土垄的高度应为根据芦笋罐头加工厂对原料标准长度的要求而定，一般采出的笋要比原料标准长出1～2cm，如原料要求净长18cm，培垄的高度应为从地下茎根盘表面至垄顶25cm，因为采笋时要留2～3cm的茬，以保护鳞茎盘免遭损伤。嫩茎在垄中离地表1～2cm时采收，这样不会因超长或缩短而造成减产。不论笋龄大小，植株生长好坏，培垄高度都是一样的。

d. 白笋采笋工具。一般有采笋铲刀和盛笋工具两种。采笋刀是铁制的尾形铲刀，刀身长45cm左右。各地用的采笋刀为碳钢制作，木制刀柄，刀刃锋利，刀身长10cm，刃宽2cm，刀身刻有原料长度标记，防止下刀深浅不一。盛笋工具可用条筐或竹筐，也可用纸箱，以避免盛笋工具损伤嫩茎，最好在筐内缝一层塑料薄膜，以保持嫩笋的鲜度，避免风吹日晒。盛笋器各地不一，但以三格提盒式较为方便，可将采笋与分级同步进行。三格提盒是用杨木或泡桐木等轻质木板制作，板厚1cm，盒长50cm，高、宽各为20cm；盒为三格，分放三级笋。中间一格较大，占盒长1/2，放一级笋，两端两格各占盒长1/4，分别放二级笋和等外笋，随采随分级放入。

e. 采笋时间。因芦笋的嫩茎见光易变色，老化而降低质量。因此，白笋要在上午、下午各采收一次。

f. 采笋方法。沿土垄面仔细观察，在有裂纹或土堆隆起的垄面一侧用手扒开土层，扒土时要防止碰伤笋尖和其他笋芽，扒面不要过宽，扒至笋尖露出5～7cm时，左手捏住嫩茎上端，右手持采笋铲刀，根据所采嫩茎长度要求，插入土中迅速将嫩茎切断采出，放入盛笋容器内。采割笋茎时动作要准、稳，切面要平，留茬要合适，以 2～3cm 为宜。留茬过长会使笋茬在土中腐烂而导致病变，留茬过短易损伤鳞茎盘影响整体产量。笋采出后要及时回填土穴并培实，与原土垄一致，填土过松或过紧易造成垄中嫩茎弯曲变形。要防止采笋或降雨等原因导致垄土的下塌，应随时补充培土，使土垄保持原来的高度和形状。采笋中后期，随着温度升高，芦笋地下茎的生长随之加快，已采过的垄面上会有新的茎抽出地面。因此，应每天下午沿笋垄检查，凡有顶瓦裂纹等处要及时采收。实践证明，下午及时采收新长的嫩茎是最好的办法。采收绿芦笋者于嫩茎高 23～26cm 时齐土面割下。每次采收不论好坏应全部割取，否则遗留的嫩茎继续生长会消耗养分，影响产量。

g. 不同笋龄的采收持续期。笋龄是指芦笋定植后生长的年数。芦笋采收持续期是指芦笋每年采收嫩茎的天数。判断采收持续期长短，可以通过观察嫩茎直径大小、采笋量多少和纤维的变化来确定。随着不断采笋，芦笋植株贮藏的养分逐渐消耗，嫩茎越来越细，产量下降，纤维化程度增大，畸形笋数量增多，此时应停止采笋。幼龄芦笋，株丛较小，根群不够发达，贮藏的养分有限，采收持续天数要小于成龄芦笋。第一年采笋可掌握在 50d 左右，并以继续养好株丛为主，采收天数不能太长，否则，不仅影响株丛的扩展，而且会使一些芦笋植株采笋后因贮藏养分消耗殆尽不能再发新茎造成死株。随着株丛的扩展，肉质根的增多，养分积累的增加，采收持续期可逐渐延长。不同地区采笋持续期也不一样。

h. 留母茎采收的具体方法。成龄笋在不留母茎的情况下，采收春笋 70d 左右，然后停止采收，让每株芦笋发出 2～3 根精壮的茎进行地上部生长，然后再将多余的笋进行采收，即为一年两季采收。留母茎期间，采收的芦笋为夏笋，管理好的成龄笋田可留母茎采收至 8 月 20 日左右，然后放垄进入秋季营养生长期。特别注意的是，留母茎采收期间正值高温多雨期，母茎极易发病，此时应加强对母茎的管理，防止病虫害的发生，保证母茎生长健康，制造更多的光合产物供应地下新笋芽的生长，提高采笋产量。在二次采笋结束，放垄时将母茎全部割除，不再留母茎生长。

i. 采笋期间的田间管理。芦笋的采收持续期一般长达 2 个月以上。在这期间，嫩茎的生长需要大量养分和水分，所以采笋期仍需要加强田间管理，方能取得更高的经济效益。

j. 采笋期施肥。采笋田传统的施肥方法为采前施肥和采后施肥，即采笋期不施肥。事实上，芦笋进入盛产期（4 月下旬至 7 月初）后，对养分的需求量增大，对未施足底肥的笋田这次施肥尤为重要。每生产 100kg 芦笋需要氮、磷、钾的比例为 10∶7∶9。不同产量的笋田具体施肥方法是：采笋前结合培垄施总肥量的 30%左右为宜，以腐熟的农家肥为主，适当混施少量复合肥，一般每 667m^2 施有机肥 5000kg 左右。每年追施一次，再按需肥量补充复合肥及尿素。采笋结束后施全年总量的 70%左右，采笋期应追施复合肥不要施速效氮肥，以免影响芦笋质量。

k. 采笋田适当浇水。芦笋虽较耐旱但对水分要求十分敏感，要抓好几个浇水环节。土壤为壤土的笋田，采笋期间，土壤含水量保持在 16%左右有利于提高嫩茎的产量和质量。以后随着气温升高，土壤水分蒸发量增大，可适当增加土壤湿度，一般隔 10～15d 左右浇 1 次水（隔行轮浇，浇小水）。尤其是高产品种更应及时浇水，否则容易散头。采笋结束后结合施肥灌大水 1 次。秋季生长季节一般出现秋旱时要浇水 1～2 次，北方地区在封冻前 12 月份浇封冻水，以防冬旱，这样第二年采笋前就不必再浇水。

② 采收后的田间管理

采笋工作结束后，为了使嫩茎形成植株并生长茂盛，以促进来年新嫩茎的生长发育，必须做好施肥、浇水等工作。

a. 施肥与撤垄。采笋结束后必须施足肥料，补充养分供植株生长发育需要。施肥应以腐熟的有机肥为主，施肥量应占全年施肥量的 70%。施肥方法是：在采笋即将结束之前，将土杂肥撒入芦笋沟内，结合撤垄将肥埋入土中。每 667m^2 施土杂肥 4000～5000kg，同时施入氮、磷、钾复合肥 60kg，尿素 20kg，氯化钾 10kg，每 667m^2 产量 1000kg 以上成龄笋在 8 月中旬时应再追一次秋发肥，每 667m^2 追施氮、磷、钾复合肥 50kg，尿素 20kg，硼肥 1.5～2.0kg，重施钾肥、硼肥可增加芦笋的营养品质和增强抗茎枯病的能力。

b. 浇水。根据芦笋生长的需要，在土壤含水量低于16%时，一般要浇3次关键水。第一次采笋结束后，浇放垄水，不浇蒙头水，放垄前首先施足底肥，待芦笋嫩茎抽出地面之后再行浇水，因为此时采过的笋伤口尚未愈合，过早浇水，容易灌伤根茎引起植株死亡。此次浇水，有利于迅速发挥肥效，促进植株的健壮成长。第二次浇秋季旺发水，为促进秋芽的萌发，8月初追施秋发肥应及时浇水。因为此时处于秋茎旺长期，如遇干旱不仅影响秋茎的抽发，而且会导致植株的早衰，因此遇旱及时浇水，是夺取第二年嫩茎丰产的重要措施。第三次浇冻前水，不浇冻后水，立冬前后，在土壤未冻结前浇最后一次，这对防止冬旱、保持土壤湿润、保护笋芽安全越冬都十分有利，同时也有利于第二年春季幼芽的萌发与生长，减少芦笋的空心。

③ 劣质笋的产生与预防

在采收的白芦笋中，凡变色、空心、开裂、畸形、锈斑和弯曲以及老化味苦者，都称为劣质笋。劣质笋的产生常与品种、笋龄、温度、土壤以及水肥管理不当等因素有关。要防止劣质笋的产生，需要了解其发生的原因，采取相应措施进行综合预防。

a. 变色笋。白芦笋要求嫩茎全白，但在生产中常出现部分笋尖变紫现象。嫩茎的变色主要与温度和光照有关。嫩茎经阳光照射后，产生一种紫色花青素，引起变色。有的品种嫩茎在土垄中未长出地面，但遇高温、干旱也会变色。要防止变色，除了选择良种外，还要注意在培垄时要将垄土拍细、拍实，避免土壤有缝隙漏光。采笋时避免笋尖露出地面，遇干旱、高温时则要适时浇水降低土温，保持土壤湿润。如有条件，可覆黑膜代替培土进行软化栽培，效果更好。

b. 空心笋。空心笋即芦笋嫩茎中间空心，由嫩茎中部薄壁组织（髓部）的细胞间隙崩裂、拉开所形成。按嫩茎空心大小和外部形态可分为3种类型：小空心，形态无异常，只是髓部产生断面为圆形的空心，孔径较小，一般都在0.2cm以下；中空心，嫩茎形状稍扁，外侧中部有纵沟纹但不明显，空心断面为扁圆形，孔径在0.2～0.5cm之间；大空心，嫩茎粗大，中上部膨大，呈畸形，嫩茎中部形成明显的纵沟纹，严重时沟纹处开裂，空心断面为长椭圆形，孔径多在0.5cm左右。芦笋嫩茎空心形成的原因有以下几点：一是低温，低温是造成芦笋空心的主要原因。在采笋前期地温较低，但白天地表温度高于地下温度，造成根系对养分和水分的吸收缓慢，而处于地表部分的嫩茎细胞分生较快，养分和水分不能满足其生长发育需要时，使芦笋产生空心。我国北方气温较低，空心率偏高。二是施氮肥多。在采笋期间，氮肥使用过多，使芦笋嫩茎细胞组织膨胀过早、过快，中心组织跟不上周边组织的增长而造成空心。三是笋龄大。笋龄越大，空心率越高。幼龄笋嫩茎较细，细胞结构紧密，出土时间较早，受低温影响小，空心笋相对减少；成龄笋出土晚，受低温的影响较大，空心率相对增多。四是土壤含水量低。调查表明，温度高时，空心率与土壤表层含水量较低有关。因此，在温度较高时，如果土壤水分过少，将使空心嫩茎明显增多。此时及时浇水会明显地减少空心笋的发生，提高品质。五是品种差异。根据品种对比调查，格兰蒂、阿波罗、阿特拉斯、弗兰克林等改良系，改良帝王等是空心率较低的品种。由此可见，芦笋嫩茎空心形成的原因比较复杂，其中品种、温度和湿度是主要原因。为减少嫩茎空心，首先要选用产量高、品质好、不易空心的良种。采笋前期可采用盖膜增温的方法采笋，另外，应尽量保持土壤的温度和重施有机肥，在采笋期间尽量不追施过多的氮肥等。

c. 开裂笋。嫩茎纵向开裂的叫开裂笋，由嫩茎在生长过程中土壤水分供应不均或在采笋期久旱缺水时骤然降雨或浇水引起。另外，土壤中缺少磷、钾肥或追施氮肥过多也易产生嫩茎开裂。防治方法是，采笋期要少施氮肥，注意氮、磷、钾肥的合理配合施用；浇水要适当，不使土壤过干或过湿，保持土壤水分对嫩茎生长的正常供给。

d. 弯曲笋。造成嫩茎弯曲的主要原因是芦笋嫩茎在生长中受到硬土块、石块的挤压或划伤，不能垂直生长而向一边弯曲。如果笋垄培土紧密程度不一致或在采笋后封穴培土不实，致使笋垄软硬、坚实不一致，也会造成嫩茎遇硬而向松的一面弯曲生长。嫩茎因受虫咬或机械损伤而使养分输送受阻，也会造成嫩茎弯曲。为了防止弯曲笋的产生，培垄时应将石块拣净，硬土块拍碎，培垄要拍细培实，采笋后回填土要与周围的土松紧一致，及时防治地下害虫，采笋时避免损伤周围嫩茎等。

e. 锈斑笋。采出的嫩茎白色表面有一层橙色锈斑为锈斑笋，主要受镰刀菌感染所致。据调查，采笋时留茬过高，笋茬腐烂也易产生锈斑。防止嫩茎锈斑的方法，除清园除茬要彻底不留残茬外，还要注意采笋前不要离芦笋太近，追施腐熟的有机肥。采笋时留茬高以 2～3cm 较合适。另外，采笋期内控制浇水，降低土壤湿度，均有利于防止嫩茎锈斑的发生。6～7 月份用药（硫黄＋代森锰锌）400 倍液灌根可有效防治锈斑病。

f. 鳞片松散笋及苦味笋。芦笋嫩茎顶端鳞片松散现象与芦笋品种有一定关系，另外高温、土壤干燥缺水及养分不足等均易使笋头鳞片松散。芦笋由于含有一种芸香物质，所以略带苦味，也是其应有的风味，但苦味过重不受消费者欢迎。一般说来，凡是老龄株和幼龄株，在高温、干旱、氮肥过多、磷钾肥缺少、土壤黏重、土壤偏酸的情况下会导致嫩笋苦味过重。防止苦味的办法是，选用良种，选择适宜的土壤，进行合理的水肥管理，氮、磷、钾科学配方使用，培育健壮的植株，提高嫩茎中的糖分含量。采用以上措施可使芦笋苦味相对减轻。

（5）病虫害综合防治

随着我国芦笋种植面积的逐年扩大，病虫危害日益严重。危害芦笋的病害主要有茎枯病、褐斑病、根腐病、立枯病、锈病、枯梢病及病毒病等；虫害有蝼蛄、夜盗虫、蛴螬、地老虎、金针虫、蚜虫、蓟马、十四点负泥虫、红蜘蛛等。病虫危害轻者缺株减产，重者近乎绝产。因此，在加强芦笋水肥管理的基础上，一定要高度重视病虫害防治。

a. 茎枯病。又称茎腐病或基枯病，是一种分布广、危害重的毁灭性病害。在我国各地均有发生。芦笋茎枯病的致病病原菌为天门冬茎点霉菌。ⅰ. 症状：该病主要在茎枝上发生。发病初期呈现水渍状，病斑呈梭形或短线形，周围呈现水肿状。随后病斑逐渐扩大，呈现纺筹锤形，中心部凹陷，呈赤褐色，最后变成灰白色，其上着生许多小黑点，即病菌的分生孢子器。待病斑绕茎 1 周时，被侵染茎便干枯死亡。病茎感病部位易折断。ⅱ. 发病规律：在气温较高、湿度较大梅雨天气，最易发生和蔓延，因此降雨的次数及多少，与茎枯病的轻重有直接关系。ⅲ. 防治措施：防治芦笋茎枯病应坚持以防为主，综合防治的原则。应选用抗病品种；选择地势高燥、排水良好的地段栽培；清洁田园，割除病茎，烧毁或深埋；田间覆盖地膜，控制氮肥，防止生长过旺；药剂防治应贯彻“防重于治”的原则，嫩茎抽发后要及时喷药，才能收到良好效果。喷药一定要均匀，以喷洒嫩茎、茎枝为主，切不可只喷枝叶。发病初期 7～10d 喷 1 次，发病高峰期 5～7d 喷 1 遍。喷药后 4h 内遇雨应重喷。为避免产生抗药性，可选用 2～3 种药剂轮换使用。50％多菌灵 500～600 倍液，用于土壤消毒和发病期间喷洒。农抗“120”200 倍液，用于清园后灌根或嫩茎出土后喷洒。75％百菌清 600 倍液，50％苯甲·嘧菌酯乳油 800～1000 倍液，喷雾防治，0.4％波尔多液（0.2kg 硫酸铜＋0.2kg 生石灰＋50kg 水）喷洒。

b. 褐斑病。该病是由半知菌亚门尾孢霉真菌侵染所致。ⅰ. 症状：此病主要为害芦笋的茎、枝和拟叶，但以小枝和拟叶为主。病斑初为褐色小斑点，后逐渐扩大成椭圆形或卵圆形，随着病斑的扩大，病斑中央由褐色变成灰白色，边缘紫红色，斑中央密布小黑点（分生孢子座），潮湿时散出白粉状孢子。小枝感病后失水枯死，拟叶得病以后导致早期枯黄脱落，病重时，常引起植株提早干枯死亡。ⅱ. 发病规律：病菌在茎秆病残体上越冬，第二年春季温度升高时随气流进行传播。此病主要发生在芦笋的育苗期和定植大田不久的幼龄植株上，高温高湿时，分生孢子繁殖迅速，该病最易发生，在 27～32℃时传染最重。ⅲ. 防治措施：褐斑病与茎枯病在防治措施上有许多相似之处，可以参照进行。防治褐斑病效果较好的药剂有：7％百菌清、50％多菌灵、25％壮笋灵、40％茎枯灵等。将上述药剂分别配成 500～800 倍液进行喷雾，一般 10d 左右喷 1 次，发病盛期可 7d 左右喷 1 次。

c. 根腐病。该病病原菌主要是紫纹羽菌。ⅰ. 症状：此病主要危害芦笋的根部，病菌侵入根系后，使根的木质部及韧皮部腐烂，仅剩下表皮，根表面呈现紫色。由于根系腐烂，地上部植株生长不良，茎秆矮小，茎枝及拟叶变黄，最后导致整株枯死。ⅱ. 发病规律：病菌在土壤中繁殖，越冬，以菌丝体、菌囊传播、蔓延，通过接触、灌水、农民操作等途径反复侵染。ⅲ. 防治措施：增施有机肥料，改良土壤，促进芦笋根系发育，提高芦笋植株的抗病能力；及时清除病株，将病株挖出并烧掉，在病穴处撒入石灰进行灭菌；防治根腐病的药剂主要有50%多菌灵500～600倍液等，用上述药剂进行灌根防治效果较好。

d.立枯病。该病原菌为镰刀菌，孢子囊卵形，无乳头状突起。ⅰ.症状：此病主要发生苗床及幼株上，受病菌侵染后植株根部出现紫红色的病斑，幼茎鳞片上有褐色斑点，潮湿时，感病部位长有霉状物质，发病严重时，造成幼苗和幼株整株枯死。ⅱ.发病规律：病菌以卵孢子或菌丝体在土壤中越冬，随灌溉和雨水传播，潮湿阴雨天气发病严重。ⅲ.防治措施：育苗时要加强苗床管理，促进幼苗健壮生长，苗床湿度不宜过大，药剂防治，50%代森铵500～800倍液、70%甲基硫菌灵700～800倍液、50%多菌灵500～600倍液、72%霜霉威盐酸盐水剂800倍液。

e.锈病。该病原菌为天门冬锈菌。ⅰ.症状：该病从嫩茎开始侵染，最初形成锈色小斑点状病斑，此后逐渐蔓延到整个植株，秋冬间病斑呈暗褐色。发病期间病斑上覆盖一层很小的疱状突起。危害严重时，感病植株整株变黄枯死。ⅱ.发病规律：该病多发生于冷凉地区。病菌在枯茎、枝上越冬。ⅲ.防治措施：药剂防治，对锈病要以防为主，提早防治。目前，防止锈病效果较好的药剂有代森锰锌可湿性粉剂、石硫合剂、三唑酮、百菌清等。

f.病毒病。芦笋病毒病的毒源主要有两种，即芦笋病毒Ⅰ和芦笋病毒Ⅱ。ⅰ.症状：芦笋植株被病毒侵染后其症状不十分明显，多数感病植株表现为株丛矮小、叶色褪绿、拟叶扭曲或局部坏死等症状。ⅱ.发病规律：芦笋病毒Ⅱ广泛，危害重，被该病毒侵染的芦笋，可引起花叶与坏死病斑，产量及品质明显降低，且易被根腐病菌侵染。芦笋病毒可通过汁液、种子及介体等途径进行传播。据研究，芦笋病毒Ⅰ或Ⅱ单独侵染时，对植株的作用比较轻，两种病毒同时侵染时，会使植株严重衰弱，导致死亡。芦笋植株有损伤时易感病。高温、干旱及介体昆虫发生严重时，病毒病较重。ⅲ.防治措施：选育与栽培抗病毒病品种；利用茎尖组织培养技术，培养无毒苗，用无毒苗建立种子田。所用药剂有40%烯·烃·吗啉胍、20%病毒A 500～800倍液。

g.夜盗虫。夜盗虫是多种夜蛾科害虫的幼虫总称。危害芦笋的夜盗虫主要有斜纹夜蛾、银纹夜蛾和甘蓝夜蛾等。这几种夜蛾的幼虫食性杂，且都有昼伏夜出和假死的习性。ⅰ.危害：夜盗虫的成龄幼虫，具有暴食性，危害大，除咬食芦笋的拟叶和嫩茎外，还伤害幼茎，并啃食老茎表皮，致使茎秆光秃，植株的同化器官遭受破坏，同化产物减少，造成翌年减产。ⅱ.发生规律：夜盗虫在我国一年发生5～6代，以蛹在土壤中越冬。温度为27～30℃，相对湿度为73%～87%，土壤含水量为20%～30%时，夜盗虫繁殖速度最快，危害最重。3龄前幼虫食量很小，5龄以后进入暴食期。幼虫昼伏夜出，一般傍晚开始活动，晚8时至午夜为活动盛期。ⅲ.防治措施：为了减少和控制幼虫盛发，可用黑光灯或糖醋毒饵诱杀成虫，糖醋液的配方为红糖2份，水2份，醋1份，白酒1份，90%敌百虫0.06份，以重量计算。每667m^2每晚放一盆，白天收回，5d换1次诱液。药剂防治：由于老龄幼虫抗药性强，危害严重，用药剂防治一定要在3龄以前及时喷药，每隔5～7d喷一次，喷药宜在下午或傍晚进行。常用药剂有90%敌百虫800～1000倍液喷洒，50%辛硫磷乳油1000倍液喷雾，1.8%甲氨基阿维菌素1500倍喷雾，30%灭幼脲3号500倍液防治。

h.十四点负泥虫。ⅰ.危害：主要咬食嫩茎，对绿芦笋危害最重。危害成茎，时常啃食其嫩皮、破坏输导组织，导致被害茎、枝枯死。ⅱ.发生规律：该虫以成虫在表土中越冬。一年发生5代，有世代重叠现象，越冬成虫第二年4月上旬出土活动，4月下旬至5月上旬是成虫盛发期。7月中旬至8月中旬是成虫、幼虫同时危害的高峰期。ⅲ.防治措施：春季结合清园挖掘越冬成虫，利用成虫、幼虫的假死性进行人工捕杀。可用下述药剂喷雾防治：90%敌百虫1500倍液、15%甲氰菊酯1500倍液、5%氰氯氰菊酯1500倍液、50%辛硫磷1500倍液等。

i.棉铃虫。近几年，棉铃虫时常发生，对芦笋的危害逐渐加重，已成为危害芦笋的主要害虫之一。ⅰ.危害：主要以幼虫啃食嫩茎表皮，并钻至茎秆，严重时，常将茎表皮啃光，植株的同化器官遭受损失，养分积累减少，影响第二年产量及品质。ⅱ.发生规律：以蛹在土内越冬。春季达到14℃以上时越冬蛹开始羽化。发生代数随气候条件的不同而有差异，一年发生3～4代。10月份以后随气温下降，繁殖基本停止。田间湿度为75%～90%时，最有利于棉铃虫的发生。ⅲ.防治措施：诱杀成虫。棉铃虫成虫对黑光灯及杨树、槐树、柳树等发出的青香味趋性较强，可利用其趋向性进行诱杀。药剂防治：喷药防治时一定要及时、均匀，主要药剂有50%辛硫磷乳油、20%倍硫磷乳油、23%甲氨基阿维菌素、30%灭幼脲3号等。

(6) 芦笋采后保鲜与加工

芦笋采后商品化处理加工的工艺流程是：绿芦笋原料收购与验收→加工清洗→分级切割→过秤捆扎→装箱→成品→贮藏保鲜→运输销售。

a. 加工技术。一是原料收购与验收：严格按照规定的长度和粗细标准进行收购，剔除病笋、畸形笋和散头笋。二是加工清洗：把收购的芦笋筛选进行初加工，按规定切至24～27cm长、1cm粗度以上，并除掉笋体上的泥土。然后，笋头朝上置于塑料筐中，放入水槽，进行清洗，用喷水管雾喷于笋尖和笋体，清洗干净。三是分级切割：分级应按照规定的规格进行，具体有4级。1级，每支重21～33g，2级，每支重16～20g，3级，每支重12～15g，4级，每支重12g以下。然后将分级后的芦笋按预先确定规格芦笋的长度进行切割，切去多余部分，要求断面一定要整齐清洁，芦笋基本不带白色，保鲜芦笋的长度一般在20～25cm之间，粗度1cm以上，每次切4～6支。四是过秤捆扎：装箱用小天平或电子秤称重，按规格要求每一小扎芦笋重100～250g，把称好的芦笋用橡皮筋捆牢，再用国际通用的芦笋包装胶带把笋尖捆扎好，然后放入包装箱中，包箱常用泡沫箱和纸箱，装箱后，在箱体上印上名称、级别、重量等标识。

b. 贮藏保鲜。芦笋嫩茎采收后，极易失水、变质，特别是嫩茎采收后第一天的品质下降很快，若加工保鲜不及时，嫩茎很易腐败变质。低温保鲜处理是控制绿芦笋采收后生理变化的有效措施，目前，生产上常用差压式通风预冷法处理芦笋贮藏问题。该冷藏法所需设备简单，投资小，操作简单，在广大芦笋产地应用较广。装箱后的芦笋要及时放入冷藏库内。由于芦笋嫩茎冰点只有0.6℃，不耐低温，所以冷藏库的温度不能低于0℃，一般以0～2℃为宜。为防止嫩茎失水，冷库内应保持90%～95%的相对湿度。

c. 运输销售保鲜。芦笋短距离运输（2～3h），可用货车；长距离运输，特别是高温季节，应采用冷藏车，运输时间为1d的，温度控制在0～5℃，运输时间1d以上的，温度控制在0～2℃，以保证芦笋的鲜嫩度，不致降低品质。市场上的芦笋要及时销售，以免腐烂变质。

16.3 黄花菜栽培

黄花菜，别名萱草、安神菜、忘忧草等，干制后统称金针菜，是百合科萱草属多年生草本植物。以花蕾为产品器官，一般干制后食用。原产于亚洲，我国南北栽培历史悠久，是我国传统的出口蔬菜之一。全国有20多个地区栽培，以湖南、浙江、河南、江苏、湖北、四川、云南、山西、陕西、甘肃为著名产区。

黄花菜的营养价值很高。据分析，每100g干品含蛋白质14.1g，脂肪1.1g，碳水化合物62.6g，钙463mg，磷173mg，以及多种维生素，特别是胡萝卜素的含量最为丰富，干品每100g含量达3.44mg，在蔬菜中名列前茅。

黄花菜性平、味甘、微苦，归肝、脾、肾经；有清热利尿、解毒消肿、止血除烦、宽胸膈、养血平肝、利水通乳、利咽宽胸、清利湿热、发奶、解酒毒等功效。其花、茎、叶、根都可入药。

16.3.1 类型与品种

选用优良品种是保证黄花菜高产、优质的重要前提。良种应具备的条件除产量高、品质好以外，栽植后分蘖要快，抗逆性要强。在牛、羊等放牧区发展黄花菜时，应该注意选用根部无毒的品种。

我国是世界上萱草属植物种类最多、分布最广的国家，品种非常丰富，仅湖南邵东县就有近20个品种。至于全国品种的数量，尚待全面调查。常见的优良栽培品种主要有荆州花、茶子花、沙苑金针菜、大乌嘴、猛子花、白花、四月花、中秋花、青顶花、笨黄花菜、早黄花、线黄花、歙县黄花菜、砀山金针菜、马连黄花、小黄花、大同黄花菜、渠县黄花、云阳黄花、金黄花、HAC-大花长嘴子花等。

16.3.2 生物学特性

(1) 形态特征

① **根**。黄花菜根系发达，根群多数分布在30～70cm的土层内，深的可达130～170cm。根从短缩茎的节上发生，有肉质根和纤细根两类。肉质根又可分为长条的和块状的两种。长条的肉质根数量多、分布广，其中最长的可达230～260cm，是组成根系的主体。这种根既是同化物质的贮藏器官，又是矿质营养和水分的输导器官。块状的肉质根短而肥大，主要是作为贮藏器官，常在植株接近衰老时发生。纤细根是从肉质根上长出来的侧根，分杈多而细长，分布在长条肉质根上或块状肉质根的先端。初长出的肉质根白色，到秋季外皮变为淡黄褐色，到冬苗生长期间，从长条肉质根发生大量侧根（纤细根），增强了吸收力。每年春季从短缩茎的新生节上发生几条新的肉质根，随着短缩茎逐年向上发展，发生新根的部位也逐年提高，栽培管理上应多培土和增施有机肥。

② **茎**。植株在开花前只有短缩的茎，由此萌芽发叶，春苗生长到5～6月份间，从叶丛中抽生花茎，其顶端分化出花枝，花枝上可着生花蕾，形成产品器官。花茎抽生的迟早、高度、着生花蕾的多少和花期持续的时间主要与品种的特性、熟性、栽培条件有关。

③ **叶**。黄花菜叶对生，叶鞘抱合成扁阔的假茎。叶片狭长成丛。在生产上每一假茎及其叶丛成为“一片”，实为短缩茎上的一个分蘖，分株繁殖时可按“片”分割。叶色的深浅、叶质的软硬、叶的长度和宽度等品种间有差异。在长江流域每年发生两次叶。第一次是2～3月份间，长出春苗，到8～9月份花蕾收完后枯黄；割去枯茎黄叶后不久即抽生第二次新叶，称为冬苗，到降霜后枯黄。

④ **花、果实及种子**。黄花菜为伞形花序，花茎顶端分化出4～8条花枝，花枝上能陆续发生花蕾，每个花枝上可着生10个左右的花蕾，一个花茎上可有20～70个花蕾，可持续采收30～60d。花蕾表面能分泌蜜汁，易引起蚜虫为害。花蕾黄色或黄绿色，傍晚开放。花蕾大小、含水量高低、傍晚开放的时间品种间有差异。花被6片，分内外两层，外层3片较狭而厚，内层3片较宽而薄。雄蕊6枚，雌蕊1枚，子房3室，常异花授粉。结成蒴果含种子数粒至20多粒。结实率依品种不同有很大差异。从开花到种子成熟需45～60d。蒴果成熟后暗褐色，从顶端裂开散出种子。各蒴果成熟日期不一致，须陆续采摘。种子成熟后黑色坚硬，须在蒴果顶端稍有裂口时摘下脱粒，充分晒干，贮藏备用。成熟饱满的种子千粒重为15～20g。

(2) 生长发育过程

黄花菜在1年中生长发育过程可分为春苗生长期、抽薹现蕾期、开花期、冬苗生长期和休眠期等5个时期。

① **春苗生长期**。春苗生长期指黄花菜幼苗萌发出土到花薹开始显露前。一般当月平均温度达5℃以上时，幼叶开始出土，叶片生长适温15～20℃，此期长出16～20片叶。随着温度的升高，叶片迅速生长。不同品种间，苗期天数和活动积温不同。四月花与荆州花的苗期在40d以上，活动积温4500℃以上；马莲黄花苗期长达71～73d，活动积温需5500℃以上。黄花菜萌芽后到抽薹前，叶片迅速生长，尤以3～5月份生长最快，5月底至6月下旬抽薹后，同化物质大多供给花薹生长，叶片数目及大小增长缓慢。春季每个分蘖抽生的叶片数目为16～20片，随品种、土壤、气候及肥水管理而异。叶片少的，如重阳花、白花仅约15片，多的如茄子花可达22片。春苗生长期是黄花菜营养生长的盛期，它主要为

当年开花制造营养。因为春苗生长的好坏直接关系到当年的产量，所以开春后早追肥、灌水，促进春苗早发旺长，是增加当年产量的关键所在。

② **抽薹现蕾期**。一般指黄花菜花薹露出心叶到花蕾开始采收，1个月左右的时间，为抽薹现蕾期。花薹通常于5月中下旬开始抽生。花薹初抽生时先端由苞片包裹着，呈笔状，渐长后发生分枝并露出花蕾。从出现花薹到开始开花，约需25d。在每个花薹上用肉眼能看到的花蕾数，开始很少，仅3～5个，以后逐渐增多，到开始开花时花蕾数可达58个以上，这时花薹先端还在不断分化小花蕾。黄花菜抽薹现蕾期对水分很敏感，缺水时抽薹延迟，花薹少而细，有的不抽薹，同时花蕾也小，并大量脱落。所以5月上旬，充足灌水，使根层土壤全部湿润，对促进花薹发生有重要作用。

③ **开花期**。黄花菜从开始采收到结束所需的时间，依不同品种和管理情况，变动于30～60d之间。一般早熟种与晚熟种时间短，中熟种时间长，肥水条件好的，花期可以延长。采收期间，花芽还在不断分化和发育，开花期的长短，直接关系到产量的高低，所以仍需及时灌水、追肥。一个长约2cm的花蕾，距离开花的时间需7～8d。初期花蕾生长很慢，开始3～4d，每天伸长0.1～0.5cm，但于开花前3～4d，则生长迅速，每天伸长达2cm左右，故严格掌握采收期，做到适时采收十分重要。采收最好是在花蕾裂嘴前2h左右进行，这时采收的产量高，品质好。

④ **冬苗生长期**。黄花菜抽出花薹后，花薹下部的腋芽陆续萌发生长的苗子谓之冬苗。冬苗的旺盛生长是在花蕾采收完毕，特别是当春苗提早枯萎，或受到机械损伤后，极易大量萌发。一般认为，春苗生长的好坏直接关系到当年的产量，而冬苗主要将光合作用制造的有机物贮积于肉质根和短缩茎内，供来春发芽生长。所以冬苗生长的好坏，主要影响来年的产量。

⑤ **休眠期**。霜降后黄花菜植株的地上部枯死，进入休眠期。休眠期应注意在地面壅土（培蔸），防止短缩茎露出地面，同时做好冬灌，为来年春苗早发快长奠定基础。一般黄花菜根状茎由一段一段的短缩茎组成，黄花菜经过一年的生长只形成长约1cm的一段根状茎，在一年生根状茎的顶端着生有1个顶芽，同年秋季顶芽分化为花芽，翌年5月份抽出花薹，秋后产生离层，自然枯黄脱落，也就是每个分枝的当年生根状茎的顶芽于第二年7～10月份开始分化成花芽，第三年5月份抽生花薹，6月份开始采收，9月份果实成熟，秋后在花薹基部产生离层，自然枯黄脱落。所以，从一个叶芽原基出现到分化花芽，开花结果，完成整个生育期，共需3年时间。其间分为花芽未分化期、花序原基期、花序总轴形成期及雌雄蕊形成期等四个时期。

(3) 对环境条件的要求

① **温度**。黄花菜地上部不耐寒，遇霜枯萎，地下部茎和根可在土中越冬，为多年生蔬菜。每年春天旬平均温度在5℃以上时，幼叶开始生长，发出春苗，15～20℃是叶片生长的最适温度，花蕾分化和生长适温为28～33℃，且昼夜温差较大时，则植株生长旺盛，抽薹粗壮，花蕾分化多。最高临界温度40℃。冬季进入休眠期，地上部的叶片枯萎死亡，但地下部的根、茎可抵御－38℃的低温。

② **水分**。黄花菜具有含水量较多的肉质根，耐旱力颇强，可在山坡上生长良好。它的需水规律是：在苗期需水量较少，抽薹后需土壤湿润，盛花期需水量最大。故抽薹时水分充足有利于产量的提高。在花期遇长期干旱，会使花蕾脱落，采摘期缩短，产量降低。但忌土壤过湿和积水，地势低洼，注意防涝，土壤中若积水严重，会影响根系生长，并易引起病害，所以稻田种植黄花菜必须做好排水工作，特别地下水位高或低洼田更应重视开沟排水。

③ **光照**。黄花菜对光照强度的适应范围较广，半阴地也可进行栽培，可作果园、桑园等的良好间作物。但以阳光充足的地块，植株长势更旺。盛花期强日照，则形成的花蕾多且需肥量大，花期遇连阴雨天或暴雨容易脱蕾。

④ **土壤**。黄花菜根系发达，耐瘠，耐旱，对土壤的适应性广，平地坡地、肥地瘦地、红黄壤、紫色页岩、石灰岩等土壤均可种植。但土壤疏松，土层深厚，肥力较高，pH值5.5～7.5，植株生长茂盛，产量高。肥料配比合理，N∶P∶K＝1∶0.3∶1.2，植株生长良好，产量高。防止偏施氮肥，引起叶片过嫩，病害严重。

16.3.3 黄花菜繁殖技术

黄花菜繁殖种苗有无性繁殖（分株繁殖）、短缩茎切块育苗、种子繁殖和组织培养法繁殖四种。

(1) 分株繁殖

分株繁殖是目前采用较普遍的方法，一般应在黄花菜采收结束后的8月中下旬至第二年黄花菜发芽前的3月中下旬之前进行。具体方法是选健壮、花蕾多、品质好、无病虫害的株丛，挖取株丛的1/4～1/3分蘖作为种苗，按分蘖片带根从短缩茎割开。剪除黄叶、块状肉质根和衰老的条状肉质根，并把健壮的根适当剪短，按大小分级栽植。按照自然分蘖分成单株或2～3株为一丛，根系剪留5～10cm长，即可栽植。为防切口感染，可于切“片”前喷1∶1∶100波尔多液，切“片”后用草木灰拌种，或用500倍磷酸二氢钾溶液浸种24h，促进根系生长。9月下旬以前栽植的黄花菜，第二年就有一定的产量，10月份以后栽植的黄花菜，第二年产量很少。如果按照2～3株为一丛栽植的黄花菜，第二年产量可达到盛产期的30%。

(2) 短缩茎切块育苗

选取健壮的黄花菜植株做种用。将植株全部挖出，除去下部衰老枯死的短缩茎和肉质根，并剪去肉质根上的纺锤根，按照自然分蘖分成单株，再将每个分蘖的顶芽和侧芽分别切下，后将短缩茎从中间纵切成二片，使每片上带有一列隐芽，然后，将其切成带单个隐芽的芽块，每个芽块上尽量都带上根系，以保证成活。从短缩茎上剪下的主芽和侧芽可以直接定植到大田中，其他隐芽块须经过育苗后才可定植。育苗前将育苗地深耕整平，施足肥料，做成长5～10m，宽2m的小高畦，按照15～20cm的行距开深10cm的沟，按照10cm的株距栽苗，每667m^2可栽3万～5万苗。一般在春季黄花菜萌芽前的2～3月份进行育苗成活率高，而且秧苗生长整齐，当年秋季就可定植到生产田中。在前一年的8～10月份也可进行育苗，但成活率远不如春季育苗。

(3) 种子繁殖

在盛花期选优良植株，每个花薹留2～3个粗壮的花蕾让它开花结实，其他花蕾仍按一般采摘。这样既对产量影响小，又可使留下的果实有充足的养分供应，种子发育良好。在蒴果成熟顶端稍裂时摘下，脱粒晒干备用。在秋季或春季播种。黄花菜种子发芽率低，播前应先行浸种催芽。先用25℃温水浸泡24h，置于20～25℃条件下催芽，待种子“露白”时播种。苗床做成小高畦，播种行距15～20cm，开沟深3cm，撒种后覆土2～3cm。出苗前要经常浇水。苗期要做好肥水管理、除草、松土和病虫害防治。出苗后间苗，苗株距8～10cm。秋季或翌春即可起苗栽植。种子繁殖法可大量培育秧苗，迅速扩大面积。

(4) 组织培养法繁殖

为了迅速扩大优良品种生产面积，有的地区采用组织培养法繁殖幼苗。组织培养法是用幼嫩的叶片、花丝和花薹等器官培养成为植株。方法是先诱导植株幼嫩器官产生愈伤组织，然后用适当的培养基在适宜的温、光、水、肥等条件下育成幼小植株，再将小苗假植于营养钵内，过一段时间定植。

16.3.4 黄花菜栽培技术

黄花菜易栽好管、寿命长、产量高、经济收入可观。其主要栽培技术如下。

(1) 深翻整地

黄花菜具有肥大的肉质根系，需要疏松的土壤条件才能保证其健壮生长。定植前应深翻30cm以上，结合深翻，每667m^2施腐熟优质农家肥5000kg，过磷酸钙50kg，然后耙耱整平。

(2) 种苗处理

首先将短缩茎下层的黑蒂掰掉，剪去肉质根上膨大的纺锤根，剪短到5～7cm，并清除朽根。然后把短缩茎上部的苗叶剪留6～7cm，并去掉残叶。栽前将修整好的种苗放入千分之一的50%甲基硫菌灵可湿性粉剂水溶液中浸泡10min，捞出晾干后待植。

(3) 适时定植

黄花菜除盛苗期和采摘期外，其他时间均可定植，尤以春秋栽植为宜。秋栽应在土壤封冻前进行，一般在中秋至深秋栽植较好，春栽在土壤解冻后萌芽前进行为好。

黄花菜的根群是从短缩茎周围生出的，它具有一年一层，自下而上，发根部位逐年上移的特点，因此适当深栽利于植株成活旺盛。一般适栽深度为10～15cm。

为充分利用空间，便于采摘和管理，黄花菜宜采用宽窄行丛植，一般宽行75cm，窄行60cm，丛距36～45cm，每667m^2栽1600～2000丛，每丛3片，丛内株距10～12cm，每667m^2用种苗4800～6000片。

(4) 田间管理

① **中耕培土**。黄花菜是肉质根，肥沃疏松的土壤环境条件，才有利于根群的生长发育。中耕具有疏松土壤、增强透性、提温保墒、消灭杂草、促进植株健壮生长等作用。生育期间应中耕2～3次。第一次在幼苗正出土时进行，第二次在抽薹期结合中耕进行培土。

② **分次追肥**。黄花菜一年可分春秋两次采摘，每次可连续采摘数十天。黄花菜需肥量较大，施肥适当，可促进叶茂、蕾多、产量高。不同生育期，对养分的需求有差别，发苗期和抽莛开花期需要养分最多，采收后到冬眠，植株几乎不吸收无机养分。根据黄花菜的生育特点，把黄花菜的施肥分为催苗肥、催莛肥、催蕾肥、冬苗肥和培蔸肥。

a. 催苗肥。2～3月份，每667m^2撒施有机肥1500～2000kg，翻盖入土。同时结合灌水每667m^2施入尿素10～12kg、过磷酸钙50kg或复合肥30～35kg。这样有利于地温的提高，促老苗生长旺盛，为提早抽莛打下基础。

b. 催莛肥。在叶丛进入生长旺期，即将抽莛时，株间进行浅中耕，结合每667m^2施30kg左右的复合肥，或300～350kg人粪尿，促抽莛粗壮，分枝多，早现蕾。

c. 催蕾肥。采收旺期，施催蕾肥可减少花蕾脱落，延长采摘期，每667m^2施20～25kg硝态氮复合肥。土壤较瘠薄，催蕾肥的增产效果最为显著。

d. 冬苗肥。长江流域冬苗于9月份着生，遇霜枯萎。冬苗时间虽短，但却是植株恢复生机的关键时期，在此期间形成大量的须根，为翌年增加分蔸和花茎积累营养物质打下基础。冬苗肥可在冬苗未抽生之前结合翻耕土壤，用150～200kg的人粪尿淋蔸，促早发冬苗，使其旺盛生长。

e. 培蔸肥。冬苗枯死后，黄花菜的根系有逐渐向上生长的趋势，需用河泥等有机肥培蔸，保护新根，还可为第二年提供充足的基肥。

③ **适时灌水**。黄花菜在抽薹期和蕾期对水分敏感，此期缺水会造成严重落蕾，应根据土壤情况适时灌水2～3次，避免因干旱而减产。

(5) 防治病虫

黄花菜主要病虫害有锈病、叶枯病、叶斑病、红蜘蛛和蚜虫等。

① **锈病**。锈病主要为害叶片及花茎，初侵染产生疱状斑点，后突破表皮，破裂散出黄褐色粉末即病菌的夏孢子。有时很多疱斑合并成一片，表皮翻卷，叶面上铺满黄褐色粉状夏孢子，疱斑周围往往失绿而呈淡黄色，整个叶片变黄，严重时全株叶片枯死，花茎变红褐色，花蕾干瘪或脱落。病菌以菌丝体随病残体在土壤中越冬，第二代产生的孢子借风雨传播侵染，温暖多雨条件有利病害发生，植株长势弱，加重病害发生。栽种过密、通风不好、地势低洼、排水不良以及施氮肥过多都使病害发生严重。防治方法：合理施肥，雨后及时排水，防止田间积水或地表湿度过大；采收后拔薹割叶集中烧毁，并及时翻土；早春松土、除草；药剂防治，在发病初期，用50%多菌灵可湿性粉剂600～800倍液、75%百菌

清可湿性粉剂 600 倍液、50%代森锌 500～600 倍液或 40%异稻瘟净 600～700 倍液，每隔 7～10d 喷一次，连喷 2～3 次。

② **叶枯病**。主要为害叶片，初侵染从叶尖开始呈现苍白圆形小斑点，以后顺叶边缘逐渐向下扩展变黄褐色而干枯，湿度大时病部产生黑色霉状物。病菌菌丝体随病残体在土壤中越冬，第二年产生的孢子借风雨传播侵染。温暖多雨条件有利病害发生，植株长势弱、栽种过密、地势低洼、排水不良等发病较重。防治方法：常用等量式 0.5%～0.6%的波尔多液或 75%百菌清可湿性粉剂 800 倍液进行叶面喷施防治，出现病害后 7～10d 喷 1 次，共喷 2～3 次。

③ **叶斑病**。主要为害叶片和花薹。叶片初生浅黄色小斑点，扩大后呈椭圆形暗绿色病斑，最后发展成梭形或纺锤形大斑，边缘深褐色，中央由黄褐色变成灰白色，病斑四周有黄色晕圈；湿度大时，病斑背面有粉红色霉层。干燥时易破裂，病重时全叶发黄枯死。花薹感病，症状与叶部相似，有时多个病斑愈合成长达 10cm 以上的凹陷病区，病斑上常有较厚的淡红色霉状物，轻者影响花薹生长及花蕾形成，重者花薹折断而枯死。病菌以菌丝体、分生孢子及厚垣孢子在病叶、薹秆和土壤中越冬，借风雨传播。田间一般 3 月中下旬开始发病，是每年黄花菜发生最早的一种病害；4 月下旬至 5 月中下旬发病最重，6 月下旬停止蔓延。防治方法：农业防治可选用抗病品种；合理施肥，增强植株抗病性；采摘后及时清除病残体，集中烧毁或深埋等；药剂防治，在发病初期，及时用 50%腐霉利可湿性粉剂 1500 倍液、40%多·硫悬浮剂或 36%甲基硫菌灵悬浮剂 500 倍液、50%多菌灵可湿性粉剂 800～1000 倍液，每隔 7～10d 喷一次，连喷 2～3 次；湖南省用三色粉（熟石灰：草木灰：硫黄粉＝20：10：1）在雨后撒施，每 667m^2 用 45～60kg，兼有预防和治疗效果。

④ **炭疽病**。主要为害叶片，从叶尖开始变成暗绿色，后变暗黄色，并向叶基扩展，病斑边缘褐色，密生小黑点，严重时叶片枯死。病菌在病残体上越冬，借雨水传播，5～6 月份为害严重。防治方法：在发病初期，及时喷洒 1：1：100 波尔多液、50%甲基硫菌灵或 50%多菌灵可湿性粉剂 800～1000 倍液、75%百菌清可湿性粉剂 600～800 倍液。

⑤ **白绢病**。主要在叶鞘基部近地面处，整株或外部叶片基部，开始发生水渍状褐色病斑，后扩大，稍有凹陷，患部呈褐色湿腐状。在病部产生白色绢丝状物，蔓延至整个基部，甚至附近的土壤中也有白色绢丝状霉层。潮湿时产生紫黄色菌核，后变茶褐色至黑褐色，油菜籽大小。受害叶片因水分和养分输送受阻而变黄枯死。菌丝从外部叶片扩展到内部叶片，最后整株枯死。病菌随病残体在土壤中越冬，借风雨传播；6 月中下旬至 7 月中旬高温高湿度条件下易发病。防治方法：采收后清园，减少越冬菌源；药剂防治，在发病初期，用 50%多菌灵 500～800 倍液或 70%甲基硫菌灵 800～1000 倍液每隔 7～10d 喷一次，连喷 2～3 次。

⑥ **褐斑病**。危害叶片，病部初生水渍状小点，后变成浅黄色至黄褐色纺锤形或长梭形病斑，边缘有一条非常明显的赤褐色晕纹，在外层与健康部交界处有一圈水渍状暗绿色的环。病斑比叶斑病略小，一般为（0.1～0.2)cm×(0.5～1.5)cm，有时病斑愈合成不规则状，后期病斑中央密生小黑点。病菌随病残体在土壤中越冬，借风雨传播，一般发生在 6～7 月份。防治方法：在发病初期，用 50%多菌灵可湿性粉剂 800～1000 倍液、75%百菌清可湿性粉剂 600～800 倍液、50%甲基硫菌灵可湿性粉剂 500～800 倍液喷洒。

⑦ **红蜘蛛**。危害叶片，成虫和若虫群集叶背面，刺吸植株汁液。被害处出现灰白色小点，严重时整个叶片呈灰白色，最终枯死。防治方法：用 15%哒螨灵可湿性粉剂 1500 倍液，或 73%炔螨特 2000 倍液喷雾。

⑧ **蚜虫**。蚜虫主要发生在 5 月份，先危害叶片，渐至花、花蕾上刺吸汁液，被害后花蕾瘦小，容易脱落。ⅰ.生物防治方法：新鲜小辣椒研磨兑水直接喷杀。ⅱ.农药防治方法：用马拉硫黄乳剂 1000～1500 倍液或溴氰菊酯溶液喷洒。ⅲ.注意事项：黄花菜鲜食地区，因为新鲜黄花菜每天采摘直接售卖，发现花蕾有蚜虫严禁使用农药喷杀，必须使用生物防治办法。

(6) 秋季管理

秋季是黄花菜田间管理的黄金时期，此时抓好管理，可使秋苗早生旺发，为来年黄花菜丰产打下基础。据实践，黄花菜秋管要切实用好以下“三诀”。

割：适时割除箭秆和老叶。黄花菜一般在8月下旬采收结束，此时外界的温度较高、光照较强，有利于黄花菜地上部分生长。可用利刀将箭秆割去，同时齐地面把老叶割掉，以减少植株营养消耗，促进新株早生快发。

挖：深翻挖土。黄花菜地清洁后，每$667m^2$撒施生石灰粉50～60kg，或用50%腐霉利可湿性粉剂0.5kg拌入干燥细土100kg作毒土均匀撒于地面，然后在晴天干燥时进行深翻挖土，深度为30～33cm，黄花蔸边宜浅，空地可深。结合挖土增施一次肥料，每$667m^2$施腐熟人畜粪3000～4000kg，或用尿素7.5～10kg、过磷酸钙25～30kg，加水150kg，匀后淋蔸，集中施用，见效快。

防：防治病虫。9月下旬至10月上旬，正是秋苗生长的旺季，此时容易受锈病、红蜘蛛、白地蚕等病虫为害。锈病初发期，可用三唑酮500～1000倍液连喷2～3次，每隔10～15d一次，每次每$667m^2$用药液50～75kg。对红蜘蛛可用20%四螨嗪悬浮液1000～1500倍液，15%哒螨灵乳油1000～1500倍液，1.8%阿维菌素乳油1500～2000倍液，5%噻螨酮乳油1000～1500倍液轮换喷雾防治1～2次。对白地蚕可用500倍的辛硫磷浇淋防治，每$667m^2$用药液75～100kg。

(7) 间作

黄花菜多数品种到8月份采收完毕，割去枯黄的花薹和叶丛。之后虽抽生冬苗，但叶丛矮小。降霜后冬苗枯萎，直到翌年春季才发春苗。故可在这一段时间充分利用空闲的地面，栽培其他作物以增加收益。

比较适当的间作作物有：萝卜、蚕豆、洋葱、大蒜、早黄豆、矮菜豆和早马铃薯等。种苗栽植3～4年后株丛增大，应注意间作物不与黄花菜靠拢过近，且应在采花蕾前收毕。

(8) 采收与加工

8月份是采贮黄花菜的较好时机。

① **适时采摘**。黄花菜一般在每天黄昏时花冠迅速伸长，次日上午开花。根据这一特点，最好在早晨5:00～8:00采摘含苞待放的花蕾。此时采摘不易碰伤小花蕾，黄花菜品质也较好。采摘时按花冠颜色区别黄花菜是否成熟，未成熟的为青色，成熟的为浅黄色，而且长度适中，丰满。未成熟的花蕾不要采。

② **装筛蒸制**。蒸制是决定黄花菜干品质的关键一环。蒸制适度的品质最佳，色泽黄润鲜亮，香气浓郁，成品率高。蒸制过度则质差，色暗，而且成品率低。一般每筛蒸6～8min即可揭盖。若花蕾由浅黄色变为青黄色，手捏无“哧哧”声，即可出笼。装花时不要装得过多，以淹入水中为宜，筛中间扒一空隙透气，使上下蒸匀。

③ **休汗晒干**。出笼后将花蕾倒在晒席上，堆放30min休汗。这样有利于花蕾表面糖分收敛，使熟度均匀，色泽美观。一般2～3d即可晒干。干制后的黄花菜易吸潮霉变、生虫，贮藏时要保持通风干燥。

(9) 黄花菜加工技术

黄花菜采收后要立即进行蒸烫、脱水、干燥。由于黄花菜采收期正值阴雨高温季节，如只用自然晒干，就会有很多黄花菜因为天气原因没有及时烘干，造成品质下降，甚至会发生霉变，造成很大的经济损失。因此，对黄花菜进行人工干制及选择合理的干制工艺和烘干设备，对黄花菜生产具有重要的意义。

16.4 草莓栽培

草莓为蔷薇科草莓属多年生草本植物，又叫红莓、洋莓、地莓等，是一种经济价值较高的红色小浆果。

草莓的外观呈心形，鲜美红嫩，果肉多汁，酸甜可口，香味浓郁，色、香、味俱佳。据测定，每100g草莓果肉中含糖8～9g、蛋白质0.4～0.6g，维生素C 50～100mg，比苹果、葡萄高7到10倍。而它的苹果酸、柠檬酸、维生素B_1、维生素B_{12}，以及胡萝卜素、钙、磷、铁的含量也很高。

草莓生产周期短，果实成熟早。当年9～10月份定植，露地栽培次年4～5月份成熟上市；用日光温室、塑料大棚等设施进行促成、半促成栽培，元旦、春节前后进入成熟盛期；如果利用花芽已形成的冷冻种苗，定植后30d开花结果，60d成熟上市，1年可栽培几茬。

草莓生长周期短，产量高，经济效益好。一般栽植后当年每667m^2产量可达到1300～3000kg，高的可达4000kg以上。

16.4.1 类型与品种

草莓属蔷薇科草莓属，约50个种，有二倍体和四倍体。栽培种多为四倍体。产于我国的有东方草莓等7种。原产于美洲的有凤梨草莓、深红草莓、智利草莓等。

(1) 主要类型

① **二倍体野生草莓**。在亚洲、非洲、欧洲均有分布。叶面光滑，背面有纤细绒毛，花序高于叶面，花梗小，花小，白色，果小，圆形到长圆锥形，红色或浅红色。萼片平贴，瘦果，突出果面。四季草莓属于其中的一个变种。

② **蛇莓**。又叫麝香草莓，分布于欧洲。植株较大，叶大，淡绿色，表面具稀疏绒毛和明显皱褶。花大，花序显著高于叶面，雌雄异株。果较小，长圆锥形，深紫红色，肉厚松软，有麝香味。

③ **东方草莓**。原产于我国、朝鲜及俄罗斯西伯利亚东部地区。形态似蛇莓，花两性，花序与叶面等长或稍高，果圆；锥形，红色，抗寒性极强。

④ **西美草莓**。原产于美洲，较为抗寒。叶大，叶面深绿色，叶背浅灰蓝色。花大，花萼与花瓣等长，花序与叶面等高，果扁圆形，红色，瘦果凹入果面。

⑤ **智利草莓**。原产于南美洲，为栽培品种的主要亲本之一。叶片厚，有韧性，叶脉硬，浓绿，有光泽。雌雄异株，极少两性花。花大，果大，浅红色或红褐色，香味少，果肉白而硬，种子微陷果面，植株耐旱不耐热。

⑥ **深红草莓**。分布于北美洲，为栽培品种的主要亲本之一。叶大而软，叶背具丝状绒毛，花序与叶面等高，白色。果扁圆形，深红色，具颈状部。萼片平贴，瘦果凹入果面。

⑦ **凤梨草莓**。原产于美洲，是一园艺杂种，有人认为亲本系深红草莓和大果草莓。目前栽培的品种大多数源于该种或该种及其杂交种的变种。

(2) 主要品种

通过世界各国育种家的不断选育，目前栽培种类多数为杂交种，以凤梨草莓的种性为主，目前世界草莓主栽品种2000多个，并且新优品种不断育成问世，我国引进和自育也有几百个。目前生产上主栽的品种有章姬、红颜、丰香、鬼怒甘、幸香、明宝、春香、女峰、宝交早生、丽红、久能早生、甜查理、哈尼、卡麦罗莎、托泰姆、常得乐、全明星、杜克拉、图得拉、卡尔特一号、安娜、艾尔桑塔、戈雷拉、达善卡、硕丰、硕露、硕蜜、红丰、明晶、明旭、春旭等。

16.4.2 生物学特性

(1) 形态特征

① **根**。草莓根为须根系，由新茎和根状茎上发生的不定根组成，主要分布于表土30cm的土层内。

草莓新根的寿命通常为1年，根系生长的温度范围为2～36℃，最适宜生长温度为15～23℃。在露地环境条件下，一年当中一般有3次发根高潮。分别在2～4月份、7～8月份、9月中旬～11月份，以第三次发根最多。草莓根系既不抗旱，也不耐涝，喜欢有机质含量高、肥沃、疏松透气、排水良好、灌溉便利、微酸性（pH值5.6～6.5）的壤土或沙壤土。

② **茎**。草莓的茎有新茎、根状茎、匍匐茎。前两种属地下茎，后者为沿地面延伸的一种特殊地上茎。当年萌发或一年生的短缩茎为新茎，呈半平卧状态，节间密集而短缩，其上密集轮生着叶片。新茎顶芽和腋芽都可分化成花芽。腋芽当年可萌发为匍匐茎或成为新茎分枝。新茎下部着生不定根，第二年新茎成为根状茎。根状茎是营养贮藏器官，其上也发生不定根。2年生以上的根状茎逐渐衰老死亡，其上不定根也随着死亡，根状茎越老，地上部分生长越差。匍匐茎由新茎腋芽萌发形成，匍匐茎有2节，第2节生长点能分化叶片，发生不定根，形成一代子株；子株可抽生二代匍匐茎，产生二代子株；二代子株可产生三代子株；依次类推，可形成多代匍匐茎和多代子株。

③ **叶**。草莓叶片为三出复叶，由一个细长叶柄和3片小叶构成。叶片长在短缩茎上，2/5叶序，第一片叶与第六片叶重叠。生长期的叶片叶身长为7～8cm，叶柄长10～20cm。春季发出的新叶较小；夏初发出的叶较大，为标准叶；采收后旺盛生长时发出的叶较夏初发出的叶稍小；秋季发出的叶较小，但可越冬，第二年生长一段时间后死亡。一个植株一年大约发生20～30片叶。20℃条件下，约8d展开一片新叶。保护绿叶安全越冬，对草莓开花结果有很大好处。

④ **花**。栽培品种的花大多是雌蕊和雄蕊完全具备的两性花。一朵花通常具有5片萼片，5片副萼和5个花瓣。雄蕊数是5的倍数，一般为20～35个。雌蕊呈规则的螺旋状生长在花托上，数量与花的大小有关，通常为200～400个。草莓花序为二歧聚伞花序，一个花序上一般着生15～20朵花。一个主轴上每个小花梗顶端着生一朵花。一级花花朵大，结的果也大，二级以下花朵渐小，结的果也小。一个植株除茎顶端的顶芽可形成顶花序以外，其下侧腋芽也可形成侧花序。花序数的多少与品种特性和栽培条件等有关。

⑤ **果实**。草莓果实为肥大的花托形成的肉质浆果，种子长在果面上。果实颜色为桃红-红-绯红，果肉白色-红色。果实形状有球形、圆锥形、长圆锥形、纺锤形和楔形等。在一个花序上，一级果最大，二、三级果渐小。以一级果为100的话，二级果为80，三级果为47。果实大小与品种有关，以花序一级果为准，一般3～60g不等。通常6g以上的果实为商品果。

(2) 生长发育特性

① 生长特性

a. 匍匐茎发生时期和条件。匍匐茎在寒地当草莓母株开花结果时就开始少量发生，一般在果实采收后的7～8月份大量发生。通常有早熟品种发生早，晚熟品种发生晚的倾向。发生时期的早晚受日长条件和母株遭受低温时间的长短影响。匍匐茎是在大于12h的长日照条件下发生的，一般日长越长匍匐茎发生的数量越多，但这与温度有关。试验证明，长日照和高温是草莓匍匐茎发生的必要条件。此外，匍匐茎的发生与母株遭受低温时间的长短有密切关系。如果充分满足品种5℃以下的低温积累量要求，匍匐茎就会旺盛发生，否则就不发生或只少量发生。赤霉素有类似长日照的效果，可以促进匍匐茎的发生。为了提早形成匍匐茎，可以在草莓母株遭受充分的低温后，喷布50×10^{-6}mg/L赤霉素，这是育壮苗的措施之一。

b. 花芽分化与发育。草莓花芽分化时期，依品种特性、栽培方式、环境条件等不同有一定差异。在自然条件下，武汉地区草莓花芽分化时间在秋季9～10月份进行。草莓花芽分化受日照长度与温度的影响。许多试验证明，花芽分化是在低温短日照条件下开始的。花芽分化后，进一步发育成花蕾以至开花，这一花芽发育过程与花芽开始分化的条件相反，是在高温、长日照下进行的。草莓植株越冬休眠后，第二年春天日长增长，温度上升，促进花芽发育，日照越长，温度越高（在适宜温度上限以下），花芽发育越好，产量越高。

c. 休眠。随着晚秋气温的降低和日长的缩短，草莓植株进入休眠状态。新展开的叶片在休眠时表现为叶柄短、叶面积小、发生角度大、几乎与地面平行、整个植株呈矮小的莲座状，这便是休眠状态。草莓休眠是在花芽分化后开始的，是由更短的日长和更低的温度诱导的。与温度相比日长对休眠的影响更大。草莓休眠分为自然休眠和被迫休眠。在自然条件下，促使草莓进入休眠的条件是低温和短日照，而打破休眠的条件是一定的低温遭受量和长日照。生产中常常要对休眠加以控制来满足人们的需要。

② 结果习性

草莓单株上的花序数、每花序的花数、坐果率和果实大小等是产量构成因素。开花坐果的好坏直接与产量相关。花蕾发育成熟后，在平均温度10℃以上时便开始开花。一个花序上的花朵级次不同，开花顺序也有差异。一级花先开放，然后是二级开放，再次是三级开放，级次越高，开花越晚。后期开放的高级次花有开花不结实现象，即使结实也由于果实过小而失去商品性。在生产实践中，往往根据实际情况进行花序掐尖，使留下的花朵坐果好，果实大。一般开放的草莓单花可持续3～4d，此时期授粉受精。当花药中花粉散光后花瓣开始脱落。授粉受精与坐果关系密切。一朵花的花粉量大约为1.2mg。开药散粉时间一般为午前9时至午后5时。受精时间主要是在开花后2～3d，环境条件对授粉受精影响很大。受精后子房迅速发育，以后形成“种子”。子房全部受精后整个花托肥大形成肉质多液的果实，园艺学上叫作浆果。开花到其后15d，果实增大比较缓慢，此后10d果实急速增大，每天大约可增加2g，其后果实增大缓慢，直至停止。

(3) 对环境条件的要求

① **温度**。草莓对温度的适应性较强，喜欢温暖的气候，但不抗高温，有一定的耐寒性。早春当地温达2℃时根系便开始活动，10℃时发出新根，根系生长的最适温度为15～20℃，冬季土壤温度下降到−8℃时，根部就会受到危害。温度5℃时，地上部开始生长，当气温降至−3～−1℃时，植株就会受冻害，如遇花期，雌蕊就会受冻，花的中心变黑。草莓苗生长的最适温度为18～23℃，光合作用的最适温度为15～25℃，夏季气温超过30℃生长受抑制。花粉发芽的最适温度为25～27℃，开花期低于0℃或高于40℃都会阻碍授粉的进行，影响种子发育，导致畸形果，果实膨大期昼温18～20℃时是最适宜的温度，较高的昼温能促进果实着色和成熟，但果个小，采收期提早。在17～30℃的范围内积温达600℃左右可以着色成熟。平均气温为20℃时需30d成熟，30℃时只需20d就可成熟。秋末经过霜冻和低温锻炼的草莓苗，抗寒力可大大提高，草莓芽能耐−15～−10℃的低温。

② **光照**。草莓是喜光植物，但又较耐阴。其光饱和点为2万～3万lx，比其他果菜类低得多，所以草莓适合与粮、菜、果作物套种。光是草莓生存的重要因子，只有在光照充足的条件下，草莓植株才能生长健壮，花芽分化好，浆果才能高产优质。如果光照不足，植株生长弱，叶柄和花序梗细弱，花芽分化不良，浆果小而味淡。因此，草莓种植不宜过密，一定要合理密植。草莓在冬季开花就很容易出现光照不足，必要时在大棚内铺反光膜或补充光照，以促进开花结果。

③ **水分**。草莓是浅根系植物，根系多分布在20cm的土层内，加上叶片多，蒸发量大，在整个生长期不断进行新老叶片的更替，所以在整个生长发育过程中，草莓都需要充足的水分供应。在抽生大量匍匐茎和草莓苗刚栽时，对水分的需求量更大，不但要求土壤含有充足的水分，而且空气也要有一定的湿度。

④ **土壤**。草莓是浅根植物，根系主要分布在20cm以下的表层土壤中，也有极少数根系可深达40cm以下土层。草莓最适宜栽植在疏松、肥沃、通气良好、保肥保水能力强的沙壤土中，黏土地虽具有良好的保水性，但透气不良，根系呼吸作用和其他生理活动受到影响，容易发生烂根现象，结的草莓果味酸，着色不良，品质差，成熟期晚。如果在黏土地上栽种草莓，就需要采用黏掺沙或增施有机肥，小水勤灌，以使草莓果色好，含糖量高，成熟期提前。在缺硼的沙土中栽培草莓，易出现果实畸形，落花落果严重，浆果髓部会出现褐色斑渍，需通过施硼砂来防治这种缺硼症。草莓适宜在中性或微酸性的土壤中生长，其要求pH值5.8～7.0，pH值小于4和pH值大于8时就会出现生长发育不良，因此，盐碱地和石灰性土壤不适宜栽培草莓。

16.4.3 栽培季节与方式

① **露地栽培**。植株经过春、夏的育苗生长以后，在秋季形成花芽，定植后冬季自然条件下进入休眠（多数品种4℃以下开始休眠，一旦休眠，要有低温天数的不断积累，并在长日照的条件下，才能打破休眠），春暖长日照条件下开花、结果。长江流域一般在4月份开始采收，5月份结束，采收期20～30d。

② **大棚栽培**。选择不休眠或休眠浅的品种，3～4月份开始育苗，5～6月份假植1次，利用夏季遮阳覆盖，也可在800m以上冷凉山地育苗，也可短日照处理，或基质控氮育苗等，在7～8月份促进其花芽分化，9月份种植在大棚内，有一定的低温影响后覆盖塑料薄膜，在冬季有保温或加温的措施，达到植株能开花结果的条件，一般从11月中旬至翌年5月均可开花结果。

16.4.4 种苗培育技术

下面以安徽长丰县开发的草莓高架育苗技术为例说明草莓种苗培育技术。

高架育苗每株可发出匍匐茎20条以上，基本是一条蔓下来为二、三、四、五级子苗，二级子苗后再分枝的不足10%，一般五级子苗后不保留。3月份定植，5月下旬每株平均繁育子苗60株，7月下旬每株繁苗达100株以上。高架栽培每667m^2定植母株达3000株以上，繁殖系数100倍以上，每667m^2设施条件下种苗繁殖达30万株，比地面繁殖至少提高5倍。

高架繁育草莓种苗移栽后生长势强，整齐一致，在大棚进行生产对比试验，三膜覆盖栽培，每667m^2定植6500株，试验结果高架育苗提前开花结果5～7d，平均单株产量达452g，常规育苗产量346g，产量提高30.6%，充分表明了草莓高架育苗的优越性。

(1) 草莓高架育苗的设施条件

a. 大棚设施。根据不同的生产条件，草莓高架需在钢架大棚或连栋大棚温室环境下建成，宽度6.0m以上，长度30～80m，中心高度大于2.5m，大棚设施外需加盖遮阳网、塑料薄膜和防虫网。

b. 高架规格。高架建成高度1.5m，宽0.3m，行间隔1.2m，长度以布局及大棚设施长度定。用不织布及丝网做成深0.25m的凹槽，或购置宽0.3m、深0.25m、长约0.7m的长形塑料花盆，用于定植草莓母株。

c. 基质栽培。选用蔬菜育苗商品基质或用泥炭：珍珠岩：蛭石按1：1：1体积比例混合自配基质，按每株5g施入45%（15：15：15）硫酸钾复合肥做基肥，凹槽铺基质厚度25cm，或用上述长型花盆装载基质。

d. 配套滴灌、雾喷及湿帘设备。在草莓母株行间铺设滴灌设施，利用滴灌设施完成草莓母株的供水供肥。连栋温室需装设湿帘，普通大棚上部需架设雾喷设备，夏季高温干旱天气需增湿降温。在供水源设增压泵，确保滴灌均匀供水供肥。

(2) 高架育苗的管理技术要点

a. 母株定植。选用健壮的脱毒种苗为母株，定植时间为每年3月份，双行定植，行距1.5m（行间隔1.2m+高架宽0.3m），株距25cm，或在上述长形花盆两边定植6株，每667m^2定植草莓母株约3500株，匍匐茎发生后从高架两边自然下垂。

b. 温湿度管理。高架育苗期间（3～9月份）不需增温，主要在夏季高温季节遮阳降温，控制棚内湿度。棚内适宜温度控制在30℃以下，夏季气温高于35℃时，需使用遮阳、湿帘及雾喷等措施降温。空气湿度适宜50%～70%，湿度高于90%下垂子苗易长出气生根，白粉病、炭疽病易发生，湿度低于30%时下垂子苗易失水萎蔫。

c. 水肥管理。土壤最佳含水量在70%左右，EC值约1.8，pH为5.5～6.5，基质溶液各肥料元素浓度参考指标为：氮元素120mg/kg、磷元素60mg/kg、钾元素220mg/kg、钙元素90mg/kg、镁元素45mg/kg、硫元素80mg/kg（参考以色列草莓生产指标）。下部子苗出现黄化脱肥现象时可直接补充0.2%尿素及0.3%磷酸二氢钾液肥。

d. 病害预防。大棚设施条件下高架育苗虫害发生很少，主要预防草莓白粉病、褐斑病和炭疽病等病害发生，选用代森锰锌、嘧菌酯、咪鲜胺、春雷霉素等杀菌剂每隔10～15d喷施防病。特别是炭疽病发生时要注意及时清除病叶病株，妥善处理，选用福美双、溴菌腈、咪鲜胺等治疗剂重点喷施发病中心，有效控制病害蔓延。

e. 繁育子苗的假植处理。7月下旬至8月上旬为最佳子苗假植期，假植时间30～40d，与长丰地区适宜大田定植期9月上旬相吻合。高架繁殖的子苗为无根苗或着生小于1cm的气生根，假植初期需要适宜的温湿度控制及遮阴处理，所以必须在大棚设施内完成。做假植圃宽1.2m，基质厚20cm，选用泥炭：珍珠岩：蛭石按1：1：1体积混合基质，假植密度10cm×10cm，也可直接假植在50孔穴盘或直径10cm营养钵内，大棚内温度控制在35℃以下，土壤含水量达70%，在假植后一周内保持空气湿度60%以上，并进行遮阳处理。一周后根系可伸长5cm左右，然后逐渐减少遮阳，降低空气湿度，逐步适应在自然环境条件生长，生长后期适当控水控肥促进根系生长，促进假植苗的花芽分化。

16.4.5 大棚草莓栽培技术

（1）品种选择

大棚草莓栽培的品种，除了要求生长势强、果型大、肉质细、香气浓、品质好、产量高外，特别是要选择早熟、休眠期短、低温下着色好的品种，如丰香、红颜、章姬等。

（2）育苗促花芽分化

宜在8月上旬从采苗圃选短缩茎粗壮、根系生长良好、有4～5片真叶的幼苗，带土移栽假植育苗，8月中旬开始控制肥水，停止氮肥供应，并使土壤保持适当干燥，有条件的可采用草帘、遮阳网等遮光降温以促花芽分化，提早开花结果。

（3）整地定植

在作畦前进行深耕，施入基肥，一般每667m^2施腐熟堆厩肥3000～4000kg或饼肥200kg、复合肥40～50kg、石灰氮（氰氨化钙）50～70kg，基肥要全面撒施，土肥混匀后整地作高20～25cm的高垄。6m宽大棚作6垄。大棚草莓覆盖黑色地膜可以减少土壤水分的蒸发，降低棚内空气湿度，抑制杂草生长，有利于植株生长，减少果实污染腐烂，减轻病虫危害，提高产量，增进品质。长江流域经多年试验以9月上中旬定植较为适宜，垄上梅花型定植两行，7000～10000株/667m^2。定植时理想壮苗标准是：短缩茎粗1cm左右，真叶有5～6片，单株重20～30g。注意定植时打去老叶，仅留3枚心叶定植，短缩茎呈拱形的一端朝垄沟方向。这样将来果实都朝垄沟方向挂果，有利于果实着色，管理和采收也方便。定植深度以苗心与地面齐平为宜，不能过深过浅。

（4）定植后的管理

① **调节休眠**。大棚草莓栽培，要及时采取有效措施，防止休眠或缩短休眠期。一般10月中下旬外界气温开始下降为20℃时，开始扣膜，11月上旬气温降至10～15℃时，大棚内加盖小拱棚，11月中下旬当夜间气温降至5℃以下时，小拱棚上须加盖草苫保温防冻，防止休眠。在适期盖上大棚膜后，心叶发生初期喷洒赤霉素，可以防止和打破休眠，促植株花芽分化和开花结果，一般在扣棚后1周左右，采用5mg/L赤霉素喷射全株，一周后再喷一次，喷洒宜在晴天下午进行，处理后棚内最适温度应保持25～30℃，此后直至开花，大棚内均要保持较高温度，维持棚温25～30℃，夜间不低于10℃为宜。

②**大棚温湿度管理**。主要通过大棚通风口的开闭和通风换气强度调节来实现大棚温湿度调控。开花结果期白天温度保持在25℃左右，最低温度维持在20℃以上，夜间维持在8～10℃，最低气温不得低于5℃。温度高于30℃以上，湿度大时，要加强通风换气，晴暖天两边通，阴雨天两头通，冷天扒缝小通，保持空气相对湿度60%～70%，在铺地膜基础上，宜选用无滴多功能大棚膜。

③ **肥水管理**。大棚冬草莓肥料以基肥为主，追肥为辅，开花结果期，每隔半个月叶面喷施0.2%磷酸二氢钾加0.3%尿素，结果盛期穴施尿素，每667m^2施10kg左右，施后浇水，切忌追施粪肥。大棚草莓对水分要求严格，要始终保持适宜土壤湿度，过干可采用膜下浇水，沟底浅灌，让水分渗入土中，浇水后要加强通风，降低空气湿度，有条件的采用地膜下软管带滴灌浇水施肥最为理想。

④ **人工辅助授粉**。草莓花是风媒花、虫媒花，大棚内冬季既无风又无虫，所以要借助人工放蜂或用毛笔进行人工授粉，否则容易形成畸形果，降低产量、品质。人工辅助授粉一般在上午10时～下午3时花粉飞散时进行为宜。目前生产上多采用大棚内放养蜜蜂授粉，每棚放养一箱蜜蜂即可。

⑤ **植株调整**。草莓开花能力很强，如任其生长，结果过多，导致果实个小，食用价值和商品价值降低，可在开花前后摘除弱小花蕾，结果期疏掉小果、畸形果，每株留果20个左右，养分供应集中，果个大、品质好、产量高。同时，要严格控制分株，顶花芽开花前留一株，顶花芽结果后留2～3株，其余腋芽全部分期摘除，并及时摘除病叶、老叶，以利通风。

(5) 病虫防治

病害主要有灰霉病、叶斑病、白粉病，防治方法除避免施肥过多，降低棚内湿度，清除老叶、病叶外，须定期进行药剂防治。浙江地区的栽植经验是无病用烟熏剂熏烟，有病用腐霉利、百菌清、甲基硫菌灵等喷治。虫害主要有红蜘蛛、蚜虫，要及时对症喷药防治。

(6) 收获

大棚草莓10～11月份开花的约40d成熟，12月～元月份开花的需50d才成熟。草莓采收必须及时，采收过早品质差产量低，过晚则不耐运销，应严格掌握采收成熟度，每天采收一遍，严防漏采。一般顶花序和第一腋花序多在12月～次年2月份采收，第2腋花序以下则在4～5月份采收。每667m^2产量1500～2000kg。

16.5 黄秋葵栽培

黄秋葵又名秋葵、羊角豆、洋辣椒、美人指等，锦葵科秋葵属一年生草本植物。黄秋葵嫩荚肉质柔嫩，润滑、用于炒食、煮食、凉拌、制罐及速冻，除嫩荚供食外，叶、芽、花也可食用，种子中含有较多的钾、钙、铁、锌、锰等矿物质，干种子能提取油脂和蛋白质，亦可作咖啡的代用品或添加剂，花、种子和根均可入药，对恶疮痈瘤有疗效。

黄秋葵营养丰富，每100g嫩果含蛋白质2.5g、脂肪0.1g、糖类2.7g、维生素A 660IU，维生素B_1 0.2mg，维生素B_2 0.06mg、维生素C 44mg、钙81mg、磷63mg、铁0.8mg。幼果中含有黏滑汁液，具有特殊的香气和风味。其汁液中混有果胶、牛乳聚糖及阿拉伯聚糖等。

16.5.1 类型与品种

黄秋葵品种较多，可以按照果实形状、颜色和大小进行分类。按果实横断面分为五角、八角及圆果等类型，按嫩果色泽可分为乳黄色、绿色及紫色等品种，按果实长度可分为长果种（果长10～25cm）、中果种（果长5～10cm）和短果种（果长3cm左右）3类，按植株高矮可分为高（2m及以上）、中

(1.5m左右）及矮（1m及以下）3种类型。矮秆型株高1m左右，节间短，叶片小，缺刻少，着花节位低，早熟，分枝少，抗倒伏，易采收，宜密植。高秆型植株高，果实浓绿，品质好。

生产中主要应用的优良品种有台湾清福、台湾五福、台湾南洋、绿空、早熟五角、绿宝石、深红无毛多角秋葵、绿盐、绿箭、优质五角、殷红秋葵、卡里巴、日本五角黄秋葵、红娇一号、绿五星、纤指、苏秋葵1号、川秋葵1号、中葵2号、闽秋葵1号、闽秋葵2号等。

16.5.2 生物学特性

(1) 形态特征

根系发达，茎秆粗壮，直立，木质化程度较高，不易倒伏。高秆品种株高可达2～3m，矮秆品种0.5～1m。叶互生，单叶，掌状五裂，叶柄长，叶大。茎叶上有硬毛。花直径4～8cm，每叶腋着生一朵花。由下部向上陆续开放。黄秋葵花果期长，花大而艳丽，花有黄色、白色、紫色，因此台湾等地也作观赏植物栽培。果实为蒴果，倒圆锥形，形如羊角，长15～20cm，有棱5～8条。嫩果有绿色、紫红色；老熟果褐色，呈木质化；子房10～12室，种子成熟后蒴果自然开裂；种子暗绿色，近球形，坚硬，外表皮有绒毛，千粒重60g左右。

(2) 生育周期

从播种到子叶展开，为发芽期，需10～15d；从2片子叶展平到始花开放为幼苗期，需40～45d；从第1朵花开放到采收结束并拉茬为开花结果期，需90～100d。黄秋葵播种后50～60d，在主茎第3～9节处开放第1朵花；开花后4～7d采收嫩果；果实老熟约需30～40d。长江中下游初收期在5月中下旬至6月上旬，盛收期为6月下旬至9月上旬，10月中下旬以后开始拉茬。

(3) 对环境条件的要求

黄秋葵是喜温性植物，耐热，不耐霜冻。种子发芽温度10～35℃，以25～30℃最适；生长发育适温25～28℃；月均温度低于17℃会影响开花结果，夜温低于14℃则生长不良。只要水分充足，在炎热的夏季也能旺盛生长，30～35℃能正常开花结果。黄秋葵喜光，不耐阴，冬季保护地栽培应有增光和补光的措施。植株生长过旺或种植过密时，应疏枝、扎叶，减少相互遮阳。黄秋葵为短日照植物，长日照条件下易长茎叶，延迟结果。周年栽培应选对日照长短不敏感类型。对水肥的需求量较大，但因其根系发达，不必经常灌溉。肥料要求氮磷钾完全，吸收量大，比较耐肥，特别是开花结果期应防止缺水少肥。对土壤的适应性强，不论黏土或沙壤土均能生长，但以土层深厚、肥沃疏松、保水保肥力强的壤土或沙壤土为宜，忌连作。

16.5.3 栽培季节和方式

黄秋葵在长江流域，从4月上旬至8月下旬，均可在露地排开播种，当年都可以采收嫩果；采用大小棚覆盖育苗，可以提早到3月上旬播种，提前采收嫩果。

一般长江流域3～4月中旬播种育苗，苗龄30～40d，3～4片真叶时露地栽培定植。5月下旬至6月上旬现蕾开花，6月中旬开始采收，至10月中下旬结束。

大棚栽培可在1～2月份温床播种育苗，2～3月份定植到大棚，白天保持25～30℃，晚上保持15～17℃，最低不低于8℃，最早4月份开始采收，至10月中下旬结束。

16.5.4 工厂化穴盘育苗技术

黄秋葵露地栽培可直播，保护地栽培和早熟栽培均采用育苗。育苗时先用温水浸种24h，直播在营养钵或穴盘中，也可催芽，覆土1cm，保持白天25～30℃，夜间15～20℃的温度，干籽播7～10d出苗，催芽4～5d出苗。齐苗后按比原来降温2～3℃进行管理，苗期应加强光照，适施肥水，30～40d可育成3～4片真叶的壮苗。

利用温室、塑料大棚作为育苗设施进行早春黄秋葵穴盘育苗，具有节约用种、方便管理、提早成熟上市、增产增效的作用。早春黄秋葵设施穴盘育苗技术的关键是选择适宜穴盘，基质的合理选配，加强催芽管理，有效控制设施环境因子，防止病虫害发生，培育壮苗，为工厂化育苗提供保障。

① **穴盘的选择**。采用穴盘容器限根培养，限制主根伸长，促进侧根及须根的健壮发育，提高单位根系密度及充分利用穴盘空间，提高基质内水分及肥料利用率。穴盘是蔬菜育苗中不可缺少的重要载体，生产上一般采用聚苯泡沫穴盘和塑料穴盘两种，在黄秋葵育苗中塑料穴盘应用较多，因黑色、灰色穴盘吸光性较好，多被使用。穴盘还有不同的规格，一般使用54cm×28cm规格的，黄秋葵种子较大，可以选择用50孔或72孔的穴盘，甚至20孔、32孔的穴盘，规格大的穴盘装的基质较多，营养成分就高，有利于幼苗成长。

② **基质的选配**。穴盘育苗的基质要有保肥、保水的特点，且具有良好的排水和透气能力，均匀的孔隙度和能支撑固定苗的特点，基质要有良好的物理化学性状、适当的养分、均匀的颗粒大小。黄秋葵育苗基质应采用轻型无土复合基质，一般使用草炭、蛭石、珍珠岩等，草炭、蛭石、珍珠岩配制比例为1∶1∶1。基质pH值控制在6～6.8的范围内。

③ **催芽播种**。黄秋葵育苗技术中最关键的就是催芽，黄秋葵种子发芽率的高低除了与种子本身的质量有关外，还与催芽期的管理有直接关系。把黄秋葵种子放入器皿中，加入25～30℃的温水，置于25～30℃的环境中，黄秋葵种子表皮较厚，需浸泡24h左右，每隔5～6h换1次水，让其充分吸水破壳。种子充分吸收了水分，大部分种子开始裂壳，有的开始冒白，露出芽尖。把容器中的水倒掉，转入培养阶段，把裂壳的种子均匀放在湿布上，培养24h。中间换1次湿布，喷2次水，且不可培养时间过长，以免嫩芽过长播种时折断。把基质均匀地装入待用穴盘中，用相同穴盘垂直放在装好基质的穴盘上，进行压盘，促使基质踏实。1穴播1粒发芽的种子，穴深2～3cm，播种后覆盖原基质，并刮平。棚室内苗床要平整，地面覆盖1层塑料薄膜，在薄膜上摆放穴盘。穴盘摆好后用细孔喷头喷水，然后盖膜，5～8d即可出苗。苗龄20～25d，幼苗3～4片真叶时即可移栽定植。

④ **苗床管理**

a. 温湿度调节。种子发芽需要较高的湿度和温度，白天一般23～25℃，夜间一般16～18℃。湿度75%～85%之间。整个育苗期保持供水适时均匀，温度和湿度控制得当，及时间苗定苗，穴盘边缘易失水，及时补水。

b. 肥水管理。幼苗发育阶段对水分要求很强，浇水要1次浇透，一般在每天正午前浇水，在育苗过程前期无需施肥，中后期可以喷施低浓度氮磷钾速效肥。

c. 病虫害防治。黄秋葵抗病能力很强，幼苗期一般很少有病害发生，在育苗的中后期偶尔有蚜虫、蓟马、蚂蚁危害。防治蚜虫、蓟马和蚂蚁，可用10%的吡虫啉可湿性粉剂1000～2000倍液、50%抗蚜威可湿性粉剂2000～3000倍液防治。

⑤ **设施穴盘育苗技术的特点**

a. 管理规范。采用设施穴盘育苗，出苗率较高，出苗整齐一致，商品化程度高，定植后不用缓苗，苗期生长健壮。设施穴盘育苗苗龄可缩短10～15d，基质合理搭配，营养成分高，1次成苗，加快了对黄秋葵的开发和推广。

b. 育苗工厂化。采用设施穴盘育苗，节能、省力、省工、效率高，每平方米可培育300～500株苗，节约能源1/2以上，降低了成本，提高育苗设施利用率，有利于规范化管理，提高种苗质量。

c. 远距离运输。穴盘育苗基质轻，保肥、保水能力强，外根系较多，紧密缠绕，整体搬运不伤根系，方便远距离运输，而且缓苗快，成活率高，产量高。

16.5.5 黄秋葵栽培技术

（1）整地施肥

黄秋葵适应性强，对土壤要求不严格，但为获得高产，宜选择耕作层深厚、土质肥沃、光照充足、排灌方便、通风良好的田块种植，切忌与棉花等锦葵科作物连茬。春季种植黄秋葵，前茬收获后及时深耕25cm以上，经冬季充分晒垡冻垡，加深熟土层，进一步疏松土壤。黄秋葵生长期长，从播种到采收结束需6～8个月，整地前需施足基肥，每667m^{2}施腐熟有机肥3000kg、三元复合肥30kg、硫酸钾15kg，翻耕均匀，筑畦宽（含沟）1.5m、畦高0.2～0.3m。

（2）播种育苗

① **直播**。断霜后进行，每畦播2行，穴距45～50cm，每穴播种2～3粒，出苗后一穴留一棵壮苗。为提高地温，提早出苗，早春播种可进行地膜覆盖或小拱棚覆盖。每667m^{2}大田约需种子1kg。

② **育苗**。一般在大小棚或温室内进行，待断霜后定植，苗龄一般30～40d。采用塑料育苗钵育苗，可以保护根系，提高定植成活率。每667m^{2}大田约需种子200g。

（3）定植

每畦种双行，也可按株距60cm单行栽植。双行种植时行距为70cm，株距为40～50cm。

（4）田间管理

① **补苗间苗**。直播的出苗后要及时补苗间苗，掌握“早间苗，迟定苗”的原则。出土后及时补苗，除去弱苗、残苗。2～3片真叶时第2次间苗，留壮苗。3～4叶时定苗，每穴留1株。

② **中耕培土**。出苗后气温较低，生长缓慢，而杂草生长快，所以要及时中耕除草。灌溉和雨后根际土壤被冲刷时，应及时培土护根，以免倒伏，遇到暴风雨植株倾斜或倒伏，应及时扶正培土。

③ **绑蔓**。黄秋葵植株高大，枝叶繁茂，为防止在风雨天气发生倒伏，影响后期产量，需及时搭架绑蔓。一般每株根部插1根1m长竹条，用线将枝蔓与竹条绑好。

④ **浇水施肥**。黄秋葵根系发达，既耐旱又耐湿，但不耐涝。为提高产量和品质，需经常保持土壤湿润。生长结果期需水量较大，可根据天气和土壤墒情及时浇灌。同时要注意疏通沟系，排除田间渍害，尤其在雨水季节要确保大雨过后沟中无长时间积水。黄秋葵生长结果期长，为获得丰产，结合浇水分别在缓苗期、结果初期、结果盛期进行追肥，一般每次每667m^{2}追施尿素10kg、三元复合肥15kg，结果盛期可视植株生长情况增加追肥次数。

⑤ **整枝、摘老叶**。开花结果期间，要求通风条件好，对于植株基部的老黄叶和侧枝要及时用剪刀剪除，既可改善通风透光条件，又能减少养分的消耗。采收嫩果为目的的黄秋葵，在长江流域，10月就应摘去顶心；采收种果的植株，9月下旬就要摘心，可促使蒴果老熟，达到子粒饱满的要求。

（5）病虫防治

黄秋葵幼苗期以蚜虫、地下害虫为主要防治对象，中后期有盲蝽象、斜纹夜蛾危害。可用1.5%除虫菊素水乳剂2000倍液喷雾防治蚜虫、美洲斑潜蝇；用BT（200IU/mg）乳剂200倍液，或0.3苦参碱水剂1000倍液喷雾防治蚜虫、斜纹夜蛾；用2.5%溴氰菊酯乳油1500～2000倍液喷雾防治盲蝽象。

（6）采收

植株开花后4～7d，嫩果长7～10cm，即可采收，此时果实尚未纤维化，品质好。黄秋葵以采收幼嫩果荚供食用，嫩果要及时采收，尤其在结果盛期要每天采收。一般在晚上或早上采收，用剪刀将果荚从果柄处剪下，或顺果柄向上拗断。因茎、叶、果实上都有刚毛或刺，采收人员要穿长裤和长袖服装，带好手套，防止刺痛手和腿。采收期可从5月一直延至10月中下旬，肥水充足，每667m^{2}产量可达1000kg左右。嫩果采收后，如要贮藏，应在0～5℃的条件下贮藏，时间不超过5d。

(7) 留种技术

黄秋葵是异花授粉作物，留种地要建立安全隔离区。在大田中选择具有本品种特征的优良单株做种株，供给充足的肥水，促进生长，选取植株中上部果实为留种果，其他果实在嫩果期摘下上市。当果实开始变褐色，蒴果刚开裂时，即可采收。待种果完全晒干，剥开果皮取出种子，每个种果有90～100粒种子，种子晒两天后贮藏。因黄秋葵种子易丧失生活力，所以最好放在冷库中贮存，这样第二年可保持95%左右的发芽率。

16.6 菜用玉米栽培

玉米起源于美洲，亦称玉蜀黍、苞谷、苞米、棒子，是一年生禾本科草本植物，是重要的粮食作物和重要的饲料来源，也是全世界总产量最高的粮食作物。

菜用玉米是指口感、风味、品质等方面适合作蔬菜消费的玉米类型，以幼穗、乳熟期青穗或其加工产品供食用。菜用玉米包括甜玉米、糯玉米和玉米笋。普通玉米青穗也可作蔬菜食用，但品质较差。

甜玉米只是由于一个或几个基因的存在而不同于其他玉米的一种类型。甜玉米除含糖分（特别是蔗糖）较高外，还含有多种维生素、游离氨基酸和矿物质。因其具有丰富的营养，甜、鲜、脆、嫩的特色而深受消费者青睐。生产中的甜玉米可以分为普通玉米、超甜玉米和加强型甜玉米三类，超甜玉米由于含糖量高、适宜采收期长而得到广泛种植。甜玉米的含糖量高，一般含糖量达10%～20%，甚至更高，是普通玉米含糖量的1～4倍，有些品种比西瓜、甜瓜还甜，其糖分主要是蔗糖和还原糖，其葡萄糖、蔗糖、果糖含量是普通玉米的2～8倍；甜玉米氨基酸总量分别比普通玉米和糯玉米高23.2%和12.7%，在氨基酸组分中，以赖氨酸、色氨酸的含量较高，比普通玉米高2倍以上，8种人体必需氨基酸总量则分别比普通玉米和糯玉米高出23.5%和6.6%，且人体必需氨基酸组成比例较为平衡；蛋白质含量达到13%以上，以水溶性蛋白质为主；粗脂肪含量达9.9%，比普通玉米高出1倍左右；甜玉米中含有多种维生素，其中，甜玉米子粒中维生素C的含量一般为0.7mg/100g，比普通玉米高1倍左右；烟酸（维生素 B_1）的含量为0.22mg/100g，而普通玉米的维生素 B_1 含量仅为0.093mg/100g；核黄素（维生素 B_2）含量为1.70mg/100g，而普通玉米几乎不含维生素 B_2；甜玉米子粒中还含有多种挥发性物质，其中已鉴定出的重要芳香物质包括2-乙酸基-1-吡咯啉和2-乙酰基-2-噻唑啉，此外还有二甲基硫醚、1-羟基-2-丙酮、2-羟基-3-丁酮及2,3-丁二醇等。此外，甜玉米还含有多种矿物质以及膳食纤维、谷维素、甾醇等。特别是钙的含量达到300mg/100g，几乎与乳制品中所含的钙差不多，丰富的钙可以起到降血压的功效。甜玉米是一种营养丰富、利用率高、口感好、经济效益高的新型玉米，集中了水果和谷物的优质特性，是一种兼具休闲型与保健型的现代食品，具有甜、黏、嫩、香的特点，著有“水果玉米”“蔬菜玉米”之称，以易于咀嚼和消化吸收快而备受消费者的喜爱，煮熟以后可以长期保持原有风味。

糯玉米是由普通玉米发生突变再经人工选育而成的新类型，其子粒胚乳淀粉为100%的支链淀粉，煮熟后黏软而富有糯性，俗称黏玉米。糯玉米子粒中营养成分含量高于普通玉米，含70%～75%的淀粉，10%以上的蛋白质，4%～5%的脂肪，2%的多种维生素，子粒中蛋白质、维生素A、维生素 B_1、维生素 B_2 均比稻米多，脂肪和维生素 B_2 的含量最高，黄色玉米还含有稻麦等缺乏的维生素（胡萝卜素）。糯玉米 *wx* 基因的遗传功能，使糯玉米胚乳淀粉类型和性质发生变化，糯玉米淀粉分子量是普通玉米的1/10，食用消化率比普通玉米高20%以上，适合作鲜食玉米。糯玉米子粒，一般含糖量为7%～9%，干物质全量达33%～38%，赖氨酸含量比普通玉米高16%～74%，因而比甜玉米含有更丰富的营养物质和更好的口感，且子粒黏软清香，皮薄无渣，内容物多，易于消化吸收。

玉米笋乃甜玉米细小幼嫩的果穗，去掉苞叶及发丝，切掉穗梗，即为玉米笋。玉米笋以子粒尚未隆起的幼嫩果穗供食用。与甜玉米不同的是玉米笋是连籽带穗一同食用，而甜玉米只食嫩籽不食其穗。玉米笋则以鲜嫩味美、风味独特而著称，是餐桌上之佳肴。玉米笋营养丰富，每 100g 鲜玉米笋中含蛋白质 2.99g、糖 1.91g、脂肪 0.15g、维生素 B_1 0.05mg、维生素 B_2 0.08mg、维生素 C 11mg、铁 0.62mg、磷 50mg、钙 37.4mg，还含有多种人体必需的氨基酸。玉米笋又称珍珠笋，是国际上新兴的一种高档蔬菜，既可鲜食和速冻，也可加工制罐。

菜用玉米消费在发达国家比较普遍，我国对菜用玉米研究起步较晚，但近年来生产发展较快，已成为城乡消费者餐桌上的新鲜蔬菜品种和休闲食品。

16.6.1 类型与品种

(1) 甜玉米

① **普甜玉米**。由 *susu* 基因控制，适宜采收期的蔗糖和水溶性多糖分别是普通玉米的 2 倍和 10 倍，甜度低于超甜玉米，含糖量约 8%，具黏性，适收期短。多用于糊状或整粒加工制罐，也用于速冻。如农梅 1 号、农梅 2 号、甜单 1 号、鲁甜玉 2 号、鲁甜玉 3 号等。

② **超甜玉米**。由 *sh2sh2* 基因控制，适宜采收期的蔗糖含量高于普通甜玉米，但超甜玉米缺少水溶性多糖。含糖量 20%以上，具清香味，果皮较厚，采收和储藏期相对延长，多用于整粒加工制罐、速冻或鲜果穗上市。如华甜玉 1 号、超甜 28 号、甜玉香、绿色超人、鲁甜玉 1 号等。

③ **加强甜玉米**。在某个特定的甜质基因型基础上，加入另外一些胚乳突变基因，使子粒品质得到进一步改善。如由 *susu sese*、*susu sh2sh2* 等控制的甜玉米。含糖量 12%～16%，多用于整粒或糊状加工制罐、速冻、鲜果穗上市。栽培方法和普通玉米相同，但须隔离 300m 以上种植，严防异品种花粉传入，并须适时采收嫩果穗。采收时子粒中水分的含量：糊状制罐用的为 68%～70%；整粒制罐、速冻、鲜果穗上市的均为 70%～72%。主要以嫩果子粒加工制罐后供菜用，或以嫩果煮食。如农大甜单 8 号、KT110、苏甜 8 号、加甜 16 号、中甜 2 号。

(2) 糯玉米

由 *wxwx* 基因控制，淀粉中支链淀粉含量可达 100%，具香黏特点，甜度低于甜玉米，但略高于普通玉米。如苏糯玉 1 号、鲁糯玉 1 号、烟单 5 号、江南花糯、中糯 1 号、糯杂 2 号、京科糯 2000。

(3) 玉米笋

玉米笋的来源比较广泛，凡以玉米幼穗作蔬菜食用的，都可视为玉米笋。多枝多穗的笋用玉米品种目前栽培面积不大。优良品种如鲁笋玉 1 号、烟罐 6 号、冀特 3 号、泰国玉米笋、烟笋 1 号、晋甜玉米 1 号等。

16.6.2 生物学特性

(1) 形态特征

① **根**。玉米根系为分枝旺盛的须根系。由初生根和节根（次生根）组成。初生根系由主胚根及生长其上的次生胚根组成。初生根系数目的多少，与种子大小有关。此外还从茎节上长出节根：从地下茎节长出的称为地下节根，一般 4～7 层；从地上茎节长出的节根又称支持根、气生根，一般 2～3 层。

② **茎**。玉米为高秆作物，茎秆粗壮高大。茎由节和节间组成。一般有 4～6 节埋入土中，节上着生次生根。地上部节间较长，最上一节着生雄花，节间最长。每节上有 1 条小沟，节上分生的腋芽贴于沟内。一般自顶部向下，第 5～8 节上的腋芽能发育成果穗。成穗能力以最上面的腋芽最强，其下的腋芽不能发育或发育成较小的果穗。玉米的茎节，早在幼苗期就已经发育成雏形，到拔节时才逐渐伸长。玉

米的分蘖是由茎基部上的腋芽长成的，也称分枝，一般玉米笋专用品种其分枝多，穗多而小。

③ **叶**。叶披针形，互生。由叶鞘、叶片、叶舌三部分组成。大多数叶正面有绒毛。成株上的叶片，基部和上部的小，中间的叶片大，尤以穗位及邻近的两片叶最大，俗称穗三叶。

④ **花**。雌雄同株异花。雄花系圆锥花序，与植株顶端相连，一般上午露水干后散粉，午前散粉量大，花粉球形，靠风力传播。花期1周左右。雌花为肉穗花序。花丝伸出苞叶，即吐丝或开花。花丝上任何部位都有接受花粉的能力。同株上的雌花比雄花晚开花2～5d。吐丝期4～7d。子房受精后，花丝萎蔫。未授粉的花丝可继续伸长，吐丝后10d左右仍有受精能力。未接受到花粉，自行萎蔫。花丝未出苞叶前，已具备受精能力。玉米花粉具有直感现象，种植时要注意与基因型不同的玉米地至少相隔300m，以防串粉，降低品质，也可通过错开花期，与异型玉米相邻种植。

⑤ **种子**。玉米成熟的子粒为颖果，由果皮、胚乳和胚三部分组成。因甜玉米淀粉合成受阻，光合产物主要以单糖（如果糖、葡萄糖）、双糖（如蔗糖）积累，乳熟期具甜味，但种子成熟干燥后失水，呈皱缩凹陷状，失去菜用价值。根据控制甜质性状的基因不同，普甜玉米皱缩较浅较均匀，呈玻璃状透明。超甜玉米极度凹陷，呈不规则棱角状，疏松易碎，不透明。糯玉米子粒以支链淀粉取代直链淀粉，成熟干燥后，子粒饱满类似普通玉米，但无光泽，是与普通玉米的最大区别。

(2) 生长发育及对环境条件要求

玉米属耐热怕渍作物，不同生育期，对环境要求有差异。

播种至出土，称出苗期。水分和温度是影响出苗质量的重要因素。水分不足、温度过低，发芽慢；水分过多、温度偏低，极易烂种。达到田间最大持水量的60%～80%，地温在12℃以上时，发芽较稳定且安全，25～35℃是发芽最适温度。

出苗至拔节，称幼苗期。拔节是指靠近地面的节间开始生长达2cm左右，节上有突起感的生育时期。幼苗出土后，特别是三叶期后，胚乳内贮藏的养分基本耗尽，根系生长迅速，并主要靠根系吸收水分和养分，逐步进入自养阶段。此期要保持湿润但又不渍水，特别是疏松和富含有机质的土壤更有利于根系生长。

拔节至抽穗，称穗期。为营养生长与生殖生长并进的旺盛时期。根、茎、叶迅速生长，花器官同时分化生长，新陈代谢旺盛，根系吸收氮、磷、钾分别占全生育期总量的50%、40%和60%。光照强、肥水足是高产的关键。

抽穗至乳熟，又分几个时期。其中受精到乳熟初期，称灌浆期，吐丝后约10d。果穗和子粒增大，胚开始分化与形成，子粒水分含量很高。灌浆末到蜡熟期，吐丝后15～20d。乳熟期，胚乳由乳状变成浆糊状。穗粗、子粒和胚体积均达最大值。子粒增重迅速，水分含量在70%左右，花丝变黑，是甜玉米食用最佳期。这一时期的环境要求相似于拔节至抽穗期，但温度和水分的要求更为严格。开花时，日均温度以25℃较适宜，温度高于35℃，空气湿度低于30%时，花粉迅速失水，花丝也易枯萎，导致受精不良，缺粒秃尖。土壤干旱，吐丝慢，但散粉受其影响较小，造成花期不遇，影响结实。灌浆时，日均温在20～25℃为宜，低于16℃或高于30℃，光合产物积累不能正常进行。

16.6.3 栽培季节与方式

甜玉米以露地栽培为主，地温高于10℃，灌浆时不低于16℃均可种植。长江流域从3月下旬可露地播种，直到8月上中旬，从6月下旬开始供应，直到11月上中旬。但秋播不能过晚，夏播要考虑授粉灌浆期避开高温。春季采用保护地播种育苗，播期和供应期可适当提前。近年利用大棚栽培，春播可提前到2月份，秋播可推迟到9月上中旬。

糯玉米的生产季节安排，必须结合产品用途等因素综合考虑。以直接采摘鲜果穗上市或用于加工罐装食品为目的，要首先预测市场的消费能力和工厂的加工能力，根据销售量和加工量，科学安排糯玉米的生产季节和种植面积。因为，糯玉米的采收期很短，一般为授粉后的22～28d，故必须控制在采收期内采收上市或加工成糯玉米产品。如果想延长上市时间或加工时间，生产上应采用分期播种，搭配种植早、中、晚熟品种的办法。可提前或延后，分期播种，分批上市。采取小棚或温床育苗，2月下旬即可播种。地膜覆盖直播栽培可于3月上旬播种，露地直播在4月上旬开始，一直可播种到7月中下旬，形成从6月份到10月份的连续供应期。此外，还应注意青秆的合理利用，进一步提高其综合经济效益。以收获成熟的子粒为目的，其生产季节的安排原则上与普通玉米相同。

玉米笋的栽培与甜玉米基本相同。春播在4～5月份，夏玉米在5月底至7月初播种。一般采用大小行播种，大行行距60～80cm，小行行距33～40cm，株距16～18cm，穴播，每667m^{2}用种量3kg左右。

16.6.4 菜用玉米栽培技术

(1) 甜玉米栽培技术

① **精细整地**。由于甜玉米（特别是超甜玉米）种子一般粒较瘪、粒小，发芽、拱土、出苗比普通玉米种子困难，所以要精细育苗，在种植时要精细整地，选择土质疏松、土壤肥沃、排灌方便的地块。前茬作物收获后及时耕翻20～30cm，结合耕翻施足基肥，一般每667m^{2}施有机肥1000～1500kg、过磷酸钙30～40kg、硫酸钾20kg、硫酸锌1～1.50kg或玉米专用肥20kg作基肥。

② **分期播种**。种植甜玉米主要是在市场上出售鲜嫩果穗或供应工厂加工罐头食品，这与种植普通玉米完全不同，同时，甜玉米采收后不能久放。因此，种植甜玉米要根据市场的需要量和工厂的加工能力、订单进行分期播种，并且早、中、晚熟品种搭配，延长上市供应时间，以提高经济效益。

③ **合理密植**。甜玉米种植要注意果穗的产品特性，不能单纯考虑单产。果穗是分级收购的，尤其用于出口或加工用的，要尽可能提高1、2级产品率，要依据商品要求、经济效益的大小来确定适宜的种植密度，尽可能在单位面积上有更高的经济收入。在一般中等肥力土壤，以4000株/667m^{2}为宜，早熟品种可密些，晚熟品种可稀些。播种时每穴3～4粒，播后应及时覆土并精细平整畦面，播种深度比普通玉米略浅，一般覆土4cm左右即可确保全苗。一般直播的每667m^{2}用种子2～3kg，育苗移栽的每667m^{2}用种子约1kg。

④ **隔离种植**。为保证甜玉米的食用品质，在选地种植时，要与其他普通玉米品种严格隔离，以避免因相互串粉而降低品质。隔离方法生产上采用空间隔离和时间隔离。以空间隔离为好。空间隔离：要求在种植区外围300～400m范围内不栽种其他玉米品种；如有林木、山岗等天然屏障，可适当缩短隔离间距。时间隔离：若不能进行空间隔离，则应采取时间隔离（错开播种期）的方法来避免与其他品种的花期相遇，2个不同品种的播种期间隔时间一般为20～25d。如大面积成片种植甜玉米，可适当降低隔离标准。总之，以不使两类玉米花粉相遇为原则。

⑤ **间苗、定苗**。出苗后，应及时查苗补苗。当幼苗3～4片叶时间苗，待4～5片叶时定苗。间定苗的原则是除大、除小、留中间，保证全田幼苗均匀一致。

⑥ **分期追肥、及时中耕**。在施足基肥的基础上，及早追肥，早施、重施攻穗肥，确保甜玉米植株生长一路青，这是种植鲜食玉米成败的关键，也是与普通玉米种植方式的主要区别。一般每667m^{2}追施尿素30kg，分别在拔节期、大喇叭口期各追施15kg。每次追肥尽量深施，每次施肥应结合松土、培土、清沟，进行中耕除草。

⑦ **抗旱浇水**。在苗期和抽穗开花后，如遇天气干旱要及时浇水，雌穗吐花丝后至收获期，是灌水的关键时期，当土地表面干燥时应及时灌水，防止果穗顶端缺粒。

⑧ **辅助授粉**。一般气候条件下，玉米都可以自然授粉结实，但在特殊气候条件，如连续阴雨或高温，或植株长势弱的情况下，需人工辅助授粉。人工授粉时间一般在上午10时前，授粉方法较简单，只要将花粉轻轻放在花丝上即可。

⑨ **杂草防治**。通常可结合3～4叶期施苗肥，浅中耕除草，拔节期结合施穗肥，深中耕除草，也可

在播种前喷洒乙草胺灭草剂除草。

⑩ **病虫害防治**。防治大小斑病用400%敌瘟磷乳剂500～1000倍液或50%甲基硫菌灵悬浮剂500～800倍液叶面喷洒；防治玉米茎腐病用3%中生菌素600～800倍液喷茎基部，甲霜·噁霉灵1000倍灌根；防治玉米青枯病用精甲霜·锰锌1000倍液，或甲霜灵400倍液，或多菌灵500倍液灌根，每株灌药液500mL，有较好的治疗效果；防治玉米纹枯病用24%噻呋酰胺悬浮剂1500倍液喷雾；防治玉米锈病用25%嘧菌酯悬浮剂1500倍液喷雾；苗期易受地老虎为害，通常咬断茎秆，用甲氰菊酯或溴氰菊酯喷雾防治或用炒熟的菜饼、花生饼拌敌百虫撒于地里，可以有效防治；防治玉米螟，在大喇叭口期用2.5%溴氰菊酯乳油或20%氰戊菊酯乳油1500～2000倍液防治效果较好；防治黏虫用20%氰戊菊酯乳油2000～3000倍液喷雾；防治红蜘蛛用73%炔螨特乳油1000倍液喷雾；喷药时间宜选择晴天上午露水干后或下午4～6时喷雾，禁止使用高毒、高残留农药。

⑪ **及时去雄**。去雄可使植株体内有限的水分、养分集中用于果穗发育。去雄后采收的笋穗色亮、鲜嫩、穗行整齐。适时去雄是技术成功的关键，去雄过早，容易带出顶叶；去雄过晚，营养消耗过多，去雄失去意义。一般采收玉米笋去雄应在雄穗超出顶端未散布花粉时最佳；采收甜玉米嫩穗去雄在雄穗散粉后2～3d最佳。去雄时间以上午8:00～9:00时和下午4:00～5:00时为宜，有利于伤口愈合。在适期范围内，一般每隔1～2d去雄1次，分2～3次去完。

⑫ **除穗**。为了生产出高品质、高合格率的果穗，必须除去多余的小穗，即只保留最大穗。甜玉米叶面积较小，为了保证足够的营养面积，分蘖可以保留不去除。

⑬ **适时收获**。一般在子粒含水量为66%～71%（乳熟期）采收为宜，生产实践中，甜玉米的收获期对其商品品质和营养品质影响极大。过早收获，子粒内含物较少，口感不是太好；收获过晚，果皮变硬，失去甜玉米特有的风味。一般来说，适宜的收获期以吐丝后17～23d为宜；若以加工罐头为目的的可早收1～2d；以出售鲜穗为主的可晚收1～2d。

玉米笋采收应适时，在玉米抽雄期，将当天吐出花丝的雌穗及时采收。采收时主要以花丝长度为标准，一般不宜超过2～3cm。应按先上后下、先大后小的原则，每天采收1次。采收时不要折断茎秆和叶片，以免影响下部果穗的正常发育。用刀划开外部苞皮，去净花丝，保持笋体完整，忌曝晒，防失水、干尖、变色。良好的一级玉米笋产品呈圆锥形，鲜嫩、乳黄色，形态端正、无折断、无花丝、无畸形、无污染，长5～7cm，基部直径1～1.4cm，单笋重5～7g。二级品笋长7.1～10.0cm，基部直径1.41～1.8cm，单笋重7.1～10g。

(2) 糯玉米栽培技术

① **隔离种植**。糯质玉米基因属于胚乳性状的隐性基因突变体，当它与普通玉米或其他玉米杂交，当代所结种子就失去了糯性变成了普通玉米，因此种植糯玉米时必须隔离。隔离有两种方法：一是距离隔离，即其周围200m以内的田块不能种其他类型的玉米；二是时差隔离，要求花期相差30d以上，避免串粉杂交。

② **合理密植**。采用宽行0.8～0.9m、窄行0.4～0.5m种植，双株留苗为好。烟单5号、苏糯玉1号等半紧凑型杂交品种以每667m^{2}种植4000～4500株，鲁糯1号等平展型杂交种以每667m^{2}种植3500～4000株为好。春播稍稀，夏播稍密；肥地稍密，瘦地稍稀。

③ **间苗定苗**。在把握适宜密度的同时，应通过提高群体的整齐度挖掘生产潜力。由于出苗环境不同以及糯玉米的种子本身质量存在问题等原因，往往出苗整齐度较差。这种差异会随着生育进程不断加大，出现大苗欺小苗，造成空秆、小穗，不能形成高光效群体，影响产量。因此，应着力提高播种质量，使出苗数达适宜穗数的2～3倍。3～4叶时根据苗情偏施苗肥促平衡；5～6叶时除弱苗，定苗至适宜密度的上限；同时针对糯玉米分蘖性强的特点，及时打杈促进壮苗形成。

④ **肥水管理**。春播的糯玉米，每生产100kg子粒，施肥量为N 2.24kg，P_2O_5 0.85kg，K_2O 1.61kg。因此，应根据目标产量来决定肥料的种类和施用量。施肥方法与普通玉米相同。播前每

667m^2施厩肥1000kg、复合肥30～40kg作基肥；苗期、拔节期、穗期分别追施尿素2～8kg、3～5kg、6～10kg。糯玉米的需水特性与普通玉米相似。苗期注意防渍，中后期注意防干旱。

⑤ **病虫防治**。糯玉米受玉米螟及黏虫危害较普通玉米重，应注意防治。最好采用生物防治的方法，即在大喇叭口期接种赤眼蜂卵来控制玉米螟的发生和危害。如果必须用化学农药防治玉米螟，应选用低毒农药，在小喇叭口期防治，用药量尽可能小，即做到慎用、少用、早用农药，既科学有效地控制地下害虫，又不在乳熟期的果穗上留有农药残毒，以生产无公害的糯玉米产品。玉米螟及黏虫化学防治可用2.5%溴氰菊酯乳油或20%氰戊菊酯乳油1500～2000倍液防治效果较好。

⑥ **适时采收**。何时采收对糯玉米青穗的品质影响甚大。采收过早，干物质和多种营养成分不足，产量低；收获过晚，子粒缩水，皮变硬厚，口味欠佳。授粉后25～30d是糯玉米鲜穗的适收期。

第17章
蔬菜设施栽培

设施栽培具有一定的设施，能在局部范围改善或创造出适宜的气象环境因素，为蔬菜生长发育提供良好的环境条件而进行有效生产。由于蔬菜设施栽培的季节往往是露地生产难以达到的，通常又将其称为反季节栽培、保护地栽培等。采用设施栽培可以避免低温、高温暴雨、强光照射等逆境对蔬菜生产的危害，已经被广泛应用于蔬菜育苗、春提前和秋延迟栽培。设施蔬菜属于高投入，高产出，资金、技术、劳动力密集型的产业。

17.1 设施类型、结构及特点

农业栽培设施是随着社会的发展和科技的进步，由简单到复杂、由低级到高级，发展成为今日的各种类型的栽培设施，满足不同作物不同季节的应用。

农业设施有不同的分类方法。根据温度性能可以分为保温加温设施和防暑降温设施。保温加温设施包括各种大小拱棚、温室、温床、冷床等；防暑降温设施有阴障、阴棚和遮阳覆盖设施等。根据用途可以分为生产用、实验用和展览用设施。根据骨架材料可分为竹木结构设施、混凝土结构设施、钢结构设施和混合结构设施。根据建筑形式可以分为单栋和连栋设施。单栋设施用于小规模的生产和实验研究，包括单屋面温室、双屋面温室、塑料大小拱棚、各种简易覆盖设施等；连栋温室是将多个双屋面的温室在屋檐处连接起来，去掉连接处的侧墙，加上檐沟构成。连栋温室土地利用率高，内部空间大，便于机械作业和多层立体栽培，适合于工厂化生产。

从设施条件的规模、结构的复杂程度和技术水平可将设施分为以下四个层次。

(1) 简易覆盖设施

简易覆盖设施主要包括各种温床、冷床、小拱棚、阴障、阴棚、遮阳覆盖等简易设施，这些农业设施结构简单，建造方便，造价低廉，多为临时性设施。主要用于作物的育苗和矮秆作物的季节性生产。

(2) 普通保护设施

通常是指塑料大中拱棚和日光温室，这些保护设施一般每栋在200～1000m^2之间，结构比较简单，环境调控能力差，栽培作物的产量和效益较不稳定。一般为永久性或半永久性设施，是我国现阶段的主要农业栽培设施，在实现蔬菜周年均衡供应中发挥着重要作用。

（3）现代温室

通常是指能够进行温度、湿度、水分和气体等环境条件自动控制的大型单栋和连栋温室。这种园艺设施每栋一般在 $1000m^2$ 以上，大的可达 $30000m^2$，用玻璃或硬质塑料板和塑料薄膜等进行覆盖，由计算机监测和智能化管理系统所控制。可以根据作物生长发育的要求调节环境因子，满足生长要求，能够大幅度提高作物的产量、质量和经济效益。

（4）植物工厂

这是农业栽培设施的最高层次，其管理完全实现了机械化和自动化。作物在大型设施内进行无土栽培和立体种植，所需要的温、湿、光、水、肥、气等均按植物生长的要求进行最优配置，不仅全部采用电脑监测控制，而且采用机器人、机械手进行全封闭的生产管理，实现从播种到收获的流水线作业，完全摆脱了自然条件的束缚。但是植物工厂建造成本过高，能源消耗过大，目前只有少数温室投入生产，其余正在研制之中或为宇航等超前研究提供技术储备。近年来，LED 光源的开发利用使植物工厂的商业化应用成为可能，高效益的植物工厂在某些发达国家和地区发展迅速，初步实现了工厂化生产蔬菜、食用菌和名贵花木等。美国正在研究利用植物工厂种植小麦、水稻以及进行植物组织培养、快繁、脱毒。这种植物工厂的作物生产环境不受外界气候等条件影响，蔬菜如生菜种苗移栽 2 周后，即可收获，全年收获产品 20 茬以上，蔬菜年产量是露地栽培的数十倍，是温室栽培的 10 倍以上。此外，在植物工厂可实现无土栽培，不用农药，能生产无污染的蔬菜等。

17.1.1 温室

（1）节能型日光温室

节能型日光温室因建筑用材、拱架结构、屋面形状等不同而有多种类型。但就屋面形状可大体分为两类：其一是拱圆形屋面，多分布在北京、河北、内蒙古、辽宁中北部等；其二是一坡一立形屋面，多分布在辽宁南部、山东、河南一带。其中较有代表性的有以下几种结构类型。

① 矮后墙长后屋面拱型温室

该温室为土墙竹木结构，后墙高 0.8～1.0m，厚 0.6～0.8m；后屋面长 2.0～2.5m，厚 0.6～0.7m；前屋面为半拱型，上覆塑料薄膜，夜间盖纸被、薄席、草苫等防寒保温。一般外界气温降到－20℃至－15℃时，室内仍可维持 10℃左右。具有冬季室内光照好、保温力强的特点，但 3 月份以后，后屋面易形成阴影弱光区，影响光照条件。

② 高后墙短后屋面拱型温室

温室为竹木结构，跨度 6～7m，后墙高 1.5～1.8m，后屋面长 1.0～1.5m，中高 2.4～2.6m。由于后墙提高，后屋面缩短，不仅冬季阳光充足，而且也减少了春秋季节后屋面遮阳，改善了室内光照。但因后屋面缩短，保温性降低，需加强保温。

③ 钢竹混合结构拱型温室

温室基本结构与高后墙短后屋面拱型温室类似。但前屋面拱架为钢管或钢筋，无立柱。钢拱架间距为 60～90cm，每 3m 设一钢筋桁架。这种温室结构坚固，光照充足，作业方便，保温采光性好，但造价稍高。

④ 钢拱架拱圆形温室

这种温室后墙为双层空心砖墙，高 1.6～1.8m，跨度 6～7m，中高 2.4～2.7m，后屋面长 1.2～1.6m，多为空心预制板，上铺 15～20cm 厚炉渣。拱架用钢管和圆钢焊接而成。拱架间用纵向拉杆固定。该温室室内光照均匀，增温快，保温性能好，操作方便，冬季可进行各种园艺植物育苗及高效生产。

⑤ 无后坡拱圆形温室

无后坡温室结构简单，造价低。后墙为砖墙或土墙，拱架用竹片或竹竿定在立柱和后墙上。室内光照好，增温快，但保温性能差。适宜喜温植物春提前、秋延后栽培及冬季耐寒作物生产。

⑥ 琴弦式日光温室

琴弦式日光温室又称一坡一立式温室。后墙高2m左右，后屋面长1.5～2.0m，中高3.0～3.3m，前屋面立窗角度70°，窗高0.6～0.8m，坡面角度为21°～23°。前屋面每隔3m设一钢管桁架，纵向每隔0.4m拉一道8号铁丝，两端固定于山墙外基础上。盖膜后，膜上压细竹竿与膜内竹竿拱架成对绑扎牢固。这种温室一般跨度为7.5～8.0m，温室空间大，光照充足，保温性能好，且投资少，操作便利，效益高。

(2) 现代化温室

现代温室（通常简称连栋温室或俗称智能温室）是设施农业中的高级类型，设施内的环境实现了计算机自动控制，基本上不受自然气候条件下灾害性天气和不良环境条件的影响，能周年全天候进行设施作物生产的大型温室。

① 现代温室的主要类型

a. 芬洛型玻璃温室（venlo type）。芬洛型温室系我国引进的玻璃温室的主要形式，为荷兰研究开发而后流行全世界的一种多屋脊连栋小屋面玻璃温室，温室单间跨度为6.4m、8m、9.6m、12.8m，开间距3m、4m或4.5m，檐高3.5～5.0m，每跨由两个或三个（双屋面的）小屋面直接支撑在桁架上，小屋面跨度3.3m，矢高0.8m。近年有改良为4.0m跨度的，根据桁架的支撑能力，还可将两个以上的3.2m的小屋面组合成6.4m、9.6m、12.8m的多脊连栋型大跨度温室。可大量免去早期每小跨排水槽下的立柱，减少构件遮光，并使温室用钢量从普通温室的12～15kg/m^{2}减少到5kg/m^2。其覆盖材料采用4mm厚的园艺专用玻璃，透光率大于92%，由于屋面玻璃安装从排水沟直通屋脊，中间不加檩条，减少了屋面承重构件的遮光，且排水沟在满足排水和结构承重条件下，最大限度地减少了排水沟的截面（沟宽从0.22m缩小到0.17m），提高了透光性。开窗设置以屋脊为分界线，左右交错开窗，每窗长度1.5m，一个开间（4m），设两扇窗，中间1m不设窗，屋面开窗面积与地面积比（通风窗比）为19%，若窗宽从传统的0.8m加大到1.0m，可使通风窗比增加到23.43%，但由于窗的开启度仅0.34～0.45m，实际通风面积与地面积之比（通风比）仅为8.5%和10.5%。在我国南方地区往往通风量不足，夏季热蓄积严重，降温困难，这是由于该型温室原来的设计只适于荷兰那种地理纬度虽高，但冬季温度并不低的气候条件。近年各地正针对亚热带地区气候特点加大温室高度，檐高从传统的2.5m增高到3.3m，直至4.5m、5m，小屋面跨度从3.2m增加到4m，间柱的距离从4m增加到4.5m、5m，并在顶侧通风、外遮阳，湿帘-风机降温，加强抗台风能力，加固基础强度，加大排水沟，增强夏季通风降温效果。

b. 里歇尔（richel）温室。法国瑞奇温室公司研究开发的一种流行的塑料薄膜温室，在我国引进温室中所占比重最大。一般单栋跨度为6.4m、8m，檐高3.0～4.0m，开间距3.0～4.0m。其特点是固定于屋脊部的天窗能实现半边屋面（50%屋面）开启通风换气，也可以设侧窗、屋脊窗通风，通风面为20%和35%。但由于半屋面开窗的开启度只有30%，实际通风比为20%（跨度为6.4m）和16%（跨度为8m），而侧窗和屋脊窗开启度可达45°，屋脊窗的通风比在同跨度下反而高于半屋面窗。就总体而言，该温室的自然通风效果均较好。且采用双层充气膜覆盖，可节能30%～40%，构件比玻璃温室少，空间大，遮阳面少，根据不同地区风力强度大小和积雪厚度，可选择相应类型结构，但双层充气膜在南方冬季阴雨雪情况下，影响透光性。

c. 卷膜式全开放型塑料温室（full open type）。连栋大棚除山墙外，顶侧屋面均通过手动或电动卷膜机将覆盖薄膜由下而上卷起进行通风透气。其卷膜的面积可将侧墙和1/2屋面或全屋面的覆盖薄膜通过卷膜装置全部卷起来而成为与露地相似的状态，以利夏季高温季节栽培作物。通风口全面覆盖凉爽纱而有防虫之效。我国国产塑料温室多采用此形式，其特点是成本低，夏季接受雨水淋洗可防止土壤盐类积聚，结构简易，节能，夏季通风降温效果好。

d. 屋顶全开启型温室（open-roof gerrnhouse）。最早由意大利的 Serre Italia 公司研制成的一种全开放型玻璃温室，近年来在亚热带温暖地逐渐兴起成为一种新型温室。其特点是以天沟檐部为支点，可以从屋脊部打开天窗，开启度可达到垂直程度，即整个屋面的开启度可以从完全封闭直到全部开放状态，侧窗则用上下推拉方式开启，全开后达 1.5m 宽，全开时可使室内外温度保持一致。中午室内光强可超过室外，也便于夏季接受雨水淋洗，防止土壤盐类积聚。可依室内温度、降水量和风速而通过电脑智能控制自动关闭窗，结构与芬洛型相似。

② 现代温室的配套设备与应用

a. 自然通风系统。自然通风系统是温室通风换气、调节室温的主要方式，一般分为顶窗通风、侧窗通风和顶侧窗通风等三种方式。侧窗通风有转动式、卷帘式和移动式三种类型，玻璃温室多采用转动式和移动式，薄膜温室多采用卷帘式。屋顶通风，其天窗的设置方式多种多样，有谷肩开启、半拱开启、顶部单侧开启、顶部双侧开启、顶部竖开式、顶部全开式、顶部推开式及充气膜叠层垂幕式开启等形式。如何在通风面积、结构强度、运行可靠性和空气交换效果等方面兼顾，综合优化结构设计与施工乃是提高高湿、高温情况下自然通风效果的关键。

b. 加热系统。加热系统与通风系统结合，可为温室内作物生长创造适宜的温度和湿度条件。目前冬季加热方式多采用集中供热分区控制方式，主要有热水管道加热和热风加热两种系统。

热水管道加热系统由锅炉、锅炉房、调节组、连接附件、传感器、进水及回水主管、温室内非散热管等组成。在供热调控过程中，调节组是关键环节，主调节组和分调节组分别对主输水管、分输水管的水温按计算机系统指令，通过调节阀门来实现水温高低的调节。温室散热管道有圆翼型和光管型两种，设置方式有升降式和固定式之分，按排列位置可分垂直和水平排列两种方式。

热风加热系统是利用热风炉通过风机把热风送入温室各部分加热。该系统由热风炉、送气管道（一般用 PE 膜做成）、附件及传感器等组成。

热水加热系统在我国通常采用燃煤加热，其优点是室温均匀，停止加热后室温下降速度慢，水平式加热管道还可兼做温室高架作业车的运行轨道；缺点是室温升高慢，设备材料多，一次性投资大，安装维修费时费工，燃煤排出的炉渣、烟尘污染环境，需另占土地。而热风加热系统采用燃油或燃气加热，其特点是室温升高快，但停止加热后降温也快，且易形成叶面积水，加热效果不及热水管道加热系统，其优点还有节省设备资材、安装维修方便、占地面积少、一次性投资少等，适于面积小、加温周期短、局部或临时加热需求大的温室选用。温室面积规模大的，仍常采用燃煤锅炉热水供暖方式，运行成本低，能较好地保证作物生长所需的温度。

此外，升温还可利用工厂余热、太阳能集热加温器、地下热交换等节能技术。

c. 幕帘系统。包括帘幕系统和传统系统，帘幕依安装位置可分为内遮阳保温幕和外遮阳幕两种。

ⅰ. 内遮阳保温幕。内遮阳保温幕是采用铝箔条或镀铝膜与聚酯线条间经特殊工艺编织而成的缀铝膜。按保温和遮阳不同要求，嵌入不同比例的铝箔条，具有保温节能、遮阳降温、防水滴、减少土壤蒸发和蒸腾从而节约灌溉用水的功效。这种密闭型的膜，可用于白天温室遮阳降温和夜间保温。夜间因其能隔断红外长光波阻止热量散失，故具有保温的效果，在晴朗冬夜盖幕的不加温温室比不盖幕的平均增温 3～4℃，最大高达 7℃，可节约能耗 20%～40%。而白天覆盖铝箔可反射光能 95%以上，因而具有良好的降温作用。目前有瑞典产和国产的适于无顶通风温室及北方严寒地区应用的密闭型遮阳保温幕，也有适于自然通风温室的透气型幕等多种规格产品可供选用。

ⅱ. 外遮阳系统。外遮阳系统利用遮光率为 70%或 50%的透气黑色网幕或缀铝膜（铝箔条比例较少）覆盖于离顶通风温室顶上 30～50cm 处，比不覆盖的可降低室温 4～7℃，最多时可降低 10℃，同时也可防止作物日灼伤，提高品质和质量。

幕帘的传动系统有钢索轴拉幕系统和齿轮齿条拉幕系统两种。前者传动速度快，成本低；后者传动平稳，可靠性高，但造价略高。两种都可自动控制或手动控制。

d. 降温系统。暖地温室夏季热蓄积严重，降温可提高设施利用率，实现建造冬夏两用温室的目标。

常见的降温系统有：

ⅰ.微雾降温系统。微雾降温系统使用普通水，经过微雾系统自身配备的两级微米级的过滤系统过滤后进入高压泵，经加压后的水通过管路输送到雾嘴，高压水流高速撞击针式雾嘴的针，从而形成微米级的雾粒，喷入温室，迅速蒸发以吸收空气中的大量热量，然后将潮湿空气排出室外达到降温目的。适于相对湿度较低、自然通风好的温室应用，不仅降温成本低，而且降温效果好，其降温能力在3～10℃间，是一种最新降温技术，一般适于长度超过40m的温室采用。该系统也可用于喷农药、施叶面肥和加湿及人工造景等，产品依功率大小有多种规格。

ⅱ.湿帘降温系统。湿帘降温系统利用水蒸发降温原理实现降温。采用水泵将水打至温室帘墙上，确保水分均匀淋湿整个特制的疏水降温湿帘墙。湿帘安装在温室的北墙上，以避免遮光影响作物生长，风扇则安装在南墙上，当需要降温时启动风扇将温室内的空气强制抽出，形成负压；室外空气因负压被吸入室内的过程中以一定速度从湿帘缝隙穿过，与潮湿介质表面的水汽进行热交换，导致水分蒸发，起到冷却作用，冷空气流经温室吸热后经风扇排出而达到降温的目的。在炎夏晴天，尤其是中午温度最高、相对湿度最低时，降温效果最好，是一种简易有效的降温系统，但高湿季节或地区降温效果受影响。

e.补光系统。补光系统成本高，目前仅在效益高的工厂化育苗温室中使用，主要是减少冬季或阴雨天的光照不足对育苗质量的影响。所采用的光源灯要求有防潮设计、使用寿命长、发光效率高、光输出量比普通钠灯高10%以上。

f.补气系统。补气系统包括以下两个部分。

ⅰ.二氧化碳施肥系统。二氧化碳气源可直接使用贮气罐或贮液罐中的工业制品用二氧化碳，也可利用二氧化碳发生器将煤油或石油气等碳氢化合物通过充分燃烧而释放二氧化碳。如采用二氧化碳发生器可将发生器直接悬挂在钢架结构上，采用贮气贮液罐则需通过配置电磁阀、鼓风机和输送管道把二氧化碳均匀地分布到整个温室空间。为及时检测二氧化碳浓度需在室内安装二氧化碳分析仪，通过计算机控制系统检测并实现对二氧化碳浓度的精确控制。

ⅱ.环流风机。封闭的温室内，二氧化碳通过管道分布到室内，均匀性较差，启动环流风机可提高二氧化碳分布的均匀性。此外通过风机还可以促进室内温度、相对湿度均匀分布，从而保证室内作物生长的一致性，改善品质，并能将湿热空气从通气窗排出，实现降温的效果。

g.计算机自动控制系统。自动控制是现代温室环境控制的核心技术，可自动测量温室的气候和土壤参数，并对温室内的所有设备都能进行自动控制从而达到优化其运行的目的，如开窗、加温、降温、加湿、增加光照、二氧化碳补气、灌溉施肥和环流通气等。该系统目前已不是简单的数字控制，而是基于专家系统的智能控制，一个完整的自动控制系统包括气象监测站、微机、打印机、主控制器、温湿度传感器、控制软件等。控制设备依其复杂程度、价格高低、温室使用规模大小的不同，有不同产品。较普及的是微处理机型的控制器，以电子集成电路为主体，利用中央控制器的计算能力与记忆体贮存资料的能力进行控制作业。

荷兰现代大型温室使用的专用环控计算机，是一种适于农业环境下使用的能耐温湿度变化，又能耐受瞬间高压电流的专用电脑，具有强大运算功能、逻辑判断功能与记忆功能。其能对多种气候因子参数进行综合处理，能定时控制并记录资料，并可连接通信设备进行异常警告通知，其性能更稳定，具有可控一栋或多栋两种控制器模块。此外，目前还针对大规模温室生产要求，专门开发了温室环控作业的专业电脑中央控制系统，可实施讯号远程传送，利用数据传送机收集各种数据，加以综合判断。

h.灌溉和施肥系统。灌溉和施肥系统包括水源、储水及供给设施、水处理设施、灌溉和施肥设施、田间管道系统、灌水器如滴头等。进行基质栽培时，可采用肥水回收装置，将多余的肥水收集起来，重复利用或排放到温室外面；在土壤栽培时，作物根区土层下铺设暗管，以利排水。水源与水质直接影响滴头或喷头的堵塞程度，除符合饮用水水质标准者外，其余各种水源都要经过各种过滤器进行处理，现代温室采用雨水回收设备，可将降落在温室屋面的雨水全部回收，其是一种理想的水源。在整个灌溉施肥系统中，灌溉首部配置是保证系统功能完善和运行可靠的一个重要部分。常见的灌溉系统由适于地栽作物的滴灌系统，适于基质袋培和盆栽的滴灌系统，适于温室矮生地栽作物的喷嘴向上的喷灌系统或向下的倒悬式喷灌系统，以及适于工厂化育苗的悬挂式可往复移动式喷灌系统所组成。

在灌溉施肥系统中，肥料与水均匀混合十分重要，目前多采用混合罐方式。即在灌溉水和肥料施到田间前，按系统 EC 值和 pH 的设定范围，首先在混合罐中将水和肥料均匀混合，同时进行定时检测，当 EC 值、pH 未达到设定标准值时，田间网络的阀门关闭，水肥重新回到罐中进行混合，同时为防不同化学成分混合时发生沉淀，设 A、B 罐与酸碱液。在混合前有二次过滤，以防堵塞。在首部部分肥料泵是非常重要的部分，依其工作原理分为文丘里式注肥器、水力驱动式肥料泵、无排液式水力驱动肥料泵和电动肥料泵等不同种类。

除上述配套设施外，有的还配以穴盘育苗精量播种生产线、组装式蓄水池、消毒用蒸汽发生器、各种小型农机具等配件。

17.1.2 塑料拱棚

(1) 塑料大棚

通常把不用砖石结构围护，只以竹、木、水泥或钢材等杆材作骨架，用塑料薄膜覆盖的一种大型拱棚称为塑料薄膜大棚（简称塑料大棚）。它和温室相比，具有结构简单、建造和拆装方便、一次性投资较少等优点；与中小棚相比，又具有坚固耐用、使用寿命长、棚体空间大、作业方便、有利作物生长、便于环境调控等优点。

塑料大棚的骨架是由立柱、拱杆（拱架）、拉杆（纵梁、横拉）、压杆（压膜线）等部件组成，俗称“三杆一柱”。这是塑料薄膜大棚最基本的骨架构成，其他形式都是在此基础上演化而来。大棚骨架使用的材料比较简单，容易造型和建造，但大棚结构是由各部分构成的一个整体，因此选料要适当，施工要严格。

① 竹木结构大棚

这种大棚一般跨度 8～12m，高 2.4～2.6m，长 40～60m，每个面积 333～667m^2。以 3～6cm 粗的竹竿为拱杆，拱杆间距 0.8～1.0m，每一拱杆由 6 根立柱支撑，立柱用木杆或水泥预制柱。这种大棚的优点是建筑简单，拱杆有多柱支撑，比较牢固，建筑成本低；缺点是立柱多造成遮光严重，且作业不方便。南方竹棚跨度在 4.5～6m，高度在 1.7～2.2m，中间无立柱，单棚面积多在 180m^2。

② 悬梁吊柱竹木拱架大棚

悬梁吊柱竹木拱架大棚是在竹木大棚基础上改进而来，中柱由原来的 0.8～1.0m 一排改为 2.4～3m 一排，横向每排 4～6 根。用木杆或竹竿做纵向拉梁把立柱连接成一个整体，在拉梁上每个拱架下设一立柱，下端固定在拉梁上，上端支撑拱架，通称“吊柱”。优点是减少了部分支柱，大大改善了棚内的光环境，且仍具有较强的抗风载雪能力，造价较低。

③ 拉筋吊柱大棚

此大棚一般跨度 12m 左右，长 40～60m，矢高 2.2m，肩高 1.5m。水泥柱间距 2.5～3m，水泥柱用 6 号钢筋纵向连接成一个整体，在拉筋上穿设 2.0cm 长吊柱支撑拱杆，拱杆用 3cm 左右的竹竿，间距 1m，是一种钢竹混合结构，夜间可在棚上面盖草帘。优点是建筑简单，用钢量少，支柱少，减少了遮光，作业也比较方便，而且夜间有草帘覆盖保温，提早和延迟栽培果菜类效果好。

④ 无柱钢架大棚

此大棚一般跨度为 10～12m，矢高 2.5～2.7m，每隔 1m 设 1 道桁架，桁架上弦用 16 号、下弦用 14 号的钢筋，拉花用 12 号钢筋焊接而成，桁架下弦处用 5 道 16 号钢筋做纵向拉梁，拉梁上用 14 号钢筋焊接两个斜向小立柱支撑在拱架上，以防拱架扭曲。此种大棚无支柱，透光性好，作业方便，有利于设施内保温，抗风载雪能力强，可由专门的厂家生产成装配式以便于拆卸。与竹木大棚相比，一次性投资较大。

⑤ **玻璃纤维增强形水泥大棚**

玻璃纤维增强形水泥大棚又称GRC大棚。此大棚骨架是以低碱早强水泥为基材、玻璃纤维为增强材料的一种大棚。跨度一般为6～8m，矢高2.4～2.6m，长30～60m。其优点是坚固耐用，使用寿命长，成本低（每$667m^2$约5000元），但这类大棚搬运移动不便，需就地预制。目前在湖北推广较多。

⑥ **装配式镀锌薄壁钢管大棚**

此大棚跨度一般为6～8m，矢高2.5～3m，长30～50m。管径直径25mm，管壁厚1.2～1.5mm的薄壁钢管制作成拱杆、拉杆、立杆（两端棚头用），钢管内外热浸镀锌以延长使用寿命。用卡具、套管连接棚杆组装成棚体，覆盖薄膜用卡膜槽固定。此种棚架属于国家定型产品，规格统一，组装拆卸方便，盖膜方便。棚内空间较大，无立柱，两侧附有手动式卷膜器，作业方便，普遍用于南方。

(2) 塑料薄膜中小拱棚

塑料薄膜中小拱棚是全国各地普遍应用的简易保护地设施，主要用于春提早、秋延后及防雨栽培，也可用于培育蔬菜幼苗。

通常把跨度在4～6m、棚高1.5～1.8m的称为中棚，可在棚内作业，并可覆盖草苫。中棚有竹木结构、钢管或钢筋结构、钢竹混合结构，有设1～2排支柱的，也有无支柱的，面积多为66.7～$133m^2$。中棚的结构、建造近似于大棚。

小拱棚的跨度一般为1.5～3m，高1m左右，单棚面积15～$45m^2$。它的结构简单、体积较小、负载轻、取材方便，一般多用轻型材料建成，如细竹竿、毛竹片、荆条、直径6～8mm的钢筋等能弯成弓形的材料，可用来做骨架。

17.1.3 夏季保护设施

(1) 遮阳网

遮阳网俗称遮阴网、凉爽纱，国内产品多以聚乙烯、聚丙烯等为原料，是经加工制作编织而成的一种轻量化、高强度、耐老化、网状的新型农用塑料覆盖材料。利用它覆盖作物具有一定的遮光、防暑、降温、防台风暴雨、防旱保墒和忌避病虫等功能，用来替代芦帘、秸秆等农家传统覆盖材料，进行夏秋高温季节作物的栽培或育苗，已成为我国南方地区克服蔬菜夏秋淡季的一种简易实用、低成本、高效益的蔬菜覆盖新技术。它使我国的蔬菜设施栽培从冬季拓展到夏季，成为我国热带、亚热带地区设施栽培的特色。

该项技术与传统芦帘遮阳栽培相比，具有轻便、管理操作省工、省力的特点，而芦帘虽一次性投资低，但使用寿命短，折旧成本高，贮运铺卷笨重。遮阳网一年内可重复使用4～5次，寿命长达3～5年，虽一次性投资较高，但年折旧成本反而低于芦帘，一般仅为芦帘的50%～70%，是南方地区晴热型夏季条件下进行优质高效叶菜栽培的主要形式。

(2) 防雨棚

防雨棚是在多雨的夏、秋季，利用塑料薄膜等覆盖材料，扣在大棚或小棚的顶部，任其四周通风不扣膜或扣防虫网，使作物免受雨水直接淋洗的一种设施。利用防雨棚进行夏季蔬菜和果品的避雨栽培或育苗。

① **大棚型防雨棚**

大棚顶上天幕不揭除，四周裙幕揭除，以利通风，也可挂上20～22目的防虫网防虫，可用于各种蔬菜的夏季栽培。

② **小棚型防雨棚**

小棚型防雨棚主要用作露地西瓜、甜瓜早熟栽培。小拱棚顶部扣膜，两侧通风，使西瓜、甜瓜开雌花部位不受雨淋，以利授粉、受精，也可用来育苗。前期两侧膜封闭，实行促成早熟栽培，是一种常见的先促成后避雨的栽培方式。

③ **温室型防雨棚**

广州等南方地区多台风、暴雨，建立玻璃温室状的防雨棚，顶部设太子窗通风，四周玻璃可开启，顶部为玻璃屋面，用作夏菜育苗。

(3) 防虫网

防虫网是以高密度聚乙烯等为主要原料，经挤出拉丝编织而成的20～30目（每2.54cm长度的孔数）等规格的网纱，具有耐拉强度大，优良的抗紫外线、抗热性、耐水性、耐腐蚀、耐老化、无毒、无味等特点。由于防虫网覆盖能简单、有效地防止害虫对夏季小白菜等的危害，所以，在南方地区作为无（少）农药蔬菜栽培的有效措施而得到推广。

17.1.4 简易保护设施

(1) 风障和风障畦

风障是在冬春季节设置在栽培畦北侧的挡风屏障，设立风障的栽培畦称为风障畦。风障可以分为大风障和小风障两种。大风障由篱笆、披风草及土背组成，篱笆由芦苇、高粱秆、竹子、玉米秆等夹制而成，高2～2.5m；披风由稻草、谷草、塑料薄膜围于篱笆的中下部；基部用土培成30cm高的土背，一般冬季防风范围在10m左右。小风障高1m左右，一般只用谷草和玉米秆做成，防风效果在1m左右。

主要应用于北方地区的幼苗越冬保护及春菜的提前播种和定植。

(2) 冷床

冷床又叫阳畦，是由畦框、玻璃（薄膜）窗、覆盖物（蒲席、草席）等组成。

① **畦框**

畦框用土做成。分为南北框及东西两侧框。其尺寸规格依冷床类型而定。

a. 抢阳畦。北框比南框高而薄，上下成楔形，四框做成后向南成坡面，故名抢阳畦。北框高35～60cm，底宽30cm左右，顶宽15～20cm；南框高20～40cm，底宽30～40cm，顶宽30cm左右。东西侧框与南北两框相接，厚度与南框相同，畦面下宽1.66m，上宽1.82m。畦长6m，或成它的倍数，做成连畦。

b. 槽子畦。南北两框接近等高，框高而厚，四框做成后近似槽形，故名槽子畦。北框高40～60cm，宽35～40cm；南框高40～55cm，宽30～35cm，东西两侧框宽30cm左右。畦面宽1.66m。畦长6～7m，或做成加倍长度的联畦。

② **玻璃窗**

畦面可以加盖玻璃片或玻璃窗。加盖玻璃者称为“热盖”，否则为“冷盖”。玻璃窗的长度与畦的宽度相等。窗的宽度60～100cm，每扇窗镶3或6块玻璃。用木材做成窗框。或用木条做支架覆盖散玻璃片。近年来，多采用竹竿在畦面上做支架，而后覆盖塑料薄膜，称为“薄膜冷床”。

③ **覆盖物**

采用蒲席或草席覆盖，是冷床的防寒保温的设备。冷床以覆盖蒲席最好，用蒲草及旱生芦苇各半，再用大麻编织成长7.0～7.3m，宽2.1～2.3m，厚5～7cm的，一面为蒲草，另一面为芦苇的蒲席。

应用冷床，可在秋季进行矮生作物的晚熟栽培，如芹菜的越冬栽培、冷床韭菜等，蔬菜的假植贮存，冬季越冬育苗或早春为露地栽培育苗，育成苗后进行冷床早熟栽培，春季进行采种，等。

(3) 温床

温床是在冷床的基础上，增加了酿热加温、电热加温、热水加温等加温设施，形成结构较为完善的冷床。通常是用砖或土或木头等制成床框，坐北向南，南框高15～30cm，北框高25～50cm，用薄膜、玻璃、草帘等覆盖保温，长×宽为（400～700)cm×(150～180)cm 的小型保护地。

温床在建造时，场所选择要与冷床一样。另外还应考虑当地地下水位高低和冬春季雨水的多少。在北方地下水位低，冬春季雨水少的地区，可制成地下式，以增强保温效果。在南方雨水多的地区，除应建成地上式外，还应在温床的四周加开深沟排水。

温床根据加温热能来源的不同，可分酿热温床、电热温床、火热温床等。其中最常用的是酿热温床和电热温床（参见本书第四章）。

(4) 简易覆盖

简易覆盖是设施栽培种的一种简单覆盖栽培形式，即在植株或栽培畦面上，用各种防护材料进行覆盖。如我国北方地区在土壤封冻前，在畦面上盖上树叶、秸秆、马粪等保护越冬菜（如韭菜等）安全越冬，达到防冻早收；我国西北干旱地区利用粗砂或鹅卵石、大小不等的砂石分层覆盖土壤表面，保墒、升温快，防杂草，种植白兰瓜，称为“砂田栽培”；还有夏季对浅播的小粒种子，如芹菜，用稻草或秸秆覆盖，促使幼苗出土和生长等，都是传统的简易覆盖方法。

① 地膜覆盖

地膜覆盖是一种适合我国国情，适应性广，应用量大，促进覆盖作物早熟、高产、高效的农业新技术。它是在土壤表面覆盖一层极薄的农用塑料薄膜，具有提高地温或抑制地温升高、保墒、保持土壤结构疏松、降低室内相对湿度、防治杂草和病虫、提高肥效等多种功能，为各种农作物创造优良栽培条件。

地膜的种类很多，按树脂原料可分为高压低密度聚乙烯地膜、低压高密度聚乙烯地膜等。按其性质及功能可分为普通地膜和特殊地膜。

a. 普通地膜。其中有广谱地膜和微薄地膜。广谱地膜无色透明，增温，保墒性能良好，可用作多种形式的覆盖，多用于早春早熟栽培覆盖，一般厚度为 0.014mm 左右，幅宽为 70～250cm，每 $1000m^2$ 用量 10～15kg；微薄地膜的透明度不及广谱地膜，为透明或半透明状，增温、保墒性能、强度都略差，其厚度为 0.008～0.010mm，幅宽多为 80～120cm，每 $1000m^2$ 用量为 6～9kg。

b. 特殊地膜。其种类很多，常见的有有色地膜、除草地膜、避蚜地膜、微孔地膜等。如有色地膜中有黑色和绿色的除草地膜，能有效地防除杂草。黑白两色地膜，一面为乳白色，另一面为黑色，使用时乳白色的一面朝上，有增加反光的作用；黑色的一面向下，可降低地温同时防止杂草生长。银灰色地膜具有增加反光和避蚜双重效果。除草地膜是在吹制地膜的同时，将除草剂混入或附在地膜的一面，覆盖时将有除草剂的一面向下贴地，当遇到水分时，除草剂慢慢溶于水并回落到地面，形成药土层起除草作用。

地膜覆盖形式有垄面、畦面覆盖，高畦沟、高畦穴覆盖，沟畦覆盖、地膜加小拱棚覆盖等多种形式。

② 无纺布覆盖

无纺布，又称不织布，由聚乙烯醇、聚乙烯等为原料制成的短纤维无纺布，由聚丙烯、聚酯等为原料制成的长纤维无纺布，分别有 $17g/m^2$、$20g/m^2$、$30g/m^2$、$50g/m^2$ 的不同规格品种。无纺布覆盖除具有透光、保温、保湿等功能外，还具有透气和吸湿的特点，被用来替代传统的秸秆等覆盖防寒、防冻、防风、防虫、防鸟、防旱和保温、保墒等，是实现冬春寒冷季节保护各种越冬作物不受寒害或冻害的一种覆盖新技术。

覆盖方式有直接覆盖播种畦面或栽培畦上，也可覆盖于小拱棚上，减小不利气候环境的影响，促进种子或秧苗的发芽与生长。

17.2 设施环境特点及调控

设施栽培是在一定的空间范围内进行的，因此生产者对环境的干预、控制和调节能力与影响，比露地栽培要大得多。管理的重点，是根据作物遗传特性和生物特性对环境的要求，通过人为地调节控制，尽可能使作物与环境间协调、统一、平衡，人工创造出作物生育所需的最佳的综合环境条件，从而实现设施栽培蔬菜的优质、高产、高效。

17.2.1 光照环境及其调节控制

植物的生命活动，都与光照密不可分，因为其赖以生存的物质基础，是通过光合作用制造出来的。目前我国农业设施的类型中，塑料拱棚和日光温室是最主要的，占设施栽培总面积的90%以上。塑料拱棚和日光温室是以日光为唯一光源与热源的，所以光环境对设施农业生产的重要性是处在首位的。

(1) 设施的光照环境特点

农业设施内的光照环境不同于露地，由于是人工建造的保护设施，其设施内的光照条件受建筑方位、设施结构，透光屋面大小、形状，覆盖材料特性、干洁程度等多种因素的影响。农业设施内的光照环境除了从光照强度、光照时间、光的组成（光质）等方面影响作物生长发育之外，还要考虑光的分布对其生长发育的影响。

① 光照强度

设施内的光照强度，一般均比自然光弱，这是因为自然光是透过透明屋面覆盖材料才能进入设施内，这个过程中会由于覆盖材料吸收、反射以及覆盖材料内表面结露的水珠折射、吸收等而降低透光率。尤其在寒冷的冬、春季节或阴雪天，透光率只有自然光的50%～70%，如果透明覆盖材料不清洁，使用时间长而染尘、老化等因素，使透光率甚至不足自然光强的50%。

② 光照时间

设施内的光照时间，是指受光时间的长短，因设施类型而异。塑料大棚和大型连栋温室，因全面透光，无外覆盖，设施内的光照时间与露地基本相同。但单屋面温室内的光照时间一般比露地要短，因为在寒冷季节为了防寒保温，覆盖的蒲席、草苫揭盖时间直接影响设施内受光时间。在寒冷的冬季或早春，一般在日出后才揭苫，而在日落前或刚刚日落就需盖上，1天内作物受光时间7～8h，远远不能满足园艺作物对日照时间的需求。

③ 光质

设施内光组成（光质）也与自然光不同，主要与透明覆盖材料的性质有关。我国主要的农业设施多以塑料薄膜为覆盖材料，透过的光质就与薄膜的成分、颜色等有直接关系。玻璃温室与硬质塑料板材的特性，也影响设施内的光质。露地栽培太阳光直接照在作物上，光的成分一致，不存在光质差异。

④ 光分布

露地栽培作物在自然光下分布是均匀的，设施内则不然。例如，单屋面温室的后屋面及东、西、北三面有墙，都是不透光部分，在其附近或下部往往会有遮阴。朝南的透明屋面下，光照明显优于北部。据测定，温室栽培床的前、中、后排黄瓜产量有很大的差异，前排光照条件好，产量最高，中排次之，后排最低，反映了光照分布不均匀。单屋面温室后面的仰角大小不同，也会影响透光率。设施内不同部位的地面，距屋面的远近不同，光照条件也不同。设施内光分布不如露地均匀，使得作物生长发育不能整齐一致。同一种类品种、同一生育阶段的蔬菜作物长得不整齐，既影响产量，成熟期也不一致。弱光区的产品品质差，且商品合格率降低，种种不利影响最终导致经济效益降低，因此设施栽培必须通过各种措施，尽量减轻光分布不均匀的负面效应。

(2) 设施光照环境的调节与控制

设施内对光照条件的要求：一是光照充足，二是光照分布均匀。从我国目前的国情出发，主要还依靠增强或减弱农业设施内的自然光照，适当进行补光，而在发达国家补光已成为重要措施。

① 改进农业设施结构提高透光率

a. 选择好适宜的建筑场地及合理建筑方位。确定的原则是根据设施生产的季节，当地的自然环境，如地理纬度、海拔高度、主要风向、周边环境（有否建筑物、地面平整与否等）。

b. 设计合理的屋面坡度。单屋面温室主要设计好后屋面仰角、前屋面与地面交角、后坡长度，既保证透光率高也兼顾保温好。连接屋面温室屋面角要保证尽量多进光，还要防风、防雨（雪），使排雨（雪）水顺畅。

c. 合理的透明屋面形状。生产实践证明，拱圆形屋面采光效果好。

d. 骨架材料。在保证温室结构强度的前提下尽量用细材，以减少骨架遮阳，梁柱等材料也应尽可能少用。如果是钢材骨架，可取消立柱，对改善光环境很有利。

e. 选用透光率高且透光保持率高的透明覆盖材料。我国以塑料薄膜为主，应选用防雾滴且持效期长、耐候性强、耐老化性强等优质多功能薄膜，如漫反射节能膜、防尘膜、光转换膜。大型连栋温室，有条件的可选用 PC 板材。

② 改进栽培管理措施

保持透明屋面干洁，使塑料薄膜温室屋面的外表面少染尘，经常清扫以增加透光，内表面应通过放风等措施减少结露（水珠凝结），防止光的折射，提高透光率。

在保温前提下，尽可能早揭晚盖外保温和内保温覆盖物，增加光照时间。在阴雨雪天，也应揭开不透明的覆盖物，在确保防寒保温的前提下时间越长越好，以增加散射光的透光率。双层膜温室，可将内层改为白天能拉开的活动膜，以利光照。

合理密植，合理安排种植行向。目的是减少作物间的遮阳，密度不可过大，否则作物在设施内会因高温、弱光发生徒长，作物行向以南北行向较好，没有死阴影。若是东西行向，则行距要加大，尤其是北方单屋面温室更应注意行向。

加强植株管理。黄瓜、番茄等高秧作物及时整枝打杈，及时吊蔓或插架。进入盛产期时还应及时将下部老叶摘除，以防止上下叶片相互遮阳。

选用耐弱光的品种。

采用地膜覆盖，有利于地面反光以增加植株下层光照。

采用有色薄膜，人为地创造某种光质，以满足某种作物或某个发育时期对该光质的需要，获得高产、优质。但有色覆盖材料其透光率偏低，只有在光照充足的前提下改变光质才能收到较好的效果。

③ 遮光

遮光主要有两个目的：一是减弱保护地内的光照强度，二是降低保护地内的温度。

保护地遮光 20%～40%能使室内温度下降 2～4℃。初夏中午前后，光照过强，温度过高，超过作物光饱和点，对生育有影响时应进行遮光；在育苗过程中移栽后为了促进缓苗，通常也需要进行遮光。遮光材料要求有一定的透光率、较高的反射率和较低的吸收率。遮光方法有如下几种：覆盖各种遮阳物，如遮阳网、无纺布、苇帘、竹帘等；玻璃面涂白，可遮光 50%～55%，降低室温 3.5～5.0℃；屋面流水，可遮光 25%。遮光对夏季炎热地区的蔬菜栽培尤为重要。

④ 人工补光

人工补光的目的：一个目的是人工补充光照，用以满足作物光周期的需要，当黑夜过长而影响作物生育时，应进行补充光照。另外，为了抑制或促进花芽分化，调节开花期，也需要补充光照。这种补充光照要求的光照强度较低，称为低强度补光。另一目的是作为光合作用的能源，补充自然光的不足。据研究，当温室内床面上光照日总量小于 $100W/m^2$ 时，或光照时间不足 4.5h/d 时，就应进行人工补光。因此，在长江流域冬季保护设施内很需要这种补光，但这种补光要求的光照强度大，为 1000～3000lx，所以成本较高，国内生产上很少采用，主要用于育种、引种、育苗。

17.2.2 温度环境及其调节控制

温度是影响作物生长发育的最重要的环境因子，它影响着植物体内一切生理变化，是植物生命活动最基本的要素。与其他环境因子比较，温度是设施栽培中相对容易调节控制的环境因子。

农业设施内温度的调节和控制包括保温、加温和降温3个方面。温度调控要求达到能维持适宜于作物生育的设定温度，温度的空间分布均匀，时间变化平缓。

(1) 保温

① 减少贯流放热和通风换气量

温室大棚散热有3种途径：一是经过覆盖材料的围护结构传热，二是通过缝隙漏风的换气传热，三是与土壤热交换的地中传热。3种传热量分别占总散热量的70%～80%、10%～20%和10%以下。各种散热作用的结果，使单层不加温温室和塑料大棚的保温能力比较差。即使气密性很高的设施，其夜间气温最多也只比外界气温高2～3℃，在有风的晴夜，有时还会出现室内气温反而低于外界气温的逆温现象。

为了提高大棚的保温能力，常采用各种保温覆盖。其保温原理是：a. 减少向设施内表面的对流传热和辐射传热；b. 减少覆盖材料自身的热传导散热；c. 减少设施外表面向大气的对流传热和辐射传热；d. 减少覆盖面漏风而引起的换气传热。具体方法就是增加保温覆盖的层数，采用隔热性能好的保温覆盖材料，以提高设施的气密性。

② 多层覆盖保温

我国从20世纪60年代后期应用塑料大棚生产以来，为了提高塑料大棚的保温性能，进一步提早和延迟栽培时期，采用过大棚内套小棚、小棚外套中棚、大棚两侧加草苫，以及固定式双层大棚、大棚内加活动式的保温幕等多层覆盖方法，都有较明显的保温效果。

③ 增大保温比

适当减低农业设施的高度，缩小夜间保护设施的散热面积，有利提高设施内昼夜的气温和地温。

④ 增大地表热流量

增大保护设施的透光率，使用透光率高的玻璃或薄膜，正确选择保护设施方位和屋面坡度，尽量减少建材的阴影，保持覆盖材料干洁。

减少土壤蒸发和作物蒸腾量，增加白天土壤贮存的热量，土壤表面不宜过湿，进行地面覆盖也是有效措施。

设置防寒沟，防止地中热量横向流出。在设施周围挖一条宽30cm，深与当地冻土层相当的沟，沟中填入稻壳、蒿草等保温材料。

(2) 加温

我国传统的单屋面温室，大多采用炉灶煤火加温，近年来也有采用锅炉水暖加温或地热水暖加温的。大型连栋温室和花卉温室，则多采用集中供暖方式的水暖加温，也有部分采用热水或蒸汽转换成热风的采暖方式。长江流域塑料大棚大多没有加温设备，少部分试用热风炉短期加温，对提早上市、提高产量和产值有明显效果。用液化石油气经燃烧炉的辐射加温方式，对大棚防御低温冻害也有显著效果。

(3) 降温

保护设施内降温最简单的途径是通风，但在温度过高，依靠自然通风不能满足作物生育的要求时，必须进行人工降温。

① 遮光降温法

遮光20%～30%时，室温相应可降低4～6℃。在与温室大棚屋顶部相距40cm左右处张挂遮光幕，对温室降温很有效。遮光幕的质地以温度辐射率越小越好。考虑塑料制品的耐候性，一般塑料遮阳网都做成黑色或墨绿色，也有的做成银灰色。室内用的白色无纺布保温幕透光率70%左右，也可兼做遮光幕用，可降低棚温2～3℃。另外，也可以在屋顶表面及立面玻璃上喷涂白色遮光物，但遮光、降温效果略差。在室内挂遮光幕，降温效果比在室外差。

② 屋面流水降温法

流水层可吸收投射到屋面的太阳辐射的8%左右，并能用水吸热来冷却屋面，室温可降低3～4℃。

采用此方法时需考虑安装费和清除玻璃表面的水垢污染的问题。水质硬的地区需对水质做软化处理再用。

③ 蒸发冷却法

空气先经过水的蒸发冷却降温后再送入室内，达到降温的目的。

a. 湿垫排风法。在温室进风口内设 10cm 厚的纸垫窗或棕毛垫窗，不断用水将其淋湿，温室另一端用排风扇抽风，使进入室内空气先通过湿垫窗冷却再进入室内。

b. 细雾降温法。在室内高处喷以直径小于 0.05mm 的浮游性细雾，用强制通风气流使细雾蒸发达到全室降温，喷雾适当时室内可均匀降温。

c. 屋顶喷雾法。在整个屋顶外面不断喷雾湿润，使屋面下冷却了的空气向下对流。

④ 强制通风

大型连栋温室因其容积大，需强制通风降温。

17.2.3 湿度环境及调节控制

农业设施内的湿度环境，包含空气湿度和土壤湿度两个方面。水是植物体的主要组成成分，一般作物的含水量高达 80%～95%，因此湿度环境的重要性更为突出。

(1) 土壤湿度的调节与控制

因为设施的空间或地面有比较严格的覆盖材料，土壤耕作层不能依靠降雨来补充水分，故土壤湿度只能由灌水量、土壤毛细管上升水量、土壤蒸发量以及作物蒸腾量的大小来决定。土壤湿度的调控应当依据作物种类及生育期的需水量、体内水分状况以及土壤湿度状况而定。目前我国设施栽培的土壤湿度调控仍然依靠传统经验，主要凭人的观察感觉，调控技术的差异很大。随着设施园艺向现代化、工厂化方向发展，要求采用机械化自动化灌溉设备，根据作物各生育期需水量和土壤水分张力进行土壤湿度调控。

设施内的灌溉既要掌握灌溉期，又要掌握灌溉量，使之达到节约用水和高效利用的目的。常用的灌溉方式有沟灌或淹灌、喷壶洒水、喷灌、软管滴灌、滴灌、地下渗灌等。

(2) 空气湿度的调节与控制

① 降低设施内空气湿度

a. 通风换气。设施内高湿的原因是密闭所致。为了防止室温过高或湿度过大，在不加温的设施里进行通风，其降湿效果显著。一般采用自然通风，从调节风口大小、通风时间和位置，达到降低室内湿度的目的，但通风量不易掌握，而且室内降湿不均匀。在有条件时，可采用强制通风，可由风机功率和通风时间计算出通风量，而且便于控制。

b. 加温除湿。加温除湿是控制设施内空气湿度的有效措施之一。湿度的控制既要考虑作物的同化作用，又要注意病害发生和消长的临界湿度。保持叶片表面不结露，就可有效控制病害的发生和发展。

c. 覆盖地膜。覆盖地膜即可减少地表蒸发所导致的空气相对湿度升高。据试验，覆膜前夜间空气湿度高达 95%～100%，而覆膜后，则下降到 75%～80%。

d. 科学灌水。采用滴灌或地中灌溉，根据作物需要来补充水分，同时灌水应在晴天的上午进行，或采取膜下灌溉等。

② 增加设施内空气湿度

大型农业设施在进行周年生产时，到了高温季节还会遇到高温、干燥、空气湿度过低的问题，就要采取加湿的措施。如喷雾加湿、湿帘加湿、温室内顶部安装喷雾系统等。

17.2.4 气体环境及其调节控制

设施内空气流动不但对温、湿度有调节作用，并且能够及时排出有害气体，同时补充 CO_2 对增强作物光合作用、促进生育有重要意义。因此，为了提高作物的产量和品质，必须对设施环境中的气体成分及其浓度进行调控。

（1）农业设施内的气体环境对作物生育的影响

① 氧气

作物生命活动需要氧气，尤其在夜间，光合作用因为黑暗的环境而不再进行，呼吸作用则需要充足的氧气。地上部分的生长需氧来自空气，而地下部分根系的形成，特别是侧根及根毛的形成，需要土壤中有足够的氧气，否则根系会因为缺氧而窒息死亡。在花卉栽培中常因灌水太多或土壤板结，造成土壤中缺氧，引起根部危害。此外，在种子萌发过程中必须要足够的氧气，否则会因酒精发酵毒害种子使其丧失发芽力。

② 二氧化碳

二氧化碳是绿色植物进行光合作用的原料，因此是作物生命活动必不可少的。大气中二氧化碳含量约为0.03%，这个浓度并不能满足作物进行光合作用的需要，若能增加空气中的二氧化碳浓度，将会大大促进光合作用，从而大幅度提高产量，将其称为“气体施肥”。露地栽培难以进行气体施肥，而设施栽培因为空间有限，可以形成封闭状态，进行气体施肥并不困难。

③ 有害气体

a. 氨气。氨气是设施内肥料分解的产物，其危害主要是由气孔进入体内而产生的碱性损害。氨气的产生主要是施用未经腐熟的人粪尿、畜禽粪、饼肥等有机肥（特别是未经发酵的鸡粪），遇高温时分解发生。追施化肥不当也能引起氨气危害，如在设施内应该禁用碳酸氢铵、氨水等。氨气呈阳离子状态（NH_4^+）时被土壤吸附，可被作物根系吸收利用，但当它以气体从叶片气孔进入植物时，就会发生危害。当设施内空气中氨气浓度达到5mL/m^3时，就会不同程度地危害作物。其危害症状是：叶片呈水浸状，颜色变淡，逐步变白或褐，继而枯死。一般发生在施肥后几天。番茄、黄瓜对氨气反应敏感。

b. 二氧化氮。二氧化氮是施用过量的铵态氮而引起的。施入土壤中的铵态氮，在亚硝化细菌和硝化细菌作用下，要经历一个铵态氮→亚硝态氮→硝态氮的过程。在土壤酸化条件下，亚硝化细菌活动受抑，亚硝态氮不能转化为硝态氮，亚硝态酸积累而散发出二氧化氮。施入铵态氮越多，散发二氧化氮越多。当空气中二氧化氮浓度达2mL/m^3时可危害植株。危害症状是：叶面上出现白斑，以后褪绿，浓度高时叶片叶脉也变白枯死。番茄、黄瓜、莴苣等对二氧化氮敏感。

c. 二氧化硫。二氧化硫又称亚硫酸气体，是由燃烧含硫量高的煤炭或施用大量的肥料而产生的，如未经腐熟的粪便及饼肥等在分解过程中，也释放出多量的二氧化硫。二氧化硫对作物的危害主要是二氧化硫遇水（或湿度高）时生产亚硫酸，亚硫酸是弱酸，能直接破坏作物的叶绿体，轻者组织失绿白化，重者组织灼伤，脱水，萎蔫枯死。

d. 乙烯和氯气。大棚内乙烯和氯气的来源主要是使用有毒的农用塑料薄膜或塑料管。因为这些塑料制品选用的增塑剂、稳定剂不当，在阳光暴晒或高温下可挥发出如乙烯、氯气等有毒气体，危害作物生长。受害作物叶绿体解体变黄，重者叶缘或叶脉间变白枯死。

（2）农业设施内气体环境的调节与控制

① 二氧化碳浓度的调节与控制

二氧化碳施肥的方法很多，可因地制宜采用。

a. 有机肥发酵。肥源丰富，成本低，简单易行，但二氧化碳发生量集中，也不易控制。

b. 燃烧白煤油。每升完全燃烧可产生2.5kg（1.27m^3）的二氧化碳，其成本较高，我国目前生产上难以推广应用。

c. 燃烧天然气（包括液化石油气）。燃烧后产生的二氧化碳气体，通过管道输入到设施内，成本也较高。

d. 液态二氧化碳。为酒精工业的副产品，经压缩装在钢瓶内，可直接在设施内释放，容易控制用量，肥源较多。

e. 固态二氧化碳（干冰）。放在容器内，任其自由扩散，可起到施肥的效果，但成本较高，适合于小面积试验用。

f. 燃烧煤和焦炭。燃料来源方便，但产生的二氧化碳浓度不易控制，在燃烧过程中常有一氧化碳和二氧化硫有害气体产生。

g. 化学反应法。采用碳酸盐或碳酸氢盐和强酸反应产生二氧化碳，我国目前应用此方法最多。现在国内浙江、山东有几个厂家生产的二氧化碳气体发生器都是利用化学反应法产生二氧化碳气体，已在生产上有较大面积的应用。

② 预防有害气体

a. 合理施肥。大棚内避免施用未充分腐熟的厩肥、粪肥，要施用完全腐熟的有机肥。不施用挥发性强的碳酸氢铵、氨水等，少施或不施硝酸铵、硫酸铵，可施用尿素。施肥要做到基肥为主，追肥为辅。追肥要按“少施勤施”的原则。要穴施、深施，不能撒施，施肥后要覆土、浇水，并进行通风换气。

b. 通风换气。每天应根据天气情况，及时通风换气，排除有害气体。

c. 选用优质农膜。选用厂家信誉好、质量优的农膜、地膜进行设施栽培。

d. 安全加温。加温炉体和烟道要设计合理，保密性好。应选用含硫量低的优质燃料进行加温。

e. 加强田间管理。经常检查田间，发现植株出现中毒症状时，应立即找出病因，并采取针对性措施，同时加强中耕、施肥工作，促进受害植株恢复生长。

17.2.5 土壤环境及其调控

土壤是作物赖以生存的基础，作物生长发育所需要的养分和水分，都需从土壤中获得，所以农业设施内的土壤营养状况直接关系作物的产量和品质，是十分重要的环境条件。

(1) 农业设施土壤环境特点及对作物生育的影响

农业设施如温室和塑料拱棚内温度高，空气湿度大，气体流动性差，光照较弱，而作物种植茬次多，生长期长，故施肥量大，根系残留量也较多，因而使得土壤环境与露地土壤很不相同，影响设施作物的生育。

① 土壤盐渍化

土壤盐渍化是指土壤中由于盐类的聚集而引起土壤溶液浓度的提高，这些盐类随土壤蒸发而上升到土壤表面，从而在土壤表面聚集的现象。土壤盐渍化是设施栽培中的一种十分普遍的现象，其危害极大，不仅会直接影响作物根系的生长，而且通过影响水分、矿质元素的吸收，干扰植物体内正常生理代谢而间接地影响作物生长发育。

土壤盐渍化现象发生主要有两个原因：第一，设施内温度较高，土壤蒸发量大，盐分随水分的蒸发而上升到土壤表面；同时，由于大棚长期覆盖薄膜，灌水量又少，加上土壤没有受到雨水的直接冲淋，于是，这些上升到土壤表面（或耕作层内）的盐分也就难以流失。第二，大棚内作物的生长发育速度较快，为了满足作物生长发育对营养的要求，需要大量施肥，但由于土壤类型、土壤质地、土壤肥力以及作物生长发育对营养元素吸收的多样性、复杂性，很难掌握其适宜的肥料种类和施肥数量，所以常常出现过量施肥的情况，没有被吸收利用的肥料残留在土壤中，时间一长就大量累积。

土壤盐渍化程度随着设施利用时间的延长而提高。肥料的成分对土壤中盐分的浓度影响较大。氯化钾、硝酸钾、硫酸铵等肥料易溶解于水，且不易被土壤吸附，从而使土壤溶液的浓度提高；过磷酸钙等不溶于水，但容易被土壤吸附，故对土壤溶液浓度影响不大。

② 土壤酸化

化学肥料的大量施用，特别是氮肥的大量施用，使得土壤酸度增加。因为，氮肥在土壤中分解后产生硝酸留在土壤中，在缺乏淋洗条件的情况下，这些硝酸积累导致土壤酸化，降低土壤的 pH。

由于任何一种作物，其生长发育对土壤 pH 都有一定的要求，土壤 pH 的降低势必影响作物的生长；同时，土壤酸度的提高，还能制约根系对某些矿质元素（如磷、钙、镁等）的吸收，有利于某些病害（如青枯病）的发生，从而对作物产生间接危害。

③ 连作障碍

设施中连作障碍是一个普遍存在的问题。这种连作障碍主要包括以下几个方面：第一，病虫害严重。设施连作后，由于其土壤理化性质的变化以及设施温湿度的特点，一些有益微生物（如铵化菌、硝化菌等）的生长受到抑制，而一些有害微生物则迅速得到繁殖，土壤微生物的自然平衡遭到破坏，这样不仅导致肥料分解过程受到障碍，而且病害加剧；同时，一些害虫基本无越冬现象，周年危害作物。第二，根系生长过程中分泌的有毒物质得到积累，进而影响作物的正常生长。第三，由于作物对土壤养分吸收的选择性，土壤中矿质元素的平衡状态遭到破坏，容易出现缺素症状，影响产量和品质。

(2) 农业设施土壤环境的调节与控制

针对上述设施内土壤特点（存在的问题），必须采取综合措施加以改良；对于新建的设施，也应注意上述问题。

① 科学施肥

科学施肥是解决设施土壤盐渍化等问题的有效措施之一。科学施肥的要点有：一是增施有机肥，提高土壤有机质的含量和保水保肥性能，选肥的原则是优先选择腐化值高的有机肥，酌情选用鸡粪等速效性较强的有机肥；二是有机肥和化肥混合施用，氮、磷、钾合理配合；三是选用尿素、硝酸铵、磷酸氢二铵、高效复合肥和颗粒状肥料，避免施用含硫、含氯的肥料；四是基肥和追肥相结合；五是适当补充微量元素；六是适当施用微生物肥料，可以减少化肥用量，缓解土壤盐渍化障害，尤其在高肥力土壤上，配施微生物肥料，不但能降低化肥用量，还可比常规施肥增产 10%左右；七是正确使用冲施肥，冲施肥的特点是使用简便、肥效迅速、省工省时等。冲施肥的施用和其他肥料施用原则相同，也讲究深施和集中施用等，对于冬春大棚蔬菜追肥可以随水冲施，但要控制水量不可过少或过量，以促使养分分布均匀，对深根性蔬菜进行沟施或穴施，施用前先将冲施肥稀释一定倍数，均匀分配到事先挖好的沟或穴内，再浇少量水即可。施用冲施肥要根据种植区内的土壤供肥能力、基肥施用量以及作物的需肥特点，确定合适的冲施肥品种，详细阅读所选购冲施肥的使用说明书，掌握适宜的施肥时期、施用量和施用方法。

② 实行必要的休耕

对于土壤盐渍化严重的设施，应当安排适当时间进行休耕，以改善土壤的理化性质。在冬闲时节深翻土壤，使其风化，夏闲时节则深翻晒白土壤。

③ 灌水洗盐

一年中选择适宜的时间（最好是多雨季节），解除大棚顶膜，使土壤接受雨水的淋洗，将土壤表面或表土层内的盐分冲洗掉。必要时，可在设施内灌水洗盐。灌水洗盐作为目前温室大棚菜地减少盐渍化危害的一种常见方式，在降低土壤电导率、减少土壤硝态氮积累等方面能起到很好的作用。这种方法对于安装有洗盐管道的连栋大棚来说更为有效。

④ 更换土壤

对于土壤盐渍化严重，或土壤传染病害严重的情况下，可采用更换客土的方法。当然，这种方法需要花费大量劳力，一般是在不得已的情况下使用。

⑤ 严格轮作

轮作是指按一定的生产计划，将土地划分称若干个区，在同一区的菜地上，按一定的年限轮换种植几种性质不同的作物的制度，常称为“换茬”或“倒茬”。轮作是一种科学的栽培制度，能够合理地利用土壤肥力，防治病、虫、杂草危害，改善土壤理化性质，使作物生长在良好的土壤环境中。可以将有同种严重病虫害的作物进行轮作，如马铃薯、黄瓜、生姜等需间隔 2～3 年，茄果类 3～4 年，西瓜、甜瓜 5～6 年，长江流域推广的粮菜轮作、水旱轮作可有效控制病害（如青枯病、枯萎病）的发生；还可将深根性与浅根性及对养分要求差别较大的作物实行轮作，如消耗氮肥较多的叶菜类可与消耗磷钾肥较多的根、茎菜类轮作，根菜类、茄果类、豆类、瓜类（除黄瓜）等深根性蔬菜与叶菜类、葱蒜类等浅根性蔬菜轮作。生产上常采用果菜类蔬菜和叶菜类蔬菜轮作，葱蒜类蔬菜和瓜果类蔬菜轮作，深根系蔬菜和浅根系蔬菜轮作，可均衡利用土壤中的养分，避免土壤养分的偏耗，提高土壤养分利用率，有效减少蔬菜生理病害的发生。

⑥ **土壤消毒**

a. 药剂消毒。根据药剂的性质，确定施用方法，灌入土壤或洒在土壤表面。使用时应注意药品的特性，选择合适的施用方法。

ⅰ. 甲醛（40%）。40%甲醛也称福尔马林，广泛用于温室和苗床土壤及基质的消毒，使用的浓度50～100倍。使用时先将温室或苗床内土壤翻松，然后用喷雾器均匀喷洒在地面上再稍翻一下，使耕作层土壤都能沾着药液，并用塑料薄膜覆盖地面保持2d，使甲醛充分发挥杀菌作用以后揭膜，打开门窗，使甲醛散发出去，两周后才能使用。

ⅱ. 硫黄粉。用于温室及床土消毒，消灭白粉病菌、红蜘蛛等，一般在播种前或定植前2～3d进行熏蒸。熏蒸时要关闭门窗，熏蒸一昼夜即可。

b. 蒸汽消毒。蒸汽消毒是土壤热处理消毒中最有效的方法，大多数土壤病原菌用60℃蒸汽消毒30min即可杀死，但对TMV（烟草花叶病毒）等病毒，需要90℃蒸汽消毒10min。多数杂草的种子，需要80℃左右的蒸汽消毒10min才能杀死。

17.2.6 设施农业的综合环境控制

(1) 综合环境管理的目的和意义

设施农业的光、温、湿、气、土等环境因子是同时存在的，综合影响作物的生长发育。为了叙述清楚，便于理解，以上将其分别论述，但实际生产中各因子是同时起作用的，它们具有同等重要性和不可替代性，缺一不可又相辅相成，当其中某一个因子起变化时，其他因子也会受到影响随之起变化。例如，温室内光照充足，温度也会升高，土壤水分蒸发和植物蒸腾加速，使得空气湿度也加大，此时若开窗通风，各个环境因子则会出现一系列的改变，生产者在进行管理时要有全局观念，不能只偏重于某一个方面。

所谓综合环境调控，就是以实现作物的增产、稳产为目标，把关系到作物生长的多种环境要素（如室温、湿度、二氧化碳浓度、气流速度、光照等）都维持在适于作物生长的水平，而且要求使用最少量的环境调节装置（通风、保温、加温、灌水、施用二氧化碳、遮光、利用太阳能等各种装置），既省工又节能，便于生产人员管理的一种环境控制方法。这种环境控制方法的前提条件是，对于各种环境要素的控制目标值（设定值），必须依据作物的生育状态、外界的气象条件以及环境调节措施的成本等情况综合考虑。

(2) 综合环境管理的方式

综合环境调控在未普及电子计算机以前，完全靠人们的头脑和经验来分析判断与操作。随着温室生产的现代化，环境控制因子复杂化，如换气装置、保温幕的开闭、二氧化碳的施用、灌溉等调控项目不断增加，还与温室栽培作物种类品种的多样化、市场状况和成本核算、经济效益等紧密相关。因此，温室的综合环境管理，仅依赖人工和传统的机械化管理难以完成。

自20世纪60年代开始，荷兰率先在温室环境管理中导入计算机技术，随着70年代微型计算机的问世，以及此后信息技术的飞速发展和价格的不断下降，计算机日益广泛地用于温室环境综合调控和管理中。

我国自20世纪90年代开始，中国农业科学院气象研究所、江苏大学、同济大学等也开始了计算机在温室环境管理中应用的软硬件的研究与开发。随着21世纪我国大型现代温室的日益发展，计算机在温室综合环境管理中的应用，将日益发展和深化。

(3) 计算机综合环控设备的调节

① 输出原理

a. 开关（ON，OFF）调控。屋顶喷淋和暖风机的启动与关闭等采用ON、OFF这种最简单的反馈调节法，为防止因计测值不稳定而开关频繁，损伤装置，可在暖风机控制系统中只对停止加温（OFF）加以设定。

b. 比例积分控制法。如换气窗的开闭，在调节室内温度时，换气窗从全部封闭到全部开启是一个连续动作，电脑指令换气窗正转、逆转和停止，可调节换气窗成任意开启角度。比例积分控制法，是根据室温与设定温度之差来调节窗的开度大小，是一种更加精确稳定的方式。

c. 前馈控制法。如灌溉水调控没有适宜的感应器，技术监测不可能时，可根据经验依据辐射量和时间进行提前启动。

② 加温装置的调控

通常有暖风机加温和热水加温两种。现在多以开关调节，在加温负荷小时，很易超调量，要缩小启动间隙（关闭的设定值提高0.2～1.0℃）。有效积分控制是一种更有效的方法，均有配套软硬件组装设备。热水加温装置调控锅炉运行，从而能提高精度调节水温。

③ 换气窗调控

以比例积分控制法控制，外界气温低时，即使开启度很小也会导致室温的很大变化。宜依季节不同调整设定值，根据太阳辐射量和室内外温差指令，自动调节窗的开闭度。遇强风时，指令所有换气窗必须关闭，依风向感应器和风速，也可仅关闭顶风侧的窗，仅调节下风侧的换气窗的开闭，降雨时指令开窗关闭到雨水不侵入温室的程度。

④ 保温幕的调节

依辐射、温度和时间的不同而开闭，以保温为目的，通常根据温室热收支计算结果，做出开闭指令，但存在需确保作物一定的光照长度和湿度的矛盾，因此必须在不发生矛盾的原则下进行调节。输入设定值还要根据幕的材料而异，反射性不透明的铝箔材料则依辐射强度来设定，透明膜则依热收支状况来设定。保温幕的调节与换气设备、加温设备调控密切相关，如不可能发生开窗而保温幕关闭的状态。又如日落后，加温装置开启前，关闭保温幕可以节省能耗，三者需配合协调调节。

⑤ 湿度调节

湿度调节包括加湿与除湿调控。用绝对湿度作为设定值，除开启通气窗来调节外，也有的利用除湿器开关控制即可，但除湿能力低。加湿一般采用喷雾方式，但同时造成室温下降，相对湿度升高，输入设定值时必须考虑温度指标，并根据绝对湿度和饱和差作为湿度设定指标。

⑥ 二氧化碳调节

不论利用二氧化碳发生器或罐装二氧化碳均采用开关简单调节电磁阀开关。按太阳辐射量定时定周期开放二氧化碳气阀，还有依二氧化碳浓度测定计送气和停气，以防止换气扇开启时二氧化碳外逸浪费气体。

⑦ 环流风机控制

使室内气温、二氧化碳浓度分布均匀而采用环流风机控制系统。即使换气窗全封闭时，少量送风，也有防止叶面结露、促进光合与蒸腾的效果。在温室关窗全封闭时或加热系统启动供暖时运转十分有效。

⑧ 营养液栽培及灌水的调控

水培作物营养液采用循环式供液时，控制供液水泵运转间隔时间和基质无土栽培营养液的滴灌，应根据日辐射量设定供液量和供液间歇时间，通常采用前馈启动调节。营养液的调节通常通过pH计、EC计测定值，以决定加入酸、碱和营养液的量。

17.3 蔬菜设施栽培技术

17.3.1 蔬菜设施栽培的现状

(1) 蔬菜设施栽培的作用

蔬菜设施栽培的作用，因地而异。由于地区的自然条件不同，市场的需求不同，采用的设备及生产方式各有特点，就其生产作用而言，可概括为：

① 蔬菜育苗

秋、冬及春季利用风障、冷床、温床、塑料棚及温室为露地和保护地培育甘蓝类、白菜类、葱蒜类、茄果类、豆类及瓜类蔬菜的幼苗，或保护耐寒性蔬菜的幼苗越冬，以便提早定植，实现早熟高产。夏季利用阴障、阴棚、遮阳网和防雨棚等培育芹菜、莴笋、番茄等幼苗。

② 越冬栽培

北方利用风障、塑料棚等于冬前栽培耐寒性蔬菜，在保护设备下越冬，早春提早收获，或利用日光温室进行喜温蔬菜冬季栽培；南方也有采用大棚多重覆盖进行茄果类蔬菜的特早熟栽培。

③ 早熟栽培

利用保护设备进行防寒保温，提早定植，以获得早熟的产品。

④ 延后栽培

夏季播种，秋季在保护设施内栽培的果菜类、叶菜类蔬菜等，早霜出现后，以延长蔬菜的生育及供应期。

⑤ 炎夏栽培

高温、多雨季节利用阴障、阴棚、大棚及防雨棚等，进行遮阴、降温、防雨等保护，于炎夏进行栽培，或在晚春、早夏期间采用设施，进行炎夏栽培。

⑥ 促成栽培

寒冷季节利用温室进行加温，栽培果菜类蔬菜，以促产品形成。

⑦ 软化栽培

利用软化室（窖）或其他软化方式为形成鳞茎、根、植株或种子创造条件，促其在遮光的条件下生长，而生产出青韭、韭黄、青蒜、蒜黄、豌豆苗、豆芽菜、芹菜、香椿芽等。

⑧ 假植栽培（贮藏）

秋、冬期间利用保护措施把在露地已长成或半成的商品菜连根掘起，密集囤栽在冷床或小棚中，使其继续生长，如芹菜、莴笋、花椰菜、大白菜等。经假植后于冬、春供应新鲜蔬菜。

⑨ 无土栽培

利用设施进行无土栽培（水培、砂培、岩棉培等），生产无公害蔬菜，或有害物质残留量低的蔬菜。

⑩ 良种繁育与育种

利用设施为种株进行越冬贮藏或进行隔离制种。

(2) 蔬菜设施栽培的现状

目前世界上发达国家的蔬菜设施栽培技术日趋成熟。例如，荷兰是世界上温室生产技术最发达的国家，现代化玻璃温室生产蔬菜和花卉的面积已达到11000hm^2，温室种植每平方米年平均产量番茄为60～80kg，甜椒为25～30kg，黄瓜80～100kg，番茄、甜椒多为一年一茬基质栽培，黄瓜一年三茬基质栽培。

蔬菜设施栽培改善了其赖以生存的小气候环境，为蔬菜生长发育创造了良好条件，使蔬菜生产能抗灾保收、周年供应，并提高了蔬菜生产的产量和质量。

随着科学技术的进步和发展，在蔬菜生产的设施栽培过程中，夏季遮阳降温技术设备的改善，反季节和长周期栽培技术成果的应用，设施环境和肥水调控技术的不断优化和改善，人工授粉技术的应用，病虫害预测、预报及防治等综合农业高新技术的应用等，将使蔬菜设施栽培的经济效益和社会效益不断提高。

(3) 设施栽培蔬菜的主要种类

① **茄果类**。番茄（包括樱桃番茄）、茄子、辣椒（包括甜椒）。

② **瓜类**。黄瓜、瓠瓜、丝瓜、小南瓜、西葫芦、苦瓜、西瓜、甜瓜等。

③ **豆类**。菜豆、豇豆、毛豆、豌豆、扁豆。

④ **白菜类**。大白菜、小白菜、菜心。

⑤ **甘蓝类**。花椰菜、青花菜、芥蓝等。

⑥ **绿叶蔬菜**。中国芹菜、西芹、茎用莴苣、叶用莴苣、落葵、蕹菜、苋菜、茼蒿、芫荽等。

⑦ **葱蒜类**。大蒜、韭菜、葱等。

⑧ **薯芋类**。马铃薯、芋等。

⑨ **多年生蔬菜**。芦笋、香椿、草莓等。

⑩ **食用菌**。平菇、草菇、香菇等。

⑪ **其他**：萝卜、甜玉米、茭白、莲藕、生姜，以及马兰、荠菜、蒌蒿、蒲公英等一些野生、半野生蔬菜。

17.3.2 蔬菜设施栽培技术举例

(1) 塑料大棚菜用薯尖栽培技术

甘薯又名红薯、红苕、红芋等，原产于美洲。属于旋花科甘薯属，蔓生草本植物。甘薯主要作为粮食、饲料和加工原料用，我国很多地方都有食用甘薯叶或叶柄的传统习惯，主要以叶片和剔除表皮的叶柄作为蔬菜。

菜用薯尖，又称菜用甘薯、叶用甘薯、薯尖、苕尖等，以幼嫩的茎叶供食，含有丰富的维生素、矿物质及膳食纤维等，且口感鲜嫩滑爽，无苦涩味、口感好，既可炒食又可凉拌，深受消费者青睐。

① 品种类型

近年来，国内许多单位开展了菜用薯尖相关的育种研究，选育出很多腋芽萌发及再生能力强、茎叶光滑无绒毛、脆嫩度好含纤维少、肉质嫩滑味甜无苦涩味、植株生长旺盛产量高的菜用薯尖专用品种。如鄂菜薯 1 号、鄂薯 10 号、湘菜薯 1 号、福薯 7-6、福菜薯 18 号、福菜薯 22 号、广菜薯 3 号、浙薯 726、台农 71、泉薯 830 等。

湖北各地普遍选用鄂薯 10 号、福菜薯 18 号等。

② 栽培特性

菜用薯尖耐高温高湿，喜光耐旱，喜温怕冷，适宜茎叶旺盛生长的温度是 25～28℃，15℃以下生长缓慢，10℃以下生长停止，遇霜茎叶枯死。菜用薯尖具有较强的再生能力，病虫害少，适应性广，在无霜期内生长，一般薯苗栽植后 25～30d 即可开始采摘嫩梢，每 7～10d 可采摘 1 次，生长期长，产量高。

③ 栽培季节

长江流域菜用薯尖露地生产一般露地断霜前后（3 月中下旬）扦插，4 月份春暖后开始陆续收获上市，可一直延续采收到露地早霜前后（10 月中下旬）。近年来，利用大棚等保护地栽培菜用薯尖，可实现周年供应。大棚菜用薯尖栽培从 2 月底到 10 月初均可随时扦插栽培，10 月底覆盖大棚膜，11 月底大棚内加盖小拱棚，覆盖前期中午前后适当通风排湿，12 月初开始以保温防寒为主，确保种苗顺利越冬。连栋大棚冬季仍可采收薯尖上市，普通大棚从翌年 2 月下旬至 11 月下旬可陆续采收幼嫩薯尖上市。

④ 繁殖方式

菜用薯尖（甘薯）为异花授粉作物，生产上多采用薯块、茎蔓、叶片（带叶柄）等进行无性繁殖，采用种子繁殖则后代性状不一致，薯尖产量低，商品品质受影响。

a. 薯块繁殖。甘薯大田生产常采用的繁殖方式，利用块根周皮下的不定芽原基萌发成苗，将萌发的幼苗掰下栽插于育苗圃中生长，再从育苗圃中剪取叶片（带叶柄）栽插于大田。菜用薯尖也多用此法繁殖优良种苗或引种栽培。

b. 扦插繁殖。可直接在菜用薯尖生产田剪嫩梢或带叶柄的叶片插植或在越冬棚内剪苗栽插于大田。长江流域菜用薯尖栽培多采用这种繁殖方式，此法操作简单，可经济利用土地，节省用工。但需每隔 2～3 年用薯块繁殖育苗 1 次，达到种苗复壮效果，避免长期使用大田剪苗栽插而导致种性退化，生长缓慢，产量降低，品质变劣。

⑤ 工厂化育苗

冬季经常遭遇寒潮、雨雪、霜冻等影响，大棚内薯尖越冬时管理不当常遭遇低温危害，导致大面积死亡，影响翌年的种苗质量和菜用薯尖生产供应。利用温室进行菜用薯尖的工厂化育苗，可为菜用薯尖提供适宜的温湿度环境。该育苗方法育苗时间较短（20～30d），成苗率高，可有效解决种苗越冬期间低温所导致的种苗冻害问题。

a. 扦插准备。准备好育苗专用基质，扦插前，草炭、蛭石、珍珠岩体积按 1∶1∶1 的比例混合，每立方米基质再添加 20～30kg 腐熟的商品有机肥，混合均匀后用 600～1000 倍的甲霜·锰锌溶液进行消毒，充分润湿后装填于 50 孔或 72 孔穴盘中备用。

b. 扦插技术。在菜用薯尖的越冬留种圃，将菜用薯尖的主枝或侧枝切下，插入专用基质中生根，剪取 10～15cm 长、具 4～5 节的嫩梢。剪取部位以靠近茎节为好，斜插入准备好的穴盘基质内。

c. 苗期管理。扦插后的 3d 内，在穴盘上支微棚覆盖一层薄膜或用无纺布直接覆盖保温保湿，确保温度不超过 30℃，空气相对湿度 90%左右，晴天中午还需进行遮光处理，避免强光造成插穗萎蔫。扦插后 3～5d，揭开直接覆盖的薄膜或无纺布，通风降湿，避免病菌滋生，晴天中午前后还需遮光。扦插 5d 后，菜用薯尖种苗基本成活，可恢复日常管理。菜用薯尖喜肥水，应保持穴盘内的基质润湿。每周浇 1 次氮磷钾（15-15-15）三元复合肥 500 倍液。菜用薯尖种苗生长要求较高温度，一般在 18～30℃范围内，随着温度升高，菜用薯尖种苗生长越快，温度高于 30℃后，则生长缓慢，且纤维增多，不堪食用。

d. 扦插扩繁。菜用薯尖从扦插到成苗，一般 20～30d 即可完成。10 月底至 11 月初（初霜前）就要开始进行菜用薯尖种苗扦插，以保留母本，直到翌年 2 月下旬方可在大棚内栽植。通过扦插培育而成的有 3～4 片新叶的菜用薯尖种苗也可作母本，用于菜用薯尖的进一步扦插扩繁。实际生产中，一般第 1 次扦插时，只扦插少部分，用于保存母本，此后进行多次的再扦插扩繁。

e. 低温炼苗。大棚生产菜用薯尖的种苗一般在 2 月底至 3 月初长至 4～5 片新叶时定植。在定植前一周左右，应通过加强通风、降低温度等措施炼苗，以提高幼苗适应定植后的栽培环境的能力。

⑥ 大棚周年栽培

a. 整地施基肥。菜用薯尖适应性较强，能在各种类型土壤中栽培，但高产栽培应选择土层深厚、肥沃、富含有机质，且排灌方便的地块栽培。定植前将田块深翻耙碎，结合整地每 667m^2 施腐熟的商品有机肥 1000～2000kg、氮磷钾三元复合肥 40～50kg，土肥混匀后整平畦面，作深沟高畦。为方便采摘薯尖，畦面宽（连沟）应控制在 1.2～1.5m，沟深 0.2m。

b. 合理密植。长江流域大棚菜用薯尖栽培从 2 月底至 10 月初均可移苗栽植，具体栽植时间可根据茬口灵活安排。定植行距 0.3m，株距 0.2m，每 667m^2 定植 1.3 万～1.5 万株，薯菜兼用的则控制在 0.4 万～0.5 万株。

c. 定植缓苗。早春低温季节定植应选择冷尾暖头的晴天上午定植，浇足定根水，保持土壤湿润，并在大棚内及时加盖小拱棚保温防寒，促根早发快发，利于缓苗。若晴天中午棚内温度高于30℃，应适当揭开棚膜通风降温。夏季高温季节栽培则应选择阴天或晴天的下午定植，定植后浇足定根水，搭小拱棚或者直接在大棚上覆盖遮阳网遮阳降温，以利成活。

d. 肥水管理。菜用薯尖喜大肥大水，应保持土壤湿润，最好采用微喷灌方式节水灌溉，多雨季节还要注意及时清沟排渍，防止病虫害滋生蔓延。追肥应以腐熟有机肥和速效氮肥为主，缓苗后每667m^{2}可用500倍腐熟稀薄有机肥液或尿素5kg提苗；采收期间，每采摘1次，可结合中耕除草修剪追肥1次，每667m^{2}追施腐熟商品有机肥200kg或氮磷钾三元复合肥10kg，注意要待切口干后再追施肥水。菜用薯尖周年栽培过程中，有条件的可以采用肥水一体化技术追施肥水，即在田间安装喷灌设施，把沼液、水溶性肥用水稀释后早晚喷施，既可大大节约人工，又可提高菜用薯尖商品品质和食用品质。

e. 及时采收。扦插的茎蔓成活后，待长出4～5片新叶时可摘心以促发分枝，一般12d左右即可长出3～5根新枝。及时采摘五叶一心、约15cm长的鲜嫩薯尖上市，注意应在早晨露水未干前采摘，此时采摘的薯尖商品性和品质最佳，之后每隔12d左右采摘1次。采收后要适当修剪，剪除底部多余的弱小茎蔓和老残茎叶，只保留3～4个节位的健壮腋芽和基部长出的健壮新梢，改善植株间的通风透光，修剪后及时将残枝败叶清出大棚。菜用薯尖再生能力强，生长或恢复生长快，栽植15d即可采摘，6～10月份生产每7d左右可采收1次，按每667m^{2}每次采收600kg，一年可采收茎尖及嫩叶片5000～10000kg。

⑦ 安全越冬技术

菜用薯尖有两种安全越冬方式，即母苗大棚内保温防寒越冬和薯块窖藏越冬。

a. 母苗大棚内保温防寒越冬。湖北地区需要在三膜（地膜、小拱棚膜和大棚膜）覆盖或采用工厂化育苗的温室才能安全保苗越冬。

b. 薯块窖藏越冬。建立优良品种复壮留种田，不采摘薯尖，像普通甘薯那样生产薯块。在霜前挖取薯块并晾晒2～3d，放入地窖内用稻草或麦秆垫底，分层存放，定期检查薯块，及时拣出腐烂薯块，至翌年春天发芽育苗扦插扩繁。

⑧ 病虫害防治

长江流域菜用薯尖主要病害有灰霉病、菌核病、花叶病及薯块黑斑病，虫害主要有斜纹夜蛾、甘薯天蛾（旋花天蛾）、甜菜夜蛾（贪夜蛾）、甘薯麦蛾（甘薯卷叶蛾）和蜗牛等。

a. 菜用薯尖灰霉病。应及时通风降湿，合理施用肥料，增强植株抗性。发病初期喷洒50%腐霉利可湿性粉剂1500倍液，或50%多霉威600倍液，或40%嘧霉胺悬浮剂800倍液，每667m^{2}用量45kg，每隔7～10d喷1次，交替使用，连续防治2～3次。

b. 菜用薯尖菌核病。应避免偏施氮肥，增施磷、钾肥，及时清除病残株及下部病叶，发病初期，选用70%甲基硫菌灵可湿性粉剂700倍液，50%异菌脲可湿性粉剂1000倍液，或40%菌核净可湿性粉剂1000倍液喷雾，每隔7～10d喷施1次，连续防治2～3次。

c. 菜用薯尖花叶病。推荐采用脱毒种薯，苗期应加强苗床检查，发现病苗，连同薯块一起剔除，大田发现病株，立即拔除病株避免传染，同时注意消灭传毒媒介如蚜虫等；发病初期用20%病毒灵600～800倍液，或5%菌毒清500倍液，或2%宁南霉素500倍液，或20%盐酸吗啉胍·乙酸铜500倍液喷雾，5～7d喷1次，连续防治2～3次。

d. 薯块黑斑病。选用抗病品种，建立无病留种圃，对发病严重的地块，实行2年以上轮作，做好种薯贮藏工作，薯窖温度应控制在10～14℃之间，相对湿度在80%～90%。还可采用51～54℃温水浸泡种薯10min，或用50%代森铵200～300倍液浸苗2～3min等消毒处理。

e. 菜用薯尖虫害。可用0.5%印楝素乳油800倍液，或1.8%阿维菌素乳油800倍液，或20%苏云金杆菌500倍液喷雾防治，间隔7d喷1次，连喷2～3次。

(2) 塑料大棚香椿栽培技术

香椿，又名椿、椿芽、春甜树、春阳树、香椿头等，是楝科香椿属落叶乔木，是中国特有的集材、菜、药为一体的高档木本蔬菜。其营养丰富，味道鲜美，风味独特，有凉拌、煎炒、煮汤、腌制等多种食用方式，深受广大消费者的青睐。

① 栽培特性

香椿适应性强，在平均气温8～12℃的地区都可正常生长，有较强的抗寒、抗旱性，抗寒能力随苗树龄的增加而提高。1年生播种苗在－10℃左右可能受冻，大树可耐－20℃低温。长江流域幼树露地栽培，当4月初温度升高到12～14℃时萌芽，4月底气温在18～22℃时芽薹伸长，以4月下旬～5月上旬，白天18～24℃，夜间13～15℃，平均气温在20℃左右时生长最快，此时也正值露地香椿采收期。进入5月中旬以后温度高于30℃时生长速度太快，椿芽细弱，不但产量低，而且颜色绿，纤维多，品质和商品性都变差。至7～8月份气温上升到35℃时停止生长，10月下旬开始落叶进入休眠。香椿树喜光、耐光。光照强，则生长速度慢，芽短壮，色深，叶片肥厚，味浓，商品性好，产量高；光照弱，则生长速度快，芽细弱，色浅，叶片薄，味淡，产量低。栽植时要注意大棚薄膜的透光性和合理密植。香椿适宜的土壤酸碱度为pH值5.5～8.0。宜选土层深厚、土壤肥沃、富含有机质、保水排水好的砂壤土，肥料以氮肥为主。

② 品种类型

香椿在我国的栽培历史虽然悠久，各地的香椿品种也很多，但目前香椿的分类主要是针对菜用香椿而言，一般以香椿初出芽和子叶的颜色分为紫香椿和绿香椿两大类。紫香椿一般树冠都比较开阔，树皮灰褐色，芽孢紫褐色，初出幼芽紫红色，有光泽，香味浓，纤维少，含油脂较多，代表品种有黑油椿、红油椿、河南焦作红香椿、山东西牟紫椿等；绿香椿一般树冠直立，树皮青色或绿褐色，香味稍淡，含油脂较少，代表品种有青油椿、黄罗伞等品种。

③ 栽培季节

长江流域露地香椿一般在4月初发芽，4月底前后就可采摘顶芽，但由于季节性强，适宜采摘的时期很短，加上椿芽含水量高达90%以上，且大多生长于较偏远山区，若采后处理不及时，在贮运过程极易发生蒸腾作用，进而出现萎蔫、脱叶、腐烂等品质劣变现象。特别是在常温下堆放1～2d就会基本失去商品价值，严重影响了香椿产业的发展。

大棚香椿则可将采摘期提前到春节前后，每年可采摘3～4茬，如果结合露地栽培，采收期可持续3个多月。

④ 繁殖方法

香椿繁殖方法有有性繁殖（种子繁殖）和无性繁殖（包括插根繁殖、根蘖繁殖、插枝繁殖等）等。大棚栽培用苗量大，多采用种子直播育苗法繁殖。

a. 有性繁殖

有性繁殖即种子繁殖。将种子和水按1∶3的比例放在40～50℃的温水中浸泡10～20h，用清水淘洗干净后，用多层纱布包好放在20～25℃温度下催芽，每天翻动种子1～2次，并用清水淘洗2～3遍，5～6d有30%的种子露白即可播种。每667m^2苗床用种4～5kg。长江流域最佳播种期为3月中下旬，条播、撒播均可，行距40cm，深度4cm，播后覆土2～3cm，然后盖草或覆地膜保持苗床湿润。种子发芽有30%出土时需要揭草或揭膜。播后7～10d开始出苗，半个月苗出齐。出苗后，维持棚温白天18～28℃，夜间12～18℃。当棚温超过30℃时要通风降温。如果土壤干旱，可于晴天上午用喷雾器补水。当幼苗长出2～3片复叶，苗高5～6cm时间苗，按5～6cm株距定苗并及时除去杂草。苗高10cm时，将苗带土移栽进苗圃地。株行距15cm×40cm，每667m^2栽10000株左右。6月份每667m^2追施尿素10kg，8月份每667m^2追施磷钾复合肥30kg，8月下旬后减少灌水，促进苗木木质化，使芽子饱满。当年苗高可达1m，就可用于椿芽生产。

b. 无性繁殖

插根繁殖是采用插根进行繁殖，速度快，成活率高。方法：利用香椿根上不定芽萌发力强的特点，每年秋冬季挖苗和春季移栽苗木到大田苗圃时，选用截下的0.5cm以上粗细，长度10～20cm的根段，上端剪成平口，下端剪成斜口，剔除根皮被损伤或劈裂的根段。剪口放在60～100mg/kg吲哚乙酸或1000mg/kg萘乙酸溶液中浸泡1～2h，按根段粗细分级，插栽于苗圃地中（秋冬季获得的根需沙藏到来年春季），深入土下2cm，株行距仍为15cm×40cm，每667m^{2}约10000株。插完后上盖地膜提温保墒。幼苗出土后去掉地膜，并及时除蘖，每株保留1个健壮芽苗，其余去掉。以后管理同播种育苗。

根蘖繁殖又称分蘖或分株繁殖。香椿根部容易萌生不定芽，长出很多根蘖苗，将这些苗挖出，即可成为独立的新枝。为了加速促进根蘖苗的产生，可用人为的方法进行处理。春季土壤解冻后，在椿树周围挖50～60cm深的环形沟，其直径与树冠相当，这样可切断部分根系。将沟内土壤翻松，适量施肥，刺激断根部位产生很多根蘖苗，随时随地都可以分株定植。

插枝繁殖于6月底至7月初进行，选主干上离地面20cm、抽生70～80d且已半木质的枝条，剪成15～20cm长的插穗，剪口上平下斜，穗条上部留1～2片复叶基部的2对小叶，插条剪口放在80mg/kg吲哚乙酸或1000mg/kg萘乙酸溶液中浸泡1～2h。按15cm×40cm密度插入沙床中，在相对湿度85%～90%、温度20～30℃的条件下，50d左右即可生根。当幼芽萌发长至0.5cm长时，即可移植。

⑤ 栽培技术

A. 播种育苗

a. 品种选择。香椿的品种较多，应选择风味佳、品质优、产量高、色泽红艳的红香椿、褐香椿、红叶椿等品种。

b. 苗床准备。可采用露地育苗、大棚育苗、小拱棚育苗等方式，最好是大棚育苗，提早播种到秋后能成大苗壮苗。应选择地势高燥、排水良好、避风向阳、光照充足的地块做苗床。床土应肥沃、疏松。根据需要量作畦育苗，育苗畦要配制营养土，可用未种过蔬菜的肥沃大田土6份，腐熟的有机粪肥4份，掺入适量的过筛炉渣灰，以增进床土的通透性。1m^{3}床土还应加入N、P、K复合肥0.5～0.75kg。床土要混合均匀并过筛。高畦宽1～1.2m，沟宽20cm，刨去畦中原有土层，填入营养土，整平整细，并浇透水。

c. 浸种催芽。香椿种子的发芽率低，寿命极短，应采用当年采收的新种子。香椿种子粒小，种皮较厚，并带有翅膜，不易吸水，干籽直播出苗慢且发芽率低，因此应浸种催芽。浸种前应先用手搓去翅膜并处理干净，然后投入50℃左右的温水中烫种15～20min，并不断搅拌，进行种子消毒。待水温降至30℃左右再浸种12h左右，以利于种子吸足水分。捞出沥干后装入纱布袋中，置20～25℃的条件下催芽。每天用20～25℃的温水冲洗2～3次，并翻动，受热均匀，并冲去种皮上的黏液。5～6d后，约有1/3的种子裂口露出胚根时即可播种。

d. 播种。在2月上中旬～3月上旬，将催好芽的香椿种子均匀撒播于准备好的塑料大棚内的苗床中。播种前2d整地作畦，施足底肥，一般每667m^{2}大棚需栽5万～6万株，需3～4kg种子。待畦内床土湿润时（手握成团，落地即散）播种，用小木棍在畦内开6～7条3～4cm深的垄沟，将种子均匀地条播于垄沟内，再整平踏实。播后畦面上用地膜覆盖保温保湿，夜间大棚内多重覆盖保温。保持床温25℃左右，5～6d即可出苗，出苗后及时揭除床面上直接覆盖的薄膜。

e. 苗床管理。当幼苗出齐后，要适当降低苗床温度，白天保持20～22℃，夜间维持在15℃左右。当幼苗长至1～2片真叶时，要加强通风，防止幼苗徒长，可在早晨将小棚膜揭开，午间进行大棚通风，并及时清除杂草和适当间苗。待幼苗3～4片真叶展开时，分苗一次，可在灌水后将幼苗挖出栽入10cm×10cm的纸筒或塑料营养钵内。分苗后晴天白天要适当遮阳防晒，促进幼苗快速恢复生长。幼苗6～8片真叶展开，植株20cm左右高时，即可定植。

B. 适时定植

a. 整地施肥。定植前每667m^{2}大棚地施优质腐熟农家肥2000～3000kg、三元复合肥25～30kg，并做好地下虫害的防治工作。施肥后深翻棚地20～25cm，整平后按连沟1.2～1.5m宽做好深沟高畦。定植时先从畦的一端开始，将植株按10cm×10cm株行距直立定植于棚畦中，使高株栽在棚中间、矮株栽在棚两边，使植株呈中间高两边低状，根部要交错栽牢，覆土要均匀。大棚栽完后浇1次透水，水渗下后最好在畦面上撒一层树叶、碎草或谷壳，以利于保湿增湿。

b. 适当密植。采用大棚育苗的植株可在4月中下旬定植，栽植不能太晚，天气炎热不利缓苗。香椿主根粗长，有时栽后还需搭阴棚遮阳，但用营养钵育苗的定植后成活率高，一般不需遮阳。栽前要注意进行规划，留出建棚操作场地，按建棚大小方位作畦，在建棚范围内，每667m^{2}栽8000～10000株。

C. 养苗期的管护

a. 肥水调控。大棚香椿生产，主要是利用粗壮苗木根茎和芽内贮存的养分，实现提早长芽采芽的目的，因此在养苗期必须保证有充足的肥水供应。定植时要施足基肥，一般每667m^{2}施优质土杂肥5000kg，加过磷酸钙30kg。植株生长期间可追肥2～3次，以速效肥为主，也可开沟追施饼肥、撒草木灰等，一般每667m^{2}追施尿素20～30kg，草木灰60～100kg，饼肥100kg。浇水以土壤见干见湿为原则，雨季注意清沟排水，香椿不耐涝，水淹易使根部窒息死亡。到保护期前期不追肥，只需适当浇水。

b. 植株调整，矮化整形。香椿顶端优势强，幼苗直上生长，不扩杈，即使株杆再高，也只能形成一个顶芽，所以应及时进行植株调整，矮化树形是多产椿芽的关键。可于6月下旬，对二年生以上的苗木，植株离地15～20cm短截修剪，使树木矮化，多发侧枝。截干的时间不能过早或过迟。截干过早，会导致侧枝生长过旺、过高，形成过度荫蔽，甚至引起死亡；截干过晚，侧枝当年难以形成顶芽，会导致产量下降，上市期延迟，影响大棚种植效益。长江流域一般以6月底截干为好。截干后亦可喷施1次多效唑，促进矮化分枝快速发育。而对当年生的苗则在7月上中旬苗高40～50cm时打顶摘心，以促使多发分枝。摘心不能过早或过迟。过早会使侧枝充分长高，不能矮化；过迟，虽抽生侧枝，但侧枝不易形成顶芽。长势弱的苗木，长江流域一般宜在7月上旬进行摘心；长势强的苗木，宜在7月下旬摘心，并且要重摘心。经过摘心或截干处理，若苗木还是生长过旺，应进行摘叶加以控制。摘叶应从基部开始摘除1/3或1/2的叶片，并从心叶以下2～3片叶开始剪去每片叶的1/3，以抑制生长。6～7月份旺长时，可喷多效唑300倍液做矮化处理。

c. 中耕除草。中耕除草要结合进行，一年4～5次，松土深度3～6cm，随着苗木的长大而加深。及时中耕除草，可减少水分蒸发，防止地表板结，促进气体交换，提高土壤有效养分的利用率，同时可消灭香椿园的杂草，铲除病虫害寄生场所。除草要做到“除早、除小、除了”。采用人工除草和化学除草相结合。化学除草可用精异丙甲草胺1500倍液或乙草胺2000倍液全田喷雾。

D. 及时扣棚保温

a. 打破休眠。因品种混杂，所生产的苗木，封顶早晚与休眠期的长短也不一致，再加至苗木的粗壮程度，停止生长早晚，苗木质量差异，大棚栽植后萌芽早晚，也参差不齐。据试验，绿芽香椿萌芽早，褐香椿萌芽晚；封顶早的香椿萌芽较晚，封顶晚的香椿苗木萌芽较早。为提高椿芽的整齐度，多采用喷施赤霉素，打破香椿的休眠期，促其早萌芽早上市，提高其前期产量。进入10月中旬后，树苗已停止生长，及时用300mg/L的乙烯利喷施叶片，促进落叶，进入12月份，及时喷施40mg/L的赤霉素溶液打破休眠，促进发芽。

b. 扣棚保温。香椿落叶后，自然休眠期长，4～5个月，但大棚覆盖，休眠期可缩短至50～60d，一般在落叶后1个月左右扣棚膜，11月中下旬以后维持棚温16℃左右，一般40～50d即可打破休眠，顶芽开始萌动。萌芽前后正值12月至元月份外界低温，要覆严大棚膜，宜进行多重覆盖保温。保持白天棚温18～25℃，夜间12～15℃，不要低于8～10℃，雨雪天气棚内还可用简易火炉加温。香椿萌芽后，保持较高温度，并维持8～10℃的昼夜温差，一般15d左右即可长到20cm，达到采收标准。

c. 肥水管理。12月～翌年1月份，正值长江流域严寒冬季，大棚封闭较严，气温也较低，土壤蒸发量不大，可不用浇水；早春气温回暖，待第1茬椿芽采收后，第2茬椿芽刚刚萌动，此时土壤蒸发量大，需水量增加，要及时浇水。以后每次采芽结束时应灌水1次，保持田间持水量在60%～70%，结合灌水要每667m^{2}随水追施尿素7～10kg，以促进腋芽萌发生长。此时棚内湿度也不宜过大，高湿会导致发芽迟缓，芽尖萎缩，生长速度慢，椿芽香味变淡。随着温度的上升，晴天中午温度高于30℃时，相对湿度应降到50%左右，若此时棚内湿度大，要打开通风口通风；椿芽生长过程中遇湿度过低时，在晴天中午可用喷雾器喷水。大棚香椿施肥方式主要是追肥，并且以叶面喷肥为主。顶芽或侧芽长至4～6cm时，应喷施浓度为0.5%的尿素溶液或磷酸二氢钾溶液，每5～7d喷1次。

⑥ 病虫防治

香椿主要病害有根腐病、白粉病、叶锈病、干枯病，主要虫害有褐边绿刺蛾（青刺蛾）、云斑天牛、芳香木蠹蛾、锯锹甲、草履介壳虫等。香椿生产中的病虫害不多，但也不能疏忽大意，以免造成损失。应尽可能采用物理、生物或仿生防治病虫害，切不可在采芽期间应用农药杀虫，以确保椿芽产品质量安全。

A. 主要病害防治

a. 根腐病（立枯病）。主要在苗圃地高温、高湿季节易发生。圃地排水不良、阴湿积水发病重，为害香椿当年生苗木，造成根部腐烂。危害症状：幼苗期表现为芽腐、猝倒和立枯，大苗上根茎和叶片腐烂；发病部位皮层变红褐色至黑褐色，流水腐烂，生长变慢，叶子逐渐脱落，严重时会导致整株死亡。防治方法：搞好调运苗木的检疫；发现病株时可在其附近健康植株的茎基部施药进行保护，同时拔除发病植株，病穴内撒入石灰或杀菌剂，避免病害蔓延；及时间苗，防止密度过大；造林地块应避免低洼积水，雨季及时清沟排渍；造林地块还应尽量与木荷、苦楝隔离，防止影响食用品质；发病初期用50%代森锌800倍液灌根；苗木出圃前用5%石灰水或0.5%高锰酸钾液浸根15～30min或用50%代森锌1000倍液喷根茎，带药出圃。

b. 白粉病。危害症状：主要危害香椿的叶片，枝条偶尔也会感染；病原侵染香椿叶片之后，在叶背面及嫩枝表面形成白色菌丝及粉孢子；开始为黄色，逐渐发展成黄褐色，最后形成大小不等的褐色斑点；受害叶片上的病斑初期呈黄白色，严重时整个叶片会卷曲枯焦，幼嫩枝条受害严重的也会变形扭曲乃至枯死。防治方法：及时清除感病植株或发病枝条、叶片，集中深埋或烧毁；合理密植，改善通风透光条件；合理施肥，提高磷肥、钾肥用量，避免偏施氮肥；萌芽和幼梢时可喷5°Bé的石硫合剂或100倍液高脂膜，每10d喷1次，连续喷2～3次；发病初期也可选用40%氟硅唑乳油8000～10000倍液，或40%多硫悬浮剂600倍液喷洒枝叶，10～20d防治1次；发病期喷洒15%三唑酮1000倍液，或高脂膜与50%退菌特等量混用，根据发病情况可连续喷2～3次。

c. 叶锈病。危害症状：感病苗木生长迟缓，叶部出现锈斑，出现落叶；秋旱时则发病严重。防治方法：冬季及时清理病枝与落叶，集中烧毁；及时清沟排水，保持圃地或林地干爽；适当增施磷肥、钾肥，避免偏施氮肥；合理密植，改善通风透光；发病初期，用1～3°Bé石硫合剂，或15%三唑酮可湿性粉剂600倍液喷洒防治，每10d喷1次。

d. 干枯病。危害症状：主要危害椿树幼苗，导致叶片脱落、枝干枯死，甚至整株干枯。防治方法：及时清除病枝、病叶，集中堆沤处理或烧毁；选晴天整形修剪，然后及时用波尔多液或石硫合剂涂抹伤口；夏季遮阳防晒，冬季保温防冻；发病初期在发病部位用刀刻划至木质部，喷涂70%甲基硫菌灵100～200倍液，苗圃地生长期用50%多菌灵可湿性粉剂1000倍液，或50%退菌特可湿性粉剂500倍液等进行喷洒预防。

B. 主要虫害防治

a. 褐边绿刺蛾（青刺蛾）。危害症状：幼虫为害时吃光叶肉仅剩表皮；成虫蚕食整个叶片，只剩下叶脉。防治方法：冬季结合整枝摘除虫茧；利用其天敌姬蜂诱杀；利用成虫趋光性，设黑光灯诱杀成虫；幼虫期可喷20%氰戊菊酯乳油，或苏云金杆菌500～1000倍液防治。

b. 云斑天牛。危害症状：成虫咬食树皮，幼虫钻入树体蛀食危害。防治方法：成虫多在距地面1～2m高的树干上产卵，痕迹明显，可人工除去虫卵，或用80%敌敌畏：柴油=1：9混合均匀，点涂产卵部位；树干上发现有新鲜排粪孔，注入80%敌敌畏乳油200倍液，再用泥巴堵住孔眼，可灭杀幼虫；在成虫集中出现时人工捕杀，在5～9月份成虫大发生时，每500m^2设一盏黑光灯进行诱杀。

c. 芳香木蠹蛾。危害症状：成虫在边材部蛀成不规则的隧道越冬，幼虫蛀入树皮和木质部之间，从较大的孔洞向外排粪，夏季受害处开始腐烂，并流出带有腥臭味的白沫液体。防治方法：撬开受害树皮，即可发现幼虫或孔道，对隐藏深处的幼虫可钩出消灭；将已腐烂的树皮挖除，石灰涂抹伤口；伐去被害严重的植株，烧毁；夏季在幼虫侵入孔口注入77.5%敌敌畏乳油，或涂抹50%杀螟松乳剂，再用黄泥封闭孔口；在成虫发生盛期，喷50%马拉硫磷乳油800～1000倍液，或77.5%敌敌畏乳油防治；成虫羽化期间，用黑光灯诱杀。

d. 锯锹甲。危害症状：幼虫在地面以下啃食树皮，成虫多在地表树干基部咬食树皮，伤口难以愈合，流水流胶，且易因引起金针虫为害或诱发真菌病导致腐烂；受害植株长势差，甚至枯死。防治方法：扒开树根周围土壤或在树皮洞眼里人工捕捉幼虫或成虫，于根部灌入77.5%敌敌畏乳油毒杀幼虫。

e. 草履介壳虫。危害症状：若虫和雌虫吸吮幼嫩枝条的汁液，影响植株长势，严重时导致整株枯死。防治方法：利用其集中产卵习性，挖出卵块销毁；化蛹期清除树皮、树洞、近地面的蛹；在若虫上树前，在树干0.6～1m处涂10～15cm宽的废机油隔离带；若虫上树后，喷77.5%敌敌畏乳油100倍液；利用其天敌大红瓢虫诱杀。

⑦ **采收**

芽长15～20cm、芽色红、肥嫩、无渣、质脆，香味浓郁时采收最好。采收过早，芽小，产量低；采收太晚，芽长叶大，粗糙，香味淡，品质差，总产值降低。采收时间宜在早晚进行，确保椿芽鲜嫩、水分充足、产量高。在采芽过程中要使用剪刀，从芽基部剪取嫩芽，且不要用手猛掰，以防伤害到主茎木质部，影响下一次发芽。头茬芽质量最好，价格最高，椿芽采摘时宜全部采摘，这样可促进侧芽早生快长，使侧芽采收早，产量高，而且采芽方便。采摘后及时浇水、补肥，促苗早发快长。发芽期间温度控制在20℃以上，20d左右采芽1次，到3月底可采芽3～4次，通常每667m^2的大棚，第一茬可采收150～200kg，第二茬50～100kg，或在各茬依次降低，到4月初共采收300～500kg。

一般春节前即可进行第1次采芽，将顶芽和够大小的萌芽全部采掉。第2次采收以侧芽为主，为保持树势，基部可留2～3叶作辅养叶。大棚冬季香椿芽一般采收3～4次。天气转暖，露地香椿开始大量采芽时，保护地栽培应停止采芽，开始进行树势培养，在采收第2、3次芽时要适当留一部分芽不采摘，作为辅养枝，以进行整形，使树势恢复。然后起苗，移植到露地按每667m^2定植6000株，继续培育苗木，以备下次冬季保护栽培。

采摘的香椿芽应摊开散湿降温，切忌随采随捆随装塑料袋，以防芽子散热掉叶，降低芽子质量。采收后的香椿芽下端对齐，捆成0.1～0.2kg的小捆，或装入包装袋封口上市。若不急于上市可捆成捆后，芽顶向上直立于水盆中，以防萎蔫。注意贮藏温度应不低于0℃，以免香椿芽受冻影响商品性状。

(3) 草菇塑料大棚栽培技术

草菇属伞菌目光柄菇科小包脚菇属，又名兰花菇、美味苞脚菇。草菇是高温型食用菌，菌丝生长和子实体形成需要30℃以上的高温，因此成为我国南方地区夏季提高农业设施生产效益、满足市场需要的重要食用菌之一。在长江流域，设施栽培草菇的技术成果已推广应用，使草菇生产的供应期延长为6个月（5～10月份）以上。

① **适用设施**

草菇属于高温型真菌，利用栽培蔬菜塑料大棚春夏换茬之际种草菇，可以提高大棚6～9月份的设施利用率，并且能延长草菇的采收时间；利用小拱棚西瓜前茬进行草菇的小拱棚覆盖栽培，也称为地棚栽培；在上海郊区有利用甜瓜后茬大棚栽培草菇的，效益很好。草菇栽培设施要求遮阳、防风、控温和保湿。

② **栽培方式**

草菇栽培有室内床架式栽培、小拱棚畦地式栽培、塑料管棚栽培3种方式。床架式栽培在温室或大棚内搭建床架，分层栽培，在床架的底部铺设薄膜或干净、无霉变的稻草，然后将配制好的培养料直接上架，铺成波浪式，料宽30～35cm，波峰不低于15cm，波谷为3cm，播入菌种，拍实后覆盖细土。小拱棚畦地式栽培作为西瓜、甜瓜、蔬菜田的后茬，畦宽连沟 2m，畦面宽 1.6m，沟宽 0.4m，沟深 20cm。塑料管棚栽培草菇既能形成有利于草菇生长的小气候，又可在设施内进行加温或降温，实现草菇的周年生产。

③ 栽培技术

a. 制种技术

菌种制作是草菇栽培的重要环节，采用人工培育的纯菌种栽培草菇，出菇快、产量高、品质好。菌种培养条件 28～30℃，10～15d。草菇原种生产主要有麦粒菌种、棉籽壳菌种和草料菌种 3 种。麦粒菌种的配方为麦粒 87%、砻糠 5%、稻草粉 5%、石灰 2%、石膏或碳酸钙 1%；棉籽壳菌种配方为棉籽壳 70%、干牛粪屑 16%、砻糠 5%、米糠或麸皮 5%、石灰 3%、石膏 1%；草料菌种的配方为 2～3cm 长的短稻草 77%、麸皮或米糠 20%、石膏或碳酸钙 1%、石灰 2%。培养基含水量 65%左右，培养条件为 28～30℃，750mL 的菌种瓶或 12cm×25cm 的塑料菌种袋培养 20d 左右。

草菇菌种应保存在 15℃条件下，3 个月左右转管一次，不同菌株要严格标记，分开保存，菌株混杂会引起拮抗作用，有时会导致颗粒无收。

b. 培养料配制

栽培草菇主要利用废棉、棉籽壳、稻草、麦秆等纤维素含量较多的原料。我国稻麦秸秆非常丰富，为草菇生产提供了丰富的原料来源，发展草菇生产也有利于解决农作物秸秆在田间焚烧带来的资源浪费和环境污染。

废棉的理化性状优良，棉纤维、矿物质和低分子的氮源能满足草菇生长发育的需求，保温和保湿性能良好。废棉培养料的配制方法是：纯废棉 50kg，石灰 2.0～2.5kg，清水 85～90kg。一般用量为 11.25～13.50kg/m^2。将废棉在 pH 14 的石灰水中浸透，滤掉水分后铺入菇床，培养料厚度为 15～20cm，温度在 30℃以上时 15cm 左右。培养料的含水量 70%左右。废棉栽培草菇不用加入麸皮、米糠等有机物，防止碳氮比失调，滋生绿霉等杂菌。

棉籽壳的性质接近于废棉，但保温、保湿性能较废棉差。配制方法是先将棉籽壳暴晒，然后放在 pH 14 的石灰水中浸透，预堆 24～48h，水分均匀渗透后即可进床播种。

稻草是最早用于栽培草菇的培养料，但生物转化效率较低，一般在 15%～20%左右，高产时可达到 40%。稻草栽培时要预堆处理，使稻草软化，调整碳氮比，提高保温、保湿性能。处理方法是先把稻草切成 15cm 左右长度，用 3%的石灰水浸泡，充分浸润后加入干草重 25%的猪粪或牛粪屑，再加入 1%的过磷酸钙和石膏拌匀，堆制 2～3 昼夜，使料堆中心温度达 60℃以上。一般稻草培养料用量为 18kg/m^2。

两种以上的培养料栽培草菇称为复合料栽培，如下层用稻草，上层用废棉，有利于降低生产成本。

c. 品种选择与播种

选择优良菌种：菌龄 30d 左右，以菌丝发到瓶底、菌种瓶肩上出现少量淡锈红色的厚垣孢子时播种最佳。

草菇播种一般采用撒播法，在培养料表面直接撒上草菇菌种，轻拍料面，使菌种与培养料紧密结合。下种后用肥熟土在培养料表层覆盖。一般上午进料、下午播种，高温下播种有利于发菌，室温 36～38℃、培养料表面温度 39～40℃时播种最佳。每平方米播种量为 3.5～4 瓶，如用 17cm×33cm 规格的塑料袋菌种，则每平方米播种 2 袋。地栽条件下每 1000m^2 用种量 630～675 瓶或塑料袋菌种 300～330 袋。

d. 播种后管理

播种后床面覆盖薄膜，5d 内保持 35～40℃温度，注意遮阳，防止发菌期间温度＞40℃或＜22℃。草菇菌丝封面后揭去薄膜并将温度控制在 32℃左右。播种 4～5d 后在风静或微风条件下背风短期换气，注意保湿。播种后 7～8d，培养料中心温度在 30～33℃时，草菇菌丝开始扭结形成小菌蕾，在小菌蕾出现时对环境条件极为敏感，防止阳光照射和温度的剧烈变化，还要满足草菇菌丝旺盛发育阶段对氧气的需要。

在出菇期间水分管理十分重要，空气相对湿度要保持在90%左右，地面要经常浇水，空间经常喷雾；菌蕾形成之前如果发现水分不足可将水喷在覆土上，并保持水温和料温一致以免菌丝受伤。当大部分菌蕾生长至花生粒大小时开始对床面进行喷水，喷水后注意菇房通气，让菌蕾表面水分散发。

e. 病虫害防治

草菇栽培的生长周期较短，只有20～30d时间，病虫害应以预防为主，注意环境卫生，用0.2%多菌灵或0.2%过氧乙酸均匀喷洒于菇房四周和床架；畦地栽培时在进床前半个月用20%氨水泼浇地面，杀菌除虫。培养料事先在阳光下暴晒杀菌，酸碱度调至pH 8以上，抑制杂菌。当培养料呈酸性、含氮量过高、温度偏低或pH值呈酸性时易发生鬼伞菌。防治方法是调节pH值至中性偏碱，培养料配制时将碳氮比调至（40：1)～(50：1)，拌料时含水量调至70%左右。木霉也称绿霉菌，多数发生在潮湿、通风不良和光线不足的地方，通过选用干净、经暴晒过的培养料，栽培过程中注意通风、防止环境闷湿，选用健壮的适龄菌种，清除木霉污染部分并撒上石灰粉等。此外，还应防止小核菌、疣孢霉、菌螨、菇蝇、蜗牛、田鼠等为害。

f. 采收

草菇在适宜的生长条件下播种后5～7d见小菌蕾，10d左右开始采收。

草菇的采收应注意：草菇生长迅速，容易开伞，应尽量及时采摘，每天早晚各采一次，在菌蛋呈卵圆形，菌膜包紧，菇质坚实时采摘品质最好；对丛生菇的采摘要在大多数菇适宜采收时整丛采下；采摘时尽量不使培养料疏松，以免菌丝断裂，周围的幼菇死亡；采收完毕及时整理床面，挑去留在菇床上的死菇，平整好床面，然后均匀喷一次石灰水，补充培养料中的水分，约5d后出现第二茬菇。第一茬菇占总产量的70%～80%。

17.4 无土栽培技术

无土栽培（soilless culture）又称营养液栽培（nutrient solution culture）或水培（hydroponics）。它是一种不用土壤而用培养液与其他适当的设备来栽培作物的农业技术。

17.4.1 无土栽培的特点

无土栽培的特点是以人工创造的作物根系环境取代土壤环境，这种人工创造的根系环境，不仅满足作物对矿质营养、水分、空气条件的需要，而且人工对这些条件能加以控制和调整，借以促进作物的生长和发育，使它发挥最大的生产潜力。

无土栽培是一项崭新的先进的栽培技术，和传统的土壤栽培相比，有着无可比拟的优越性。如克服连作障碍，改善了劳动条件利于省力化栽培，较土耕省水省肥且生长快产量高品质优，能提供清洁卫生、健康而有营养的无公害蔬菜，适于一切无法进行土耕的地方栽培。

当然，无土栽培也有一些缺点：

① 一次性投资太大，且一年中维持水培的肥料和水电费也很高。

② 技术要求高。不像土壤耕作由于有缓冲作用，肥料不太严格，无土栽培则要求严格。不同作物、不同生育期对肥料成分组成、浓度、pH等要求较土壤耕作严格，水培对营养液反应快，肥料浓度的提高或降低，将会造成生理障碍。

③ 在土壤栽培条件下，土壤虽有病菌，但能受其他杂菌所抑制，而营养液栽培病菌一旦侵入培养液，由于条件优越，短时期迅速繁殖，从根部和植株基部侵入发病，直至死亡，如果再将营养液循环，则更会加速病菌传播。

17.4.2 无土栽培技术的基础

营养液是无土栽培的核心，必须认真地了解和掌握配制方法，才能真正掌握无土栽培技术。

(1) 水质要求

① 水的来源

在研究营养液配方及某种营养元素的缺乏症等实验水培时，需要使用蒸馏水或去离子水。在大生产中可使用雨水、井水和自来水。

雨水的收集靠温室屋面上的降水面积，如月降雨量达到100mm以上，则水培用水可以自给。使用雨水时要考虑当地的空气污染程度，如污染严重则不能使用。即使断定无污染，在下雨后10min左右的雨水不要收集，以冲去尘埃等污染源。

井水和自来水是常用的水源，使用前必须对水质进行调查化验，以确定其可用性。一般的标准是水质要和饮用水相当。

如用河水作水源，必须经过处理，使其达到符合卫生规范的饮用水的程度才能使用。

② 水质的要求

总的要求和符合卫生规范的饮用水相当。现将几项和无土栽培营养液的平衡有密切关系的及有累积性公害影响的指标介绍如下。

a. 硬度。用硬水配制营养液必须将其中钙和镁的含量计算出来，以便减少配方中规定的钙、镁用量，否则其总盐分过高。用作营养液的水，硬度不能太高，一般以不超过10°为宜。

b. 酸碱度。pH6.5～8.5。

c. 溶解氧。使用前的溶解氧应接近饱和。

d. NaCl含量。小于2mmol/L。

e. 余氯。自来水消毒时常用液氯（Cl_2），故水中常含Cl_2＞0.3mg/L。这对植物根有害。因此，水进入栽培槽之后应放置半天，以使余氯逸散后才好定植。

f. 重金属及有害元素。重金属及有害健康的元素容许限量见表17-1。

表17-1　水中重金属及有害健康的元素容许限量

元素	含量/(mg/L)	元素	含量/(mg/L)	元素	含量/(mg/L)
Hg	0.005	Cd	0.01	As	0.01
Se	0.01	Pb	0.05	Cr	0.05
Cu	0.10	Zn	0.20	Fe	0.50
F	1.00				

总之，对用水的要求是不允许含有重金属和病菌虫卵等污染物，或在允许值以下。因此含盐量低的雨水最理想，年雨量多的地方，可积水备用。井水、地下水则因近海与否成分不一致，如硬水地区，应当测定Ca^{2+}、Mg^{2+}的含量并从肥料用量中减掉进行矫正，过硬的水不宜使用，要处理以后再用。铁在水中可能含量多，但易沉淀，不会造成影响。如果NaCl（Na^+含量高水呈碱性，Cl^-含量高水呈酸性）、H_2S等有害物质大量存在，则宜用自来水或河水。自来水含氯气（次氯酸钠消毒所致），宜放置1～2d后使用，如急用可在水中加硫代硫酸钠（2.5g/t）中和后使用。另外pH过高也应调整后使用。

(2) 肥料

一般将化学工业制造出来的化合物的品质分为四类。①化学试剂，又细分为三级，即：保证试剂（GR），又称一级试剂；分析试剂（AR），又称二级试剂；化学纯试剂（CP），又称三级试剂。②医药用。③工业用。④农业用。

化学试剂的纯度最高，其中GR级又最高，但价格昂贵。在无土栽培中，要研究营养液新配方及探索营养元素缺乏症等试验，需用到化学试剂，除特别要求精细的外，一般用到化学纯试剂。在生产中，除了微量元素用化学纯试剂或医药用品外，大量元素的供给多采用农业用品，以降低成本。如无合格的农业原料可用工业用品代替，但工业用原料的价格比农用的贵。

营养液配方中标出的用量是以纯品表示的，在配制营养液时，要按各种化合物原料标明的纯度来折算出原料的用量。此外，肥料应贮藏于干燥的地方，如因贮藏不当而吸潮显著，使用时应减去吸湿量。

(3) 营养液配方

① 营养液组成原则

营养液必须含有植物生长所必需的全部营养元素（除 C、H、O 之外其余 13 种：N、P、K、Ca、Mg、S、Fe、B、Mn、Zn、Cu、Mo、Cl）。

含各种营养元素的化合物必须是根部可以吸收的状态，即可以溶于水的呈离子状态的化合物，通常都是无机盐类，也有一些是有机螯合物，如铁。

营养液中各营养元素的数量比例应是符合植物生长发育要求的、均衡的。

营养液中各营养元素的无机盐类构成的总盐分浓度及其酸碱反应应是适合植物生长要求的。

组成营养液的各种化合物，在栽培植物的过程中，应在较长时间内保持其有效状态。

组成营养液的各种化合物的总体，在被根吸收过程中造成的生理酸碱反应应是比较平稳的。

② 营养液配方实例

现在世界上已发表了无数的营养液配方，广泛使用配方如下。

Hoagland 配方：$Ca(NO_3)_2 \cdot 4H_2O$ 945mg/L，KNO_3 607mg/L，$NH_4H_2PO_4$ 115mg/L，$MgSO_4 \cdot 7H_2O$ 493mg/L。

日本园试配方：$Ca(NO_3)_2 \cdot 4H_2O$ 945mg/L，KNO_3 809mg/L，$NH_4H_2PO_4$ 153mg/L，$MgSO_4 \cdot 7H_2O$ 493mg/L。

日本山崎系列配方（mg/L）如表 17-2 所示。

表 17-2　山崎系列配方

成分	甜瓜	黄瓜	番茄	甜椒	莴苣	茼蒿	茄子	小芜菁	鸭儿芹	草莓
四水硝酸钙/(mg/L)	826	826	354	354	236	472	354	236	236	236
硝酸钾/(mg/L)	607	607	404	607	404	809	708	506	708	303
磷酸二氢铵/(mg/L)	153	115	77	96	57	153	115	57	192	57
硫酸镁/(mg/L)	370	483	246	185	123	493	246	123	246	123

微量元素用量：螯合铁 20～40mg/L，硼酸 2.86mg/L，硫酸锰 2.13mg/L，硫酸锌 0.22mg/L，硫酸铜 0.08mg/L，钼酸铵 0.02mg/L。

(4) 营养液配制

① 浓缩贮备液

A 母液：以钙盐为中心，凡不与钙作用生成沉淀的盐都可溶在一起，可包括硝酸钙和硝酸钾，浓缩 100～200 倍。

B 母液：以磷酸盐为中心，凡不会与磷酸根形成沉淀的盐都可溶在一起，可包括磷酸二氢铵和硫酸镁，浓缩 100～200 倍。

C 母液：由铁和微量元素合在一起配制而成的，因其用量小，可以配成浓缩倍数很高的母液，一般为 1000 倍浓缩液。

以上母液均应贮存于遮光容器中。

② 工作营养液

一般用浓缩储备液配制，在加入各种母液的过程中，也要防止沉淀的出现。配制步骤如下。在大贮液池内先放入相当于要配制的营养液体积的40%水量，将A母液应加入量倒入其中，开动水泵使其流动扩散均匀。然后再将应加入的B母液慢慢注入水渠口的水源中，让水冲稀B母液后带入贮液池中参与流动扩散，此过程所加的水量以达到总液量的80%为度。最后，将C母液的应加入量也随水冲稀带入贮液池中参与流动扩散。加足水量后，继续流动一段时间使其达到均匀。

(5) 营养液的管理

营养液的管理主要是指在栽培作物过程中循环使用的营养液管理，开放式基质营养液滴灌系统中的营养液不回收使用。

作物的根系大部分生长在营养液中，并吸收其中的水分、养分和氧气，从而使其浓度、成分、pH、溶存氧等都不断发生变化，同时根系也分泌有机物于营养液中及少量衰老的残根脱落于营养液中，致使微生物也会在其中繁殖。外界的温度也时刻影响着液温，因此，必须对上述诸因素的影响进行监测和采取措施予以调控，使其经常处于符合作物生长发育的需要状态。

① 溶存氧（培养液中溶氧量）

生长在营养液中的根系，其呼吸所需的氧，可以有两个来源：溶存于营养液中的氧和植物体内形成的氧气输导组织从地上部向根系输送的氧。

培养液的溶氧量依液温或营养液供液方式不同而有很大变化，尤其是液温升高时，根的呼吸增强，营养液中氧气不足，因此必须补充氧气。具体补氧气的方法有：搅拌（此法有一定效果，但技术上较难处理，主要是种植槽内有许多根系存在，容易伤根）；用压缩空气通过起泡器向溶液内扩散微细气泡（此法效果较好，但主要在小盆钵水培上使用，在大生产线上大规模遍布起泡器困难较大，所以一般不采用）；用化学试剂加入溶液中产生氧气（此法效果尚好，但价格昂贵，生产上目前不可能使用）；将营养液进行循环流动（此法效果很好，是生产上普遍采用的方法，其具体的增氧效果，由于不同设计而有差异，循环时落差大、溅泼面较分散、增加一定压力形成射流等都有利于增强补氧效果）。

② 浓度管理（培养液的补充与调整）

在栽培过程中，营养液会因蒸发和作物蒸腾而逐渐减少，如果随时补充水分，使之保持原有的容积，则又会因盐分被吸收而使浓度变低，因此，营养液的补充与调整十分重要。

补充与调整的方法一般有如下几种。

a. 按减水量估算补液量。适用于单株作物平均需要较多量营养液的无土栽培。果菜类生育盛期每天每株可消耗水分1～2L，叶菜类蔬菜为0.15～0.2L，但在这一容量或容积里所含的盐分，只有一部分被作物吸收，其数量约为该容积内盐分含量的50%～70%。记录贮液槽中的耗液量，当液量减少到原有液量的70%时，就加水到原有液量，再加入补水量所需肥料量的50%～70%，即可使液量及其浓度恢复到原有水平。

b. 电导率法。纯水并不导电，水中离子愈多，导电能力愈强，据此将营养液配制成不同浓度的标准液，用电导仪测定电导率（EC），并绘制成标准曲线。当营养液使用一段时间以后，浓度变低（盐分被吸收，水分补充到原有体积）。可用电导仪测定其电导率，再从标准曲线找出其相应之浓度及应补施之肥料量。例如：浓度减低到原有浓度的60%时，则补施全槽应施肥料的40%，即可使浓度恢复到原有水平。不过电导仪测得的EC值与硝态氮的浓度呈显著正相关，而与K^+等浓度的变化无相关现象，因此，现在有改用离子电极测定的。

c. 养分分析法。培养液使用一段时间之后，需要用化学分析方法测定其浓度，以确定植物吸收量，其测定值与刚配制时营养液中各元素含量的差，可以说明应向营养液中补充各元素的数量，使恢复到原来的浓度。除测定培养液一般元素外，还要测定不同离子如Na^+、SO_4^{2-}、Cl^-是否过量积聚，以及有毒重金属元素是否过量存在。

d. 营养液浓度与pH的自动调控装置。目前荷兰等国还广泛采用微电脑来自动调整培养液浓度与pH值。例如根据日总辐射量来定蒸腾量，根据蒸腾量计算出追肥量，再根据EC感受器测得的营养液浓度，通过电脑系统自动补液。

③ **pH 的变化与调整**

培养液中 pH 与作物养分吸收具有密切关系，当 pH 发生变化时，养分吸收状况也发生变化，其结果又会影响培养液中 pH 的变化。在水培中培养液的 pH 变化较复杂，发生变化的原因大体上有以下几点：第一，使用固体基质的化学性质的不同引起 pH 的变化，例如以岩棉、熏炭为基质的 pH 易升高，泥炭则下降，而用珍珠岩其 pH 的变化最少、最稳定，至于石砾与砂则依其母质的化学成分而异；第二，作物吸收养分时，阴离子与阳离子吸收比例的不同，会使 pH 发生变化，例如园试均衡培养液中 NO_3^- 的吸收量多时，K^+、Ca^{2+} 残留在培养液中使 pH 上升；第三，水质的化学性质、CO_2 浓度、从根部分泌或根部腐败而产生的有机酸浓度也会改变 pH。

检测培养液 pH 可用 pH 试纸、指示剂及 pH 测定仪，现在有一种手持简便型数字式的 pH 计较适合田间测定用。

调整 pH 的方法是以酸或碱来中和，当 pH 过高时，以酸中和，常用的有硫酸、盐酸、硝酸和磷酸，其用量、种类依培养液的新旧和水质而异，据试验，1t 水中加 8～10mL 浓硫酸，可使 pH 降低 1 个单位左右。长期使用硫酸、盐酸，会使培养液中积累 SO_4^{2-}、Cl^-，引起 EC 值升高，用硝酸来调整 pH 在欧洲广泛使用。岩棉培养基则多用磷酸来调整（因强酸易溶解纤维），但磷酸易引起铁沉淀而发生缺铁症。除磷酸外，使用各种酸时要注意防止灼伤皮肤。

pH 过低时，以碱中和，常用的有 KOH 和 NaOH，通常用 10%的溶液来调整。

所有用酸或碱中和时，均需先稀释成 100 倍左右的稀释液（如 8～10mL 稀释至 1L），因为少量的高浓度的酸或碱加入大量培养液中，一时不易均匀，务必以防止根系不会因遇到过浓的酸碱造成损伤为原则，要少量分次逐渐混入。

另外，还可以利用 pH 自动调节装置来调节培养液中的 pH。

④ **液温的管理**

液温影响作物的养分吸收和培养液中的溶氧量，液温过低影响根系生理活性，抑制了根系对磷、钾、氮的吸收，但对钙与镁的吸收影响不大。同时高液温下根系吸收增强，培养液中氧气的浓度下降，易发生根腐烂。而且高液温下钙的吸收也困难，尤其是番茄在高温时易缺钙，引起脐腐病。因此，液温过高过低均使生长受抑制，其适宜的根际液温与土壤耕作条件下的土温是相同的。

为保持适温，宜进行加温或冷却液温，依水培设施种类的不同，方式也各异。冬季液温加温的方法有：在贮液槽下部设加温管，砾培床还可以在槽内植株下部 5～10cm 处铺设电热线，于夜间不供液时加温。夏季降低液温，可用地下水或将贮液槽修成地下式，设在不受阳光直射处，使营养液加快循环，栽培床上敷设寒冷纱等，均可在一定程度上防止液温升高。但还缺少较为有效的方法。

⑤ **营养液的更换**

一般来说，用软水配制的营养液，若所选用的配方又比较平衡，则不需经常作酸碱中和。应用此营养液，一茬生长期较长的作物（番茄一茬 5～6 个月），可在生长中期（约 3 个月）更换一次就可以了。生长期短的作物（有的叶菜类种一茬 20～30d），可种 3～4 茬更换一次，不必每茬收获之后即更换营养液，这样可节省用水。每茬收获时，要将脱落的残根滤去。可在回水口安置网袋或用活动网袋打捞，然后补足所欠的营养成分（以总剂量计算）。如用硬水配制营养液，常需作酸碱中和，则每个月需要更换一次。如水质的硬度偏高，更换的时间可能更要缩短，这要根据实际情况来决定。如果一定要使用硬度较高的水源来进行无土栽培，管理人员必须有较高的知识水平和实际经验，并最低限度地配备电导率仪和酸度计，以好应对复杂的局面。

17.4.3 无土栽培技术的实例

(1) 温室黄瓜基质栽培技术

现代化温室设施齐全（如防虫网、保温遮阳幕、加热系统、滴灌系统等），气象和肥水可自动控制，为克服土壤栽培不利因素的限制，一般采用无土栽培。而无土栽培中的水培方法因其管理操作技术要求很高而使用较少，因此目前普遍采用基质栽培。编者借鉴国外温室黄瓜栽培技术，结合生产实践，初步总结现代化温室黄瓜基质栽培技术如下。

① 基质选择与装袋

选用珍珠岩和草炭混合体积比例为8∶2的混合基质。这种混合基质既有保持水肥的能力，又具有良好的通气性，同时不含对作物有害的成分，对营养液酸碱度的影响也较小。

栽培袋用乳白色不透明的或白色在外的黑白双面塑料薄膜制成，使植株根系避免接触光线。具体规格是长90cm、宽18cm、高13cm，容积约16L，也可视栽培需要而定。每袋种植2株黄瓜。基质装袋前应浇水混拌至手捏成块、落地能散开为度。栽培袋内基质应紧实，装袋封口后，在温室内按双行垂直布置。移栽前，在袋子侧面离地3～4cm处开2～3个水平孔，用于排出多余的营养液，袋底部3～4cm起“蓄水池”的作用，基质内水分逐渐耗竭时，底部的水分能顺着毛细管上行，满足植物的需要。

选用的这种混合基质一般可使用2～3年，但每次使用前必须进行消毒。方法是用福尔马林10倍液通过温室滴灌系统进行。用此法消毒，方法简单，安全可靠，效果较好。

② 品种选择与茬口安排

黄瓜有长黄瓜和短黄瓜之分，可根据市场需求选用。一般应选用纯雌性系、抗病性强、产量高、品质好的品种。据上海地区的试验，在引种的28个国外长黄瓜和短黄瓜品种中，长黄瓜以Nevada、短黄瓜以Derada的产量品质均好。

黄瓜一般一年2～3茬，实际生产中一年2茬的，时间安排为9月中旬～翌年3月底，4月初至8月中旬。一年3茬的时间安排为8月初～11月中旬，11月下旬～翌年4月初，4月中旬～7月中旬。但黄瓜产量的高峰期应尽量调整在1～4月份市场供应淡季，以提高经济效益。

③ 育苗和定植

采用基质穴盘育苗，用1∶1草炭和珍珠岩或草炭和蛭石混合基质。播种前基质加适量水，混合均匀后装盘。播种深度1.0～1.5cm，上盖一层蛭石或珍珠岩。播后用清水浇透，然后保湿催芽，出苗前适宜温度为25℃左右。当60％～70％种子弓背时，及时将苗盘移至温室育苗架上绿化。

小苗适宜昼温26～27℃，夜温18～20℃，大苗适宜昼温25～26℃，夜温约16℃。育苗期间水分管理应特别注意，浇水要均匀。幼苗子叶平展、真叶开始长出时，隔天浇一遍0.8～1.2mS/cm的完全营养液。

④ 定植

定植苗龄为1叶1心。定植前3～4d将基质浇足营养液，定植时再浇适量营养液，带肥移栽。栽培密度春季为1.4株/m^2，秋季为1.2株/m^2。也可选择从植株第五节开始留一侧枝成双秆，以节约用种量。玻璃温室可适当提高栽培密度。定植深度以达子叶节为宜。定植后两周内应充分灌溉，以利根系生长。

⑤ 植株管理

长黄瓜一般采用伞型整枝。6～8节开始留果，根据长势和产出高峰期安排每节留1果或每2节留1果。从茎基部至生长线采用单秆，当植株顶端越过生长线后留一片叶在生长线上部，然后摘心。用绳子在该叶片下将主蔓与生长线系在一起，待发出侧蔓时，留两条侧枝继续生长。在侧枝越过生长线后牵引其向下生长，待侧枝长至离地面1m时，摘心留二级侧枝继续生长。依此类推，其形状类似伞状。短黄瓜的主蔓可从基部或第四节开始留果，每节留1～2个，可采用伞型整枝或单秆坐秧整枝。

在枝蔓越过生长线后，每平方米土地面积保留叶面积5m^2较为合适。每周整枝2～3次（打老叶、整侧枝、疏果）是获取高品质果实的一个重要措施。及时摘除主茎上的侧枝、卷须，可减少养分的损失，同时有利于果实的良好发育和植株的生长。及早摘除不需要的果实对植株生长很重要。如果果实过多，会引起果实畸形、弯曲、粗短或色泽差而影响商品性。及时摘除下部变色衰老叶片（一般叶龄60d以上）有利于通风透光，方便采果，减少植保费用，同时可促进新枝叶的生长。特别在夏季之前，摘除老叶可增加植株顶部的叶面积，对增强植株越夏抗高温非常重要。打老叶、整侧枝宜在上午进行，以利于伤口干燥，减少病菌侵染。绑蔓（绕头）每周3次，宜在下午进行，因上午植株水分含量较高，绑蔓时易折断。

⑥ **肥水管理**

a. 营养液配制

使用国外引进的整套滴灌系统来进行营养液灌溉。采用表17-3营养液配方，在整个生育期钙镁的浓度可维持在一个范围不变，Ca为100～120mg/L，Mg为40～50mg/L，微量元素采用常规的配方。

表17-3 黄瓜基质栽培营养液配方

时期	N/(mg/L)	P/(mg/L)	K/(mg/L)	EC/(mS/cm)	pH值
生长期	100～120	80～100	120～150	1.0	6.5
开花坐果期	120～150	60～80	150～200	1.5	6.5
成熟采摘期	120～180	60～80	170～220	1.5～2.0	6.5

配制时，使用进口的复合肥料，配置3个母液罐。氮磷钾镁和微量元素配在A罐，钙配在B罐，C罐为酸罐。母液和灌溉水同步进入灌溉管理，混合成营养液进行灌溉。

b. 灌溉控制方法

根据作物不同生长期及不同的天气状况，控制灌溉量和灌溉浓度。小苗植株蒸腾量和需要的矿质营养较少，灌溉量少；随着植株长大，植株蒸腾量和所需的矿质营养逐渐增加，灌溉量也逐渐增加。高温强光晴天灌溉量大，低温弱光阴雨天灌溉量少。为控制灌溉量及灌溉浓度，每个灌溉区域设置2个肥水检测点，每天检测，内容为灌溉液和栽培袋溢出液的量、pH、EC值、NO_3^-浓度等。正常溢出液的量占灌溉液量的15%～30%，溢出液pH为6.0～6.5，灌溉液和溢出液的EC值相差不超过0.4～0.5mS/cm，溢出液的NO_3^-浓度250～500mg/L。当检测指标不正常时，应立即校正。

⑦ **栽培环境的控制**

环境条件包括温、湿、光、CO_2等，最主要的是温度和湿度的控制。黄瓜不同生育期对温度、湿度有不同的要求（表17-4），应尽量维持在适宜范围内。

表17-4 黄瓜不同生育期环境条件

生育期	最低温度/℃	最适温度/℃	最高温度/℃	相对湿度/%
苗期	15	20～30	34	80～85
营养生长期	18	24～28	35	80～85
果实成熟期	18(昼)	25～28(昼)	35(昼)	80～85
	15(夜)	17～20(夜)	22(夜)	

温室内环境控制是一项非常复杂的技术，应综合考虑利用现代温室的环境调控设施，以求达到最佳状况。具体操作措施如下：加热升温，夜间保温幕保温；遮阳网遮阳，设置卷帘窗、天窗、排风扇，进行屋顶喷淋等帮助降温；室内湿度过高时，可用强制通风降湿，还可用加热排热空气降湿；低湿度时，可用室内喷淋增湿。

⑧ **病虫害防治**

由于温室卷帘窗和天窗安装了防虫网，地面覆盖不透光的黑白双面薄膜，虫害发生较少，只有零星发生蚜虫、叶螨、潜叶蝇、蓟马和夜蛾，可用生物农药或低毒农药防治。

黄瓜病害主要为霜霉病，主要由温室内的高湿度引起。不同品种的抗性差异很大，其防治应以选择抗病品种、控制湿度为主。在高湿天气时要使用霜霉威盐酸盐、烯酰·锰锌、霜脲·锰锌、甲霜灵和甲霜·锰锌等药剂预防。发生病毒病的植株应及时清除出温室，防止交叉感染。此外，应注意防治蚜虫以减少病毒病的传播。零星发生的白粉病及时用三唑酮等防治，零星发生的菌核病可用农利灵、腐霉利、菌核净、苯菌灵和甲基硫菌灵等防治。

(2) 蔬菜有机生态型无土栽培技术

蔬菜有机生态型无土栽培技术克服了营养液无土栽培技术成本高、操作难度大、不环保、难推广等缺点，采用有机固态肥取代化学营养液，在作物整个生长过程中只灌溉清水，突破了无土栽培必须使用化学营养液的传统模式；采用价廉易得并可就地取材的农作物秸秆（如玉米秸、葵花秸等）、玉米芯、废菇渣等农产废弃物全面取代价格昂贵的草炭和岩棉作为无土栽培基质，并可连续使用3～5年；显著降低无土栽培的成本，有机生态型无土栽培系统一次性投资较最简单的营养液基质槽培降低45.5%，肥料成本降低53.3%，基质成本降低60%；采用该技术生产番茄最高产量达到22187kg，达目前最高产量水平；将有机农业成功导入无土栽培，符合我国“绿色食品”的施肥标准，大大提高农产品品质；在“简单化”的基础上实现了无土栽培水肥管理的“标准化”，大大简化了无土栽培的操作管理规程。

① 构建栽培系统

a. 大棚结构。以钢管架构而成的塑料大棚，长30m，宽6～8m，高3.2m，肩高1.2m，卷膜放风，通风面积达40%，并加盖防虫网。选保温耐候性好的棚膜覆盖，棚顶铺之活动遮阳网。

b. 栽培基质。取材于来源丰富的腐熟植物秸秆和河沙，比例为2∶1。每立方米基质混入膨化鸡粪和花生麸各5kg，三元复合肥1kg，pH6.5～7.0。

c. 种植槽。种植槽长29m，宽1m，深0.3m，槽间距0.35m，斜度1∶150，槽底铺PE薄膜。填上混合好的栽培基质。槽间及周边铺水泥板，既作人行道，又保持田间清洁。

d. 供水系统。安装棚用滴灌系统，由主管、支管和滴灌软管组成。每槽铺两条软管，软管直径25mm。

e. 营养液配制。取鸡粪、花生麸、复合肥按1∶1∶0.2比例混合后，加水盖膜，堆沤25d以上。揭膜，晒干备用。用清水浸泡沤制后的有机肥1d以上，取上清液稀释成电导率（EC）1.0～2.2mS/cm、pH6.5～7.0淋（灌）施。

② 周年生产模式

无土栽培可进行多种蔬菜的生产。周年生产考虑到不同品种间有早、中、迟熟之分，考虑耐热、抗寒性、耐阴性、季节性等，把蔬菜安排在最适宜生长发育的季节和具有最大商品价值的时期。

适于长江流域种植并获取较大经济效益的模式主要有：空心菜3月～4月中旬，小白菜4月中旬～5月，萝卜菜6～7月份，大白菜秧7月下旬～8月，草莓9月～翌年4月，迷你黄瓜3～6月份，小白菜、大白菜、萝卜菜7～8月份，樱桃番茄8～11月份，生菜、油麦菜、菠菜、香菜、茼蒿、大蒜苗等11月下旬～翌年3月份。

③ 基质育苗技术

基质选择选椰糠与细沙按1∶1比例拌匀，每立方米基质混入膨化鸡粪和花生麸各10kg，复合肥1kg，充分混合后装入育苗杯、育苗盘或育苗床中待用。

品种选择丰产优质耐弱光抗性强、适于设施栽培的优质蔬菜品种或温室专用品种。如樱桃番茄圣女、迷你黄瓜等。

浸种催芽与播种种子浸水后保湿催芽。将出芽的种子点播在淋透水的育苗杯（盘、床）中。叶菜类常直播于种植槽上。

苗期管理淋水与淋肥交替进行。一般夏天每天淋水2～3次，隔天淋营养液。冬季2～3d淋一次水，可采用一次水，一次肥淋施。苗龄掌握为日龄15～25d，叶龄2叶1心到3叶1心。

④ 定植与管理

定植前把滴灌系统的管道垫好，每株至少有1个滴头。基质一次性灌透水。种植密度因季节、品种而异，春夏宜疏，秋冬宜密。

营养与灌溉有机肥料施用以基肥为主，追肥为辅。基肥与追肥比例为6∶4。在生长发育的各个阶段及时追施有机肥3～4次，一般20～50kg/667m^2，或配成EC 1.5～2.0mS/cm、pH6.5～7.0的营养液与清水交替施用。灌溉以保持基质湿润为主。阴天不灌水，冬季隔天浇水，保持基质含水量60%～80%，槽内盖膜，防止水分蒸发，减少棚内湿度。

植株调整与采收瓜类作物在真叶长到6～8片、植株抽蔓时，用红绳或厘竹引蔓使之向上生长。主蔓结果品种，要去除侧枝和过多卷须，同时适当疏花疏果，及早除去畸形果待主蔓长到预定高度时进行摘心，并让侧枝结果向下生长。樱桃番茄在植株开花后，用绳缠绑基茎，牵引植株向上生长。无限生长类型采用单干整枝，自封顶型采用双干整枝，及时除枝疏果。中果型番茄第一穗留果4个，第二、三穗各留5个果，樱桃番茄尽可留果。采食鲜果的应在果色鲜艳光亮、酸甜可口时采摘。甜瓜有单干和双干整枝两种，在第12～15节上的子蔓留瓜1个，主蔓留26～28片叶即摘心，其余坐果子蔓摘掉。当甜瓜网纹凸显，果皮转色，果柄出现离层，瓜果发出浓香，表明果实已完全成熟，即可采收。

(3) 生菜水培技术

由于生菜主要以生食为主，无土栽培生菜是今后发展的方向。无土栽培生菜生长速度快，生长期短，定植后25～40d始收，商品性好，高产、优质、无公害，值得大力推广应用。

① 茬口安排

在长江流域气候条件下，周年茬口可安排9～10茬，年平均每667m^{2}可生产6000kg以上，产值15000元以上。从各茬的栽培季节来看，除了11月～翌年2月份的育苗期需30～40d，生长期50～60d外，其余各月份的育苗期和生长期大体上均在30d左右。因此，如若要求月月有生菜供应，则应计划每月播种育苗和定植各1次分解为每周播种育苗和定植各1次，即可实现周年均衡供应。

长江流域炎夏7月份，传统实生苗水培生菜由于出现根系和地上部生长障碍，甚至成片死苗，无法形成生产效益。据南京农业大学研究，夏季利用再生苗栽培，可以在炎夏酷暑生产与供应生菜。具体做法如下所述。

利用耐热晚抽薹的“都莴苣”等品种，于6月底至7月初进行收割，收割时要采取斜切法，并于根茬上保留2片老叶，以促进整齐健壮的再生苗的萌发与生长。每一根茬能萌发5～6个新芽，以近切口的上位叶痕处萌发的芽最为健壮，在采后一周内要疏去下部芽，仅保留上部的一枚壮芽及残茬上的老叶1～2枚。于根茬萌芽后第3～4天喷施10mg/kg多效唑能有效抑制高温所引起的再生苗茎叶的伸长或抽薹。再生苗生长期不超过24d，每667m^{2}产量400～500kg。

② 品种选择

可选用耐热性强又适于四季栽培的都莴苣、夏用黑生菜、绿湖、玻璃生菜、意大利耐抽薹、美国大速生、花叶生菜、香油麦菜、绿翡翠、奥林匹亚、凯撒等品种。

③ 播种育苗

可用聚氨酯农用泡沫或农用岩棉作为生菜营养液膜栽培的育苗基质，先将泡沫或岩棉切成2cm见方的小块，刻划一播种穴，排列于不透水的育苗盘中（透水育苗盘可铺两层薄膜），每方块播一粒经催芽的种子，以栽培营养液稀释2～4倍行积水法育苗。随着苗的生长，二叶一心时扩大行株距分苗一次，苗期依季节而异，一般30d，冬季40～50d，夏季20～25d，如用流液法育苗，可缩短。基质栽培可采取稻谷糠灰、蛭石、泥炭、岩棉等育苗。

④ 定植

幼苗有4～5片真叶时就可以定植。株行距20cm×25cm为宜，散叶或结球松散类型可按15cm×20cm定植。定植时将幼苗连同育苗块嵌入定植板的穴中即成，注意防止伤根。高温期间定植宜选晴天下午或阴天进行，定植后用遮阳网遮光3～4d，以利缓苗。

⑤ 管理

无土栽培定植后的管理比较简单，主要是营养液的管理和大棚温、湿、光的常规管理。

a. 营养液管理。每日24h行间歇供液，自7时至18时（白天），每小时供液20min，停液40min，18时开始至第二天早晨6时，每2h供液20min，停液100min。但7～8月份高温季节，12时至14时为连续供液而不停液，全部行自动调控。每天贮液池的减水量均须及时补足，当培养液EC值从0.9～1.1mS/cm下降至0.6～0.7mS/cm时，即以原液按减液量补足至原浓度。一般补液不超过3～4次，此后就要更换新的培养液。培养液pH值以6～7为最适，但在5.5～7.5之间，不调整也无妨生长。培养液流量控制在1～1.5L/min。冬季液温下降至15℃以下时，培育液用加热器（1kW）加温，控温仪自动控温，保持液温不低于15℃。

b. 大棚管理同有土栽培。高温盛夏只盖棚顶膜，并采取遮阳网覆盖，低温寒冬如棚温降至8℃以下时，要注意保温，大棚内最好有二重幕覆盖。据研究，大棚内的二重幕，保温效果明显，棚温一般可提高2～3℃。

⑥ 采收

水培生菜，根系可带育苗块出售，易于保持新鲜度，也便于让消费者放心生食，同时产品的价值也提高了档次。

17.5 芽苗菜工厂化生产

利用植物种子或其他营养贮存器官，在黑暗或光照条件下直接生长出可供食用的嫩芽、芽苗、芽球、幼梢或幼茎均可称为芽苗类蔬菜，简称芽苗菜或芽菜。芽苗菜所含的蛋白质包括人体必需的氨基酸，且组成比例与人体所需要的比例接近，故有“绿色牛奶”之美称。

17.5.1 芽苗菜的种类

根据芽苗菜类蔬菜产品所利用营养体的不同来源，可将芽苗类蔬菜分为种芽菜和体芽菜两类。

种芽菜指利用种子中储藏的养分直接培育成幼嫩的芽或芽苗（多数为子叶展开或真叶“露心”），其产品由胚根和未展开的子叶或胚根、下胚轴和未展开的子叶组成，如蚕豆芽、黄豆芽、绿豆芽、赤豆芽、种芽香椿、豌豆芽、萝卜芽、黄芥芽、荞麦芽、苜蓿芽苗、蕹菜芽等。

体芽菜多指利用二年生或多年生作物宿根、肉质直根、根茎或枝条中累积的养分，培育成芽球、嫩芽、幼茎或幼梢等。如由肉质直根在避光条件下培育成的菊苣芽球，由宿根培育的菊花脑、苦荬芽等（均为幼芽或幼梢），由根茎培育成姜芽、蒲芽（均为幼茎），以及由植株、枝条培育的树芽香椿、枸杞头、花椒脑（均为嫩芽）和豌豆芽、辣椒尖、佛手瓜尖（均为幼梢）等。

种芽菜又可按栽培过程中不同光照条件及其产品绿化程度分为绿化型、软化型和半软化型3种类型。

17.5.2 芽苗菜栽培技术

(1) 品种与种子的选择

适于种芽菜生产的品种和种子应选择种子子粒较大、芽苗生长速度快、下胚轴或茎秆粗壮、抗种苗霉烂、抗病、耐热或耐寒、生物产量高、产品可食部分比例大、纤维形成慢、品质柔嫩、货架期较长者。要求种子发芽率不低于95%，纯度达到95%～97%，净度在97%以上；价格便宜，货源充足，供应稳定且无任何污染。

(2) 种子的清选与浸种

种子的质量对种芽菜生长整齐度、产量及商品合格率影响极大。播种前进行种子清选，剔去虫蛀、破残、畸形、腐霉、已发过芽的以及特小粒或瘪粒、未成熟的种子，以提高发芽率、发芽势及抗霉烂能力。一般豌豆、向日葵、黑豆等大粒种子可进行机械或人工筛选和挑拣；萝卜、苜蓿等中小粒种子可采用风选或人工簸选；荞麦则应提前1～2d进行晒种，并进行风选、簸选和盐水选种，淘汰去不饱满、成熟度较差的种子。

清选后的种子即可进行浸种，浸种最大吸水量及适宜浸种时间见表 17-5。先用清水将种子淘洗 2～3 遍，淘洗干净后用水温 20～30℃的洁净清水浸泡种子，水量必须超过浸泡种子的最大吸水量，浸种时间冬季可稍长，夏季可稍短，通常在种子达到最大吸水量 95%左右时结束浸种。浸种期间应根据当时气温的高低酌情换清水 1～2 次。结束浸种时再淘洗种子 2～3 遍，并轻轻揉搓、冲洗漂去附着在种子上的黏液，注意切勿损坏种皮，然后涝出种子，沥水待播。

表 17-5 种芽菜种子最大吸水量及适宜浸种时间

种芽菜种类	种子最大吸水量(占干种子质量的比例,%)	最适浸种时间/h
豌豆苗	117.72	24
萝卜芽	76.63	6
荞麦芽	71.39	36
向日葵芽	122.49	24
黑豆芽	125.25	24
种芽香椿	133.40	24

(3) 播种与叠盘催芽

播种前首先要对苗盘进行清洗和消毒。在清洗容器中浸泡苗盘，洗刷干净后置入消毒池，在 0.2%漂白粉溶液或 3%石灰水中浸泡 5～60min（视种苗霉烂情况酌定），涝出后用清水冲去残留消毒液。然后在苗盘上铺一层基质纸张，随即进行播种。通常都采用撒播，要求严格执行播种量标准，保持盘间一致，撒种均匀。

豌豆、萝卜、荞麦、向日葵、黑豆等采取一段催芽模式。即于浸种后立即播种。播完后在催芽室将苗盘叠摞在一起，并置于栽培架上，每 6 盘为一摞，其上下各覆垫一个保湿盘（苗盘铺 1～2 层已湿透的基质纸，不播种）。也可置于平整的地面，但摞盘高度不应超过 100cm，摞与摞之间宜留出 2～3cm 空隙，其上可覆保湿盘也可覆盖湿麻袋片或双层黑色遮阳网等。叠盘催芽时间约 3d，其间应保持催芽室温度在 18～25℃，每天需进行一次倒盘和浇水，调换苗盘上下左右前后位置，同时均匀地进行喷淋（大粒种子）或喷雾（中小粒种子），喷水量一般以喷湿后苗盘内不存水为度，切忌过量喷水，否则极易引起种芽霉烂。此外，催芽室内应定时进行通风换气，避免室内空气相对湿度呈持续的饱和状态。催芽结束后，将苗盘移至栽培室进行绿化。

(4) 出盘与出盘后的管理

当种子全部发芽，其种苗达到一定高度后（表 17-6）应及时出盘。出盘过迟，不但易引起种苗霉烂，而且易使下胚轴或茎秆细长、柔弱，导致芽苗后期倒伏并引发病害，进而影响产量和品质。但过早出盘，将增加出盘后的管理难度，芽苗生长难于达到整齐一致。

表 17-6 几种种芽菜播种催芽主要技术指标

种芽菜种类	千粒重/g	播种量/(g/盘)	催芽最适温度/℃	出盘标准(芽苗高/cm)
豌豆苗	150.9	500	18～22	1.0～2.0
萝卜芽	13.2	75	23～25	0.5(种皮脱落)
荞麦芽	27.5	150	23～25	2.0～3.0
向日葵芽	99.4	150	20～25	1.5
黑豆芽	171.9	350～500	23～25	1.0～2.0
种芽香椿	11.4	100	20～22	0.5

初出盘时，为使种芽菜从黑暗高湿的催芽环境安全地过渡到直接光照和相对干燥的栽培室环境，在苗盘移入栽培室时应放置在空气相对湿度较稳定的弱光区过渡 1d，然后再逐步通过倒盘移动苗盘位置，渐次接受较强的光照。至产品收获前 2～3d，将苗盘置于直射光下，加强绿化，使下胚轴或茎秆粗壮，子叶和真叶进一步肥大，颜色转为浓绿，以提高产品的商品品质。但为避免过度的强光照，采用温室、

日光温室和塑料大棚作为生产场地的，在6～9月份的夏秋高温强光季节，必须使用遮阳网进行遮光，一般宜采用活动式外遮阳覆盖形式，以便根据天气变化合理调节光照。

种芽菜出盘后所要求的温度环境虽不像叠盘催芽期间那样严格，但仍应根据不同种类对温度的要求分别进行管理（表17-7）。因此，栽培室最好能划分成单一种类栽培区，并能通过加温和降温设施进行温度调控。

表17-7 几种种芽菜生长适宜温度

种芽菜种类	最低温度/℃	最适温度/℃	最高温度/℃
豌豆苗	14	18～23	28
萝卜芽	14～16	20～23	32
荞麦芽	16	20～25	35
向日葵芽	16	20～25	30
黑豆芽	16	20～25	32
种芽香椿	18	20～23	28

在各种不同种芽菜进行混合栽培时，可将室内温度范围调控在16～30℃或最适温度20～25℃。但无论是单一种类还是混合栽培，在温度管理方面均应避免出现夜高、昼低的逆温差以及过低或过高温度，以免影响芽苗产量和产品品质。

为了降低室内空气相对湿度，减少种苗霉烂，并避免CO_2亏缺，在栽培室温度适宜的前提下，每天应进行通风换气至少1～2次，即使在室内温度较低时，也应进行短时间的片刻通风。

由于绿化型种芽菜采用了不同于一般无土栽培的基质，基质吸水、持水能力较低，加之芽苗菜鲜嫩多汁，因此必须采取小水勤浇的措施，才能满足其对水分的要求。故生产上每天需用喷淋器械或微喷装置进行3～4次喷淋或喷雾（冬春季3次，夏秋季4次）。喷淋要均匀，先喷淋上层，然后渐次往下。浇水量切忌过大，一般以浇水后苗盘内基质湿润，苗盘底又不大量滴水为度。同时还要喷湿地面，以经常保持室内空气相对湿度在85%左右。此外，还要注意生长前期少浇水，中后期适当加大水量；阴雨雾雪天温度较低、空气相对湿度较大时少浇水，反之酌情加大水量。

为防止催芽期和产品形成期种苗霉烂，应注意采用抗病品种，并对栽培场所、栽培容器和种子进行严格消毒。栽培场所可用45%百菌清烟剂密闭熏蒸8～12h；栽培容器可用0.2%漂白粉溶液或5%明矾或2%小苏打溶液浸泡50～60min；种子可用0.1%漂白粉溶液浸泡（浸种吸胀后）10min或3%石灰上清液浸泡5min进行消毒。

(5) 采收与销售

绿化型种芽菜以幼嫩的芽苗为产品，其组织柔嫩、含水分多，极易脱水萎蔫，而产品本身又要求保持较高的档次。因此，为提高产品的鲜活程度、延长货架期，必须及时进行采收，并尽量缩短和简化产品运输、流通时间和环节。表17-8给出不同种芽菜的采收标准和产品形成周期，可供生产中参考。

表17-8 种芽菜采收时芽苗高度、产品形成周期和产量

种芽菜种类	产品形成周期/d	采收时芽苗高度/cm	产量/(g/盘)
豌豆苗	8～9	10～15	500
萝卜芽	5～7	6～10	500～600
荞麦芽	9～10	10～12	400～500
向日葵芽	8～10	10～12	1500～2000
黑豆芽	8～10	10～14	2000～2500
种芽香椿	18～20	7～10	350～500

17.6 食用菌类的工厂化生产

随着科技和经济不断进步，某些发达国家食用菌生产从拌料、堆肥、装袋、发酵、接种、覆土、喷水、采菇及清床等生产环节均已实现机械化。同时，采用空调设备、各种测量仪器以及自动化调节控制温度、湿度、水分、通风、光照等设备与设施，创造最适合食用菌生长发育环境，实现了鲜菇等食用菌周年化均衡生产和市场供给。

我国食用菌类的工厂化生产起源于21世纪初，现在已基本实现金针菇、杏鲍菇的工厂化周年生产，各种环境参数也都逐渐实现标准化管理。全国金针菇的工厂化生产年产量达到日产6000t左右的规模。

17.6.1 杏鲍菇工厂化生产

杏鲍菇是一种大型肉质伞菌，属于真菌门，真担子菌纲，伞菌目，侧耳属。杏鲍菇常生长于刺芹枯死的植株上，因此又称为刺芹侧耳。其主要分布于西欧、南亚、中东及我国的新疆、青海、四川等地，它是高山、草原、沙漠地带品质较好的一种大型真菌，由于杏鲍菇菌肉肥厚，质地脆嫩，味道鲜美，具有杏仁香味，鲜美如鲍鱼，故名杏鲍菇。其蛋白质含量丰富，是常规蔬菜的3～6倍，属菇类中的上品，由于其有较好的口感及营养，在国际市场上很受欢迎。其对养分要求不高，一般的农业下脚料，如棉籽皮、木屑均可种植，其种植的投入产出比为1∶3，具有广阔的市场发展前景。日本已把杏鲍菇列为商品性工厂化生产的食用菌新品种。

（1）生物学特性

① **温度**。菌丝生长温度范围为8～32℃，最适合的温度25℃，菇蕾形成温度为10～20℃，最适温度12～18℃。低于8℃，不能形成子实体，当温度持续高于20℃时，菇体易萎缩，发黄腐烂。

② **湿度**。菌丝生长阶段，培养料含水量要求为60%～65%，空气相对湿度为70%左右，子实体形成阶段，空气相对湿度要求为85%～90%。若菇棚的空气相对湿度过小，原基难以分化，已分化的子实体也会干裂萎缩并停止生长；湿度太大易造成菇体腐烂，导致绝产，尤其是高温高湿条件下，更应注意。

③ **光照**。菌丝生长阶段不需要光照，黑暗更有利于菌丝的生长，子实体形成和发育阶段要求有一定量的散射光，一般为200～1000lx。光照过强，菌丝变暗，光照过弱，菌盖变白，菌柄变长。

④ **通气**。菌丝生长阶段，低浓度二氧化碳对菌丝生长有促进作用，原基形成期需要有充足的氧气，空气中二氧化碳浓度以小于0.2%为宜。

⑤ **pH值**。菌丝的生长pH值范围为4.0～8.0，最适为6.5～7.5，出菇时要求的pH值为5.5～6.5，覆土栽培时，土壤pH值以5.5～6.0为宜。

（2）杏鲍菇工厂化栽培技术

我国传统的生产方式，杏鲍菇栽培受自然条件和季节的影响很大，产品不能周年生产、均衡供应，产量不稳定，品质参差不齐，出口菇所占比例低。日本的工厂化杏鲍菇栽培，其拌料、装瓶、灭菌、接种、培养、搔菌、育菇、挖瓶等工序都采用机械操作，由传感器和电脑自动控制温、湿度，投资大，效益高。许多理念和技术值得借鉴。

① **菇房**

菇房分为发菌室、催蕾室和育菇室。菇房宽3.5m，长9m，高3.5m。各室的门统一开向走廊，廊宽2m。墙体喷涂聚乙烯发泡隔热层。菇架双列向排列，四周及中间留有过道，便于操作和空气循环。

发菌室菇床7层，层距0.35m；催蕾室和育菇室菇床5层，层距0.45m，底层菇床距地面为0.25m。

② 设备

有制冷、通风、喷雾、光照四种主要设备。各室配备1台5hp的制冷机和1台$40m^2$的吊顶冷风机；或2室配备1台8hp的制冷机组和2台$40m^2$的吊顶冷风机。催蕾室与育菇室的天花板上及纵向二垛墙各安装2盏40W日光灯。各室安装1台45W轴流电风扇，新鲜空气经由缓冲室打入菇房，废气从另一排气口经缓冲室隔层排出。

③ 木屑配方

日本配方：杂木屑39kg，玉米芯39kg，麸皮20kg，碳酸钙或石灰2kg，合计100kg（均以干重计）。木屑先喷水堆积，玉米芯粉碎成0.3～0.5cm颗料，含水量62%～65%。

国内配方：棉籽壳68%，蔗渣10%，麦麸20%，蔗糖1%，碳酸钙1%。料水比1∶1.2。

④ 装瓶

机械搅拌装瓶，装瓶的同时沿瓶中轴打1孔，以利透气。装瓶要稍紧一些，然后盖好带有海绵过滤空气的滤气瓶盖。将瓶装入耐高温塑料筐，每筐装16瓶，然后装载在灭菌车架上，推入灭菌锅内灭菌。国内多用袋式，聚丙料袋，宽17cm，长36cm，厚度0.05mm，装干料500g。

⑤ 灭菌

高压自控灭菌，121℃，1.5h。

⑥ 接种

灭菌锅气压降到零，温度下降到80℃以下，打开灭菌锅，开动空气过滤机，推出灭菌车架进行冷却。待瓶温冷却到30℃以下后，将车架推入接种室内，进行表面消毒，在无菌条件下机械接入固体菌种。接种前将菌种瓶上部3～5cm的老化部分除去。接种后推入发菌室。

⑦ 培养

发菌室恒温23～25℃，黑暗条件，自动控制温度、湿度。随着菌丝的生长，瓶中CO_2浓度由正常空气中0.03%的量逐渐上升0.22%，较高浓度CO_2可刺激菌丝生长，所以培养期间少量换气即可。培养30～35d菌丝可满瓶。培养过程中要检查2～3次，及时拣去污染瓶和未萌发瓶。

⑧ 搔菌

菌丝发满瓶后再继续培养7～10d，使其达到生理成熟并积累足够的营养，为出菇打下物质基础。此后除去瓶口1～1.5cm厚老化菌丝（即搔菌）。此过程是机械一次完成，包括开瓶盖、搔菌、冲洗、扣盖。搔菌的作用是促使出菇快且整齐。

⑨ 催蕾

搔菌后推入出菇室，在摆排的同时用另一个空筐扣在瓶口上，然后一翻使瓶口朝下，以利菌丝恢复生长，并将空气湿度调至90%～95%，温度调为12～15℃，适度通风，保持空气新鲜。待菌丝恢复生长后，将湿度下调到80%～85%，使其形成湿度差。增加光照到500～800lx，CO_2浓度0.1%以下，这样7～10d形成菇蕾。如果CO_2浓度超过0.1%，则菇体畸形。

⑩ 育菇

待菇蕾形成后再用一只空盘筐扣在瓶底上一翻，使瓶口朝上。将湿度保持在90%～95%，温度15～17℃，培养子实体。子实体培养期间要注意通风换气，如果空气不新鲜，CO_2浓度超过0.1%，可造成子实体生长不良，甚至畸形。湿度由调湿设备喷雾机来完成，但不可向菇体直接喷水。当菇蕾长到花生米大小时，用小刀疏去畸形和部分过密菇蕾。每袋产量与成菇朵数正相关，应根据市场需求决定每袋所留菇蕾数，一般每袋成菇4朵产量质量较高。

当菇盖基本展开，子实体洁白无黄色即可采收。采收时，采大留小，分次采完。采收单菇时，手握菌柄基部旋转拔出，丛菇用小刀切割。一般从现蕾到采菇10～12d，工厂化瓶式栽培只采收一潮，转化率为50%左右。采收后修整菇脚，分级包装出售。采收结束后及时机械挖瓶，以备下轮装瓶栽培。

采用瓶栽，与塑料袋栽培相比，因瓶较贵，一次性投资较大。但从工厂化栽培看，瓶不仅可重复使用，且装瓶不用套颈圈，很适合机械作业，很省工，再者瓶的坐立性好，便于机械接种搔菌和摆放管理。挖瓶清除废料也很快。

17.6.2 金针菇工厂化生产

金针菇又名朴菇、构菌、青杠菌、毛柄金钱菌等，具有菌盖滑嫩、菌柄细长脆嫩、形美、味鲜等特点，长期以来，颇受消费者青睐。

(1) 生物学特性

① **碳氮源**。可溶性淀粉、葡萄糖、蔗糖、甘露糖作碳源时金针菇生长较好，黄豆粉、蛋白胨、牛肉浸膏、酵母粉是很好的氮源。

② **温度**。金针菇属低温型食用菌，适宜秋冬与早春栽培。金针菇发菌最适温度为20～25℃，金针菇子实体生长温度为8～12℃，温度高于12℃，则菌柄细长，盖小。昼夜温差大可刺激金针菇子实体原基发生。

③ **湿度**。菌丝生长阶段，要求培养料含水量65%～70%；子实体原基形成阶段，要求环境中空气相对湿度在85%左右；子实体生长阶段，空气相对湿度保持在90%左右为宜。

④ **空气**。金针菇为好气性真菌。菌丝生长阶段，微量通风即可满足菌丝生长需要，在子实体形成期则要消耗大量的氧气。二氧化碳浓度对金针菇生长发育的影响远远超过对其他菌类的影响。二氧化碳是控制金针菇子实体形成和发育的关键因素之一，且原基形成和子实体生长发育所要求的适宜二氧化碳浓度差异很大。原基形成所需的二氧化碳浓度为275～1344μL/L，子实体生长所需的二氧化碳浓度为4704～13440μL/L。

⑤ **光照**。菌丝和子实体能在完全黑暗的条件下生长，但菌盖生长慢而小，多形成畸形菇，微弱的散射光可刺激菌盖生长，过强的光线会使菌柄生长受到抑制。

⑥ **pH值**。金针菇要求偏酸性环境，菌丝在pH 3.0～8.0范围内均能生长，最适pH为4～7，子实体形成期的最适pH为5～6。

(2) 金针菇工厂化栽培技术

① **培养料配制**

主要有两种配方，一是以木屑为主体的，二是以玉米芯为主体的，二者分别加以辅料如麸皮、米糠或玉米粉等。各个工厂的配方皆来源于栽培实践，但大同小异。注意事项：一是使用针叶树木屑的，需堆制半年至一年的时间，以去除抑制菌丝生长的树脂、单宁类物质；二是玉米芯在使用前的一天，需用水浸湿，以防较大颗粒的个体吸水困难。

② **搅拌**

培养料按配方倒入大型搅拌机中混合均匀。注意事项：夏天搅拌时间不宜过长，以免温度过高，培养料腐败变酸，影响菌丝生长。

③ **装瓶**

由全自动装瓶机完成，装瓶机具有传输、装瓶、打孔、压盖的功能。栽培时用850mL，口径58mm的聚丙烯塑料瓶（注：目前生产上多用1400mL的标准塑料瓶），瓶盖配有过滤性泡沫，既能阻止病虫的侵入，又能保持良好的通气性。一般每瓶装料510～530g，木屑培养料则要少20g左右。对装瓶要求是质量一致，上紧下松，只有这样才能使通气性好、发菌均一。

④ **灭菌**

常压或高压灭菌均可。常压灭菌时，蒸汽将培养料加温到98～100℃时，至少保温4～5h；高压灭菌时，培养料在120℃保温1.5～2h。具体灭菌时间随灭菌锅内的栽培瓶数量而定。

⑤ **冷却**

灭菌的时间达到后，等压力下降到常压，常压灭菌时等温度下降到95℃以下时即可开门，将筐转移至冷却室，启动空调使料温下降至16～18℃，以便接种。注意事项：一是灭菌锅最好有两个门，一个门开向工作室，一个门开向冷却室，这样就能有效地防止温度降低时外部空气回流到瓶内而引起污染；二是冷却室必须干净无菌；三是冷却室冷气必须排放均匀，以防降温不均匀。

⑥ **接种**

由自动接种机进行接种，一般850mL的种瓶可以接种45～50瓶，每瓶接种量为10g左右，接种块基本覆盖整个培养料的表面。注意事项：一是接种室可用循环的无菌气流彻底清洁，使室内保持近乎无菌状态；二是接种室温度需控制在指定温度（如M-50为16～18℃）。

⑦ **培养**

培养室温度为14～16℃，湿度保持在70%～80%，CO_2浓度控制在$3000\times10^{-6}mL/m^3$以下，在此条件下木屑的经25～26d即可发满，玉米芯的需29～31d。注意事项：一是接种后的前5d内属菌丝定植阶段，培养室温度可适当高一些，控制在18～20℃；二是发菌5d后，将温度调整到14～16℃，此后一阶段，培养料升温很快，瓶里温度可能高出瓶外4～5℃；三是发菌室必须保持良好的通风条件，标准菇房中通风是由CO_2浓度探头监控的，使发菌室CO_2浓度控制在$3000\times10^{-6}mL/m^3$以下，通风气流必须到达房间的每一个角落，以使发菌均匀一致，方便后期管理；四是菌丝培养达15d时如果发现发菌速度差异较大，则很可能是发菌室的气流不畅所致。

⑧ **搔菌**

菌丝发满后就可进行搔菌，搔菌由搔菌机完成，深度一般为瓶肩起始位置，搔菌有两个作用：一是进行机械刺激，有利出菇；二是要搔平培养料表面，使将来出菇整齐。注意事项：一是以下两种情况搔菌后并不影响出菇，瓶中间有1～2cm未发满或瓶底中有1～2cm未发满，但前提是菌丝发满的部分必须浓白、均匀；二是搔菌机搔菌不彻底的区域必须手工搔平，因为这些区域在催蕾时最易出菇，给后期管理带来不便；三是搔菌机残留在瓶口的培养料必须擦干净，以免后期采菇时沾上菇柄而影响品质。

⑨ **催蕾**

催蕾时温度保持在15～16℃，M-50菌株催蕾与发菌的温度基本相同，但湿度更求很高，达90%～95%，CO_2浓度控制$1500\times10^{-6}mL/m^3$以下，并且每天给以1h的50～100lx的散射光，这样的条件经过8～10d后即可现蕾。注意事项：一是在标准化的菇房中是无须在瓶口上覆盖任何物体；二是较好的现蕾有两种方式，一种是料面仅出现密密麻麻的针头大小的淡黄绿色水滴，原基随后形成，另一种是料面起初形成一层白色的棉状物（菌膜），一般不超过3mm厚，然后白色的菇蕾破膜而出；三是如果瓶口黄水出现较多，或者连成一片呈眼泪状或者色深如酱油色，则很可能是湿度过高的原因，这是催蕾过程中需要着重注意的，催蕾好的表现应该是整个料面布满白色的、整齐的菇蕾，数量可达800～1000个；四是催蕾室的空调必须满足以下两个条件，一制冷效果好，降温迅速，二对湿度的影响小，只有这样才能保证催蕾室具有均匀的湿度。

⑩ **缓冲**

当菇蕾长至13～15mm时，需转移到缓冲室进行缓冲处理。缓冲室的温湿度条件都介于催蕾室与抑制室之间，温度为8～10℃，湿度为85%～90%。缓冲的目的是不让抵抗力弱的子实体枯死，增强其抵抗力。2～3d就可转移至抑制室进行抑制处理。

⑪ **抑制**

抑制室的温度为3～5℃，湿度为70%～80%，抑制的目的是抑大促小，生长快的子实体受抑制较为明显，从而达到整齐一致的目的。抑制的方法主要为光照抑制和吹风抑制两种。光照抑制是每天在10h内分几次用500～1000lx的光照射；风抑制步骤是前两天吹15～20cm/s的弱风，后两天吹40～50cm/s较强的风，最后两天吹80～100cm/s的强风，这样经一周后就能达到整齐一致的目的。注意事项：一是对于长势相差较大的抑制效果并不明显，二是个别长势很快的子实体要及时用镊子拔除。

⑫ **生育**

幼菇经抑制后即可转移至生育室，生育室的温度为7～9℃，湿度为75%～80%，CO_2浓度控制在

1500×10^{-6} mL/m³ 以下。待幼菇长出瓶口 2～3cm 时，及时套上纸筒，以使小范围内的 CO_2 浓度增加，从而起到促柄抑盖的效果，经一周的时间菇可长到筒口的高度，13～14cm。注意事项：一是生育室的菇不要改变位置，以防引起菌柄的扭曲；二是室内保持良好的通风，以防柄变粗或柄中间形成凹陷，影响菇的品质；三是简易的菇房抑盖的办法是等菇长至 8cm 高时，在纸筒上覆盖报纸，减少空气流通，可以使盖变小；四是长势好的栽培瓶应该含有 250～400 个子实体。

⑬ 采收及包装

菇长出瓶口 13～14cm 时，即可采收。这是在一个干净低温的房间里操作的。采用玉米芯为原料的每瓶产量可达 160～180g，木屑的为 140～160g。鲜菇一般以抽真空的包装鲜销为主。一般出口标准菇的特点是柄长 13～14cm，伞直径大多数小于 1cm 或更小，没有畸形；菇柄粗细均匀、挺直，直径普遍小于 2.5mm 或更细，无弯曲现象；菇体色泽洁白，含水量少。

⑭ 挖瓶

菇采收后由挖瓶机挖去废料，清洗、干燥后即可进入下一轮循环。

金针菇的工厂化栽培成本较高，对空调的使用较为严格，由于低温的环境，病虫害已不是栽培中的一个难题，而工厂化最难克服的就是一致性的问题，所以每一个环节都很重要，否则整个系统就无法运转起来。

《现代蔬菜栽培学》课程思政建设简介

习近平总书记在全国教育大会上强调，要深化教育体制改革，健全立德树人落实机制，扭转不科学的教育评价导向，坚决克服唯分数、唯升学、唯文凭、唯论文、唯帽子的顽瘴痼疾，从根本上解决教育评价指挥棒问题。给高等教育领域带来春雷一样的震撼，“中国现代化离不开农业农村现代化，农业农村现代化关键在科技、在人才。新时代，农村是充满希望的田野，是干事创业的广阔舞台，我国高等农林教育大有可为。”极大地激发了农业大学师生立德树人、强农兴农的热情。我们要坚守奉献国家、服务人民的底色，始终坚持以立德树人为根本，以强农兴农为己任，为实现民族复兴中国梦、推进乡村全面振兴不断作出新的贡献。

习近平总书记一直鼓励广大科技工作者要把论文写在祖国的大地上，把科技成果应用在实现现代化的伟大事业中。广大科技工作者只有扎根祖国大地，将事业与国家和民族的前途命运、与人民的福祉相结合，把科技成果应用到实现国家现代化的伟大事业中，把人生理想融入为实现中华民族伟大复兴的奋斗中，其科研能力才能最大程度发挥价值，其为之奋斗的事业才能获得最大意义上的成功。

宋代大儒张载将知识分子的使命概括为“为天地立心，为生民立命，为往圣继绝学，为万世开太平”。拳拳赤子心，铮铮报国情，我们的国家社会需要更多的人才前赴后继、一心为民，用知识创造美好幸福的未来。

科技创新，科学报国。广大科技工作者要实现科学报国的理想，不仅要葆有服务国家、造福人民之初心，更要有勇于探索、乐于创新、勤于钻研、甘于实干苦干之热忱。我们要在课程教学中加强生态文明教育，引导学生树立和践行绿水青山就是金山银山的理念。要注重培养学生的“大国三农”情怀，引导学生以强农兴农为己任，“懂农业、爱农村、爱农民”，树立把论文写在祖国大地上的意识和信念，增强学生服务农业农村现代化、服务乡村全面振兴的使命感和责任感，培养知农爱农创新型人才。

《现代蔬菜栽培学》作为园艺、设施农业科学与工程、现代农业等专业的专业必修课程，在培养学生专业理论与实践技能方面有着极其重要的作用。第1章蔬菜概述部分让学生了解蔬菜在保供、增收、促就业中的重要地位，蔬菜产业在农业增效、农民增收、农村添绿等方面有着不可替代的作用。第2章到第6章蔬菜栽培的基本原理，让学生将前期所修的土壤学、肥料学、气象学、植物学、植物生理学等基础理论知识融会贯通，以蔬菜为研究对象，探索其生长发育规律及其环境条件要求，绿色优质轻简高效蔬菜生产需要扎实的理论支撑，需要学农爱农的新农人情怀，只有努力学习，不忘初心，砥砺前行，才能学有所获、学有所成、学以致用。第7章到第16章为各类蔬菜的栽培技术，从类型品种、生物学特性、栽培季节与方式，再到实用栽培管理技术，循序渐进，融科学性、实用性和可操作性于一体，对培养学生实践动手能力、对广大农技人员知识更新、对蔬菜产业高质量发展都有着较强的指导作用。第17章为蔬菜设施类型结构特点及环境调控技术，应用最新技术成果、最新设施设备、最高效的管理手段开展现代蔬菜高效栽培，通过蔬菜智能化、自动化、标准化生产，实现农业现代化、农村现代化、农民现代化，激励更多农民走向职业化道路，让农业成为有奔头的产业，让农民成为体面的职业。

《现代蔬菜栽培学》课程思政建设教师是关键，要加强教师课程思政能力建设，建立健全优质资源共享机制，支持各地各高校搭建课程思政建设交流平台，开展经常性的典型经验交流、现场教学观摩、教师教学培训等活动，充分利用现代信息技术手段，促进优质资源在各区域、层次、类型的高校间共享共用。要将课程思政融入课堂教学建设，作为课程设置、教学大纲核准和教案评价的重要内容，落实到课程目标设计、教学大纲修订、教材编审选用、教案课件编写各方面，贯穿于课堂授课、教学研讨、实验实训、作业论文各环节。要创新课堂教学模式，推进现代信息技术在课程思政教学中的应用，激发学生学习兴趣，引导学生深入思考，通过社会实践、志愿服务、实习实训等活动，不断拓展课程思政建设方法和途径。

《现代蔬菜栽培学》课程思政教学设计

教学章	教学内容	思政元素	育人成效
第1章 蔬菜概述	蔬菜的概念 蔬菜的分类 蔬菜产业的地位和作用 蔬菜生产与供应的特点	专业自信： 道路自信、理论自信、制度自信、文化自信； “功崇惟志，业广惟勤”“积土而为山，积水而为海”“空谈误国、实干兴邦”	让学生认识蔬菜，了解蔬菜在人们日常生活中的重要作用，蔬菜产业保供、增收、促就业、创外汇的地位不可替代，学习蔬菜栽培技能可以服务农民、服务农业，促进农村经济发展，报效祖国
第2章 蔬菜基地的规划与建设	蔬菜基地的选址 蔬菜基地的类型 蔬菜的种植制度 蔬菜基地的规划 蔬菜基地的生产计划	不忘初心，砥砺前行： 有规划不乱、有计划不忙，蔬菜规划设计引申到人生规划，人生规划可以清晰地了解自己，确定人生远大目标	让学生了解蔬菜基地建设中规划设计的重要性，尊重蔬菜生长发育客观需要，按绿色高质高效、环境友好和可持续发展原则，高起点、高标准、高质量进行蔬菜基地的规划与建设
第3章 蔬菜生长发育及环境条件	蔬菜的生长与发育特性 蔬菜栽培的环境要求	创新发展： 理论源于实践，又用来指导实践，没有理论的实践是盲目的，没有实践的理论是空洞的，牢固扎实的理论对技术创新、理论突破至关重要	让学生了解和掌握蔬菜生长发育的特点及其对环境条件的要求，为蔬菜栽培奠定理论基础，前期所学的土壤学、肥料学、气象学、植物学、植物生理学等基础理论要融会贯通，要与蔬菜作物有机结合
第4章 蔬菜种子与育苗	蔬菜种子与种子生产 蔬菜育苗技术	家国情怀： 国外种子企业以25%的种子市场份额赚取我国蔬菜种子市场50%的利润，要解决“卡脖子”问题，种源必须掌握在自己的手里，走自主发展的道路，用实力捍卫中国的种源安全	让学生掌握蔬菜种子与种子生产相关的理论和技术，了解蔬菜品种选育与良种繁育对蔬菜生产和产业发展的重要作用；了解蔬菜育苗的基础理论，掌握蔬菜育苗的方法和技术，特别是工厂化育苗、嫁接育苗等新技术和方法
第5章 蔬菜的栽培管理	菜田土壤耕作管理 蔬菜作物的栽植 菜田灌溉技术 蔬菜科学施肥 菜田除草 植株调整	知行合一： “天下之事，闻者不如见者知之为详，见者不如居者知之为尽。” 尚行——言胜于行、敏行——明辨善行、力行——身体力行	让学生通过对菜田土壤耕作管理、蔬菜作物的栽植、菜田灌溉技术、蔬菜科学施肥、菜田除草、植株调整等蔬菜栽培管理的基本技术技能的学习和实践，培养学生的动手能力，理论与实践结合，体会感悟“实践出真知”的精髓
第6章 蔬菜采收及商品化处理	蔬菜的采收 蔬菜采后的商品化处理	善始善终、善作善成： 既要善于谋事，有好的开端，又要坚持不懈，持之以恒，把事情做成做好； 做事情要循序渐进，不能急于求成	让学生了解蔬菜栽培的最后一个必要环节——蔬菜的采收和采后的商品化处理，对确保蔬菜绿色高质高效至关重要，采收技术和采后的商品化处理直接影响蔬菜产品的商品品质、营养品质和质量安全

续表

教学章	教学内容	思政元素	育人成效
第 7 章 根菜类蔬菜栽培	萝卜栽培 胡萝卜栽培 其他根菜类栽培	家国情怀、学农爱农、工匠精神、创新实践； 要带着问题学，拜农民为师，做到干中学、学中干、学以致用、用以促学、学用相长	让学生了解根菜类蔬菜是一类由直根膨大而形成肉质根的蔬菜，对土壤及气候适应广，生长快，产量高，栽培管理简易，生产成本相对较低，便于规模化、标准化、机械化生产
第 8 章 白菜类蔬菜栽培	白菜栽培 甘蓝栽培 芥菜栽培		让学生了解白菜类蔬菜分属于白菜、甘蓝、芥菜 3 个种，有类似的平行变异，喜欢温和冷凉的环境条件，低温诱导花芽分化、长日照下抽薹开花，通过不同品种排开播种，可以四季种植、周年供应
第 9 章 葱蒜类蔬菜栽培	洋葱栽培 大蒜栽培 韭菜栽培		让学生了解葱蒜类蔬菜属于百合科葱属的一类具有特殊辛辣气味的蔬菜，可以作为鲜食及调味品，也可以脱水加工，还可出口创汇。由于其具有较好的保健功能，可以预防和治疗多种疾病，备受消费者青睐
第 10 章 薯芋类蔬菜栽培	马铃薯栽培 芋栽培 山药栽培 生姜栽培		让学生了解薯芋类蔬菜是一类以地下变态器官（块茎、根茎、球茎、块根）供食用的蔬菜，其产品器官含水量低，耐贮藏运输，可以调剂市场余缺，在周年均衡供应中作用显著
第 11 章 茄果类蔬菜栽培	番茄栽培 茄子栽培 辣椒栽培		让学生了解茄果类蔬菜是茄科植物中以浆果供食用的蔬菜，原产于热带，其生长发育要求温暖的气候、较强的光照及良好的通风条件，在长江流域配合冬季加温、夏季避雨等设施，可以周年生产和供应
第 12 章 瓜类蔬菜栽培	黄瓜栽培 南瓜栽培 瓠瓜栽培 冬瓜栽培 西瓜栽培		让学生了解瓜类蔬菜是葫芦科植物中以瓠果供食用的蔬菜，其生长发育要求较高的温度和充足的光照条件。其茎蔓性，应进行整枝、压蔓和设立支架；其雌雄同株异花，靠昆虫传粉，除黄瓜可单性结实外，均应人工辅助授粉；生产上常通过摘心、整蔓、肥水管理来调节其营养生长与生殖生长的平衡
第 13 章 豆类蔬菜栽培	豇豆栽培 菜豆栽培 菜用大豆栽培 豌豆栽培		让学生了解豆类蔬菜是以嫩荚果、嫩豆粒或豆芽供食用的蔬菜。除蚕豆、豌豆较耐寒外，豆类蔬菜均喜温或耐热。其根部有根瘤菌共生，对氮素营养需要相对较少，需要更多的磷和钾营养供应；其花器结构的特殊性，多为自花授粉，留种比较方便。可通过露地与设施栽培相结合，实现周年供应
第 14 章 绿叶蔬菜栽培	莴苣栽培 芹菜栽培 菠菜栽培 蕹菜栽培 苋菜栽培		让学生了解绿叶蔬菜是一类以嫩叶、嫩茎或嫩梢供食用的速生蔬菜。其种类繁多，形态风味各异，适应性广，生长期短、采收期灵活，在有机蔬菜的周年生产和均衡供应、品种搭配、提高复种指数、提高单位面积产量及经济效益等方面具有不可替代的重要作用
第 15 章 水生蔬菜栽培	莲藕栽培 茭白栽培 荸荠栽培		让学生了解水生蔬菜是一类生长在水里的蔬菜。水生蔬菜种类十分丰富，其生育期间须经常保持一定水层，主要以南方地区栽培为主。除水芹、豆瓣菜外，均不耐低温，须在无霜期生长

续表

教学章	教学内容	思政元素	育人成效
第 16 章 多年生及杂类蔬菜栽培	竹笋栽培 芦笋栽培 黄花菜栽培 草莓栽培 黄秋葵栽培 菜用玉米栽培	家国情怀、学农爱农、工匠精神、创新实践； 要带着问题学，拜农民为师，做到干中学、学中干、学以致用、用以促学、学用相长	让学生了解多年生蔬菜一次繁殖以后可以连续采收数年，其地上部每年枯死，以地下根或茎越冬，如黄花菜、百合、芦笋、朝鲜蓟、食用大黄、鱼腥草、襄荷、竹笋、香椿、叶用枸杞等；杂类蔬菜主要包括一些在农业生物学分类中不好归属的蔬菜，如甜玉米、黄秋葵、仙人掌、芦荟、蕨菜、薇菜、发菜、地皮菜、石耳、葛仙米等
第 17 章 蔬菜设施栽培	设施类型、结构及特点 设施环境特点及调控 蔬菜设施栽培技术 无土栽培技术 芽苗菜工厂化生产 食用菌类的工厂化生产	专业自信、学农爱农： 通过应用最新技术成果、最新设施设备、最高效的管理手段开展现代蔬菜高效栽培，实现蔬菜智能化、自动化、标准化生产，实现农业现代化、农村现代化、农民现代化，激励更多农民走向职业化道路，让农业成为有奔头的产业，让农民成为体面的职业	让学生了解设施栽培具有一定的设施，能在局部范围改善或创造出适宜的气象环境因素，为蔬菜生长发育提供良好的环境条件而进行有效生产。由于蔬菜设施栽培的季节往往是露地生产难以达到的，通常又将其称为反季节栽培、保护地栽培等。采用设施栽培可以避免低温、高温暴雨、强光照射等逆境对蔬菜生产的危害，已经被广泛应用于蔬菜育苗、春提前和秋延迟栽培。设施蔬菜属于高投入，高产出，资金、技术、劳动力密集型的产业

参考文献

[1] 窦晓博，邵娜. 近年中国蔬菜种植成本收益分析. 农业展望，2018（3）：43-47.
[2] 向长萍，汪李平，段和云. 中国蔬菜区域消费特点及变化发展趋势. 华中农业大学学报，2000（增刊）：146-150.
[3] 李天来. 我国设施蔬菜科技与产业发展现状与趋势. 中国农村科技，2016（5）：75-77.
[4] 李哲敏，任育锋，张小允. 改革开放以来中国蔬菜产业发展及趋势. 中国农业资源与区划，2018（12）：13-20.
[5] 张真和，马兆红. 我国设施蔬菜产业概况与“十三五”发展重点. 中国蔬菜，2017（5）：1-5.
[6] 刘明池，季延海，武占会，等. 我国蔬菜育苗产业现状与发展趋势，2018（11）：1-7.
[7] 周洁红. 新冠肺炎疫情下蔬菜产业——冲击、机遇与未来发展建议. 中国农民合作社，2020（4）：36-37.
[8] 汪李平，杨静，杨文杰，等. 湖北枝江市蔬菜产业发展规划（2019-2025）. 长江蔬菜，2019（23）：4-14.
[9] 汪李平，杨静，杨文杰，等. 湖北云梦县蔬菜产业发展规划（2018-2022）. 长江蔬菜，2019（19）：3-10.
[10] 汪李平. 有机蔬菜基地建设的规划与设计. 长江蔬菜，2012（21）：6-9.
[11] 张晶，吴建寨，孔繁涛，等. 2019 年我国蔬菜市场运行分析与 2020 年展望. 中国蔬菜，2020（1）：1-8.
[12] 张晶，孔繁涛，吴建寨，等. 我国蔬菜市场 2018 年运行分析与 2019 年展望及对策. 中国蔬菜，2019（1）：7-12.
[13] 张真和. 转观念、调思路，推动蔬菜产业转型升级. 蔬菜，2017（2）：1-7.
[14] 张真和. 我国发展现代蔬菜产业面临的突出问题与对策. 中国蔬菜，2014（8）：1-6.
[15] 汪李平，杨静. 蔬菜种业经理必备的蔬菜专业基础知识（上）. 长江蔬菜，2009（21）：48-51.
[16] 汪李平，杨静. 蔬菜种业经理必备的蔬菜专业基础知识（下）. 长江蔬菜，2009（23）：44-49.
[17] 汪李平. 长江流域主要蔬菜栽培技术简表（上）. 长江蔬菜，1999（5）：42-43.
[18] 汪李平，邱孝育. 长江流域主要蔬菜栽培技术简表（下）. 长江蔬菜，1999（6）：43-44.
[19] 汪李平，赵庆庆，张敬东，等. 有机蔬菜基地生产计划的制定，长江蔬菜，2013（1）：5-10.
[20] 马红伟. 蔬菜种子浸种催芽的适宜温度与时间. 北京农业，2001（2）：8-9.
[21] 王迪轩，王佐林. 蔬菜种植应提前做好土壤翻耕与整理. 农村实用技术，2016（8）：25-28.
[22] 江景涛，杨然兵，鲍余峰，等. 水肥一体化技术的研究进展与发展趋势. 农机化研究，2020（5）：1-9.
[23] 潘敏睿，马军，王杰，等. 水肥一体化技术发展概述. 中国农机化学报，2020（8）：204-210.
[24] 王振民，梁春英，黄丽萍，等. 我国水肥一体化技术研究现状与发展对策. 农村实用技术，2020（3）：85-87.
[25] 孙国新，崔建伟，王贺辉. 一种温室重力滴灌系统. 节水灌溉，2003（6）：32-33.
[26] 王文刚，孟纷，李帅，等. 水肥一体化技术应用现状及发展对策. 中国果菜，2019（10）：68-70.
[27] 吕名礼，张瑞，黄丹枫. 蔬菜高效水肥一体化灌溉技术的实践与发展建议. 长江蔬菜，2016（14）：31-35.
[28] 汪李平. 红菜薹栽培与育种研究进展（上）. 长江蔬菜，2005（4）：37-40.
[29] 汪李平. 红菜薹栽培与育种研究进展（下）. 长江蔬菜，2005（5）：33-35.
[30] 卢绪粱，李英，柏广利，等. 南京地区夏季耐热小白菜品种比较试验. 现代农业科技，2020（7）：87-88.
[31] 刘照坤，杨雪梅，韩建军，等. 夏季耐热小白菜品种比较研究. 长江蔬菜，2019（4）：51-53.
[32] 王若莺. 苏南地区夏季耐热小白菜品种比较试验. 上海蔬菜，2017（2）：7-10.
[33] 孙德岭. 花椰菜育种研究现状及进展探讨. 北京：全国蔬菜遗传育种学术讨论会论文集，2002.
[34] 张世平，朱凤娟. 湖北平原地区松花菜种植技术. 长江蔬菜，2020（17）：22-24.
[35] 黄凯峰. 松花菜的特征特性及优质高产栽培技术. 上海蔬菜，2020（4）：39-40，44.
[36] 李占省，刘玉梅，方智远，等. 我国青花菜产业发展现状、存在问题与应对策略，中国蔬菜，2019（4）：1-5.
[37] 朱凤娟，王小玲，邱正明，等. 湖北省甘蓝产业发展现状分析. 蔬菜，2019（7）：38-42.
[38] 天津泓柏科技有限公司. 重力自压式自动滴灌施肥集成系统：CN201320871052.7，2015-03-25.
[39]《全国设施蔬菜重点区域发展规划（2015-2020 年）》（农业部办公厅，农办农〔2015〕4 号）.
[40]《全国蔬菜产业发展规划（2011～2020 年）》（国家发展改革委员会、农业部，发改农经〔2012〕49 号）.
[41] GB 156128—2018 土壤环境质量--农用地土壤污染风险管控标准（试行）.
[42] GB 5084—2020 农田灌溉水质标准（征求意见稿）.
[43] GB 3095—2012 环境空气质量标准.
[44] GB/T 50085—2007 喷灌工程技术规范.
[45] GB/T 50485—2009 微灌工程技术规范.
[46] NY/T 3244—2018 设施蔬菜灌溉施肥技术通则.
[47] GB/T 50363—2018 节水灌溉工程技术标准.

[48] GB 502990—2018 灌溉与排水工程设计标准.
[49] GB/T51183—2016 农业温室结构荷载规范.
[50] GB/T51057—2015 种植塑料大棚工程技术规范.
[51] GB 50205—2020 钢结构工程施工质量验收标准.
[52] GB 50041—2020 锅炉房设计标准.
[53] JB/T 13078—2017 设施农业装备 温室降温用纸质湿帘.
[54] JB/T 13079—2017 设施农业装备 温室用卷膜器.
[55] JB/T 13080—2017 设施农业装备温室用固膜卡槽、卡簧.
[56] NY/T 2970—2016 连栋温室建设标准.
[57] NY/T 3206—2018 温室工程 催芽室性能测试方法.
[58] NY/T 1451—2018 温室通风设计规范.
[59] 国家统计局农村社会经济调查司. 2019 年中国农村统计年鉴. 北京：中国统计出版社，2019.
[60] 中国农科院蔬菜所. 中国蔬菜栽培学. 北京：农业出版社，1987.
[61] 中国农科院蔬菜花卉所. 中国蔬菜品种资源目录（第 1 册）. 北京：万国学术出版社，1992.
[62] 李式军. 南方保护地蔬菜生产技术问答. 北京：农业出版社，1998.
[63] 汪李平，郑秀国. 现代蔬菜灌溉技术. 北京：金盾出版社，2007.
[64] 汪李平，黄树苹. 蔬菜科学施肥. 北京：金盾出版社，2007.
[65] 汪李平. 快生菜大棚栽培实用技术. 北京：中国科学技术出版社，2018.
[66] 汪李平，杨静，等. 设施农业概论. 北京：化学工业出版社，2017.
[67] 李式军，郭世荣. 设施园艺学. 2 版. 北京：中国农业出版社，2010.
[68] 张福墁. 设施园艺学. 北京：中国农业大学出版社，2001.
[69] 宋士清，王久兴. 设施栽培技术. 北京：中国农业科学技术出版社，2010.
[70] 陈全胜，孙曰波. 设施园艺. 北京：中国农业出版社，2018.
[71] 罗正荣. 普通园艺学. 北京：高等教育出版社，2005.
[72] 夏仁学. 园艺植物栽培学. 北京：高等教育出版社，2004.
[73] 吕家龙. 蔬菜栽培学各论（南方本，第三版）. 北京：中国农业出版社，2001.
[74] 喻景权. 蔬菜栽培学各论（南方本，第四版）. 北京：中国农业出版社，2011.
[75] 山东农业大学. 蔬菜栽培学各论（北方本，第三版）. 北京：中国农业出版社，2000.
[76] 王秀峰. 蔬菜栽培学各论（北方本，第四版）. 北京：中国农业出版社，2011.
[77] 叶志彪. 园艺产品品质分析. 北京：中国农业出版社，2011.
[78] 李新峥. 现代农业园区与新型蔬菜生产. 北京：化学工业出版社，2011.
[79] 王迪轩. 蔬菜标准园创建与实用新技术. 北京：化学工业出版社，2013.
[80] 赵丽芹，张子德. 园艺产品贮藏加工学. 2 版. 北京：中国轻工业出版社，2011.
[81] 程运江. 园艺产品贮藏运销学. 2 版. 北京：中国农业出版社，2011.
[82] 王仁才. 园艺商品学. 2 版. 北京：中国农业出版社，2016.